WARMWASSER
ERZEUGUNG UND VERTEILUNG

EIN HAND- UND LEHRBUCH
FÜR INGENIEURE, ARCHITEKTEN
UND STUDIERENDE

VON

WILHELM HEEPKE
GEWERBE-STUDIENRAT
BEHÖRDL. VERPFL. SACHVERSTÄNDIGER
UND BERAT. INGENIEUR
FÜR GESUNDHEITSTECHNISCHE UND FEUERUNGSANLAGEN

DRITTE, NEUBEARBEITETE AUFLAGE

MIT 427 TEXTABBILDUNGEN
UND 90 ZAHLENTAFELN

MÜNCHEN UND BERLIN 1929
VERLAG VON R. OLDENBOURG

Druck von R. Oldenbourg, München.

Seinem einstigen Lehrer

Herrn Geheimen Baurat Dr.-Ing. e. h. Otto Berndt

ordentl. Professor i. R. der Technischen Hochschule zu Darmstadt

in Dankbarkeit und Verehrung zugeeignet

Vorwort zur 1. Auflage.

Mit dem Ausbau der Gesundheitstechnik hat sich im Laufe der Zeit eine so große Zahl von Systemen der Warmwasserbereitungs- und -versorgungsanlagen herausgebildet, daß es weniger eingeweihten Interessenten schwer werden kann, sich in diesem Gebiete zurechtzufinden oder sich einen Gesamtüberblick zu verschaffen. Es kann daher jedem Fachmann und Laien, der ein ständiges wie auch nur vorübergehendes Interesse für diesen Zweig der Gesundheitstechnik hegt, willkommen sein, die Warmwasseranlagen in ihren Systemen und Einzelheiten gesammelt, geordnet und scharf gegliedert vor sich zu sehen. In mir selbst als praktischem und beratendem Ingenieur der Gesundheitstechnik bestand schon seit langem ein derartiger Wunsch. So habe ich denn seit einigen Jahren all die Erfahrungen und das Material gesammelt, die ich mir selbst in meiner Tätigkeit erworben habe und die mir gesundheitstechnische und Firmen anderer Branchen in liebenswürdigster Weise zur Verfügung stellten; ich spreche diesen Firmen an dieser Stelle hierfür nochmals meinen verbindlichsten Dank aus. Auch dazu angeregt von verschiedenen Seiten, übergebe ich das Gesammelte in diesem Werke der Öffentlichkeit in der Hoffnung, viele Wünsche damit erfüllt und der vornehmsten technischen Wissenschaft, der Gesundheitstechnik, einen Dienst erwiesen zu haben.

Das Werk behandelt ausschließlich die Anlagen, welche warmes Wasser zu Genußzwecken und für wirtschaftliche und gewerbliche Zwecke erzeugen. Gänzlich unbeachtet gelassen sind die Speisewasser-Vorwärmanlagen der Kraftdampfkessel, da selbige ja mit der Gesundheitstechnik an sich nichts zu tun und in Büchern über Dampfkessel schon hinreichend Beachtung gefunden haben. Übrigens ist auch diesem Werke sehr viel Zutreffendes für die Speisewasser-Vorwärmer zu entnehmen.

Des weiteren finden die Badeanlagen, die bisher meist üblich den Warmwasserversorgungsanlagen direkt zugerechnet werden (oder auch umgekehrt diese jenen), nur die Beachtung, welche sie aus irgendeinem Grunde besonderer Warmwassererzeugung bzw. -versorgung erheischen und welche ihnen als passendes oder abwechslungsreiches Beispiel für ein bestimmtes Warmwassererzeugungssystem geschenkt werden kann.

Eine Abhandlung über Badeanlagen darf sich meines Erachtens nicht nur allein mit den Warmwasserbädern befassen, wenn diese auch wohl den größten Prozentsatz aller Badeanlagen ausmachen, sondern es müßten auch all die vielen hochwichtigen Ausführungen berücksichtigt werden, die ihre Bedeutung in anderen Badestoffen als in warmem Wasser tragen.

Schließlich sei auch noch vermerkt, daß nach obigen einleitenden Worten dieses Werk keine allgemeine wie kritische Abhandlung über Warmwasserheizungen geben soll; dafür kommen die guten Bücher der speziellen Heiztechnik in Betracht.

Leider war es mir nicht möglich, die Berechnungen der einzelnen Teile in deren Abschnitte gleich mit aufzunehmen. Der Hauptgrund liegt darin, daß sich z. B. die Berechnung der Kessel, Öfen usw. einerseits und die der Heizeinsätze der Warmwasserbehälter andererseits nicht trennen lassen, ohne sich nicht unnötigerweise zu wiederholen; ebenso verhält es sich mit der Berechnung der Blechstärken usw. Aus diesem Grunde ist die Berechnung für Heizkörper aller Art in besonderem Kapitel für sich zusammengefaßt, welchem dann die Berechnungen der übrigen Konstruktionsteile als weitere Kapitel angeschlossen sind.

Wilhelm Heepke.

Vorwort zur 3. Auflage.

Die schnellebige Zeit der letzten Jahre mit ihren sich fast überstürzenden Neuerungen hat auch auf dem Gebiet der Warmwasserbereitung und -versorgung manche Änderung, Verbesserung, Vervollkommnung und Neuerung gebracht. Diesen Verhältnissen mußte daher bei der Bearbeitung dieser Neuauflage Rechnung getragen werden. Besonders waren die Abschnitte über Abwärmeverwertung, Gas- und elektrische Heizung, Wasseraufbereitung, Warmwasseraufspeicherung, Meßwesen und Wärmeschutz vollständig neu zu bearbeiten. Um dadurch den Umfang des Buches nicht zu stark anwachsen zu lassen, sind die Abhandlungen über Brennstoffe, Heizkessel und über all das, was sich in der reinen Heizungstechnik in gleicher oder fast ähnlicher Art wiederfindet, ganz erheblich gekürzt. Ich hoffe, daß solche Beschneidung der Neuauflage nicht zum Schaden ist und ich den Einwänden verschiedener Kritiken zur letzten Auflage dadurch gerecht geworden bin.

Die Abbildungen haben dank des großzügigen Entgegenkommens des Verlages endlich ein gleichmäßigeres technisches Ansehen erhalten. Die DI-Normen sind in weitgehendster Weise berücksichtigt und an den zuständigen Stellen vermerkt; desgleichen ebenfalls die neuesten Gesetze und Vorschriften über Warmwasseranlagen. Letztere sind in ihren Titeln in einem Schlußabschnitt nochmals übersichtlich zusammengestellt. Hinweise auf weiteres Schrifttum über diese Materie insgesamt wie auch über einzelne Stoffe derselben finden sich in ausgiebiger Weise in Fußnoten vermerkt. Im übrigen wird bezüglich Entstehen, Umfang und Durchführung des Buches auf das hier nochmals vorangestellte Vorwort zur 1. Auflage hinverwiesen.

Den Herren Fachkollegen und den Firmen, die mich auch dieses Mal in liebenswürdiger Weise mit Hinweisen, Ratschlägen und Materialüberlassung freundlichst unterstützt haben, sei an dieser Stelle nochmals mein Dank zum Ausdruck gebracht. Besonderer Dank gebührt dem rührigen Verlag Oldenbourg, der keine Mühe und Opfer gescheut hat, in dieser teuren Zeit, da das ganze deutsche Wirtschaftsleben immer noch kränkelnd darnieder liegt, dem Buche ein würdiges Gewand zu verleihen. Meinem Buche ein »Glück auf« zur dritten Fahrt!

Mittweida bei Chemnitz 1929. Wilhelm Heepke.

Inhaltsverzeichnis.

[1] Auf S. 319 muß für $\mathfrak{L}$ der Wert 0,00115 (nicht 0,0015) eingesetzt werden.

Seite

Einleitung.

Langjährige Statistiken haben nachgewiesen, daß der tägliche Wasserbedarf auf den Kopf der Bevölkerung 100 ÷ 120 l beträgt; davon entfallen auf die Haushaltungen allein $\sim$ 70%. Das übrige Wasser dient gewerblichen und öffentlichen Zwecken, zur Straßenreinigung usw. Von dem Haushaltswasser kommt wieder der geringste Teil im kalten Zustande zur Ausnutzung. Die größte Menge wird als Warmwasser gebraucht. Es liegt daher im Haushalte, Wirtschafts- und Gewerbebetriebe, im Privathause, in öffentlichen Gebäuden und Fabriken ein unabweisbares stetiges Bedürfnis vor, des öfteren oder sogar zu jeder Zeit warmes Wasser reichlich zur Verfügung zu haben. Der Verwendungszweck des warmen Wassers ist dabei ein äußerst mannigfacher: sei es zur Speisenbereitung im einfachen Haushalte, in Kaffee- und Gasthäusern, zum Spülen und Reinigen von Geschirr und Wirtschaftsgegenständen, zum Waschen von Körperteilen und Bekleidungsstücken, sei es für Hausbäder und Badeanstalten, in Fabriken der chemischen und Textilbranche, in Brauereien, Schlachthäusern, Fleischereien, Bäckereien, Destillationen, Raffinerien usw., in Friseur- und anderen Geschäften, oder sei es schließlich in Stallungen und landwirtschaftlichen Gehöften. Gemäß eines derart großen Absatzgebietes und wegen der hohen wirtschaftlichen Bedeutung für den Haushalt, das Gewerbe und die Technik ergibt sich ohne weiteres, daß die Warmwasserbereitung und -versorgung eine Wohlfahrtseinrichtung erster Ordnung ist und sich als ein weiterer besonderer Zweig der Gesundheitstechnik hat ausbilden müssen.

Auf den ersten Blick hin mag ja für manchen eine Warmwasserbereitungsanlage neuzeitlicher Ausführung höchst überflüssig erscheinen. Jedoch ebenso wie jetzt eine moderne Wohnung mit Kaltwasserzapfstellen bis in die obersten Stockwerke hinein und zu den entlegensten Plätzen hin als selbstverständlich gefordert wird, ebenso wie die Räume eine vorzüglich arbeitende Heizanlage besitzen sollen, so mußte sich auch das Verlangen nach einer regelrechten Warmwasserversorgungsanlage mit ausreichender Anzahl Zapfstellen immer fühlbarer machen. Die Gründe hierfür sind zu suchen einmal in dem Wunsche nach einem sparsameren Betriebe und in dem Verlangen, jederzeit eine genügend große Warmwassermenge zur Verfügung zu haben, und dann allgemein in dem allmählich erweckten Verständnisse für solche Wohlfahrtseinrichtungen. Heutzutage werden fast alle Gebäude mit neuzeitlichen Einrichtungen, wie Zentralbeleuchtung, Zentralheizung, Lüftung, Be- und Entwässerung usw., ausgestattet; weshalb sollte man da nicht die Bereitung von warmem Wasser besser und bequemer gestalten, als es der einfache Kochtopf vermag, und um so mehr, als deren Bedienung in der Regel sehr einfach und leicht ist und selbst durch ein ungeschultes Dienstpersonal nebenbei mitbesorgt werden kann; abgesehen von den großzügig angelegten Betrieben, die gegebenenfalls eine besondere fachmännische Bedienung erheischen.

Dem Bedürfnis und den allgemeinen Anforderungen entsprechend, hat sich denn auch im Laufe der Zeit eine große Zahl von Systemen zur Warmwasserbereitung und -versorgung herausgebildet, von denen jedes die Bedingungen für bestimmte Verhältnisse, Anforderungen und Voraussetzungen zu erreichen sucht. Letztere können sich beziehen auf die Größe und Durchführbarkeit der Anlage, die zur Verfügung stehenden Heizmittel, die Wärmequelle, die Art des Betriebes, die Wasserquelle, Warmwasserverwendung und auf andere Punkte.

I. Allgemeines vom Wasser und von der Wärme.

Das Wasser ist, chemisch betrachtet, eine Verbindung zwischen Wasserstoff H und Sauerstoff O zu H_2O. Das Wasser findet sich auf der Erde in drei Aggregatzuständen: im flüssigen als Wasser, im festen als Schnee und Eis und im gasförmigen als Dampf. Man nennt die Temperatur, bei der das Wasser unter natürlichem Drucke in Eis übergeht, den Gefrierpunkt, und diejenige, bei der das Wasser unter natürlichem Drucke zu Dampf wird, den Siedepunkt. Der Unterschied zwischen beiden Punkten ist in 100 gleiche Teile eingeteilt, und es sind diese Teile als Temperaturskala, sog. Celsiusskala (^{0} C), festgelegt, wobei 0^0 als Gefrierpunkt angenommen ist.

Bei 4^0 C besitzt das Wasser seine größte Dichtigkeit. Der Druck, den dabei 1 kg Wasser auf 1 cm^2 ausübt, ist mit 1 Atmosphäre (1 at) festgelegt, welche dem Drucke einer Wassersäule (WS) von 10 m gleichkommt. Das Gewicht des Wassers bei 4^0 nimmt man weiter als Einheitsgewicht an und bezeichnet das Gewicht von 1 cm^3 als 1 Gramm (1 g) und von 1 dm^3 als 1 Kilogramm (1 kg) = 1 Liter (1 l).

Im Gegensatz zu der Intensitätsmessung nach Graden erfolgt die quantitative Messung der Wärme nach Wärmeeinheiten. Die gesetzlichen Einheiten für die Messung von Wärmemengen sind nach Reichsgesetz vom 7. Aug. 1924 und DIN 1309[1]) die Kilokalorie (kcal) und die Kilowattstunde (kWh). Die Kilokalorie ist die Wärmemenge, durch welche 1 kg Wasser von $14{,}5^0$ C auf $15{,}5^0$ C erwärmt wird, oder all-

[1]) DIN = Deutsche Industrie-Normen.

gemein die Wärmemenge, welche zur Temperaturerhöhung von 1 kg Wasser um 1° C[1]) nötig ist. Die spezifische Wärme c des Wassers ist die Wärmemenge in kcal, die nötig ist, um die Temperatur t von 1 kg Wasser um 1° zu erhöhen; sie ist technisch genau genug ~ 1. Es besitzt also Wasser, das von 0° auf 80° erwärmt ist, eine Wärme von 80 kcal. Sind ferner z. B. 2000 l Wasser von 10° auf 50° in 5^h zu erwärmen, so sind dazu $2000\,(50-10) = 80000$ kcal erforderlich, mithin in der Stunde als Zeiteinheit $\frac{80000}{5} = 16000$ kcal.

Mit der Eigentümlichkeit des Wassers, die größte Dichte bei 4° zu haben, besitzt es auch bei dieser Temperatur sein größtes Gewicht, das sich bei Zunahme und Abnahme der Temperatur von 4° aus vermindert, aber nicht proportional der Temperaturänderung.

Wird somit Wasser über 4° hinaus erwärmt, so steigen die wärmeren Wasserteilchen empor, um an ihre Stelle kältere, schwerere Teilchen treten zu lassen. Man hat es also mit einer Zirkulation im Wasser selbst zu tun. Dieser Vorgang läßt sich in einfachster Weise mit einer Glasröhre nach Abb. 1 klarmachen. Die Röhre muß oben offen sein, damit das durch die Erwärmung vergrößerte Wasservolumen Platz findet.

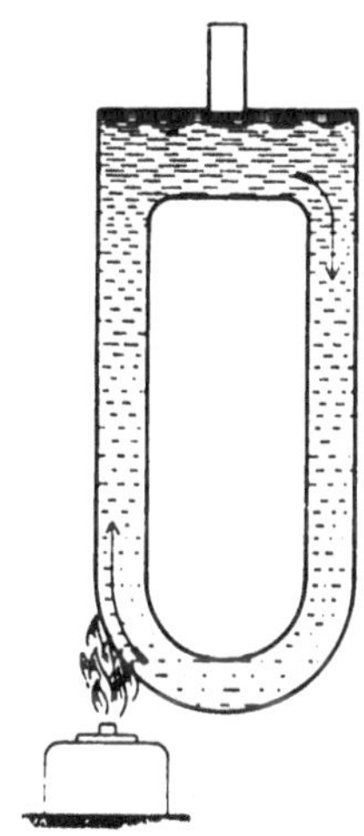

Abb. 1.

In gleicher Weise, wie die allmähliche Erwärmung des Wassers vor sich geht, findet auch dessen Abkühlung statt. Fällt schließlich die Temperatur unter 4°, so sinken die wärmeren Wasserteilchen nach unten und die kälteren steigen empor. Dies ist der Grund, weshalb Wasser zuerst an seiner Oberfläche zu Eis erstarrt.

Gemäß solch natürlichen Vorganges ist es nun ganz gleichgültig, an welcher Stelle das Wasser zuerst erwärmt wird, so daß man also technisch in der Lage ist, das Wasser fern von einer Zapfstelle erwärmen zu können; es muß nur die erforderliche Zirkulation vorhanden sein. In erster Linie hat man daher bei Einrichtung einer Warmwasseranlage dafür Sorge zu tragen, daß dem natürlichen Auftriebe des Wassers möglichst wenig Hindernisse in den Weg gestellt werden.

Je weniger die Wasserzirkulation gehemmt wird, um so rascher erfolgt die Erwärmung, gleichmäßige Wärmezufuhr vorausgesetzt. Es ist daher vorteilhaft, die Wärmeleitung möglichst kurz und geraden Weges vorzunehmen. Je länger die Rohrleitung zwischen Warmwassererzeuger und Zapfstelle ist und je mehr Richtungs- und Querschnitts-

[1]) Die Temperaturangaben beziehen sich in diesem Buche stets auf die 100teilige Skala Celsius, weshalb die Bezeichnung »C« hinter der Gradangabe ° in der Folge fortgelassen wird.

änderungen auf dieser Strecke bestehen, um so größer sind die Wärmeverluste infolge der Bewegungs- und Reibungswiderstände und der Wärmetransmission. Unter letzterer ist hier die Wärmemenge zu verstehen, welche aus dem warmen Wasser durch die Kessel-, Rohr-, Behälterwand u. dgl. in die Außenluft übertritt. Bezieht man die Transmissonswärme ganz allgemein und gleichgültig, ob sie Verlust oder Gewinn für eine Anlage bedeutet, auf die Einheiten, so hat man die Wärmemenge, welche durch 1 m² Umschließungsfläche (Heizfläche) bei 1° Temperaturunterschied in 1^{h}[1]) senkrecht hindurchgeht. Diesen Einheitswert bezeichnet man als Transmissionskoeffizienten (*k*).

In langen wagerechten Kanälen, insbesondere mit zu geringen Querschnitten, kann nun infolge der verschiedenen Wärmeverluste ein vollständiger Stillstand des Wassers eintreten, da die Wärmetriebkraft im Wasser fehlt, so daß an der Heizstelle schließlich eine Überhitzung stattfindet, während die Zapfstellen Wasser von viel zu niedriger Temperatur abgeben. Solcher Zustand kann dann weiter zur Folge haben, daß das System zersprengt wird oder doch zum mindesten äußerst lästige starke Schläge in selbigem hervorgerufen werden. Aus gleichen Gründen ist Sackbildungen vorzubeugen. Das ganze System muß, abgesehen von dem Ausdehnungsraume, vollkommen mit Wasser gefüllt sein, damit nicht Dampfbildung eintritt oder die Zirkulation durch Lufträume gehemmt wird. Durch Steigern der Wassertemperatur hat man es aber bis zu gewissen Grenzen in der Hand, den erforderlichen Auftrieb den Widerständen, die sich nicht umgehen lassen, anzupassen.

Eine wichtige Eigenschaft des Wassers für Warmwasserbereitungsanlagen ist sein Wärmeaufspeicherungsvermögen, d. h. das Wasser ist imstande, die aufgenommene Wärme über eine gewisse Zeit hin festzuhalten und sie nach Aufhören des Wärmezuflusses langsam, nach und nach wieder abzugeben auf Grund des Ausgleichsgesetzes des Weltalls. Maßgebend für den Grad und die Schnelligkeit der Abkühlung sind die Größe der Wasserumschließungsflächen, die Stärke und Beschaffenheit derselben und der Unterschied zwischen der Wassertemperatur und der Temperatur der Außenluft. Eine günstige Verlangsamung des Wärmeausgleichs läßt sich durch richtige Benutzung von Wärmeschutzmitteln erzwingen. Eine vollkommene Wärmeisolierung ist jedoch nicht möglich. Um so mehr hat man daher Grund, auf eine möglichst genaue Berechnung und gute Disponierung der Anlage hinzuarbeiten.

II. Die Heizmittel.

Die Heizmittel, mit denen Warmwasser erzeugt werden kann, sind die festen, flüssigen, gasförmigen Brennstoffe, die Elektrizität, der Dampf und das warme und heiße Wasser. Je nach der Durchführung

[1]) h = Stunde (hora, lat).

der Anlage läßt sich mit ihnen das Wasser direkt oder indirekt erwärmen. Die festen Brennstoffe, wie Holz, Torf, Braunkohle, Steinkohle, deren Kunstprodukte und das Gas können für Lokal- und Zentralbetrieb Verwendung finden, während die flüssigen Brennstoffe und die Elektrizität meist nur dem Lokalbetrieb dienen und der Dampf und das warme Wasser als Heizmittel vorzugsweise in Zentralanlagen sich günstig ausnutzen lassen.

A. Die Brennstoffe.

Sie finden sich als feste, flüssige und gasförmige Brennstoffe.

a) Die festen Brennstoffe.

Die festen Brennstoffe sind neben dem Leuchtgas immer noch die wichtigsten Heizmittel. Sie werden als Anthrazit, Steinkohle, Braunkohle, Torf, Holz, Brikett, Koks und Abfälle aller Art in den häuslichen Lokalfeuerungen und den Zentralfeuerungen benutzt. Für letztere mit besonderer Feuerstelle ist in erster Linie der Koks maßgebend, dessen rauchschwache Verbrennung und gleichmäßige Wärmeentwicklung für die Anlage von besonderem Vorteile sind. Hüttenkoks und guter Gaskoks sind annähernd gleichwertig und am besten in 5 ÷ 8 cm Stückgröße zu verwenden. Jedoch muß meist der Brennstoff, der am billigsten und in genügender Menge bequem zu erhalten ist, gewählt werden, wenn die Feuerung eine nicht zu teure Sonderkonstruktion und eine nicht zu umständliche und kostspielige Bedienung erfordert. Stehen für eine Feuerung mehrere Brennstoffe zur Wahl, so sollte für letztere nicht der Handelspreis, sondern der **Wärmepreis** entscheidend sein. Darunter ist der Preis für 1 kcal zu verstehen. Praktischer rechnet man mit 1000 kcal als Einheit, dann ist auch der Handelspreis auf 1000 kg = 1 t Brennmaterial zu beziehen. Ist:

P_H = Handelspreis in M./t Brennmaterial frei Haus,
H_u = unterer absoluter kalorimetrischer Heizeffekt des Brennmaterials in kcal/kg (siehe S. 7),
η = Wirkungsgrad der Feuerung, also:
ηH_u = wirklicher Heizwert,
a = Aschengehalt des Brennstoffs in kg/kg,
K = Aschenabfuhrkosten in M./1000 kg,

so ist der Wärmepreis eines Brennmaterials:

$$P_w = \frac{P_H}{\eta H_u} + a K \text{ in M./1000 kcal} \quad (1)$$

Dient die Feuerung einer Dampfentwicklung, so rechnet man besser weiter auf den **Dampfpreis** hin. Da 1 kg Dampf zur Erzeugung ~ 600 kcal verlangt, so ist für D kg Dampf der Dampfpreis:

$$P_D = \frac{600}{1000} P_w D \text{ in M.}/D \text{ kg Dampf.}$$

Zum richtigen Vergleich bezieht man günstig D auf 1000 kg, dann wird mit $D = 1000$:

$$P_D = 600 \, P_w \text{ in M./1000 kg Dampf} \quad \ldots \ldots \quad (2)$$

Die geringwertigen Brennstoffe mit einem Heizwert $> \sim 3500$ kcal pro kg, wie Torf, Rohkohle usw., haben nach dem Kriege eine erhöhte Bedeutung gewonnen und werden durch die Veredelungsverfahren (Brikettierung, Verkokung, Vergasung, Entgasung, Schwelung und Verflüssigung) wirtschaftlicher ausgenutzt. Für kleine und häusliche Lokalfeuerungen haben neben Steinkohle und Leuchtgas Braunkohle, Briketts, Koks und auch Torf ihre Bedeutung behalten. Jedoch auch selbst das teure Holz findet in besonders dafür konstruierten Öfen, Badeöfen, eine wirtschaftliche Ausnutzung bei einem sauberen Betriebe. Schwefelhaltige Kohlen und Koks sind möglichst zu vermeiden, da selbige das Metall der Feuerung angreifen.

Bezüglich der Wirtschaftlichkeit sei bemerkt, daß in der Heiztechnik eine Anlage kaum schlechter arbeitet als ein gewöhnlicher Küchenherd, wenn er zur warmen Jahreszeit nicht mehr als Raumheizkörper mitdienen kann. In solchem Herde gehen $\sim 90 \div 80\%$ des Heizwertes der aufgewandten Kohle nutzlos durch den Schornstein usw. verloren. Bei schlechtem Brennstoffe und mangelhafter Bedienung kann der Nutzeffekt sogar bis auf 5% sinken.

Eine wesentliche Erhöhung des Wirkungsgrades η bis zu $0{,}5 \div 0{,}6$ und somit eine bessere Ausnutzung des Brennstoffes im Küchenherd läßt sich durch den Einbau von Heizeinsätzen für eine zentrale Warmwasserbereitung erreichen, Ausführungen, wie sie in folgenden Abschnitten zur Besprechung kommen. Die Zentralfeuerungen können dagegen der Gesamtanlage vollkommener angepaßt und so eingestellt werden, daß selbst bei unfachmännischer Bedienung ein gewisser Effekt nicht unterschritten werden kann.

Über den Verbrennungsvorgang sei kurz folgendes gesagt[1]):

Mit Hilfe der Analysenwerte des Brennstoffes lassen sich der Heizwert H_u[2]) und die theoretische Verbrennungsluftmenge L bestimmen. Man findet im Mittel als theoretischen oder absoluten Heizeffekt H_u, d. h. also als die Wärmemenge, die bei vollkommener Verbrennung von 1 kg Brennstoff erzeugt wird:

---

[1]) Die Betrachtungen über den Verbrennungsvorgang sind hier nur soweit kurz ausgeführt, als es zum Verständnis nachfolgender Berechnungen nötig ist.

[2]) In den Streit über »unteren« oder »oberen« Heizwert kann hier nicht eingetreten werden; es wird daher der in der Praxis immer noch gebräuchliche »untere« Heizwert beibehalten.

für	Holz, lufttrocken	H_u = 3000	kcal/kg,
»	Torf, »	= 3500	»
»	Braunkohle, böhmische . . .	= 4500	»
»	» sächsische . . .	= 2400	»
»	Steinkohle	= 7000	»
»	Anthrazit	= 7500	»
»	Holzkohle	= 8000	»
»	Preßtorf	= 3800	»
»	Briketts (Braunkohlen) . . .	= 4800	»
»	Koks	= 7000	»
»	Lohe, mit 50% Wasser . .	= 2000	»
»	Sägespäne	= 2800	»

ferner als theoretische Verbrennungsluftmenge:

L = 10,0÷11,0 kg für Anthrazit		L = 9,6÷10,3 kg für Koks	
= 9,0÷10,5 » » Steinkohle		= 10,0÷10,5 » » Preßsteine	
= 5,3÷ 7,4 » » Braunkohle		= 6,5÷ 7,0 » » Brk. Brik.	
= 4,8÷ 5,5 » » Torf		= 5,0÷ 5,5 » » Preßtorf	
= 4,5÷ 5,0 » » Holz		= 4,5÷ 5,0 » » Sägespäne.	

Mit der Luftüberschußzahl m, die für feste Brennstoffe betragen kann:

m = 1,2÷1,3 bei sehr guter Wartung,
= 1,4÷2,0 bei weniger guter Wartung,
= 1,3÷1,6 bei Schüttfeuerung,

erhält man dann weiter die wirkliche Verbrennungsluftmenge zu $m \cdot L$ und die Rauchgasmenge zu $1 + mL$ bzw. $1 + mL - a$ bei stark aschenhaltigen Brennstoffen mit a kg/kg Aschengehalt.

Soll eine möglichst vollkommene Verbrennung erreicht werden, so muß die Verbrennungsluft möglichst genau bemessen und geregelt werden, damit ein hoher Prozentsatz CO_2 in den entwickelten Gasen erreicht wird. Bei unsachgemäßer Bedienung kann der CO_2-Gehalt der Gase bis auf 7% und darunter sinken, und dann hat man eine schlechte Verbrennung. Mittels guter Rauchgasprüfer läßt sich CO_2 ständig und einwandfrei kontrollieren und eine solche Kontrolle ist bei größeren und dauernd in Betrieb stehenden Anlagen stets ratsam. Mit einem Eckardt-Prüfapparat wurden an einer Feuerung mit Steinkohle festgestellt:

4% CO_2 = 45% Kohlenverlust, d. i. eine sehr schlechte Verbrennung,
8% CO_2 = 23% » » schlechte Verbrennung,
12% CO_2 = 15% » » gute Verbrennung.

Die Verluste entstehen durch die abziehenden Gase, unvollkommene Verbrennung, das Unverbrannte in den Verbrennungsrückständen, Entfernen der heißen Asche und Schlacke und durch Strahlung und Leitung. Der erstere und größte Verlust durch die abziehenden Gase, der sog.

Schornsteinverlust, bestimmt sich mit der Fuchstemperatur T_F, der Temperatur t_l der umgebenden Raumluft und dem Kohlensäuregehalt CO_2 der Gase in %, angenähert zu:

$$\mathfrak{B} = C\,\frac{T_F - t_l}{CO_2} \text{ in } \%^{1)} \qquad (3)$$

und schwankt zwischen ∼ 8 und 20%.

$C = 0{,}65$ für Steinkohle, $= 0{,}70$ für gute Braunkohle, $= 0{,}80 \div 0{,}90$ für geringwertige Brennstoffe.

Anschaulich lassen sich alle die Verluste in Wärmediagrammen darstellen. Abb. 2 zeigt ein derartiges Diagramm von einem gußeisernen Kleinkessel, der auf einen Warmwasserbehälter hinarbeitet. Vergleicht

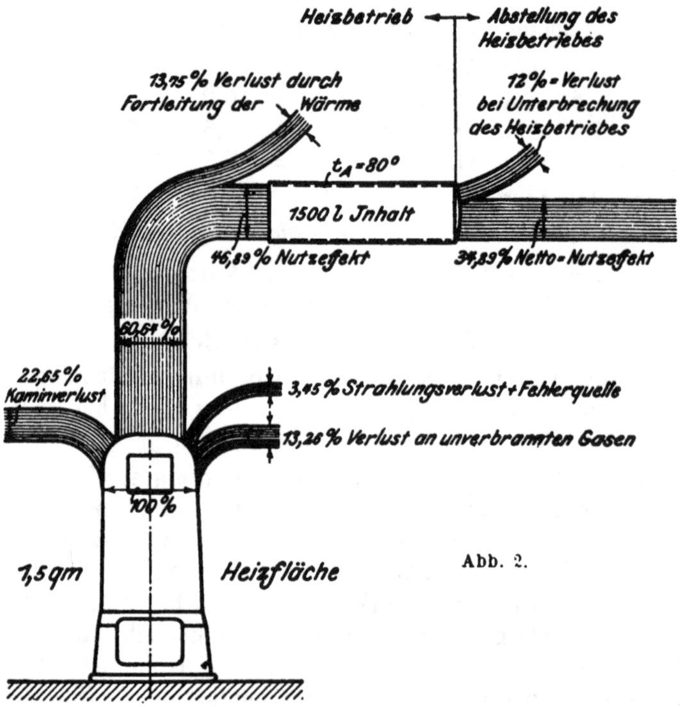

Abb. 2.

man dasselbe, insbesondere den darin eingetragenen Nutzeffekt mit dem weiteren der Abb. 3[2]), die das Wärmediagramm eines Loewenstein-Rolandkessels mit direkter Erwärmung darstellt, so kann man sich ein sehr klares Bild über die Leistungsfähigkeit und Güte einer Anlage gegenüber einer anderen verschaffen, die gleichen Grundlagen voraus-

[1]) Über genauere Behandlung der Siegertschen Formel siehe Zeitschrift »Brennstoff- und Wärmewirtschaft« X, Heft 5, 1928.

[2]) Abb. 2 und 3 aus »Wirtschaftliche Verwertung der Brennstoffe« von Baurat de Grahl, Verlag Oldenbourg und mit Genehmigung des Verfassers.

gesetzt. Vorläufig nur nach diesen Betrachtungen hin geurteilt, erkennt man aus den vorliegenden Diagrammen ohne weiteres die Überlegenheit des Loewensteinkessels, sobald die Beschaffenheit des Wassers und die ganze Anlage eine unmittelbare Erwärmung gestatten.

Von Einfluß auf die Güte der Verbrennung muß natürlich die **Zugstärke** Z_s des Schornsteins sein, denn dieser hat ja die Verbrennungsluft dem Feuerraum zuzuführen und die Gase abzuleiten.

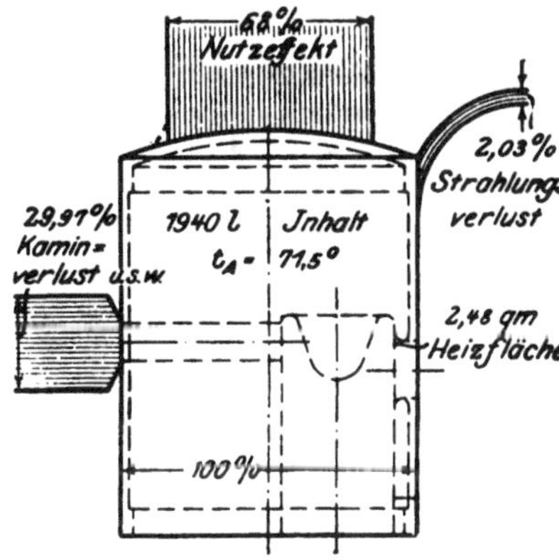

Abb. 3.

Es schwankt Z_s zwischen ~ 0,2 und 30 mm WS; für Warmwasserbereitungen genügt meist:

$Z_s \geqq$ 2 mm WS für Küchenherde, Zimmeröfen, Niederdruckkessel,

$Z_s \geqq$ 12 mm WS für größere industrielle Feuerungen und Hochdruckkessel.

Die **Schornsteinhöhe** H, welche in erster Linie Z_s beeinflußt und vom ganzen Gebäude mehr oder weniger abhängig ist, sollte nur unter sehr günstigen Verhältnissen ~ 10 m unterschreiten. Als letztere sind anzusehen: geschützte Lage des Schornsteines bezüglich der Abkühlung und des Windanfalles, gute innere und äußere Verfugung, glatte Innenfläche, kurzer, gerader und aufsteigender Fuchs, richtige Ausführung der Feuerzüge und ein der Höhe H richtig entsprechender Schornsteinquerschnitt. Die Annahme, ein möglichst weiter Schornstein sei stets vorteilhaft, ist eine irrige.

Ist H an keine Gebäudehöhe gebunden, so soll sein

$$H \geqq 0{,}25 \sqrt[8]{B \cdot H_u} \text{ in m} \quad \ldots\ldots\ldots \quad (4)$$

darin:

B = Brennstoffverbrauch in kg/h.

Der **Schornsteinquerschnitt** kann für häusliche Warmwasserbereitungsanlagen ermittelt werden zu:

$$q = \frac{0{,}025\, W_0}{\sqrt{H}} \text{ in cm}^2 \quad \ldots\ldots\ldots \quad (5)$$

Darin ist:

W_0 = die vom Brennstoff zu erzeugende Wärmemenge in kcal/h,
H = Schornsteinhöhe über Rost in m.

Der Wichtigkeit wegen sei die Schornsteintabelle 1 angefügt.

Tabelle 1.

Schornsteinquerschnitte, nach nutzbaren Wärmemengen bestimmt, für Steinkohlen- und Koksfeuerung.

Schornstein			Wärmemenge W_0 in kcal/h bei einer Schornsteinhöhe in m					
Querschnitt cm²	□ cm	○ cm	5	10	15	20	25	30
169	13×13	15	12 000	17 000	22 000	25 000	28 000	30 000
325	13×25	20	24 000	34 000	42 000	48 500	54 000	60 000
500	20×25	25	—	52 000	65 000	74 000	83 000	91 000
625	25×25	28	—	66 000	81 000	93 000	104 000	114 000
950	25×38	35	—	100 000	123 000	140 000	158 000	170 000
1275	25×51	40	—	130 000	165 000	190 000	212 000	234 000
1444	38×38	43	—	150 000	187 000	216 000	240 000	265 000
1938	38×51	50	—	—	251 000	288 000	323 000	355 000
2601	51×51	58	—	—	336 000	388 000	433 000	477 000
3264	51×64	65	—	—	423 000	486 000	544 000	598 000
4096	64×64	72	—	—	—	610 000	680 000	750 000
4928	64×67	80	—	—	—	735 000	820 000	900 000
5929	77×77	87	—	—	—	—	988 000	1 000 000
6930	77×90	95	—	—	—	—	1 150 000	1 270 000
8100	90×90	102	—	—	—	—	1 350 000	1 480 000

Es sind die Werte kcal der Tabelle 1 zu multiplizieren:

für Braunkohlen, Briketts mit 1,60,
» Holz, Torf u. dgl. » 2,15.

Für gußeiserne Gliederkessel können bis ~ 30% geringere Querschnitte genommen werden.

Der zur Deckung von W_0 erforderliche Brennstoffaufwand ergibt sich zu:

$$B = \frac{W_0}{\eta H_u} \text{ kg/h allgemein} \quad \dots\dots\dots \quad (6)$$

und

$$B = 0{,}55 \frac{W_0}{\eta H_u} \text{ kg/h f. Schütt- u. Gußgliederkessel} \quad \dots \quad (6a)$$

Der jährliche Brennstoffverbrauch richtet sich nach der Anzahl der täglichen Heizstunden und danach, ob die Warmwasserbereitung gänzlich für sich besteht oder während des ganzen Jahres oder eines Teiles desselben von einer anderen Heizquelle mitversorgt wird. Mit Hilfe der Gl. (6) läßt sich der jährliche Brennstoffbedarf dann ohne weiteres bestimmen. Man erhält den Brennstoff im großen in Waggons. Es faßt 1 Waggon ~ 20000 kg. Zum Unterbringen einer Waggonladung Brennstoff ist ein Rauminhalt nötig von:

~ 24 m³ für Steinkohle,	~ 20 m³ für Briketts,
44 » » Hüttenkoks,	50 » » Torf (Pech-),
50 » » Gaskoks,	60 » » Holz (Scheite),
30 » » Braunkohle,	30 » » Sägespäne.

Der Wirkungsgrad einer Feuerung bzw. einer ganzen Kessel- und Ofenanlage ist praktisch durch Heizversuche, durch die an das Wasser abgegebene Wärmemenge, geteilt durch die vom Brennstoff in derselben Zeit entwickelte Wärmemenge, festzulegen. Ist

H = Gesamtheizfläche des Kessels oder dgl. in m²,

w_s = die durch 1 m² Heizfläche stündlich übertragene Wärmemenge, so bestimmt sich der Wirkungsgrad zu:

$$\eta = \frac{w_s \cdot H}{H_u \cdot B} \quad \text{. . . . . (7)}$$

Man kann annehmen:

$\eta = 0{,}85 \div 0{,}65$ für Zentralkesselfeuerung bei regelrechter Bedienung,

$= 0{,}70 \div 0{,}55$ für Zentralkesselfeuerung bei mangelhafter Bedienung,

$= 0{,}55 \div 0{,}35$ für lokale und häusliche Feuerung von guter Konstruktion und bei aufmerksamer Bedienung,

$= 0{,}25 \div 0{,}15 \div 0{,}05$ für Herdfeuerung von gewöhnlicher Konstruktion und bei mangelhafter Bedienung.

Es muß der Gesamtwirkungsgrad einer Kesselanlage auch sein:

$$\eta = \eta_1 \, \eta_2 \quad \text{. . . . . (8)}$$

wenn η_1 = Wirkungsgrad der Feuerung $= 0{,}80 \div 0{,}93$,

η_2 = » » Heizfläche ist.

Für die Berechnung und den Entwurf ist schließlich noch das Bekanntsein der Gastemperaturen, vor allem der Feuer- und Fuchstemperatur, erforderlich. An bestehenden Anlagen werden sie durch die Heizversuche gleich mitermittelt oder ständig durch Einbau von Pyrometern beobachtet.

Der pyrometrische Heizeffekt ist die theoretische Grundlage der wirklichen Feuertemperatur, also die Temperatur, welche ein Brennstoff, bezogen auf 0° Anfangstemperatur, bei vollkommener Verbrennung und ohne Wärmeentziehung entwickelt. Diese Größe ist rechnerisch schwer zu erfassen.

Die wirkliche Feuerraumtemperatur T, die natürlich kleiner als der pyrometrische Effekt ist, kann für den Entwurf berechnet werden zu:

$$T = \eta_1 \frac{H_u (1 - \sigma)}{(1 + m L)\, c_p} + t_l \text{ in } ^\circ\mathrm{C} \quad \text{. . . . . . (9)}$$

Darin ist:

η_1 = Wirkungsgrad der Feuerung, soweit er T beeinflußt; $= \sim 0{,}96$,

σ = Ausstrahlungsverhältnis,

$\sigma = 0{,}25 \div 0{,}30$ bei Innen- und Kontaktfeuerung,

$= 0{,}20 \div 0{,}25$ bei Unterfeuerung,

$= 0{,}20 \div 0{,}15$ bei Vorfeuerung (0,42 bei Staubfeuerung),

σH_u = die durch Strahlung an die direkte Heizfläche abgegebene Wärme,

$1 + mL$ = Gasmenge in kg/kg,

t_l = Zulufttemp. (Kesselhaustemp.) $= 20 \div 30^0$ (ohne Vorerhitzung),

c_p = mittl. spez. Wärme für 1 kg Gase $= 0{,}24 \div 0{,}30$[1]).

Bezüglich der Fuchstemperatur T_F geht man für den Entwurf im allgemeinen von einer Annahme aus. Mit Rücksicht auf genügenden Zug soll sein:

$T_F \geqq 100^0$, und zwar ausreichend:

$T_F = 120 \div 250^0$ für Warmwasserbereiter.

Man findet jedoch T_F bis zu 350^0 und mehr. Je höher T_F ist, um so größer ist der Wärmeverlust durch den Schornstein; je kleiner T_F, um so größer die Heizfläche und um so teurer die Anlage.

Rechnerisch läßt sich T_F annähernd ermitteln zu:

$$T_F = T\left(1 - \frac{\eta_2 - \sigma}{1 - \sigma}\right) \text{ in } {}^0\text{C} \quad . \quad . \quad . \quad . \quad . \quad . \quad . \quad . \quad (10)$$

η_2 = Wirkungsgrad der Heizfläche $\left(\frac{\eta}{\eta_1}\right)$ nach Gl. 8) ausschl. der Strahlungsverluste ($\sim 0{,}04$), somit:

$$= \frac{\eta}{\eta_1} + 0{,}04.$$

An bestehender Anlage ist T_F sicherer mit Hilfe von Pyrometern zu bestimmen. Diese Messung sollte aber stets an der Eintrittsstelle des letzten Feuerzuges in den Fuchs vorgenommen werden. Man hat mit $\sim 2{,}5\%$ Temperaturverlust auf 1 lfd. m Fuchslänge zu rechnen.

Zum Durchzug der Verbrennungsluft durch den Rost erhält dieser Spalten, deren Gesamtquerschnitt R_1 die freie Rostfläche darstellt. Für diese besteht die Bedingungsgleichung:

$$R_1 = \frac{B\,m\,L}{v \cdot 3600} \text{ m}^2 \quad . \quad . \quad . \quad . \quad . \quad . \quad . \quad . \quad . \quad . \quad . \quad (11)$$

Hierin:

v = Luftgeschwindigkeit $= 0{,}5 \div 1{,}6$ m/s,

L = Verbrennungsluftmenge in m³/kg.

Die Gesamtrostfläche rechnet man dann zu:

$$R = \frac{R_1}{\beta} \text{ m}^2 \quad . \quad . \quad . \quad . \quad . \quad . \quad . \quad . \quad . \quad . \quad . \quad . \quad (12)$$

mit: $\beta = 0{,}30 \div 0{,}50$ für Koks und Anthrazit,
$= 0{,}25 \div 0{,}50$ für Steinkohle,
$= 0{,}20 \div 0{,}40$ für Braunkohle,
$= 0{,}15 \div 0{,}20$ für Torf und Holz.

[1]) Dr.-Ing. Kirst: »Die veränderlichen mittleren spez. Wärmen der Feuergase«. Die Wärme, 51, Nr. 28, 1928.

Für Warmwasserkessel, Niederdruckdampfkessel mit Schüttfeuerung und ohne Feuerbrücke kann man mit 0,77 R rechnen.

Gewöhnliche Feuerzüge erhalten einen Querschnitt:

$$\left.\begin{array}{ll} f & \geqq 0{,}15\,R \text{ über der Feuerbrücke,} \\ f_1 & \geqq 0{,}38\,R \text{ im I. Zuge,} \\ f_2 & \geqq 0{,}33\,R \text{ im II. Zuge,} \\ f_3 & \geqq 0{,}25\,R \text{ im III. Zuge,} \\ f_F & \geqq 0{,}25\,R \div 0{,}20\,R \text{ im Fuchs, jedoch:} \\ f_F & \geqq 200 \times 200 \text{ mm.} \end{array}\right\} \quad \ldots\ldots\ldots\ldots \quad (13)$$

Wird ein Zug aus ständig (täglich) gereinigten Heizröhren gebildet, so kann der Gesamtquerschnitt des Röhrenbündels betragen:

$$\left.\begin{array}{ll} f_1 & \geqq 0{,}20\,R, \text{ wenn es den I. Zug bildet,} \\ f_2 & \geqq 0{,}17\,R, \text{ wenn es den II. Zug bildet.} \end{array}\right\} \quad \ldots\ldots\ldots \quad (13a)$$

Die Gesamt-Feuerzuglänge soll $\leqq \sim 30$ m sein.

Eine vollkommenere Ausnutzung der festen Brennstoffe erreicht man in neuerer Zeit dadurch, daß man die Rauchgase der Feuerungsanlagen in Ekonomisern od. dgl. zur Warmwassererzeugung nochmals verwertet. Weitere genauere Angaben über diese jetzt so wichtige Abgasverwertung siehe unten bei »Abgasen«.

Vorstehende rechnerische Angaben können nur für einen ersten Entwurf dienen. Die richtige Gütebeurteilung einer Feuerungsanlage läßt sich nur durch Heizversuche erreichen.

Beispiel. An einem Warmwasserkessel mit 7,14 m² Heizfläche sind 3 Heizversuche mit Braunkohlenbriketts durchgeführt, deren Ergebnisse in nachstehender tabellarischer Aufzeichnung enthalten sind. Die Briketts der Grube Ilse-Senftenberg hatten einen genauen Heizwert von 4736 kcal. Es sind der Wirkungsgrad und die Wärmebilanz festzulegen.

	I.	II.	III.
	Versuch		
Heizfläche des Kessels . . . . m^2	7,14	7,14	7,14
Dauer des Versuchs . . . . min	440	440	240
Heizwert (kalorimetrisch bestimmt)	4736	4736	4736
Rauchgaszusammensetzung			
Kohlensäure CO_2 . . . . %	13,87	13,12	11,00
Sauerstoff O_2 . . . . %	6,19	7,13	9,10
Kohlenoxyd CO . . . . %	0	0	0
Angewendete Zugstärke in mm Wassersäule .	3,02	3,05	3,00
Temperatur der abgehenden Rauchgase . .	182,79	181,71	180,21
Brennstoffverbrauch während des Versuchs kg	122,5	106,6	55,4
Leistung in kcal			
in 1 h auf 1,0 m² Heizfläche	8973	7913	7574
für 1 kg Briketts	3835,1	3975,2	3904,8

Der stündliche Brennstoffverbrauch ergibt sich

im 1. Versuch zu: $B = \frac{122{,}5 \cdot 60}{440} = 16{,}23$ kg

im 2. Versuch zu: $B = \frac{106{,}6 \cdot 60}{440} = 14{,}53$ kg

im 3. Versuch zu: $B = \frac{55{,}4 \cdot 60}{240} = 13{,}85$ kg.

Da der Füllschacht $\sim$ 100 kg Fassungsvermögen hat, so kann der Kessel

$$\frac{100}{{}^1/_3 \cdot (16{,}23 + 14{,}53 + 13{,}85)} = \sim 7^{\mathrm{h}}$$

in Dauerbetrieb stehen.

Der Wirkungsgrad ermittelt sich nun weiter gemäß Gl. (7)

$$\eta = \frac{w_s \cdot H}{H_u \cdot B}:$$

im 1. Versuch zu: $\eta = \frac{8973 \cdot 7{,}14}{4736 \cdot 16{,}23} = 0{,}8098$

im 2. Versuch zu: $\eta = \frac{7913 \cdot 7{,}14}{4736 \cdot 14{,}53} = 0{,}8393$

im 3. Versuch zu: $\eta = \frac{7574 \cdot 7{,}14}{4736 \cdot 13{,}85} = 0{,}8245.$

Hiernach erhält man folgende Wärmebilanz:

	1. Versuch	2. Versuch	3. Versuch	im Mittel
Gewinne an Wärme in %	80,98	83,93	82,45	82,45
Verluste » » » %				
durch Abgase	8,34	8,69	9,78	8,95
» Herdrückstände	0,33	0,44	0,44	0,40
» Strahlung usw.	10,35	6,94	7,33	8,20
				100,00

b) Die flüssigen Brennstoffe.

Bisher waren die flüssigen Brennstoffe für Warmwasserbereitungszwecke von ganz untergeordneter Bedeutung. In der jetzigen Zeit finden jedoch auch die flüssigen Brennstoffe die Beachtung, die ihnen bei ihrem hohen Heizwerte zukommen kann. In hohem Maße wird hierzu noch die Kohlenverflüssigung beitragen. Vor allem treten die schweren Öle in den Vordergrund. Man unterscheidet dünn- und dickflüssige Stoffe; mit allen erhält man bei guten Konstruktionseinrichtungen hohen Heizeffekt und rauchschwache Verbrennung. Praktisch hat sich die Ölfeuerung günstiger für Warmwassererzeugung als für Dampferzeugung erwiesen.

Die dünnflüssigen Brennstoffe Petroleum und Spiritus eignen sich nur für nebensächliche und Aushilfszwecke und sind von geringer heiztechnischer Bedeutung. Als Zusatzheizung möchte man sie jedoch im Haushalt und in Kleingewerbebetrieben auch jetzt nicht entbehren. Nachteile sind: Umständliche Bedienung und teurer, unsauberer und nicht ungefährlicher Betrieb. Die Gefährlichkeit ist in einer Explosions- und Brandgefahr und in einer starken Verunreinigung der Raumluft durch die Abgase zu suchen. Um 75 l Wasser in 30 min auf Badetemperatur zu erwärmen, entsteht ein Spiritusverbrauch von $\sim$ 0,6 l = 30 Pf. Kosten, während dieselbe Wirkung z. B. durch Gas mit 0,4 m^3, entsprechend 6,5 Pf. Kosten, erreicht wird. Kleinere Spiritus-Schnellwassererwärmer werden modern für Friseure, Ärzte, Chemiker hergestellt und leisten dort, wo Gas nicht zur Verfügung steht, gute Dienste.

Von den dickflüssigen Brennstoffen sind die Öle als Nebenprodukte der Petroleum- und Kohlendestillation besonders beachtenswert. In kleinen wie in großen Anlagen finden sie für sich allein wie auch als Zusatz neben festen Brennstoffen günstige Ausnutzung. Man hat das rohe Erdöl, seine Destillate, wie besonders Masut; ferner den Steinkohlenteer und dessen Destillate als Benzol, Teeröl und schließlich die Braunkohlendestillate. Die leichter flüssigen Stoffe wie Roherdöl, Masut werden auf $\sim$ 125° und höher erwärmt und durch Pumpe mit 2 $\div$ 5 at Druck einem Zentrifugalzerstäuber zugeführt, der das Öl fein zerstäubt in den Feuerraum einwirft. Bei Niederdruckbrennern genügt für die zugeführte Luft eine Pressung von 300 $\div$ 400 mm WS.

Für kleine Feuerungsanlagen, für schwerflüssige Brennstoffe wie Teer und Teeröl und bei abwechselnder Verwendung von festem und

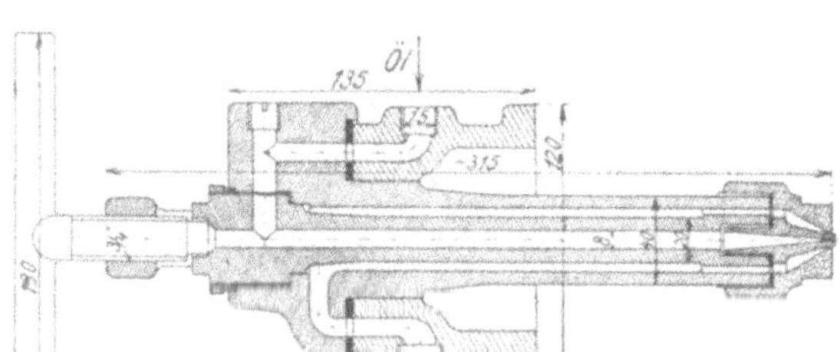

Abb. 4.

flüssigem Material dient auch das mit Dampf oder Dampfluftgemisch betriebene Dampfstrahlgebläse, von denen Abb. 4 die Körtingausführung zeigt. Auch hier muß das Öl zuvor in einem Behälter mittels Heizschlange auf 60 $\div$ 70° vorgewärmt werden. Diese geringe Anwärmung und der natürliche Druck, mit der das Öl dem Brenner zuzufließen braucht, ist ein Vorzug vor den Zentrifugalzerstäubern, welche aber wieder keinen Effektverlust des Heizwertes infolge des Miteinführens von Dampf hervorrufen. Beide Ausführungen besitzen gemeinsam den Vorteil, daß der Feuerraum ohne große Änderung an sich bestehen bleiben kann.

Für Warmwasserbereitungskessel sind in jüngster Zeit einige beachtenswerte Sonderölfeuerungen für die billigen, nicht raffinierten Erdöle und Gasöle ausgeführt, die zwar in der Apparatur vorläufig noch etwas weitläufig sind. Der Hi-Lo-Brenner von Marx & Co., Köln, beruht auf dem Prinzip der Ölverdampfung mittels elektrischem Ventilator; in der Ölfeuerungsanlage von Ehlers & Plambeck, Hamburg, werden ein elektrischer Luftkompressor und ein Luftzerstäuber mit den nötigen Schaltvorrichtungen verwandt. Alle diese mit gutem Nutzeffekt wirkenden Brenner lassen sich in schon bestehende Kokskessel einbauen oder werden mit besonderen Gußeisenkesseln geliefert. Ehlers & Plambeck bauen Warmwasserkessel mit Ölfeuerung für $11{,}5 \div 40{,}5\ m^2$ Heizfläche, bzw. $104\,000 \div 365\,000$ kcal/h Leistung bei einem stündlichen Ölverbrauch von 1,1 kg/m^2 Heizfläche. Die Ölzufuhr wird durch Thermostaten geregelt.

Der Brennstoffverbrauch ist wieder wie bei den festen Brennstoffen von der Gleichung:

$$B = \frac{W_0}{\eta \cdot H_u} \text{ in kg/h} \quad \ldots\ldots\ldots\ldots \quad (14)$$

abhängig. Es ist hier nur die Analysierung des flüssigen Brennstoffes nicht so bequem, sicher und einwandfrei. Man geht daher von einer Annahme für den absoluten kalorimetrischen Heizeffekt H_u und auch für die theoretische Verbrennungsluftmenge L aus. Hiergegen liegen um so weniger Bedenken vor, als die Veränderlichkeit von H_u und L keine große ist. So kann man wählen:

für Spiritus, 90 Vol.-%	$H_u =$ 5 700 kcal/kg,	$L =$ 8,3 kg/kg,
» Petroleum, gereinigt	= 10 500 »	= 14,5 »
» Naphtha (rohes Erdöl)	= 10 000 »	= 14,0 »
» Masut, Benzin	= 10 000 »	= 14,5 »
» Teer (Steinkohlen-)	= 8400 »	= 12,0 »
» Teeröl, Benzol	= 9500 »	= 13,0 »

Der Luftüberschußkoeffizient in Feuerungen kann genommen werden zu:

$$m = 1{,}2 \div 1{,}5;$$

der Wirkungsgrad, der bei guter Anlage ein hoher ist, zu:

$$\eta = 0{,}85 \div 0{,}95.$$

Der Brennstoffverbrauch ist bei den Zentrifugalzerstäubern sehr gering, je nach Brennergröße: $B = \sim 5 \div 50 \div 100$ kg/h, bei den Ölverdampfern und Zerstäubern der Sonderausführungen für Warmwasserkessel $B = 1{,}0 \div 1{,}2$ kg/h und 1 m² Heizfläche.

Die Vorteile einer guten Ölfeuerung sind: saubere, bequemere Anlieferung des Brennstoffes, des Öles in Tanks, geringer Raumbedarf für die Lagerbestände, bessere Luftzufuhrregelung und billigere nutzbare Wärme als bei festen Brennstoffen (trotz hoher Ölpreise), schnelles Anheizen und Abstellen, rasche Inbetriebnahme, Vorbeugung einer Brennstoffvergeudung, geringe Bedienungskosten, Fortfall von Asche- und Schlackenabführung mit deren schmutzigen Begleiterscheinungen.

Bedingung für ein sicheres, zufriedenstellendes Arbeiten ist aber stets ein guter Brenner.

c) Die gasförmigen Brennstoffe.

Die gasförmigen Brennstoffe treten als scharfe Konkurrenten der festen auf. Insbesondere ist es das Steinkohlengas, Leuchtgas, das sich gerade zwecks Warmwassererzeugung einer täglich zunehmenden Beliebtheit erfreut und in ziemlich großem Umfange Ausnutzung findet.

Die bekannten Vorteile der Gasheizung liegen in der schnellen Wärmeentwicklung, dem hohen Heizeffekte des Gases, der gleichmäßigen Wärmeabgabe, stetigen Betriebsfertigkeit, sofortigen In- und Außerbetriebsetzung, einfachen, bequemen Bedienung, guten Wärmeregelung, Reinlichkeit, Zeit- und Raumersparnis und in der sicheren und einfachen Kontrolle des Gasverbrauches. Alle diese Vorzüge haben bewirkt, daß jetzt die Gasheizung gerade zur Erzeugung von warmem Wasser in hohem Maße bevorzugt wird; fast für alle Anlagen, vom kleinsten Wassererhitzer an, wie er sich etwa in einem Toilettenzimmer vorfindet, bis zu dem Massenbrausebad in einer Kaserne, Schule oder sonstigen Anstalt wird als Heizmittel das Gas gebraucht.

Die Nachteile, welche der allgemeinen Verwendung des Gases hinderlich sein können, sind die Giftigkeit und der hohe Preis. Die Anschauung jedoch, das Leuchtgas sei an sich und auch durch seine Verbrennungsprodukte zu gesundheitschädigend, als daß es als Heizmittel überall verwandt werden könnte, verliert immer mehr an Boden. Einmal werden die Gasfeuerungen jetzt nach dieser Richtung hin vorzüglicher und einwandfreier durchgeführt; dann bringt auch der konsumierende Laie der Gasfeuerung und der Lüftung der Räume, in denen ein Gasofen sich befindet, ein größeres Interesse und Verständnis entgegen. Die Kosten des Gases sind zwar höher als die der festen Brennstoffe, jedoch ist dieser Nachteil mehr ein augenscheinlicher, denn man bekommt für einen, wenn auch höheren Betrag eine weitaus größere nutzbare Brennstoffmenge. Es beträgt die Wärmeausnutzung einer guten Gasfeuerung $\sim 75\%$, welcher Effekt unter Umständen sogar bis auf 90% gesteigert werden kann. Der Preis für 1 m³ Heizgas mit 4000 kcal/m³ Heizwert beträgt zurzeit $15 \div 18$ Pf., wofür z. B. das Wasser eines

Wannenbades, zu 160 l gerechnet, von 10° auf 35° erwärmt werden kann. Allgemein kann man zur Erwärmung von 100 l Wasser um 1° bei 30 mm Gasdruck für ein Gas mit:

5000 kcal unt. Heizwert einen Verbrauch von	~ 0,030 m³,	
4300 » » » » » »	~ 0,035 »	Mischgas
4000 » » » » » »	~ 0,037 »	Mischgas

rechnen. Durch aufmerksame Bedienung lassen sich die Kosten infolge der leichten und bequemen Regelung an den Öfen nicht unwesentlich vermindern. Sehr gute Dienste leisten in dieser Hinsicht die Gasautomaten, deren Gasverbrauch sich nach dem jeweiligen Wasserverbrauche selbsttätig regelt. Für häusliche Gasheizungen nimmt man in Anbetracht der großen Annehmlichkeiten, die eine Gasheizung gewährt, den heutigen Preis von 16÷18 Pf./m³ und mehr ohne weiteres als zulässig hin. Größere Gasfeuerstätten (in Kesseln) können, rein wirtschaftlich betrachtet, dann mit den Feuerungen fester Brennstoffe (Kokskessel) in Wettbewerb treten, sobald das Gas bei 4300 kcal/m³ Heizwert etwa 6÷7 Pf. kostet, ein Preis, der sich in Industriebezirken schon hie und da findet (Ferngasversorgung).

Das Leuchtgas kann als Brennstoff in fast allen Feuerungen ohne weiteres Ausnutzung finden. Die Brennerarmatur ist dabei weit einfacher als bei der Ölfeuerung. Völlig in sich abgeschlossene Gruppen von Warmwasserbereitern mit Gasheizung bilden die Gasöfen (Badeöfen usw.) und die Gaskessel (Hochleistungskessel), die in ihrer Bedienung und Betrieb gegenüber Kokskesseln 10÷20% Ersparungen mit sich bringen[1]).

Der Gasverbrauch spielt ja für die Beurteilung und Güte der Heizkörper eine große Rolle. Man begegnet in Katalogen und Prospekten nicht selten Angaben über den Gasverbrauch, die beim Vergleich mit der angegebenen Leistung nur mit einem Gase möglich sind, welches in städtischen Leitungen überhaupt nicht vorkommt. Wenn z. B. angegeben wird, daß zur Erwärmung von 160 l Wasser von 10° auf 40°, d. h. zur Erzeugung von 160 (40 — 10) = 4800 kcal nur 750 l Gas verbraucht werden, so ist dies selbst bei einem Nutzeffekt des Ofens von 90% nur mit einem Gase möglich, welches mehr als $\frac{4800 \cdot 1000}{750 \cdot 0{,}9} =$ 7100 kcal/m³ enthält, während ein reines Leuchtgas von 5500 kcal Heizeffekt schon ein besonders gutes ist. Es ist daher dringend wünschenswert, daß hier feste Normen unter den Interessenten vereinbart und befolgt werden. Für die Norm der Leistungsangabe muß eine einheitliche Menge Wasser, in Litern bemessen, angegeben werden, die bei einer Temperaturerhöhung von etwa 30° durch so und soviel Liter Gas mit

[1]) Dr.-Ing. Balcke »Die Gasfeuerung in der Zentralheizungsindustrie«. Gesundheits-Ingenieur, 50, Heft 37, 1927.

$\sim$ 4000 kcal unterem Heizwert in einer bestimmten Zeit erwärmt werden kann unter Erreichung eines Nutzeffektes von so und so groß des Heizkörpers. Es sollte dann aber der Wirkungsgrad wegen Konkurrenzbestrebungen nicht zu hoch getrieben werden, damit eine sichere Gewähr für die Abführung der Gase gegeben ist.

Die Schaulinien der Abb. 5 sind für die qualitativen Leistungen der gebräuchlichen geschlossenen Gasbadeofen-Modelle und -Größen

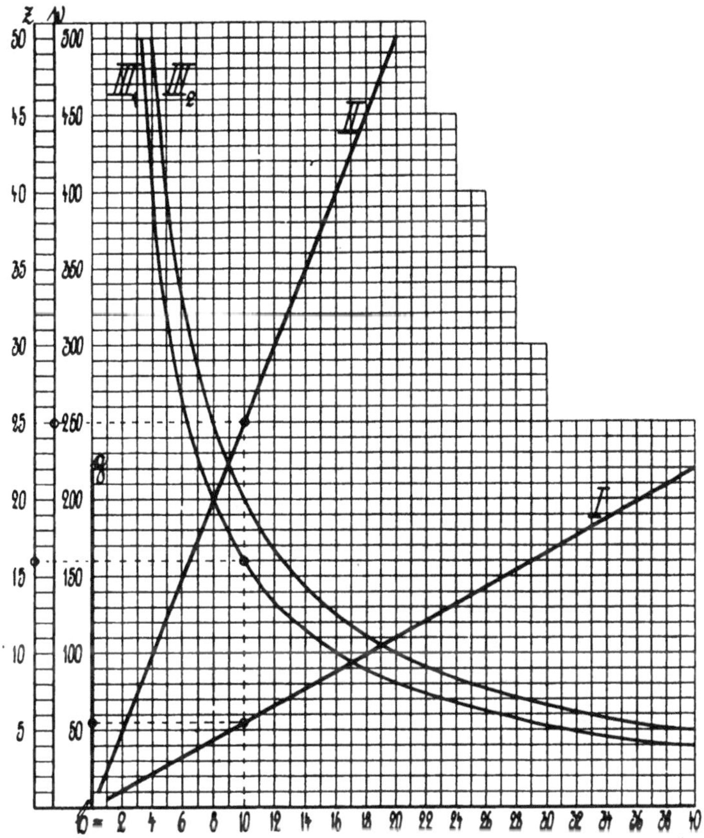

Abb. 5.

aufgestellt. Als qualitative Leistung hat man hier die Anzahl Liter Wasser (h in Abb. 5) zu verstehen, welche in einem Ofen in 1 min um 25° (von $\sim$ 10 auf 35°) erwärmt werden kann.

Es bedeuten:

Linie I: den Gasverbrauch in Liter für die Erwärmung von h l Wasser um 25°, abzulesen auf der Ordinate g;

Linie II: die dabei erzeugte Wärmemenge in kcal, abzulesen auf der Ordinate w;

Linie III_1: die Zeit in min, in der 160 l Wasser von einem Ofen mit der Leistung h um 25° erwärmt werden können, abzulesen auf der Ordinate z;

Linie III_2: dasselbe für 200 l Wasser.

160 und 200 l Wasser sind als die gebräuchlichen Badewannenfüllungen angenommen.

Aus g und h ergibt sich der Anstrengungskoeffizient k des Gases, d. h. die Gasmenge in l, die bei einem normalen Gasdruck von $\sim$ 30 mm, am Brenner gemessen, nötig ist, um 1 l Wasser um eine bestimmte Temperatur zu erhöhen. Somit folgt:

$$k = \frac{g}{h} \quad \ldots \ldots \ldots \ldots \quad (15)$$

Man findet aus den Schaulinien:

für Gasbadeöfen u. dgl. mit 25° Temperaturerhöhung:

$k = 5{,}5$ allgemein und normal,

$k = \div 7{,}5$ für besonders kurze Anheizdauer;

mit k soll man möglichst unter 7,5 bleiben, die Anheizdauer fällt immer noch kurz genug aus; ferner kann man nehmen:

für Gaskochöfen mit 90° Temperaturerhöhung:

$k = 50 \div 60$ für gewöhnliche Gasplatte,

$k = 22$ zum Anheizen } für geschlossene Zylinder-Kochöfen
$k = 2{,}5$ zum Warmhalten } (nach Prof. Junkers Modell aufgestellt);

für Kessel mit Gasbrennerbatterieeinsatz:

$k = 15 \div 20$;

für Hochleistungskessel:

$k = 8 \div 10$ bei Leuchtgas mit $H_u = 5500$ kcal/m³,

$k = 12 \div 15$ bei Mischgas mit $H_u = 4000$ kcal/m³.

Die Gesamtgasmenge zur Erwärmung von Q l Wasser bestimmt sich dann zu:

$$B = kQ \text{ in l} \quad \ldots \ldots \ldots \ldots \quad (16)$$

und die dafür aufgewandte Zeit zu:

$$Z = \frac{Q}{h} \text{ min} \quad \ldots \ldots \ldots \ldots \quad (17)$$

Der Wirkungsgrad des Gases hängt natürlich von der Güte des Gasheizkörpers ab und ergibt sich aus der nutzbar gemachten Wärme, geteilt durch die aufgewendete Wärme, also zu:

$$\eta = \frac{Q\,(t - t_1)}{B\,H_u}, \quad \ldots \ldots \ldots \ldots \quad (18)$$

wenn Q l Wasser von $t_1{}^0$ auf t^0 erhitzt sind und H_u den absoluten unteren Heizwert des Gases darstellt. Man kann mit $\eta = 0{,}85 \div 0{,}92$ praktisch rechnen. Bei der gasförmigen Gestaltung des Brennstoffes ist die theoretische Verbrennungsluftmenge L fast gleich der wirklichen, daher der Luftüberschußkoeffizient $m = 1{,}0 \div 1{,}1$.

Neben dem reinen Steinkohlengas und dem Mischgas der städtischen und privaten Gasanstalten finden sich für vorliegende Zwecke ausgenutzt noch: das Generatorgas, Wassergas und für besondere Fälle das Hochofen-, Koksofen-, Schwelgas und das Erdgas.

Eine interessante Anlage größeren Umfanges ist die Warmwasserbereitungsanlage des städtischen Schlachthofes Waldheim i. S., deren Warmwasserapparate mit Generatorgas betrieben werden. Die Anlage ist nach Abb. 6 von Junkers & Cie., Dessau, im Jahre 1906 ausgeführt und arbeitete in den ersten Zeiten zur vollen Zufriedenheit der Besitzerin, ohne daß wesentliche Ausbesserungen vorgenommen werden mußten.

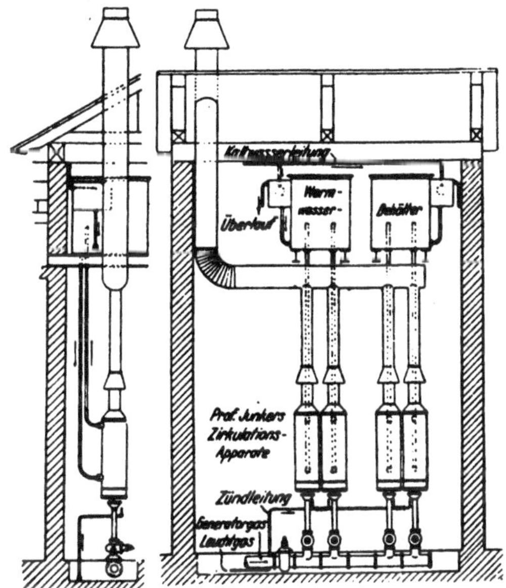

Abb. 6.

Die Anlage, welche in einem besonderen angebauten Gebäude von 4,5 m Länge, 2,5 m Breite und 6,5 m Höhe untergebracht ist, besteht aus zwei Systemen, von denen jedes zwei Junkers-Heißwasserapparate und einen direkt betriebenen Warmwasserbehälter mit daran befestigtem Kaltwasserschwimmergefäß umfaßt. Die Warmwasserbehälter besitzen je einen Nutzinhalt von $\sim$ 1250 l und liegen zwecks Erreichung einer genügenden Druckhöhe $\sim$ 5 m über den Zapfstellen. Die Speisung erfolgt von der städtischen Wasserleitung aus, das warme Wasser wird von den Behältern aus einer gemeinschaftlichen Gebrauchsleitung zugeführt, so daß je nach Bedürfnis warmes Wasser aus beiden oder nur einem entnommen werden kann. Elektrische Alarmvorrichtungen geben dem Bedienenden rechtzeitig das Steigen und Sinken der Wassertemperaturen in den zulässigen Grenzwerten an. Schwimmer-Wasserstandsanzeiger zeigen an einer Latte hinter den Gasapparaten die jeweilige Wasserstandshöhe in den Behältern an. Jeder Gasapparat kann getrennt für sich an- und abgestellt und in seiner Heizleistung nach Belieben geregelt werden. Die Anlage ist für eine stündliche Leistung von 180000 kcal vorgesehen, d. h. es können stündlich 3000 l Wasser von 10⁰ auf 70⁰ erwärmt werden. Benutzt wurde die Anlage vorläufig für die ausreichende Leistung von 2 · 1250 (70 — 10) = 150000 kcal.

Dieser Anlage dient nun als Heizmittel ein Generatorgas, welches in der dem Schlachthofe anliegenden Deutzer Generatorgasanlage des städtischen Elektrizitätswerkes erzeugt wird. Als Rohstoff kamen Braunkohlen-Würfelbriketts der Gewerkschaft Bockwitz zur Ausnutzung, die sich in erster Linie durch ihren geringen Teergehalt auszeichnen und einen Heizeffekt von 4600 kcal besitzen. Das gewonnene Gas mit einem Heizeffekte von $\sim$1000 kcal/m^3 wurde als Überschußgas von der elektrischen Zentrale abgegeben und mittels eines 3-PS-Kapselgebläses durch eine mehrfach und stark gekrümmte $\sim$ 60 m lange Leitung von 200 mm Durchmesser der Warmwasserbereitungsanlage des Schlachthofes zugeführt. Die Zündung in den Gasapparaten erfolgte durch Steinkohlengas (Leuchtgas).

Das Generatorgas besaß sehr geringen Teergehalt und erschien daher, da man es auch für trocken genug hielt, in derartigen Heizapparaten gut geeignet. Ein erheblicher Wassergehalt machte sich jedoch bald in einem unbeabsichtigten Wassersack der im Erdreich verlegten Gaszuleitung bemerkbar, so daß an dieser Stelle eine Wassergrube eingebaut werden mußte, die täglich durch Handpumpe zu leeren war, andernfalls das Gebläse das Gas bis zu den Warmwasserbereitern nicht durchzudrücken vermochte. Um den durch den Teergehalt hervorgerufenen Übelständen von vornherein entgegenzutreten, ist vor dem Hauptschieber ein kleiner Kiesfilter als Sicherheitsreiniger (in Abb. 6 nicht mit eingezeichnet) eingebaut, welcher aber nur selten, etwa jeden Monat einmal, gereinigt zu werden braucht.

Neben den üblen Eigenschaften eines hohen Wasser- und Teergehaltes besitzen diese Gase meist auch starken Schwefelgehalt, der in seiner leichten Neigung zu Kupfer- und Zinnverbindungen meist bald auf eine Zerstörung der verzinnten kupfernen Gasapparate hinwirkt. Wohl infolge der soliden Ausführung der Heizkörper und deren vorbedachten Konstruktion als leicht zerlegbare Öfen zwecks Reinigens machte sich in der ersten Betriebszeit ein solcher Übelstand nicht besonders geltend. Die lockeren Rückstände des Gases ließen sich von Zeit zu Zeit aus dem einfachen Zylinderofen durch eingeführten Wasserstrahl herausschwemmen; während des nachdrücklicheren Reinigens eines Ofens trat ein Reserveofen in Tätigkeit. Im Laufe der Jahre jedoch vermochten selbst die soliden Ausführungen der Firma Junkers der ständigen starken Schwefeleinwirkung nicht standzuhalten. Es ergaben sich schließlich fortlaufende störende und kostspielige Ausbesserungen, so daß man ernsten Sinnes an eine bessere Warmwasserbereitung dachte. Eine Aushilfe bot zwar immer noch das reine Steinkohlengas der ebenfalls in unmittelbarer Nähe liegenden Gasanstalt, für welchen Zweck von vornherein auswechselbare Spiralröhrenbrenner (anstatt der Düsenbrenner) vorgesehen waren. Damit erreichte man auch, abgesehen von den Betriebskosten, äußerst zufriedenstellende Resultate. Da kam der Krieg und mit in seinem Gefolge die häufige Stillegung der Sauggasanlage des städtischen Elektrizitätswerkes, welches für den teuren und schwer zu beschaffenden Brikettbrennstoff den Anschluß an die Überlandzentrale vorzog. Damit traten dann auch die Gasöfen außer Betrieb, und es wurde die Warmwasserbereitung unter Belassung der ganzen Anlage in der Weise bewirkt, daß man in die beiden Warmwasserbehälter Frischdampf aus den Dampfkesseln der Gasanstalt direkt einleitet. Die Gasöfen bilden jetzt die Reserveheizung für die Wasserbehälter, wenn die Sauggasanlage in Tätigkeit tritt.

Man sieht hieraus, daß die Brauchbarkeit eines jeden Gases für Gasöfen nicht ohne weiteres gegeben ist. Es müssen vielmehr an ein Gas die Bedingungen geknüpft werden, daß es wie das reine Kohlengas möglichst geringen Teer- und Wassergehalt besitzt und fast völlig schwefelfrei ist.

Im allgemeinen wird auch für Gase immer noch der untere Heizwert zugrunde gelegt, so auch in diesen Abhandlungen. Es ist aber darauf zu achten, da in der Gastechnik jetzt schon vielfach mit dem oberen gerechnet wird.[1])

Für die gebräuchlichen Gase ist mit folgenden Werten des unteren Heizwertes H_u und der theoretischen Luftmenge L zu rechnen:

Reines Steinkohlengas (Leuchtgas) .	H_u = 4500 ÷ 5500	kcal/m³,	L = 5,5 m³/m³
Mischgas (10 ÷ 20% Wassergas) . .	» = 4000 ÷ 4300	»	= 4,5 »
Generatorgas (Brk., Torf, Koks) . .	» = 1000 ÷ 1300	»	= 1,0 »
Wassergas	» = 2500 ÷ 2700	»	= 2,5 »
Schwelgas	» = 5000 ÷ 8000	»	= 7,0 »
Gichtgas (Hochofengas)	» = 800 ÷ 1000	»	= 0,7 »
Koksofengas	» = 3500 ÷ 4500	»	= 4,0 »
Erdgas	» = 8000 ÷ 10000	»	= 8,5 »

Für 1000 kcal werden ∾ 1 m³ Luft benötigt.

Für die Leistung eines Gasofens spricht weiter der Gasdruck mit. Dieser ist nicht nur in den einzelnen Städten und Stadtteilen sehr verschieden, sondern er unterliegt auch an der gleichen Entnahmestelle Schwankungen, die mit der je nach der Tageszeit stärkeren oder schwächeren Belastung des Netzes zusammenhängen. Daher ist sorgfältigste Einregulierung der Gasapparate an Ort und Stelle unter Berücksichtigung des vorhandenen Gasdruckes, insbesondere des Höchstdruckes am Abend, unerläßlich.

Hervorragende Bedeutung hat in letzter Zeit die Abgasverwertung erlangt. Zur Verfügung stehen die heißen Abgase (Rauchgase) der

[1]) Dr. Dommer: »Einiges über Definition und Bestimmung des Heizwertes von Gasen«. Das Gas- und Wasserfach, 72, Heft 8, 1929.

Hochdruckkraftdampfkessel, der industriellen Feuerungen, des Gaswerks, der größeren gewerblichen Wärmeanlagen und der Verbrennungsmotoren.

In allen diesen Anlagen können die Grundbrennstoffe für den Hauptzweck nur zum Teil nutzbar gemacht werden; ein Wärmeverlust ist zum größten Teil in den nach dem Schornstein hin abziehenden Rauchgasen enthalten. Mit welch erheblichen Abgasverlusten man zu rechnen hat, geht aus der graphischen Darstellung der Abb. 7 hervor. Danach betragen die Wärmeverluste z. B. bei 10% CO_2 und 350° Abgastemperatur 23 — 10 = 13%.

Eine vollkommene Rückgewinnung der Abwärme ist aus verschiedenen Gründen nicht möglich, da die untere Grenze der Ausnutzungs-

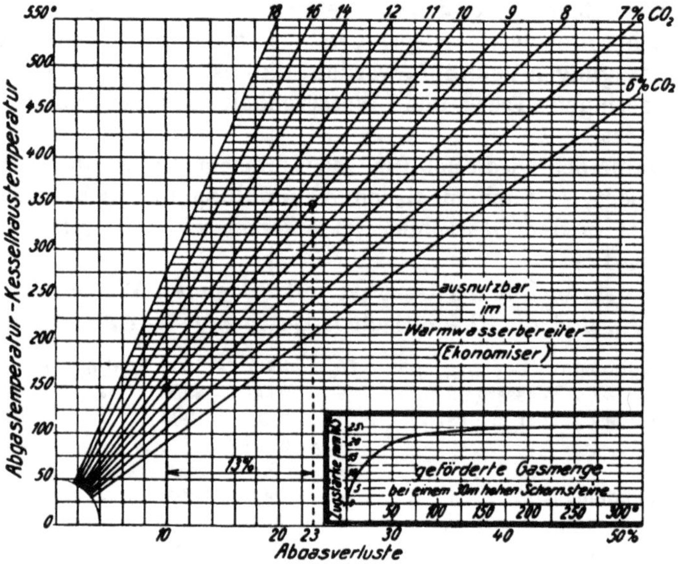

Abb. 7 [1]).

möglichkeit von verschiedenen Faktoren abhängig ist. Einmal ist bei natürlichem Zuge eine gewisse Temperaturhöhe zum Einhalten der erforderlichen Zugstärke nötig; ferner fallen bei zu geringen Temperaturunterschieden die Heizfläche des Wärmeaustauschers und damit die Anschaffungskosten zu hoch und unwirtschaftlich aus; schließlich muß wegen des Gehaltes an schwefliger Säure in den Rauchgasen die Bildung von Kondenswasser verhindert werden, da sonst das Metall durch das SO_2-haltige Wasser zu stark angegriffen wird. So sollten die Abgase durch den Abwärmeverwerter nicht unter 180÷150° abgekühlt werden. Bei Kleinanlagen kann man unter günstigen Verhältnissen vielleicht

[1]) Nach Föge, Hannover.

noch bis auf 120° heruntergehen (Abb. 7). Zum Erreichen eines guten natürlichen Zuges genügen auch meist 180÷150°, da bei diesen Schornsteintemperaturen das Maximum des geförderten Gasgewichtes erreicht ist. Bei künstlichem Zuge (Saugzug) ist man von der Zugkraft Z_s unabhängig und kann hier gegebenenfalls auch eine weitere Ausnützung der Abgase zulassen. Im allgemeinen darf man durch die Abgasverwertung in Warmwasserbereitern eine Brennstoffersparnis von ~ 10% voraussetzen, in kleineren Anlagen auch noch höher.

Daß man der Rauchgaswärme schon seit längerem die ihr zukommende Bedeutung beimißt, mögen einige Beispiele an dieser wie auch an späteren Stellen zeigen.

In der Fernanlage des städtischen Krankenhauses Ludwigshafen, ausgeführt von Gebr. Sulzer, werden die Rauchgase zweier eingemauerter Zweiflammrohrkessel zu je 105 m² Heizfläche in Ekonomisern zur Warmwasserbereitung mit Erfolg ausgenutzt. Auf diese Weise werden monatlich 450 m³ Warmwasser zu 70° erzeugt. Als Brennmaterial dient Gaskoks, dessen Beschaffung wegen der nahen Lage des Gaswerkes sehr leicht und der wegen seiner rauchschwachen Verbrennung für eine Spitalanlage von besonderem gesundheitlichem Werte ist. (Siehe auch unten »Fernwarmwasserversorgung«). Anlagen gleicher Art haben Gebr. Sulzer schon bei mehreren anderen Großbetrieben erfolgreich durchgeführt.

In einer Großbäckerei dienen die Rauchgase der 10 Backöfen, die mit 30 kg Braunkohlenbriketts pro Ofen und Stunde beheizt werden, zum Erwärmen des für den Backbetrieb, die Personenreinigung und die Waschanstalt benötigten Warmwassers. Die Kori-Müll- und Abfallverbrennungsöfen erhalten zur wirtschaftlichen Ausnutzung der Abgase Heizspiralen, die Warmwasser in reichlichem Maße für Genuß-, Gebrauchs- und Badezwecke liefern. Derartige Müllverbrennungsanlagen mit Warmwasserbereitung größeren Umfanges sind bei Wertheim-Berlin, den Fiatwerken-Wien, A.G. Goerz Friedenau und in vielen Schlachthöfen in zufriedenstellendem Betrieb.

Viele Betriebe sind trotz einwandfreier neuester Ofenbauarten aus betriebstechnischen Gründen gezwungen, Wärme aus Brennstoffen im Überschuß zu erzeugen. Hierher zählen vor allem die Hüttenwerke, deren verschiedenartige Öfen noch so reichliche Rauchgasmengen in den Schornstein entsenden, daß eine weitgehende Verwertung für die Erzeugung warmen Wassers für Badezwecke u. dgl. wirtschaltlich erscheint. In den Hüttenwerken legt man diesem Umstande jetzt immer höhere Bedeutung bei. Für eine direkte Warmwasserbereitung kommen die Abgase dieser Großhüttenöfen kaum in Frage, da jene hochwertige Gase mit ~ 600÷1200° sind und sich wirtschaftlicher zur Hochdruckdampferzeugung, für Trockenzwecke u. dgl. ausnutzen lassen.

Eine hohe Bedeutung ist der Abwärmeverwertung in den Gasanstalten beizumessen, wenn sie auch zurzeit noch nicht allgemein durchgeführt ist, wenigstens nicht in mittleren und kleinen Werken, und sie sich nicht allein auf Abgase, sondern auch auf Abdampf bezieht. In einem neuzeitlichen Gaswerk stehen an größeren Wärmequellen die Ofenabhitze der Entgasungsöfen (Vertikalkammeröfen), die Abwärme der Kokslöschung, die der Auspuffgase und des Kühlwassers von Gas-

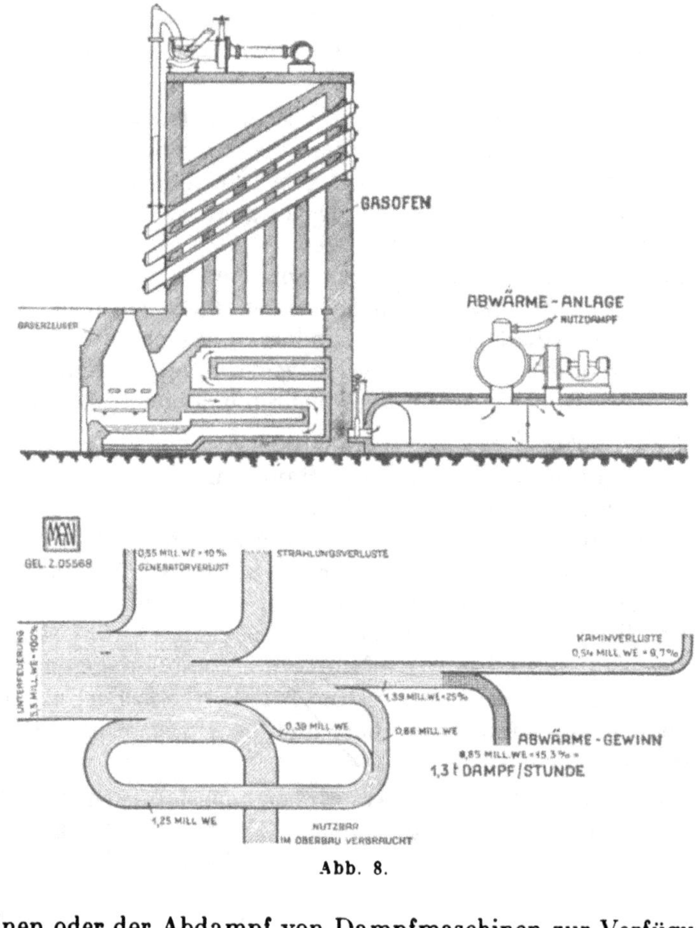

Abb. 8.

maschinen oder der Abdampf von Dampfmaschinen zur Verfügung. Abhitzekessel, hinter den Kammeröfen und gegebenenfalls hinter den Gasmaschinen eingebaut, sollten dann eine selbstverständliche Einrichtung der Gaswerke sein. Die Abgase der Unterfeuerungen besitzen Temperaturen bis zu $\sim$ 700°. Es läßt sich damit der Warmwasserbedarf für das eigene Bedürfnis wie auch für eine anliegende öffentliche Schwimmbadeanstalt meist reichlich decken, so daß der Zusammenschluß des Gaswerks mit einer Badeanstalt eine berechtigte neuzeitliche Forderung ist. Die Abwärmeeinrichtung ist derart, daß die Gasofenabgase auf den im letzten Ofenzug eingebauten Abgasverwerter als Heizschlange oder Kessel einwirken und darin Warmwasser (Heizwasser) oder Dampf erzeugen, die als indirekt wirkende Heizmittel zur Warmwassererzeugung in besonderen Behältern dienen.[1])

Die aus den Abgasen der Gaswerksöfen zu gewinnende Wärme beträgt:

$$W_A = c_p \cdot BG\,(T_2 - T_3)\ \text{kcal/h} \quad \ldots\ldots\ldots \quad (19)$$

Darin:

c_p = spez. Wärme der Abgase,
= 0,24÷0,32 je nach CO_2- und Wassergehalt,

B = Koksverbrauch im Generator in kg/h, ~ 12÷16% des Gewichtes der vergasten Kohle (~75 kg für neuzeitliche kleinere Werke),

G = Gewicht der Abgasmenge in kg/kg, $= 1 + mL = 10 \div 16$ kg/kg,

T_2 = Abgastemperatur vor dem Verwerter = ~ 400÷700° bei Gasöfen mit Rekuperatoren, ~275÷400° bei Gasöfen mit Regeneratoren,

T_3 = Abgastemperatur hinter dem Verwerter = 200÷150° (gegebenenfalls mit Saugzug).

Die Einrichtung wird hier am günstigsten so getroffen, daß man in den Fuchs der Retortenöfen nach Abb. 8 einen Niederdruckdampferzeuger oder nach Abb. 9 einen Warmwassererzeuger als Abhitzekessel einbaut, dessen Dampf bzw. Warmwasser als sekundäres Heizmittel für einen Gegenstromapparat (Abb. 9) liefert, aus welchem das warme Nutzwasser abgenommen wird. Der MAN-Ausführung Abb. 8 ist das Wärmediagramm eines Ofenblocks von 10÷12 Gasöfen beigefügt; die Abb. 9 gibt eine Anlage von Schaffstaedt, Gießen, wieder. Durch diese Einrichtung erreicht man, daß kein kaltes Wasser in den Wärmeaustauscher des Fuchses tritt und ein höchst nachteiliges Schwitzen der Heizflächen vermieden wird. Das Schwitzen ruft Anbacken der schwefelhaltigen Flugasche, Verminderung der Wärmetransmission und Zerfressen des Eisenmaterials durch den Schwefel hervor.

In großen Anlagen werden die Abgase der Retorten- und Hüttenöfen in der Weise ausgenutzt, daß die anfallende Abwärme der Abgase besonders im Nachtbetrieb für den folgenden Tagesbedarf im Speicher mit Wasserfüllung aufgespeichert wird. (Siehe Abschnitt XI.)

Eine große Menge Gase, die unter Beachtung des eigentlichen Zweckes dieser Öfen als Abgase anzusprechen sind, liefern die Koksöfen. Nach Oehlschläger[2]) erhält man aus 1 t Steinkohlen 250÷310 m³ Koks-

[1]) Dr. Geipert: »Neuzeitliche Leuchtgaserzeugung. (Abhitzekessel der Öfen).« Das Gas- und Wasserfach, 72, Heft 8 1929.

[2]) Oehlschläger: Der Wärmeingenieur, 1925, Verlag Otto Spamer, Leipzig.

ofengas, wovon bei Regenerativ- oder Rekuperativöfen 40%, sonst 25% verwertet werden. Vor der Reinigung findet eine Kühlung der heißen Gase statt. Die hierbei abgenommene Wärme ist in erster Linie zur Warmwassererzeugung nutzbar zu machen.

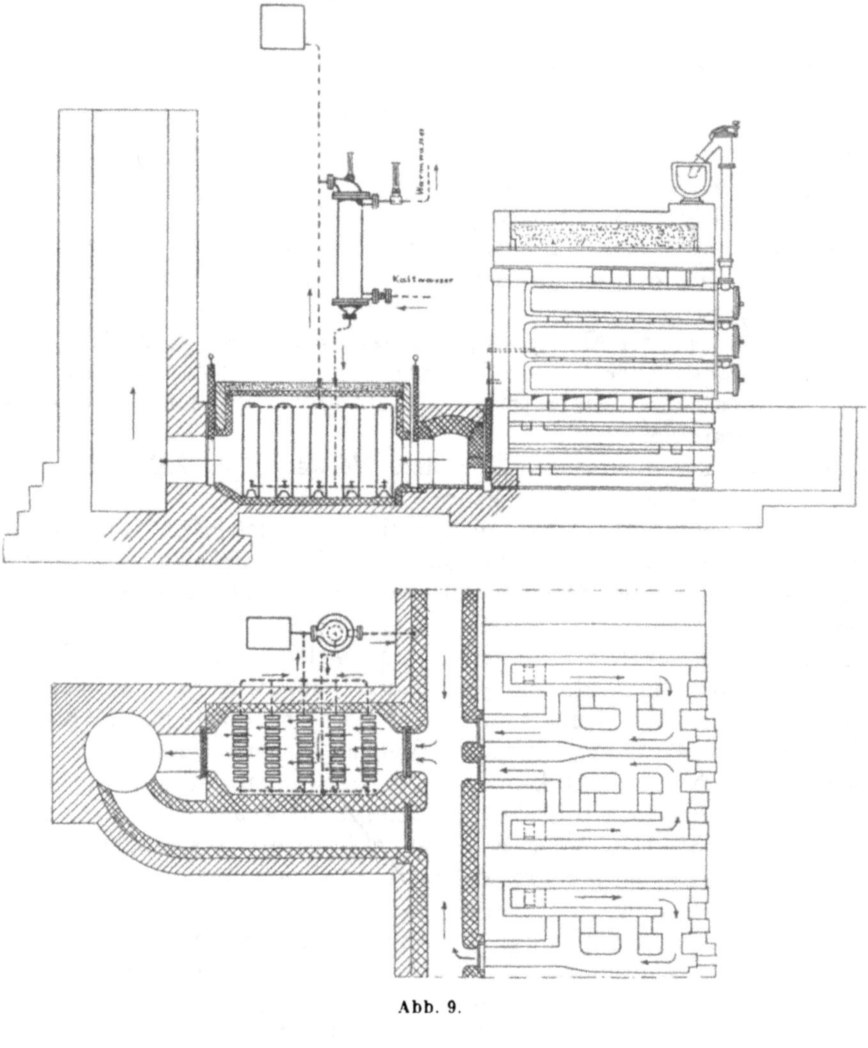

Abb. 9.

Ungefähre Temperaturen der Hüttenöfen-Abgase.

Gaswerksretortenöfen	400 ÷ 700°
Generatorgas-, Wassergaserzeuger. .	600 ÷ 800°
Martin-Flammöfen	550 ÷ 850°
Schweißöfen	1000 ÷ 1200°
Glühöfen-, Anwärmöfen	350 ÷ 450°

Porzellanöfen } [1]	700 ÷ 1000°
Glasöfen . .	400 ÷ 500°
Zementöfen	400 ÷ 700°
Öfen der chemischen Industrie (N-Gase)	600 ÷ 800°

Die Abgase der Verbrennungskraftmaschinen besitzen neben Kühlwasserwärme eine so hohe Hitze, daß es sich wohl lohnt, sie ebenfalls zur Warmwasserbereitung auszunutzen, wenigstens sehr wirtschaftlich bei Leistungen von 100 PS_e aufwärts. Diese Abgase entweichen mit 500 ÷ 600° aus Gasmaschinen und mit 350 ÷ 450° aus Dieselmotoren. Wenn hier auch mit verschiedenen Mißhelligkeiten zu rechnen ist, wie nachteilige Gegenwirkung auf die Maschine, starke Unreinigkeit und geringes spezifisches Gewicht der Abgase, so sind jedoch auch hierfür geeignete Warmwasserbereiter entstanden. Auf jeden Fall dürfen darin diese Maschinenabgase keine zu tiefe Abkühlung finden.

Im allgemeinen lassen sich ~ 350 ÷ 600 kcal Abwärme auf 1 PS_eh rechnen und in Form von heißem Wasser gewinnen; dabei soll eine Mehrbelastung des Motors und eine Erhöhung des Verbrauches nicht eintreten. Versuche, die der Verfasser in dem Elektrizitätswerk Hartha i. S. mit einem Schuseilschen Apparate angestellt hat, ergaben ebenfalls äußerst günstige Resultate.

Wirtschaftlich läßt sich jedoch nur die Abgaswärme der Großgasmaschinen und des Dieselmotors ausnutzen. Hottinger und Cochand geben folgende Versuchsergebnisse an einem 300-PS-Dieselmotor an[2]).

Belastung: 291,4 PS; Heizwert des galizischen Öles: 10088 kcal/kg; stündlicher Brennölverbrauch: 0,187 kg/PS; stündlicher Kühlwasserverbrauch: 14,9 l/PS bei 21° Zulauftemperatur und 55,5° Ablauftemperatur; Anfangstemperatur des Abgases: 497°; stündliche Wassererwärmung: 4665 l von 50,9 auf 75,4°; Endtemperatur des Abgases (ins Freie): 150°.

Von der Abwärme sind stündlich nutzbar gemacht:

im Kühlwasser . .	516 kcal,
aus den Abgasen .	399 »
Sa.	915 kcal,

also im ganzen von 291,4 PS:

$$291{,}4 \cdot 915 = 266631 \text{ kcal/h},$$

durch die Abgaswärme allein:

$$291{,}4 \cdot 399 = 116269 \text{ kcal/h}.$$

Das sind wohl bedeutungsvolle und vielsagende Zahlen. Über weiteres siehe unten unter »Heizquelle« und »Berechnung der Heizkörper«.

---

[1]) Jaeschke »Die Verwertung der Abhitze in der keramischen, Glas- und Emaillierindustrie.« Keramische Rundschau, 36, Heft 34 bis 36, 1928.

[2]) Zeitschrift d. Ver. d. Ing. 1912, S. 458.

B. Die Elektrizität.

Die Elektrizität als Heizmittel[1]) wurde bis vor gar nicht weit zurückliegender Zeit nur als annehmbare Zusatzheizung miterwähnt und selbst von Fachgenossen als Konkurrent anderer Heizmittel nicht sehr ernst genommen[2]). Heutzutage haben sich Lage und Ansichten jedoch ganz wesentlich zugunsten der Elektrizität verschoben, und in erster Linie für Warmwasserbereitung, wogegen die elektrische Raumheizung stark zurücktritt.

Vorläufig ist zwar die Elektrizität, abgesehen von einigen bestimmten beschränkten Gebieten, zur Hauptsache immer noch ein Zusatz- und Aushilfsmittel geblieben und kommt in größerem Verbrauche nur dort zur ernstlichen Erwägung, wo elektrischer Strom preiswert und in genügender Menge und Stärke zur Verfügung steht. Trotz alledem hat die elektrische Industrie es sich angelegen sein lassen, diesbezügliche Apparate und Kessel für kleinere und auch größere Anlagen zu erstellen und in den Handel zu bringen. Für letztere können sich die Betriebskosten allerdings noch ganz bedeutend hoch belaufen.

Soll z. B. eine Wannenbad-Wassermenge von 200 l durch Elektrizität von 10^0 auf 35^0 erwärmt werden, so sind dem Wasser 200 (35 — 10) = 5000 kcal zuzuführen. Diese 5000 kcal können stündlich durch $\frac{5000}{0{,}24 \cdot 3600 \cdot 0{,}9} = 6{,}43$ kW erzeugt werden, worin der Wirkungsgrad mit 0,9 eingesetzt ist. Wird der Heizstrompreis mit 15 Pf. für die kWh zugrunde gelegt, so ergibt sich ein Kostenaufwand von $6{,}43 \cdot 0{,}10 = 0{,}65$ M. Wollte man die 200 l in kürzerer Zeit als 1^h erwärmen, etwa wie durch andere Heizmittel in 15 min, so würden sich

$$0{,}65 \cdot \frac{60}{15} = \sim 2{,}6 \text{ kW}$$

ergeben. Die aufzuwendende Energiemenge, in kWh in dem Zähler gemessen, bleibt bei gleichem Effekte immer dieselbe.

Im Gegensatz dazu ruft eine Gasheizung mit 70% Nutzeffekt des Gasbadeofens, 4000 kcal Heizwert des Gases und 0,15 M. Gaspreis pro m^3: $\frac{5000}{4000 \cdot 0{,}7} \cdot 0{,}15 = 0{,}27$ M. Heizkosten hervor. Es stellen sich somit ungefähr die Heizkosten der Gasheizung: elektrischen Heizung = 0,27 : 0,65 oder = 1:2,5. Für einen Strompreis von 8 Pf./kWh, wie ihn Großwerke fordern, ist jedoch die elektrische Warmwasserbereitung gegen Gas mit 20 Pf./m^3 wettbewerbsfähig oder allgemein bei 45% des Gaspreises.

---

[1]) von Brockdorff: »Die Elektrizität als Wärmequelle für Heizung und Warmwasserbereitung«. Gesundheits-Ingenieur, 50. Heft 8, 1927.

[2]) Bolz: »Gas und Elektrizität im Wettbewerb«. Wasser und Gas, XVIII. Heft 19, 1928.

Noch weit günstiger liegen die Verhältnisse, wenn das Warmwasser unmittelbar am Orte des Verbrauches in Warmwasserspeichern (Boiler) gespeichert werden kann. Durch gute Wärmeisolation läßt sich ein tagelanges Heißerhalten des Speicherinhaltes erreichen. Die beste Rentabilität ergibt sich ja für eine elektrische Zentrale, wenn sie stets gleichmäßig belastet wird, und für eine Wasserkraftanlage, wenn die Wasserkraft auch in den Zeiten der Arbeitsruhe, d. h. an Feiertagen, nachts und während der Arbeitspausen über Mittag usw. zur Ausnutzung kommen kann. Da bieten die elektrische Heizung und die Wärmeaufspeicherung im Warmwasser, also die Warmwassererzeugung auf elektrischem Wege eine höchst willkommene und die einzig richtige Lösung der Frage. Solche Anlagen sind denn auch schon von maßgebenden Firmen, wie von Maffei-München, der AEG, Kummler-Aarau, Prometheus u. a., in großzügigster Weise erbaut und haben sich bis jetzt meist gut bewährt. Der Speicher wird durch eine Schaltuhr so betätigt, daß er nur innerhalb der Zeit, in der kein besserer Stromabsatz vorhanden ist, arbeitet. Durch einen selbsttätigen Temperaturregler wird der Speicher vom Netz abgeschaltet, sobald die gewünschte Wassertemperatur erreicht ist. Für die Entscheidung, ob nur Nachtbetrieb oder Dauerbetrieb zu wählen ist, sind natürlich der Tagesstrompreis und die Tarifgestaltung maßgebend. Allein in Südbayern sind bis 1926 ~41 kWh Überschußenergie in Elektrowärme verwandelt und zum größten Teil für Warmwasserbereitung ausgenutzt[1]). In Tab. 2 ist nur eine kleine Zahl der von Maffei, München, nach System von Brockdorff ausgeführten Anlagen angeführt.

Tabelle 2.

Lieferstation (meist Überschußenergie)	Verbrauchsstation und Zweck des erzeugten Warmwassers	Elektrokessel			Speicher (Boiler)		
		Anzahl	Leistung eines Kessels kW	Spannung Volt	Anzahl	Gesamt-Inhalt der B. m³	Wassertemp. °C
Städt. Elektr.-Werk Kaufbeuren	Heil- u. Pflegeanst.	1	750	5 000	2	60	80
Städt. Elektr.-Werk München	städt. Volksbad	2	4 000	5 000	3	100	80
Eigen. Werk d. Karerseehotels	Hotelbedarf	1	250	2 000		60	80
Elektr.-Werk Fürstenfeldbruck	Schlachthof, Bad	1	250	2 000	2	24	90
Elektr.-Werk Fürstenfeldbruck	Josefspital	1	750	10 000	2	60	90
Elektr.-Werk Ulm . .	Stadtbad	1	800	5 000	1	90	80

[1]) Dr.-Ing. Schwarzweber. »Überschußenergie und Elektrowärme«. Archiv für Wärmewirtschaft und Dampfkesselwesen. 1927. Heft 6, Seite 175.

Eine weitere hochneuzeitliche und großzügige Warmwasserbereitung und -heizung wird zurzeit in der Römerstadt bei Frankfurt a. M. durchgeführt[1]).

Eine Warmwassererzeugung im kleinen auf elektrischem Wege hat immer ihre Berechtigung, da sie die großen Vorteile der elektrischen Heizung in sich schließt, die vor allem in der Reinerhaltung der Luft und dem sauberen, einfachen Betriebe zu suchen sind. Die elektrische Heizung ist aber, wenn nicht eine Speicherung vorliegt, dort nicht zu gebrauchen, wo plötzlich und rasch eine größere Menge warmen Wassers, etwa für ein Bad und mehr, benötigt wird. Je rascher die Erwärmung gefordert wird, um so mehr Strom ist nötig, und es wird sich dann ein Stromaufwand erforderlich machen, wie er an den wenigsten Orten zur Verfügung stehen dürfte.

C. Das Warmwasser und der Dampf.

Warmwasser oder Dampf können eigens zu Heizzwecken frisch erzeugt werden oder als Nebenprodukte von Kraftanlagen u. a. zur Ausnutzung kommen. Letztere Heizmittel umfassen dann mit den Abgasen das Gebiet der neuzeitlichen Abwärmeverwertung.

a) Das Frischwarmwasser und der Frischdampf.

Das Warmwasser und der Dampf liefern sehr beliebte Heizmittel zur Warmwassererzeugung. Für die Entscheidung für eines derselben kommt in erster Linie in Betracht, ob Warmwasser oder Dampf schon für andere Zwecke, etwa für eine Kraft- oder Heizungsanlage, zur Verfügung steht oder mitbenötigt wird. Eine Erzeugung dieser Heizmittel lediglich zum Zwecke des Betreibens einer Warmwasserbereitungsanlage ist, abgesehen von größten Anlagen, meist nicht zu empfehlen; der Zweck läßt sich mit anderen billigeren Heizmitteln und diesbezüglich einfacheren Einrichtungen weit günstiger durchführen. Bei Verbindung mit einer Heizungsanlage ist zu beachten, daß diese nur während der kalten Jahreszeit in Betrieb steht; für die Sommerszeit müßte also die Warmwassererzeugungsstelle mit einer selbständigen Feuerung versehen werden.

Als Heizmittel werden in der Regel Warmwasser unter 100°, seltener Heißwasser bis 150°, ferner Dampf im Niederdruck und Hochdruck zu jeder gebräuchlichen und bestehenden Spannung oder Hochdruck, auf 3 ata und weniger reduziert, benutzt.

In neuester Zeit bringt man für Fernanlagen dem bis auf $\sim 120°$ überhitzten Wasser als Wärmeträger besonderes Interesse entgegen. Praktische Bedeutung hat solch hochtemperiertes Heizwasser in der

[1]) Dr. Thierbach: »Eine gasfreie Siedlung mit 1200 Wohnungen bei Frankfurt a. M.« VDI-Nachrichten, 8, Nr. 30, 1928.

Neuköllner Fernwasseranlage erhalten. Der Vorteil des überhitzten Wassers liegt darin, daß die im Fernrohrnetz umzuwälzende Wassermenge bedeutend kleiner sein kann als bei Warmwasser. Hierdurch werden ein wesentlich geringerer Kraftverbrauch für die Umwälzpumpen und entsprechend engere Rohrleitungen benötigt. Während 1 l warmes Heizwasser $\sim$20 kcal abgibt, liefert 1 l überhitztes Wasser $\sim$50 kcal, so daß dann die umzuwälzende Wassermenge 2,5 mal kleiner ausfällt.

Das Warmwasser besitzt die Flüssigkeitswärme. Auf 1 kg Wasser bezogen, ist diese Flüssigkeitswärme q diejenige, die nötig ist, um 1 kg Wasser von 0° ohne Änderung des Aggregatzustandes bis auf die geforderte Höchstwassertemperatur T zu erwärmen. Die spezifische Wärme c ist die, welche nötig ist, um 1 kg des Stoffes von 0° auf 1° zu erhöhen, und $= \sim 1$ gesetzt werden kann.

Besitzen M l Heizwasser $T_1{}^0$ Anfangstemperatur, so ist bei der Erwärmung auf T^0 die ganze Heizwasserwärme:

$$q_w = M\ (T - T_1) \text{ in kcal}^{1)} \quad . \; . \; . \; . \; . \; . \; . \; . \quad (20)$$

Ist M auf Stunde bezogen, so gibt q_w auch die Wärmemenge in der Stunde an.

Das natürliche Warmwasser, das Thermalwasser, kann ebenfalls dort, wo es auftritt, unter Umständen mit Vorteil als Heizmittel Verwendung finden. So dient z. B. in der neuen Badeanlage Aachen ein nicht unwesentlicher Teil der Wärme, welche dem 42° Thermalwasser, das kalt zur Mischung von Duschen benötigt wird, entzogen ist, zur Erzeugung warmen Wassers. Die in 150 m Tiefe liegenden heißen Quellen in Boise-Idaho, Nord-Amerika, welche 1890 bereits zugänglich gemacht wurden, liefern nach L. I. Huntington[2]) als artesische Brunnen täglich gegen 3000 m³ Wasser von 80°. Dies Warmwasser wird in 3 km Entfernung, durch eigenes Gefälle den Verbrauchsstellen zufließend, für Zapf- und Heizungszwecke ausgenutzt. Der Temperaturverlust in den innen und außen verzinkten Leitungen beträgt nur $\sim$6°. Wegen der chemischen Einflüsse mußten die Rohrverbindungen mit Blei verstemmte Abdichtungen erhalten. Ähnliche Anlagen bestehen noch an verschiedenen anderen Orten der Erde.

In diesen Fällen ist das Heizmittel zugleich die Wärmequelle und die Mutter Erde die natürliche Warmwassererzeugerin.

Um gesättigten Dampf von bestimmter Spannung aus 1 kg Wasser erzeugen zu können, sind aufzubringen:

eine Flüssigkeitswärme q, welche nötig ist, um 1 kg Wasser von 0° ohne Änderung des Aggregatzustandes bis auf die Siede-

[1]) Entsprechend den weiteren Darlegungen im Abschnitt XII wird sein:
T = Vorlauftemp. Ts im Steigrohr zum Warmwasserbereiter,
T_1 = Rücklauftemp. Tr im Rücklaufrohr vom Warmwasserbereiter.

[2]) The Plumbers and Heating Contractors Trade Journal. Bd. 82, Nr. 2. New York.

temperatur T (Dampftemperatur entsprechend der Spannung) zu erwärmen, und

eine Verdampfungswärme r, welche nötig ist, um 1 kg Wasser in Dampf von derselben Temperatur zu verwandeln.

Somit ist die Wärme des Sattdampfes:

$$\lambda = q + r \text{ in kcal/kg} \quad \ldots\ldots\ldots\ldots \quad (21)$$

Die Werte q und r sind für eine bestimmte, gegebene Dampfspannung in ata aus Tabellen zu entnehmen, wie eine solche in Abschnitt XIII als Tabelle III angeführt ist. Ist also der Überdruck oder Betriebsdruck p_u in atü gegeben, so hat man q und r zu entnehmen für:

$$p = p_u + 1 \text{ ata} \quad \ldots\ldots\ldots\ldots \quad (22)$$

Man benutzt den Frischdampf (im Gegensatz zum Abdampf) mit:

$p = 1{,}001 \div 1{,}5$ ata als Niederdruckdampf,
$p = 1{,}05 \div 3{,}0$ » » reduzierten Hochdruckdampf,
$p = 4{,}0 \div 25$ » » Hochdruckdampf,
$p = 25 \div 100$ » » Höchstdruckdampf.

Dampfanlagen mit $p < 1{,}5$ ata, also $p_u < 0{,}5$ atü sind konzessionsfrei und können überall, auch unter bewohnten Räumen, vorgesehen werden.

Bisher war eine Anfangstemperatur des Wassers von 0° vorausgesetzt. In Wirklichkeit besitzt aber das Speisewasser eine höhere Temperatur T_1, und zwar:

$T_1 = \sim 7 \div 20^\circ$ ohne besondere Vorwärmung,
$T_1 = \sim 40 \div 120^\circ$ mit besonderer Vorwärmung.

Sind nun D kg Sattdampf von p ata aus Speisewasser von $T_1{}^\circ$ stündlich zu erzeugen, so ist zu dieser Erzeugung eine Wärmemenge erforderlich von:

$$\lambda_D = D\,(\lambda - T_1) \text{ in kcal/h} \quad \ldots\ldots\ldots \quad (23)$$

Bei allen Verdampfungsversuchen bezieht man aber das von 1 kg Brennstoff oder 1 m² Heizfläche erzeugte Dampfgewicht auf Wasser von 0° und Sattdampf von 100°, also auf eine Wärmemenge:

$$\lambda = 606{,}5 + 0{,}305 \cdot 100 = 637 \text{ kcal.}$$

Dadurch macht man die Angaben nicht nur unabhängig von T_1, sondern auch von p und T, was zu Vergleichen unbedingt nötig ist.

Nach den Gesetzen für gesättigte Wasserdämpfe ergibt sich, daß die Verdampfungswärme, die zur Ausnutzung kommt, mit zunehmender Dampfspannung nicht mitsteigt, sondern sogar abnimmt, wenn auch unbedeutend. Da Dampf von höherer Spannung die ganze Anlage verteuert, so empfiehlt es sich dort, wo andere Gründe nicht mitsprechen, bei einer Wahl zwischen Hochdruckdampf und Niederdruckdampf letzterem den Vorzug zu geben, infolgedessen die Anlage auch konzessionslos bleibt. Hochdruckdampf dient vielfach als Überschußdampf von Kraftanlagen u. dgl. zur direkten und indirekten Warmwassererzeugung.

Es ist stets zu empfehlen, vor der Warmwasserbereitungsstelle ein Verminderungsventil einzuschalten, durch das die Dampfspannung auf mindestens 3 ata herabgedrückt wird. Bis zu dieser Spannung lassen sich Apparate und Dichtungen noch ohne besonderen Kostenaufwand bequem durchführen und lebensfähig erhalten. Bei der indirekten Erwärmung mittels Heizschlangen und anderen Hilfsmitteln muß bei Hochdruckdampf an der Austrittsstelle ein Kondenswasserableiter eingeschaltet werden, um ein Durchschlagen des Dampfes zu verhindern. Beim Niederdruckdampf läßt sich das Kondenswasser zur Erreichung eines wirtschaftlicheren Betriebes dem Dampfkessel als Speisewasser direkt wieder zuführen; es muß dann aber der Kondenswassereintritt mindestens in Höhe des niedrigsten Wasserstandes des Kessels liegen, so daß dadurch eine gewisse Vorbedingung für die Disposition der Gesamtanlage und für die Verwendung von Niederdruckdampf gegeben ist.

Überhitzter Dampf bietet, abgesehen von Fernanlagen, für Warmwasserbereitungen keine erheblichen Vorteile, da die Überhitzungswärme nicht so bedeutend ist, daß ihre besondere Erzeugung gerechtfertigt erscheint. Besteht in irgendeinem Betriebe überhitzter Dampf, so wird man ihn auch zur Warmwasserbereitung auszunutzen wissen, gegebenenfalls durch Einbau von Heißdampfumformer[1]) oder Heißdampfkühler[2]).

b) Der Abdampf.

Der Abdampf einer Maschine kann vorteilhaft zur direkten und indirekten Warmwassererzeugung ausgenutzt werden. Die Unterbringung der Abdampfwärme erfolgt am günstigsten in dem gut Wärme aufspeichernden Wasser. Warmwasser wird in jedem Betriebe gebraucht oder läßt sich als sekundäres Heizmittel weiter verwenden. Es ist darum nichts vorteilhafter, als die Erzeugung warmen Wassers selbst durch die kleinste Abdampfmenge zu bewirken, anstatt diese in die Atmosphäre oder den Kondensator zu leiten. Die heutige Wärmewirtschaft bedingt ohne weiteres eine restlose Erfassung und Rückgewinnung aller Abwärme, um so mehr, als sich bei geringen Anlagekosten einer Abdampfverwertung die Betriebskosten auf ein Minimum, und zwar meist nur für Ausbesserungen beschränken. Die Wärmemenge, die im Abdampf enthalten ist, hat solch beträchtliche Größe, daß es wohl zu verstehen ist, wenn die Abwärmeverwertung in der heutigen Technik eine große Rolle spielt und weite Gebiete der Industrie geradezu beherrscht.

[1]) Lichte: »Die Umformung von Heißdampf in Sattdampf«. Wärme- u. Kältetechnik, XXIX, Heft 11, 1927.

[2]) Dr. Deinlein: »Heißdampfkühler«. Ztschr. d. Bayer. Rev.-Ver., XXXII, Heft 14, 1928.

Kämmerer: »Über die Temperaturregelung der Dampfkesselüberhitzer«. Sparwirtschaft, Heft 5, 1929.

Zur Erzeugung der Expansionskraft wird von der Maschine eine erhebliche Menge Dampf für 1 PS_i verlangt, die nach dem Bau der Maschine verschieden ist; z. B. sind für eine Einzylindermaschine ~ 12 kg pro PS_i erforderlich. Das mechanische Wärmeäquivalent der Arbeitseinheit ist $A = \frac{1}{427}$. Für 1 PS_i werden daher theoretisch $\frac{60 \cdot 60 \cdot 75}{427}$ = 632,32 kcal/h oder ~ 632 kcal verbraucht, also die Wärme von ~ 1 kg Dampf. In modernen Dampfmaschinen werden aber nur ~ 10 ÷ 18% der zugeführten Wärme in Arbeit umgesetzt. In Wirklichkeit beträgt der Dampfverbrauch bei neuzeitlichen Kondensationsmaschinen ~ 4,5 ÷ 7,5 kg/PS_ih und bei Auspuffmaschinen ~ 6,5 ÷ 12 kg pro PS_ih. Da sich somit der mittlere Wärmeverbrauch einer Kondensationsmaschine auf 6 · 632 = ~ 3800 kcal/PS_ih stellt, so treten bei 16% Arbeitsleistung in der Maschine aus derselben 3800—(3800 · 0,16) = 3200 kcal/PS_ih aus. Bei z. B. 100 PS_i erhielte man dann eine Abdampfwärme mit 320000 kcal/h. Durch die Kondensation liegt aber in dieser an sich bedeutenden Wärmemenge eine so niedrige Temperatur (= 55°), daß jene für Warmwasserbereitungszwecke nur beschränkten Wert hat. Weit günstiger liegen die Verhältnisse bei der Auspuffmaschine, deren Abwärme bis 100° besitzen kann.

Nach Hüttig[1]) ist bei p ata Dampfdruck und n% Dampfnässe der Wärmeinhalt des in die Maschine einströmenden Dampfes:

$$\lambda_e = q + \left(1 - \frac{n}{100}\right) r \text{ kcal/kg} \quad \ldots \ldots \quad (24)$$

darin q = Flüssigkeitswärme des Sattdampfes bei p ata, } Tabelle III.
r = Verdampfungswärme des Sattdampfes bei p ata, }
n = 2% bei Flammrohr- und Zylinderkesseln,
= 3% bei Kammerkesseln, Heizröhrenkesseln,
= 5% bei Steilrohrkesseln, stehenden Kesseln.

Ist ferner:

$632{,}32 = \frac{75 \cdot 3600}{427}$ = theoretische Wärmemenge für 1 PS_ih, also die Wärmemenge, die in Arbeit umgesetzt und durch die indizierte Leistung der Maschine angegeben wird,

V = Wärmeverlust der Maschine,
= 100 ÷ 120 kcal/PS_i (bei hohem p und Überhitzung größer),

C_m = Kondensat der Mantelheizung = $\frac{y}{100} D_i$ in kg/PS_i,

D_i = Dampfverbrauch in kg/PS_ih,
y = 10 ÷ 15% bei Zweizylindermaschine und ges. Dampf,
= 2,5 ÷ 4,5% bei Zweizylindermaschine und überh. Dampf,

---

[1]) Hüttig: Heizungs- und Lüftungsanlagen in Fabriken. 1923. Verlag Otto Spamer, Leipzig.

so ist der Wärmeinhalt des aus der Maschine austretenden Dampfes:

$$\lambda_a = \frac{D_i\,\lambda_e - 632{,}32 - V - C_m q}{D_i} \text{ kcal/kg} \quad . \; . \; . \; . \quad (25)$$

Der Warmwasserbereiter findet zwischen der Maschine und dem Kondensator, in möglichster Nähe der ersteren, seinen Einbau, daher hat man zu rechnen mit:

p_a = Kondensatordruck + Widerstand vom Ausströmungsventil der Maschine bis zum Kondensator = (0,15 ÷ 0,25) + 0,05 ata,

q_a = Flüssigkeitswärme bei p_a, } Tabelle III.
r_a = Verdampfungswärme bei p_a }

Es ist dann die spezifische Dampfmenge:

$$x = \frac{\lambda_a - q_a}{r_a}, \quad . \; . \; . \; . \; . \; . \; . \; . \; . \; . \; . \; . \quad (26)$$

d. h. das aus der Maschine austretende Gemisch besteht aus $100\,x$% Dampf und 100 $(1-x)$% Wasser.

Es stehen mithin für den Warmwasserbereiter bei N_i indizierten PSi zur Verfügung:

$$W_o = x\,\lambda_a\,D_i\,N_i \text{ kcal/h} \quad . \; . \; . \; . \; . \; . \; . \; . \; . \quad (27)$$

Praktisch nimmt man überschläglich die in Arbeit umgesetzte Wärme einschließlich Verluste zwischen Dampfeinlaß der Maschine und Heizkörper mit 25 ÷ 30% an, so daß sich danach die im Heizdampf enthaltene Wärme mit λ entsprechend p ata bestimmt zu:

$$W_o = \sim (0{,}70 \div 0{,}75)\,\lambda\,D_i\,N_i \text{ kcal/h} \quad . \; . \; . \; . \quad (27\text{a})$$

und weiter die absolute Dampfaustrittsspannung an der Maschine zu:

$p_a = \sim 1{,}03 \div 1{,}25$ ata bei Auspuffmaschinen,
$p_a = \sim 0{,}15 \div 0{,}35$ ata bei Kondensationsmaschinen.

In der weiteren Verwertung hat der Abdampf als Heizmittel für Warmwasserbereitungszwecke nun weitere Arbeit zu leisten. Dabei ist aber darauf zu achten, ob nicht durch die hierbei geleistete Arbeit des Abdampfes auf den Kolben der Maschine ein Rückdruck ausgeübt wird, der zu seiner Überwindung mehr direkten Dampf erfordert, als zur Erzeugung des warmen Wassers durch diesen direkt nötig gewesen wäre. Es muß daher stets ein Absaugen des Abdampfes von der Maschine stattfinden. Diese Bedingung ist jedoch bei der geringen Spannung des Abdampfes nicht immer leicht zu erreichen. Da der Heizdampfbedarf im Warmwasserbereiter meist annähernd konstant sein wird, ergeben sich die wirtschaftlich günstigsten Verhältnisse bei einer gleichbleibenden Maschinenleistung. Ist die Abdampfmenge größer als die benötigte Heizdampfmenge, so kommen Anlagen mit Gegendruckmaschine oder mit Zwischendampfentnahme in Frage.

Der theoretische Vorgang bei der Auspuffmaschine ist sehr einfach. Der in dem Warmwasserapparat eingeströmte Abdampf kondensiert, das hierdurch entstehende Vakuum saugt weiteren Dampf an, verringert den Gegendruck vor dem Kolben der Maschine und bewirkt dadurch einen geringeren Dampfverbrauch bzw. bei demselben Dampfverbrauch eine größere Leistung der Maschine. Der Warmwasserbereiter wirkt also ähnlich wie ein Kondensator, wobei das zu erwärmende Nutzwasser der Warmwasserbereitung als Kühlwasser dient. An sich erfolgt die Wassererwärmung in der gleichen Weise wie durch den Frischdampf, dessen höhere Spannung ihm zwar eine entsprechend hohe Heiztemperatur sichert. Trotzdem ermöglicht der Abdampf der Auspuffmaschine eine Wassererwärmung bis $\sim 95^0$.

Der Abdampf und Zwischendampf[1]) der Kondensationsmaschine gewährt dort eine vorzügliche ergiebige Wärmequelle, wo Wasser nur auf $40 \div 50^0$ erwärmt zu werden braucht. Die vielfach vertretene Ansicht, daß durch Einbau eines Warmwasserbereiters eine Verschlechterung des Vakuums und damit ein erhöhter Dampfverbrauch der Maschine eintritt, ist nur dann berechtigt, wenn dadurch eine erhöhte Anzahl Dichtungsstellen geschaffen und der Dampfweg verengt und erheblich verlängert wird. Da das Dampfluftgemisch eine dem Vakuum entsprechende Temperatur besitzt, die meistens zwischen 50 und 60^0 liegt, so läßt sich ein $40 \div 50^0$ temperiertes Wasser ganz gut erzielen. Mit Sicherheit kann man rechnen, daß mittels 1 kg Abdampf von Kondensationsmaschinen $10 \div 13$ l Wasser auf $40 \div 50^0$ erwärmt werden. An kalten Tagen kann man aber unbedenklich das Wasser weit höher, etwa bis auf $\sim 70^0$ erwärmen, da erfahrungsgemäß der Dampfverbrauch erst bei einem Vakuum unter 550 mm nachteilig und erheblich steigt. Liegt in einer Fabrik Verwendung für warmes Wasser vor, so ist es meist vorteilhafter, die Kondensation mit schlechtem Vakuum zu führen und dafür erwärmtes Wasser zu erzeugen, als die Maschine mit gutem Vakuum arbeiten und das erwärmte Kühlwasser unbenutzt ablaufen zu lassen.

Auf jeden Fall darf wohl behauptet werden, daß das Hauptgebiet der Abdampfverwertung neben Koch-, Heiz- und Trockenzwecken in der Warmwasserbereitung liegt; daß also Abdampfverwertung für Badeanstalten, Brauereien, Brennereien, Färbereien, Waschanstalten, Schlachthöfen, Papierfabriken, chemische Fabriken usw. zur Erreichung eines wirtschaftlichen Betriebes selbstverständlich sein sollten.

Was die wirklich erreichbare Wärmemenge anbetrifft, die durch Verwertung des Abdampfes gewonnen werden kann bzw. sonst verlorengeht, dafür seien einige praktische Beispiele angeführt.

In der Abdampf-Badewasserbereitungsanlage auf der staatlichen Zeche Waltrop wird das Wasser für die Mannschaftskaue, 62000 m^3

[1]) Zwischen den Zyindern einer Verbundmaschine entnommen.

jährlich, dem Kaminkühler-Zulaufrohr entnommen; dasjenige für Wannenbäder, 7600 m³ jährlich, ist Leitungswasser, das durch einen Teil des Abdampfes der Fördermaschine in 3 Gegenstromapparaten von je 100 m² Heizfläche erwärmt wird. — Die Pumpstation des städt. Wasserwerkes Spandau besitzt zwei liegende Zwillings-Dampfpumpen mit Einspritzkondensation. In die Vakuumdampfleitung ist ein durch Wechselventile ausschaltbarer Schaffstaedt-Gegenstromvorwärmer eingebaut, durch welchen 30÷40 m³/h Warmwasser von 40÷45° für das 3 km entfernt liegende Hallenschwimmbad ohne jede Rückwirkung auf die Ma-

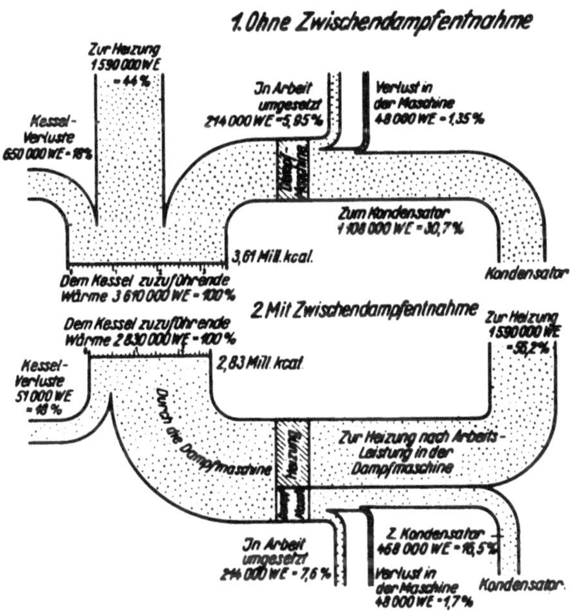

Abb. 10.

schine oder Verringerung des Vakuums erzeugt werden (siehe auch S. 54 Fernvers.). — Eine von der MAN erbaute Kesselanlage mit Kondensationsmaschine liefert nach dem oberen Wärmediagramm (Abb. 10) Frischdampf für Maschine und Heizung (letztere mit 1590000 kcal) und bedarf dazu einer Wärmezuführung von 3610000 kcal, während nach dem unteren Diagramm dieselbe Menge Wärme von 1590000 kcal für Heizung, Warmwasserbereitung usw. von dem Zwischendampf der Maschine geleistet wird und die Kesselanlage dann nur noch 2830000 kcal von der Feuerung verlangt.

Manchmal ist für die Abdampfausnutzung zu deren Nachteil der Umstand ausschlaggebend, daß eine Abdampfanlage weit größere Rohrquerschnitte erfordert als eine Hochdruckdampfanlage. Bei gut verlegten, hinreichend weiten Abdampfröhren macht sich eine schädliche Rückwirkung auf den Kolben nicht bemerkbar, selbst wenn die Auspuffleitung eine erhebliche Länge hat. Unter »gute Verlegung« ist eine Verlegung der Rohre ohne scharfe Knie, Querschnittsverengungen usw. zu verstehen. Reicht der Abdampf nicht aus oder ist die Maschine nicht dauernd in Betrieb, so muß Frischdampf mitbenutzt werden, der behufs Ansaugens des Abdampfes in die Abdampfleitung gleichgerichtet wie dieser einzuführen ist. Um auch hierbei einen Gegendruck auf die Maschine durch den Frischdampf zu vermeiden, ist an der Mischstelle ein Dampfstrahlsauger (Abb. 11) oder Mischapparat einzubauen. Diese Armatur ist aber so zu bemessen, daß eine Drosselung des Abdampfes nicht eintritt, wenn kein Frischdampf

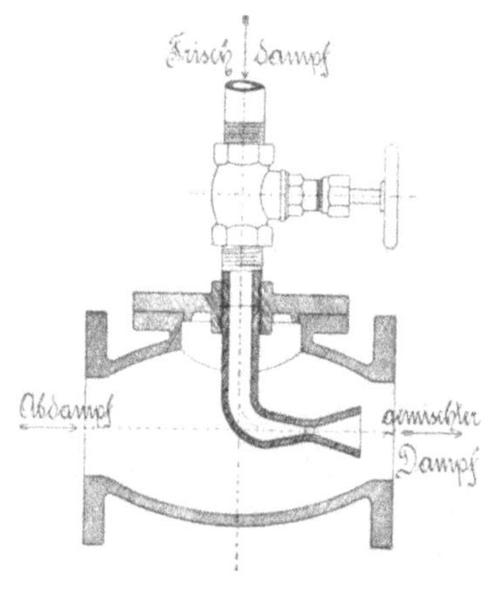

Abb. 11.

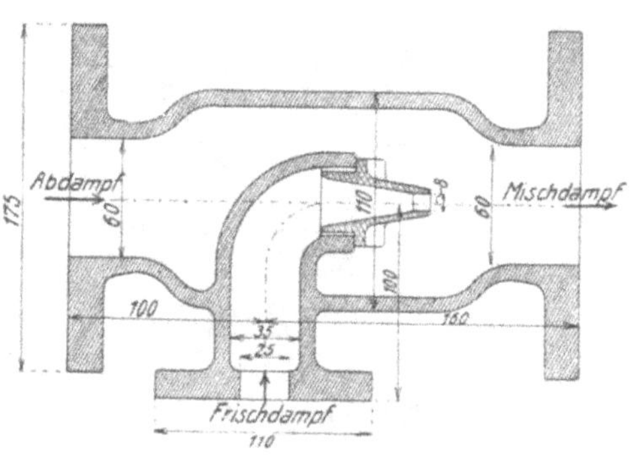

Abb. 12.

eingeführt wird. Daher ist die Ausführung von Körting nach Abb. 12 der nach Abb. 11 vorzuziehen. Die Tabelle 3 gibt die einzuhaltenden Rohrmaße an.

Tabelle 3.

Mischapparate für Frisch-Abdampf.

Abdampfrohr- ϕ . . . mm	32	38	45	51	60	70	80	90	100
Frischdampfrohr- ϕ . . mm	15	15	20	20	25	25	30	30	35
Baulänge . . . . mm	170	200	230	250	260	300	330	360	400

Man kann auch an Stelle dieser Organe den Frischdampf mit Hilfe eines Druckverminderers auf die Spannung des Abdampfes herabdrücken. Bei zu großer Menge Abdampf wird nur dieser allein benutzt und der Überschuß durch die Auspuffleitung abgeführt. Zur Einregelung des Dampfverbrauches dienen ein Sicherheitsventil, Reduzierventil, Absperrventil und zwei durch einen Gelenkhebel zwangsläufig verbundene Drosselklappen oder ein Dreiweghahn u. dgl. Das Sicherheitsventil hat den Zweck, einen Gegendruck auf den Kolben der Maschine zu verhindern, indem es bei Abschluß der Heizkörper den Überschußdampf durch das Auspuffrohr entweichen läßt. Eine Anordnung aller dieser Teile gibt nach Abb. 13[1]) die ältere Anlage einer Badeanstalt, betrieben

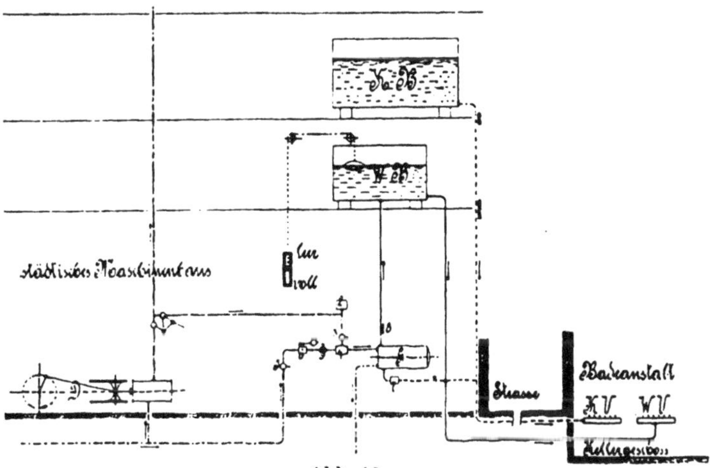

Abb. 13.

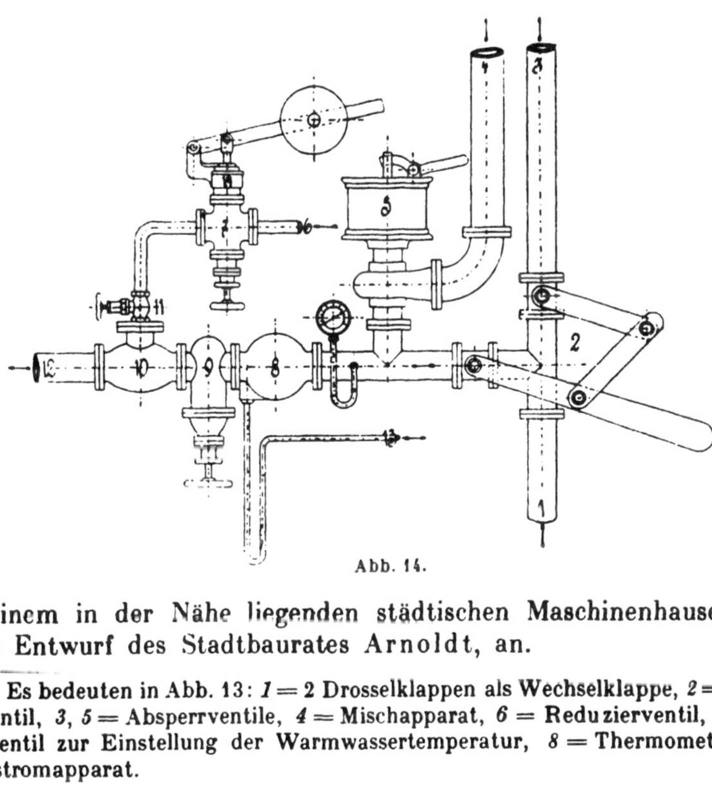

Abb. 14.

von einem in der Nähe liegenden städtischen Maschinenhause, nach einem Entwurf des Stadtbaurates Arnoldt, an.

[1]) Es bedeuten in Abb. 13: *1* = 2 Drosselklappen als Wechselklappe, *2* = Sicherheitsventil, *3*, *5* = Absperrventile, *4* = Mischapparat, *6* = Reduzierventil, *7* = Regulierventil zur Einstellung der Warmwassertemperatur, *8* = Thermometer, *G* = Gegenstromapparat.

Anstatt dieser umfangreichen, weitläufigen und umständlichen Anhäufung der vielen Organe, wendet man jetzt gedrängtere Konstruktionen nach Abb. 14[1]) an. Die zwangsläufig verbundenen Drosselklappen bei 2 in Auspuff 3 und Heizleitung 12 ersetzt Buderus durch die Umschaltvorrichtung der Abb. 15, die in dem Kugelkreuzstück *e* einen inneren Rotguß-Drehschieber *f* enthält. Das Organ wird in den Kreuzpunkt der Frischdampfleitung *a* — Heizleitung *b* und Maschinenabdampfleitung *c* — Auspuff *d* eingebaut. Ist nicht genug Abdampf vorhanden, so wird durch das in Leitung *a* eingeschaltete Reduzierventil Frischdampf in die Heizleitung eingelassen. Steigt in letzterer der Druck über 0,12 at, dann öffnet sich das Sicherheitsventil *SV* und läßt den Überschußdampf durch *d* ins Freie.

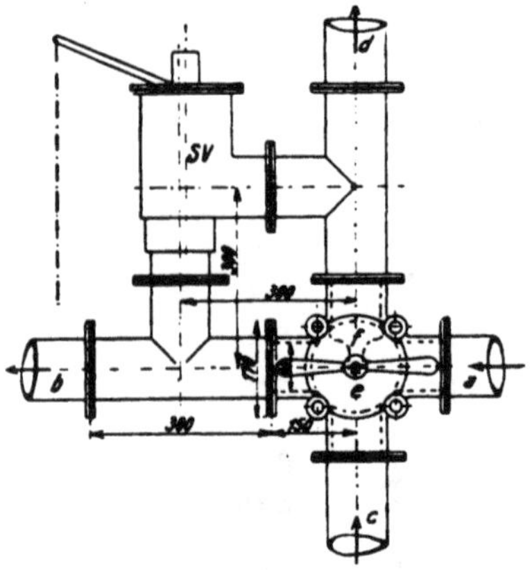

Abb. 15.

Eine weitere vorteilhafte Zusammendrängung der Apparatur bietet der Druckregler mit Umschaltvorrichtung von Schäffer & Budenberg nach Abb. 16. Wird Abdampf nicht benötigt, dreht man das obere Handrad so, daß die Umschaltbuchse *a* an der am Ventildeckel angebrachten Skala auf Auspuff zeigt. Der Regulierkolben, der als Sicherheitsventil wirkt, nimmt dann die Stellung nach Abb. 16 ein. Der von unten eintretende Abdampf zieht ungehindert durch *d* ab, der Heizbetriebstutzen ist abgeschlossen. Für Heizbetrieb ist das Handrad um 90° zu drehen, so daß Abdampf durch *g* und *e* abfließt und das Frischdampfventil *f* geöffnet ist. Das Gewicht *i* sichert den gewünschten Druck in der Heizleitung. Die Öffnungen *h* dienen zum Abziehen von Überschußdampf bei Heizbetrieb.

Bei der direkten oder unmittelbaren Erwärmung strömt der Abdampf direkt in das zu erwärmende Wasser, sich mit diesem vermischend. Wegen des Ölgehaltes wird aber wohl überall dort, wo es eben angängig ist, die indirekte Erwärmung unter Einschaltung eines Heizkörpers vorzuziehen sein, dessen Platz möglichst nahe der Maschine zu wählen ist. Bei der Kondensationsmaschine wird der Platz zwischen Motor und Kondensator liegen, so daß der Warmwasserbereiter einen primären Kondensator darstellt, während der eigentliche Kondensator als sekundärer Verdichter des Dampfes anzusehen ist.

[1]) Es bedeuten in Abb. 14: *1* = Abdampf von der Maschine, *2* = Wechselklappe, *3* = Auspuff, *4* = Dampf ins Freie, *5*, *7* = Sicherheitsventil, *6* = Frischdampf vom Kessel, *8* = Wasserabscheider, *9* = Absperrschieber, *10* = Dampfmischapparat, *11* = Absperrventil, *12* = Heizungsleitung, *13* = Entwässerung, *14* = Reduzierventil.

Immerhin wird in vielen Betrieben wie in Färbereien, chemischen Fabriken, selbst Schlachthöfen direkte Erwärmung gern bevorzugt. Anlage und Betrieb stellen sich äußerst einfach, der Abdampf wird restlos ausgenutzt. Aber immer wieder muß als ein wichtiger Faktor,

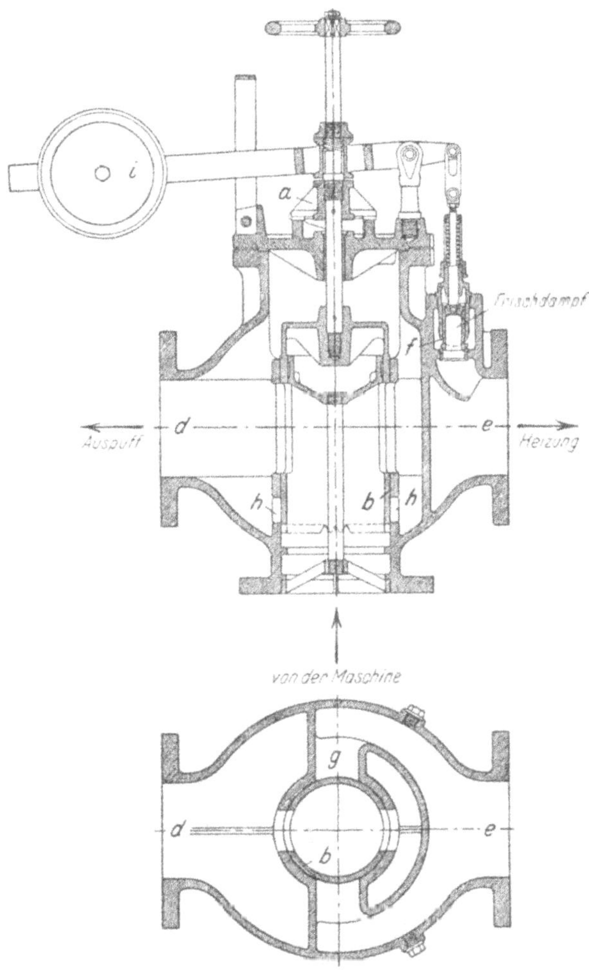

Abb. 16.

der für Benutzung des Abdampfes zur Erwärmung von Gebrauchswasser mitzusprechen und ausschlaggebend zu sein hat, der Ölgehalt erachtet werden. Und dieser ist in der Regel ein hoher.

Viele Betriebsstörungen und Unannehmlichkeiten sind auf das Öl im Abdampf zurückzuführen. Steht auch einer indirekten Erwärmung des Wassers mittels Abdampf, z. B. in den Gegenstromapparaten, nichts im Wege, so ist aber für direkte Erwärmung unbedingt eine Entölung vorzunehmen, auch wenn das Wasser nicht für Genußzwecke Verwendung findet und es auf Kosten der Dampfmenge geht. Man erreicht dafür den Vorteil eines nicht unbedeutenden Ölgewinnstes; je nach der Größe der Maschine lassen sich täglich ~1,5÷8 l Öl wieder gewinnen. Sogar Frischdampf kann unter Umständen eine Ölreinigung bedingen, ehe er zur direkten Erwärmung eines Gebrauchswassers herangezogen wird.

Die Konstruktion der Abdampfentöler muß als bekannt vorausgesetzt werden. Eine Ölreinigung auf elektrischem Wege erbringt sehr klares Wasser.

Die Anlage einer Groß-Warmwasserbereitung mit vereinigtem Turbinenabdampf- und Frischdampfbetrieb beschreibt im Prinzip Provinzial-Ingenieur Tilly im »Gesundheits-Ingenieur«[1]), um in erster Linie die Rentabilität einer Niederdruck-Dampfturbinenanlage gegenüber einer Dampfmaschinen- und Gasmotorenanlage festzustellen. Die Anlage, wie sie in schematischer Weise in Abb. 17 dargestellt ist, ist für eine Krankenanstalt zu 800 Köpfen mit ~900 l Wasserverbrauch für Kopf und Woche gedacht. Außer der Warmwasserbereitung dient die Zentrale dem Kraftbetrieb, der Heizung und Beleuchtung.

Der Dampf wird nach Abb. 17 in drei Koksschüttkesseln für ~0,4 atü erzeugt, von denen einer zur Reserve aufgestellt ist. Die Sammlung und Verteilung des Dampfes erfolgt mittels des Dampfsammlers, des Ventilstockes. Der Abdampf der Niederdruck-Dampfturbinen strömt zum Kondensator. Dieser wird vom Hochbehälter *1* mit Kühlwasser versorgt, das nach erfolgter Erwärmung unter einer dem Wasserstandsunterschiede des Hochbehälters *1* und des Überlaufgefäßes *2* entsprechenden Druckhöhe in das Überlaufrohr des letzteren abfließt, wenn es nicht vorher der Warmwasserbereitungsanlage entnommen wird. Da das Kühlwasser des Turbinenkondensators im allgemeinen nicht die für seine Benutzung zu Bade- und Spülzwecken erforderliche hohe Temperatur besitzt, dient ein mit Heizrohrbündel versehener Nachwärmer zur Erreichung der gewünschten Wärmewirkung. Letzterer hat gleichzeitig die Aufgabe, bei Außerbetriebsetzung der Turbinenanlage die Bereitung des warmen Wassers mittels direkt aus dem Kessel übergeleiteten Dampfes zu übernehmen. In diesem Falle besorgt, zur Erhaltung einer gleichmäßigen Wassertemperatur, die Zentrifugalpumpe die Umwälzung der im Rohrnetz befindlichen Wassermenge. Das Überlaufrohr des Behälters *2* wird dann durch entsprechende Stellung der Ventile in den anschließenden Leitungen außer Betrieb gesetzt. In jeder Gebäudegruppe ist eine Erweiterung der Warmwasserzuleitung in Form eines geschlossenen Warmwasserspeichers angeordnet, dessen Inhalt bei

[1]) Gesundheits-Ingenieur, 32. Jahrgang, Nr. 35.

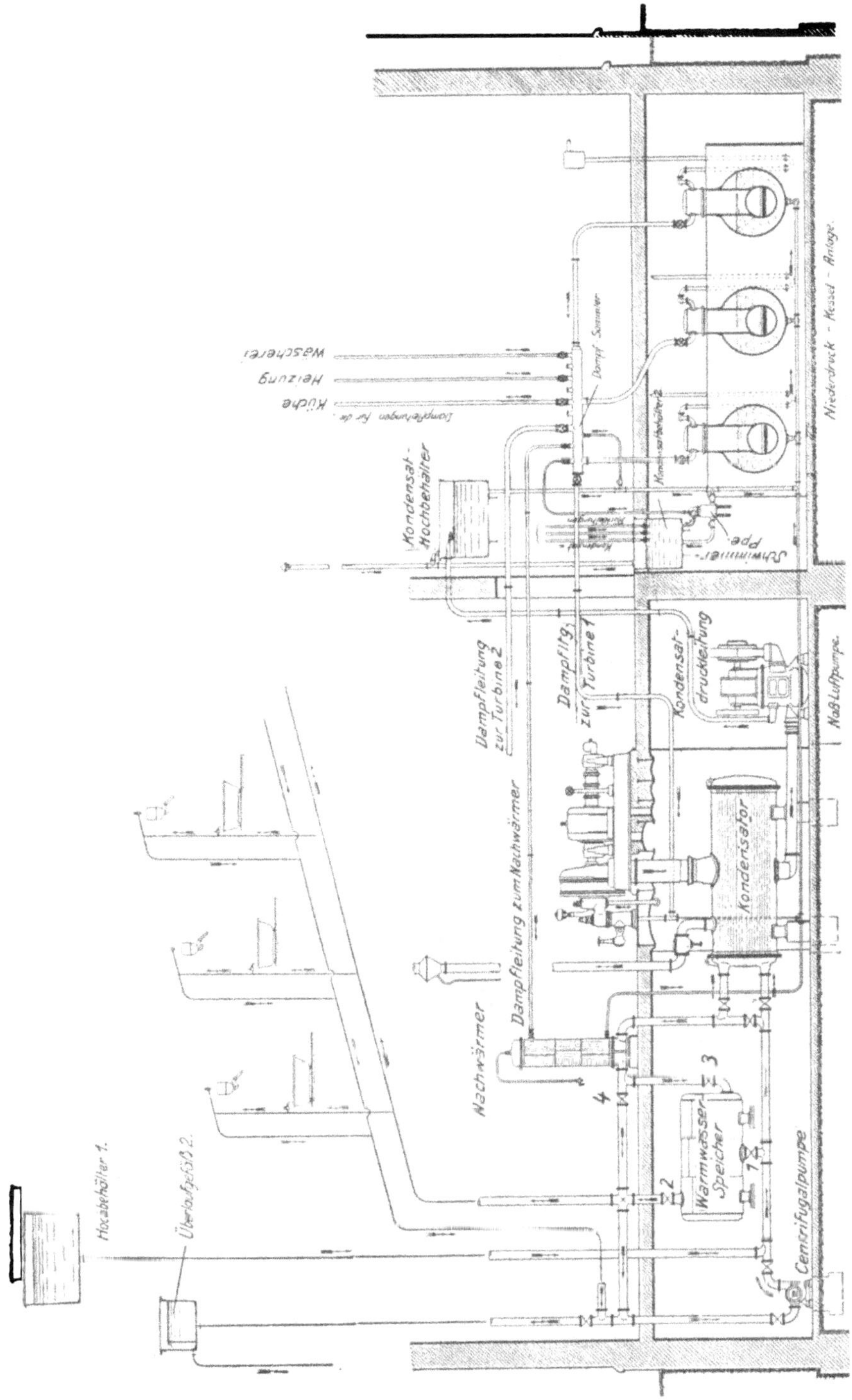
Hochbehälter 1.
Überlaufgefäß 2.
Nachwärmer
Dampfleitung zum Nachwärmer
Warmwasser Speicher
1
2
3
4
Centrifugalpumpe
Kondensator
Naßluftpumpe
Dampfltg. zur Turbine 1
Dampfleitung zur Turbine 2
Kondensat-druckleitung
Kondensat-Hochbehälter
Schwimmer-Ppe.
Dampf Sammler
Dampfleitungen für die Küche
Heizung
Wäscherei
Niederdruck - Kessel - Anlage.

Abb. 17.

Außerbetriebsetzung des Nachwärmers oder des Kondensators nach Öffnen von Ventil *1* und Schließen der Ventile *3* und *4* für die Warmwasserversorgung des in Frage kommenden Häuserblocks nutzbar gemacht werden kann. In der Regel sind die Ventile *1* und *4* geschlossen und *2* und *3* geöffnet, so daß der Umlauf des Wassers in den Hausverteilungsleitungen in Richtung der Pfeile entweder unter dem Einfluß des Gewichtsunterschiedes zwischen dem wärmeren Steigrohr- und dem kälteren Fallrohrwasser oder unter der Einwirkung der Zirkulationspumpe stattfindet. Das Niederschlagswasser von Heizung, Küche und Wäscherei wird aus dem offenen Kondensatbehälter *2* mittels Dampfschwimmerpumpen in den Kessel gespeist.

Über die Rentabilitätsberechnung der drei in Betracht gezogenen Betriebsmittel auf ein Jahr sagt die Tabelle 4 das Nähere. Die Zahlen sind immerhin lehrreich, wenn die Berechnung auch vor dem Kriege vorgenommen wurde. Über weitere Großanlagen wird an späterer Stelle noch berichtet.

Tabelle 4.

Die Rentabilitätsberechnung der drei in Betracht gezogenen Betriebsmittel auf ein Jahr (v. d. Kr.).

Betriebsart	2 Gasmotoren zu je 16 PS (nur für Kraftbetrieb)	2 Auspuff-Dampfmaschinen zu je 100 PS (für Kraft und Licht)	2 Niederdruck-Dampfturbinen zu je 60 kW (für Kraft und Licht)
Brennstoffe für Maschinenbetrieb und Heizung bzw. Betriebsdampf und Heizdampf	Leuchtgas und Koks	Steinkohlen und Koks	Gaskoks oder Zechenkoks
Anlagekosten . . . . M.	55000	171000	151000
Amortisation und Verzinsung M. (für Bauanlage 7%, sonst 10%)	5470	16620	15070
Kosten für die Warmwassererzeugung . . . . M.	9360[1])	800[2])	—[3])
Gas-, Kohlen- bzw. Koksverbrauch M.	15600	8700	26170
Jährliche Gesamtunkosten . . . M.	30430	26120	11100

[1]) Es berechnet sich:

$$9360 \text{ M.} = \frac{900 \text{ l Wasser} \cdot 800 \text{ Personen} \cdot 52 \text{ Wochen}}{4000 \text{ kcal Gasheizeffekt}} \cdot (50^0 \text{ Warmwassertemp.} —$$
10^0 Zulaufwassertemp.) · 0,025 M. für 1 kg Koks.

[2]) Für Erzeugung derselben Menge warmen Wassers dient einmal die gesamte Abdampfmenge und eine besondere Koksfeuerung, die 800 M. jährliche Betriebskosten erfordert.

[3]) Die zur Warmwasserversorgung benutzte Kühlwassermenge der Turbinen ist größer als dem Bedarfe der Anstalt an warmem Gebrauchswasser entspricht, so daß sogar noch ein Teil des Kühlwassers ungenutzt abfließen wird.

Natürlich können alle möglichen Abdämpfe, nicht nur von Dampfmotoren, zur wirtschaftlichen Ausnutzung kommen, wenn jene auch manchmal ganz eigens zu durchdenkende Einrichtungen bedingen.

Eine vorteilhafte Ausnutzung von Schwadendampf findet in der Amstel-Brauerei, Amsterdam, statt[1]). Aus Versuchen ging hervor, daß im ganzen 41870 l von 8,5° auf 65° erwärmt wurden, wofür ~2356500 kcal erforderlich waren. Außerdem wurden 4378 kg Kondensat von 41,5° aufgefangen, die einen Wärmewert von ~181500 kcal darstellen, im ganzen also 2547000 kcal. Am Versuchstage wurden 24 hl/h Wasser verdampft = 2300 kg bei einer Dichtigkeit des Wassers von 0,955 bei 100°, so daß 1472000 kcal freigekommen sind, da 1 kg Wasserdampf von 100° einen Wärmewert von ~640 kcal hat. Davon haben zur Wassererwärmung gedient:

21700 · 60	= 1302000 kcal
an Kondenswasser wurde aufgefangen 2200 · 42,5 .	= 93500 »
	zusammen 1395500 kcal

Somit beträgt der Wirkungsgrad: $\eta = \frac{1395,5}{1472} = 0,95$. Für jeden Sud werden 2,3 Mill. kcal zur Wassererwärmung gebraucht, zu deren Gewinnung mit Hilfe von Frischdampf von 6 ata $\frac{2300000}{600} = 3800$ kg Dampf erforderlich wären, d. h. bei achtfacher Verdampfung 475 kg Kohlen. Für je 100000 hl Bier beträgt die Ersparnis 90 t Kohlen.

Bei den bisher angeführten Abdampfverwertungen ist vorausgesetzt worden, daß der Anfall der Abwärme sich ungefähr zeitlich mit dem Verbrauche deckt. In vielen Fällen wird jedoch zwischen Form, Menge, Spannung und Zeit der anfallenden und der benötigten Wärme ein großer Unterschied bestehen, wenigstens in Großanlagen. Ferner wird die Abwärme häufig stoß- und wechselweise (Hütten-, Arbeitsmaschinen) abgegeben, während die Heizwärme in gleichbleibendem Strom benötigt wird. In einem solchen Falle ist dann zur Deckung des Warmwasserbedarfs wieder die Warmwasserspeicherung durch Einschaltung von Speicher mit Wasserfüllung (Rateauspeicher) am Platze. Siehe hierüber Abschnitt XI. Solche Speicherung hat neuzeitlich hohe Bedeutung und große Anwendung gewonnen.

c) Die warmen Abwässer.

Von den warmen Abwässern, wie sie sich in Industrie und Gewerbe vielfach vorfinden, können als Heizmittel für Erwärmung von Gebrauchswässern das Kühlwasser und das Kondenswasser in Frage kommen[2]).

---

[1]) Feuerungstechnik, VIII, Heft 16.

[2]) Dr.-Ing. Balcke: »Vorschläge zur Nutzbarmachung heißer Abwässer für Heizung und Warmwasserbereitung.« Gesundheits-Ingenieur, 51, Heft 11, 1928.

Das Kühlwasser der Dampfturbinen und insbesondere der Verbrennungskraftmaschinen kann zur direkten oder indirekten Erwärmung von Wasser dienen. Da das Kühlwasser im Motor nicht verunreinigt wird, so steht einer direkten Verwendung zwar nichts im Wege, trotzdem sollte es zur Bereitung warmen Genußwassers auf diesem Wege nicht benutzt werden, dagegen läßt es sich lediglich für Reinigungszwecke in der Weise gut verwenden. Genügen seine Menge und Temperatur für Reinigungs-, Badezwecke usw. zur direkten Verwendung, so ist es dann kein Heizmittel mehr, sondern das warme Nutzwasser. Solche einfache Ausnutzung ist natürlich stets vorzuziehen, aber nicht immer möglich.

Die Menge und der Wärmegehalt des Maschinenkühlwassers ist nicht unbedeutend. Unter Voraussetzung direkter Kühlung und bei 10÷15° Zuflußtemperatur des Kühlwassers betragen je nach der Motorbelastung:

Abflußtemp.	Menge des Kühlwassers		
bis 60°	35÷40 l/PS$_e$h	für	kleine Gaskraftmaschinen,
40°	15÷35 »	»	Groß-Gaskraftmaschinen,
75°	10÷20 »	»	Dieselmotor.

Für einen MAN-500 PS$_e$-Dieselmotor beträgt z. B. die nutzbare Abwärme im Kühlwasser, das von 10° auf 50° erwärmt wird, für 1 Betriebsstunde und bei 18 l/PS$_e$h: 18·500 (50 — 10) = 360000 kcal/h, die einer Warmwasserversorgung zur Verfügung stehen. Das Kühlwasser besitzt dabei noch die vorteilhafte Eigenschaft, daß es, wie es die Motoren bedingen, rein und kalkfrei ist.

Die Verwendung des Kühlwassers als regelrechtes Heizmittel wird einzutreten haben, sobald seine Menge der Nutzwasseranforderung nicht genügt, eine Aufspeicherung von Warmwasser über die Motorbetriebszeit hinaus nötig ist oder andere wirtschaftliche oder technische Gründe maßgebend werden. Da für das am niedrigst temperierte Gebrauchswasser ~25÷35° verlangt werden, so wird sich vielfach eine Zusatzheizung nicht umgehen lassen, d. h. das Kühlwasser und gegebenenfalls kaltes frisches Zuschußwasser müssen mit Hilfe eines anderen Heizmittels auf die geforderte Höchsttemperatur gebracht werden. Dafür können Dampf, Abdampf, Abgase oder Brennstoffe dienen.

Da das Kühlwasser keine erhebliche Auftriebskraft mehr besitzt, so müßte der Durchlauf etwa durch einen Gegenstromapparat, falls dieser nicht unterhalb des Kondensators gelegt werden könnte, mittels einer Kreiselpumpe gehoben und in Umlauf gesetzt werden. Durch solche Einrichtung ist ferner die Möglichkeit geschaffen, sogar Dampf zu erzeugen, indem man das Kühlwasser zur Vorwärmung und die hoch temperierten Abgase zur Dampferzeugung benutzt.

Außer bei den Explosionsmotoren und Dampfturbinen findet sich temperiertes Kühlwasser noch im Hüttenbetriebe und anderen Plätzen zur ständigen Kühlung der Schachtofenwände, der Wind- und Schlackenformen usw.[1]) Für eine Form rechnet man allein schon 60 ÷ 100 l/min Kühlwasser, das sind 3600 ÷ 6000 l/h Warmwasser von ~80°. Beim älteren Puddelofenbetrieb ist der gesamte stündliche Anfall an Ofenkühlwasser noch größer. Dieses Warmwasser findet jetzt auch fast restlos seine Verwendung. Eine neuzeitlichere Ofenkühlwasserverwendung liegt u. a. nach Abb. 18 bei den Didier-Müllverbrennungsschachtöfen vor. Wasserverbrauch für den Ofenschachtmantel beträgt ~ 1500 l/h. Diese mit ~ 65° vom Kühlmantel kommende Wassermenge wird in einem Warmwasserbehälter mit Frischwasser vermischt und durch den Abdampf der Maschine auf ~90° nacherwärmt. Das so gewonnene Warmwasser dient zum Spülen der Müllgefäße, für Wasch- und Badezwecke. Ein weiteres Ausbeutungsgebiet von warmem Abwasser findet sich dann noch in den Gasanstalten und Kokereien, in denen noch größere Mengen Wärme in Gestalt von Warmwasser verlorengehen. Allerdings ist solches Gaskühlwasser, das sich bis auf ~70° erwärmt, nicht überall und nur in beschränktem Maße als Heizmittel zu verwerten. In vielen Werken wird das Gasnachkühlwasser nur mit ~30° abfließen und dann zum Kokslöschen benutzt. Der große Schwefelgehalt im Wasser macht es dann für andere Zwecke noch wenig verwertbar.

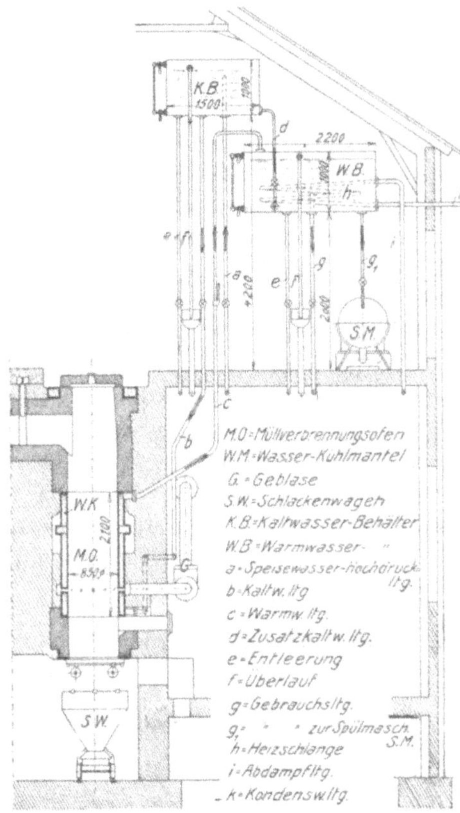

Abb. 18.

Das Kondenswasser der Dampfanlagen sucht man jetzt auch zur Warmwasserbereitung heranzuziehen. Kann dies mit Hilfe der Oberflächenkondensatoren, die als indirekt wirkende Gegenstromapparate arbeiten, ohne weiteres geschehen, so hat man bei Einspritzkondensation

[1]) Das Kühlwasser der wassergekühlten Feuerraumwände von Staubfeuerungen u. a. kommt wohl fast überall restlos als Kesselspeisewasser zur Verwendung.

entweder eine Ölreinigung des Kondenswassers vorzunehmen oder entsprechend der Abb. 92 zwischen Dampfzylinder und Luftpumpe einen Gegenstromapparat einzuschalten. Letzteres ist meist einer Ölreinigung vorzuziehen, da durch selbige dem Kondenswasser eine nicht unerhebliche Wärmemenge entzogen wird. Die Einspritz- oder Mischkondensatoren, die ein Gemisch von Dampf, Kondenswasser und Kühlwasser ergeben, sind schon wegen der starken Luftzuführung (100 kg Kühlwasser ∼7 l Luft) hier nicht empfehlenswert. Dort, wo eine direkte Benutzung des Kondenswassers vorgesehen wird, ist eine Reinigung desselben nicht zu umgehen; trotzdem kann sich diese bezahlt machen. So wird z. B. im Breslauer Schwimmbad das Kondenswasser der Dampfanlage des städtischen Elektrizitätswerkes von seinem Ölgehalt befreit, um darauf als Badewasser dem Schwimmbassin zugeführt zu werden. Obgleich sich die Kosten für die Reinigung des Kondenswassers vom Öl und Schlamm jährlich auf ∼3500 M. (v. d. Kr.) belaufen, so wird trotzdem eine jährliche Ersparnis von ∼20000 M. (v. d. Kr.) erzielt. Noch günstiger liegen die Verhältnisse beim Kondensat der Dampfturbinen, das als völlig ölfrei angesehen wird (s. oben Kühlwasser).

Häufig nutzt man Frischdampf zu Koch- und ähnlichen Zwecken bis zur vollständigen Kondensation aus, so daß man als Nebenprodukt ungemischtes temperiertes Kondenswasser erhält, das wegen seiner hohen Temperatur von 99° und weniger auch noch ausnutzungsfähig ist. Jedoch auch dieses Wasser ist mit fettigen und schmutzigen Bestandteilen derart stark durchschwängert, daß es vor seinem Weitergebrauch zuvor gereinigt werden muß.

III. Die Warmwasseranlagen bezüglich des Umfanges und der Zapfstellenzahl. Die Lokal- und Zentralanlagen.

Die Anlagen sind als lokale und zentrale zu unterscheiden. Bei ersteren ist die ganze Anlage zur Hauptsache in einem einzigen Apparat vereinigt, der zugleich Erzeuger und Versorger ist und eine einzige oder einige wenige Zapfstellen an sich trägt; ein Rohrnetz fällt hier fort. Bei den Zentralanlagen, die meist mehr als eine Zapfstelle besitzen, liegen diese getrennt von dem Warmwassererzeuger und sind mit ihm durch Rohrleitungen verbunden, so daß man hier ein weniger oder mehr ausgedehntes und verzweigtes Rohrnetz vorfindet.

Die einfachste Ausführung einer Lokalanlage wird durch den gewöhnlichen Kochtopf dargestellt, der durch die direkten Feuergase, durch das Gas einer Gasanstalt, durch Elektrizität, Petroleum oder Spiritus geheizt wird. Eine vorteilhaftere Wärmeausnutzung ergibt sich schon durch Anordnung einer sog. Wasserblase, die einem Kochherde eingebaut ist. Eine weitere allgemeine häusliche Lokalanlage ist der Waschkessel, wie er für Wasch-, Bade- und sonstige Zwecke Verwendung findet.

Daß man wohl jemals auf eine derartige Lokalanlage selbst in einfachster Form im Haushalte verzichten kann, ist kaum anzunehmen. In besseren Haushaltungen macht sich jedoch jetzt immer mehr das Bedürfnis fühlbar, Warmwasser an mehreren Stellen zu gleicher Zeit abnehmen zu können, nicht nur am Küchenherd, sondern auch über dem Aufwaschtisch, im Toilettenzimmer, an der Badewanne usw. Ist die Anlegung mehrerer Zapfstellen nötig oder wünschenswert, so sind diese, soweit deren Wassertemperaturen die gleiche Höhe besitzen dürfen oder müssen, zur Erreichung eines wirtschaftlichen Betriebes möglichst von einer Zentralstelle abhängig zu machen. Letztere kann ja in mannigfachster Form zur Ausführung gelangen. Die Zapfstellen können dabei in einem oder in mehreren Stockwerken liegen. Die Zentralwärmequelle läßt sich je nach dem System unterhalb, in gleicher Höhe oder oberhalb der Verbrauchsstellen anordnen.

Die lokalen Anlagen können mit direkter oder indirekter Erwärmung des Wassers durchgeführt werden und eignen sich für unterbrochenen und dauernden Betrieb; ein geringer Wasserverbrauch wird im allgemeinen dabei vorausgesetzt werden müssen. Eine derartige Ausführung mit Dampf als Heizmittel und für Dauerbetrieb ist nach Abb. 19 der Kaffee- oder Teekocher, der in Fabriken, Warenhäusern usw. und in sonstigen Betrieben mit vielen Arbeitern und mit Bedürfnis nach warmem Getränk geeignete Verwendung findet. Der eingebaute Kühler gestattet jederzeit temperiertes Wasser zu entnehmen. Eine ähnliche Ausführung zeigt nach Abb. 20 der Kochapparat mit mehreren Zapfstellen von

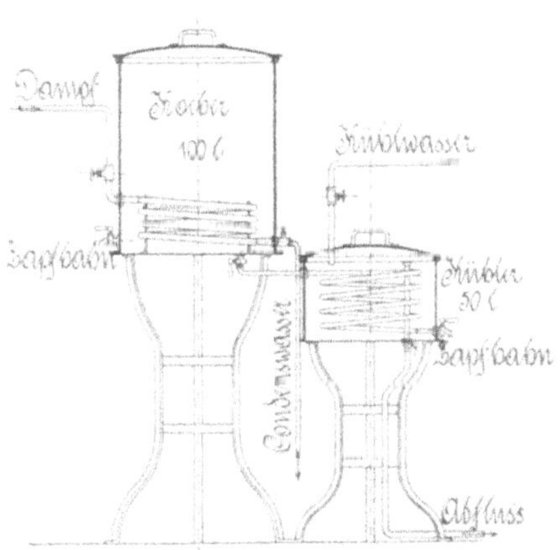

Abb. 19.

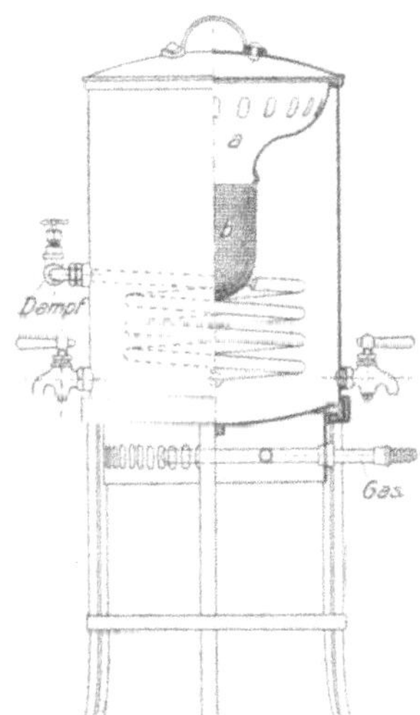

Abb. 20.

Schaffstaedt, Gießen. Mantel, Boden und Deckel sind aus innen und außen verzinntem Schmiedeeisen oder aus innen verzinntem Kupfer hergestellt. Die 2÷6 Zapfhähne besitzen, um Verbrennen der Hände zu vermeiden, Holzgriffe. Ein eingehängter Trichtereinsatz *a* mit Drahtsieb *b* dient zur Aufnahme des Tees oder gemahlenen Kaffees. Der Apparat ist für Dampfheizung, Gasheizung oder für beide Heizmittel (wie in Abb. 20) benutzbar. Die verzinnte kupferne Dampfheizschlange ist leicht herausnehmbar. Der nach unten gewölbte Boden paßt sich zwar der Wärmeeinwirkung, guter Reinigung und völligen Entleerung gut an, jedoch kann der am tiefsten Punkt des Bodens eingedichtete Entleerungshahn infolge leichten Leckens durch die Gashitze zu Klagen Anlaß geben. Ein eingeschweißtes längeres Ablaßrohr ist besser am Platze.

Eine lokale Warmwasserbereitungsanlage ist weiter durch die Schnellwassererwärmer mit Hilfe von Gas zu erreichen, wie diese von ersten Firmen in den Handel gebracht werden. Heizgas steht in fast allen besseren Wohnungen zur Verfügung. Die Apparate werden in der Regel als Durchlaufapparate und Automaten durchgeführt, infolgedessen die Bedienung äußerst einfach und der Betrieb gesichert ist; als Wandkörper konstruiert, beanspruchen sie geringen Raum.

Die elektrische Industrie bringt ebenfalls derartige brauchbare Kleinapparate in den Handel, die sowohl für ein bestimmtes Wasserquantum als auch zur Verbindung mit der Wasserleitung als Durchlaufapparate gebaut werden.

Für einen großen Wasserverbrauch mit nur einer für sich bestehenden Zapfstelle ist die Anlage dem Zentralbetrieb entsprechend großzügiger, womöglich mit einem Warmwasserbehälter, anzulegen. In vielen Haushaltungen finden sich derartige Anlagen zum Betriebe der Badeeinrichtung, wo ∼200 l Warmwasser auf einmal und in kurzer Zeit zu liefern sind. Liegen die örtlichen Verhältnisse günstig, so kann es sich sehr häufig empfehlen, die Warmwasserzapfstellen für das Bad, für Spül-, Wasch- und sonstige Gebrauchszwecke von einer Zentralstelle abhängig zu machen. Soll für letztere der Küchenherd durch Einbau von Schlangen oder Flaschen in Frage kommen, so ist zu bedenken, daß solche Anordnung besonders bei unregelmäßigem Betriebe des Herdes leicht dem Nachteile einer ebenso schwankenden Wassertemperatur an den Verbrauchsstellen unterliegt. Auch ist zu beachten, daß das Badewasser in der Regel abends und morgens gebraucht wird, zu einer Zeit, zu welcher der Küchenherd noch nicht oder noch nicht lange genug in Betrieb ist. Ein vorhandener Warmwasserbehälter könnte über Nacht eine zu große Abkühlung erfahren. Für solche Fälle ist es dann besser, das Badewasser in einem besonderen Erzeuger, etwa in einem Gasofen, für sich zu erwärmen, wozu sehr häufig auch die örtlichen Verhältnisse zwingen. Kaltwasserleitung und Gasleitung lassen sich einfacher und bequemer auf längere Strecken verlegen als die Warmwasserleitung.

Steht Dampf oder heißes Wasser sowieso als Heizmittel zur Verfügung, so läßt sich die ganze Anlage durch Einbau entsprechender Apparate zur direkten Erwärmung des Wassers bequem für jede Zapfstelle lokalisieren; für andere Fälle kann auch indirekte Erwärmung am Platze sein. Ist die Wahl für lokale oder zentrale Anlage mit gesonderter Heizquelle offen, so ist meist letzterer unter Benutzung eines passenden Systems wegen eines wirtschaftlichen Betriebes der Vorzug zu geben.

Es lassen sich aber auch, sobald örtliche Verhältnisse oder besondere Bedürfnisse es erfordern, lokale und zentrale Warmwasserbereitung ganz gut miteinander vereinen. Der lokale Warmwasserbereiter Abb. 21 im Anschluß an die Zusatz-Hochdruckdampfleitung einer Abdampf-Zentralheizung eines großen industriellen Betriebes macht die Zapfstelle unabhängig von der zentralen Warmwasserversorgung. Durch Öffnen der Hähne in den Kaltwasser- und Dampfleitungen tritt der Apparat in Tätigkeit, um auf Grund seiner großen Heizschlangenheizfläche in wenigen Minuten Warmwasser für Reinigungs-, Wasch- und Genußzwecke zu liefern. Sollte vergessen werden, den Wasserhahn zu öffnen, so arbeitet der Apparat ohne Gefahr einfach als Raumheizkörper.

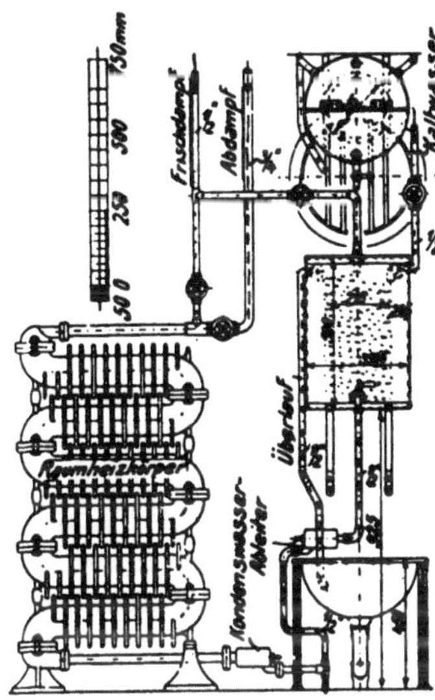

Abb. 21.

Eine Zentralanlage kann nun für ein ganzes mehrgeschossiges Gebäude, wie aber auch für jedes einzelne Geschoß für sich als Etagen- Warmwasseranlage vorgesehen werden. (Siehe Abschnitt IV: Die Systeme.) Bei dieser Überlegung wirft sich die Frage auf, welche der beiden Ausführungsarten die zweckmäßigere ist. Wie bei den Heizungsanlagen ist es auch hier ein bestechender Gedanke, nur eine Feuerstelle, nur einen Warmwasserbereiter etwa im Untergeschoß des Gebäudes zu haben. Aber auch hier machen sich die bekannten Mängel einer Haus-Zentralanlage für Mietshäuser geltend. Alle Mieter sind abhängig von der Tüchtigkeit, dem Verständnis und dem Interesse des die Zentralstelle, den Kessel, Gasofen od. dgl. Bedienenden, von dem guten Willen, der Persönlichkeit und der Kreditfähigkeit des Hauswirtes. Tritt eine Störung im Betriebe, an der Zentralstelle ein, so haben alle Mieter des Hauses darunter zu leiden. Ein ungleicher Wasserverbrauch seitens der Mieter mit ihren verschiedenen Lebensgewohnheiten fällt zwar nicht ins Gewicht, da der Verbrauch durch Einbau von Warmwassermessern den einzelnen Verbrauchern nachgewiesen werden kann. Kommen obige Bedenken nicht ganz in Fortfall, so erscheint es also ratsam, in großen Mietshäusern mit vielen Wohnungen und Parteien den allerdings teureren Etagen-Warmwasseranlagen gegenüber der einzigen Hauszentrale den Vorzug zu geben. Bei ersteren hat man aber bei ungünstiger Lage der Zentralstelle zwar unter Vermeidung der nachteiligen Erwärmung der Kellerräume gegebenenfalls eine lästige Erwärmung der Wohnräume mit in Kauf zu nehmen. Die gegebenste Zentralstelle der Etagenanlage ist ein Gasofen oder der Küchenherd, der zur Erhöhung seines Nutzeffektes einen Gliederkesseleinbau oder Herdeinsatz erhält. Wird mit der Etagen-Warmwasserbereitung eine Etagen-Zentralheizung verbunden (oder umgekehrt), so wird dem Küchenherd, der sich äußerlich von einem gewöhnlichen Herde kaum unterscheidet, sowohl ein Gußzylinderkessel für die Heizung und darüber ein niedriger Einsatz als Warmwasserbereiter eingebaut und mit einem unteren Rost für Winterheizung und einem oberen sog. Sommerrost, der nur dem Speisekochen und der Warmwasserbereitung dient, versehen. Ein Behälter an der Decke der Küche oder eines daneben liegenden Raumes dient als Warmwasserspeicher. Für kleinere Haushaltungen kann ein Behälter von 150 l Inhalt ($\sim$ 150 l = Wasserfassung eines Bades) unter Umständen schon genügen, dessen Wasser in $\sim$ 20 min von 10° auf 70° ohne Anstrengung der Feuerung erwärmt werden kann. Während der kalten Jahreszeit können die Naragheizung der Nat. Rad. Ges., die Caminoheizung oder andere Etagenheizungssysteme das Wasser im Behälter indirekt dauernd miterwärmen.

Aus vorstehenden Worten darf aber nun nicht für jeden Fall ein völliges Überflüssigsein des Haus-Zentralsystems gefolgert werden. Je größer der Zentralbereich einer Anlage ist, um so wirtschaftlicher wird sie bei richtiger Ausführung und Bedienung arbeiten und um so mehr werden sich die Vorteile der Bequemlichkeit, Reinlichkeit und ständigen Bereitschaft geltend machen. Vor allem sind derartige Großanlagen dort am Platze, wo das Gebäude in Händen einer Verwaltung liegt und die meisten Räume gleichen Zwecken dienen wie in Lazaretten, Krankenhäusern, Heilanstalten, Geschäftshäusern, Fabriken usw. So hat man in neuerer Zeit auch nicht gezögert, neben den Fernheizungen ebenfalls Fern-Warmwasserversorgungen[1]) durchzuführen. Das ganze System, das unter Druck steht, wird von einer Kesselanlage betrieben. Um das Warmwasser bei den großen Entfernungen und bei geschlossenen Zapfstellen in den toten Strängen nicht einer nachteiligen Abkühlung

[1]) Eberle: „Energieverteilung mittels Heißwasser unter Berücksichtigung der Fernheizwerke". Zeitschrift des Bayer. Revisions-Vereins, XXXIII, Heft 7, 1929.

auszusetzen, ist es mittels besonders zu verlegenden Zirkulationsleitungen und einer Pumpe in stetem Umlauf zu halten. Hauptsächlich kamen bis jetzt die Fernanlagen für zusammengehörige Gebäude staatlicher und städtischer Hospitäler, Krankenhäuser, Genesungsheime u. dgl. zur Anwendung.

In der neuen Krankenhausanlage Ludwigshafen, nach dem modernen Pavillonsystem durchgeführt, ist von Gebr. Sulzer, Ludwigshafen, eine Fernwarmwasserversorgung[1]) geschaffen, bei der das Wasser in

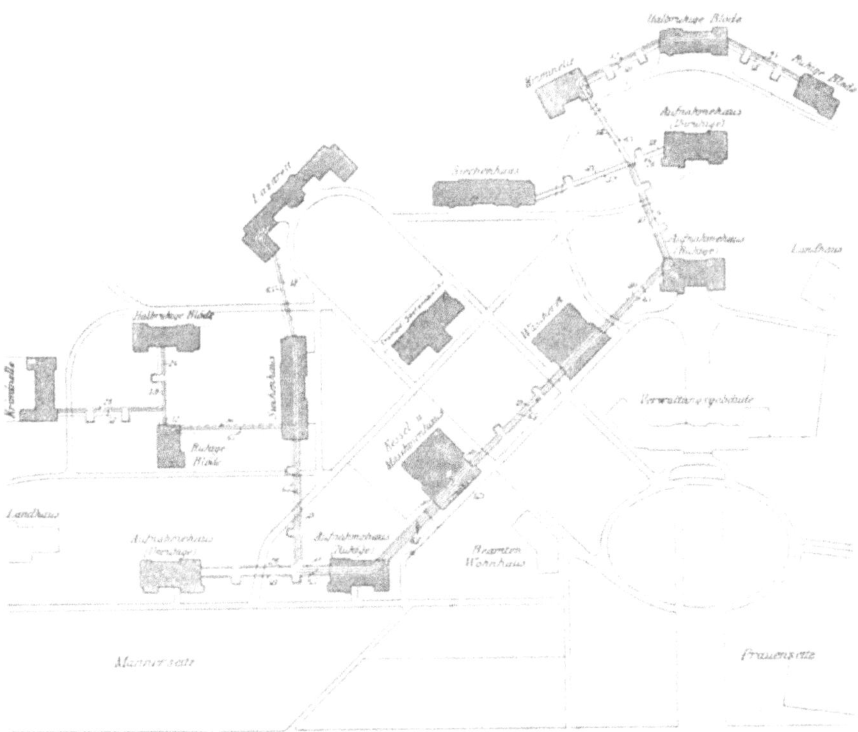

Abb. 22.

zwei Hauptwarmwasserapparaten auf 70° erwärmt wird, und zwar bisher in genügendem Maße nur durch Ekonomiser (s. S. 170). Nach Angabe der Anstaltsverwaltung werden monatlich ~215 m³ Warmwasser für die Waschküche und ~235 m³ für die übrigen Zapfstellen der Anstalt benötigt. Es sind in den Boilern aber auch Dampfschlangen eingebaut, in welche direkter Frischdampf eintritt, der bei Unterschreitung der normalen Wassertemperatur automatisch eingreift. In jedem mit Warmwasser zu versorgenden Gebäude endigt die Verteilungsleitung in

[1]) Gesundheits-Ingenieur, 32. Jahrg., Festnummer.

einem Warmwasserapparat, der für den Bedarfsfall mit Dampfschlange versehen und an die städtische Kaltwasserleitung angeschlossen ist. Trotz der großen Anlagekosten zog man diese Anordnung einer einfacheren vor, weil dadurch die Möglichkeit, Warmwasser liefern zu können auch bei zufälligem Defektwerden der Fern-Warmwasserleitung, gesichert ist und vor allem, um für die Nachtzeit eine ständige Warmwasserreserve zu besitzen. Dies ist erforderlich, da der Heizbetrieb ein unterbrochener ist. Um Stagnieren und Abkalten des Leitungswassers zu verhindern, sorgt eine in die Umlaufleitung eingeschaltete Sulzersche Zentrifugalpumpe als Umlaufpumpe, die mit einem 2-PS-Elektromotor direkt gekuppelt ist, für ständigen Wasserumlauf. Zur Sicherheit sind zwei solcher Pumpen aufgestellt, von denen jede für sich ausschaltbar und mit Umführung versehen ist. Das Zirkulationswasser besitzt vor seinem Eintritt in die Hauptwarmwasserapparate noch 60°, so daß es sich auf seinem Wege infolge der vorzüglichen Isolierung nur auf 10° abkühlt.

Für die Landesirrenanstalt Teupitz in der Mark Brandenburg ist durch die Firma Joseph Junk, Berlin, eine umfangreiche Fern-Warmwasserbereitungsanlage ausgeführt worden[1]). Die Anlage hat insgesamt 126 Badewannen und 102 sonstige Zapfstellen mit warmem Wasser zu versorgen. Die horizontale Ausdehnung des Rohrnetzes und die Führung der Leitungen sind aus dem Bauplane Abb. 22 (Maßstab 1: $\sim$1500) zu ersehen. Jede Gebäudegruppe (3 Pflegerhäuser) ist durch eine Sonderleitung mit der Warmwasserzentrale verbunden, das gleiche gilt vom Lazarettgebäude. Alle zusammenlaufenden Leitungen sind so geschaltet, daß sie eine gegenseitige Reserve bilden und wechselseitig benutzt werden können. Über eine derartige Schaltung gibt Abb. 299 Aufschluß. Damit auch bei etwaigen Betriebsstörungen in der Zentrale und in den Fernleitungen noch Warmwasser zur Verfügung steht, sind die Hauptstränge an ihren Enden zu Boilern von je 5 m^3 erweitert, welche unmittelbar mit der Kaltwasserleitung verbunden sind. Es kann also im Bedarfsfalle der Warmwasserinhalt des Boilers unter Ausschaltung der Zentrale nutzbar gemacht werden. Die Anordnung des Boilers mit den Fern-Warmwasser- und Kaltwasserleitungen geht ebenfalls aus Abb. 299 hervor. Vom Boiler aus erfolgt die Verteilung des warmen Wassers für jede der angegebenen Gebäudegruppen derart, daß neben der zu den Zapfsträngen führenden Zuleitung eine Umlaufleitung angeordnet ist. Die letztere ist in der in Abb. 299 angegebenen Weise mit den Strängen, und wie durch Abb. 23 dargestellt, mit der Warmwasserzentrale verbunden.

Die Warmwassererzeugungsanlage (Abb. 23) besteht aus drei Vorwärmern System Schaffstaedt mit einer Leistungsfähigkeit von je 500000 kcal. Die Wärmeversorgung erfolgt je nach Bedarf mittels Ab-

[1]) Gesundheits-Ingenieur, 32. Jahrg., Nr. 10.

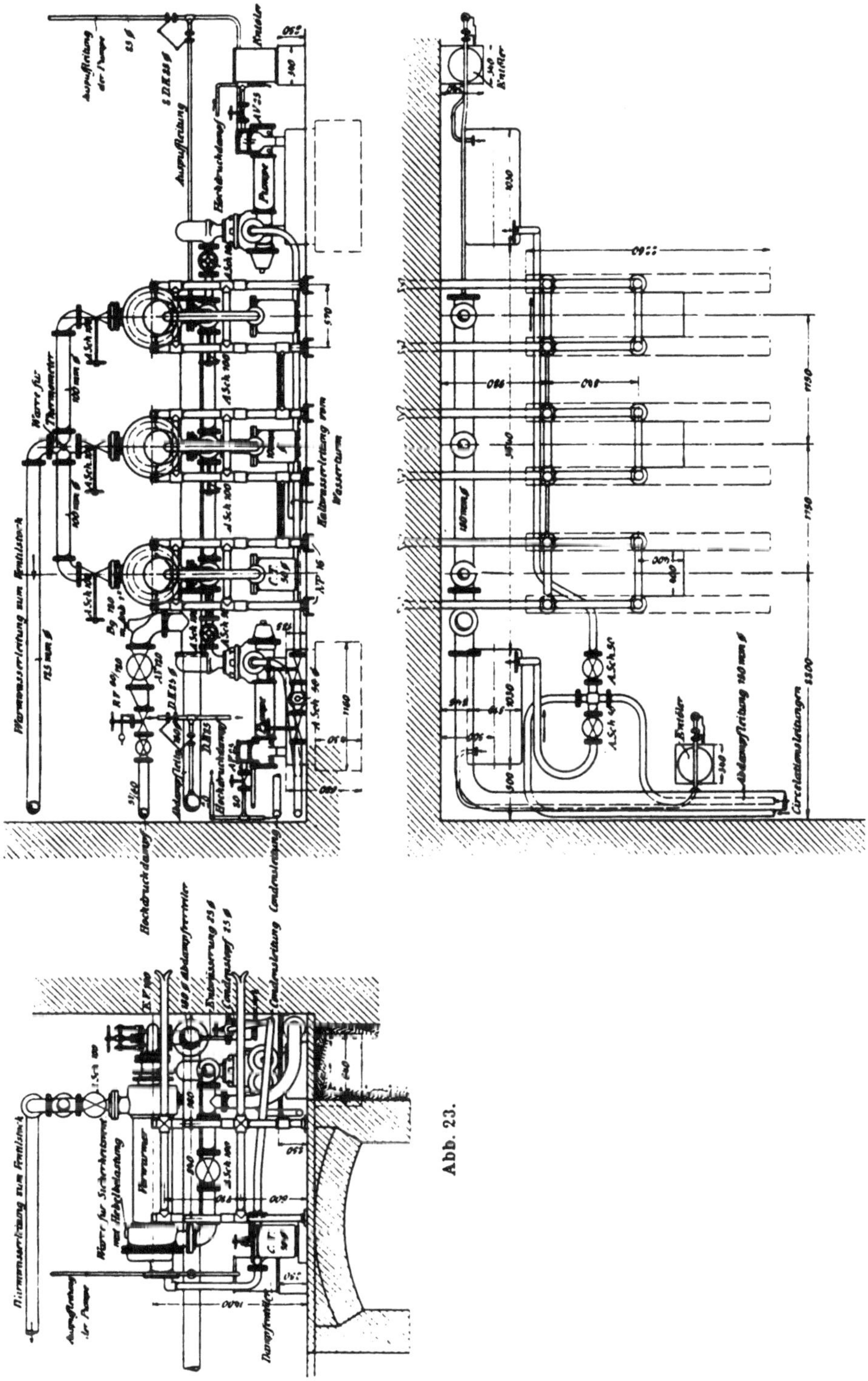

Abb. 23.

dampf oder reduziertem Frischdampf. Das Kondenswasser wird zur Kesselspeisung verwandt. Das warme Wasser wird nach seinem Austritt aus den Vorwärmern einem Verteiler mit fünf Abzweigstutzen zugeführt. Zur Umwälzung der im System befindlichen Wassermenge dienen zwei Duplexdampfpumpen von je 15 m^3/h Leistungsfähigkeit, welche eine gegenseitige Reserve bilden. Die Umlaufleitungen der Gebäude münden in einen mit den Umwälzpumpen verbundenen Sammel-

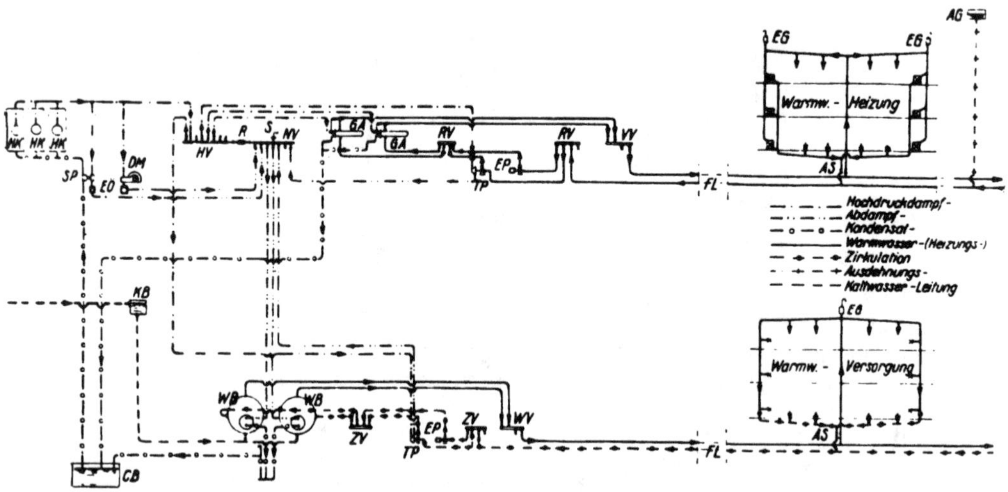

Abb. 24.

HK = Hochdruckdampfkessel
DM = Dampfmaschine
HV = Hochdruckdampfverteiler
R = Dampfdruck-Minderventil
NV = Niederdruck-Dampfverteiler
GA = Gegenstromapparat
VV = Vorlauf-Verteiler
RV = Rücklauf-Verteiler
TP = Turbo-Umwälzpumpe
EP = Elektro- „
SP = Speisepumpe für HK
KB = Kaltwasserbehälter
WB = Warmwasserbehälter (Boiler)
WV = Warmwasser-Verteiler
ZV = Zirkulationswasser-Verteiler
CB = Kondenswasserbehälter
AG = Ausdehnungsgefäß
EG = Entlüftungsgefäß
EÖ = Entöler
S = Sicherheitsventil
FL = Fernleitungen
AS = Anschlußstationen

strang. Die Leitungsrohre sind teils in begehbaren Kanälen nach Abb. 296, teils in Tonschalen nach Abb. 294 gelagert. Als Material wurde verzinktes schmiedeeisernes Muffenrohr gewählt. Die Kaltwasserzuleitung erfolgt von einem Schwimmergefäß von 5 m^3 Inhalt aus.

Eine allgemeine schematische Darstellung einer Fernanlage mit allen Einzelheiten ist in Abb. 24 dargebracht. Die Anordnung kann als ein Typ für derartige Fernanlagen betrachtet werden, wie sie meist zu finden sind und sich am besten praktisch bewährt haben. Für den Entwurf kann daher Abb. 24 einen guten Anhalt bieten. Eine solche Anlage hat Käuffer-Mainz in der hessischen Landesirrenanstalt »Philipps-Hospital« in Goddelau ausgeführt. Eine Abweichung von dem Schema besteht darin, daß die Zirkulationsleitungen nicht zur Ausführung gekommen sind, da an den Endstellen des Fernnetzes eine ständige und große Wasserentnahme durch Dauerbäder für Behandlung unruhiger Kranken, Wäscherei, Wirtschaftsbetrieb usw. besteht. Ein Bild über die Größe der Godellauer-Anlage gibt das Wärmediagramm der Abb. 25.

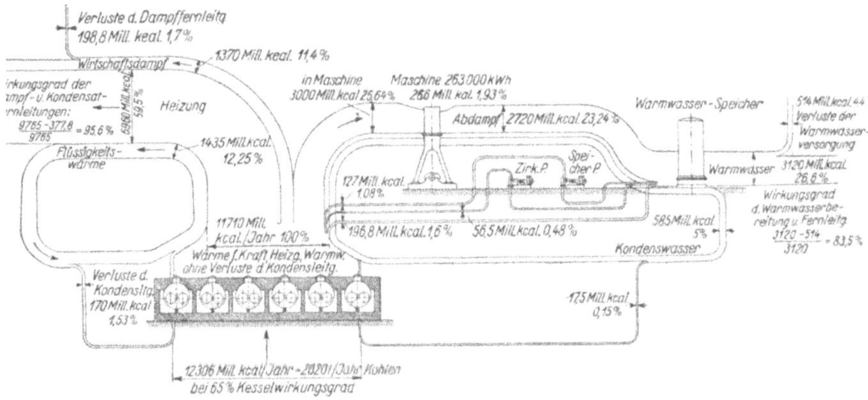

Abb. 25.

Die Wärmebilanz, die bei Projektierung aufgestellt worden ist, steht in voller Übereinstimmung mit den Betriebsergebnissen der zwei Jahre, seitdem die Anlage arbeitet.

Nun brauchen die Fernanlagen nicht nur für derartig ausgedehnte Gebiete und umfangreiche Gebäudegruppen in Frage kommen, auch sollten sie sich nicht nur auf behördliche Wohlfahrts- und Verwaltungsbezirke, für die zwar das Baugeld in der Regel leichter und bequemer zur Verfügung steht als für Privatbauten, beschränken; sie können vielmehr jedem industriellen und gewerblichen Betrieb mit mehreren Gebäuden schon einen größeren Vorteil bieten, als wenn jedes Haus, das Warmwasser verlangt, mit eigenen Bereitern ausgerüstet wird. Natürlich muß vorausgesetzt werden, daß die Menge der zur Verfügung stehenden Wärme als Abwärme, Nebenwärme oder Überschußwärme ausreicht. Die Fernwarmwasserversorgung steht mit der Wärmewirtschaft und der Verwertung der Abwärme in engstem Zusammenhange.

Bei der Projektierung von Siedlungen, Stadtvierteln sollte auf etwaige in der Nähe befindliche Kraft- oder Wärmezentralen Rücksicht genommen und von vornherein eine zentrale Heiz- oder Warmwasserversorgung des neuen Baublocks ins Auge gefaßt werden. Bei günstiger Lage vorhandener Betriebe sollten auch schon bestehende Stadtviertel nachträglich mit zentralen Heiz- und Warmwasserversorgungen ausgebaut werden. Selbst wenn diese Anlagen heute nicht immer eine rechnerisch nachzuweisende Wirtschaftlichkeit besitzen sollten, wenn sie also nicht die übliche Verzinsung und Tilgung des Anlagekapitals gewährleisten, so ist dennoch die Ausführung von Wärmeverwertungsanlagen ernstlich zu erwägen, weil es sich hier nicht nur um die Möglichkeit, mit Geld wieder Geld zu verdienen, handeln darf.

Mit Rücksicht auf die mit einer Wärmeübertragung verbundenen Abkühlungsverluste können die Versorgungsentfernungen bei Warmwasseranlagen unbedenklich bis über 3000 m Aktionsradius gewählt werden. Zur Umwälzung der Wassermengen ist jedoch dann häufig eine besondere Bewegungskraft, also Pumpenbetrieb, erforderlich.

Ohne Umlaufpumpe arbeitet die Fernanlage in Spandau, in der die Pumpstation des städtischen Wasserwerks als Wärmequelle das 3 km entfernt liegende Hallenschwimmbad mit Warmwasser versorgt. In die Vakuumdampfleitung der zwei Zwillingsdampfpumpen des Wasserwerks ist ein Schaffstaedt-Gegenstromvorwärmer eingebaut, welcher die Erwärmung des Badewassers von 40 m^3/h auf 45^0 bewirkt. Das Wasser läuft von hier durch 3000 m lange, 100 mm weite, nahtlose, verzinkte Stahlrohre, in einem Tonrohrkanal verlegt, einem Aufspeicherbehälter von 400 m^3 Inhalt zu, der unter dem 600 m^3 fassenden Schwimmbecken des Hallenschwimmbades liegt. Die Neufüllung des Schwimmbeckens erfolgt aus dem Speicherbehälter über Nacht mittels Wasserstrahlpumpe. Das Betriebswasser dieser Hebepumpe ist zugleich Mischwasser, da die Wassertemperatur im Schwimmbecken nur 22^0 zu betragen hat.

IV. Die Systeme der Warmwassererzeugungs- und -verteilungsanlagen.

Wegen leichteren Zurechtfindens und größerer Klarheit sind die Rohrleitungen in nachstehenden Abbildungen, soweit es zweckdienlich erschien und besondere Erklärungen den Leitungen nicht andere Bedeutung zuweisen, der Abb. 26 entsprechend ihrer Bedeutung gemäß kenntlich gemacht. Signalleitung gilt auch für Sicherheitsleitungen. Für die Sinnbilder der Abschlußorgane ist DIN 2429 bestimmend.

Abb. 26.

Die Anlagen können mit direkter und indirekter Erwärmung des Wassers, mit Hochdruck und Niederdruck und in beiden Fällen unter Fortlassung und Einschaltung eines besonderen Warmwasserbehälters durchgeführt werden.

Zu beachten ist hier gleich:

DIN 1979: Technische Vorschriften für Bauleistungen. Zentralheizungs-, Warmwasserbereitungs-, Kühl- und Lüftungsanlagen.

Darin heißt es unter Ziffer 10:

»Das Wasser in ständigen Warmwasserversorgungsanlagen muß mittelbar durch besondere Heizflächen erwärmt werden.«

In dieser Bestimmung ist unter »Wasser« das Genußwasser, das im Haushalt zur Speisenbereitung, Geschirreinigung usw. Verwendung findet, zu verstehen.

Bei der direkten Erwärmung wird die Wärme einer Heizquelle auf kürzestem Wege ohne Einschaltung eines Zwischengliedes (Heizschlange) dem zu erwärmenden Wasser zugeführt. Das indirekt erwärmte Wasser befindet sich örtlich getrennt von der Heizquelle, die sich als Wärmeträger eines Heizmittels bedient, welches durch ein Rohr, Heizschlange od. dgl. zugeführt wird und seine Wärme durch deren Scheidewände in das zu erwärmende Wasser transmittiert. Als Wärmeträger können Dampf, Heißwasser, Gase, Luft und Elektrizität in Betracht kommen.

Die Vorteile der direkten Erwärmung gegenüber der indirekten liegen einmal in der größeren Einfachheit der Anlagen und dann auch wohl in einer größeren Wärmeausnutzung. Letzterer Vorteil ist jedoch häufig ein illusorischer, da das zur indirekten Erwärmung des Wassers dienende Mittel, wie Dampf und Heißwasser, als Kondensat und abgekühltes, aber noch warmes Wasser immer wieder benutzt werden kann und somit hierdurch ein empfindlicher Wärmeverlust kaum entstehen dürfte. Ein Vorteil der indirekten Erwärmung liegt aber darin, daß die Kessel, Apparate, Leitungen wenig unter den Niederschlägen fester Wasserbestandteile zu leiden haben, weil als Heizmittel zur Hauptsache immer wieder dasselbe, einmal von den Niederschlägen befreite Wasser benutzt wird. Die direkte Erwärmung eignet sich demgemäß besonders dort, wo kalk- und salzfreies Wasser zur Verfügung steht, die indirekte an den Plätzen, wo neben einer Warmwasserbereitung eine Heizung zu betreiben ist. Bei beiden Systemen kann das sehr nachteilige und schädliche Ablagern von Kesselstein und Salzen in den Konstruktionsteilen durch Einhaltung niedrigerer Temperaturen erheblich vermindert werden. Wo es auf ein vollkommenes Reinerhalten des Wassers ankommt, welche Anforderung an die Gebrauchswässer zu Speisen, Getränken, in Brauereien, Brennereien, Bäckereien, Fleischereien usw. unbedingt gestellt werden muß, ist die indirekte Erwärmung am Platze.

Beide Systeme mit direkter oder indirekter Erwärmung können mit Niederdruck oder Hochdruck durchgeführt werden. Die äußerste Hochdruckgrenze liegt nicht genau fest; man findet Hochdruckanlagen mit $\sim 3 \div 6$ at und auch wohl mehr ausgeführt. Die direkte Erwärmung mit Hochdruck ohne besonderen Warmwasserbehälter verlangt besondere Apparate, wie selbige weiter unten Erwähnung finden. Im allgemeinen beziehen sich diese Unterschiede auf die Systeme mit besonderen Warmwasserbehältern, die als offene und geschlossene (Boiler) benutzt werden. Nur in Ausnahmefällen läßt sich ein offener Behälter so hoch anordnen, daß ein Hochdruck erzielt wird, so daß dieser meist von vornherein einen geschlossenen bedingt. Der Niederdruck kann jedoch für Anlagen mit offenem oder geschlossenem Warmwasserbehälter in Betracht kommen. Die Höhenlage des offenen Behälters, der mit der Kaltwasserzuleitung bzw. unter Zwischenschaltung eines Füllbehälters verbunden ist, bestimmt den Druck für die ganze Anlage; alle Zapf-

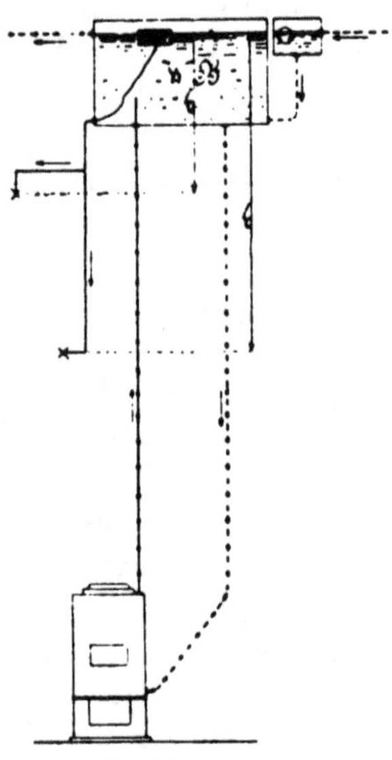

Abb. 27.

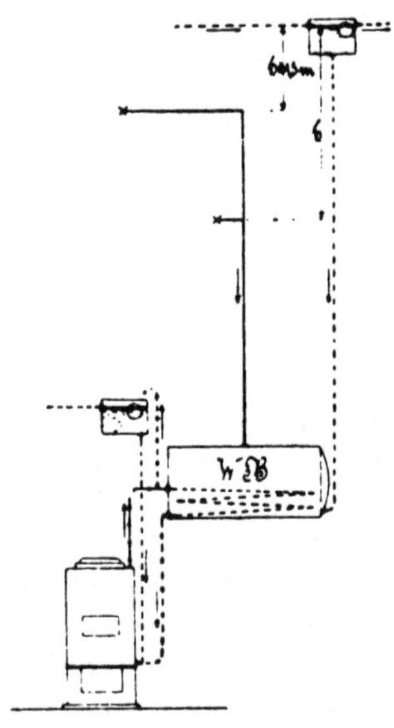

Abb. 28.

stellen müssen also unterhalb des Behälters sich befinden. Beim geschlossenen Behälter für Niederdruck liegt oberhalb der höchsten Zapfstelle, möglichst noch ~1,5 m höher, ein Kaltwasserfüllbehälter, dessen Lage den Druck bedingt. Liegen sonst keine besonderen Bedingungen vor, so ist zur Vereinfachung der ganzen Anlage der Niederdruckbetrieb vorzuziehen. Werden besonders hohe Drücke an den Zapfstellen und möglichst enge Röhren verlangt, ist mit Hochdruck zu arbeiten. Häufig empfiehlt es sich, die Wassererwärmung indirekt mit Einschaltung eines Behälters vorzunehmen, da dann nur dieser mit der Verbrauchsleitung unter Hochdruck zu stehen braucht, während der Heizapparat, der Kessel usw., auf den Heizeinsatz im Behälter mit Niederdruck arbeiten kann.

In den Abb. 27, 28, 29 sind diesbezügliche schematische Anordnungen getroffen, in denen die nutzbaren Druckhöhen einiger Zapfstellen mit *h* bezeichnet sind. Beim Hochdruck (Abb. 29) entspricht die Druckhöhe dem Wasserdruck im System, in m oder mm Wassersäule gemessen.

Anlagen, die zeitweilig oder dauernd eine größere Warmwassermenge und womöglich in kurzer Zeit zu liefern haben, und bei denen der Warmwasserverbrauch ein schwankender ist, werden vorteilhaft mit einem Sammelbehälter, dem Warmwasserbehälter, Speicher, ausgerüstet, der dann so groß bemessen sein muß, daß stets den größten Anforderungen genügt werden kann. Man gewinnt dadurch auch den Vorteil, daß infolge der größeren Anheizdauer die erforderliche Leistungmit Hilfe eines kleineren Wärmeerzeugers unter Aufwendung geringerer Menge Brennstoffs erreicht werden kann. Der Behälter beansprucht aber zu seiner Aufstellung einen besonderen, in der Regel nicht unbedeutend großen Raum und eine gegen Kälteeinwirkung geschützte Konstruktion und Lage, um ihn als Wärmespeicher zu jeder Zeit ausnutzen zu können. Es sind daher an manchen Plätzen Anlagen ohne Warmwasserbehälterempfehlenswerter, insbesondere dort, wo Dampf oder Heißwasser als Heizmittel eine direkte Erwärmung ermöglicht.

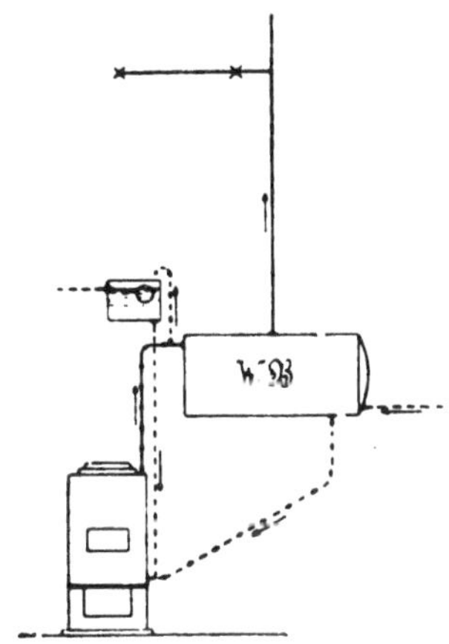

Abb. 29.

Nach obigen Darlegungen kann man nun unterscheiden:

A. Eine direkte Erwärmung des Wassers:
 a) ohne Einschaltung eines besonderen Warmwasserbehälters,
 b) mit » » » »
B. eine indirekte Erwärmung des Wassers:
 a) ohne Einschaltung eines besonderen Warmwasserbehälters,
 b) mit » » » »

Aa) Die direkte Erwärmung des Wassers ohne Einschaltung eines besonderen Warmwasserbehälters.

Das zu erwärmende Wasser kann in einem offenen oder geschlossenen Apparate[1]) erwärmt werden, von denen letzterer außer oder unter Druck der Kaltwasserzuleitung stehen kann. Die erforderliche Wärme wird entweder den Brennstoffen, der Elektrizität oder dem Dampfe und Heißwasser entzogen. Hiernach läßt sich die Unterteilung treffen:

[1]) Unter »Apparat« ist hier der Teil zu verstehen, in dem sich das Wasser zum Erwärmen befindet, also der Kochtopf, der Kessel- und Ofenzylinderraum, oder auch die Badewanne, das Schwimmbassin usw.

1. Die Warmwassererzeugung durch die Brennstoffe und die Elektrizität in einem offenen Apparate,
2. die gleiche wie 1, aber in einem geschlossenen Apparate (Gasöfen),
3. die Warmwassererzeugung durch Dampf oder Heißwasser in einem offenen Apparate (Strahlgebläse),
4. die gleiche wie 3, aber in einem geschlossenen Apparate (Mischapparate),
5. die gleiche wie 3 oder 4, aber im Gegenstromprinzip (Kaskadenapparate).

1. Die Warmwassererzeugung durch die Brennstoffe und die Elektrizität in einem offenen Apparate.

Die einfachste Ausführung dieser Art stellt der Kochtopf dar, dessen Wasserinhalt durch ein Herdfeuer, Gas oder sogar auch Elektrizität erwärmt wird. Ist auch dies System sicherlich noch das verbreitetste, so ist es jedoch hier zu eingehender Besprechung bedeutungslos. Eine vollkommenere Anlage liegt schon in dem Einbau von Wasserblasen oder -schiffen in den Herd, wodurch eine gewisse, wenn auch geringe Warmwasseraufspeicherung erzielt wird. Eine weitere Ausbildung ist die Konstruktion, bei der die Wasserverbrauchsstelle mit einem seitlich stehenden kleinen offenen Ofen oder Kessel durch eine kurze Zirkulationsleitung verbunden ist. Diese Ausführung nach Abb. 30 ist

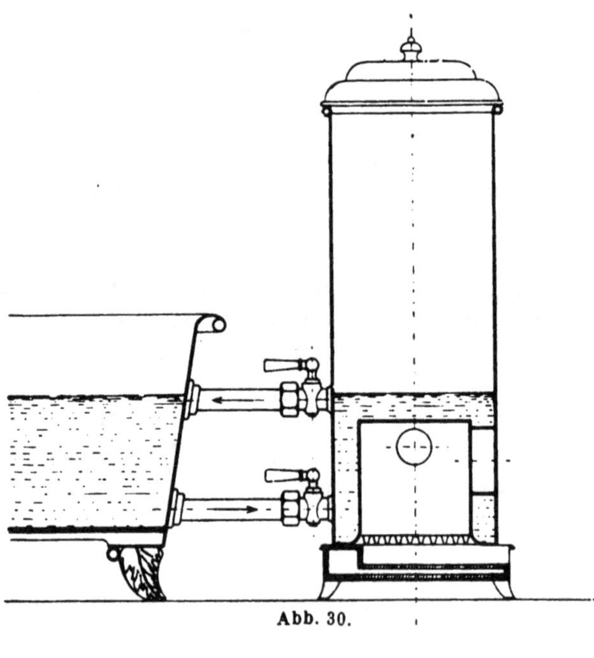

Abb. 30.

dort am Platze, wo eine Wasserleitung fehlt und hat, mag sie auch noch so behelfsmäßig erscheinen, als regelrechter Handelsartikel Eingang in die Technik gefunden. Bei elektrischem Heizstrom fällt der Ofen fort und ein in das Wasser eingesetzter elektrischer Heizer übernimmt die Erwärmung.

2. Die Warmwassererzeugung durch die Brennstoffe und die Elektrizität in einem geschlossenen Apparate. (Die Gasöfen, elektr. Öfen.)

Jede Ofen- und Kesselanlage, bei der Heißwasser zu irgendeinem Zwecke direkt abgezapft wird, gehört zu dieser Gattung. Jedoch ist eine Heißwasserentnahme aus einem Kraftdampfkessel wegen der damit für die Gesamtanlage verbundenen hohen Gefahren an sich unzulässig. Wird trotzdem so verfahren, so muß wenigstens jede der beiden Speisevorrichtungen so groß gewählt werden, daß sie in der Zeiteinheit doppelt soviel Wasser in den Kessel zu fördern imstande sind, als im äußersten Falle in Form von Dampf und Wasser zusammengenommen aus dem Kessel entweichen kann.

Die besonders für Warmwasserbereitungen durchgeführten Anlagen dieser Gattung stehen allerdings auf Grund der Eigentümlichkeit des Systemes und der Erfordernis, das erzeugte Warmwasser an Stellen oberhalb des Warmwassererzeugungsortes abzapfen zu können, meist ebenfalls unter Hochdruck, und zwar unter Druck der Kaltwasserleitung. Neben einigen besonderen Kesselausführungen für feste Brennstoffe wird dies System vorzugsweise durch die Gasöfen, Gasbadeöfen, charakterisiert, die zu einem sachgemäßen Funktionieren in der Regel einen Wasserdruck von mindestens 1 at = 10 m WS, außergewöhnlich wohl auch nur $^1/_{10}$ at = 1 m WS über der höchsten Zapfstelle bedingen. Diese Drucke, auch noch bis zu ~2,5 at, sind für vorliegende Zwecke bedeutungslos. Höhere Drucke können jedoch gefahrvoll für die Anlage und die bedienenden und nutznießenden Personen werden, indem sie Explosionen und Verbrühungen hervorrufen. Ferner können beim plötzlichen Schließen großer Zapfhähne oder mehrerer kleiner zu gleicher Zeit in der Leitung Wasserdrücke, sog. Wasserschläge, auftreten, die das Mehrfache, Vierfache des normalen Wasserdruckes erreichen können und Zerstörungen in der Anlage hervorrufen würden. Außerdem hat der direkte Hochdruckanschluß noch den Übelstand an sich, daß nicht die Möglichkeit vorhanden ist, die sich aus dem Wasser ausscheidende Luft abzuführen, die sich alsdann mit Wasserdampf sättigt, durch den Druck des Leitungswassers aus der Brause herausgeschleudert wird und so zu Verbrühungen der Badenden führen kann.

Aus allen diesen Gründen sind derartige Anlagen mit direktem Anschluß an Kaltwasser-Hochdruckleitungen mit Sicherheitsvorrichtungen auszurüsten, welche das System gegen etwaige auftretende Druckerhöhungen, hervorgerufen durch Dampfbildung oder Wasserschläge, zu schützen haben. Am einfachsten dient dafür ein Sicherheitsventil, dessen Feder oder Belastungsgewicht so einzustellen ist, daß es

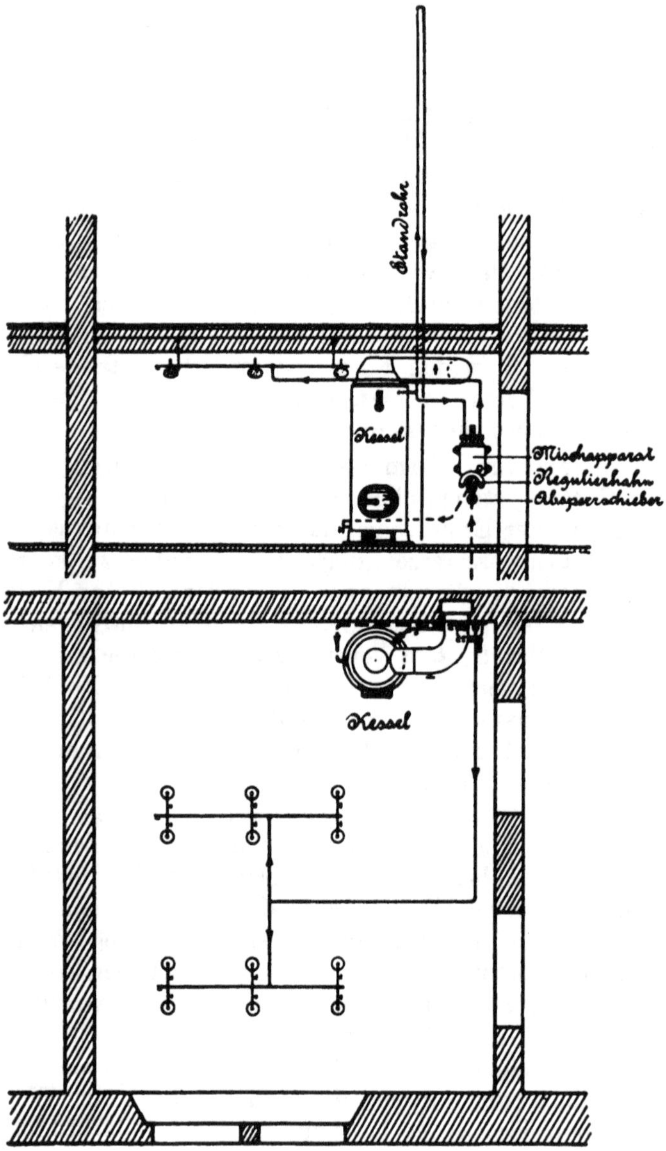

Abb. 31.

einen Druck von $\sim 2{,}5$ at begrenzt. Bei einem Leitungsdrucke $> 2{,}5$ at ist für Kessel und Gasöfen schon von vornherein die Einschaltung eines Reduzierventils bedingt. Anstatt der Ventile ist nach Abb. 31 ein einfaches Standrohr angeordnet, das zur Entlüftung des Systems mit dient, jedoch in seiner Verlegung und Wirkung lästig werden kann. Die Höhe des Standrohrs muß ja natürlich dem erforderlichen Druck entsprechen, also bei nur 0,5 atü schon 5 m betragen. Einfacher kommt man dann wohl meist zum Ziel durch Einbau eines Schwimmerkastens oder Kaltwasserbehälters in die Kaltwasserzuleitung. Man hat dann eine Anlage außer Druck der Kaltwasserleitung. Solches System wird dort überall genügen, wo das warme Wasser nicht hoch zu fördern ist, wie z. B. in Badeanstalten. In der Brausebadanlage nach Abb. 32 wird das

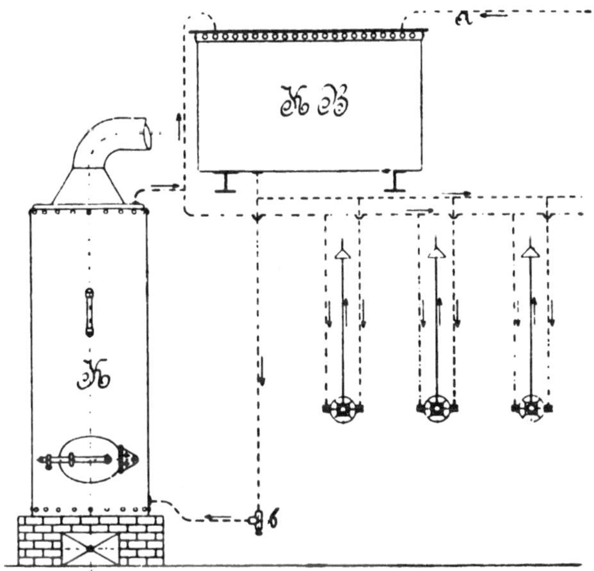

Abb. 32.

Kaltwasser durch *a* dem Kaltbehälter *KB* zugeleitet oder zugepumpt und in dem Kessel *K* erwärmt. Die Entleerung von *KB* und *K* erfolgt durch *b*. Der Vorteil dieser Ausführung ist der, daß *K* sowohl Warmwassererzeuger wie auch Warmwasseraufspeicherer ist, ein besonderer Warmwasserbehälter in Fortfall kommt. Die Temperierung des Gebrauchswassers verlangt aber die Einschaltung von Mischapparaten (siehe diese unten). Ist der Wasserbedarf nicht nur für Brausen, sondern auch für Wannen zu decken, so wird man einen Warmwasserbehälter nicht umgehen können.

Daß gerade die Gasöfen dieses System »unter Druck« beherrschen, hat seinen Grund darin, daß man den vorhandenen Wasserleitungsdruck zur Regelung der Gaszufuhr ausnutzt.

Zum sachgemäßen Funktionieren ist in der Regel ein Mindestwasserdruck von 1÷1,5 at über höchster Zapfstelle bedingt. Die Einrichtung ist so getroffen, daß zunächst das Wasser in den Ofen, danach erst das Gas ausströmen kann; ferner daß durch Öffnen oder Schließen irgendeines Zapfhahnes im System das am Ofen sitzende Gasventil selbsttätig geöffnet bzw. geschlossen wird und der Hauptbrenner an der brennenden Zündflamme angezündet oder gelöscht wird. Solche Gasöfen bezeichnet man allgemein als Gasautomaten[1]). Sie eignen sich für lokale wie zentrale Anlagen großen Umfanges und haben sich wegen des selbsttätigen Arbeitens, das nur geringe Beaufsichtigung verlangt, wegen reinlichen Betriebes, steter Bereitschaft, leichter Bedienung, geringer Rauminanspruchnahme, Verwendung an fast allen Orten und nicht zuletzt wegen des hohen Heizeffektes in weiten Kreisen beliebt gemacht und bestens bewährt. Ihre Konstruktion kann hier und da etwas kompliziert sein und zu leichten Ausbesserungen Anlaß geben, wenn die Bedienung interesselos erfolgt.

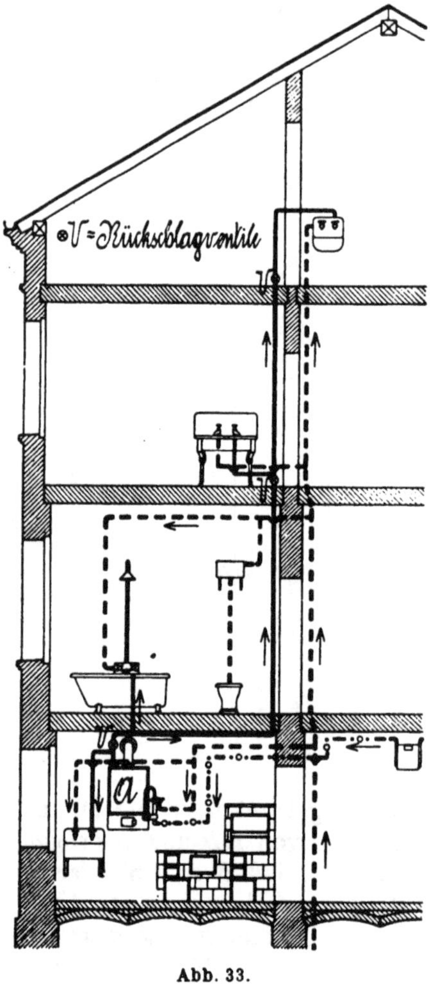

Abb. 33.

Über die konstruktive Ausführung der Gasöfen im allgemeinen und der Automaten im besonderen wird auf Abschnitt: Wärmequelle (S. 132ff.) verwiesen. Eine beliebte Anordnung ohne Warmwasserbehälter zeigt Abb. 33. Die charakteristische Eigentümlichkeit liegt natürlich in dem Gasautomaten *A*. Die Rückschlagventile *V* sollen verhindern, daß sich beim Öffnen eines Hahnes die überstehenden Rohrstränge der Warmwasserleitung entleeren. Der Aufstellungsort der Automaten ist an keine bestimmte Stelle des Systemes gebunden. Bei Hausanlagen kommt hierfür wohl meist der Küchenraum wie in Abb. 33, Baderaum oder ein Kellerraum in Frage. Bei letzterer Anordnung kann man die Gasleitung zweckmäßig für sich gesondert kurz hinter dem Gasmesser von der Hauptleitung ab-

[1]) Nicht zu verwechseln mit den automatischen Gasuhren.

zweigen. Gleich nebenbei bemerkt sei hier: die Gasautomaten können ohne Umstände auch mit einem besonderen Warmwasserbehälter verbunden werden, in welchem Falle dann die Anlage der anderen Hauptsystemgruppe (mit Warmwasserbehälter) zuzurechnen ist. Einen gewissen Übergang zwischen beiden Hauptsystemen bildet als Beispiel das Schwimmbassin, das als Verbrauchsstelle (entspr. einer Zapfstelle) und als Warmwasserbehälter (Warmwasserspeicher) angesehen werden

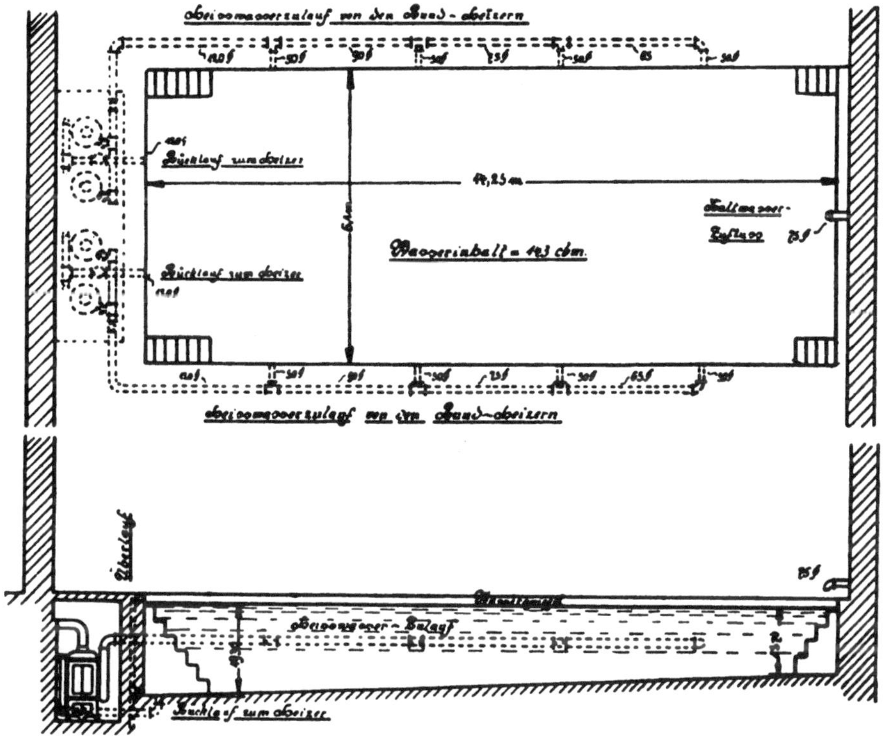

Abb. 34.

kann. Mithin kann die Anlage zur Erwärmung des Bassinwassers auch diesem System zugerechnet werden, wenn sie nach Abb. 34 mit Hilfe von Großgasautomaten erfolgt. In neuerer Zeit wird vielfach das Kühlwasser der Gas- und Dieselmotoren zum Erwärmen des Schwimmbassinwassers nutzbar gemacht. Reicht diese Wärmequelle nicht aus oder besteht sie nicht während der ganzen Badezeit, so kann eine Gasautomatenbatterie eine gute Hilfs- und Ergänzungswärmequelle ergeben. Einen solchen Fall zeigt Abb. 34, nach der dem Schwimmbad 4 Ruudapparate (siehe unten: Gasöfen) als Hilfsheizer angebaut sind. Bei Neufüllung vermögen die 4 Gasapparate die Temperatur von 30⁰ nach 8 stündiger Anheizdauer zu erreichen.

Schließlich können auch die elektrischen Heizapparate für dieses System passende Verwendung finden. Über elektrische Heizkörper an sich siehe unten Abschnitt V: Wärmequelle.

Eine elektrisch betriebene Anlage für ein Wannenbad wird nach Abb. 35 von H. Helberger, München, außer Druck der Wasserleitung

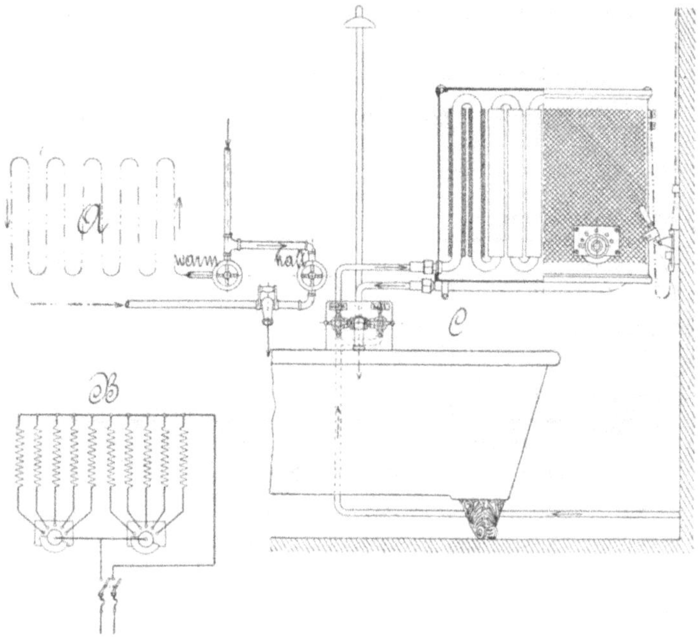

Abb. 35.

stehend, gebaut. In dem vernickelten Vorsetzer befindet sich der Wärmeerzeuger, der aus einem schlangenartig gebogenen Kupferrohre von 50 mm l. W. besteht, auf welchem der eigentliche Heizkörper aufgebracht ist, durch Handradschalter regelbar, und zwar in der Weise, wie Schaltungsschema Abb. 35 *B* zeigt. Das Wasser zirkuliert durch die Schlange (Abb. 35 *A*). Der Warmwasserhahn liegt im Sinne des Wasserlaufes vor dem Heizapparate, so daß durch etwaiges unachtsames Einschalten eine Druckerzeugung im Apparate ausgeschlossen ist.

3. Die Warmwassererzeugung durch Dampf oder Heißwasser in einem offenen Apparate (die Strahlgebläse).

Die Systeme dieser Gruppe besitzen Dampfstrahl- oder Rührgebläse, mit deren Hilfe das Gebrauchswasser durch unmittelbares Einführen von Dampf in kurzer Zeit auf eine bestimmte Temperatur gebracht wird. Wegen der einfachen Wirkung und Ausführung werden die Strahlgebläse vielfach zur Erwärmung des Wassers in den Schwimmbassins, in Waschanstalten, Textilfabriken und überall dort benutzt, wo der nötige Dampf zur Verfügung steht, und es sich darum handelt, größere Mengen kalten Wassers in kurzer Zeit auf hohe Temperaturen zu bringen. Sollen aber diese Apparate dieser Gruppe zugerechnet werden können, so muß die Voraussetzung bestehen, daß die Gebläse offene sind und die Erwärmung direkt in dem Gebrauchswasser vor sich geht, also wie in dem Schwimmbassin einer Badeanstalt. Die Gebläse lassen sich auch ebensogut in einem Warmwasserbehälter zwecks Aufspeicherung warmen Wassers anordnen. In einfachen Betrieben, z. B. in den Bottichen der Schlachthäuser, wird häufig der Dampf ohne Einschaltung eines regelrechten Strahlapparates in das Wasser eingeführt, indem man das Dampfrohr bis ~100 mm über Boden des Bottichs leitet, die Mündung kurz umbiegt und etwas aufbördelt.

Die Rührgebläse (Abb. 42) dienen weniger der Warmwasserversorgung als vielmehr der Mischung von irgendwelchen Flüssigkeiten miteinander oder mit festen Bestandteilen.

Bei den Rührgebläsen[1]) tritt der zur Wassererwärmung dienende Dampf durch eine Anzahl Löcher aus, die in den im Behälter starr verlegten Röhren vorgesehen sind. Je nach Bedürfnis werden ein oder mehrere Röhren nebeneinander gabelartig verlegt. Der Gesamtquerschnitt der Löcher muß dem Rohrquerschnitte entsprechen. Man findet diese Durchführung in den Flottentrögen der Jigger der Baumwollfärbereien. In den Wollfärbereien erwärmt man das Wasser zu gleichem Zwecke indirekt durch Heizschlangen, da der frei austretende Dampf ein Zusammenziehen und Verfilzen der Wolle hervorrufen würde. Zur Vermeidung des Geräusches werden anstatt des einfachen durchlochten Rohres verschiedentlich andere Konstruktionen benutzt, wie z. B. mit Messingspänen umhüllte Rohrstücke.

Über Ausführung und Anordnung der Strahlgebläse siehe VDb.

Die Durchführung dieses Systems, Wasser mit Hilfe von Strahl- oder Rührgebläsen zu erwärmen, beschränkt sich hauptsächlich auf industrielle und größere gewerbliche Betriebe. In häuslichen Anlagen fehlt das erforderliche Heizmittel, in Badeanstalten, in denen Dampf ja wohl zur Verfügung stehen kann, kommt man mit anderen Systemen, z. B. mit Mischapparaten, besser zum Ziel.

4. Die Warmwassererzeugung durch Dampf oder Heißwasser in einem geschlossenen Apparate (die Mischapparate).

In vielen Fällen stehen zur Warmwasserbereitung Dampf oder Heißwasser als fertiges Heizmittel zur Verfügung. Ist nun mit diesen das kalte Zuflußwasser in bestimmter Höhe auf kürzestem und billigstem Wege zu temperieren und dabei die Temperatur des warmen Gebrauchs-

[1]) Die Bezeichnung »Rührgebläse« ist den ähnlichen Apparaten entnommen, welche das Wasser mit Chemikalien oder Luft durchzumischen, durchzurühren haben.

wassers in bestimmten Grenzen veränderlich und regelbar zu halten, Bedingungen, wie sie z. B. für Volks-, Fabrikbäder vor allem bestehen, so erreicht man den Zweck sehr gut mit Hilfe der Mischapparate. Dieselben müssen dann aber noch der Anforderung genügen, daß ein zu frühzeitiges Durchtreten des heißen Heizwassers bzw. Heizdampfes verhindert, also ein Verbrühen des Badenden ausgeschlossen ist.

Die Mischung zwischen Kaltwasser einerseits und Heißwasser oder Dampf anderseits erfolgt in dem geschlossenen Gehäuse des Mischapparates, welcher dann das Gebrauchswasser von bestimmter Temperatur abgibt. Ein Hauptnachteil dieser Apparate liegt aber darin, daß sie aus Zweckdienlichkeits- und Schönheitsgründen klein bemessen werden, und daß stets frisches Wasser als Speisewasser zufließt, welches den Apparat in engen und vielfach stark gewundenen Kanälen zu durchziehen hat. Man muß also mit leichtem Festsetzen von Kesselstein, also mit gewisser Betriebsunsicherheit rechnen. Daher ist, besonders bei Einhaltung höherer Temperaturen, kalk- und salzfreies Wasser, sog. weiches Wasser, vorauszusetzen. Regenwasser wäre also ein recht brauchbares Speisewasser für einen Mischapparat.

Ein weiterer Nachteil kann sich durch das Übertreten des Dampfes oder Heißwassers in die Kaltleitung oder umgekehrt ergeben. Ist auch dieser Mißstand bei den neueren Konstruktionen selbst unter Umgehung der wenig beliebten Rückschlagventile wohl beseitigt, so ist es trotz alledem erwünscht, daß bei Mischung von heißem und kaltem Wasser beide mit annähernd gleichem Drucke dem Apparate zufließen. Bei Mischung von Dampf und Wasser und bei Wahl richtiger Apparate ist solcher Gleichdruck nicht gerade bedingt, jedoch sollten zu starke Druckunterschiede vermieden werden, insbesondere ist es nicht gut, geringen Dampfdruck und hohen Wasserdruck im Apparate zu verwenden; durch Einschaltung von Drosselklappen in der Wasserzuleitung kann zwar dem Übelstande in solchen Fällen abgeholfen werden.

Wird der Mischapparat, wie sehr häufig, für Brausebäder benutzt, so darf der Wasserdruck nicht so groß sein, daß die Wasserstrahlen auf den Körper des Badenden stechen. Es ist daher der direkte Anschluß einer städtischen Hochdruckwasserleitung hier möglichst zu vermeiden und ein Kaltwasserbehälter *KB* (Abb. 36 u. 37) einzuschalten. Wird außerdem noch, wie in Abb. 36 u. 37, ein Warmwasserbehälter *WB* vorgesehen, so können diese Anordnungen zu den Systemen Ab2 und 6 gerechnet werden. An sich haben die Behälter mit diesem System nichts zu tun. Man erreicht aber, daß in der Kalt- und Warmwasserleitung der gleiche Druck herrscht, was für eine gute Wassermischung nötig ist. Soll trotzdem die städtische Wasserleitung direkt angeschlossen werden, so ist der Druck dadurch herabzumindern, daß man für jeden Mischapparat in die Rohrmuffe der Kalt- und Warmwasserzuleitung eine Kupferscheibe mit engem Loche einsetzt.

Die Anforderungen, die an eine Anlage mit Mischapparaten gestellt werden, haben teilweise zu etwas komplizierten Apparaten geführt, deren Bedienung deshalb nicht weniger einfach geblieben ist. Die ganze Anlage stellt sich im übrigen sehr einfach und übersichtlich. Sie besteht aus der heißen Heizleitung, der kalten Speisewasserleitung und der warmen Gebrauchswasserleitung, an deren Sternpunkte sich der handlich kleine und leicht bedienbare Mischapparat befindet. Der Sternpunkt kann dabei kurz vor jeder Zapfstelle für sich oder vor allen Zapfstellen gemeinsam an einer Zentralstelle vorgesehen werden oder man teilt schließlich das ganze System durch verschiedene Sternpunkte in entsprechend viele Gruppen ein, je nachdem man die Bedienung und Temperaturregelung in

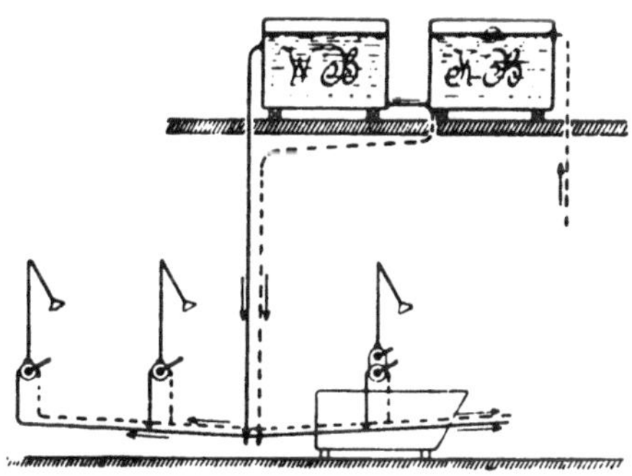

Abb. 36.

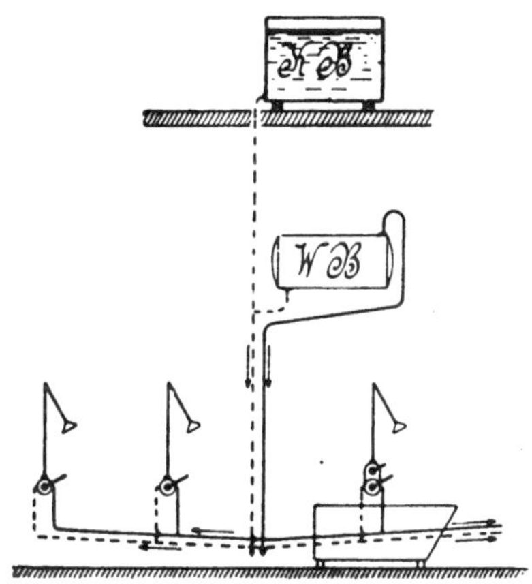

Abb. 37.

Händen des Nutznießenden oder eines Angestellten legen will. Die Mischapparate müssen auf jeden Fall so beschaffen sein, daß ein Verbrühen an den Zapfstellen ausgeschlossen und ein lästiges, laut knatterndes Geräusch fast vollkommen aufgehoben ist.

Über Konstruktion der Mischapparate siehe V Dc.

Das System Aa 4, soweit es nur die Mischapparate od. dgl. mit anschließenden Rohrleitungen umfaßt, setzt ein vorhandenes Heizmittel als Dampf oder Heißwasser voraus. In vielen Fällen, in häuslichen wie Badeanstaltsbetrieben usw., muß jedoch das Heizmittel erst zu dem Zwecke erzeugt werden, so daß dann die Anlage zu einem dementsprechenden anderen Systeme zu rechnen ist. Die Mischapparate bilden dann nur einen kleinen Konstruktionsteil der ganzen Anlage.

5. Die Warmwassererzeugung durch Dampf im Gegenstromprinzip (die Kaskadenapparate).

Dort, wo große Mengen Warmwasser von hoher Temperatur bis 100° während einer längeren Betriebszeit ständig benötigt werden, wo Dampf in genügender Menge billig zur Verfügung steht und es auf geringe Anschaffungskosten, Einfachheit, leichte Bedienung und unbedingte Betriebssicherheit ankommt, sind die Kaskadenapparate am Platze. Solche Anforderungen finden sich in der chemischen Industrie, in Färbereien, Brauereien, Schlachthöfen, Wäschereien, Badeanstalten u. dgl.

Ab) Die direkte Erwärmung des Wassers mit Einschaltung eines besonderen Warmwasserbehälters.

Eine derartige Anlage besteht zur Hauptsache aus der Heizquelle, dem Warmwasserbehälter als Aufspeicherer des erzeugten warmen Wassers, der Rohrleitung und gegebenenfalls aus einem Kaltwasserspeisegefäß mit Schwimmkugelhahn zur selbsttätigen Nachfüllung. Letzteres ist für die Anlage nicht unbedingt erforderlich.

Die Warmwasserbehälter, liegend oder stehend angeordnet, können für konstanten oder veränderlichen Inhalt und als offene oder geschlossene (Boiler genannt) vorgesehen werden. Den Behältern mit konstantem Inhalt wird stets genau dieselbe Wassermenge zugeführt, welche abgezapft wird, während sich in den anderen eine bestimmte Menge Wassers ansammelt, das erwärmt abgenommen wird, ohne sofort durch Frischwasser ersetzt zu werden. Die Warmwasserbehälter mit veränderlichem Inhalt eignen sich daher dort, wo eine größere Wassermenge zu bestimmter Zeit benötigt wird. Bei den offenen Behältern fließt das Wasser frei ein, steht darin unter dem gew. Atmosphärendruck und tritt mit einem Drucke aus, der durch die Höhenlage des Behälters bedingt ist[1]). Die geschlossenen Behälter stehen in der Regel mit dem ganzen Systeme unter dem Drucke der Kaltwasserleitung oder des Kessels. Der Wasserleitungsdruck kann durch Zwischenschaltung eines Schwimmkugel-Speisegefäßes auf einem Niederdruck gehalten werden, welcher der Höhenlage des Speisegefäßes entsprechen würde. Die offenen Behälter sind somit an den höchsten Punkt der Anlage gebunden, wogegen die geschlossenen, die Boiler, überall, natürlich unter Beachtung der Druckhöhe, am besten möglichst nahe der Heizquelle, aufgestellt werden können.

Die Warmwasserbehälter lassen sich mit oder ohne Rückleitung (Zirkulationsleitung) zur Heizquelle hin durchführen. Die Behälter mit Rückleitung sind dort am Platze, wo das Warmwasser im Behälter nicht sofort und ständig benutzt wird und einer starken Abkühlung unterworfen ist.

Es sind nun folgende Anordnungen zu treffen möglich:

1. Anlage mit offenem Warmwasserbehälter von konstantem Inhalt und mit Rückleitung;

[1]) Manche offenen Behälter werden zwar an sich als geschlossene Hohlkörper ausgeführt; durch ein offenes Überlaufrohr, Füllgefäß u. dgl. ist aber der gew. Atmosphärendruck im Behälter gesichert.

2. wie 1, aber ohne Rückleitung;
3. Anlage mit offenem Warmwasserbehälter von veränderlichem Inhalt und mit Rückleitung;
4. wie 3, aber ohne Rückleitung;
5. Anlage mit geschlossenem Warmwasserbehälter von konstantem Inhalt und mit Rückleitung;
6. wie 5, aber ohne Rückleitung;
7. Anlage mit geschlossenem Warmwasserbehälter von veränderlichem Inhalt und mit Rückleitung;
8. wie 7, aber ohne Rückleitung.

Die beiden letzten Systeme finden kaum praktische Verwertung; für die übrigen sind nachstehend einige Beispiele angeführt.

1. Die Anlagen mit offenem Warmwasserbehälter von konstantem Inhalt und mit Rückleitung.

In der Anlage (Abb. 38), die für kleinere Badeanstalten, Hotels, Kantinen usw. zur Ausführung kommt, steht der Warmwasserkessel *K* mit dem Warmwasserbehälter *WB* durch die Zirkulationsleitung *a* in

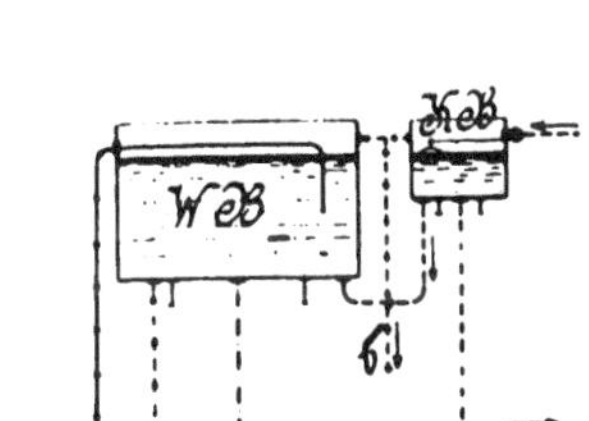

Abb. 38.

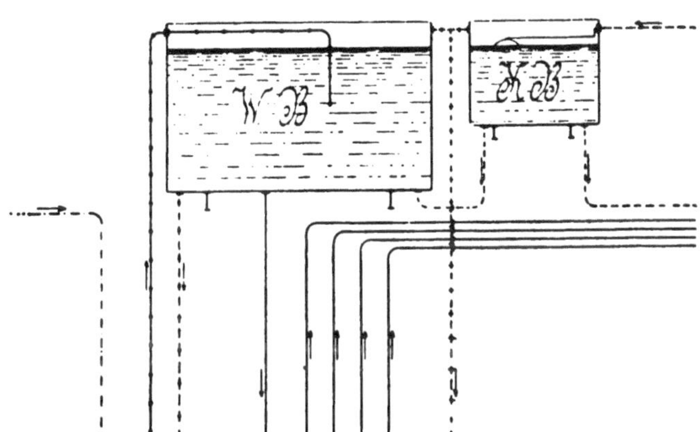

Abb. 39.

Verbindung. In dem Kaltwasserbehälter *KB* ist ein selbsttätig arbeitendes Rotguß-Füllventil eingebaut, das bei Wasserentnahme sofort automatisch in Tätigkeit tritt und das entnommene Quantum wieder zufließen läßt. Beide Behälter sind mit einem gemeinsamen Überlaufe *b* versehen, durch den bei etwaiger Störung im Füllventile das einströmende überflüssige Wasser abläuft. Außerdem ist die Anlage mit einem Mischgefäße *c* ausgestattet. Mittels der Absperr- und Reduzierventile *V* läßt sich die Temperatur des Gebrauchswassers genau regeln und am Thermometer *d* ablesen. Wenn nicht gewünscht, kann natürlich das Mischgefäß fortfallen, so daß dann die Ableitung *e* von *WB* gleich die Gebrauchsleitung ist, welch letztere im vorliegenden Falle *f* für gemischtes Warm- und Kaltwasser ist.

Die Anlage (Abb. 39) arbeitet mit direktem Kesseldampf von beliebigem Drucke unter Verwendung eines Mischapparates *a* und eignet sich für Arbeiter- und Mannschaftsbäder, Waschanstalten und industrielle Werke. Das Warmwasser wird einem Verteiler, Ventilstock *V*, zugeführt, von dem es durch einzelne Rohrstränge den verschiedenen Zapfstellen zuströmt. Es ist *b* ein Thermometer, *c* ein Kondenstopf.

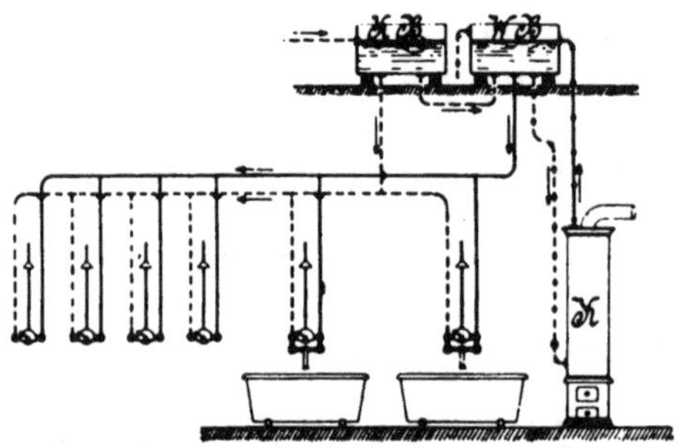

Abb. 40.

Die Ausführung (Abb. 40) nach Butzke & Cie., Berlin, zeigt eine vereinigte Wannen- und Brausebadanlage für Fabriken und Anstalten.

2. Die Anlagen mit offenem Warmwasserbehälter von konstantem Inhalt ohne Rückleitung.

Anlagen dieser Art kommen seltener zur Ausführung. Es können hierher die schon oben besprochenen Strahl- und Rührgebläse gerechnet werden, wenn diese Apparate das Wasser eines besonderen Sammelbehälters erwärmen, von dem die Verteilung zu den einzelnen Zapfstellen erfolgt, und dem mittels eines Füllventils das entnommene Warmwasserquantum durch eine gleiche Kaltwassermenge stets sofort wieder ersetzt wird. Können Mischapparate keine Verwendung finden, so erhält man bestimmte Temperaturhöhe durch Einbau von Reglern in den Behälter.

Eine derartige Anlage mit Rührgebläse zeigt Abb. 41. Durch den charakteristischsten Teil, den Temperaturregler *r*, ist die Ausführung eine passende Warmwasserbereitungsanlage für Waschanstalten, Färbereien und dort, wo ständig reichlich Warmwasser benötigt wird und direkter Dampf oder Abdampf in genügender Menge zur Verfügung steht. Es werden alle Nebenapparate umgangen.

Eine Anlage gleicher Art veranschaulicht Abb. 42; hier wird die Wassertemperatur durch den Temperator *t* von G. A. Schultze, Charlottenburg, auf der gewünschten Höhe gehalten. Im allgemeinen ist es gemäß der Abbildung nicht zweckmäßig, den Schwimmkugelhahn in den Warmwasserbehälter zu legen.

Über die Konstruktion und Wirkung der Temperaturregler siehe unten.

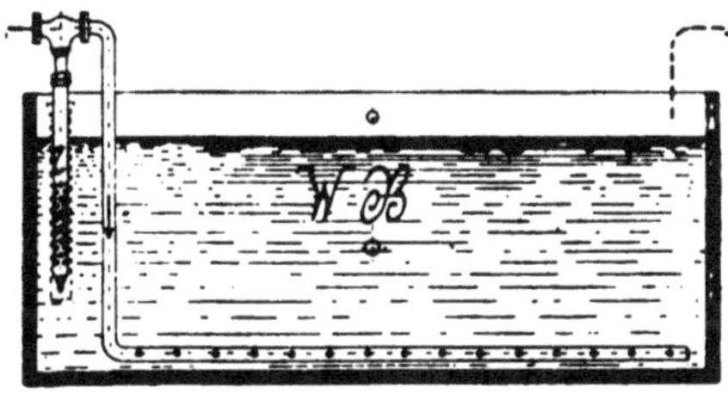

Abb. 41.

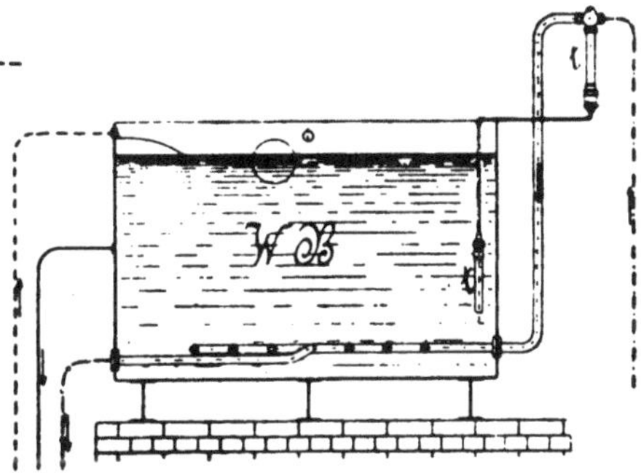

Abb. 42.

3. Die Anlagen mit offenem Warmwasserbehälter von veränderlichem Inhalt und mit Rückleitung.

Die Anordnung Abb. 43 besitzt innen verzinkten, außen isolierten Warmwasserbehälter *WB*, der mit einem geschlossenen Gasheizofen *G* (Houbenofen) verbunden ist. Nach Öffnen des Wasserhahnes *V* am Ofen tritt das Kaltwasser in denselben und von diesem in den Behälter *WB*, in welchem es nach Schließen des Wasserhahnes *V* durch die Zirkulationsleitung *a* warm gehalten wird. Die Höhe des Wasserstandes in *WB*

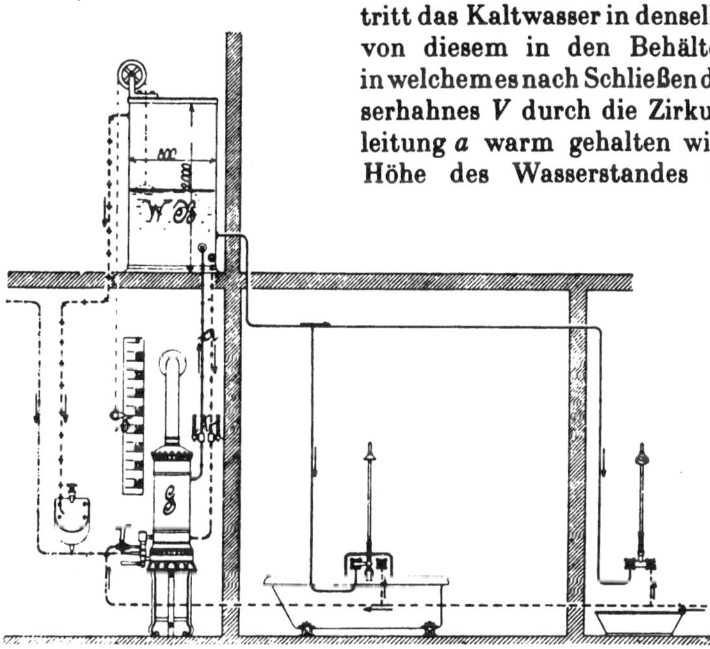

Abb. 43.

kann an einer Skala *s*, die Temperatur des Wassers in *WB* an den im Steigrohr und Rücklaufrohr von *a* angebrachten Thermometern *t* abgelesen werden. Die minutliche Leistung beträgt 26 l von 12° auf 35° bei einem Gasverbrauche von 120 l/min. Demgemäß dauert das Füllen des Behälters von 1200 l Inhalt mit warmem Wasser unter Berücksichtigung der Abkühlung $\sim 1^h$. Eine gewisse Anheizdauer ist hier also immerhin Vorbedingung. Die 1200 l reichen für 7 Bäder zu je 160 l oder für 5 Bäder und 10 Brausen zu je 30 l aus.

4. Die Anlagen mit offenem Warmwasserbehälter von veränderlichem Inhalt ohne Rückleitung.

Solche Anlagen werden meist mit Gasöfen durchgeführt, die auf dem Warmwasserbehälter als Untersatz zu stehen kommen. Das Kaltwasser fließt dem Gasofen zu und sammelt sich erwärmt in dem darunterliegenden Behälter, von dem es den Verbrauchsstellen, meist Baderäumen, zugeführt wird. Zur Erreichung einer gewissen Druckhöhe müssen mithin Ofen und Behälter oberhalb der Verbrauchsstellen liegen. Derartige Verhältnisse finden sich ja vielfach in Kasernen, Volksschulen und anderen kommunalen Gebäuden, in deren Kellergeschossen Brausebäder vorgesehen werden sollen, und wo der Ofen mit Behälter

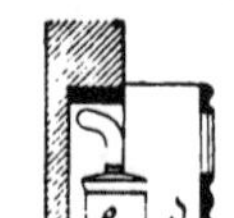
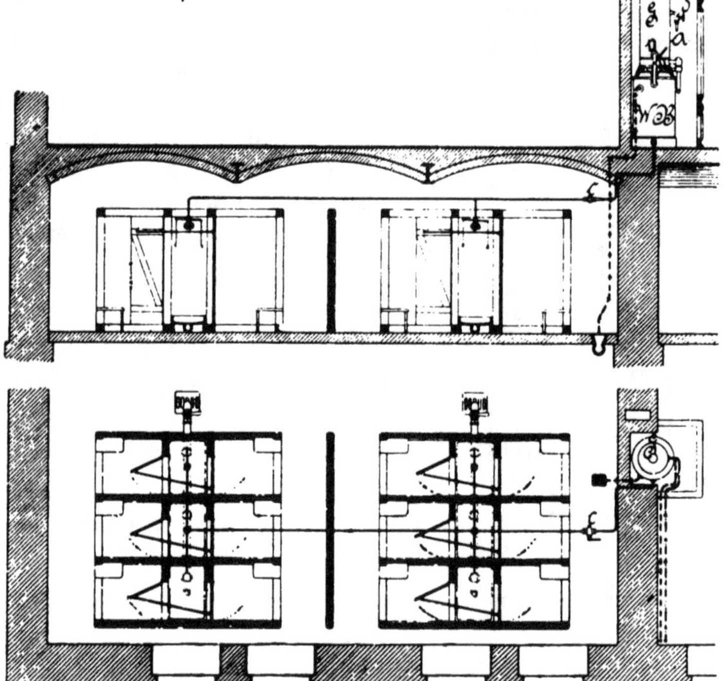

Abb. 44.

im Erdgeschoß, etwa neben den Wohnräumen des Hausverwalters, Aufstellung finden kann. Geeignete Gasöfen offenen Systems (siehe unten) vermögen in dieser Weise große Wassermengen schnellstens zu erwärmen, ein Umstand, der z. B. in Feuerwehrkasernen, wo zu ganz unvorhergesehenen Zeiten Wasserbäder verlangt werden können, nicht zu unterschätzen ist.

Die Abb. 44 stellt die Brause-Badeanlage der Volksschule im Bongard zu Aachen dar, die von den Houben-Werken ausgeführt ist. Der Badeofen *G* steht auf dem Sammelbehälter *WB* von 0,3 m³ Inhalt, von welchem die Warmwasserleitung und der Überlauf abzweigen. Das Kaltwasser strömt bei *a* in den Gasofen und von da erwärmt durch *b* in *WB*. Mittels des Hahnes *c* können sämtliche 6 Brausen in und außer Betrieb gesetzt werden. Ein auf *b* angebrachtes Thermometer *t* zeigt die Temperatur des ausfließenden Wassers an; letztere kann dadurch leicht reguliert werden, daß man den Hahn *d* mehr oder weniger öffnet.

5. Die Anlagen mit geschlossenem Warmwasserbehälter von konstantem Inhalt und mit Rückleitung.

Für häusliche und sonstige kleinere Anlagen, die ständig Warmwasser zu liefern haben, sind Systeme dieser Art am Platze. Mit Feuerschlangen, Heizkesseln und besonders mit den effektreichen Gasautomaten können diese Systeme durchgeführt werden.

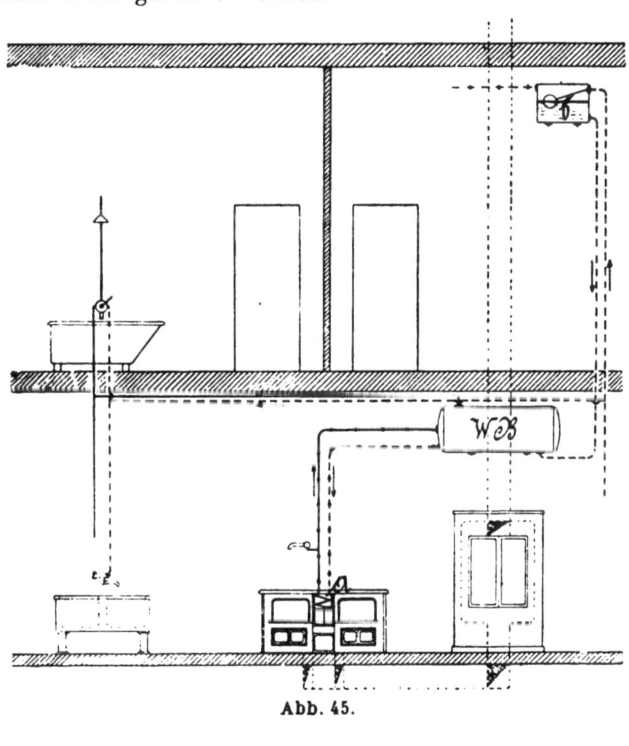

Abb. 45.

In Abb. 45 erfolgt die Wassererwärmung durch eine Feuerschlange *a* vom Küchenherd aus, die Speisung vom Kaltwasser-Schwimmkugelgefäße *b* aus in den Warmwasserbehälter *WB*.

Die Anlage eines großstädtischen Mietshauses mit einem Ruud-Vorrats-Wassererwärmer (siehe unten: Gasöfen) zeigt Abb. 46. Der Vorteil liegt in der einfachen geringen Bedienung und Wartung.

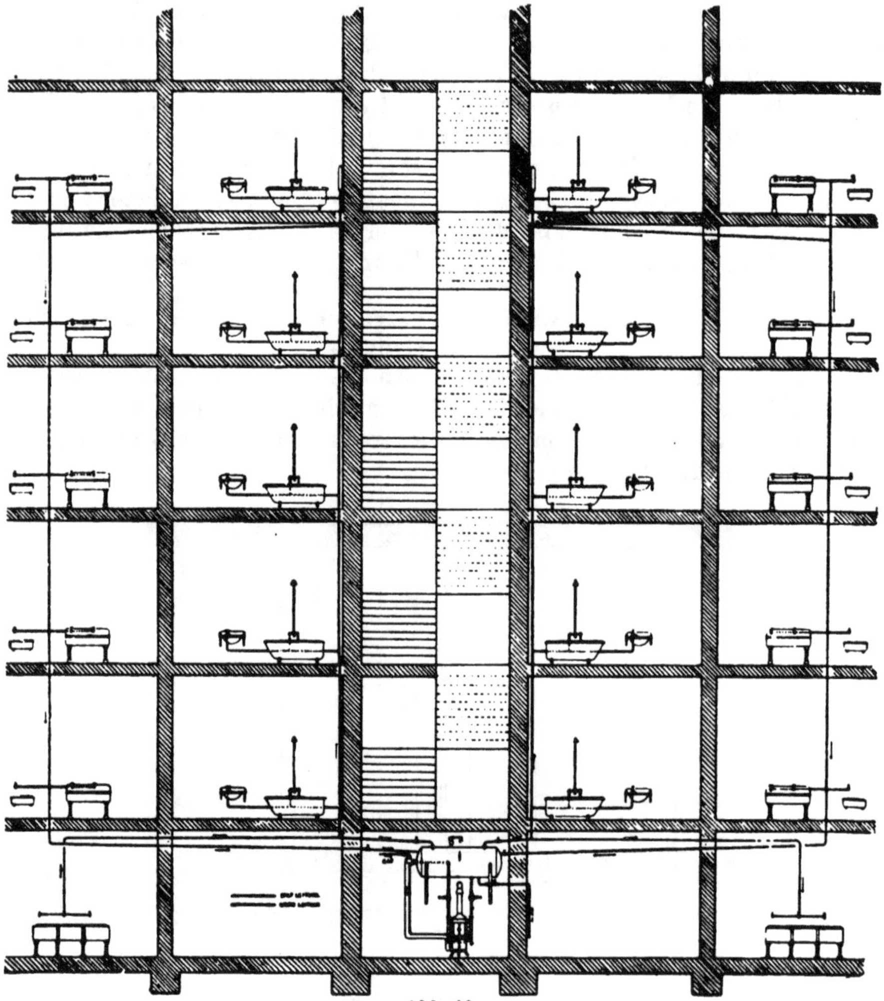

Abb. 46.

6. Die Anlagen mit geschlossenem Warmwasserbehälter von konstantem Inhalt ohne Rückleitung.

Wenn dies System auch seltener praktisch verwertet wird, so läßt es sich jedoch mit Hilfe eines Mischapparates oder Dampfstrahlapparates ganz einfach durchführen. Eine derartige Ausführung zeigt Abb. 37.

Die Abb. 47 gibt eine diesbezügliche Anlage von Moosdorf & Hochhäusler, Berlin, für Hochdruckdampf von mindestens 2 atü. Der Dampfstrahlwasseranwärmer *a* ist an Stelle einer sonst üblichen Heizschlange (indirekte Erwärmung) in den Behälter *WB* eingebaut. Das Heiß- und somit Heizwasser der Leitung *b* wird in einem Misch-

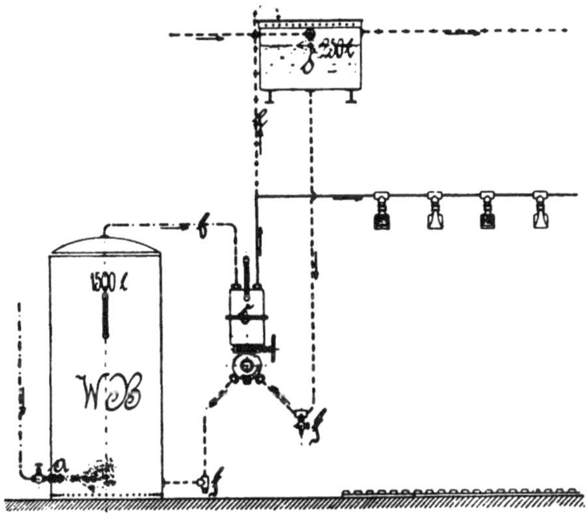

Abb. 47.

apparate *c* auf Gebrauchstemperatur gebracht. Die Speisung erfolgt vom Schwimmkugelgefäße *d* aus. Die Leitung *e* dient als Überkochrohr; bei *f* befinden sich Entleerungsstellen. Das Wasser in *WB* wird auf 60° erwärmt. Es können 60 Bäder zu je 50 l sofort und bei Dauerbetrieb je nach dem Dampfdrucke 20÷30 Bäder stündlich verabreicht werden.

Ba) Die indirekte Erwärmung des Wassers ohne Einschaltung eines besonderen Warmwasserbehälters.

Die Systeme dieser Gruppe zeigen keine große Mannigfaltigkeit, wenn auch eine ganze Anzahl diesbezüglicher Anlagen von verschiedenen Firmen durchgeführt wird. Die verfügbaren Heizmittel sind Abgase, Elektrizität, Dampf und Heißwasser, von denen die beiden letzteren, besonders der Dampf und Abdampf, in den Gegenstromapparaten ausgenutzt, einen nicht zu unterschätzenden Vorzug, der in der Umgehung eines Warmwasserbehälters liegt, in sich tragen. Vor allem macht sich dieser Vorteil gegenüber den gewohnlichen Anlagen mit Warmwasserbehälter, abgesehen von den automatisch geregelten, geltend. Bei einem unregelmäßigen und schwankenden Warmwasserverbrauche ist eine gleichmäßige Wassertemperatur im Behälter kaum einhaltbar. Bei einer plötzlich großen Entnahme wird, abgesehen von den Groß-Warmwasserspeichern, das Wasser nicht rasch genug nachgewärmt werden können, wenn nicht das Heizmittel in verstärktem Maße eingesetzt wird, wozu wieder ein ständiges, aber umständliches und zeitraubendes Beobachten der Wassertemperatur erforderlich ist. Im anderen Falle ist leicht eine Überhitzung des Wassers die Folge. Eine Verwendung stark kalk- und salzhaltiger Wässer für Gegenstromapparate ist allerdings nicht ratsam, wenn auch meist auf eine Temperatur, die eine leichte Kesselsteinbildung hervorrufen könnte, nicht hingearbeitet zu werden braucht.

Eine Untereinteilung läßt sich treffen in:

1. Anlagen, betrieben mit Abgasen und Elektrizität;
2. Anlagen, betrieben mit Dampf oder Heißwasser in Gegenstromapparaten u. dgl.

1. Die Anlagen, betrieben mit Abgasen und Elektrizität.

Derartige Anlagen finden sich in wenigen, aber beachtenswerten Ausführungen als patentierte oder mustergeschützte Konstruktionen einiger Firmen. Sie sind nicht immer sehr scharf von denen mit direkter Wassererwärmung zu trennen. In der Regel ist aber der Behälter kein Sammler und Aufspeicherer, sondern lediglich der Wärmerzeuger auf indirektem Wege.

In Abb. 48 ist eine Warmwasserversorgung eines landwirtschaftlichen Gehöftes mit Hilfe eines Rauchgaskessels A (siehe VC) dar-

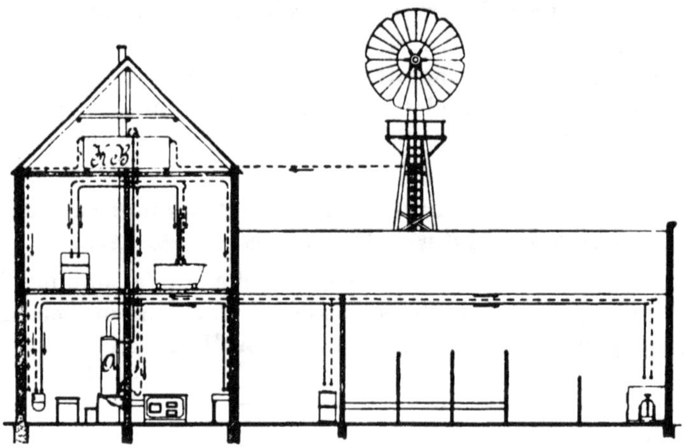

Abb. 48.

gebracht. Das Haus hat einen durch Windmotor zu füllenden Druckbehälter KB im Dachgeschoß, wodurch ein Schwimmerkasten überflüssig wird. Der Apparat A dient hier zugleich als Hilfs-Raumheizkörper.

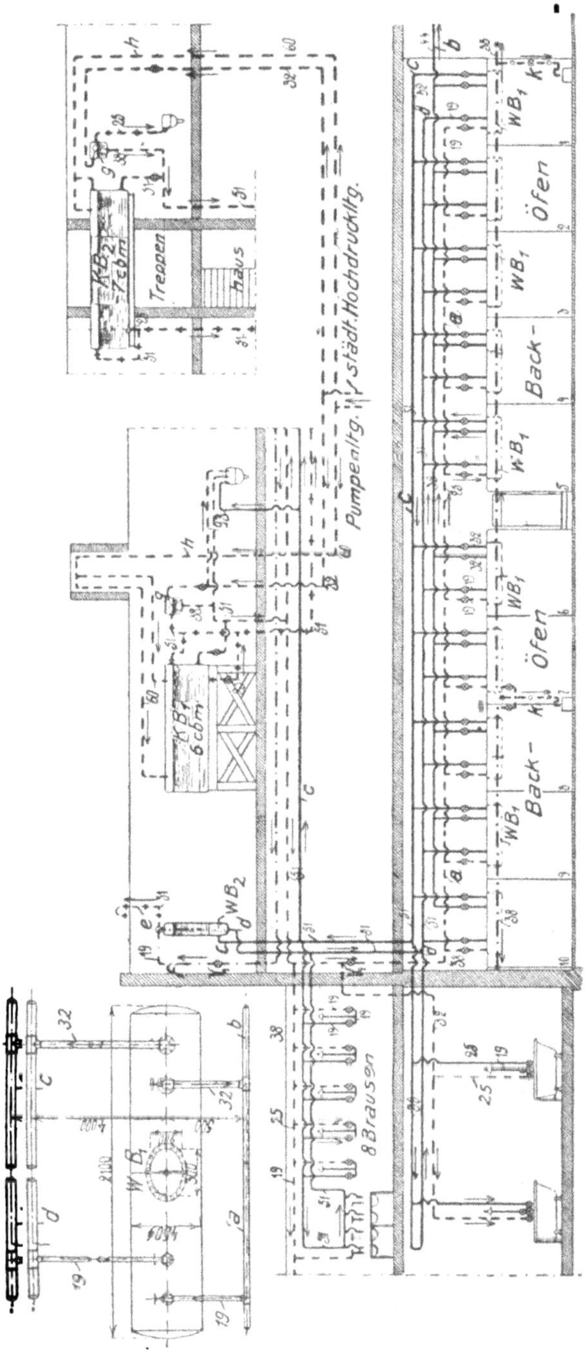

Pumpenltg.
städt. Hochdruckltg.
Treppen
haus
KB_2 7cbm
KB_1 6cbm
WB_2
WB_1
Back-
Öfen
8 Brausen

Abb. 49.

Eine ebenso einfache wie großzügige Anlage mit Ausnutzung der Backofenhitze zeigt Abb. 49. Es besitzt jeder der 12 Backöfen hinter dem ersten aufsteigenden Feuerzuge einen liegenden Druckkessel WB_1 von 300 l Inhalt. Das in WB_1 erzeugte Warmwasser dient in erster Linie Bäckereizwecken zur Herstellung von Teigen, dessen günstigste Gärungstemperatur bei 23° liegt. Die Höchsttemperatur in WB_1 war somit vorbedingt. Alle 10 Behälter sind durch die 4 Hauptleitungen *a*, *b*, *c* und *d* zu einem System verbunden, wobei jeder Behälter für sich ausschaltbar ist. Die Speisung des ganzen Systems erfolgt durch Leitung *a* von KB_1 bzw. KB_2 aus. Das Warmwasser wird durch Leitung *b* der Bäckerei zugeführt. Für Groß- wie auch Kleinbäckereien sind derartige einfache und billige Anlagen bei der erforderlich geringen Wassertemperatur zu empfehlen und am Platze.

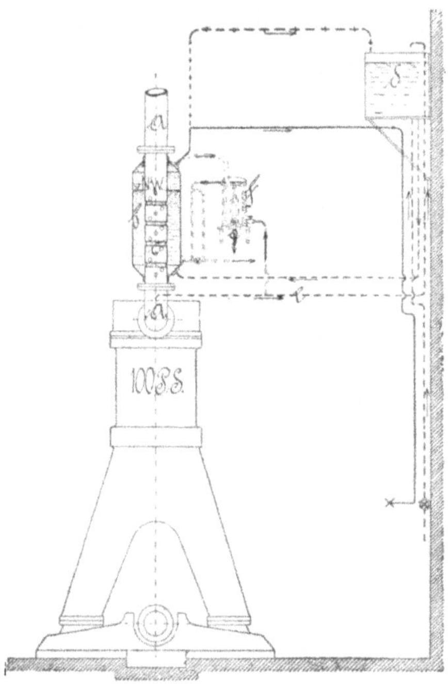

Abb. 50.

Zu diesem Systeme sind ferner all die zahlreichen Ekonomiser-Ausführungen zu rechnen, in denen zwar vorzugsweise temperiertes Speisewasser für die Kraftdampfkessel erzeugt wird. Diese Anlagen finden jedoch jetzt bereits vielfach in ausgedehntem Maße für allgemeine Warmwasserversorgung Verwendung. Viele Systeme müssen zwar zu denen mit direkter Erwärmung des Wassers gerechnet werden.

Außer durch die Rauchgase der Feuerungen kann eine Wassererwärmung mit Hilfe eines jeden Abgases vorgenommen werden, wie sich solche weiterhin bei Explosionsmaschinen finden.

Eine betriebsbillige Anlage veranschaulicht Abb. 50, bei der die Abgase eines 100-PS-Dieselmotors nach dem System von O. Schuseil, Gera, ausgenutzt werden. Das Gasabzugsrohr *a* wird auf eine Länge von 1,5 m von einem zylindrischen kupfernen Mantel *b* umgeben, in welchem die Erwärmung stattfindet. Zur Erhöhung des Effektes wird das Gasabzugsrohr an dieser Stelle durch Querröhren *c*, $\sim$ 20 Stück auf das Meter, durchsetzt. Durch Aufstellung eines Ausgleichsgefäßes *d* über dem höchsten Punkte der Wasserentnahme, in welches als Ergänzungswasser das abfließende Kühlwasser des Motors durch die Leitung *e* gedrückt wird, ist der Betrieb automatisch und auch für größeren Wasserbedarf regulierbar. Die günstigste Leistung ergibt sich natürlich, wenn der Apparat möglichst nahe an den Motor herangebracht wird. In ähnlicher Weise lassen sich die Abgase einer Sauggasanlage ausnutzen. — Nach den bisherigen Erfahrungen an schon mehrfach ausgeführten Anlagen sind durch den Apparat 350 kcal/PS an Dieselmotoren und 520 kcal pro PS in Sauggasanlagen aus den abziehenden Gasen nutzbar zu machen. Das benutzte Rohrmaterial hat dabei vollkommen genügenden Widerstand gegen die Einwirkung der schwefligen Gase gezeigt. Die durch · · — angegebene Ausführung dient zur Erzeugung von destilliertem Wasser in dem Behälter *f*. Das Destillat wird bei *g* abgenommen. Die Speisung von *f* erfolgt ebenfalls selbsttätig.

Weitere Ausführungen dieser Art sind unter: Wärmequellen, Abgaswärmeverwerter zu ersehen.

Eine Warmwassererzeugung durch Elektrizität wird von Elektra-Lindau gemäß Abb. 51 nach System Schindler-Jenny durchgeführt.

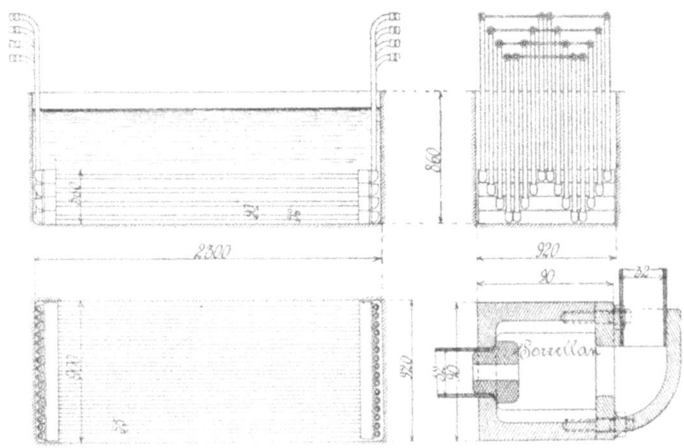

Abb. 51.

Der Apparat ist als Eintauchsieder gebaut, der in ein schon bestehendes Bassin gesetzt wird und in Färbereien, Bleichereien usw. Verwendung findet. Eine Anzahl Stahlröhren von 32 mm Weite durchsetzen den Wasserraum. In jeder Röhre ist ein elektrischer Heizkörper, Drahtspirale, in einem hochfeuerfesten Isoliermateriale satt gelagert. Durch Einzel- oder Parallelschaltung einiger oder mehrerer Röhren zusammen entsteht eine weitgehende Regulierung entsprechend verschieden angeforderten Wassertemperaturen. Die Anlage ist für eine einmalige Erwärmung von 1200 l Wasser bei 170 Kilowattverbrauch bemessen, also eine größere Anlage.

2. Die Anlagen, betrieben mit Dampf oder Heißwasser (die Gegenstromapparate).

Abgesehen von dem Rohrnetz, das in jeder beliebigen Weise durchgeführt und fast allen örtlichen Verhältnissen angepaßt werden kann, erhält das System seine Eigentümlichkeit und sein Gepräge vorzugsweise durch den eigentlichen Warmwasserbereiter, durch die Zentralstelle selbst. Als letztere treten die beliebten und weitverbreiteten Gegenstromapparate auf. Dem Namen entsprechend beruhen Konstruktion und Wirkungsweise auf dem Gegenstromprinzip, d. h. das Heizmittel durchströmt den Apparat entgegengesetzt zu der Durchflußrichtung des zu erwärmenden Wassers, und zwar in getrennten Kanälen. Der Effekt wird noch durch die Wahl enger dünnwandiger Kanäle gesteigert, wodurch das Heizmittel zu einer energischen Wärmeabgabe gezwungen wird. Als Heizmittel kommen hauptsächlich Heißwasser-, Hochdruck-, Niederdruck- und Abdampf in Frage.

Die heutige Wärmewirtschaft und somit auch das restlose Erfassen der Wärme des Abdampfes macht die Gegenstromapparate zu einem unentbehrlichen Konstruktionsteile und dadurch dies System zu einem der wichtigsten der Warmwasserbereitung, um so mehr als mit ihnen allen Leistungen, von der kleinsten bis zur größten, und fast allen Anforderungen betr. Aufstellung, Anordnung, Bedienung, Betrieb und Lebensdauer entsprochen werden kann. Als Heizmittel müssen zwar Warm- oder Heißwasser bzw. Frischdampf oder Abdampf vorausgesetzt werden. Das billigste Heizmittel ist das richtigste und wird in den meisten Fällen Abdampf sein; Frischdampf für diesen Zweck zu erzeugen, ist nur unter ganz besonderen Verhältnissen zu rechtfertigen.

In welchem Umfange dieses System in der Praxis Verwendung findet, darüber mag nachstehendes Verzeichnis einigen Aufschluß mitgeben. So werden Schaffstaedts Dampf-Gegenstromapparate benutzt:

in den Reinigungs und Badeanstalten	mit einer Anzahl von:		
	Brausen	Wannen	Waschbecken
der Kruppschen Werke	2100	—	—
der deutschen Marine	3500	800	—
des Norddeutschen Lloyds	600	600	—
der Farbenfabriken Beyer & Cie.	650	70	—
des Eschweiler Bergwerksvereins	250	30	—
der Gewerkschaft »deutscher Kaiser« Bruckhausen a. Rh.	300	50	400

Betreffs der Ausführung der Gegenstromapparate wird auf VDa) hingewiesen.

Bb) Die indirekte Erwärmung des Wassers mit Einschaltung eines besonderen Warmwasserbehälters.

Diese Systeme lassen sich für die umfangreichsten Anlagen ausnutzen, indem sie den größten Anforderungen zu genügen vermögen. Als Heizmittel kommen fast ausschließlich Dampf und Heißwasser in Frage, die von einer schon bestehenden Anlage abgenommen oder in einer für vorliegenden Zweck besonders vorgesehenen Feuerung erzeugt werden. Ausnahmsweise wird Elektrizität benutzt. Die Erwärmung des eigentlichen Gebrauchswassers erfolgt in der Weise, daß das Heizmittel durch ein Röhrensystem, Schlange oder Bündel (Gegenstromapparat) geleitet wird, welches mit dem zu erwärmenden Wasser in unmittelbarer Berührung steht. Je nach Anordnung des Röhrensystems kann die Erwärmung des Gebrauchswassers innerhalb oder außerhalb des Warmwasserbehälters erfolgen. Letzterer läßt sich unter Berücksichtigung obiger Gesichtspunkte als offener oder geschlossener benutzen. Ob die Behälter mit konstantem oder veränderlichem Inhalt vorgesehen und ohne eine oder mit einer Rückleitung für eine Zirkulation ausgerüstet werden, kann für die Unterteilung dieser Systeme belanglos sein. Man hat:

1. Anlagen mit offenem Warmwasserbehälter und mit Erwärmung des Verbrauchswassers innerhalb des Behälters;
2. wie 1, aber mit Erwärmung außerhalb des Behälters;
3. Anlagen mit geschlossenem Warmwasserbehälter und mit Erwärmung des Verbrauchswassers innerhalb des Behälters;
4. wie 3, aber mit Erwärmung außerhalb des Behälters.

Einige Beispiele sollen hierfür nachstehend zur Erläuterung angeführt werden.

1. Die Anlagen mit offenem Warmwasserbehälter und mit Erwärmung des Verbrauchswassers innerhalb des Behälters.

Die Heizschlange *a* (von 2 bis 2,5 m² Heizfläche) des offenen Warmwasserbehälters *WB* der Abb. 52 wird durch das Heißwasser eines Ekonomisers betrieben. Bei Erwärmung durch Dampf tritt dieser in gleicher Weise oben ein, sein Kondenswasser unten aus. Bei Hochdruck müßte, um ein Durchschlagen des Dampfes zu verhindern, an der

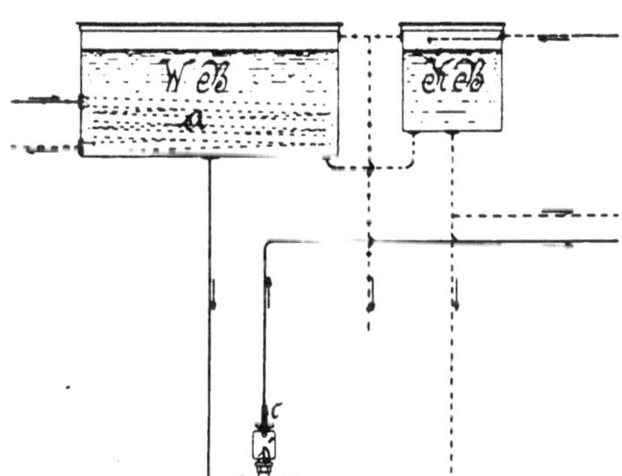

Abb. 52.

Austrittstelle ein Kondenstopf eingeschaltet werden; bei Niederdruck fließt das Kondensat in den Kessel zurück. Die Temperatur des Verbrauchswassers kann an dem am Mischgefäß *b* befindlichen Thermometer *c* abgelesen werden.

Eine Warmwasserbereitung mit Rückleitung des Verbrauchswassers zum Behälter wird nach Abb. 53 für große Anlagen durchgeführt. Vom Dampfverteiler *V* aus wird durch die Dampfleitung *a* die im Warm-

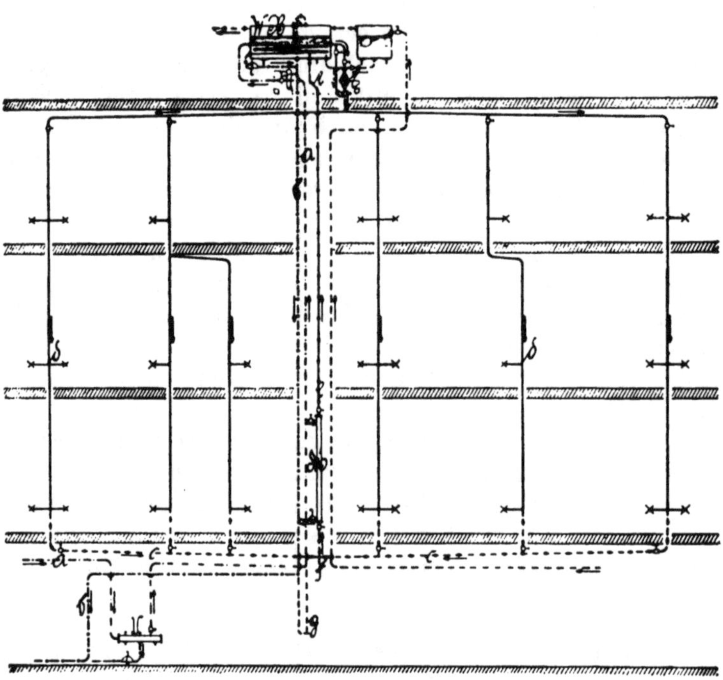

Abb. 53.

wasserbehälter *WB* liegende Schlange betrieben, deren Kondenswasser durch *b* abgeleitet wird. Die tiefsten Punkte der Verbrauchsleitung *d* sind mit einer Zirkulationsrückleitung *c* verbunden, die das Wasser zu dem sog. Motorrohr *M* leitet, in welchem es so hoch erwärmt wird, daß es durch *e* nach *WB* steigen kann. In Nähe von *WB* ist in die Warmwasserableitung ein Regulator *r* eingeschaltet, durch den mittels des Regulierventils V_1 der Dampfzufluß zur Heizschlange auf Grund einer bestimmten Wassertemperatur geregelt wird. In *b* ist ein Entwässerungsrohr *g* für Leitung *a* eingesetzt.

Eine Entleerung des Systems kann bei *f* vorgenommen werden. Es sind *i* Kondenswasserableiter. Das Motorrohr ist ein Gegenstromapparat. Wegen der geringen Rauminanspruchnahme, bequemen und leichten Montierung und guten Wirkung kann ein derartiger Apparat zur Sicherung der Wasserzirkulation und Erhaltung einer bestimmten Temperatur des Gebrauchswassers in umfangreiche Anlagen einzuschalten empfehlenswert sein.

2. Die Anlagen mit offenem Warmwasserbehälter und mit Erwärmung des Verbrauchswassers außerhalb des Behälters.

Größere Anlagen, die über eigene Dampfkessel und genügenden Abdampf verfügen, können unter Verwendung eines Gegenstrom- und Mischapparates dies System wirtschaftlich ausnutzen. Abgesehen von Reglern und Verteilern, ergibt es meist eine einfache übersichtliche Rohrverlegung, Durch Einbau von Verteilern läßt sich das Warmwasser an vielen Großverbrauchsstellen für verschiedene Zwecke verwerten. Unbequem und lästig können nur die häufig umfangreiche Reglerapparatur und die Aufstellung des offenen Warmwasserbehälters am höchsten Punkt der Anlage werden.

Eine Großanlage für Dauerbetrieb zeigt die Abb. 54, wie selbige von H. Schaffstaedt, Gießen, für Badeanstalten durchgeführt ist.

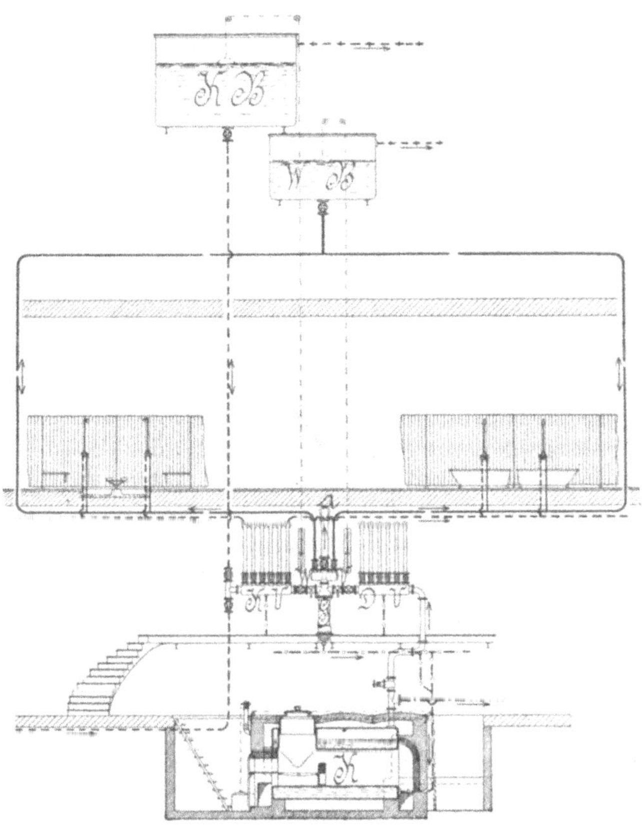

Abb. 54.

Als Heizmittel dient Niederdruckdampf, der in einem Schüttkessel *K* erzeugt wird. Das temperierte Gebrauchswasser, vom Verteiler *WV* abgenommen, wird in den Gegenstromapparaten *G* erzeugt. Die Verbrauchsleitungen zu den Brause- und Wannenbädern führen das warme Wasser nach und von dem Warmwasserbehälter *WB*, so daß er zugleich als Ausdehnungsgefäß und Druckregler dient. Zur Speisung des Schwimmbassins dient die Leitung *a*. Der noch für sich benötigte Dampf für Dampfbäder usw. und das Kaltwasser werden von den Verteilern *DV* (Dampf) und *KV* (Kaltwasser), den sog. Ventilstöcken, aus in einzelnen Rohrsträngen ihren Verbrauchsstellen zugeführt.

Hierher gehört auch die Anlage Abb. 13, bei der nur eine Steigleitung und ein veränderlicher Wasserstand im Behälter vorgesehen ist.

Alle die bekannten Strahlgebläse in geschlossener Form können hier zur Anwendung kommen. Der Betrieb des Gebläses erfolgt, wenn die Gesamtanlage danach beschaffen ist, morgens und abends durch reduzierten Hochdruckdampf und tagsüber, solange die Maschine läuft, durch deren Abdampf. Ein Ventilstock verteilt das Warmwasser auf die einzelnen Verbrauchsstellen. Da es nach den Darlegungen über Strahlgebläse (siehe VDb) nicht zweckdienlich ist, das Strahlgebläse unterhalb des Behälters anzuordnen, so muß die Lage des letzteren so beschaffen sein, daß eine Belästigung der Nutznießenden durch das ständige surrende Geräusch des Strahlapparates nicht besteht.

3. Die Anlagen mit geschlossenem Warmwasserbehälter und mit Erwärmung des Verbrauchswassers innerhalb des Behälters.

Dies System ist das gebräuchlichste und beliebteste für häusliche zentrale Warmwasserbereitungen in Einzelgeschossen, in Villen wie auch in vielgeschossigen Mietshäusern. Frischwärme und Abwärme von festen und gasförmigen Brennstoffen findet Ausnutzung im Haupt- oder Nebenbetrieb von Kesseln, Öfen und Herden. Sogar der elektrische Strom wird als Heizmittel herangezogen. Sehr beliebt ist die Ausbeutung der Küchenherdwärme. Die Anlage an sich kann sehr Gutes leisten, wenn die Installation und die Wahl des Materials richtig erfolgt. Von der Wärmemenge einer häuslichen Feuerung soll man aber nie mehr verlangen, als sie zu leisten vermag. Für größere Anlagen wird man wohl meist auf einen besonderen Heizungskessel oder Gasofen als Zentralstelle zukommen müssen. Der geschlossene Warmwasserbehälter findet in unmittelbarer Nähe des Warmwasserbereiters seinen Einbau, damit die Zirkulationsleitung zwischen beiden möglichst kurz ausfällt (siehe Boilerkessel). Im übrigen hat die Rohrverlegung so einfach wie angängig zu erfolgen. Bei größeren Anlagen mit verzweigterem Rohrnetz wird man um einen Umlauf des Gebrauchswassers, um einer zu starken Abkühlung desselben vorzubeugen, selten herumkommen. Die Gebrauchsleitung mit Umlaufleitung stellt dann die zweite Zirkulation der Anlage dar. Zum Vorzug dieses Systems können Ventile, Meß-, Anzeigeinstrumente und Regler in ihrer Zahl auf das knappste bemessen werden.

In der Anlage Abb. 55 findet die Küchenherdwärme mittels einer Herdflasche *a* Ausnutzung. Über dem Herde ist in einer Säule *b* eine Zapfstelle untergebracht, in die Verbrauchsleitung ein Temperaturanzeiger *c* und in den Rücklauf der Zirkulationsleitung ein Spannungsanzeiger *d* eingeschaltet. Das Ausdehnungsgefäß *g*, das zugleich zum

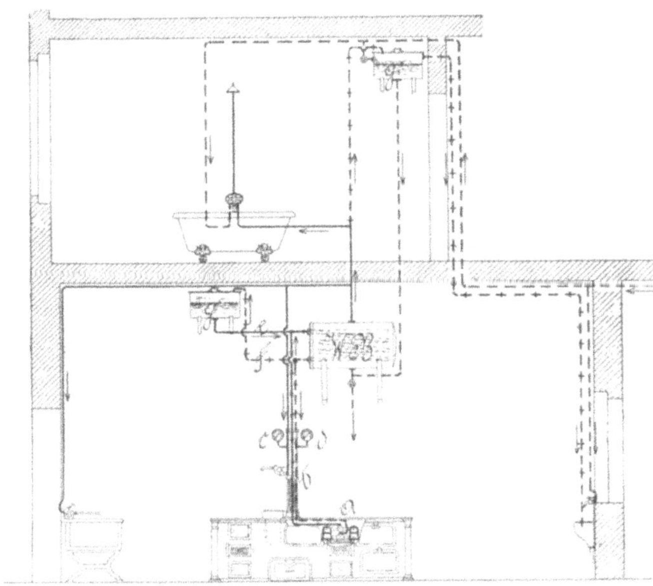

Abb. 55.

Nachspeisen der Zirkulationsleitung dient, steht mit dieser durch die Füll- und Expansionsleitung *e* und durch das Entlüftungsrohr *f* in Verbindung. Zum Füllen für *g* wird destilliertes Wasser, Regenwasser, genommen. Das Füllgefäß g_1 dient zum ständigen Ersatze des Gebrauchswassers.

Ein großes Absatzgebiet öffnet dies System den Gas- und elektrischen Heizkörpern, die ja bei äußerst reinlichem Betriebe den Vorzug großer Beweglichkeit in der Wahl des Aufstellungsortes ergeben. Die Gasöfen dürften jedoch nicht als Automaten zu wählen sein, die elektrischen Heizkörper müßten sich für indirekte Erwärmung eignen.

Abb. 56 stellt ein Schema mit Gasofen dar. In der Hausbadeeinrichtung Abb. 57 dient Elektrizität als Heizquelle. Der Behälter *WB* (Abb. 57) faßt 100 l Wasser, die bei einem Stromverbrauche von 9 kW in einer Stunde auf 60÷65° erwärmt werden können. Der Behälter steht unter dem Drucke der Kaltwasserleitung; empfehlenswert ist es aber, den Behälter *WB* nach Abb. 57, Nebenbild, mit einem Ausdehnungsgefäße *g* zu verbinden. Mittels vier Ausschaltern lassen sich gemäß dem Stern-Schaltungsschema vier Wärmeabstufungen erzielen.

Die Anlage der Abb. 58 unterscheidet sich von den vorstehenden dadurch, daß an dem Behälter *WB* eine Rücklauf-Warmwasserleitung *a*

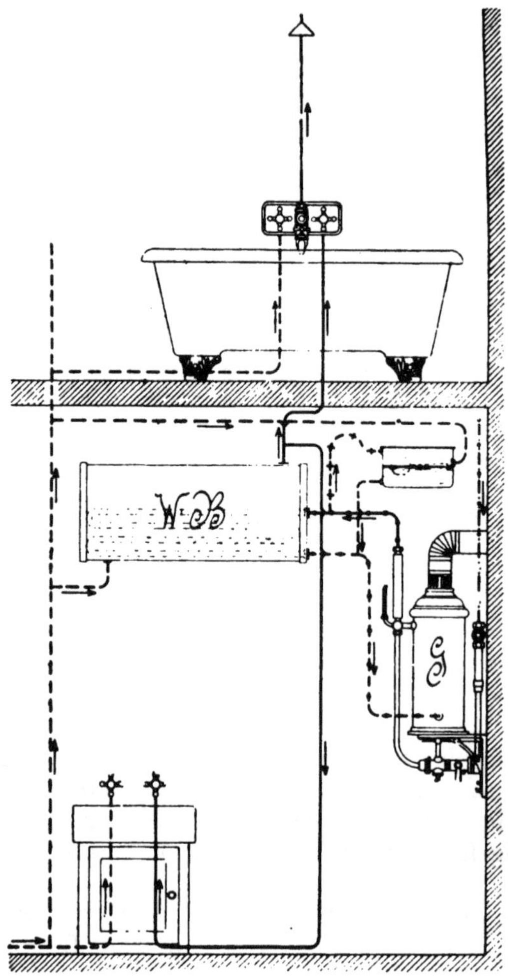

Abb. 56.

angeschlossen ist. Solche Zirkulations-Umlaufleitung *a* ist bei sehr verzweigtem und ausgedehntem Rohrnetze zur Vermeidung zu starken Abkühlens an den entferntesten Zapfstellen der Verbrauchsleitung höchst empfehlenswert. Die Abbildung zeigt die schematische Anordnung, wie sie in großen Mietshäusern vorgesehen wird. In *WB* befindet sich eine vom Koksschüttkessel *K* betriebene Patent-Zirkulationsschlange, welche

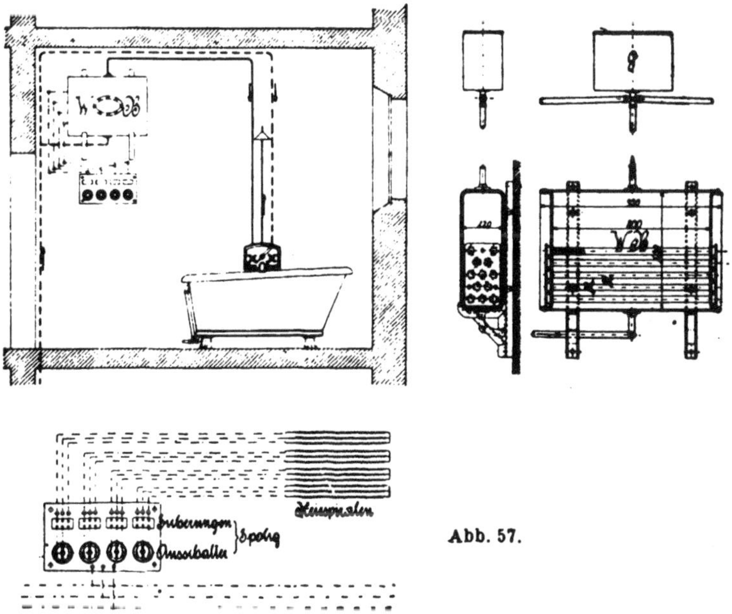

Abb. 57.

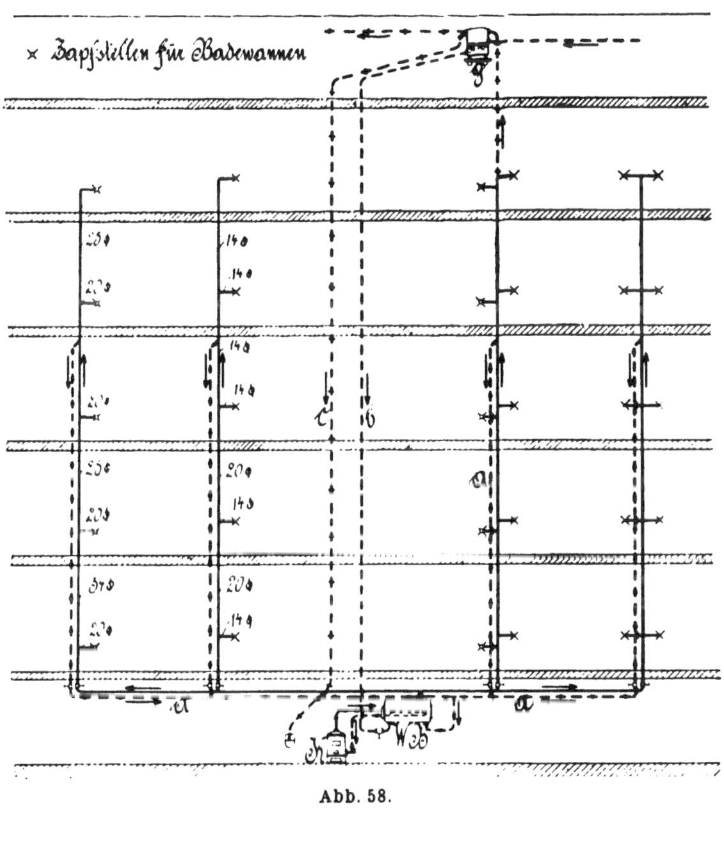

Abb. 58.

die Aufstellung eines Ausdehnungsgefäßes unnötig macht. Die Speisung erfolgt von der städtischen Wasserleitung vom Dachboden aus durch das Schwimmkugelgefäß *g* und die Speiseleitung *b*.

4. Die Anlagen mit geschlossenem Warmwasserbehälter und mit Erwärmung des Verbrauchswassers außerhalb des Behälters.

Dies System findet geringere Ausnutzung, da man meist unter Umgehung des Warmwasserbehälters bequemer zum Ziele kommt.

Die Abb. 59 veranschaulicht eine Anlage unter Verwendung eines Gegenstromapparates *G* und eines Umschaltventiles *V*. Der Abdampf

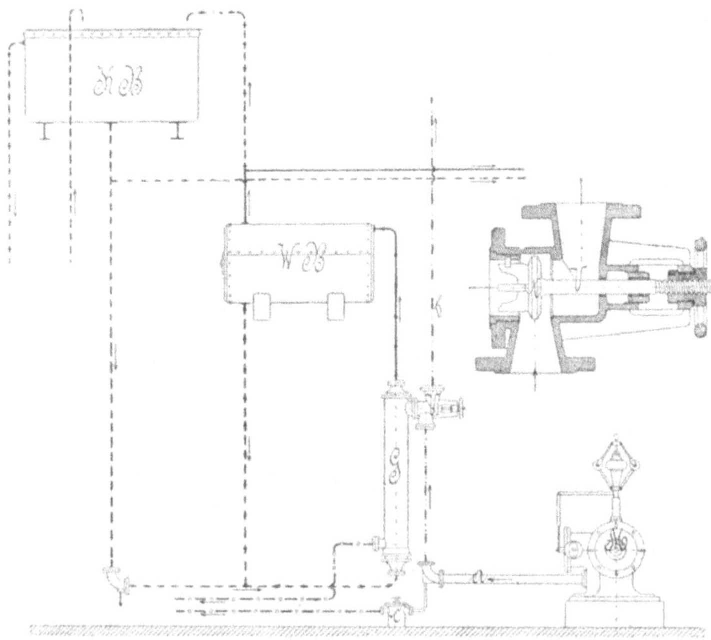

Abb. 59.

der Maschine *M* wird durch Rohr *a* zum Ventil *V* geführt. Je nach der Stellung des Ventiltellers *t* dient der Abdampf zur Warmwasserbereitung in *G* oder er wird in die Auspuffleitung *b* geführt, welche auch als Steigleitung einer Heizanlage vorgesehen werden kann. Es ist *c* ein Kondenstopf.

V. Die Wärmequellen.
Die Wärmeentwickler und Warmwassererzeuger.

Die Quelle, der eine Warmwasserbereitungsanlage die Wärme entnimmt, kann eine schon vorhandene oder eine zwecks der Warmwassererzeugung eigens eingerichtete und für sich bestehende, eine sog. Extrafeuerung, oder schließlich eine aus diesen beiden vereinigte sein. Demgemäß kann man unterscheiden:

A. Die vorhandene Wärmequelle:
   a) Der Küchenherd, Waschkessel, Raumheizkörper usw.,
   b) die Zentralheizung,
   c) die Kraftanlage.

B. Die besonders eingerichtete und für sich bestehende Wärmequelle, die Extrafeuerung:
   a) Die Öfen für feste, flüssige Brennstoffe, Dampf oder Warmwasser,
   b) die Kessel für feste Brennstoffe, Dampf oder Warmwasser,
   c) die Gasöfen und Gaskessel,
   d) die elektrischen Öfen und Elektrokessel.

C. Die Abgaswärmeverwerter:
   a) Die Ekonomiser,
   b) die Abgaswärmeverwerter der Heizungskessel und Kleinfeuerungen, Abgasboiler,
   c) die Abgaswärmeverwerter der Verbrennungsmaschinen, Gaswerksöfen und ähnlicher Großfeuerungen.

D. Die durch Heizwasser oder Dampf betriebenen Warmwassererzeuger:
   a) Die Gegenstromapparate,
   b) die Strahlgebläse,
   c) die Mischapparate als Mischventile, Mischhähne und Mischgefäße,
   d) die Kaskadenapparate.

E. Die Vereinigung der Wärmequellen, die Zusatzheizung.

A. Die vorhandene Wärmequelle.

a) Der Küchenherd, Waschkessel, Raumheizkörper und sonstige zu irgendeinem Betriebe dienende Feuerung.

1. Der Küchenherd, betrieben durch die festen Brennstoffe.

Der Küchenherd ist zur Warmwassererzeugung immer noch die am meisten gebräuchliche Wärmequelle, obwohl er in seiner einfachen Form und mit dem auf die Herdplatte aufgestellten Kochtopfe nicht gerade sparsam und wirtschaftlich arbeitet. Auf die allgemeine konstruktive Durchführung und Kritisierung des Herdes kann hier nicht näher eingegangen werden, er soll vielmehr nur in seiner Eigenschaft als regelrechter Warmwassererzeuger beleuchtet werden. Dadurch, daß man ihm eine derartige Eigenschaft verleiht, ergibt er auch eine größere Wirtschaftlichkeit des Betriebes.

Abgesehen von dem Kochtopfe, erfolgt die einfachste Warmwasserbereitung vermittelst **Wasserblase**, **Wasserpfanne** oder **Wasserschiffs**, des Gußeisenbehälters, der auf oder noch besser unter der Herdplatte liegt. Ist der Betrieb auch nur ein lokaler und beschränkter, so vermag man bei einiger Aufmerksamkeit stets einen gewissen Warmwasservorrat zur Verfügung zu haben. Solchen Vorzug wissen die Hausfrauen vollauf zu würdigen, und es kommen daher Küchenherde ohne Wasserblasen nur noch in gedrängtesten Verhältnissen zur Aufstellung. Der Inhalt schwankt zwischen 15 und 125 l Wasser. In landwirtschaftlichen Gehöften verschiedener Gegenden sind Pfannen bis zu 200 l und mehr zur Futterbereitung, selbst zu Badezwecken äußerst beliebt.

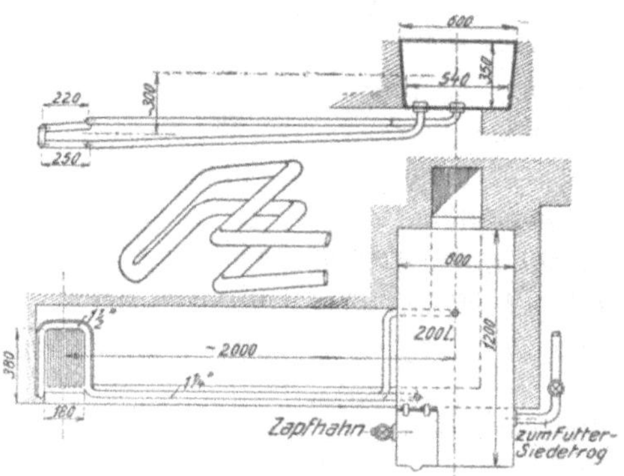

Da die Feuerzüge des Kochherdes seines Baues wegen dem Wasserschiff eine so große Heizfläche nicht darbieten können, wie sie für eine Wassererwärmung von $\sim 10 \div 15^0$ auf $80 \div 95^0$ erforderlich ist, so muß eine Zusatzheizung vorgesehen werden. Diese läßt sich in direkter Erwärmung mittels einer in den Feuerraum verlegten Heizschlange nach Abb. 60 sehr gut bewirken. Die Anheizdauer beträgt dabei höchstens $^3/_4 \div 1^h$. Man hat nur darauf zu achten, daß man in den sowieso gedrängten Herdverhältnissen das nötige, wenn auch noch so schwache Gefälle zwischen Pfanne und Schlange erzwingt. Vielfach verlegt man gleich einen Rohrstrang zum Futtertrog im Viehstall oder pumpt das warme Pfannenwasser einer Badewanne zu, falls diese mit natürlichem Gefälle des Gebrauchswassers nicht zu füllen ist.

Eine Anlage im großen, und auch für Zentralbetrieb geeignet, läßt sich mit Hilfe des Küchenherdes durch Einbau einer **Heizschlange** oder einer **Heizflasche** erreichen, die auf einen Warmwasserbehälter hinarbeiten. Sehr vielfach finden sich in Büchern und Katalogen Angaben über die Wertlosigkeit dieser Konstruktionen im Vergleich zu anderen Anlagen. Muß auch zugegeben werden, daß sich die Warmwasserbereitung nicht, wie von anderer Seite angeführt, auf diese Weise umsonst erreichen läßt, so kann doch damit ohne besondere Rauminanspruchnahme eine bessere Wärmeausnutzung des sowieso zum Kochen erforderlichen Brennstoffes erreicht werden. Bei großem Warmwasserverbrauche wird allerdings eine bestimmte und vielleicht sogar nicht unbedeutende Brennstoffmenge auf Kosten der Warmwassererzeugung in den Schlangen in Anrechnung zu bringen sein. Trotzdem finden sich diese beliebten Anlagen für großen Verbrauch, wie Abb. 61 als eine Niederdruckanlage für Hotels, Gasthäuser usw. und Abb. 62 als eine

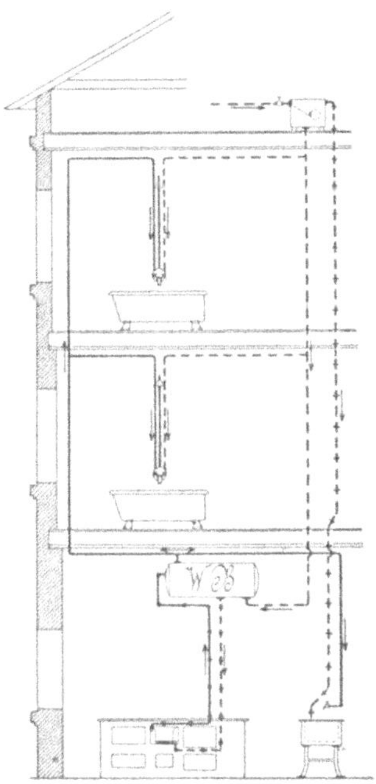

Abb. 61.

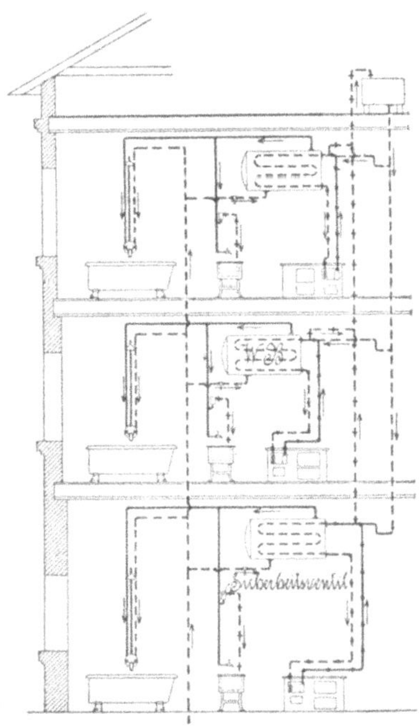

Abb. 62.

Hochdruckanlage für Mietshäuser zeigen. Daß sich trotzdem wieder an anderen Plätzen viel Mängel im Laufe der Zeit ergeben haben, liegt einmal an einer fehlerhaften Disposition und Montage und dann an schlecht gewähltem Material und Wasser.

Der Einbau der Schlangen und Flaschen erfolgt derart, daß diese den Feuerraum mit Ausnahme der Stirnfläche umschließen und den Platz der sonst einzubauenden Schamottesteine einnehmen. Eine Verengung des Feuerraumes durch die Apparate ist zu vermeiden; das Feuer muß regelrecht geschürt, der Kochtopf ordnungsgemäß eingesetzt werden können. Um die Wärmetransmission möglichst zu begünstigen, sind die Apparate nur so tief in die Seitenwandungen des Feuerraumes einzulegen, als die Befestigung es erfordert. Liegt ein Bratherd direkt daneben, so ist ein Durchbrennen des Bratofenbleches kaum zu befürchten, da das in dem Apparate zirkulierende Wasser den besten Schutz bietet. Um ein Erwärmen des Bratofens nicht auszuschließen, sollen die Apparate ∼ 10 mm von jenem abstehen. Die Anschlußleitungen, die Zirkulationszu- und -ableitungen, können durch die Herdplatte, besser noch durch die Seiten- oder Rückwände des Herdes geführt werden.

In Häusern mit übereinanderliegenden Feuerstellen in verschiedenen Geschossen lassen sich Schlangen oder Flaschen an eine Zirkulationsleitung kuppeln, die das warme Wasser in einem im Dachgeschoß aufgestellten Behälter zur Aufspeicherung bringt (Abb. 63). Es muß dann aber jeder Herdeinsatz für sich ausschaltbar sein.

Von beiden Herdeinsätzen sind die Heizschlangen im allgemeinen die beliebteren und billigeren. Jeder Installateur kann sie sich bequem selbst herstellen, während

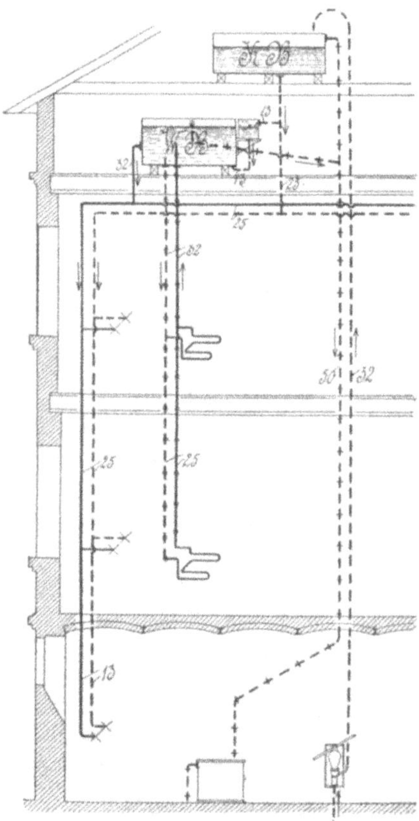

Abb. 63.

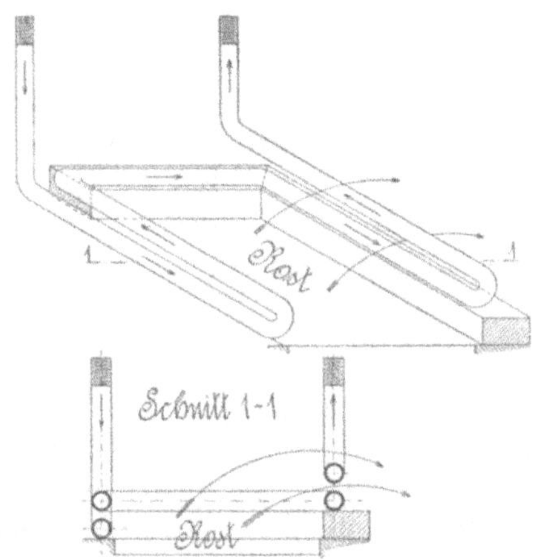

Abb. 64.

Heizflaschen als Handelsware erst bezogen werden müssen. Zudem kann die Wahl einer richtigen Flaschenkonstruktion nicht leicht fallen oder die beschränkte Modellzahl den Einbau in eine Feuerung ausschließen.

Die Heizschlangen lassen sich leicht jedem Feuerraum anpassen, werden aber auch am häufigsten und leichtesten falsch ausgeführt und montiert, in welchem Falle eine ständige Ausbesserung und ein ungenügender Effekt dem Besitzer solche Anlagen nicht als eine Wohlfahrtseinrichtung erscheinen lassen.

Die Schlangen umgeben in 2÷4 Windungen auf drei Seiten den Feuerraum (Abb. 64). Zuweilen werden auch noch ein oder mehrere Windungsstränge an die Feuertürseite gelegt (Abb. 65), wodurch sich jedoch eine nachteilige Verengung der Türöffnung ergeben kann. Jedenfalls bieten die Mannigfaltigkeit in der Anordnung und die große Schmiegsamkeit beachtenswerte Vorzüge der Heizschlangen. Das Hauptaugenmerk ist stets auf Erreichung einer günstigsten und wirksamsten Wasser-

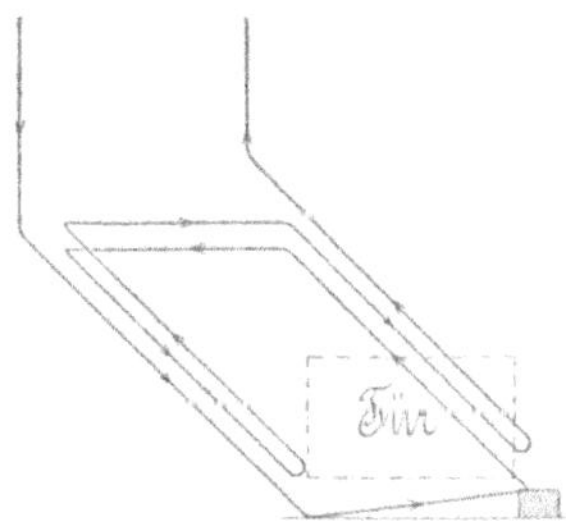

Abb. 65.

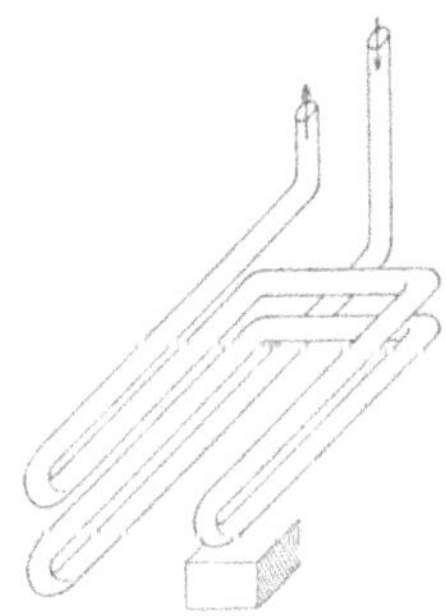

Abb. 66.

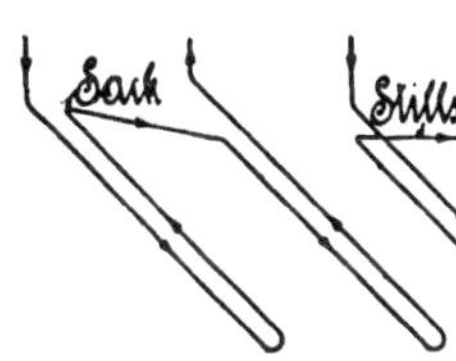

Abb. 67.

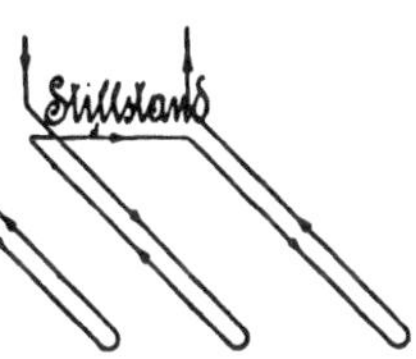

Abb. 68.

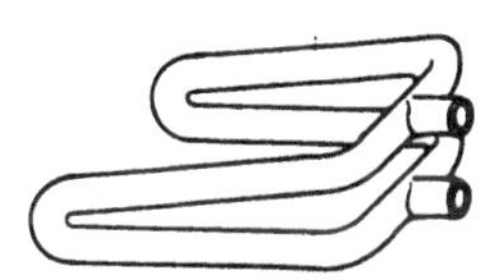

Abb. 69.

zirkulation zu legen. Demgemäß ist die Kaltwasserzuleitung am tiefsten Punkte der Schlange anzuschließen, und es muß diese Stelle mit daranhängendem Verbindungsstrange der geringsten Wärmeeinwirkung ausgesetzt sein, d. h. der oberste Teil mit der Warmwasserableitung ist nach Abb. 64 an die Seite des Gasabzuges zu legen. Bei vielgängigen Schlangen (Abb. 66) ist solche Bedingung bedeutungsloser; bei ihnen können wegen des größeren Höhenunterschiedes Zu- und Ableitung an derselben Seite, der Gasabzugsseite, liegen. Der Bildung von Säcken und dem Stillstehen des Wassers (Abb. 67, 68) in den Windungen kann man dadurch begegnen, daß man nach Abb. 64, 65 unter die unterste Windung der Abflußseite einen Schamottestein in Stärke einer Rohrdicke plus Windungsabstand unterlegt. Auf jeden Fall hat man dafür zu sorgen, daß die Windungen wenigstens horizontal, noch besser in Richtung des Zirkulationsweges regelmäßig ein wenig ansteigen. Bei anderen Ausführungen sucht man alle diese Bedingungen durch Aufliegen der oberen Schenkel nach Abb. 69 zu erfüllen. Was die Zahl der Windungen anbetrifft, so soll man lieber auf eine Windung mehr verzichten, damit dieselben so weit voneinander abstehen können (~10 mm), daß die Gase mit genügendem Zuge durch die Spalten abzuziehen vermögen und leichte Reinigung vorgenommen werden kann. Ein Herumführen der Schlange um den Bratherd sollte vermieden werden. Die beabsichtigte Vergrößerung der Heizfläche ist in der Regel illusorisch.

Die Heizschlangen werden aus 5÷8 mm starkem nahtlosem Eisenrohr, Perkinsrohr oder aus 2,5÷4 mm starkem Kupferrohr hergestellt; für kleine Herdfeuerungen genügt auch das gewöhnliche Schmiedeeisenrohr. Man findet sogar gußeiserne Herdschlangen bis 0,9 m² Heizfläche, die unempfindlicher gegen äußere Beschädigungen beim Schüren, dafür aber leichterem Zerspringen ausgesetzt sind. Das dünnwandige Kupferrohr ist wenig zweckmäßig, da es durch das Schüren mit der Schaufel oder dem Haken leicht beschädigt wird. Selbst der Vorteil des Kupferrohres, sich sauberer und leichter als Schmiedeeisenrohr biegen zu lassen, ist jetzt nicht mehr stichhaltig. In den modernen Rohrbiegern, die handlich und leicht zu bedienen sind, lassen sich Schmiedeeisenröhren ohne Füllung bis 1″ kalt, stärkere (rotwarm in einer Hitze) sauber biegen. Kupferrohr ist dagegen dort am Platze, wo eisen- oder säurehaltiges Wasser vorhanden ist. Solches Wasser scheidet beim Erwärmen Oxyde und Luft aus, die das Eisenmaterial der Schlangen stark angreifen, während Kupfer davon weniger in Mitleidenschaft gezogen wird. Zur Erhöhung der Dichtigkeit und Lebensdauer sind die Schlangen möglichst aus einem einzigen Rohrstück zu biegen und die Anschlüsse außerhalb des Feuerraumes zu legen. Man findet jedoch auch Schlangen aus Formstücken nach Abb. 70 zusammengesetzt, die sich hier und da gut bewährt haben sollen. Der lichte Durchmesser der Schlangen schwankt zwischen 20 und 45 mm.

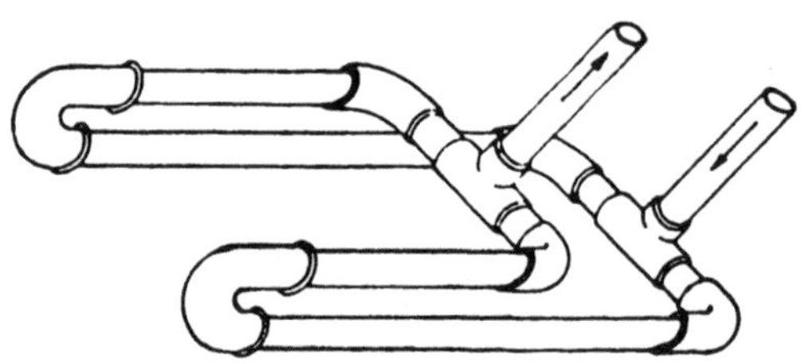

Abb. 70.

Tabelle 5.

Heizschlange der Nat. Rad. Ges. (Abb. 69).

Rohrdurchmesser in Zoll	1¼	1¼	1¼
Heizfläche in m²	0,17	0,19	0,21
Leistung in kcal/h	1700	1900	2100

Einen Übergang von den Schlangen zu den Flaschen bildet der Herdeinsatz nach Abb. 71. Kupfer- oder Eisenrohrstücke werden zu 2 oder 3 Lagen übereinander angeordnet und durch Formstücke aus Messing oder Eisen verschraubt. Dabei ist bei 3 Rohrlagen ein einheitliches Formstück für alle 3 Windungen vorgesehen. Verhütet auch das letztere ein Einschieben von Brennstoff zwischen die Rohrlagen, so kann jedoch die mittlere Windung als überflüssig erachtet werden, da sie an der Wasserzirkulation nur geringen Teil haben wird. Deswegen wird auch die Heizfläche, welche $\sim$0,5 m² betragen soll, zu hoch bemessen. Der Heizkörper mit 2 Windungen wird dieselben Dienste leisten und eine Beengung des Feuerraumes vermeiden. Bei Einsätzen dieser

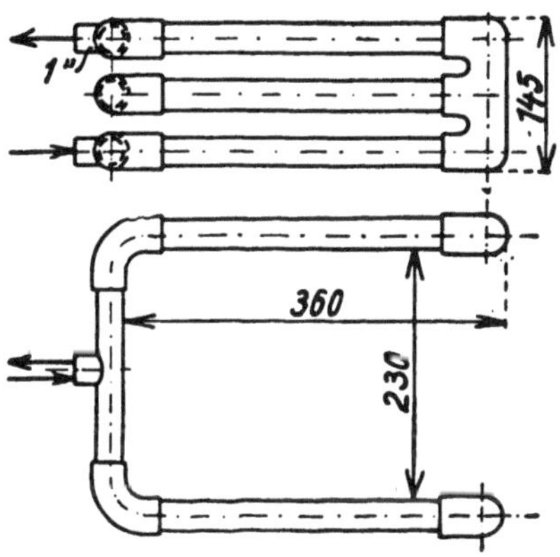

Abb. 71.

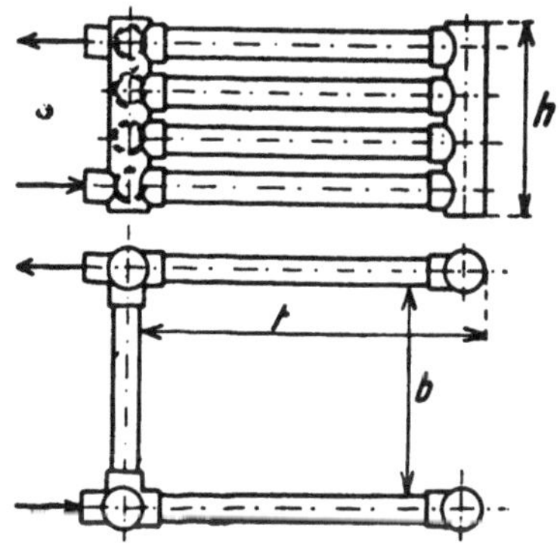

Abb. 72.

Art ist es ratsam, die Zu- und Ableitungen in die Mitte der Querrohre zu wählen und nicht, wie man es häufig sieht, versetzt an den hinteren Ecken, welche Ausführung nur störend auf die Wasserzirkulation wirkt.

Günstiger liegen die Verhältnisse bezüglich letzterer Bemerkung, wenn die Röhrenlagen nach Abb. 72 durch Zusammenfassen auch der hinteren Ecken ein einheitliches System bilden. Alsdann werden vorteilhaft Zu- und Ableitung, versetzt an den hinteren Ecken, angeschlossen. Bedingungen für eine vollkommene Leistung sind aber auch hier, daß die lichte Weite des Einsatzes genau der äußeren Rostgröße des Feuerraumes entspricht, daß von Oberkante Einsatz bis Unterfläche Herdplatte mindestens 50 mm Raumhöhe für den Zug besteht und daß rings um den Einsatz 20 ÷ 25 mm Spielraum zum Umspülen der Feuergase vorhanden sind. Die Einsätze werden in 2 ÷ 4 Rohrlagen zu 80, 130 und 170 mm Höhe aus 1" hartem Kupferrohr und Rotgußecken ausgeführt.

Tabelle 6.

Herdeinsatz, 4 Rohrlagen übereinander. (Abb. 72.)

1" Innengew. Rohranschluß.

Stdl. Leistung von 10° auf 60° l		90	110	125	170	200	250	300	375
Heizfläche . . . . m²		0,45	0,50	0,56	0,63	0,70	0,76	0,81	0,90
Lichte Maße in mm	b	200	210	220	230	250	260	280	300
	t	250	300	350	420	500	550	620	700
	h	170	170	170	170	170	170	170	170

Die Heizflaschen, auch Herdflaschen, Kasten, Taschen genannt, besitzen gegenüber den Schlangen den Vorteil einer Massenherstellung als Guß- oder Schmiedestück, einer größeren Mannigfaltigkeit in der Konstruktion und unter Umständen auch einer größeren Heizfläche. Die Wärmeübertragung wird aber vielfach der durch die dünnwandigen Schlangenröhren nachstehen. Die große Schmiegsamkeit der Schlangen, die allgemein als ein großer Vorzug derselben angesehen werden muß, ist hier bedeutungsloser, da die Schlangenwindungen an die meist kleine Herdrostfläche nicht so genau angepaßt werden können, als es die Flaschengußstücke gestatten, solange man es mit gebräuchlichen Handelsgrößen zu tun hat. Besondere Einzelgußstücke werden zu teuer ausfallen. Die gebräuchlichste Gestaltung ist die Hufeisenform. Jedoch nicht alle erfüllen den Zweck, durch ihre gesamte Heizfläche an der Wasserzirkulation fördernd beizutragen. In erster Linie ist darauf zu achten, die Zirkulationszuleitung an den tiefsten Punkt, die Ableitung an den höchsten Punkt der Flasche zu legen und in den Flaschen tote Räume zu vermeiden. Ferner hat man darauf zu sehen, daß nicht durch eine einheitliche hohe Seitenfläche dem angrenzenden Brat- oder Backofen zu viel Wärme ferngehalten wird. Gerade letzterem Umstande sollte beim Bau und Einbau der Flaschen mehr Bedeutung beigelegt werden. Erhalten die Einsätze zu hohe Seitenwände — und ein Maß von 150÷170 mm muß schon als hoch bezeichnet werden —, so bleiben die anliegenden Bratöfen kühl, da die Flaschenwandung eine viel höhere Temperatur als die des durchströmenden Wassers nicht annehmen kann. Ist die Warmwasserbereitung für 60° berechnet und danach auch richtig installiert, so kann dann ebenfalls im Bratofen keine höhere Temperatur herrschen, wenn nicht die übrigen Bratofenwände den Mangel infolge günstiger Feuerzuganordnung durch die anderen Wände ausgleichen. Meist soll aber gerade die der Flasche zugekehrte Bratofenwand die wirksamste Transmissionsfläche bilden. Ferner ermangeln die Flaschenwände des strahlenden Wärmespeichers der Schamottesteine, welche den Feuerraum bei gewöhnlichen Feuerungen und auch zum Teil bei Heizschlangen umgeben. Die Folge davon ist eine niedrige Feuertemperatur und noch unvollkommenere Verbrennung und demgemäß ein größerer Brennstoffverbrauch. Auf jeden Fall besteht die Wahrheit, die auch von vielen Besitzern solcher Anlagen erkannt ist, daß eine kostenlose Warmwasserbereitung mit Herdeinsätzen durchaus nicht überall erzielt wird. Bei erstmaliger richtig durchdachter und ausgeführter Grundkonstruktion können mit Heizflaschen aber weniger schwere Installationsfehler begangen werden als bei Verlegung der Schlangen, die von Fall zu Fall nach Faustregeln und Handwerksgewohnheiten herzustellen sind.

Die aus Gußeisen oder Weichmetall hergestellten Heizflaschen sind für hohe Wasserdrücke nicht geeignet und entbehren durch ihre Starrheit und scharfkantige Form der Elastizität und Ausdehnungsfähigkeit der Schlangen. Werden die Flaschen druckfest aus starkem Material hergestellt, so leidet der Heizeffekt in erheblicher Weise.

In Abb. 73 ist ein Normalmodell einer gußeisernen Heizflasche dargestellt. Es ist mit einem hinteren und zwei vorderen Blindflanschen *c* zum Reinigen versehen und besitzt in der Rückfläche die beiden Rohranschlüsse *a* und *b* von $1\frac{1}{4}''$ lichter Weite. Wenn die Gesamtanordnung des Küchenherdes es zuläßt, ist es ratsamer, zur Erhöhung der Wasser-

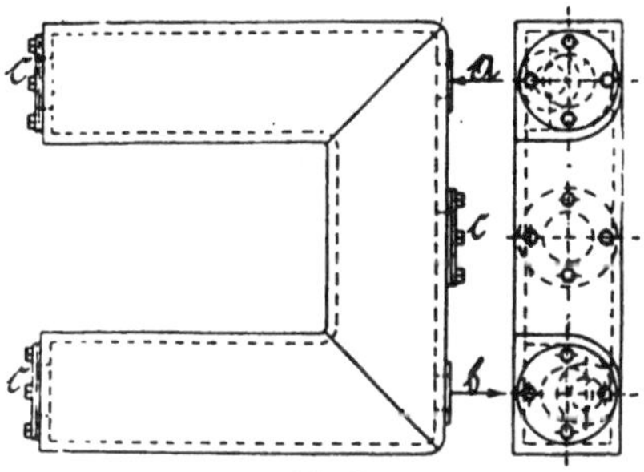

Abb. 73.

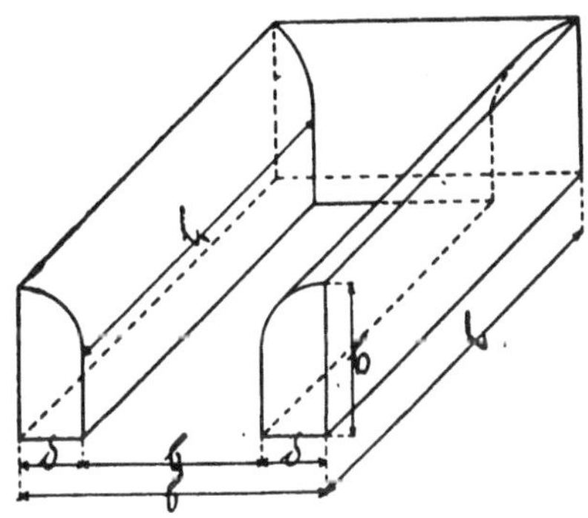

Abb. 74.

zirkulation die Rohranschlüsse in die beiden vorderen Stirnflächen *c* der Schenkel zu legen. Die Leitungen sind dann längs der Schenkel nach rückwärts zu führen. Wenn sie auch etwas umständlicher und platzraubender ist, so ist diese Art Rohranschluß stets vorzuziehen. Diesen Nachteil besitzen alle derartigen einfachen Konstruktionen, die aber wieder gerade infolge der Einfachheit und hohen Widerstandsfähigkeit für die meist roh behandelten Küchenherde beliebt sind. Nur das hintere Querrohr zu jenem Zwecke in zwei getrennte Kanäle zu zerlegen, wie man es hier und da ausgeführt findet, bringt keine Verbesserung herbei. Besser ist es dann schon, den Wasserraum, d. h. den freien Querschnitt der Flaschen nicht zu klein zu nehmen, damit sich wirksame Wasserzirkulationsströme in oberen und unteren Zonen bilden können. Dieser Anschauung trägt der gußeiserne Warmwasserbereiter in schmaler, hochgebauter Form nach Abb. 74 mehr Rechnung.

Tabelle 7.
Heizflasche (Abb. 74.)

Maße in mm					Heizfläche m^2	Stdl. Leistung kcal	Rohranschluß Zoll	Gewicht kg
b	h	l	b_1	l_1				
540	150	520	300	400	0,373	3730	$1^1/_4$	70
444	150	420	200	300	0,271	2710	$1^1/_4$	53
380	180	380	220	300	0,251	2510	$1^1/_4$	44
335	110	500	180	420	0,213	2130	1	35
335	110	380	180	300	0,175	1750	1	29
250	90	350	160	300	0,130	1300	1	16

Findet man nicht genügend Platz im Küchenherd zum Einbau oder soll dem anliegenden Bratofen die Hitze nicht entzogen werden, so läßt man nach Abb. 75 einen Seitenschenkel fort oder nimmt überhaupt nur eine einseitige Tasche, deren Wirkung aber nicht zu hoch eingeschätzt werden darf. Zur Erhöhung des Effekts und der Lebensdauer des Rostes kann letzterer als wassergekühlter Rost mit dem Einsatz aus einem Stück hergestellt werden. Eine derartig ausgebildete Konstruktion ist nach Abb. 75 die Gußeisen-Heizflasche der National Radiator-Gesellschaft, Berlin, welche bei 1″-Anschluß und 0,10 m² Heizfläche eine stündliche maximale Leistung von 1000 kcal ergibt.

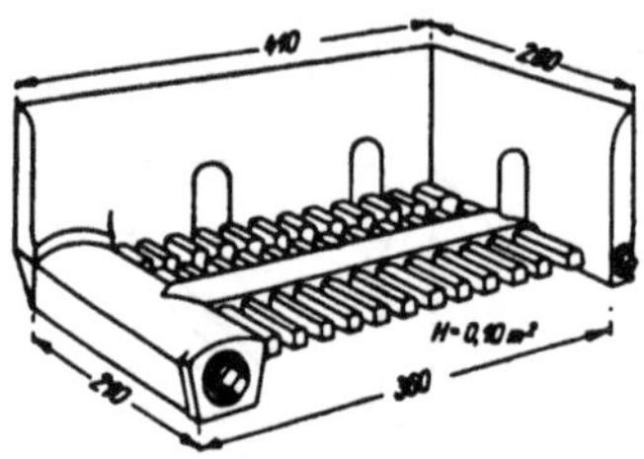

Abb. 75.

Bei der Heizflasche in starkwandigem Rotguß mit doppelter Zirkulationskammer, wie sie von vielen Firmen ausgeführt wird und neben den Schlangen wohl zu den beliebtesten Heizeinsätzen gehört, zeigt Abb. 76. Hier tritt wieder eine Annäherung an die Schlangen hervor,

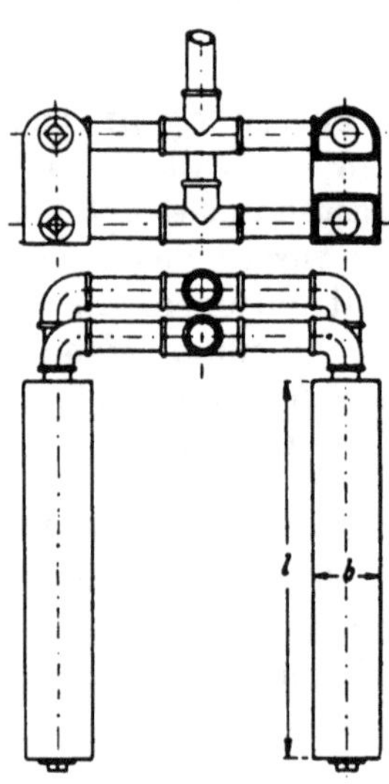

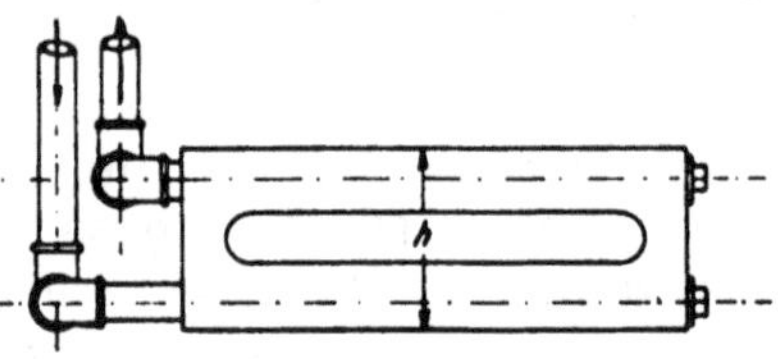

Abb. 76.

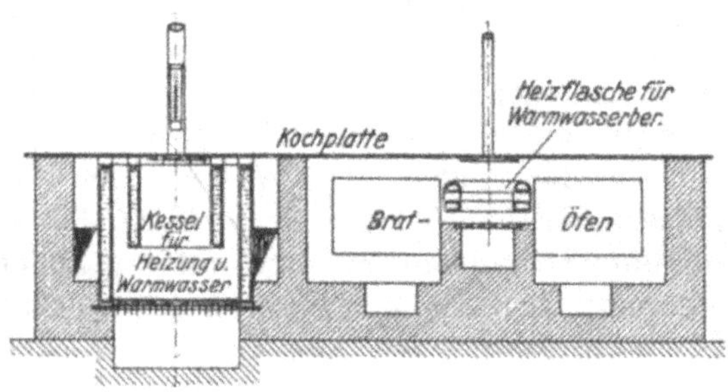

Abb. 77.

wodurch die Vorteile beider Einsätze miteinander vereint werden. Die Trennung in eine obere und untere Zirkulationskammer vergrößert die Heizfläche, die Wasserbewegung und somit den Effekt; die Erwärmung der Bratöfen wird wenig beeinträchtigt. Zwei vordere Verschraubungen gestatten eine Reinigung von Schlamm. Der Einbau des Heizeinsatzes ist aus Abb. 77 ersichtlich, die Leistung und Größe der gangbarsten Modelle aus Tabelle 8.

Tabelle 8.

Rotgußheizflasche mit doppelter Zirkulationskammer. (Abb. 76.)

Flaschen-			Gewinde-anschluß	Heizfläche des Paares	Stdl. Erwärmung auf 60°	Gewicht des Paares
Länge mm	Breite mm	Höhe mm	Zoll	m²	l	kg
330	65	125	1	0,20	160	18
400	65	125	$1^1/_4$	0,25	200	20

Ist vorstehend auch stillschweigend und als selbstverständlich mit dem Herdeinsatz ein Warmwasserbehälter verbunden gedacht, so mag hier nicht unerwähnt bleiben, daß ein Herdeinsatz auch unmittelbar, ohne Zwischenschaltung eines Behälters, auf die Zapfstellen hinarbeiten kann. Es ist dies die älteste, allerdings auch einfachste, jedoch unpraktische und in ihrer Anwendung beschränkte Ausführung. Über der höchsten Zapfstelle ist dabei ein Überkochgefäß vorzusehen, das die Anlage stark wärmeverlustreich und daher für neuzeitliche Anforderungen unstatthaft macht. Das Überkochgefäß ist mit dem Schwimmergefäß für den Kaltwasserzufluß in unmittelbare Verbindung zu bringen.

Zur Erreichung einer sicheren Wasserzirkulation und eines guten Effektes ist der Rohrplan möglichst einfach und kurz durchzuführen. Der größte Horizontalabstand einer solchen einfachen Küchenanlage von Herdeinsatz bis äußerster Zapfstelle soll unter 25 m bleiben. Der senkrechte Abstand zwischen Feuerstelle und höchster Zapfstelle ist durch die Gebäudehöhe bedingt und wird für gewöhnliche Verhältnisse 20 m = 2 at kaum überschreiten. Städtische Wasserleitungen haben in der Regel 2,5 ÷ 5,0 atü Wasserdruck, somit könnte die Anlage einem städtischen Rohrleitungsnetz direkt angeschlossen werden. Aus Betriebssicherheits- und Günstigkeitsgründen, wie auch auf Grund bestehender städtischer Bestimmungen wird man aber wohl häufig auf ein Niederdrucksystem zukommen müssen, indem man ein Schwimmergefäß in die Kaltwasserleitung einschaltet. Das Gefäß ist, um den Druck für die höchste Zapfstelle zu erhalten, über dieser, etwa im Dachboden anzuordnen.

Der Umstand, daß der Küchenherd Winter wie Sommer in Betrieb steht, daß mit der Küche als warmer Raum und mit einer ständigen Feuerung des Herdes während eines großen Teiles des Tages so wie so sich abgefunden werden muß, führte dazu, den Herd mit Anbau besonderer Feuerstellen auch für größere Warmwasserleistungen heranzuziehen. Aus den Heizflaschen entstanden die W a s s e r k ä s t e n m i t b e s o n d e r e r F e u e r u n g, deren Anbau infolge Verwendung eines Füllschachtes kaum eine nennenswerte Vergrößerung des Küchenherdes hervorrufen, höchstens 0,4 ÷ 0,5 m in der Länge. Die Wasserkasten werden aus 7 ÷ 12 mm starkem Schmiedeeisen geschweißt oder aus Gußeisen von 20 ÷ 23 mm Stärke gegossen. Eine derartige Ausführung von

Clajus, Mittweida, zeigt Abb. 78. Der gußeiserne Wasserkasten umgibt ⊔förmig einen besonderen Füllschacht des Küchenherdes. Die Konstruktion hat sich vielfach bewährt, sobald Hausbrand-Nußkohle zur Verfeuerung kommt.

Mit dem Ausbau der Heizungskessel entstanden dann auch bald weiter regelrechte Küchenherdkessel, die den größten Anforderungen

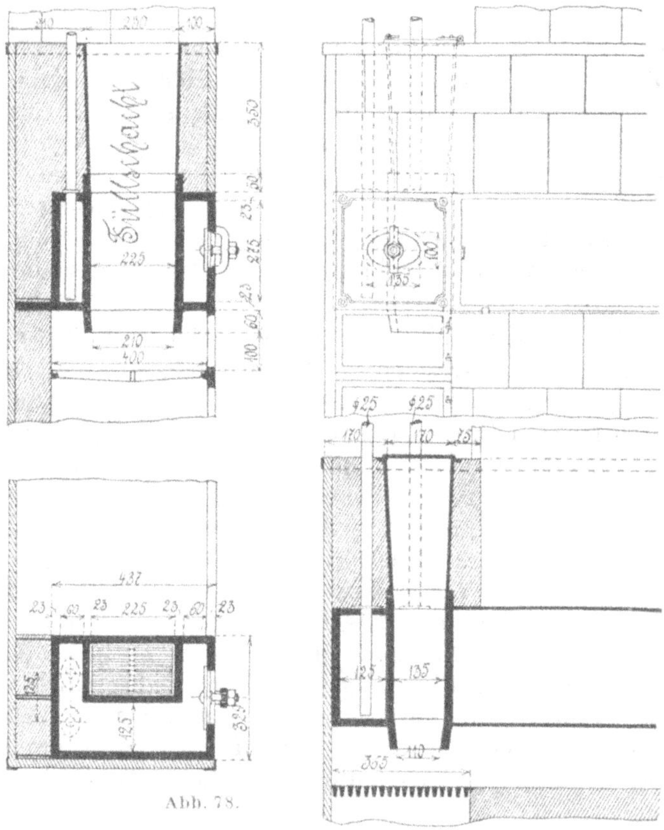

Abb. 78.

an eine häusliche Warmwasserbereitung zu genügen vermochten. Die Kessel sind der Eigentümlichkeit der Küchenherde angepaßt und werden entweder in die Hauptfeuerung eingesetzt (Abb. 79) oder mit eigener Feuerung versehen, in welch letzterem Falle man einen unbeschränkteren und getrennten Koch- und Heizbetrieb, aber auch eine entsprechend größere Herdlänge erhält. Neben den schmiedeeisernen Zylinderkesseln (Abb. 77) und den Rohrregisterkesseln (ähnlich wie Abb. 85) erwiesen sich vor allem die gußeisernen Gliederkessel brauchbar und erfreuten sich bald großer Beliebtheit. Auf Grund vorzüglich durchdachter Konstruktion können damit in dem beschränkt bemessenen Raume des Herdes beträchtliche Heizflächen untergebracht werden. Die Konstruktion ist dieselbe wie die der Heizungskessel entsprechender Gattung. Im Falle des Nichtbetreibens der Hauptfeuerung können die Kessel einen Einhänge-

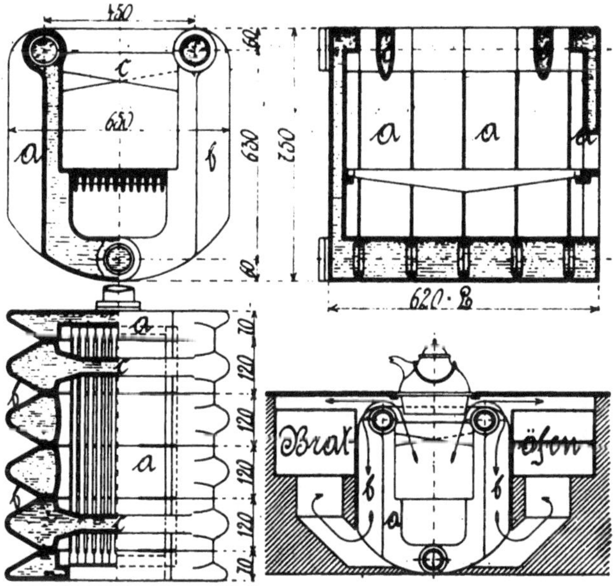

Abb. 79.

rost, Sommerrost, erhalten, eine Einrichtung, die nur dann Zweck hat, wenn der Kessel vorzugsweise einer Zentralheizung angehört und die Warmwasserbereitung von dieser nebenbei miterfolgt. Legt man nicht besonderen Wert auf eine Feuerstelle in der Wohnung, so ist ein Küchenherdkessel nur dort am Platze, wo das Feuer nicht wegen der Warmwassererzeugung einzig allein ständig geschürt, sondern während der meisten Tagesstunden wie in Gasthäusern sowieso unterhalten werden muß.

Tabelle 9.
Leistungen und Maße von Küchenherdgliederkesseln.

Ausführung	Gliederzahl	Heizfläche m²	Stündl. Wärmeleistung kcal	Wasserinhalt l	Herd-Außenmaße für Kessel in mm: Höhe	Breite	Länge
Strebel 3″ Rohranschluß	1	0,7	6000	17,5	800	750	380
	2	1,4	12000	35,0	800	750	380
	3	1,95	16000	42,5	800	750	380
	4	2,5	20000	50,0	825	750	380
Nat.-Rad.-Ges., Berlin 3″ Rohranschluß	3	2,1	16800	35	800	700	330
	4	2,5	20000	48	800	700	376
	5	3,2	25600	65	800	700	494
	6	3,9	31200	82	800	700	612
	7	4,6	36800	93	800	700	730

Für Kessel mit Sommerrosteinsatz hat man die nächsthöhere Kesselnummer zu wählen, da der Einsatz einen Teil der Kesselheizfläche unwirksam macht.

2. Der Waschkessel.

Der Waschkessel der Haushaltungswaschküchen bildet in sich schon eine abgeschlossene, regelrechte Warmwasserbereitungsanlage. Der gußeisenemaillierte oder kupferne Behälter von zylindrischer oder parabolischer Form hängt nach Abb. 80 frei in den gemauerten Feuer-

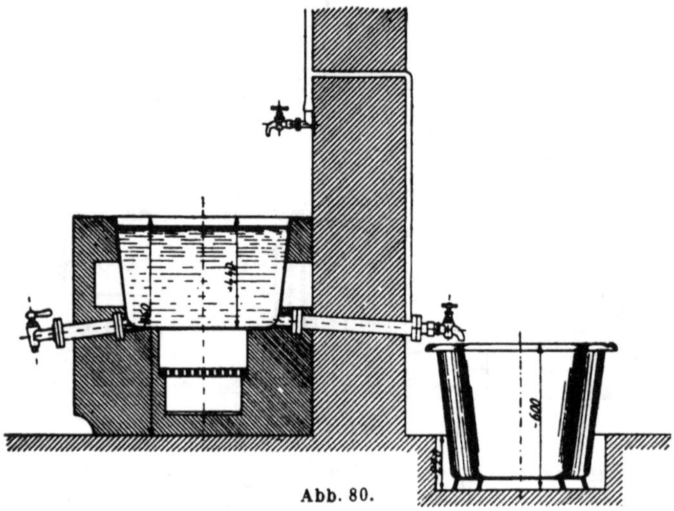

Abb. 80.

raum hinein, so daß seine Metallwände die einen Flächen der Heizzüge bilden. Man nimmt in der Regel den Feuerraum gleich als Unterzug und dazu einen ringförmigen Seitenzug.

Zuweilen findet man zur Aushilfe und in Mietshäusern, dort, wo keine Badezimmer in den Etagen von vornherein vorgesehen sind, den Waschkessel nach Abb. 80 mit einer Badeeinrichtung verbunden. Solche Anlage ist immer besser als gar keine. Ein Übelstand besteht zwar darin, daß die Wanne wegen des erforderlichen Gefälles des Warmwassers unter Geschoßsohle aufgestellt werden muß, will man nicht die bequeme Handhabung am Kessel infolge Höherlegung desselben behindern. Der Kessel mit $\sim 150 \div 175$ l Inhalt reicht für ein Bad aus. Andernfalls könnte man genügend Warmwasser durch Anordnen eines Schwimmkugelgefäßes in Höhe des Kessels leicht gewinnen.

Eine weitere Konstruktion zur Ausnutzung einer Waschkesselanlage zeigt der Brausebad-Mischapparat (Abb. 81), der wegen großer Einfachheit, geringen Anlage- und Betriebskosten, kleinster Raumbeanspruchung und einfachster Bedienung für den Hausgebrauch und dort, wo in einfachen Mietshäusern kein Baderaum besteht, geeignet erscheint. Als Brausebadapparat läßt er bei gemeinschaftlicher Benutzung einer Badeanlage seitens mehrerer Mietparteien die Badewanne mit den in solchem Falle unappetitlichen Nebenerscheinungen in Fortfall kommen. Der eigentliche Apparat *A* (Abb. 81), zu dem sich

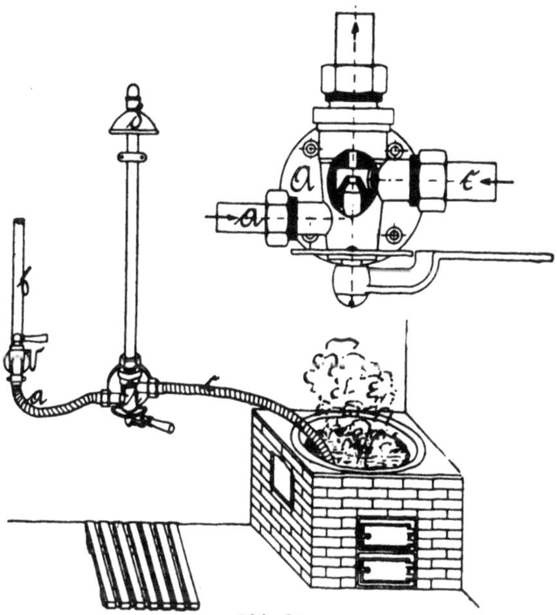

Abb. 81.

auch manche andere Konstruktion eignen würde, wird durch Schlauch- oder Rohrleitung *a* mit dem Hahn *V* einer Kaltwasserzuleitung *b* von mindestens 2 at Druck zu verbinden sein; ein zweiter Schlauch- oder Rohranschluß *c* mündet in den Warmwasserbehälter, den Waschkessel *W*, von wo aus das zuvor erwärmte Wasser angesaugt wird und mit dem kalten Wasser vermischt in einer beliebig regulierbaren Temperatur der Brause *d* entströmt. Als Warmwasserbehälter kann auch ein Topf, Eimer von ~10 l und mehr Inhalt verwandt werden. Um den Effekt der Anlage nicht herabzudrücken, wird es sich empfehlen, einmal den Brausearm halbkreisförmig zu biegen, nicht scharf zu knicken und dann dem Brausekopf nicht mehr Öffnungen zu geben, als zur Lieferung des vorgesehenen Wasserquantums, ~4÷5 l/min, nötig ist (~45 Löcher zu 1 mm Durchmesser).

Solchen behelfsmäßigen Kleinanlagen bringt die Industrie durch Einführung aller möglichen Sonderkonstruktionen immer mehr berechtigtes Interesse entgegen und sucht dadurch die unökonomische Behelfsmäßigkeit, die ihr ja stets anhaftet, wirtschaftlicher zu gestalten. Einen transportablen Warmwasserkessel baut das Eisenwerk Kaiserslautern nach Abb. 82. Junkers, Dessau, hat einen Bade-Waschkessel aus Stahlblech mit Kohlen- oder Gasheizung konstruiert, der für Wasch- wie Badezwecke mit Vorteil und bequem zu gebrauchen ist. Für Kessel mit Gasfeuerung nach Abb. 83 beträgt bei 70 l Wasserfassung der stündliche Gasverbrauch ∼800 l, die Anheizdauer zur Erwärmung des Wassers

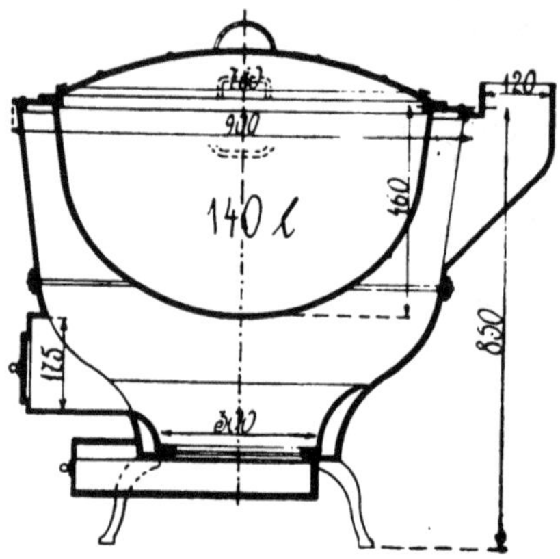

Abb. 82.

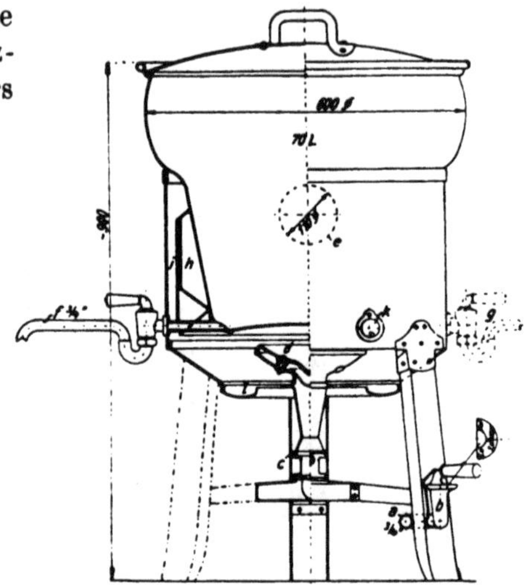

Abb. 83.

von 10° auf 90° ∼55 min und für eine Badbereitung ∼20 min. Der Bunsenbrenner ist mit einer einfachen, aber sicheren Zündvorrichtung versehen und als Sparbrenner nach dem Vorbilde des modernen Gasherdes ausgebildet. In Abb. 83 bedeuten: a = Gasanschluß, b = Gas hahn, c = Luftregulierung, d = Bunsenbrenner, e = Abgasstutzen f = Wasserablauf-Schwenkhahn, g = Einlaßhahn, h = Lamellenheizkranz, i = Luftisolation, k = Schauloch und l = Kondenswasserschale.

3. Die Raumheizkörper.

Die Raumheizkörper werden seltener mit zur Warmwasserbereitung größeren Umfanges ausgenutzt, da ihre Abmessungen für den von ihnen zu leistenden Heizungseffekt schon groß genug ausfallen. Eine Warmwasserbereitung im kleinen wird dagegen in einfachen Wohnungen mit Hilfe des Stubenofens noch häufig vorgenommen. Zu diesem Zwecke ist der Ofen mit einem zwischen den Heizzügen liegenden Raume zur Aufnahme eines Kochtopfes oder einer Kasserole versehen oder auch mit einem festen Wasserschiffe ausgerüstet.

Eine Ausführung letzterer Art zeigt die Abb. 84. Der moderne Aufsatzofen mit Stirnfeuerung besitzt einen Unterofen U mit einem für 28 l bemessenen Wasserkasten a direkt über der Feuerung b. Auf U

ruht der Oberofen *O* mit den weiteren Heizzügen. Neben der Raumerwärmung können die 28 l in einer Stunde auf 80° erwärmt werden.

Von vielen Firmen wird ein Heiz- und Kochofen mit Sommer- und Winterfeuerung gebaut, der vorzugsweise für Arbeiterwohnungen, Ökonomien, Speiseräume vorgesehen ist. Mit der Sommerfeuerung des oberen Rostes zwecks Warmwasserbereitung ergibt sich nur eine geringe Erwärmung der Raumluft.

Mit dem Ausbau der Küchenherd- und Etagenheizung machte sich das Bedürfnis fühlbar, auch mittleren und kleinen Wohnungen den Genuß einer zentralen Heizung und Warmwasserbereitung zukommen zulassen. Die Anlage eines vom Küchenherd aus betriebenen Warmwasserbereiters wird in solchen Wohnungen, wo der Küchenherd nur kurze Zeit im Betriebe ist, nicht im-

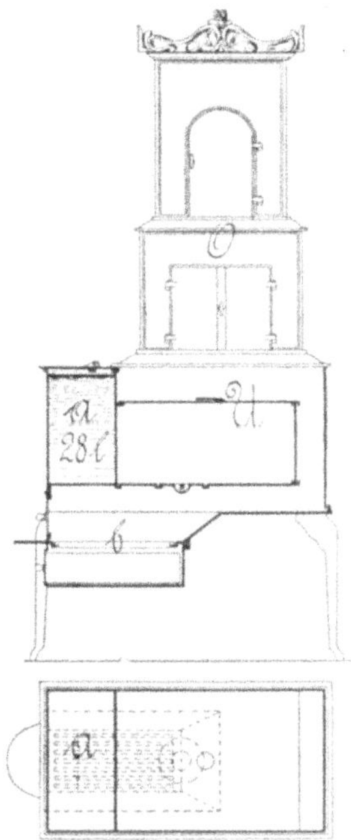

Abb. 84.

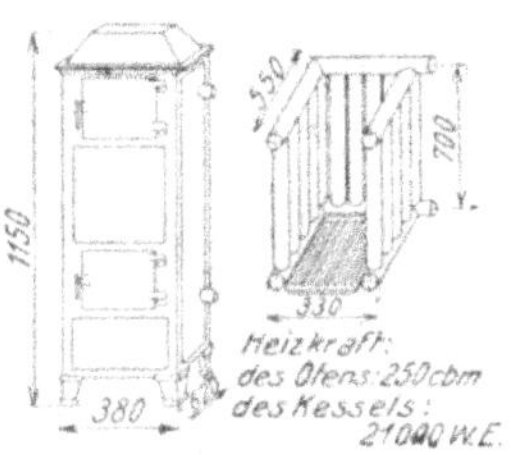

Abb. 85.

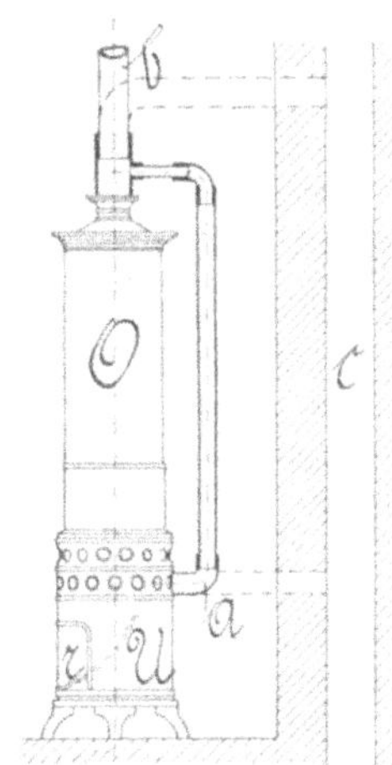

Abb. 86.

mer angebracht sein. Dieser Umstand gab dann Veranlassung, den Raumheizkörper, den lokalen Zimmerofen, als Dauerbrenner für diesen Zweck nutzbar zu machen. So entstanden zwecks zentraler Heizung und Warmwasserbereitung die l o k a l e n D a u e r b r a n d ö f e n m i t K e s s e l e i n s a t z, die in jedem Zimmer oder Vorplatz aufgestellt werden können. Für die Warmwasserbereitung an sich liegen natürlich die Verhältnisse bezüglich der Außerbetriebsetzung während der Sommerszeit ungünstig. Es müßte für diese Periode immer wieder der Küchenherd oder ein Gasofen als Zusatzquelle mit herangezogen werden.

Äußerlich unterscheiden sich diese Öfen in ihrer vornehmen stilvollen Form und Größe mit Glasur-Emailleanstrich in keiner Weise von den gewöhnlichen Zimmeröfen. Der Kesseleinsatz besteht entweder nach Abb. 85 aus einem schmiedeeisernen Rohrregistersystem oder aus gußeisernen Gliedern, ähnlich den Küchenherdkesseln.

Waren die bisher angeführten Raumheizkörper in erster Linie für die Raumerwärmung bestimmt, so findet man umgekehrt auch Öfen, deren Hauptbedingung in einer Warmwassererzeugung liegt, aber ohne ihre Eigenschaft als Raumheizkörper während der kalten Jahreszeit zu verlieren. Solche Heizkörper finden sich vorzugsweise als Badeöfen für Holz- oder Kohlenfeuerung mit einem oberen, herausnehmbaren Sommerroste und einer unteren Winterfeuerung. Der Inhalt faßt $\sim 75 \div 200$ l Wasser. Eine Sicherung gegen Überdruck ist nötig.

Die Gasbadeöfen kommen ebenfalls entsprechend Abb. 86 als regelrechte Raumheizkörper zur Verwendung, indem letztere den für sich bestehenden Untersatz *U* des Badeofens *O* bilden. Der Ofen *U* mit Reflektor *r* besitzt eine Heizkraft von $\sim 40 \div 100$ m³ und mehr. Das Abzugsrohr *a* von *U* kann entweder für sich dem Kamine *c* zugeleitet oder in das Abzugsrohr *b* des Badeofens eingeführt werden.

4. Die Feuerung eines gewerblichen und industriellen Betriebes.

An vielen Orten finden sich im Gewerbe und Industriebetriebe Großfeuerungen, die neben dem Hauptzwecke zum Teil beträchtliche Wärmemengen für weitere Ausnutzung freigeben. Die Warmwasser-

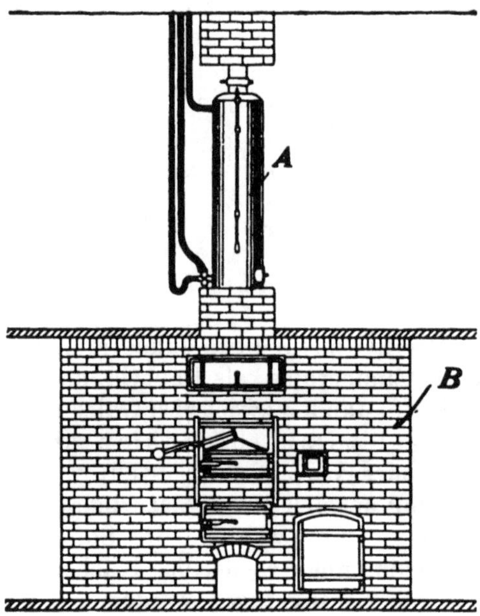

Abb. 87.

bereitung bietet auch hierfür die günstigste Verwendung, um so mehr, als in der Regel gerade diese Betriebe ständigen Bedarf an Warmwasser haben. In erster Linie kommen hier die Backöfen in Frage, dann aber weiter die Großfeuerungen der Ziegeleien, Hüttenwerke usw. Im allgemeinen wird ja jetzt auch in diesen Betrieben auf eine restlose Erfassung der Überschuß- und Abwärme zur Warmwasserbereitung und für andere Zwecke hingewirkt. Bisher fand in den Gaswerken bedeutende Wärmevergeudung statt. Die letzte Zeit der Kohlennot hat hier sehr viel Gutes erzwungen. Bis auf das heiße Kokslöschwasser bleibt nicht mehr viel Wärme zur weiteren Ausnutzung übrig, und das Löschwasser ist wegen seines hohen Schwefelgehaltes nicht gut mehr anderweitig zu gebrauchen.

Die Ausnutzung der Abwärme eines Backofens einer kleineren Bäckerei ist in Abb. 87 veranschaulicht. Zwischen Backofen B und Schornstein ist ein Heißwasserapparat A (s. Abb. 164) eingeschaltet, der Warmwasser für Back- und Reinigungszwecke in genügender Menge liefern kann. Der für den Durchgang der Heizgase im Apparatinnern vorgesehene Raum entspricht der Schornsteinweite von 21×21 cm. Ähnliche Anlagen lassen sich an den Wurstkesseln der Fleischereien vorsehen. — In ausgiebiger Weise sind die 12 Backofen der Großbäckerei des Konsumvereins Chemnitz mit Warmwasserbereitern zu je 300 l Inhalt, hinter dem ersten Feuerzuge angeordnet, ausgestattet. Der Einbau an dieser Stelle ist zulässig, da die erforderliche Temperaturerhöhung von 15 auf 23^0 nur gering und somit die Heizfläche nicht bedeutend zu sein braucht. Die Boiler WB_1 sind nach Abb. 49 als Quereinlage über dem Ofenschacht eingebaut und führen ihr Warmwasser einer gemeinschaftlichen Gebrauchsleitung zu.

Ein Beispiel für die Ausnutzung einer besonderen industriellen Großfeuerung ganz anderer Art sei der in Abb. 18 dargestellte Müllverbrennungsofen der Stettiner Schamottewerke vorm. Didier.

b) Die Zentralheizung.

Da die Zentralheizungen noch immer nicht genügende Ausbreitung gefunden haben, und da sie ja nur während der kalten Jahreszeit in Betrieb stehen, so ist eine Zentralheizung als Heizquelle für eine Warmwasserbereitungsanlage nur in beschränktem Maße ausnutzbar. Ein einziger Kessel, der für die Leistung der Heizung und Warmwasserbereitung bemessen ist und letzterer während der warmen Jahreszeit allein dienen sollte, würde zu unwirtschaftlich arbeiten. Für die Warmwasserbereitung macht sich also eine besondere Sommerfeuerung nötig, die sich allerdings in einfacher Weise mit Hilfe eines Lokalofens, Gasofens oder eines zweiten kleinen Hilfskessels erreichen läßt. Im allgemeinen sind daher solche Anlagen auf den Kleinbetrieb beschränkt. So kann man z. B. das Wasser einer Badewanne mittels einer Heizschlange, die in der Wanne selbst oder in einem Behälter liegt und der Heizanlage angeschlossen ist, erwärmen; oder, will man eine Warmwasserbereitung auch zur Sommerszeit haben, legt man die Schlange in einen Badeofen der ebenfalls durch Kohle, Koks, Holz oder Gas beheizt werden kann.

Bei allen diesen nicht zu umgehenden Erweiterungen in der Anlage erhält man den Vorteil, während der Heizperiode nur eine einzige Feuerstelle zu haben. Es ist jedoch dabei zu beachten, daß das Bedürfnis nach einem Bade im Sommer größer ist als im Winter (s. Abb. 94).

Im Gegensatz zu letzten Darlegungen hat man jedoch an anderen Plätzen auch wieder den Wunsch, warmes Wasser, etwa für Wasch- und Spülzwecke, hauptsächlich zur Winterszeit stets zur Verfügung zu haben. Derartige Verhältnisse finden sich z. B. in Gasthäusern und Pensionen. In solchem Falle kann die Zentralheizung auf kupferne Heizschlangen hinarbeiten, die sich in einem im Dachboden gelagerten Warmwasserbehälter oder in kleinen, auf den einzelnen Korridoren aufgestellten Zylindern untergebracht sind. Letztere Ausführung hat sich in verschiedenen Hotels zur vollen Zufriedenheit der Besitzer bewährt. Die senkrecht stehenden vernickelten Zylinder werden als Speicher- oder Durchlaufapparate von $\sim 100 \div 25$ l Inhalt ausgeführt und gereichen in ihrer ganzen Aufmachung den Räumen, Korridoren zur Zierde. Durch die Umgehung besonderer Rohrleitungen zeichnet sich dies System vor dem mit im Dachgeschoß liegenden zentralen Warmwasserbehälter aus (s. auch Abb. 21).

Bei großem Warmwasserverbrauch in Gebäuden, die eine Zentralheizung erhalten sollen, führt man die Anlage vielfach derart durch, daß man für den Winterbetrieb einen Mittel- oder Großkessel für Heizung und Warmwasserbereitung und zur warmen Jahreszeit für letztere allein einen freistehenden Kleinkessel betreibt. Sind beide Kessel in einem Raume untergebracht, so ist ein nennenswerter Vorteil aus der Verbindung der Heizungsanlage mit dem Warmwasserbereitungssystem nicht zu gewinnen. Allein die Bedienung einer einzigen Feuerung statt zweier kann nicht ausschlaggebend sein. An Rohrleitung wird nicht gespart. Der Kleinkessel bedarf so wie so eines besonderen Steigrohrs, da die für gemeinschaftlichen Betrieb bestimmte Steigleitung des Großkessels einen zu ungünstig großen Querschnitt für den Alleinbetrieb der Warmwasserbereitungsanlage besitzen wird. Eine Verbindung des Großkessels mit dem Steigrohre des Kleinkessels ist in jedem Falle zu empfehlen, um die Warmwasserbereitung gleich an der Zentralstelle von der Heizungsanlage unabhängig zu machen. Günstiger liegen die Verhältnisse, sobald der Kleinkessel in unmittelbarer Nähe des Warmwasserbehälters oder inmitten des Bereiches der Zapfstellen aufgestellt werden kann.

Als Heizsysteme können die Dampf- und Wasserheizungen, am besten deren Niederdrucksysteme, ausgenutzt werden. Die Warmwasserbereitung kann damit direkt oder indirekt erfolgen. Letztere ist meist vorzuziehen, bei kesselsteinhaltigem Wasser sogar ohne weiteres bedingt. Vielfach wird jetzt die indirekte Erwärmung des Badewassers in einem Zirkulationsofen mittels der so beliebt gewordenen Etagenheizung, für welche die Niederdruck-Warmwasserheizung mit Schnellumlauf zur Verwendung kommt, vorgenommen. Die generelle Regelung der Warmwasserheizung ermöglicht es ja, das Gebrauchswasser der Warmwasserbereitungsanlage zur Sommerszeit durch ein niedriger temperiertes Heizwasser zu erwärmen, als es sonst die Heizungsanlage bedingt. Erfolgt die Warmwasserbereitung stets von der Zentralstelle der Heizungsanlage aus, so ist, um zur Sommerszeit nicht zu erhebliche

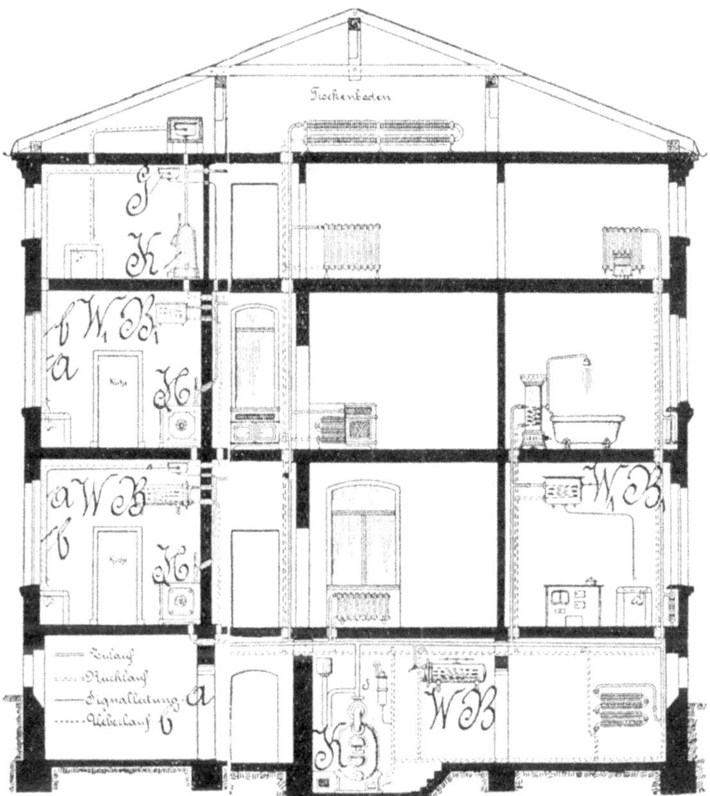

Abb. 88.

Erwärmung der Räume durch die Transmission der Leitungsrohre zu haben, vorauszusetzen, daß die Zapfstellen möglichst nahe der Zentralstelle liegen und die Leitungsrohre vorzüglich isoliert sind.

Die Anlage Abb. 88 zeigt Etagen-Warmwasserheizungen, von denen die Kessel des Erdgeschosses und I. Stockes im Küchenherd *H* eingebaut sind. Das warme Wasser wird dem Boiler *WB* und dem offenen Behälter W_1B_1 entnommen. Für letzteres System ist das Ausdehnungsgefäß *G* zur Erreichung einer genügenden Druckhöhe in den II. Stock gelegt. Die Signalleitungen *a* und die Überläufe *b* münden in den Abflußtrichter der Küche. Die Zu- und Ableitungen des Verbrauchswassers sind in bekannter Weise von *WB* und W_1B_1 abzunehmen. Die rechte Seite stellt die Verbindung einer Niederdruckdampfheizung mit einem geschlossenen (*WB*) und einem offenen (W_1B_1) Warmwasserbehälter und mit einem Badeofen dar, welch letzterer auch durch Gas beheizt werden kann.

Das Ausdehnungsgefäß dient bei der Niederdruck-Warmwasserheizung zugleich als Speisegefäß und kann daher mit einem Schwimmkugel-Abschlußorgan ausgerüstet werden.

Die Fülleitung muß mit der Rückleitung kurz vor Eintritt derselben in den Kessel verbunden werden, damit keine umgekehrte, falsche Wasserzirkulation eintritt. Besonders ist bei direkter Warmwasserentnahme aus der Heizungsleitung, die jedoch nur eine ausnahmsweise sein soll, in erster Linie auf Einhaltung einer richtigen Wasserzirkulation Obacht zu geben. Das kalte Füllwasser muß stets saugend auf die Rückleitung wirken. Für Fernanlagen sind Heizung und Warmwasserversorgung in sich voneinander zu trennen; wohl können beide von einer gemeinschaftlichen Zentralstelle aus betrieben werden, welche eine Hochdruck-, Niederdruckdampf-, Warmwasser- oder Heißwasseranlage sein kann. Soll die Fern-Zentralstation auch, wie meist, Kraft- und Lichtzwecken dienen, so käme dann nur der Dampf als Wärmequelle in Betracht (siehe auch Abb. 24).

Umgekehrt liegt ferner die Möglichkeit vor, eine Warmwasserleitungsanlage zur Raumheizung mitbenutzen zu können. Natürlich muß dazu die Warmwassererzeugung ausreichend sein. Wird ein Raumheizkörper eingeschaltet, so ist er im Nebenschluß mit einer Umlaufleitung zu versehen, um ihn ohne Hemmung der Wasserzirkulation ausschalten zu können. Sehr praktisch hat es sich erwiesen, den Heizkörper des Baderaumes eines Wohnhauses nicht an die Zentralheizung, sondern an die Gebrauchsleitung der Warmwasserbereitung anzuschließen. Man erhält dadurch den Vorteil, daß auch an kälteren Sommertagen, wenn gebadet werden soll und die Heizung außer Betrieb steht, die Baderaumluft auf genügende Temperatur ($\sim 25^0$) erwärmt werden kann. Man hat aber eine besondere Rückleitung vom Raumheizkörper zum Warmwasserkessel zu verlegen. Eine Erhöhung der Anlagekosten, selbst bei längerer Leitung, wird durch den Gewinn, den Baderaum zu jeder Jahreszeit erwärmen zu können, vollkommen aufgehoben.

In größeren Anlagen, Badeanstalten, können ebenfalls Raumheizkörper ohne Bedenken angeschlossen werden, da das Wärmeerfordernis durch die Heizung kein bedeutendes sein wird, und da das Badebedürfnis während der kälteren Jahreszeit, wenn die Heizkörper zu arbeiten haben, kein so großes ist. Trotz alledem empfiehlt es sich, bei derartigen Großanlagen den Heizeffekt der Raumheizkörper mit in Rechnung zu stellen.

Einen günstigen Ausweg für Großraum-Warmwasserbereiter hat die Ideal App.Ges. Kiel in ihrem Hansakessel gefunden, indem derselbe nach Abb. 89 mit einer Mantelheizung zum Anschluß an einen Heizungskessel während der Winterszeit und mit einem besonderen Feuerbuchs-

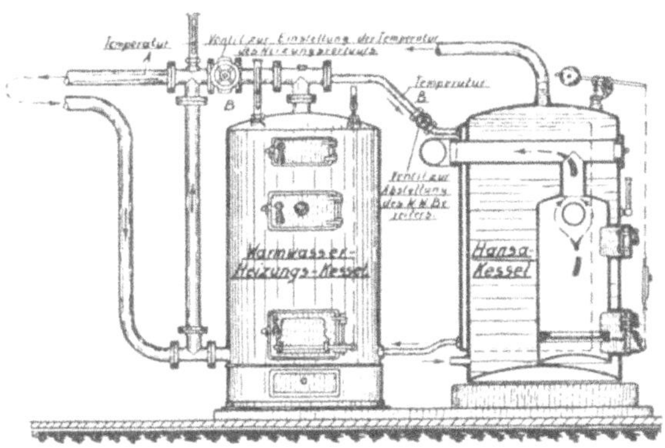

Abb. 89.

raum für die Sommerszeit ausgerüstet ist. Die Anordnung kann auch unter Fortlassung des Heizungskessels umgekehrt, z. B. in Badeanstalten, in denen nur geringe Heizkörperanschlüsse vorliegen, so getroffen werden, daß der Hansakessel ständig seine Feuerung in Betrieb hat und den Wärmebedarf der Raumheizkörper durch die Mantelheizung deckt. Bei 560 ÷ 1200 mm Durchm. und 1300 ÷ 2000 mm Höhe beträgt der Nutzinhalt dieses Kessels 250 ÷ 2250 l bzw. seine Leistung 650 ÷ 3500 l pro h bei 30° Temperaturerhöhung. Der gleiche Zweck wird mit den Boilerkesseln (s. S. 124) erreicht.

c) Die Kraftanlagen.

Die Wärmequellen, welche bestehenden Kraftanlagen für eine Warmwasserbereitung entnommen werden können, liegen einmal in der Kraftstation selbst und deren Frischkraftprodukten und dann in den von den Maschinen abgestoßenen Abprodukten. Hierfür kommen naturlich nur die Wärmekraftmotoren wie Dampfmaschine, Dampfturbine, Gasmotor, Kleinmotor, ferner Pumpe usw. in Frage.

Die Kraftmittel-Entwickler dieser Maschinen sind entweder die Dampfkesselanlagen mit ihren Feuerungen oder die Gas-Generatoranlagen. Hiervon wären die Dampfkesselfeuerungen für vorliegenden Zweck ausnutzbar. Fur einen Großbetrieb kann es zweckmäßig sein, die Dampfkesselfeuerung gleich für unmittelbare Warmwasserbereitung durch Einbau von Vorwärmern in die Heizzüge auszunutzen. Das auf diese Weise erzeugte Wasser wird aber wohl fast ausschließlich als Speisewasser der Kessel Verwendung finden.

Die **Frischkraftprodukte** dieser Stationen sind der Frischdampf und das Generatorgas, die sich ohne weiteres für Warmwasserbereitungszwecke verwerten lassen; in welcher Weise und in welchem Umfange ist oben hinreichend in Wort und Bild gezeigt. Man hat hier nicht nötig, den etwa durch die Kraftmaschine bedingten Hochdruckdampf wie bei den Heizanlagen in seiner Spannung auf 3 ata und weniger herabzudrücken; es bestehen ja Systeme genug, welche hochgespannten Dampf zur Warmwasserbereitung verwenden lassen, vorausgesetzt, daß die Verwertung des warmen Wassers es gestattet.

Ein besonderes Interesse ist zwecks Warmwasserbereitung den **Abprodukten** der Kraftmaschinen entgegenzubringen, wie sich selbige als Abdampf, Abgase, Kondenswasser und Kühlwasser vorfinden und die schon oben unter »Heizmittel« entsprechende Erwähnung gefunden haben.

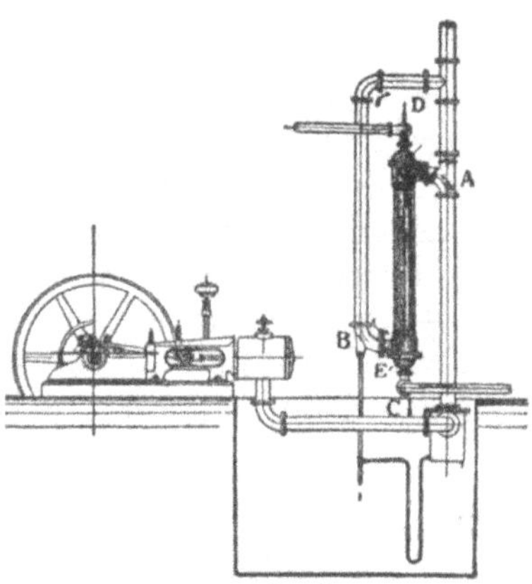

Abb. 90.

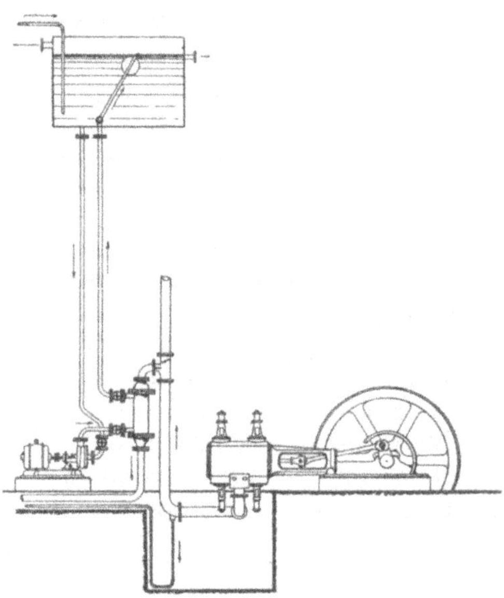

Abb. 91.

Weitere Anlagen dieser Art werden weiter unten noch hinreichend beleuchtet werden.

Die Konstruktion selbst und die Freizügigkeit in der Montage gestatten die Anordnung der Gegenstromapparate, die als Warmwasserbereiter dieses Gebiet beherrschen, an stehenden und liegenden Maschinen mit Auspuff und Kondensation.

Eine normale Anordnung mit stehendem Schaffstaedt-Gegenstromapparat an liegender Auspuffmaschine gibt Abb. 90 an; darin ist A = Dampfeintritt, B = Dampfaustritt, C = Kaltwassereintritt, D = Warmwasseraustritt. In Abb. 91 ist der Wassererwärmer mittels einer Vor- und Rücklaufleitung mit dem offenen Warmwasserbehälter verbunden; eine Umwälzpumpe wälzt das Warmwasser in dem ausgedehnteren Rohrnetz um. In Abb. 92 ist der Gegenstromapparat *A* in Zwischenschaltung zwischen der Kondensationsmaschine *M* und dem Kondensator *C* vorgesehen.

Ist das Wasser in eigener Wasserversorgungsanlage durch eine Dampfpumpe zu heben, so läßt sich durch Einbau eines Gegenstromapparates in die Druckleitung der Pumpe die ganze Wärme des zum Betriebe der Pumpe aufgewendeten Dampfes in dessen Abdampf fast restlos zurückgewinnen und der Pumpenbetrieb beinahe kostenlos gestalten. Der Anwärmer kann stehend oder liegend entweder direkt an den Druckstutzen der Pumpe angeschlossen oder an beliebiger Stelle der Druckleitung eingebaut werden. Die Anschaffungskosten solcher Anlagen machen sich in kurzer Zeit bezahlt.

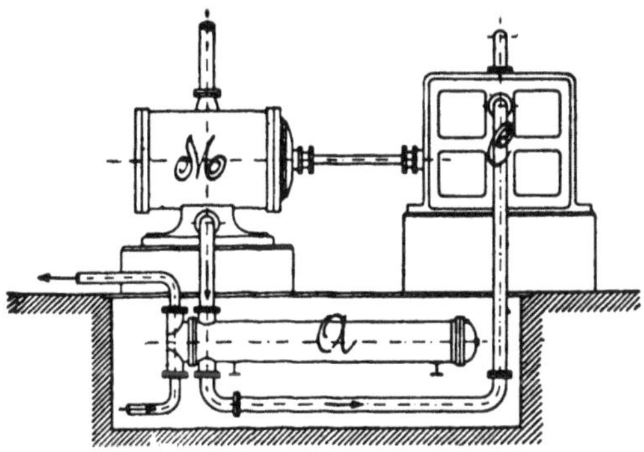

Abb. 92.

Betreffs der Verwendungsfähigkeit des Kühlwassers, Kondenswassers und der Abgase zur Warmwasserbereitung sei ebenfalls auf obige Abschnitte »II. Heizmittel« und »IV. Systeme« verwiesen.

B. Die besonders eingerichtete und für sich bestehende Wärmequelle, die Extrafeuerung.

a) Die Öfen für feste, flüssige Rrennstoffe, Dampf oder Warmwasser.

Die Öfen für feste Brennstoffe, wie Holz, Braunkohle oder Steinkohle, kommen fast ausschließlich nur als Badeöfen in Betracht. Es sind dies die bekannten stehenden Zylinder aus Stahl-, Zink- oder Kupferblech, durch deren Wasserraum ein Rauchrohr führt, das den Abzug für den in dem gußeisernen Fuße liegenden Feuerraum bildet. Der Vaillant-Ofen Abb. 93 besitzt zur Leistungserhöhung im Rauchrohr

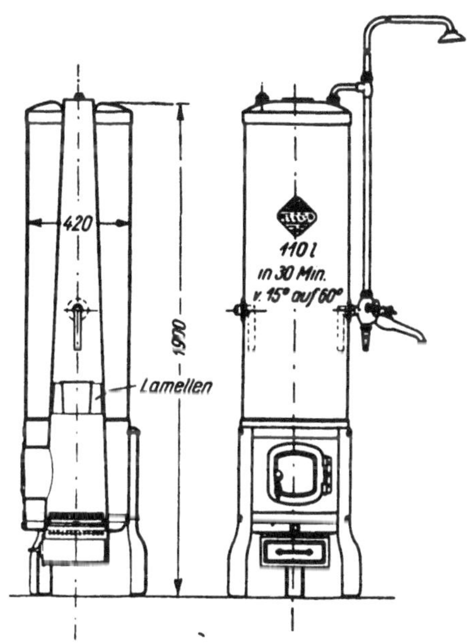

Abb. 93.

einen Lamelleneinsatz, ähnlich dem der Gasöfen; leichtes Verrußen und schwere Reinigung sind Nachteile.

Tabelle 10.

Badeofen für Kohlen- und Holzfeuerung von Moosdorf & Hochhäusler, Berlin.

Gesamthöhe mit Untersatz	Wasserzylinder			Blechstärken in mm			
mm	Höhe mm	Durchm. mm	Inhalt l	Mantel	Oberboden	Unterboden	Flammrohr
				Kupfer			
1860	1480	310	100	0,65	0,70	0,80	0,75
1960	1580	330	120	0,65	0,70	0,80	0,75
				S.M. Stahl			
1870	1480	325	100	1	1	1	1

Besitzt ein Haus eine Zentralheizung, so erfolgt die Erwärmung des Badewassers, wenn nicht eine zentrale Warmwasserversorgung vorgezogen wird, während der Winterzeit am zweckmäßigsten vermittelst einer Heizschlange nach Abb. 94. Badeöfen einfachster Ausführung können auch mit Spiritus geheizt werden. Zu diesem Zwecke tritt an Stelle des Rostes eine Schale, die mit einer Anzahl senkrechter Luft-

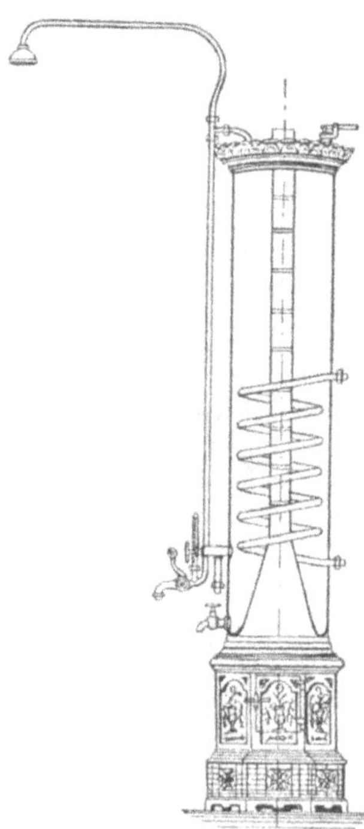

Abb. 94.

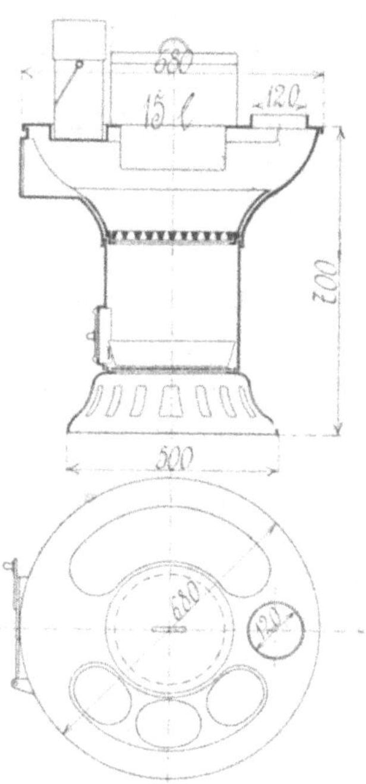

Abb. 95.

röhren durchsetzt ist. Man rechnet für ein Wannenbad 1÷1,5 l Spiritus.

Ein Ofen besonderer Art ist nach Abb. 95 der Militär-Kasemattenofen vom Eisenwerk Kaiserslautern, welcher in der Mitte der Herdplatte einen eisenverzinnten Wasserkessel von 15 l Inhalt besitzt, um den sich zur Aufnahme von Militärkochgeschirren entsprechende Vertiefungen befinden.

b) Die Kessel für feste Brennstoffe, Dampf oder Warmwasser.

Die Kessel, betrieben mit festen Brennstoffen, sind im großen und ganzen dieselben wie die für Zentralheizungen benutzten, wenn auch diese oder jene Konstruktion besonders für Warmwasserversorgungsanlagen vorgesehen ist. Kessel mit Schüttfeuerung nehmen auch hier den ersten Platz ein, um die Anlage von einem ständigen Heizer unabhängig zu machen.

Ihrer Gestaltung und Herstellung nach sind die Kessel Kasten-, Zylinder-(Rund-) und Röhrenkessel, freistehende und eingemauerte; ihrem Betriebe nach Niederdruck- und Hochdruckkessel und auf eine direkte oder indirekte Wassererwärmung hinwirkende. In letzterem Falle können sie also als Warmwasserkessel wie auch als Dampferzeuger benutzt werden. Eine Entscheidung zwischen mehreren Kesselbauarten ist nicht immer leicht zu treffen. Seit Bestehen der Gußeisenkessel in ihren Markenausführungen von Strebel, National und Buderus, mit oberem oder unterem Abbrand ist die Frage über die Wahl des Baustoffes, ob Gußeisen oder Schmiedeeisen, wohl die brennendste geworden. Für diese Beurteilung muß von vornherein Niederdruck, also bei Wasser eine Temperatur kleiner als 100°, bei Dampf eine Spannung kleiner als 1,5 ata vorausgesetzt werden. Bei Einhaltung dieses Grenzdruckes sind die Kessel auch konzessionsfrei und zum Aufstellen unter bewohnten Räumen zugelassen[1]).

Soweit diese Kessel ebenfalls der Zentralheizung dienen, muß auf diesbezügliche Ausführungen in der Heizungstechnik hingewiesen werden. Hier soll daher nachstehend nur das Erwähnung finden, was speziell für Warmwasserbereitungszwecke Bedeutung hat. Vor allem ist der Umstand für die Wahl eines Kessels ausschlaggebend, daß bei einer Heizungsanlage stets dasselbe (weiche) Wasser durch das System zirkuliert, während bei einer Warmwasserbereitung ein ständig neuer Wasserstrom durchfließt. Mithin spricht die Wasserbeschaffenheit (s. Wasserquelle) in allererster Linie mit. Rostbildungen sind hier bedeutungsloser als bei den Zentralheizungskesseln, die während der warmen Jahreszeit außer Betrieb stehen, wogegen die Ablagerung von Schlamm, Kesselstein und anderen Unreinigkeiten ernstere Gefahren

[1]) Für Dauerbetrieb sind die Kessel mit unterem Abbrand, für unterbrochenen Betrieb die mit oberem Abbrand geeigneter.

in sich trägt und zum Versetzen des Zirkulationsweges, zum Herbeiführen einer Zerstörung und zur erheblichen Verminderung der Wärmeleistung führen kann. Bei direkter Erwärmung des Gebrauchswassers im Kessel wird ein Gußkessel nur bei kesselsteinarmem Wasser am Platze sein. Soll trotzdem ein Gußkessel unter solchen Verhältnissen Verwendung finden, so erhält er zweckmäßig nach der Bauart der Gliederkessel einen wassergefüllten Boden, damit der abgesetzte Schlamm unterhalb der feuerberührten Heizfläche bleibt, die Wärmetransmission nicht hindert und die Gefahr des Durchbrennens der Kesselwandung verringert wird.

Aber nicht allein die Wasserbeschaffenheit ist ausschlaggebend für die Wahl des Kesselmaterials, sondern auch der im System herrschende Druck. Gerade bei Warmwasserbereitungen kann der Wasserdruck in der Anlage bei plötzlichem Schließen mehrerer Zapfstellen zu gleicher Zeit infolge der dann auftretenden Stöße und Wasserschläge auf ein Vielfaches (Vierfaches und mehr) steigen, wodurch die Festigkeit der Wandungen der Rohrleitungen, Behälter und Kessel außerordentlich leiden wird. Daß solchen Überspannungen das Schmiedeeisen eher als das Gußeisen widerstehen kann, bedarf keiner weiteren Erklärung, wenn auch der Baustoff der Gußgliederkessel, das vorzügliche Hämatiteisen selbst in der geringen Wandstärke von 3÷4 mm schon hohen Festigkeitsanforderungen zu genügen vermag.

Faßt man vorstehende Betrachtungen zusammen, so ersieht man, daß die direkte Wassererwärmung mit Kesselstein-, Kohlensäure- und freiem sauerstoffhaltigen Wasser in der Regel zu rechnen hat; ferner daß eine größere Widerstandsfähigkeit gegen die schädlichen Einwirkungen der im Wasser gelösten chemischen Bestandteile beim Gußeisen besteht, während das Schmiedeeisen größere Festigkeit gegen innere und äußere Druckbeanspruchungen besitzt. Hieraus folgt weiter: Bei direkter Erwärmung ist ein Schmiedeeisenkessel vorzuziehen, in anderen Fällen bietet der Guß-Gliederkessel infolge seiner Bauart in der Regel größere Vorteile.

Bei mittlerer Erwärmung des Gebrauchswassers können Dampf, Heißwasser oder Warmwasser als Heizmittel zur Verwendung kommen. Damit erhält man Dampfkessel und Wasserkessel. In vielen Fällen wird aber der Faktor für die Wahl zwischen Dampf- und Wasserkessel ausschlaggebend sein, ob Dampf etwa noch für andere Zwecke benötigt wird. In mittleren Anlagen der Wohngebäude, Badeanstalten (bis zu ∼ 30 Wannen) wird sich der Dampfkessel der Raumheizung während der Heizperiode zur Warmwasserbereitung mit ausnutzen lassen. Für den Sommerbetrieb muß dann ein besonderer kleinerer Warmwasserkessel, etwa Rundkessel, aufgestellt werden.

Ist dabei das Wasser in einem Behälter indirekt zu erwärmen, so erhält zweckmäßig jeder Kessel seine Heizschlange im Behälter, so daß man zwei vollkommen getrennte Systeme hat, die eine gewisse Vereinigung in dem gemeinsamen Behälter finden. Bei solcher Anlage stellen sich die Anlagekosten für einen Wasserkessel mit Ausdehnungsgefäß und für eine zweite Heizschlange im Behälter zum Anschluß an den Heizungskessel nicht höher als für einen besonderen Niederdruckdampfkessel entsprechender Größe mit den erforderlichen Armaturen. Außerdem ist die Bedienung des Wasserkessels weit einfacher als beim Dampfkessel. Bei ersterem ist einzig und allein auf die Wassertemperatur zu achten, während beim Dampfkessel Druck und Wasserstand im Auge zu behalten sind. Dieser Umstand spricht dort mit, wo das Personal ohnehin schon mit anderen Arbeiten zeitweise überhäuft ist (Badeanstalten). Die Einrichtungen für zwei verschiedenartige Wärmeträger, wie Warmwasser und Dampf, machen dagegen die Durchführung des Betriebes für Laien nicht bequemer und klarer. Wird besonders hoher Druck im Heizmittel nicht gefordert und Dampf für andere Zwecke nicht benötigt, so ist für Hausanlagen der Warmwasserkessel dem Dampfkessel vorzuziehen, selbst auf Kosten höheren Anlagekapitals; eine gedrängtere Konstruktion ergibt dagegen der letztere.

Für größere Anlagen in Anstalten, Fabriken usw. haben sich auch die Warmwasser-Röhrenkessel gut bewährt, jedoch sind dort ebenfalls die Dampfkessel mit indirekter Erwärmung im Gebrauch, wenn Dampf zu Wasch-, Koch-, Desinfektions-, Trocken- und allen anderen Zwecken benötigt wird. Außer diesen Bauarten finden für sehr große und Fernanlagen schließlich noch die im Kraftbetrieb gebräuchlichen Flammrohr- und Röhrenkessel Verwendung, deren weitere Betrachtung sich für diese Abhandlung erübrigt.

Für gewöhnlich sucht man zur Vereinfachung der ganzen Anlage mit dem freistehenden Kessel auszukommen, obgleich die Einmauerung einen wirksamen Wärmeschutz ergibt. Eingemauerte Niederdruckkessel finden sich eigentlich nur als Herdkessel.

Schließlich kann für die Wahl einer Kesselbauart noch die Brennstofffrage von Bedeutung sein. Hierauf braucht aber nicht des Näheren eingegangen werden, denn dafür sind dieselben Gründe und Voraussetzungen wie für Heizungskessel maßgebend. Man hat heutzutage mit allen Brennstoffarten zu rechnen und diesen durch geeignete Wahl von Kessel und Feuerung auch Rechnung zu tragen.

Die für Warmwasserbereitungszwecke besonders gebauten Kessel finden sich vorzugsweise als schmiedeeiserne Feuerbuchskessel oder als Kessel mit großem Feuerraume und großem Wasserinhalt. Hiermit erhält man die Vorteile großer Kontaktheizfläche bei gedrängter Konstruktion, der Verwendungsmöglichkeit auch geringwertiger Brennstoffe und großer Warmwasseraufspeicherung, gegebenenfalls unter Umgehung eines Warmwasserbehälters. Aus diesen einfachen kleineren Bauarten, die in Form und Bedeutung dem gewöhnlichen Badeofen nahe kommen, sind dann die Boilerkessel entstanden, bei denen Kessel und Warmwasserbehälter (Boiler) zu einem Ganzen verbunden sind. Der Boiler hängt meist in einem Bade eines Heizwassers, das durch die Feuergase erhitzt wird und einer Raumheizung als Wärmeträger dient. Derartige Ausführungen eignen sich also in erster Linie zur schnellen Erzeugung großer Wassermengen für Warmwasserversorgungs- und Raumheizungszwecke, also in Badeanstalten, Krankenhäusern und dort, wo hartes Gebrauchswasser zur Verfü-

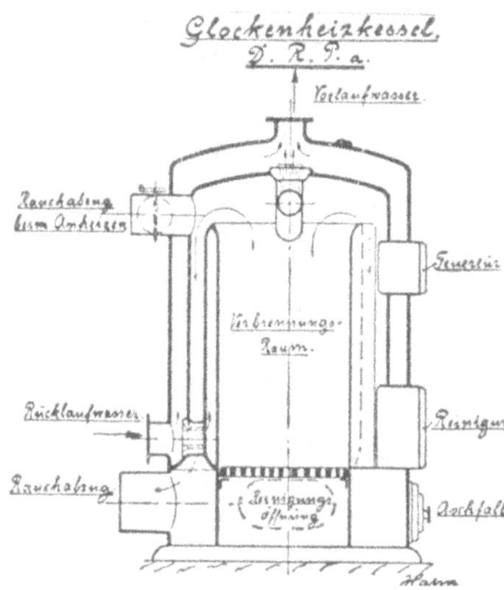

Abb. 96.

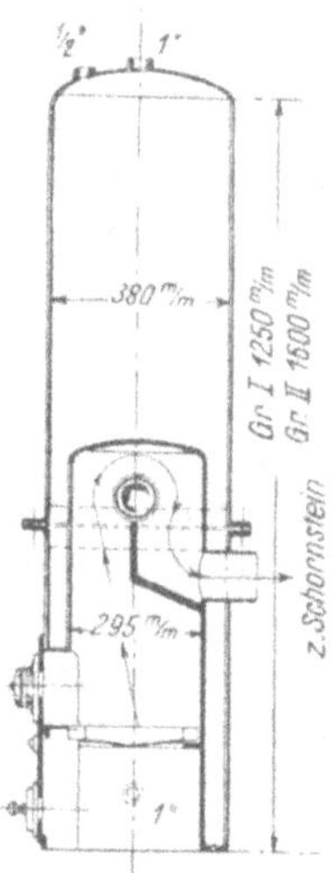

Abb. 97.

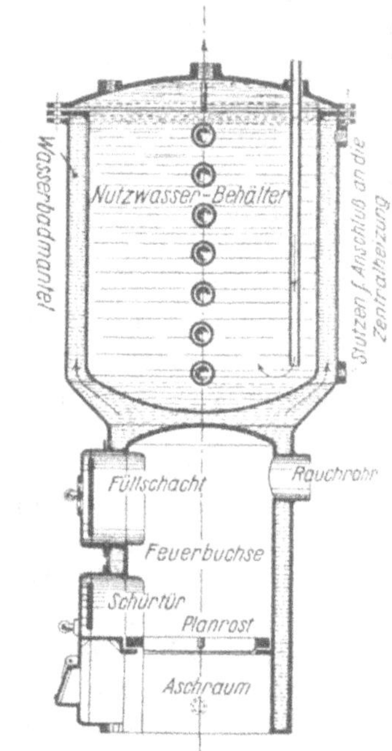

Abb. 98.

gung steht. Die größten Bauarten dieser Gattung sind dann schließlich die Großwasserraumkessel mit großer Warmwasseraufspeicherung, die meist als stehende Feuerbuchs-Röhrenkessel ausgeführt werden und in das Gebiet der Warmwasseraufspeicherung hineinreichen, sobald Abfallwärme in Betracht kommt. Mit Ausnahme dieser letzteren Großkessel werden fast alle schmiedeeisernen Kessel jetzt geschweißt. Bei den Boilerkesseln liegt indirekte Erwärmung des Nutzwassers vor.

Ein neuer schmiedeeiserner, geschweißter Feuerbuchskessel ohne Warmwasseraufspeicherung ist der Glockenkessel von Hahn, Kiel, mit 1,0÷6,0 m² Heizfläche, nach Abb. 96 und mit kleinerer Aufspeicherung der Boilerkessel der Berlin-Fürstenberger App.bau-Ges. nach Abb. 97. Größere Bauarten derselben Firma zeigen die Herkules-Boilerkessel nach Abb. 98 und 99, von denen letzterer mit ausziehbarer Feuerbüchse ausgerüstet ist. Hierher gehören weiter der Holsatia-Kessel der Ideal-

Heißw.-App.bau Ges., Kiel, Abb. 100, 101 und die Roland-Kessel von Löwenstein, Berlin (s. auch Abb. 3). Der Roland-Verbundkessel Abb. 102 drückt so recht die Eigenschaft dieser Kessel als Boilerkessel aus. Das Wasser des Heizungskessels steigt gerade hoch und muß, durch die

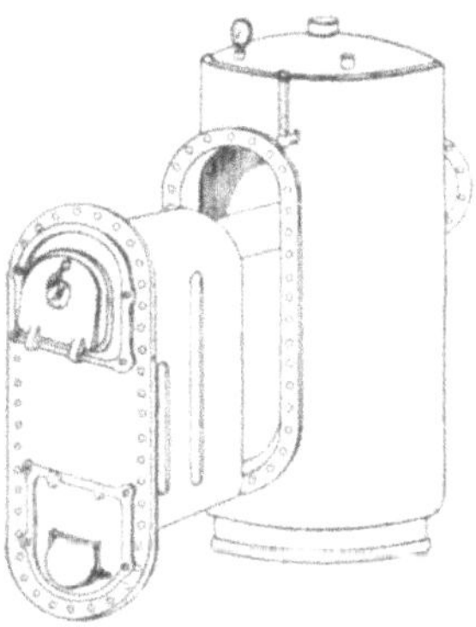

Abb. 99.

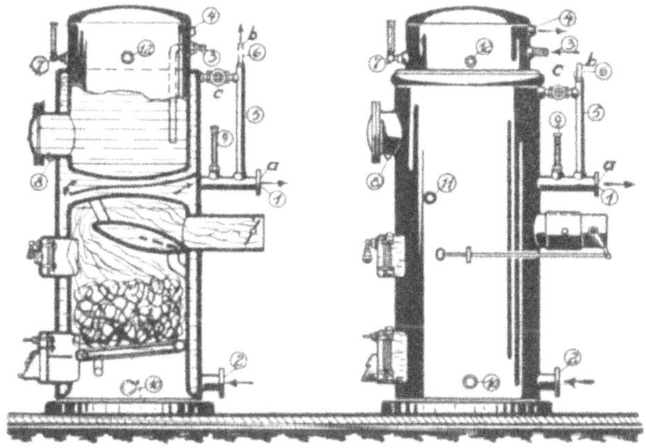

Abb. 100.

beiden ringförmigen Trennstreifen im Mantel des Boilers gezwungen, diesen voll umspülen, bevor es durch die beiden Umlaufrohre zum Heizkessel zurückströmt.

Tabelle 11a.

Fürstenberger Boilerkessel.

Kesselbauart nach	Nutzwasserinhalt l	Heizfläche Kessel- m²	Heizfläche Boiler- m²	Leistung kcal	Höhe mm	Durchmesser Oberkessel mm	Durchmesser Unterkessel mm	Rauchrohrdurchmesser mm	Gewicht kg
Abb. 97 (für Wohnhäuser)	100	0,40	—	6 000	1250	380		100	—
	150	0,50	—	7 500	1600	380		100	—
Abb. 98 (für Warmwasserbereit. u. Heizung)	200	0,70	1,50	12 000	1650	700	500	100	335
	350	1,25	2,40	20 000	2000	800	600	125	465
	500	1,60	2,75	25 600	2100	900	750	150	550
Abb. 99 (für Wohnhäuser, Krankenhäuser, Fabriken, Kasernen, Schulen usw.)	850	2,75	—	50 000	1950	950		125	750
	1000	3,50	—	63 000	1750	1100		150	900
	1250	2,75	—	50 000	1750	1250		125	850
	1600	3,50	—	63 000	2000	1250		150	950
	1600	3,75	—	67 060	2000	1250		150	1000
	2000	4,10	—	74 000	2500	1250		175	1150
	2250	4,50	—	81 000	2100	1500		175	1250
	2500	5,20	—	93 500	2350	1500		175	1325
	3000	5,35	—	96 500	2550	1500		175	1500

Tabelle 11b.

Löwenstein Boilerkessel.

	Nutzwasserinhalt	Wannenzahl	Heizfläche Kessel-	Heizfläche Mantel-	Koksfassung	Höhe	Durchmesser, bei Abb. 102 Breite	Rauchrohrdurchmesser	Gewicht (mit Mantel)
	l		m²	m²	l	mm	mm	mm	kg
Badekessel ohne und mit Heizmantel (für Winterbetrieb)	100	1	0,4	—	15	1150	400	100	125
	200	2	0,7	0,8	30	1500	500	100	250
	350	3	1,1	1,4	65	1800	600	125	325
	500	4	1,5	1,5	100	1675	750	150	425
	750	7	1,5	2,6	100	1700	950	150	600
	1000	10	1,5	3,7	100	2025	950	150	700
Badekessel (noch je 2 Nr. dazwischen)	1350	13	1,6	—	110	1850	1250	150	950
	2000	20	2,4	—	170	2300	1250	150	1100
	3000	35	3,6	—	210	2300	1500	175	1450
Verbundkessel Abb. 102	200	—	0,7	1,4	35	1600	1100	100	365
	350	—	1,1	2,0	60	1850	1125	125	480
	500	—	1,5	2,3	100	1950	1150	150	580
	800	—	2,0	3,5	150	2000	1750	150	720
	1100	—	2,9	4,2	115	2250	1825	175	1150
	1500	—	3,5	5,3	115	2500	2125	175	1250

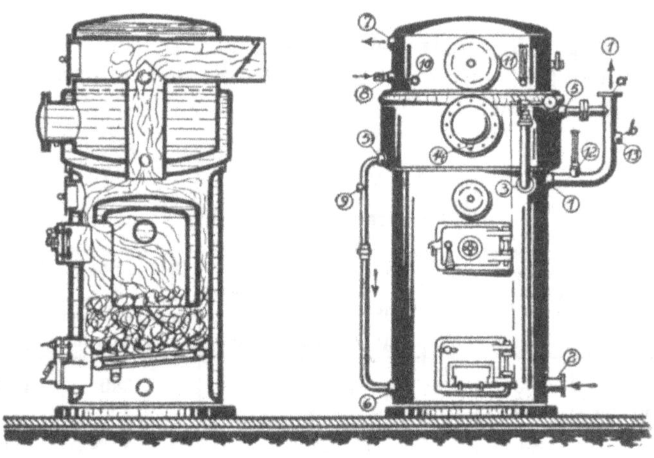

Abb. 101.

Für große Leistungen finden ferner die stehenden Heizröhren- und Heizrohrkessel Anwendung. Abb. 103 zeigt einen stehenden Heizröhrenkessel von Warns-Gaye & Block, Hamburg, mit den Grenzleistungen der 11 Größen nach Tab. 13. Heizrohrkessel besonders großer Leistungen enthält die Anlage Abb. 104 von Koch & Reitz, Hannover, die den Warmwasserbedarf von 10500 l zu 90° für eine Brauerei liefert. Jeder Kessel besitzt nach Abb. 105 im Innern weite befahrbare doppelwandige Rauchrohre. Da das System nur unter dem Druck eines Behälterwassers steht, ist es konzessions- und revisionsfrei. Die beiden Zwillingskessel Abb. 104 können zusammen oder für sich allein arbeiten. Wird bei schwächerer Belastung bzw. geringerem Warmwasserverbrauch nur ein Kessel unter Feuer gehalten, so kann der zweite als Warmwasserspeicher und Ekonomiser nachgeschaltet werden.

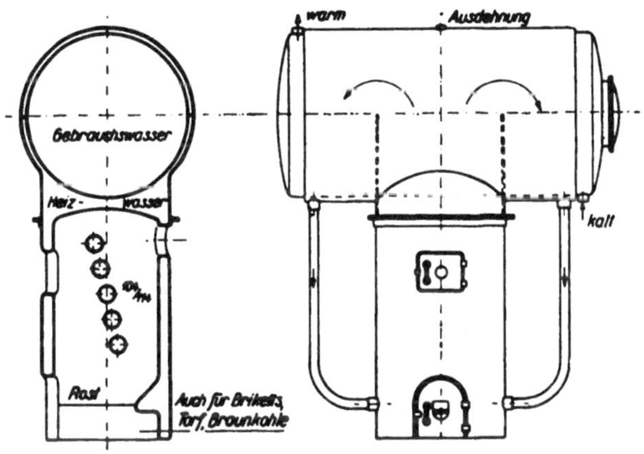

Abb. 102.

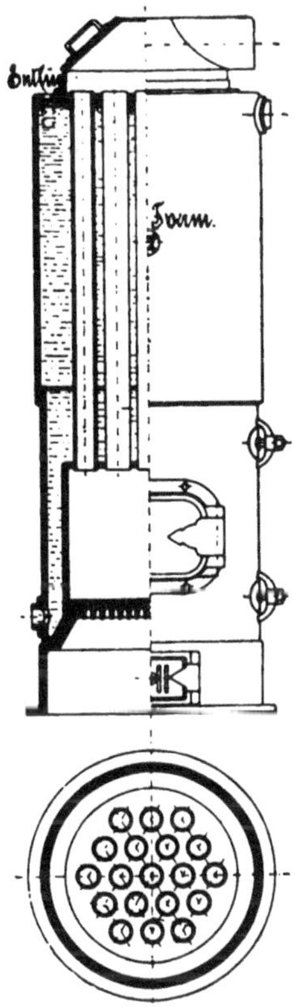

Abb. 103.

Tabelle 12.

Heizrohrkessel von Koch & Reitz (Abb. 105).

Inhalt m³	Abmessungen in mm			Stündl. Wassererwärmung von 10° auf 90° l
	Durchm.	Mantelhöhe	Gesamthöhe	
3,00	1300	3000	3400	1800
4,25	1300	3750	4200	2250
5,25	1400	4000	4500	2000
6,25	1500	4000	4500	3750
7,25	1600	4000	4600	4200
8,25	1500	5000	5600	4700
9,25	1600	5000	5650	5300

Als gußeiserne Kessel können die aus der Heizungstechnik her bekannten guten Modelle als Rund- und Gliederkessel Verwendung finden; jedoch möchte bei allen diesen Bauarten indirekte Wassererwärmung vorauszusetzen sein. Bei direkter Erwärmung muß der Gußeisenkessel nicht allein in den Feuerzügen, sondern auch in den

Tabelle 13.

Schmiedeeiserne Röhrenkessel von Warns-Gaye & Block. (Abb. 103.)

Wasserinhalt	l	170 bis 810 bis 1935
Heizfläche	m²	2,25 bis 10,75 bis 20,40
Stdl. Leistung bei Erwärmung um 30°		975 bis 4658 bis 8840
Maße in mm:		
Kesselmantel	Durchmesser	550 bis 900 bis 1250
	Höhe	1300 » 2100 » 2500
Feuerbuchse	Durchmesser	450 » 780 » 1100
	Höhe	650 » 750 » 850
Gesamthöhe		1820 » 2760 » 3350
Anzahl der Sioderöhren		11 » 31 » 50
Rauchrohranschluß		180 » 330 » 420
Gewicht in kg		390 bis 1275 bis 2220

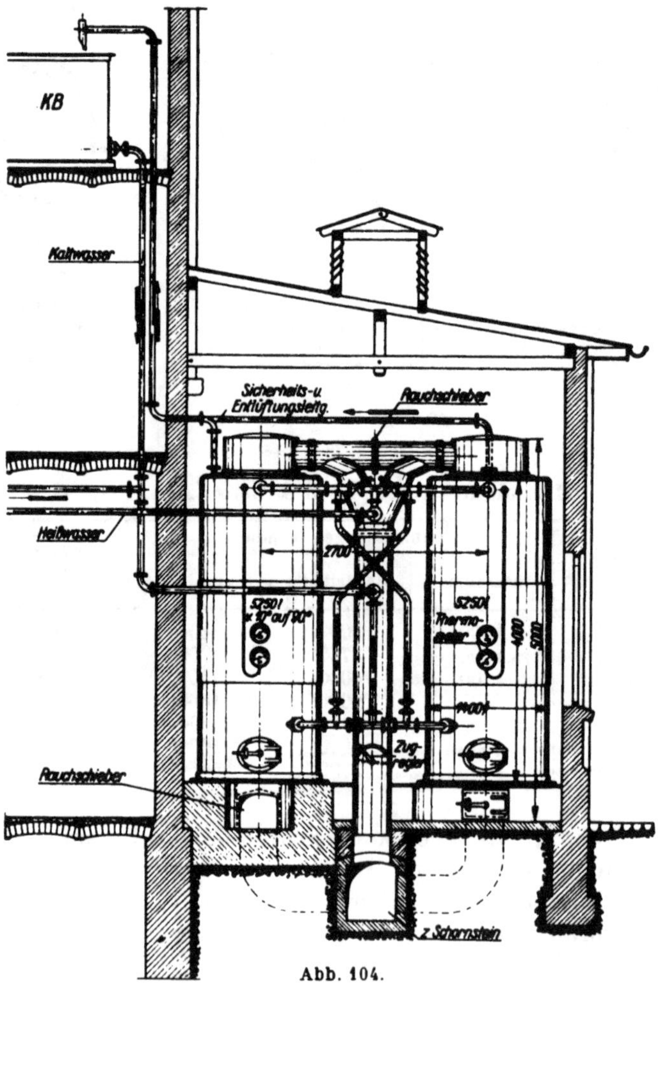

Abb. 104.

Wasserzügen leicht und einfach zu reinigen sein und, wenn ein Warmwasserbehälter nicht vorhanden ist, auch einen entsprechend großen Wasserraum erhalten. Es finden sich wohl einige Sonderbauarten mit wassergefülltem Boden und Schlammlöchern, ein hoher Wert ist ihnen aber nicht beizumessen.

Die kupfernen Kessel spielten in der ersten Zeit der Heiztechnik, damals als Kupfer noch in ausreichender Menge zu haben und billig war, eine große Rolle. Heutzutage verschwinden sie wegen des hohen Materialpreises immer mehr aus dem Handel. Sie werden jetzt nur noch für Sonderzwecke meist von Fall zu Fall hergestellt. Das Kupfer an sich ist ja sonst in Anbetracht seines großen Wärmeübertragungsvermögens, seiner

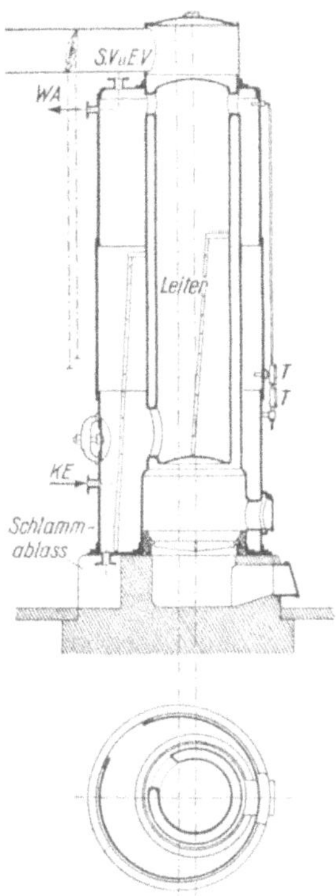

Abb. 105.

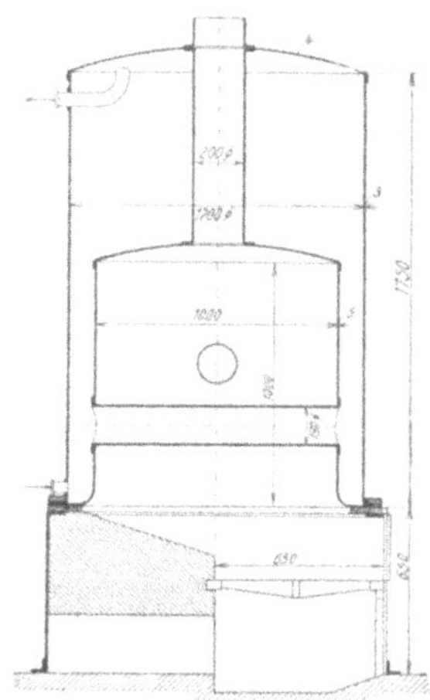

Abb. 106.

leichten Bearbeitungsmöglichkeit, geringen Korrosion und großen Ausdehnungsfähigkeit ein ganz vorzügliches Kesselmaterial. Dort, wo die Beschaffenheit des Wassers durch Eisen leidet und an seinem Charakter verliert, sind Kupferkessel nicht zu entbehren; so für die Erwärmung bzw. Nachwärmung von Thermal- und sonstigen Heilquellenwässern. Vielfach benutzt man dann einen ganz einfachen stehenden Kupferkessel mit Unterfeuerung. Zur Erhöhung der quantitativen Leistung werden derartige Kessel nach Abb. 106 als Querrohrkessel mit eisernem Untersatz gebaut. Eine vorsichtige Behandlung seitens des Heizers ist bei der Empfindlichkeit des Materials geboten.

Anschließend an diese Kesselbetrachtungen mag schon an dieser Stelle auf die neuesten Ministerialerlasse bezüglich der Sicherheits-, Umgehungsleitungen und Wechselventile hingewiesen sein, wie diese unter einem besonderen Punkte (Rohrleitung) eingehende Erwähnung finden. Die Warmwasserbereitungskessel sind danach genau wie die Heizungskessel zu behandeln; außerdem bestehen noch in einigen Großstädten baupolizeiliche Verordnungen über Warmwasserbereitungskessel.

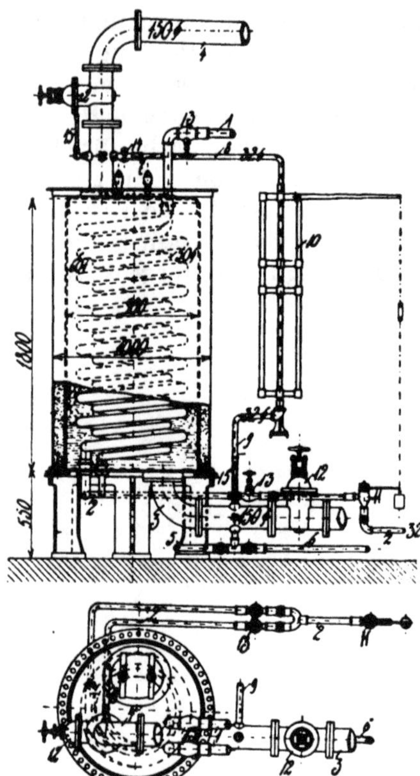

Abb. 107.

Die Kessel, betrieben mit Dampf oder Heizwasser, treten als solche nicht so stark in die Erscheinung, da sie den unmittelbaren Übergang vom Kessel zum Druckbehälter (Boiler) darstellen und die Grenze zwischen letzteren beiden nicht scharf zu ziehen ist. Eine Bedeutung haben sie als Kessel nur dann, wenn das Heizmittel, vor allem Hochdruckdampf und Abdampf, in genügender Menge zur Verfügung steht und das erzeugte weiche Warmwasser womöglich erst wieder in einem besonderen Warmwasserbehälter zur Aufspeicherung kommt. Man kann sie auch dann nur als Kessel ansprechen, wenn sie eine regelrechte Kessellagerung und vollständige Kesselarmatur erhalten. Es können unter solchen Voraussetzungen alle Gegenstromkessel (s. diese) hierher gerechnet werden. Einige Beispiele mögen folgen.

Der Dampfwarmwasserkessel Abb. 107[1]) wird bis zu 6 m² Schlangenheizfläche hergestellt, wobei in Anwendung von Hochdruckdampf bis zu 250000 kcal/h erzielt werden können. — Der liegende Niederdruckdampfkessel mit Röhrenbündel, das mit Hochdruckdampf beheizt wird,

[1]) In Abb. 107 bedeuten: *1* = Dampfleitung, *2* = Kondensleitung, *3* = Rücklaufleitung, *4* = Steigleitung, *5* = Entleerungsleitung, *6* = Fülleitung, *7* = Rückschlagleitung, *8* = Leitung zum Regler, *9* = Leitung vom Regler, *10* = Regler, *11* = Regulierventile, *12* = Absperrschieber, *13* = Absperrventile, *14* = Rückschlagventil, *15* = Thermometer.

Abb. 108[1]), ist z. B. als Zwischenstation in der Lungenheilanstalt Beelitz zur Anwendung gekommen, wo Hochdruckdampf in einer über 500 m entfernten Zentrale erzeugt wird.

Eine Großwasserraum-Hochleistungsanlage für Dampfbadeanstalten von Koch & Reitz, Hannover, zeigt Abb. 109. Hier dient als Heizmittel

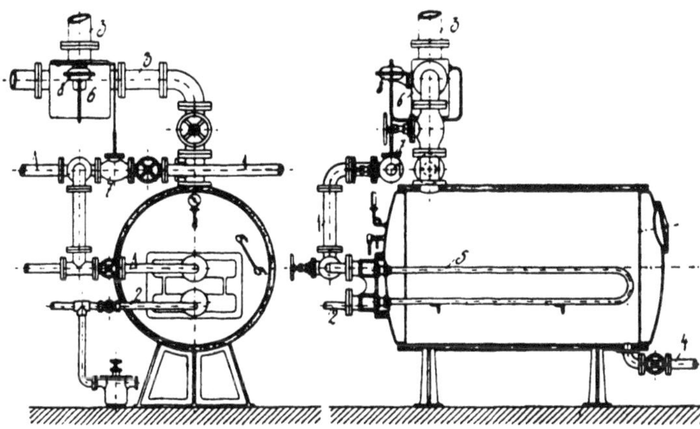

Abb. 108.

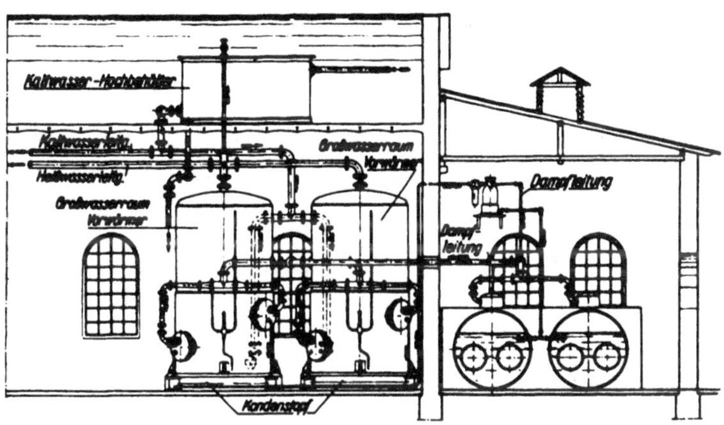

Abb. 109.

für die beiden Warmwasserbereiter Frischdampf, der für die Dampfbäder sowieso benötigt wird.

c) Die Gasöfen und die Kessel mit Gasfeuerung.

Die Gasheizung hat für die Warmwasserbereitung eine sehr große Bedeutung, da das Gas im Laufe der Jahre für kleinsten Haushalt wie

[1]) In Abb. 108 bedeuten: *1* = Hochdruckdampfleitung, *2* = Kondensleitung, *3* = Niederdruckdampfleitung, *4* = Speisewasserleitung, *5* = Röhrenbündel, *6* = Niederdruck-Wasserabscheider, *7*, *8* = Regler.

größte Betriebe ein zu selbstverständliches Heizmittel geworden ist. Erscheinen dem Konsumenten in der ersten Zeit der Benutzung die Betriebskosten im Vergleich zur Kohlenheizung auch reichlich hoch, so wird er jedoch bald den wahren Vorzug der Gasheizung herausfinden, vor allem den zu schätzen wissen, daß der Heizstoff genau bemessen und nach Verbrauch ratenweise, Monat für Monat, zu bezahlen ist. Als weitere Gegenwerte treten die bekannten Vorzüge der Gasheizung auf (s. S. 17).

Die gasgefeuerten Warmwasserbereiter vermögen allen Ansprüchen zu genügen, den kleinsten und bescheidensten, wie auch den anspruchvollsten und umfangreichsten Anforderungen. Hierfür stehen zur Verfügung: die Gasöfen, die Rost- und Füllschachtkessel mit Einsatzgasfeuerung und die regelrechten Gaskessel als Hochleistungskessel.

Die Gasöfen.

Die Gasöfen können in Wohnräumen Aufstellung finden. Sie bilden für die Allgemeinheit die wichtigste Gruppe, dafür ist aber auch die Zahl der Gasofenkonstruktionen eine sehr große. Eine klare, scharfe Unterscheidung und Einteilung läßt sich für jeden Ofen nicht immer leicht vornehmen. Zur Hauptsache hat man zwischen offenen und geschlossenen Öfen zu unterscheiden. Dieser Unterschied besteht darin, ob die Heizgase sich mit dem zu erwärmenden Nutzwasser vermischen oder nicht. Es muß daher diese Unterscheidung die wichtigste bleiben, da sie durch die Hygiene und die Betriebsverhältnisse bedingt ist.

Zur guten Ausnutzung der Gase und zur Erhöhung der Leistung gibt man Wasser und Gas alle möglichen Wege im Ofen, häufig aber nicht zum Vorteil. Absteigende und rückkehrende Heizzüge sind unzulässig. Die Markenmodelle, d. h. die Ofenbauarten guter Firmen, besitzen nur möglichst einfache und stets aufsteigend verlaufende Heizzüge. Aber auch richtig angeordnete Heizzüge, die die Wasserzirkulation, also den Effekt erhöhen, können unter Umständen die Lebensdauer des Ofens bedeutend verkürzen oder wenigstens zu unangenehmen Ausbesserungen Anlaß geben. Bestes Material (Kupfer) und sorgfältigste Herstellung müssen daher vorausgesetzt werden, die Anzahl der Lötstellen auf geringstes Maß beschränkt sein. Auf jeden Fall muß bei allen Gasöfen dem leichten und vollkommenen Ablaufen bzw. Abfangen des das Ofenmaterial stark angreifenden Schwitzwassers die größte Beachtung geschenkt werden. Aus diesem Grunde sind die Öfen mit Schwitzwasserrinnen zu versehen, deren Eisenbleche zu verbleien oder zu verzinken sind. Der lästigen Wasserabscheidung kann auch dadurch entgegengewirkt werden, daß man die Abgase mit möglichst hoher Temperatur von $\sim 150^0$ in das Abzugsrohr entweichen läßt.

Von hoher Bedeutung für die Gasofen sind weiterhin die Armaturen vor allem die Brenner, die Regler und der Gasabzug. Bei der Ausbildung dieser Armatur ist Rücksicht zu nehmen einmal auf Vermeidung von

Ausströmungen unverbrannter Gase und von Explosionen, dann auf Verhüten des Trockenbrennens und Abschmelzens. In welcher Weise solchen Übelständen wirksam entgegengetreten wird, darüber besagen des Näheren die späteren Betrachtungen über die Ofenausführungen. An dieser Stelle sollen zuvor einige wichtige Angaben über die Brenner und andere allgemeine Einrichtungen eingeschaltet werden, die im Gasofenbau eine wichtige Rolle spielen.

Als **Brenner** der Gasöfen stehen der Bunsenbrenner und der Leuchtbrenner zur Verfügung, die beide ihre besondere Eigenart haben. Der

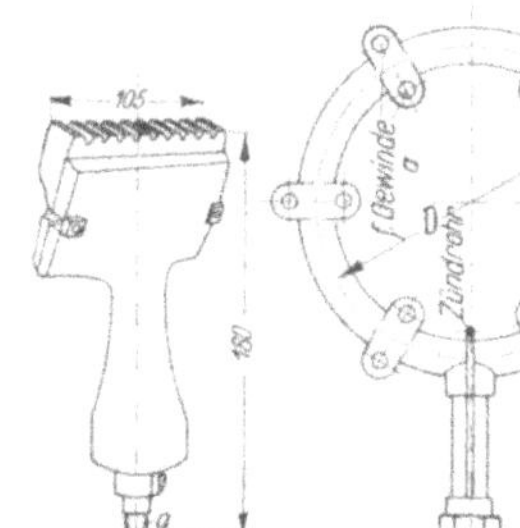

Brennerzahl	4	7	10	12	15	24	30
Gasverbr. m^3/h	2	3.5	5	6	7.5	12	16
Durchm. D mm	200	290	290	325	360	430	500

Abb. 110.

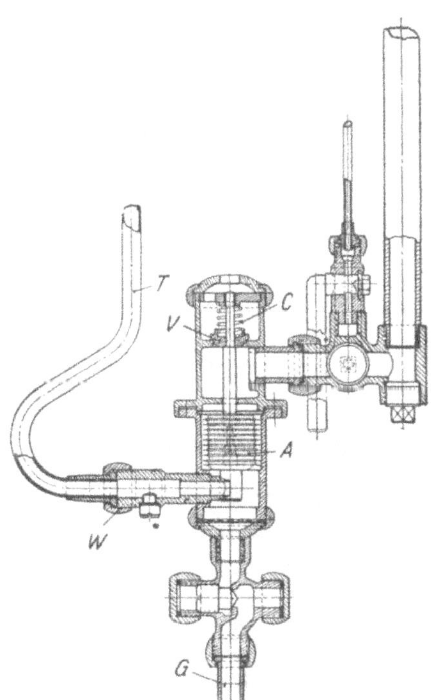

Abb. 111.

Leuchtbrenner neigt vor allem bei hohem Gasdruck leicht zum Rußen, der Bunsenbrenner ruft häufig ein Zurückschlagen der Flammen hervor. Die Vorzüge des Leuchtbrenners sind: Größere Zündsicherheit, geringe Abhängigkeit von Druckschwankungen des Gases, feinste Aufteilung des Gasstromes und damit günstige Verbrennung. Ferner ist die Gefahr der Bildung unverbrannten Gases, also der giftigen CO-Gase beim Leuchtbrenner vom Laien weit besser zu erkennen als beim entleuchteten Bunsenbrenner. Dieser Punkt ist besonders bei den automatisch wirkenden Gasöfen der Zentralanlagen, die nicht unter ständiger Beobachtung stehen, von großer Bedeutung, weshalb für diese der Bunsenbrenner vermieden werden sollte. Der Bunsenbrenner ist ferner empfindlich gegen Druckschwankungen und Heizwertveränderungen des Gases. Diese Eigenschaften sind von gewisser Wichtigkeit in Anbetracht der zur Jetztzeit stark schwankenden Gasgüte (reines Steinkohlengas, Mischgas veränderlicher Zusammensetzung). Nach allem diesem bevorzugt man daher heutzutage für Warmwasserbereiter meist den Leuchtbrenner. Einige Firmen sind dagegen beim Bunsenbrenner geblieben, den sie für vorliegenden Zweck rückschlagsicher durchkonstruiert haben (Abb. 110 Ruudbrenner). Für Kleingasöfen kann der Bunsenbrenner ohne weiteres und unbedenklich benutzt werden. An die Ausbildung der Öfen und deren Brenner, ganz gleichgültig, ob es sich um Bunsen- oder Leuchtbrenner handelt, ist jedoch die Forderung zu stellen, daß sich die Flamme vollkommen frei entwickeln kann und die zugehörige Regulierung zuverlässig, einwandfrei arbeitet.

Zur Verhütung explosiver Entzündungen und Erreichung eines gefahrlosen Betriebes wird in der Regel bei größeren Öfen eine Zündflamme angebracht, die zuerst zu entzünden ist, bevor die Gaszufuhr

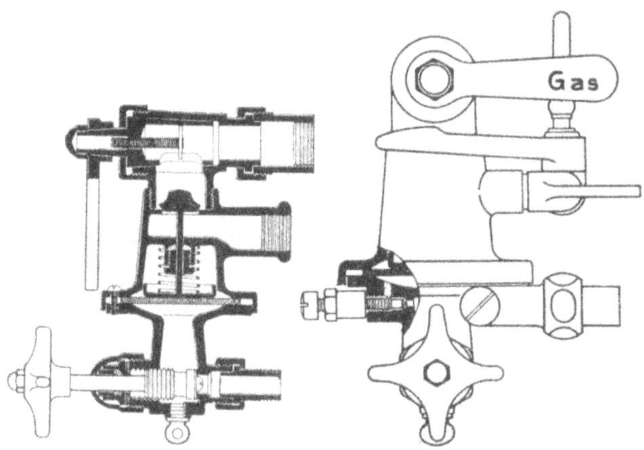

Abb. 112.

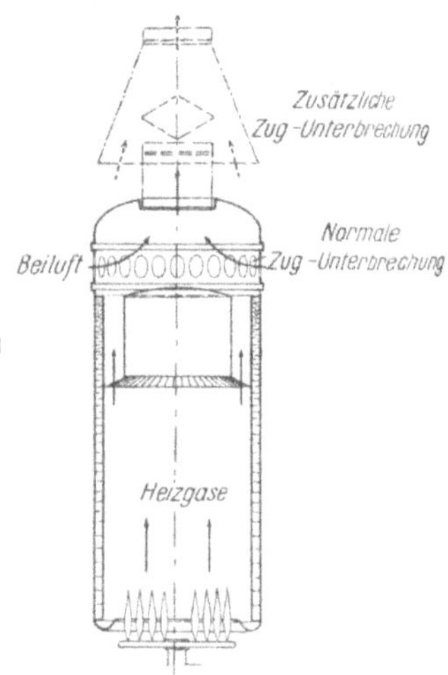

Abb. 113.

zum Hauptbrenner freigegeben wird. Die Einrichtung ist dabei so getroffen, daß sich der Hauptgashahn nicht eher öffnen läßt, als bis Zündflammen- und Wasserhahn geöffnet sind, und daß umgekehrt nach Gebrauch des Ofens zuerst der Gashahn und dann der Wasser- und Zündflammenhahn geschlossen werden können. Bei Automaten brennt die Zündflamme, deren Gasverbrauch ganz unbedeutend ist, dauernd. Diese Sicherheitszündflamme mit Zwillingsgriff sollte grundsätzlich für jeden Gasofen mit einem Gasverbrauch $> 2\ m^3/h$ gefordert werden, sie ist eine Sicherheit gegen Trockenbrennen und Abschmelzen und schützt bei Frost den Ofen vor Einfrieren.

Trotz alledem kann der Druck im Wasserrohrnetz nachlassen oder gänzlich versagen, besonders in hochgelegenen Geschossen. Um der hiermit verbundenen Gefahr einer Überhitzung der Ofenteile vorzubeugen, werden die Öfen mit einer Wassermangelsicherung[1]) versehen. Diese besitzt eine Federdose oder Membrane, die durch den Wasserdruck das Gasventil betätigt. Abb. 111 zeigt eine derartige Konstruktion der Askania-Werke Dessau. Das bei *G* eintretende Wasser drückt die Federdose *A* zusammen und hebt den Ventilteller *V*, wodurch dem Gase der Weg zum Brenner geöffnet wird; das Wasser gelangt durch Rohr *T* in den Gasofen. Wird die Wasserzufuhr durch irgendeinen Umstand unterbrochen, während das Gas brennt, so hört der Druck auf *A* auf, so daß *V* durch die Feder *C* auf den Sitz gedrückt wird und die Gaszufuhr abschließt.

Eine Ausführung mit Membrane ist die Sicherung von Vaillant-Remscheid nach Abb. 112. Darin ist der Kaltwasseranschluß unten, der

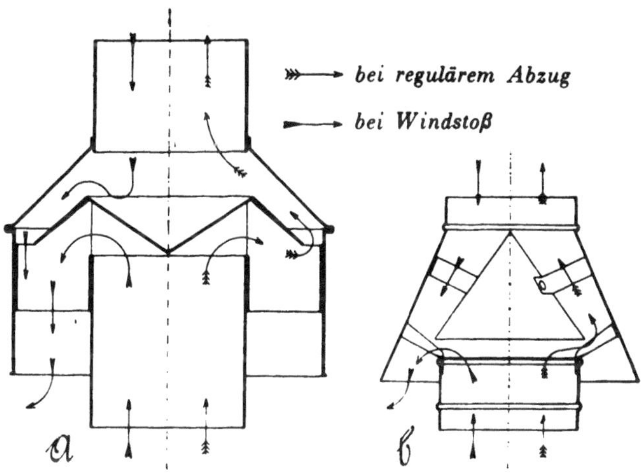

Abb. 114.

Gasanschluß in der Mitte und Gasanschluß zum Brenner oben, die Regulierschraube für Anschluß in der Mitte und Gasanschluß zum Brenner oben, die Regulierschraube für die Langsamzündung im rechten Bilde sichtbar.

Ein weiter wichtiger Faktor für ein gutes Arbeiten des Gasofens ist ein geregelter Abzug der Abgase[2]). Im Gegensatz zur Feuerung mit festen und flüssigen Brennstoffen übt der Schornstein auf den Gasofen keinen Einfluß auf dessen Verbrennungsvorgang aus, es muß vielmehr ein solcher zugverstärkender oder -stauender Einfluß vom Gasofen ferngehalten werden. Zugverstärkung wurde schädlichen Luft-

[1]) Technische Vorschriften für Bau und Betrieb von Reinwasserversorgungsanlagen für Grundstücke. DIN 1988, Entwurf.

[2]) Spaleck: »Abgase der Gasgeräte und ihre Abführung«. Das Gas- und Wasserfach. 70. Heft 23. 1927.

überschuß und Herabsetzung des Wirkungsgrades, Zugstauung, unvollkommene Verbrennung nach sich ziehen. Der Brenner selbst übernimmt injektorartig die Herbeiziehung des zur Verbrennung des Gases nötigen Sauerstoffes. Beim Gasofen hat der Schornstein lediglich die hygienische Aufgabe zu erfüllen, die Abgase einwandfrei abzuleiten. Die Abgase einer vollkommenen Verbrennung enthalten N, CO_2, Wasserdampf und überschüssige Luft, sind also nicht giftig und können nur Unwohlsein hervorrufen. Sobald jedoch unverbranntes CO-Gas in gewisser Menge hinzutritt, hat man es mit einem giftigen, sogar tödlichen Stoffe zu tun. Keine solche nachteilige Bedeutung haben die Abgase der Kleinöfen bis zu 2 m^3/h Gasverbrauch und bedürfen daher in normalen Räumen mit natürlicher Lüftung keines Abzugsrohres.

Um nun den Schornsteineinfluß auf die Verbrennung aufzuheben, erhalten die größeren Gasöfen eine normale Zugunterbrechung, indem im oberen Teil des Gasofenmantels schlitz- oder fensterartige Öffnungen nach Abb. 113 angebracht werden. Bei besonders ungünstigen Schornsteinverhältnissen, zu starkem Zuge, zu befürchtenden Rückströmungen im Schornstein ist noch eine zusätzliche Zugunterbrechung durch Einschaltung einer rückstausichernden Haube im

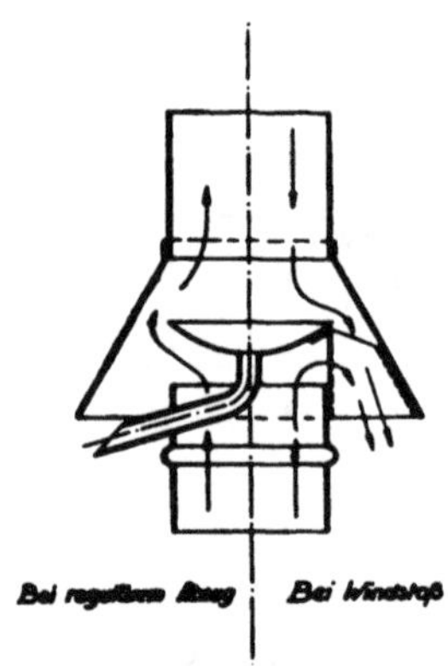

Abb. 115.

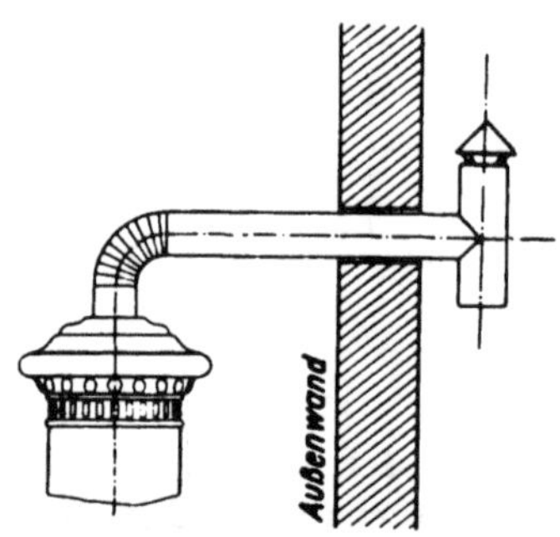

Abb. 116.

Abzugrohr kurz oberhalb des Ofens vorzusehen. Die Innenausrüstung solcher Haube ist konstruktiv verschiedenartig, im Prinzip stets dieselbe, wie die Abb. 114a und b, Abb. 115 und Abb. 113 angeben.

Das Ofenabzugrohr selbst muß in seiner ganzen Länge den gleichen Querschnitt wie die Deckelöffnung des Ofens haben. Wenn eben möglich, sind die Rohre ohne scharfe Knie stets aufsteigend in einen warmen, gut ziehenden und weiten Kamin einzuführen, an dem ein Kohlenofen nicht hängt. Andernfalls ist außerhalb des Gebäudes ein senkrechtes Rohrstück nach Abb. 116 anzusetzen. Bei Neuanlagen empfiehlt sich die Verwendung glasierter Tonrohre mit den Muffen nach oben und mit geringer Luftschicht gegen das umgebende Mauerwerk. Auch aus 20 mm starken Holzbrettern kann die Abzugsleitung hergestellt werden, denn Abzugrohre, an die nur Gasgeräte angeschlossen sind, fallen nicht unter die feuerpolizeilichen Bestimmungen. Diese schlecht wärmeleitenden Holzkanäle schützen vor unerwünschtem Wärmeverlust, sie können eine beliebige, den nötigen Querschnitt wahrende Form erhalten, außerhalb in der Farbe des Zimmers angestrichen oder tapeziert und im Innern mit einem Anstrich von Wasserglas und Mennige versehen werden.

Ist mit häufig auftretenden Windstößen zu rechnen oder liegt die Abzugkanal-(Schornstein-)mündung zu Nachbargebäuden ungünstig, so ist $\sim 1 \div 1{,}5$ m über Dachfirst eine Windschutzhaube, Deflektor, anzubringen. Dieser Aufsatz ist wegen der doch leicht auftretenden Eisbildung von vornherein nicht drehbar, sondern starr in seinen Teilen auszuführen[1]).

Außer für einen richtigen Gasabzug hat man dann schließlich noch für einen genügenden Luftzug im Ofenaufstellungsraume, d. h. für ausreichende Lüftung zu sorgen. Dies ist besonders für kleine Räume, Baderäume, zu beachten. Der Baderaum besitzt vielfach nicht mehr als 25 m³ Inhalt. Zur Bereitung eines Bades werden in 15 min $\sim 1{,}5$ m³ Gas verbrannt und dafür ~ 8 m³ Luft verbraucht. Diese große Luftmenge kann durch selbst schlecht schließende Fenster und Türen kaum herbeigeschafft werden. Soll nicht bei offenem Fenster oder offener Tür geheizt werden, so ist ein Belüftungskanal vorzusehen, andernfalls wird sich ein für die Insassen schädlicher Unterdruck ergeben, der die Abgase in den Raum zieht.

Was nun die Konstruktion der Gasöfen im ganzen und einzelnen anbetrifft, so muß wegen großer Vielfältigkeit auf die Firmenlisten verwiesen werden. Es sollen hier nur einige charakteristische Ausführungen Erwähnung finden, die zum Verständnis folgender Gliederung nötig erscheinen.

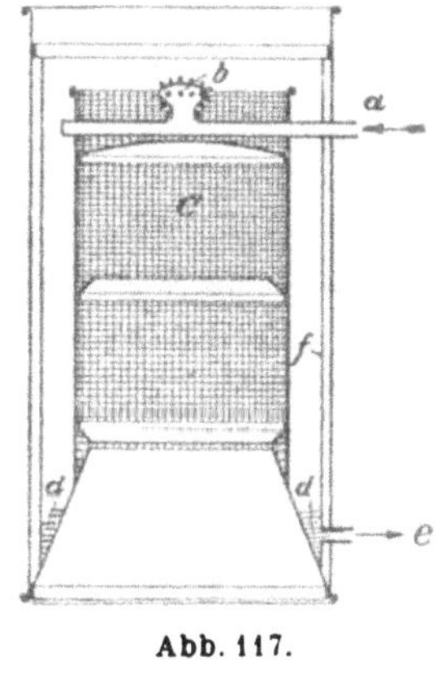

Abb. 117.

Die offenen Gasöfen. Für die erste Konstruktion der Gasöfen hatte man den alten zylindrischen Kohlenbadeofen zum Vorbild genommen und erhielt somit einen Warmwasserspeicher. In dem Bestreben, eine möglichst hohe Leistung in gedrängter Konstruktion zu erreichen, kam man zu dem Durchlaufsystem des offenen Gasofens, der sich trotz vieler Mängel, aber wegen einiger hervorstechender Eigen-

[1]) Schuhmacher: „Der Anschluß von Gasbadeöfen an Kamine". Das Gas- und Wasserfach, 72, Heft 14, 1929.

schaften immer noch neuzeitlich in einigen wenigen Modellen erhalten hat. Ein Hauptvertreter dieser Gattung ist der Houbenofen. Nach Abb. 117 tritt das kalte Wasser bei *a* ein, wird durch den Zerstäuber *b* als feiner Regen in den Ofen getrieben und rieselt an dem aus Drahtgeweben bestehenden Innenmantel *c* abwärts und den von unten aufsteigenden heißen Gasen entgegen, um sich in den Raum *d* als Heißwasser zu sammeln und bei *e* abgezapft zu werden. Der Apparat steht also unter Niederdruck. Die direkte Berührung von Wasser und Gas macht ersteres als Genußwasser unbrauchbar. Da das Wasser offen durchströmt, ist jedoch die Gefahr des Kesselsteinansatzes gering, so daß der offene Ofen in Gegenden mit reich kalkhaltigem Wasser heute immer noch als Badeofen und für ähnliche Zwecke in Frage kommt. Außerdem ist er gegen Überdruck und Frost unempfindlich. Der moderne offene Houbenofen wird mit Sicherheitsarmatur und Wassermangelsicherung ausgerüstet.

Tabelle 14.

Houben-Wandbadeofen offenen Systems.

Bei 4000 kcal/m³ unterem Heizwert und 30 ÷ 45 mm Gasdruck		
Wassererwärmung von 12 auf 35° . l/min	12 ÷ 15	14 ÷ 17
Leistung . . . . kcal/min	275 ÷ 345	320 ÷ 390
Gasverbrauch . . . . l/min	75 ÷ 95	85 ÷ 105
Gasmesser . . . . Flammen	30	30
Gasanschluß . . . . Zoll	³/₄	³/₄
Ganze Höhe . . . . mm	870	1000
Durchmesser des Mantels . . . . . mm	270	320
Durchmesser des Abzugrohres . . mm	110	130
Gewicht . . . . kg	13,2	16,8

Die geschlossenen Gasöfen. Bei dem geschlossenen Ofen ist das Wasser von den Heizgasen vollkommen getrennt, so daß ersteres ohne weiteres zum Genusse und Zubereiten von Speisen verwandt werden kann. Die Lage der Zapfstellen ist unabhängig von der Stellung des geschlossenen Ofens und nur durch die Höhe des Druckes bedingt, unter dem das Wasser im Ofen steht. Der Wärmeverlust ist hier etwas größer als beim offenen System, daher der Gasverbrauch entsprechend höher; anderseits kann dieser Verlust in manchen Fällen zur Verbesserung des Zuges von Vorteil sein.

Die große Zahl der geschlossenen Gasofenbauarten, deren Konstruktionen sich mehr oder weniger ähneln oder auch stark voneinander abweichen, läßt sich nach Konstruktion, Anordnung und Betriebsdurchführung einteilen als:

Durchlaufapparate (Schnellwassererhitzer, Badeofen),

Vorratsapparate (Warmwasseraufspeicherer),

Durchlauf-Vorratsapparate (Vereinigung der beiden ersten Gruppen); ferner als:

Apparate mit Handzündung für jede Zapfung oder ohne selbsttätige Regelung,

Apparate mit selbsttätiger Regelung der Gas- und Wasserzufuhr (unter Wasserleitungsdruck stehend), die Automaten;

ferner als:

Apparate, unter Druck der Kaltwasserleitung stehend,

Apparate, außer Druck der Kaltwasserleitung stehend (unter Einschaltung eines Kaltwasserbehälters und Füllgefäßes mit Schwimmkugelventil);

ferner als:

Apparate für Niederdruck ($\leq 1 \div 2{,}5$ at),

Apparate für Hochdruck ($\geq 2{,}5 \div 6$ at);

ferner als:

Apparate zur Erwärmung des Wassers unter 100° ($\sim 35 \div 80°$),

Apparate zur Erhitzung des Wassers bis auf 100° (die Kochendwasserautomaten);

schließlich als:

Apparate, die die Warmwasserversorgung für sich ganz allein übernehmen,

Apparate, die in Verbindung mit besonderen offenen oder geschlossenen Warmwasser-(Vorrats-)behältern oder mit einer anderen Wärmequelle verbunden sind.

Mehrere dieser Eigenschaften können in einem Modell vereinigt sein. Im allgemeinen wird man für die eine Zapfstelle einer Badewanne mit $\sim 10 \div 20$ l/min Wasserverbrauch den Durchlaufapparat der Badeofengattung benutzen; für Reinigungszwecke, Spültisch, Speisenbereitung usw. mit $\sim 3 \div 6$ l/min Wasserverbrauch den Schnellwassererhitzer; für häusliche Anlagen mit mehreren Zapfstellen in Küche, Toilettenzimmer, Baderaum usw. wie auch für größere Zentral-Warmwasserversorgungsanlagen den Durchlauf- oder Stromautomat, der bei Öffnen und Schließen eines Zapfhahnes selbsttätig das Ventil des Kaltwasserzuflusses und den Hauptbrenner betätigt. Der Vorratsapparat, ebenfalls mit automatischer Regelung ausgerüstet, hält kleine Mengen Warmwasser bis zu 50 l stets vorrätig und kommt, wenn er das Wasser bis auf 100° erwärmt, als Kocher oder Sieder mit Siedepunktregler in den Handel. Diese Vorratsapparate eignen sich dort, wo ein plötzlich auftretender Bedarf an Heiß- oder Siedewasser benötigt wird, also für Friseure, Ärzte, in Kaffees, Restaurants u. dgl. Der Gasofen als Wärmequelle kann mithin fast allen Wünschen der Praxis gerecht werden.

Die Gasöfen besitzen meist zylindrische oder prismatische Außengestalt. Bei der einen Bauart der D u r c h l a u f a p p a r a t e finden sich nach Abb. 118 (Houben, Aachen) ein wasserführender Doppelmantel *b* und größerer innerer Verbrennungs- bzw. Heizflächenraum von gradflächiger oder kegeliger Form mit einem Lamellen-Heizeinsatz *c*, der an der inneren Wandung des Doppelmantels angelötet ist und eine wirksame Vergrößerung der Heizfläche und intensiveren Wärmeaustausch ergibt. Die Gase werden gezwungen, durch die Lamellenkanäle *c* hindurchzuziehen, indem der Mittelweg durch die Glocke *d* versperrt ist. Vollständige konstruktive Schnittbilder dieser Ofenbauart mit automatischem Sicherheitsventil geben die Abb. 119 nach Junkers, Dessau, Abb. 120 nach Eschebach, Dresden, und Abb. 121 der Askania-Werke Dessau. Letztere benutzen für die

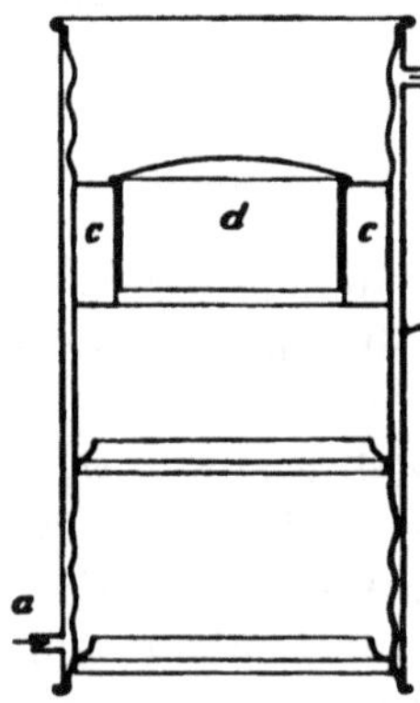

Abb. 118.

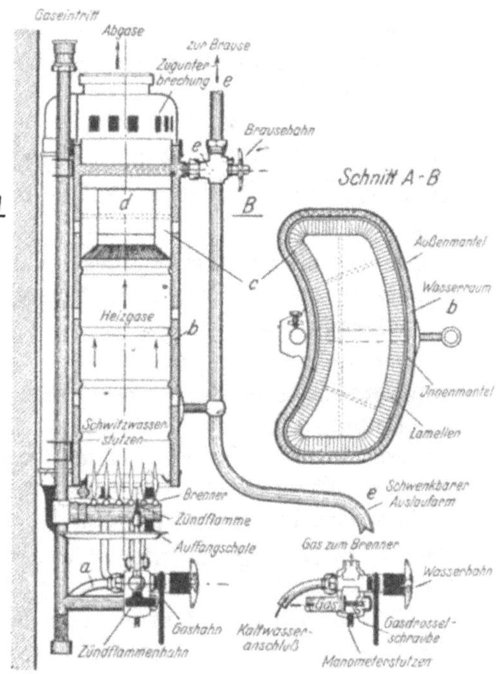

Abb. 119.

Gasregulierung hier wieder wie bei der Wassermangelsicherung ihre bewährte Federdose *M*, die durch die im Rohr *R* befindliche Ausdehnungsflüssigkeit betätigt wird und je nach der Wassertemperatur im Ofen auf das Gasventil einwirkt. Man hat es hier also mit einem Wärmeregler, Thermostaten, zu tun, der das Entzünden und Verlöschen der Hauptbrennerflammen regelt und das Gasventil so lange geschlossen hält, als das Wasser im Heizkörper eine gewisse Temperatur hat, auf der der Thermostat eingeregelt ist (normal $60 \div 65^0$). Diese Einrichtung ist dort zu treffen, wo der Wasserdruck mit mindestens 1 at, der sonst die vereinigten Ofenventile betätigt, nicht vorhanden ist, wie z. B. in hochgelegenen Häusern und bei offenen Wasserbehälteranlagen. Eine etwas andere Anordnung eines Thermostaten gibt Abb. 122 nach Vaillant, Remscheid, mit Membrane. Die Ausdehnungsflüssigkeit befindet sich in dem Verbindungsrohr von der Membrane bis zum Tauchzylinder, dessen ihn umgebendes Wasserrohr außerhalb Lamellenheizkörper trägt.

Ist der Wasserdruck > 1 at, so benutzt man statt der Thermostaten Wasserdruck-Regelventile, von denen Abb. 123 nach Houben und Abb. 119 nach Junkers Beispiele geben. Die Wirkungsweise ist daraus leicht zu erkennen. Um ein Auspuffen der Brennerflammen beim Entzünden und ein Verrußen des Ofens zu verhindern, werden diese Ventile auch mit Langsamzündung versehen. Eine Regulierschraube am oberen Hebel »Gas« Abb. 124 (Vaillant) wird so eingestellt, daß sich die Flammen bei Öffnen eines Zapfventiles zunächst klein entzünden und dann groß stellen. Bei stärkerem Wasserdruck ist die Hebelschraube hinein-, bei schwächerem weiter herauszudrehen. Das darüberliegende Bogenrohr geht zur Zündflamme, der Kaltwasseranschluß ist das untere Bogenrohr.

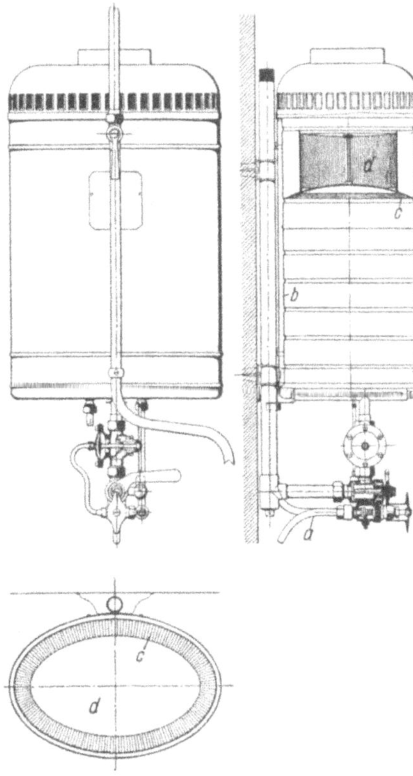

Abb. 120.

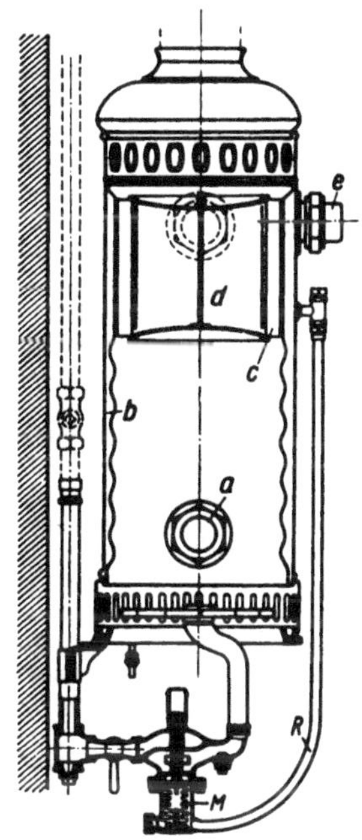

Abb. 121.

Bei einer zweiten Bauart der Durchlaufapparate, die hauptsächlich für zentrale Warmwasserversorgung in Frage kommt, strömt das Wasser durch eine kupferne Rohrschlange, die sich eng um den Verbrennungsraum mit dem Lamellenheizkörper windet. Beispiele hierüber geben Abb. 125 (Junkers) und Abb. 126 (Askania). Die Ventilausführung ist eine ähnliche wie bei der ersten Bauart.

Schließlich besteht noch eine dritte Bauart der durchlaufenden Stromapparate als Druckautomat, bei der der Verbrennungsraum direkt durch die Wasserröhren gebildet wird, welche entweder als stehende Rohrwände Abb. 127 oder in Spiralen Abb. 128 angeordnet sind. Ein Ziermantel umgibt das Rohrsystem. Bei dem Ofen Abb. 127, eine ältere aber grundlegende Konstruktion von Vaillant, fließt das vom Automaten-

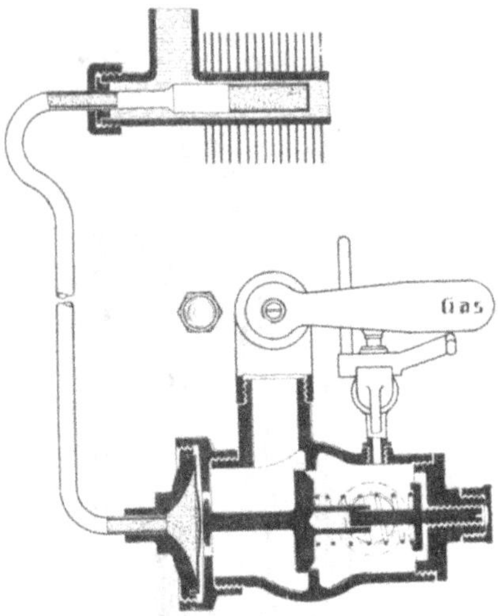

Abb. 122.

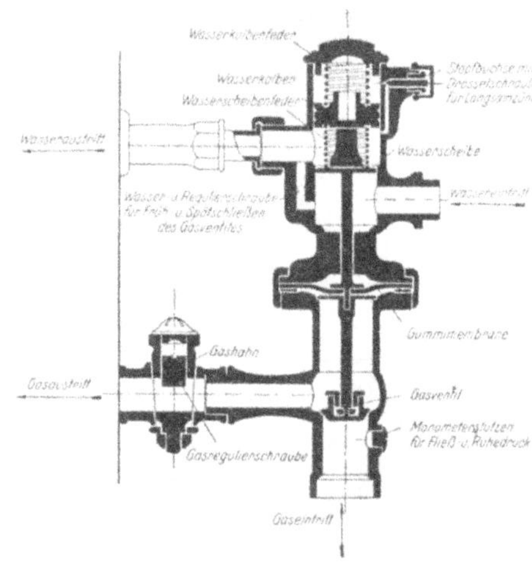

Abb. 123.

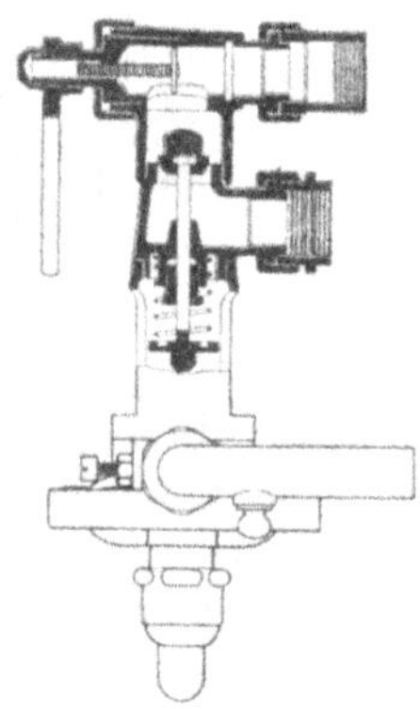

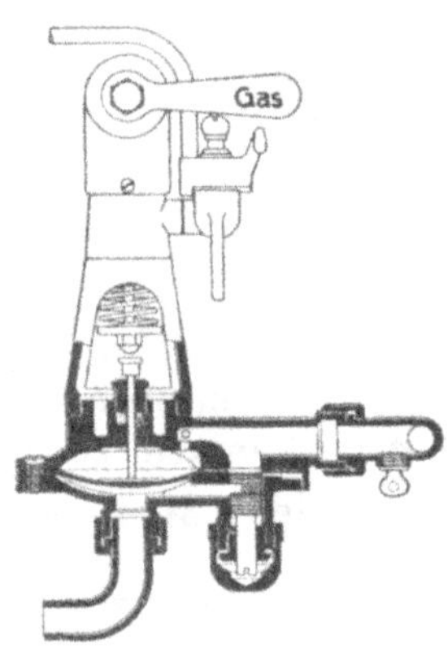

ventil $A B$ kommende Wasser durch die Rohre k und r, verteilt sich in die beiden Rohrsysteme p, tritt bei s und t aus und strömt wieder vereinigt durch die Rohrverbindung u zum Rippenkörper q, um den Ofen bei v erwärmt zu verlassen. Die Heizgase steigen im Verbrennungsraum W durch die Lamellen von q senkrecht empor. Die Verbrennungsraumausbildung durch Rohrspiralen in Kegel- bzw. Doppel- oder Mehrfachkegelform findet sich nach Abb. 128 bei dem Druckautomaten von Eschebach, Dresden, und ganz besonders typisch nach Abb. 130 bei den Ruudapparaten der Ruud-Heißwasser-Apparatebau-Ges. Hamburg. Bei diesen Ausführungen, die zur Rußvermeidung mit Bunsenbrennern ausgerüstet sind, fehlt der Lamelleneinsatz; ein intensiver Wärmeaustausch wird hier durch die kegelförmige Gestaltung der Wasserrohrspiralen er-

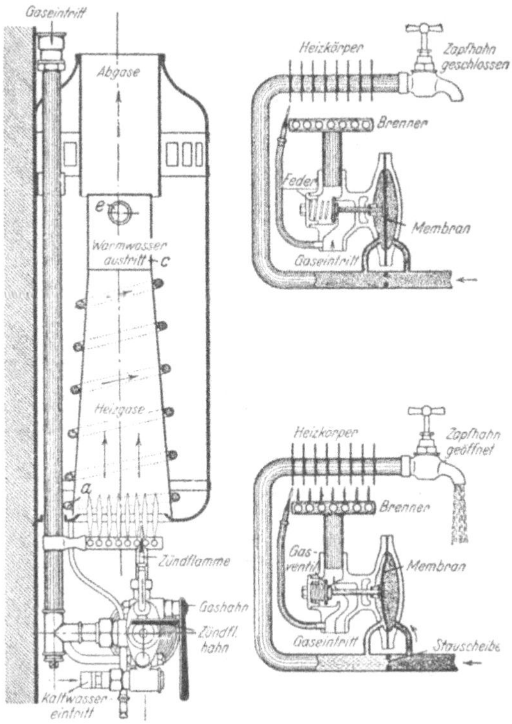

Abb. 125.

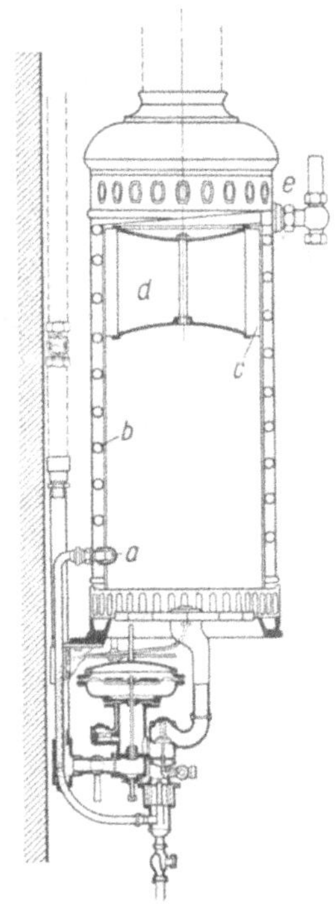

Abb. 126.

reicht, allerdings auf Kosten der Verbrennungsraumgröße und der Lebensdauer der teuren langen einheitlichen Rohrspirale. Gußeiserne Teller im Innern der Kegelspitzen geben den Gasen zwangsläufigen Weg, gegebenenfalls auch um die Rohre nach außen herum (Abb. 128). Bei den größten Ruudmodellen werden die 5÷8 Schlangenkegel in Einzelelemente zerlegt, deren Zu- und Ableitungsenden in außerhalb des Ofens angebrachte senkrechte Sammelrohre münden (Abb. 131, Doppelofen mit Boiler). Der Eschebachsche Druckautomat besitzt zu seinem Vorteil nur eine Doppelkegelschlange mit größeren Windungsabständen, so daß die Gase um die Rohre spülen; das einfache automatische Ventil (Abb. 129) wird nur durch Feder- und Wasserdruck betätigt.

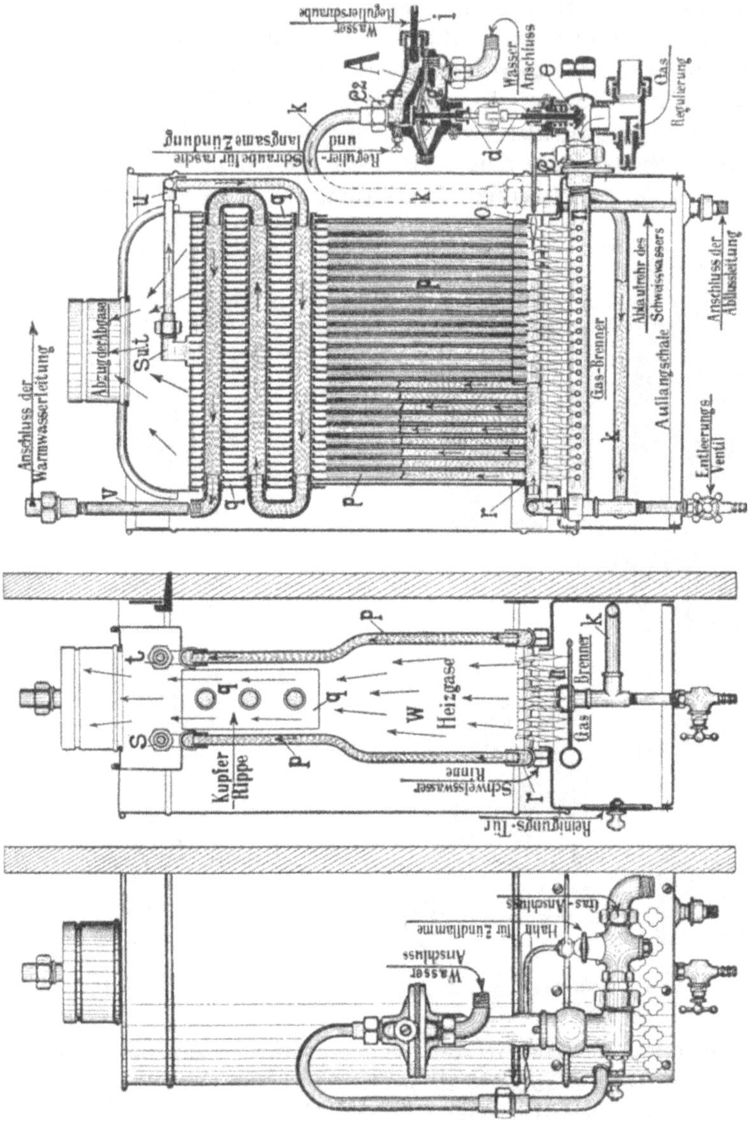

Abb. 127.

Diese Ofenbauart mit kegeligen Schlangenröhren wird vielfach für hohe Leistungen und umfangreichste Zentralanlagen in Hütten-, Zechenbetrieben u. dgl. benutzt. In Verbindung mit Boilern bis zu 4000 l Inhalt können Leistungen bis zu 125000 kcal/h erzielt werden. Bei allen diesen Vorzügen leidet jedoch die Bauart wegen ihrer vielen engen Rohrzüge an dem Nachteil, daß harte Wässer für direkte Erwärmung wenig geeignet sind. Die Ruud-Ges. hilft sich bei hartem Wasser der-

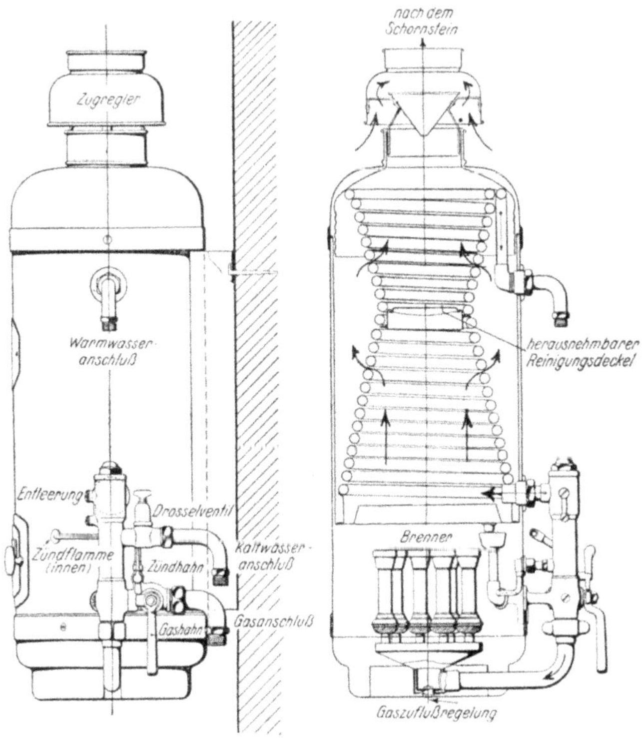

Abb. 128.

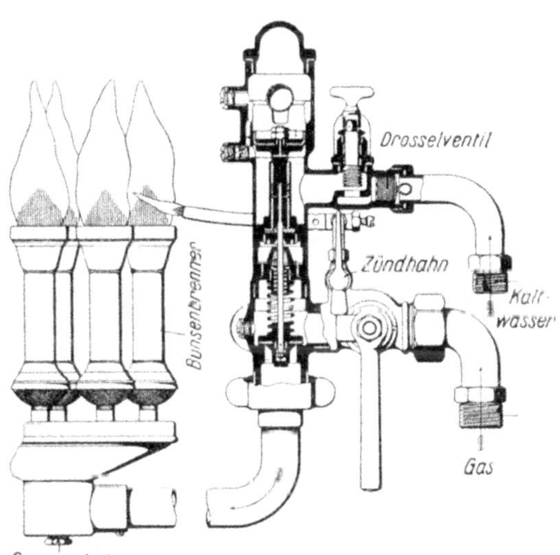

Abb. 129.

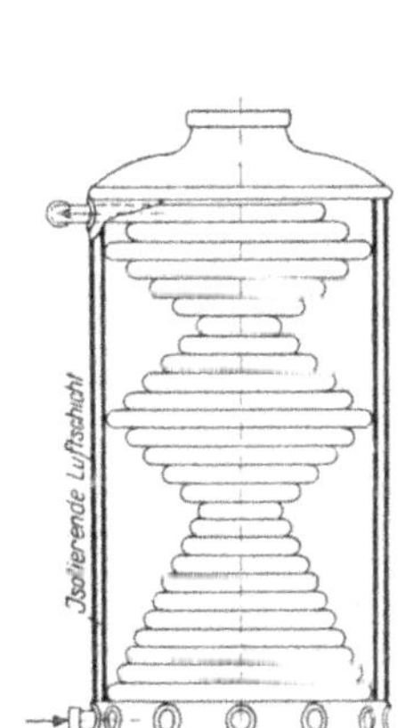

Abb. 130.

art, daß der Gasofen nach Abb. 132 mit einem stehenden Druckbehälter in Verbindung gebracht wird, in dem sich die Ausfällungen auf den Boden niederschlagen sollen, wo sie allerdings leicht entfernt werden können.

Die Listen der anderen führenden und maßgebenden Firmen dieses Industriezweiges weisen ungefähr dieselben Daten wie die in Tab. 15 und 16 angegebenen auf.

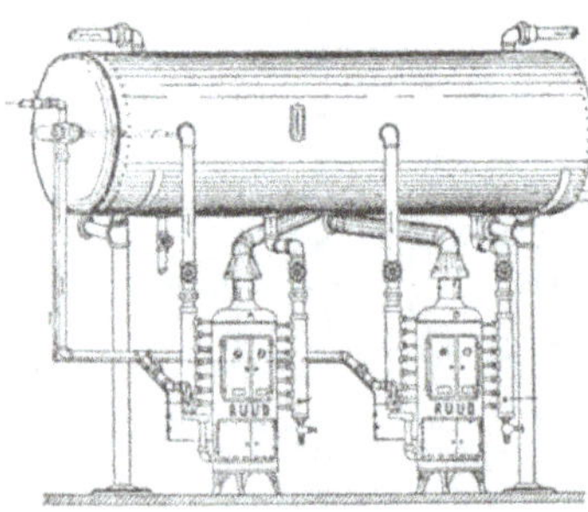

Abb. 131.

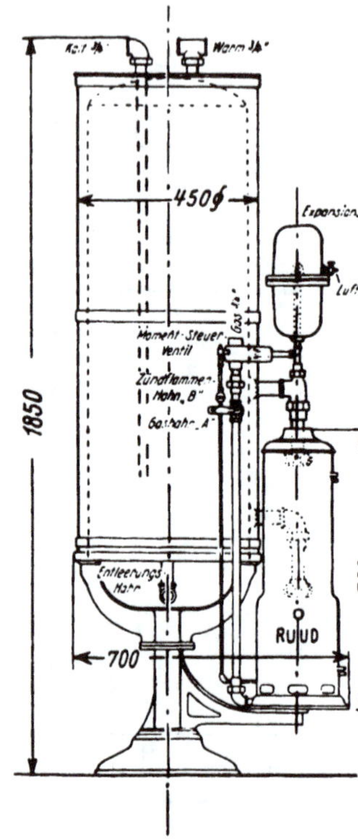

Abb. 132.

Tabelle 15.

Junkers Durchlauf-Gasöfen.

Bei 4000 kcal/m³ unt. Heizwert und 30 ÷ 45 mm Gasdruck, 15°.

Wassermenge, erwärmt	von 10° auf	in der Zeit von	Leistung	Gasverbrauch	Gasuhr	ganze Höhe	Manteldurchm. bzw. Breite	Tiefe	Durchm. des Abzugrohres	Gasanschluß	Gewicht	Verwendung für
l	°C	Min.	kcal/min	l/min	Flammen	mm	mm	mm	mm	Zoll	kg	
2,5 ÷ 3	35	1			5	495	120		—	$^3/_8$	3,6	Einzelzapfstelle f. Küche Arzt, Friseur, usw.
5 ÷ 6	»	1			10	560	170		—	$^1/_2$	5,6	
10	100	23 ÷ 19	60 ÷ 75	17 ÷ 21	5	1060	220		50	1 ÷ $1^1/_4$	14,5	Kaffeeküchen, Hotels, Wirtschaftsbetriebe usw.
20	»	21 ÷ 17	120 ÷ 150	33 ÷ 41	10	1200	260		90	$^1/_2$	19,5	
50	»	32 ÷ 25	200 ÷ 250	56 ÷ 70	30	1410	360		110	$1^1/_4$ ÷ $1^1/_2$	26,7	
Wasserinhalt	35	13 ÷ 16	320 ÷ 390	89 ÷ 109	30	985	376	242	110	1 ÷ $1^1/_4$	20,5	Zentrale Warmwasserversorgung, Badeanlagen.
	»	18 ÷ 22	450 ÷ 550	125 ÷ 153	50	1160	450	285	130	1 ÷ $1^1/_4$	28	
	»	26 ÷ 32	650 ÷ 800	180 ÷ 222	80	1160	490	326	150	$1^1/_4$ ÷ $1^1/_2$	38	

Tabelle 16.

Vaillant-Großwarmwasser-Gasofen (Durchlaufapparat).

Erwärmte Wassermenge von 10° auf 35° in . . . l/min	52 ÷ 58	70 ÷ 76	104 ÷ 114	140 ÷ 152	175 ÷ 190
Leistung in kcal/min	1300 ÷ 1450	1750 ÷ 1900	2600 ÷ 2850	3500 ÷ 3800	4375 ÷ 4750
Gasverbrauch bei einem unt. Heizwert von:					
4000 kcal/m³ in l/min	360 ÷ 400	490 ÷ 530	720 ÷ 790	970 ÷ 1050	1200 ÷ 1300
5000 » »	290 ÷ 320	390 ÷ 420	580 ÷ 630	780 ÷ 850	970 ÷ 1050
Gasmesser Flammen	80 ÷ 150	100 ÷ 200	250	300	400
Ofenhöhe . . . mm	1770	1770	1850	1950	2150
Ofenbreite . . . »	780	1050	1100	1400	1650
Ofentiefe . . . »	660	660	700	700	700
Abzugrohr ϕ . »	200	225	225	250	275
Wasseranschluß Zoll	1	1¼	1½	2	2
Gasanschluß . . »	2	2	2½	3	3
Verwendung	für große Bade- und Waschanstalten, für industriellen Großwarmwasserbedarf.				

Die zweite Gattung der geschlossenen Gasöfen bilden die Wasservorrats-Automaten. Außen- und Innenmantel sind soweit voneinander gestellt, daß ein Wassergehalt bis zu ∼50 l gewonnen wird. Damit das Wasser nicht über eine gewünschte Temperatur erhitzt wird, müssen diese Apparate mit einem selbsttätigen Temperatur-

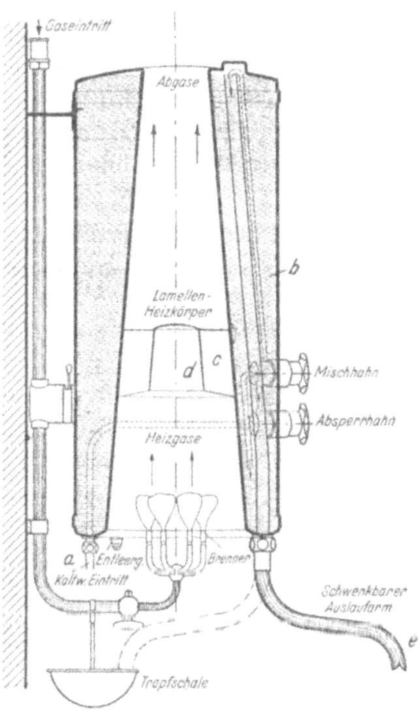

Abb. 133.

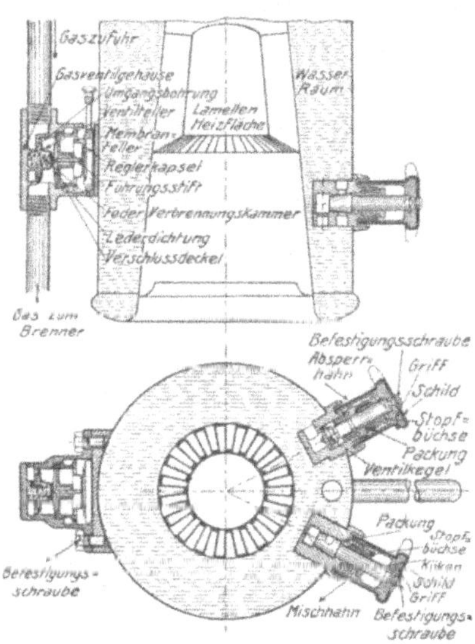

Abb. 134.

Tabelle 17.

Eschebach-Durchlauf-Druckautomat (Abb. 128).

Erwärmte Wassermenge l/min				
um 35 — 10 = 25°	9,0 ÷ 11,0	12,0 ÷ 14,0	15,0 ÷ 18,0	22,0 ÷ 27,0
» 40 — 10 = 30°	7,0 ÷ 9,2	10,0 ÷ 11,7	12,5 ÷ 15,0	18,3 ÷ 22,5
» 50 — 10 = 40°	5,6 ÷ 6,9	7,5 ÷ 8,8	9,4 ÷ 11,3	13,7 ÷ 16,8
» 60 — 10 = 50°	4,5 ÷ 5,5	6,0 ÷ 7,0	7,5 ÷ 9,0	11,0 ÷ 13,5
» 70 — 10 = 60°	3,8 ÷ 4,6	5,0 ÷ 5,8	6,3 ÷ 7,5	9,2 ÷ 11,3
entspr. Leistung in kcal/min	225 ÷ 275	300 ÷ 350	375 ÷ 450	550 ÷ 675
dafür Gasverbrauch in l/min bei 30 ÷ 45 mm WS Gasdruck				
und 5000 kcal/m³ unt. Heizwert	50 ÷ 60	67 ÷ 80	85 ÷ 100	120 ÷ 150
oder 4000 » » »	63 ÷ 78	85 ÷ 100	107 ÷ 130	155 ÷ 192
» 3600 » » »	70 ÷ 87	95 ÷ 110	120 ÷ 145	172 ÷ 214

regler ausgestattet werden. Junkers rüstet seinen Vorratsautomaten nach Abb. 133 mit einem Temperaturregler, Mischhahn und Absperrhahn aus. Diese Armaturen sind aus Abb. 134 ersichtlich. Der Regler, zwischen Gaszuleitung und Ofen angebracht, stellt bei Erreichen einer bestimmten Höchsttemperatur (~ 60÷70°) die Brennerflammen selbsttätig so weit klein, daß diese Höchsttemperatur dauernd erhalten bleibt und nur soviel Gas zugeführt wird, wie zur Deckung der unvermeidlichen Wärmeverluste infolge Strahlung erforderlich ist. Wird Warmwasser abgezapft und strömt demgemäß Kaltwasser selbsttätig nach, so bewirkt der Regler wieder ein Großstellen der Flammen. Die Wärmeübertragung auf die Reglerkapsel erfolgt durch die Wandung des Wärmebehälters. Die Membrane der wärmeempfindlichen Kapsel arbeitet durch Vermittlung von Membranteller und Führungsstift auf den Ventilteller der Gasleitung.

Der Eschebach-Vorratsapparat ist mit einem Federrohrthermostaten ausgerüstet. Der Thermostat regelt die Zufuhr des eintretenden Gases bis zum völligen Abschluß. Bei Druckwasserleitungen, deren Wasserdruck stärker als 1 at ist, muß zwischen Absperrhahn und Ofen in die Kaltwasserleitung ein Reduzierventil eingeschaltet werden. Dies ist unbedingt nötig, da sonst ein höherer als zulässiger Druck in den Apparat gelangen könnte und denselben beschädigen würde. Die Regelung des Gaszuflusses erfolgt durch zwei zwischen Gaszuleitung und Gasbrennerhahn eingesetzte einfache Regulierschrauben. Ein weiterer Armaturteil des Ofens ist das Sicherheitsventil, das, sobald ein Überdruck durch Volumvergrößerung oder Dampfspannung entstanden ist, in Tätigkeit tritt. Das Überdruckwasser fließt durch die Anschlußleitung ab.

Der Askania-Vorratsapparat nach Abb. 135 ist mit einem kombinierten Zufluß- und Zapfventil ausgerüstet, das gleichzeitig als Sicherheitsventil wirkt. Dies Ventil Abb. 136 hält den Apparat während des Betriebes dauernd auf einem bestimmten Druck von 0,8 atü. Das kalte

Tabelle 18.

Eschebach-Warmwasser-Vorratsautomat.

Ofeninhalt, erwärmt um 60°	l	5	10	20
	min	15	20	20
Gasverbrauch hierzu bei 4000 kcal/m³ unt. Heizwert				
zum Anheizen	l	94	188	375
zum Fortheizen	stündlich l	38	56	88
Ganze Höhe	mm	560	680	800
Durchmesser	»	160	205	250
Gasanschluß	Zoll	$^3/_8$	$^3/_8$	$^1/_2$
Kaltwasseranschluß	mm	10	10	10
Warmwasseranschluß	»	13	13	13
Abzugstutzen	»	50	60	79
Gasmesser	Flammen	3	3	5
Gewicht	kg	25	30	35

Wasser tritt beim Öffnen des Niederschraubventiles *V* (Abb. 135) mit vollem Druck der Wasserleitung in *B* (Abb. 136) ein, drängt hier den Rundschieber *H* der Federdose *D* nach oben und strömt durch *A* in den Ofen. Es nimmt *H* die Ventilspindel *T* mit und öffnet das Ventil *S*.

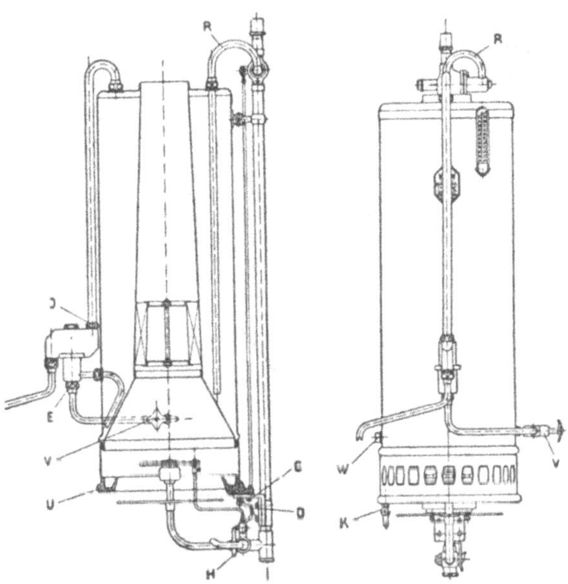

Abb. 135.

Das kochende Wasser kann nun ungehindert unter dem Druck der Wasserleitung ausfließen. Nach Außerbetriebsetzung stellt das Belüftungsventil *C* den Druckausgleich zwischen dem Ofeninnern und der Außenluft her. Bei eintretendem Überdruck wirkt *S* als Sicherheitsventil. Der Thermostat mit seinem Ausdehnungsflüssigkeitsrohr *R*

(Abb. 137 und Abb. 135) beruht auf demselben Prinzip wie der oben beschriebene Askania-Federdosen-Temperaturregler (S. 111). Er ist hier nur wagerecht und oberhalb des Ofenkopfes angeordnet.

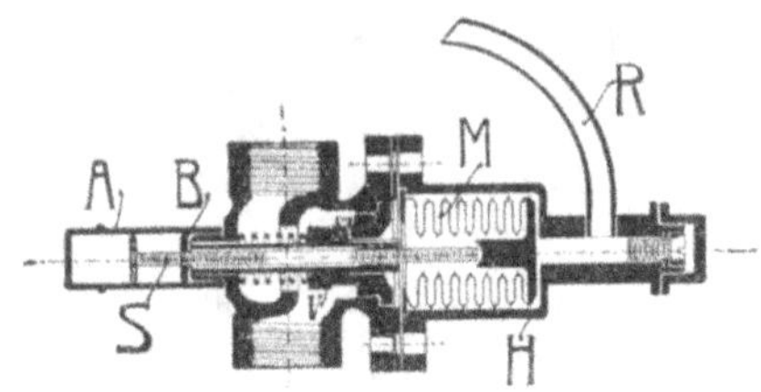

Abb. 137.

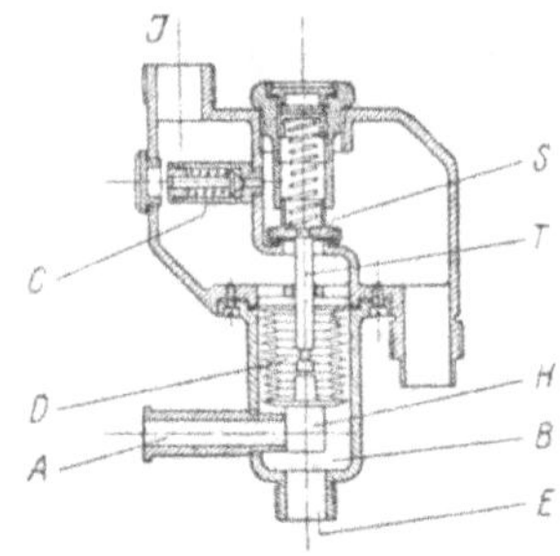

Abb. 136.

Tabelle 19.

Askania-Vorratsheißwasserofen (für Kochendwasser).

Wasserinhalt . . . . Liter	6	15	27	40
Nach erfolgter Aufheizung können auf einmal entnommen werden Liter	4,5	12	22	32
Leistung: Erwärmt den Wasserinhalt auf den Siedepunkt . . . . in min	12	19	27	30
Höhe des Ofens . . . . mm	750	1000	1120	1210
Manteldurchmesser . . . . mm	160	220	265	320
Durchmesser des Abzugsrohres . . mm	50	70	90	100
Wasserzuleitung (bei einem Wasserdruck 1 atü) . . . . Zoll	$^3/_8$	$^3/_8$	$^3/_8$	$^1/_2$
Gasanschluß . . . . Zoll	$^3/_8$	$^1/_2$	$^1/_2$	$^3/_4$"
Gasverbrauch beim Anheizen . . m^3/h	0,75	1,2	1,5	2
Gasmesser . . . . Flammen	5	10	10	10
Gewicht . . . . kg	9	13,8	22,3	31,7

Die dritte Gattung der geschlossenen Gasöfen, die Durchlauf-Vorratsapparate, ist eine Vereinigung der ersten beiden Gruppen. Ein typischer Vertreter dieser Bauart ist nach Abb. 138 die Askania-Speichertherme. Das Umschaltventil *k* gestattet entweder den Inhalt des Behälters *a* von 90 l in 80 min zu erwärmen oder in 14 min nur einen Teil des Inhaltes, der mit ~15 l dem Wasserbedarf der einzelnen Zapfstellen eines Haushaltes entspricht. Bei Bedarf noch kleinerer Mengen warmen Wassers bis ~3,5 l/min wird dasselbe bei *g* direkt aus dem Durchlaufapparat *d* und der Zirkulationsvorlaufleitung *h* entnommen. Die übrige Einrichtung ergibt sich aus nachstehenden Erklärungen. Es ist: *b* = Isolierung, *c* = Mantel, *e* = Leuchtbrenner, *f* = Kaltwassereinlauf, *i* = Zirkulationsrücklaufleitung, *l* = Abzugsstutzen, *m* = Abzugsrohr, *n* = Gasleitung, *o* = Gashahn, *p* = autom. Reglerventil, *q* = Wärmefühler des Thermostaten, *r* = Traggestell, *s* = Handloch und *t* = Zündflammenleitung.

Tabelle 20.
Askania-Durchlauf-Vorratsofen.

Leistung: 90 l von 10° auf 80°	in Minuten	80
15 l » 10° » 80°	» »	14
Als Durchlauf: 3,5 l von 10° auf 35° . .	» »	1
Große Zirkulation	Liter	90
Kleine Zirkulation	»	15
Gesamthöhe	mm	1350
Breite	»	430
Tiefe	»	450
Gasverbrauch bei einem Heizwert von 4000 kcal/m³ . in der Stunde	m³	1,5
Gasuhr	Flammen	10
Gasanschluß i. L.		1/2"
Kaltwasseranschluß i. L.		3/4"
Warmwasseraustritt i. L.		1/2"
Abzugsrohrdurchmesser		60
Gewicht	kg	60

Hierher kann auch der Ruudapparat (Abb. 131) gerechnet werden, sobald von der Ofenrohrschlange eine Zapfleitung abgenommen wird.

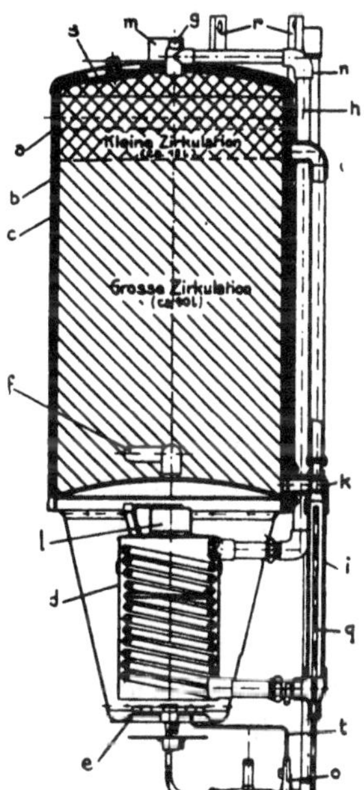

Abb. 138.

Für die Wahl eines Gasofens kommt es ganz darauf an, wieviel und was für Zapfstellen zu versorgen sind, und in welchem Raume der Ofen Aufstellung finden kann. Auf diese und andere Fragen einzugehen, ist hier nicht Raum. Gute Firmen sind dafür die besten Ratgeber. Auf jeden Fall ist für die Bestimmung eines Gasofens der maximale Wasserbedarf bei gleichzeitiger Benutzung sämtlicher Zapfstellen in erster Linie maßgebend. Es empfiehlt sich dringend, den Apparat nie zu klein zu nehmen, da nichts lästiger empfunden wird als das Warten auf Warmwasser. Zur Schonung der Gasöfen ist es ferner ratsam, wenn angängig, möglichst kleine Zapfhähne zu verwenden, die bei feinem Spindelgewinde sich langsam schließen. Die Kaltwasserzuführung ist in besonderer Leitung vom Wassermesser abzunehmen, damit Rückschläge in dem übrigen Kaltwasserrohrsystem nicht unmittelbar auf den Gasofen einwirken können. Kommen Gasöfen in den meisten Fällen auch mehr für kleine und mittlere Leistungen in Frage, so kann man doch mit ihnen fast jeden gewünschten Effekt erreichen.

Die Ofenleistungen der verschiedenen Firmen dürfen nicht ohne weiteres miteinander verglichen werden. Richtig wäre es, wenn alle Ofenleistungen auf ein Gas von bestimmtem Heizwert bezogen würden, und das wäre zurzeit das Mischgas mit 4000 kcal/m³ unterem Heizwert. Infolge der Veränderlichkeit der Zusammensetzung unterliegt aber der Heizwert des Mischgases in den einzelnen Orten größeren Schwankungen, ebenso verhält es sich mit dem Gasdruck. Es ist daher eine sorgfältige Einregulierung der Gasöfen an Ort und Stelle unter Berücksichtigung des vorhandenen Gasdruckes, insbesondere des Höchstdruckes am Abend, unerläßlich. Eine Erhöhung des Heizwertes bringt die Gefahr des Verrußens der Öfen mit sich. Deshalb ist eine Prüfung der installierten Apparate von Zeit zu Zeit und Fühlungnahme mit den Gaswerken dringend zu empfehlen, wenn nicht die von der Firma garantierte Ofenleistung unterschritten werden und der Ofen nicht Veranlassung zu Beanstandungen geben soll.

Für den Aufstellungsort gilt dasselbe Grundgesetz wie für jede Wärmequelle: Dieselbe ist möglichst nahe an die Zapfstellen und möglichst zentral zu wählen. Im Privathaushalt wird dieser Ort wohl meist in der Küche zu suchen sein, wo der Ofen auch ständig unter Aufsicht steht. Handelt es sich um große, weitverzweigte Anlagen, so ist es in der Regel zweckmäßiger, statt eines einzigen großen Gasofens die Anlage in Teilsysteme, jede mit einem besonderen Ofen, zu zerlegen. Natürlich ist der Aufstellungsraum an einen vorhandenen Schornstein gebunden. Ist auch der geordnete Gasbetrieb nicht unbedingt gesundheitsschädigend, so ist es trotzdem vom hygienischen Standpunkt erwünscht, den Gasofen aus dem Wohnbereiche zu legen, wobei aber eine Aufsicht selbst für Automaten ermöglicht sein muß. Der Automat verlangt eine ganz besondere Sorgfalt in der Installation und eine genaue Befolgung der Firmenanweisung.

Die Kessel mit Einsatzgasfeuerung.

Viele der gebräuchlichen Heizkessel für feste Brennstoffe mit Rost und Füllschacht lassen sich ohne große Mühe und Kosten mit Gasfeuerung versehen. Gerade für diese Kessel der Warmwasserversorgung mit ihrem teilweise stark unterbrochenen Betriebe und plötzlichen, starken Warmwasserbedarf können solche gasgefeuerten Kessel gute Dienste leisten. Die Einrichtung ist dabei eine sehr einfache; eine Brennerbatterie wird über wie auch unter Rost durch die Feuer- und Aschefalltür eingeschoben. Sollte einmal die Gaszufuhr versagen, so kann ohne große Umstände wieder zur Rostfeuerung übergegangen werden. Man kann für 1 kg Koksverbrauch $\sim$800 l Gasverbrauch einsetzen.

Aber nicht immer stellt eine derartige kurzüberlegte Umänderung der Rostfeuerung in Gasfeuerung eine glückliche Lösung dar. Die beiden Brennstoffe und ihre Verbrennungsbedingungen sind doch zu verschieden. Ein Rostkessel besitzt in der Regel für Gas zu großen Verbrennungsraum und zu weite Heizzüge. Infolgedessen werden sich zu geringe Gasgeschwindigkeit und Wärmeübertragung, also zu großer

Gasverbrauch ergeben müssen, falls nicht die Brenner geschickt im Füllschacht angeordnet sind. Nachteilig sind ferner bei den Feuerzugskesseln, also auch bei den gußeisernen Gliederkesseln, die auf- und absteigenden Zugkanäle, die zu Ansammlung unverbrannter Gase, somit zu Explosionen führen können. Ob Gußeisen und Stahl als Kesselbaustoffe dem Schwitzwasser genügend Widerstand zu bieten vermögen, muß die Betriebszeit lehren. Auf jeden Fall sind hier dem Gasabzug und der Schwitzwasserabführung erhöhte Beachtung zu schenken.

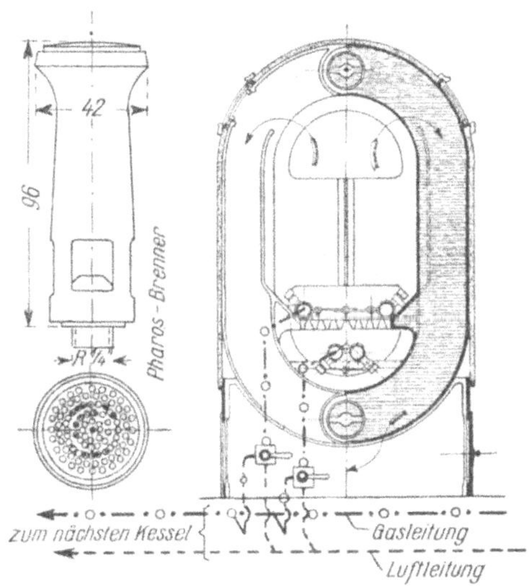

Abb. 139.

Als **Brenner**[1]) stehen zur Verfügung: der Düsen- und Turbobrenner als Niederdruckbrenner und der Druckluftbrenner. Die beiden ersteren beschaffen sich ihre Verbrennungsluft durch die Strahlwirkung der Düsen oder durch die Drehung der Turboflügel infolge Injektorwirkung oder Gasdruck. Der Druckluftbrenner preßt die Luft unter bestimmtem Druck durch ein Gebläse in den Brennerkopf, bedarf also eine besondere Druckluftleitung. Ändern sich wie vielfach in Warmwasserbereitungsanlagen und im Gasrohrnetz Belastungsverhältnisse, Gasdruck und Gasgüte, so ist der Druckluftbrenner vorzuziehen, dessen Anschaffungs- und Betriebskosten durch einen entsprechend höheren Wirkungsgrad wieder wettgemacht werden und durch den die Druckeinregelung vollständig beherrscht werden kann. Von dem selbst ansaugenden Brenner erfüllt meist der zwar kompliziertere Turbobrenner besser den Zweck als der einfache Düsenbrenner, welch letzterer aber gerade wegen seiner Einfachheit der gebräuchlichere für diese Zwecke ist.

1) »Wahl von Gasbrennern für industrielle Anlagen.« Feuerungstechnik XVI, Heft 12, 1928.

In Abb. 139 ist eine Druckluftbrennerfeuerung, in einem Strebel-Warmwasserkokskessel mit 4 Pharosbrennern (Pharos-Ges., Hamburg), je zwei oberhalb und unterhalb des Rostes, angeordnet. Der maximale Gasverbrauch eines Brenners beträgt 500÷550 l/h bei 50 mm Gasdruck, der Wirkungsgrad ~ 0,92. Je nach der erforderlichen Warmwassermenge und Wassertemperatur sind ein oder mehrere Brenner einzubauen. — Von den Niederdruckbrennern ist für vorliegenden Zweck besonders die Düsenbrennerbatterie von Schulz & Sackur, Berlin, nach Abb. 140 bekannt und beliebt.

Um den nachteiligen Schornsteinzug für die Gasfeuerung auszuschalten, ist der Essenschieber fest zu schließen und ein besonderes Gas-

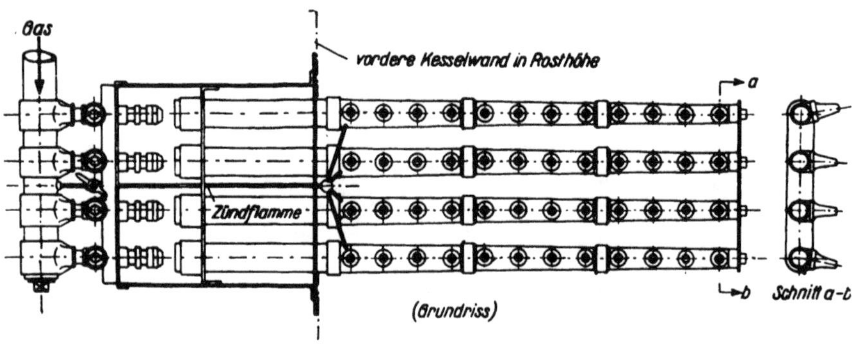

Abb. 140.

abzugsrohr mit Zugunterbrecher in ~ 1,0 m Höhe über Kessel anzubringen. Vorteilhaft ist es auch, zwischen Kessel und Gasmesser eine selbsttätige Absperrvorrichtung in die Gasleitung zu setzen, die beim Ausbleiben des Gasstromes die Zuleitung selbsttätig schließt; das Aufheben der Sperrung muß dagegen von Hand geschehen. Die automatische Regelung der Gaszufuhr erfolgt durch den Temperaturregler. Auf richtige Anordnung der Zündleitung, deren Stichflamme sicher die Brennermitte, am besten jeden Brennerkopf treffen muß, ist besonderer Wert zu legen.

Die Gaskessel.

Die neuzeitlichen, besonders für Gasfeuerung konstruierten Kessel sind Hochleistungskessel, indem sie eine fünffach höhere Leistung als koksgefeuerte Kessel ergeben, und werden zur Warmwasserbereitung als Warmwasserkessel wie auch Dampfkessel gebaut. Die ersteren können weiches Wasser direkt erwärmen. Diese Kessel schließen wie die Öfen in sich alle die bekannten großen Vorzüge der Gasheizung ein. Der springende Punkt bei der Entscheidung für und wider ihre Anwendung ist lediglich die Gaspreisfrage.

Nachdem die Gaswerke infolge des Wettbewerbes mit der Elektrizität sich zu niedrigeren Gaspreisen für Großgasheizzwecke verstanden haben, sind die Hochleistungsgaskessel für die Warmwasserbereitung eine selbstverständliche Erscheinung geworden.

Bei 6÷8 Pf./m³ Gaslieferung und Dauerbetrieb kann man eine Wirtschaftlichkeit voraussetzen. Bei unterbrochenem Betriebe kann der Gaspreis sogar noch etwas höher sein, sollte jedoch 10 Pf./m³ nicht übersteigen. Solche niedrigen Gaspreise sind jetzt schon vielfach, besonders im westfälischen Industriegebiete, zu finden. Aber selbst der höhere Heizgaspreis von 16 Pf./m³ anderer Gegenden wird häufig ohne weiteres in Kauf genommen im Hinblick auf die großen Vorzüge der Gasheizung. Die Anlagekosten sind gegenüber denen für Kessel für feste Brennstoffe belanglos. Die Aufstellung eines Gaskessels ist wegen seines sauberen Betriebes und seiner Unabhängigkeit von höherer Zugstärke an keine bestimmten Räume (Keller) gebunden. Alle Gasarten können ausgenutzt werden. Es findet sich jetzt schon eine große Zahl von diesen Gaskesseln in Badeanstalten, Wäschereien, Krankenhäusern, Warenhäusern, Hotels, Fabriken und in industriellen Werken aller Art im Betrieb stehend, vor allem überall dort, wo große Mengen Warmwasser und sauberer Betrieb verlangt werden.

Die Gaskessel kommen als Röhrenkessel in zwei Hauptbauarten zur Ausführung. Die eine Bauart ist ein stehender Heizröhrenkessel mit senkrechten Röhren, Feuerbüchse und natürlichem Zug. Der gesamte innere volle Querschnitt der Profilröhren bildet den Feuerzug. Bei der anderen Bauart in liegender Anordnung mit wagerechten zylindrischen Röhren und ohne Feuerbüchse sind die Rohre zur Erhöhung der Heizwirkung mit einem katalytisch wirkenden Stoff aus hochfeuerfester Masse ausgesetzt. Diese letztere wird durch das hindurchziehende Gas zum Glühen gebracht, so daß eine recht wirksame Wärmeübertragung an das Rohr durch Strahlung erfolgt. Wegen des durch den feuerfesten Einsatz erhöhten Widerstandes und zum Erreichen eines gleichmäßigen Verbrennungszustandes ist der hinteren Abgassammelkammer eine kleine Saugzuganlage anzuschließen. Der künstliche Zug ist somit für diese zweite Bauart eine Notwendigkeit.

Ein grundlegendes Modell der ersten Bauart ist der automatisch arbeitende Askaniakessel, der als Warmwasserkessel (Abb. 141) oder als Dampfkessel ausgeführt wird. Er ist aus starkem Kupferblech, innen verzinnt, die unteren und oberen Böden zum Schutze gegen die schädliche Gaseinwirkung verbleit, hergestellt. Die ebenfalls starkwandigen 73 Kupferröhren besitzen sichelförmigen Querschnitt. Als Armaturteile finden sich selbsttätige Gasregulier- und Sicherheitsventile (ähnlich wie bei den Askaniaöfen), wozu für die Dampfkessel noch ein automatisches Speiseventil, eine Wassermangelsicherung und die übliche Standrohreinrichtung hinzutreten.

In Tab. 21 sind die wichtigsten Daten für je ein kleinstes Modell des Warmwasser- und des Dampfkessels und für die 3 größten Modelle aufgenommen; dazwischen liegen noch 5÷6 Größen. Außerdem bauen die Askania-Werke noch Hochdruckdampf-Gaskessel bis 5 atü und einen Dampfautomat mit Gasfeuerung für 0,5 atü, der dort benutzt wird, wo der erzeugte Dampf direkt verbraucht und das Kondensat nicht in

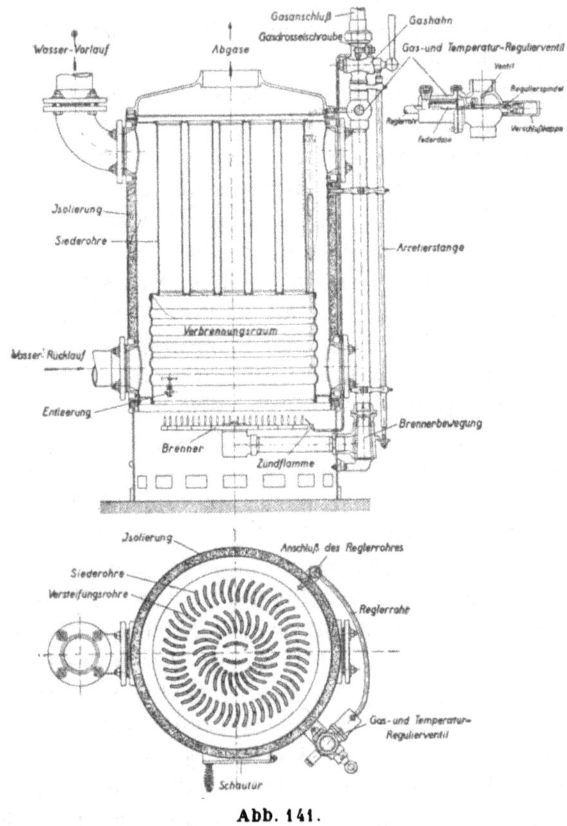

Abb. 141.

den Kessel zurückgeleitet wird, wie in Dampfbädern, Wäschereien, Färbereien und in Anlagen mit Warmwassererzeugung durch Mischen mit Dampf. Beide Kesselarten, Dampf- oder Warmwasserkessel, dienen der Warmwasserbereitung direkt oder indirekt. Im städtischen Bad zu Emmerich[1]) sind 2 Askania-Dampfkessel mit je 31 m^2 Heizfläche aufgestellt, die bei einem Gase mit 4500 kcal/m^3 zusammen 306000 kcal/h liefern. In den wenigen Stunden des Hochbetriebes einer Woche, die dem Bademeister im voraus bekannt sind, schafft er sich durch Hochheizen eines Behälterwassers eine ausreichende Reserve.

---

[1]) Das Gas- und Wasserfach 71, Heft 18, S. 424.

Tabelle 21.

Askania-Warmwasser- und Dampf-Gaskessel.

Bei 4000 kcal/m³ unt. Heizwert und 40 mm WS Gasdruck					
Heizfläche, Wasser m²	0,6	—	6,8	14	23
» Dampf m²	—	1,4	9	18	31
Wasserinhalt l	8	20	100	170	260
Stdl. Leistung bei 90° bzw. 0,1 atü kcal/m³	6 800	10 200	51 000	85 000	136 000
Gasverbrauch m³/h	2	3	15	25	40
Gasuhr Flammen	10	20	100	150	250
Manteldurchmesser mm	240	340	640	795	945
Kesselhöhe Wasser mm	725	—	1 175	1 300	1 450
« einschl. Standrohr (D.) mm	—	1 515	2 515	2 765	3 100
Wasseranschluß Zoll	$1^1/_4$	—	3	$4^1/_2$	$5^1/_2$
Dampfanschluß Zoll	—	2	3	$4^1/_2$	$4^1/_2$
Kondenswasseranschluß Zoll	—	$^1/_2$	2	2	2
Gaszuleitung Zoll	$^1/_2$	$^3/_4$	$1^1/_2$	$2^1/_2$	3
Abzugrohr mm	90	100	225	280	350
Gewicht, Wasser kg	47	—	290	375	670
» Dampf kg	—	82	320	574	1 650

Die Gaskessel der zweiten Bauart finden sich ebenfalls als Warmwasserkessel für direkte oder indirekte Erwärmung des Gebrauchswassers und als Nieder- und Hochdruckdampfkessel für 0,5÷8 atü und mehr. Die Hauptbestandteile sind: der eigentliche liegende Kessel mit meist ausziehbarem Röhrensystem, die Brenner, die Saugzugeinrichtung, die Sicherheitsarmatur und die Gasuhr. Die Zahl der meist 3½″ starken

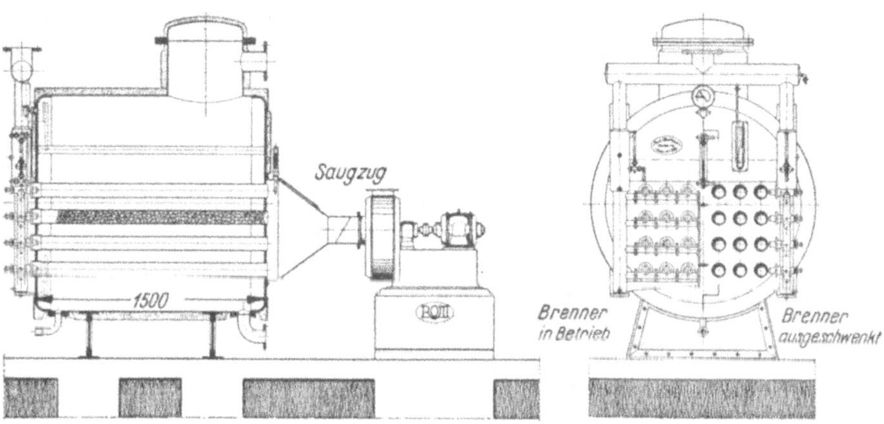

Abb. 142.

Stahlröhren schwankt zwischen 20 und 100. Vor jedem Rohr befindet sich ein Brenner mit Regulierventil. Die Brenner sind Düsenbrenner mit genau abgestimmten Kegeln.

Ein Kessel, dessen 24 Siederöhren mit walnußgroßen Stücken hoch feuerfester Spezialmasse gefüllt sind, ist nach Rud. Otto Meyer, Ham-

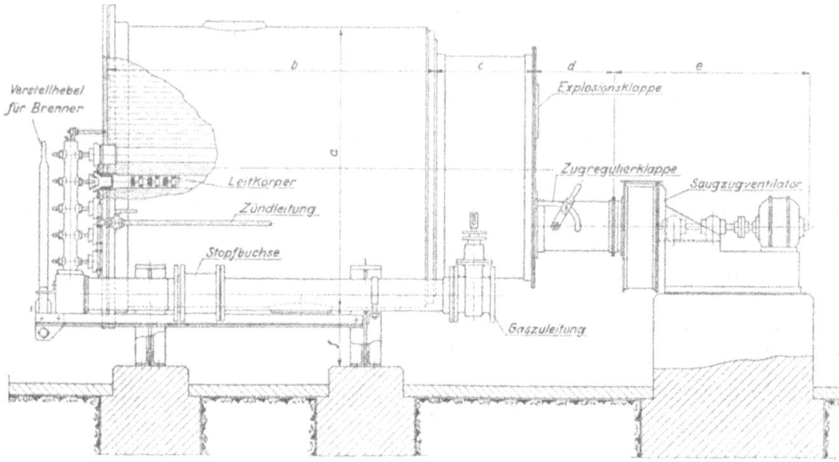

Abb. 143.

burg, in Abb. 142 dargebracht. Bei den Kesseln der Bamag-Meguin A.G., Berlin, von denen Abb. 143 den Warmwassertyp wiedergibt, sind die Rohre statt der unregelmäßigen Tonbrocken mit Formsteinen ausgesetzt, wodurch eine Herabsetzung des Gasverbrauchs, des Zuges von 50 auf 35 mm WS und des Kraftbedarfs für den Saugzugventilator erreicht werden soll. Außerdem hat man bei Formsteinen die Gewißheit, daß durch alle Rohre annähernd die gleiche Gasmenge hindurchgeht, während bei unregelmäßig geformten Stücken dies und jenes Rohr fast völlig verlegt sein kann. Der Toneinsatz muß sowieso von Zeit zu Zeit erneuert werden.

Abb. 144.

Die Bamagkessel werden mit einem Sicherheits-Rückschlagventil Abb. 144 ausgerüstet, das in die Gashauptzuleitung eingebaut wird. Von den beiden Membranräumen ist der eine an die Gasleitung angeschlossen, der zweite mit der Gasaustrittskammer des Kessels verbunden. Sobald der Gasdruck unter ein bestimmtes Maß sinkt oder der Unterdruck in

Tabelle 22.

Bamag-Meguin-Warmwasser-Hochleistungsgaskessel.
H_u = 4200 kcal/m³; 40 mm WS Gasdruck; Drehstrom, 220/380 V Spannung für den Saugzug.

Leistung kcal/h	Gas-verbrauch m³/h	Gas-Anschluß mm	Kraftbedarf kW	Abmessungen in mm (Abb. 143). a	b	c	d	e	f
90000	27	80	0,20	1000	1600	300	200	930	200
120000	36	80	0,25	1000	1600	300	200	930	200
150000	45	80	0,30	1000	1600	300	200	930	200
180000	54	80	0,35	1000	1600	300	200	930	200
210000	63	80	0,40	1000	1600	300	200	930	200
240000	71	100	0,43	1000	1600	300	200	930	200
270000	80	100	0,46	1200	1600	350	250	1000	200
330000	98	100	0,55	1200	1600	350	250	1000	200
360000	107	125	0,60	1200	1600	350	250	1000	200
420000	125	125	0,70	1200	1600	350	250	1000	200
480000	143	125	0,75	1400	1600	400	300	1080	250
540000	161	150	0,85	1400	1600	400	300	1080	250
600000	178	150	0,95	1400	1600	400	300	1120	250
690000	205	150	1,05	1500	1600	400	350	1180	250
780000	232	200	1,15	1500	1600	400	350	1180	250
870000	259	200	1,30	1800	1600	400	350	1180	250
990000	295	200	1,45	1800	1600	400	400	1220	250
1080000	322	200	1,60	1800	1600	400	400	1220	250

der Abgaskammer wegfällt, spricht das Ventil an; der Ventilteller fällt herunter und sperrt die Gasleitung ab. Der Zweck des Ventiles ist der, einerseits zu verhüten, daß bei Ausbleiben der Gaszufuhr die Gasöffnung geöffnet bleibt, so daß nach Rückkehr des Gasdruckes Gas unverbrannt austreten kann, und anderseits die Gefahren, die beim Ausfallen des Ventilatorzuges eintreten können, abzuwenden. Das Ventil kann nur von Hand wieder geöffnet werden.

Zur weiteren Ausnützung der Abgase wird in den Fuchs unmittelbar vor dem Saugzugventilator ein Rauchgaskühler zwecks Wasservorwärmung eingebaut. Genügt der vorliegende Gasdruck nicht, so ist ein Gasverdichter vorzusehen.

Weitere diesbezügliche Kesselausführungen, besonders den Körtingkessel, bespricht Dr.-Ing. Balcke im Gesundh.-Ing. 50, Heft 37, 1927.

Die Hochdruckkessel unterliegen natürlich der staatlichen Überwachung. Erleichterungen bei der Konzessionserteilung treten ein, sobald $Hp_u < 2$ ist; eine Aufstellung unter bewohnten Räumen ist zulässig, sobald $Hp_u < 30$ ist. Hierin bedeuten: H = Kesselheizfläche in m² und p_u = Dampfdruck in atü.

d) Die elektrischen Heizapparate und Elektrokessel.

Im Prinzip besteht ein elektrischer Heizkörper aus einem Leiter, in dem sich eine elektromotorische Kraft nicht geltend machen kann und der elektrische Strom in Wärme umgesetzt wird. Die Übertragung der Wärme an das Wasser kann mittelbar durch Leitung und Strahlung und unmittelbar erfolgen. In ersterem Falle wird die Wärme von dem erhitzten Leiter durch eine Metall- oder feuerfeste Stoffunterlage in das Wasser übergeleitet, während bei der unmittelbaren Erwärmung das Wasser selbst den Verbindungsleiter zwischen zwei Elektroden bildet. Da Gleichstrom Wasser zersetzt, so ist die Stromart für die letztere Ausführung auf Wechselstrom und Drehstrom beschränkt. Man hat also zwei Hauptgruppen zu unterscheiden, und zwar:

die Widerstandsheizapparate[1]) und
die Elektrodenheizapparate.

Nach weiteren Eigenschaften, Konstruktion und Betriebsdurchführungen lassen sich diese Warmwasserbereiter einteilen in:

lokale Klein- und Handapparate } mit Widerstandsheizung.
Durchlauf- und Zirkulationserhitzer } mit Widerstandsheizung.

Warmwasserspeicher mit Widerstandsheizung und
mit Niederdruck für 15÷100 l Inhalt und $\leqq$ 1 atü,
mit Hochdruck für 100÷1000 l Inhalt und 1÷8 atü,

Elektrokessel
mit Widerstandsheizung für alle Stromarten,
mit Elektrodenheizung für Wechselstrom bis 500 V.

Der wichtigste Teil der meist gebräuchlichen Widerstandsheizung der Heizkörper. Er besteht aus eisenfreiem Chromnickeldraht oder ist -band, die zur Erreichung der erforderlich großen Heizleiterlängen spiral- oder spulenförmig auf eine feste Unterlage, Zylinder, Platte od. dgl. aufgebracht sind. Bei einer Ausführung überträgt dieser Heizleiter, in feuerfeste Masse oder zwischen Mikanit, Glimmer eingebettet, oder in sonstiger Weise in enger Berührung mit der Heizfläche gebracht, seine Wärme durch Leitung auf diese Heizfläche und in das Wasser. Die Heizfläche wird jetzt in der Regel von der Wandung eines kleinen Rohrzylinders von ∼32÷35 mm Durchmesser und ∼125÷150 mm Länge gebildet, welche Zylinder als Heizelement oder Heizpatrone je nach benötigter Leistung zu 1—10 Stück in den Warmwasserbehälter gesteckt werden. Eine zweite Ausführung (Maffeiwerk, München) besitzt auf einem Quarzrohr lose liegende enge Chromnickelspiralen, die von der inneren Wandung des Patronenrohres um einige Zentimeter abstehen und ihre Wärme durch Strahlung an sie abgeben. Beide Konstruktionen beanspruchen die Vorteile geringen Kesselsteinniederschlages, hoher Wärmeleistung und großer Lebensdauer. Langjährige Betriebserfahrungen müssen hier Lehrmeister sein. Auf jeden Fall sollen die

[1]) Foerster: »Fließendes Warmwasser durch Elektrizität und die Heißwasserspeicherung.« Gesundheits-Ingenieur 50, Heft 45, 1927.

Heizelemente ohne Entleerung des Behälters herausnehmbar und auswechselbar sein und zur wirksamsten Verhinderung der Kesselsteinbildung die Wassertemperaturen möglichst unter 70° bleiben.

Auf die mannigfachen lokalen Klein- und Handapparate kann hier nicht näher eingegangen werden. Eine solche Betrachtung erübrigt sich auch, da sich die Ausführung als Wasser-, Tee-, Kaffeekocher u. dgl. mehr auf die äußere Ausstattung als auf den Heizkörper selbst bezieht. Abgesehen von den Luxusgegenständen haben die einfachen Wassertöpfe und sonstige Haushaltungsgegenstände bereits allgemeine und weitgehende Bedeutung erlangt. Die Heizung wird durch fest am Boden oder Mantel isoliert verlegte oder auswechselbare Heizwiderstände bewirkt. Man kann rechnen, daß 0,5 l Wasser in kaltem Topfe in 8 Minuten zum Sieden gebracht wird und die Energieaufnahme 550 Watt für Spannungen bis 250 V beträgt. Ein schon weit größeres Ausmaß besitzt der kippbare Kochkessel nach Abb. 145 von A.G. Kummler & Matter, Aarau, der vielfach in landwirtschaftlichen Betrieben für Einkochen, Futterbereitung und Waschwasser, in Fleischereien und sonstigen gewerblichen Betrieben mit größerem zeitweiligen Warmwasserbedarf benutzt wird. In Abb. 45 sind: 1 = Gußeisenkessel, 2 = elektrischer Heizkörper, 3 = Korkschrotisolation, 4 = isolierter Deckel, 5 = Ventil, 6 = Gestell, 7 = Kipphebel mit Stellvorrichtung, 8 = Anschlußkabel.

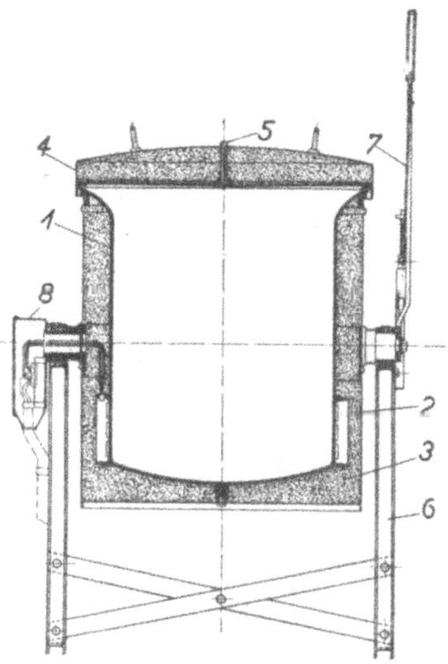

Abb. 145.

Tabelle 23.

Kochgefäße von Elektra-Lindau (aus verzinntem Messing und Kupfer oder verzinktem Eisen).

Inhalt l	Durchmesser mm	Regulierbarkeit	Stromverbrauch Watt	Gewicht kg	Inhalt l	Siedezeit min	Stromverbrauch Watt	Gewicht kg
0,25	80	(mit auswechselbarer Bodenheizung)	200	0,3	10	35	2000	6,5
0,5	110		300	0,6	20	50	3000	13
1	140		500	0,8	25	60	3600	16
1,5	140		600	0,95	50	72	5000	26
2	210	3 fach	250 ÷ 700	(wie bei 0,25 ÷ 1,5 l)	75	85	6500	35
3	210		300 ÷ 800		100	90	8000	42
5	210		300 ÷ 900		(mit Boden- u. Seitenheizung für Gefäße von 10 ÷ 100 l)			

Tabelle 24.
Kochkessel von Kummler & Matter. (Abb. 145.)

Inhalt	Energieaufnahme	Innenkessel Durchmesser	Innenkessel Höhe	Außenmantel Durchmesser	Außenmantel Höhe	Ganze Höhe v. Fußboden	Gewicht
l	Watt	mm	mm	mm	mm	mm	kg
50	1600	364	595	498	660	985	120
100	2500	500	660	628	725	1050	170
200	4200	610	825	748	890	1280	250

Die Durchlaufapparate oder Zirkulationserhitzer sind meist älterer Konstruktion; sie bezwecken eine schnelle Wassererwärmung. Dies Bestreben nach Schnellerhitzung findet aber seine Grenze in der verfügbaren Strommenge. Ist auch die Konstruktion der einzelnen Ausführungen verschieden, so besitzen sie alle doch das nämliche Prinzip, indem sich das zu erwärmende Wasser durch Röhren bewegt und dabei erwärmt. Die Röhren sind mit dem elektrischen Widerstand bewehrt.

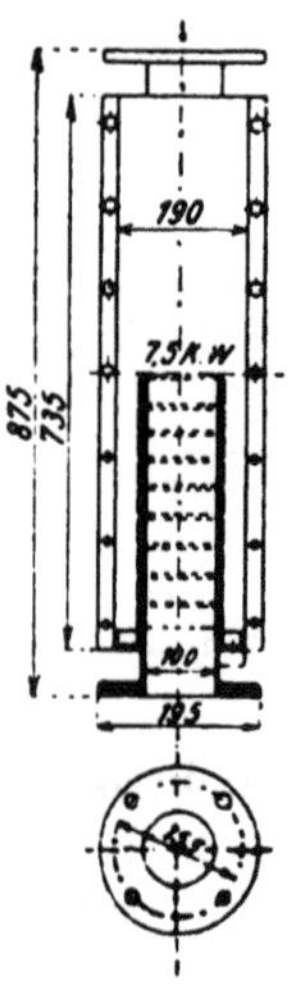

Abb. 146.

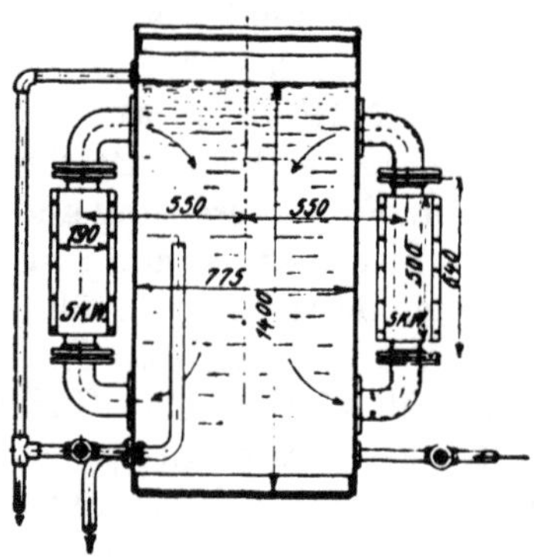

Abb. 147.

Zu dieser Gattung gehört der Ofen Abb. 35, bei dem das Wasser durch Kupferschlangen von $\sim$50 mm l. W. strömt, welche den eigentlichen Heizkörper tragen. Die Heizdrähte desselben, durch schwer schmelzbare Glasperlen isoliert, sind unten in engeren, oben in weiteren Windungen um das Rohr gewickelt, mit einem erhärtenden Isolierkitt umgeben und luftdicht abgeschlossen. Die Heizkörper sind für Badezwecke bestimmt. Abb. 146 und 147 zeigen Ausführungen nach einem älteren Prometheus-System, bei denen Durchlaufröhren mit Ringelementen ausgerüstet sind. Ähnliche Systeme finden sich bei den Widerstands-Elektrokesseln, die dann ebenfalls zu dieser Gattung zu rechnen sind. Ein kleiner, neuzeitlicher, sehr beliebt gewordener Durchlaufapparat, der an jede häusliche Wasserleitung und bei 1 kW Stromentnahme an jede Lichtleitung angeschlossen werden kann, ist der Heißwasserspender von Dr. Stübel, Berlin. Dieser Porzellanapparat leistet bei Kleinverbrauch zur Hände-, Mundreinigung, Rasieren usw. im Haushalt und Gewerbe vorzügliche Dienste.

Auf die Durchlaufapparate kommt man neuzeitlich immer wieder für große Warmwasseraufspeicherung von mehr als 1000 l zurück. Hier legt man vielfach die Heizelemente nicht in den Speicherbehälter, sondern es wird ein besonderer stehender Strömungserhitzer aufgestellt, in dessen senkrechten Sioderöhren sich die Heizelemente befinden, also ähnlich wie in Abb. 147 und 156. Die Wasserzirkulation erfolgt nur nicht durch die Heizröhren, sondern durch den Warmwasserbehälter und den mit ihm durch Stutzen verbundenen danebenstehenden kleineren elektrischen Heizröhrenapparat.

Die Warmwasserspeicher sind zurzeit die beliebtesten und gebräuchlichsten elektrischen Warmwasserbereiter, da sie sich durch eine gewisse Speicherfähigkeit als die für den Produzenten und Konsumenten vorteilhaftesten und leistungsfähigsten erwiesen haben. Durch die Warmwasserspeicherung werden nicht nur die Einnahmen des Elektrizitätswerkes erhöht, sondern auch infolge Vergrößerung der ideellen Benutzungsdauer die Selbstkosten der erzeugten kWh gesenkt und in Wechsel- und Drehstromanlagen der cos φ verbessert. Gerade in der Nachtzeit und in Sommermonaten erreicht letzterer oft so niedrige Werte, daß die Regulierung der Spannung und die Wirtschaftlichkeit der Stromverteilung darunter leiden. Im Gegensatz zu den Durchflußapparaten erfordern die Speicher keine Verstärkung der Leitungsquerschnitte und nehmen ihre Leistung ohne jede Schwankung auf. Wird der Strom nur während der Nachtzeit entnommen, so muß der Speicherinhalt so groß bemessen werden, daß er für den während des Tages auftretenden Bedarf an warmem Wasser ausreicht. Die Speicher werden als Klein-, Mittel- und Großapparate für 1,50 bis 1000 l Inhalt gebaut. In ihren Außenmaßen sind sie normalisiert. Hierfür bestehen die DIN-Blätter: DIN. VDE 4900: Heißwasserspeicher und Badeofen für 1 kg/cm² und DIN. VDE 4901: Heißwasserspeicher für 6 kg/cm² Betriebsdruck.

Man kann die Speicher einteilen in:

Niederdruckspeicher, offenes oder geschlossenes System als Auslauf- oder als Überlaufspeicher für eine oder mehrere nah beieinander liegende Zapfstellen,

Hochdruckspeicher, geschlossenes System als Überlaufspeicher für Zentralanlage mit mehreren Zapfstellen.

Die Niederdruckspeicher können getrennte Entnahme von kaltem und warmem Wasser oder Mischapparat besitzen. Bei Schwimmergefäßbenutzung darf dieses nicht höher als 10 m über Speicherunterkante stehen. Ist der Druckunterschied in der Mischbatterie zu groß, so kann entweder die Kaltwasserleitung ebenfalls an den Schwimmerkasten angeschlossen werden, oder es muß eine Drosselschraube oder ein Druckminderventil in die Kaltwasserzuleitung zu der Mischbatterie eingebaut werden. Bei den Hochdruckspeichern ist in der Warmwasserleitung ein Sicherheitsventil, in der Kaltwasserleitung ein Rückschlagventil vorzusehen; bei Wasserleitungsdrücken > 6 atü tritt an Stelle des letzteren ein Druckminderventil.

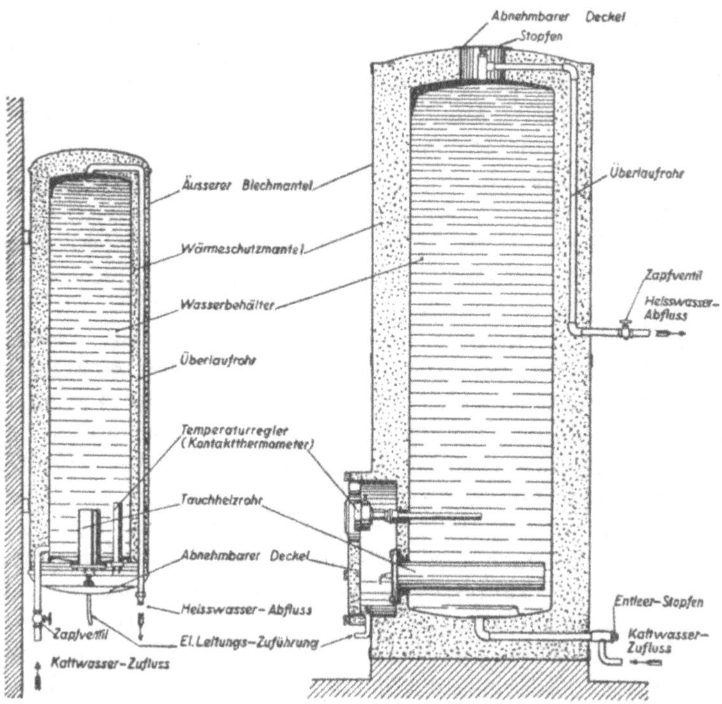

Abb. 148. Abb. 149.

Im wesentlichen besteht ein elektrischer Warmwasserspeicher aus dem Wasserbehälter mit Zu- und Ablauf. In jenem ist der elektrische Heizkörper mit $1 \div 8$ Patronen und ein automatischer Temperaturregler eingebaut, und zwar bei den kleinen Modellen senkrecht am unteren Boden (Abb. 148, Prometheus) oder bei den größeren wagerecht am unteren Zylinderteil (Abb. 149). Umgeben ist der eigentliche Behälter von einem starken Isolationsmantel und äußerem Blechmantel. Der Behälterzylinder ist aus feuerverzinktem Stahlblech oder bei den offenen Niederdruckspeichern auch aus verzinntem Kupferblech hergestellt. Letzterer Baustoff ist für alle Speicherzylinder zu empfehlen, sobald besonders weiches Wasser mit Gehalt an freiem Chlor und freier Kohlensäure vorliegt.

Niederdruckspeicher von 15÷200 l Inhalt können als Auslauf- oder Entleerungsspeicher betrieben werden, indem das Warmwasser nach Abb. 150 (AEG) durch das am unteren Boden angebrachte Kaltwassereinlaufrohr abgezapft wird. Dadurch wird erreicht, daß stets der ganze Speicherinhalt mit höchster Temperatur zur Verfügung steht, ohne daß ihm von nachströmendem kalten Wasser Wärme entzogen wird. Damit der Speicher nicht einmal trockengehend eingeschaltet wird, ist eine Trockengehsicherung anzubringen. Diese Niederdruckentleerungsspeicher eignen sich besonders dort, wo nur Nachtstrom zum Aufladen zur Verfügung steht und wo in späterer Zeit nach Abschalten des Stromes heißes Wasser, z. B. zum Geschirrspülen, über Mittag usw. benötigt wird. Ihre Betriebsweise erfordert jedoch, daß sie nach Entleeren vor Stromeinschaltung wieder gefüllt werden (abends), um wäh-

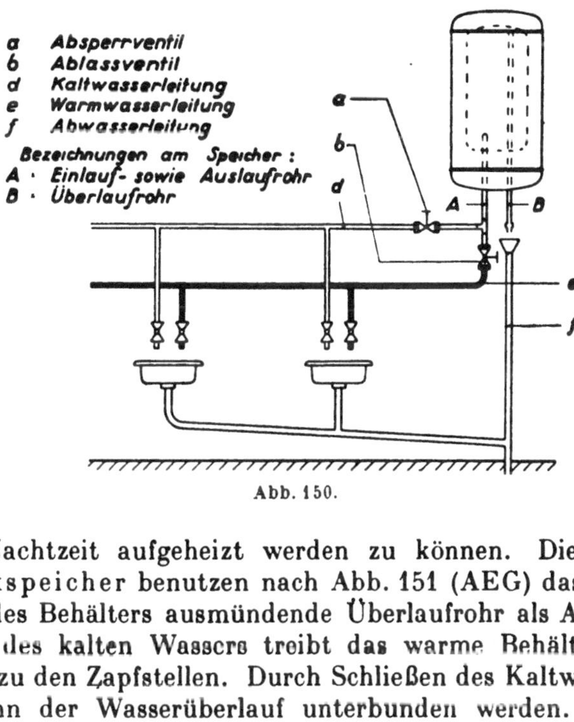

Abb. 150.

rend der Nachtzeit aufgeheizt werden zu können. Die Überlaufhochdruckspeicher benutzen nach Abb. 151 (AEG) das an höchster Kopfstelle des Behälters ausmündende Überlaufrohr als Abzapfleitung. Der Druck des kalten Wassers treibt das warme Behälterwasser vor sich her bis zu den Zapfstellen. Durch Schließen des Kaltwasserabsperrventiles kann der Wasserüberlauf unterbunden werden. Eine Prallfläche über der Kaltwasserrohrmündung verhindert ein Mischen des eindrückenden Kaltwassers mit dem warmen Wasser in den oberen Schichten des Behälters. Ist der gesamte Wasserinhalt bis auf 70÷85° aufgeheizt, so unterbricht der Thermostat den Strom.

Als Armaturen der Speicher finden sich ein Handschalter, Thermostat mit Quecksilberschalter oder Kontaktthermometer, Sicherheits-, Rückschlag-, Druckverminderungsventil, eine Signallampe und die sonst üblichen elektrischen Teile wie Sicherungen, Doppeltarifzähler, Sperruhr für Nachtspeicher, ferner ein Mischrohr, eine Mischbatterie od. dgl. Eine vollständige Anschlußventilarmatur gibt nach Prometheus, Frankfurt, Abb. 152 für Hochdruckspeicher mit unmittelbarem Anschluß an die Wasserleitung an; die elektrische Anschlußeinrichtung für Drehstrom-Nachtspeicher Abb. 153.

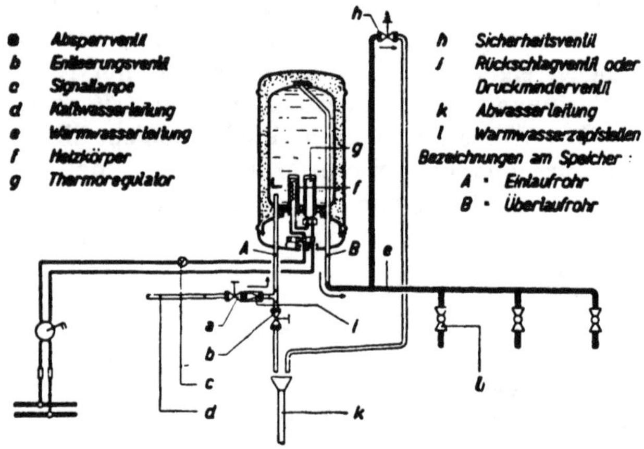

Abb. 151.

Tabelle 25.

AEG-Warmwasserspeicher. (Abb. 151.)

Inhalt l	Nenn-aufnahme W	Anordnung	Höhe mm	Durchmesser mm	Leergewicht in kg: Kupfer verzinkt	Leergewicht in kg: Eisen verzinkt	Tägliche Warmwasserleistung in Liter von 85° C bei Dauerspeicher	Tägliche Warmwasserleistung in Liter von 85° C bei Nachtspeicher	Im Haushalt ausreichend für Personen: Dauerspeicher	Im Haushalt ausreichend für Personen: Nachtspeicher
5	225	hängend	720	235	7	—	30	—	2	--
15	225		685	385	18	20	50	15	2	2
15	225		825	300	—	27	50	15	2	2
25	360		880	385	25	30	70	25	4	2
30	360		1120	350	—	54	80	30	4	2
50	600		1075	445	32	40	140	50	7	3
50	600		1180	410	—	65	140	50	7	3
80	880		1445	445	40	55	210	80	9	4
75	1 000		1530	440	--	83	220	75	9	4
100	1 300		1470	500	—	90	290	100	10	5
120	1 320	stehend	1780	480	82	—	310	120	10	6
120	1 320		1780	480	92	--	310	120	**Badeofen**	
150	1 800		1660	630	—	120	400	150	Für Haushaltungen mit Bad, Hotels, gewerbl. Betriebe z. Zentralwasserversorgung.	
200	2 400		1940	620	—	140	550	200		
300	3 600		2025	700	—	182	830	300		
400	4 800		2140	760	—	225	1100	400		
600	7 000		2405	860	—	338	1600	600		
800	9 000		2285	1010	—	410	2200	800		
1000	11 200		2650	1010	—	460	2800	1000		

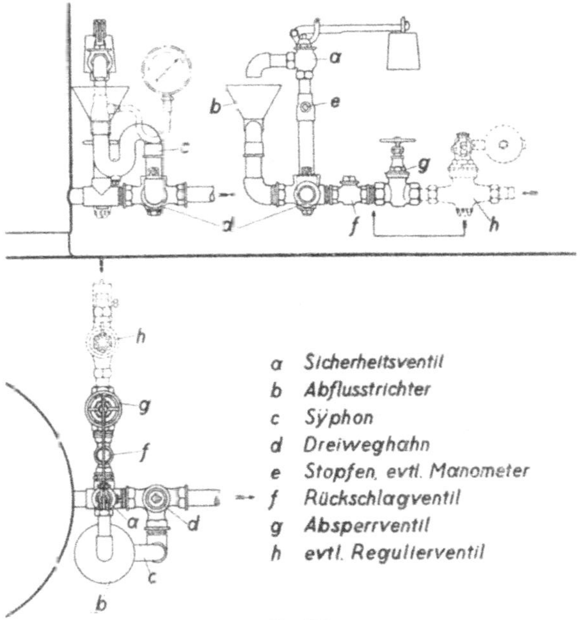

Abb. 152.

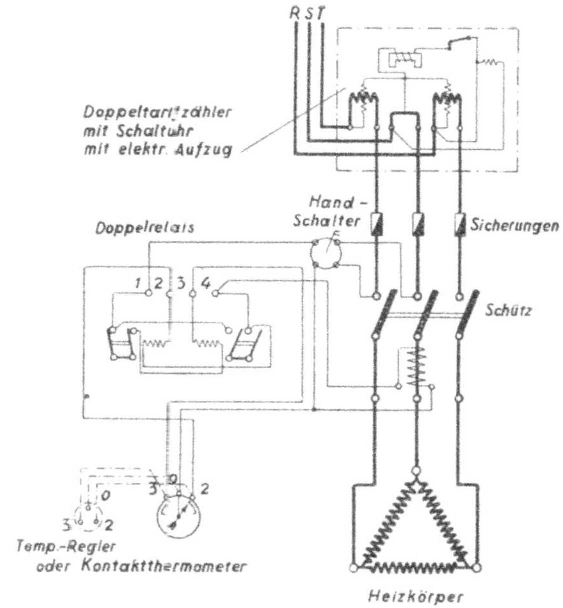

Abb. 153.

Tabelle 26.

Prometheus-Warmwasserspeicher. (Abb. 148 und 149.)

Speicher-Inhalt	Nennaufnahme bei 8 Stunden Ladezeit	Bei Nachtanschluß: Heißwassermenge	Bei Nachtanschluß: Elektr. Arbeit bei 8 Std. Ladezeit u. voller Ausnutzung	Bei Nachtanschluß: Verwendungsgebiet	Bei Nachtanschluß: Zahl der Bäder von 150-200 l von 35° C je Tag	Bei Daueranschluß: Heißwassermenge	Bei Daueranschluß: Elektr. Arbeit bei voller Ausnutzung	Zahl der Bäder zwischen 6 Uhr und 22 Uhr	Speicher-Art
l	kW	l/Tag	kWh/Tag			l/Tag	kWh/Tag		
25	0,35	25	2,8	Küche	—	75	8.5	—	Niederdruckspeicher
50	0,65	50	5,0	Küche u. Bad	—	150	15,0	—	
75	0,90	75	7,3		1	225	22,0	3	
100	1,2	100	9,4	Allg. Hausversorgung	1	300	28,3	3	Hochdruckspeicher
200	2,4	200	18,5		3	600	55,7	9	
300	3,6	300	27,6		4—5	900	82,7	12—15	
400	4,8	400	36,9	Größere Hausversorgung, gewerbl. u. industrielle Anlagen	5—7	1200	111,0	15—21	
500	6,0	500	45,7		7—8	1500	137,5	21—24	
600	7,2	600	54,8		8—10	1800	164,5	24—30	
800	9,2	800	72,7		11—13	2400	218,0	33—39	
1000	12,0	1000	90,4		13—16	3000	217,0	39—48	

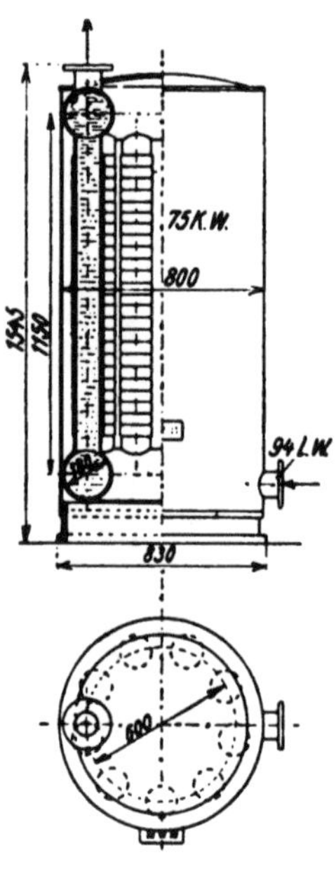

Abb. 154.

Die Elektrokessel bewirken eine Warmwasserbereitung im großen. Man hat zu unterscheiden:

Elektrokessel mit Widerstandsheizung,
» » Elektrodenheizung.

Wie schon eingangs hingewiesen, ist eine direkte Erwärmung des Wassers wegen seiner sonstigen Zersetzung nur durch Wechselstrom- oder Drehstrom möglich. Die indirekt wirkende Widerstandsheizung kann mit Gleichstrom arbeiten. Abgesehen von den Ausführungen von Prometheus nach Abb. 154 und Abb. 155, nach denen der stehende Röhrenkessel bzw. der liegende Zylinderkessel gleich die Gebrauchswassererzeuger sind, geht man meist in der Weise vor, daß im Elektrokessel erst Dampf erzeugt wird, welcher das in einem besonderen Boiler befindliche Gebrauchswasser mittels eines Einsatzes von Rohrschlangen u. dgl. indirekt oder mittels des in den Boiler eingeblasenen Dampfes direkt erwärmt. Die Elektrokessel sind also in der Regel Niederdruck- oder Hochdruckdampfkessel.

Die Elektrokessel mit Widerstandsheizung sind teils stehende oder liegende Heizröhrenkessel, die innerhalb oder außerhalb der Heizröhren die Heizleiter tragen, teils wie die Speicher stehende oder liegende Zylinderkessel mit wagerechtem Heizpatroneneinsatz am unteren Kesselteil. Der Prometheus-Kessel (Abb. 154), der auch für Niederdruckdampf und 45÷75 kW Energieverbrauch vorgesehen ist, trägt Ringelemente um die Röhren, beim Kessel Abb. 156 von Elektra,

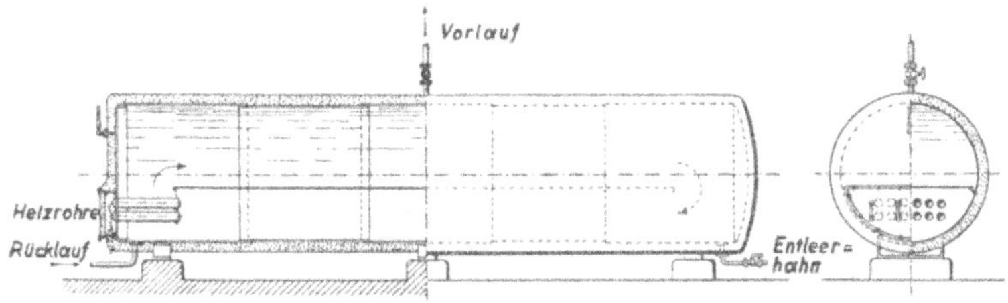

Abb. 155.

Lindau, sind die 80 Stahlröhren mit den Heizdrähten ausgesetzt; zur Erzeugung der 450 kg/h Dampf von ∼0,2 atü sind 68 kW nötig. Vorgewärmtes Speisewasser tritt bei a_1, frisches Hilfsspeisewasser bei a_2 ein, der Dampf wird bei *b* abgenommen, die Sicherung des Betriebes erfolgt durch das Standrohr *d* und das Signalrohr *e*. Elektrokessel mit Heizpatronen sind von der AEG und von Kummler & Matter, Aarau, mehrfach für Nachtstrom zu 4000÷20000 l Inhalt und 24÷160 kW geliefert; die Zahl der Patronen kann dabei bis zu 75 steigen, die zu 2 oder 3 Einsätzen gebündelt werden.

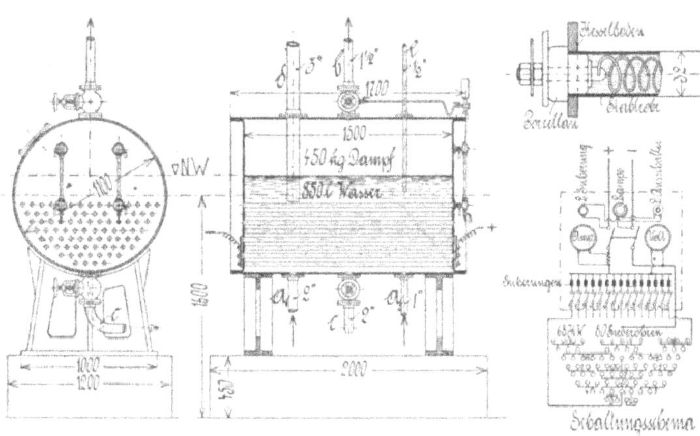

Abb. 156.

Die Elektrokessel mit Elektrodenheizung werden ausgeführt für hochgespannten Wechsel- oder Drehstrom bis 15000 V und für Leistungen von 100 kW aufwärts; ferner für Niederspannung bis 500 V Wechsel- oder Drehstrom und für Leistungen von 50÷500 kW. Ein grundlegendes Modell dieser Kessel ist das in allen Industriestaaten patentierte System von Brockdorff der Maffeiwerke, München, geworden, wovon Abb. 157 eine schematische Darstellung mit Reguliervorrichtung und Nebenapparaten wiedergibt. Es kommt hier eine große Elektrode, die aus stab- oder rohrförmigen Körpern zusammengesetzt ist, zur Verwendung, wodurch elektrolytische Wirkung ausgeschlossen wird, welche bei kleinen, hochbeanspruchten Elektroden auftreten kann. Um trotz der großen Oberfläche den erforderlichen hohen Widerstand in regelbarer Weise zu erzielen, ist die Elektrode von beweglichen konischen Porzellan-Verdrängungskörpern mit schrägen Leitkanälen umgeben, in denen die Umsetzung der elektrischen Energie und damit die Verdampfung erfolgt. Zwei solcher Kessel sind u. a. (s. Tabelle 2) mit einer Leistung von je 4000 kW bei 5000 V im Muffatwerk München aufgestellt. Durch diese Anlage wird das Städt. Volksbad mit Dampf und Heißwasser und die Fernwasserheizung des Deutschen Museums vom Bayernwerk aus versorgt. Die Heißwasserbereitung erfolgt derartig, daß nachts 3 Boiler von 100 m³ Inhalt durch Heizrohrsysteme aufgeladen werden.

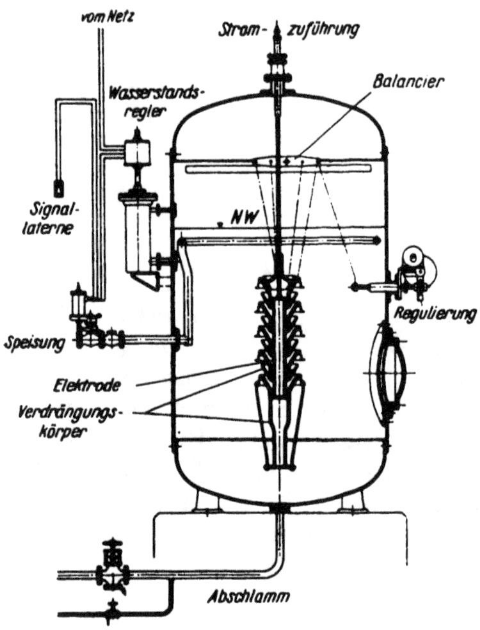

Abb. 157.

C. Abgaswärmeverwerter.

Die Abgaswärme kann in verschiedener Weise nutzbar gemacht werden. Ein Hauptanwendungsgebiet ist außer der Vorwärmung des Kesselspeisewassers die Erzeugung warmen Wassers für Bäder und sonstige industrielle und häusliche Zwecke. Hierzu dienen neben behelfsmäßigen Kleinapparaten die Ekonomiser und sonstige Abwärmeverwerter der Klein- und Großfeuerungen.

a) Die Ekonomiser.

Im Dampfkesselbau sind die Ekonomiser schon seit langem eine Selbstverständlichkeit zur Vorwärmung des Speisewassers. Jetzt werden sie jedoch auch häufiger zur Erwärmung von Gebrauchswasser benutzt. Konstruktion und Betriebsweise bleiben dabei dieselben, weshalb sich eine Besprechung dieser Groß-Ekonomiser hier erübrigt. Bei Verteilung des Warmwassers auf größere Entfernungen muß eine Umwälzpumpe eingeschaltet werden.

In neuerer Zeit hat sich das Bedürfnis fühlbar gemacht, die Abgase kleinerer Feuerungsanlagen, Lokomobilen, selbst Öl- und Dieselmotoren zur Warmwasserbereitung oder Niederdruckdampferzeugung in einfachen, billigen, leicht einzubauenden Klein-Ekonomisern ausnützen zu können, bei denen die verhältnismäßig hohen Einmauerungskosten der Groß-Ekonomiser fortfallen, welchen sie im Prinzip aber vollkommen entsprechen Ein freistehender Blechbehälter mit Röhren- oder Rippen-

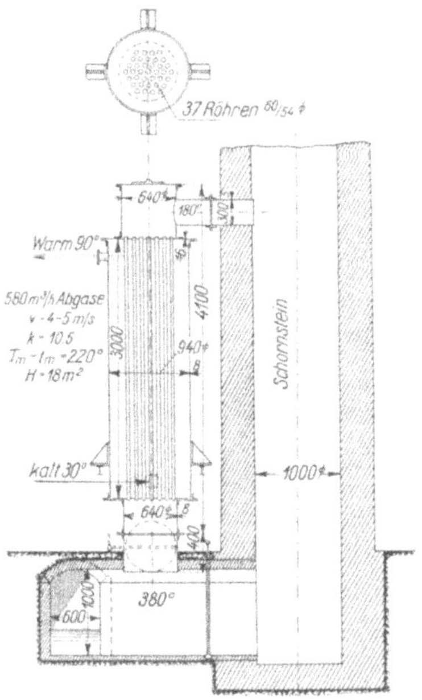

Abb. 158.

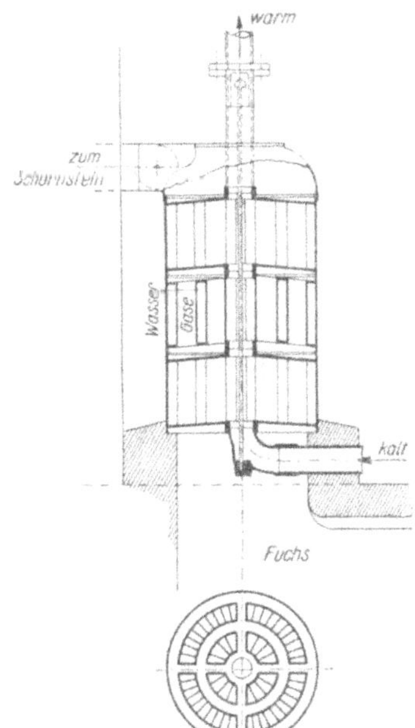

Abb. 159.

einsatz, durch welche die Abgase ziehen, wird im Fuchs kurz vor dem Schornstein eingebaut; der Weg der Gase wird durch Schieber und Drosselklappen geregelt.

Abb. 158 gibt eine derartige Ausführung der Dampfkesselfabrik Rodberg, Darmstadt, wieder. Mit dem Apparat zu 18 m² Heizfläche wird durch 580 m³/h Abgasmenge, 380° Gaseintritts- und 180° Gasaustrittstemperatur, $4 \div 5$ m/s Gasgeschwindigkeit und $k = 10{,}5$ eine Leistung von 35000 kcal/h erzielt oder eine Wassermenge von 580 l/h von 30° auf 90° erwärmt. Der Warmwasserbereiter von Föge-Hannover, Abb. 159, besitzt einen doppelten Ringrippeneinsatz, durch den die Rauchgase ziehen. In Tabelle 27 enthält die erste Spalte die Leistung des Kessels, von dem die Rauchgase stammen.

Tabelle 27.

Föge-Ringrippen-Warmwasserbereiter (Kleinekonomiser). (Abb. 159.)

Kesselleistung	Abgastemp. °C vor Warmwasserber.	Abgastemp. °C hinter Warmwasserber.	CO_2-Gehalt der Gase	Wassertemp. °C Zulauf	Wassertemp. °C Ablauf	Leistung des Warmwasserber.	Leistung des Warmwasserber. in % d. Kesselstg.	Heizfläche	Höhe	Durchmesser	Gewicht
kcal/h			%			kcal/h		m^2	mm	mm	kg
19500	300	180	10	70	90	2100	10,8	3	790	340	120
28000	300	175	10	70	90	3300	11,8	4	960	340	155
37000	300	180	10	70	90	4000	10,8	4	960	340	155
55000	300	180	10	70	90	6100	10,8	4	960	340	155
65000	300	170	10	70	90	7700	12	9,2	960	470	335
90000	300	185	10	70	90	9800	10	9,2	960	470	335
125000	300	190	10	70	90	12500	10	9,2	960	470	335

b) Die Abgaswärmeverwerter der Heizungskessel- und Kleinfeuerungen.

Eine besondere und große Bedeutung haben die Abgaskessel und Apparate schon erlangt, welche die Wärme der Abgase der Zentralheizungskessel und der kleingewerblichen und häuslichen Feuerungen zur Ausnutzung bringen. Die Konstruktionen werden in den Fuchs eingebaut und nutzen während der Heizperiode die Abgaswärme zur Warmwassererzeugung aus. Zur Zeit der Betriebsunterbrechung der Feuerung (Sommerszeit) lassen sich dazu die Abgaskessel der Heizungskessel noch mit eigener Feuerung unter Einsetzen eines sog. Sommerrostes betreiben. Schaltung und Betriebsweise können dabei verschiedentlich durchgeführt sein. Die Anlage wird hierdurch zwar umfangreicher, die Betriebskosten werden sich dagegen für die häusliche Warmwasserbereitung, welchem Zweck der Abgaskessel in erster Linie statt eines besonderen Kleinkessels dient, bei richtiger Ausführung und ordnungsmäßigem Betriebe wesentlich verringern. Es muß aber gleich darauf aufmerksam gemacht werden, daß nicht alle derartigen Abgaswärmeverwerter ihren Zweck erfüllen. Die Heizfläche als Wärmeaustauschfläche wie auch die durch die Innenkonstruktion hervorgerufenen Widerstände müssen im richtigen Verhältnis zur Abgaswärmeenergie und Zugstärke der Anlage stehen. Zur Sicherung eines zuverlässigen Schornsteinzuges sollten die Abgase nicht unter 120° abgekühlt werden. In der Regel werden die Abgaskessel als stehende Rohr- oder Röhrenkessel mit oder ohne Zusatz-Füllschachtfeuerung ausgeführt.

Unter Berücksichtigung obiger Bedingungen ist der Abgaskessel mit Zusatzfeuerung der Ideal-Apparatebauges., Kiel, beachtenswert. Der Kessel ist nach Abb. 160 ein stehender Rauchrohrkessel, dessen Eigentümlichkeit vor allem in dem äußeren Heizmantel zu suchen ist. Durch letzteren wird die Leistung des Rauchgaskessels erheblich erhöht und dieser vor Einbau zu großer Heizfläche geschützt. Daran kranken nämlich viele derartigen Konstruktionen, daß zur Erreichung einer rechnungsmäßig nachweisbaren großen Heizfläche die Leistung der Hauptkessel erheblich herabgedrückt und dadurch der ganze Betrieb leicht ein unwirtschaftlicher wird.

Im Winter wird Warmwasser kostenlos durch die Abgase und bei plötzlichem erhöhten Bedarf noch durch die mit Heizwasser oder Dampf der Heizungskessel betriebene Mantelheizung gewonnen; in den Übergangszeiten durch die Abgase und bei größerem Bedarf durch die direkte Sommerrostfeuerung; im Sommer durch die Sommerrostfeuerung allein. Durch Einschaltung der Mantelheizfläche in das Steigrohr einer Warmwasserraumheizung ist es möglich, während der Übergangszeiten und in kühlen Sommertagen den eigentlichen Warmwasserbereitungskessel (Abgaskessel) zur Raumerwärmung mit heranzuziehen. Es tritt dann also hier der umgekehrte Fall der sonst üblichen Verhältnisse ein, indem die Warmwasserbereitung die Hauptanlage ist und die Raumerwärmung im Nebenbetrieb dazu steht.

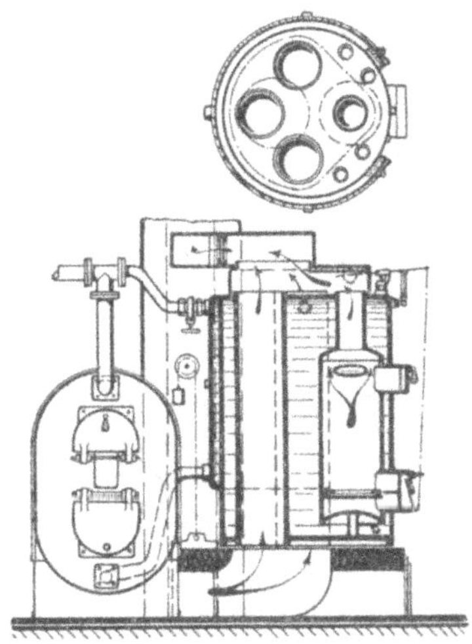

Abb. 160.

Tabelle 28. **Abgaskessel der Ideal-Apparatebauges.** (Abb. 160.)

Ges. Inhalt	Höhe	Durchmesser	Rauchrohre: Hzfl. Leist.			Innenfeuerung: Hzfl. Leist.				Mantelheizkammer			Gewicht
			Anzahl	Heizfl.	[1])	Heizfl.	Leist.	Liter v. 10 auf 50°	ev. Radiatoren anzuschließ.	Heizfl.	Leistung bei Heizwasser v. 70°	Leistung bei Dampf $^1/_{10}$ atü	
l	mm	mm		m²	l/Tag	m²	kcal	l/h	m²	m²	l/h v. 10 auf 50°C		kg
220	1250	620	2	1,5	900	0,6	7200	180	14	1,3	250	500	240
260	1500	620	2	1,8	1100	0,7	8400	210	16	1,6	300	600	290
370	1250	770	2	1,8	1100	0,7	8400	210	16	1,8	340	680	340
460	1500	770	2	2,1	1300	0.9	10800	270	20	2,2	420	840	390
550	1250	930	3	2,7	1650	0,8	9600	240	18	2,2	400	800	460
660	1500	930	3	3,2	2000	1,0	12000	300	24	2,7	520	1000	500
880	2000	930	3	4,2	2600	1,4	16800	420	32	3,8	720	1400	680
700	1250	1080	4	3,6	2250	1,1	13200	355	26	2,7	500	1000	720
850	1500	1080	4	4,5	2800	1,25	15000	375	30	3,3	620	1200	840
1150	2000	1080	4	6,0	3750	1,5	18000	450	36	4,7	900	1800	1100
1000	1250	1260	5	4,5	2800	1,3	15600	390	30	3,3	620	1200	810
1250	1500	1260	5	5,2	3250	1,6	10200	480	38	4,0	760	1400	940
1700	2000	1260	5	7,5	4650	2.0	24000	600	48	5,7	1050	2000	1200

[1]) Die Spalte gibt an, wieviel Liter Wasser täglich in 15 Stunden von 10 auf 50° durch Rauchgase, von 200° auf 120° abgekühlt, erwärmt werden.

Ein Röhren-Abgaskessel mit Zusatzfeuerung nach Abb. 161 ist wegen der engen Röhren von bedenklicher Natur. Durch Einteilung der Röhren in zwei Bündeln und entsprechender Schieberstellungen (oberhalb des Füllschachtes ein wagerechter Schieber *a*, dahinter ein senkrechter *b*) sollen die ähnlichen Betriebsverhältnisse wie beim Idealkessel erreicht werden. Es muß hier jedoch vorausgesetzt werden, daß das Bedienungspersonal Verständnis für die Regelung hat und der Schornsteinzug ausreicht; ferner daß der Gesamtquerschnitt der Rauch durchlassenden Rauchröhren mindestens gleich dem rechnerisch festgestellten Schornsteinquerschnitte des primären Heizungskessels ist. — Ein weiteres Beispiel dieser Kesselgattung gibt nach Abb. 162 die Ausführung von Moosdorf & Hochhäusler, Berlin. Der Dampfkessel *D* wie auch der Rauchgaskessel *K*, besonders für diese Verbindung konstruiert, zeigen eigene Bauarten. Kessel *K* ist mit einem senkrechten Rauchrohr für die Abgase der Dampfkesselfeuerung durchsetzt und enthält in seinem Wasserraume eine Heizschlange, durch welche der durch das Sicherheitsventil *V* entwei-

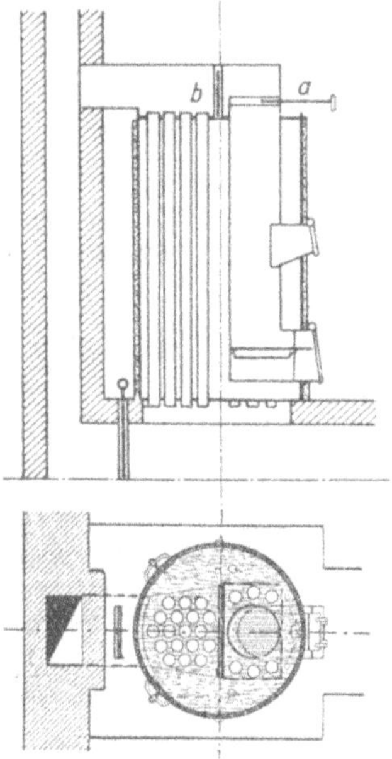

Abb. 161.

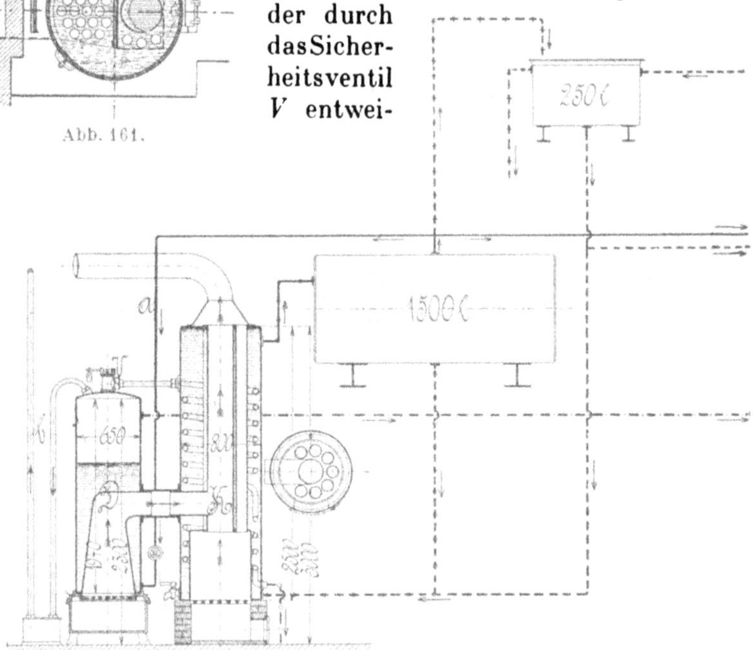

Abb. 162.

chende Dampf strömt und dann zum Miterwärmen des Wassers in *K* dient. Zur Speisung wird *D* durch *a* Warmwasser zugeführt. Der Druck wird durch das Standrohr *b* gesichert.

Tabelle 29.

Röhren-Rauchgaskessel. (Abb. 161.)

Wasserinhalt l	850	550	350	250
Höhe i. L. . . . . mm	1600	1600	1600	1600
Durchmesser . . . . mm	950	850	700	575
Heizfläche der Feuerbuchse der Nebenfeuerung . . . . m^2	1,40	1,20	1,05	1,05
Heizfläche, welche von den abziehenden Rauchgasen der Zentralheizungsanlage berührt wird, m^2	9,20	8,90	7,00	4,80
Querschnitt der Rauchgas durchlassenden Siederohre . . . . m^2	0,092	0,092	0,073	0,05
Leistung der Nebenfeuerung kcal/h	40000	35000	30000	25000
Leistung der Rauchgase bei einer Eintrittstemper. v. 180 ÷ 200° C bei 10° Wassertemp. auf 65÷50° in 15h l	4000 bis 4500	4000 bis 4500	3300 bis 3700	2409 bis 2700
Mantel-Blechstärke . . . . . . mm	4	4	3	3
Böden- » . . . . . . mm	10	10	10	10
Feuerbuchs- » . . . . . . mm	7,5	7	6,5	6,5
Siederohrwandstärke . . . . . mm	3	3	3	3
Gesamtgewicht . . . . kg	750	700	550	550

Neben dem Heizungskessel finden sich im Haushalt und in Gewerbebetrieben noch viele Abgasquellen, zwar von geringerer Energie, aber doch immer noch ausnützungswert, so vor allem der Küchenherd, Backofen, Waschkessel, Wurstkessel u. a. Es braucht hierbei zwischen abziehenden Rauchgasen und den noch in Ausnützung stehenden Gasen der Feuerzüge nicht scharf unterschieden werden; es sind in der Berechnung nur die zutreffenden richtigen Temperaturen der Rauchgase einzusetzen.

Wie schlecht die häuslichen und ähnlichen Kleinfeuerungen, vor allem der am meisten benutzte Küchenherd mit seinen 10÷20% Nutzeffekt arbeiten, ist zur Genüge bekannt. Aus der Erkenntnis der äußerst schlechten Wärmeausnutzung heraus sind wohl zuerst die **Küchenherdkessel** entstanden, welche als Abgaskessel eigentlich eine bessere Ausnutzung der Rauchgase ergeben sollten. Man erkannte aber sehr bald, daß man den Rauchgasen denn doch zuviel zugemutet hatte. Heutzutage sind die beliebten und bestbewährten Küchenherdkessel das geworden, was sie von vornherein sein sollten: eine Extra- und auch Zusatzwärmequelle, die vielen Verhaltnissen und Anforderungen zu genügen vermag, aber nicht allein durch die Abgase des Küchenherdes. Daß deshalb die Rauchgase solcher Kleinfeuerungen ausbeutungsfähig sind, ist selbstverständlich, wenn auch nicht die 90÷80% der in den Abgasen enthaltenen Wärme gänzlich wiedergewonnen werden können. Ein großer Teil des Wärmeverlustes geht auf Rechnung der Strahlung und Leitung, der Asche, unverbrannten Brennstoffteilchen und des Rußes. Der Wirkungsgrad wird um so höher ausfallen, in je längerem nutzbaren Dauerbetrieb der Herd steht und um so restlosere Ausnutzung die ausgestrahlte Wärme zur Raumerwärmung findet. In solchem Falle wird dann natürlich nicht mehr viel Abwärme für Warmwasserbereitung übrigbleiben.

Eine Schwierigkeit zum Einbau von Rauchgasapparaten selbst in bescheidenster Größe und Form liegt in der Konstruktion der Feuerstelle, sobald diese wie beim Küchenherde ohne Fuchs direkt dem Schornstein angeschlossen ist. Eine Möglichkeit bieten Rohrschlangen, die am oder im Schornsteine eingebaut werden. In den meisten Fällen wird man aber mit Feuerschlangen (s. diese V A.a) besser zum Ziele kommen. Zuweilen verlegt man die Rohrschlange teils als Feuerschlange um den Feuerraum, teils als Abgasschlange nach dem Schornstein hin. Bei solcher Ausführung sollte dann letztere die untersten Windungen enthalten, d. h. am Wassereinlauf liegen. Sie dient somit als Vorwärmer für die Feuerschlange.

Bei allen diesen Ausführungen muß man natürlich auf einen Sommerrost verzichten, so daß man Abgaskessel ohne Zusatzfeuerung erhält, die man dann auch als Abgasboiler bezeichnen kann.

Die allereinfachste Form eines Abgasboilers für geringe Wassermengen ist die, bei welcher man das von irgendeiner Feuerung senkrecht abgehende Rauchrohr mit einem Blechmantel nach Abb. 163 umgibt und so sich einen kleinen Wasserspeicher schafft. Natürlich muß an dieser Stelle der Kamin ein Blechrohr und zum Umbau des Mantels geeignet sein. Die Ausführung ist nur für Niederdruck passend. Das Blechrohr muß mindestens die lichte Weite des gemauerten Kamins besitzen.

Eine bessere und ergiebigere Ausnutzung der Abgaswärme wird mit dem Rohrkessel Abb. 164 erreicht. Der Apparat kann auf der Feuerstelle oder seitlich derselben aufgestellt (Abb. 165) und einem gewöhnlichen Herde, Ofen, Backofen (Abb. 87), Wurstkessel usw. angeschlossen werden. Der Apparat *A* (Abb. 164) umgibt mittelbar oder unmittelbar hinter der Feuerstelle das Gasabzugszohr mit einem doppelten Mantel, in dem sich das zu erwärmende Wasser befindet. Der äußere Mantelraum *a*, in welchen das Kaltwasser bei *g* eintritt, dient als Vorwärmer, der innere *b* als Erhitzer, beide sind durch ein Übersteigrohr *c* verbunden. Ein bis in die Höhe des Schwimmerkastens *KB* reichendes Warmwasser Zirkulationsrohr *d*, von dessen Schenkeln die Verbrauchsleitung *h* abzweigt, fördert die Warmwassererzeugung. Die Heizgase strömen durch den Boden des Apparates oder seitlich durch *e* oder *f* ein. Feuerung und Zug sollen in ihrem Effekt keine Einbuße erleiden. — Eine Konstruktion der Berlin-Fürstenberger App.bauges. zeigt Abb. 166 mit derem Einbau im Küchenherd. Der Kessel hat 150 und 200 l Nutzgehalt mit 0,65 bzw. 0,85 m^2 Heizfläche und 135 mm Durchm. des Gasabzugrohres.

Bei allen diesen Apparaten muß eine leichte, ständige und vollkommene Rußreinigung der Gaskanäle vorausgesetzt werden, was jedoch

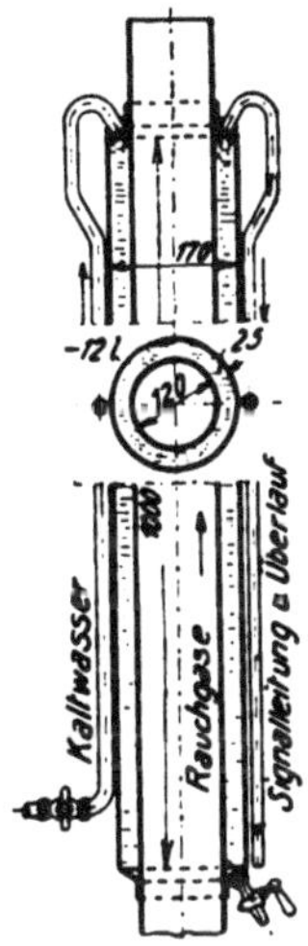

Abb. 163.

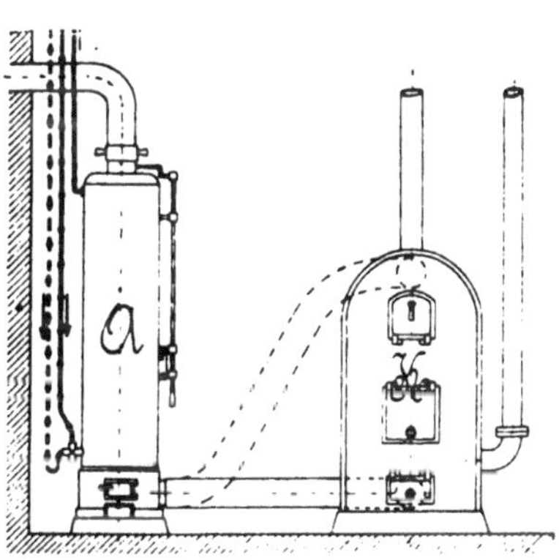

Abb. 165.

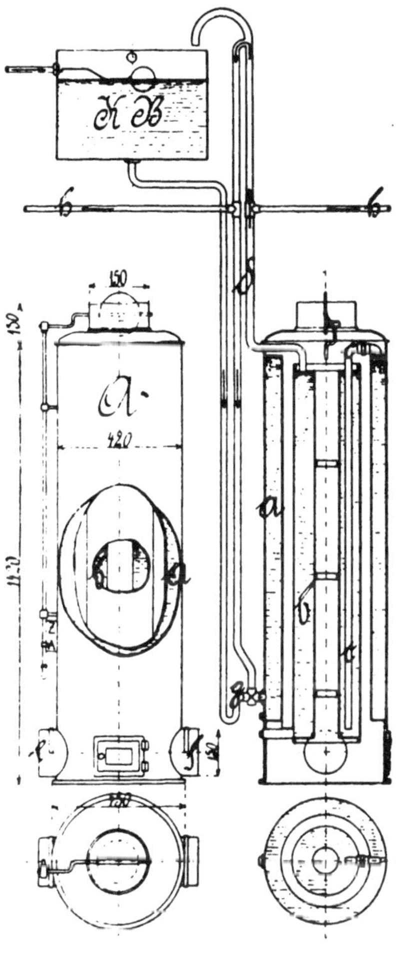

Abb. 164.

besonders bei der engrohrigen Konstruktion oft seine Schwierigkeit haben wird. Diesem Übelstande sucht Stegmann, Kiel-Pries, dadurch abzuhelfen, daß er bei seinem Apparat nach Abb. 167, Rußkratzerschienen *h*, in den vier senkrechten Gaskanälen *c*, also ähnlich wie bei den Groß-Ekonomisern vorsieht. Die schwingende Bewegung von *h* erfolgt durch das Hebelwerk *g*, *i*, *k*. Die Abgase ziehen von *a* durch *d* und *f* zum Schornstein. Die Klappe *b* gestattet ein Ausschalten des Apparates, der sich in der Praxis gut bewährt haben soll. Der Gedanke ist auf jeden Fall beachtenswert.

Nun brauchen die abgehenden Rauchgase nicht immer in einem besonderen Abgaskessel zur Ausnutzung kommen, sie können vielmehr auch auf einen gewöhnlichen, einfachen Warmwasserbehälter hinwirken (Abb. 168), in welchem Falle man dann einen regelrechten Abgasboiler hat. Der Schieber *e* gestattet zum Anheizen die Ausschaltung der Abgasrohre *d*. Der Temperaturregler *r*, in der Zirkulationsleitung *a* zwischen Kessel *K* und Boiler *WB* eingeschaltet, sichert in *WB* eine

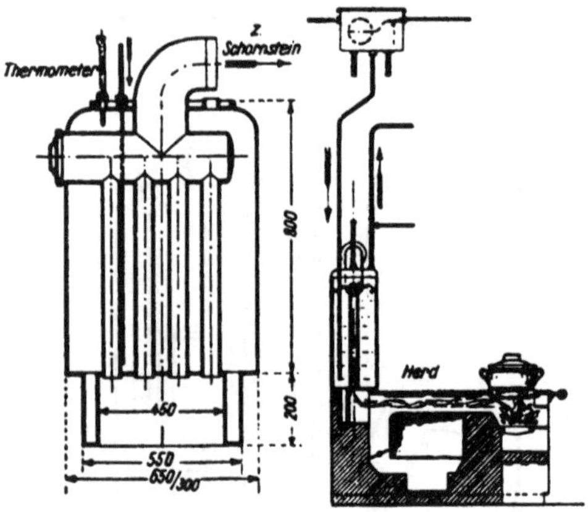

Abb. 166.

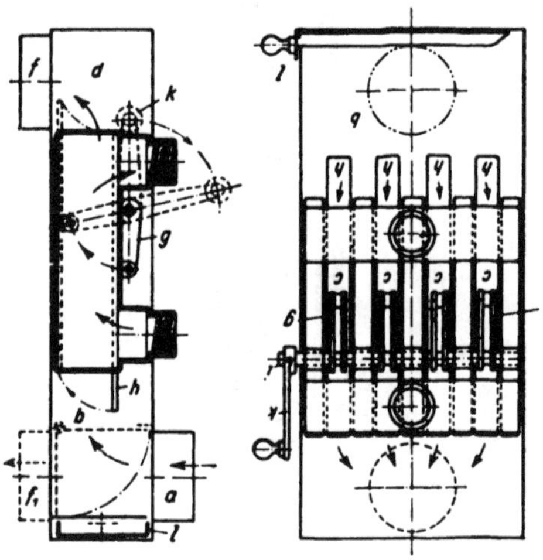

Abb. 167.

bestimmte Wassertemperaturhöhe. Es bleibt dahingestellt, ob die Anlagekosten, die schwierigere Reinigung von *WB* und die umständlichere Bedienung durch den Gewinnst eines entsprechenden hohen Effektes aufgewogen werden. Auf jeden Fall ist von vornherein festzustellen, ob der Schornsteinzug zum Mitbetreiben eines solchen Boilers ausreicht, andernfalls ist solcher Einbau überhaupt unsinnig.

c) Die Abwärmeverwerter der Verbrennungsmaschinen, Gaswerksöfen und ähnlicher industrieller Großfeuerungen.

Die Versuche, die ~60% der mit den Auspuffgasen und dem Kühlwasser aus dem Gas- und Ölmotor abgehenden Wärmemengen der Warmwasser- oder auch Dampferzeugung nutzbar zu machen, sind schon viele Jahre alt. Nachdem aber diese Frage eine an sich einfache und glückliche Lösung erfahren hat, ist die Abgasverwertung nicht nur für Motoren sondern auch für Gasanstalten und ähnliche industrielle Betriebe ein größeres Bedürfnis geworden. In Großanlagen mit Gasmaschinenbetrieb wird mit den Abgasverwertern allerdings meist mehr Dampf, gesättigter wie überhitzter, hoch- wie niedergespannter, und Heißluft als Warmwasser erzeugt. Vorzugsweise sind es die Hüttenwerke, die für ihre meist großzügig angelegten Bade- und Waschanlagen auf Warmwasserbereitung hinarbeiten.

Für eine Dieselmotoranlage mit ihrem hochtemperierten Kühlwasser steht dagegen die Warmwasserbereitung unter Ausnutzung der in den Auspuffgasen und im Kühlwasser enthaltenen beträchtlichen Wärmemengen stark im Vordergrund. Hierdurch wird die Wirtschaftlichkeit des an sich schon mit hohem Nutzeffekt (~38%) arbeitenden Dieselmotors ganz bedeutend gehoben. Entsprechend dem mannigfaltigen Wärme- und Kraftbedarf der Betriebe mit Verbrennungs-

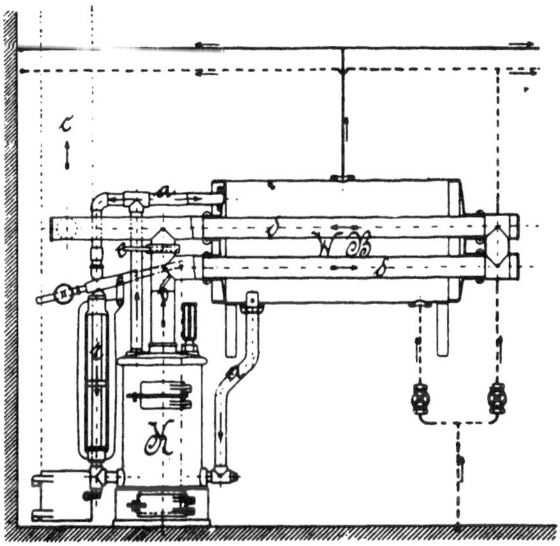

Abb. 168.

maschinen wie die der Elektrizitätswerke (angeschl. Badeanstalten), Färbereien, Brennereien, Brauereien, Fabriken der chemischen und Nahrungsmittelindustrie kann die Abwärme auf verschiedene Weise verwertet werden, und zwar:

Ohne besondere Einrichtungen in Verwendung des zur Motorkühlung gebrauchten, nicht verunreinigten, mit 40÷75° temperierten Wassers für Reinigungszwecke, Bäder, Wäscherei, Färberei und gewerbliche Zwecke aller Art;

Weitererwärmung des Kühlwassers durch die Auspuffgaswärme und Verwendung als Gebrauchswasser für alle Reinigungs- und Fabrikationszwecke;

Erwärmung von Frischwasser mit der Wärme der Auspuffgase.

Obgleich die Konstruktion dieser Abgaswärmeverwerter an sich gar nichts Besonderes bietet, wird von vielen maßgebenden Firmen seltsamerweise der Schleier eines gewissen Geheimnisses darüber gelegt. Je nach Bedarf werden sie als stehende oder liegende Kessel mit fest eingebauten oder noch besser ausziehbaren Röhrensystemen ausgeführt; die Röhrenzahl schwankt zwischen ~ 15 und 75. In der richtigen Festlegung des Querschnittes und der Zahl der Röhren liegt der Kernpunkt für ein gutes Arbeiten aller dieser Abgasverwerter.

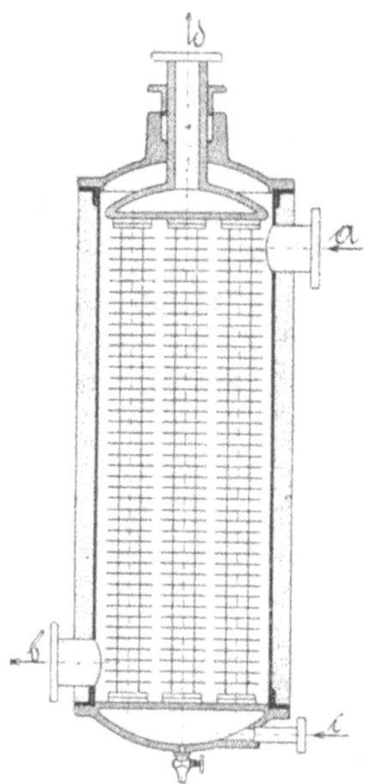

Abb. 169.

Eine etwas ältere Ausführuug von Gölitz, Stadtilm, mit Rippenrohren zeigt Abb. 169. Hier ziehen die Abgase von *a* nach *b* um die Röhren und das Wasser von *c* nach *d* durch dieselben. Die Apparate werden hergestellt für 3÷250 PS Motorleistung mit 480 : 1120 mm Durchmesser und 1600 : 2700 mm Höhe, um 50÷1875 l Wasser um 40° zu erwärmen. Einen weiteren Kleinapparat zeigt Abb. 50.

Die Einordnung des Abwärmeverwerters der Gasmotorenfabrik Deutz in eine Maschinenanlage ist aus Abb. 170 ersichtlich. Der Apparat ist in die Auspuffleitung *a* des Gasmotors *M* eingeschaltet. Die Abgase ziehen durch das Röhrenbündel *b* im Gegenstrom zu dem von *c* nach *d* um die Röhren strömenden Wasser. Abb. 171 zeigt einen Abhitzekessel mit 19 ausziehbaren Siederöhren 82,5/89 und 4 Ankerröhren 79/89

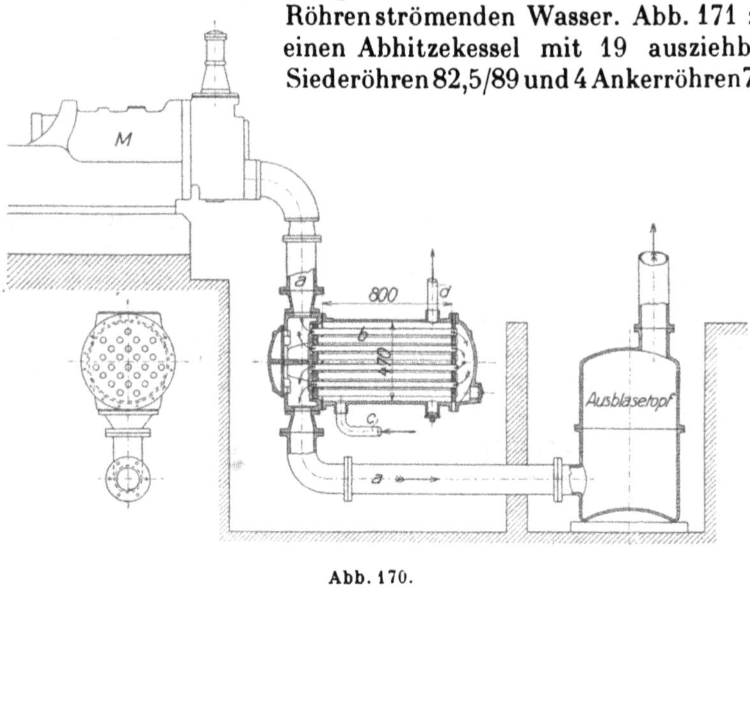

Abb. 170.

der Dampfkesselfabrik A. Rodberg, Darmstadt, mit Zusatzbrenner (Druckluft-Wirbelstromgasbrenner) für einen Retortengasofen. Der Kessel mit 8 m² Heizfläche ist nach Abb. 171 zur Erzeugung von Niederdruckdampf vorgesehen, kann jedoch ohne weiteres auch als direkter Warmwasserbereiter benutzt werden. Bei einer Rauchgasmenge von 600 m³/h 0/760, einer Temperatur der Abgase vor dem Kessel von 525° und hinter demselben von 300° sowie einer Gasgeschwindigkeit von 3÷4 m/s werden

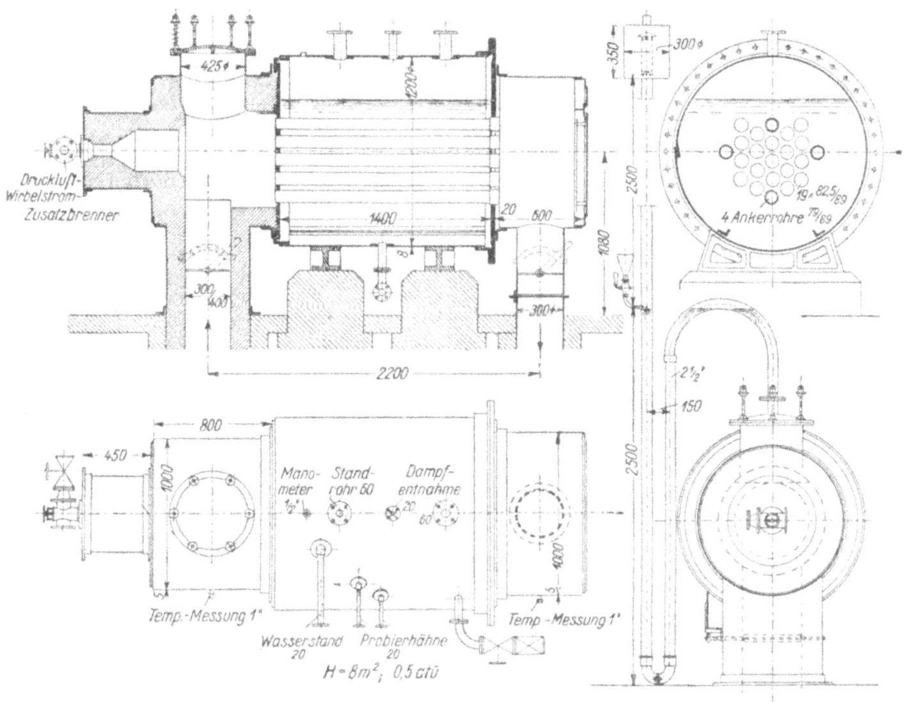

Abb. 171.

gewonnen: 40000 kcal/h = 61 kg/h Dampf zu 0,5 atü oder 500 l/h Warmwasser, von 10° auf 90° erwärmt.

Eine ganz besondere Bauart findet sich in dem Rhombikus-Heizkörper der Buderusschen Eisenwerke Wetzlar, der nach Abb. 172 aus mehreren hintereinander versetzt angeordneten Reihen glatter Heizsäulen von rhombischem Querschnitt (ähnlich den Heizungsradiatoren) besteht, so daß zwischen den Säulen gerade durchlaufende Wege von gleichbleibendem Querschnitt entstehen. Das Wasser strömt innerhalb der Säulen, während die Gase diese im Kreuzstrom umspülen. Die hohen Vorzüge dieses Abwärmeverwerters für die unreinen Auspuffgase der Verbrennungsmaschinen liegen in der glatten, leicht zu reinigenden, wirksamen Ober- und Heizfläche, der Sichtbarkeit der gesamten Heizfläche und in der äußerst gedrängten Konstruktion. Ein Nachteil für Warmwassergebrauchszwecke ist der schwer zu reinigende innere Wasserraum der Elemente, so daß diese Heizkörper weiches, kesselsteinfreies Wasser voraussetzen müssen. Die Säulenelemente werden je nach Heizflächenbedarf zu mehreren Reihen hintereinander und in mehreren Gruppen übereinander zu einem Apparat zusammengestellt und mit einem Blechmantel umgeben.

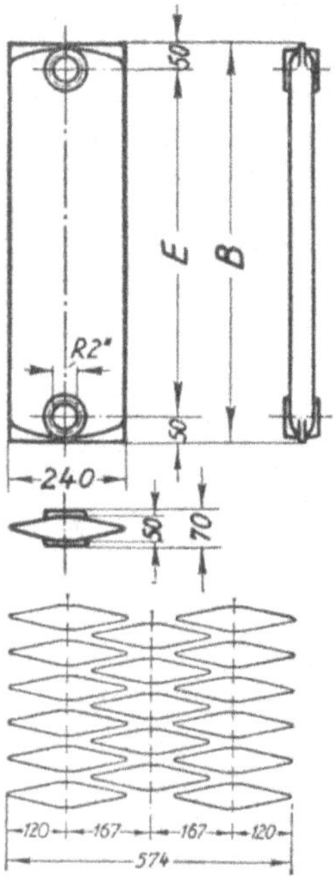

Abb. 172.

Tabelle 30.
Buderus-Lollar Rhombikus-Heizkörper (für Abgasverwertung). (Abb. 172.)

Für ein Element:	Heizfläche m^2	Inhalt l	Gliedhöhe B mm	Nabenabstand E mm	Gewicht kg
Kleine Säule .	0,41	4	800	700	18
Große Säule .	0,61	6	1200	1100	29

Bei einer Reihe verhält sich:

Heizfläche zu Ansichtsfläche zu freiem Gaskanalquerschnitt wie:

1	:	0,13	:	0,035
7,7	:	1	:	0,27
28,5	:	3,7	:	1

Der Tabelle 30 soll noch die für Rhombikus-Abwärmeverwerter von Buderus aufgestellte Tabelle 31 hinzugefügt werden, die auch für andere Ausführungen einen Anhalt zur Festlegung des im Gaskanal des Verwerters auftretenden Widerstandes h in mm WS gibt. Die Wärmedurchgangszahlen k, die in Abhängigkeit zur Abgasgeschwindigkeit v stehen, sind für $v > 3 \div 4$ m/s praktisch bedenklich.

Tabelle 31. **Gaswiderstandshöhe h im Rhombikus-Heizkörper.**

v m/s	1	2	5	10	20
k kcal/m² °C h	9	13,5	25	39	61
Reihenzahl Z	h in mm WS				
1	0,11	0,30	1,0	2,8	10
2	0,17	0,45	1,6	4,2	15
3	0,23	0,60	2,2	5,7	20
4	0,29	0,76	2,7	7,3	25
5	0,35	0,92	3,3	8,6	30
6	0,41	1,10	3,8	10	36
7	0,47	1,25	4,4	12	42
8	0,53	1,40	5,0	13	47
9	0,59	1,55	5,5	15	52
10	0,65	1,70	6,1	16	58
11	0,71	1,90	6,7	18	63
12	0,77	2,00	7,2	19	69

D. Die durch Heizwasser oder Dampf betriebenen Warmwassererzeuger.

Auf die hohe Bedeutung von Warmwasser (Heizwasser) und Dampf als Heizmittel ist oben unter »Heizmittel« hingewiesen, vor allem auch zwecks Erreichens einer sparsamen Wärmewirtschaft auf die bedeutenden Vorteile, welche in der richtigen Ausnützung des Abdampfes und der warmen Abwässer liegen. Da Dampf, Abdampf und Heizwasser an sehr vielen Plätzen des Großverbrauches von warmem Nutzwasser in ausreichendem Maße zur Verfügung stehen, so konnte es nicht ausbleiben, daß eine große Zahl von Einrichtungen entstand, welche diese Heizmittel in Gegenstrom-, Strahl- und Mischapparaten möglichst praktisch zur Ausnutzung zu bringen suchen.

a) Die Gegenstromapparate.

Die vielen ähnlichen Konstruktionen lassen sich trennen in Großwasserraumapparate als Dampfwarmwasserkessel, die als Warmwasserspeicher mehr dem Zentral- und Großbetrieb mit schwankender Wasserentnahme dienen, und in Apparate mit kleinem Wasserraum, die, von kleinster bis größter Leistung gebaut, für schnellere Erwärmung und gleichmäßigere Belastung in Betracht kommen. Bei beiden wird das Heizmittel durch oder um ein Röhrenbündel geleitet, mit denen der Apparatezylinder aus Gußeisen oder Stahlblech ausgesetzt ist. Die lichte Weite der Röhren schwankt zwischen 13 und 51 mm, die Röhrenzahl zwischen 10, 100 und noch mehr. An Stelle des Dampfes kann auch Heizwasser in heißem oder warmem Zustande treten, je nach der angeforderten Nutzwassertemperatur.

Die Gegenstromapparate als Warmwasserspeicher.

Bei Warmwasserbereitungsanlagen mit stark wechselnder Warmwasserentnahme ist es von Vorteil, Vorratswarmwasserbereiter mit entsprechend großer Speichermöglichkeit zu besitzen. Diese erhalten alsdann statt Heizschlangen besser und vorteilhafter herausziehbare Heizröhrenbündel von größter Leistungsfähigkeit (1 ÷ 10 m² Heizfläche), durch die das Heizmittel strömt, in die stehenden, zuweilen auch liegenden Blechkessel eingebaut. Die Kupfer- oder Messingröhren von 16/18 mm Durchm. werden in den Rohrboden eingewalzt, die Kessel mit der erforderlichen Armatur ausgestattet. Bei dem Einbau der wagerechten oder senkrechten Röhrenbündel wird dabei das Gegenstromprinzip häufig nicht streng gewahrt. Der obere Kesselteil dient auch meist nur der Warmwasserspeicherung.

In ihrer Konstruktion unterscheiden sich viele dieser Kessel in keiner Hinsicht von den Boilern (s. »Warmwasserbehälter«). Ein Unterschied liegt nur in der Verwendung, ob der Apparat gleichzeitig Warmwasserbereiter mit zugehöriger Heizquelle und direkter Warmwasserversorger (dann hierher gehörend als Dampfwarmwasserkessel) oder nur ein Zwischenglied der ganzen Anlage, zwischen Heizquelle und Zapfstellen als Warmwasseraufspeicherer ist (dann Boiler oder Warmwasserbehälter). Diese wie jene Anordnungen und Konstruktionen führen sich in Badeanstalten und technischen Betrieben vor allem unter Ausnutzung des Abdampfes immer mehr ein. Sie sind, sobald Dampf, Abdampf, als Heizmittel zur Verfügung steht, wohl die besten und wirtschaftlichsten Hochleistungs - Warmwassererzeuger und -aufspeicherer.

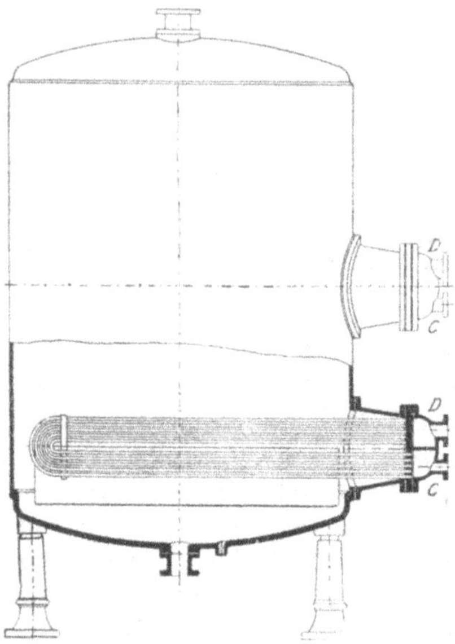

Abb. 173.

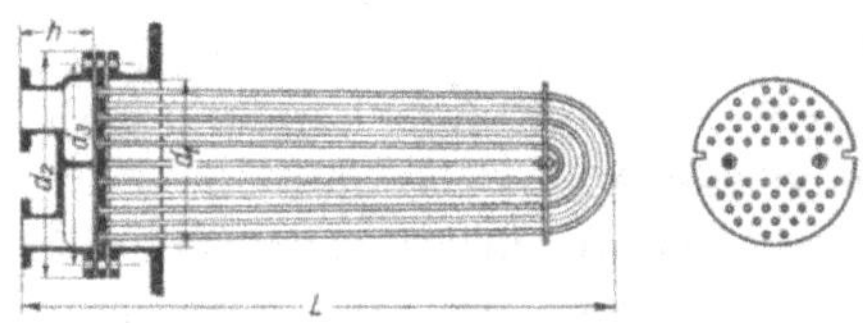

Abb. 174.

Ein sehr beliebtes Hochleistungsmodell ist die Ausführung nach Abb. 173. Der Kessel erhält 1 oder 2 Einsätze mit ⊏-förmigen Röhren, je nachdem man nur mit Abdampf oder mit diesem und dabei noch mit Zusatz-Frischdampf arbeiten will. Genau genommen besteht bei derartig angeordneten Einsätzen Kreuzstrom. Leistungen des Röhrenbündels gibt Tabelle 33 an.

Tabelle 32.

Schaffstaedts Hochleistungs-Warmwasserspeicher. (Abb. 173.)

Inhalt	Durchmesser	Höhe	Blechstärken in mm					
			bei 3 atü Dampfdruck			bei 6 atü Dampfdruck		
l	mm	mm	Mantel	oberer Boden	unterer Boden	Mantel	oberer Boden	unterer Boden
3000	**1100**	**3250**	7	7	8	8	9	10
4000	**1150**	**3950**	7	8	8	8	9	10
5000	**1350**	**3600**	7	8	9	9	10	11
6000	**1450**	**3700**	8	9	9	9	10	11
7000	**1500**	**4050**	8	9	10	10	11	12
8000	**1600**	**4100**	8	9	10	10	11	13
9000	**1750**	**3850**	8	9	11	11	12	15
10000	**1750**	**4200**	8	9	11	11	12	15
12500	**2000**	**4100**	9	10	12	12	14	18
15000	**2000**	**4850**	9	10	12	12	14	19

Tabelle 33.

Ideal-Heizröhrenbündel (Abb. 174) **mit Kupfer- oder Messingröhren 16/18 mm für Warmwasserbereiter nach** Abb. 173.

Heizfläche	Vorkopf				Ganze Länge mit Vorkopf	Höhe des Vorkopfes	Höchstleistung für Heizrohrbündel. Wassererwärmung stündlich Liter von 10 auf 35°.							
	Weite des Halsstutzens	Flansch Durchmesser	Lochkreis Durchmesser	Zahl der Schrauben			bei Niederdruckdampf von atü					bei Hochdruckdampf von atü		
m²	c_1/mm	d_2/mm	d_3/mm	³/₄″	l/mm	h/mm	0,1	0,2	0,3	0,4	0,5	1	2	3
0,80	210	345	295	15	1200	185	2400	2480	2560	2640	2720	2960	3360	3680
1,00	210	345	295	15	1200	185	3000	3100	3200	3300	3400	3700	4200	4600
1,50	210	345	295	15	1640	185	4500	4650	4800	4950	5100	5550	6300	6900
1,75	210	345	295	15	1550	185	5250	3425	5600	5775	5950	6475	7350	8050
2,00	265	400	350	18	1415	210	6000	6200	7200	6600	6800	7400	8400	9200
2,50	265	400	350	18	1700	210	7500	7750	8800	8250	8500	9250	10500	11500
3,00	265	400	350	18	1650	210	9000	9300	9600	9900	10200	8100	12600	13800
3,50	330	465	415	21	1500	250	10500	10850	11200	11550	11900	9950	14700	16100
5,00	330	465	415	21	1650	250	15000	15500	16000	16500	17000	18500	21000	23000
7,00	400	535	485	26	1860	300	21000	21700	22400	23100	23800	25900	29400	32200
10,00	450	590	540	28	1915	325	30000	31000	32000	33000	34000	37000	42000	46000
13,00	525	665	615	32	1880	325	39000	40300	41600	42900	44200	48100	54600	59800
17,00	525	665	615	32	2080	325	51000	52700	54400	56100	57800	62900	71400	78200
20,00	525	665	615	32	2380	325	60000	62000	64000	66000	68000	74000	84000	92000
22,00	600	740	690	36	2130	350	66000	68300	70400	72600	74800	81400	92400	101 200
26,00	600	740	690	36	2430	350	78000	80600	83200	85800	88400	96200	109 200	119 600
30,00	600	740	690	36	2750	350	90000	93000	96000	99000	102 000	111 000	126 000	138 000

Die Leistungen betragen bei einer Wassererwärmung von 10 auf 70° etwa 30%, von 10 auf 50° etwa 55%.

Die Tabelle 33 gibt einen Auszug von 30 Modellen.

Ein den größten Ansprüchen genügender Großwasserraumkessel wird nach Abb. 175 stehend von 10000÷25000 l/h Leistung und mehr, bezogen auf einen Betriebsdruck bis 4 atü und bis 100° Wassertemperatur, gebaut. Bei Verwendung von Abdampf beziehen sich die Leistungen der Tabelle 34 auf eine Wassertemperatur von 90° mit Abdampf von Auspuff-Dampfmaschinen und auf eine Wassertemperatur von 50° mit Abdampf von Kondensations-Dampfmaschinen und bei 60÷65 cm Vakuum im Warmwasserbereiter. Mit Doppelheizeinsätzen versehen, kann in demselben gleichzeitig durch Abdampf von Kondensationsmaschinen Warmwasser mit ~50° hergestellt und durch Receiverdampf, Auspuffdampf oder Frischdampf auf 90÷100° weiter erhitzt werden. Zu diesem Zwecke besitzt der Kessel im Sockel eine Dampfverteilungsvorrichtung *DV*, in welcher der Dampf bei *DE* eintritt. Der Austritt des Dampfes erfolgt bei *DA*, des Kondensates bei *CA*. Das Kaltwasser strömt bei *KE* ein, um

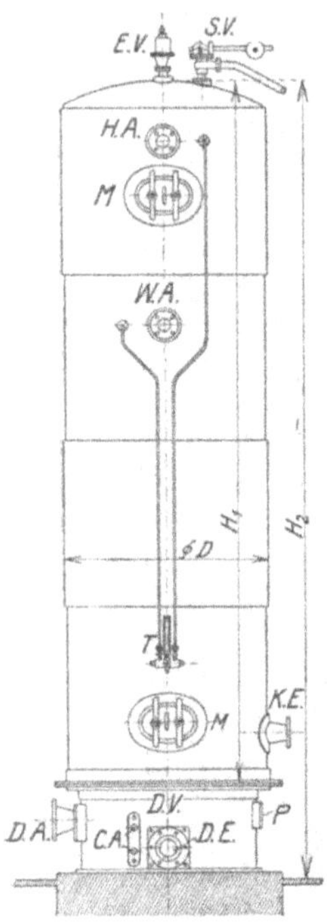

Abb. 175.

Tabelle 34.

Großwasserraum-Gegenstromkessel. (Abb. 175.)

Außenmantel		Ganze Höhe H_2	Wasserinhalt	Heizfläche	1. Anschlußweite		Stdl. Heißwassermenge
Durchmesser D	Seitenhöhe H_1				Dampf	Wasser	
mm	mm	mm	l	m²	mm	mm	l
2000	4900	5800	14 000	50,00	200	150	10 000
2000	5500	6500	16 000	55,00	bis	150	11 000
2000	6200	7200	18 000	62,50	225	150	12 500
2200	5500	6500	19 000	67,50	225	150	13 500
2200	6700	7700	23 000	82,50	bis	150	16 500
2200	7300	8300	25 000	90,00	250	150	18 000
2500	6300	7300	28 000	97,00	250	150	19 500
2500	7400	8400	32 000	114,00	bis	bis	23 000
2500	8000	9000	35 000	124,00	300	175	25 000

als Warmwasser mit ~50° bei *WA* oder als Heißwasser mit ~90° bei *HA* abgenommen zu werden. Die Feinarmatur bilden das Sicherheitsventil *SV*, das Entlüftungsventil *EV* und die Thermometereinrichtung *T* in Augenhöhe; zur Grobarmatur gehören 2 Mannlöcher *M* und ein Putzloch *P*. Der Kessel ist in allen Teilen vernietet, welche Herstellungsart bei solch großen Konstruktionen stets der Schweißung vorzuziehen ist. Dieser Kessel ist besonders geeignet für alle industriellen Betriebe mit großem Bedarf an heißem Wasser, gleichviel ob die Wasserentnahme gleichförmig oder unregelmäßig und bedeutenden Schwankungen unterworfen ist.

Die Einordnung eines solchen Gegenstromkessels in die Maschinenanlage unter Ausnutzung von Vakuum- und Auspuffdampf gibt Abb. 176 an nach einer Ausführung der auf diesem Gebiete führenden Firma Koch & Reitz, Hannover.

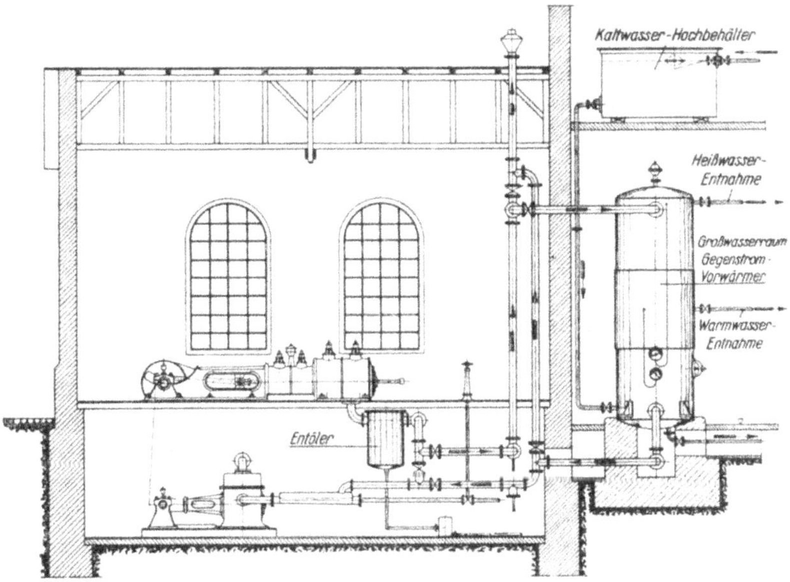

Abb. 176.

Seine volle Eigenschaft als aufspeichernder Warmwasserbehälter erhält der Großwasserraum-Gegenstromkessel dann wieder, wenn der eigentliche Wassererwärmer wie in Abb. 177, einer Ausführung von Mattick, Dresden, außerhalb des Kessels zu stehen kommt. Solche Anordnung ist bei harten Nutzwässern wegen leichterer und bequemerer Reinigung des Gegenstromapparates ratsam. Letzterer, für sich betrachtet, gehört dann zu der nächsten Gattung der Kleinwasserraum Gegenstromapparate.

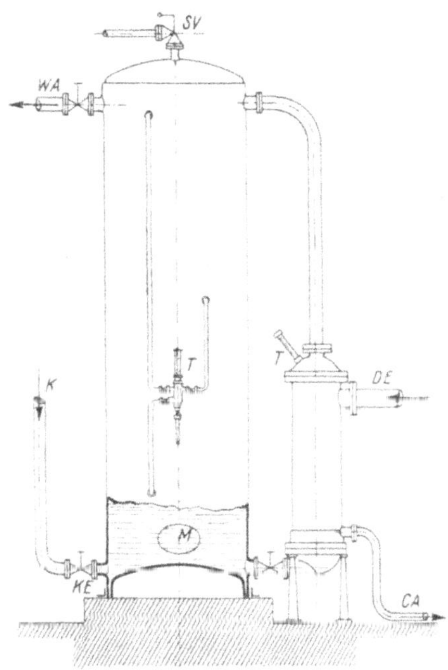

Abb. 177.

Die Gegenstromapparate mit kleinem Wasserraume.

Die Gegenstromheizkörper lassen sich als Klein- oder Augenblickserwärmer und als Apparate für mittlere und große Leistungen unterscheiden. Die Zahl der Ausführungen ist eine sehr große, die Bauart in der Grundkonstruktion wenig veränderlich; kleine Sonderheiten geben mancher Ausführung gewisse Bedeutung. Benutzt werden ausschließlich Bündel aus geraden oder ⊏-förmig gebogenen, glatten Röhren. Das zu erwärmende Wasser kann durch die Röhren oder um sie herum strömen. Die Ausführung, bei welcher der Dampf durch die Röhren geht, hat den Vorteil, daß letztere innen reiner bleiben, dafür aber auch den Nachteil, daß infolge der geringeren Wassergeschwindigkeit die Röhren von außen her durch das Wasser stärker angegriffen werden. In diesem Falle soll nämlich der Wassserraum, abgesehen von den Augenblickserwärmern, eigentlich so groß bemessen sein, daß das Wasser $10 \div 15$ min im Vorwärmer verbleibt, eine Zeit, die man aber häufig weit kürzer bemißt. Bei Dampf als Heizmittel hat außerdem der gesamte lichte Querschnitt der Röhren das 1,5- bis 2,0fache des lichten Querschnittes der Abdampfleitung zu betragen. Geht dagegen das Wasser durch die Röhren, so wird man sich, um nicht zu große und teure Apparate zu erhalten, damit begnügen müssen, das Wasser nur während der halben oder noch kürzeren Zeit in den Röhren zu lassen, dafür aber die gesamte Rohroberfläche, die Heizfläche, mindestens doppelt so groß wie bei der anderen Strömungsart nehmen müssen. Praktisch wählt man aber auf Grund höherer Beanspruchung den Fassungsraum des Röhrenbündels meist erheblich kleiner. Eine richtige Bemessung des letzteren ist zur Erreichung einer sicheren Betriebsdurchführung unerläßlich, ganz gleich, in welcher Weise die Stromwege vorgesehen werden. Im allgemeinen wird dem System mit Heizmittel durch die Röhren und Wasser um die Röhren der Vorzug gegeben. Bei harten Wässern ist aber wegen besseren Reinigens der Röhren möglichst das Wasser durch die Rohrbündel zu leiten.

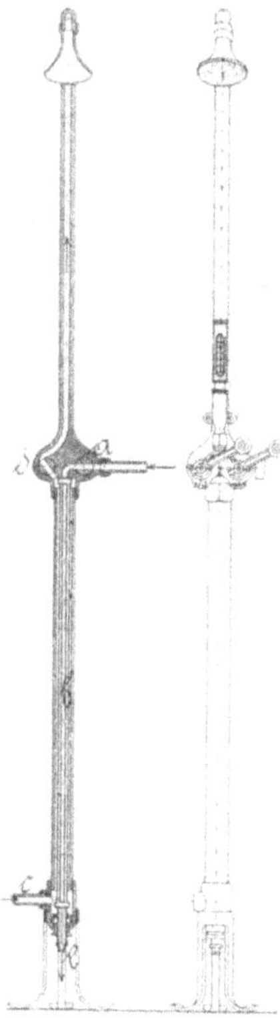

Abb. 178.

Bei dem Augenblicks-Gegenstromapparat von Schaffstaedt, Gießen (Abb. 178), tritt der Dampf durch das Ventil *a* in die aus einem oder mehreren zu einem Bündel vereinigten und der Ausdehnung wegen spiralförmig gewundenen Heizröhren *b*. Das Wasser strömt unten bei *c* ein, um erwärmt durch das Ventil *d* nach der Zapfstelle, im vorliegenden Falle nach einer Brause, zu gelangen. Das Kondenswasser tritt bei *c* aus. Die Apparate werden unter Berücksichtigung des vorhandenen Dampf- und Wasserdruckes auf die gewünschte Temperatur, für Badezwecke auf 35°, eingestellt. Nach Umlegen der beiden Hebel strömt das Wasser ununterbrochen und gleichmäßig erwärmt aus. Eine Verringerung der Temperatur ist durch einfaches Zurückdrehen des Dampfhebels *a* leicht zu erzielen, eine Temperaturerhöhung wegen der Anordnung der Hebel *a* und *d* ausgeschlossen. Die stündliche Leistung beträgt 750 l bei ½″ Dampfrohr- und ¾″ Wasserrohranschluß. Der Apparat ist überall da zu verwenden, wo Dampf von mindestens 0,5 atü zur Verfügung steht. Größere Modelle gestatten natürlich ohne weiteres entsprechend höheren Leistungen das Anhängen mehrerer Zapfstellen. — Eine mit gleich konstruiertem, aber stärkerem Apparat *A* erreichte Warmwassererzeugung eines Waschraumes nach Abb. 179 ist noch mit einem Ausgleichbehälter *B* ausgerüstet. Die größeren Ausführungen dieser Gattung werden aber nicht mehr mit zwangsläufigen Regulierhebeln, sondern mit getrennten, über- oder nebeneinander liegenden Dampf-

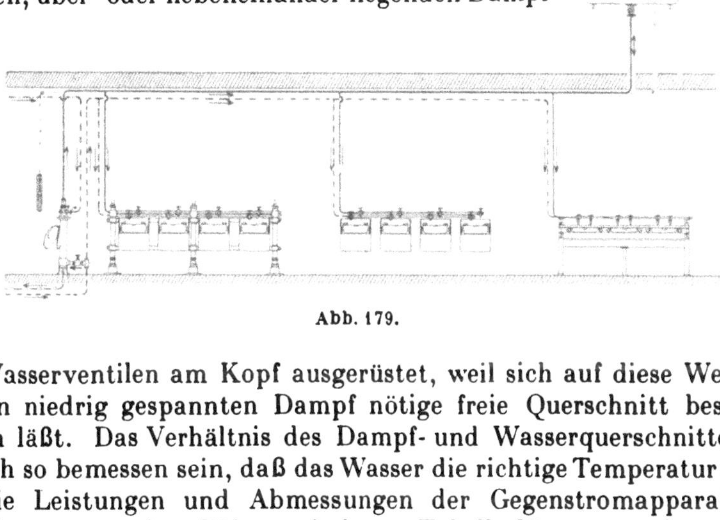

Abb. 179.

und Wasserventilen am Kopf ausgerüstet, weil sich auf diese Weise der für den niedrig gespannten Dampf nötige freie Querschnitt besser erreichen läßt. Das Verhältnis des Dampf- und Wasserquerschnittes muß nämlich so bemessen sein, daß das Wasser die richtige Temperatur erhält.

Die Leistungen und Abmessungen der Gegenstromapparate mit Bündeln aus geraden Röhren sind aus Tabelle 35 zu entnehmen. Die Leistung bezieht sich dabei auf einen Dampfdruck von 3÷5 atü und auf eine Wassererwärmung um 25° für Badezwecke und um 50° für sonstige Zwecke. Mit der Größe der Apparate steigt auch die Röhrenzahl, also die Heizfläche des Bündels.

Die Gegenstrom-Anwärmer für mittlere und große Leistungen besitzen in Guß- oder Blechzylindern entweder ein Bündel gerader glatter Röhren oder ein Bündel ⊏-Röhren, diese meist wagerecht liegend. Diese Anwärmer bilden die gebräuchlichste und verbreitetste Bauart. Wegen günstigerer Wärmetransmission sind die dünnwandigen Messing- und Kupferröhren vorzuziehen, jedoch finden diese aus Billigkeitsgründen häufigen Ersatz in den nahtlos gezogenen Stahlröhren. Das Röhrenbündel ist wegen Reinigens stets ausziehbar vorzusehen. Bei leicht schlammigem Wasser und stehender Bauart ist die untere Haube spitz trichterförmig, mit Ablaß an der Trichterspitze auszubilden, sobald das Wasser durch die Röhren zieht. Die stehende Anordnung ist wegen besserer Heizflächenausnutzung der liegenden vorzuziehen, welch letztere nur durch örtliche Verhältnisse begründet ist. Für eine Ausdehnungsmöglichkeit der Röhren muß Sorge getragen werden.

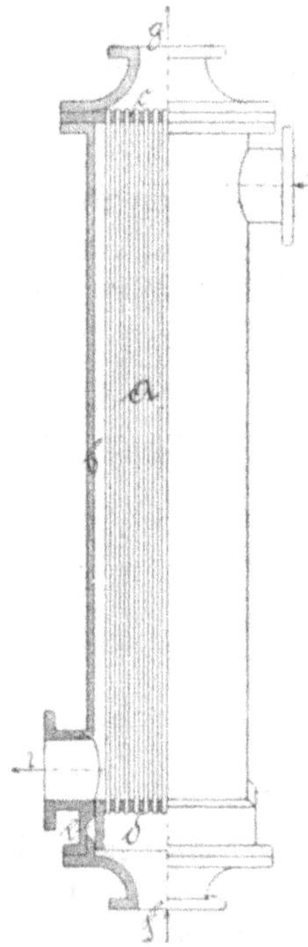

Abb. 180.

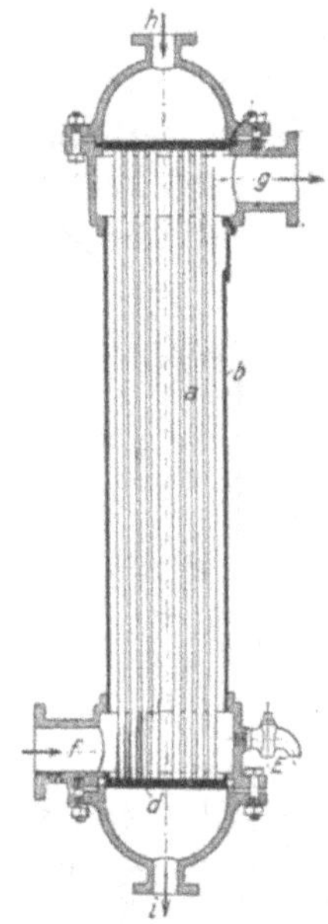

Abb. 181.

Bei dem Anwärmer mit geraden, glatten Röhren nach Abb. 180 umspült der Dampf, bei *h* eintretend, das Röhrenbündel *a*, während das zu erwärmende Wasser durch die nahtlos gezogenen, dünnwandigen Messingröhren von *f* nach *g* zieht, das Kondensat tritt bei *i* aus. Die Röhren sind in der oberen geflanschten Platte *c* und im Boden der an einer Stopfbuchse *e* beweglichen Eisenmanschette *d* eingewalzt. — Beim Anwärmer (Abb. 181) strömt das Wasser von *f* nach *g*, der Dampf von *h* nach *i* durch die Röhren. Die Ausdehnung des Bündels *a* erfolgt in gleicher Weise mit kolbenartiger Ausbildung der Platte *d*.

Tabelle 35.

Leistungen der Schaffstaedt-Gegenstromapparate.

Stündl. Leistung in l bei Erwärmung von 10°		Verwendung. Zahl der anzuhängenden		Anschluß-Rohrdurchmesser in mm			Gewicht in kg	Art und Spannung des Dampfes
auf 35°	auf 70°	Brausen	Wannen	Wasser	Dampf	Kondensat		
700	—	1	—	13	13		10	Abb. 178
2 400	—	—	1	20	13		15	
2 750	—	1	1	25	13		18	
840	350	2	—	20	13		12	Hochdruck-Dampf 3 ÷ 5 atü, Abb. 179
1 260	525	3	—	20	13		15	
1 680	700	4	—	25	20		18	
2 520	1 050	6	—	30	20		24	
3 340	1 390	8	—	40	25		35	
4 200	1 750	10	—	40	25		46	
5 040	2 100	12	—	50	25		52	
8 400	3 500	20	—	50	40		80	
8 000	3 300	Zentrale Warmwasserversorgung für jeden Zweck		50	40		130	Hochdruck-Dampf 3 ÷ 5 atü, Abb. 196
12 000	5 000			65	40		175	
18 000	7 500			65	40		210	
24 000	10 000			80	50		325	
30 000	12 300			90	65		400	
40 000	16 400			100	80		600	
540	170			13	25	20	10	Niederdruck-Dampf 0,1 atü, Abb. 179
1 000	320			20	32	20	14	
1 680	540			25	40	20	35	
2 800	900			32	50	25	40	
4 000	1 280			40	65	25	156	Niederdruck-Dampf 0,1 atü, Abb. 196
5 500	1 800			50	80	30	280	
7 200	2 340			65	90	30	340	
10 000	3 150			75	100	30	390	

Um eine freiere, sichere Ausdehnung des Röhrenbündels, eine sehr große Heizfläche in kleinem Raume und hohen Heizeffekt zu erhalten, nimmt man wieder unter Umgehung von Stopfbüchsen und sonstigen Abdichtungen für größte Leistungen die wagerechten Hochleistungsapparate mit ⊏-Röhren aus Kupfer oder Messing nach Abb. 182a und b. Die Enden der Röhren werden in ein und dieselbe schmiedeeiserne Stirnplatte fest eingewalzt. An Stelle der teuren nahtlos gezogenen Kupferröhren benutzt man auch Mannesmann-Stahlröhren, wodurch allerdings die Leistung um ~15% herabgedrückt wird. Bei diesen Großapparaten ist deren Ausstattung mit einem automatisch arbeitenden Wärmeregler zur Notwendigkeit geworden. Ebenso wird man sie gegen Wärmeverluste gut zu schützen haben. Eine Anlage mit vollständiger Armatur gibt eine Ausführung von Mattick, Dresden, nach Abb. 183 an.

Es sind von der in Tabelle 36 angegebenen stündlichen Wassermenge in Liter in Anrechnung zu bringen:

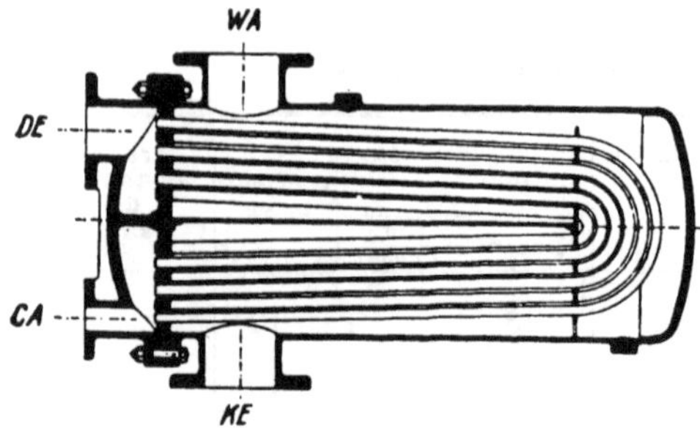

Abb. 182a.

65% bei Verwendung von Abdampf,
55% bei Wassererwärmung von 10 auf 40°,
30% bei Wassererwärmung von 10 auf 70°.

Diese Angaben beziehen sich auf den Beharrungszustand. Während der Anheizdauer können die Leistungen wesentlich höher

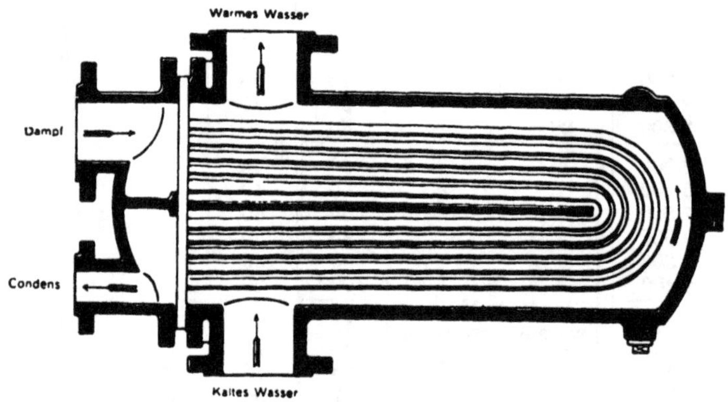

Abb. 182b.

vorausgesetzt werden. Bei Dampfdrücken > 1,5 ata gilt die Bestimmung über Dampffässer auch für diese Apparate.

Die günstigsten Verhältnisse ergeben sich für Auspuffdampf, der eine Erwärmung bis zu ~80° zuläßt. Genügt die Abdampfenergie nicht, so muß Frischdampf zugesetzt werden. In diesem Falle ist es ratsam, den Gegenstromapparat nicht direkt in die Abdampfleitung einzubauen, sondern diesen nach Abb. 184 parallel zu schalten, um durch Drosselklappen V_1 und V_2 oder Wechselventil den Appa-

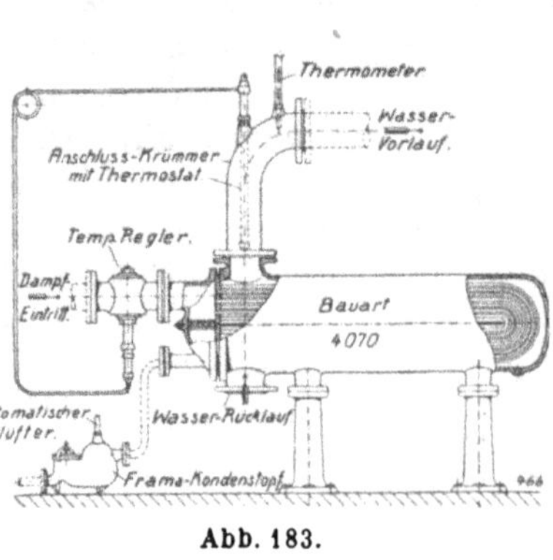

Abb. 183.

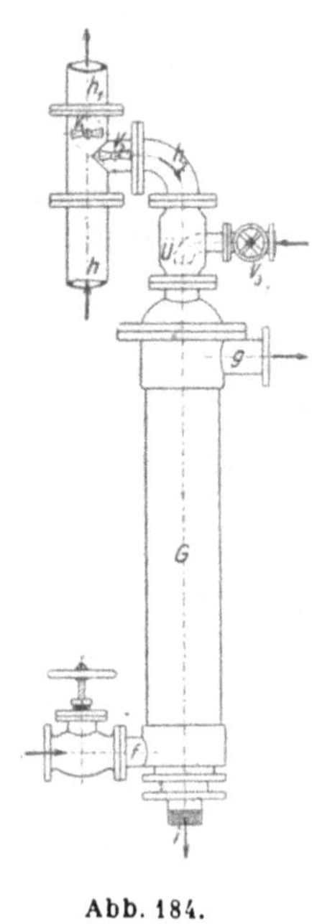

Abb. 184.

rat beliebig in und außer Betrieb setzen und die Leistung einregeln zu können. Der zuzusetzende Frischdampf ist durch eine Düse *ü* (hierüber s. auch Abb. 12) hinter dem Frischdampfventil V_3 einzuführen, damit ein Gegendruck auf die Maschine vermieden wird. Der Abdampf geht entweder durch h_1 in die Auspuffleitung oder durch h_2 in den Anwärmer G; das Kondensat fließt durch i ab.

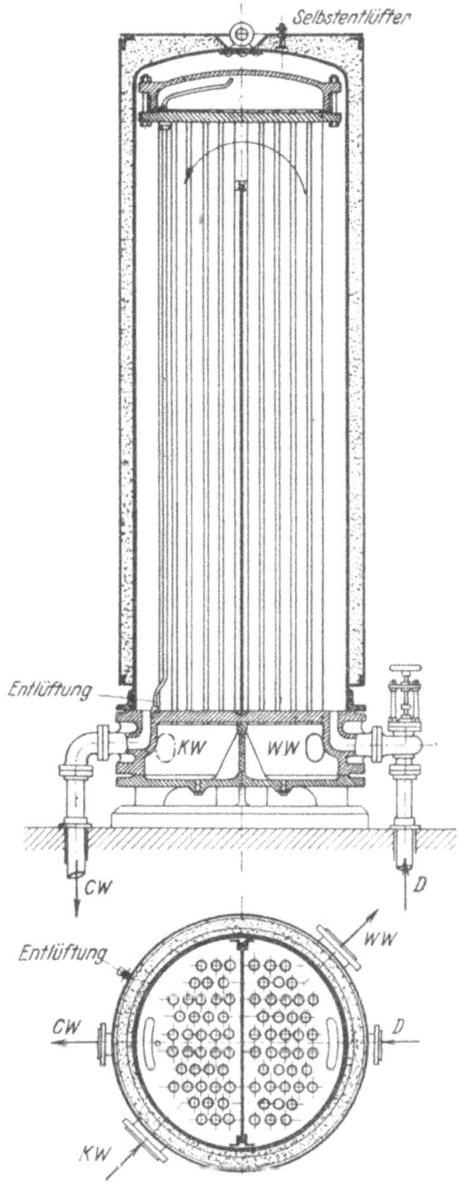

Abb. 185.

Bei der Kondensationsmaschine, bei der man mit Sicherheit rechnen kann, daß 1 kg Abdampf 10÷13 l Wasser auf 40÷50° erwärmt, wird der Gegenstromapparat nach Abb. 186, am günstigsten liegend als primärer Kondensator zwischen Dampfmaschine und dem eigentlichen Maschinenkondensator angeordnet. Im Gegensatz zur Anlage, Abb. 186, bei der das Wasser den Apparat in einfachem Wege durchläuft, besteht im Apparat nach Abb. 92 doppelter Wasserweg.

Durch Einbau von Scheidewänden, Anordnung der beiden Wasseranschlüsse am Kopf und Zusammenfassen der Röhren zu zwei Bündeln lassen sich zur Erhöhung des Effektes dem Heizmittel (Dampf) und Warmwasser mehrere Wege im Apparate zuweisen. Für gewöhnlich besteht nach Abb. 180 und 181 für Heizmittel und Wasser je ein (entgegengesetzter) Weg. Dann hat man aber auch (nach den Ausführungen von Szamatolski, Berlin):

Abb. 187 zweifachen Wasserweg, einfachen Dampfweg,
Abb. 188 zweifachen Wasserweg, zweifachen Dampfweg,
» 189 vierfachen Wasserweg, einfachen Dampfweg,
» 190 » » zweifachen »

Die Abb. 185 gibt die konstruktive Durchführung eines Gegenstromapparates mit doppelten Wasser- und Dampfwegen an.

Durch Zusammenfassen mehrerer Gegenstromapparate zu einem System erhält man die Gruppenerwärmer (z. B. zu 2 Stück nach Abb. 192

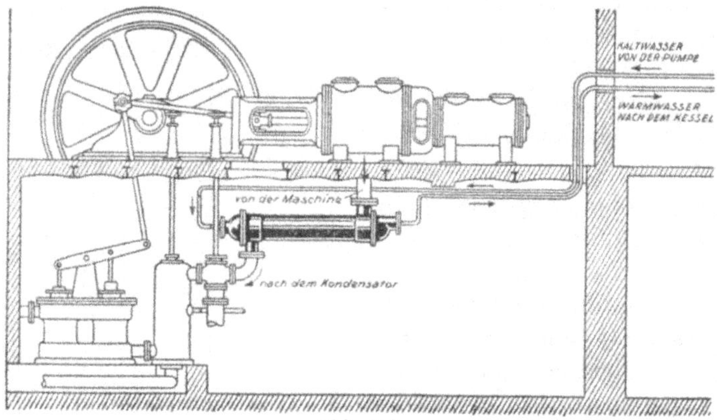

Abb. 186.

(Mattick) und zu 3 bzw. 6 Stück nach Abb. 193 (Szamatolski). Der Apparateraum für die Abdampfverwertung auf der von Ballestremschen Wolfgangsgrube, Abb. 191, enthält 8 in den Rohrleitungen gekuppelte Gegenstromapparate zu 70 m² Gesamtheizfläche[1]). Eine Doppelwegkonstruktion besitzt ebenfalls der Apparat von Poensgen, Düsseldorf, Abb. 194, nur mit dem Unterschied, daß der durch f und V_2 ein-

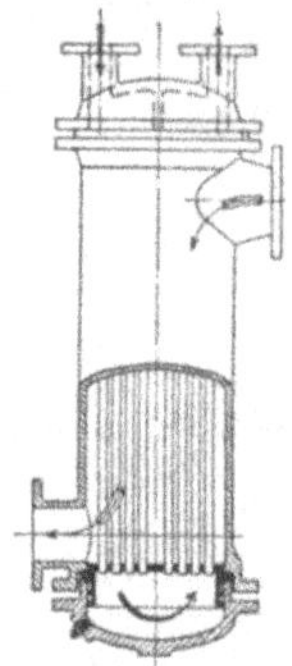

Abb. 187.

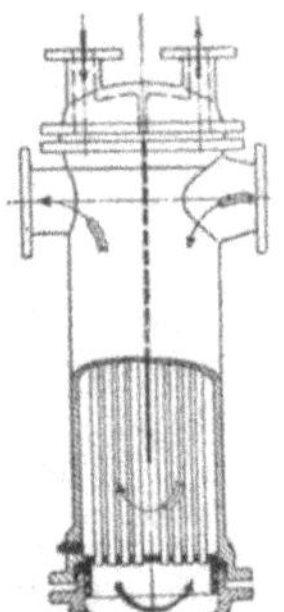

Abb. 188.

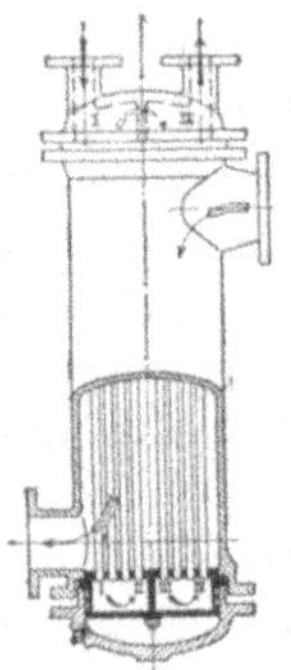

Abb. 189.

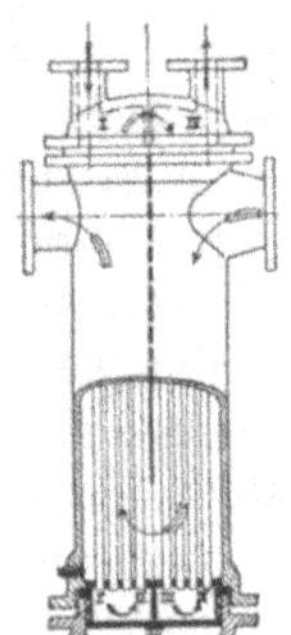

Abb. 190.

tretende Dampf mit seinem Kondenswasser den Doppelweg um das Messingröhrensystem b zurücklegt. Neben der Ausbildung des letzteren liegt eine wesentliche Eigenart in der Kupplung des Kaltwasserventiles V_1 und des Dampfventiles V_2 (Abb. 195). Um ein Voröffnen des

[1]) Ruetz: »Abdampfverwertung im Fördermaschinenbetriebe.« Gesundheits-Ingenieur 50, Heft 28, 1927.

Tabelle 36.

Leistungen der Gegenstromapparate mit kupfernen [-Röhren.

Ganze Baulänge	Äußerer Mantel-durchm.	Gewicht	Rohranschluß, l. W. in mm			Heizfläche	Stündliche Höchstleistung bei Wassererwärmung von 10 auf 35° in Liter							
			Dampf	Kon-densat	Wasser		bei Niederdruckdampf von					bei Hochdruckdampf von		
mm	mm	kg				m²	0,1	0,2	0,3	0,4	0,5 atü	1	2	3 atü
675	130	55	25	20	40	0,41	1 800	2 050	2 300	2 350	2 400	2 750	3 100	3 450
670	200	85	40	25	60	0,94	3 650	4 200	4 800	4 850	4 900	5 600	6 300	7 000
900	200	105	50	25	70	1,34	5 600	6 300	7 000	7 100	7 200	8 100	8 600	9 100
890	225	125	63	32	80	1,52	6 200	7 000	7 700	7 800	7 900	8 750	9 950	11 200
1010	225	140	63	32	80	1,82	7 700	8 500	9 800	9 900	10 000	11 000	12 150	13 300
950	275	160	63	40	80	2,23	9 500	10 200	12 600	12 750	12 900	14 000	15 400	16 800
950	275	175	76	40	90	2,74	11 500	12 600	14 000	14 250	14 500	16 800	18 500	20 300
1050	275	185	76	40	90	3,16	12 600	14 700	15 750	16 300	16 800	19 600	21 000	22 400
1025	300	210	90	51	100	3,62	14 500	17 000	19 600	20 100	20 600	22 400	26 000	29 500
1070	300	230	90	51	100	4,22	16 400	19 300	21 750	22 000	22 300	24 500	28 000	31 500
1165	300	260	100	51	125	4,67	18 200	21 000	24 800	25 150	25 500	27 300	30 800	34 300
1010	350	290	100	51	125	5,12	20 300	23 000	26 000	26 650	27 300	30 800	34 300	37 800
1030	350	320	100	51	125	5,55	22 000	25 500	28 750	29 500	30 100	35 000	37 800	40 600
1210	350	350	120	51	150	6,78	26 600	30 800	35 000	35 750	36 500	42 000	47 000	51 800
1130	400	385	120	63	150	8,51	33 600	38 500	43 400	45 100	46 850	54 600	58 800	63 000
1250	400	440	130	63	175	9,62	37 800	42 000	49 750	51 500	53 200	61 600	65 800	70 000
1380	400	475	130	63	175	10,80	43 500	49 000	53 200	55 350	57 500	68 500	74 100	79 800
1360	430	525	150	76	200	12,10	48 300	54 600	61 500	63 900	65 800	77 000	83 300	89 600
1480	430	575	150	76	200	13,53	54 600	62 500	70 000	72 250	74 500	84 000	94 500	105 000

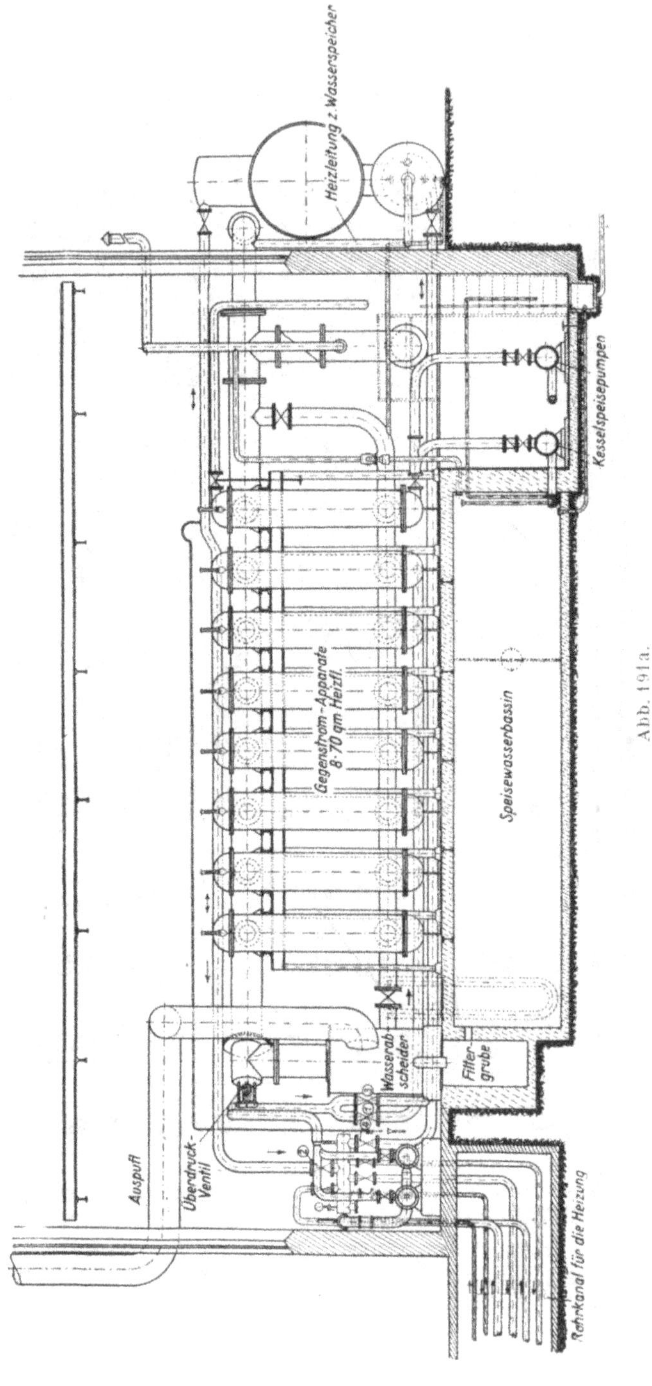
Heizleitung z. Wasserspeicher
Kesselspeisepumpen
Gegenstrom-Apparate
8·70 qm Heizfl.
Speisewasserbassin
Filter-
grube
Wasserab-
scheider
Überdruck-
Ventil
Auspuff
Rohrkanal für die Heizung

Abb. 191a.

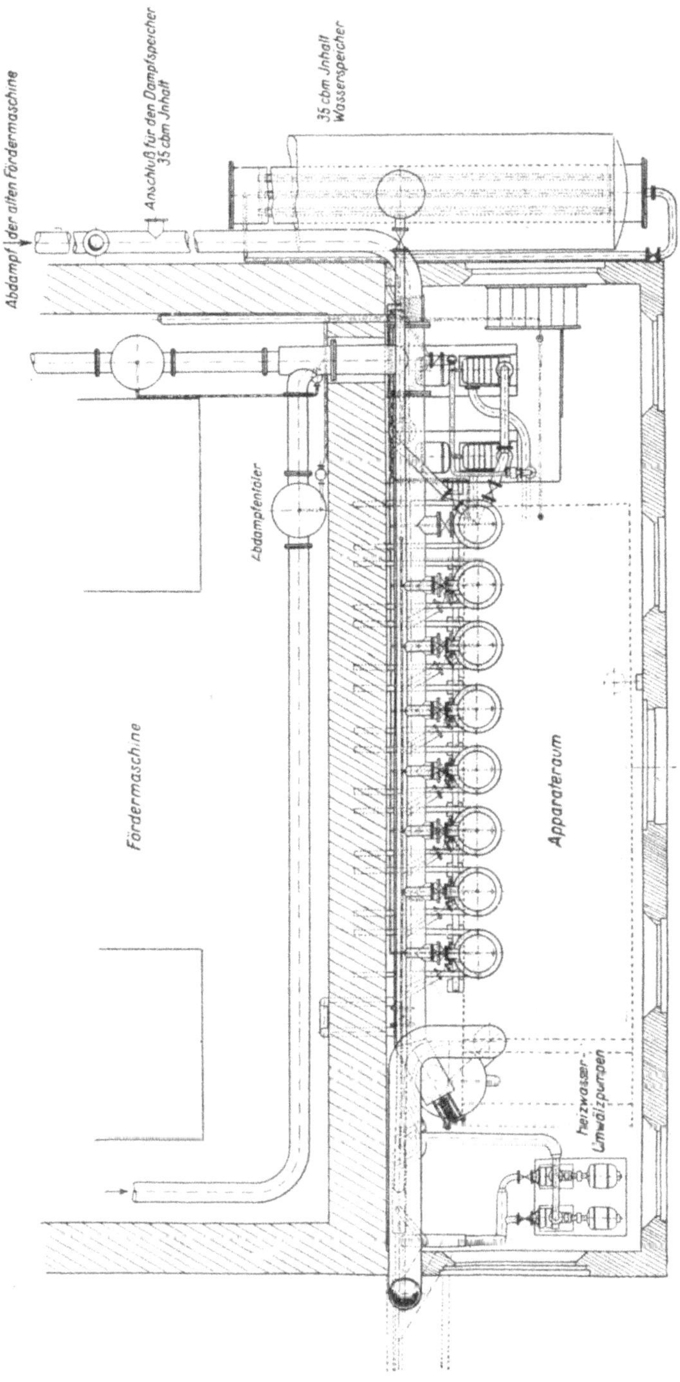

Abdampf der alten Fördermaschine
Anschluß für den Dampfspeicher 35 cbm Jnhalt
35 cbm Jnhalt Wasserspeicher
Abdampfentöler
Fördermaschine
Apparateraum
heizwasser Umwälzpumpen

Abb. 191b.

Dampfhahnes vor dem Wasserhahne zu vermeiden, ist der Griff *i* von V_1 mit einem ⊏-förmigen Segmente versehen, das den Dampfventilhebel *k* erst freigibt, wenn der Kaltwasserzufluß geöffnet ist. In Abb. 194 ist

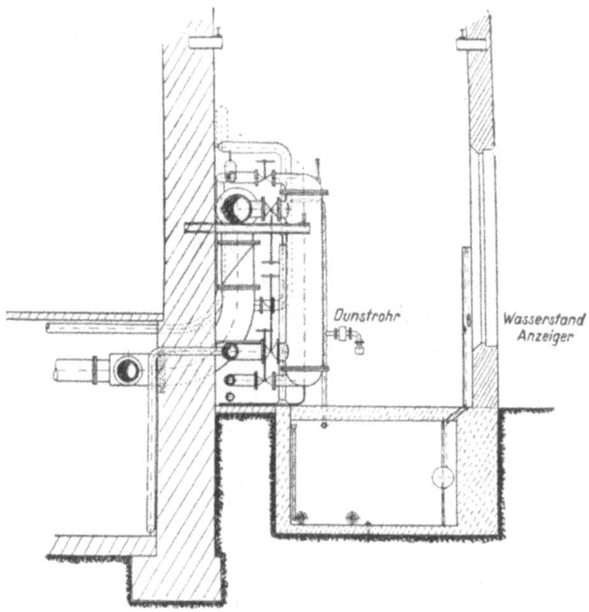

Abb. 191c.

ferner die Gruppeneinteilung der Brausen zu beachten, eine manchmal vorteilhafte Anordnung. Auf dem Segmente *s* ist eine Skala, die angibt, wieweit der Dampfventilhebel geöffnet werden muß, um die gewünschte Brausenzahl (5, 10, 15 oder 20 usw.) mit Wasser von der festgesetzten Höchsttemperatur zu speisen.

In manchen neuzeitlich mit Kondensationsmaschinen ausgerüsteten Betrieben, wie z. B. in Brauereien, ist täglich eine große Wassermenge mit einer Temperaturhöhe nötig, die weit über der Leistungsfähigkeit des

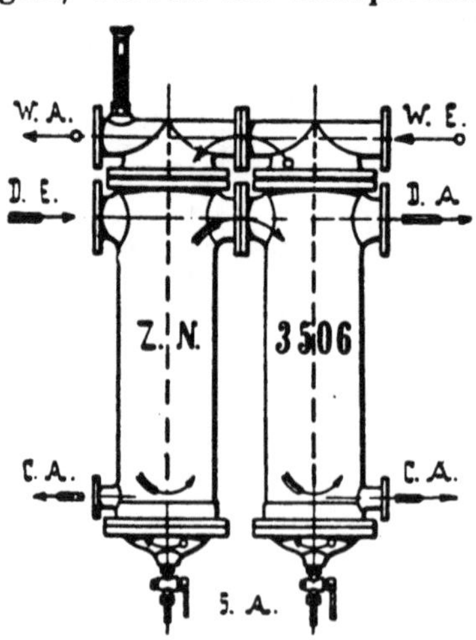

Abb. 192.

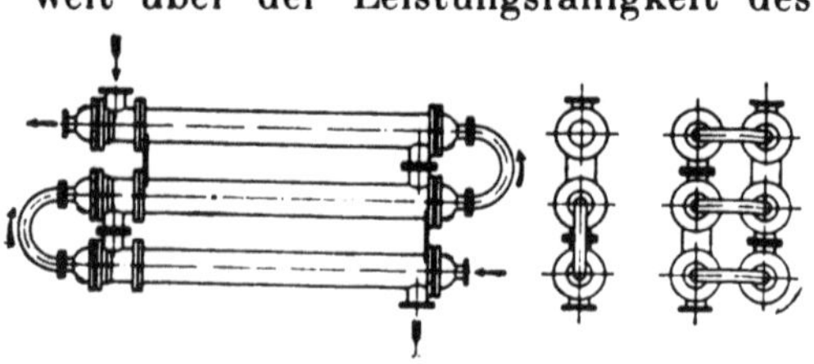

Abb. 193.

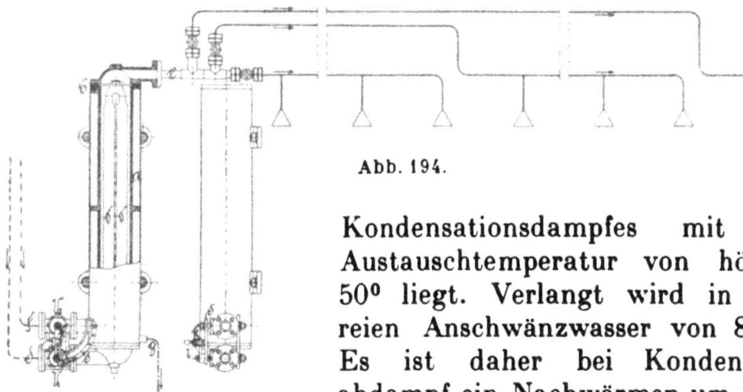

Abb. 194.

Kondensationsdampfes mit seiner Austauschtemperatur von höchstens 50° liegt. Verlangt wird in Brauereien Anschwänzwasser von 80÷90°. Es ist daher bei Kondensationsabdampf ein Nachwärmen um 30÷40° erforderlich. Das mittels Vakuumdampf auf 50° gebrachte Wasser kann in solchem Falle in einer der Abdampfmenge entsprechenden höchsten Literzahl in einem Behälter aufgespeichert und dann die zum jedesmaligen Anschwänzen benötigte hochtemperierte Wassermenge mit Hilfe eines kurz vor dem Einmaischbottich (Abb. 196) eingebauten Frischdampf-Anwärmers auf 80÷90° nachgewärmt werden. Auf diese Weise wird eine nicht unwesentliche Menge von Frischdampf erspart. Das übrige Wasser im Warmwasserspeicher dient zum Flaschen-, Fässerspülen, wofür die niedrigere Temperatur genügt. Die Nachwärmung kann auch mittels des Ausstoßdampfes einer zweiten Maschine, einer Pumpe od. dgl., vorgenommen werden.

Das Zusammenleiten von Abdampf und Frischdampf in einem Gefäß, veränderliche Anfangsdrücke und Dampfmengen und Betriebssicherheit bedingen für die Abdampfleitung der Gegenstromapparate einige Armaturen, auf die z. T. schon auf S. 40 hingewiesen worden

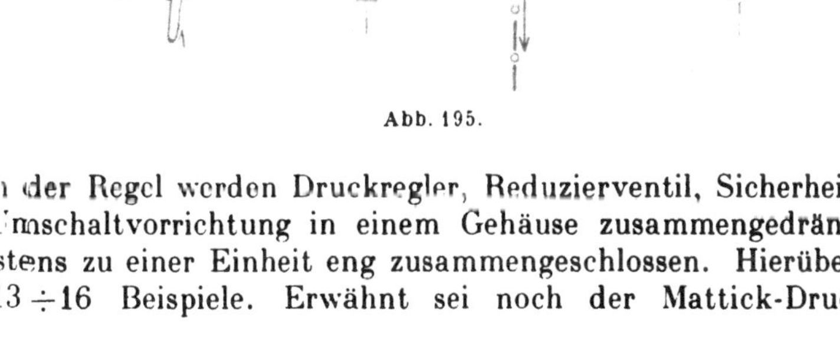

Abb. 195.

ist. In der Regel werden Druckregler, Reduzierventil, Sicherheitsventil und Umschaltvorrichtung in einem Gehäuse zusammengedrängt oder wenigstens zu einer Einheit eng zusammengeschlossen. Hierüber geben Abb. 13÷16 Beispiele. Erwähnt sei noch der Mattick-Druckregler als Überström- und Druckminderventil (Abb. 197), das sich zwar etwas weiter ausbaut, dafür aber hochempfindlich genau wirkt. Solange der gewünschte Druck noch nicht erreicht ist, hält Feder *g* das in die Dampf-

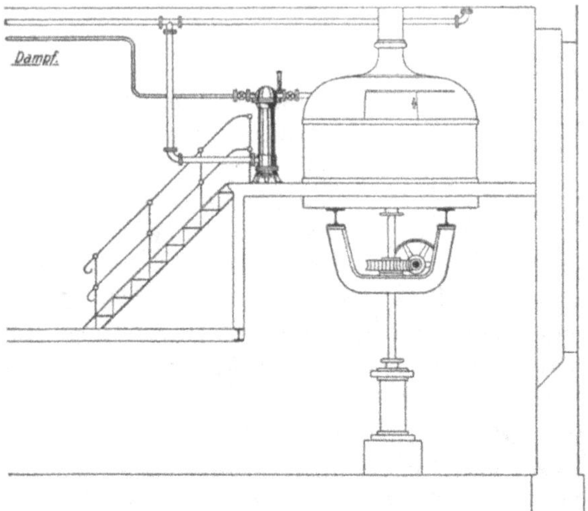

Abb. 196.

leitung eingesetzte Ventil offen. Wird der Druck überschritten, so drückt der Dampf durch die Membrane *h* auf Feder *i* der Druckwage und öffnet bei *k* den Zugang zum Wassertopf *l*. Hierdurch kommt Druck auf die Ventilmembrane *m*, das Ventil wird geschlossen. Die Abmessungen *b*, *c*, *d* und *f* ändern sich mit Rohr- bzw. Ventildurchmesser = 25 ÷ 300 mm und Ventilbaulänge *a* = 150 ÷ 700 mm entsprechend 15 ÷ 2 atü Anfangsdruck; *e* = 360 mm.

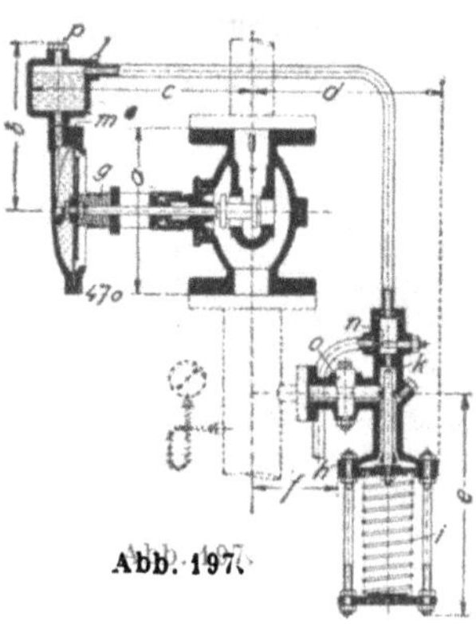

Abb. 197.

b) Die Strahlgebläse.

Man unterscheidet zwischen **offenen** und **geschlossenen** Strahlgebläsen. Die letzteren, welche schon in das Gebiet der Mischapparate (s. diese VDc) hinüberreichen, können den offenen Gebläsen bezüglich der Bauart vollkommen gleichen (Abb. 200), die Strahldüsen sind nur von einem geschlossenen Mantel ganz umgeben, so daß die Wassererwärmung durch Vermischen des Wassers mit dem Heizmittel Dampf oder Heizwasser unmittelbar an den Düsen, also im Gebläsemantel vor sich geht. Bei den offenen Gebläsen wird dagegen der Heizdampf injektorartig in die ganze Wassermasse eines Behälters eingepreßt, auf diese Weise jene erwärmend. Die geschlossenen Strahlgebläse mit ihrer starken saugenden Wirkung lassen sich überall zum Vermischen verschiedener Flüssigkeiten verwenden, so auch von Frischdampf und Abdampf und eignen sich besonders für kalkhaltiges Wasser.

Je nach der Leistung benutzt man eine oder mehrere Düsen, die auswechselbar eingesetzt werden oder für größere Leistungen mehrere Strahlapparate an einem Behälter (Abb. 198). Das Material ist Gußeisen oder Rotguß.

Der allgemeine Vorgang in der Wassererwärmung durch die Gebläse ist der, daß der Dampf das Wasser durch seine Kondensation erwärmt. Infolge ungleichmäßiger Kondensation entsteht jedoch ein laut knatterndes, lästiges Geräusch, weshalb die Apparate für Haushaltungszwecke keine Verwendung finden dürften. In neuerer Zeit sind die Apparate allerdings besonders nach diesem Gesichtspunkte hin wesentlich verbessert worden. Je höher die Anfangstemperatur des zu erwärmenden Wassers ist, um so geringer ist das Geräusch, daher ist eine Erwärmung von Wasser mit sehr niedriger Anfangstemperatur mit Hilfe dieser Gebläse für gewöhnlich nicht zu empfehlen.

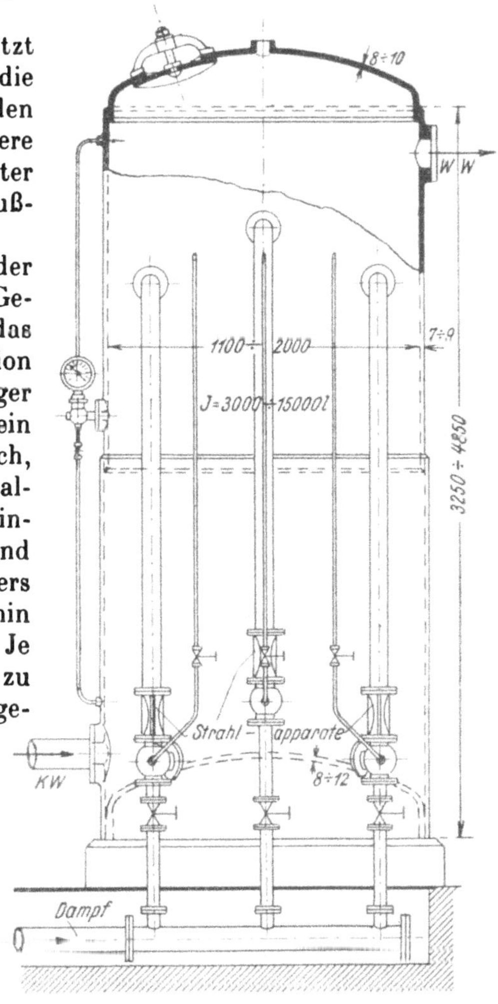

Abb. 198.

Zur Beseitigung des letzten Restes lauten Geräusches, das namentlich bei Erwärmung auf hohe Temperaturen bis an den Siedepunkt heran noch hörbar wird, führt Körting in seinem Aparat dem Dampfstrahle eine kleine Menge atmosphärischer Luft durch eine regelbare Luftschraube *b* (Abb. 199, 200) zu. Der Apparat selbst besitzt dafür nur eine einzige Düse, wodurch Einfachheit und Billigkeit vorteilhaft erhöht werden. Der Apparat von Dreyer, Rosenkranz & Droop, Abb. 201, enthält dagegen bis 5 Düsen, die lamellenartig hintereinander geschaltet sind. Der eine Wasserstrahl wird dadurch in entsprechend viele kleinere Teilstrahlen zerlegt, wodurch sich eine gleichmäßigere Kondensation und ebenfalls eine Geräuschabschwächung ergeben. Das selbsttätige Ansaugen der Luft wird sich auch nur solange ordnungsmäßig

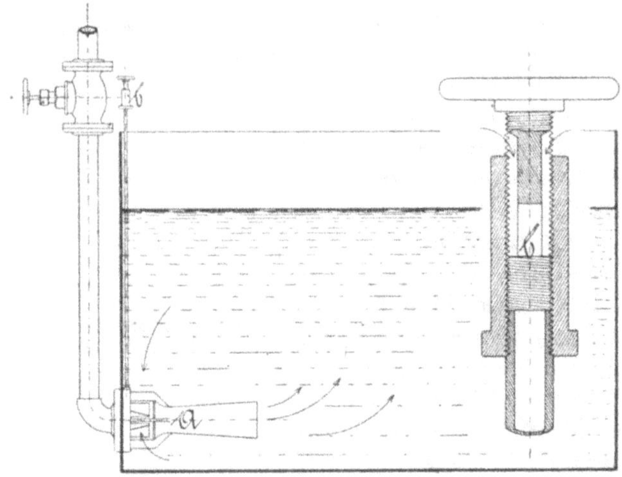

Abb. 199.

vollziehen, wie die Temperatur noch ein Vakuum (bis ~90°) ermöglicht. Eine gänzliche Geräuschlosigkeit läßt sich überhaupt nicht erreichen.

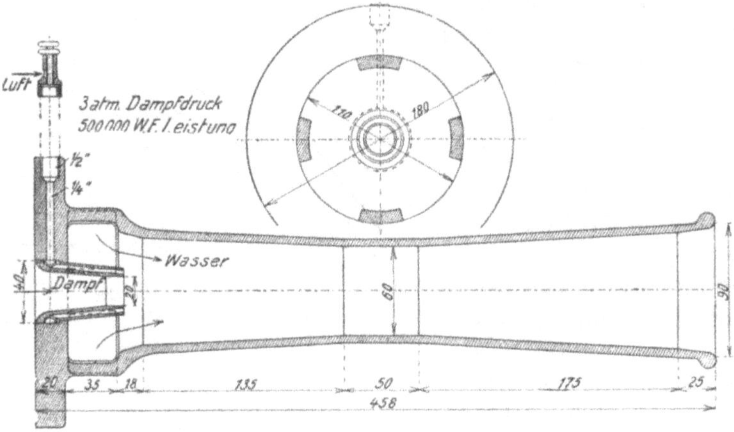

Abb. 200.

Um das Gebläsegeräusch außer Hörweite der nutznießenden Personen (Badende in Badeanstalten) zu bringen, findet man hie und da in der Literatur den Vorschlag, das Strahlgebläse fernab von der Gebrauchsstelle, und zwar in den Reglerraum des Gebäudes zu legen, in welchem Falle der Wasseranwärmebehälter mit seinen Zapfstellen, da er den Strahlapparat jetzt nicht mehr in sich trägt, dann nichts anderes als ein gewöhnlicher Wasserbehälter, also ein Warmwasseraufspeicherer ist. Solche Maßnahme ist aber nicht zu empfehlen. Der Strahlapparat, unterhalb des Behälters aufgestellt, wird sich nämlich bei Abstellen

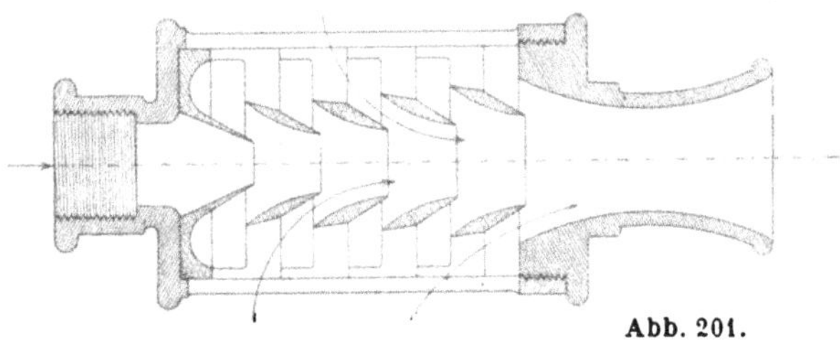

Abb. 201.

der Dampfzufuhr mit Wasser gefüllt erhalten. Da dieses unter gewissem Drucke steht, so werden beim Anstellen des Apparates unangenehme Kondensationsschläge auftreten. Außerdem wird, wenn die Wassersäule, die auf dem Apparat lastet, größer ist als der Dampfdruck, der Dampf nicht imstande sein, einen ordnungsgemäßen Betrieb hervorzubringen. Es ist daher empfehlenswerter, ein geschlossenes Strahlgebläse nach Abb. 202 in Höhe des Behälter-Wasserspiegels aufzustellen. Hierbei erleidet der Dampf keinen Gegendruck, und seine Energie kommt für die Wassererwärmung zu voller Wirkung. Bei Führung des Saugrohres *d* (Abb. 202) bis auf den Boden des Behälters wird weiter eine vollkommene Umwälzung und gleichmäßige Wärmeverteilung erzielt. An höchster Stelle der Dampfleitung ist zweckmäßig ein Lufteinsaugventil *c* (Abb. 202) vorzusehen, welches verhindert, daß nach Abstellen der Dampfzufuhr ein Vakuum in der Dampfleitung und Wasser in selbige eintritt.

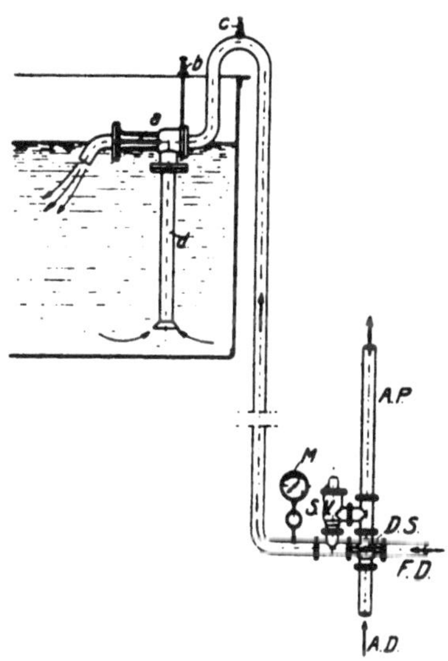

Abb. 202.

Mit Hinweis auf obige Darlegungen läßt sich noch der Grenzfall gutheißen, wenn ein geschlossenes Gebläse nach Abb. 203 außerhalb des Behälters in dessen Bodenhöhe unter der Voraussetzung angeordnet wird, daß der Behälter zwischen zwei Arbeitszeiten entleert wird. Der Behälter dient als Waschfaß.

Als Heizmittel können Abdampf und Frischdampf oder beide zusammen zur Ausnützung kommen. Da die Düsenweite bzw. der Dampfanschluß am Gebläse bei beiden Dampfarten für die gleiche Leistung entsprechend Tabelle 37 verschieden ist, so muß der Frischdampfdruck auf den Abdampfdruck abgedrosselt werden. Der Anwärmer wird zwar auch arbeiten, wenn ein höherer Dampfdruck auf ihn zur Wirkung kommt; jedoch kann alsdann die höchste Endwärme nicht erzielt werden, weil die im Apparate zu kondensierende Dampfmenge größer ist und entsprechend der damit eintretenden größeren Erwärmung innerhalb des Apparates die Wärme des zufließenden Wassers geringer gehalten werden muß. Will man also höchste Temperaturen erhalten, so ist es nötig, den Dampfdruck auf der Höhe zu halten, für welche der betreffende Apparat ausgebildet ist. Zu diesem Zwecke ist in die Frischdampfleitung *FD* vor dem Wechseldrehschieber *DS* der Abb. 202 ein Verminderungsventil und hinter *DS* ein Sicherheitsventil *SV* einzuschalten, das in die Auspuffleitung *AP* abbläst. Die Einstellung des Dampfdruckes ist durch das Manometer *M* genau zu erreichen.

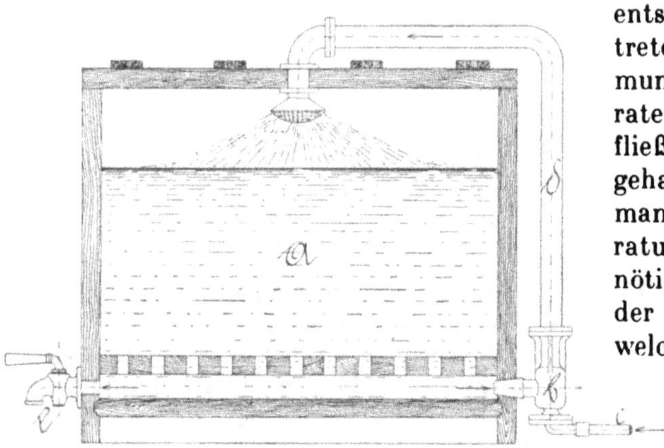

Abb. 203.

Tabelle 37.

Leistungen der bekanntesten Strahlgebläse.

Geringste Weite des Dampfrohres in mm							
für Frischdampf 3 atü . . .	13	20	25	32	40	50	65
für Abdampf 0,1 atü	30	50	65	80	100	120	—
Geringste Weite des Wasserrohres in mm							
bei Frischdampf	30	40	50	70	90	120	150
bei Abdampf	50	70	90	120	150	175	—
Anzahl der abgegebenen kcal/h der Apparate nach Gebr. Körting, Hannover	50000	100000	200000	300000	500000	—	—
Dreyer, Rosenkranz & Droop, Hannover	20000	50000	70000	100000	200000	300000	—
fr. Zentralheizungswerke, Hannover . .	25000	50000	100000	200000	300000	500000	—
Schäffer & Budenberg, Magdeburg	60000	120000	240000	360000	480000	900000	1200000

Letzte Zahlenreihe bezieht sich auf 4 atü.

Man ersieht aus der Tabelle die große Leistungsfähigkeit dieser Warmwasserbereiter. Die Preise für die einzelnen Apparate stehen in entsprechendem proportionalen Verhältnis zu ihren Leistungen. Bei höherem Dampfdrucke als 3 atü steigt natürlich die Leistungsfähigkeit; bei Abdampf bis 0,1 atü Druck geben die Apprate $\sim \frac{1}{4}$ der angegebenen Leistung. Bei Dampfrohrleitungen über 10 m Länge ist deren Durch-

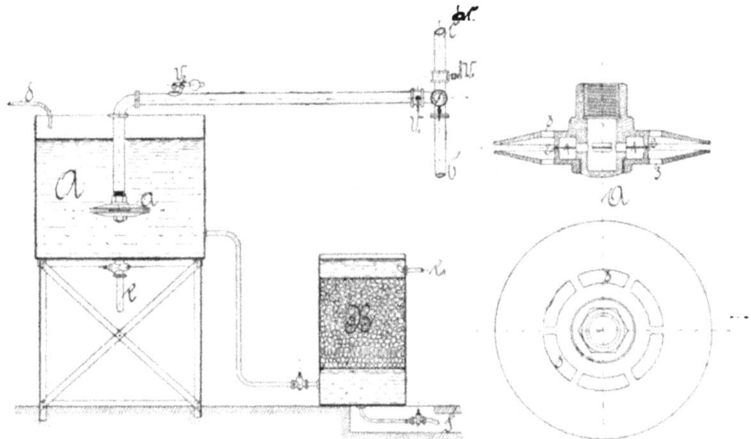

Ahb. 204a.

messer entsprechend zu vergrößern.

Ein bis zu 80° geräuschschwacher, offener linsenförmiger Wasseranwärmer wird nach dem Prinzip der Dampfstrahlapparate gemäß Abb. 240a ebenfalls für große Leistungen gebaut. Der Dampf tritt in die Linsenkammer *1* (Abb. 204a[1]), die das Zuleitungsrohr ringförmig umgibt, von dort durch den Schlitz *2* in Form einer dünnen Scheibe in das Wasser. Letzteres wird durch seitliche Öffnungen *3* angesaugt, kondensiert den Dampf und strömt erwärmt am Umfange des Apparates nach allen Seiten hin aus. Anstatt des in der Dampfleitung sitzenden Belüftungsventils V_2 benutzen Buschbeck & Hebenstreit besser nach Abb. 204b eine Luftschraube mit besonderem zum Linsenkörper führenden $\frac{1}{8}''$-Rohr.

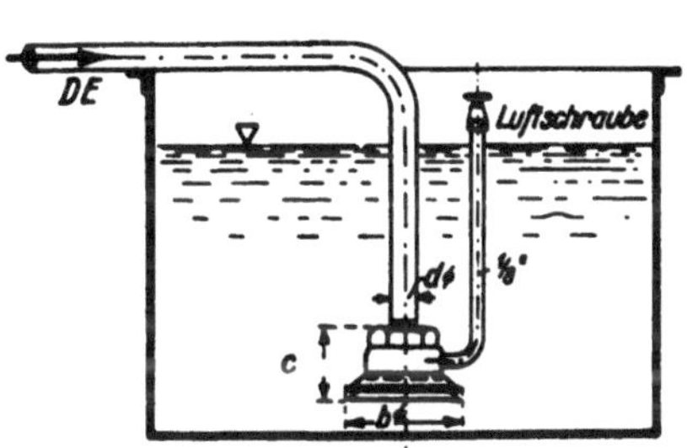

Abb. 204b.

Die Linsen werden ausgeführt von $\frac{1}{8}$ bis $1\frac{1}{2}''$ aus Rotguß, von $\frac{1}{2}$ bis $2\frac{3}{4}''$ aus Eisen und von $1\frac{1}{2}''$ an mit Flanschen. Bei $0{,}1 \div 0{,}2$ atü beträgt die Leistung etwa $\frac{1}{4} \div \frac{1}{5}$ der Werte der Tabelle 38.

[1]) Es bedeuten in Abb. 204a: b = Abdampf v. d. Masch., c = Auspuff, d = Wasserzufluß, e = Warmwasserentnahme, e_1 = zur Pumpe, f = Entleerung, V_1 = Drosselklappen, V_2 = Belüftungsventil, B = Filter.

Tabelle 38.

Leistung der Linsenapparate. (Abb. 204.)

Linsendurchmesser . . . mm	75	90	100	110	150	195
bei Weite des Anschlußrohres . . . . Zoll	$^1/_8$	$^1/_4$	$^3/_8$	$^1/_2$	$^3/_4$	1
die Leistung bei 4 atü kcal/h	10000	30000	96000	130000	245000	430000
Linsendurchmesser . . . mm	270	320	420	480	540	700
bei Weite des Anschlußrohres . . . . Zoll	$1^1/_4$	$1^1/_2$	2	$2^1/_2$	$2^3/_4$	4
die Leistung bei 4 atü kcal/h	570000	775000	1300000	1700000	2100000	3500000

für Abb. 204b:								
Maß *b* Maße: mm	75	90	100	110	130	145	160	210
„ *d* Zoll	$^3/_8$	$^1/_2$	$^3/_4$	1	$1^1/_4$	$1^1/_2$	2	$2^1/_2$
„ *c* mm	47	50	60	60	73	75	85	90
Leistung kcal/h bei 4 atü . . .	780000	130000	240000	420000	560000	760000	1250000	1250000
» 0,1 » . . .	18000	30000	60000	100000	140000	190000	300000	400000

Über die Möglichkeit einer vielfältigen Anordnung eines geschlossenen Strahlapparates gibt Abb. 205 Aufschluß. Der Apparat kann an jeder Stelle einer Rohrleitung eingebaut werden. Die Anordnung I der sog. Anwärmepumpe *P* gestattet, das Wasser aus der Kaltwasserleitung *a* mit beliebig erhöhter Temperatur abzuzapfen. Es dient *P* in II nach Öffnen von V_1 zum Einfüllen des erwärmten Wassers in *B*

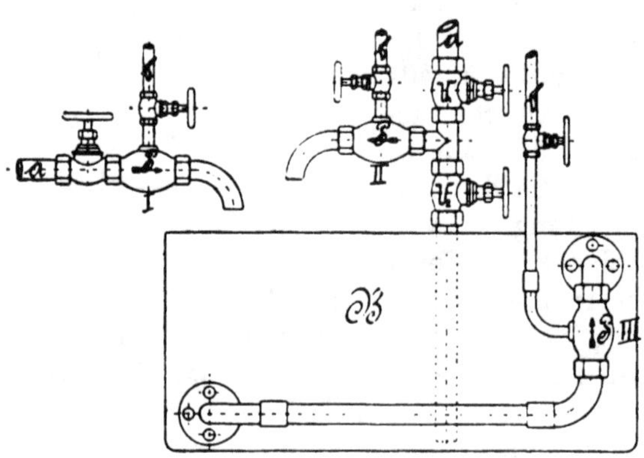

Abb. 205.

oder nach Schließen von V_1 und Öffnen von V_2 zum Ansaugen und Anwärmen des in *B* befindlichen Wassers. Es entnimmt schließlich *P* in III das Wasser dem tieferen Teil von *B* und bringt es erwärmt wieder am oberen Ende nach *B*, so daß eine gleichmäßige Erwärmung und Mischung erzielt wird. Es ist *b* die Dampfleitung.

Eine Warmwasserbereitung in einer Rohrleitung findet z. B. in Brauereien, Mälzereien zur Erzeugung von Anschwänz- und Faßspülwasser vielfach Anwendung. Es wird dann ein Dampfstrahlsauger nach Abb. 206 (s. auch Abb. 12) eingesetzt, welcher in einfachster, zuverlässigster und billigster Weise bei allergeringster Rauminanspruchnahme die Wassererwärmung auf 70÷80° bewirkt. Dampf von mindestens 4 atü ist aber erforderlich. Bei Außerbetriebsetzung und Frostgefahr ist der

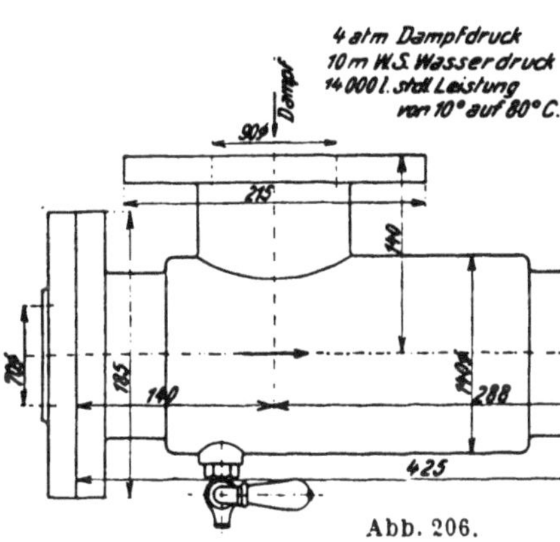

Abb. 206.

Apparat zu entleeren. In Tabelle 39 sind nach Körting die Leistungen bei 4 atü Dampfdruck und 10 m WS-Druck des zufließenden Wassers angegeben.

Tabelle 39.

Körtings Strahlapparat zum Wasseranwärmen in Rohrleitungen. (Abb. 206.)

Leistung . . . . kcal/h	2500	4500	7000	10 000	14 000
l. Weite in mm — der Wasserleitung .	30	30	50	60	70
l. Weite in mm — » Dampfleitung .	40	40	60	80	90
Ganze Baulänge . . . . mm	265	310	350	380	425
Gewicht . . . . kg	11,5	15,5	20,5	26,0	28,5

Ist die Rohrlänge größer als 12 m, so sind die Rohrdurchmesser um eine Stufe weiter zu nehmen. Um das lästige, rasselnde Geräusch während des Betriebes zu mildern, führt Körting auch diesen Apparaten wieder atmosphärische Luft zu. Andere Firmen suchen den Zweck durch Einbau mehrerer Düsen zu erreichen.

In der geschlossenen Strahlvorrichtung mit 4 Düsen von Dreyer, Rosenkranz & Droop, Hannover (Abb. 207), wird das Kaltwasser den Anschlüssen *a* und *b* zugeführt und mit dem bei *c* eintretenden Dampfstrahl in der eingekapselten Düsengruppe zu warmem Wasser vermischt. Die von *d* abzweigende Verbrauchsleitung ist stets etwas steigend anzuordnen, damit durch die Erzeugung eines geringen Gegendruckes die Mischung innig vor sich geht. Die Aufstellung des Apparates erfolgt in senkrechter Stellung entweder unterhalb des Fußbodens oder an der Wand oberhalb der Badewanne usw. Den Anschlüssen *a*, *b* und *c* sind Abschlußorgane vorzuschalten, so daß man es dann hier mit einem zweigriffigen Apparate zu tun hat.

c) Die Mischapparate.

Die Mischapparate gestatten eine Wassererwärmung in gedrängtester Konstruktion auf kleinstem Raume. Sieht man von den Mischgefäßen ab, so sind sie, die meisten wenigstens, nichts anderes als Abschlußorgane in Ventil- oder Hahnausführung von besonderer Bauart, die ein Vermischen des kalten Wassers mit dem Heizmittel und dadurch ein Warmwasser von bestimmter Temperatur hervorrufen. Als Heizmittel tritt hier mehr Warm- oder Heißwasser als Dampf in den Vordergrund.

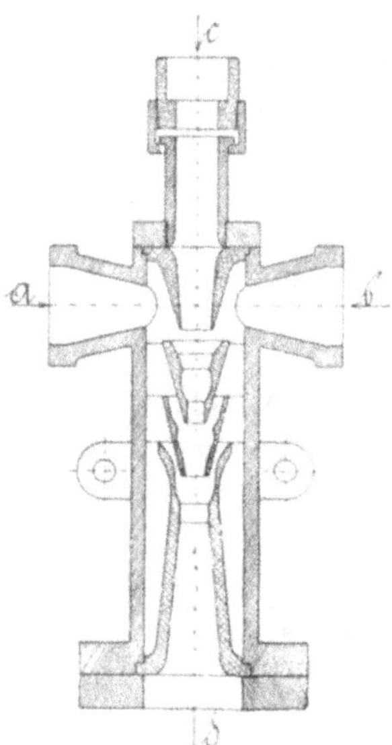

Abb. 207.

Alle Mischapparate haben das gemeinschaftliche Prinzip, bei Betätigung zuerst kaltes Wasser zu geben, dessen Temperatur sich bei weiterem Öffnen infolge Zuströmens des Heizmittels erhöht, bis schließlich warmes Wasser in seiner höchsten Temperatur austritt. Letzteres ist das Heizwasser allein, wenn dieses das Heizmittel bildet. Ist dagegen Dampf das Heizmittel, so muß natürlich der Apparat so regelbar sein, daß jener allein nicht austreten und Verbrühungen hervorrufen kann.

Die Regelung der Gebrauchswassertemperatur wird durch die Bedienung an ein oder zwei Abschlußorgangriffen erreicht. Die Vorzüge beider sind gleichwertig. Die Bedienung der zwei Griffe kann wegen der sehr einfachen Handhabung und der höheren Betriebssicherheit kaum als ein Nachteil angesehen werden. Eine Entscheidung zwischen beiden Ausführungen bezüglich ihrer Verwendung kann dahin getroffen werden, daß bei Wassertemperaturen höher als $\sim 35^0$ ein zweigriffiger Apparat sich nur im Bereiche von Fachleuten (Badewärter) befinden sollte; trotzdem sieht man vielfach das Gegenteil. Beim eingriffigen Apparat sind die Abschlußorgane auf die zulässige Warmwassertemperatur einzustellen.

Die Mischapparate werden als einfache Rohrgabelstücke, als besonders konstruierte Ventile und Hähne und als Mischgefäße ausgeführt.

Das zweigriffige Rohrgabelstück.

Die einfachste Ausführung einer zweigriffigen Mischvorrichtung für heißes und kaltes Wasser wird nach Abb. 208 durch ein Doppel-ꟷ-Rohr, Gabelstück, aus Messing, Kupfer oder verzinktem Eisen-

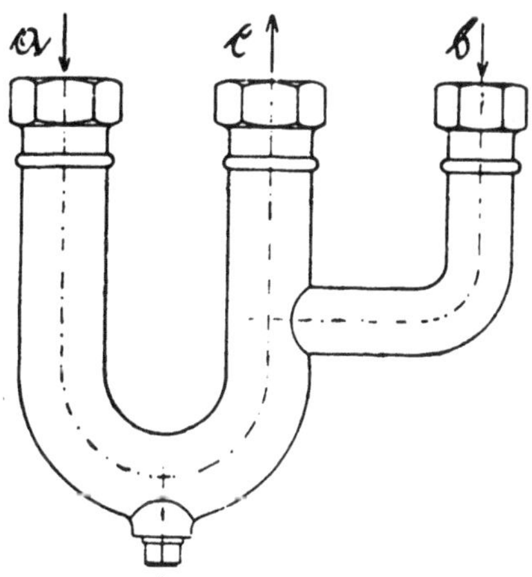

Abb. 208.

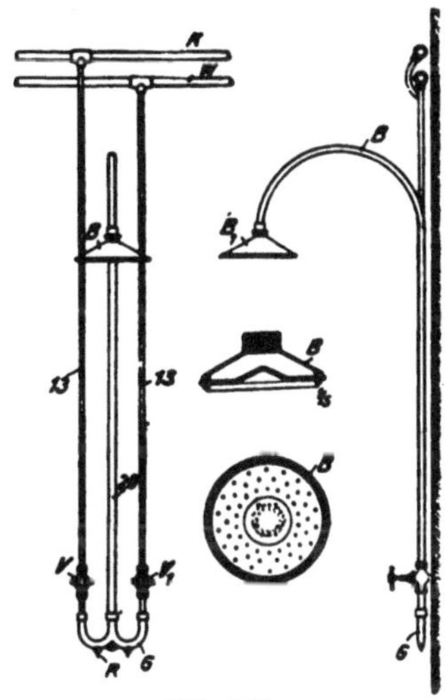

Abb. 209.

rohre erreicht. Die beiden getrennten Abschlußorgane V und V_1 sind in Abb. 209 als Ventildurchlaufhähne den zwei äußeren Rohrschenkeln vorzuschalten. Bei dieser Ausführung hat also der Badende sich selbst zu bedienen. An den tiefsten Stellen des Gabelstückes G sind Reinigungs- und Entleerungsschrauben R vorzusehen. Für hohe Temperaturen (über ∼ 35°) und für Dampf ist dieser Apparat nicht geeignet. Ebenso darf auch eine innige Mischung der beiden Speiseflüssigkeiten nicht bestimmt vorausgesetzt werden. Seiner großen Einfachheit und Billigkeit wegen kann er jedoch an mancher Stelle gute Dienste leisten.

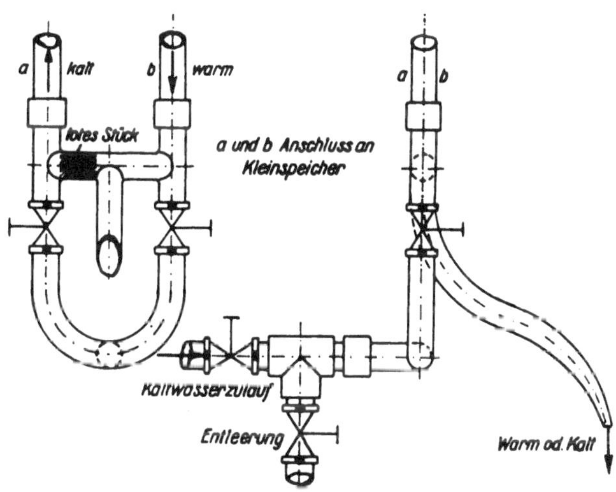

Abb. 210.

Auf einem etwas anderen Prinzip beruhen die sog. Mischbatterien nach Abb. 210, die vorzugsweise kleineren elektrischen Warmwasserspeichern zugeordnet werden. Durch Öffnen des linken Gabelventiles tritt Kaltwasser aus der Zulaufleitung durch *a* in den Speicher und treibt das darin aufgespeicherte Warmwasser vor sich her und durch *b* bis zum Auslauf. Wird gleichzeitig das rechte Gabelventil geöffnet, so mischt sich das warme Speicherwasser vor der Auslaufmündung *b* mit Kaltwasser.

Die Mischventile.

Die Mischventile werden als zweigriffige und eingriffige ausgeführt. In ersterem Falle besitzen sowohl die Kaltzuleitung wie auch die Dampf-

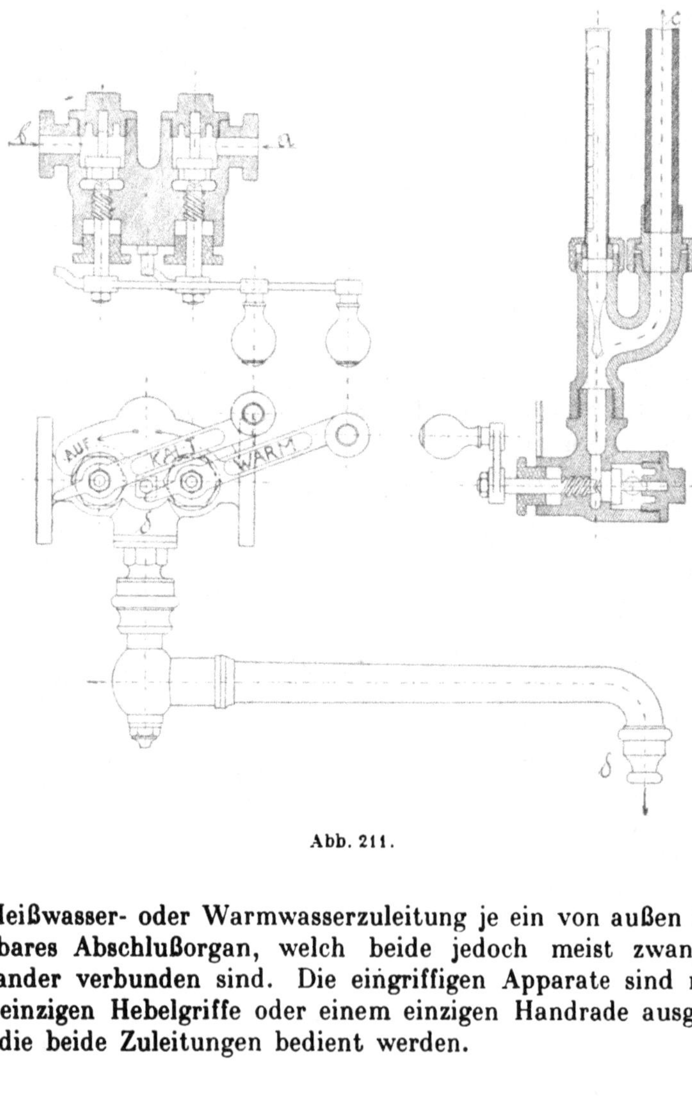

Abb. 211.

bzw. Heißwasser- oder Warmwasserzuleitung je ein von außen für sich bedienbares Abschlußorgan, welch beide jedoch meist zwangsläufig miteinander verbunden sind. Die eingriffigen Apparate sind nur mit einem einzigen Hebelgriffe oder einem einzigen Handrade ausgerüstet, durch die beide Zuleitungen bedient werden.

Die zweigriffigen Mischventile.

Der normale Mischapparat für Badeanlagen besitzt in einem Gehäuse zwei nebeneinander liegende Ventile, von denen nach Abb. 211 (Schaffstaedt, Gießen) und Abb. 212 (Buschbeck & Hebenstreit, Bischofswerda) das eine *a* das Heizwasser bzw. den Dampf und das andere *b* das kalte Wasser zuführt. Um Verbrühungen zu vermeiden, sind die Hebel so angeordnet, daß stets erst *b* geöffnet und beim Schließen stets erst *a* geschlossen werden kann. Es können die verschiedenartigsten

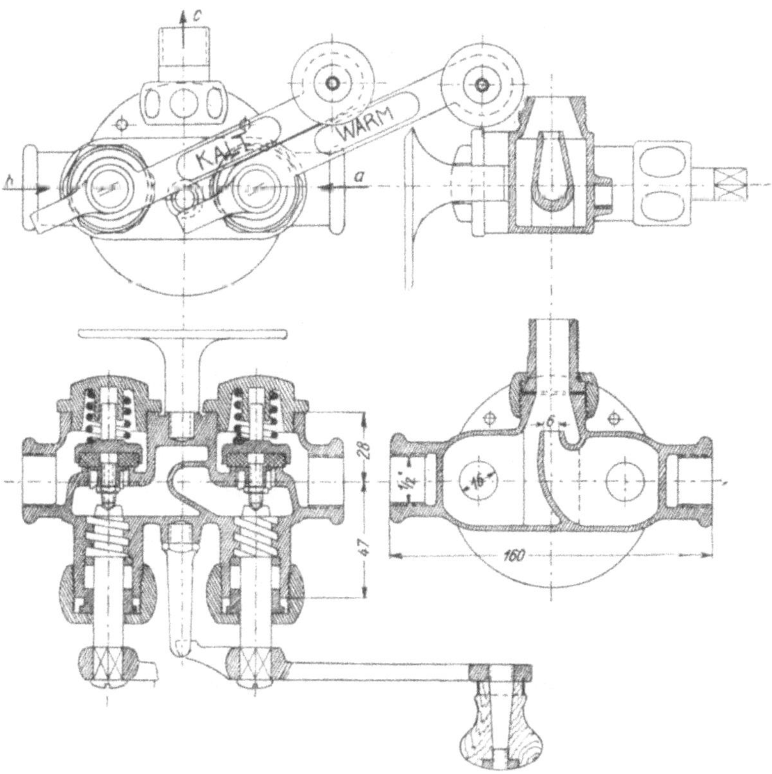

Abb. 212

Druck- und Temperaturverhältnisse in Anwendung gebracht werden, ohne befürchten zu müssen, daß z. B. etwa das mit hohem Drucke zufließende kalte Wasser das mit niedrigerem Drucke vorhandene Heizwasser oder der hochgespannte Dampf ein Wasser mit geringem Drucke verdrängt. Der Dampfdruck muß jedoch mindestens 0,5 atü betragen. Die Temperaturänderung des Verbrauchswassers läßt sich durch größeren oder geringeren Ausschlag der Hebel bis zur vollkommenen Kaltwasserabnahme durch alleiniges Öffnen des Kaltwasserhebels (Kalt) regeln. Wie die Abb. 211 und 212 zeigen, lassen sich die Ventilkörper mit ihren Kanälen verschiedenartig ausführen, wobei das Prinzip dasselbe bleibt.

Ein sehr kräftiges Dampf-Wasser-Mischventil, das sich schon sehr den Mischgefäßen nähert und die Wirkungsweise eines Strahlapparates in sich trägt, wird hauptsächlich zur Erzeugung großer Mengen warmen Wassers für Mannschaftsbäder, Wascheinrichtungen großer Fabriken, Krankenhäuser, Schwimmanstalten nach Abb. 213 gebaut. Die durch *a* zugeführte Dampfmenge kann mittels der Regulierspin-

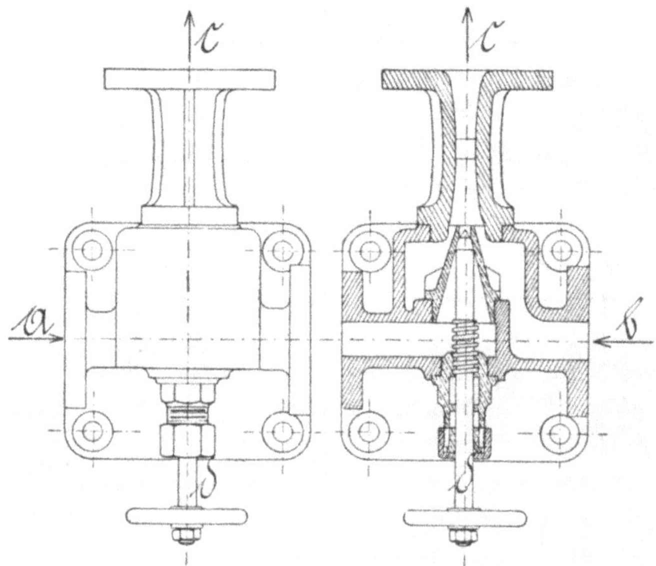

Abb. 213.

del *d* aufs genaueste geregelt werden. Das Kaltwasser tritt bei *b* ein, das Gebrauchswasser bei *c* aus. Der Apparat mit nachstehenden Leistungen ist für jeden Dampfdruck zu verwenden. Den Flanschen bei *a* und *b* ist wieder je ein für sich bestehendes Abschlußorgan vorzuschalten, wodurch der Apparat zweigriffig, sogar dreigriffig wird.

Tabelle 40.

Leistungen der Mischapparate mit Regulierspindel. (Abb. 213.)

Stündliche Erwärmung von 10° auf 40° in Liter	Lichte Weite der Rohranschlüsse in mm		
	Dampf	Kaltwasser	Warmwasser
5 000	25	30	40
8 000	30	40	50
12 000	40	50	65
18 000	50	65	75

Tabelle 41.

Baumaße bezüglich Abb. 214.

Rohranschluß	Brause	Maße in mm						
		a	b	c	d	e	f	g
13	20	170	75	35	50	130	80	30
20	20	200	90	40	80	130	80	35
25	32	230	90	50	80	150	90	40

Die eingriffigen Mischventile.

Von den beachtenswerten Konstruktionen eingriffiger Organe lassen sich zwei Arten unterscheiden. Bei der einen sind die beiden Ventile konzentrisch angeordnet, das äußere für Kaltwasser, das innere ringförmige für das Heizmittel oder auch umgekehrt. Die zweite Art hat beide Ventile nebeneinander.

Die zweite Bauart besitzt gegenüber der ersteren den Vorteil, daß ein Übertreten des Kaltwassers durch eine schadhafte Dichtung in die Warmleitung und umgekehrt nicht so leicht eintreten kann, welche Gewähr bei der konzentrischen Ventilanordnung nicht unbedingt gegeben ist. Die Folgen eines solchen Schadens können Verbrühungen hervorrufen oder die Wassertemperatur im Behälter herabdrücken. Ferner besitzen die nebeneinander liegenden Ventile den Vorzug einfacher und für den Laien verständlicherer Bauart. Bei der konzentrischen Anordnung müssen zwei Dichtflächen, in zwei verschiedenen Ebenen liegend, gleichzeitig und gleichmäßig anschließen, was nur bei sauberer, teurer Herstellung und trotzdem nicht auf die Dauer zu erreichen ist. Die Höhe der Dampfspannung ist fast unbeschränkt, von niedrigstem Druck bis 10 atü. Die Zuleitungen sind, insbesondere bei niedriger Dampfspannung, geringem Wasserdruck und größerer Länge im Durchmesser größer zu halten als dem Ventilanschluß entspricht. Der Hauptvorteil der Ventile erster Art liegt in der äußerst gedrängten Konstruktion, welche bei mancher Wahl ausschlaggebend sein kann. Als Material der zum Mischen von Wasser mit Dampf bestimmten Apparate ist besonders bei hoher Dampfspannung Rotguß oder Nickelweißmetall zu wählen.

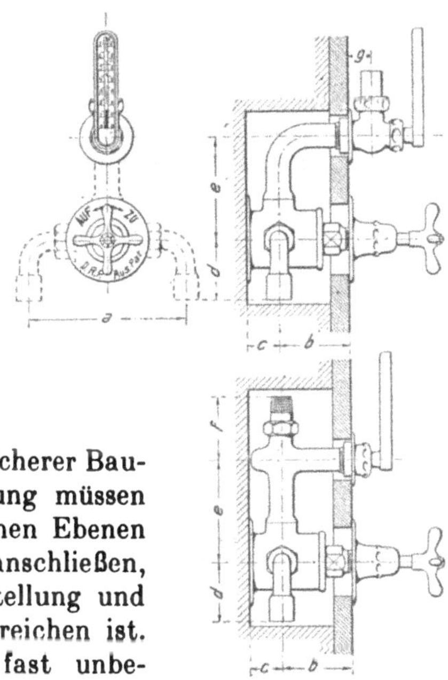

Abb. 214.

Im allgemeinen wird der Einbau dieser Mischapparate auf der Gebäudewand und leicht nachsehbar vorzunehmen sein. Wird die Verlegung unter oder im Putz gewünscht, so ist die Anbringung nach Butzke & Cie., Berlin (Abb. 214), empfehlenswert.

Einige nachstehende Beispiele mögen die verschiedenartigen Konstruktionen der eingriffigen Mischventile des näheren erklären.

Die eingriffigen Mischventile mit konzentrisch angeordneten Abdichtungsflächen.

Das Injektor-Präzisionsmischventil (Abb. 215) von F. Butzke & Cie., Berlin, dient für Kaltwasserhochdruck und Warmwassermittel-

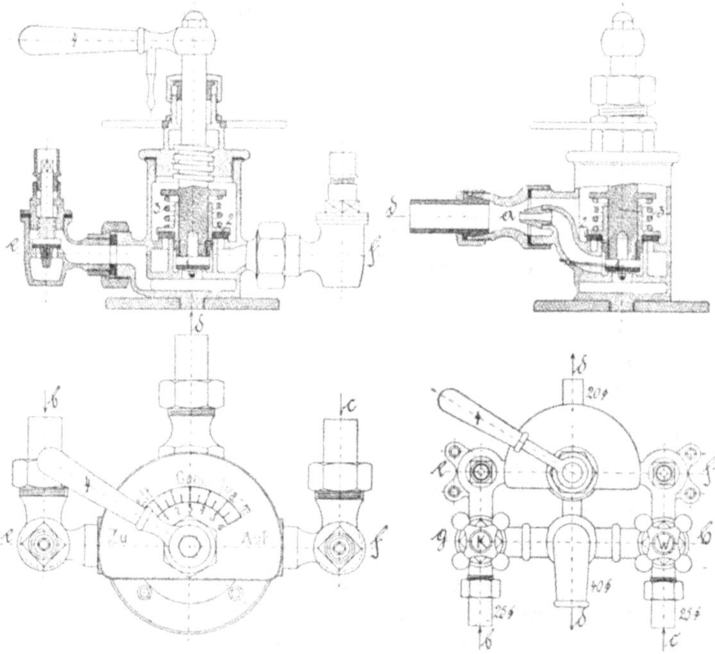

Abb. 215.

druck. Vermöge der injektorartig wirkenden Düse *a*, durch welche das kalte Hochdruckwasser von *b* her strömt, wird dessen Übertreten in die Warmwasserzuleitung *c* mit schwächerem, etwa Behälterdrucke vermieden. Die Entfernung der beiden Scheibenventile *1* und *2* ist eine in der Achsenrichtung veränderliche. Die Feder *3* preßt vermöge ihrer Spannkraft bei geschlossenem Kaltwasserventil *1* auch das Warmwasserventil *2* auf seinen Sitz und führt den Abschluß der Warmwasserleitung herbei. Die Spannkraft der Feder *3* ist so bemessen, daß bei Betätigung des Hebels 4 auf Stellung »Kalt«, d. h. beim Öffnen von *1*, die Feder *3*

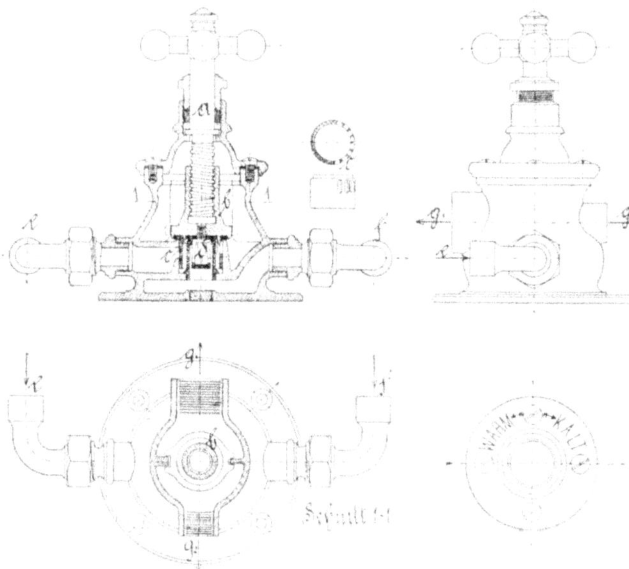

Abb. 216.

langsam ihre Spannkraft verliert und bei Weiterdrehen des Hebels ein Öffnen des Ventils *2*, unterstützt vom Wasserdrucke, gestattet und hervorruft. Sofern das richtige Mischungsverhältnis ($\div 36^0$) durch einmaliges Einstellen der beiden Regulierventile *e* und *f* bei höchstem zur Verfügung stehenden Wasserdrucke geregelt ist, ist ein Verbrühen an der Verbrauchsstelle ausgeschlossen. Ein Nachteil liegt darin, daß die Wirkung beider Ventile *1* und *2* von der Güte der Feder *3* abhängig ist.

Ein Mischventil, unabhängig von der Heißwasser- oder Dampftemperatur und den Druckverhältnissen, ist nach Schaeffer & Oehlmann, Berlin, in Abb. 216 veranschaulicht. Die Ventilgewindespindel *a* erfaßt den Schieber *b*, der an seinem Ende mit dem Rundschieber *c* für den Heißwasser- oder Dampfzufluß *e* und mit dem Ventilkegel *d* für den Kaltwasserzufluß verbunden ist. Die Warmwasserentnahme geschieht durch *g* (g_1 für Wanne, g_2 für Brause). Die neue Form Abb. 217

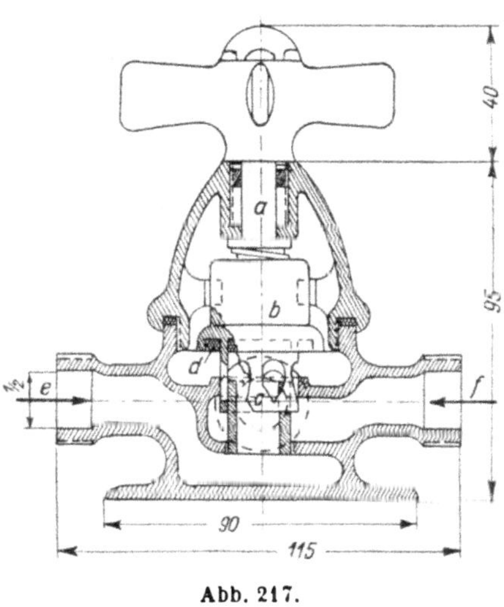

Abb. 217.

zeigt eine weit günstigere Konstruktion, indem das Heizmittel durch die Mitte strömt und die Abdichtung und Regelung durch den Teller *d* und den Rundschieber *e* erfolgt. Das Ventil Abb. 217 befindet sich in Mischstellung.

Bei dem eingriffigen Mischventil von Buschbeck & Hebenstreit (Abb. 218) tritt das Kaltwasser durch *f* oberhalb des Ventiltellers *d* und das Heizmittel durch *e* von unten her in den Mischraum ein. Hier besteht nur eine einzige Abdichtungsfläche im Teller *d*. Das Ventil ist mit dem für sich zu bedienenden Absperrhahn *AH* für den Wasserauslauf in dem Ventilgehäuse vereinigt.

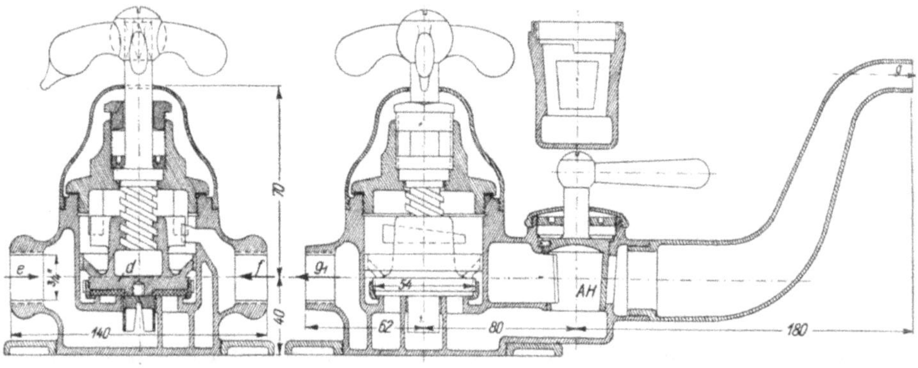

Abb. 218.

Die eingriffigen Mischventile mit nebeneinander angeordneten Ventilen.

Der Mischapparat Abb. 219 wird durch das Steuerrad betätigt, das mittels der flachgängigen Spindel *s* und der Brücke *b* auf die beiden nebeneinander sitzenden Ventile *V* und V_1 hinwirkt. Da der Ventilteller V_1 für Heißwasser oder Dampf, durch *H* zugeführt, an seinem oberen Ende als Kolben ausgebildet ist, so gibt er die Durchströmungsöffnungen später frei als der niedrige Teller von *V* für das Kaltwasser, das durch *K* zuströmt. Eine Verbrühung ist somit ausgeschlossen. Sollte warmes Wasser von nicht höherer Temperatur als 40° vorhanden sein, wie es in Badeanstalten häufig der Fall ist, so wird die Warmwasserheizleitung so angeschlossen, daß beim Öffnen zuerst das warme Wasser ausfließt.

Das Mischventil (Abb. 220) von Bützke & Cie., Berlin, ist nach dem gleichen Prinzip gebaut. Die beiden Ventilkegel besitzen keine untere Stiftführung, dafür eine entsprechend kräftig ausgebildete Spindel und Brücke als Ventilkopf. Die Nebenbilder der Abb. 220 zeigen die beiden herausgenommenen Kegel. Eine Sonderheit liegt in dem Regulierkörper *R* des Kaltwasserkegels. Oft will man das Anwachsen der Mischtemperatur über ein bestimmtes, als zulässig erachtetes Maß vermeiden. Zu diesem Zweck sind in dem unteren Ende des Kaltwasserkegels DK Hilfsöffnungen vorgesehen, welche durch den Regulierkörper R nach Bedarf geöffnet werden können. Hierdurch wird dem warmen Wasser selbst bei höchster Spindelstellung ein gewisses Mindestmaß von Kaltwasser beigemischt und auf diese Weise die Höhe der Mischtemperatur begrenzt.

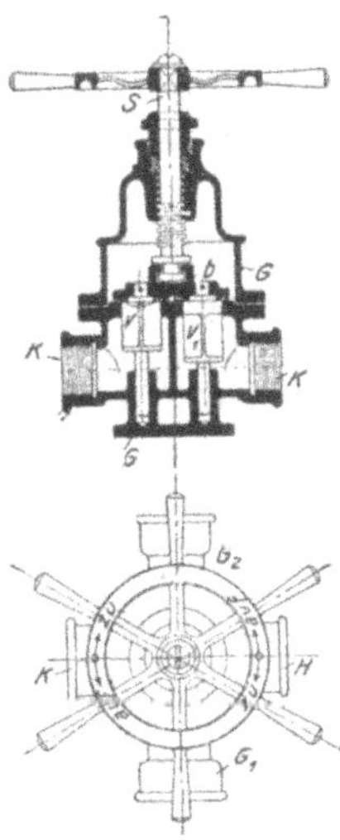

Abb. 219.

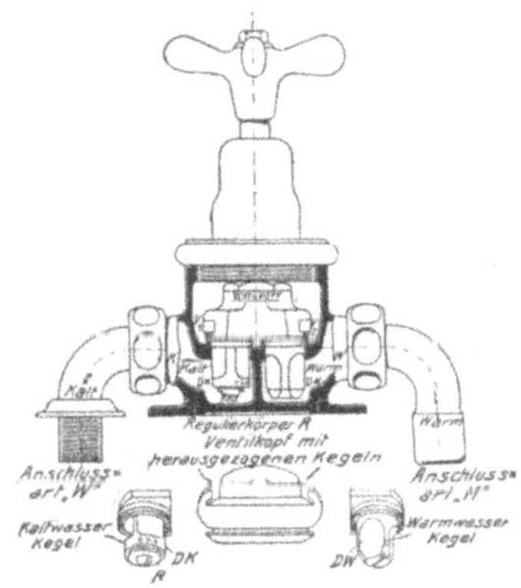

Abb. 220.

Tabelle 42.

Leistungen der eingriffigen Mischventile.

Stündl. Leistung . . l		1000	2000	3000	5000	8000
Rohranschluß in mm	kalt . .	13	20	25	30	40
	heiß . .	13	20	25	30	40
	warm .	20	25	30	40	50

Die Mischhähne ohne Spindelregulierung.

Kommen kaltes und warmes Wasser stets nur in gleichbleibender Menge und Temperatur zum Mischen, so kann zur Vereinfachung des Mischapparates das Ventil durch einen Hahn ersetzt werden. Man nimmt dafür aber auch all die bekannten Nachteile der Hähne gegenüber den Ventilen mit in Kauf.

Der Mischhahn Abb. 221 besitzt in der Wandung des Kückenkegels zwei Öffnungen O und O_1, die so angeordnet sind, daß sich O vor O_1 öffnet und somit erst kaltes Wasser in den Hahn eintreten muß, bevor dem heißen Wasser der Zutritt freigegeben wird. Die Bewegung des Kückens wird durch den Stift A, welcher sich im Schlitz B des Gehäuses führt, begrenzt. Eine gewisse Regelung der Durchflußmenge gestattet der Stellring S mit seiner Stellschraube D. Dieses Mischorgan eignet sich nur zum Mischen von kaltem mit warmem Wasser.

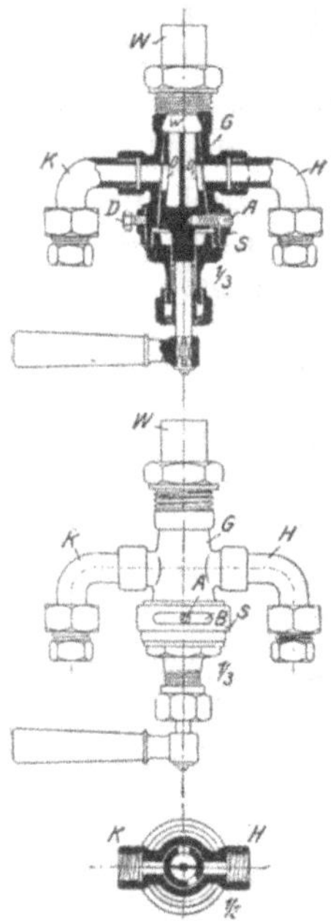

Abb. 221.

Abb. 222 zeigt eine Badeanlage mit Hochdruckdampf- und Wasser-Mischhähnen in billiger und einfacher Ausführung. Nötig ist ein Dampfdruck von 1,5 at, der Wasserleitungsgdruck kann geringer sein. Beim Drehen des Hahnkückens nach links erhält man nur kaltes Wasser, durch Drehen nach rechts öffnet sich zunächst der Zufluß *a* des Kaltwassers, dann der *b* des Dampfes, worauf beide gemischt als warmes Wasser bei *c* entströmen. In der Mittelstellung ist der Hahn geschlossen. Ein schnelles Öffnen nach rechts ist zu vermeiden. Da das Metall der Hähne durch den heißen Dampf auf der einen Seite und durch das kalte Wasser auf der anderen ungleich ausgedehnt wird, tropfen sie leicht und müssen von Zeit zu Zeit nachgeschliffen und eingetalgt werden.

Die selbsttätigen Mischapparate.

Diese sind die neuesten Erscheinungen der Mischapparate und eine Folgekonstruktion des praktischen Ausbaues der Thermostaten. Der charakteristische Vertreter dieser Gattung ist der Samson-Apparat Patent Sandvoß mit selbsttätiger Regelung einer einstellbaren, gleichmäßigen Mischwassertemperatur. Die Regelung vollzieht sich in der Weise, daß das Mischwasser nach Abb. 223 vor der Entnahme einen Zylinder *a* durchfließt, in dem ein wärmeempfindlicher Körper *b* eingebaut ist, welcher unter dem Einfluß der Wärmeschwankungen die Zuführungsventile V_1 für Dampf oder Heißwasser und V_2 für Kaltwasser entsprechend betätigt. Die Apparate finden sich in Badeanstalten, Krankenhäusern u. dgl. Sie ermöglichen eine Verstellung der Mischwassertemperatur zwischen 25 und 100°.

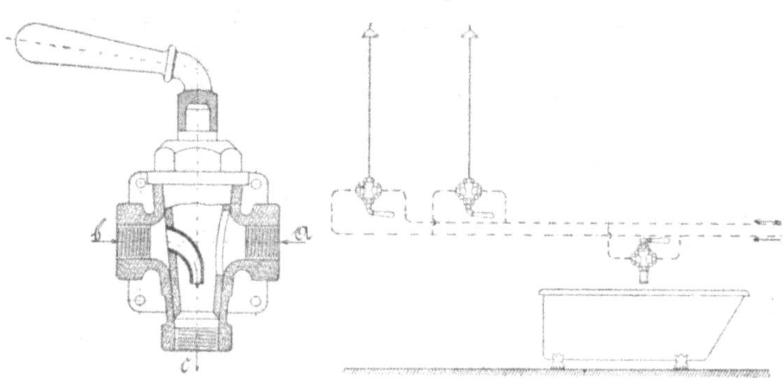

Abb. 222.

Die Mischapparate ohne Abschlußorgane als Mischgefäße.

Diesen Einrichtungen fehlen als eigentliche Konstruktionsteile die Abschlußorgane, welche die vorstehenden Arten charakteristisch machen. Selbstverständlich müssen die Zu- und Ableitungen ihre Absperrventile erhalten, die jedoch mit dem Apparat an sich nichts zu tun haben.

Die Mischgefäße werden in einfachster, solider, derber, kasten- oder topfartiger Form mit 20-:-80mm Rohranschluß ausgeführt. Kalt- und Heißwasser treten zu gleicher Zeit durch ein und denselben Stutzen in das Innere des Gußzylinders oder Gußkastens, in welchem die Wässer

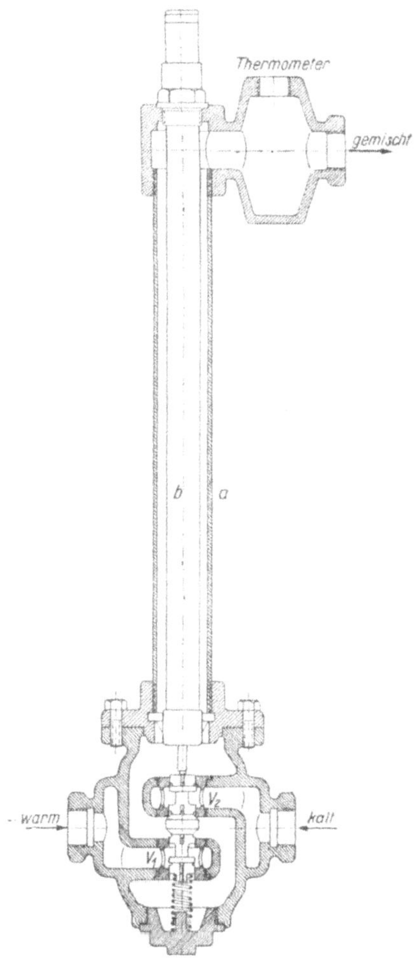

Abb. 223.

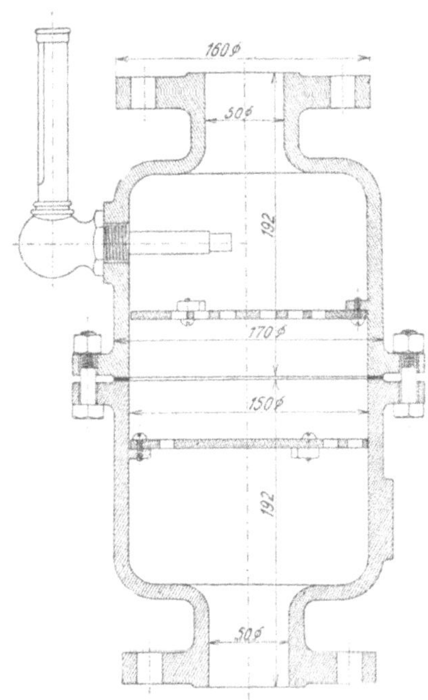

Abb. 224.

infolge Einbauens von Siebflächen mit versetzten Löchern einen Schlangen- oder Zickzackweg zu durchlaufen haben, wobei die Mischung erfolgt. Eine feinfühlige Regelung der Temperaturen ist hier zwar nicht möglich, dafür erhält man eine konstante Wassererwärmung. Sie eignen sich dort, wo Kalt- und Warmleitungen unter gleichem Drucke stehen, etwa unter dem eines gemeinschaftlichen Kaltwasserbehälters und wo größere

Mengen Warmwasser von annähernd gleichbleibender Temperatur verlangt werden; so für Badeanstalten, Wäschereien, gewerbliche Betriebe und überall dort, wo ständige sachgemäße Bedienung fehlt und wo die Regelung von einer Stelle aus zu erfolgen hat. Eine wichtige Armatur muß das Thermometer sein. Als Hauptmischvorrichtung einer größeren Anzahl Zapfstellen leisten sie gute Dienste.

Abb. 224 zeigt eine Ausführung von Butzke & Cie., Berlin. Die Zuführung von Kaltwasser und Heizwasser ist ganz beliebig; beide Anschlüsse können oben oder unten liegen. Die Einrichtung läßt sich bei 4 Gefäßstutzen (2 oben, 2 unten, Abb. 225 von Warns-Gaye & Block, Hamburg) auch so treffen, daß das Kaltwasser, vom Mischapparat kommend, das warme aus einem geschlossenen Warmwasserbehälter (Kessel mit direkter Feuerung, Boiler od. dgl.) herausdrückt. Abb. 225 gibt die Anordnung eines Mischgefäßes mit Hebel-Regulierventil für zentrale Regelung in einem Brausebad an.

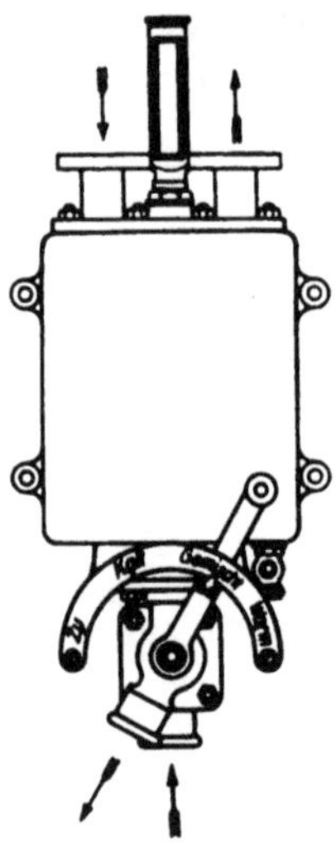

Abb. 225.

Tabelle 43.

Mischgefäßleistungen und Anschlüsse nach Warns-Gaye & Block.

Bei Badeanlagen ausreichend für eine Brausenzahl von	Inhalt des Gefäßes l	Anschlüsse in Zoll für			Gewicht kg
		Kaltwasser	Warmwasser	gemischte Leitung	
4	4	$\frac{3}{4}$	$\frac{3}{4}$	1	15
4÷6	4	1	1	$1\frac{1}{4}$	16
6÷8	12	$1\frac{1}{4}$	$1\frac{1}{4}$	$1\frac{1}{2}$	37
8÷12	21	$1\frac{1}{2}$	$1\frac{1}{2}$	2	65
12÷20	21	2	2	$2\frac{1}{2}$	68
20÷30	21	2	2	3	70

d) Die Kaskadenapparate.

Die Kaskaden- oder Überfallapparate wirken in gleicher Weise wie Mischkondensatoren. Sie sind durchaus nicht neueren Ursprungs, vielmehr schon in den 80er Jahren vorigen Jahrhunderts als Speisewasservorwärmer für Dampfkessel mehrfach benutzt. Eine solche ältere Ausführung nach Abb. 226 erwähnt schon Haeder in seinem Buche: »Dampfkessel«, eine Anlage, die einer Kesselanlage von 450 m² Heizfläche angehört und das Speisewasser bis auf 85° erwärmt. Ein schädlicher Einfluß auf das Kesselinnere hat sich in mehrjährigem Betriebe nicht gezeigt, der Gegendruck des Abdampfes als Heizmittel auf den Kolben ist normal gewesen. Das von oben eintretende Wasser rieselt über eine Anzahl Schalen kaskadenartig nach unten. Dem Wasserschleier entgegengesetzt strömt von unten nach oben der Dampf und erwärmt, sich auf dem Wege kondensierend, das Wasser. Das Kondensat bildet eine willkommene Vermehrung des Wassers. Im oberen Teile des Zylindermantels ist ein Dampfdunstabzug vorgesehen. Nachteilig ist natürlich die bedeutende Höhe des Zylinders. Eine neuere Ausführung ist nach Abb. 227 der Mischvorwärmer von Schumacher, Köln, der bei großer Leistung in brauchbaren Abmessungen gehalten ist. Je nach Art, Menge und Druck des Dampfes und der Beschaffenheit und Bedeutung des Aufstellungsraumes wird der Apparatebehälter als geschlossener oder offener mit aufschraubbarem Deckel auszuführen sein.

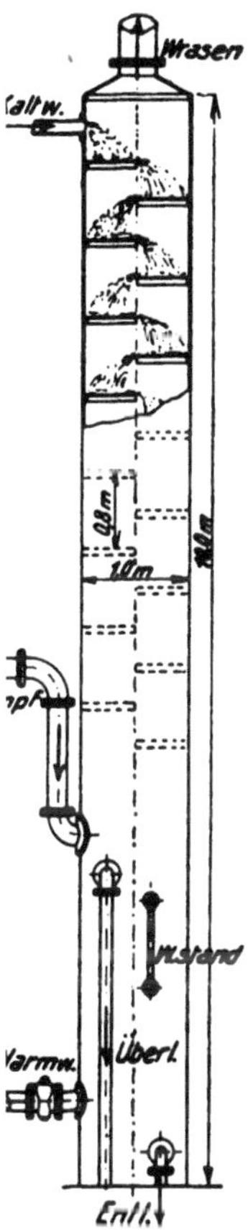

Abb. 226.

Die Hauptvorzüge dieser Erwärmer liegen in der Einfachheit der Konstruktion und des Betriebes, in Betriebssicherheit, anstandsloser Verwendung harter Wässer, leichter, bequemer Reinigung, einfacher Erwärmung großer Wassermengen in kurzer Zeit bis auf den Siedepunkt, vollkommenster Ausnutzung des Heizmittels und geringer Anlagekosten. Bedingung ist dabei, daß Dampf in genügender Menge und in gänzlicher Reinheit zur Zeit der Warmwasserbereitung vorhanden ist. In der Regel wird jetzt wohl Abdampf das Heizmittel sein, der natürlich völlig entölt sein muß, auch dann, wenn das Wasser nicht für Genußzwecke verwendet wird. Der Ölgehalt macht Wasser für fast alle Verwendungszwecke unbrauchbar. Die Entölung des Abdampfes spielt hier also eine so wichtige Rolle, daß der Entöler als ein Zubehörteil zu einem Kaskadenapparat anzusehen ist, wenn Abdampf in Betracht kommt. Aus diesem Grunde stellt der Dortmunder Vulkan einen Kaskadenapparat nach Abb. 228 her, dem eine Vorkammer als Entöler gleich direkt angebaut ist.

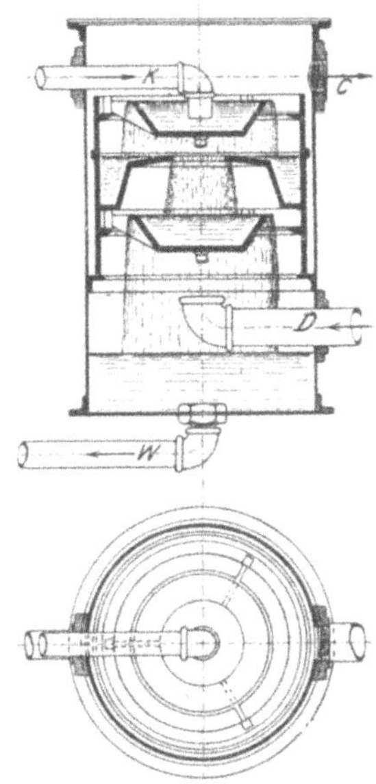

Abb. 227.

In Abb. 228 tritt der Abdampf bei D ein, durchströmt in Richtung der Pfeile den Entöler EO und darauf den Anwärmer KA. Der Wrasen zieht durch c ab; das Wasser, dessen Zufluß durch das Schwimmergefäß SG und das Ventil V geregelt wird, nimmt seinen Weg im Gegenstrom von K nach W. Es erfolgt bei E die Entleerung, bei $Ö$ die Abzapfung des Ölwassers, das einem Ölabscheider und Klärbehälter zufließt. Der Wasserstand w und das Thermometer t bilden die weitere Feinarmatur.

Anstatt des geteilten Stabbündels als Ölreiniger in *EO* kann selbstverständlich jede Entölerbauart Anwendung finden. Man hat nur den etwaigen Gegendruck auf den Kolben der Maschine zu beachten. Ohne Schaden für den Maschinenbetrieb darf man mit einem Widerstande im Entöler von mindestens 0,05 atü = 500 mm WS rechnen, wobei der Widerstand in *KA* mit einbezogen ist. Der Apparat selbst übt kaum einen nachteiligen Einfluß auf die Maschine aus. Da das kalte Zuflußwasser saugend auf den Dampf einwirkt, so erhält man eher eine vorteilhafte Vakuumwirkung. Derartige Warmwasserbereiter werden bis 40000 l stündlicher Leistung bei 40÷80° Temperaturerhöhung ausgeführt. Für Großbetriebe haben sie sich gut bewährt.

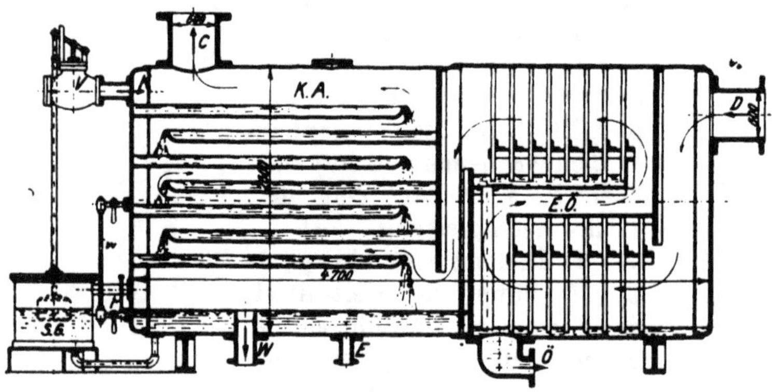

Abb. 228.

E. Die Vereinigung von Wärmequellen.

Eine Vereinigung zweier oder mehrerer Wärmequellen kann zur Erreichung eines billigen und einfachen Betriebes häufig vorteilhaft vorgenommen werden.

Wann eine Vereinigung zu erfolgen hat, darüber entscheidet zu allererst die Frage, ob für eine Anlage überhaupt mehrere Wärmequellen zur Verfügung stehen. Eine Vereinigung wird sich nötig machen, wenn die Leistung der Hauptwärmequelle zur Erzeugung einer bestimmten Warmwassermenge, wie auch einer geforderten Wassertemperatur, nicht ausreicht, oder wenn diese Quelle zu bestimmten Zeiten des Warmwasserbedarfes versiegt. Ist eine zweite Wärmequelle nicht vorhanden, sind dagegen Gas und elektrischer Strom verfügbar, so können diese dort, wo die eigentliche Hauptwärmequelle nicht genügt oder nicht stetig arbeitet, eine sehr angenehme Zusatzheizung ergeben. Als vorhandene Wärmequelle können alle oben angeführten zur Geltung kommen, insbesondere der Küchenherd, der Kessel einer Zentralheizung, der Abdampf und die Abgase. Letztere, der Abdampf und die Abgase, sind auch wieder umgekehrt eine passende Zusatzwärmequelle.

An dieser Stelle sei nochmals auf die Anlage der Abb. 49 verwiesen. Ein Teil des in den Boilern WB_1 erzeugten Warmwassers wird mit höchstens 25^0 zu Backzwecken benötigt, die übrige Menge zu Reinigungs-, Bade- und anderen Zwecken, die eine weit höhere Wassertemperatur bedingen. Zu diesem Zwecke ist daher eine zweite Gebrauchsleitung *c* verlegt, die auch der Waschküche und mehreren in den einzelnen Räumen verteilten Handwaschbecken Warmwasser zuführt. Für die Großzapfstellen der Bade- und Waschanlage ist *c* mit einer zu WB_1 führenden Rücklaufleitung *d* als Ring- oder Umlaufleitung ausgebildet, um einem Stagnieren, Abkühlen und Vergeuden von warmem Wasser vorzubeugen. Die Ausdehnungsregelung im System übernehmen ein im zweiten Obergeschoß aufgestellter stehender Warmwasserbehälter WB_2 und das daran angeschlossene Überlauf- bzw. Überkochrohr *e*, welch letzteres, in dem Abluftkanal verlegt, über Dach frei ausmündet; hierdurch ist die Anlage als Niederdrucksystem gesichert. Um nun für Bade- und Waschzwecke ein Wasser mit einer Temperatur $> 25^0$ zur Verfügung zu haben, ist der Behälter WB_2 mit 2000 mm Höhe und 400 Durchm. weit größer als ein gewöhnliches Ausdehnungsgefäß gehalten, für Nacherwärmung mittels durch Leitung *f* und Ventil V_1 direkt eingeführten Frischdampfes vorgesehen und in das Zirkulationssystem eingeschaltet. In solchem Falle ist dann durch Öffnen des Hahnes V_2 das System bis in WB_2 zu füllen, so daß also WB_2 als ein Behälter mit veränderlichem Wasserstande anzusehen ist.

Die Bedienung dieser Anlage darf durchaus nicht umständlich erscheinen. Sie ist vielmehr sehr zweckdienlich in der Überlegung, daß bei den streng eingeteilten Arbeitsschichten die Benutzung der Badeanlage zu ganz bestimmten Zeiten eintritt, daß eine ständige und unnötig hohe Warmwasseraufspeicherung vermieden wird, und daß die Erzeugung entsprechend hoch temperierten Badewassers im Behälter WB_2 in kurzer Zeit mit unbedeutendem Dampfaufwande vonstatten geht.

Abgesehen von den Gasöfen mit nur einer Zapfstelle unmittelbar an sich selbst, können alle Modelle sowohl die Hauptwärmequelle bilden als auch eine wertvolle Zusatzheizung ergeben. Gerade die Vorzüge der freien Wahl des Aufstellungsplatzes, der steten Betriebsbereitschaft und des sauberen, automatischen Betriebes befähigt die Gasheizung ganz hervorragend als Zusatzheizung; die Hauptwärmequelle kann dabei eine ganz beliebige sein. Zu den vielen Anwendungsmöglichkeiten, wie solche an verschiedenen obigen Stellen schon angedeutet sind, seien noch einige nachstehend hinzugefügt.

Abb. 229 zeigt die Vereinigung eines Gasofens *G* mit einem Zentralheizkessel *K*, Abb. 230, einen Ruud-Automaten *A* mit einem Küchenherde *H*. Sobald größere Wasserentnahmen die Wassertemperatur im

Behälter *WB* oder in den Zapfleitungen sinken lassen, öffnet der Automat seinen Brenner, um das Mehr an heißem Wasser sofort zu decken, und schließt sich wieder, wenn dem plötzlichen Mehrbedarfe genügt ist. Hierbei wird der Gasofen entweder mit dem vorhandenen Behälter der Anlage verbunden oder mit einem besonderen Warmwasserbehälter ausgerüstet, oder er wird auch einfach in die Verbrauchsleitung der Anlage im Nebenschluß eingeschaltet.

Bei indirekter Erwärmung, bei Benutzung einer Heizschlange im Behälter kann jene in ihrer Größe für eine der beiden Wärmequellen nicht ausreichend sein. Sollen trotzdem beide Wärmequellen gemeinsam

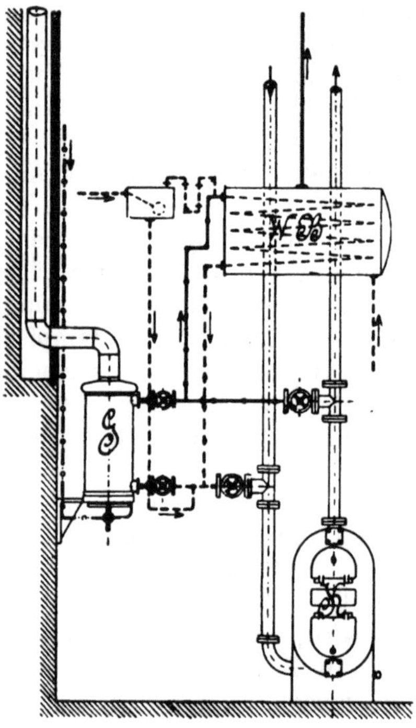

Abb. 229.

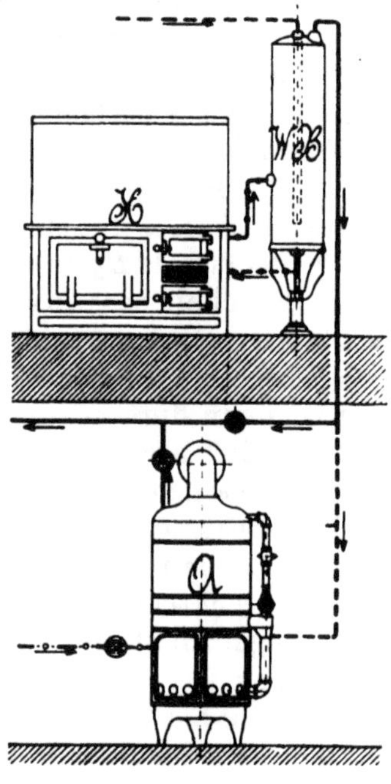

Abb. 230.

auf den Behälter hinarbeiten, so empfiehlt es sich, die Erwärmung durch die eine vorgesehene Quelle indirekt, die andere dagegen direkt vorzunehmen. Eine Vereinigung eines Gasofens mit einer Dampf- oder Wasserheizung läßt sich, wie schon oben gesagt, in der Weise erreichen, daß in dem Wasserraume des zylindrischen Gasofens eine Kupferschlange eingelegt wird, durch welche der Dampf oder das Warmwasser zirkulieren kann. Siehe auch Abb. 94.

Dieselben Vorteile wie der Gasofen bietet der elektrische Heizkörper, dazu aber noch den einer Wärmeäußerung ohne jedweden Verbrennungsprozeß. Er ist also die gegebenste Zusatzheizung dort, wo die Hauptwärmequelle in Dampf, Abdampf oder Heizwasser liegt. Man genügt dann den hygienischen Anforderungen in weitgehendstem Maße. Natürlich kann auch jede Kohlenheizung ein elektrisches Zusatzaggregat erhalten. So hat man einfache Badeöfen mit Kohlen- und elektrischer Heizung. Zur Benutzung elektrischer Heizung für jede bestehende Warmwasseranlage eignen sich die elektrischen Heizeinsätze.

Daß die elektrische Heizung ebenfalls den größten Anforderungen zu genügen vermag, darauf ist schon oben genügend hingewiesen. Eine interessante Anlage in dieser Hinsicht ist nach Abb. 231 von Prometheus, Frankfurt a. M., ausgeführt. Es handelt sich um das Badehaus eines großen industriellen Betriebes. Im Winter wird mit dem Dampfkondensat verschiedener Arbeitsmaschinen oder mit Frischdampf und im Sommer mit Elektrizität das Warmwasser erzeugt. In 2 Batterien vereinigte Prometheus- Heizrohre *EK* von je 5 kW arbeiten im Umlauf auf 2 Heizschlangen, die sich in den beiden Warmwasserbehältern

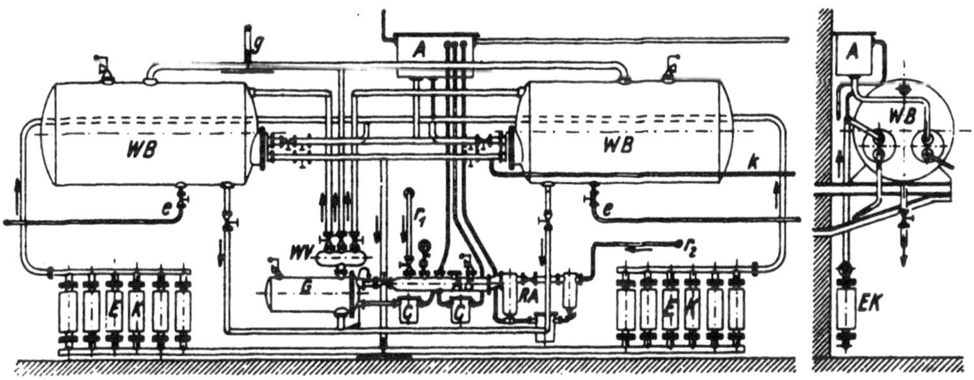

Abb. 231.

WB von je 3 m³ Fassung befinden. Der Dampf bzw. das Kondensat, welche Heizmittel durch r_1 bzw. r_2 zuströmen, bewirken die Wassererwärmung in dem Gegenstromapparat *G*, dem ein Armatursammelstutzen *AS* vorgebaut ist. Der Warmwasserverteiler *WV* führt das in G erzeugte Warmwasser entweder direkt der Gebrauchsleitung *g* oder den *WB* zur Aufspeicherung zu. Zur Reinigung und Entölung der Kondensate dienen die Reinigungsapparate *RA*, zur Entwässerung die Kondenstöpfe *C*, zur Entlüftung und Ausdehnung das Gefäß *A*; die Entleerung von *WB* erfolgt durch *e*. Reichlich angebrachte Sicherheitsventile an *WB*, *G* und *AS* geben der Anlage die Gewähr eines sicheren Betriebes, welche bei den verschiedenartigen Wärmequellen sonst nicht so ohne weiteres gegeben ist.

War bisher immer nur von einer Vereinigung zweier Wärmequellen die Rede gewesen, so steht natürlich nichts im Wege, auch drei und mehr Wärmequellen vereint auf ein System wirken zu lassen.

Praktisch finden sich solche Verhältnisse vor allem in der gleichzeitigen Ausnutzung eines Zentralheizungskessels und eines Küchenherdeinsatzes in Verbindung mit einem Gasofen oder elektrischen Heizapparat für Zusatz- und Aushilfsheizung unter Einschaltung eines Warmwasserbehälters. Das Wasser des letzteren können nach Abb. 232 der Kessel *K* indirekt und die Herdschlange *H* direkt, also getrennt erwärmen; oder beide Apparate vereint in Parallelschaltung indirekt; oder schließlich auch getrennt indirekt, indem der Boiler *WB* je einen Heizeinsatz für *K* und *H* erhält. Das Gas- bzw. elektrische Heizaggregat wird dann weiter gemäß der Abb. 232 am besten in die Hauptzapfleitung im Nebenschluß eingebunden. Sinkt die eingestellte Temperatur des Gebrauchswassers, so springt der Zusatzheizkörper an und deckt das Wärmeminus.

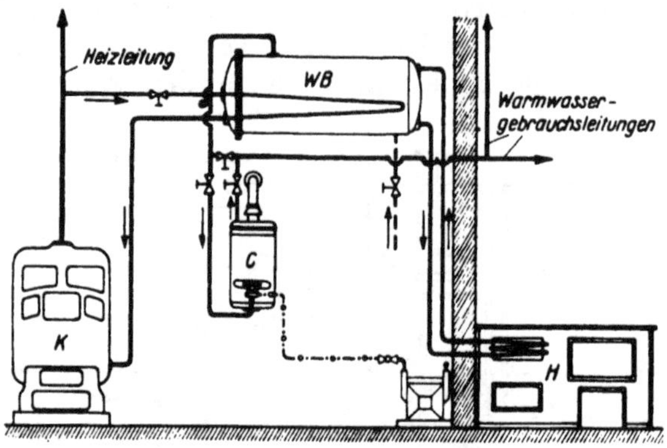

Abb. 232.

VI. Die Wasserquelle.

Die Wasserquelle ist das Kaltwasser, das der Anlage zur Erwärmung zugeführt wird. Im allgemeinen wird man mit einem Wasser in sog. kaltem Zustande, d. h. von natürlicher Temperatur zu $\sim 5 \div 15^0$ zu rechnen haben. Jedoch kann das Speisewasser auch schon künstlich höher temperiert sein, wie es sich z. B. im Kühlwasser der Maschinen und an sonstigen Stellen, oder bei Thermalwässern, die nur noch einer Nachwärmung bedürfen, findet. Alle diese Wässer sind nach zwei Gesichtspunkten hin zu prüfen und zu beurteilen: einmal nach der Höhe des Druckes, dann nach der Beschaffenheit.

A. Der Wasserdruck.

Das Kaltwasser kann einer zentralen Hochdruckleitung entnommen oder lokal mittels einer Pumpe aus einem Brunnen gehoben werden. Im ersteren Falle hat man mit einem Drucke von $2 \div 6$ atü und mehr zu rechnen, während im anderen Falle die Pumpe selbst den Druck entsprechend der Förderhöhe bestimmt. Der Einfachheit und Bequemlichkeit wegen benutzt man, wenn möglich, die fast überall vorhandene städtische Wasserleitung. Ob die Hochdruckleitung direkt an die Warmwasserbereitungsanlage anzuschließen oder erst einem Kaltwasserbehälter zuzuführen ist, darüber entscheiden die Art und Eigentümlichkeit des Systems wie auch hier und dort baupolizeiliche Bestimmungen, nach denen zur Schonung des Straßenrohrnetzes Kaltwasserbehälter vorgeschrieben werden können. In vielen Fällen, wo der Kaltwasserdruck zu hoch erscheint, wo es auf eine stets gleichmäßige und selbsttätige Nachfüllung ankommt, wo ein Warmwasserbehälter eingeschaltet werden soll und eine lokale Pumpenanlage nicht ständig in Betrieb sein kann, wird sich die Anordnung eines besonderen Kaltwasserbehälters oder Schwimmergefäßes ohne weiteres nötig machen. Die Kaltwasserbehälter sind dann an der höchsten Stelle der Anlage vorzusehen. Die Lage ergibt sich durch die höchste Zapfstelle, die möglichst noch $1{,}5 \div 2$ m unter dem Behälter liegen soll. Auf jede Stelle des Systems ruht dann ein Druck der Wassersäule, welche dem Höhenunterschiede zwischen dieser Stelle und dem Behälter entspricht. Eine Druckverminderung läßt sich unter Umgehung eines Behälters auch dadurch erreichen, daß man in die Leitung eine Blende einlegt. Die Grenze zwischen Niederdruck und Hochdruck liegt bei $\sim$2 atü; Hochdruck findet sich bis zu 12 atü und mehr. Es kann also zur Verfügung stehen:

das Wasser einer Zentralleitung mit Hochdruck, seltener mit Niederdruck,

das Wasser einer lokalen Pumpenanlage mit Hochdruck,

das Wasser eines Sammelbehälters (Kaltwasserbehälters) mit Niederdruck, seltener mit Hochdruck.

Eine direkte Wasserentnahme aus einer Pumpenanlage findet wohl kaum Anwendung. In der Regel arbeitet die Pumpe auf einen Behälter hin.

Bei vielen Dampfstrahl-, Gegenstromapparaten und Gasautomaten ist ein direkter Anschluß an die Hochdruckleitung möglich und vorausgesetzt. Andere Anlagen, die direkt unter dem Wasserleitungsdrucke stehen, bedingen eine Höchstgrenze des letzteren, etwa bei 2 atü, da es beim schnellen Schließen der Zapfstellen leicht vorkommen kann, daß der im System vorhandene Wasserdruck plötzlich um ein Mehrfaches steigt. Aus diesem Grunde wird den Automaten gern ein Organ zur Verminderung des Wasserschlages vorgeschaltet. Andere Gasöfen bedingen einen Mindestwasserdruck von $0{,}75 \div 1$ atü. Steht Hochdruckwasser von wenigstens 2 atü zur Verfügung, so können an Stelle von Heizschlangen Dampfstrahlapparate zur Erwärmung dienen.

Für manche Anlage, z. B. für die mit Mischapparaten arbeitende, ist die Einschaltung eines Wasserdruckreglers nötig. Es können nämlich die Anlagen, die unter direktem Wasserdrucke stehen, zu Explosionen und Verbrühungen Anlaß geben, die darin begründet sind, daß bei zu starkem Erwärmen das Wasser im Kessel den Siedepunkt erreicht und eine so hohe Spannung entwickelt, die sich nicht so schnell in das Rohrnetz fortpflanzen kann. Ferner zeigen die Anlagen mit direktem Anschluß öfter den Übelstand, daß sie eine schlechte Abführung der aus dem Wasser sich ausscheidenden Luft ergeben. Die Luft sättigt sich mit Wasserdampf und wird in dieser Form durch den Leitungsdruck aus den Zapfstellen geschleudert, wodurch Verbrühungen ebenfalls nicht ausgeschlossen sind. Gute Konstruktionen suchen solchen Nachteil durch Einhaltung einer bestimmten konstanten Wassertemperatur aufzuheben.

Die zu große Geschwindigkeit v einer Hochdruckwassermenge Q läßt sich unter Beachtung des mechanischen Gesetzes $Q = f \cdot v$ einfach dadurch verringern, daß man der Austrittsmündung der Wasserleitung durch Einsetzen einer Reduktionsmuffe (Abb. 233) einen entsprechend (etwa 5mal) größeren Querschnitt f gibt, als die Zuleitung besitzt. Statt dessen kann man auch ein ⊥-Stück oder ein siebartiges Rohr verwenden, die in den Behälter hineinragen und das Wasser durch die zwei seitlichen ⊥-Öffnungen bzw. durch die Sieblöcher gleich verteilt austreten lassen. Bei indirekter Erwärmung ist es unter Umständen vorteilhaft, das Wasser mit vollem Drucke in das System eintreten zu lassen, damit die Wärmeentziehung aus dem Heizmittel möglichst energisch vor sich geht. Durch Einsetzen einer Blende in die Zuleitung läßt sich dann weiter der Austrittsquerschnitt verringern, die Austrittsgeschwindigkeit des Wassers steigern und eine noch raschere Erwärmung erzielen; dabei ist natürlich vorausgesetzt, daß die Heizquelle hierzu genügend leistungsfähig ist. (Siehe auch Abb. 280.)

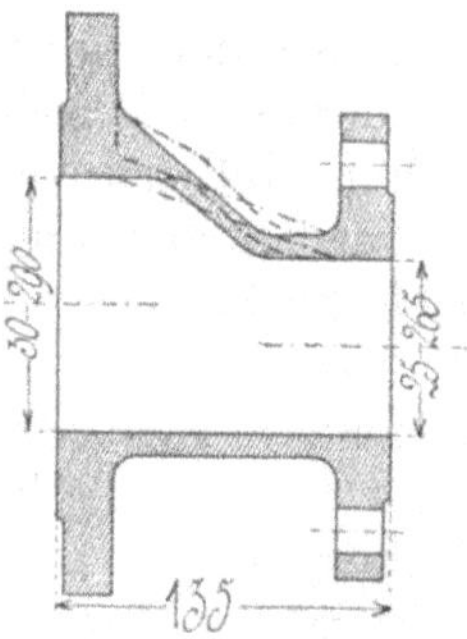

Abb. 233.

B. Die Wasserbeschaffenheit.[1]

Der zweite wichtige Faktor für die Wahl eines Warmwasserbereitungssystems bezüglich der Wasserquelle ist die Beschaffenheit des Wassers.

Das Wasser, wie es Warmwasserversorgungsanlagen zur Verfügung steht und dem Erdinnern als Grund- und Tiefenwasser, den Flußläufen, Stauseen usw. als Oberflächenwasser entnommen wird, ist nicht reines H_2O, sondern mit vielen anderen chemischen Stoffen durchsetzt, welche es für Genuß-, sonstige Gebrauchszwecke mehr oder weniger brauchbar machen. Chemisch reines Wasser würde sich für Genußzwecke gar nicht

[1]) Groeck, „Die Ursachen der Anfressungen in Warmwasserboilern." Gesundheits-Ingenieur, 52, Heft 23, 1929.

eignen. Die hier am meisten interessierenden chemischen Bestandteile des Wassers sind Kalzium (Kalk), Magnesia, Kohlensäure, Sauerstoff und Eisen.

Die Kalzium- und Magnesiumverbindungen bedingen die Härte des Wassers. Ein Wasser kann hart oder weich sein. Die Härte richtet sich nach der im Wasser aufgelösten Kalk- und Magnesiamenge; sie wird nach Graden bemessen. Ein deutscher Härtegrad entspricht einem Gewichtsteil Kalk (CaO) in 100000 Teilen Wasser, wobei die Magnesia (MgO) als Kalk eingesetzt und auf diesen mittels der Atomgewichte umgerechnet wird zu:

$$MgO : CaO = (24 + 16) : (14 + 16) = 1 : 1{,}4.$$

Besitzt somit ein Wasser in 100000 l Wasser 1 kg CaO oder in 100 l Wasser 1 g CaO oder in 1 l Wasser 10 mg CaO, so hat dies Wasser eine Härte von 1 Grad (deutsch), es ist 1^0 hart. Man erhält also den Härtegrad, wenn man das Kalkgewicht in mg/l zu dem 1,4fachen des Magnesiagewichtes hinzuzählt und das ganze durch 10 teilt.

Sind bei einem Wasser in 1 l nachgewiesen: 117,0 mg CaO und 26,3 mg MgO, so besitzt es:

$$\frac{117{,}0 + 1{,}4 \cdot 26{,}3}{10} = 15{,}4 \text{ deutsche Gärtegrade.}$$

Es entspricht 1 deutscher Härtegrad: 1,25 englischen und 1,79 französischen Graden. Das Wasser für den Genuß, gewerbliche und industrielle Zwecke ist bis zu 20 deutschen Härtegraden als brauchbar zu erachten. Man nennt Wasser: bis zu 8^0 weich; mit $8 \div 10^0$ mittel hart; $13 \div 18^0$ ziemlich hart; $18 \div 30^0$ hart; mit mehr als 30^0 sehr hart.

Im kalten Wasser sind die Kalk-Magnesiasalze gelöst. Beim Erwärmen des Wassers werden sie als sog. Kesselstein ausgefällt. Bis $\sim 50^0$ Erwärmung ist die Bildung von Kesselstein bei hartem Wasser in der Regel noch gering, steigt aber im Verhältnis der Temperaturzunahme. Enthält das Wasser merkliche Mengen von Kieselsäure (SiO_2), so geht diese in den beim Erwärmen des Wassers sich ausscheidenden Kesselstein über, wodurch letzterer locker und schlammig wird, während Wasser ohne SiO_2 dichten, harten, festen Kesselstein ergibt. Die gelbe bis braune Farbe des Kesselsteines wird durch kleine Mengen Eisen bedingt und deutet auf Eisengehalt des Wassers hin[1]).

Für den Entwurf einer Warmwasserbereitungsanlage ist es also von hoher Bedeutung, vorher die Härte des Wassers zu kennen, welche sich durch die Analyse in einem Laboratorium genau festlegen läßt. Muß aus irgendeinem Grunde auf die Analyse verzichtet werden und ist die Beschaffenheit auch von früher her nicht bekannt, so kann man leicht, schnell und mit genügend praktischer Genauigkeit die Härte des

[1]) Stumper: »Neuzeitige Anschauungen über die Kesselsteinbildung und ihre Verhütung.« Die Wärme 51, Heft 31, 1928.

Wassers nach der Titrierungsmethode mittels Seifenspiritus bestimmen, eine Methode, die von jedem Laien und Arbeiter zu jeder Zeit bequem durchgeführt werden kann. Es wird folgendermaßen verfahren:

Von dem zu untersuchenden Wasser werden $100\,cm^3 = {}^1/_{10}\,l$ in eine Flasche gefüllt, in die man danach aus einer nach Härtegraden geeichten Röhre so viel Seifenspiritus zugießt, bis die Mischung nach einigem Schütteln schäumt und der Schaum stehen bleibt. An dem Stande des in der Röhre zurückgebliebenen unverbrauchten Spiritus liest man mit Hilfe der Teilstriche unmittelbar die Härte des Wassers ab. Nach einigen Versuchen hat man ein zutreffendes Maß. Röhre und Seifenspiritus sind in Drogerien oder in Handlungen für Laboratoriumsapparate zu erhalten.

Zur Einschränkung oder Verhütung des Absatzes von Kesselstein können chemische, mechanische und thermische Mittel dienen, von denen die beiden ersteren für Warmwasserbereitungen ausscheiden. Ein neues thermisches Verfahren, das für diese Zwecke im Großbetrieb sehr geeignet erscheint, findet sich in der Szamatolski-Umwälz-Entsteinungs-

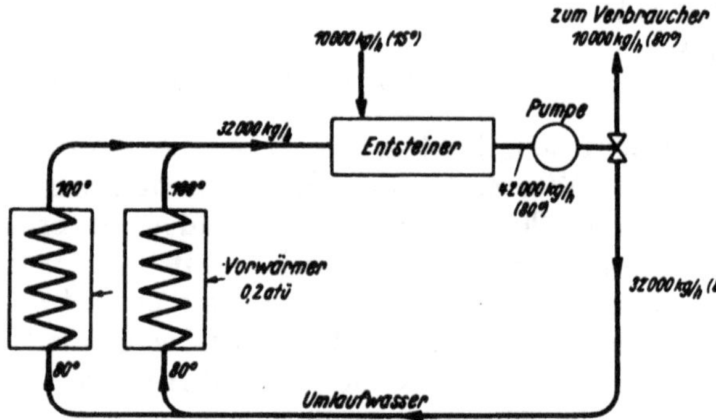

Abb. 234.

anlage[1]), von welcher Abb. 234 ein Wärmeumlaufdiagramm und Abb. 235 den Aufbau der Apparatur angeben. Nach Abb. 234 sollen 10000 l/h Gebrauchswasser zu 80° entsteint werden. Das kalte Rohwasser, das dem Entsteiner zugesetzt wird, mischt sich mit dem von den Vorwärmern kommenden Heizwasser auf die Verbrauchstemperatur von 80°. Dabei fallen die kohlensauren Salze aus, die sich sonst in den Vorwärmern absetzen würden, und es werden gleichzeitig auch die sich bildende Kohlensäure mit den atmosphärischen Gasen herausgetrieben und durch einen Entlüfter (Abb. 235) abgelassen. Ein Teil des auf 80° erwärmten Mischwassers, und zwar 10000 l/h, gehen zu den Zapfstellen, während

[1]) Dr.-Ing. Balcke: »Maßnahmen zur dauernden Verhütung von Steinansatz in Heizungs- und Warmwasserbereitungsanlagen.« Gesundheits-Ingenieur 51, Heft 24, 1928.

32000 l/h Umwälzwasser den Vorwärmern zufließen, wo sie von 80° auf 100° erwärmt werden. Diese auf 100° erwärmte Umwälzmenge fließt alsdann dem Entsteiner zu, und so schließt sich der Kreislauf. Die Vorwärmer haben also das Wasser nicht von 15° auf 80°, sondern von 80° auf 100° zu erwärmen. Leistet eine bestehende Warmwasserbereitungsanlage diesen Wärmebedarf nicht, so ist ein Zusatzvorwärmer einzuschalten.

Ist, vor allem für kleinere Anlagen, eine Enthärtung auf diesem oder jenem Wege nicht zu erreichen, so bleibt als einzigster sicherster

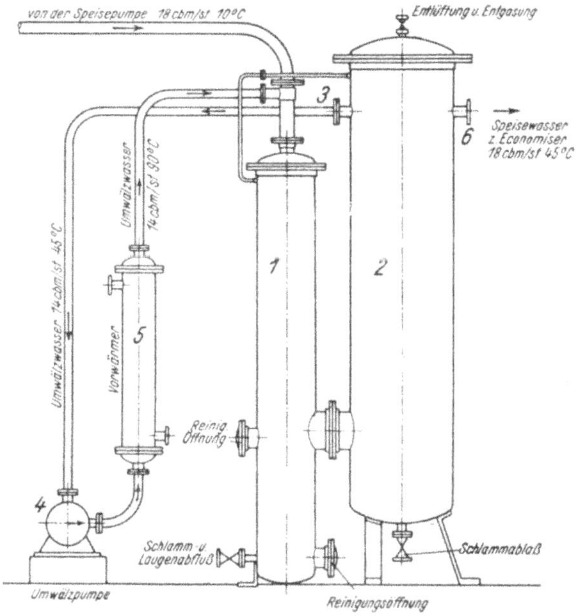

Abb. 235.

Ausweg, ein System mit solch eingerichteten Kesseln, Apparaten, Behältern zu wählen, welche eine leichte und jederzeitige Entfernung des Kesselsteinbelages ermöglichen; ferner die Gebrauchswassertemperatur so tief wie eben möglich herabzusetzen und indirekte Erwärmung in offenen Behältern vorzusehen. Bei weichem Wasser, das zur Gasaufnahme neigt, sind statt verzinkter Baustoffe kupferne zu nehmen.

Freie Kohlensäure (CO_2) und gelöster absorbierter Sauerstoff (O_2), die sich in vielen natürlichen Wässern finden, sind fast von noch schwerwiegender Bedeutung als die Kesselsteinbildung. Die gelösten Gase führen zur Rostbildung und Zersetzung des Eisens und begünstigen die Korrosion[1]) fast aller Metalle. Der Begriff der letz-

[1]) Wintermeyer: »Korrosionserscheinungen in Dampfanlagen von der Feuerungs- bis zur Dampfverwertungsstelle.« Feuerungstechnik XVI, Heft 10, 1928.

teren liegt heutzutage trotz aller Forschungen auf diesem Gebiete noch nicht einwandfrei fest. Allgemein legt man ihn vorläufig dahin aus, daß die Korrosion durch unbeabsichtigte chemische und elektrochemische Vorgänge hervorgerufen wird und zuerst an der Oberfläche der Metallkörper entsteht. Dem Entstehen äußerer und innerer elektrischer Ströme kann dadurch erheblich entgegengewirkt werden, daß für den Aufbau eines Warmwasserapparates gleiche Baustoffe gewählt werden, also z. B. für kupferne Behälter Kupfereinsatz, für Eisenbehälter Eiseneinsatz.

Es ist eine große Zahl Abwehrmittel entstanden, von denen aber die meisten ihren Zweck nur unvollkommen erfüllen[1]). Chemische Mittel kommen hier nicht in Frage. Mit einigen rost- und korosionshindernden Anstrichfarben hat man ganz gute Erfahrungen gemacht, wenngleich sie auch keine dauernde Gewähr bieten. Bekannt sind die Erzeugnisse der Rostschutz-Farbwerke Frischauer & Co., Asperg-Stuttgart. Eine wirksame dauernde Entgasung des Wassers wird wie bei der Entsteinung am sichersten auf mechanischem, thermischem Wege erreicht. Man kennt kalte und warme Entgasungsverfahren, letztere für besonders schwer zu entgasende Wässer[2]).

Von ernster Bedeutung ist der Einfluß solch gashaltigen Wassers auf das Blei. Durch Einwirkung von frei gelöster CO_2 und freiem O auf das Bleimetall bilden sich im Wasser unlösliche Salze, die als sehr giftig eine nicht unerhebliche Gefahr für Gesundheit und Leben in sich bergen. Wasser mit Bleigehalt schon über 0,35 lmg ist schädlich und als Nutzwasser unbrauchbar. Besitzt ein Wasser bleilösende Eigenschaften, so ist die Benutzung von Bleirohren und Bleiteilen unzulässig. Ähnliche Verhältnisse finden sich bei den übrigen Metallen, wie Zinn, Zink, Messing, Nickel, Bronze und Kupfer. Letzteres ist noch das widerstandsfähigste gegen die schädlichen Einwirkungen der freien CO_2 und des gelösten O sowie des freien Chlors. Für solche Wässer sind Armaturen aus Bronze denen aus Messing vorzuziehen.

Das chemisch im Wasser gelöste Eisen ist eine sehr verbreitete Verunreinigung des ersteren. Manches sonst gute Wasser wird durch Eisengehalt in seiner Güte sogar bis zur Unbrauchbarkeit beeinträchtigt. Aus der Luft zieht das eisenhaltige Wasser schnell Sauerstoff an, es oxydiert und gibt den bekannten braunen Niederschlag von Hydroxyd.

---

[1]) Billig und Dr. Ing. Offe: »Anfressungen von Warmwasserboilern, ihre Ursache und Verhütung.« Haustechnische Rundschau, 34, Heft 4 bis 6, 1929.

Dr. Wiegand: »Korrosionen an den Heizregistern der Warmwasserbereiter.« Das Gas- und Wasserfach 71, Heft 8, 1928.

Jaeschke: »Ursachen und Verhütung von Korrosionen an Kondensatorröhren.« Die Wärme 51, Heft 32, 1928. (Was hier über Kondensatorröhren gesagt ist, gilt auch für die Messingheizeinsätze der Boiler!)

[2]) Dr.-Ing. Balcke: »Maßnahmen zur Verhütung von Gaszerstörungen in Heizungs- und Warmwasserbereitungsanlagen.« Gesundheits-Ingenieur, 51, Heft 28, 1928.

Das Ferrokarbonat $FeCO_3$ findet sich in den Eisen- und Stahlwässern zu Pyrmont, Schwalbach u. a., Wässer, die in Berührung mit Luft Eisenhydroxyd oder Ocker absetzen.

Von Natur sind eisenhaltige Wässer in der Regel ganz klar und blank, sie werden erst beim Stehen an der Luft trüb, lassen alsbald die Trübung in Form feiner brauner Schlammflocken fallen und klären sich dann wieder. Abgesehen von der unappetitlichen Farbe und der Verschmutzung der Behältnisse durch den braunen Niederschlag ruft eisenhaltiges Wasser eine Verschlammung und Verstopfung der Leitungen und Apparate hervor sowohl aus sich selbst heraus als auch durch Algenarten, wie Crenothrix, Gallionella u. a., welche im Eisenschlamm ihre Nahrung finden. Die heutigen Enteisenungsverfahren sind aber so vorzüglich, daß viele stark eisenhaltige Wässer für Genuß, gewerbliche und technische Zwecke brauchbar gemacht werden können. Dies ist um so bedeutungsvoller, als der Eisengehalt im Wasser sehr schwankend ist und manche Wässer erst im Laufe der Zeit nach der Hebung Eisengehalt oder erst nach gewisser Zeit ein Maximum an Eisen aufweisen. Das auf Eisen behandelte Wasser ist brauchbar, klar und greift Armaturen und Apparate nicht mehr an.

Mangan ruft im Wasser die ähnlichen Erscheinungen wie das Eisen hervor. Es setzt bei seiner Ausscheidung einen schwärzlichen, sehr lästigen Schlamm ab und bietet den Algen noch reichlicheren Nährboden als das Eisen. Im Enteisenungsverfahren kann es, an Kohlensäure gebunden, jedoch leicht mit entfernt werden.

Außer vorbenannten Bestandteilen kann das Wasser noch Chlor, Schwefelsäure, Salpetersäure, salpetrige Säure, Ammoniak, Nitrate, Phosphate, organische Stoffe und Bakterien enthalten. Von den organischen Stoffen, die im allgemeinen harmlos sind, greifen die Huminstoffe, welche sich in Moor- und Küstengegenden finden, Kessel-, Rohr- und Behälterwandungen an und sind daher durch Zusatz von Alaun zu entfernen.

Die Mengenbestimmung aller dieser Einzelstoffe in einem bestimmten Wasser entzieht sich dem Bereiche des Technikers, das ist Sache der Chemiker. Außerdem ist eine Analysenbestimmung besonders für Warmwasserbereitungen seltener erforderlich. Die Wasserquelle hierfür ist meist schon vorhanden und versorgt schon während längerer Zeitdauer die Kaltwasseranlage. Hier handelt es sich dann nur um die Frage: Ist das vorliegende Wasser für eine Erwärmung und für einen bestimmten Zweck verwendbar?

Alle die genannten Beimengungen sind nun für die einzelnen Verwendungszwecke mehr oder weniger dienlich oder schädlich[1]). Als Norm für alle Wässer kommt das Trinkwasser in erster Linie in Frage.

---

[1]) Dr. Ilzhöfer: »Die Untersuchung der Hallenschwimmbäder.« (Beschaffenheit des Badewassers.) Gesundheits-Ingenieur, 51, Heft 32, 1928.

Gutes brauchbares Trinkwasser soll nach allgemeinen gesundheitstechnischen Grundlagen folgende Beschaffenheit zeigen:

Temperatur im Winter nicht unter 8° Temperatur im Sommer nicht über 12°	möglichst wenig schwankend, wenigstens nicht über 4÷6° hinaus;

Härte ≤ 12° deutsche Härtegrade für Warmwasserversorgung;
Ammoniak und salpetrige Säure nur ganz geringe Spuren;

feste Rückstände, Stoffe, die beim Verdampfen zurückbleiben . . .	≤ 50	Teile	auf	100000	Teile	Wasser,
Eisen	≤ 0,03	»	»	»	»	»
Chlor (Kochsalz NaCl)	≤ 2÷3	»	»	»	»	»
Schwefelsäure	≤ 8÷10	»	»	»	»	»
Salpetersäure	≤ 0,5÷1,5	»	»	»	»	»
freie Kohlensäure . .	—	»	»	»	»	»
freier Sauerstoff . . .	—	»	»	»	»	»
organische Stoffe . .	≤ 2÷4	»	»	»	»	»

Besonders wünschenswert ist ein möglichst hoher Gehalt an gebundener Kohlensäure, an Kalziumkarbonaten, besonders an doppeltkohlensaurem Kalk ($Ca(HCO_3)_2$), wodurch das Wasser seinen Wohlgeschmack erhält.

Über die Beschaffenheit, welche das Wasser für andere häusliche und gewerbliche Zwecke besonders besitzen soll, mögen folgende kurze allgemeine Angaben dienen. Das Wasser soll sein:

für Badezwecke: möglichst weich und eisenfrei; das Wasser der Schwimmbecken der Hallenschwimmbäder wird zur längeren Erhaltung chloriert[1]) und gefiltert oder täglich durch temp. Frischwasser zu 10% des Beckeninhalts ergänzt, oder bei Speichereinrichtung jeden Morgen in seinem gesamten Inhalt neu ersetzt;

für Wäschereien: weich und eisenfrei, denn die Kalk- und Magnesiasalze des harten Wassers erschweren die Bildung des Seifenschaumes, der die Schmutzstoffe einzuschließen hat, Eisen gibt Rostflecke;

für Färbereien: eisenfrei, vollständig klar und farblos, ohne organische Substanz, meist weich, hartes kalk- und magnesiumhaltiges Wasser für besondere Farben und Gewebe nötig (Türkischrot und Chromlack; Cochenillerot und Holzrot geben im harten Wasser der Wolle und Baumwolle bläulichen Stich);

für Brauereien: frei von organischen Stoffen, Ammoniak, Eisen, Nitraten und Schwefelwasserstoffen, wegen günstigerer Gärung besser hart als weich;

---

[1]) Dr. **Haase**: »Über die Chlorung von Wasser«. »Das Gas- und Wasserfach«, 72, Heft 10, 1929.

für Brennereien: wie vorstehend, aber wegen inniger, klarer Vermischung mit Alkohol weich;
für Zuckerfabriken: frei von Nitraten und anderen Salzen, möglichst gering an organischen Stoffen;
für Schlachthäuser: wie Brauwasser, aber weich;
für Kochküchen: wie Trinkwasser, möglichst weich, salzhaltig in den zulässigen Grenzen.

Um die heilwirkenden Bestandteile der Heil- und Mineralwässer durch eine künstliche Erwärmung nicht zu verlieren, was schon bei einer mäßigen Erwärmung sonst üblicher Art zu befürchten ist, sind diese Wässer lokal und an der Verbrauchsstelle, kurz vor dem Genuß indirekt zu erwärmen. Zur Erfüllung dieser Anforderungen werden verschiedene Wege beschritten.

So wird z. B. das Trinkwasser des Rakoczybrunnens in Bad Kis-

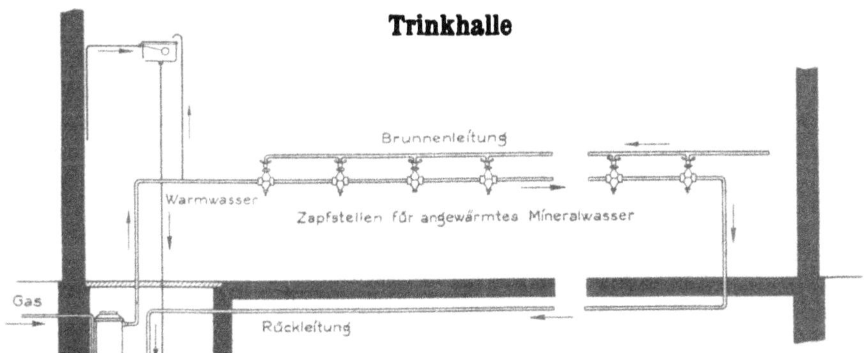

Abb. 236.

singen nach einer Durchführung von Junkers, Dessau (Abb. 236), in der Weise auf Trinktemperatur erwärmt, ohne dabei die charakteristische Beschaffenheit dieses Wassers an Kohlensäure und mineralischen Salzen einzubüßen, daß jede Zapfstelle in der Trinkhalle durch einen kleinen Anwärmapparat umgeben wurde, durch den das vom Gasofen kommende Zirkulations-Anwärmwasser strömt. Es erfolgt also die Anwärmung des Trinkwassers erst im Augenblick des Abzapfens und in einer Zeitdauer und Höhe, daß das Trinkwasser genügend Zeit zum Erwärmen auf »trinkwarm« findet. Die am Gasofen vorgesehene automatische Temperaturregelung ermöglicht eine gleichmäßige Erwärmung des Wassers und einen vollkommen selbsttätigen Betrieb. Der Gasofen, ein Schnellwassererhitzer nach Prof. Junkers, besitzt einen immerhin großen Wasservorrat von ~ 30 l, da ein besonderer Warmwasserbehälter nicht aufgestellt werden konnte. Die Speisung des Ofens und der Zirkulationsleitung geschieht von einem Schwimmergefäße aus; als Speisewasser dient abgekochtes oder Regenwasser. Diese Anlage hat sich derart bewährt, daß bald darauf noch eine zweite Anlage in gleicher Weise durchgeführt worden ist. Die Gesamtleistung beider beträgt $\sim$26000 kcal/h.

In Baden-Baden und Wiesbaden erfolgt die Erwärmung des Badewannenwassers kurz vor der Benutzung mittels einer zentralbeheizten Klappschlange, die in die Wanne geklappt werden kann[1]), in Bad Elster durch eine im Boden der Kupferwanne fest verlegten Dampfschlange[2]). In Bad Nauheim bedarf das mit $30 \div 34^0$ aussprudelnde Solewasser keiner künstlichen Erwärmung mehr, sondern häufig sogar einer Abkühlung durch Vermischen mit Süßwasser in der Wanne.

C. Die Zuführung des Kaltwassers zu der Warmwasseranlage.

Bei der Einrichtung einer Warmwasseranlage kann, abgesehen von Großbetrieben, in der Regel mit dem Vorhandensein einer Kaltwasserversorgungsanlage gerechnet werden, sei es selbst als einfacher Hofbrunnen. Es handelt sich dann meist nur um rationelle und zweckmäßige Ausnutzung der Kaltwasseranlage. Unter Umständen kann allerdings der Fall eintreten, daß sich das vorhandene Kaltwasser für die Warmwasseranlage als vollständig ungeeignet erweist. Dann bleibt natürlich nichts anderes übrig, als eine besondere, günstigere Kaltwasserquelle zu erschließen oder das Wasser einem Reinigungsprozesse zu unterwerfen.

Wo eben angängig, wird man schon der Bequemlichkeit wegen das Wasser eines städtischen Rohrnetzes ausnutzen. Der Zufluß zu den Wasserbehältern mit konstantem Inhalt erfolgt selbsttätig unter Einschaltung eines Schwimmkugel-Abschlußorganes. Ist der Inhalt des Behälters veränderlich vorgesehen, so wird das Wasser in selbigem durch Öffnen eines Hahnes von Hand nach Bedarf ersetzt. Um versehentlich nie mit leerem Behälter zu arbeiten, ist es empfehlenswert, die Behälter mit veränderlichem Inhalt ebenfalls ständig von einem Schwimmergefäße aus zu speisen, dessen Abschlußorgan auf eine beliebige langsame Wasserfüllung eingestellt ist. Zur Erhaltung einer langen Lebensdauer ist das Schwimmerabschlußorgan aber möglichst stets in einem Kaltwasserbehälter anzubringen, so daß, wenn ein besonderer Kaltwasserbehälter nicht vorgesehen ist, ein kleines Füllgefäß dem Warmwasserbehälter vorgebaut werden sollte.

Wird das Wasser einem lokalen Brunnen entnommen, so ist es ratsam, selbiges durch Hand- oder Elementarbetrieb erst in einen Sammelbehälter zu fördern, vorausgesetzt natürlich, daß letzterer zur Erreichung einer erforderlichen Druckhöhe hoch genug aufgestellt

---

[1]) Gesundheits-Ingenieur, 49, Heft 32, 1926.

[2]) Haustechn. Rundschau, 32, Heft 24, 1928.

werden kann. Hierbei braucht der Sammelbehälter nicht immer ein Kaltwasserbehälter zu sein; jener kann vielmehr bei zeitweiliger Benutzung der Anlage und unterbrochenem Betriebe auch gleich den Warmwasserbehälter bilden.

Zum Fördern des Wassers aus dem Brunnen in den Sammelbehälter kann für häusliche Zwecke eine im Hof oder Keller aufgestellte einfache Handpumpe mit Flügel oder Kurbelrad genügen; jedoch werden selbst für solche einfache Verhältnisse zum Pumpenantrieb die gebräuchlichen Elementarkräfte, insbesondere die Elektrizität, den ganzen Betrieb angenehmer und leistungsfähiger gestalten. Ist der Betrieb kein dauernder, vielmehr nur zeitweilig und kurz, so lassen sich mit den handlichen, wenig Raum beanspruchenden, doppelt und vierfach wirkenden Flügelpumpen schon ganz beträchtliche Wassermengen fördern.

Für gesteigerten Betrieb in einzelstehenden größeren Gebäuden, Fabriken usw., die keine zentrale Wasserversorgung besitzen, empfiehlt sich die mit dem Elektromotor direkt gekuppelte Zentrifugalpumpe, welche das Wasser unmittelbar in die Druckleitung ohne Wasserbehälter drücken können. Diese Eigenart der Zentrifugalpumpen hat man sich bei hochgelegenen Gebäuden zur Steigerung eines nicht ausreichenden Druckes des Zentralnetzes nutzbar gemacht. Je nach der Druckhöhe kommen sie als Niederdruck bis 20 m und als Hochdruck bis ~200 m Förderhöhe zur Anwendung.

Der Kraftbedarf ist wegen des häufigen Anlassens reichlich zu bemessen; ebenso steht hinsichtlich des Wirkungsgrades die Zentrifugalpumpe der Kolbenpumpe nach, dafür sind Raumbedarf, Anlagekosten und Wartung gering. Wegen der hohen Umdrehungszahlen ist die Zentrifugalpumpe für direkten Antrieb durch Elektromotor brauchbar.

In freien ländlichen Gegenden kann eine Windturbine ebenfalls gute Dienste leisten (Abb. 48). Da jedoch die Tätigkeit des Windmotors eine von den Witterungsverhältnissen abhängige, unterbrochene und schwankende ist, so ist in diesem besonderen Falle stets ein Kaltwassersammelbehälter von möglichst großem Fassungsvermögen vorzusehen.

Für Landhäuser, Sanatorien, Fabriken usw. sowie für alle Ortschaften, die keine allgemeine Wasserleitung besitzen, sind die pneumatischen Wasserhebewerke beliebt geworden. Unter Umgehung eines Hochbehälters erhält man mit dieser Anlage ein Hochdruckwasser, das bezüglich seines Druckes und der Verwertung für eine Warmwasserbereitung dem einer städtischen Zentralanlage gleichkommt. Es ist aber darauf zu achten, daß unter Einwirkung des niedrigsten Druckes im Kessel auch die höchstgelegendsten Zapfstellen Wasser geben. So vorzüglich sicher, anstandslos und ohne Wartung diese pneumatischen Wasserhebewerke auch arbeiten, so besitzen sie doch den Nachteil eines lauten Betriebes, der gerade durch das periodische Einsetzen um so störender wirkt. Daher sollten sie unter bewohnten Räumen nicht eingerichtet werden. Man findet sie aber gerade vielfach in den Kellergeschossen ländlicher Heilanstalten.

Soll eine kleinere Wasserversorgung bei einer ausreichenden Brunnenanlage mit geringen Kosten erstellt werden und kann ein Kraftstrom lieferndes Elektrizitätswerk eine innerhalb bestimmter Grenzen stark schwankende Stromentnahme ertragen, so ist einer Luftdruckkesselanlage meist der Vorzug vor einer Hochbehälteranlage zu geben. Bei pneumatischen Wasserhebeanlagen ergibt sich bei kürzerer Arbeitszeit ein größerer Kraftaufwand, während bei Förderpumpenanlagen mit längerer Arbeitszeit und geringerem Kräfteaufwand zu rechnen ist.

Verschiedene Warmwasserbereitungssysteme gestatten oder bedingen sogar eine direkte Einführung des Kaltwassers in die Erwärmungsapparate, wie selbige sich teils als Kessel und Öfen, teils als Strahl-, Misch-, Gegenstromapparate und Gasautomaten vorfinden. Bei einigen derselben ist jedoch ein bestimmter Druck bzw. eine bestimmte Druckgrenze nach oben oder unten vorgeschrieben, andere lassen sich wieder für einen vorhandenen Wasserdruck einstellen. Besitzt das Zuflußwasser keinen konstanten Druck, so ist es übrigens ratsam, ein Schwimmergefäß in die Leitung einzuschalten und somit gleichen Druck für alle Zeit zu bewirken. Der Anschluß des Kaltwassers direkt an das System unter Umgehung eines großen Sammelbehälters ist immerhin als Vorteil anzusehen, denn die Aufstellung solchen Behälters kann zu baulichen Umständlichkeiten, Schwierigkeiten und Unkosten führen. Örtliche Bestimmungen sind hier jedoch zu beachten[1]).

VII. Die Wasserbehälter.

Wasserbehälter sind überall dort einzuschalten, wo der vorhandene Wasserdruck nicht ausreicht oder zu hoch ist, eine größere Wassermenge zur Verfügung stehen soll und ein großer Warmwasserbedarf vorliegt, wo ein indirekte Erwärmung stattfindet und ein konstanter Kaltwasserzufluß bedingt ist. Für die Anlagen, in denen Wasserbehälter zur Anwendung kommen, spielen letztere eine wichtige Rolle, vor allem die Behälter, die zur Warmwasseraufspeicherung dienen. Mit der Wahl einer Konstruktion, deren richtiger Bemessung und Anordnung steht eine zufriedenstellende Wirkung der Warmwasserbereitung in engstem Zusammenhange. Die Behälter sind die Zentralstelle der Anlage und somit bei allen Anlagen möglichst in die Mitte des Systems zu legen. Je nach der Verwendung unterscheidet man:

A. Die Warmwasserbehälter als offene oder geschlossene.

B. Die Kaltwasserbehälter, die Füllgefäße.

---

[1]) Herbst: »Anschluß von Heizkesseln, Boilern und Gasapparaten an die Wasserleitung.« Haustechnische Rundschau, 33, Heft 13, 1928. — Jetter: »Windkessel in Warmwasserversorgungsanlagen.« Gesundheits-Ingenieur, 51, Heft 47, 1928.

A. Die Warmwasserbehälter.

Die Warmwasserbehälter sind entweder offene oder geschlossene. In beiden kann das Wasser direkt oder indirekt erwärmt werden.

a) Die Vor- und Nachteile der offenen und geschlossenen Behälter und die Arbeitsweise.

Der offene Behälter arbeitet mit einem Drucke, welcher seiner Höhenlage zu den Zapfstellen entspricht, in der Regel also mit Niederdruck, während die geschlossenen Behälter, die Boiler[1]), unter dem Hochdrucke der Wasserleitung stehen, welcher zwar durch Einschalten eines Füllbehälters auf Niederdruck gehalten werden kann. Die offenen sind in ihren Abmessungen, abgesehen von örtlichen Verhältnissen, an keine Grenzen gebunden; die geschlossenen dagegen in ihrer Größe immerhin beschränkt, da der in ihnen herrschende Überdruck eine schwierigere Herstellung und eine entsprechend schwerere und teurere Konstruktion bedingt. Gleich hier sei bemerkt, daß man bei dem Entwurfe bezüglich der Abmessungen darauf zu achten hat, ob der Behälter in einem fertigen Gebäude oder während des Rohbaues aufzustellen ist. Im ersteren Falle hat man, besonders in Privatwohnungen, auf die Größe der für den Transport freistehenden Maueröffnungen, der Türen und Fenster, achtzugeben.

Der Hauptvorteil des geschlossenen Behälters gegenüber dem offenen liegt darin, daß jener durch seinen Hochdruck an keinen bestimmten Aufstellungsort gebunden ist, also nicht über der höchsten Zapfstelle zu liegen braucht, vielmehr im Kellergeschoß und in Nähe des Wärmeerzeugers unter Vermeidung größerer Wärmeverluste angeordnet werden kann. Der geschlossene Behälter bietet dann den weiteren Vorteil, daß die Warmwasserabnahme aus dem Behälter für die Verbrauchsleitung einfach am obersten First des ständig ganz gefüllten Behälters erfolgt, dort, wo die höchste Wassertemperatur herrscht. Bei dem offenen Behälter verursacht die Gebrauchswasserabnahme wegen der verschieden temperierten Wasserschichten und der veränderlichen Niveauhöhe gewisse Schwierigkeiten. In der Regel legt man die Mündung der Verbrauchsleitung in ungefähre Höhe der mittleren Wasserschicht. Eine einfachste Vorrichtung, bei den Niederdruckbehältern das Wasser stets den oberen, wärmsten Schichten entnehmen zu können, ohne bei sinkendem Wasserstande ein Freilegen der Abnahmerohrmündung befürchten zu müssen, beruht darin, daß man das Abnahmerohr am Boden des Behälters anschließt und daran innen einen Metallschlauch ankuppelt, dessen freie Mündung durch einen Schwimmer, Holzklotz, stets an der Wasseroberfläche schwimmend gehalten wird (Abb. 27). Eine konstruk-

[1]) Der Ausdruck »boiler«, englisch (»bouilleur« französisch), ist kein glücklich gewählter, da nach richtiger Auslegung unter Boiler ein Sieder oder Kochkessel zu verstehen ist. Das Wort ist nur angenehm kurz.

tivere Durchbildung bietet das hier und da benutzte bewegliche Schwimmerrohr Abb. 237. Hierbei ist aber zu beachten, daß die wärmste Wasserzone nicht der oberste Wasserspiegel ist, sondern wegen der Wärmeausstrahlung etwa 50÷150 mm tiefer liegt.

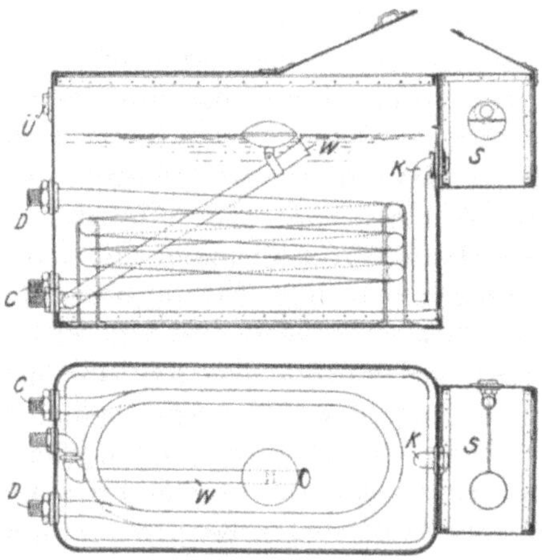

Abb. 237.

Eine eigenartige Warmwasserentnahme aus dem Behälter liegt in der Konstruktion Abb. 238, wie sie für den eisernen Behälter von $12 \times 3 \times 2{,}2 = \sim 80$ m³ Inhalt für die Badeanstalt I zu Münster i. W.[1]). Anwendung gefunden hat. Da die Abflußöffnung des hochstehenden Behälters am Boden angebracht werden mußte und das wärmste Wasser in den oberen Zonen zuerst abfließen und benutzt werden soll, mußte eine Schwimmerkonstruktion nach Abb. 238 konstruiert werden. Die innere Verankerung des Behälters ließ eine scharnierartige Ausführung nicht zu. Das senkrecht bewegliche Abnahmerohr wird von zwei zwischen <-Eisen liegenden Zylinderschwimmern geführt.

Es ist nun die Frage über den Aufstellungsort eines offenen Behälters als Warmwasserspeicher nicht allein damit gelöst, daß er an

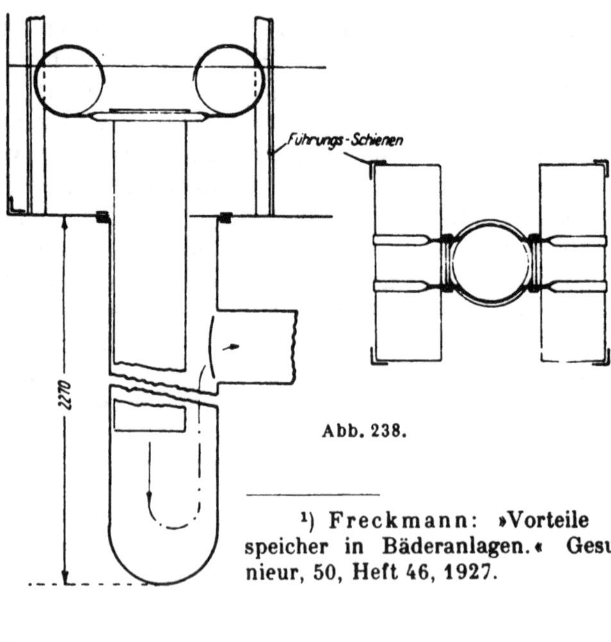

Abb. 238.

[1]) Freckmann: »Vorteile der Wärmespeicher in Bäderanlagen.« Gesundheits-Ingenieur, 50, Heft 46, 1927.

dem höchsten Punkte der Anlage zu stehen kommt, sondern es spricht dafür auch noch die Höhenlage des Speisegefäßes mit. Bei der Verschiedenheit der Wassertemperaturen bzw. der spezifischen Volumina in der warmen und kalten Wassersäule wird erst dann ein zu wünschendes stabiles Gleichgewicht eintreten, wenn sich der Warmwasserspiegel entsprechend höher über den Kaltwasserspiegel einstellen kann. Wird dieser Umstand nicht bei der Aufstellung der Behälter berücksichtigt bzw. der Warmwasserbehälter um das Maß nicht so viel höher aufgestellt oder gebaut, daß sich der Wasserspiegel im Behälter einstellen kann, so wird fortgesetzt ein Verlust an Warmwasser durch Ablauf aus dem Überlaufrohr entstehen; der Warmwasserbehälter kocht ständig über.

Die direkte und indirekte Erwärmung spricht bei der Wahl der Warmwasserbehälter genau so wie bei der der Kessel mit. Die direkte Erwärmung ist billiger, trägt aber alle die Übelstände der Schlamm- und Kesselsteinbildung in sich. Die indirekte Erwärmung hebt zwar diese Nachteile für den Kessel auf, verlangt dafür eine gute Reinigungsmöglichkeit der Behälter, welche die örtlichen Verhältnisse nicht beeinträchtigen dürfen. Vielfach wird daher eine direkte Erwärmung mit leichter guter Kesselreinigung vorzuziehen sein, und ein offener statt eines geschlossenen, wenn der Druck es gestattet.

Beide Behälterarten können ohne oder mit Zirkulationsleitungen zur Wärmequelle hin versehen werden. In ersterem Falle, wo nur ein Steigrohr den Kessel oder Ofen mit dem Behälter verbindet, muß mit einem ständigen Warmwasserverbrauche gerechnet werden. Eine Rückleitung, also eine Zirkulation, macht sich nötig, sobald der Verbrauch ein unterbrochener und schwankender ist und das Wasser auf längere Zeit im Behälter stehen bleibt. Die Rückleitung läßt sich unter Umständen, falls der Verbrauch nicht zu lange aussetzt und Verbrühungen an den Zapfstellen nicht zu befürchten sind, durch entsprechende Steigerung der Wassertemperatur umgehen.

Die Erwärmung kann innerhalb oder außerhalb der Behälter stattfinden. Durch letztere Maßnahme erreicht man den Vorteil, daß das Wasser des ganzen Behälters gleichmäßig temperiert ist und bis zum Boden hinab abgezapft werden könnte. Diese Erwärmung außerhalb erzielt man direkt mit Hilfe der Kessel, Öfen, Gasautomaten, indirekt mit Hilfe der Gegenstromapparate. Eine wirksamste innere und äußere direkte Erwärmung läßt sich immer noch am besten mit guten Strahlapparaten erreichen, (Abb. 198), die jedoch meist Dampf als Betriebsmittel voraussetzen. Die innere indirekte Erwärmung erfolgt durch Heizeinsätze.

Für Genußwasseraufspeicherung kann der völlig offene Behälter nicht als einwandfrei bezeichnet werden. Man sollte ihn für diese Zwecke nicht weiter verwenden, da andere Möglichkeiten in genügender Zahl bestehen.

b) Die Ausführung der Warmwasserbehälter.

Die offenen Behälter werden meist als viereckige oder zylindrische, genietete oder geschweißte Gefäße, durch innere Spannstangen oder Winkeleisen versteift, hergestellt. Die obere Öffnung ist möglichst mit einem leicht zu öffnenden Klapp- oder Einsatzdeckel abzudecken.

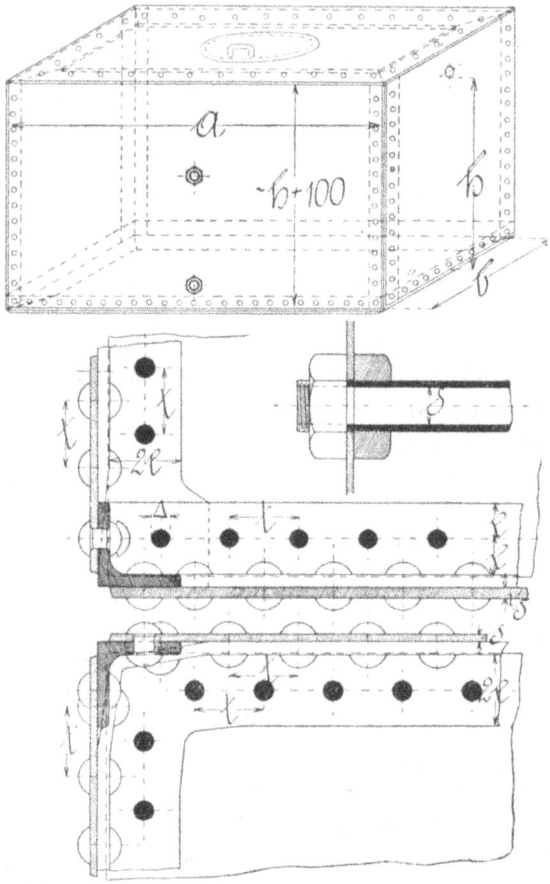

Abb. 239.

In vielen Fällen wird es sogar zweckmäßig sein, den Deckel mit einigen Schrauben qualmdicht abzuschließen. Große Behälter für Badezwecke an staubfreien Aufstellungsorten bleiben offen. Andere, vor allem große, eckige Behälter werden vollkommen als geschlossene vernietet hergestellt (Abb. 239 und 240) und erhalten in dem Oberbleche nur ein Mannloch oder einen kleinen Klappdeckel und womöglich ein Dunstrohr zum Ableiten etwaig sich bildender Wasserdämpfe.

Die Behälter mit aufgeschraubtem oder gänzlich fehlendem Deckel erhalten nach Sabel & Scheurer, Oberursel, den Schwimmerkasten zum Kaltwassereinlauf auf dem Deckel gleich aufgenietet (Abb. 241).

Die geschlossenen Behälter kommen als zylindrische, stehend oder liegend, zur Anwendung. Die zylindrische Form ist einer höheren Druckaufnahme günstiger. Stehende Behälter (Abb. 173, 251 und 254) verwendet man besonders gern bei gashaltigen Wässern, um deren Gasen

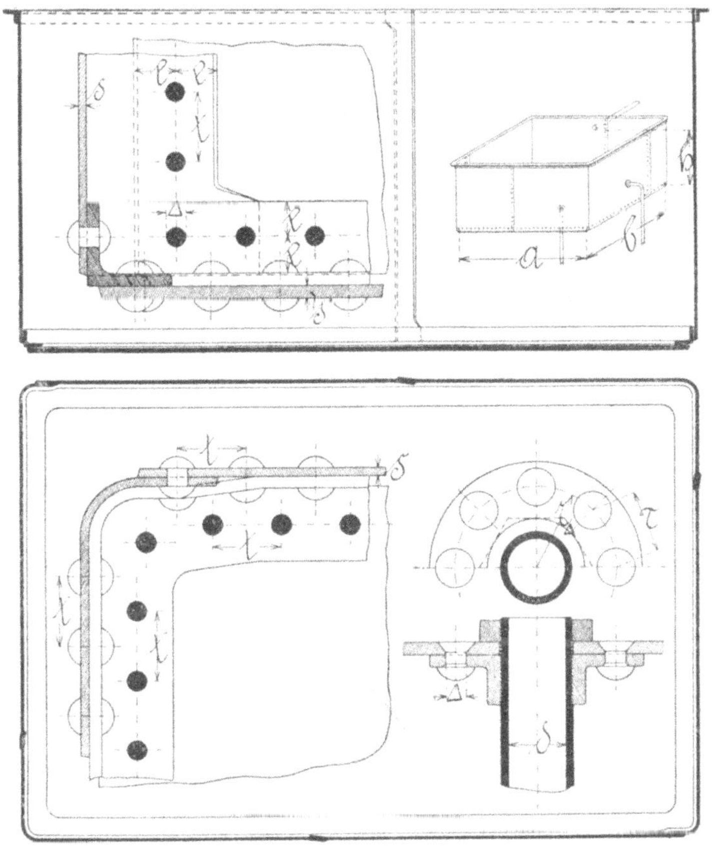

Abb. 240.

wenig Angriffsfläche zu bieten. Die gewölbten, gepreßten oder flachen Böden sind angenietet oder eingeschweißt (Abb. 242, 243 u. f.). Bei liegenden Behältern empfiehlt es sich, beide Böden nach außen hin zu wölben (Abb. 250), während der stehende Behälter aus Festigkeitsgründen den unteren Boden nach innen (Abb. 254) gewölbt erhält. Putz- oder Mannlöcher sollten stets in genügender Zahl und Größe vorgesehen werden. Bei hartem Wasser ist nach Abb. 243 und 246 ein abschraubbarer Boden am Platze. Der Flansch für die Schrauben, die an Zahl und Stärke nicht nur der Festigkeit, sondern auch der Dichtigkeit zu genügen haben, wird durch den freien Schenkel eines Flacheisen- (Abb. 244, Jacobi-Werke, Langschede) oder <-Ringes erhalten, welcher aufgenietet (Abb. 243), aufgeschweißt oder noch besser nach Abb. 255 (Küppersbusch, Gelsenkirchen) im warmen Zustande aufgetrieben und mit dem

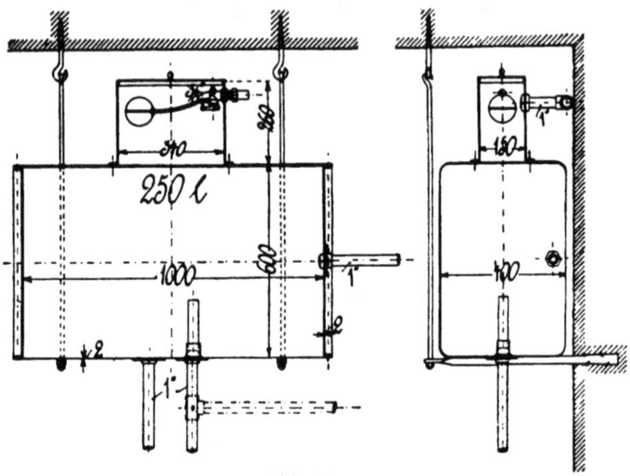

Abb. 241.

überstehenden Rand des Behälters verbördelt wird. Dieser Flansch gibt dem Zylinder zugleich eine gewisse Steifigkeit, die bei längeren Behältern durch ein oder mehrere innen eingeschweißte L- oder ⊥-Ringe (Abb. 263, 264) oder durch eingesickelte Wulste (Abb. 264) erreicht wird.

Als Material der Behälter dienen Eisen- und Kupferbleche, ausnahmsweise auch Holz. Die Eisenbleche werden vernietet oder ver-

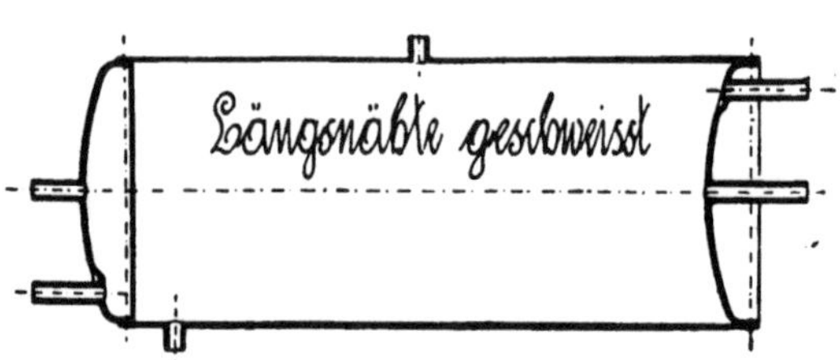

Abb. 242.

schweißt; manche Firmen verlöten noch die Nietnähte, was die Sauberkeit und die Widerstandsfähigkeit der Materialien gegen nicht einwandfreie Wässer wesentlich erhöht. Wegen Rost- und Korrosionsgefahr ist die Schweißerei mit besonderer Sorgfalt vorzunehmen. Zum Schutze gegen Rost werden die Behälter verzinkt. Eingehende wissenschaftliche Untersuchungen haben gezeigt, daß die Verzinkung keine gesundheitsschädliche und den Geschmack beeinträchtigende Wirkung auf das Wasser ausübt. Wirksamen Rostschutz bietet die Verzinkung aber nur dann, wenn sie im Vollbad erfolgt. Und selbst da gewährt solche Verzinkung eine völlige Sicherheit gegen Rostangriff nicht, wenn das Wasser hohen Gehalt an freier Kohlensäure besitzt und der Behälter infolge Wärme-

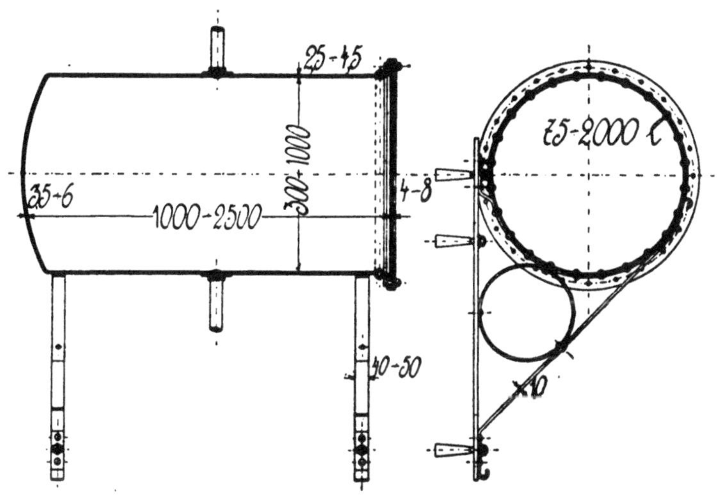

Abb. 243.

und Kälteeinwirkung stark arbeitet. Es bilden sich dann bald Falten und Risse, welche den Rostangriff begünstigen. Viele Firmen ziehen es daher vor, ihre Behälter aus Schwarzblech statt des Zinküberzuges innen und außen mit einem einmaligen Anstriche von sog. Panzerfarbe, Brauereilack, zu versehen; Heißwasserbehälter erhalten außerdem im Innern einen hitzebeständigen Glasurüberzug. Als Hauptbedingung für alle Überzüge muß gelten, daß durch selbige eine Einwirkung auf die Beschaffenheit des Gebrauchswassers und eine Rostbildung vollständig ausgeschlossen sind, das Wasser weder Geschmack, Geruch noch Farbe annimmt.[1]) Große Bedeutung wird noch die Verchromung erhalten.

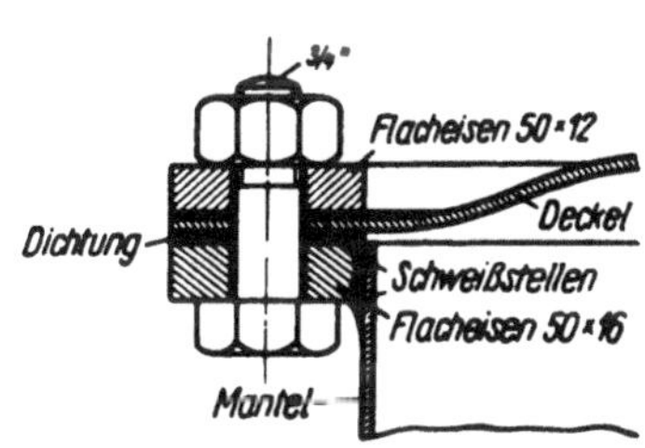

Abb. 244.

Kupferbehälter verdienen stets den Vorzug, wenn sie auch teurer sind, vor allem aber für Thermalheilwässer und für chemische Zwecke, ferner wenn das Wasser besonders weich ist und freie Kohlensäure, freien Sauerstoff und Chlor enthält. Sehr große Behalter werden unter solchen

[1]) Billig und Dr. Ing. Offe: „Anfressungen von Warmwasserboilern". Haustechnische Rundschau. 34, Heft 4 bis 6, 1929.

Verhältnissen nach Abb. 245 aus Eisenblech mit innerer Kupferblechbekleidung (1 mm) hergestellt.

Behälter aus Holz oder aus Holz mit Zinkausschlag sollten nur noch für ganz besondere Zwecke, wie sie sich hie und da in der Textilbranche, Waschanstalten usw. finden, angewandt werden. Ständige Ausbesserungen, schlechte Abdichtungen und kurze Lebensdauer werden durch

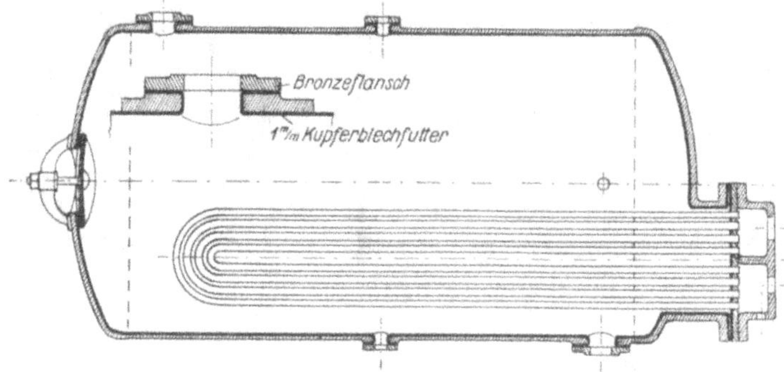

Abb. 245.

geringere Anlagekosten nicht aufgewogen. Ausnahmsweise findet man auch wohl Behälter aus Eisenbeton.

Dort, wo eine starke Wärmetransmission vom Behälter in die Raumluft, wie bei Aufstellung im Dachgeschosse, zu befürchten ist, muß der Behälter gut isoliert werden. Eine gute äußere Isolation kann

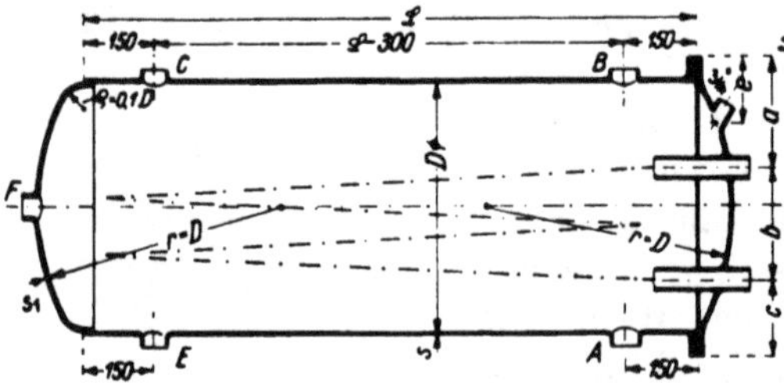

Abb. 246a.

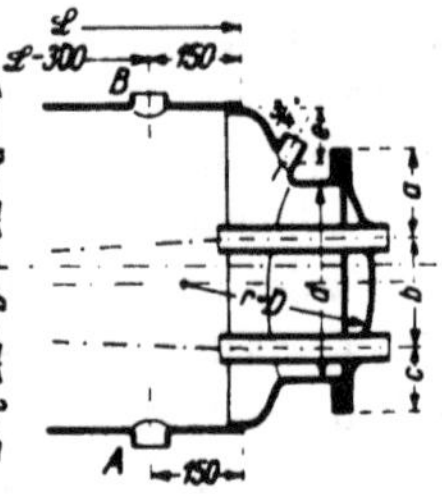

Abb. 246b.

von hohem Werte sein und bedeutende Brennstoffersparnisse ergeben, besonders dort, wo der Behälter exponiert liegt und der Betrieb ein unterbrochener ist. Ein recht günstiger Aufstellungsort in Wohngebäuden usw. ist an der Küchenschornsteinwand, die eine gewisse Sicherheit gegen Einfrieren gibt.

Die Heizeinsätze der Behälter dienen zur indirekten Erwärmung und kommen als Heizschlangen, Röhrenbündel, Rohrregister, Zylinderelemente oder Mäntel zur Ausführung.

Die Schlangen können alle möglichen Formen, Gestalten und Lagen im Behälter erhalten. Leitende Faktoren sollten dafür sein: die volle Transmissionswärmewirkung den untersten, kältesten Wasserschichten zukommen zu lassen, eine bequeme, leichte Montage und Reinigung zu ermöglichen. Das Unterbringen der Einsatzheizfläche, die natürlich richtig bemessen sein muß, tritt hier weniger in den Vordergrund, da Heizeinsatzgröße und Behältergröße in gewissem proportionalen Verhältnis stehen.

Tabelle 44.

Normalabmessungen der Boiler mit abschraubbarem Deckel. (Abb. 246.)

Inhalt	Abmessungen in mm						Anschlüsse in Zoll Rohrg.		Blechstärke in mm [1]		Gewicht, schwarz G (ohne Einsatz)	Bemerkung
l	*D*	*L*	*a*	*b*	*c*	*e*	*ABCE*	*F*	*s*	s_1	kg	
100	350	1035	125	200	125	90	$1^1/_4$	$1^1/_4$	1,5	2,5	30	ohne Halsstutzen Abb. 246 a.
150	400	1285	175	200	125	100	$1^1/_4$	$1^1/_4$	1,5	2,5	35	
200	450	1285	225	200	125	110	$1^1/_4$	$1^1/_4$	2	3	50	
250	450	1535	225	200	125	110	$1^1/_4$	$1^1/_4$	2	3	60	
300	450	2035	225	200	125	110	$1^1/_4$	$1^1/_4$	2	3	65	
350	500	1785	150	300	150	125	$1^1/_4$	$1^1/_4$	2,5	4	85	
400	500	2035	230	220	150	125	$1^1/_4$	$1^1/_4$	2,5	4	100	
500	550	2535	170	330	150	135	$1^1/_2$	$1^1/_4$	2,5	4	110	
600	550	2535	280	220	150	135	$1^1/_2$	$1^1/_4$	2,5	4	125	
700	600	2540	300	220	155	145	$1^1/_2$	$1^1/_4$	2,5	4	135	
800	650	2535	360	220	170	160	2	$1^1/_4$	3	5	170	
900	700	2420	310	220	170	160	2	$1^1/_4$	3	5	190	
1000	750	2410	260	220	170	70	$2^1/_2$	$1^1/_2$	3	5	200	m. Halsst. Abb. 246 b
1500	900	2520	280	270	200	125	$2^1/_2$	$1^1/_2$	4	5	315	
2000	1000	2635	195	405	150	150	3	2	4	5	380	
2500	1100	2765	170	430	150	200	3	2	5	6	500	
3000	1250	2510	150	450	150	200	3	2	5	6	600	
4000	1300	3000	150	450	150	200	3	2	5	6	750	
5000	1300	4200	150	450	150	200	$3^1/_4$	$2^1/_4$	5	7	850	

vom Φ d in mm. d = 550 für D < 900 mm; d = 650 für D > 900 mm.
Gewicht: 1,067 G gestrichen; 1,19 G verzinkt.

[1]) Für 4 atü Betriebsdruck und ohne Abrostungszuschlag.

Abb. 247 bis 252 geben einige Beispiele gewöhnlicher und gebräuchlicher Behälter mit Schlangeneinsätzen. Befindet sich eine ebene wagerechte Schlange nach Abb. 247 am Boden des Behälters, so soll sie wegen Schlammansatzes und Reinigens einen Abstand von mindestens 30 mm vom Boden haben. Die ebene, senk-

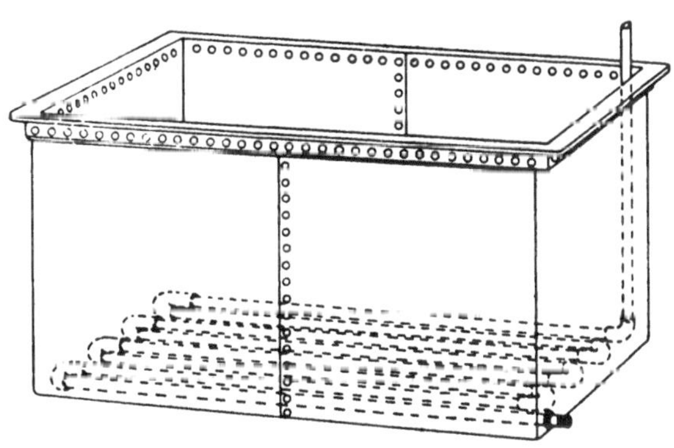

Abb. 247.

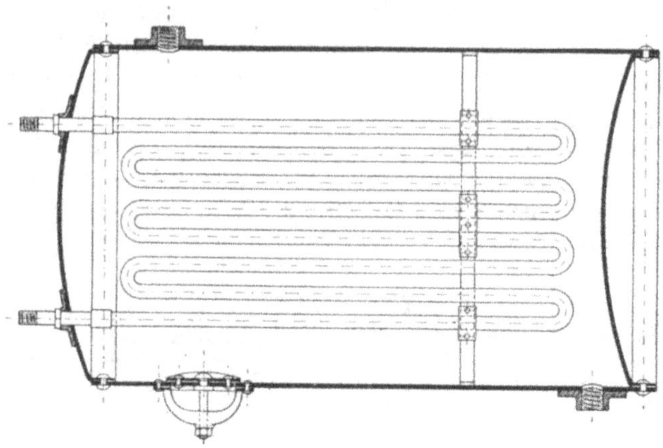

Abb. 248.

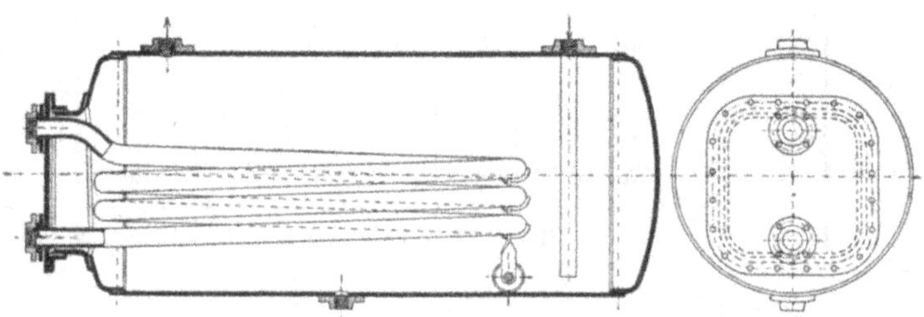

Abb. 249.

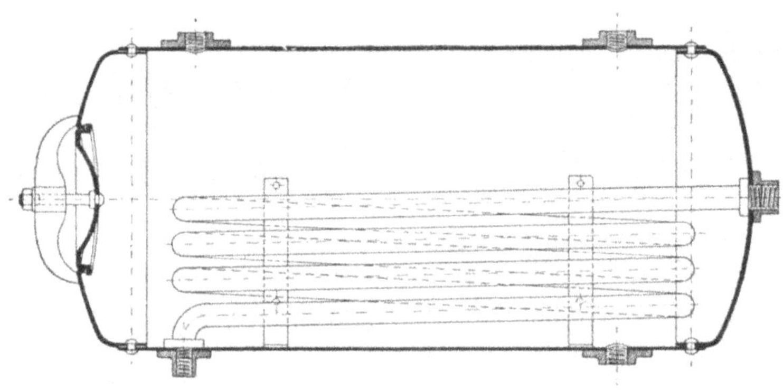

Abb. 250.

rechte Schlange der Abb. 248 hat zu große Bauhöhe, die oberen Windungen nehmen an der Wärmeübertragung nur geringen Teil. Empfehlenswerter sind die Spiralschlangen nach Abb. 249 und nach Abb. 250 und 251. Man kann hiermit für hohe Leistungen eine große Heizfläche im Behälter unterbringen. Hierher gehört ferner der Behälter Abb. 237 mit dem beweglichen Schwimmerrohr *W* und angebautem Füllgefäße *S*. Es sind *D* der Dampf-, *C* der Kondenswasser-, *Ü* der Überlaufanschluß und *K* der Kaltwasserzufluß von *S*.

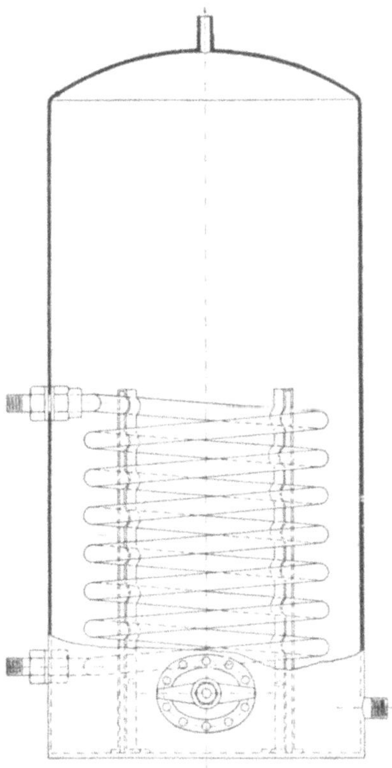

Abb. 251.

Der Boiler Abb. 252 der Blechwarenfabrik-A.-G. Salzkotten besitzt als Heizeinsatz außer einer Heizschlange für direkten Dampf noch einen]-förmigen Heizkörper für Abdampf. Dieser Gegenstromheizkörper ist ein Doppelrohr, in dessen äußerem Ringraum der Abdampf zirkuliert und durch dessen inneren Zylinderraum das zu erwärmende Gebrauchswasser strömt.

Das Material der Röhren ist Kupfer, Messing oder Stahl. Den sowieso beliebteren Kupferröhren ist der Vorzug zu geben, besonders bei kupfernen Behältern, da Eisen und Kupfer nachteilige elektrolytische Wirkungen auslösen. Die Eisen- und Stahlrohre sind zu verzinken oder mit hitzebeständigem Lack zu überziehen. Manchmal macht sich auch ein äußeres Verzinnen der Kupferröhren nötig. Da man die errechnete Heizfläche auf die gestreckte Rohrlänge zu beziehen hat, kann nachstehende Tabelle 45 dienlich sein.

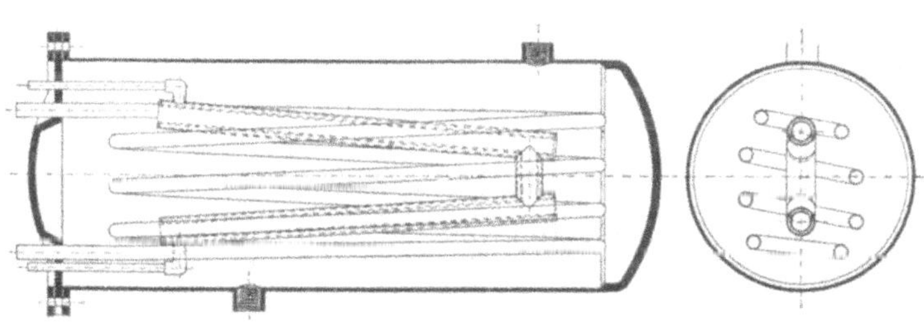

Abb. 252.

Tabelle 45.

Heizschlangen für Warmwasserbehälter aus Kupferrohr und verzinktem Eisenrohr.

Heiz-fläche	Kupfer			Eisen, verzinkt		
	Gestreckte Länge	Rohr-durchm.	Gewicht	Gestreckte Länge	Rohr-durchm.	Gewicht
m²	m	mm	kg	m	mm	kg
0,50	5,5	25 × 29	12	4,8	25 × 33	13
0,75	8,3	25 × 29	15	7,2	25 × 33	25
1,00	11,1	25 × 29	20	9,6	25 × 33	33
0,58	5,5	31 × 34	14	4,9	33,5 × 38	15
0,70	6,6	31 × 34	17	5,9	33,5 × 38	17
1,00	9,4	31 × 34	22	8,4	33,5 × 38	24
1,50	14,1	31 × 34	30	12,6	33,5 × 38	33
0,81	5,9	39 × 42	18	5,8	40 × 44,5	22
1,00	7,4	39 × 42	24	7,2	40 × 44,5	25
1,25	9,4	39 × 42	30	8,9	40 × 44,5	31
1,50	10,9	39 × 42	35	10,7	40 × 44,5	38
2,00	14,8	39 × 42	42	14,3	40 × 44,5	44
1,00	5,9	50 × 54	28	5,6	51,5 × 57	28
1,50	8,9	50 × 54	35	8,4	51,5 × 57	39
2,00	11,8	50 × 54	48	11,2	51,5 × 57	48
2,50	14,7	50 × 54	57	14,0	51,5 × 57	64
3	17,7	50 × 54	63	16,8	51,5 × 57	79
4	23,6	50 × 54	90	22,4	51,5 × 57	104
5	29,4	50 × 54	100	28,0	51,5 × 57	128
2		—	—	10,7	54 × 60	55
3		—	—	16,1	54 × 60	83
4		—	—	21,5	54 × 60	112
5		—	—	26,9	54 × 60	141

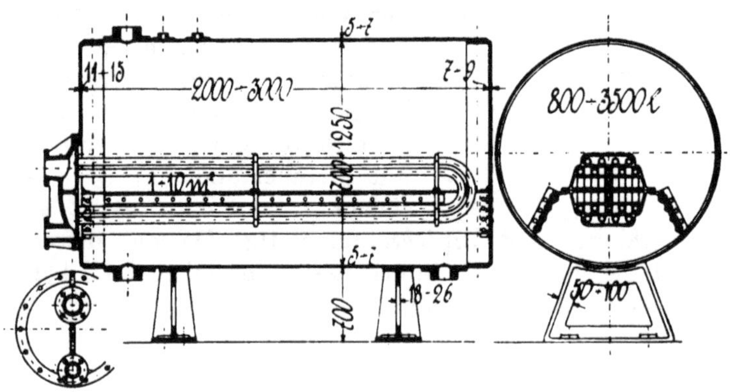

Abb. 253.

Man kann voraussetzen, daß 1m² Schlangenheizfläche erwärmt:

1000 l von 10° auf 60° durch 0,1 atü Dampf,

250 l von 10° auf 50° durch 80° Heizwasser,

Die Ausstattung der geschlossenen Behälter mit Röhrenbündeln bringt jene sehr nahe an die Gegenstromapparate heran. Je nach der

Größe der Heizleistung können die Röhrenbündel von geringster Röhrenzahl bis zu mehreren Bündeln eingebaut werden. Die Bündel sind fast ausschließlich aus ⊏-Röhren zusammengesetzt. Der Boiler, Abb. 253, enthält ein herausziehbares Bündel von 9 abwechselnd versetzten ⊏-Röhren. Letztere sind in den Rohrboden eingewalzt und werden durch Stege fixiert, welche dem Bündel gleichzeitig zur Auflage dienen. Im Behälter sind Leitbleche angebracht, auf welchen das ganze Rohrsystem ruht und welche dem Wasser einen zwangsläufigen Weg durch das System hindurch geben. Durch den vorn gegengeschraubten gußeisernen Deckel mit den zwei Verteilungskammern wird oben der Dampf zugeführt, unten das Kondenswasser abgeleitet. Normalmodell für stehende Boiler stellt Abb. 254 dar; die Maße verstehen sich natürlich nur für 3000 l Inhalt und ändern sich entsprechend anderer Fassungen.

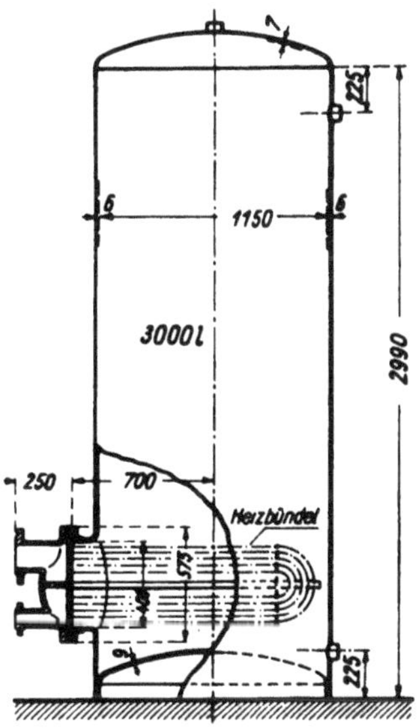

Abb. 254.

Bei Ausnutzung zweier verschiedener Heizmittel (Heizwasser, Abdampf) für die Beheizung des Boilers werden die beiden Kammern des

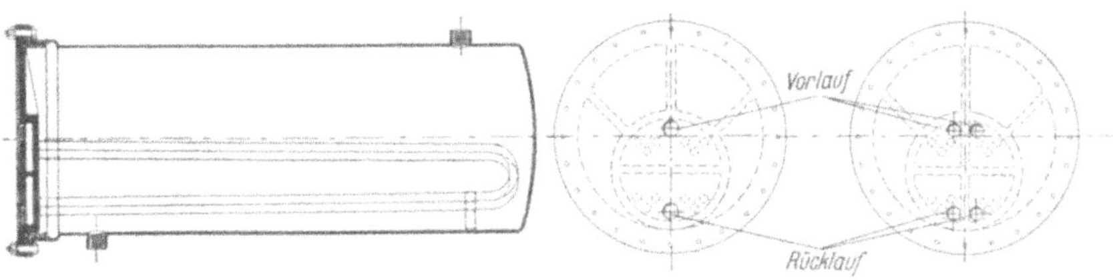

Abb. 255.

gußeisernen Deckels bzw. des Halsstutzens wie in Abb. 255 (Küppersbusch, Gelsenkirchen) durch eine senkrechte Wand getrennt.

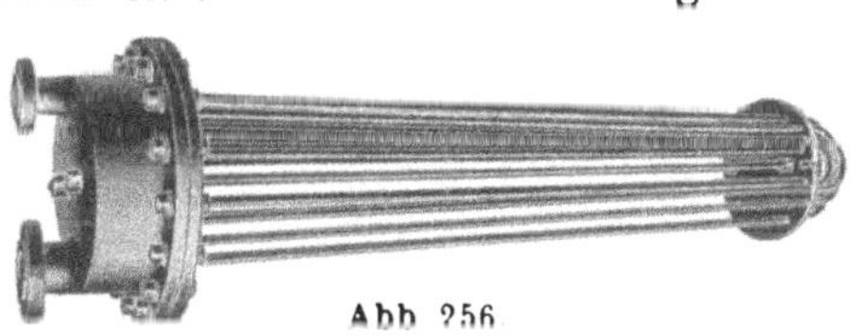
Abb. 256.

Um Rohrbiegungen zu vermeiden und geringe Ablagerungsflächen und Einfachheit der äußeren Gestaltung zu erhalten, ersetzt man die ⊏-Röhren durch ein Bündel Doppelröhren. Eine Vereinfachung der Konstruktion des Behälterhalses erreicht man aber nicht dadurch.

Tabelle 46.

Mattick-Heizröhrenbündel nach Abb. 256 (mit Kupfer- oder Messingröhren).

Heizfläche	Röhrenzahl bei	Gußeiserner Vorkopf					Bündel-Länge o. Vorkopf	Höhe des Vorkopf. m. Platte	Gewicht
		l. Durchm. des Halsstutzens	Flansch Durchm.	Lochkr. Durchm.	Schrauben				
m^2	15/17 φ				Zahl	Zoll	mm	mm	kg
0,5	9	162	255	215	8	5/8	510	150	40
1,0	9	162	255	215	8	5/8	1035	150	45
1,5	16	186	285	245	8	3/4	880	160	61
2,0	16	186	285	245	8	3/4	1170	160	66
2,5	30	235	345	300	10	3/4	780	185	81
3,0	30	235	345	300	10	3/4	940	185	87
4,0	30	235	345	300	10	3/4	1250	185	95
5,0	44	277	385	340	12	3/4	1075	195	111
6,0	44	277	385	340	12	3/4	1285	195	121
8,0	63	316	435	385	12	7/8	1205	210	139
10,0	85	360	485	430	14	7/8	1140	225	186
12,0	85	360	485	430	14	7/8	1340	225	206
16,0	115	418	545	490	16	7/8	1355	255	278
20,0	143	460	585	525	20	7/8	1345	255	335
24,0	178	504	645	585	20	1″	1325	295	407
28,0	204	550	690	630	20	1″	1340	300	474
32,0	243	600	745	685	24	1″	1300	305	546
36,0	243	600	745	685	24	1″	1450	305	588

Ein solches Doppelrohrbündel enthält der Boiler in Abb. 257, der zur Ausführung kommt mit:

Mantellänge . . .	$L = 800 \div 3800$ mm,	Röhrenlänge . .	$l = 750 \div 3500$ mm
Manteldurchmesser	$D = 300 \div 1200$ »	Röhrenzahl . .	$Z = 1 \div 9$ »
Halsdurchmesser .	$D_1 = 150 \div 400$ »	Heizfläche . .	$H = 0{,}20 \div 7{,}75$ m².

In Abb. 257 bedeuten: K = Kaltwasserzufluß, W = Warmwasserabnahme, D = Zufluß des Heizmittels, C = Abfluß desselben, Z = Zirkulation, E = Entleerung und T = Thermometer.

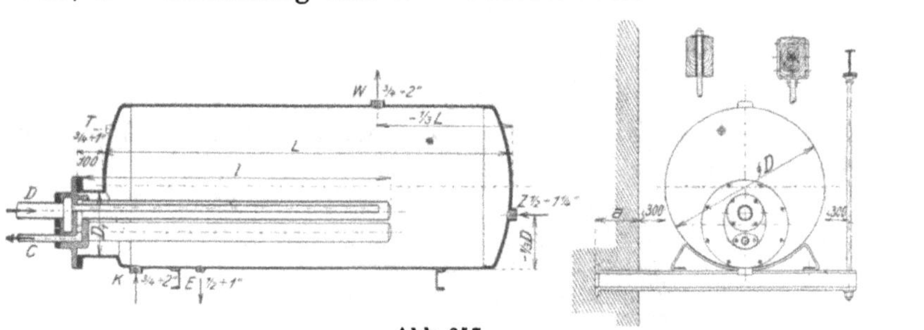

Abb. 257.

Schwere und lange Bündel erhalten hintere Unterstützung.

Bei diesen Heizeinsätzen werden ein Teil der Heizfläche, wenn die Rohre nahe aufeinander zu liegen kommen, für den Effekt verlorengehen und eine schwierige Reinigung und Dichthaltung der vielen einzelnen

Verbindungen sich ergeben. Diese Übelstände sollen die Heizregister beseitigen, bei denen nach Abb. 258 die ⊏-Röhren durch Querröhren zu einem System verbunden sind und nur zwei Anschlußstellen be-

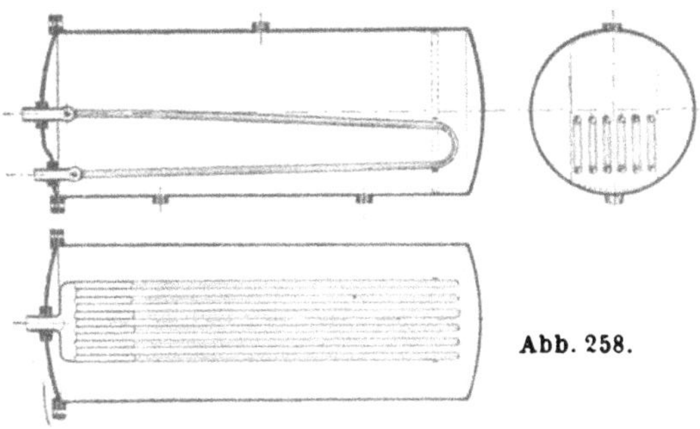

Abb. 258.

sitzen. Für sehr große Leistungen wird man jedoch immer wieder auf die Röhrenbündel zurückgreifen müssen, da sehr breite Heizregister den Durchmesser des Boilermantels zu ungünstig beeinflussen werden. In dieser Hinsicht hilft man sich aber dadurch, daß man nach Abb. 259 (Clajus, Mittweida) zur Vergrößerung der Heizfläche Doppelrohre nimmt.

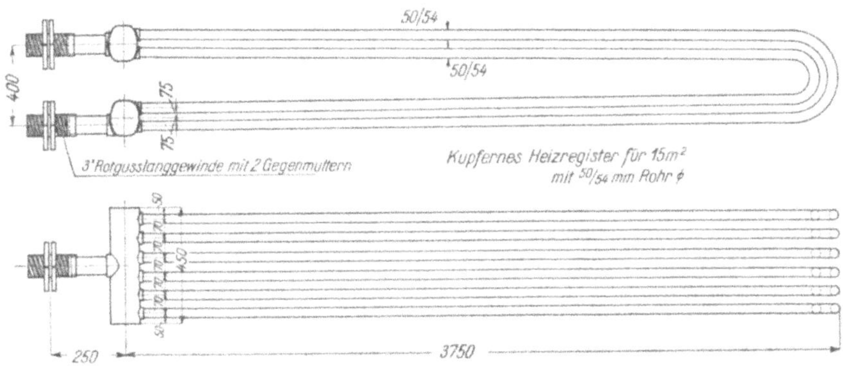

Abb. 259.

Tabelle 47.

Heizregister für Wasserbehälter. (Abb. 258.)

Heizfläche . . . . m²	1,0	1,5	2,0	2,5	3,0	3,5	4,0	4,5	5,0	5,5	6,0
Schenkelrohre: Durchm. . Zoll	$1^1/_2$	$1^1/_2$	$1^1/_2$	$1^1/_2$	$1^1/_2$	2	2	2	2	2	2
Baulänge mm	1200	1700	1750	1750	2100	2400	2150	2450	2250	2450	2700
Anzahl	3	3	4	5	5	4	5	5	6	6	6
Anschluß . . . Zoll	2	2	2	2	$2^1/_2$	2	$2^1/_2$	$2^1/_2$	$2^1/_2$	$2^1/_2$	$2^1/_2$
Gewicht, verzinkt kg	25	35	45	53	68	90	99	111	122	132	143

Der Gedanke, an Stelle der Heizschlangen einen Ersatz mit möglichst einfacher, einheitlicher, glatter Oberfläche zu haben, führte zur Konstruktion der Ringzylinder-Einsätze. Diese Elemente, geschweißt und verzinkt, erfüllen ja auch nach dieser Hinsicht hin vollkommen ihren Zweck. Für große Leistungen sind sie aber nicht geeignet, da eine große Heizfläche große Durchmesser der Ringzylinder bedingen, ganz gleich, ob sie kreisrunden oder ovalen Querschnitt erhalten. Mit großem Querschnitt wird die Zirkulationsfähigkeit vermindert, ein Teil der Heizfläche kommt in den oberen wärmeren Wasserschichten mit geringerer Wärmeübertragung zu liegen; der gesamte Heizeffekt wird herabgedrückt und sich praktisch mit der rechnerischen Voraussetzung nicht mehr decken.

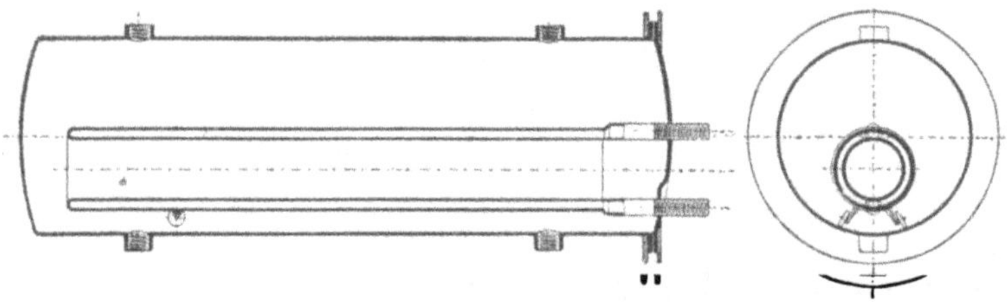

Abb. 260.

Tabelle 48.

Ringzylinder-Heizelement für Warmwasserbehälter. (Abb. 260.)

Heizfläche . . . . m²		0,5	1,0	1,5	2,0	2,5	3,0	3,5	4,0	4,5	5,0	5,5
Zylindermaße in mm	Innendurchm. .	90	100	120	170	200	225	250	270	300	320	340
	Außendurchm. .	130	150	180	230	260	285	330	360	380	400	470
	Länge	750	1300	1650	1600	1730	1875	1925	2000	2100	2300	2300
	Wandstärke . .	2,5	2,5	2,5	3	3	3	3	3,5	3,5	3,5	4
Anschluß . . . . Zoll		1	$1^1/_4$	$1^1/_4$	$1^1/_2$	$1^1/_2$	2	2	2	2	2	2
Zylindergewicht . kg		16	28	40	60	75	93	105	120	150	180	225

Schließlich ist man dazu übergegangen, auf Einsätze überhaupt zu verzichten und die Erwärmung des Behälterwassers durch äußeren Heizmantel zu bewirken. Der Heizmantel umkleidet einen Teil des Behältermantels (Abb. 261, 262) oder auch noch den hinteren Boden (Abb. 263). Zum Erreichen einer sicheren Zirkulation des Heizmittels werden in der horizontalen Mittelebene des Mantelringraumes Zirku-

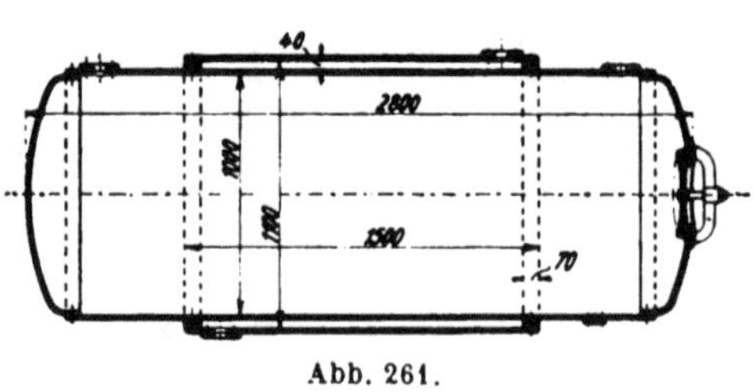

Abb. 261.

lationsstreifen aus L- oder Z-Eisen eingeschweißt. Mit Rücksicht auf günstige Bördelung kann die lichte Weite des Mantelraumes bei Dampfheizung mit 15 mm genügen; bei Warmwasserheizung kann es dagegen vorteilhaft sein, dies Maß bis auf 50 mm und mehr zu erhöhen.

So gut sich auch die Mantelheizung, bei der alle die Durchbrüche der Behälterböden für Heizeinsätze vermieden werden, bewährt hat und so beliebt sie auch im Laufe kurzer Zeit in Installationskreisen wegen ihrer Einfachheit geworden ist, den einen großen Nachteil trägt sie in sich, daß die nach außen transmittierende Wärme für die Warmwasserbereitung verloren ist. Die Heizeinsätze überliefern die Heizwärme restlos an das Behälterwasser. Gewiß vermag eine vorzügliche Isolation den Nachteil unbedeutender zu machen, aber nicht ganz aufzuheben.

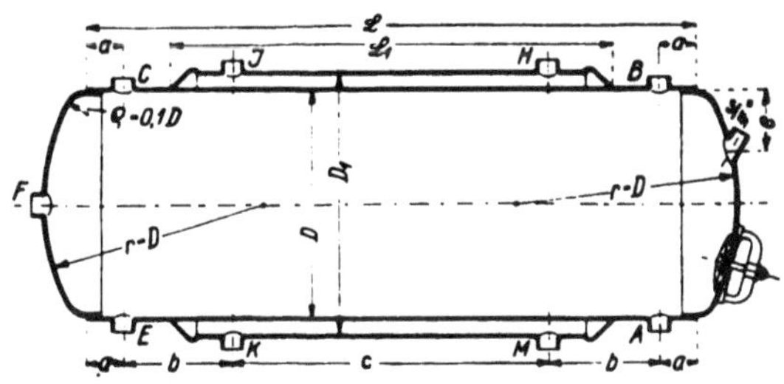

Abb. 262.

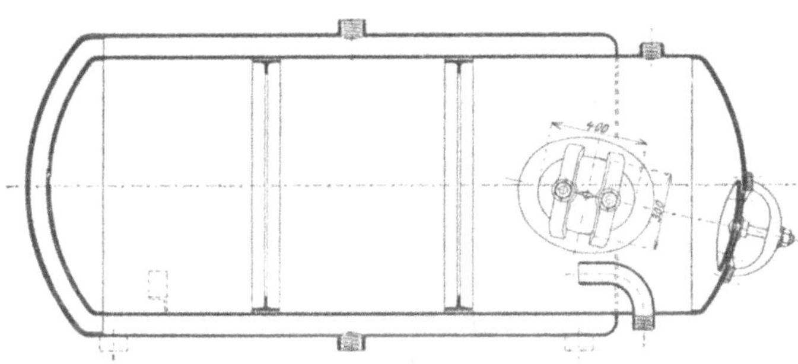

Steh … ler
Heizwass … iz-
einsatzes … in
Abb. 264 … ft-

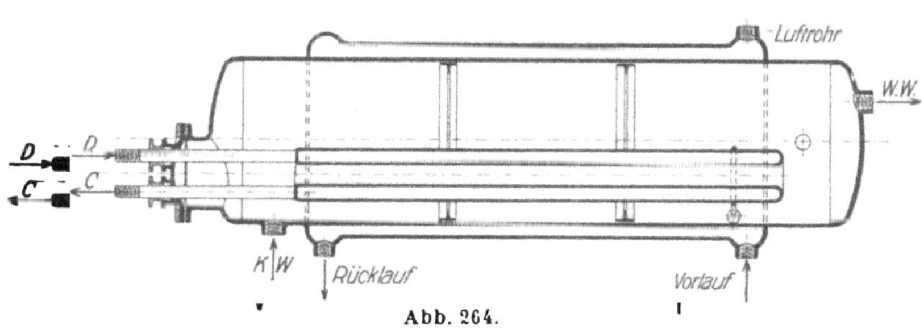

Abb. 264.

licher, wirkungsvoller und regelbarer gestalten. Der Einsatz wird von der Heizung, der Mantel von einem besonderen Kleinkessel oder beide Heizflächen werden von einem Kessel aus (Abb. 285) betrieben. In dieser Weise kann natürlich auch das Heizmittel einer einzigen Heizquelle energischer zur Warmwasserbereitung ausgenutzt werden (Abb. 285).

Der Mantel wird mit dem eigentlichen Behälter verschweißt, seltener vernietet. Letztere zerlegbare Ausführung (Abb. 261, Käuffer, Mainz) ist bei nicht einwandfreien Wässern und großen Abmessungen einer oft zweifelhaften Schweißung stets vorzuziehen, wenn jene auch teurer ist.

Die Tabelle 49 von Ref-App.-Ges., Feuerbach-Stuttgart, gibt Normalabmessungen der Mantelboiler an.

Tabelle 49.

Boiler mit Heizmantel. (Abb. 262.)

Inhalt	Heizfl. des Mantels	Abmessungen in mm								Anschlüsse Zoll Gasgewinde			Gewicht	
l	m^2	D	L	D_1	L_1	a	b	c	e	AB CE	F	HJ KM	gestr. kg	verzkt. kg
100	0,81	350	1000	410	740	70	180	500	80	$1^1/_4$	$1^1/_4$	$1^1/_4$	58	60
200	1,27	450	1250	510	900	70	225	660	115	$1^1/_4$	$1^1/_4$	$1^1/_4$	87	89
300	1,68	450	2000	510	1190	75	455	940	115	$1^1/_4$	$1^1/_4$	$1^1/_4$	121	125
400	2,20	500	2000	560	1400	75	360	1130	125	$1^1/_4$	$1^1/_4$	$1^1/_4$	145	150
500	2,49	550	2000	610	1440	80	340	1160	140	$1^1/_2$	$1^1/_4$	$1^1/_2$	161	167
1000	3,37	700	2500	770	1530	95	545	1220	175	$2^1/_2$	$1^1/_2$	$2^1/_2$	331	342
1500	4,33	900	2500	970	1530	95	545	1220	225	$2^1/_2$	$1^1/_2$	$2^1/_2$	485	500
2000	4,81	1000	2500	1070	1530	105	555	1180	250	3	2	3	590	611
3000	6,02	1250	2500	1320	1530	105	555	1180	300	3	2	3	930	958
4000	8,16	1300	3000	1370	2000	105	570	1650	325	3	2	3	1160	1200

Zur Heizleistung und Rohranschlußmöglichkeit sei noch folgendes erwähnt. Geht man von der Voraussetzung aus, daß die größte Wärmeübertragung zwischen Heizmittel und Behälterwasser bei höchstem Temperaturunterschiede erreicht wird, daß also das Heizmittel auf die untersten, kältesten Wasserschichten zuerst einwirken muß, so wird mit Parallelstrom ein wirtschaftlicherer Betrieb als mit Gegenstrom erreicht werden. In Abb. 265 sind beide Stromarten bei einem Einsatz- und Mantelbehälter schematisch gegenübergestellt. In der Praxis nimmt man den Anschluß der Einsätze nach altgewohnter Weise vielfach gerade umgekehrt. In eingehender Behandlung dieses Stoffes äußert sich de Grahl auf Grund eingehender Versuche[1]) ebenfalls dahin, daß der Parallelstrom bei der Warmwasserbereitung wohl in den meisten Fällen vor dem Gegenstrom den Vorzug verdienen dürfte; die Heizeinsätze zeigen einen höheren Wärmetransmissionskoeffizienten k, die Schichtung des Wassers ist geringer, der Wärmeinhalt des Boilers größer. Die

[1]) Gesundheits-Ingenieur 1912, Nr. 20.

Wasserheizschlange weist beim Anheizen für Parallelstrom einen Wert k auf, der doppelt so groß ist als bei Gegenstrom. Bei Entnahme warmen Wassers unter vollem Betriebe bleibt der Parallelstrom immer noch um 20% günstiger als der Gegenstrom, gleiche Temperaturunterschiede in der Heizschlange vorausgesetzt.

Die Anschlüsse werden entweder in die Behälterwandung eingeschweißt, eingewalzt, eingeschraubt oder angeflanscht, zuweilen auch in Stopfbüchsen geführt (Abb. 264). Bei den eingeschweißten Muffen ist darauf zu achten, daß die Muffe durch das Behälterblech hindurchgeführt wird. Die Heizeinsatz-Schlangenrohrenden sollten niemals eingeschraubt werden, da sonst bei weiterer äußerer Rohrmontage der innere Einsatz sehr leicht verwürgt wird. Am besten ist Anflanschung. Bei ausgedehnter Anlage ist an einer höchsten Stelle des Boilers ein Flansch für einen Lufthahn anzubringen; bei einfacheren Systemen kann ein

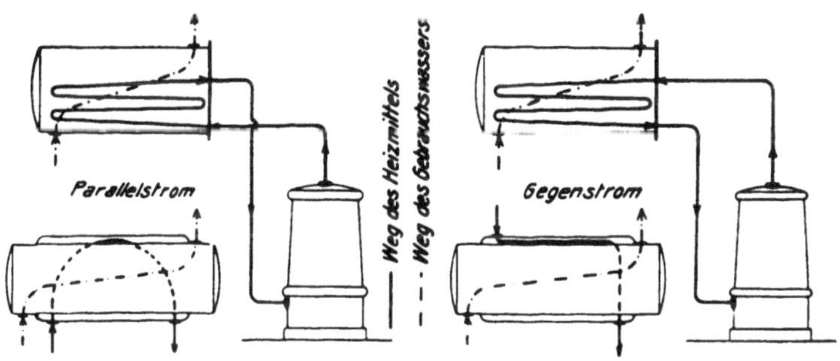

Abb. 265.

Zapfhahn die Dienste tun. Anschlüsse für eine Entleerung des Behälters und ein Thermometer sind ebenfalls unerläßlich.

Die Heizeinsätze längerer Form verlangen eine hintere Fixierung im Behälter durch Stege oder Platten aus Blech, Holz oder in anderer Weise, wobei jedoch eine freie Ausdehnung gesichert sein muß. Einige Firmen benutzen nach Abb. 249 eine Laufrolle, die zugleich zum Ausfahren des Einsatzes dient. Eine dauernde leichte Drehbarkeit der Rolle darf man zwar nicht erhoffen. Man umgeht aber damit das Annieten von ⌊-Eisenleisten, die oft als Auflager für die Stege dienen. Durch bewegliche Führungen ist aber bei dünnen Behälterblechen ein baldiges Durchreiben derselben zu befürchten. Eine Hemmung der Wasserbewegung im Behälter durch derartige Lagerungen ist nach Möglichkeit zu vermeiden. Ebenso müssen bei hartem Wasser die Schlangenwindungen weiter auseinander stehen.

Für die Wahl eines Behälters und seines Heizeinsatzes betreffs Material, Ausführung usw. sprechen natürlich in erster Linie die Systemart, der Verwendungszweck, die örtlichen Verhältnisse und der Preis mit. Bei sehr schwankendem und großem Warmwasserverbrauche, wie

z. B. in Brauereien, Brennereien, hüte man sich vor der Wahl eines zu kleinen Behälters. Bei gashaltigem Wasser ist wegen geringerer Angriffsfläche ein stehender Boiler vorzuziehen.

Die Lagerung der Behälter erfolgt schwebend auf I-Trägern, auf Konsolen an der Wand, in Eisenbandgehängen an der Decke oder ruhend mit Füßen, Trägern, Stützen auf dem Fußboden. Manchmal macht sich eine Einmauerung des Behälters nötig. Dann hat derselbe zur Entlastung des unteren Teiles und des Auflagers Tragwinkel oder Pratzen zu erhalten. Mit Hinweis auf Abb. 257, 266 und 267 können Angaben in der Tabelle 50 einen Anhalt geben. Bei großem Gewicht und weiter Ausladung (Hebelarm des Biegungsmomentes), wofür schwere Konsolen nötig werden, oder bei zu schwachem Mauerwerk für die Lagerung (dünner als 1½ oder 1 Stein) sind Ständer, Stützen nicht zu umgehen. Für letztere können 1½÷2''-Rohre, wenn nichts anderes vorhanden ist, gute Dienste leisten. Wegen freien Verkehrs sind natürlich die Konsolen den Fußbodenstützen (Abb. 131) vorzuziehen.

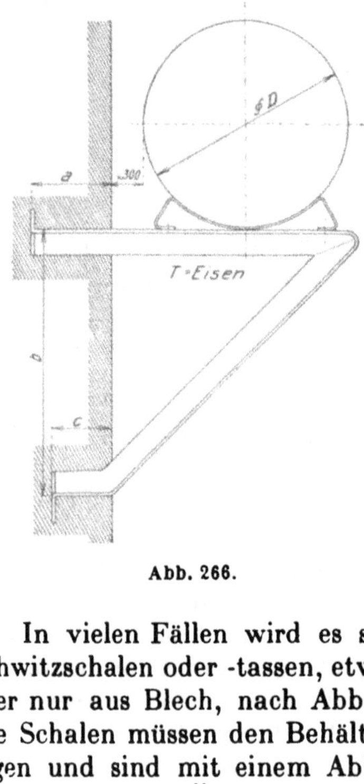

Abb. 266.

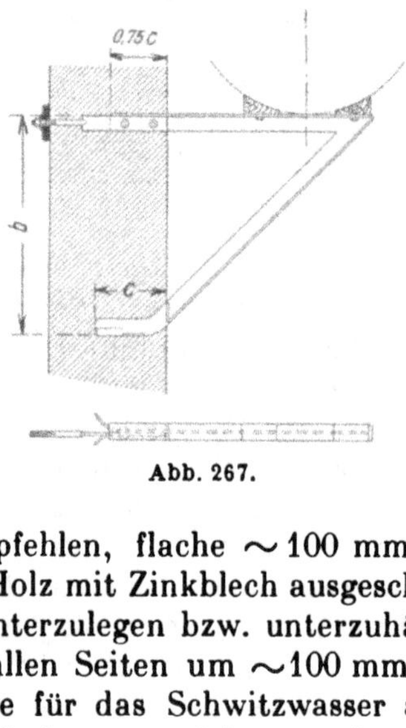

Abb. 267.

In vielen Fällen wird es sich empfehlen, flache ∼100 mm hohe Schwitzschalen oder -tassen, etwa aus Holz mit Zinkblech ausgeschlagen oder nur aus Blech, nach Abb. 268 unterzulegen bzw. unterzuhängen. Die Schalen müssen den Behälter auf allen Seiten um ∼100 mm überragen und sind mit einem Abflußrohre für das Schwitzwasser auszurüsten, das dem Überlaufrohre des Behälters zugeführt werden kann.

In Abb. 268 ist ein offener, oben abgedeckter Warmwasserbehälter *WB* mit voller Rohrausrüstung und in Verbindung mit einem Schwimmergefäße als Kaltwasserbehälter *KB* dargestellt.

Es ist: *1* = Kaltwasserzuleitung (⁵/₈''), *2* = Kaltwasserleitung von *KB* nach *WB* (1''), *3* = Zirkulationssteigrohr (1½''), *4* = Zirkulationsrücklaufrohr (1½''), *5* = Warmwassergebrauchsleitung (1½''), *6* = Kaltwassergebrauchsleitung (¾''), *7* =

Überlaufrohr (2″), *8* = Überlaufrohr (¾″) von *WB*, verbunden mit *7*, *9* = Entleerungsrohr (¾″) für *WB* und *KB*, *10* = Abflußrohr (½″) für Schweißwasser aus der Schweißtasse, *11* = Signalrohr (½″), *12* = Entlüftungs- und Dunstrohr (¾″), auch zum Ableiten von Dämpfen aus *WB*.

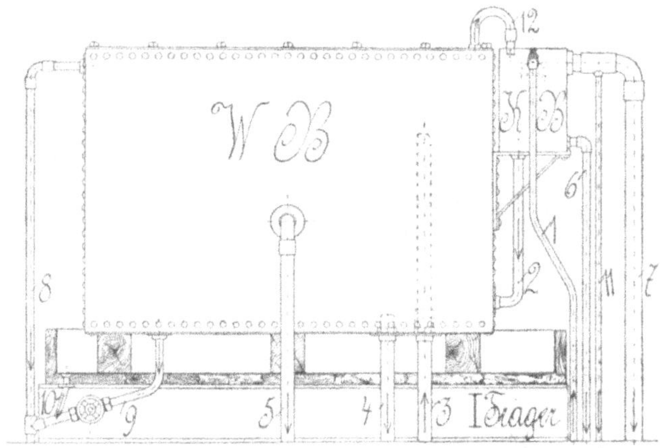

Abb. 268.

c) Die zusammengesetzten Behälter.

Für große Leistungen, für die ein einziger Behälter zu unhandlich groß und unbequem ausfallen würde, und dort, wo Warmwasser teils für Genußzwecke, teils für andere Zwecke benötigt wird, benutzt man mehrere Behälter. Je nach dem Zwecke und den örtlichen Verhältnissen werden diese Behälter entweder durch Stutzen, Übersteigrohre u. dgl. zu einem geschlossenen Ganzen verbunden oder ganz unabhängig voneinander jeder für sich von einer gemeinsamen Heizquelle aus betrieben.

In letzterem Falle arbeiten z. B. nach Abb. 269 die Behälter *WB* auf einen Verteiler, Ventilstock *WV*, hin, von dem aus die Verteilung des Warmwassers zu den Gebrauchsstellen hin erfolgt. Das Schema stellt nach Stadtbaurat Arnoldt die Warmwasserversorgung des Volksbades an der Prüne in Kiel dar. — In der Aktienbierbrauerei Mittweida sind nach Abb. 270 zwei große Warmwasserbehälter von 6 und 7 m³ Inhalt hintereinander geschaltet. Als Heizmittel dient Abdampf einer 150 PS-Auspuffmaschine. Die ∼20 m lange Verbindungsleitung *a* zwischen den Behältern, von denen der eine WB_1 das Wasser durch *b* zum Überschwänzen im Maischbottich des Sudhauses, der andere WB_2 das Wasser durch *c* zum Reinigen, Einweichen der Transportgefäße, der Flaschen usw. liefert, geht auf ∼16 m frei und ungeschützt durch die Luft. Die Anlage bewährt sich aufs beste. Das Wasser, in WB_1 12° hart, in WB_2 3° weich, wird bis auf 90° erwärmt. Dem Behälter WB_2 wird das reine Abwasser des Bierkühlapparates durch Leitung *d* zur Aufspeicherung mit zugeführt.

Eine getrennte Warmwassererzeugung kann in Badeanstalten, Gasthöfen, Heilanstalten und überall dort wünschenswert erscheinen, wo eine beträchtliche Wassermenge für Badezwecke von niedriger Temperatur, etwa $\sim 35 \div 40^0$, und eine andere annähernd gleich große

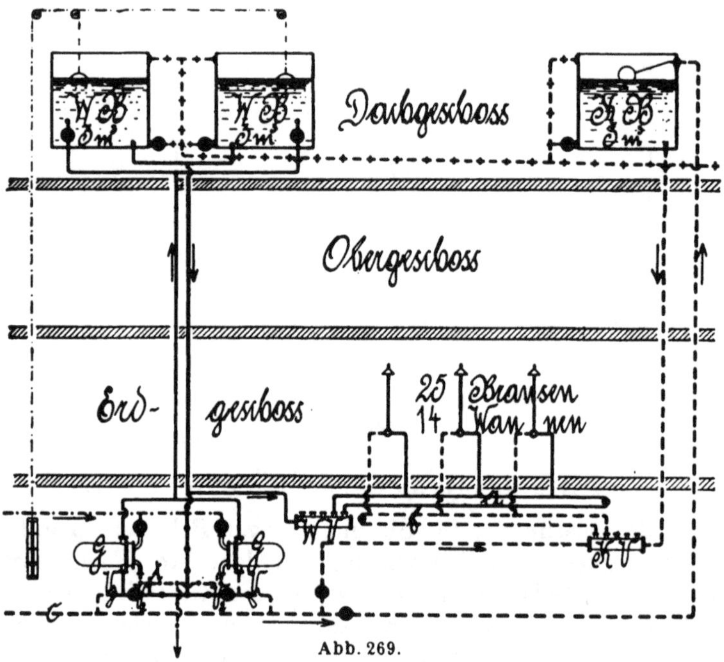

Abb. 269.

Wassermenge für Genuß- und Reinigungszwecke von höherer Temperatur, etwa $60 \div 80^0$, über verschiedene Zeiträume hin gefordert wird. Man könnte in solchem Falle nach Abb. 269 den einen Warmwasserbehälter *WB* für das höher zu erwärmende Wasser vorsehen und beide indirekt durch Heizeinsätze mit entsprechend großen Heizflächen von einem Kessel aus betreiben. Es ist aber zu überlegen, ob man statt dieser

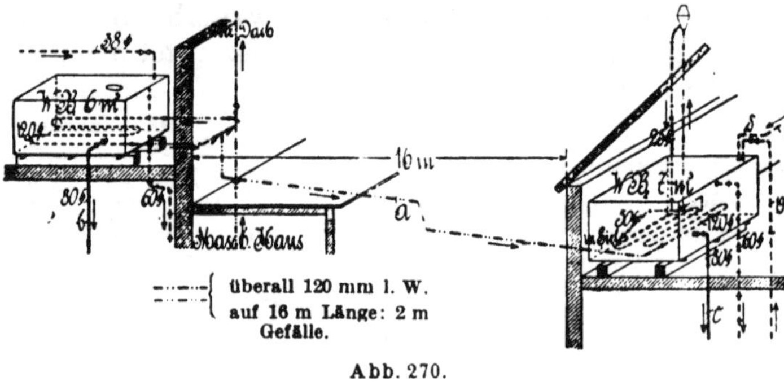

Abb. 270.

Tabelle 50.

Abmessungen und Gewichte von Behälterlagerungen. (Abb. 257, 266 und 267.)

Lagerung nach Abb. 266 und 267

Behälterinhalt l	50÷75	100÷125	150÷175	200÷225	250÷275	300÷350	400÷450	500÷550	600÷700	750÷850	900÷1000
Behälterdurchmesser D . mm	300	350	400	450	500	550	600	650	700	750	800
Konsolenhöhe b . . . . mm	400	450	500	560	620	680	730	800	870	900	980
Einmauertiefe in mm . . a	130	130	160	160	200	220	250	250	250	300	350
Einmauertiefe in mm . . c	90	90	130	130	150	150	200	200	200	250	250
Norm-Walzeisen DIN 1024 T	$4^1/_2$	$4^1/_2$	5	5	6	7	7	8	8	10	10
Norm-Walzeisen DIN 1026 ⊏	—	—	—	—	—	—	8	8	10	10	10
ungef. Gewicht für 1 Paar kg	8	10	15	20	25	35	40	50	55	75	80

Lagerung nach Abb. 257.

Behälterinhalt l	400÷450	500÷550	600÷700	750÷850	900÷1000	1200÷1300	1500÷1750	2000÷2250	2500÷4000
Behälterdurchmesser . . . mm	600	650	700	750	800	900	1000	1100	1200
Einmauertiefe a . . . . . mm	150	150	200	200	200	200	250	250	300
Norm-Walzeisen DIN 1026 . . ⊏	8	8	10	10	10	12	12	14	14
Hängeeisen-Durchmesser . . mm	10	10	11	12	14	15	18	20	26
ungef. Gewicht für 1 Paar . kg	25	30	40	45	50	60	70	100	120

(Der Seitenabstand 300 mm in Abb. 257 kann auf 100 mm herabgesetzt werden.)

teuren Anlage nicht besser fährt mit einer Zusatzheizung durch Gasöfen oder mit den billigen Mischapparaten, sobald Heißwasser oder Dampf als zweites Heizmittel vorhanden ist, und ferner mit einem geschlossenen Behälter. Es ist überhaupt dem unter Druck stehenden geschlossenen Behälter der Vorzug zu geben, da er im Heizraum unter Aufsicht steht und eine wirksame Zirkulations-Umlaufleitung im Gebrauchsrohrnetz zu verlegen gestattet.

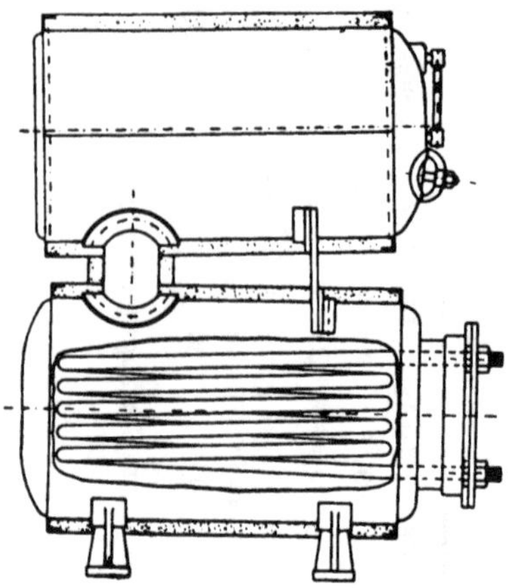

Abb. 271.

Eine direkte Zusammensetzung mehrerer Behälter zu einem Ganzen wird in der Regel nur mit geschlossenen Behältern vorgenommen, Abb. 271.

An dieser Stelle sei dann noch die Zusammensetzung eines Boilers mit einem Kleinbehälter, Gegenstromapparat Abb. 272, erwähnt, welche Ausführung ebenfalls für eine sehr große Warmwasserbereitungsanlage Verwendung findet. Sowohl Boiler *a* wie Apparat *b* können gleichzeitig und auch einzeln für sich unter Dampf gesetzt werden. Bei geringem Warmwasserbedarfe wird nur mit *b* angeheizt, während die Warmwasserreserve erst vor der lebhafteren Betriebszeit

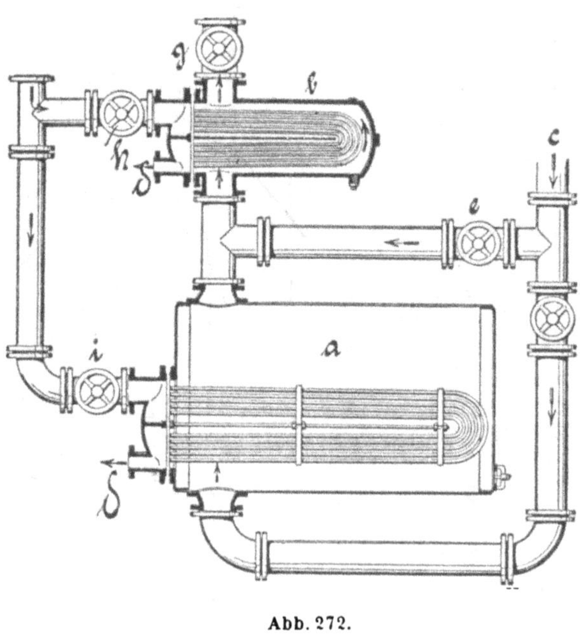

Abb. 272.

in *a* aufgeheizt wird. Der Dampf strömt durch *h* und *i*, das kalte Wasser durch *e* und *f* den Behältern *a* und *b* zu, das warme Wasser durch *g*, das Kondenswasser durch *d* ab.

B. Die Kaltwasserbehälter. Die Füllgefäße.

Diese werden wie die offenen Warmwasserbehälter als einfache, viereckige (Abb. 273 und 274), genietete oder geschweißte Blechkasten oder Zylinder ausgeführt. Der Kaltbehälter wird, wenn eine Kaltwasseraufspeicherung infolge direkten Anschlusses an die Zentralleitung nicht nötig ist, durch ein kleineres Füll- oder Einlaufgefäß aus Stahl, Gußeisen oder auch Kupfer ersetzt und so kurz wie möglich mit dem Warmbehälter verbunden (Abb. 275). Zur gleichmäßigen Nachbeschickung des Warmbehälters mit Kaltwasser erhält das Füllgefäß ein Schwimmerabschlußorgan. Nicht gut ist es, dies Organ direkt in den Warmbehälter zu legen, da durch das warme Wasser auf der einen und das kalte auf der anderen Seite der Abschlußflächen das Ventil leicht undicht wird. Besondere Konstruktionen suchen diesem Übelstande abzuhelfen.

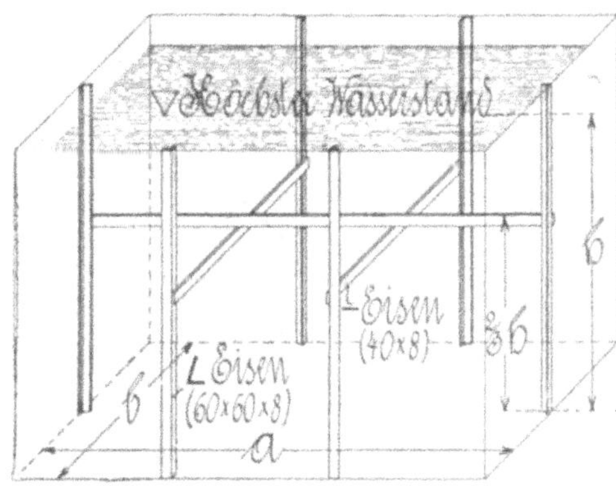

Abb. 273.

Ist ein Kaltwasser-Großbehälter *KB* vorzusehen (baupolizeiliche Vorschriften in manchen Städten), in den Hochdruckleitungswasser durch ein Schwimmkugelventil einströmt, so ist es ratsam, dem Behälter ein kleines schmales Einlaufgefäß für das Schwimmerventil anzubauen. Der Schwimmer kann in dem schmalen Einlaufgefäß sicherer geführt werden, infolgedessen das Ventil nicht so leicht durch seitliche Ablenkungen des Schwimmerhebels undicht schließt. Gestatten die polizeilichen Vorschriften einen direkten Anschluß des Boilers an das städtische Hochdrucknetz, so wird man diese Erleichterung ausnützen,

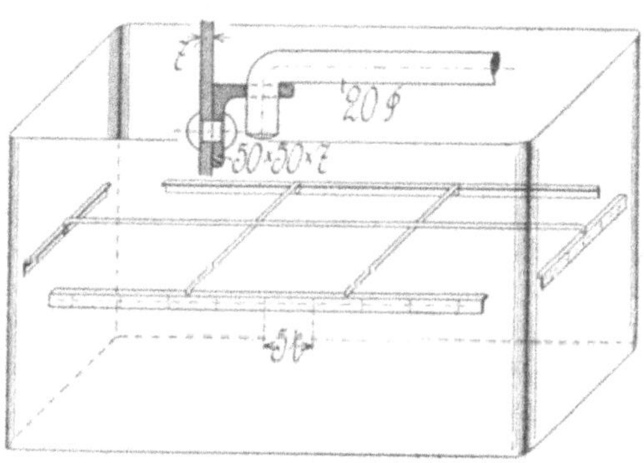

Abb. 274.

den *KB* fortlassen und die Hochdruckkaltwasserleitung unter Zwischenschaltung von Sicherheits- und Rückschlagventilen direkt dem Boiler *WB* anschließen. Es werden die Rohrdurchmesser kleiner, Montage einfacher und Anlagekosten geringer.[1])

Die Verbindung des Kalt- mit dem Warmbehälter, der Zufluß, Überlauf usw., sind aus obigen Abbildungen hinreichend ersichtlich. Der Kaltwassereinfluß in den Warmbehälter ist möglichst unten hinzulegen. Meist werden beide Behälter nebeneinander, zuweilen auch übereinander angeordnet, dabei können (nach Abb. 13, 269) Kalt- und Warmbehälter vollkommen unabhängig voneinander sein und ihre Verbindung einzig und allein im Heizkörper finden. Für hartes Wasser und bei indirekter Erwärmung ist zum Speisen des Heizeinsatzes, Kessels usw. ein besonderes Füllgefäß anzuordnen, das, mit Regenwasser

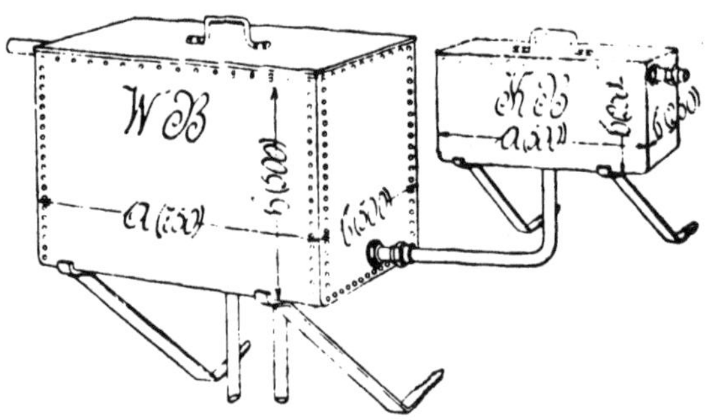

Abb. 275.

oder anderem weichem Wasser gefüllt, zugleich als Ausdehnungsgefäß dienen kann.

Große Behälter mit etwa $> 3\ m^3$ Inhalt oder mit einer Höhe von > 1 m müssen in ihren Seitenblechen versteift werden, um nicht mit zu starken Blechen rechnen zu müssen. Wirksame **Versteifungen** erreicht man durch mit Winkeleisen eingenietete Flacheisensteifen nach Abb. 273. Da die Steifen an ihren Befestigungsstellen leicht eine Rostbildung hervorrufen, so sind diese Stellen besonders sorgfältig zu schützen und von Zeit zu Zeit zu prüfen oder kleinere Behälter ohne Steifen zu wählen, wenigstens für die Anlagen, die Wasser für Genußzwecke liefern. In dieser Hinsicht sind für sehr große Behälter die herausnehmbaren Steifen nach Abb. 274 ganz brauchbar, die auch eine leichtere Reinigung des Behälters gestatten. Die eingeschraubten Rundeisensteifen nach Abb. 276 und 277 sind zwar sehr einfach zu montieren, ergeben jedoch leicht Undichtigkeiten. Um die Wasserbewegung nicht zu hemmen,

[1]) Herbst: „Anschluß von Boilern an die Wasserleitung", Haustechnische Rundschau, 33. Heft 13 und 14, 1928.

sind die Flacheisensteifen wie in Abb. 278 möglichst hochkantig anzubringen. Besonders hohe Behälter sind unter Umständen mit doppelten Lagen Steifen auszurüsten.

Die einfachen Steifen liegen $^1/_2\,h$ bis $^2/_3\,h$, die doppelten Steifen zu $^1/_3\,h$ und $^2/_3\,h$ über Bodenblech, wenn h die Höhe des höchsten Wasserstandes über Bodenblech darstellt. Die Teilung für die Steifennietung kann als doppelte Teilung der Dichtungsnaht genommen werden. Die Steifenabmessungen d bzw. β und δ unterliegen der Berechnung.

Eine Umgehung der einer Reinlichkeit und Sauberhaltung hinderlichen Steifen bietet die stehende zylindrische Form. Genietete oder auch geschweißte Behälter selbst bis zu 5000 l Fassung mit 1,45 m Dmr., 3,0 m Höhe und 4 mm Blechstärke werden vollkommen stabil genug durch 2÷4 innere oder äußere Winkelringe oder eingesickelte Wulste.

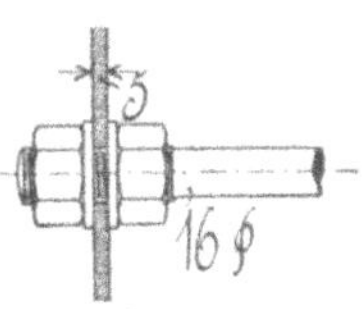

Abb. 276.

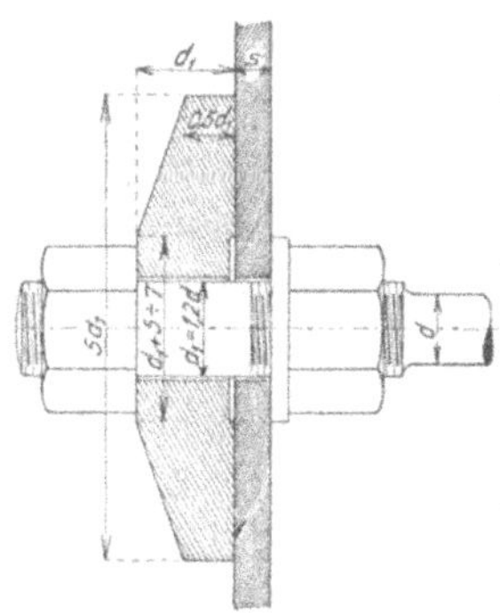

Abb. 277.

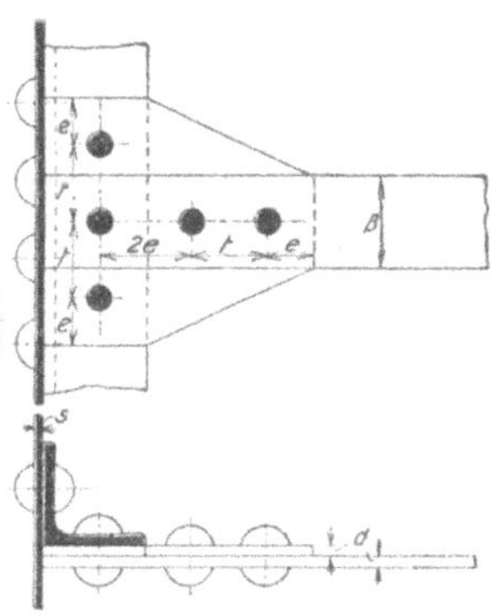

Abb. 278.

Als **Baustoff** der *KB* kommen 2÷5 mm dickes, verzinktes Eisenblech, 24÷38 mm starke Holzbretter, Beton oder innen mit Zement verstrichenes Mauerwerk in Betracht; für häusliche Anlagen meist Eisenblech. Eine wirksame **Isolation** von *KB* ist nicht so einfach wie bei *WB* zu erreichen, da bei Temperaturwechsel, wie er schon beim Füllen eintritt, die Behälterwandung zu schwitzen anfängt, das Packmaterial, Torfmull, Sägespäne, Kieselgur u. dgl. befeuchtet und den Zweck der Isolierung verringert. Am besten ist ein luftdichter Abschluß, der praktisch aber schwer zu erreichen ist. Die **Rohranschlüsse** zu *KB* sind bei unmittelbarer Verbindung mit *WB* auf Zu-, Ab- und Überlauf beschränkt. Um Rohr zu sparen, schließen manche Installateure die Pumpendruckleitung kurz an die Kaltwassergebrauchsleitung, so daß der Wasserbehälterdruck auf den Pumpenventilen mitlastet. Von solchem Anschluß ist abzuraten, selbst wenn ein Rückschlagventil in die Pumpenleitung vorgesehen wird. Ist das Wasser am unteren Bodenblech abzunehmen und an dieser Stelle ein Abschlußorgan vorzusehen, so kann dieses infolge Zuschlämmens, Zukristallisierens leicht unwirksam werden. Alsdann empfiehlt sich die Herauslegung des Ventiles aus dem direkten Wasserbereich nach Abb. 279, eine Ausführung von Dehne, Halle. Sitz und Kegel des Ventils sind leicht auswechselbar, ohne den Ventilkörper vom Behälter abzumontieren.

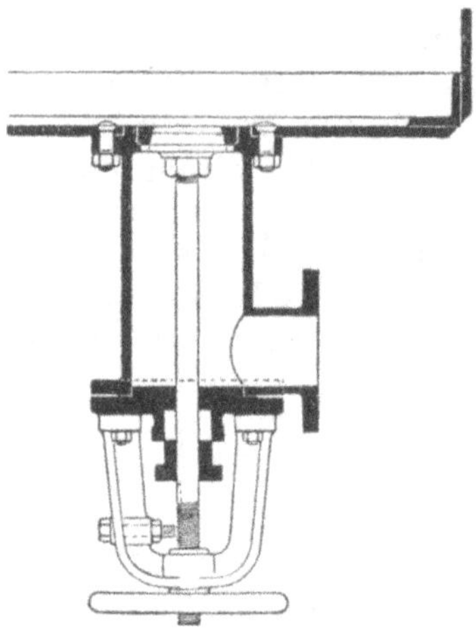

Abb. 279.

C. Die Größenverhältnisse der Behälter.

Die Abmessungen der Behälter richten sich natürlich in erster Linie nach der Berechnung und dem Entwurfe der Anlage. Bei Einzelherstellung fällt ein Behälter oft größer wie nötig aus, wenn die Blechtafeln mit starkem Abfall nicht verschnitten werden sollen. Dieses »Etwas-Mehr« wird kaum nachteiligen Einfluß auf die Leistung der Anlage ausüben.

Für die handelsüblichen Bleche haben jetzt zu gelten:

DIN 1542. { Feinbleche mit $s < 3$ mm; Mittelbleche mit $s = 3 \div 5$ mm } Werkstoff: St 00.21

DIN 1543. Grobbleche mit $s = 5 \div 20$ mm. Werkstoff: St 37.21.

DIN 1751. Messingbleche mit $s = 0{,}1 \div 4$ mm. Werkstoff: Ms 63.

DIN 1752. Kupferbleche mit $s = 0{,}1 \div 2$ mm. Werkstoff: C-Cu nach DIN 1708.

DIN 1713. Aluminiumblech mit $s = 0{,}2 \div 5$ mm. Werkstoff Al 98/99.

Im Laufe der Zeit haben sich für die Behälter fertige Handelswaren in bestimmten Größen herausgebildet. Ist J = Inhalt in l, H = Höhe, B = Breite, L = Länge, D = Durchmesser, s = Stärke des Mantelbleches, s_1 = die der Böden, s_2 = die des unteren Bodens und s_3 = die des Deckels in mm, so findet man in abgerundeten Maßen:

Offene Behälter mit:

rechteckig	rund
$J = 50 \div 6000$ l	$J = 50 \div 4000$ l
$L = 500 \div 4000$	$D = 300 \div 1500$
$B = 250 \div 1000$	$H = 720 \div 2300$
$H = 400 \div 1500$	
$s = 1{,}5 \div 4$	$s = 1 \div 5$
$s_2 = 1{,}5 \div 5$	$s_2 = 1 \div 6$
$s_3 = 1{,}0 \div 2$	$s_3 = 1 \div 2{,}5$

Liegende, geschlossene Behälter (Boiler) mit:

ohne Halsstutzen	mit Halsstutzen zu 300 ÷ 600 Dmr.
$J = 75 \div 3000$ l	$J = 600 \div 15000$ l
$D = 300 \div 1200$	$D = 650 \div 2000$
$L = 1000 \div 3000$	$L = 2000 \div 5000$
$s = 1{,}5 \div 7$	$s = 2{,}5 \div 8$
$s_1 = 2{,}5 \div 8$	$s_1 = 4 \div 10$

Stehende, geschlossene Behälter (Boiler) mit gleichen Verhältnissen wie bei liegenden, dabei $H = L$ und $s_2 = 2\,s$.

Füllgefäße oder Einlaufkasten mit:

$J = 6 \div 50$ l für Kleinanlagen,

$J = 75 \div 300$ l für Mittel- und Großanlagen.

Die angegebenen Blechstärken sind für 3 atü Betriebsdruck und 6 atü Probedruck und ohne Abrostungszuschlag angesetzt. Für 5 atü Betriebsdruck bzw. 10 atü Probedruck hat man mit der $\sim 1{,}5$ fachen Blechstärke zu rechnen; bei Berücksichtigung des Abrostungszuschlages (Hamburger-Normen, Dampffaßverordnung) ist die Blechstärke um 1 mm größer zu nehmen.

Für die Heizeinsätze verwendet man $1{,}5 \div 2{,}0$ mm starke Kupferröhren und verzinkte Stahlröhren von $25 \div 51 \div 120$ mm innerem Durchmesser. Die Röhrenbündel besitzen $2 \div 20 \div 100$ Kupfer-, Messing- oder Stahlröhren zu meist 15 oder 20 mm Durchmesser.

Geschlossene Behälter haben mindestens ein Handloch oder Mannloch im Mantel oder noch besser in einem Boden zu erhalten, und zwar:

ein Handloch für Manteldurchmesser < 600 mm

mit ovalem Querschnitt von:

110/150; 150/200 oder 190/250 mm Achsenmaß

oder mit kreisrundem Querschnitt von:

$150 \div 175$ mm Dmr.;

ein Mannloch für Manteldurchmesser > 600 mm

mit ovalem Querschnitt von:

300/400 oder 350/450 mm Achsenmaß.

Die Größe der Wasserbehälter ist möglichst so zu wählen, daß Blechstärken ≤ 6 mm genügen, da bis zu dieser Blechstärke die Nietnähte mittels wenig durchtränkter Zeugstreifen abgedichtet werden können, während stärkere Bleche über 6 mm verstemmt werden müssen und die Herstellungskosten erhöhen.

Übersieht man die vorstehenden Betrachtungen über die Wasserbehälter in ihren vielfältigen Ausführungen und Abmessungen noch einmal, so muß der berechtigte Wunsch nach baldiger Normalisierung auftreten[1]).

---

[1]) Boos: »Typisierung und Rationalisierung von Boilern, Füllgefäßen und Expansionsgefäßen für Warmwasserbereitungen.« Haustechnische Rundschau, 32, Heft 18, 1927.

VIII. Die Rohrleitungen.

Zum Herbeiführen und Fortleiten des Wassers bedient man sich der Rohrleitungen, die dadurch einen wichtigen Teil einer Warmwasserbereitungsanlage bilden. Je nach der Verwendung und Bedeutung kann man unterscheiden:

A. Die Kaltwasserzuleitung;

B. die Warmleitungen als:
   Heizleitung mit Steig- und Zirkulationsleitung,
   Gebrauchsleitung mit Zirkulations-(Umlauf-)leitung und Umlaufpumpen;

C. die Nebenleitungen.

Zu diesen tritt gegebenenfalls noch die Leitung zum Herbeiführen eines Heizmittels, wie Gas, Dampf und Warmwasser, hinzu. Da diese Dampf- und Warmwasserleitungen genau wie die unter B angegebenen zu beurteilen sind, so ist mithin für sich noch zu berücksichtigen:

D. die Gasleitung.

Natürlich sind alle diese Leitungen nur insoweit zu betrachten, als sie für die Warmwasserbereitungsanlagen in Frage kommen. Im großen und ganzen gelten auch für diese Leitungen die bekannten Bestimmungen und Ansichten über Rohrverlegung, als in erster Linie zu nennen sind: genügende Rohrweite, passendes Rohrmaterial, dem Zweck entsprechende Verlegungsart Vermeidung längerer wagerechter, frei liegender Leitungsstränge, offenes, aber frostfreies Verlegen und einwandfreies Verbinden und Abdichten. Je kürzer und geradliniger der gesamte Rohrplan ausfällt, um so besser wird die Anlage ihren Zweck erfüllen.

An dieser Stelle sei auf eine Sonderheit in der Verbindung zwischen Warmwasserbereitung und Zentralheizung hingewiesen, mit der die besten Erfahrungen gemacht worden sind. Bestehen in einer häuslichen Anlage beide Systeme nebeneinander, so empfiehlt es sich, die Raumheizkörper der Badezimmer nicht an das Rohrnetz der Heizungsanlage, sondern an die Wärmequelle der Warmwasserbereitung anzuschließen; vorausgesetzt, daß indirekte Erwärmung des Behälterwassers besteht. Hierdurch wird zwar das Rohrsystem umfangreicher und teurer, besonders wenn das Badezimmer weit entfernt vom Kessel liegt. Diese Nachteile werden jedoch durch den Vorzug vollkommen aufgewogen, zu jeder Badezeit, Winter wie Sommer, eine temperierte Raumluft zu haben. Der Zweck ließe sich durch Aufstellen eines Gas- oder elektrischen Heizkörpers ebenfalls erreichen. Hygienischer, bequemer und wirtschaftlicher für den Besitzer ist aber auf jeden Fall obige Durchführung.

Abgesehen von der Kondensleitung können die Rohre aller Art nebeneinander an Decke und Wänden des Gebäudes verlegt werden.

Unter allen Umständen ist jedoch dabei die Verlegung der Kaltwasserleitung unmittelbar über den Warmleitungen zu vermeiden. Andernfalls wird man zur warmen Jahreszeit niemals sofort Kaltwasser abzapfen können. Ein direktes Nebeneinanderliegen von Gas- und Wasserleitung hat bei richtiger Installation keine Bedenken. Bei vielen Leitungen nebeneinander in größeren Anlagen können Farbenanstriche der Rohre nach DIN 2403 ratsam sein.

Der beste Werkstoff auch für Rohrleitungen ist Kupfer[1]). Man wird aber als hauptsächlichstes Material vorläufig noch Flußstahl gewöhnlicher und höherer Festigkeit voraussetzen müssen, also das Eisenrohr als Gewinde-, Muffen- und Flanschenrohr. Solange die Normung noch nicht völlig durchgeführt ist, wird die Heizungsindustrie mit den bisher üblichen Rohrarten zu rechnen haben, und zwar mit Eisenrohr als

Gasrohr, $^1/_8 \div 4''$, Tabelle IV 1,
Siederohr, $1\frac{1}{2} \div 12\frac{1}{2}''$, Tabelle IV 2,
Mannesmann Stahlmuffenrohr, $40 \div 250$ mm.

Für diese Tabellen wird in absehbarer Zeit eine Tabelle für Flußstahlrohre nach DIN 2440 Gasrohre und DIN 2441 Dampfrohre (dickwandige Gasrohre) treten. Diese DIN-Blätter bestehen aber vorläufig noch als Vornormen[2]). Von den Rohrleitungsnormblättern sind bereits erschienen:

DIN 2401. Druckstufen. Nenn-, Betriebs-, Probedruck.
» 2402. Nennweiten.
» 2403. Kennfarben für Rohrleitungen.
» 2410. Rohre. Übersicht.
» 2413. Flußstahlrohre. Erläuterung zur Berechnung.
» 2442. Nahtlose Flußstahl-Gewinderohre.
» 2450. Nahtlose Flußstahlrohre. Flußstahl $34 \div 45$ kg/mm² Festigk.
» 2451. Nahtlose Flußstahlrohre. Flußstahl $45 \div 55$ kg/mm² Festigk.
» 2452. Flußstahlrohre, patentgeschweißt.
» 2453. Flußstahlrohr, wassergasgeschweißt.
» 2454. Flußstahlrohr, autogengeschweißt.
» 2429, Bl. $1 \div 4$. Sinnbilder für Rohrleitungen.
» 2430, Bl. $1 \div 4$. Formstücke für Rohrleitungen. Übersicht und Sinnbilder.
» $2501 \div 2503$. Flansche, Anschlußmaße.
» 2506. Lose Flansche. Erläuterung zur Berechnung.
» 2507. Schrauben. Erläuterung zur Berechnung.
» 2508. Flansche. Anordnung der Schraubenlöcher.

---

[1]) „Grünspanbildung in Warmwasserbereitungen mit Kupferrohrleitungen". Haustechnische Rundschau, 34, Heft 15, S. 209, 1929.

[2]) Wahl: »Stand der Normung für das Gas- und Wasserfach.« Das Gas- und Wasserfach, 70, Heft 23, 1927.

DIN 2511. Flansche. Randabstände und Schraubenlochdurchmesser.
» 2999. Whitworth Rohrgewinde ohne Spitzenspiel für Fittingsanschlüsse.
» 2350. Gewindezapfen, Gewindelöcher für Rohrverschraubungen und Armaturen.
» 2351. Bundabmessungen, zugehörige Schlüsselweiten für Rohrverschraubungen und Armaturen.

A. Die Kaltwasserzuleitung.

Selbige stellt die Verbindung zwischen dem Wassermesser des Rohrnetzes (Zentralbetrieb) oder der Pumpe (Lokalbetrieb) der Kaltwasserversorgungsanlage einerseits und dem Warmwassererzeuger, dem Behälter, Kessel, Ofen oder den Misch- und Gegenstromapparaten usw., anderseits her.

Das vom Wassermesser aus abzweigende Rohr wird bis zu ~50 mm l. W. als Blei-, Zinn-, Mantel- oder Schmiedeeisenrohr gewählt. Das Mantelrohr ist ein 0,5 mm starkes Zinnrohr mit starkem Bleimantel. Für weiche sowie Kohlensäure und gelösten Sauerstoff enthaltende Wässer sind Bleirohre nicht zu verwenden. Ganz ausgeschlossen ist die Benützung von Bleiröhren für kalte oder warme Heil- und Mineralwässer jeder Art, für welche sich Steinzeug-, Holzröhren, sogar Röhren aus Papierstoff bewährt haben. Für Betriebsdrucke bis zu 15 atü, für lichte Weiten bis zu 63 mm und mehr und zur Druckleitung kleiner Pumpenanlagen gebraucht man geschweißte Eisenrohre, die innen verzinkt (galvanisiert), verzinnt, inoxydiert, schwarz oder mit zweimalig eingebranntem inneren Anstriche versehen werden. Die verzinkten Eisenrohre sind die besten, müssen jedoch auch besonders sorgfältig verlegt werden. — Für wagerechte Stränge von ~50 mm l. W. an und für Leitungen, die in Fußböden oder Erdreich zu verlegen sind und als Druckleitung größerer Pumpenanlagen in Betracht kommen, finden innen asphaltierte gußeiserne Muffen- oder Flanschenrohre Verwendung.

Tabelle 51.

Gebräuchliche Weichmetallrohre.

Bleirohre.

Innerer Durchm. mm	10	12	13	17	20	25	30	32	40	46	50
Wandstärke . . . mm	3,5	4	4	4	5,5	6	6	6	6,75	4,5	8
Gewicht . . . kg/lfd.m	1,7	2,2	2,4	3	5	6,6	7,5	8,1	11	8,1	17,5
Zul. inn. Druck . atü	17	16	15	11	13	12	10	9	8	4	10

	Mantelrohre.					Zinnrohre.				
Innerer Durchm. . mm	10	13	20	25	30	4	8	10	15	20
Wandstärke . . . mm	4	4	5	5,75	6,5	2	2	3	3	3
Gewicht . . . kg/lfd. m	2	2,4	4,5	6,3	8,4	0,3	0,45	0,88	1,25	1,60
Zul. inn. Druck . atü	20	15	12	11,5	10,5	—	—	—	—	—

Im allgemeinen kommen für vorliegende Fälle Rohre unter 10 mm und über 60 mm nicht in Frage, da ja meist das Hochdruckwasser eines Zentralnetzes zur Verfügung steht. Man kommt demgemäß für gewöhnlich, abgesehen von der Druckleitung einer lokalen Pumpenanlage, mit den Blei- und Mantelröhren aus, welche die Vorteile einer leichteren Behandlung und größeren Schmiegsamkeit, also eines bequemeren Verlegens bieten. Zur Speisung eines Kaltwasserbehälters in häuslichen Anlagen kann bei Hochdruck ein 20 ÷ 25 mm, für Niederdruck ein 30 ÷ 32 mm Blei- oder Mantelrohr genügen. Eine einzeln für sich bestehende Badeeinrichtung erfordert bei hohem Drucke eine 20 mm, bei geringerem eine 25 mm weite Zuleitung; eine Waschtoilette eine solche von 13 mm. Für die Hauptkaltwasserleitungen kann man rechnen bei

1 ÷ 10	10 ÷ 15	15 ÷ 20 Zapfstellen,
25	32	40 mm Rohrdurchmesser.

Die lichte Weite des Kaltwasserrohrs für direkten Anschluß an die Gasheizkörper ist bei einem Wasserdrucke über 1 atü meist mit 10 bis 20 mm ausreichend.

Da Blei von Kalk und Zement angegriffen wird, so sind Bleirohre in nicht zu umgehenden Einmauerungen durch Umhüllung von Jute, Filz od. dgl. zu schützen; Filz ist aber dem Ungeziefer, den Motten, ein willkommener Nistplatz. Wegen der Frostgefahr und Ausbesserungen sind außerdem an geeigneten Stellen Entleerungshähne anzubringen. Die Gefahr eines Rohrbruches durch Frost läßt sich bei Bleiröhren in der Weise erheblich vermindern, daß das Rohr beim Durchführen durch die entsprechend verstellten Rohrwalzen ovalen Querschnitt erhält.

Die Kaltwasserröhren werden senkrecht und wagerecht (Gefälle 1 : 100) verlegt. Zur Vermeidung von Luftsäcken sind die Röhren zu strecken. Macht sich ein längerer wagerechter Rohrstrang, etwa auf dem Dachboden zum Anschluß an den Behälter nötig, so ist hierfür Eisenrohr zu wählen, ein freiliegendes Weichmetallrohr würde sich leicht zu Luftsäcken verdrücken. Die Befestigung der möglichst frei an den Wänden liegenden Rohre geschieht mittels Haken oder Schellen. Die Verbindung der Blei- und Zinnröhren erfolgt durch Verlötung, der Eisenrohre durch Verschraubung, Muffen oder Flanschen. Bei öfters zu lösenden Strängen bedient man sich der Flanschen oder Muffen selbst für die Weichmetallröhren, die dann Mundstücke erhalten. Abzweige werden mit Hilfe verzinkter Formstücke (Fittings) erreicht. Vor dem Eintritt in

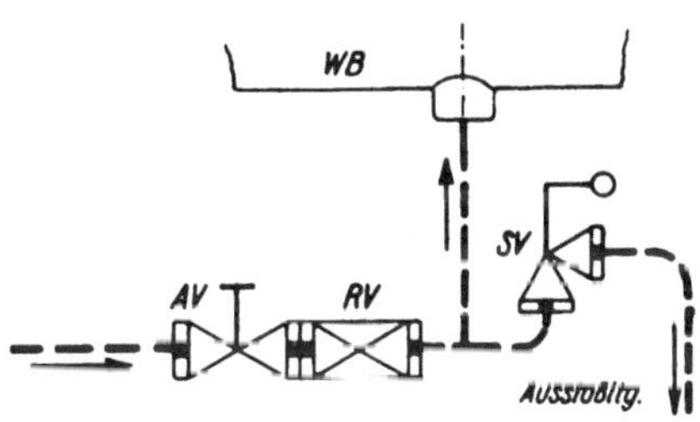

Abb. 280.

den Behälter, Kessel usw., ist in die Kaltwasserzuleitung ein Hauptabsperrorgan AV (Abb. 280) einzubauen und dieses mit Leder abzudichten. Zur direkten Speisung eines Kessels verbindet man die Leitung mit diesem fest oder stellt die Verbindung des Kesselstutzens mit einer in der Nähe liegenden Zapfstelle mittels Metallschlauches her. Wird ein Warmwasserbereiter direkt an das städtische Rohrnetz angeschlossen, so ist kurz vor Eintritt in den Bereiter ein Rückschlagventil RV einzuschalten, damit kein Warmwasser in die Kaltleitung rückströmen kann. Baut man außerdem, wie jetzt vielfach üblich, noch ein Sicherheitsventil SV (Kaltwassersicherheitsventil) ein, so umgeht man damit ein solches auf dem Boilerfirst und erreicht den Vorteil, daß SV nur unter Kaltwassereinwirkung steht. Setzt man schließlich SV wie in Abb. 280 auf das Ende eines toten Rohrstückes, so werden Wasserschläge bis zu SV geleitet und dem eigentlichen System ferngehalten.

B. Die Warmleitungen.

a) Die Heizleitung; die Steigleitung und Zirkulationsheizleitung der Anlagen mit Warmwasserbehälter.

Bei den Systemen mit einem Warmwasserbehälter dient zur Verbindung des Heizkörpers mit dem Behälter eine Steigleitung, durch welche letzterem das fertige warme Wasser, das Gebrauchswasser, oder das Heizmittel in Form von Heißwasser oder Dampf zugetragen wird, je nachdem direkte oder indirekte Erwärmung besteht. Führt eine besondere Leitung das Gebrauchswasser bzw. das Heizmittel behufs stetigen neuen Erwärmens zum Heizkörper zurück, so faßt man das Steigrohr mit dem Rücklaufrohr zu einer Zirkulationsleitung zusammen. Man nennt diesen Lauf wohl erste Zirkulation, im Gegensatz zu der zweiten Zirkulation, die durch die Gebrauchsleitung mit deren Umlaufleitung bestehen kann. Die Vorzüge der Zirkulation sind zur Genüge bekannt. Die Durchführung nur mit einem Steigrohre ist einigen Systemen mit Gasheizkörpern, Gegenstromapparaten eigentümlich und wird sonst wohl dort vorgenommen, wo zeitweilig ein schwankender, größerer Warmwasserbedarf vorliegt. Aber auch hier benutzt man gern zur Erreichung einer gewissen Wärmeregelung eine Hilfszirkulation. So sind z. B. gemäß Abb. 269 für gewöhnlich die Schieber V_2 geschlossen. Wird das Wasser in WB zu kalt befunden, so werden die Ventile V_1 der Kaltwasserleitung c geschlossen und V_2 geöffnet, und zwar solange, bis durch die nunmehr eintretende Zirkulation, Umwälzung, das Wasser in WB die an t abgelesene gewünschte Temperaturhöhe hat.

Entsprechend der Erwärmung kann man für ein System offene oder geschlossene Zirkulation vorsehen, wie die schematischen Darstellungen der Abb. 281 und 282 zeigen. Die Vorteile der geschlossenen Zirkulation decken sich mit denen der indirekten Erwärmung unter

Einschaltung eines besonderen Warmwasserbehälters. Sie liegen hauptsächlich in der Trennung von Gebrauchswasser und Betriebswasser, für welch letzteres Regen- oder Flußwasser benutzt werden kann. Die offene Zirkulation enthält die Vorzüge größerer Einfachheit, der Billigkeit und höheren Betriebssicherheit. Soll die Zirkulation gesichert sein und ihren

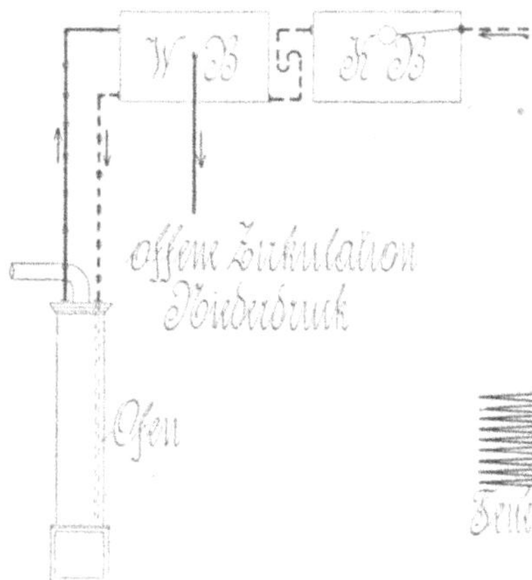

Abb. 281.

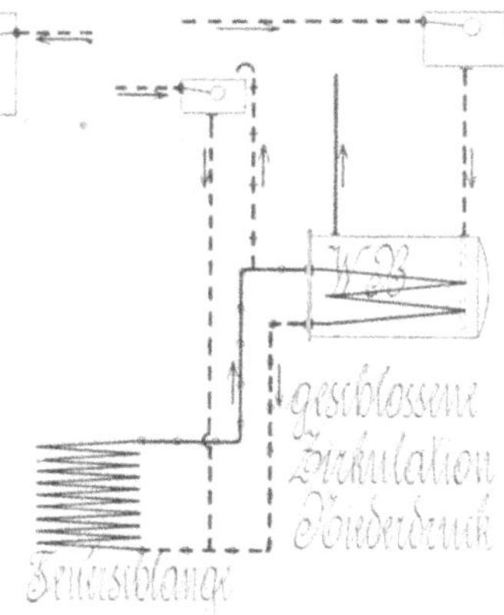

Abb. 282.

Zweck erfüllen, ist die Leitung nicht allein auf kürzestem Wege zu verlegen, sondern sie muß zur Vermeidung unnötiger Widerstände möglichst wenig Abzweigungen, gerade Strecken, keine Querschnittsveränderungen und richtige Anschlüsse an Heizquelle und Behälter aufweisen. Das Steigrohr, das an der wärmsten Stelle des Wärmeentwicklers abzweigt, ist in den oberen Teil des Behälters einzuführen und das Fallrohr an einer unteren Stelle desselben abzunehmen. Dient Niederdruck-

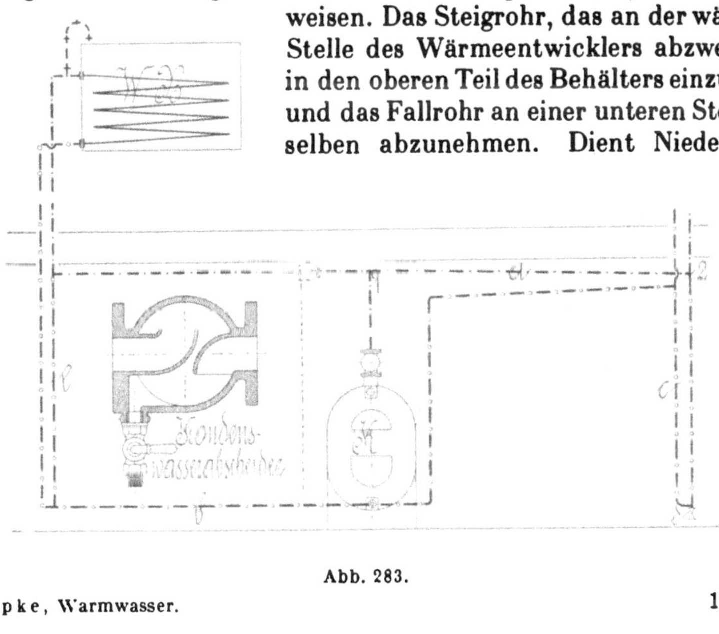

Abb. 283.

dampf als Heizmittel, so sind wie bei Heizungsanlagen nach Abb. 283 in den wagerechten Verteilungssträngen *a* bei Punkt 2 Kondenswasserschleifen *c* mit Entleerungshahn *d* oder Abscheider anzubringen oder Steigrohr durch *e* mit Kondenswasserrückleitung *b* zu verbinden.

Abschlußorgane brauchen in die Zirkulationsleitung nur dann eingeschaltet zu werden, wenn diese etwa wegen Kesselreinigung öfters nachgesehen und ausgewechselt werden müssen. Es gelten dann aber die Sicherheitsverordnungen. An der tiefsten Stelle des Rücklaufrohres ist ein Entleerungshahn oder wenigstens ein Pfropfen anzuordnen.

b) Die Gebrauchsleitung; die Zirkulations-(Umlauf-)leitung.

Das erzeugte warme Wasser wird durch die Gebrauchsleitung den einzelnen Zapfstellen zugeführt. Diese Leitung zweigt also entweder von dem Warmwassererzeuger, dem Kessel, Gasofen usw. direkt, von dem Warmwasserbehälter oder bei großen Anlagen von einem Ventilstocke ab.

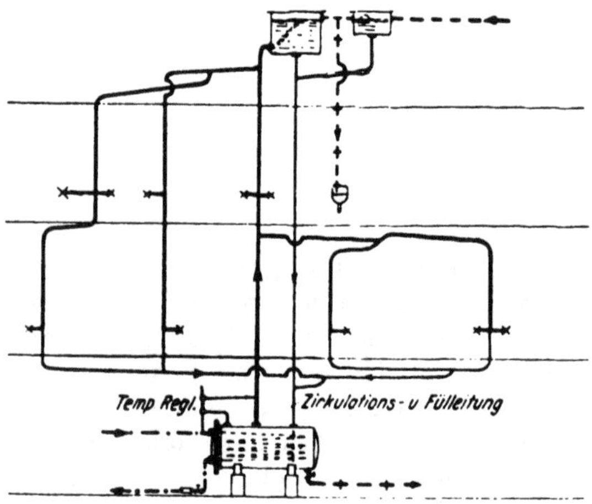

Abb. 284.

Im großen und ganzen gilt das oben unter B a) Gesagte auch für die Gebrauchsleitung, gewissen Eigentümlichkeiten derselben ist nur Rechnung zu tragen. Wird z. B. das Kaltwasser einem Hochdrucknetze entnommen und fließt es mit dem warmen Wasser aus ein und derselben Zapfstelle (Mischapparat, Brause) aus, so wird der hohe Kaltwasserdruck in die Warmleitung übertreten, dadurch einmal kein Wasser von gewünschter Temperatur aus der Zapfstelle fließen lassen, dann sich aber auch im ganzen Warmsysteme fortpflanzen, den Warmwasserbehälter, wenn es ein offener ist, zum Überlaufen bringen oder auf den Heizapparat schädigend einwirken. Man hat in solchem Falle entweder vor der Zapf-, d. h. Vereinigungsstelle in die Warmleitung ein Rückschlagventil einzuschalten oder besser die Kaltleitung von einem Behälter bzw. Füllgefäße abzuzweigen.

Bei langen, verzweigten Verteilungsleitungen wird es sich meist zur Verhinderung der Stagnierung empfehlen, die Gebrauchsleitung nach Abb. 46, 53, 54 und 58 ganz oder teilweise mit Umlauf (Zirkulation) oder als Ringleitung durchzuführen. Man erhält also neben der Heizmittelzirkulation noch eine zweite Zirkulation im System der Gebrauchsleitung.

Das Bestreben, an den Zapfstellen stets Warmwasser von der gewünschten Temperatur zu haben, hat zu verschiedenen Maßnahmen geführt, die sich nicht alle bewährt haben. Wird die Zirkulation des Gebrauchswasser-Rohrnetzes als Ringleitung ausgebildet und besteht ein Druckwasserbehälter unterhalb der Zapfstellen, so ist eine wirksame Zirkulation im System an sich nicht gegeben. In kleineren Anlagen (Abb. 284) wird man kaum Schwierigkeiten damit haben. Bei großen weitverzweigten Anlagen in Großstadthotels (über ~100 Zapf-

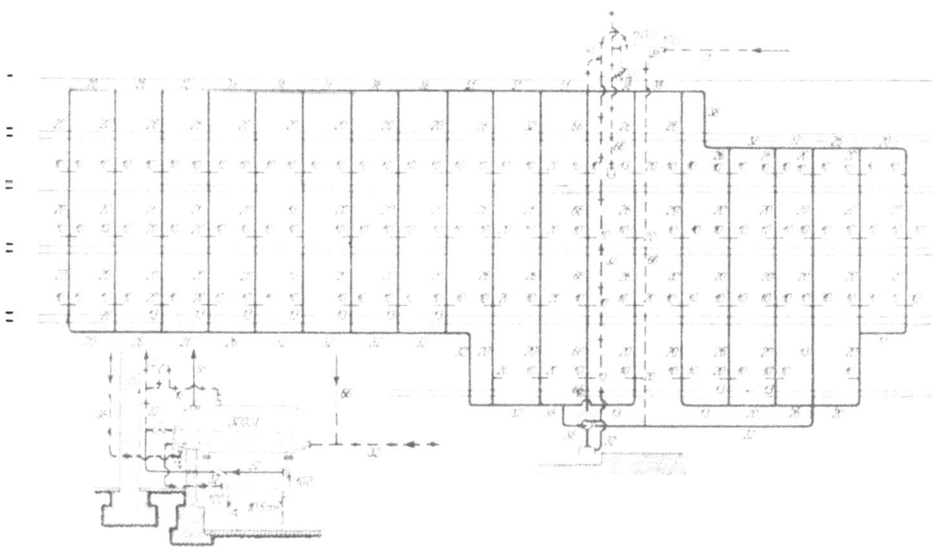

Abb. 285.

stellen) wird es jedoch ratsam sein, die Zirkulation dadurch zu sichern, daß man das Zirkulationssystem teilt, also nach Abb. 285 zwei Zirkulationsanschlüsse am Boiler vorsieht. Hierdurch erreicht man auch kleinere Rohrweiten. Bei offenen Behältern, unter Niederdruck stehend, und mit hohen toten Steigsträngen der Gebrauchsleitung kann man ebenfalls mit der Wasserzirkulation Schwierigkeiten haben. Ist eine zu starke Abkühlung an den Zapfstellen zu befürchten, so hat man entweder statt des offenen Behälters einen Druckbehälter zu wählen oder bei umfangreicheren Anlagen eine Umlaufpumpe einzuschalten.

Die Zirkulationsleitung, die in die unteren kalten Zonen des Warmwasserbehälters zurückzuführen ist, etwa in Höhe von $^1/_3$ D über unterer Behälterlinie (D = Behälterdchm.), macht zwar den Gesamtrohrplan umständlicher und teurer, ist aber für größere und mehrgeschossige Anlagen selten zu umgehen. Sie erfüllt jedoch nur dann vollkommen ihren Zweck, wenn die Zirkulations-Einzelstränge bei unterer Verteilung kurz vor den höchsten Zapfstellen abzweigen. Gehört ein äußerster Zapfhahn einer Badeeinrichtung an, so ist ein Kurzanschluß der Zirkulation an diesen nicht so unbedingt wichtig, da ja das abgelassene Wasser nicht verloren ist, sondern zur Wannenfüllung statt entsprechender Menge Kaltwasser dient. Bauliche Verhältnisse können weiterhin zu kurzen Umlaufsträngen zwingen. Der Konstrukteur muß richtig erkennen, welches Übel das geringere ist.

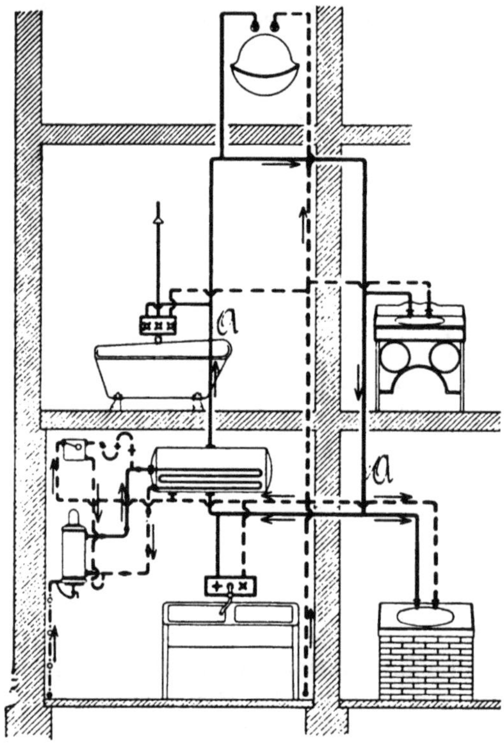

Abb. 286.

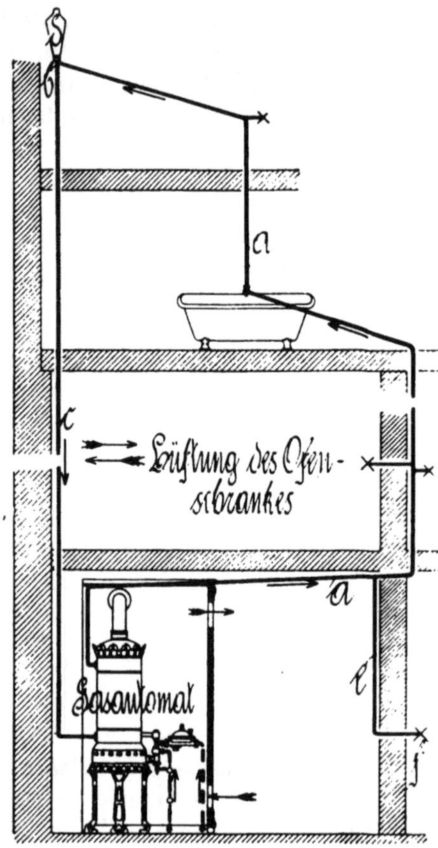

Abb. 287.

Mag für die Zirkulationsfallstränge einfacher Anlagen im allgemeinen $^{3}/_{8}''$ genügen, so sollten bei größeren Anlagen (über ~15 m Entfernung der weitesten Zapfstelle vom Druckbehälter) die entferntesten und wagerechten Umlaufstränge nicht unter ½″ bemessen werden.

Die Anlagen mit Gasheizung haben entweder Augenblickswassererwärmung, d. h. Gasöfen ohne Behälter und Rückleitung oder Zirkulations-Vorratsapparate, d. h. Gasöfen mit Druckbehälter. Die Augenblicks-Wassererwärmer, besonders mit langen Leitungen, geben nicht gleich Warmwasser beim erstmaligen Zapfen. Es ist dann von der entferntesten Zapfstelle eine Rückleitung als Zirkulationsleitung zum Ofen hin zu verlegen, auch wenn die Ofenkonstruktion diese nicht gerade bedingt. An der Stelle, wo das Zirkulations-Rücklaufrohr (mindestens $3/4''$) in die Kaltwasser-Druckleitung vor den Ofen tritt, kann man vorsichtshalber noch eine injektorartige Düse einsetzen. Auch für kleinere Anlagen ist die Gebrauchsleitung in ein oder mehreren in sich geschlossenen Ringen nach Abb. 286 und 287 möglichst durchzuführen. Von der Ringleitung *a* (Abb. 286) zweigen die einzelnen anliegenden Zapfleitungen in kurzen Strängen ab. Hat man einige übereinanderliegende Zapfstellen mit einer obersten in beträchtlicher Höhe über der Heizquelle, so ist nach Abb. 287, das Steigrohr *a* ständig steigend bis zu einem höchsten Punkte *b* zu verlegen, von dem die Rückleitung *c* möglichst senkrecht dem Heizkörper zuläuft. Bei *b* ist eine Entlüftung bzw. ein Windkessel *d* vorzusehen. Das Wasser im Fallstrange *e* der Zapfstelle *f*, die außerhalb des Ringes liegt, wird sich stark abkühlen; es sind daher derartige längere Fallstränge möglichst zu vermeiden.

Bei Anlagen mit Gasautomaten muß man beachten, daß zur Betätigung der Armatur ein bestimmter Wasserdruck unter allen Umständen vorhanden sein muß. Man vermeide daher alles, was den Wasserdruck unnötig verringern kann, wie z. B. zu enge Zapfhähne, unnötige lange Rohrleitungen und viele Krümmungen derselben. Verteilen sich die Zapfstellen auf mehrere Geschosse und ist der Automat im untersten Stockwerke aufgestellt, so macht sich manchmal der Einbau von Rückschlagventilen (*V* in Abb. 33) in die Warmleitung zwischen zwei benachbarten Geschossen erforderlich. Wird nämlich an einer der untenliegenden Zapfstellen Wasser entnommen, so kann ein Rückfließen und Leerlaufen des darüber liegenden Rohrstranges eintreten. Wird dann die Zapfstelle geschlossen, so füllt sich der obere Strangteil wieder mit Wasser, was ein Nachfließen von Wasser durch den Automaten und damit dessen ungewollte Betätigung zur Folge hat.

Die Gebrauchsleitungen der Fernwasserversorgungsanlagen sind stets als Umlauf- oder Ringleitung durchzuführen. In den meisten Fällen macht sich dabei noch die Einschaltung einer Umlaufpumpe nötig. Gebrauchs- wie Zirkulations-Leitungen sind außerdem über möglichst lange Strecken hin gut zu isolieren.

c) Die Ausführung und Verlegung der Rohrleitungen.

Wie bei den Heizungsanlagen kann die Verteilung der Gebrauchsleitung, die ja zumeist den ganzen Rohrplan bestimmt, nach Abb. 288 von oben oder unten erfolgen. Die Vor- und Nachteile sind die bekannten. Für Warmwasserbereitungsanlagen in Privatgebäuden zieht man gern die übersichtlichere untere Verteilung vor. In großen Mietshäusern, Hotels usw. findet man dagegen mehr die obere Verteilung angewandt, dem weitverzweigten Rohrsystem Rechnung tragend. Eine Einzelverteilung für jede Wohnung nach Abb. 289a kann hier am Platze sein, um durch Einschalten von Warmwassermessern und Registrierthermometern den Warmwasserverbrauch in den einzelnen Wohnungen genau feststellen zu können. Zirkulationsleitungen sind bei solchen Anlagen eine Selbstverständlichkeit. Damit aber nicht der Besitzer einer Wohnung Wasser von rückwärts durch die Zirkulationsleitung aus dem System der darunter liegenden Wohnungen entnehmen kann, ist in die Zirkulationsleitung jeder Wohnung ein Rückschlagventil einzuschalten. Letzteres kann umgangen werden, wenn man nach Abb. 289b jeder Wohnung eine eigene Zirkulationsleitung bis vor den Boiler gibt, wodurch allerdings die Pos.

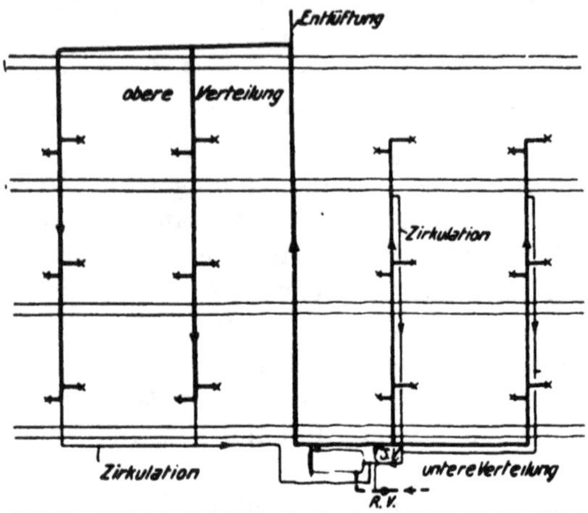

Abb. 288.

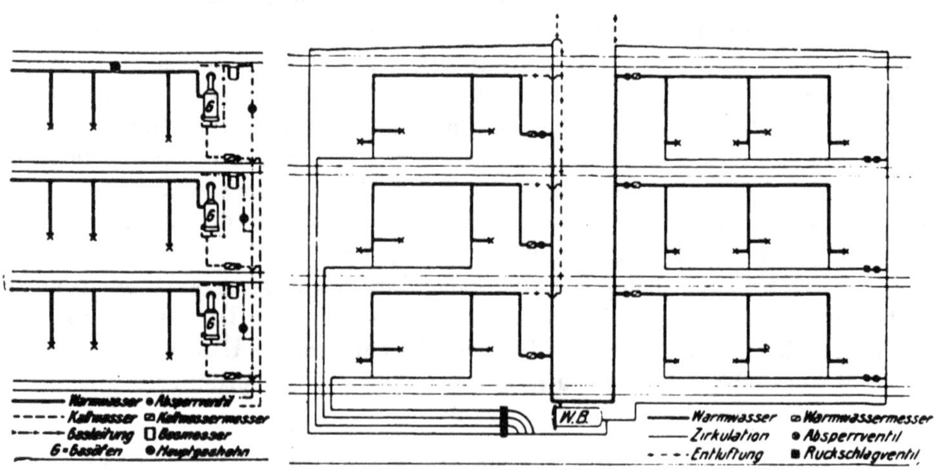

c b Abb. 289. a

»Rohre« im Kostenanschlag ganz bedeutend nachteilig auf die Gesamtsumme einwirkt. Noch unabhängiger voneinander werden die Rohrnetze der einzelnen Wohnungen eines Mietshauses, wenn nach Abb. 289c jede Wohnung als Wärmequelle einen Gasofen G für sich erhält, vorausgesetzt, daß Gas als Heizmittel besteht und passend erscheint.

Die Ausführung der Warmleitungen erfolgt mittels Kupfer- und Eisenrohren. Am geeignetsten ist das innen verzinnte Kupferrohr, besonders für Hauptleitungen, den Steigstrang der Zirkulationsheizleitung bei Feuerschlangen u. dgl. Des Preises und der genügenden Steifigkeit wegen muß man aber vielfach auf das Eisenrohr zurückkommen. Um Beschädigungen in der Zinkauflage zu verhindern, sollen für die Krümmungen und Abzweige verzinkte Formstücke genommen werden[1]). Fließt Dampf durch die Leitung, so kommen fast ausschließlich inoxydierte Eisenrohre zur Verwendung.

Für Leitungen über 50 mm l. W. bedient man sich am besten der patentgeschweißten Siederöhren, deren Zusammensetzung durch Flanschen erfolgt. Sehr gut sind die über 5 m Baulänge hergestellten nahtlosen Mannesmannröhren, die von $^1/_8 \div 4''$ für Gewinde und Muffenverbindung vorgesehen, aber teuer sind. Obwohl für stärkere gewöhnliche Röhren die Flanschenverbindung eine einfachere ist, hat man aber zu bedenken, daß die Flanschen die Isolierung der Leitung erschweren. Dieser Nachteil der Flanschenbefestigung wird dadurch aufzuheben gesucht, daß flanschenlose Rohre durch autogene Schweißung verbunden werden, wodurch der ganzen Rohrleitung ein gefälliges Aussehen gegeben wird. Die Stränge, die besonders stark beansprucht werden und des öfteren auszuwechseln sind, sollen trotz alledem durch Flanschen verbunden werden. Für Steigleitungen über 50 mm Durchmesser nimmt man dann nicht gern Flanschenrohre, wenn dadurch zu große Mauerdurchbrechungen nötig werden. Die Verwendung von Gewinde- oder Flanschenrohr richtet sich ja nicht allein nach dem Durchmesser, sondern auch nach dem verfügbaren Platz. Alle Leitungen zu den Zapfstellen dürfen keine größeren Durchmesser als nötig erhalten. Dies gilt besonders für solche, aus denen häufig kleinere Mengen abgezapft werden. Der im Rohr abgekühlte Inhalt ist für den Gebrauch verloren. Für Waschschüsseln genügen 10 mm Rohr. Bei Badewannen mit 20 mm Rohr spielt der abgekühlte Rohrinhalt keine Rolle.

Für Kupfer- und Messingröhren von $3 \div 95$ bzw. 78 mm innerem Durchmesser gelten:

DIN 1754. Kupferrohr, nahtlos gezogen, handelsüblich.

DIN 1755. Messingrohr, nahtlos gezogen, handelsüblich.

Gebräuchliche Kupferrohrmaße sind:

$$^{10}/_{12},\ ^{13}/_{15},\ ^{19}/_{22},\ ^{25}/_{28},\ ^{32}/_{35},\ ^{39}/_{42},\ ^{50}/_{53},\ ^{66}/_{70}.$$

Eine gute Kupferröhrenverbindung gibt Abb. 290. an.

Die Röhren haben über die Teile hin, an denen sie keine Wärme nach außen hin abgeben sollen, Isolation zu erhalten[2]); ganz insbe-

[1]) Hottinger: »Von den Rohrnetzen bei Warmwasser- und Dampfzentralheizungen, Brauchdampfanlagen und Warmwasserversorgungen.« Gesundheits-Ingenieur, 50, Heft 37 u. ff., 1927.

[2]) DIN 1979, Ziffer 9.

sondere trifft dies für die Fernleitungen zu. Bei einer Spannung von 3÷5 ata hat man bei nacktem Rohre mit einer Kondensation von 3 kg/m² zu rechnen, während letztere bei guter Isolierung bis auf 0,5 kg/m² und weniger sinkt.

Die **Befestigung** und **Lagerung** der Röhren erfolgt frei an der Wand mittels Schellen oder Haken. Unterliegt das System starken Temperaturschwankungen, so sind die Horizontalleitungen frei beweglich auf Rollen, verstellbaren Konsolen od. dgl. (Abb. 291, 292) zu lagern[1]).

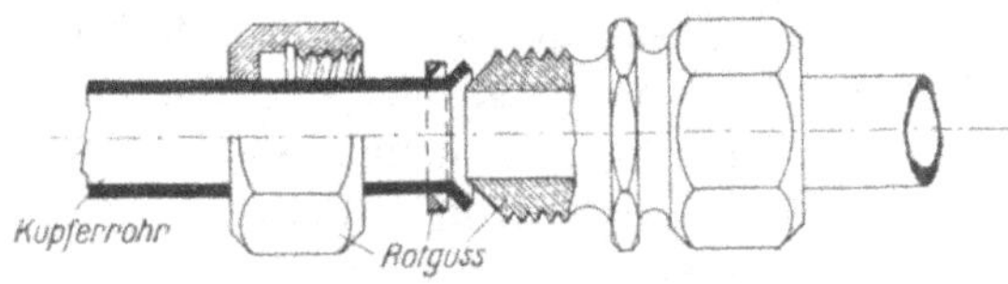

Abb. 290.

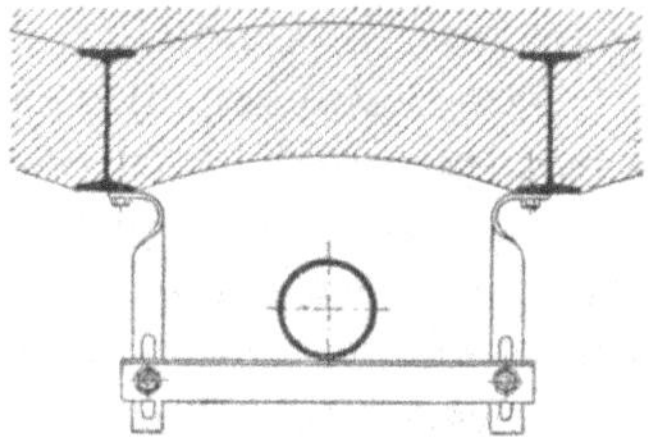

Abb. 291.

Kann man auch annehmen, daß sich bei Dauerbetrieb eine einmalige Ausdehnung bei der Inbetriebsetzung ergibt, so ist trotzdem der Längenänderung der Rohre zur Erreichung einer ständigen Dichtigkeit der Verbindungsstellen besondere Beachtung zu schenken. Man kann für Eisenrohre rechnen:

Bei einer Erwärmung um . . .	70	50	40	30	20°
eine Ausdehnung auf das lfd. m	1,5	0,75	0,6	0,45	0,3 mm

und für Kupferrohre 15÷20 mm Spielraum auf je 10 m. Hierauf hat man bei Steigleitungs-Abzweigungen an den Decken zu achten.

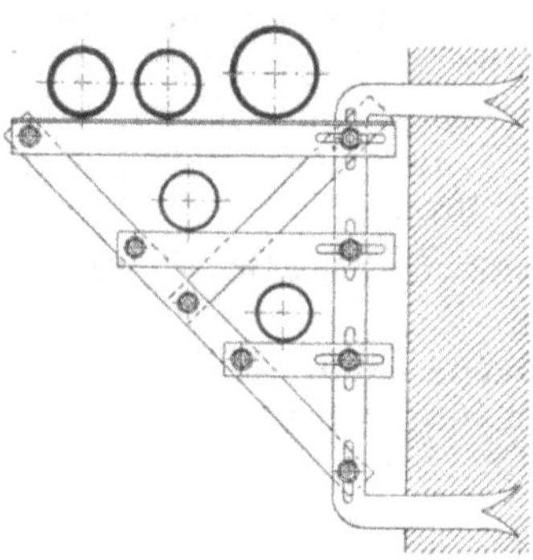

Abb. 292.

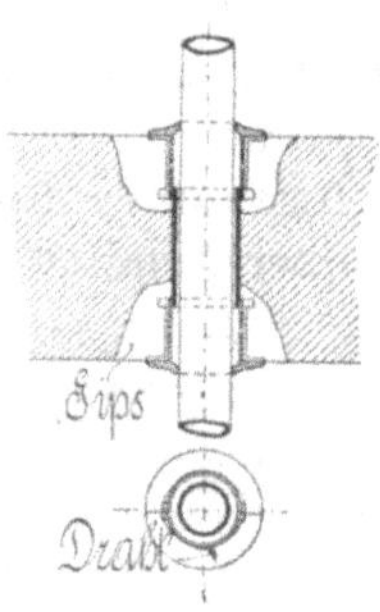

Abb. 293.

In umfangreichen und Fernanlagen ist möglichst auf alle ~30 m eine Ausdehnungsvorrichtung (Kompensator) vorzusehen. Bei Durchführung der Röhren durch Mauern ist es ratsam, an den Ein- und Aus-

[1]) DIN 1979, Ziffer 8.

trittsstellen Rohrhülsen nach Abb. 293 einzugipsen, die ein freies Bewegen der Rohre gestatten und ein Abbröckeln des Verputzes ausschließen.

In besseren Häusern wird Wert darauf gelegt, die an den Wänden und Decken zu verlegenden Rohre der Sicht zu entziehen. Zu diesem Zwecke werden sie in abgedeckte Mauerschlitze verlegt. Vielfach geht man in der Weise vor, daß man die Mauerschlitze um die Rohre herum mit Lehm ausfüllt und darüber die Wandfläche bündig mit Putz abstreicht. Der getrocknete Lehm gestattet eine freie axiale Bewegung des Rohres und zeigt Undichtigkeiten in der Leitung durch nasse Wandflecke sofort an Ort und Stelle an. Das wagrechte Verlegen der Rohre in Fußböden bzw. Decken, so wenig technisch wünschenswert es ist, wird sich für bessere Anlagen kaum umgehen lassen. Bei unmittelbarer Verlegung unter Fußboden sollten dann wenigstens die Bohlen bzw. Parkettstabhölzer so aufgebracht werden, daß man unter nicht zu großen Schwierigkeiten an ein einigermaßen bequemes Herankommen an die Rohre denken kann. Einer sachgemäßen Rohrlegung in besserem Hause werden aber immer alle möglichen Einwände seitens der Innendekoration entgegenstehen.

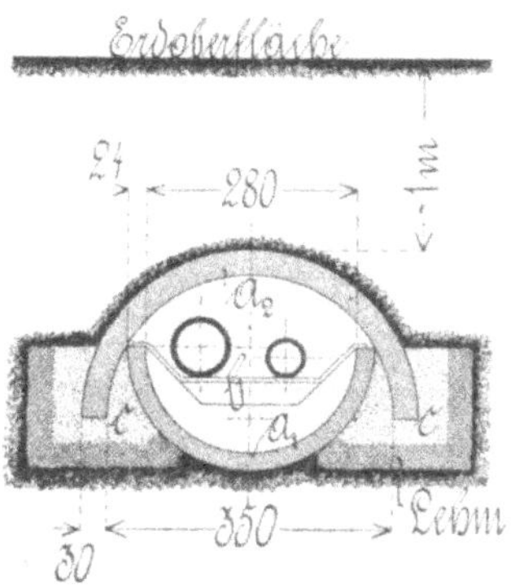

Abb. 294.

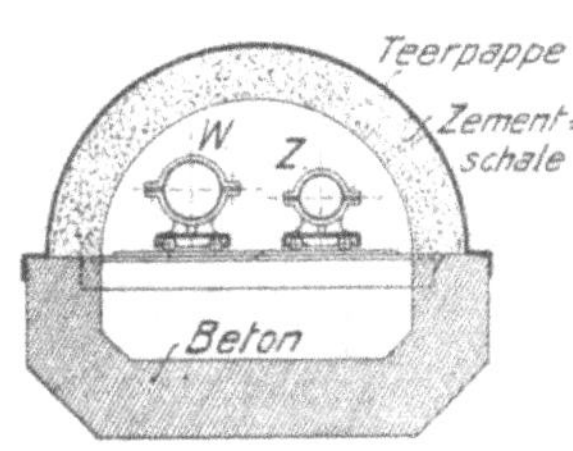

Abb. 295.

Die Verlegung der Röhren der wagrechten Fernleitungen unter Erdoberfläche erfolgt in nicht begehbaren oder begehbaren Kanälen, die aus Mauerwerk oder Beton aufgeführt werden.

Statt der teuren, zeitraubenden Herstellung von gemauerten oder betonierten nicht begehbaren Kanälen (Abb. 299a) kann die Verlegung nach Abb. 294 mit Hilfe zweier Tonschalen a_1 und a_2 und Eisenträgern b vorgenommen werden. Die Abdichtung der Tonschalen geschieht bei c durch Goudron, die frostfreie Überdeckung durch $\sim$1 m Erdbeschüttung. Die Ausführung hat sich unter Benutzung verzinkter Eisenröhren vorzüglich bewährt, ist billig und geht rasch vonstatten. Als weitere wichtige Vorteile dieser Ausführung sind die bequeme und einfache Demontage der Kanäle und damit die leichte Kontrolle der Rohrleitung anzusehen. Ähnlich, aber mit Zementschalen, ist die Ausführung nach

Abb. 295, bei der die Kugellagerung der Rohre beachtenswert ist. Für die nicht begehbaren Kanäle ist eine genügende Anzahl von Kontrollschächten vorzusehen, welche die Leitung auf ihre Dichtigkeit hin in ausreichendem Maße stets zu prüfen und Reparaturen ohne besondere Schwierigkeiten vorzunehmen gestatten.

Ausführungen von begehbaren Kanälen mit verschiedenartigen Rohrlagerungen zeigen Abb. 296÷299. In Abb. 297 sind die Leitungen, wie D = Dampf, K = Kondenswasser, Z = Zirkulation und W = Warmwasser, jede für sich auf Kugelschlitten (nach Abb. 295) gelagert. Die Leitungen sind derart übereinander anzuordnen, daß die wärmsten oben, die kältesten unten zu liegen kommen. Die lichte Bauhöhe soll möglichst 2,0 m, die lichte Breite 0,9÷1,2 m betragen. Die äußere obere Abdeckung über der Beton- oder Mauerschale erfolgt gut durch 3÷5 cm

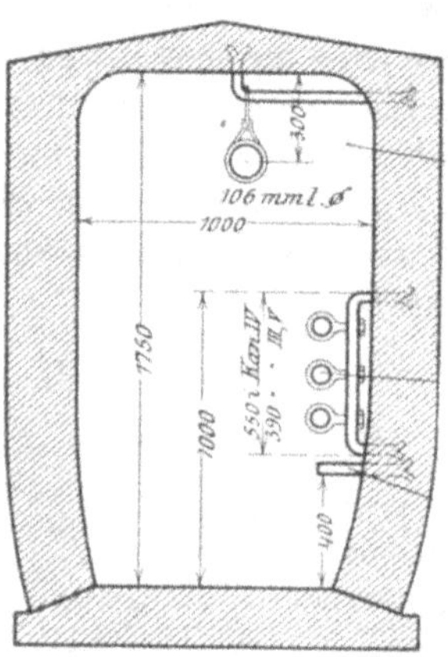

Abb. 296.

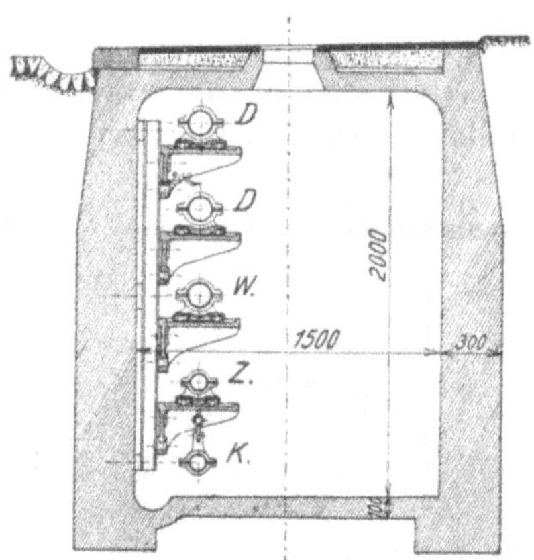

Abb. 297.

starke teergetränkte Korkplatten mit Asphaltüberzug und 20 mm Teerauftrag; dann genügt ~0,3 m Erdaufschüttung.

Die Verlegungstiefe richtet sich nach dem örtlichen Baugrunde, Frostgefahr und dem erforderlichen Gefälle der Rohrleitung. Sie findet sich daher sehr verschieden von 200÷1500 mm, vom äußeren Kanalfirst an bis zur Erdoberfläche gerechnet. Ein Hauptaugenmerk ist dabei auf die Trockenlage der Kanäle zu legen. Als ein guter Schutz gegen Feuchtigkeitseinwirkung und Wärmeverlust hat sich ein auf der Isolationsbandage aufgebrachter doppelter Firnisanstrich bewährt[1]). Die Kanäle sind gegen durchziehende Luft nach Möglichkeit zu schützen.

Zuweilen kann man wegen des Grundwassers und der Abwasserleitung nicht die gewünschte Tiefenlage und die zum Begehen erforderliche lichte Kanalhöhe von ~2,0 m erreichen. Man muß sich dann

[1]) Bertram: »Zur Frage der nichtmetallischen Schutzüberzüge von Röhren.« Die Röhrenindustrie, 21, Heft 11 u. ff., 1928.

mit bekriechbaren Profilen von 1,0÷1,5 m lichte Höhe begnügen, Maße, die bei kurzen Strecken in Anbetracht der Kosten nicht einmal unvorteilhaft erscheinen können. Trotzdem kann sich eine derartig große Menge Grundwasser auf den Kanalsohlen ansammeln, daß man an den tiefsten Stellen auf eine künstliche Abförderung desselben bedacht sein muß. Zu diesem Zwecke ist dann nach Abb. 298 eine Wassersammelgrube *a* aus Beton anzuordnen. Hat das in *a* sich angesammelte Wasser eine bestimmte Höhe erreicht, so wird eine gewisse Menge durch den Schwimmer-Dampfstrahlinjektor *c*, die Saugleitung *d* und die Hebeleitung *f* in die höher liegende Schleuse abgeführt. Der erforderliche Dampf strömt durch *e* in *c* ein. Durch eine 5 mm starke Eisenwand ist von *a* eine Ölkammer *b* mit Ableitung *g* abgetrennt.

In Abb. 299 sind die Geländekanäle der auf Seite 56 besprochenen Fernwarmwasserversorgungsanlage der Landesirrenanstalt Teupitz dargestellt.

In Fernanlagen für Stadtviertel oder Häuserblöcke sind begehbare Kanäle, welche ja mit den Rohrleitungen sonst die größte und ausschlaggebendste Position im Kostenanschlag darstellen, in der Weise weniger kostspielig zu schaffen, daß man die Leitungen in den Kellern von Haus zu Haus verlegt. Mit Ausnahme einzelner weniger Sonderfälle wird ja geschlossene Bauweise stets vorliegen. Die sonst sehr teuren begehbaren Kanäle rufen alsdann nur die Kosten für die Unterführungen von Straßenquerungen und für die Durchbrüche der Brandmauern hervor. Viele Hausbesitzer werden sich zwar gegen solchen Plan, dessen Ausführung warme Keller mit sich bringt, auflehnen.

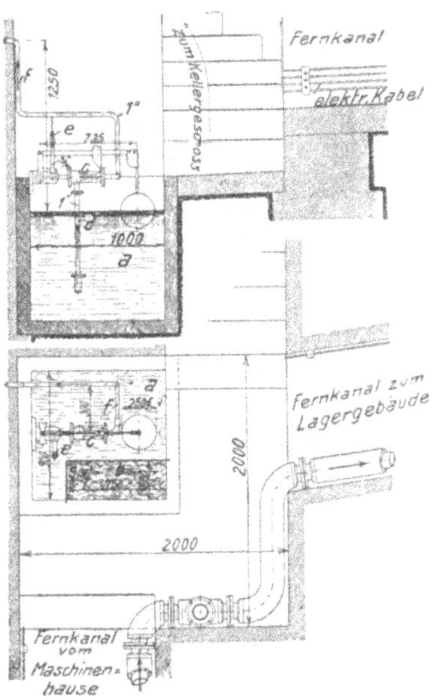

Abb. 298.

d) Die Umwälz- oder Umlaufpumpen.

Um einen Stillstand und ein Abkalten des warmen Gebrauchswassers in langen Leitungen zu verhindern, wird, wie schon oben angedeutet, eine Umlaufleitung angeordnet. Ist das Rohrnetz ausgedehnt, vor allem in wagerechter Richtung, und bei dem bestehenden Temperaturunterschiede zwischen Vorlauf und Rücklauf eine zu geringe Bewegung, sogar ein Stillstand des Wassers im Rohrnetz zu befürchten und rechnerisch ermittelt, so ist in die Umlaufleitung zur Umwälzung des Wassers nach dem Erwärmer hin eine Pumpe, die sog. **Umlaufpumpe**, einzu-

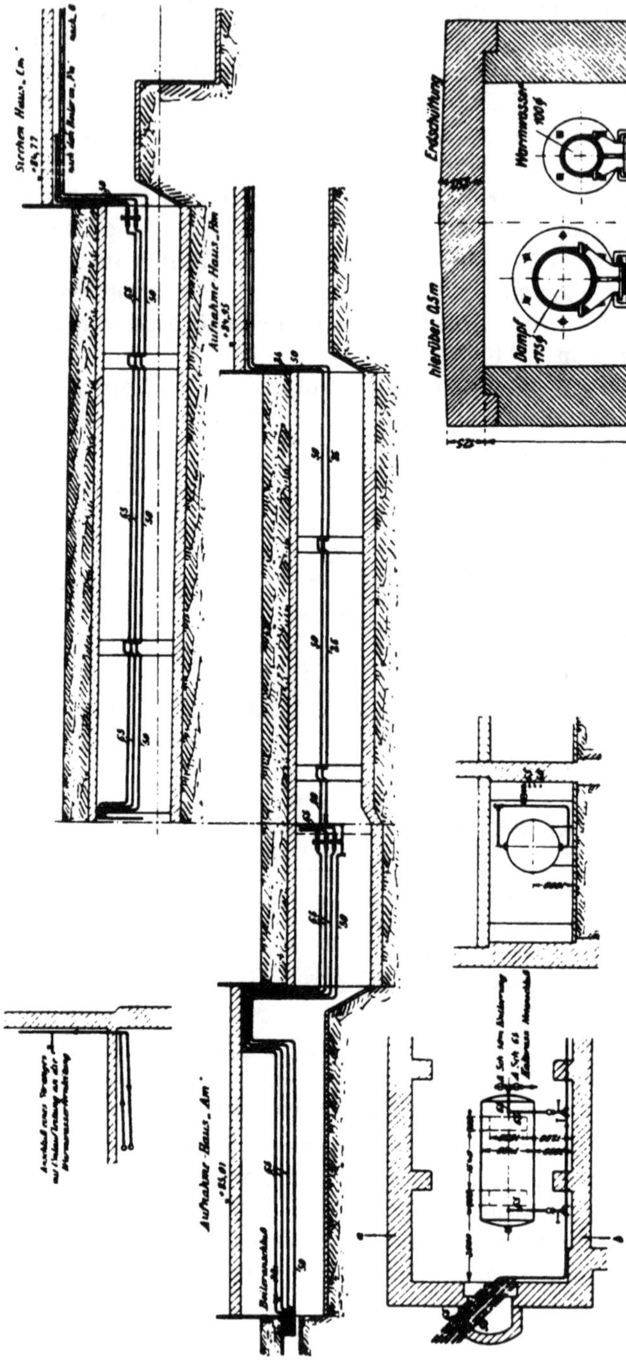

Abb. 299.

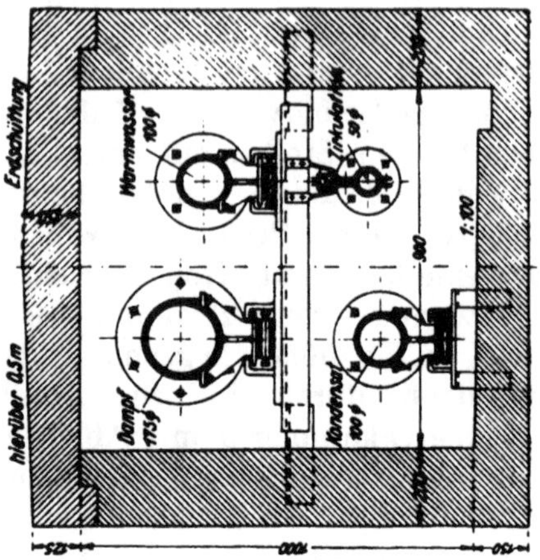

Abb. 299 a.

schalten. Man erreicht damit weiter die Vorteile engerer Rohrleitungen, geringerer Anlagekosten, günstigerer Wärmeregelung infolge bequemer Veränderung der Durchflußgeschwindigkeiten und freier Wahl des Aufstellungsortes der Wärmequelle.

In größeren häuslichen Anlagen hat man ebenfalls versucht, eine Umlaufbeschleunigung im System dadurch zu gewinnen, daß man die kinetische Energie des zufließenden Kaltwassers zum Betreiben eines kleinen Ventilatorapparates (Zentrifugalpumpe) und zum Ansaugen des Wassers der Falleitung (Zirkulationsleitung) benutzt. Einen besonderen, wesentlichen Vorteil erzielt man auch insofern damit, daß die Warmwasserquelle nicht an einen bestimmten Punkte der Anlage gebunden ist.

Die Umlaufpumpe kann als Kolbenpumpe (Duplexpumpe) oder Zentrifugal-Kreiselpumpe (ein- oder mehrstufig) zur Verwendung kommen. Praktisch wird jetzt wohl fast ausnahmslos nur die letztere benutzt.

In der Regel genügen Niederdruckpumpen mit Förderhöhen bis zu 25 m. Der bequeme Antrieb, die ungemein gedrängte Bauart, der kleine Aufstellungsraum, die Einfachheit und Anspruchslosigkeit in der Bedienung, die große Betriebssicherheit, die leichte Regelung und der geringe Anschaffungspreis sind Faktoren, die zugunsten der Zentrifugalpumpen sprechen. Ein weiterer Vorteil der Zentrifugalpumpen vor den Kolbenpumpen liegt gerade bei Warmwasserversorgungsanlagen darin, daß man die Druckleitung, d. h. alle Zapfstellen, während des Betriebes abschließen kann, ohne eine Drucksteigerung und eine Gefährdung der Pumpenorgane befürchten zu müssen; die Pumpe läuft dann leer und verbraucht nur geringe Leistung.

Die Pumpe ist in die Umlaufleitung in Nähe des Erwärmers einzuschalten. Zur Sicherheit des Betriebes ist in Großanlagen neben der Hauptpumpe eine Reservepumpe anzuordnen, von denen jede für sich ausschaltbar und mit Umführung zu versehen ist. Vorteilhaft kann es stets erscheinen, der Haupt- und Reservepumpe verschiedene Antriebskraft zu geben, um bei Versagen der einen Kraftquelle die andere ausnutzen zu können. Ein Umlaufrohr um die Pumpe, durch Abschlußorgane aus- und einschaltbar gehalten, gestattet, in beliebiger Weise die Wasserbewegung mechanisch oder durch die Schwerkraft des Wassers zu erreichen. Der Antrieb kann direkt oder indirekt mittels eines Kleinmotors oder von einer Transmissionswelle aus erfolgen. Wegen der hohen Umdrehungszahlen, welche die Zentrifugalpumpen im allgemeinen benötigen, liegt es nahe, den Antrieb durch die ebenfalls schnellaufenden Elektromotoren oder (kleinen) Dampfturbinen zu bewirken.

Um Wasser mit einer Zentrifugalpumpe wirtschaftlich zu fördern, muß der Laufraddurchmesser in einem gewissen Verhältnis zur Umdrehungszahl, Förderhöhe und Wassermenge stehen. Da bekanntlich bei gegebenen Verhältnissen jeder Umdrehungszahl eine bestimmte praktische Förderhöhe entspricht, so ist es bei der Berechnung der

Zentrifugalpumpen nötig, neben der geodätischen Förderhöhe die Reibungswiderstände der Leitung möglichst genau zu ermitteln, da sonst der Fall eintreten kann, daß das Wasser wegen zu geringer Drehzahl nicht auf die gewünschte Höhe gefördert wird oder umgekehrt ein Überschuß an Druckhöhe entsteht. Im ersteren Falle kommt bei den Warmwasseranlagen die durch die Wärmewirkung hervorgerufene wirksame Druckhöhe der gesamten Pumpendruckhöhe zugute, wenn auch erstere im Verhältnis zu der Gesamtwiderstandshöhe meist gering ausfällt. Obiger Umstand spielt nun bei dem elektrischen Antriebe, namentlich bei dem durch Wechselstrom- und Drehstrommotoren, die eine gebundene Umdrehungszahl haben, eine große Rolle.

Die Geschwindigkeit, mit welcher die Pumpe das Wasser zu bewegen hat, hängt von der Größe der Anlage, der Wassermenge, dem Rohrdurchmesser und der Druckhöhe ab. Je kleiner die Geschwindig-

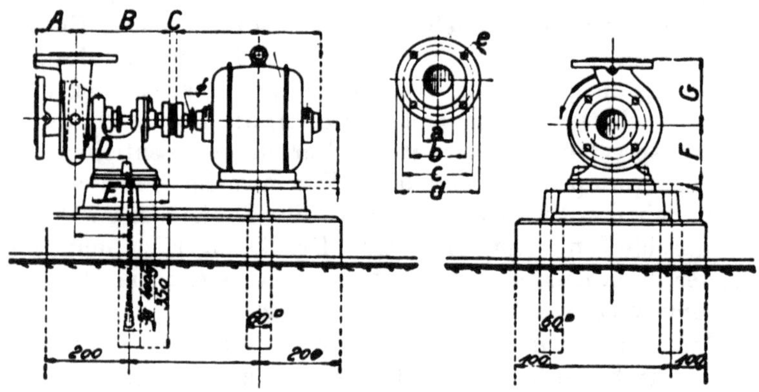

Abb. 300.

keit genommen wird, um so größer fällt der Durchmesser der Umlaufleitung, aber auch um so kleiner der Kraftbedarf der Pumpe aus. Man rechnet mit einer maximalen Wassergeschwindigkeit von ∼2,0 m/s, kommt jedoch in vielen Fällen mit 1,0÷0,1 m/s aus. Die Pumpe hat ja nur die Durchflußwiderstände im System, in den Rohrleitungen vor allem, zu überwinden und diese werden selten mehr als 2÷5 m WS betragen. Im allgemeinen befindet sich bei Warmwasserbereitungsanlagen an der höchsten Stelle des Rohrsystems ein Schwimmerbehälter als Ausgleichgefäß. Wird das ganze System durch dieses Gefäß vor Inbetriebnahme der Anlage mit Wasser angefüllt, so hat die Pumpe verhältnismäßig geringe Widerstände zu überwinden und kann zweckmäßig mit kleinem Elektromotor gekuppelt werden. Muß jedoch die Pumpe bei Inbetriebnahme der Anlage das ganze Rohrnetz erst anfüllen, so ergibt sich hieraus bis zu dem Augenblicke, wo das Wasser die höchste Stelle der Rohrleitung überschreitet und beim Abwärtsfließen gewissermaßen wie ein Heber wirkt, eine bedeutend größere Förderhöhe. In diesem Falle müßte ein Antriebsmotor mit Tourenregulierung vorgesehen werden, da die Pumpe alsdann mit erhöhter Umdrehungszahl laufen müßte, um den größeren Druck zu erzeugen. Nachdem das Rohrnetz gefüllt ist, könnte die Pumpe langsamer laufen und würde dementsprechend auch erheblich weniger Kraft verbrauchen.

Es sind in Abb. 300 eine Zentrifugal-Kreiselpumpe von Amag-Hilpert, Nürnberg, und in Abb. 301 eine ähnliche, vielfach übliche Ausführung mit ihren Einbaumaßen dargestellt. Leistungen und Maße sind aus den Tabellen 52, 53 und 54 zu entnehmen. Hierin bedeuten: $Q =$ umzuwälzende Wassermenge in l/min, $N =$ vorzusehender Motoreffekt in PS, $h =$ Gesamtförderhöhe oder manometrische Förderhöhe in m, also = Saughöhe (<8 m) + Druckhöhe + Rohrleitungswiderstände. Da fast ausschließlich direkte Kupplung mit Drehstrommotoren in Frage kommt, so sind die Tabellen für die normalen minutlichen Drehzahlen aufgestellt.

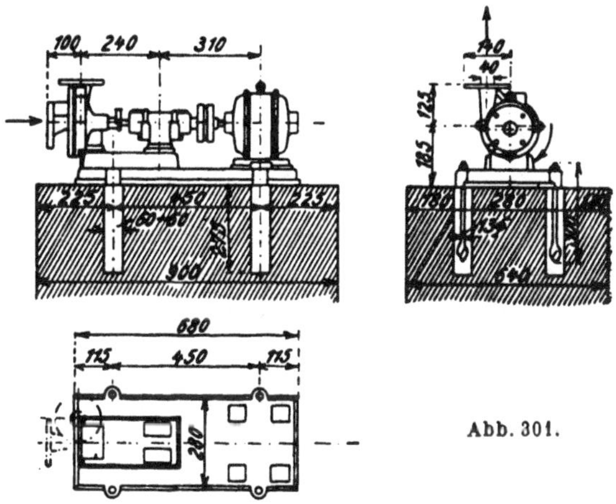

Abb. 301.

Über den Einbau der Umwälzpumpen in ausgeführten Anlagen geben u. a. die Abb. 17, 23, 302, 303 Aufschluß. Die Anlage Abb. 23

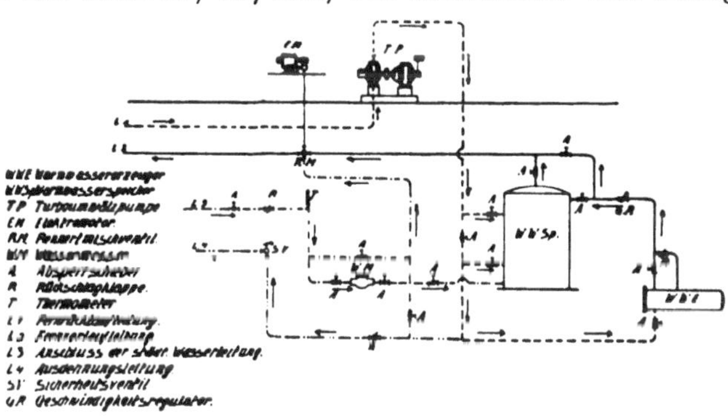
Abb. 302.

besitzt Duplexpumpen; die übrigen neueren Anlagen sind mit Zentrifugalpumpen ausgerüstet. Das Schaltungsschema in Abb. 302 ist der Warmwasserversorgung im Küchwaldkrankenhaus Chemnitz entnommen[1]).

[1]) Gesundheits-Ingenieur, 43, Heft 1, 1920.

Die Zentralfernanlage umfaßt drei Dampfwarmwasserbereiter von je 15 m² Heizfläche, einen Warmwasserspeicher von 42 m³ Inhalt und zwei Umwälzpumpen. Die letzteren sind Niederdruck-Zentrifugalpumpen für je eine normale minutliche Leistung von 400 l Wasser von 80° und für eine manometrische Förderhöhe von 22 m WS. Die eine Pumpe ist für normalen Betrieb mit einer Dampfturbine, die andere zur Reserve mit einem Drehstrommotor gekuppelt. Der Speicher hat direkten Anschluß an die städtische Wasserleitung, so daß das ganze System unter dem städtischen Rohrnetzdruck steht. Das Wasser im Speicher wird durch eine Zirkulationsleitung von den durch Abdampf geheizten Wassererwärmern erwärmt. Das Rücklaufwasser aus den Gebäuden gelangt zuerst in die Umwälzpumpe. Von hier aus wird das Wasser kurz unter dem oberen Boden, damit es seine Temperatur nicht verliert, in den Warmwasserspeicher gedrückt, strömt durch den oberen Anschluß wiederum in die Fernvorlaufleitung, wo es zunächst mittels eines Misch-

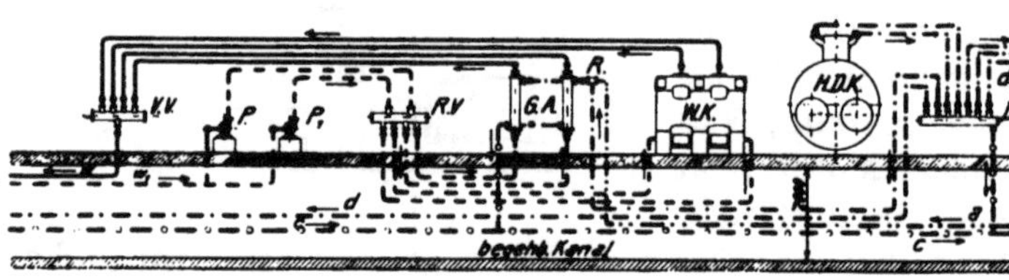

Abb. 303.

ventils selbsttätig durch frisches kaltes Wasser auf die gewünschte Temperatur gebracht wird.

Eine einfache schematische Darstellung einer Zentrale mit Umwälzpumpen unter Fortlassung aller Regler gibt Abb. 303. Darin bedeuten: *HDK* = Hochdruckdampfkessel, *DV* = Hochdruckdampfverteiler. Diese beiden Einrichtungen fallen fort, wenn Abdampf zur Verfügung steht und wenn nicht Frischdampf für andere Zwecke benötigt wird, wie durch die Leitungen d_1 für Kraftmaschinen, Pumpen, Arbeitsmaschinen und Wirtschaftszwecke aller Art. Ferner sind *WK* = Warmwasserkesselbatterie (Strebel-Catenakessel), *R* = Hochdruckdampf-Abdampfregler, *GA* = Warmwasserbereiter (Gegenstromapparat), *VV* = Vorlaufverteiler, *RV* = Rücklaufverteiler, *P*, P_1 = Umwälzpumpen, davon P_1 als Reserve, *w* = Warmwasser-Gebrauchsleitung, w_1 = Zirkulationsleitung (Rücklauf), *d* = Hochdruckdampfleitung für Wirtschaftszwecke, *c* = Kondenswasserleitung, *k* = Kaltwasserleitung (Zulauf), *a* = Abdampfleitung. Bei größerer Ausdehnung der Anlage werden Gebrauchsleitung und Zirkulationsleitung zuerst nur bis zu den Unterzentralen der einzelnen Gebäudeblöcke führen und dort in einem Wärmespeicher oder Nachwärmeapparat ausmünden.

Eine eigenartige Einschaltung der Umlaufpumpen ist nach Abb. 304 in der Wärmezentrale der Hebammenanstalt in Heerlen[1]) vorgenommen. Bevor das Wasser in das Netz kommt, wird es mit Kaltwasser von 10° gemengt. Die beiden hintereinander geschalteten Pumpen P_1 und P_2 wälzen das Wasser nicht über die Speicher *WWSp*, sondern durch den liegenden Gegenstromapparat *GA*, der zu Zeiten geringen Warmwasserverbrauchs zum Warmerhalten des Netzwassers dient. Die Erwärmung erfolgt durch Maschinenabdampf, bei starkem Warmwasserverbrauch (Baden) mit Frischdampfzusatz. Der eine mit Heizschlange ausgerüstete Speicher von 3 m³ Inhalt und *GA* können je 5 m³/h Wasser von 10 auf 70° erwärmen.

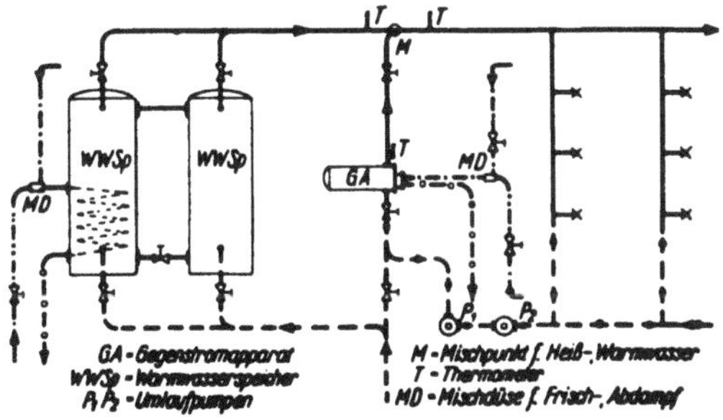

Abb. 304.

Tabelle 52.

Leistungen der Kreisel-Zentrifugal-Umwälzpumpen von Amag-Hilpert, Nürnberg.

Rohranschluß mm	100	100	80	80	70	70	60	60	50	50
N	0,40	0,33	0,25	0,25	0,25	0,25	—	—	—	—
h in m 0,5	800	650	450	300	250	200	—	—	—	—
1,0	720	500	250	—	120	—	—	*n* = 800 Umdr./min. 42 Perioden		
1,5	600				*Q* in l/min					
N	0,5	0,5	0,33	0,33	0,33	0,33	—	—	—	—
h in m 0,5	1050	950	680	560	400	280	—	—	—	—
1,0	960	880	600	370	300	220	—	—	—	—
1,5	810	750	400	—	240	—	—	*n* = 960 Umdr./min 52 Perioden		
2,0	640	600	—	—	*Q* in l/min					
2,5	380	—	—	—						
N	1,0	0.75	0,6	0,5	0,5	0,4	0,25	0,25	0,25	0,25
h in m 0,5	1150	950	820	700	500	400	270	240	150	120
1,0	1070	900	780	660	450	360	250	210	100	—
1,5	960	800	700	540	380	320	240	160	—	—
2,0	840	660	560	360	340	220	180	*n* = 1200 Umdr./min 42 Perioden		
2,5	720	450	390	—	240	—	—			
3.0	480	—	—	—	*Q* in l/min					

(Fortsetzung der Tabelle S. 290.)

[1]) »Kraft- und Wärmezentrale in der Hebammenanstalt in Heerlen.« Gesundheits-Ingenieur, 49, Heft 13, 1926.

	N	1,0	1,1	1,0	0,8	0,75	0,6	0,33	0,3	0,25	0,2
h in m	0,5	1300	1150	1000	900	660	600	360	310	170	140
	1,0	1250	1100	980	860	620	550	350	300	150	125
	1,5	1200	1050	960	820	570	500	320	270	130	—
	2,0	1150	1000	900	720	520	450	280	220	—	—
	2,5	1050	900	840	600	460	360	240	180	—	—
	3,0	1000	720	650	450	380	250	180	—	—	—
	3,5	900	—	580	—	280	—	—			
	4,0	800	—	320	—	*Q* in l/min			*n* = 1420 Umdr./min 50 Perioden		
	4,5	620	—	—	—						

	N	5.5	4,0	3,5	2,75	2,5	2,0	1,3	1,0	0,6	0,5
h in m	3	—	—	—	—	900	840	650	510	360	285
	4	—	—	—	1170	880	820	630	490	324	240
	5	—	1600	1250	1140	850	780	540	455	290	205
	6	1780	1500	1220	1080	800	700	510	415	252	160
	7	1720	1475	1150	1000	750	640	475	350	204	75
	8	1660	1350	1070	900	680	580	425	285	132	—
	9	1600	1250	1000	700	600	480	370	—	—	—
	10	1500	1150	900	—	480	—	310	—	—	—
	11	1400	840	660	—	360					
	12	1250	—	—	*Q* in l/min			*n* = 2400 Umdr./min 42 Perioden			
	13	1080	—	—							

	N	9,0	7,0	5,5	4,5	3,5	2,75	2,0	1,5	1,0	0,75
h in m	3	—	—	—	—	—	—	720	670	450	400
	4	—	—	—	—	—	—	700	650	420	370
	5	—	—	—	—	—	—	680	590	396	336
	6	—	1700	1500	1400	1050	950	660	550	366	300
	7	—	1680	1450	1350	1000	910	630	530	330	265
	8	—	1660	1400	1300	950	870	600	490	300	220
	9	—	1630	1350	1225	900	800	570	440	260	156
	10	1900	1600	1300	1150	850	720	515	390	210	—
	11	1870	1550	1250	1050	800	625	500	330	150	—
	12	1830	1500	1200	925	750	540	455	—	—	—
	13	1800	1425	1100	780	675	420	400	—	—	—
	14	1750	1375	1000	550	600	—	320	—	—	—
	15	1700	1300	850	—	480	—				
	16	1600	1000	700	—	—	—				
	17	1500	800	—	—	—	—				
	18	1400	—	—	—	—	—				
	19	1250	—		*Q* in l/min			*n* = 2850 Umdr./min 50 Perioden			
	20	1050	—								
	21	850	—								
Rohranschluß		100	100	80	80	70	70	60	60	50	50

Tabelle 53.

Maße der Amag-Hilpert-Pumpe. (Abb. 300.)

Rohrdurchm. mm	Flanschenmaße in mm a	b	c	d	e	Pumpenmaße in mm A	B	C	D	E	F	G
50	50	100	125	160	17	85	200	10	105	165	125	115
60	60	110	135	175	18	85	200	10	105	165	125	115
70	70	120	145	185	18	120	305	10	92	248	175	150
80	80	130	160	200	18	120	305	10	92	248	175	170
100	100	156	180	230	21	131	305	10	92	248	175	180

Tabelle 54.

Leistungen der Kreiselpumpen von Borsig-Hall, Berlin.

h m	Umdreh. i. d. Min.	N	Drehstrom kW	Gleichstrom kW	N	Drehstrom kW	Gleichstrom kW	N	Drehstrom kW	Gleichstrom kW
Fördermenge l/min			50			85			135	
Rohranschluß mm			30			40			50	
5	1400	0,35	0,44	0,5	0,5	0,44	0,5	0,6	0,74	0,8
10	2800	0,6	0,55	0,7	1,0	0,8	1,1	1,0	0,8	1,1
20	2800	1,0	0,80	1,1	1,4	1,1	1,1	1,8	1,5	1,5
30	2800	1,4	1,10	1,1	1,9	1,5	2,3	2,3	1,8	2,3
40	2800	1,8	1,50	1,5	2,5	2,2	2,3	3,3	2,6	3,0
Fördermenge l/min			200			300			500	
Rohranschluß mm			50			60			80	
5	1400	0,8	0,74	0,8	0,9	1,1	1,1	1,2	1,1	1,1
10	2800	1,8	1,5	1,5	1,9	1,5	2,3	2,7	2,6 ×	2,3
20	2800	2,3	1,8	2,3	2,7	2,6 ×	2,3	4,7	4,4 ×	4,0
30	2800	3,6	3,0	3,0	4,7	4,4 ×	4,0	6,5	5,8 ×	5,5
40	2800	4,6	4,0	4,0	6,0	5,8 ×	4,8	8,1	7,5 ×	6,3

N = Kraftbedarf in PS an der Pumpenwelle. Drehstrommotoren für 220/380 Volt und 50 Perioden mit Kurzschlußanker; × mit Schleifringanker.

C. Die Nebenleitungen.

Wie schon die Besprechung der Systeme angezeigt hat, macht sich außer den vorerwähnten Hauptrohrleitungen aus bestimmten Gründen diese und jene Nebenleitung zu verlegen erforderlich. So benötigt man:

a) Die Sicherheitsleitung mit Wechselvorrichtungen,
b) das Überlaufrohr,
c) das Signalrohr und Anzeigerohr,
d) das Luftrohr.

a) Die Sicherheitsleitungen und Wechselvorrichtungen.

Esplosionsartige Zerstörungen von Niederdruck-Warmwasserheizkesseln mit offenem Ausdehnungsgefäße sind mehrfach dadurch hervorgerufen worden, daß sich in den Heizkesseln ein höherer Druck, zum Teil mit Dampfbildung verbunden, einstellte, als dem statischen Druck, für den die Anlage berechnet war, entsprach. So ist in Preußen ein Gesetz betr. Aufstellung von Warmwasserheizkesseln herausgekommen, das auch für Warmwasserbereitungsanlagen maßgebend ist. Andere Landesteile richten sich meist nach den preußischen Verordnungen. Der preußische neueste Ministerialerlaß ist in jedem Heizungskalender[1]) im Wortlaut enthalten. Es sollen daher hier nur die Punkte, welche für Entwurf und Anlage auszuwerten sind, auszugsweise Erwähnung finden.

Der preußische Ministerialerlaß vom 5. Juni 1925 besagt:

[1]) Kalender für Gesundheits- und Wärmetechnik, Oldenbourg, München; Kalender für Heizungs-, Lüftungs- und Badetechniker, Marhold, Halle.

A. Ausführung mit Sicherheitsausdehnungsleitung, Umgehungsleitung und Wechselvorrichtung.

»1. Jeder absperrbare oder nicht absperrbare Heizkessel ist mit dem Ausdehnungsgefäß durch mindestens eine nicht verschließbare Sicherheitsrohrleitung zu verbinden, deren lichter Durchmesser an keiner Stelle geringer als

$$d = 14{,}9\,H^{0{,}356} \quad \ldots\ldots\ldots\ldots \quad (28)$$

sein darf; die Sicherheitsleitung darf auch ganz oder teilweise als Vorlaufleitung benutzt werden.

Hierin bedeuten

d den lichten Rohrdurchmesser in mm,

H die gesamte von den Heizgasen bespülte Kesselfläche (bei Gliederkesseln auch einschließlich Rippen und Rostheizfläche) in m^2.«

»2. Sind Heizkessel im Vor- oder Rücklauf oder in beiden Leitungen absperrbar, so ist um jede Absperrvorrichtung eine Umgehungsleitung mit eingeschalteter Wechselvorrichtung (Ventil od. dgl.) so anzulegen, daß das Ausblasen vom Kesselraum aus leicht bemerkt werden kann, und daß Personen durch austretende Dampf- und Wassergemische nicht gefährdet werden. Die Umgehungsleitungen sollen nicht länger als 3 m, die Ausblaserohre nicht länger als 15 m sein, andernfalls sind die nachstehend angegebenen Lichtweiten zu vergrößern. Wird zwischen dem Kessel und der Absperrung im Vorlauf eine nicht verschließbare Sicherheitsleitung, die in ihren Abmessungen der Gleichung 28 entspricht, angebracht, so ist die Umgehungsleitung nur im — absperrbaren — Rücklauf erforderlich.«

»3. Die lichten Durchmesser der Umgehungs- und Ausblaseleitung sowie die entsprechenden Durchgangsquerschnitte der Wechselventile dürfen nirgends geringer als:

$$d = 13{,}8\,H^{0{,}435} \quad \ldots\ldots\ldots\ldots \quad (29)$$

sein, worin d und H dieselbe Bedeutung wie in Gleichung (28) haben.«

»4. Die Vorlaufsammelleitung ist möglichst hoch, tunlichst nicht unter 500 mm über Kesseloberkante zu legen.«

»5. Können bei bestehenden Anlagen die Umgehungsleitungen der örtlichen Verhältnisse halber (auch etwa nur für den Rücklauf) nicht eingebaut werden, so sind alle Absperrvorrichtungen am Kessel zu entfernen.«

»6. Werden besondere Gruppen- oder Strangabsperrungen außer den oder statt der Absperrungen am Kessel eingebaut, so sind auch diese mit Umgehungsleitungen, Wechselventilen und Ausblaserohren in den nach Gleichung (29) zu berechnenden Abmessungen zu versehen, es sei denn, daß so viele Stränge unabsperrbar bleiben, daß ihr Gesamtquerschnitt dem nach Gleichung (28) zu berechnenden freien Querschnitt der Sicherheitsrohre mindestens gleichkommt.«

B. Ausführung mit Sicherheitsausdehnungs- und mit Sicherheitsrücklaufleitung.

»1. Der Heizkessel ist durch zwei unabsperrbare, miteinander nicht unmittelbar in Verbindung stehende Sicherheitsrohrleitungen von mindestens 25 mm lichtem Durchmesser mit dem Ausdehnungsgefäß zu verbinden.«

»2. Der lichte Durchmesser der Sicherheitsausdehnungsleitung darf hierbei an keiner Stelle geringer sein als:

$$d = 15 + \sqrt{20\,H} \qquad (30)$$

und der der Sicherheitsrücklaufleitung an keiner Stelle geringer als:

$$d = 15 + \sqrt{10\,H} \qquad (31)$$

In den Gleichungen bedeuten d die lichte Rohrweite in mm und H die gesamte von den Verbrennungsgasen bespülte Kesselheizfläche in m^2.«

»3. Übersteigt die Länge einer Leitung in der wagerechten Projektion gemessen das Maß von 20 m oder die Zahl der Richtungsänderungen die Zahl 8, so ist die lichte Weite beider Sicherheitsleitungen auf das nächstfolgende Handelsmaß zu erhöhen.«

»4. Die tunlichst von oben in das Ausdehnungsgefäß einzuführende Sicherheitsausdehnungsleitung muß ebenso wie die Entlüftungsleitung oberhalb des höchsten Wasserspiegels einmünden, die Sicherheitsrücklaufleitung ist am tiefsten Punkte des Ausdehnungsgefäßes anzuschließen. Die Sicherheitsausdehnungsleitung ist außerdem in den wagerechten Strecken mit reichlicher Steigung und mit Krümmungsradien von mindestens der dreifachen lichten Rohrweite zu verlegen.«

»5. Die Sicherheitsausdehnungs- und die Sicherheitsrücklaufleitung können ganz oder teilweise als Vor- und als Rücklaufleitung der Anlage benutzt werden und umgekehrt, sofern sie die vorstehenden Bedingungen erfüllen.«

»6. Kesselgruppen, die im Vor- und im Rücklauf keine Einzelabsperrungen erhalten, sind wie Einzelkessel von einer der Gesamtheizfläche der Kesselgruppe entsprechenden Größe zu behandeln. Bei Einzelabsperrungen im Vorlauf können sie mit einer gemeinsamen Sicherheitsrücklaufleitung, bei Einzelabsperrungen im Rücklauf mit einer gemeinsamen Sicherheitsausdehnungsleitung versehen werden. Mehrere Sicherheitsausdehnungs- oder Sicherheitsrücklaufleitungen können auch in je eine, der in Frage kommenden gesamten Kesselheizfläche entsprechende Sicherheitsleitung zusammengefaßt werden.«

»Die Sicherheitsleitungen für beide Ausführungsarten sind durch Verkleidung gegen Einfrieren zu schützen, sofern nicht die örtlichen Verhältnisse die Gefahr des Einfrierens ausschließen.«

Tabelle 55.

Sicherheitsleitungen und die entspr. freien Querschnitte der Wechselvorrichtungen nach preußischen Ministerialvorschriften.

Gesetzziffer	A 1	A 2	A 2	B 1,2	B 1,2	B 3	B 3
Gleichung	28	29	29 ×)	30	31	30 ×)	31 ×)
lichter Rohrdurchmesser d	offene Sicherheitsausdehnungsleitung	Umgehungsleitung $l \leq 3$ m Ausblaserohr $l \leq 15$ m	Umgehungsleitung $l > 3$ m Ausblaserohr $l > 15$ m	Sicherheitsausdehnungsleitung $l_1 \leq 20$ m; $z \leq 8$	Sicherheitsrücklaufleitung $l_1 \leq 20$ m; $z \leq 8$	Sicherheitsausdehnungsleitung $l_1 > 20$ m; $z > 8$	Sicherheitsrücklaufleitung $l_1 > 20$; $z > 8$
	d anwendbar für eine Kesselheizfläche bis zu m²						
25,5	4	4	—	8	10	—	—
34,0	10	8	4	20	36	8	10
39,5	15	11	8	30	58	20	36
49,5	28	13	11	56	115	30	58
57,5	42	26	18	84	180,6	56	115
64,0	60	34	26	120	240	84	180,6
70,0	77,2	42	34	151	302,5	120	240
76,5	99	50	42	189	378	151	302,5
82,5	122,4	60	50	227,8	455,6	189	378
88,5	149,1	70	60	270	540	227,8	455,6
94,5	179,3	80	70	316	632	270	540
100,5	213,1	95	80	366	731	316	632

Die Tabelle gibt für die eingetragenen m² Heizflächen der Warmwasserkessel den Durchmesser der Sicherheitsausdehnungs-, Umgehungsleitung und Ausblaserohr sowie auch den diesem Durchmesser entsprechenden freien Querschnitt der Wechselvorrichtungen an. In Tabelle 55 bedeuten: $l =$ wirkliche ganze Rohrlänge in m; $l_1 =$ Leitungslänge, in der wagerechten Projektion gemessen, in m; $z =$ Zahl der Rohrrichtungsänderungen; ×) = die nach Gleichung (29), (30) bzw. (31) ermittelten Rohrdurchmesser sind als das nächst höhere Handelsmaß zu nehmen (wie dies die Tabelle angibt).

Nach der Verordnung vom 27. Juli 1927 treten auch im Freistaat Sachsen an die Stelle der mit Verordnung vom 3. Juli 1915 mitgeteilten Grundsätze die preußischen Gesetze vom 3. Juni 1925.

Die Wechselvorrichtung, von der das Gesetz spricht, ist, als Schieber oder Ventil ausgeführt, an sich nichts Neues; sie dient zum Abschließen der Vor- bzw. Rücklaufleitungen und öffnet dabei für den Kessel einen Sicherheitsweg nach außen. Es sind bei dem bekannten patentierten Sicherheitswechselventil Koswa von Stadtbaurat Schmidt, Dresden, ausgeführt von Buschbeck & Hebenstreit, Abb. 305, das bisherige gew. Absperrorgan und die vorgeschriebene Umgehungsleitung in einer Armatur vereinigt.[1]) Die Anordnung am Kessel ist ebenfalls

[1]) Baurat Karl Schmidt: »Koswa-Ventile«. F. A. Brockhaus, Leipzig. 1928.

aus Abb. 305, die Einordnung im System aus Abb. 306 zu ersehen. In der letzteren Anlage sind die 51er Sicherheitsleitungen der beiden Kessel von 40 m² Heizfläche zu der 64er Leitung zusammengefaßt. Besser ist es, jedes 51er Rohr für sich nach *A* hinzuführen. Da der innere Widerstand des Ventils, das allen behördlichen Vorschriften entspricht, gleich 1 ist, vereinigt das Koswa-Ventil in sich die Vorzüge des fast widerstandsfreien Querschnittes des Schiebers und des unbedingt sicheren Abschlusses des Ventils.

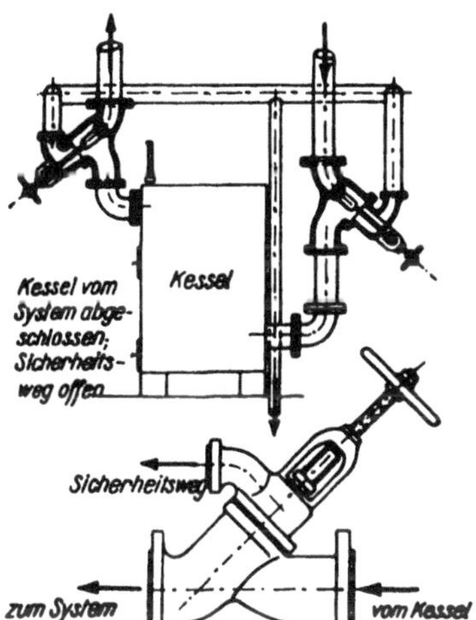

Abb. 305.

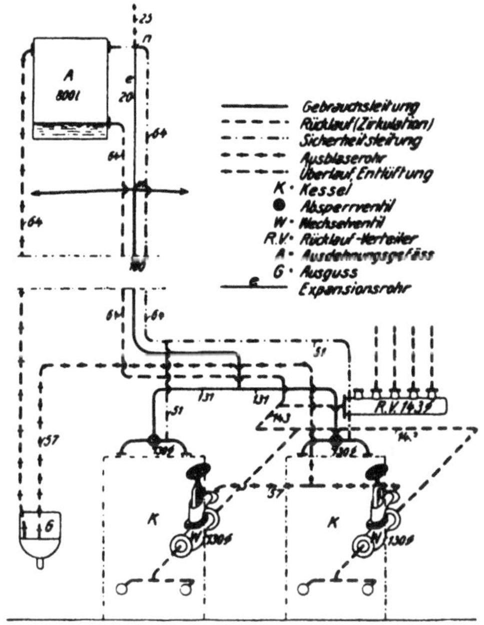

Abb. 306.

b) Das Überlaufrohr.

Jeder Kaltwasserbehälter und jeder für sich bestehende (offene) Niederdruckwarmwasserbehälter hat ein Überlaufrohr zu erhalten, insbesondere sobald eine selbsttätige Speisung vorgesehen ist. Selbst wenn ein Warmwasserbehälter in unmittelbarer Verbindung mit einem Kaltwassersammelbehälter oder Füllgefäß steht, ist es ratsam, ersterem ebenfalls einen Überlauf zu geben, der sich ja mit dem Kaltwasserüberlauf zu einem Ablaufe vereinen läßt. Das Warmüberlaufrohr hat den Zweck, in Tätigkeit zu treten, wenn sich das Kaltüberlaufrohr verstopfen und das Abschlußorgan der Zuleitung, das Schwimmerventil defekt geworden sein sollte, und das infolge zu starken Erwärmens des Wassers vergrößerte Volumen aufzunehmen.

Das Überlaufrohr ist gleich vom Behälter aus mit starkem Gefälle bis zur Ausflußstelle zu verlegen. Liegt der Behälter im Dachgeschoß eines Wohnhauses, so ist das Überlaufrohr bis zu einem Ausgußbecken,

Spülsteine, Aufwaschtische oder einer Badewanne eines nächstliegenden Stockwerks frei ausmündend zu führen. Die in der Küche liegenden Rohrmündungen stehen immer unter Beobachtung. Das Überlaufrohr *e* des Warmwasserbehälters der Abb. 367 ist als Signalrohr bis an die Pumpe zurückgeführt, damit der Arbeiter gleich erkennt, wann *WB* gefüllt ist. Ganz unzulässig ist es, den Überlauf in die Rohre der Abfallwässer, Klosettbecken od. dgl. einzuleiten. Liegt, wie häufig falsch angeordnet, die Mündung des Überlaufrohres höher am Behälter als die der Zuflußleitung, so wird bei plötzlichem Abstellen und Entleeren der Zuleitung und bei gleichzeitigem Versagen des Schwimmerventils das Behälterwasser in die Zuleitung gesaugt.

Es ist also das Überlaufrohr unterhalb der Zuflußöffnung anzuschließen, und zwar so tief, daß die Unterkante des Stutzens des Schwimmerorganes bei größtem Zulauf überschüssigen Wassers noch unbenetzt bleibt. Dies ist der Fall, wenn die Menge des Überschußwassers gleich derjenigen ist, welche durch das Überlaufrohr abfließt, völlig freier Rohrquerschnitt des Überlaufes vorausgesetzt.

In einer Abhandlung im Gesundheits-Ingenieur hat Tilly diese Verhältnisse rechnerisch behandelt[1]). Angenommen wird der ungünstigste Fall, daß infolge Festklemmens des Schwimmkugelhahnes das Wasser dauernd unter vollem Druck p atü in das Schwimmkugelgefäß mit der Geschwindigkeit v m/s durch das Zulaufrohr vom Durchmesser d in m fließt. Unter den weiteren Voraussetzungen, daß der Normalwasserstand in einer Entfernung von 100 mm und der Höchstwasserstand in einer Entfernung von 50 mm, von Unterkante Schwimmkugelhahn-Einlaufrohr aus gerechnet, Abb. 307, sich einstellen soll, findet Tilly die Größe des Überlaufquerschnittes F[2]) zu:

$$F = \frac{D^2 \pi}{4} = 20\, d^2 \sqrt{p}\ \text{m}^2 = 200\,000\, d^2 \sqrt{p}\ \text{cm}^2 \quad . \; . \; . \quad (32)$$

und das Verhältnis des Überlaufrohrdurchmessers D zum Zuflußrohrdurchmesser d zu:

$$\frac{D}{d} = \sim 5 \sqrt[4]{p}. \quad . \; . \; . \; . \; . \; . \; . \; . \; . \; . \quad (33)$$

Auf Grund dieser Gleichungen erhält man die Tabelle 56 für die praktisch meist in Frage kommenden Größen p und d.

Hiernach finden sich ganz bedeutende Querschnitte für das Überlaufrohr, die sich nur in den kleineren Werten durch ein einheitliches Rohr von gleichem Durchmesser D über die ganze Länge hin vom Be-

---

[1]) Gesundheits-Ingenieur, 32, Heft 5, 1909.

[2]) F = freier Querschnitt des Überlaufrohres in der Gefäßwand bzw. oberster freier Mündungsquerschnitt am Normal-Wasserspiegel, wenn das Rohr senkrecht von unten durch den Gefäßboden geführt wird.

hälter bis zum Ausfluß erreichen lassen. Die größeren Verhältnisse sind jedoch in der Weise praktisch zu verwerten, daß man das senkrechte Überlaufrohr nach Abb. 307 in seinen lichten Weiten entsprechend den größeren Wassergeschwindigkeiten in den unteren Schichten absetzt. Für diese Absätze können dann die mit Hilfe der letzten drei Rubriken der Tabelle ermittelten Durchmesser D, D_1 und D_2 genügen. So erhält man z. B. für $d = 25$ mm Schwimmerventildurchlaß und $p = 1$ at Wasserdruck vor der Ventilöffnung: $D = 125$, $D_1 = 65$ und $D_2 = 50$ mm.

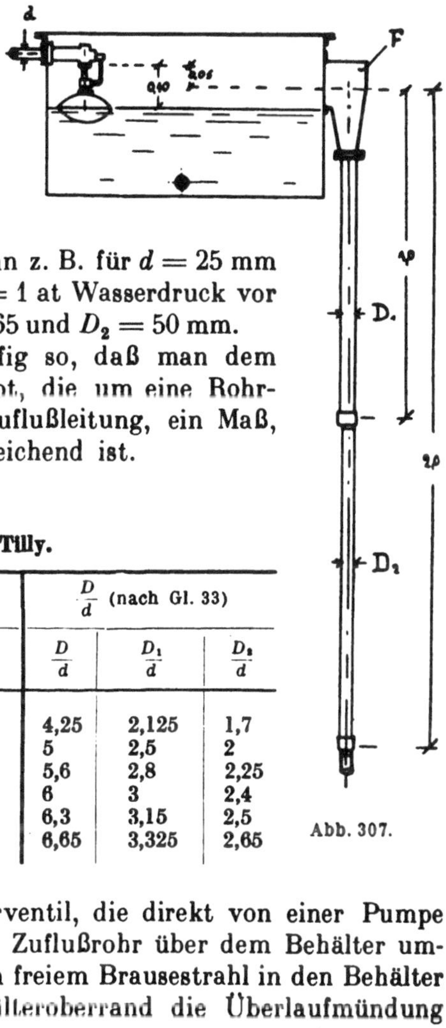

Abb. 307.

Empirisch verfährt man häufig so, daß man dem Überlaufrohr eine lichte Weite gibt, die um eine Rohrnummer größer ist als die der Zuflußleitung, ein Maß, das jedoch in vielen Fällen unzureichend ist.

Tabelle 56.

Überlaufrohr nach Tilly.

p atü	Werte von $\frac{D^2\pi}{4}$ in cm² nach Gl. 32					$\frac{D}{d}$ (nach Gl. 33)		
	$d = 20$	25	30	40	50 mm	$\frac{D}{d}$	$\frac{D_1}{d}$	$\frac{D_2}{d}$
0,5	57	88	127	227	353	4,25	2,125	1,7
1,0	78	123	177	314	491	5	2,5	2
1,5	98	154	222	394	616	5,6	2,8	2,25
2,0	113	177	254	452	707	6	3	2,4
2,5	125	195	280	499	779	6,3	3,15	2,5
3,0	139	216	315	560	866	6,65	3,325	2,65

Für Behälter oder Schwimmerventil, die direkt von einer Pumpe gespeist werden und bei denen das Zuflußrohr über dem Behälter umgekrümmt ist, so daß sich Wasser in freiem Brausestrahl in den Behälter ergießt, ist ~ 100 mm unter Behälteroberrand die Überlaufmündung vorzusehen.

Mit dem Überlaufe kann man eine Entleerung mit Abschlußorgan (Abb. 308) verbinden, so daß diese unabhängig von dem Rohrsysteme und unter Umgehung eines besonderen Entleerungsrohres vorgenommen werden kann. Soll ein bestimmter Überdruck in dem Systeme nicht überschritten werden, was mit einer gewöhnlichen Kesselanlage nicht immer erreicht werden kann, so zweigt man von der Verbrauchsleitung ein Überlaufrohr, sog. Überkochrohr, zum Behälter ab, das im Bogen über diesen ausmündet. Dies Rohr dient dann zugleich zur Entlüftung.

Ist kein Behälter vorhanden, so krümmt man das Rohr nach **Abb.** 309 als einfaches Standrohr *a* zum Abfluß nach einem Siele hin **ab**.

Um einem Überkochen im Warmwassersystem zu begegnen, ist die vom Behälter abzweigende Speiseleitung bzw. die vom Ausdehnungsgefäß abgehende Sicherheitsrücklaufleitung (s. diese) erst am Rücklaufstutzen des Kessels oder kurz vorher in das System einzuführen (Abb. 364). Durch diese Anordnung kann man die Heizwassertemperatur unbedenklich bis zur zulässigen Höchstgrenze steigern.

Rohre bis zu 125 mm nimmt man aus Stahl, darüber aus Gußeisen. Bei Absetzen des Überlaufrohres läßt sich der obere Teil aus Blech herstellen und nach Abb. 307 dem Behälter annieten.

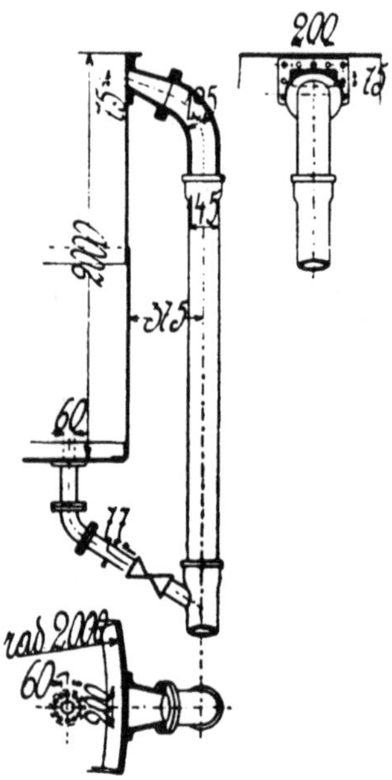

Abb. 308.

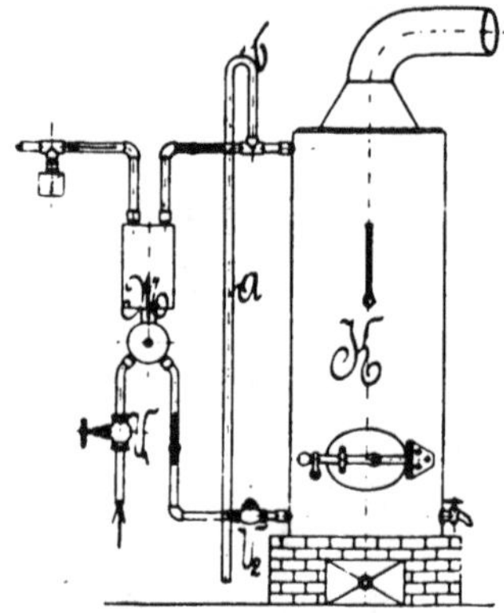

Abb. 309.

c) Das Signalrohr und Anzeigerohr.

Endet bei den Niederdrucksystemen das Überlaufrohr an einem unzugänglichen und unkontrollierbaren Platze, so ist ein Signalrohr direkt hinter dem Behälter dem Überlaufrohr abzuzweigen (Abb. 268) und mit offener Mündung an einer sichtbaren Stelle, die immer vor Augen ist, enden zu lassen. Hierfür eignet sich in häuslichen Anlagen am besten ein Ausgußbecken oder der Aufwaschtisch in der Küche. Ist der Wasserstand im Behälter veränderlich, so nimmt man den Überlauf an höchster Stelle, dagegen das Signalrohr in Höhe des Normalwasserspiegels ab. Letzteres ist in solchen Fällen an seinem unteren Ende nicht, wie oft üblich, mit einem Hahne abschließbar zu machen, da sich im abgeschlossenen Rohre Wasser befindet, auch wenn der Normalwasserstand längst unterschritten ist, so daß dann von dem Bedienenden ein falscher Schluß gefolgert werden würde. Ist der Behälter zugleich das Ausdehnungsgefäß des Heizsystemes für eine indirekte Warmwasserbereitung, so ist ein Abschlußhahn am Ende der Signalleitung am Platze.

Bei den offenen Warmwasserbereitungsanlagen spielt ein Signalrohr nicht die wichtige Rolle wie bei den Wasserheizungen, vermag doch jeder Zapfhahn die Anzeigefunktion zu verrichten.

Im allgemeinen kann man daher von einer Signalleitung absehen, andernfalls reicht ein Kupferrohr von 13 mm l. W. aus.

d) Das Luftrohr. Die Entlüftung.

Besondere Luftrohre zur Entlüftung des Systems sind, soweit sich Luftsäcke nicht bilden können, an sich nicht erforderlich, da hierfür ein Öffnen der Zapfstellen genügt, wie auch ein Überlaufrohr oder ein offener Wasserbehälter, sobald sich dieser an der höchsten Stelle der Anlage befindet, den Dienst übernimmt. Bei einem unten liegenden geschlossenen Behälter erfolgt die Entlüftung durch die Gebrauchsleitung oder das Füllgefäß. Bei größeren Anlagen bedient man sich am besten beider Möglichkeiten, indem man nach Abb. 306 die Hauptsteigleitung bei oberer Verteilung über den Gabelpunkt m als Ausdehnungsleitung e bis n fortführt und auf n ein Luftrohr von 0,25÷1,0 m aufsetzt. Die geschlossenen Ausdehnungsgefäße der Niederdruckanlagen haben am obersten Punkte stets ein kurzes Luftrohr mit Bogenstück zu erhalten; dem Überlauf darf die Entlüftung des Systems nicht allein überlassen bleiben. Es ist aber gut, das Entlüftungsrohr wie in Abb. 364 von dem Überlauf abzunehmen, damit dieser nicht etwa als Heber wirken kann. Für die Sicherheitsleitung kommt diese Maßnahme (Abb. 306) nicht mehr in Frage, da sie von oben eingeführt werden soll. Zweigt die Gebrauchsleitung nicht vom obersten First eines Boilers ab, so ist an einer höchsten Stelle des Behälters eine Entlüftung mittels eines Ventiles oder einer Schraube zu bewirken. Das geschlossene System der Heizzirkulationsleitung bedarf eines besonderen Luftrohres, das nach Abb. 282 von dem höchsten Punkt im Steigrohre abzweigt. Das Luft-

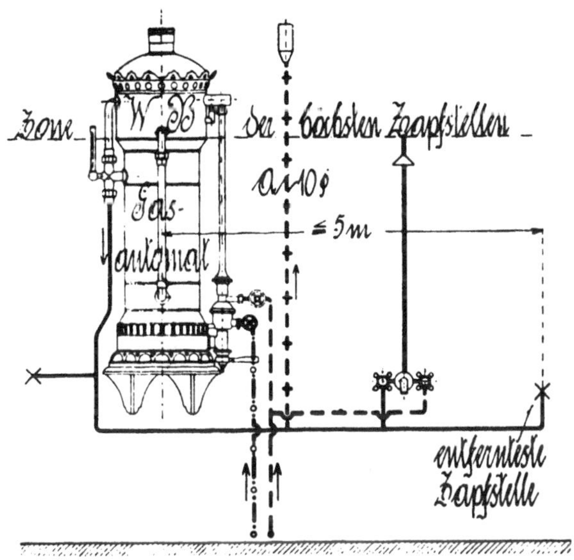

Abb. 310.

rohr kann über einem Füllgefäße enden, um gleichzeitig als Überkochrohr und Sicherheitsrohr mitdienen zu können. In gleicher Weise ist auch die Gebrauchsleitung mit Umlauf an einem höchsten Punkte zu entlüften. In Abb. 309 ist am höchsten Punkt *b* des Überlauf- und Standrohres *a* ein kleines offenes Loch zur Entlüftung des Systems gebohrt.

Unter Umständen kommt es bei Anlagen mit sehr niederem Drucke vor, daß an den vom Heizkörper entferntesten Zapfstellen das Wasser mit zu geringer Geschwindigkeit ausfließt. An solcher Stelle ist alsdann nach Abb. 310 ein Luftrohr *a* mit kleinem Aufsatze anzuordnen. Für ein System, das Wasser zu Genußzwecken herzugeben hat, eignet sich derartige Ausführung aber weniger. Abgedeckte Warmwasserbehälter mit veränderlichem Inhalte erhalten außer dem Überlaufrohre zur Vermeidung eines Vakuums und zum Dunstabzug ein Luftrohr, das den Behälter mit frischer Luft in Verbindung bringt.

Für die zentralen Luftrohre wählt man dünne, 10÷13 mm weite, innen bzw. auch außen verzinnte Kupfer- oder Messingröhren, für längere Strecken auch wohl Eisenröhren.

D. Die Gasleitung.

Zur guten Funktion eines Gasheizofens gehört eine der Größe des Apparates und dem vorhandenen Gasdrucke entsprechend weite Gasleitung. Bei Neuanlagen sind ausreichend weite Gasleitungen vorzusehen dringend zu empfehlen. Ein Sparen an dieser Stelle kann große Unzuträglichkeiten für den Betrieb nach sich ziehen. Je länger die Leitung vom Gasmesser bis zum Apparat ist, um so weiter muß dieselbe sein, wobei zu beachten ist, daß horizontal liegende Rohre weiter sein müssen als aufsteigende. Abwärts geführte Gasleitungen hemmen die Druckwirkung ganz bedeutend und sind möglichst zu vermeiden. Ebenso sind Rohrverengungen vor dem Ofen, da solche ganz besonders hemmend wirken, zu verwerfen.

Erlauben die örtlichen Verhältnisse es, so ist es ratsam, den Gasheizkörper für Warmwasserversorgung mit Rohranschluß über 3/4″ in das Kellergeschoß, also in nächste Nähe des städtischen Zentralnetzes, aber dabei doch möglichst zentral zu allen Zapfstellen zu legen. Man erreicht dadurch den Vorteil einer Reinerhaltung der Luft in den Wohnräumen und der Zulässigkeit einer beträchtlich engeren, somit billigeren Gassteigleitung in die Geschosse.

Gasleitungen sind gegen Frost zu schützen. Das Steinkohlengas und Mischgas, das mit $\sim 10^0$ den Gasometer der Gasanstalt verläßt, ist wasserhaltig. Sinkt die Temperatur unter 10^0, so schlägt sich das Wasser an den abgekühlten Rohrwandungen nieder. Die Abkühlung erfolgt am stärksten an den Stellen, wo es aus einem warmen in einen kälteren

Raum tritt, also dort, wo das Gasrohr aus der Erde in einen kalten Keller oder aus einem warmen Gebäude in kalte Nebenräume (Erdreich mit geringer Aufschüttung) übergeht. Das Gefälle, mit dem die Gasrohre zu verlegen sind (2 mm/m), ist dann nach dem warmen Raume hin zu legen und in diesem ein Wasserablaß anzubringen. Die Maßnahme hat sich ebenfalls bewährt, daß man an der Übergangsstelle vom warmen zum kalten Raume ein Rohrstück von größerem Querschnitt exzentrisch (Abb. 311) einfügt. In diesem Zwischenstück kann sich das abgeschiedene Wasser sammeln, selbst zu Reif und Eis verdichten, ohne den Gasdurchfluß zu hemmen oder die Leitung durch Auftauen zu zerbrechen. Für gewöhnlich wird eine Länge von 25 bis 30 cm und eine Rohrerweiterung von $3d \div 4d$ ausreichen, wenn d der Durchmesser der Gasleitung ist.

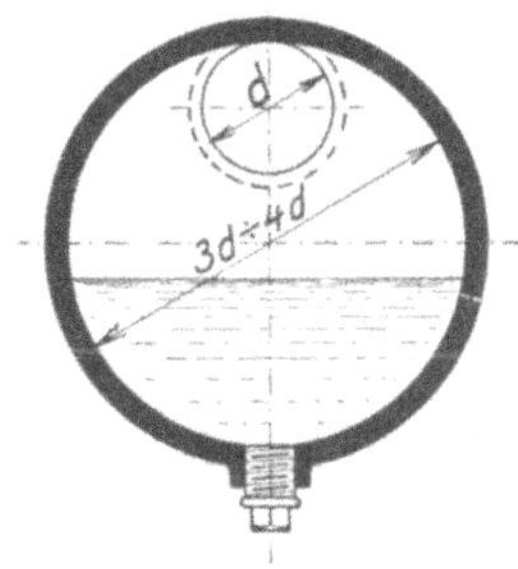

Abb. 311.

Für die Leitung dient das gebräuchliche Gasrohr, ausnahmsweise auch Messingrohr (DIN 1755). Das Eindichten der Gewinde, Verschraubungen und Dichtflächen der Fittings usw. ist unter Verwendung von in Leinöl getränkten Hanffäden mit bleifreiem Kitt gasdicht zu besorgen.

Tabelle 57.

Erforderliche Gasrohrweiten in Zoll.

Verlangte Gasdurchflußmenge m³/h	Bei 0,5 spez. Gewicht des Gases und einer Leitungslänge in m						
	5	10	15	20	25	30	
1	1/2	3/4	3/4	3/4	1	1	Außenleitung eine Nr. höheres Handelsmaß. (Über Gasmesser siehe Abschnitt: Meßinstrumente.)
2	3/4	1	1	1	1 1/4	1 1/4	
3	1	1	1 1/4	1 1/4	1 1/4	1 1/4	
4	1	1 1/4	1 1/4	1 1/4	1 1/2	1 1/2	
5	1	1 1/4	1 1/4	1 1/2	1 1/2	1 1/2	
6	1 1/4	1 1/4	1 1/2	1 1/2	2	2	
7	1 1/4	1 1/4	1 1/2	1 1/2	2	2	
8	1 1/4	1 1/2	1 1/2	2	2	2	
9	1 1/4	1 1/2	1 1/2	2	2	2	
10	1 1/4	1 1/2	2	2	2	2	
11	1 1/2	1 1/2	2	2	2	2	
12	1 1/2	1 1/2	2	2	2	2	
13	1 1/2	2	2	2	2	2	
14	1 1/2	2	2	2	2	2	
15	1 1/2	2	2	2	2	2 1/2	

Unter Putz liegende Leitungen sollen mindestens 13 mm l. W. haben Bei Leitungen unter Fußböden darf die Deckung nicht auf den Röhren aufliegen. Die Durchführung von Röhren durch unzugängliche, hohle Räume und durch starke Mauern hat in einem an beiden Enden offenen Futterrohr zu geschehen, das wenigstens 1 cm weiter als der äußere

Leitungsrohrdurchmesser ist. Für in die Erde gebettete Rohrleitungen sind möglichst starkwandige asphaltierte, schmiedeeiserne oder Mannesmannröhren zu nehmen, mit 0,75 ÷ 1,0 m Deckung zu versehen und mit leicht bedienbaren Wassertöpfen auszurüsten. Vor jedem Verdecken, Verputzen muß die Leitung durch das Gaswerk geprüft werden.

E. Die beweglichen Rohrleitungen.

Diese können in manchen Fällen bequeme und willkommene Aushilfsmittel sein, so z. B. zum Speisen von Kesseln, zum Entleeren der Kessel und Behälter, zur Abnahme des Gebrauchswassers aus Behältern (Abb. 81) und an anderen Stellen. In ihrer vorzüglichen Herstellung eignen sie sich für kaltes wie auch warmes Wasser. Die Herstellung erfolgt in Wellen aus Kupferlegierung (Tombak) mit 4 ÷ 90 mm innerem Durchmesser, anwendbar bis 175° und 7 atü.

IX. Die Regulier-, Sicherheits-, Meß- und Kontrollvorrichtungen.

In diesem Abschnitte sollen nur die Vorrichtungen eingehender behandelt werden, die für Warmwasserbereitung besondere Bedeutung haben. Im übrigen werden nur einige typische Beispiele in Bild und kurzen Worten angeführt, welche zur Erklärung der Gliederung des Stoffes nötig erscheinen. Weiteres und Genaueres darüber findet sich in dem Schrifttum der allgemeinen Wärme-, Heizungs- und Dampftechnik.

A. Die Regler und Sicherheitsvorrichtungen.

In manchen Kreisen dieser Fachtechnik besteht eine nicht ganz unbegründete und unberechtigte Abneigung gegen die Regler. Dabei wird dann stets betont, daß der beste Regler ein guter Heizer ist. »Gute« Heizer sind aber eine Seltenheit in häuslichen Anlagen, in denen die Bedienung der Feuerstelle und der Apparate meist interesselosen Personen übertragen ist. Was bei einer Heizung, die sich nach den stets veränderlichen Außentemperaturen einzustellen hat, bezüglich der Regler zutreffen mag, das braucht aber noch immer nicht für eine Warmwasserbereitung maßgebend zu sein. Diese hat Sommer wie Winter bestimmte Mengen Warmwasser von konstanter Temperatur aus Speisewasser von ebenfalls wenig veränderlicher Temperatur zu erzeugen. Sind nun zu dessen Gewinnung zwecks Erreichens einer einfacheren Bedienung und sicheren Betriebes Instrumente wie die Regler vorhanden, so soll man sie sich zu Diensten machen, um so mehr, als dieselben ständig Verbesserungen erfahren und auch in sich den Charakter von Sicherheitseinrichtungen tragen. Die Regelung kann von Hand oder selbsttätig erfolgen. In kleinen fabrikmäßigen Betrieben und in Großanlagen wird häufig die Regelung von der Hand des Heizers oder sonst einer Person angebracht sein. Für gewöhnlich ist jedoch eine selbsttätige Wirkung zu empfehlen, nicht allein um die Anlage von einer ständigen Bedienung unabhängig zu machen, sondern um auch dem hier meist mehr oder weniger schwankenden Wärmeverbrauche genauer Rechnung tragen zu können und den Betrieb gegen Gefahren selbsttätig zu sichern.

Die Regelung von Hand erfolgt mit Hilfe der Abschlußorgane, die wie bei den Heiz- und Feuerungsanlagen, den Badeeinrichtungen u. dgl. in bekannter Weise durchzuführen, anzuordnen und zu behandeln sind. Alle Ventile, Hähne, Klappen usw. sind in handlicher Höhe anzubringen. Oben liegende Organe sind daher mit langer Handradspindel oder mit Kettentrieb von unten bedienbar zu machen. In größeren fabrikmäßigen Betrieben wird es sich empfehlen, alle diese Organe mit

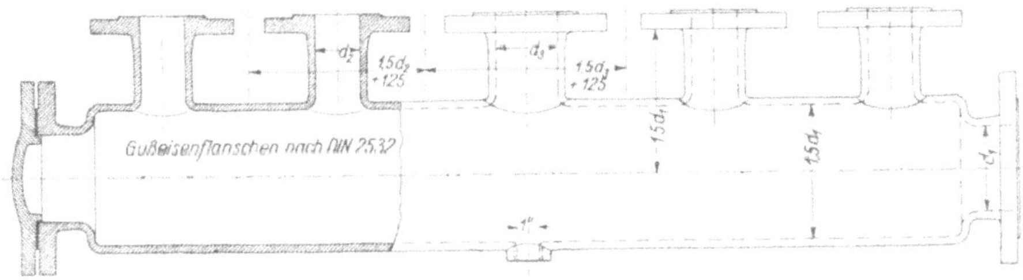

Abb. 312.

Schildern zu versehen, die Bezeichnungs-, Bedeutungs- und Stellungsangaben enthalten.

In Großbetrieben werden die einzelnen Leitungen des warmen und kalten Gebrauchswassers, des Dampfes usw. gruppenweise und leicht übersichtlich von Querrohren, sog. Verteilern oder Ventilstöcken, abgenommen. Die Verteiler sind nach Abb. 312 liegende Eisenzylinder von 100÷500 mm Durchmesser und von 10÷20 mm Gußstärke oder 5÷10 mm Blechstärke mit entsprechend vielen Flanschstutzen (Flansch nach DIN 2422). Ratsam ist es, an jedem Verteiler einen Reservestutzen vorzusehen. Bei gleichzeitiger Benutzung von Abdampf und reduziertem Hochdruckkesseldampf dient der Verteiler zum Mischen dieser Dämpfe; alsdann ist der Durchmesser des Dampfverteilers nicht zu klein zu wählen. Jeder Ventilstock erhält am unteren First einen Entleerungshahn von 13÷25 mm lichter Weite, jede abzweigende Leitung kurz hinter der Abzweigstelle ein Absperrorgan. Die Entwässerung der Dampfverteiler erfolgt durch einen Niederschlagswasserableiter, Kondenstopf od. dgl. Zur Lagerung können Ständer, Konsolen usw. dienen. Einige Anlagen mit Verteilerausrüstungen haben schon oben Erwähnung gefunden. Abb. 313[1])

[1]) Es bedeuten: *DV* = Dampfverteiler, *WV* = Warmwasserverteiler, *G* = Gegenstromapparat, *a* = Dampfzuleitung, *b* = Kaltwasserzuleitung, *c* = Kondenswasserableitung, V_1 = Drosselklappen mit Regulierung, V_2 = Lufthahn, V_3 = Kondenswasserhahn, V_4 = Entleerungshahn, *t* = Thermometer.

stellt einen Verteiler an der Vorwärmebatterie des städtischen Güntzbades zu Dresden dar, deren stündliche Leistung mit 21 m² 3000000 kcal beträgt. Weitere Verteiler für Zentralen, Großanlagen, Badeanstalten, erbaut von **Schaffstaedt**, Gießen, sind in den Abb. 314÷316 dargestellt.

Die Verteilerzentrale Abb. 314 der städtischen Badeanstalt in Neustadt, O.-Schl., hat den Verteiler für das Kaltwasser *KV* auf der einen

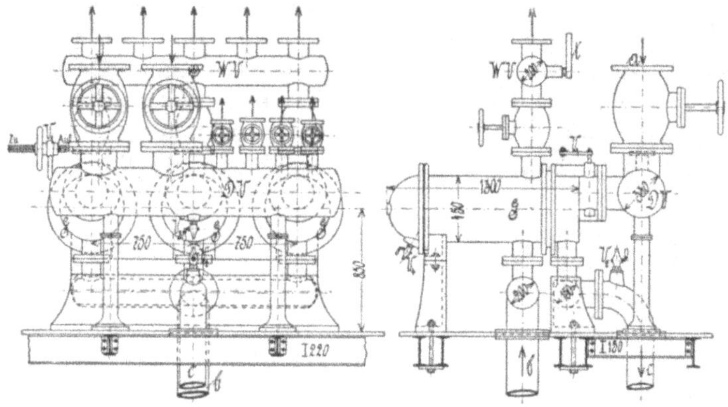

Abb. 313.

Seite, die Verteiler des Hochdruckdampfes *HDV* und des Niederdruckdampfes *NDV* auf der anderen Seite des Gegenstromapparates *G* liegen. *HDV* und *NDV* sind durch den Druckverminderer *V* getrennt.

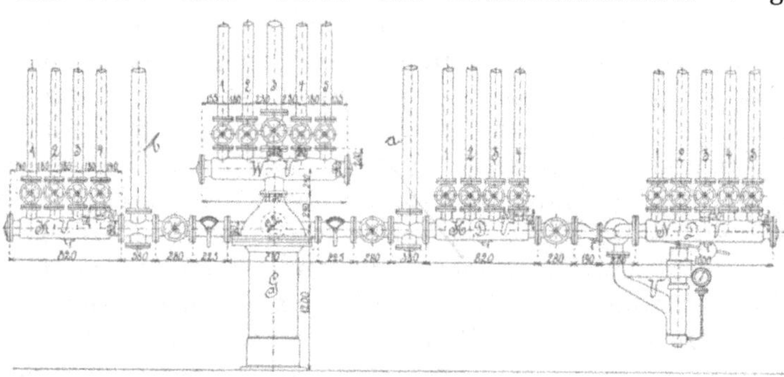

Abb. 314.

Der Hochdruckdampf wird durch *a*, das Kaltwasser durch *b* zugeleitet. Der Warmwasserverteiler *WV* liegt oberhalb *G*. Es werden beschickt von *KV*:

durch Leitung 1: Wannenbäder links und medizinische Bäder,
» » 2: Wäscherei,
» » 3: Wannenbäder rechts und Reinigungsbäder,
» » 4: Brausebäder;

von *WV*:

durch Leitung 1: Wannenbäder,
» » 2. Wäscherei und medizinische Bäder,
» » 3. Schwimmbassin,
» » 4. Wannenbäder rechts und Reinigungsbäder,
» » 5: Brausebäder;

von *HDV*:

durch Leitung 1: Kesselspeisepumpe,
» » 2: Injektor,
» » 3: Umwälzpumpe,
» » 4: Reserve;

von *NDV*:

durch Leitung 1: Wannenbäder links,
» » 2: Wäscherei und medizinische Bäder,
» » 3: Schwimmhalle,
» » 4: Wannenbäder rechts und Brausebäder,
» » 5: Reserve.

Mit Ausnahme der 125 mm weiten Rohre *a*, *b* und 3 von *WV* haben alle Rohre 50 mm l. W.

In der städtischen Badeanstalt Duisburg-Ruhrort, Abb. 315, sind Dampfverteiler *HDV* und *NDV*, wie auch die Wasserverteiler *WV* und

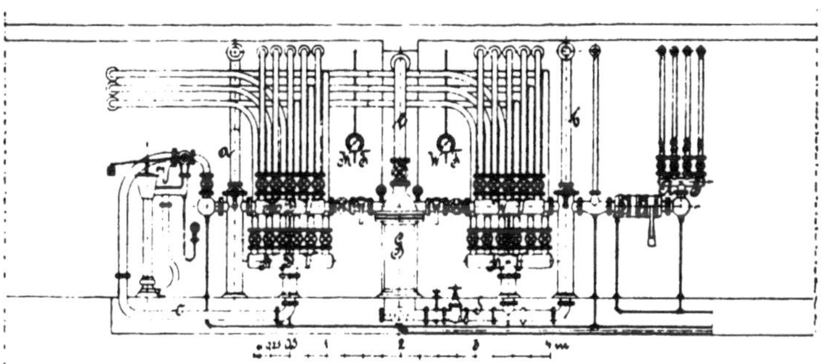

Abb. 315.

KV übereinander angeordnet; der durch *a* herbeigeführte Hochdruckdampf geht zum Teil durch das Druckverminderungsventil *V* und die Rohrleitung *c* zum *NDV*; das Kaltwasser eines Behälters durch *b* und *d* zum *WV*, *KV* und Gegenstromapparate *G*, von welchem das gemischte Wasser durch *e* einem Bassin zufließt. Neben den Wasserverteilern ist ein Dampfentöler *DE* für den Abdampfsammler *AS* eingeschaltet. In diesem *AS* wird der Abdampf gesammelt:

durch Leitung 1: von der Kesselspeisepumpe,
» » 2: » » »

durch Leitung 3: von der Förderpumpe,
» » 4: » » »

Es sind *KT* und *WT* Anzeiger der Wassertemperaturen.

Die Abb. 316 stellt in mehreren Rissen die Warmwasserbereitungs- sowie Dampf- und Wasserverteilungszentrale für die Badeanstalt in Ober-Barmen dar. Die Bezeichnungen sind die gleichen wie oben. Es sind hier zwei Gegenstromapparate *G* eingebaut.

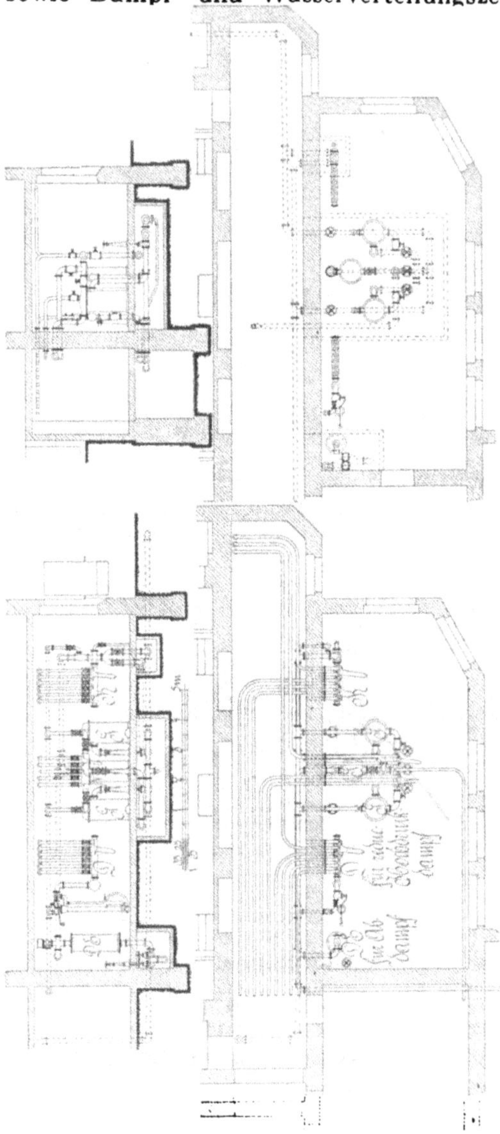

Abb. 316.

Im großen und ganzen beziehen sich nun folgende Besprechungen auf die selbsttätigen Reguliervorrichtungen. In erster Linie hat die Einschaltung eines solchen Reglers den Zweck, entweder die Zufuhr des Kaltwassers oder die Temperatur des Gebrauchswassers zu regeln; hierzu treten dann noch die Regler, welche bei Dampfheizung einen bestimmten Dampfdruck nicht überschreiten lassen und das System gegen Überdruck sichern. Demgemäß lassen sich unterscheiden:

a) Die Regler für die Kaltwasserzufuhr und die Erhaltung eines konstanten Wasserdruckes.
b) Die Regler für die Erhaltung einer bestimmten Temperatur des Gebrauchswassers.
c) Die Regler für die Einhaltung eines festgesetzten Dampfdruckes.
d) Die Regler für die Ausgleichung der Volumänderung des Wassers.
e) Die Regler der Gas- und elektrischen Warmwasserbereiter.

a) Die Regler für die Kaltwasserzufuhr und die Erhaltung konstanten Wasserdruckes.

Abgesehen von den Misch- und Gegenstromapparaten, den Gasautomaten und einigen wenigen Kesseln und Öfen, deren Betrieb und Füllung durch direkten Anschluß an die Wasserleitung oder einfach mit Hilfe eines Eimers von Hand erfolgen, wird die Regelung der Kaltwasserzufuhr mittels eines Schwimmerventils selbsttätig erreicht. Dies Organ läßt sich in seiner einfachen und vielfältigen Gestalt überall wo erwünscht, anbringen, sei es in dem Kaltwasserbehälter, in einem besonderen kleinen Füllgefäße oder in dem Ausdehnungsgefäße, sei es in dem Warmwasserbehälter oder schließlich in der Zuflußleitung selbst.

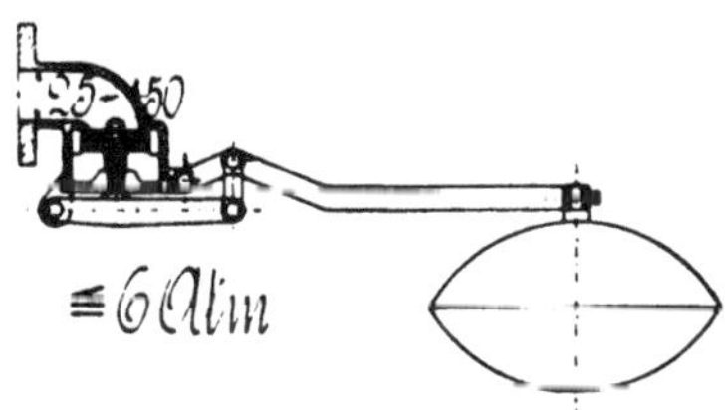

Abb. 318.

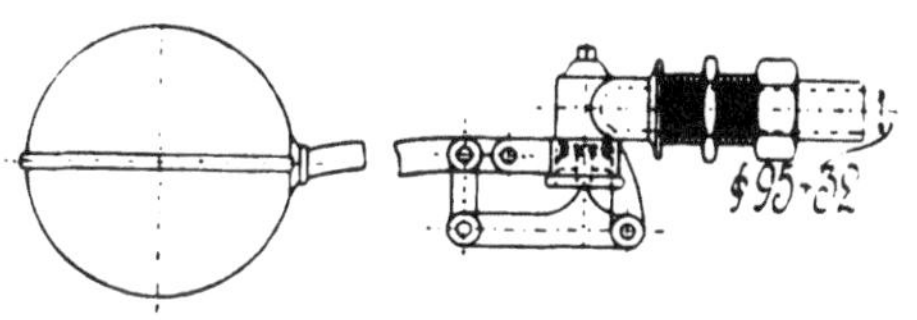

Abb. 319.

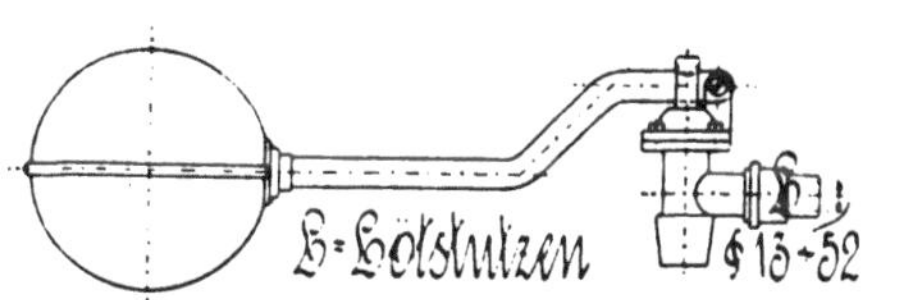

Abb. 320.

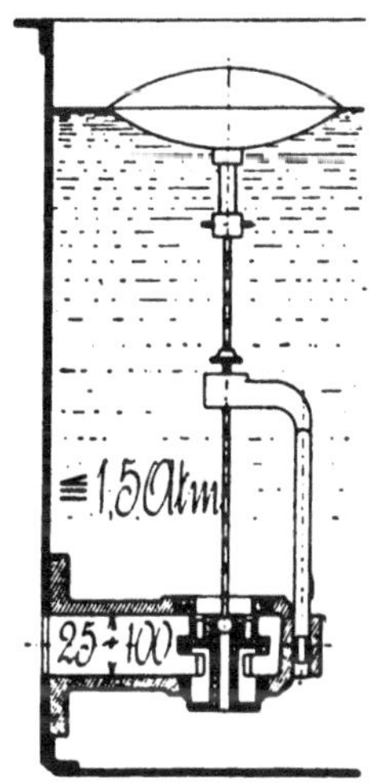

Abb. 317.

Neben dem Hauptzwecke, den Wasserstand im Systeme auf einer bestimmten Höhe zu halten, beugen die Schwimmerventile sowohl einer unbeabsichtigten Entleerung des Behälters wie auch dem Überlaufen des Wassers vor.

Einfache Normalausführungen zeigen Abb. 317 ÷ 320. Die Ventilteile bestehen aus Rotguß, Messing oder Gußeisen, der Hebel aus galvanisiertem Schmiedeeisen. Die Abdichtung erfolgt im kalten Wasser durch Leder, im warmen durch Gummi oder Fiber, die Verbindung des Ventils mit der Behälterwandung durch Flanschen (Abb. 317, 318), Mutterverschraubung (Abb. 319) oder Lötstutzen (Abb. 320).

Für höheren Druck geeignet ist das entlastete Schraubenschwimmerventil von Schneider & Helmecke (Abb. 321), das positiv (*B*) und negativ (A) wirkend ausgeführt wird. Ersteres schließt bei erreichtem tiefsten, das negative bei erreichtem höchsten Wasserstande ab. Für gewöhnlich bedarf man des ersteren nicht. Die Maße in Abb. 321 sind

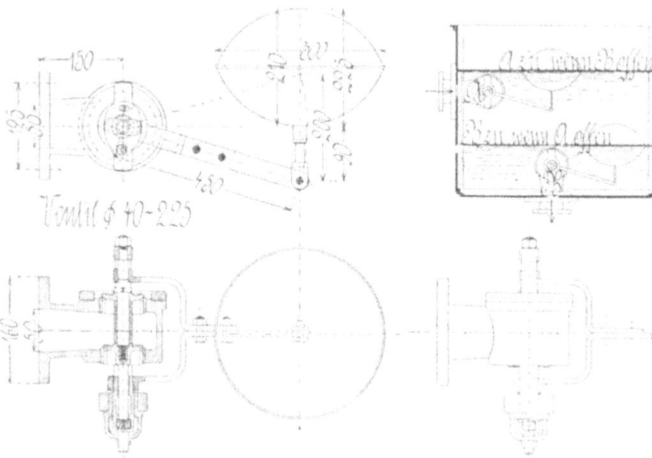

Abb. 321.

bei den neuesten Modellen gemäß Abb. 322 und 323 und Tabelle 58 etwas geändert.

Vorstehend angeführte Regler regeln die Zufuhr des kalten Gebrauchswassers. An zweiter Stelle sind dann weiterhin hier auch die Regler

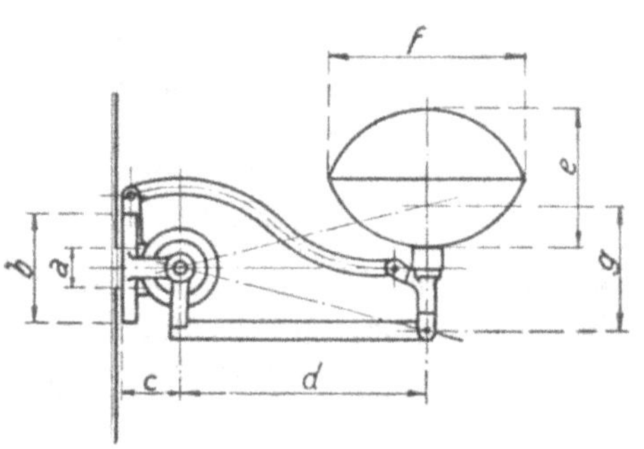

Abb. 322.

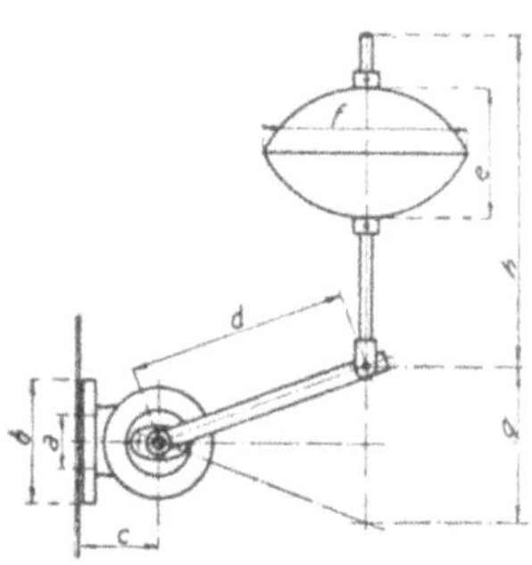

Abb. 323.

in Betracht zu ziehen, welche selbsttätig die Speisewasserzufuhr zu den Kesseln regeln, also ein Ausbrennen, Reißen und Platzen des Kessels wegen Wassermangels unmöglich machen sollen. Dies sind die bekannten selbsttätigen Speiseapparate für Niederdruckdampfkessel, teilweise nach dem Kondenstopfsystem ausgebildet.

Tabelle 58.

Doppelsitzige, entlastete Schwimmerventile mit Schraubenbewegung von Schneider & Helmecke, Magdeburg.

	Ventil-durchm. a mm	Kleinmodell Abb. 322						Normalmodell Abb. 323			
		20	25	32	40	50	60	70	80	90	100
Hebel	c	50	60	60	70	70	75	100	110	120	130
Hebel	d	138	200	200	213	270	270	475	475	500	500
Hebel	g	125	180	185	185	200	200	305	315	320	360
Linse	e	160	180	180	210	220	220	230	230	245	245
Linse	f	190	220	220	285	310	310	335	335	388	388
Flansch	b	95	110	120	140	160	175	185	200	215	230
Flansch	b_1	70	80	90	110	125	135	145	160	170	180
Flansch	b_2	12	12	12	15	17	17	17	17	21	21
Flansch	z	4	4	4	4	4	4	4	4	4	4
	B	140	175	175	190	230	245	290	320	340	360

(Maße in mm)

b_1 = Lochkreisdurchm., b_2 = Schraubenlochdurchm., z = Schraubenzahl, B = Ventilbreite. Kleinmodell bis 4 atü, Normalmodell bis 8 atü.

Außer den Organen vorstehender Art, welche eine gleichmäßige Kaltwasserzufuhr unter gleichbleibendem Druck zu sichern haben, sind ferner zu dieser Gruppe noch die zu rechnen, welche einen zulässigen Betriebsdruck auf gleicher Höhe zu erhalten bzw. zu verhindern haben, daß der Druck nicht überschritten wird; also die Sicherheitsventile, Druckverminderungsventile, Rückschlagventile und ähnliche.

Die Kaltwasser-Sicherheitsventile kommen in bekannter Art und Ausführung mit direkter Gewichts- und Federbelastung oder mit indirekter Hebelbelastung zur Verwendung.

In vielen Fällen, so vor allem bei Gasautomaten, die unter direktem Wasserleitungsdrucke stehen und nur unter einem bestimmten Wasserleitungsdrucke arbeiten dürfen, kommen zum Verhüten von Wasserschlägen und Druckerhöhungen Feder-Sicherheitsventile als Druckverminderungsventile zum Einbau. Für solchen Zweck hat man nach Abb. 324 das Redu-

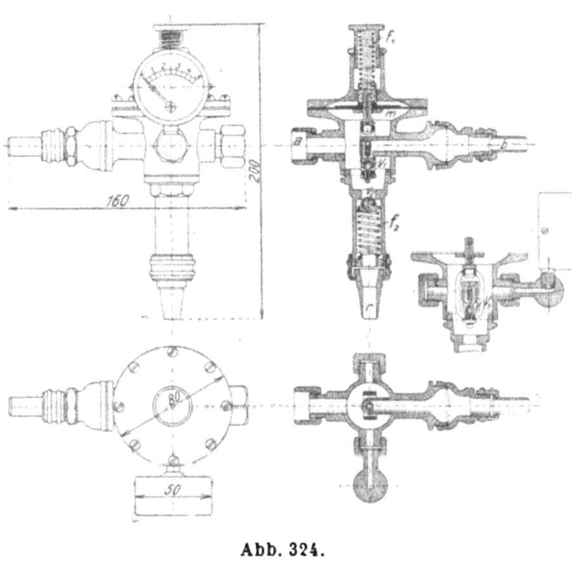

Abb. 324.

zierventil mit Federspannung, das für Gasofenboileranlagen mit Wasserdrücken über 2÷3 atü vorgesehen ist, also den Druck im System auf ~2,5 atü beschränkt.

Ein sehr leistungsfähiges Wasserdruck-Verminderungsventil ist das nach Abb. 325 von Dreyer, Rosenkranz & Droop, Hannover. Das Wasser der höheren Spannung tritt bei *a* ein und strömt bei entsprechender Einstellung zum Ausgang *b*. Gleichzeitig gelangt der auf der Ausgangsseite herrschende Druck durch die beabsichtigten Undichtigkeiten der Gestängeführung bei *c* in den Raum *d* über der Membran *e* und bewirkt den Abschluß, wenn die Spannung über dieser gleich oder größer wird als die durch Feder *f* von unten her ausgeübte Belastung. Eine weitere kräftige, einfache Bauart zeigt das Minderventil nach Abb. 326 von Mankenberg, Stettin, das mit Lederdichtung versehen und für mittlere Drücke geeignet ist.

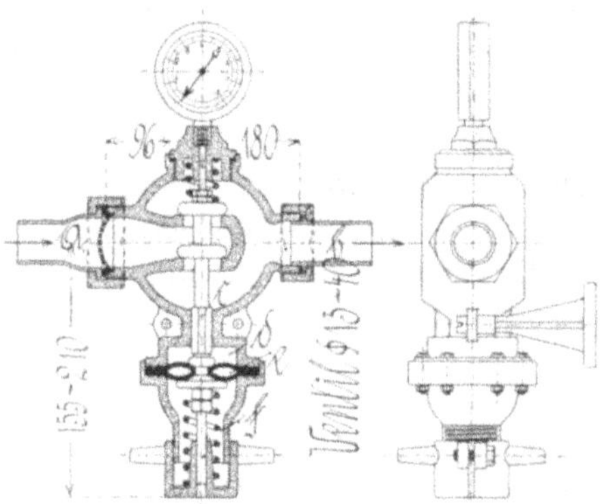

Abb. 325.

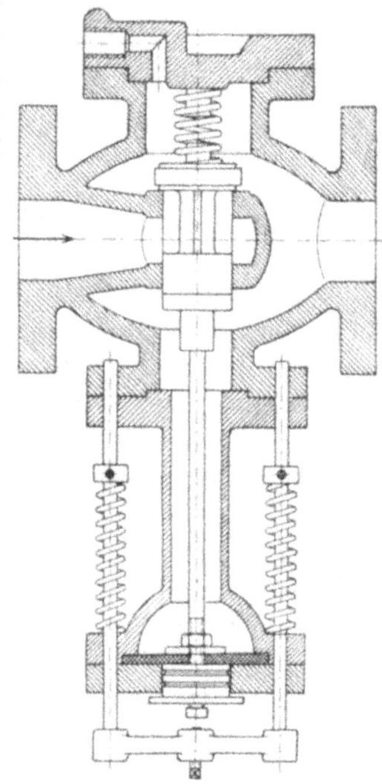

Abb. 326.

Allgemein sind solche Verminderungsventile dort erforderlich, wo der Leitungsdruck stärker ist, als er für die Anlage zweckmäßig erscheint, und wo eine Gleichhaltung der Druckhöhen des kalten und warmen Wassers anzustreben ist, damit ein Übertritt des meist stärker drückenden Kaltwassers nicht in die Warmleitung erfolgt. Derartige Verhältnisse finden sich in erster Linie bei Anlagen mit Mischapparaten. In jeder Leitung sinkt bei Wasserentnahme der hydrostatische Druck nach Maßgabe der entnommenen Wassermenge sowie der Länge und des Durchmessers der Leitung. Dient letztere zur Speisung eines Mischapparates für kaltes und warmes Wasser, so ändert sich die eingestellte Mischwassertemperatur jedesmal, wenn infolge der gleichzeitig an anderer

Stelle eintretenden Wasserentnahme der Leitungsdruck sinkt. Dieser Übelstand macht sich selbst bei reichlich bemessenen Leitungen und bei gleichem Druck bemerkbar. Er tritt jedoch besonders störend bei ungleichem Druck oder starker Wasserentnahme aus einer der beiden Leitungen hervor. Eine willkommene Abhilfe hiergegen bringen die Druckausgleicher, das sind vereinigte Zweifach-Sicherheitsventile mit innerer Federbelastung.

Für gewöhnliche Hauswasser- (auch Gas-)leitungen kann das Druckauslaß-Sicherheitsventil (Abb. 327) von Butzke gute Dienste leisten, um in den Wasserleitungen auftretende schädliche Stoßwirkungen, Rückschläge, zu verhindern. Das Ventil, das mit dem Anschlußstutzen *a* an einer beliebigen Stelle des Rohrstranges, am besten eines senkrechten, eingebaut wird, wirkt, sobald aus irgendeinem Grunde allmählich oder plötzlich ein höherer Druck in der Leitung auftritt. Alsdann wird der Ventilsitz *k* gehoben und der freie Abfluß des Wassers (oder Gases) solange durch *z* freigegeben, bis der Druck wieder in die vorgeschriebene Grenze zurückgekehrt ist. Die austretende Flüssigkeit ist meist sehr gering und beschränkt sich häufig wohl nur auf einige Tropfen. Die Abflußleitung bei allen diesen Organen ist möglichst kurz einem Ausgußbecken offen zuzuführen.

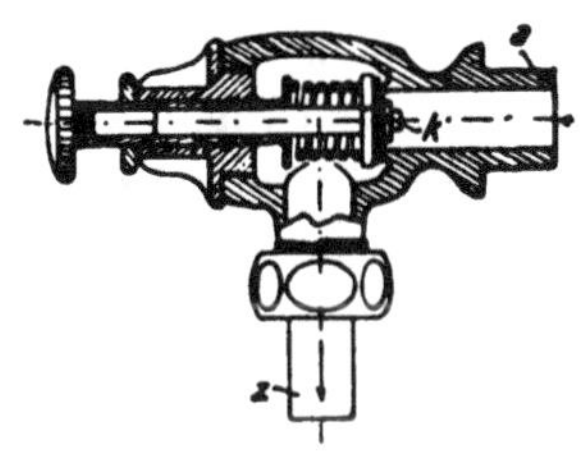

Abb. 327.

b) Die Regler für die Erhaltung einer bestimmten Temperatur des Gebrauchswassers.

Eine gewünschte bestimmte Wassertemperatur läßt sich auf konstanter Höhe erhalten, wenn dem Wasser stets eine gleichmäßige Wärmemenge zugeführt wird, welche dem Warmwasserverbrauche und dem Kaltwasserzuflusse entspricht. Die Wärme wird den Heizmitteln entnommen, die für vorliegenden Zweck in zwei Gruppen zu unterscheiden sind: in die Brennstoffe, welche einem Verbrennungsprozesse unterworfen werden und in die Wärmeträger, Heizwasser und Heizdampf, welche fertige Wärme der Warmwassererzeugungsstelle zutragen. Die Regelung erfolgt durch das Gebrauchswasser bzw. dessen Temperatur selbst, und zwar derart, daß bei den Brennstoffen auf die Zufuhr der Verbrennungsluft eingewirkt wird, während das warme Gebrauchswasser auf die Wärmeträger in der Weise hinarbeitet, daß nur soviel Dampf oder Warmwasser zufließen kann, wie zur Erhaltung einer bestimmten Temperatur benötigt wird.

Die Systeme werden ja nun manchmal derart durchgeführt, daß mit Hilfe der Brennstoffe Dampf oder Heißwasser gewonnen wird, welch letztere daraufhin erst das eigentliche Gebrauchswasser erwärmen. In solchem Falle kann eine doppelte Regelung stattfinden: einmal vom Gebrauchswasser aus auf die Zufuhr des Dampfes bzw. Heißwassers, und dann von diesen auf die Zufuhr der Verbrennungsluftmenge. Für die Konstruktion der Apparate ist es ganz gleichgültig, ob sie von dem Gebrauchswasser oder einer Heizflüssigkeit aus betätigt werden.

Gemäß obigen Darlegungen lassen sich die hier in Frage kommenden Reger einteilen in:.

1. Regler für die Verbrennungsluftzufuhr,
2. Regler für die Dampf- und Heizwasserzufuhr.

Da im allgemeinen diese Regler sich sehr einfach und dabei vollkommen leistungsfähig durchbilden und anordnen lassen, so sollten sie auch Verwendung finden. Zu 2. sind eigentlich auch alle Mischapparate zu rechnen.

1. Die Regler für die Luftzufuhr; die Zugregler.

Regler dieser Art, welche eine Schüttfeuerung mit luftdicht schließenden Feuer- und Aschfalltüren voraussetzen, werden durch das Gebrauchswasser selbst oder durch das Heizwasser bzw. den Heizdampf betätigt und dementsprechend ausgeführt. Die diesbetreffende Wirkung des Wassers beruht auf der bei einer Temperaturänderung eintretenden Ausdehnung bzw. Zusammenziehung; der Dampf arbeitet meist durch seinen Druck, seltener durch sein Gewicht. Sollen die Regler ihren Zweck erfüllen, so müssen sie bei den geringsten Temperatur-

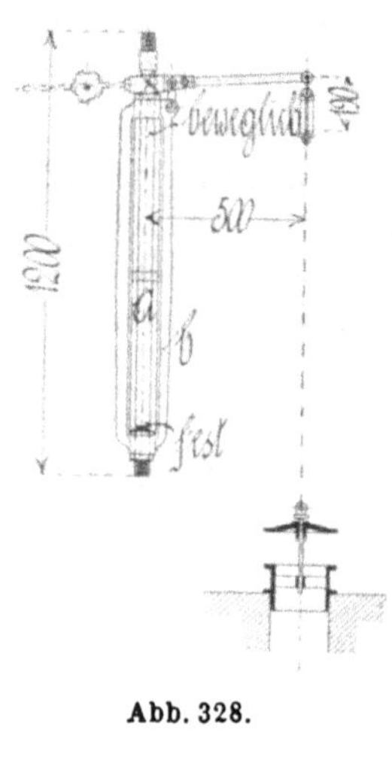

Abb. 328.

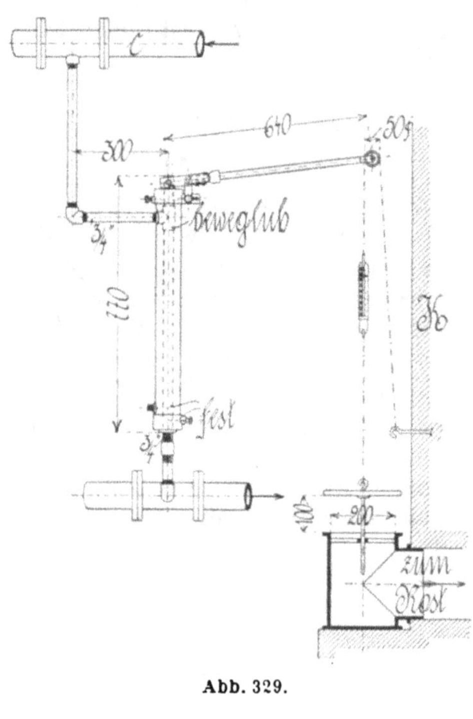

Abb. 329.

und Druckschwankungen wirken. Die Übertragung der Schwankungen auf den Luftkanal erfolgt bei den meisten Konstruktionen mit Hilfe eines Hebels und einer Kette bei einer Übersetzung bis 1:200 und mehr. Häufig gibt man dem Hebel Doppelarme, dessen zweiter Arm bei Schließen des Verbrennungsluftkanals Kaltluft in die Heizzüge einläßt, wodurch der Normalzustand schneller zu erreichen gesucht wird. Zur Einstellung und Kontrolle läßt sich in die Kette eine Skalentafel als Stellschloß einsetzen.

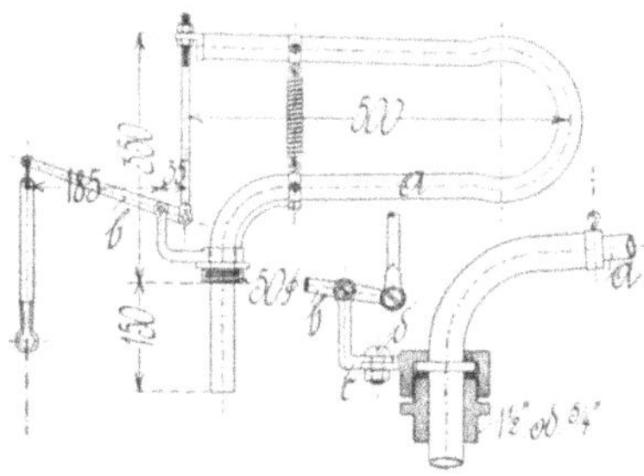

Abb. 330.

Die Zugregler, die sich bei Temperaturänderung des Wassers betätigen, besitzen ein Ausdehnungsrohr aus Metall, welches seine Längenveränderung auf Hebel mit großen Übersetzungen überträgt.

Eine erste bekannte Ausführung von Walz, Düsseldorf, besitzt ein mehrfach linsenförmig gebogenes Rohr, das jetzt jedoch der Einfachheit halber meist durch ein gerades Metallrohr ersetzt wird. Bei dem Regler Abb. 328 ist das messingne Ausdehnungsrohr *a* mit einem Rahmen *b* als Führung unten fest verbunden. Das Verbindungsrohr mit der Steigleitung ist elastisch. Abb. 329 zeigt den Einbau des in einer Hülse sich bewegenden Rohres zwischen Steigleitung *c* und Rückleitung.

Im Gegensatz zu diesen Konstruktionen, bei denen das Warmwasser durch das Ausdehnungsrohr strömt, ist das ⊏-förmig gebogene Ausdehnungsrohr *a* des Reglers, Abb. 330, mit einer Flüssigkeit gefüllt, welche auf ein Auseinanderspreizen oder Zusammenbiegen der beiden Rohrschenkel hinwirkt. Der Apparat wird mit seinem einen festliegenden Rohrschenkel entweder direkt auf den Kessel geschraubt oder in die Zirkulationsleitung eingebaut. Die Vorteile liegen hier in einer einfachen Konstruktion und Montage mit einem einzigen Rohranschluß. Bei einer anderen Ausführung ist der Arm *c* des Reglerhebels *b* um einen Bolzen *d* drehbar, so daß die Anschlußstelle des Apparates von der Lage der Luftklappe unabhängiger ist. Diese Grundkonstruktion hat Veranlassung

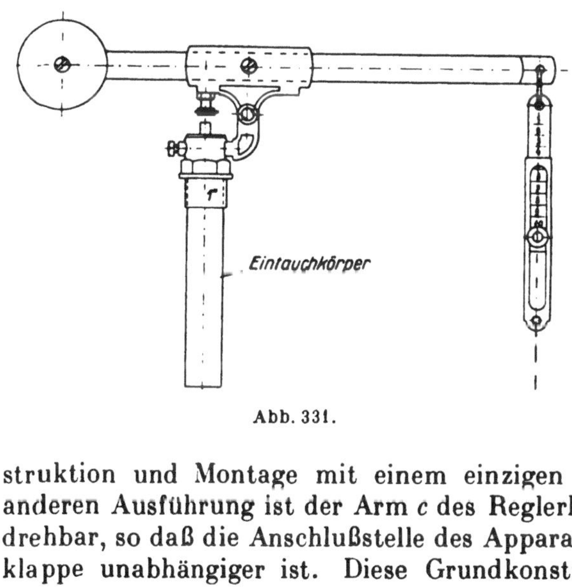

Abb. 331.

zu einer großen Zahl weiterer Ausführungen in allen möglichen Formen für das Ausdehnungsrohr gegeben. Besonders bewährt hat sich die stabilere Konstruktion nach Abb. 344 mit der geschlossenen Ellipsenform des elastischen Rohres (Strebel). Die Samson Ges., Frankfurt a. M., benutzt ein gerades Eintauchrohr (Abb. 331), das direkt in den Kessel, in einen anmontierten Stutzen oder in die Zu- wie Rückleitung gesteckt werden kann. Das Eintauchrohr enthält eine auswechselbare Patrone mit dem Samson-Metallschlauch, der mit einer gegen Temperaturschwankung sehr empfindlichen Flüssigkeit (Petroleumäther od. dgl.) gefüllt ist.

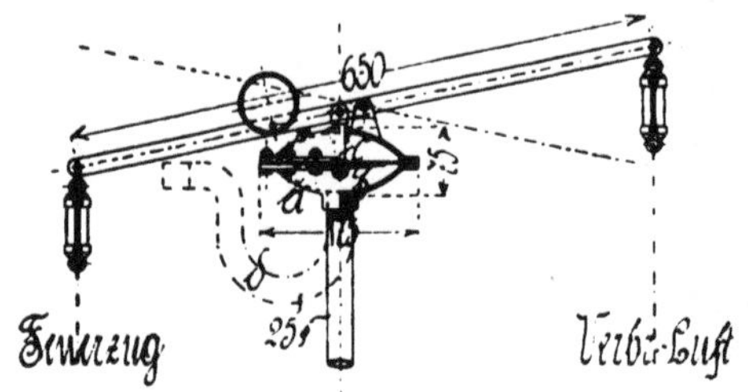

Abb. 332.

Die Zugregler, die sich bei Druckänderung des Dampfes betätigen, finden Anwendung, wenn als Heizmittel Dampf, Niederdruckdampf, zur Verfügung steht. Bezüglich der Ausführung lassen sich drei Gattungen unterscheiden: die Membran- und Federdosenzugregler, die Schwimmerzugregler und die Standrohrzugregler.

Abb. 332 zeigt eine gebräuchliche Ausführung eines Membranzugreglers. Die zweiteilige gußeiserne Linse *a* wird von einer Kautschuk-

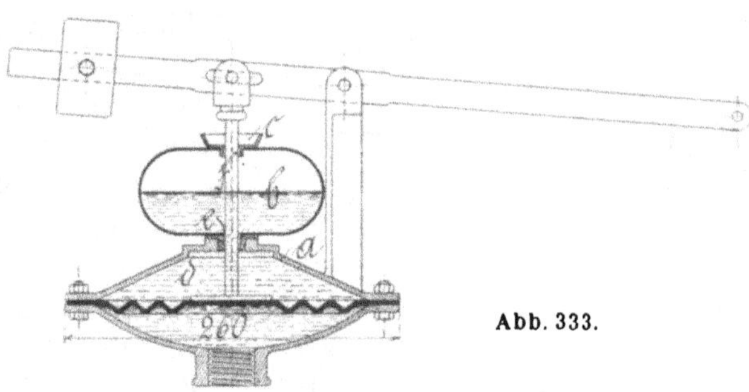

Abb. 333.

oder imprägnierten Stoffmembrane *b* durchsetzt, welche die Druckschwankungen auf den Kolben *c*, den Hebel usw. überträgt. Zur Schonung der Membrane ist die Linse an den Wasserraum, die Kondensleitung oder unter Zwischenschaltung eines Wassersackrohres oder -topfes *d* an die Dampfleitung anzuschließen.

Um eine größere Lebensdauer der Membrane zu erreichen, wird selbige bei dem Regler der Apparate- und Armaturen-Bauanstalt Dortmund (Abb. 333) unter vollständigem Luftabschluß gleichmäßig belastet, indem auch die obere Hälfte *d* der Reglerlinse mit Wasser gefüllt ist. Oberhalb der Linse *a* befindet sich ein kupfernes Gefäß *b*, das den Fülltrichter *c* trägt und durch die Ringöffnung *e* mit *d* in Verbindung steht.

Bei dem Regler (Abb. 334) des Strebelwerkes, Mannheim, ist der Linse *a* ein Kugelgehäuse *b* vorgebaut, das bis zur Höhe des Dampf-

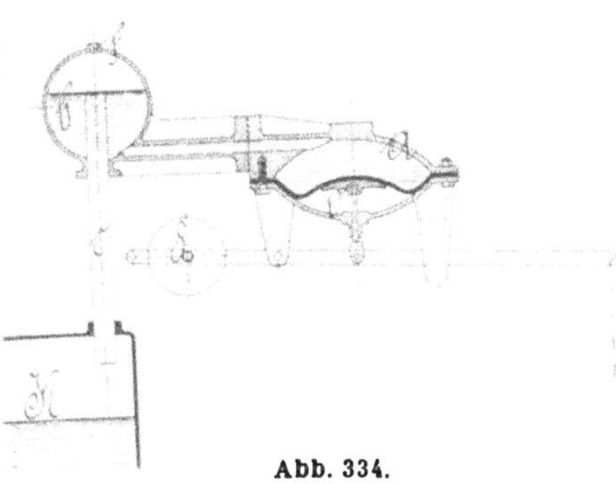

Abb. 334.

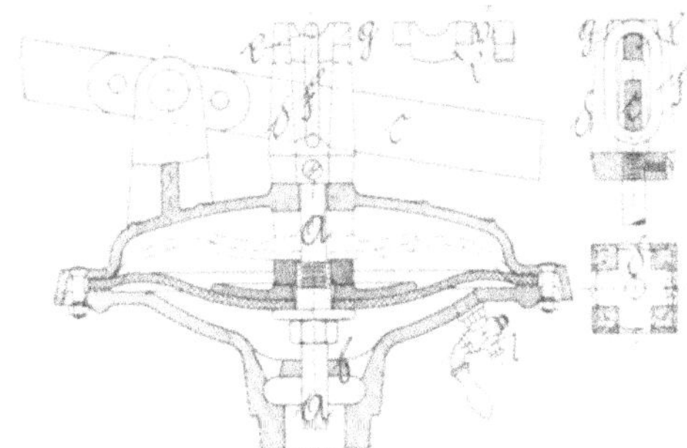

Abb. 335.

rohres *c* mit Wasser gefüllt ist. Auf dem oberen Pole *f* der Kugel *b* kann eine Sicherheits-Signalpfeife aufgeschraubt werden. Eine ähnliche Ausführung der Membrane und des Kolbens zeigt der Regler (Abb. 335) der Nationalen Radiator-Gesellschaft. Um ein etwaiges Schrägstellen des Kolbens und damit eine nachteilige Reibung der Kolbenstange *a* zu vermeiden, ist letztere nach unten verlängert und bei *b* nochmals geführt. Besonders beachtenswert ist hier die lose Aufhängevorrichtung des Hebels *c* an der Kolbenstange *a* mit der Traverse *e* und dem Ringe *f*. Es ist *i* ein Lufthahn, der bei diesen Reglern anzuordnen zu empfehlen ist.

Abb. 336.

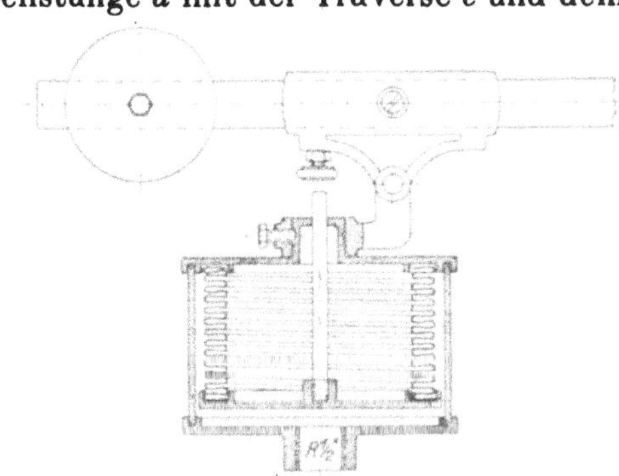

Abb. 337.

Bei den Federdosenreglern (Abb. 336) ruft statt der Membrane eine federnde harmonikaartige Messingblechhülse, die unter dem Dampfdrucke steht, die Hebelwirkung hervor. Der steife und unbiegsame Deckel trägt den auf die Hebel wirkenden Kolben. Diese Regler besitzen die Vorteile größerer Einfachheit als die Membranregler. Abb. 337 gibt die Ausführung des Reglers der Nationalen Radiator-Gesellschaft, Berlin an.

Die Schwimmerzugregler besitzen einen Schwimmer als Kugel, Glocke, Zylinder od. dgl., welcher durch eine Flüssigkeit entsprechend dem Dampfdrucke gehoben oder gesenkt wird und durch einen Hebel mit Kette die Zugplatte betätigt. Als Flüssigkeiten kommen meist Wasser oder Quecksilber in Frage.

Wasserschwimmerregler finden sich in vielen Ausführungen. Im großen und ganzen ist die Konstruktion nach Abb. 338 derart, daß ein Gefäß *a*, das zur Aufnahme des kugeligen oder zylindrischen Schwim-

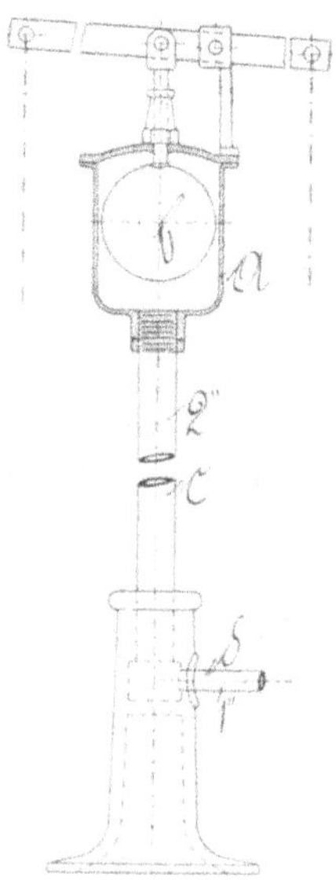

Abb. 338.

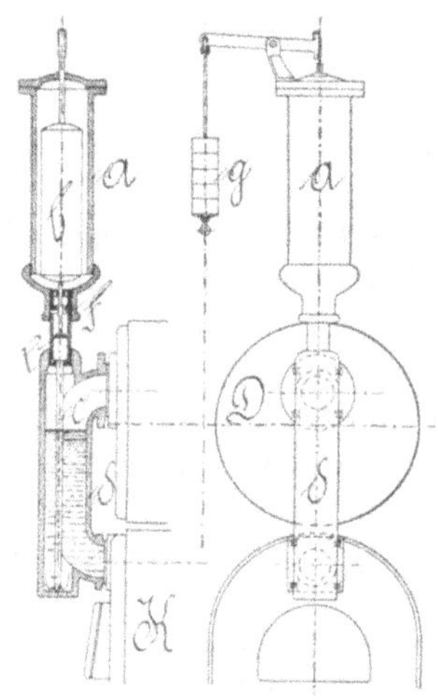

Abb. 339.

mers *b* gerade ausreicht und unter Atmosphärendruck steht, durch Rohr *c* und *d* mit dem Kessel verbunden ist. Bei Steigen des Dampfdruckes wird das im Rohr *c* stehende Wasser in *a* gedrückt, wodurch *b* gehoben und die Luftklappe dem Dampfdrucke entsprechend eingestellt wird. Der Strebel-Regler Abb. 339 ist dem Rohrkrümmer *d*, welcher den Kessel *K* mit dem Dampfsammler *D* verbindet, angebaut. Um den Wasserzufluß nach *a* abzusperren und ein Überlaufen zu verhindern, ist *b* mit einem Ventilteller *e* verbunden, der sich auf seinen Sitz *f* setzt, wenn der Schwimmer *b* bis zu einer Höhe gehoben ist, welche dem vollständigen Abschlusse der Luftklappe entspricht.

Quecksilberschwimmerregler sind, so feinfühlig sie auch zu arbeiten vermögen, für Warmwasserbereitungsanlagen wenig am Platze. Mag die Ein- und Abschließung des giftigen Quecksilbers auch noch so vollkommen sein, man hat doch alles zu vermeiden, was eine Gefahr für das Gebrauchswasser sein kann. Außerdem gibt es so viele gute andere Konstruktionen, daß man auf diese Art nicht angewiesen zu sein braucht. In Abb. 340 taucht die Schwimmerglocke *a* in Quecksilber des doppelwandigen Gehäuses *b* und hebt oder senkt sich dem Dampfdrucke entsprechend. Die Quecksilberfüllung entspricht dem höchsten Betriebsdrucke. Die Einfüllung des Quecksilbers erfolgt bei *c*. Die Messingmutter *d*, die als Einführung der den Reglerhebel *e* tragenden Gabelstange *f* dient, besitzt im unteren Ende eine Dichtungsfläche *g*.

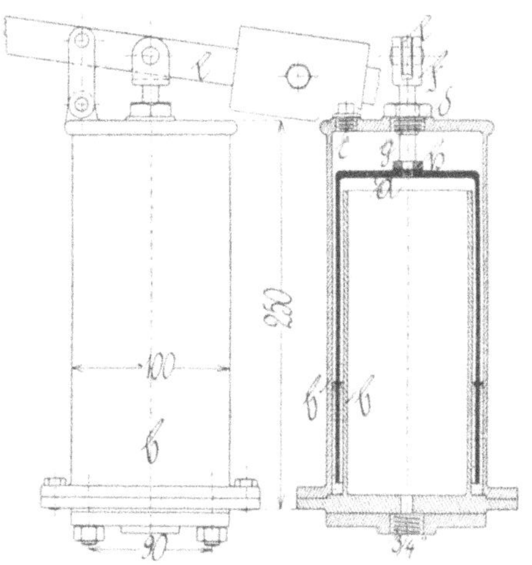

Abb. 340.

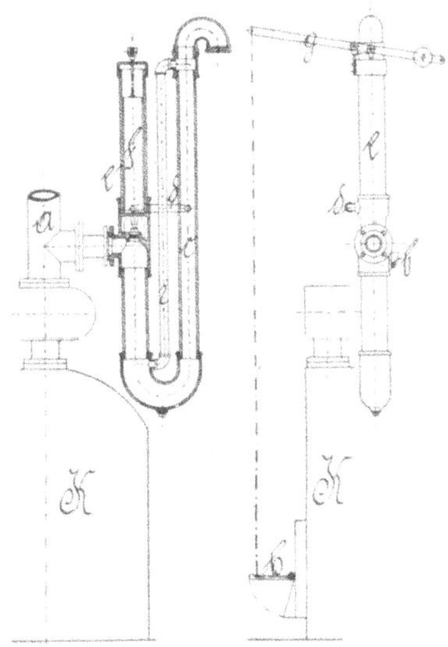

Abb. 341.

Wasserschwimmer-Zugregler werden jetzt mehrfach in zwangsläufige Verbindung mit dem Standrohre gebracht, um dadurch den Nachteil der getrennten Apparate zu umgehen, der darin beruht, daß sich die Zugreglerklappe nach Abblasen des Standrohres zu frühzeitig und rasch wieder öffnet. Dies hat dann zu der allgemeinen Konstruktion der Standrohrzugregler geführt. Mit der zwangsläufigen Verbindung von Standrohr und Zugregler verliert man aber auch den Vorteil, doppelte, vollständig getrennt voneinander arbeitende Sicherheitsvorrichtungen zu haben.

Die Standrohrzugregler der Niederdruckdampfkessel nutzen die in einem Standrohre entstehenden Schwankungen des Wasserstandes mittels Schwimmer- oder Syphonwirkung direkt oder indirekt aus.

Ein Standrohr-Schwimmerzugregler, auf welche unter »Standrohre« nochmals zurückgekommen wird, ist in gebräuchlicher Form in Abb. 341 dargestellt. Der Apparat wird an einem Abzweige der Dampfleitung *a* gleich über dem Kessel *K* angeflanscht. Durch den zuschraubbaren Fülltrichter *b* erfolgt die Füllung des Schenkels des Standrohres mit Wasser. Bei steigendem Dampfdrucke wird das Wasser im Schenkel *c* aufwärts gedrückt und tritt allmählich durch das Verbindungsrohr *d* nach dem Reglergefäß *e* über, in dem sich der Kupferschwimmer *f* befindet. Letzterer wirkt durch *g* auf Luftklappe *b*.

Die Standrohr-Syphonzugregler (Abb. 342 und 343) sind für gewöhnlich derart konstruiert, daß die Verbrennungsluft den Weg um den Rand einer Glocke finden muß, die mit dem darunter liegenden Wasserstande einen der Verbrennung und Dampfentwicklung entsprechenden freien Durchgangsquerschnitt für die Verbrennungsluft ergibt.

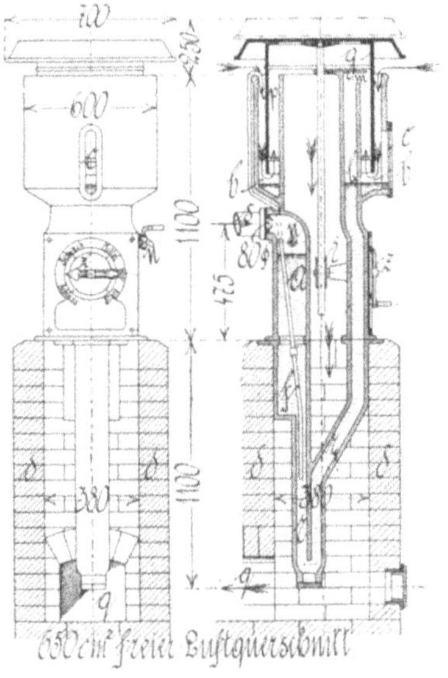

Abb. 342.

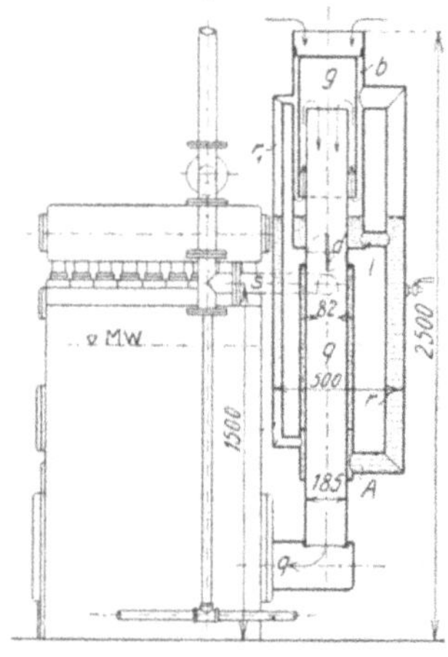

Abb. 343.

Die Glocke *g* ist durch ein Gegengewicht oder Räderwerk *z*, *i* (Abb. 342) für verschiedene Höhenlagen, d. h. für verschiedene bestimmte Dampfspannungen einstellbar. Charakteristisch unterscheiden sich diese Regler zu ihrem Vorteil von den übrigen durch das Fehlen des Hebels mit Kette und Zugklappe sowie Federung und Membrane. Umfang der Konstruktion und Einbaumöglichkeit können dagegen einer allgemeinen Verwendung hinderlich sein.

In Abb. 342 und 343 bedeuten: A = Wasserkammer, r und r_1 = Syphonrohr, g = Verbrennungsluftkanal, l = Verbindungsrohr zwischen Hohlraum b und r, f = Rohr der Pfeife p, n = Probierhahn, c = Schauglas. Mit Ausnahme des Zeigerwerkes z i bzw. der Drosselklappe d und der Glocke g besitzen diese Apparate keine beweglichen Teile.

Die Konstruktion aller dieser Zugregler ist Erfahrungssache und das Ergebnis praktischer und wissenschaftlicher Art. Bei alledem ist die Hauptbedingung nicht außer acht zu lassen, daß die Regler, sobald alle übrigen Verhältnisse darauf abgestimmt sind, die Zuführung der Verbrennungsluft zum Feuerraum von einem Maximum bis Null zu regeln haben. Der Kanalquerschnitt für die maximale Verbrennungsluftmenge bestimmt sich zu:

$$f = \frac{B \cdot m L}{3600 \cdot v} \text{ in } m^2 \quad \ldots\ldots\ldots\ldots \quad (34)$$

Hierin ist:

B = Brennstoffaufwand in kg/h (Gleichung 6);
mL = wirklich erf. Verbrennungsluftmenge in m^3/kg (S. 7);
= L in kg durch γ, = $\sim 0{,}0015\, H_u$ m^3/kg;
γ = spez. Gewicht der Luft bei der Eintrittstemp.;
v = Luftgeschwindigkeit in m/s, = $\sim 0{,}5 \div 2{,}0$ m/s.

Besser ist es, v unter Berücksichtigung der Widerstände genauer zu berechnen.

2. Die Regler für die Dampf- bzw. Heizwasserzufuhr.

Bei diesen Apparaten kann ebenfalls die in einem Ausdehnungskörper, Rohre, durch das warme Wasser hervorgerufene Längenausdehnung ausgenutzt werden. Die Übertragung der Bewegung erfolgt indirekt oder direkt mittels Hebel oder Feder, die ein Ventil in der Dampf- oder Heizwasserzuleitung je nach der Temperatur des Gebrauchswassers mehr oder weniger öffnen oder schließen.

Bei der Konstruktion des Hebelwerkreglers Abb. 344 fließt durch das Ausdehnungsrohr *a* das Gebrauchswasser von *1* nach *2*. Es vermag sich *a* wegen der starren Spannstange *b* nur in senkrechter Richtung auszudehnen und übt dabei eine Bewegung auf die Hebel *c* aus, die den Durchgang des Dampfes oder Heizwassers im Ventil *v* entsprechend der Temperatur des Gebrauchswassers drosseln oder freigeben.

Regler besonderer Art und neuerer Konstruktion sind die nachfolgend angeführten Tauchkörperregler, die für Regelung der Dampf- und Heizwasserzufuhr und vor allem für direkte Erwärmung des Gebrauchswassers geeignet sind. Sie kommen unter dem Namen Thermostaten, Temperatoren und ähnlichen in den Handel. Die Wirkungsweise beruht auf der Ausdehnung durch die Wärme des Gebrauchswassers oder des Heizmittels oder auf der Druckäußerung besonderer Hilfsmittel, wie Druckwasser (Leitungswasser) und Druckluft, oder schließlich auf den Einfluß des elektrischen Stromes. Die betriebsbilligste und bequemste Art ist natürlich hier, wo es sich sowieso um Wärmeanlagen handelt, die Betätigung durch Wärmewirkung. Es können dagegen die Benutzung von Hilfsmitteln, wie Druckwasser,

Druckluft und vor allem Elektrizität den Thermostaten feinfühliger, zuverlässiger und unabhängiger von der ganzen Warmwasserbereitungsanlage machen. Besonders ist man ja bei Verwendung elektrischen Stromes wenig an Ort und Lage gebunden.

Die Tauchkörperregler, durch Wärmeeinfluß wirkend, haben schon an verschiedenen Stellen vorhergehender Abschnitte kurze Erwähnung in Wort und Bild gefunden (Abb. 41, 42).

Eine erste grundlegende Konstruktion ist der Temperator von G. A. Schulze, Berlin, Abb. 345. Die Wirkungsweise beruht auf der durch Temperaturveränderungen bewirkten Ausdehnung von Öl oder Äther. Der Apparat besteht aus den durch ein dünnes Kupferrohr *c* miteinander

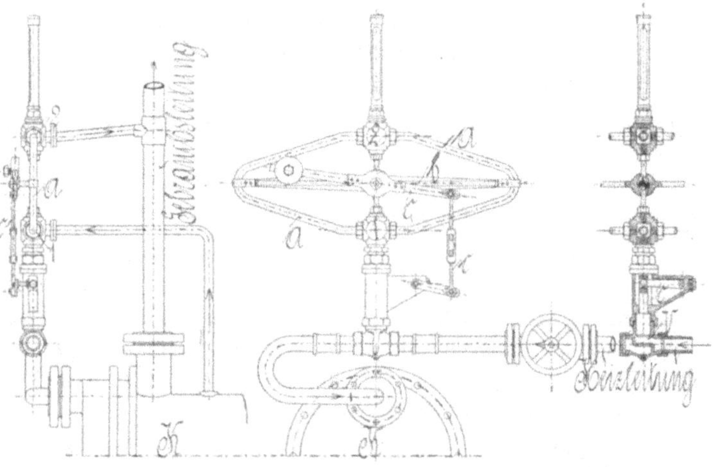

Abb. 344.

verbundenen Teilen: dem Wärmeaufnahmekörper oder Wärmefühler, dem Ölbehälter *b*, und dem eigentlichen Regler *a*. Das Rohr *c* und das elastische Bewegrohr *1*, *2* sind vollständig mit Wasser gefüllt und sorgfältig abgedichtet. Das in *b* befindliche Öl wirkt nun bei seiner Ausdehnung derart, daß sich der entstehende Druck auf die Wasserfüllung in dem 3 mm weiten Kupferrohre *c* und in *1*, *2* fortpflanzt und das bei *3* dicht geschlossene, elastische Bewegrohr *1*, *2* in *a* mit großer Kraft in der Längsrichtung ausdehnt. Das Rohr *1*, *2* wirkt als Kolben, indem es sich nur in seiner Längsrichtung auszudehnen vermag, weil der elastische Schlauch *1* seiner ganzen Länge nach mit dicht aneinander liegenden Messingringen *2* umgeben ist. Von letzteren ist jeder fünfte Ring *2'* mit vier kleinen Ansätzen zur Führung in *5* versehen. Das Ganze ist mittels des Umhüllungsrohres *5* durch die Muffe *6* an das Ventilgehäuse *7* angeschraubt. Bei der Bewegung des Rohres *1*, *2* wird mit Hilfe des Rohres *4* und der Kugel *9* das Ventil und damit der Durchgang

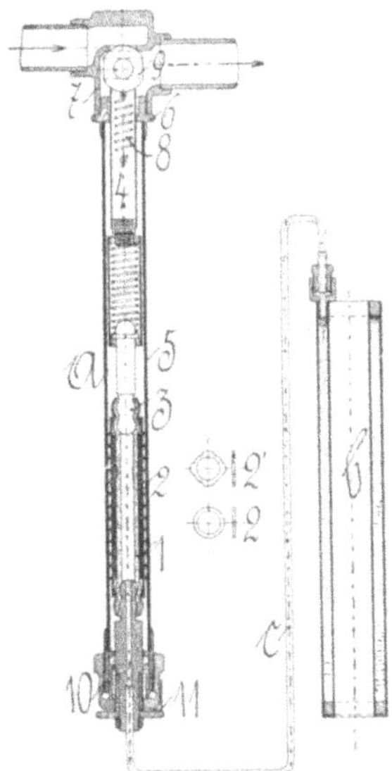

Abb. 345.

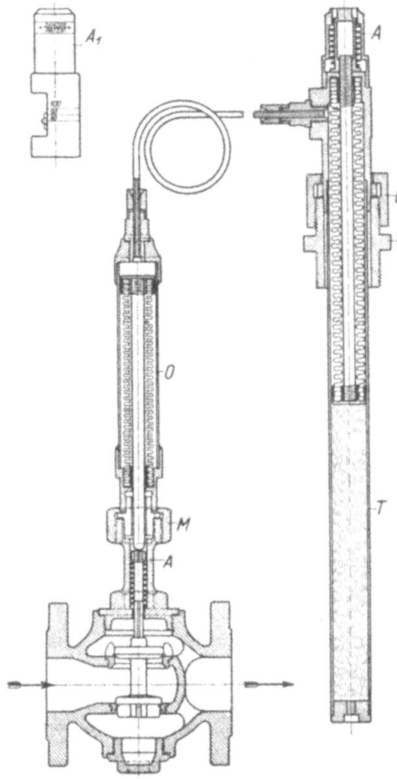

Abb. 346.

für das Heizmittel entsprechend geschlossen oder geöffnet. Die schwache Spiralfeder *8* an der Ventilkugel *9* hat den Zweck, diese bei ganz niedrigem Drucke zurückzuziehen, wenn sich der Gummischlauch *1* zusammenzieht. Bei stärkerem Drucke des Heizmittels, des Dampfes, ist *8* nicht erforderlich. Die Schraubenverbindungen bei *10* dienen zum Einstellen des Apparates mittels des Index *11*. Die Temperatoren regeln den Dampf- bzw. Heizwasserdurchgang bei einer Temperaturschwankung des den Ölbehälterring *b* umgebenden Wassers um $1 \div 2^0$ in $\sim 1 \div 2$ min.

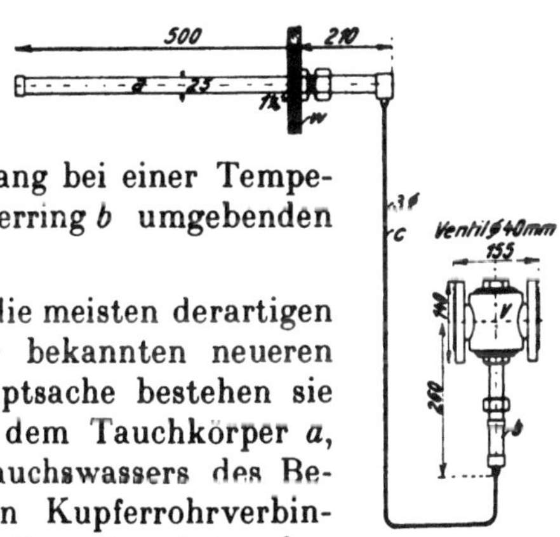

Abb. 347.

Auf demselben Prinzip beruhen die meisten derartigen Apparate, wie u. a. die jetzt sehr bekannten neueren Samson-Regler (Abb. 346). Zur Hauptsache bestehen sie also nach Abb. 347 (Samson) aus dem Tauchkörper *a*, auf welchen die Wärme des Gebrauchswassers des Behälters *w* einwirkt, aus der dünnen Kupferrohrverbindungsleitung *c* und aus dem in *b* liegenden federnden Metallschlauch, der ein Ventil *V* im Durchflußwege des

Heizmittels betätigt. Die gegen Temperaturschwankungen äußerst empfindliche Füllflüssigkeit bzw. Füllmasse, die sich in der Metallhülse des Tauchkörpers befindet, ist meist Öl oder Äther.

Den Einbau in einen liegenden Boiler gibt Abb. 348 an. Beachtenswert ist hier der Samson-Schmutzfänger *F* (Abb. 349). Die stehenden

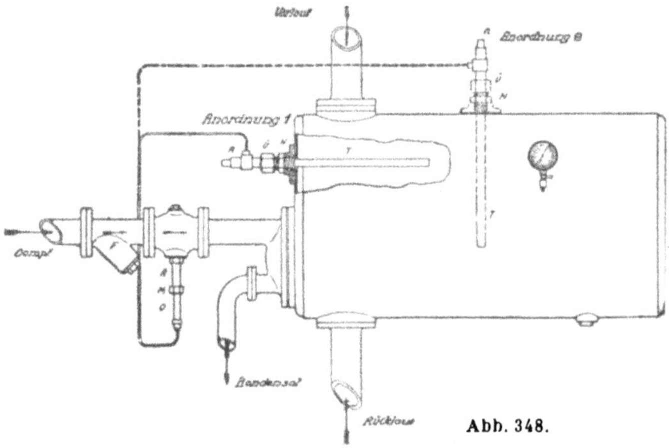

Abb. 348.

Boiler gestatten nach Abb. 350 eine gedrängtere Anordnung.

Die Tauchkörperregler, mit Druckwasser oder Druckluft arbeitend, sind amerikanischen Ursprungs. Sie verlangen zur Betätigung eine Kraftquelle als Druckwasser oder Druckluft von ~ 1 atü. Dieser Umstand kann zu Unbequemlichkeiten und Umständlichkeiten führen, bietet dafür aber die Vorteile der Dauerfunktion und Regelung bei $0{,}1 \div 20$ atü Dampfdruck. Kann auch der Druckwasserverbrauch mit 7 l/h gering erachtet werden, so ist aber dauernd mit Betriebskosten zu rechnen, falls das abfließende Wasser nicht restlos verwertet wird.

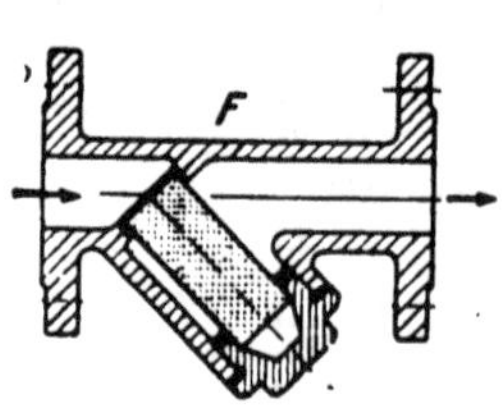

Abb. 349.

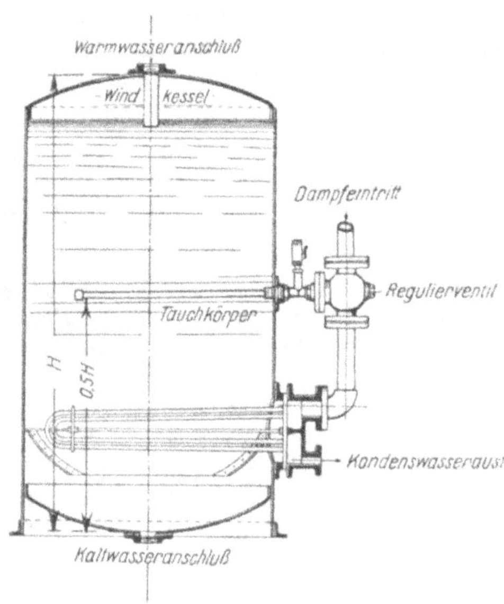

Abb. 350.

Die Gesellschaft für selbsttätige Temperaturregelung, Berlin, bringt nach Abb. 351 einen nach dem amerikanischen System Johnson konstruierten Regler in den Handel, der auf den ersten Blick hin etwas kompliziert aussieht, jedoch einfach wirkt und auch schon bei 1° Temperaturschwankung schnell arbeitet. Der Apparat besteht zur Hauptsache aus dem eigentlichen Thermostaten *a* und dem Membranventile *b*. Der Tauchkörper *i* des Thermostaten *a* steuert durch den Hebel *h* eine Wasserausflußöffnung o_1 derart, daß bei zu niedriger Wassertemperatur die Öffnung o_1 geöffnet und bei zu hoher geschlossen ist. Ist o_1 geschlossen, dann drückt der Wasserleitungsdruck den Kolben *k* nach unten, und es tritt Druckwasser aus der Zuleitung *1* durch o_2 in die Ableitung *2*, welche das Druckwasser in Raum *f* des Membranabsperrventiles *b* leitet, wodurch der Ventilteller *c* auf den Sitz *d* gedrückt wird und damit den Durchgang des Heizmittels, des Dampfes, von *3* nach *4* abschließt. Ist o_1 geöffnet, dann geht *k* zurück, das Druckwasser fließt aus *f* durch *2* und o_2 nach o_3 aus und durch *5* ab, das Membranventil öffnet sich durch den Druck der Feder *g*. Die Einstellung einer bestimmten Wassertemperatur erfolgt durch die Regulierschraube *r*, welche durch Änderung des Abstandes des Hebels *h* von o_1 das Membranventil *b* früher oder später öffnet.

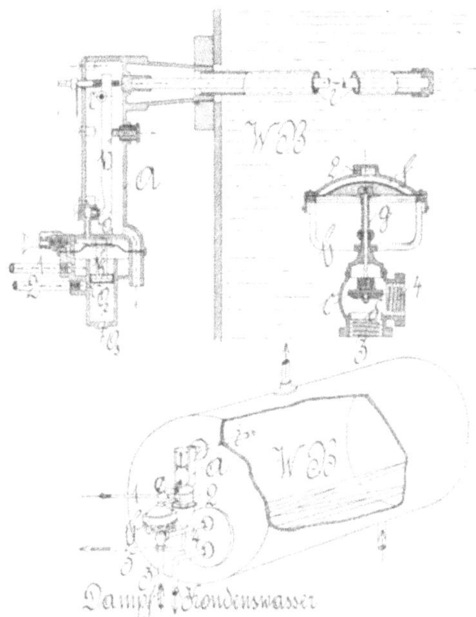

Abb. 351.

Eine Vereinfachung hat der Thermostat in seinem unteren Teile nach Abb. 352 durch die Einfügung der Regulierschraube r_1 (*5*) erfahren.

Der unter elektrischem Einflusse arbeitende Tauchkörperregler besitzt bei geringem Stromverbrauche die Vorteile einer dauernd hohen Empfindlichkeit und Genauigkeit bei Wassertemperaturen von 40÷100°, jahrelanger großer Betriebssicherheit, da abnutzende oder verändernde Teile, wie Federn, Membranen, Stopfbüchsen usw. nicht vorhanden sind, ferner einer Unbeeinflussung durch starke Erschütterungen auf das ganze Funktionieren.

Der Tauchkörper *a* Abb. 353 arbeitet im Zusammenhange mit einem Elektroregulierventil *b*, das an beliebiger Stelle in die Dampfzuleitung *d* eingebaut wird. Die Einstellung auf die gewünschte Temperatur erfolgt

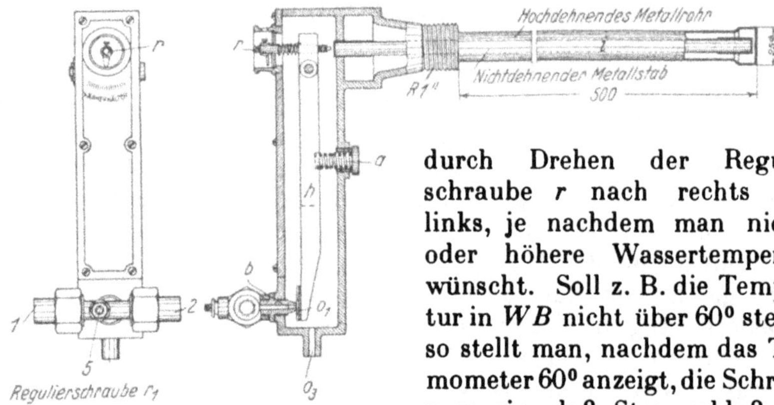

Abb. 352.

durch Drehen der Regulierschraube r nach rechts oder links, je nachdem man niedere oder höhere Wassertemperatur wünscht. Soll z. B. die Temperatur in *WB* nicht über 60° steigen, so stellt man, nachdem das Thermometer 60° anzeigt, die Schraube r so ein, daß Stromschluß entsteht, wodurch sofort das Schliessen des Elektroventiles b erfolgt und somit die Dampfzufuhr abgestellt wird. Es wirkt nun der Regler ohne weiteres Zutun, d. h. beim Sinken der Temperatur um nur 0,1° unter 60° öffnet der Apparat selbsttätig und er schließt, sobald das Wasser wieder eine Wärme von 60° erreicht hat. In b befindet sich ein Elektromagnet, dessen untere Polplatte die Ventiltellerspindel anzieht oder freigibt. Die Apparate sind für Gleichstrom und Wechselstrom geeignet.

c) Die Regler für die Einhaltung eines festgesetzten Dampfdruckes.

Diese Regler kommen für Niederdruckdampfkessel in Frage und tragen an sich mehr den Charakter einer Sicherheitsvorrichtung als eines Regulierapparates. Ihr Einbau hat den Zweck, die Spannung des Dampfes auf ein zweckdienliches Maß herabzusetzen und eine festgesetzte Grenze nicht überschreiten zu lassen.

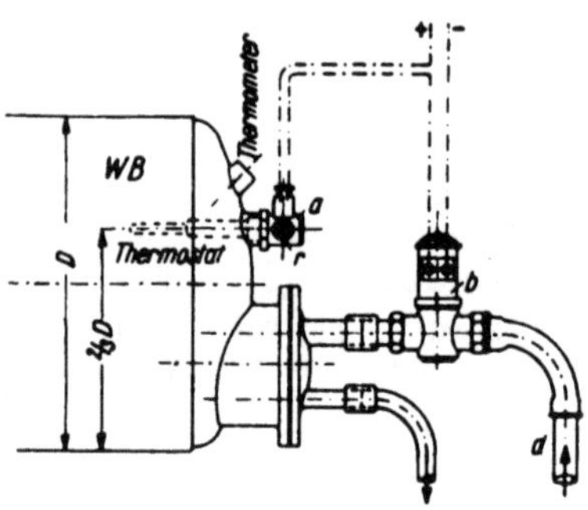

Abb. 353.

Nach § 1 der »Allgem. pol. Bestimmungen über die Anlegung von Landdampfkesseln« sind diesen nicht unterworfen:

»3b. Kessel, die mit einer Einrichtung versehen sind, welche verhindert, daß die Dampfspannung 0,5 atü übersteigen kann (Niederdruckkessel). Als Einrichtungen dieser Art gelten:

a) ein unverschließbares, vom Wasserraum ausgehendes Standrohr von nicht über 5000 mm Höhe und mindestens 80 mm Lichtweite;

β) ein vom Dampfraum ausgehendes, nicht abschließbares Rohr in Heberform oder mit mehreren auf- und absteigenden Schenkeln, dessen aufsteigende Äste bei Wasserfüllung zusammen nicht über 5000 mm, bei Quecksilberfüllung nicht über 370 mm Länge haben dürfen, wobei die Lichtweite dieser Rohre so bemessen werden muß, daß auf 1 m^2 Heizfläche (wasserberührte) ein Rohrquerschnitt von mindestens 350 mm^2 entfällt. Die Lichtweite der Rohre muß mindestens 30 mm betragen und braucht 80 mm nicht zu übersteigen;

γ) jede andere von der Zentralbehörde des zuständigen Bundesstaates genehmigte Sicherheitsvorrichtung.«

Weiter heißt es in einem Erlaß vom 22. Mai 1925 über »Ausrüstung und Überwachung dampfgeheizter Warmwasserbereiter« u. a.:

»I. Warmwasserbereiter, die im Anschluß an Niederdruckdampfkessel betrieben werden und deren Heizdampf infolgedessen 0,5 atü nicht überschreiten kann, sind von dem Geltungsbereich der Dampffaßverordnung ausgenommen.

»II. Wird der Heizdampf für Warmwasserbereiter aus Dampfanlagen, deren Betriebsdruck mehr als 0,5 atü betragen kann, entnommen, aber vor Eintritt in den Warmwasserbereiter auf 0,5 atü oder darunter entspannt, so ist in sinngemäßer Anwendung der § 2 Ziff. 5[1]) der Dampffaßverordnung nachzuweisen, daß der Überdruck des Heizdampfes im Warmwasserbereiter 0,5 atü nicht übersteigen kann. Die Sicherung gegen Überschreiten des zulässigen Druckes kann erfolgen:

a) durch ein offenes, nicht verschließbares Rohr oder durch ein Standrohr in der Dampfzuleitung,

b) durch ein in die Dampfleitung eingebautes zuverlässiges Sicherheitsventil; dabei hat die Berechnung der Wandstärken nach den Bauvorschriften für Dampfkessel zu erfolgen.

So ausgerüstete Warmwasserbereiter sind nach befriedigender Abnahmeprüfung von den Bestimmungen der Dampffaßverordnung befreit.

Dampfbeheizte Warmwasserbereiter, die mittels Rohrschlangen od. dgl. beheizt werden, müssen am Wasserraum ein Sicherheitsventil mit unmittelbarer Gewichtsbelastung und seitlichem Abfluß erhalten.«

Demgemäß sind also die Niederdruckdampfkessel als Wärmequelle und die eigentlichen Warmwasserbereiter mit Sicherheitsventilen bzw. Standrohren auszurüsten.

[1]) § 2 Ziff. 5 der Dampffaßverordnung vom 5. 3. 1913: »Dampffässer, die mit der Atm. durch ein offenes, nicht verschließbares Rohr oder durch ein Standrohr mit Wasser- oder Quecksilberfüllung in Verbindung stehen, so daß die Spannung im Beschickungsraum — oder bei offenen Kochgefäßen im Dampfmantel — 0,5 atü nicht übersteigt«, sind von der Bestimmung der Dampffaßverordnung befreit.

Die **Sicherheitsventile** sind in ihrer Konstruktion als bekannt vorauszusetzen. Kessel mit $p > 1{,}5$ ata haben regelrechte Hochdruckventile als **Hochhub- und Vollhubsicherheitsventile** zu erhalten. Alle Sicherheitsventile sind gegen unbefugte Änderung der Belastung und gegen Frost zu schützen.

Wie bei der Regelung des Kaltwasserdruckes stehen auch hier die **Dampfdruck-Verminderungsventile** in direkter Beziehung zu den eigentlichen Sicherheitsventilen. Es ist ja in vielen Fällen Hochdruckdampf vorhanden, der für die Warmwasserbereitung zuvor auf eine zulässige Spannung herabzudrücken und in dieser Höhe konstant zu erhalten ist. Die Konstruktion ist eine äußerst mannigfache.

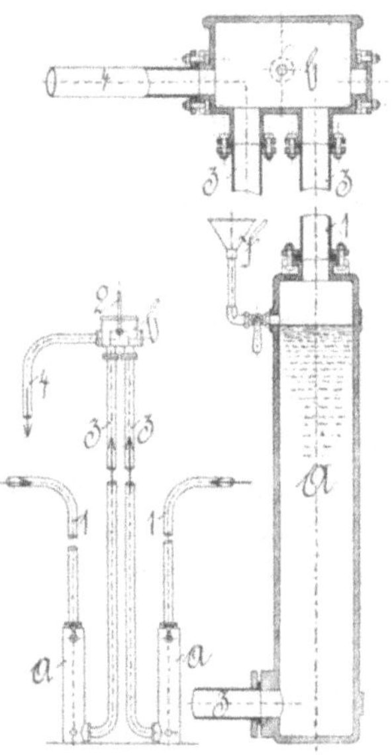

Abb. 354.

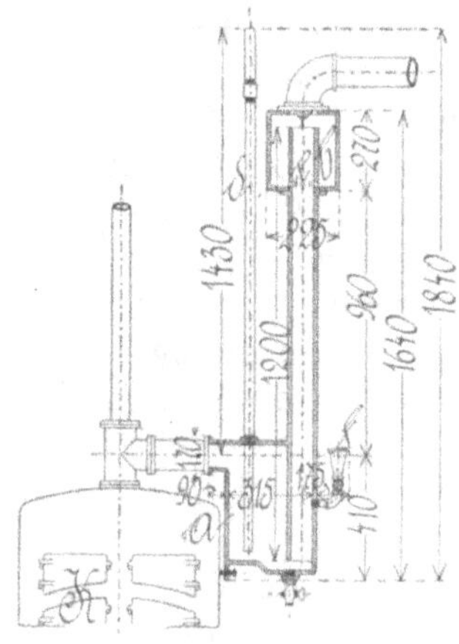

Abb. 355.

Das **Standrohr**[1]) ist die gebräuchlichste und gegebenste Sicherheitsvorrichtung der Niederdruckdampferzeuger und -verwerter. Für die Konstruktion nutzt man fast ausschließlich die Gesetzesziffer 3bβ aus, d. h. man bildet zur Erreichung geringer Bauhöhen die Standrohre ein-, mehrschenklig[2]) oder in entsprechend anderer Form aus. Gemäß dieser Ziffer wird man also benötigen:

bei einer wasserberührten Heizfläche bis zu:

2,6 3,5 5,5 9,6 11,0 13 über 13 m²,

[1]) **Rybke**: »Etwas über Standrohre.« Haustechnische Rundschau, 32, Heft 35, 1927.

Schmidt: »Die Verwendung von Standrohren bei Niederdruckdampfkessel-Anlagen.« Haustechnische Rundschau, 34, Heft 9, 1929.

[2]) Dr. **Deimlein**: »Über die Bemessung von mehrschenkligen Überdruck- und Vakuum-Überdruck-Standrohren.« Zeitschr. d. Bayer. Rev.-Ver. XXXI, Heft 6, 1927.

einen Standrohrdurchmesser von:

34 39,5 49,5 65,5 70 76 82 mm.

In der Praxis nimmt man allgemein meist einen lichten Standrohrdurchmesser von:

50 mm für Kessel bis zu 6 m² Heizfläche,

80 » » » über 6 m² »

Man hat Gefäß- und Rohr-Standrohre.

Von den Gefäßstandrohren geben Abb. 354, 355 einige Beispiele. Abb. 354 zeigt die Anordnung und Zusammenführung zweier Standrohrgefäße *a* von zwei Niederdruckdampfkesseln nach einem Sammelgefäß *b* mit Überlauf 4. Es sind *a* und *b* in Abb. 354 nochmals als Details dargestellt. Der Dampf drückt durch *1* kommend, auf das im Gefäß bis zum Fülltrichter *f* angefüllte Wasser und treibt dasselbe bei Überdruck in die aufsteigende Rohrleitung *3* hoch und durch *4* aus. Das Gefäß *a* entspricht im Inhalt einer 5 m langen Rohrleitung von 82 mm Durchmesser. Nach Abb. 355 fließt das Sperrwasser vom Behälter *b* durch die Löcher *e* in das Gefäß *a* zurück. Die weiteren Ausführungen Abb. 356, 357 sind Rohrstandrohre, bei denen das bei Überdruck ausgestoßene Wasser durch das Füllrohr *e* zurückfließt.

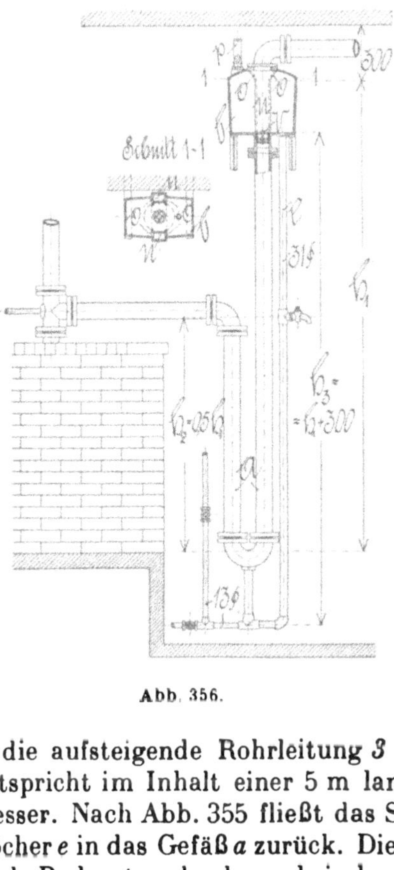

Abb. 356.

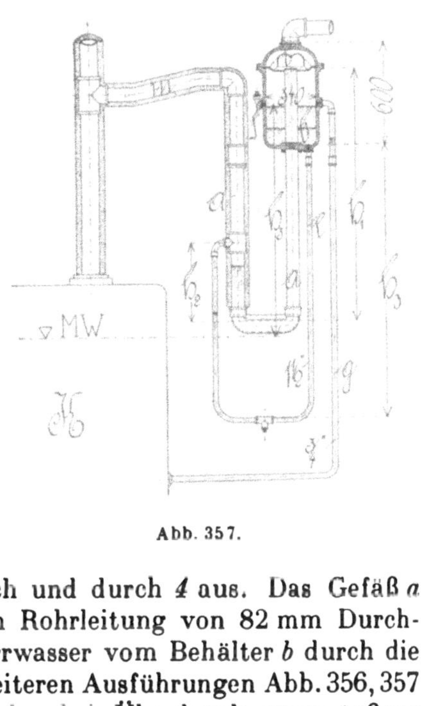

Abb. 357.

Bei der Konstruktion Abb. 356 tritt das Sperrwasser durch die Seitenkanäle *n* und die Löcher *o* in das Gefäß *b* und von dort durch ein Ventil *V* und *e* (wenn kein Überdruckrohr *e* vorgesehen wird, nur durch *V*) zurück. Es ist p eine Alarmpfeife, welche solange, als ein Überdruck vorhanden ist, ertönt. Beide Arten werden mit und ohne Überschütttopf ausgeführt.

Für gewöhnliche normale Überschüttöpfe b aus Gußeisen genügen bei einer

Kesselheizfläche bis	6,0	8,5	11,0	über 11,0 m²,
ein Topfdurchmesser	310	310	310	310 mm,
eine Topfhöhe	450	500	510	530 mm,
ein l. Anschluß	51	60	70	82 mm.

Zuverlässige Standrohreinrichtungen arbeiten derart, daß sie bei einem Überdrucke von $\sim 200 \div 250$ mm WS über Normaldruck den überschüssigen Dampf solange abblasen lassen, bis der Normaldruck wieder erreicht ist. Demgemäß sind z. B. bei der Kaiserslauterner Einrichtung (Abb. 357) die Rohrhöhen bemessen. Ist:

h = norm. Druckhöhe $= \sim 500 \div 1200$ mm, entspr. $0{,}05 \div 0{,}12$ atü,
h_x = erhöht. Überdruck $= \sim 200$ mm für $h \leq 500$ mm,
$= \sim 200 \div 300$ mm für $h = 500 \div 1200$ mm,

so ist die Auswurfhöhe:

$$h_1 + h = h_x.$$

Damit das überschüssige Wasser auch beim Auswerfen der Standrohreinrichtung, wenn der Druck h_1 besteht, in den Kessel zurückfließt, muß jene so hoch über mittleren Kesselwasserstand MW gesetzt werden, daß eine Mindesthöhe:

$$h_3 = h_1 + 100 \text{ mm}$$

erreicht wird. Es beträgt dabei $h_2 = 0{,}25\, h_1$.

Bei Inbetriebsetzen wird in den Füllstutzen f solange Wasser eingegossen, bis selbiges sichtbar wird, worauf der Gewindestopfen abgedichtet und eingeschraubt wird.

Damit der Wasserstand in den Standrohrschenkeln a durch Zufluß von Kondenswasser nicht nachteilig erhöht wird, so ist das von der Dampfleitung abzweigende Verbindungsrohr, wie m in Abb. 357, möglichst steigend anzuordnen, oder es ist nach Abb. 358 ein Entwässerungsrohr r in die Kondensleitung zu führen.

Wie schon oben bei den Zugreglern vermerkt, können die Standrohre auch mit Schwimmern ausgerüstet werden, die auf die Klappen der Zugreglung hinwirken. Dadurch erfüllt ein Apparat zwar zwei Zwecke; für die Sicherheit des ganzen Systems ist jedoch eine Trennun beider Einrichtungen wünschenswerter. Zu der Ausführung Abb. 341 mögen noch zwei weitere nach Abb. 358 und 359 hinzutreten.

Das Regulatorgefäß der Abb. 358 ist zugleich Überschüttopf, so daß die Frischluftklappe bei Überdruck geschlossen wird. Eine genaue Druckeinstellung ist dadurch möglich, daß das Gefäß des Schwimmers s durch die Leitung g direkt an die Kondensleitung c oder an den Kessel angeschlossen wird. Außer den bekannten Bezeichnungen wie oben bedeuten: V_1 = Probierhahn, V_2 = Füllhahn und V_3 = Entleerung für das Standrohr. Die Abb. 359 zeigt die Einwirkung des Regulatorschwimmers s auf die Zuluftklappe l_1 und die Gegenluftklappe l_2 im Kamin o. Letztere kann bei sonstiger richtiger Disposition und Ausführung überflüssig sein.

Bei Konstruktion und Einbau aller dieser Standrohreinrichtungen ist zu beachten, daß der Betriebsdruck nicht dem Abblasedruck gleichkommt. Letzterer liegt, da ja der Dampf erst noch Kraft zur Erreichung der freien Ausblaseöffnung äußern muß, etwa 0,2 atü höher als der Betriebsdruck. Also fängt bei einem Betriebsdruck von:

0,10   0,125   0,15   0,20   0,25 atü usw.

der Dampf an abzublasen erst bei:

0,12   0,145   0,17   0,22   0,27 atü usw.

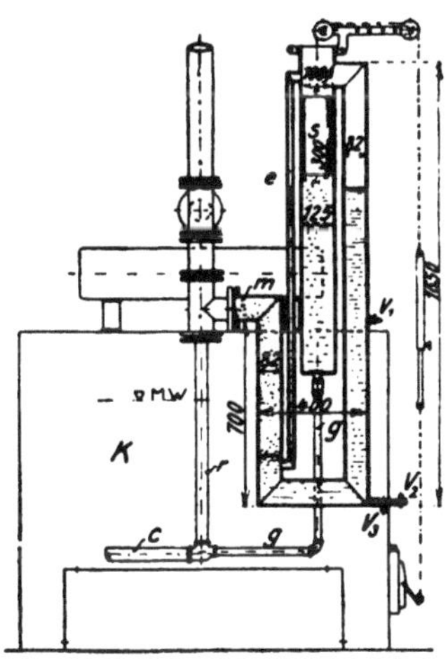

Abb. 358.

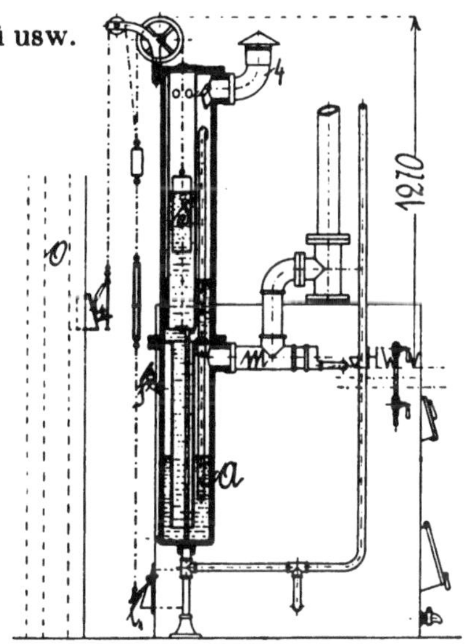

Abb. 359.

und drückt den ganzen Wasserinhalt bei weiteren ∼0,04 atü in den Wassersack.

Bei Benutzung der neuzeitlichen Sicherheits-Standrohreinrichtungen und niedrigem Druck genügen in vielen Fällen die Räume mit normalen Bauhöhen zum Unterbringen des Kessels mit der gesamten Apparatur. Dagegen werden sich manchmal Kesselvertiefungen unter Fußboden (Kellersohle) nötig machen, besonders wenn die Kondensleitungen unterhalb der Dampfleitung angeordnet und als Entlüftungsleitungen mitbenutzt werden. Es müssen erstere mindestens 100 mm höher als die Auswurfhöhe des Standrohrgefäßes zu liegen kommen. Hiernach richtet sich in erster Linie die vertiefte Aufstellung des Kessels. Ist also gemäß Abb. 360:

p = höchster gewünschter Betriebsdruck in atü;
h = höchster gewünschter Betriebsdruck in mm WS,
= $10000 \cdot p$ in mm WS;

h_x = erhöhter Überdruck = 200÷300 mm WS;
h_1 = Auswurfhöhe über MW in mm, $= h + h_x$;
a = Höhe des mittleren Wasserstandes (MW) über Kesselsohle, durch Firmenkataloge gegeben;
$m \geq 100$ mm, entsprechend der Bedingung für sichere Entlüftung;
n = Abstand von Mitte der Deckenkondensleitung bis Deckenfläche des Raumes in mm, bautechnisch durch den Boilerdurchmesser und die Anschlüsse bedingt;
H = lichte Raumhöhe (Kellerhöhe) in mm,

so ist:

$$H_1 = (h_1 + a + m + n) - H \text{ in mm} \quad . \; . \; . \; . \; . \quad (35)$$

Fällt H_1 positiv aus, so ist die Kesselsohle um das Maß H_1 unter Bodenfläche des Kesselraumes zu legen.

Der Kondenswasserablaufstutzen am Boiler muß also mindestens um das Maß $h_1 = h + h_x$ über MW des Kessels liegen.

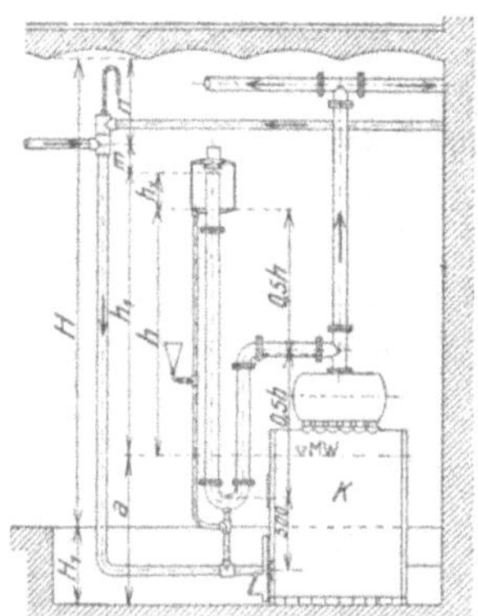

Abb. 360.

Beispiel. In der Kesselanlage nach Abb. 360 soll der höchste Betriebsdruck 0,1 atü nicht überschreiten; die Kondensleitung dient mit zur Entlüftung. Der mittlere Wasserstand liegt 1200 mm über Kesselsohle, die lichte Raumhöhe beträgt 2,5 m.

Mit $p = 0{,}1$ atü ist:

$$h = 10000 \cdot p = 10000 \cdot 0{,}1 = 1000 \text{ mm WS}$$

und mit $h_x = 250$ mm,

$$h_1 = h + h_x = 1000 + 250 = 1250 \text{ mm}.$$

Wählt man $m = 120$ mm, und wegen guter Verlegung der Dampfleitung $n = 300$ mm, so ist nach Gleichung (35) die Kesselsohle um:

$$H_1 = (h_1 + a + m + n) - H = (1250 + 1200 + 120 + 300) - 2500,$$
$$H_1 = 270 \text{ mm}$$

unter Fußboden zu legen.

Während bei Niederdruck das Kondenswasser als Speisewasser dem Kessel direkt wieder zugeleitet werden kann, ist bei mittlerem und hohem Dampfdrucke in die Kondensleitung ein Niederschlagswasserableiter als Kondenstopf oder in anderer bekannter Konstruktion einzubauen, damit nur Kondenswasser, nicht Dampf abfließt.

d) Die Regler für die Ausgleichung der Volumänderung des Wassers.

Das Wasser dehnt sich bei Erwärmen aus, es vergrößert sein Volumen. Das in einem System von Röhren und Apparaten eingeschlossene

Wasser muß sich daher, um kein Zersprengen von Konstruktionsteilen und kein Beschädigen von Lebewesen und Gegenständen hervorzurufen, an irgendeiner Stelle des Systems frei ausdehnen können. Dieser Vorgang ergibt sich in größtem Maße beim Anheizen. Es sind daher Vorkehrungen zu treffen, wodurch ein Ausgleichen der Volumänderung sowohl des Heizwassers als auch des Gebrauchswassers ermöglicht wird. Diesbezügliche Regler können derart beschaffen sein, daß sie einmal einen Kontroller für den Normalwasserstand im System bilden, ferner letzterem selbsttätig Wasser zuführen, wenn dies bei Abkühlung unter den Normalwasserstand zu sinken droht, und schließlich als Nachfüllstellen dienen.

1. Die Ausdehnungsregelung des Heizwassers.

Das Heizwasser findet sich bei der indirekten und direkten Erwärmung des Gebrauchswassers durch Warmwasserheizung. Bei ersterer füllt es das in sich geschlossene System des Warmwasserkessels, der Zirkulationsleitung und des Heizeinsatzes aus.

Die Ausdehnungsregelung erfolgt für gewöhnlich durch den offenen Wasserbehälter mit oder durch ein besonderes Ausdehnungsgefäß, dessen Verbindungsleitung mit dem Systeme von einem höchsten Punkte

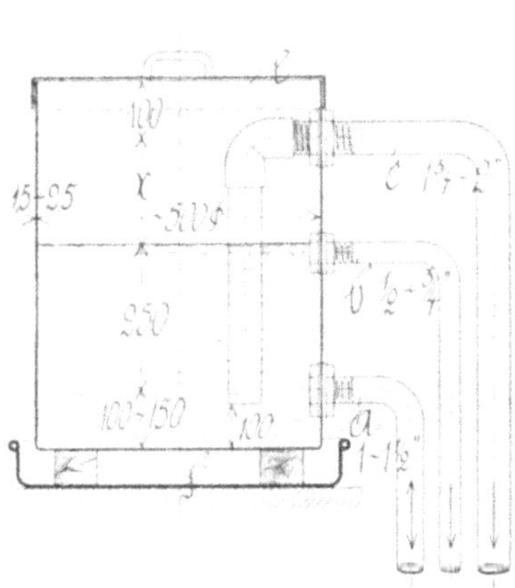

Abb. 361.

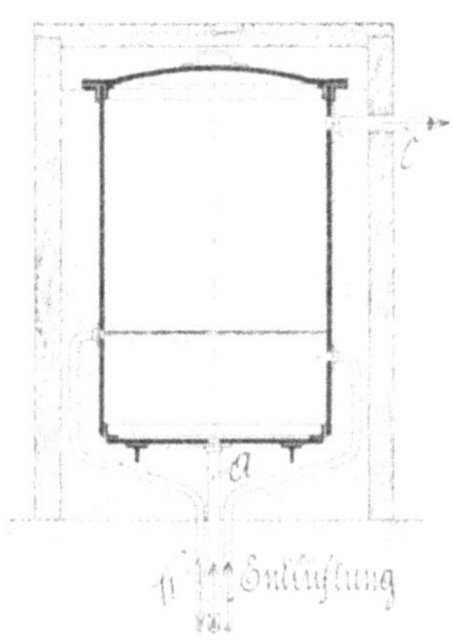

Abb. 362.

des letzteren abzweigt, damit das Gefäß zugleich zur Entlüftung und zur Aufnahme etwaiger Dampfblasen dienen kann. Erfolgt die Nachfüllung des Zirkulationssystems vom Ausdehnungsgefäß aus, so verbindet man selbiges mit dem tiefsten Punkte der Rücklaufleitung und zweigt von der höchsten Stelle des Steigrohres ein Luftrohr oder Überkochrohr ab, das im Bogen über dem Gefäße oder einem Behälter ausmündet.

Für die Ausdehnungsgefäße gelten im allgemeinen die preußischen Gesetzesbestimmungen vom 5. 6. 1925, die besagen unter den Ziffern:

»C 1. Das Ausdehnungsgefäß ist mit einem Deckel und einer unabsperrbaren Entlüftungsleitung zu versehen. Letztere muß mindestens eine nach Gl. (30) zu bemessene lichte Weite haben.

C 2. Das Ausdehnungsgefäß ist durch Verkleidung gegen Einfrieren zu schützen, sofern nicht die örtlichen Verhältnisse die Gefahr des Einfrierens ausschließen.

B 4. Die tunlichst von oben in das Ausdehnungsgefäß einzuführende Sicherheitsausdehnungsleitung muß ebenso wie die Entlüftungsleitung oberhalb des höchsten Wasserspiegels einmünden, die Sicherheitsrücklaufleitung ist am tiefsten Punkte des Ausdehnungsgefäßes anzuschließen.«

Die Gefäße werden mit einem (Abb. 361 und 362) oder zwei (Abb. 363) festen Böden aus Schwarzblech geschweißt, im Vollbade verzinkt oder gestrichen. Die Gefäße mit losen Deckeln gestatten bessere Aufsicht und Reinigung. Die geschlossenen dagegen verhindern eine Verschmutzung und innere Verstaubung.

In Abb. 361 und 362 sind *a* das Expansionsrohr, *b* das Signalrohr, das häufig fortfällt, *c* der Überlauf und *f* eine Tropfschale. Die Höhe *x* ist entsprechend der Wassermenge, deren Ausdehnungsvolumen aufgenommen werden soll, festzulegen (s. unten). Können durch *c* Gerüche in den Raum treten, so ist es, wie in Abb. 361 angedeutet, unter Normalwasserspiegel zu krümmen. Gebräuchliche Größenverhältnisse gibt Tabelle 59 an.

Tabelle 59.

Runde und eckige Ausdehnungsgefäße.

Inhalt in l	Gefäßmaße in mm			Blechstärken in mm			Rohranschlüsse	Ungefähres Gewicht in kg
	Durchmesser des runden G.	Seitenlänge des quadr. G.	Höhe	Mantel	Böden	Deckel (wenn vorhanden)		
25	250	225	500	1,25	1,50	1,00		5,0
35	300	265	500	1,25	1,50	1,00		6,5
50	350	310	525	1,25	1,50	1,00		8,5
75	400	350	600	1,25	2,00	1,00	Nach	9,5
100	400	350	800	1,50	2,00	1,00	gesetz-	12,0
125	500	450	625	1,50	2,25	1,00	lichen	15,0
150	500	450	765	1,50	2,25	1,00	Bestim-	19,0
200	500	450	1020	1,75	2,50	1,00	mungen	24,0
250	500	450	1250	1,75	2,50	1,00		30,0
300	620	550	1000	1,75	2,50	1,00		36,0
350	620	550	1160	1,75	2,50	1,00		40,0
400	650	565	1250	2,00	2,50	1,00		48,0
500	700	620	1300	2,00	2,50	1,00		60,0
600	740	670	1340	2,00	2,50	1,00		72,0

Die Abb. 363 und 364 geben die Anschlüsse der Sicherheitsleitungen an. Die Höhe y des Entlüftungsrohres e von c ist möglichst groß, etwa ~ 1 m vorgesehen, muß jedoch meist wegen baulicher Beschränkungen weit niedriger bemessen werden.

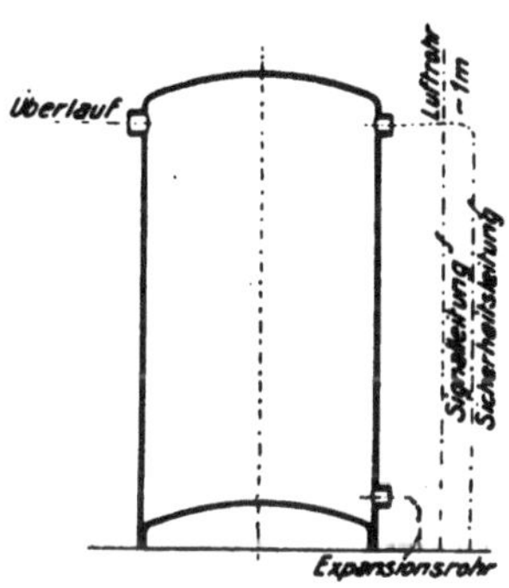

Abb. 363.

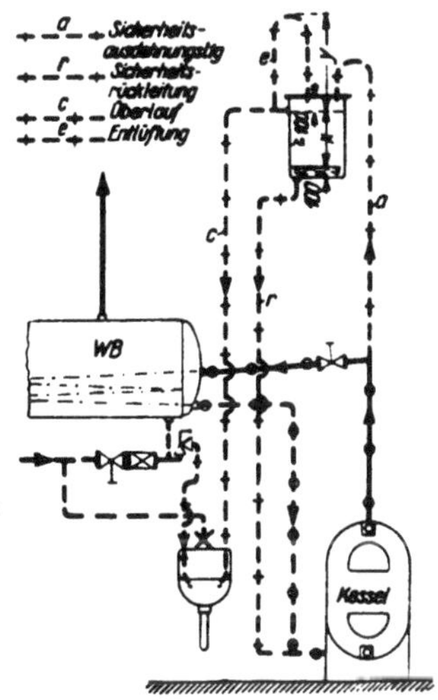

Abb. 364.

Eine besondere Ausdehnungsvorrichtung unter Fortfall des Ausdehnungsgefäßes brachte seiner Zeit als einer der ersten, Junk, Berlin. Er war dabei von den Erwägungen ausgegangen, daß die Volumausdehnung von dem Grade der Erwärmung abhängig ist und Heizwasser und Gebrauchswasser ganz verschiedene Temperaturen besitzen. Zu diesem Zwecke befindet sich in dem Boiler Abb. 365 eine Schlange a, die an ihrem Krümmungsteil ein vorn offenes Rohr b abzweigt, das als Ausdehnungsrohr dient. Dies ist so groß bemessen, daß es das durch Ausdehnung vergrößerte Volumen des Zikulationswassers zu fassen vermag. Bei Abkühlung tritt das Wasser zurück und dafür Gebrauchswasser vom Boiler aus ein, welch letzteres dann bei Ausdehnen wieder von jenem in den Boiler herausgedrückt wird usw.

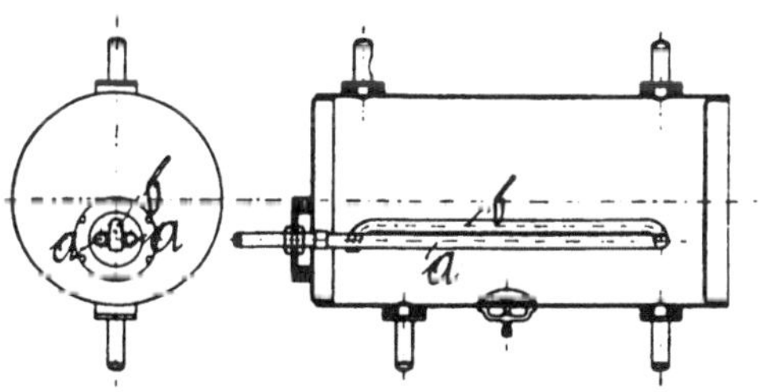

Abb. 365.

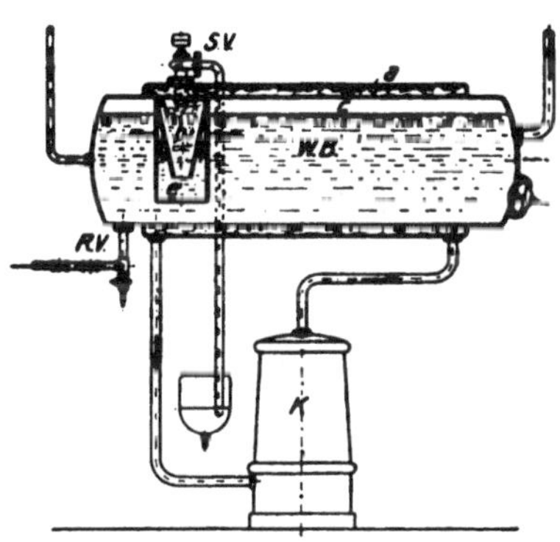

Abb. 366.

Diese Ausführung, welche theoretisch wohl ganz richtig war, aber praktisch doch nicht stets einwandfrei arbeitete, führte zu weiteren Konstruktionen, bei denen dann wieder der Grundtyp des Ausdehnungsgefäßes hervortritt und die größere, also auch sicherere Volumausdehnungen zulassen. Besonders erwähnenswert ist die Konstruktion der Ideal-Ges., Kiel, bei der gemäß Abb. 366 das Ausdehnungsgefäß in einen Mantelboiler eingebaut ist. Im Aufheizen tritt das vergrößerte Volumen des Heizwassers aus der Mantelheizkammer *a* in den inneren Trichterraum *b* des Ausdehnungsbehälters *e* ein und beim Erkalten aus diesem in die Heizkammer zurück. Die Trennung des Heizwassers im Mantelraum *a* von dem zu erwärmenden Gebrauchswasser im Behälter *WB* erfolgt wieder auf Grund der Temperaturunterschiede der beiden Wässer.

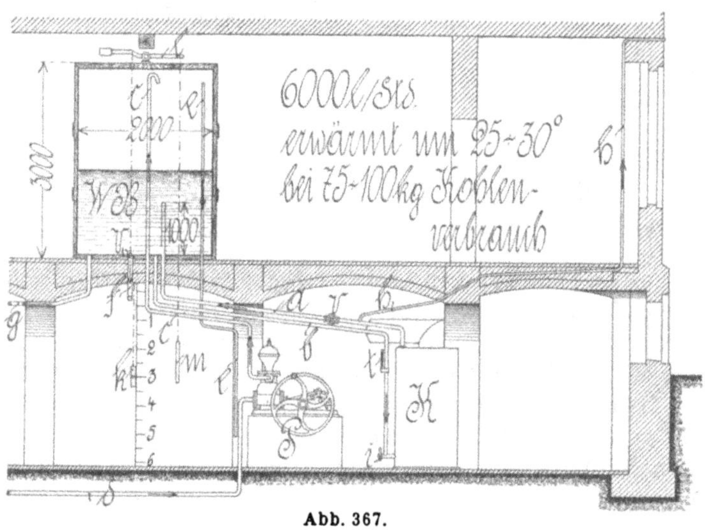

Abb. 367.

Verstärkt wird die abschließende Wirkung im Expansionsbehälter dadurch, daß letzterer in die kältesten Wasserschichten des Gebrauchswasserbehälters eintaucht sowie durch die Trichter- und Doppelkammeranordnung des eigentlichen Ausdehnungsgefäßes. Der Inhalt des Gefäßes ist so groß bemessen, daß er mehr als die doppelte Menge des durch Expansion im Höchstfalle aus dem Mantelraume verdrängten Wassers aufnimmt. Die im Luftraum *c* als Puffer wirkende Luft mildert alle etwa auftretenden Wasserschläge. Der Luft-Expansionsraum ist wiederum so groß, um auch das beim Aufheizen vergrößerte Volumen Wasser aufzunehmen, wenn in der Anheizperiode den Zapfstellen kein Wasser entnommen wird oder die Wasserleitung abgestellt ist. Steht der Behälter unter Wasserleitungshochdruck, so wird noch ein Sicherheitsventil *SV* aufgebaut, das bei 5 atü abbläst. Bei Niederdruck tritt an seine Stelle eine zum Schwimmerspeisegefäß führende Luftleitung.

Praktische Versuche an derartigen Einrichtungen mit gefärbtem Heizwasser haben ergeben, daß der Farbstoff auf das Gebrauchswasser nicht übertragen wird. Trotzdem ist solche Einrichtung für Genußwasser nicht gutzuheißen.[1])

Zuweilen ordnet man bei direkter Erwärmung einen Warmwasserbehälter an, der neben seiner Eigenschaft als Aufspeicherer zugleich als Ausdehnungsregler für das Kesselheizwasser mitdient.

Bei dem offenen Warmwasserbehälter *WB* mit direkter Erwärmung in der Abb. 367, eine einfache ältere Anlage für ein Kasernenbad, wird das Steigrohr *a* des Wasserheizkessels *K*, sobald das Wasser in *WB* die gewünschte, am Thermometer *t* abzulesende Temperatur ($\sim 35^0$) erreicht hat, durch das Absperrventil *V* geschlossen. Um dann aber keinen Überdruck im Kessel *K* zu erhalten, und um dem Wasser noch nachträglich freie Ausdehnung zu gestatten, ist ein Sicherheitsausdehnungsrohr *h* zwischen *K* und *V* von *a* abgezweigt und entsprechend der Druckhöhe an der Decke des oberen Geschosses ins Freie gemündet[2]).

Die Signalleitung des Ausdehnungsgefäßes wird bei Warmwasserversorgungsanlagen besser durch einen Manometer-Wasserstandszeiger ersetzt.

2. Die Ausdehnungsregelung des Gebrauchswassers.

Das in der Gebrauchsleitung befindliche warme Wasser bedarf, wenn es einem offenen Behälter entnommen ist, keiner besonderen Ausdehnungsregelung. Ist es aber in einem Warmwasserdruckkessel oder in einem geschlossenen Behälter, Boiler, erzeugt, so ist eine besondere Ausdehnungsvorrichtung, ein Gefäß oder ein Sicherheitsventil am Kessel, Behälter oder in der Gebrauchsleitung selbst anzuordnen, dabei ist für Abfluß des ausgestoßenen Wassers zu sorgen.

Ist ein Kaltwasserbehälter *KB*, Abb. 368[3]) oder ein Füllgefäß vorhanden, so kann man anstatt des Sicherheitsventiles von der Gebrauchsleitung *g* ein Ausdehnungsrohr oder Überkochrohr *h* nach dem Behälter *KB* abzweigen und mit einem Auslaufbogen über jenem münden lassen.

---

[1]) Technische Vorschriften für Bau und Betrieb von Reinwasserversorgungsanlagen für Grundstücke. DIN 1988, Entwurf.

[2]) In Abb. 367 bedeuten: *P* = Handpumpe (Kaliforniapumpe) 100 mm Kolbendurchmesser, *a* und *b* = Zirkulationsleitungen, *c* = Druckleitung, *d* = Saugleitung vom Hofbrunnen kommend, *e* = Signalleitung, *f* = Gebrauchsleitung für Mannschaftsbrausen, *g* = Gebrauchsleitung für Offiziersbad, *i* = Entleerung, *k* = Wasserstandsanzeiger durch Kettenzug mit Holzschwimmer in *WB* verbunden, *l* = Hebel für Handgriff *m* und Kegelventilteller V_1.

[3]) In Abb. 368 bedeuten: *WB* = Warmwasserbehälter, *K* = Kessel, *a* und *b* = Zirkulationsleitungen, *e* = Überlaufleitung von *KB*, *f* und *g* = Gebrauchsleitungen, *i* = Entleerung, *k* = Wasserstandsanzeiger, *l* = Luftloch in der Kaltwasserzuleitung *d* in Höhe des höchsten Wasserstandes, *V* = Absperrventile.

Bei Niederdruck benutzt man gern das Ausdehnungsrohr, da es einfach, billig ist und sicher arbeitet. Das Rohr muß aber für jedes Meter Druckhöhe mindestens 50 mm höher geführt werden als der höchste Wasserstand im Kaltbehälter. Dasselbe gilt auch bezüglich der Aufstellung eines besonderen Ausdehnungsgefäßes für das Gebrauchswasser. Steht also das System z. B. unter 0,5 atü Druck = 5 m WS, so muß das Ausdehnungsrohr mindestens um 50 · 5 = 250 mm über den höchsten Kaltwasserspiegel hinausgeführt werden; bzw. ein besonders eingeschaltetes Ausdehnungsgefäß für die Gebrauchsleitung muß mit seinem Normalwasserspiegel, der ∼100 mm über Bodenfläche vorzusehen ist, um mindestens 250 mm über höchsten Kaltwasserspiegel liegen.

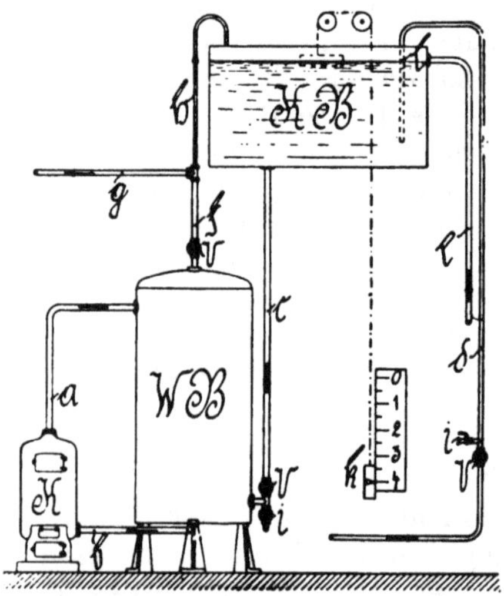

Abb. 368.

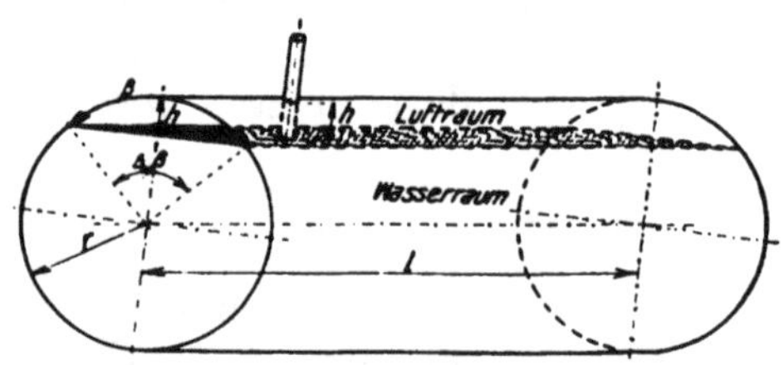

Abb. 369.

Bei den Hochdruckanlagen läßt sich ohne Schaden für das System die Volumvergrößerung, also der Überdruck, durch Einschalten von genügend großen Windkesseln oder abblasenden Sicherheitsventilen aufheben. Letztere Organe, unter Hochdruck arbeitend, können jedoch lästig und unbequem fallen. Die Windkessel besitzen aber den großen Vorteil, daß sie bei richtiger Anordnung im System auftretende harte Wasserschläge auffangen und wirkungslos machen. Praktischer ist es nun, solch vorteilhaft wirkende Luftpolster nicht in besonderen Windkesseln vorzusehen, sondern in dem Boiler selbst, indem man die Gebrauchsleitung um ein bestimmtes Maß in den Behälterraum hineinragen läßt. Der Zylinderabschnitt, von der wagerechten Rohrmündungsebene nach Abb. 369 und 350 gebildet, bleibt dann dem Luftpufferkissen vorbehalten. Dessen erforderliche Größe läßt sich entsprechend der jeweiligen Drücke und Temperaturen bestimmen zu:

$$V_L = \frac{p+1}{p_{min}+1} \cdot \frac{a_0 \, J_B}{1 - \dfrac{p+1}{p_{max}+1}} \text{ in l} \quad \dots \dots (36)$$

Hierin bedeuten:

p = normaler Druck im Behälter in atü;
p_{max} = maximaler Grenzdruck im Behälter in atü;
p_{min} = minimaler Grenzdruck im Behälter in atü;
J_B = Wasserraum des Druckbehälters in l;
a_0 = Volumvergrößerung des Wassers, also mit den Werten a nach Tabelle I:
$a_0 = a - 1$, entsprechend der Höchstwassertemperatur t_{max}, bis zu welcher der Luftraum das expandierende Wasser aufnehmen soll.

Im Mittel kann man rechnen mit:

$$p = \sim 2 \text{ atü}; \; p_{max} \sim = 5 \text{ atü}; \; p_{min} = 1{,}5 \div 1{,}0 \text{ atü}.$$

Damit erhält man:

$$\frac{2+1}{1{,}5+1} \cdot \frac{1}{1 - \frac{2+1}{5+1}} = 2{,}4 \text{ bis } \frac{2+1}{1+1} \cdot 2 = 3{,}0$$

und weiter:

$$V_L = (2{,}4 \div 3{,}0) \cdot a_0 \, J_B \text{ in l} \quad . \; . \; . \; . \; . \; . \; . \; (36a)$$

Für die erforderliche Eintauchtiefe der Gebrauchsleitung in den Boiler ist nach Abb. 369 der Zentriwinkel β bzw. dessen Bogenlänge β bestimmt durch die Gleichung:

$$\widehat{\beta} - \sin \beta = \frac{2\, V_L}{l\, r^2} \quad . \; . \; . \; . \; . \; . \; . \; . \; . \; . \; . \; (37)$$

wenn

l = Länge des Druckbehälters in dm;
r = Halbmesser des Druckbehälters in dm

bedeuten.

Tabelle 60.

Eintauchtiefe bzw. Abschnittshöhe h des Luftpufferkissens für Ausdehnung des Gebrauchswassers im Druckbehälter. (Abb. 369.)

		200	500	800	1000	1250	1500	2000	2500	3000
	Wasserraum J_B in l .	200	500	800	1000	1250	1500	2000	2500	3000
	Behälterlänge l in dm	16	18	22	23	25	24	25	31	38
	Halbmesser r in dm .	2	3	3,5	3,75	4,0	4,5	5,0	5,0	5,0
$t_{max} = 95°$	V_L in l . . .	19	27	76	94	118	141	188	235	282
	h in mm . .	60	90	102	110	117	132	153	153	153
$t_{max} = 80°$	V_L in l . . .	14	35	56	70	88	105	140	175	210
	h in mm . .	49	72	82	90	98	108	123	123	123
$t_{max} = 65°$	V_L in l . . .	10	24	38	48	60	72	96	120	144
	h in mm . .	39	57	66	72	76	86	98	98	98

Die transzendente Gleichung (37) ist nach der Näherungsmethode auf $\sphericalangle \beta$ hin leicht aufzulösen. Es berechnet sich dann schließlich die Rohreintauchtiefe bzw. Abschnittshöhe h des Luftraumes zu:

$$h = r\left(1 - \cos\frac{\beta}{2}\right) \text{in dm} \quad \ldots\ldots\ldots\ldots (38)$$

Die Tabelle 60 auf S. 337 ist mit dem Druckwerte 2,4 für die üblichen Behältergrößen von 200÷3000 l aufgestellt.

Der Luftraum braucht nur das bei normalem Betriebe expandierende Wasser aufzunehmen. Steigt die Wassertemperatur t_{max} über die normale Grenze, so sorgt das sowieso noch einzuschaltende Sicherheitsventil für Ableitung des übernormal expandierenden Wassers. Es braucht daher bezüglich der Wahl von a nicht die p_{max} entsprechende Temperatur eingesetzt werden, sondern eine um $\sim 20 \div 25^0$ über der Normaltemperatur t des Gebrauchswassers liegende. Somit ist dann:

$$t_{max} = t + (20 \div 25^0).$$

Weiter kann die Kugelform der Behälterböden betreffs der Berechnung von h außer acht gelassen und auf Kosten der Volumina des Eintauchrohrstückes, der Versteifungen usw. vernachlässigt werden.

Beispiel. Das Wasser eines unter 2 atü Normaldruck stehenden Druckbehälters, dessen Wasserinhalt gut gerechnet mit 1175 l bestimmt ist, soll normal auf 65° erwärmt werden. Ein Luftkissen hat das expandierende Wasser aufzunehmen, wobei der Druck 5 atü nicht überschreiten soll. Bei größter Wasserzapfung sinkt der Druck auf 1,5 atü.

Gewählt wird ein Behälter von 1250 l Inhalt mit 800 mm Dmr. und 2500 mm Länge.

Rechnet man mit einer normalen Volumvergrößerung bei einer Wassertemperatur $t_{max} = 65 + 20 = 85^0$, so findet man in Tabelle I für 85^0: $a = 1{,}0322$, so daß $a_0 = a - 1 = 1{,}0322 - 1 = 0{,}0322$ wird. Damit ergibt sich die erforderliche Größe des Luftraumes im Behälter nach Gleichung (36a) zu:

$$V_L = 2{,}4 \cdot a_0\, J_B = 2{,}4 \cdot 0{,}0322 \cdot 1165 = 90 \text{ l}$$

und weiter mit $l = 25$ dm und $r = 4$ dm nach Gleichung (37):

$$\widehat{\beta} - \sin\beta = \frac{2\, V_L}{l\, r^2} = \frac{2 \cdot 90}{25 \cdot 4^2} = 0{,}450.$$

Für $\sphericalangle 83^0$ finden sich in mathematischen Tabellen[1]):

für Bogenlänge β bei 83^0	1,4486,
» $\sin\beta = \sin 83^0$	0,9930,
somit für $\widehat{\beta} - \sin\beta$	0,4556,

[1]) Z. B. Kalender f. Gesundh. u. Wärmetechnik 1927, Tafel 5, S. 26 und Tafel 4, S. 22.

welcher Wert mit obigem 0,450 genau genug übereinstimmen mag; damit ist dann:

$$\sphericalangle \beta = 83^0.$$

Hiermit folgt die Eintauchtiefe der Gebrauchsleitung in den Behälter nach Gl. (38) zu:

$$h = r\left(1 - \cos\frac{\beta}{2}\right) = 4\left(1 - \cos\frac{83}{2}\right) = 1{,}004 \text{ dm oder}$$

$$h = \sim 100 \text{ mm}.$$

Da der Wasserraum für den Bedarf mit 1175 l reichlich bemessen ist und der Behälter mit einem Fassungsvermögen von 1250 l ausgeführt werden soll, so mögen die 1250 — 1165 = 85 l den berechneten 90 l hinreichend gerecht werden.

e) Die Regler der Gas- und elektrischen Warmwasserbereiter.

Diese Regler haben natürlich ebenfalls den Zweck, selbsttätig die Temperatur des Warmwassers in bestimmten Grenzen zu halten und für den Wasserersatz zu sorgen. Jedoch erscheint es hier fast weit wichtiger, durch die Regler ein Schutzmittel gegen Gefahren zu haben, welchen der Bedienende durch die Handhabung mit solchen Warmwassererzeugern ausgesetzt sein kann. Hat man doch im Gas oder in der Elektrizität Wärmequellen, die von Natur aus gefährliche Eigenschaften in sich tragen.

1. Die Regler der Gasapparate.

Der Zweck aller Gasregler ist der, den Kaltwasserzufluß zum Behälter und die Gaszufuhr zum Ofen unter bestimmten Voraussetzungen zu regeln und ein Ausströmen des unverbrannten, giftigen Gases zu verhindern. Das Prinzip ist fast überall im großen und ganzen dasselbe; es ist das bekannte Thermostatenprinzip. Ein Wärmefühler ruht in oder unmittelbar an dem Warmwasserbehälter und steht in Verbindung mit dem Gasdurchflußventil, dessen Teller durch Membrane, Spiralfeder oder Federrohr betätigt wird. Die Wärmewirkung in dem Regler bzw. dem Wärmefühler wird durch einen hoch wärmeempfindlichen Flüssigkeitsstoff (Öl, Äther) oder Metallstab oder durch eine Zweimetallscheibe od. dgl. erreicht. Die Abschlußorgane sind entweder Drosselventile oder noch besser Schnappventile. Bei den Dampfkesseln wird meist der Dampfdruck zur Steuerung des Gasventils benutzt.

Alle oben bei Besprechung der Gasapparate (Öfen, Kessel), der Gasautomaten, angeführten Regelorgane gehören hierher, wenn auch viele weniger den Charakter unbedingter Sicherung als den einer Regelung und bequemen Handhabung in sich tragen. Zu diesen sind noch als allgemeine und nicht an ein bestimmtes Firmen-Gasofenmodell gebundene Konstruktionen der Regulo-Temperaturregler von Kromschröder, Osnabrück[1]), und der bekannten Samson-Regler zu rechnen. Besondere Bedeutung als Sicherheitsvorrichtung tragen diesbezügliche amerikanische Armaturen in sich, die sich im allgemeinen gut bewährt haben sollen[2]). Dampfkessel und geschlossene Warmwasserbereiter, die bei dauernder Wärmezufuhr ohne genügende Abführung einer Explosionsgefahr ausgesetzt sind, bekommen außer dem Sicherheitsventil noch eine Schmelzsicherung, die bei zu hohen Temperaturen den Dampf nach außen entweichen läßt oder auf die Gaszuführungsleitung einwirkt und weitere Wärmeentwicklung unterbindet.

2. Die Regler der elektrischen Warmwasserbereiter.

Der Sicherung der elektrisch betriebenen Warmwasserbereiter dienen die üblichen bewährten Instrumente, Armaturen und Schaltungen der Starkstromtechnik. Zu diesen treten dann für die Warmwasserbereitung noch die Reglerorgane, welche die Temperatur im Wasserbehälter zu regeln haben. Ein Schaltungsbeispiel mit Doppelredais, Schalter, Sicherungen, Temperaturregler bzw. Kontaktthermometer usw. gibt Abb. 153 (Prometheus). Durch Benutzung eines Schnappreglers, der durch das Kippen eines Quecksilberröhrchens betätigt wird, erhält man eine Augenblicksschaltung, die weit betriebssicherer als die schleichende Schaltung der gewöhnlichen Regler ist. Auf die Stellung der Quecksilberwippe *q* wirkt mit Hilfe eines Hebels *h* (Abb. 370, Samson) die Längenänderung eines Ausdehnungsrohres, Wärmefühlers, der sich in der Tauchhülse *a* befindet. Die Stellschraube *s* gestattet die Einregulierung der Ausschalttemperatur. Diese Regler finden sich vorzugsweise an den Patronenheizern.

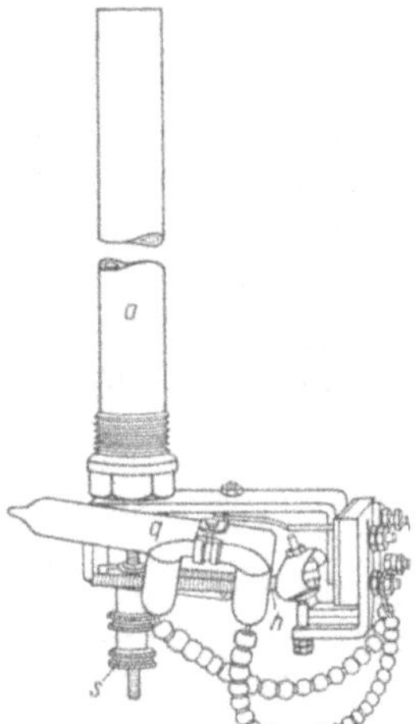

Abb. 370.

B. Die Meßinstrumente und Kontrollvorrichtungen.

Bei allen Warmwasserbereitungsanlagen ist es angebracht und wünschenswert, mittels geeigneter Meßinstrumente und Kontrollvorrichtungen die jeweilige Höhe der Temperatur, des Standes und Druckes von Wasser und Dampf an geeigneten Stellen der Apparate und Lei-

[1]) Schlee: »Die neuesten Temperaturregler für Gasfeuerstätten.« Das Gas- u. Wasserfach, 71, Heft 9, 1928.

[2]) Schumacher: »Gasgeräteregelung und Gasgerätesicherung.« Das Gas- u. Wasserfach, 71, Heft 29, 1928.

tungen erkennen zu können, ferner eine stetige Kontrolle über den Verbrauch der Betriebsmaterialien zu haben. Diesbezügliche Instrumente sind um so eher in genügender Zahl anzuordnen, da die meisten und wichtigsten von ihnen vollkommen sicher und zuverlässig anzeigen, sich fast überall bequem anbringen lassen und die Anlagekosten nicht erheblich erhöhen. Sollen sie jedoch ihren Zweck erfüllen, so müssen sie bequem und deutlich sichtbar angebracht sein.

Zu beachten sind hier:

DIN 924: Normaltemperatur,
» 102: Bezugstemperatur der Meßwerkzeuge,
» 2401: Druckstufen, Nenn-, Betriebs-, Probedruck.

a) Das Messen der Wassertemperatur.

Zum Messen der Wassertemperatur dienen die Thermometer als Quecksilber-, Flüssigkeits- und Graphitthermometer.

In erster Linie interessiert natürlich die Temperaturhöhe des Wassers in der Gebrauchsleitung und an den Abnahmestellen. In den wenigsten Fällen wird sich jedoch eine Temperaturmessung an den gewöhnlichen Zapfstellen nötig machen; unbedingt erforderlich ist selbige in manchen Fabrikbetrieben, Färbereien, Brauereien usw., empfehlenswert an den Mischapparaten und Badewannen. Aber selbst für elegantere Einzelbäder läßt sich die Badewassertemperatur ganz gut und einfach mit Hilfe eines gewöhnlichen losen Hand-Badethermometers bestimmen. Bei Anordnen eines Thermometers in der Gebrauchsleitung ist zu bedenken, daß, wenn diese nicht mit einer Umlaufleitung versehen ist und wenn die Zapfstellen längere Zeit geschlossen bleiben, daß dann die Temperatur eines stagnierenden, abgekühlten Wassers angezeigt wird, nicht desjenigen Wassers, das nach einigem Zapfen aus der Zapfstelle strömt.

In der Regel genügt die Anbringung eines oder mehrerer Thermometer an der Zentralwärmestelle, dem Kessel, Ofen, der Zirkulationsleitung und dem Warmwasserbehälter. Es erhalten vorteilhaft sowohl das Steigrohr als auch das Rücklaufrohr der Zirkulationsleitung je ein Thermometer in Nähe des Kessels. Ist kein Behälter vorhanden, so ist das Thermometer direkt auf dem Kessel- oder Ofenmantel oder in der Gebrauchsleitung in Nähe des Kessels zu befestigen. Im allgemeinen wählt man den Thermometerplatz an einem Behälter in dessen mittlerer Höhe oder noch besser an der Warmwasser-Abnahmestelle. Die Niederdruckdampfanlage der Abb. 371 zeigt die Anordnung verschiedener Thermometer an dem Behälter *WB*.

Die Quecksilberthermometer kommen in Rundstabform oder flacher Kastenform (Abb. 372) wie auch in der runden Manometerform als Zeigerthermometer (Abb. 373) zur Anwendung. Die Kessel- und Behälterthermometer besitzen einen langen stabähnlichen Quecksilbersack als Eintauchrohr mit mindestens 70 mm wirksamer Eintauchtiefe. Um den Meßfehler möglichst gering zu halten, ist es nötig, den Quecksilbersack *a* der Rohrthermometer nach Abb. 372 durch eine Feder *b* gegen das Rohr *r* zu pressen, zu welchem Zwecke die Skalentafel *c* mit der Quecksilber-Kapillarröhre um einen Bolzen *d* drehbar ist. Die Feder *b* stützt sich gegen die Glasscheibe *e*. Der wesentliche Vorzug dieser Rohrthermometer liegt in der bequemen Anbringung mittels Schellen und in leichter Auswechslung. Günstiger ist es, nach Abb. 374a ein Zwischenrohrstück einzusetzen, das in einer angegossenen Kammer *k* den Quecksilbersack *a* des Thermometers *t* aufnimmt. Diese Ausführung ermöglicht eine Skalensicht bei den in Mauernischen, -ecken u. dgl. verlegten Rohrleitungen. In Behältern, Rohrleitung, Kesseln wird zur Betriebssicherheit und zum bequemen Auswechseln das Tauchrohr nach Abb. 374b nochmals in eine mit dem Konstruktionsteil fest verbundene Hülse gesetzt[1]).

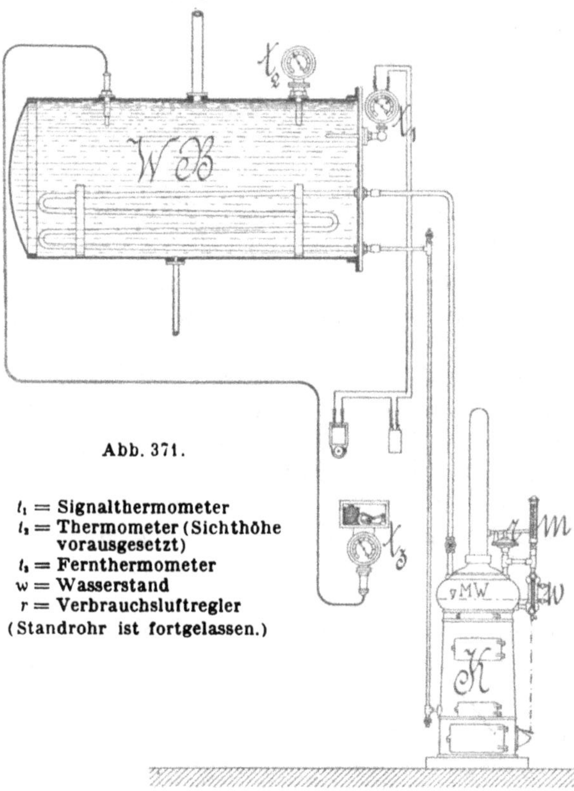

Abb. 371.

t_1 = Signalthermometer
t_2 = Thermometer (Sichthöhe vorausgesetzt)
t_3 = Fernthermometer
w = Wasserstand
r = Verbrauchsluftregler
(Standrohr ist fortgelassen.)

Die manometerähnlichen Quecksilber-Zeigerthermometer bestehen im wesentlichen aus einem Kapillarrohr *b* als Quecksilbergefäß, das an einer Stelle als Feder *c* ausgebildet ist, welche ihre Wirkung durch Hebel *d* und Zahnräder *z* auf den Zeiger überträgt. Bei der Konstruktion von Dreyer, Rosenkranz & Droop, Hannover (Abb. 373), ist das stählerne Quecksilbergefäß *a* an seinem oberen Ende auf eine Länge von 0,5 m platt zusammengewalzt und zur Schraubenfeder *c* umgestaltet.

[1]) Block: »Über Fehler, die bei Anwendung der Thermometer entstehen.« Chemische Apparatur X, Heft 2 u. ff., 1923.

Der Hauptvorteil der Zeigerthermometer mit Federwerk (Abb. 375) gegenüber dem Fadenthermometer liegt in der raschen und leichten Ablesung der Temperaturgrade mit Hilfe des Zeigers. Es empfiehlt sich jedoch, von Zeit zu Zeit die Federthermometer mit einem geeichten Quecksilber-Fadenthermometer zu vergleichen.

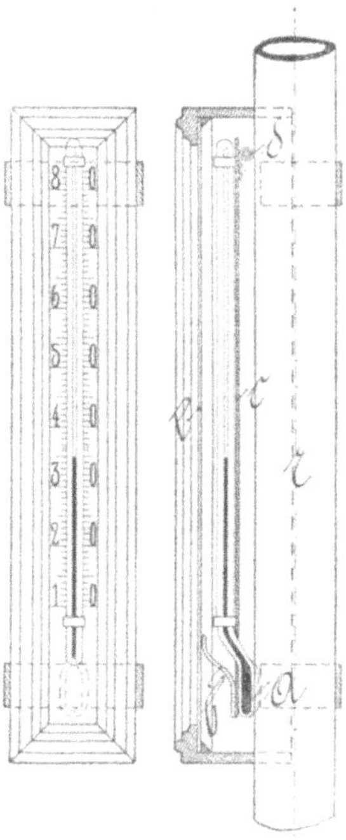

Abb. 372.

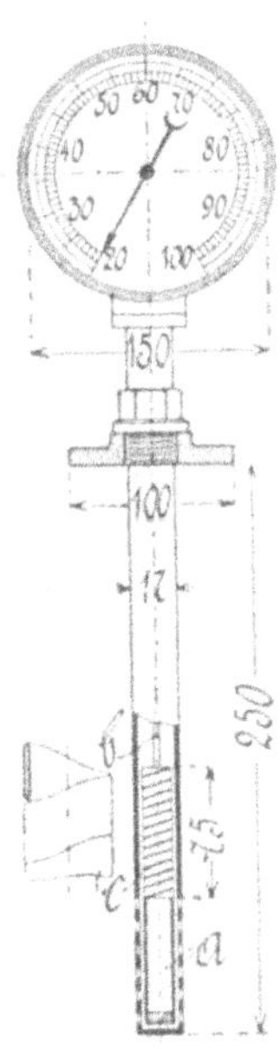

Abb. 373.

Statt des Quecksilbers als Wärmereagens findet sich in dem dehnbaren Tauchrohr der Flüssigkeitsthermometer eine hoch wärmeempfindliche Flüssigkeit, Petroläther oder dgl. Das Tauchrohr des Samsonthermometers ist wie bei den diesbezüglichen Thermostaten und Reglern das bekannte elastische Wellrohr, das auf das Zeigerwerk hinwirkt. Für Gegenstrom-, Mischapparate, Boiler erscheint diese Thermometerart ganz passend.

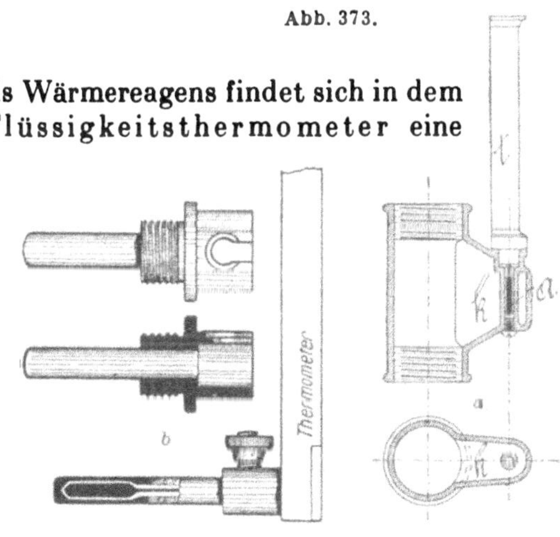

Abb. 374.

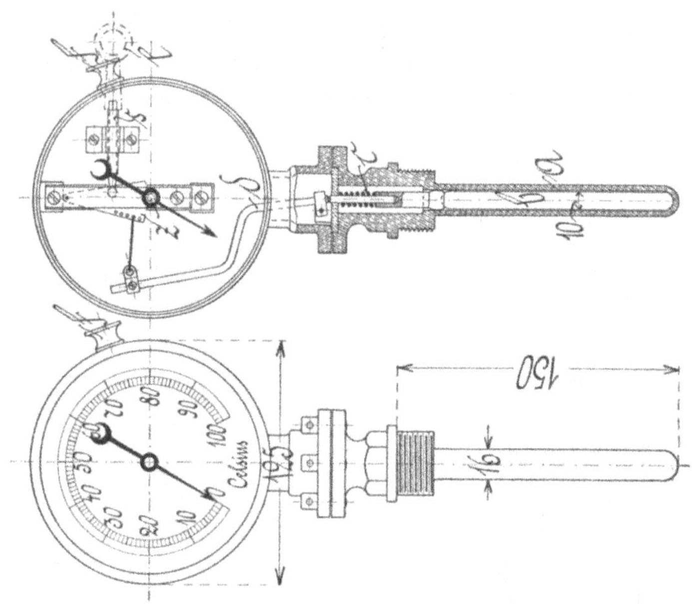

Abb. 376.

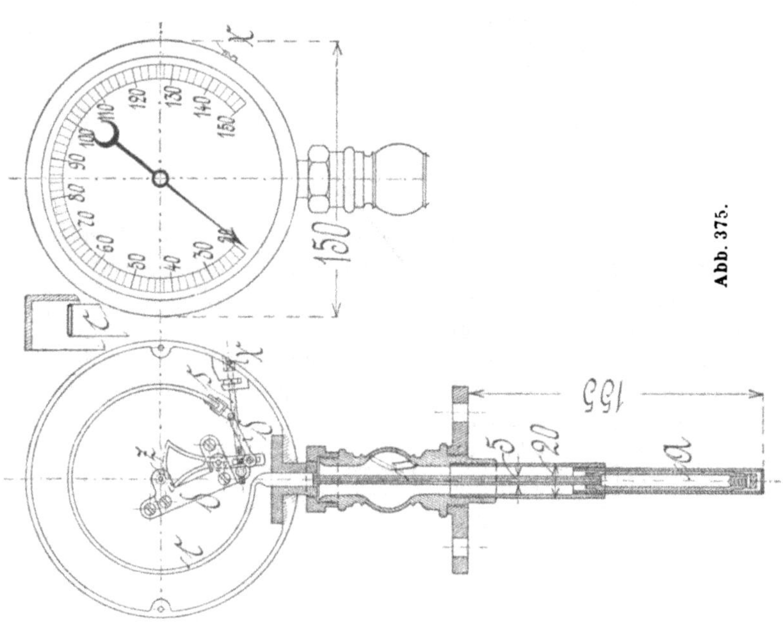

Abb. 375.

Das für höhere Temperaturen geeignete Graphitthermometer gehört zu den Zweistoffinstrumenten. Es besteht gemäß Abb. 376 im wesentlichen aus dem Rotgußkörper *a*, der Graphitkohle *b*, dem Hebel *d* und dem Zeigerwerk *z*. Durch den Wärmeeinfluß wird der Körper *a* ausgedehnt und die Graphitkohle *b*, welche durch die Wärme keine meßbare Längenausdehnung erfährt, durch Feder *c* nach unten gedrückt; der Hebel *d* führt eine senkende Bewegung aus, welche durch das Zeigerwerk *z* auf den Zeiger einwirkt. Die Schraube *s* dient wieder zum Einstellen mittels des Schlüssels *e*. Ist *e* herausgezogen, so wird der Knopf *f* eingeschraubt.

Alle diese Thermometer lassen sich leicht und sicher wirkend mit elektrischer Alarm- und Leuchtvorrichtung ausrüsten. Ferner können Maximum- und Minimumzeiger und Registriertrommeln zur selbsttätigen Aufzeichnung der Temperatur angebracht werden.

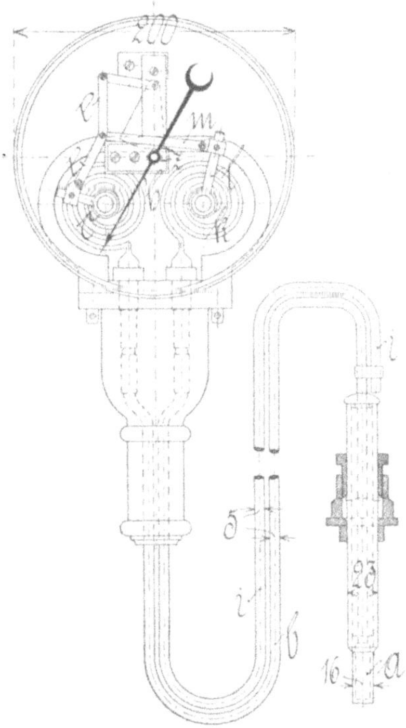

Abb. 377.

Sollen die Wassertemperaturen an einem Orte, der fern von der Wärmequelle, dem Kessel, Behälter oder Rohrstrange liegt, geprüft und verfolgt werden können, oder sind die Anbringung und Beobachtung eines gewöhnlichen Wärmemessers an dem Wärmebehälter nicht möglich, so bedient man sich der Fernthermometer. Ein Tauchrohr mit Quecksilbersack an der Wärmestelle, im Kessel oder Behälter und ein Zifferblattgehäuse mit dem Federrohre an dem Beobachtungsorte sind durch ein entsprechend langes, biegsames, stählernes Kapillarrohr von 5÷6 mm äußerem Durchmesser verbunden, das sich bis auf 50 m bequem verlegen läßt (Abb. 371).

Selbst bei guter Isolierung ergeben sich bei längeren Kapillarröhren leicht Ungenauigkeiten in der Temperaturangabe und führen zu stetigen, in einzelnen Fällen sogar schwierigen Korrektionen. Unter solchen Verhältnissen ist das Kompensationsthermometer trotz des höheren Preises zu bevorzugen. Dies Instrument besteht nach Abb. 377 aus zwei Thermometern, dem Anzeige- und dem Korrektionsthermometer. Die Temperatur des Raumes, in welchem die beiden mit Quecksilber gefüllten Kapillarrohre *b* und *i* liegen, wirkt auf beide Rohre, und um soviel die Anzeigefeder c den Zeiger schädlich vorbewegen will, arbeitet die Korrektionsfeder k entgegen, so daß lediglich die Wassertemperatur, die auf das Tauchrohr a wirkt, angezeigt werden kann.

Zur Fernmessung eignet sich in hervorragendem Maße das elektrische Thermometer, und zwar für die in Betracht kommenden niedrigen Temperaturen das Widerstandsthermometer. Die Vorteile dieses Instrumentes gegenüber anderen liegen in der Unabhängigkeit von der Außentemperatur und Entfernung und in der großen Schmiegsamkeit der Leitungsdrähte.

Die ganze Anlage (Abb. 378) setzt sich zusammen aus dem eigentlichen Thermometer *Th* (Abb. 379, Quarzglas-Thermometer mit Platinband oder Chromnickeldraht nach Heräus, Hanau), der Meßbrücke mit Galvanometer *G*, den drei Stromzweigen I, II, III und Prüfwiderstand IV *P*, ferner aus dem Schalter *Sch*, Ausgleichswiderstand *A*, Stromquelle (Akkumulatoren) *S* und Kondensator.

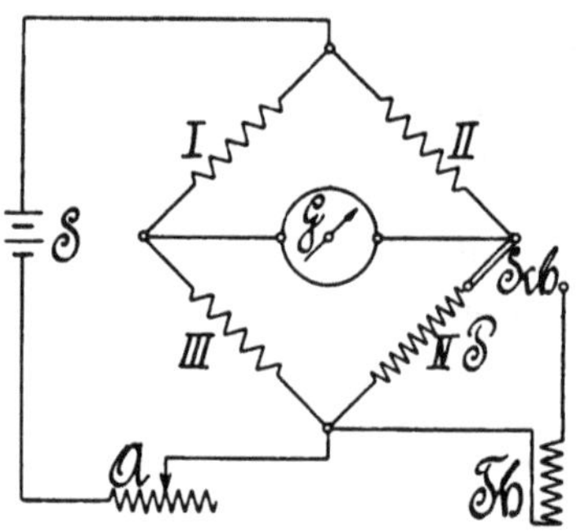

Abb. 378.

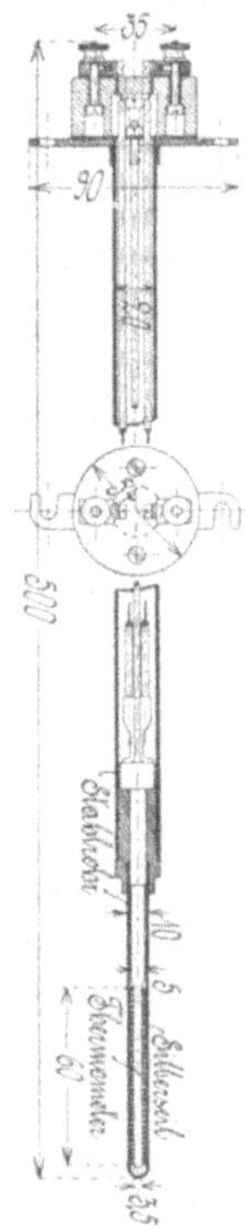

Abb. 379.

b) Das Messen und Prüfen des Wasserstandes bzw. Wasserdruckes.

Eine wichtige Einrichtung bilden die Instrumente, die zum Messen und Prüfen des Wasserstandes dienen, d. h. die Möglichkeit geben, zu jeder Zeit feststellen zu können, ob genügend Wasser im System vorhanden oder ein Überlaufen zu befürchten ist; dann auch, unter welchem Druck das ganze System steht. Diese Apparate sind schon deshalb von besonderer Bedeutung, da sie in noch so einfachster und primitivster Ausführung ihren Zweck gut und sicher erfüllen können. Für diese Messung und Prüfung stehen Wasserstandsgläser, Schwimmer, Probierhähne, Hydrometer und pneumatische Apparate zur Verfügung.

Die Wasserstandsgläser in bekannter einfacher Form finden überall Verwendung. Am wenigsten werden sie für kalkhaltiges, erwärmtes Wasser geeignet sein. Die zwischen Stutzen eingesetzten Röhrengläser sind im allgemeinen den in der Behälterwandung liegenden breiten Schaugläsern wegen bequemeren Auswechselns vorzuziehen. Die Gläser müssen gut beobachtet werden können und sich leicht reinigen lassen. Wasserstandsgläser können nur dort benutzt werden, wo der Wasserspiegel geringe Veränderung zeigt und im Bereiche bequemer Beobachtungsmöglichkeit liegt, was bei Behältern der Warmwasserbereitungsanlagen weniger zutrifft. Bei hohen Wassersäulen mit großer Veränderlichkeit des Wasserstandes, der fern der Hauptbedienungsstelle liegt, verlieren sie ihre Bedeutung. In solchem Falle kann

die Quecksilbersäule einen einfachen, billigen und sicheren Anzeiger abgeben. Jedoch verbietet die hohe Giftigkeit des Quecksilbers, wenn auch eine unmittelbare völlige Vermischung desselben mit Wasser nicht eintreten wird, dessen allgemeine Verwendung für Gebrauchswasseranlagen.

Für die Behälter und Gefäße mit stark wechselndem, veränderlichem Inhalte sind die Schwimmer sehr beliebt, die mit Hilfe eines Ketten- oder Drahtschnurzuges den Wasserstand an einer Skalentafel erkennen lassen. Diese Einrichtung bietet, so einfach wie sie ist, den großen Vorteil, daß Behälter und Skala örtlich mehr oder weniger weit voneinander getrennt sein können. Es muß nur darauf geachtet werden, daß der Rollenzug sich nicht festsetzt und einrostet. An dem einen Ende hängt der hölzerne oder blecherne Schwimmer, an dem anderen ein Gegengewicht mit Zeiger für die Skalenlatte, auf welcher mit der nötigen Zwischenteilung die Worte »voll« und »leer« als Endstellung zu verzeichnen sind. Der auf dem Wasserspiegel ruhende Schwimmer muß der führende Teil sein, somit muß in höchster Stellung das Gewicht vom Schwimmer und zugehörigen Zugorganstück größer sein als das des auf der Gegenseite der Rolle herabhängenden Zugorgantrummes mit Zeiger. Für die Leitrollen kann man 100÷300 mm Dmr., für die linsenförmigen Blechschwimmer bis zu 350 mm Dmr. und 200 mm Höhe nehmen. Über Schwimmeranordnungen geben obige Abbildungen genügend Beispiele.

Liegt das Speisegefäß mit dem selbsttätigen Schwimmerventile günstig für die Beobachtung, so kann der Hebel *a* des zylindrischen Schwimmers gemäß Abb. 380 mit einem Zeiger starr verbunden werden, welch letzterer durch die Stellschraube *c* einem gewünschten höchsten Wasserstande entsprechend an der Skala festgestellt werden kann. Der Zeigerschlitz ruft, wenn nicht ein Schaukasten aufgesetzt wird, Verstaubung des Wassers hervor.

Probierhähne ergeben nur eine ungefähre und unzureichende Kontrolle des Wasserstandes. Sie zeigen nur den in ihrer Höhenlage befindlichen Stand an und können in zu großer Zahl nicht angeordnet werden. Mit anderen Hilfsmitteln kommt man dann besser zum Ziel.

Die selbsttätigen Wasserstandsanzeiger, die Hydrometer, sind als die brauchbarsten Wasserhöhenmesser anzusehen. Die übliche mit dem Ausdehnungsgefäße in Verbindung stehende Signalleitung mit dem Probierhahn im Heizerstande kommt vollständig in Wegfall. Es ist auch nicht erforderlich, das Ausdehnungsgefäß auf den Wasserstand hin zu prüfen, was immerhin mit Umständlichkeiten, besonders bei ausgedehnteren Anlagen, verknüpft ist. Das Hydrometer wird dem Wasserkessel anmontiert, steht also unter ständiger Prüfung des Heizers. Die zu geringe Feinfühligkeit wird oft als Nachteil empfunden.

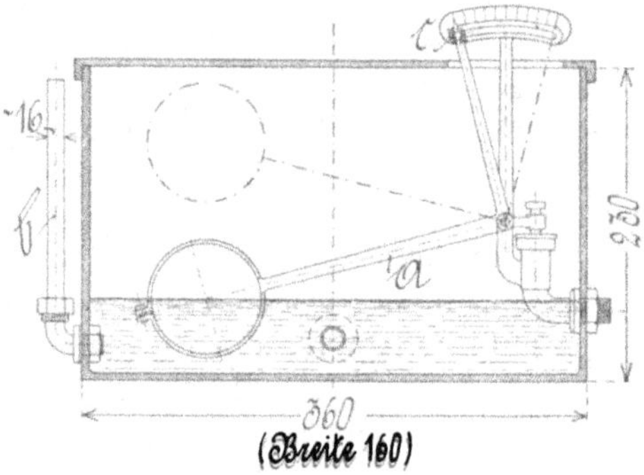

Abb. 380.

Der Apparat ist nach Art der Dampfmanometer mit Röhrenfeder konstruiert. In der Ausführung, Abb. 381, wirkt der Wasserdruck auf die Röhrenfeder f und diese durch das verstellbare Gestänge c und die

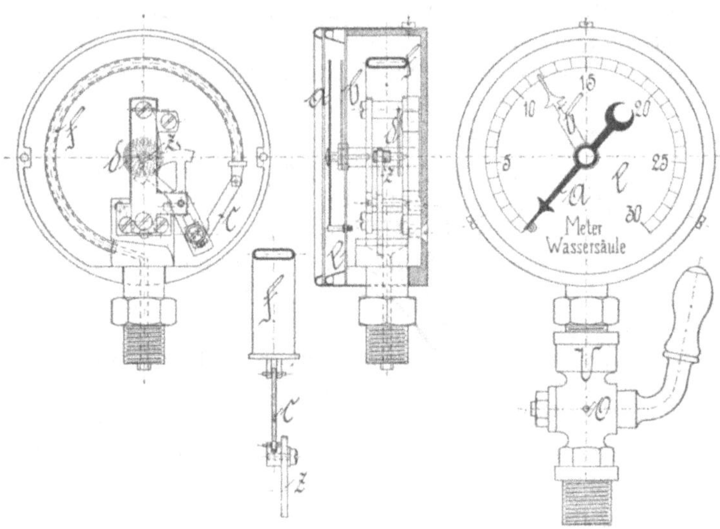

Abb. 381.

Zahnräder z auf den Zeiger a. Der feste Zeiger b gibt den normalen Wasserstand an. Die Spiralfeder d dient zur Regulierung. Die Skala des Zifferblattes e ist in Meter Wassersäule eingeteilt. Das Hydrometer wird in der Regel mit einem Absperr-Dreiweghahne V ausgerüstet. Die seitliche Öffnung o dient zum Abblasen, zur Kontrolle.

Soll der Wasserstand eines für sich bestehenden, fern vom Kontrollstand aufgestellten Behälters gemessen werden, so kann man sich des pneumatischen Wasserstandsmessers bedienen, der, für kaltes und warmes Wasser geeignet, nach Abb. 382 aus einer auf dem Boden des Behälters *B* aufzustellenden gußeisernen (oder auch tönernen) Luftglocke *a* und einem durch eine 3-mm-Kupferrohrleitung *b* damit verbundenen Plattenfedermanometer *m* (Abb. 383) besteht. Durch Schlitze *c* ist der Innenraum der Glocke *a* mit dem Wasser von *B* verbunden. Je nach der Höhe des Wasserstandes wird die im oberen Teile von *a* und in *b* befindliche Luft mehr oder weniger komprimiert, welcher Druck auf die Platten- oder Röhrenfeder des Manometers *m* hinwirkt.

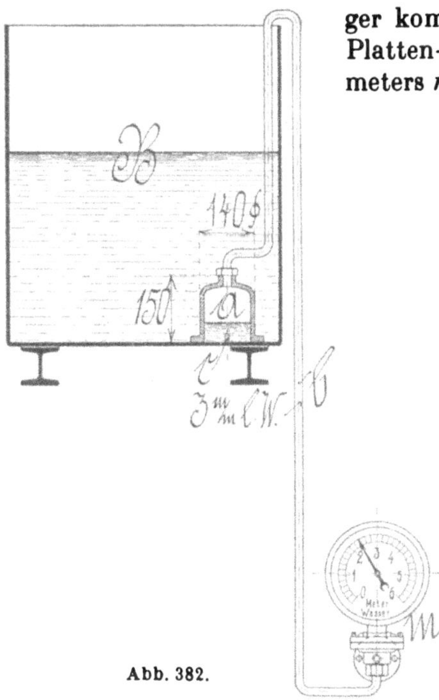

Abb. 382.

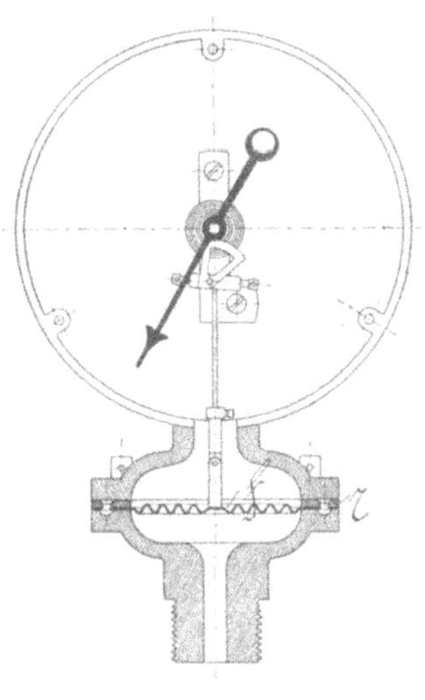

Abb. 383.

Längere Leitungen als 200 m sollten vermieden werden. Die Einteilung der Manometerskala erfolgt in Meter Wassersäule und soll nicht unter 0,5 m und nicht über 10 m betragen, Grenzwerte,die den gewöhnlichen Warmwasserbereitungsanlagen genügen können. Um das Instrument abschrauben und Luft in *b* und *a* nachpumpen (Fahrradpumpe) zu können, ist ein luftdicht schließender Zweiweghahn in *b* vor *m* einzuschalten. Das Rohr *b* ist zur Ableitung von Kondenswasser erst ~0,5 m über Behälteroberkante zu krümmen. (In Abb. 382 ist dieser Krümmungsabstand zu kurz.)

Soll der Wasserstand im Behälter an mehreren Orten gleichzeitig beobachtet werden, so lassen sich von einer einzigen Glocke mehrere

Rohre abzweigen, zu welchem Zwecke besondere Abzweigungsstücke nach Abb. 384 verwendet werden.

Große Bedeutung hat das Differentialmanometer erlangt, das dazu dient, den Druck, wie er an zwei verschiedenen wichtigen Stellen des Systems herrscht, gleichzeitig auf einem Zifferblatt, wie auch zugleich den Unterschied zwischen beiden Drücken direkt ablesen zu können. Solch wichtige Stellen sind in erster Linie der Vorlauf und der Rücklauf eines Zirkulationssystems. Und je umfangreicher die Anlage ist (Fernanlage), desto wichtiger ist es, den Druckunterschied im Zirkulationssystem einer Warmwasserbereitung zu kennen. Das Instrument (Abb. 385 von Dreyer, Rosenkranz & Droop) besitzt zwei Doppel-Röhrenfedern, von denen die eine auf den Vorlaufzeiger (schwarz), die andere auf die Rücklaufzeigerscheibe (weiß mit Zahlenskala 25—0—25) einwirkt. Jede Feder besitzt für sich einen Rohranschluß. Die in den beiden Leitungen auftretenden Drücke werden einzeln angezeigt. Die Zeigerscheibe gibt dann zugleich den Druckunterschied zwischen beiden Leitungen an.

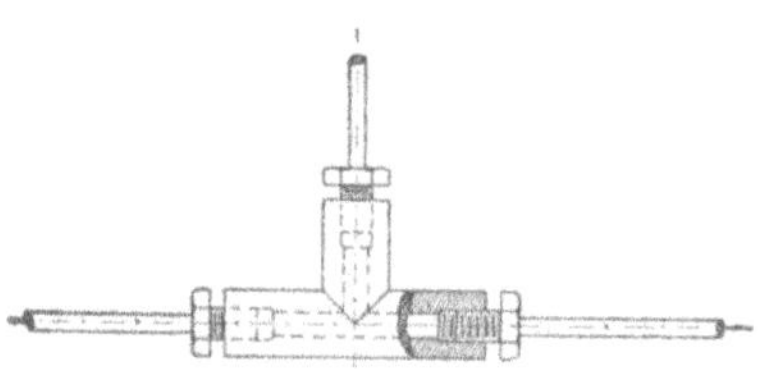

Abb. 384.

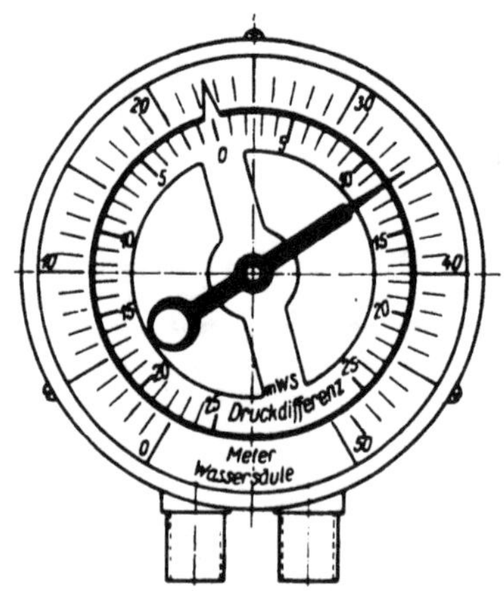

Abb. 385.

Nimmt man z. B. die Zeigerstellungen in Abb. 385 an, so besteht in der

Vorlaufleitung, durch Zeiger angegeben, ein Druck von 34,5 m WS
Rücklaufleitung, durch Zeigerscheibe angegeben, ein Druck von . . . . 22,5 m »
somit beträgt der Druckunterschied . . . . 12,0 m WS,

welche Größe durch den Zeiger auf der Zeigerscheibe direkt abzulesen ist. Diese Konstruktion wird für größere Warmwasserbereitungsanlagen jetzt mit Vorteil benutzt.

c) Das Messen der Wassermenge.

Das Messen der verbrauchten Kaltwassermenge erfolgt mit Hilfe der nassen oder trockenen Wassermesser bekannter Ausführung.

Bei Warmwasser-Zentralanlagen in Mietshäusern u. dgl. können die Kosten für die verbrauchte Warmwassermenge seitens eines Konsumenten, eines Geschosses, nach einem Prozentsatz der Wohnungsmiete bemessen werden, oder es erfolgt die genaue Bezahlung der tatsächlich verbrauchten Warmwassermenge auf Grund der Angaben eines besonderen in jedem einzelnen Geschosse aufgestellten Warmwassermessers. Mietshäuser mit Warmwasserversorgung besitzen auch in der Regel Zentralheizung. Man muß zurzeit für jedes Geschoß $\sim 10 \div 12\%$ vom jährlichen Mietwerte der Wohnung als Benutzungs- und Verbrauchskosten für Heizung und Warmwasser in Rechnung bringen.

Das Einschalten von Warmwassermessern in die einzelnen Etagen ergibt genauere Kontrolle, ruft jedoch größere Anlagekosten hervor, da ja der Hausbesitzer selbst die Messer beschaffen muß. Trotzdem ist dem Einbau von Wassermessern unbedingt das Wort zu reden; wird doch bei genauem Zumaß des Verbrauches einer Wasserverschwendung vorgebeugt. Und sparsame Betriebe dienen zu allseitiger Befriedigung und Freude an solchen Wohlfahrtseinrichtungen. Ein praktisches Beispiel möge weitere Aufklärung darüber geben.

In einer Großstadt besitzen zwei Häuserblocks mit 300 Wohnungen Warmwasserversorgung. Vor Einbau von Wassermessern (aus vorausgesetzten Sparsamkeitsgründen) wurden ~ 150 l Warmwasser von 70^0 täglich in jedem Haushalt verbraucht. Da 1 m^3 Wasser von $70^0 \sim 2$ M. Kosten verursachte, so hatte jeder Hausbesitzer für 20 Mieter an Betriebskosten jährlich aufzuwenden:

$$0{,}150 \cdot 365 \cdot 20 \cdot 2 = 2190 \text{ M.}$$

Als man sich zum Einbau von 300 Stück 13 mm-Siemens-Flügelradmessern entschlossen hatte, ging der Wasserverbrauch auf 80 l/Tag zurück, so daß sich die Unkosten nunmehr stellten auf:

$$0{,}080 \cdot 365 \cdot 20 \cdot 2 = 1168 \text{ M.}$$

Mithin wurde eine Betriebsersparnis erzielt von:

$$2190 - 1168 = 1022 \text{ M. im Jahr.}$$

Die jährlichen Betriebsunkosten für die Messer eines Hauses zu 20 Wohnungen belaufen sich bei einem Nennwert von 35 M. pro Stück, mit 10% Tilgung, 5% Verzinsung und 10% Unterhaltung auf $20 \cdot 0{,}25 \cdot 35 = 175$ M., welcher Betrag als Messermiete zu jährlich 8,75 M. leicht aufgebracht werden kann.

Soll der Wasserzins richtig bemessen werden können, so muß in der Wohnung außer dem Warmwassermesser noch ein registrierendes Thermometer eingeschaltet werden. Die Wassertemperaturen sind nämlich in den einzelnen Stockwerken nicht gleich und decken sich auch nicht mit der Wassertemperatur im zentralen Warmwasserbereiter. Die Wassermesser bedingen in solcher Verwendung ein Rohrsystem, das nach Abb. 289 für jede Wohnung eine besondere Verteilungsleitung besitzt. Zwischen Abzweig dieser Leitung vom Hauptsteigrohr und dem Messer ist ein Absperrventil einzuschalten. Die Wohnungsverteilungsleitung ist so zu verlegen, daß gute klare Ablesung am Messer möglich ist. Da in der Regel in Mietshäusern die Zapfstellen sich auf Küche, Bad und Toilette beschränken und nahe beieinander liegen, so läßt sich die Rohrverlegung an der Decke ganz gut umgehen.

Die Warmwassermesser als Geschwindigkeitsmesser unterscheiden sich von den Kaltwassermessern äußerlich gar nicht, innerlich nur in einigen wenigen Teilen und in dem Baustoff. Für den vorliegenden Fall sind die kleinen Flügelradmesser als Wohnungs- oder Zapfhahnmesser (Bopp & Reuther, Meinecke, Siemens) mit Vor- und Rückwärtsregistrierung besonders geeignet (Abb. 386). Diese Messer besitzen bei gedrängter Konstruktion und geringstem Druckverlust den Vorteil großer Empfindlichkeit im Anzeigen kleiner Wassermengen; sie zeigen noch den Verbrauch bei einer stündlichen Durchflußmenge von 5÷6 l an. Gerade in Warmwasserversorgungsanlagen kommen vielfach Druckschwankungen vor und verursachen in ungünstig verlegten Leitungen mitunter ein Rückwärtsfließen des Wassers. Durch die Vor- und Rückwärtsanzeige wird die tatsächlich ausfließende Wassermenge, gleichgültig ob im Vorlauf oder Rücklauf, angezeigt.

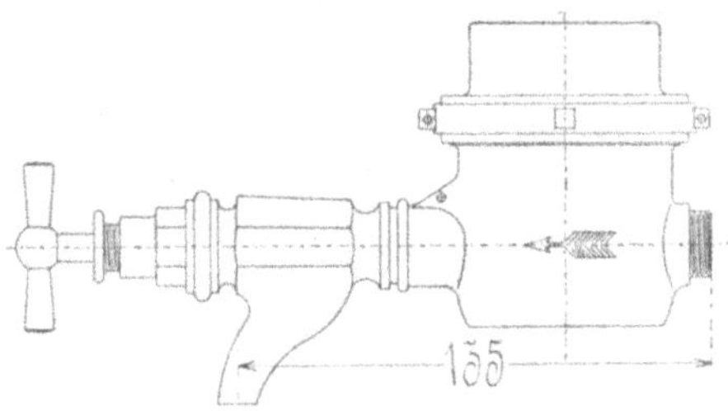

Abb. 386.

Tabelle 61.

Abmessungen und Leistung des Meinecke-Flügelradheißwassermessers für Warmwasserversorgungsanlagen.

Rohranschluß	mm	7	10	13	15	20	25	30	40
(Whitworth Rohrgewinde)	Zoll	1/4	3/8	1/2	5/8	3/4	1	1 1/4	1 1/2
stündliche Durchlaßfähigkeit bei 10 m WS Druckverlust .	m³	3				5	7	10	20
Baulänge	mm	130				145	180	180	200
Zulässige Höchstbeanspruchung an 1 Tag	m³	3,0				5,0	7,0	10,0	20,0
Zulässige Höchstbeanspruchung vorübergeh.	m³/h	1,0				1,7	2,5	3,5	7,5
Kleinster Durchfluß, bei dem die Anzeige noch mit ± 2% Genauigkeit erfolgt. (Genauigkeitsgrenze)	l/h	45				60	90	150	250
Anzeige erfolgt	von l	1				1	1	1	1
	bis m³	10,000				10,000	10,000	10,000	100,000
Gewicht	kg	3,0				3,5	4,5	5,0	8,5

Für Wassermengen $\geqq 2\ m^3/h$ mit Temperaturen $\leqq 100^0$ und Anschlüssen > 40 mm benutzt man Messer mit Woltmannflügel (Bopp & Reuther) oder Scheibenmesser (Siemens). In Großanlagen und Zentralen, in denen Wert darauf gelegt wird, die augenblickliche Wassermenge fortlaufend zu registrieren, kommt im Gegensatz zu den bisher genannten Geschwindigkeitsmessern der Strömungsmesser in Frage, der auf Druckunterschiedsmessung aufgebaut ist. Auch hier ist Fernanzeige möglich.

Zum Schluß dieser Betrachtung über Warmwassermessung muß darauf hingewiesen werden, daß ein Warmwassermesser nur den Wasserverbrauch und nicht die vom Wasser aufgenommene Wärme angibt. Für letztere Messung kommen die Wärmemesser in Betracht.

d) Das Messen des Dampfdruckes.

Der Dampf-Nieder- und -Hochdruck in den Kesseln, Apparaten und Leitungen wird mit Hilfe der gebräuchlichen Federmanometer in kg/cm^2 gemessen[1]). Es kommen Röhrenfeder (Abb. 381) und Plattenfeder (Abb. 383) nach DIN 3700÷3731 zur Anwendung. Die Plattenfedern sind gegen Erschütterungen weniger empfindlich, dafür auch weniger genau. Die Skala soll bis zum doppelten Betrag des vorkommenden Druckes ausreichen. Druckstöße sind durch Vorschalten einer geeigneten Schutzvorrichtung mit Wassersack abzuschwächen. Für sehr niedrigen Druck ($\leqq$ 0,25 atü) benutzt man auch gern die sichereren Quecksilbermanometer nach Abb. 387 (Schulze, Berlin).

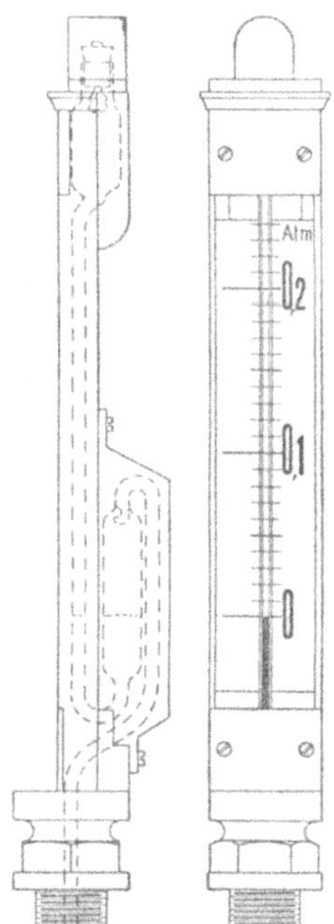

Abb. 387.

e) Das Messen der Dampfmenge.

Obgleich die entwickelte Dampfmenge durch die Wassermesser kontrolliert wird, kann ein besonderer Dampfmengenmesser auch für Warmwasserbereitungsanlagen unter Umständen Wert haben. Dies ist vor allem dort der Fall, wo verschiedene größere Betriebsabteilungen mit Dampfverwertung bestehen, oder wo eine Warmwasserbereitungsanlage ihren Dampf von einer fremden Erzeugungsstation gegen Entgelt bezieht, und wo bisher vielfach die Bezahlung des Kohlenanteils nach Schätzung oder vereinzelten Verdampfungsversuchen erfolgt. Durch Einbau von Dampfmessern ist man ferner in den Stand gesetzt, den

[1]) 1 kg/cm^2 = 1 at = 735,5 mm QS = 10 m WS = 1 metrische oder technische Atm.

Dampfverbrauch dem jeweiligen Effekte entsprechend wirtschaftlicher regeln und somit eine gewisse Dampfersparnis erzielen zu können.

Man hat Schwimmermesser und Strömungsmesser mit Düsenmeßflansch oder Venturirohr. Ein jetzt sehr bekanntes und praktisch brauchbares Instrument der ersten Art ist der Dampfzähler Samson mit selbsttätiger Druckberücksichtigung System Sandvoß-Schilling[1]). Beide Arten sind für direkte Ablesung der augenblicklich durchfließenden Dampfmenge in kg oder t an einer Dampfuhr eingerichtet[2]).

f) Das Messen des Gasdruckes.

Abgesehen von dem Heizwert spielt für die Bewertung eines Gases vor allem dessen Druck eine Rolle. Für den Verbraucher hat allerdings eine ständige Messung des Gasdruckes weniger Bedeutung, da das liefernde Gaswerk den Gasdruck bestimmt und für einzelne Verbrauchsstellen nachzuweisen hat.

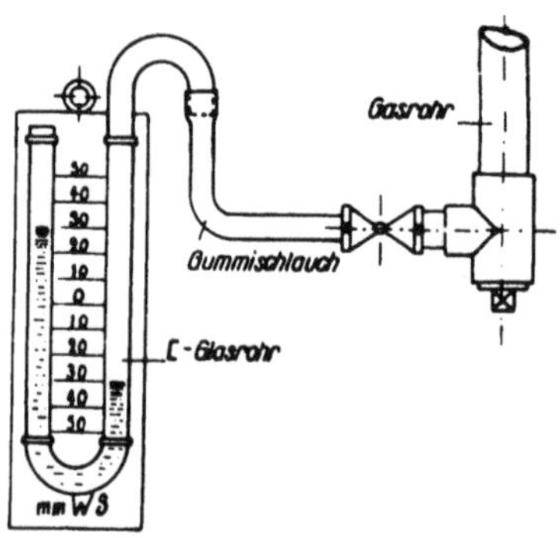

Abb. 388.

Der Druck wird in mm WS gemessen und läßt sich sehr einfach durch ein zum Teil mit Wasser gefülltes U-Glasrohr bestimmen, dessen einer Schenkel nach Abb. 388 mit einem Gummischlauch an die Gasleitung angeschlossen wird. Der mm-Unterschied zwischen den Wasserständen in den beiden Schenkeln dieses U-Rohrmanometers gibt die Höhe des Druckes an. Dieser Druck ist der ruhende Druck im Gegensatz zu dem Fließdruck, den das Gas bei Ausströmen in den Gasgeräten besitzt und der darauf beruht, daß ein Teil des Druckes in Geschwindigkeit umgesetzt und ein anderer Teil durch Widerstand im Gasmesser verbraucht wird. Der Fließdruck ist um $\sim 20\%$ geringer als der ruhende Druck. Der in den Tabellen über Gasapparate angegebene Normaldruck von 40 mm WS ist also der Fließdruck, so daß dann im Rohrnetz ein Ruhedruck von $\frac{40}{1-0{,}2} = 50$ mm WS herrschen muß. Dieser Druck ist jedoch im ganzen Rohrnetz nicht konstant. In der Nähe des Werkes und in höher gelegenen Stadtteilen wird der Gasdruck größer sein als an entfernten und tiefer liegenden Stellen. Man kann auf 100 m Höhenunterschied mit einem Druckunterschied von ~ 55 mm WS rechnen.

---

1) Wiethüchter: »Neue Verfahren auf dem Gebiete der Meßtechnik für Wasser und Dampf.« Haustechnische Rundschau, 32, Heft 34, 1928.

2) Diemansberger: »Die Dampfuhr und ihr Meßprinzip«. Sparwirtschaft 1928, Heft 11.

g) Das Messen der Gasmenge.

Für die fortlaufende Gasmengenmessung, d. h. zum Messen des zur Warmwassererzeugung verbrauchten Gases, dient bei den vorherrschenden niedrigen Gasdrücken der Gasmesser, die Gasuhr, die als nasse und trockene zur Verwendung kommt. Für Hausanschlüsse benutzt man meist letztere, die zwar weniger genau arbeitet, dafür aber ein Nachfüllen von Wasser und Frostgefahr vermeidet.

Um die Katalogleistung eines Gasofens zu erzielen, muß diesem unbedingt die hierfür vorgeschriebene Gasmenge zugeführt werden. Dies bedingt neben richtiger Weite der Gaszuleitung einen ausreichend großen Gasmesser. Die Gasmessergröße wird nach »Flammen«[1]) angegeben. Eine Flamme entspricht einem stündlichen Gasdurchgang von 150 l. Es verlangt also ein Gasofen von 5 $m^3/h = 5000$ l/h einen ~30-flammigen Gasmesser. Je nach Bauart sind die Messer bis zu einer gewissen Grenze überlastbar. Bei der Wahl der Größe der Uhr ist auf eine etwaige Vergrößerung der Anlage Bedacht zu nehmen, da stark überlastete Messer zu hohen Druckverlust ergeben. Große Messer lassen sich mehr überlasten als kleine. Bei einer Überlastung von 30÷50% tritt im allgemeinen keine wesentliche Änderung der Meßgenauigkeit ein. Zur Vermeidung von Meßfehlern ist eine genaue wagerechte Aufstellung nötig. Die Aufstellung der Uhr hat an einem kühlen, frostfreien, trockenen, gut gelüfteten Ort in gut ablesbarer Höhe zu erfolgen. Für die Gasmesserverschraubungen gilt: DIN 260: Whitworth Rohrgewinde.

Tabelle 62.

Flammenzahl, Leistung, Druckverlust von Gasmessern bei Normal- und Überlastung.

Flammenzahl der Gasuhr	Bei Normalbelastung		Bei 50% Überlastung		Rohranschluß der Gasuhr
	Leistung m^3/h	Druckverlust mm WS	Leistung m^3/h	Druckverlust mm WS	Zoll
5	0,75	5	1,13	7	3/4
10	1,5	5	2,25	7	3/4, 1
20	3,0	7	4,50	9	1, 1 1/4
30	4,5	8	6,75	10	1 1/4, 1 1/2
40	6,0	9	9,00	11	1 1/2
50	7,5	10	11,25	12	1 1/2
60	9,0	10	13,50	12	1 1/2, 2
80	12,0	10	18,00	13	2
100	15,0	10	22,50	14	2
150	22,5	10	33,75	14	2 1/2
200	30,0	10	45,00	15	2 1/2, 3
250	37,5	10	56,25	15	2 1/2, 3

[1]) Eine aus den Anfängen der Leuchtgaswirtschaft übernommene Bezeichnung.

h) Der Wärmezähler.

Schon seit langem lag für Mietshaus-Warmwasserbereitungen und -heizungen ein großes Bedürfnis nach einem praktisch brauchbaren Wärmemengenmesser vor. Erst in den letzten Jahren ist der Samson App. A.G. eine zufriedenstellende Lösung gelungen. Die durch Prof. Eberle im wärmetechnischen Institut Darmstadt angestellten eingehenden Untersuchungen führten zu dem Ergebnis, daß der Samson-Zähler, System Sandvoß, bei guter Montage und richtigem Einbau der Temperaturfühler sowie bei Konstanthaltung der Umlaufzahl des Hilfsmotors die durchgegangene Wärmemenge praktisch genau anzeigt. Wegen seiner hohen Bedeutung für Warmwasserbereitungen und seiner neuen Erscheinung sei auf die Konstruktion dieses Samson-Wärmezählers kurz eingegangen.

Der Zähler mißt unter Benutzung der Samsonfühlerpatronen die vom Wasser aufgenommene Wärmemenge unter Berücksichtigung der Vorlauf-, der Rücklauftemperaturen und der Wassermenge. Da bei Warmwasserbereitung stets mit ziemlich konstanter Kaltwassertemperatur (städt. Rohrnetz $\sim 7 \div 10^0$) zu rechnen ist, ist die Warmwasserpatrone so eingestellt, daß sie nur die Temperatur des Vorlaufwassers berücksichtigt.

Nach Abb. 389 versetzt das durch *1* fließende warme Wasser durch ein

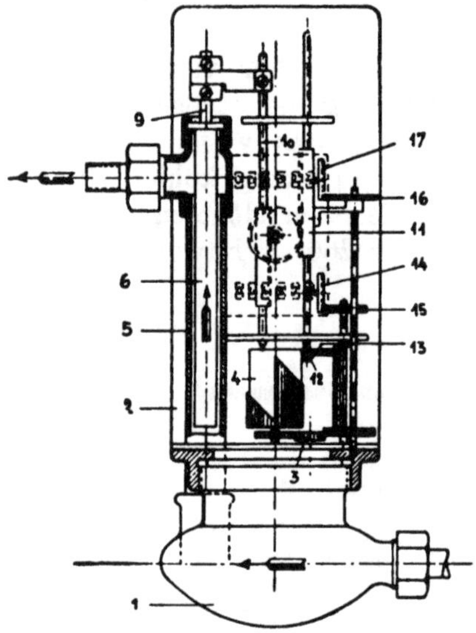

Abb. 389.

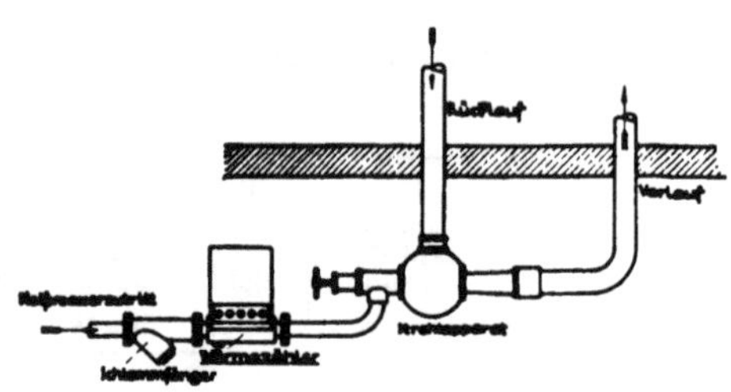

Abb. 390.

auf einem Flügelrad (in *1* liegend) angebrachtes Zahnrad *3* die Kurvenwalze *4* in eine der Wassermenge entsprechende Umdrehung. Gleichzeitig nimmt der in 5 eingebaute Wärmefühler *6* die Temperatur des Wassers auf. Es läßt *6* jede Vor- und Rückwärtsbewegung des Bolzens *9* zu. Durch *9* und Stange *10* wird die Zahnstange *11* mit Gabel *12*, die das verschiebbare Zahnrad *13* trägt, bei Temperatursteigerung gesenkt, so daß es in die Zahnkurvenwalze *4* und weitere Übersetzungsräder *15* eingreift. Hierdurch wird das Zählwerk *14* betätigt, an dem die Wärmemenge in kcal abgelesen wird.

Abb. 390 zeigt den Einbau in einer Fernwarmwasserversorgungsanlage. Bei einer Mietshausanlage muß natürlich jede Wohnung ihre Vorlaufleitung erhalten, wodurch die Rohranlage eine nachteilige Erweiterung erfährt. (Siehe auch Abb. 289, bei der an Stelle der Wassermesser Wärmezähler treten könnten.)

i) Die Feuerungskontrolle.

Aus nationalökonomischen wie auch aus weltwirtschaftlichen Gründen ist man zu größter Sparsamkeit im Brennstoffverbrauch gezwungen. Sind nun auch gerade aus diesen Gründen heraus viele Warmwasserbereitungsanlagen unter Ausnutzung der Ab- und Überschußwärme entstanden, so arbeiten doch noch sehr viele andere Warmwassererzeugungen mit eigener und höchst unwirtschaftlicher Feuerung. Heutzutage bringen zwar aus Selbsterhaltungstrieb die Hausfrau und jeder Besitzer eines kleinen Heizkessels ihren Feuerstellen ein weit größeres Interesse als bisher entgegen. Dies Interesse gipfelt aber mehr darin, die Feuerung nur, wenn eben nötig, zu betreiben, als die Feuerung während des Betriebes wirtschaftlich zu gestalten. Die Begründung dafür liegt in dem Mangel der Erkenntnis des Verbrennungsvorganges, welche bei Laien auch nicht ohne weiteres vorausgesetzt werden darf. Es muß aber bei allen Feuerungsstellen, ob klein oder groß, in erster Linie natürlich bei letzteren, unbedingt auf den wirtschaftlichen Betrieb hingearbeitet werden. Das ist eine feststehende Forderung der allgemeinen Volkswirtschaft. Um diesen Zweck zu erreichen, sind die Feuerungen ständig auf ihre Leistungen hin zu prüfen. Mit der ständigen Kontrolle geht eine Brennstoffersparnis Hand in Hand.

Im Laufe der Zeit ist eine große Zahl brauchbarer Apparate und Geräte für Feuerungskontrolle in den Handel gebracht. Sie beziehen sich auf die Prüfung der Rauchgastemperaturen, des Luftüberschusses, des Kohlensäuregehaltes der Gase und der Zugstärke. Unter vorliegende Gruppe müssen also all die Geräte, Apparate und Instrumente zusammengefaßt werden, die sich lediglich auf die Feuerungskontrolle beziehen. Näher darauf einzugehen kann schon in Anbetracht des großen Umfanges hier nicht der Platz sein. Derohalben muß auf das Sonderschrifttum der Feuerungstechnik verwiesen werden. Die Wichtigkeit des Gegenstandes verlangt nur an dieser Stelle einen entsprechenden Hinweis.

Einfache, leicht verständliche Instrumente sind die Thermometer und Pyrometer zum Messen der Feuer- und Gastemperaturen und die Zugmesser zum Messen der Zugstärke. Komplizierter sind schon die Geräte für Rauchgasprüfung und ähnliche Zwecke, die eine gewisse Gewandtheit in der Bedienung und Beurteilung verlangen. Bei den meisten nicht durch solche Kontrollapparate überwachten Feuerungen liegt der mittlere CO_2-Gehalt der Rauchgase erfahrungsgemäß unter 10%. Es gehen also mehr als $\sim$20% des Heizwertes des Brennstoffes unausgenutzt durch den Schornstein fort. In einem gut geleitetenFeuerungsbetriebe sollte der CO_2-Gehalt zwischen 12 und 15% liegen. Die Kosten des Apparates werden bei den meisten Anlagen in wenigen Monaten hereingebracht. Die Technik weist somit verschiedene und sichere Wege zur Erreichung einer Feuerungskontrolle und Brennstoffersparnis, man braucht sie nur zu beschreiten.

k) Die Fernanzeiger- und Signalanlagen.

Zur einfachen, sicheren und wirtschaftlichen Bedienung ausgedehnter Anlagen, deren Wärmeerzeugungsstellen und Verbrauchsstellen ohne ständige Aufsicht und Personal bleiben, ist es erforderlich, daß die für die Betriebsführung wissenswerten Vorgänge jederzeit an der Zentralstelle beobachtet werden können, und daß besonders wichtige Vorkommnisse und eintretende Störungen sofort durch deutlich gekennzeichnete Signale und unter Alarmierung des Bedienungspersonals gemeldet werden.

Die Fernanzeiger, beruhend auf Änderung von Widerständen, ermöglichen an der Zentralanzeigetafel im Kesselhaus feststellen zu können:

1. Die Höhe des Wasserstandes in den aufgestellten Wasserbehältern,
2. die Temperatur des Brauchwassers in den Behältern,
3. die Spannung des Dampfes an einigen Abzweigstellen und an den Enden der Hauptstränge einer Ferndampfleitung,
4. die Dampfspannungen hinter den Druckverminderungsventilen in den Reglerräumen der einzelnen Gebäude,
5. das Einsetzen der Speiserufer,
6. die Lufttemperaturen in den einzelnen Räumen,
7. die Güte des Verbrennungsvorganges an den Registrierapparaten der Feuerungskontrolle.

Die Signaleinrichtungen können, um von Störungen, die in ausgedehnteren Anlagen ja stets auftreten werden, sofort in der Zentrale Kenntnis zu bekommen, folgende Signalapparate umfassen:

1. Die Niederdruckmanometer mit Minimal- und Maximalkontakt auf den Dampfverteilern in den Reglerräumen der einzelnen Gebäude;
2. die Mitteldruck- und Hochdruckmanometer wie für 1.;
3. die Kanalthermometer, durch die ein Überschreiten der normalen Temperatur in den Fernkanälen und Nebenreglerräumen gemeldet wird;
4. Apparate, welche die Über- und Unterschreitung des höchsten und niedrigsten zulässigen Wasserstandes in den Wasserbehältern melden;
5. die Thermometer mit Minimal- und Maximalkontakt in den Warmwasserbehältern;

6. die Thermometer für Dauerbäder in Bade-, Heilanstalten und Krankenhäusern.

Zu den Anzeiger- und Signaleinrichtungen tritt dann noch ein ausgedehntes Fernsprechnetz.

Die Feuerungskontrollgeräte, Zug-, Kohlensäure-, Dampf-, Gas-, Elektrizitäts-, Wärme- und Wassermesser, Pyrometer und Thermometer sind mit Selbstschreibung, Registrierung, auszurüsten. Die Registriertrommeln, meist für siebentägigen Umgang eingerichtet, werden durch elektrische Nebenuhrwerke mit den übrigen Nebenuhren von einer Normaluhr aus zu betreiben sein, damit ein gleichmäßiger Gang aller Trommeln gewährleistet ist und die Angaben der Registrierapparate aller für den Betrieb wichtigen Vorgänge zeitlich genau übereinstimmen. Aufzugswerke anstatt der elektrischen Uhrwerke sind aus diesem Grunde nicht empfehlenswert.

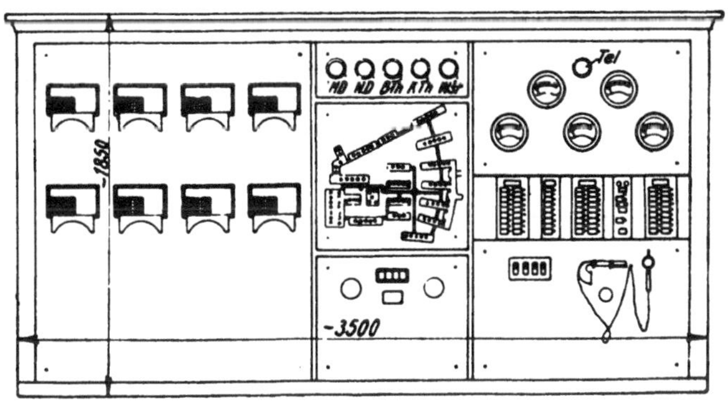

Abb. 391.

Die Zahl der Meßstellen ist nicht zu gering zu halten, wenn auch mit jeder Stelle die einmaligen Gesamtanlagekosten erhöht werden. Die in so großer Zahl zusammenkommenden Anzeige- und Signalinstrumente einer Fernanlage sind mit den Verteilern und anderen Einrichtungen in einem besonderen Raume der Zentralstelle, dem Reglerraume, unterzubringen.

Bei zwei oder mehreren längeren, parallelen Fernleitungen ordnet man am günstigsten an den Enden der einzelnen Fernhauptleitungsstränge Unter-Reglerräume an, die wieder mit dem Zentralreglerraum am Kesselhaus in Verbindung stehen.

Die Instrumente werden auf einer stehenden Marmor-Anzeigetafel geordnet aufzumontieren sein. Auf der einen Seite befinden sich nach Abb. 391 die Anzeigegeräte der Fernanlage, auf der anderen die Registrierapparate der Zentralfeuerstelle und Kesselanlage. In der Mitte ist in haltbarer Farbe der Lageplan mit den Signalen angebracht. An den Stellen, wo Kontaktapparate, wie Thermometer und Manometer, für Signalabgabe vorhanden sind, werden in diesem Lageplan kleine Lämpchen hinter Abdecklinsen, deren Farbe die Art des betreffenden Signals kennzeichnet, einzusetzen sein. Über dem Lageplan sind große Lampen anzuordnen, welche die abgekürzten Bezeichnungen der verschiedenen Signalkontaktapparate tragen; so in Abb. 391: *ND* = Niederdruckmanometer, *MD* = Mitteldruck- bzw. Hochdruckmanometer, *BTh* = Boilerthermometer, *KTh* = Kanalthermometer, *Wst* = Wasserstand. Die Abb. 391 stellt die Anzeigetafel der Fernanzeigeanlage der städtischen Krankenanstalt Kiel dar, die von der bekannten Spezialfirma auf diesem Gebiete Alois Zettler, München, ausgeführt worden ist.

Der zum Betrieb der ganzen Fernanzeigeanlage nötige Strom wird einem bestehenden Gleichstrom- oder Wechselstromnetz unter Verwendung einer Akkumulatorenbatterie mit automatischer Ladung entnommen.

X. Der Wärmeschutz für die Konstruktionsteile.

Bei den Warmwasserbereitungen handelt es sich um Anlagen, die Wärme zu erzeugen, aufzuspeichern und fortzuleiten haben. Als Träger der Wärme treten dabei Wasser, Dampf wie auch Gase auf. Soll nun die Anlage ökonomisch und rationell arbeiten, so muß die meist teuer erzeugte Wärme möglichst in ihrer ganzen Menge den Verbrauchsstellen zugeführt werden können. Mithin müssen die Wärmeverluste während des Transportes und der Aufspeicherung auf das geringste Maß beschränkt werden, Wärmeverluste gänzlich aufzuheben, ist technisch nicht möglich. Wohl läßt sich aber der Wärmeverlust durch geeignete gute Hilfsmittel auf ein geringstes Maß herabdrücken und in erträglichen Grenzen halten. Für Warmwasserbereitungen haben der Wärmeschutz und seine Hilfsmittel besonders hohe Bedeutung; und nicht allein wegen des meist langen Wärmetransportweges durch die Rohrleitungen, welche Verhältnisse sich in gleicher Weise auch bei Heizungs- und Dampfkraftanlagen finden, sondern vorzugsweise wegen des zeitweiligen, unregelmäßigen Wasserverbrauches, des unterbrochenen, periodischen Heizbetriebes und der kürzeren oder längeren Aufspeicherung großer Mengen Wassers in häufig wenig dazu geeigneten Räumen. Ferner hat man zu bedenken, daß bei Heizungsanlagen ein großer Teil der Rohre unverkleidet bleiben kann, weil die Transmissionswärme der Rohrleitung der Raumheizung zugute kommt, sogar direkt gewünscht wird. Bei der Warmwasserbereitung dagegen wird nur an den Zapfstellen, d. h. an den Enden der Rohrstränge, Wärme in Form von Warmwasser von ganz bestimmter Temperatur verlangt. Bei erheblichen Wärmeverlusten kann natürlich diese Bedingung nicht erfüllt werden.

Die Wärmeschutzmittel, welche das Durchtreten der Wärme aus den Heizmitteln und dem Gebrauchswasser in die Außenluft erschweren, die Wärme also in jenen festhalten sollen, müssen sog. schlechte Wärmeleiter sein. Das einfachste Mittel wäre also die ruhende Luft. Dieser Gedanke, die Luftzirkulation um die zu isolierenden Körper ganz aufzuheben — denn das gibt erst eine Wärmeisolation durch Luft —, ist nicht leicht zu verwirklichen. Praktische Verwertung hat er gefunden in den Luftfugen des Kesselmauerwerkes (?), in der Pasquayschen Rohrumhüllung (Abb. 396) und neuerdings in den Reflex-Luftschicht-Isolierungen von Rheinhold & Co., Berlin. Bei dieser neuesten Erscheinung besteht das Konstruktionsprinzip darin, daß die Wärmeübertragung durch Hintereinanderschaltung einer Anzahl von $10 \div 12$ mm starken Luftschichten energisch behindert wird. Als Material dienen dünne blanke Metallbänder oder Aluminiumfolien ohne besonderen Außenschutz, wobei die Stabilität ausreichend ist.[1])

Im allgemeinen sieht man sich jedoch gezwungen, feste Wärmeschutzmittel irgendwelcher Art zu verwenden. Die Zahl derselben ist im Laufe der Zeit eine sehr große geworden. Die Güte richtet sich natürlich nach der Beschaffenheit der Stoffe, die nicht nur schlecht wärmeleitend, sondern auch praktisch verwendbar und wirtschaftlich sein müssen[2]). Vielfach kommen minderwertige Stoffe auf den Markt, bei denen z. B. Kieselgur durch Ton, Kork durch Torf oder Sägespäne, Seide durch Baumwolle ersetzt sind. Es ist daher Vorsicht geboten. Günstige Anpreisung sichern nicht immer einen Erfolg. Gute Firmen bieten die sicherste Gewähr.

Einen Wärmeschutz verlangen in erster Linie die Leitungsrohre, Wasserbehälter und die Kessel. Ferner hat die Isolation aber auch noch den Zweck, jeden mit Kaltwasser oder kalten Gasen angefüllten Konstruktionsteil vor Einfrieren zu schützen.

In nachstehendem sind die wichtigsten und gebräuchlichsten Wärmeschutzmittel in ihrer Beschaffenheit, Verwendung und ihrem Verbrauche angeführt. Auf die äußerst mannigfachen Sonderarten mit all den gekünstelten Namen kann dabei nicht eingegangen werden.

A. Die Wärmeschutzmittel; ihre Beschaffenheit, Anwendung und ihr Verbrauch.

Nach dem Herkommen kann man mineralische, vegetabilische und animalische Isolierstoffe unterscheiden.

Die mineralischen Stoffe, wie Asbest, Kieselgur, Magnesia, Lehm, Tonerde, Schlackenwolle, Asche, besitzen weniger hohe Isolationsfähigkeit, sind aber keiner Fäulnis unterworfen.

[1]) Dr. Ing. Schmidt: Wärmeschutz durch Aluminiumfolie«. Zeitschr. d. Ver. deutscher Ing., 71, Heft 40, 1927.

[2]) Smolinski: »Wahl der Wärmefortleitungsmittel bei Fernheizwerken.« Gesundheits-Ingenieur. 51, Heft 37, 1928.

Voigt: »Isolierstoffe und ihre Anwendungsgebiete« Haustechnische Rundschau, 34, Heft 40, 1927.

Die vegetabilischen Stoffe, wie Baumwolle, Jute, Stroh, Kork, Sägemehl, Torf, isolieren gut, lassen sich aber nicht überall verwenden.

Die animalischen Stoffe, wie Filz (Kuhhaare), Wolle, Seide sind die besten Isolationsmittel, sie gewähren jedoch leicht dem Ungeziefer Brutstätten und sind teuer.

Der Gestaltung nach stehen praktisch zur Verfügung: Plastische Masse, Platten, Steine und Schalen, Zöpfe und Schnüre, lose und pulverförmige Materialien.

a) Die plastische Wärmeschutzmasse.

Diese kommen als trockenes Pulver oder Mehl in den Handel und sind aus natürlichen mineralischen Bestandteilen, wie Kieselgur, Magnesia oder Asbest, wie auch aus künstlichen Produkten hergestellt. Es werden auch verschiedene Materialien zu einer Masse vermengt. So benutzt man günstig Gemenge von Kieselgur mit Lederfeilspänen, mit Malzkeimen, mit Kork- und Schwemmteilchen u. dgl. Durch Kalzinierung der Zusatzstoffe, d. h. durch Verbrennen der organischen Bestandteile in ihnen, kann der Effekt wesentlich gesteigert werden. Hauptbedingungen für jede Masse sind aber, daß sie ohne schädigenden Einfluß auf die Metalle, unempfindlich gegen Wärme, Kälte und Nässe ist, im Laufe der Zeit nicht morsch, spröde und bröckelig wird und dauernd am Konstruktionsteil haftet. Einen Vorzug bieten die Massen, welche keines Unterstriches, keiner besonderen Vorstrichmasse bedürfen.

Tabelle 63.

Verbrauch von Kieselgur- oder Asbestmasse.

Für 1 m² Fläche bei einer Isolierstärke von		20			25				30 mm		
beträgt das Gewicht		12,5			15,0				17,5 kg		
Für 1 lfd. m Muffenrohr	licht. Durchm. Zoll	1/2	3/4	1	1 1/4	1 1/2	2	2 1/2	3	131	143
	äuß. Durchm. mm	20,5	26,5	33	42	48	59	75	89	140	152
Bei 20 mm Isolierstärke	kg	1,59	1,83	2,08	2,44	2,67	3,11	3,73	4,28	6,28	6,76
25 mm	kg	2,15	2,43	2,74	3,16	3,44	3,96	4,71	5,37	7,78	8,34
30 mm	kg	2,78	3,11	3,47	3,96	4,29	4,90	5,77	6,54	9,35	9,00
Für 1 lfd. m Flanschenrohr	licht. Durchm. mm	58	63	70	76	82	88	94	100	106	119
	äuß. Durchm. mm	63,5	70	76	83	89	95	102	108	114	127
Bei 20 mm Isolierstärke	kg	3,28	3,54	3,77	4,05	4,28	4,52	4,79	5,03	5,26	5,77
25 mm	kg	4,17	4,48	4,46	5,09	5,37	5,66	5,99	6,27	6,55	7,16
30 mm	kg	5,14	5,50	5,83	6,21	6,54	6,87	7,26	7,59	7,92	8,63

Die Masse wird vor Gebrauch mit Wasser zu einem dicken Brei vermengt und dann in möglichst dünnen Schichten mit einer Mauerkelle oder mit der Hand nach und nach aufgetragen, bis die gewünschte Stärke der Isolierung erlangt ist. Bevor eine neue Schicht aufgelegt wird, muß die vorherige trocken sein. Deshalb ist es zur Beschleunigung der Arbeit nötig, daß die Räume während der Isolierarbeit geheizt werden. Die letzte Schicht ist möglichst glatt herzustellen oder mit dünnem Gips oder Wasserglas abzustreichen, worauf die übliche Bandagierung durch 5÷10 cm breite Nesselbinden, Jutestreifen oder Papier sowie Ölanstrich erfolgt.

Die Masse eignet sich zu jeder Isolierarbeit. Für Warmwasser- und Niederdruckanlagen genügt zumeist eine gewöhnliche Schicht von 20 bis 25 mm Stärke, während die zugehörigen Kessel und Warmwasserbehälter eine 30 mm starke Isolierung erfordern. Im Preise stellt sich die Kieselgurmasse um $\sim 33\frac{1}{3}\%$ billiger als die übrigen Wärmeschutzmittel.

b) Die Schalen, Platten und Steine.

Angenehm wird es häufig gefunden, die Isolierung ohne die Schmutz- und Stauberzeugung, wie solche die Masseisolierung mit sich bringt, in kurzer Zeit vornehmen und zu jeder Zeit auswechseln zu können. Solcher Anforderung genügen die handelsfertigen gebrannten Platten, Schalen, Steine, die jedoch nur für bestimmte Zwecke in Frage kommen können.

Als Material dienen Kork, Torf, Asbest, Kieselgur und Magnesia, wie auch Gemische von diesen. Die gepreßten Platten und Schalen lassen sich mit gewöhnlicher Säge auf jedes gewünschte Maß schneiden. Die Schalen werden mit Draht um die Rohre und sonstige zylindrische Körper befestigt. Die Fugen sind mit Ton oder Gips zu verstreichen. Eine äußere Bandagierung aufzubringen, ist stets ratsam. Die Schalenstärke beträgt 15 und 20 mm, außergewöhnlich 25 und 30 mm; die Plattenstärke 10÷80 mm, von 5 zu 5 mm steigend, meist auch 15 und 20 mm. Das normale Handelsmaß der Platten ist 500 × 1000 mm, das der Steine 250 × 120 × 65 mm.

Die Korkplatten wie überhaupt der geschwellte Korkstein sind wegen ihres geringen Gewichtes und hohen Isoliervermögens sehr geschätzt. Nachteilig ist der hohe Preis. Die Torfplatten haben deswegen jetzt vielfach die Stelle des Korkes eingenommen, dem sie in guter Ausführung betreffs der Leistung gleichwertig sein können.

c) Die Schnüre und Zöpfe.

Schlecht wärmeleitende faserige Stoffe werden zu runden oder flachen Schnüren oder Zöpfen zusammengedreht. Als Material dienen Asbest, Kieselgur, Jute mit Kieselgur oder Korkfüllung, vor allem die Seidenfaser (als Abfall) und die karbonisierte Rohseide als Remanit. Die ersteren Stoffe müssen wegen ihrer geringeren Isolierfähigkeit in zwei oder mehreren Lagen übereinander gewickelt werden. Die Seide ist bekanntlich ein sehr schlechter Wärmeleiter, daher ein hervorragendes

Tabelle 64.

Verbrauch an Isolierschnüren.

Für 1 lfd. m Gewinderohrleitung: lichter Durchm. Zoll / äußerer » mm		$^1/_2$ 20,5	$^3/_4$ 26,5	1 33	$1^1/_4$ 42	$1^1/_2$ 48	2 59	$2^1/_2$ 75	3 89
Asbest-, Kieselgur- und Jutekorkschnüre. mit 15 mm Schnurdmr.	lfd. m	7,5	8,8	10,0	11,9	13,2	15,5	18,8	21,8
» 20 » »	» »	6,4	7,4	8,3	9,7	10,7	12,4	14,9	17,1
» 25 » »	» »	5,8	6,6	7,3	8,4	9,2	10,6	12,6	14,3
» 30 » »	» »	5,3	6,0	6,6	7,5	8,2	9,3	11,0	12,5
» 35 » »	» »	5,0	5,6	6,1	6,9	7,5	8,4	9,9	11,1
Remanitschnüre, flach, 15 mm stark	kg	0,24	0,30	0,37	0,43	0,49	0,59	0,75	0,87
» » rund, 15 » Dmr.	»	0,39	0,48	0,55	0,60	0,66	0,75	0,89	1,00
» » » 25 » »	»	0,62	0,71	0,82	0,91	1,00	1,19	1,43	1,64
» » flach, 15 und rund, 25 mm, zus.	»	1,12	1,26	1,42	1,59	1,75	1,95	2,32	2,60

Für 1 lfd. m Flanschenrohrleitung:													
lichter Dmr.	mm	58	63	70	76	82	88	94	100	106	119	131	143
äußerer Dmr.	mm	63,5	70	76	83	89	95	102	108	114	127	140	152
Asbest-, Kieselgur- und Jutekorkschnüre mit 15 mm Schnurdmr.	lfd. m	16,4	17,8	19,0	20,5	21,8	23,0	24,3	25,8	27,0	29,7	32,7	35,0
» 20 » »	» »	13,1	14,1	15,1	16,1	17,1	18,1	19,2	20,1	21,0	22,3	25,1	27,0
» 25 » »	» »	11,1	12,0	12,7	13,6	14,3	15,1	16,0	16,8	17,5	19,2	21,0	22,3
» 30 » »	» »	9,8	10,5	11,1	11,8	12,5	13,1	13,8	14,4	15,1	15,4	17,8	19,0
» 35 » »	» »	8,8	9,4	10,0	10,6	11,1	11,7	12,3	12,8	13,4	14,5	15,8	16,8
Remanitschnüre, flach, 15 mm stark	kg	0,63	0,68	0,75	0,81	0,87	0,93	0,98	1,04	1,10	1,20	1,32	1,45
» » rund, 15 mm Dmr.	»	0,79	0,83	0,89	0,95	1,00	1,04	1,08	1,15	1,21	1,34	1,42	1,62
» » » 25 mm »	»	1,23	1,33	1,43	1,54	1,64	1,70	1,75	1,86	1,96	2,10	2,24	2,46
» » flach, 15 mm und rund, 25 mm, zusammen.	»	2,04	2,18	2,32	2,46	2,60	2,80	2,95	3,10	3,20	3,50	3,80	4,05

ca. 8 lfd. m flache Remanitschnüre, 15 mm stark, wiegen 1 kg
ca. 9 lfd. m runde Remanitschnüre, 15 mm Dmr. » 1 kg
ca. 7 lfd. m runde Remanitschnüre, 25 mm Dmr. » 1 kg

Schutzmittel, aber auch das teuerste. Für Warmwasser- und Niederdruckdampfleitungen können schon Remanitschnüre von 15 mm Dmr. einen wirksamen Schutz ergeben. Rohre im Freien sind mit flachen Schnüren in zweimaliger entgegengesetzter Wicklung zu sichern. Die Außenflächen können durch Ton oder Gips geglättet, mit Rohnesselstreifen bandagiert und mit Teer oder Ölfarbe gestrichen werden.

Im allgemeinen dienen die Schnüre und Zöpfe zur Isolation von runden Körpern, wie Röhren und Boilern. Der Verbrauch ist aus Tabelle 64 zu entnehmen.

d) Die Füllisolationsstoffe.

Gute Erfahrungen hat man mit lose eingefüllten Isolierstoffen für Konstruktionen, die die Anbringung eines Füllraumes gestatten, gemacht. In erster Linie kommen hierfür Ausdehnungsgefäße, Wasserbehälter, besonders stark zu isolierende Rohrstränge usw. in Betracht. Der Außenmantel ist ein Holzkasten oder Blechzylinder. Die Arbeit geht schnell und leicht vonstatten, ein Entfernen der Isolation ist ebenfalls rasch und bequem vorzunehmen. Die Füllmasse darf aber durch Schwitzwasser u. dgl. nicht feucht werden.

Als Füllmaterial dienen Asbest, Kieselgur, Sägemehl, Sand, Asche, Schlacke, Schlackenwolle, Torfmull und Korkmehl. Das einfachste, beliebteste, das sich auch überall leicht und billig beschaffen läßt, ist Sägemehl, besonders für Wasserbehälter im Dachgeschoß. Schlackenwolle ist wegen seines Gehaltes an Schwefel, der im feuchten Zustande die Metalle stark angreift, und wegen der scharfen Fäden, wodurch die Hände des Arbeiters leicht verletzt werden, nicht zu empfehlen.

e) Untergeordnete Wärmeschutzmittel.

In vielen Fällen werden minderwertige, leicht beschaffbare Stoffe (Stroh, Lehm, Asche, Sand) mit Vorbedacht, also nicht als Fälschungsmittel, benutzt und können hier und da ihren Zweck erfüllen. Man hat jedoch stets dabei zu bedenken, ob der Aufwand an Arbeit für die Herstellung der Isolation mit der erhofften Leistung im Einklang steht. Zu diesen wertloseren Wärmeschutzmitteln treten dann noch hochwertige Stoffe (Kuhhaarfilz, Textilabfälle), die aber wegen ihres hohen Preises, Mottengefahr, und ihrer Seltenheit deshalb auch nur nebensächliche Bedeutung als Isoliermaterial besitzen.

B. Allgemeine und besondere Ausführungen.

Zur Hauptsache bezieht sich die Wärmeschutzausführung auf die Wärmequelle, die Wasserbehälter und die Rohrleitungen.

Die Wärmequelle, wie sie sich für diese Betrachtungen in den Kesseln und Öfen für feste und flüssige Brennstoffe, den Gasöfen, elektrischen Heizkörpern und Gegenstromapparaten findet, verlangt meist einfache Isolationsarbeiten. Die Niederdruckkessel, gußeisernen Gliederkessel werden mit den meist von den Firmen gleich mitgelieferten Asbest- oder Korkplatten und Blechmänteln umkleidet; andernfalls mit 30 mm starker Masse, die Niederdruckdampfkessel außerdem noch mit 10-mm-Kieselgur-Unterstrich isoliert. Bei den Gasöfen, wenigstens soweit sie Augenblicks-Wassererwärmer sind, verzichtet man auf eine Isolation, sieht höchstens bei den Vorratserwärmern sog. Luftmäntel vor. Die elektrischen Wassererwärmer erhalten dagegen eine starke Isolierung, sobald sie auf eine Warmwasseraufspeicherung hinarbeiten und dafür eine beträchtliche Anheizdauer verlangen; Groß-Warmwasserbereiter, Gegenstromapparate, Verteiler usw. in der Regel Masseisolierung.

Von den Wasserbehältern werden die offenen, ebenso auch die Ausdehnungs- und Füllgefäße nach Abb. 392 mit einem Holzkasten umgeben, dessen 100÷150 mm Füllraum *a* mit Sägemehl, lockerem Kieselgur oder imprägniertem Torfmull

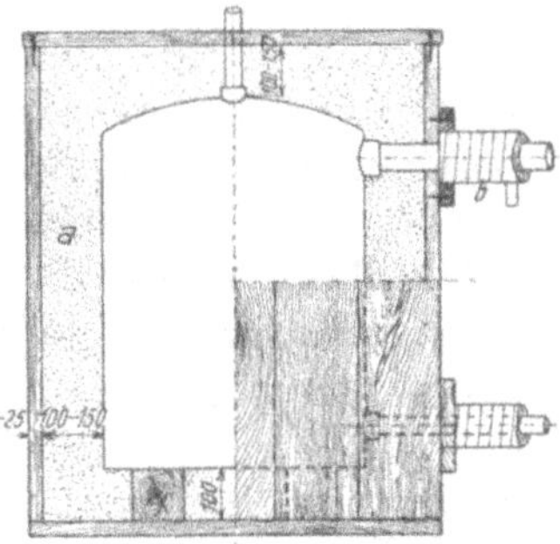

Abb. 392.

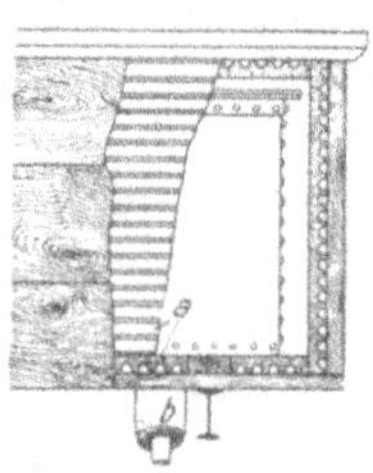

Abb. 393.

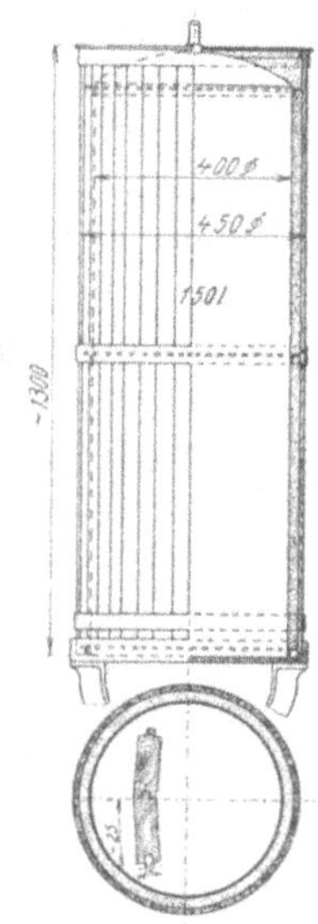

Abb. 394.

ausgefüllt wird. Sich bewährt haben sollen auch die Torf-Rippenplatten *a* (Abb. 393), welche leicht sind und ein Verunreinigen des Wassers nicht hervorrufen. Die Imprägnierung soll die leichte Brennbarkeit des Torfes vermindern. Für große Druckbelastungen sind diese Platten nicht geeignet.

Die geschlossenen zylindrischen Druckbehälter, die Boiler, werden mit allen möglichen Materialien isoliert, mit Masse, Schnüren, Schalen und losem Füllmaterial. Eine besondere Ausführung benutzt die Ruud-Ges. Nach Abb. 394 werden um die oberen und unteren Enden des stehenden Behälters Winkeleisenringe gelegt, darüber gefugte Holzlatten angeordnet, die durch äußere Bandeisenringe zu einem festen Mantel zusammengepreßt sind. Der ringförmige Hohlraum erhält Füllmaterial.

Die Isolation der Rohre erfolgt nach Abb. 395 bis 399 mittels Masse, Schnüren und Schalen. Letztere sowie die Weißblech-Schlußkappen werden durch verzinkten, weichen Eisendraht befestigt. Die Kappen geben der Isolierung größere Haltbarkeit und gutes Aussehen. Sämtliche Rohrisolierungen werden zweckmäßig mit 10 cm breiten Nesselbinden, die in Tonbrei getränkt sind, bandagiert und dann mit Wasserglasfarbe überstrichen; im Notfall kann auch geleimtes Papier als Bandage dienen.

Liegen die Rohre im Freien, so muß eine nachteilige Beeinflussung durch Feuchtigkeit und Sonnenhitze zu verhindern gesucht werden.

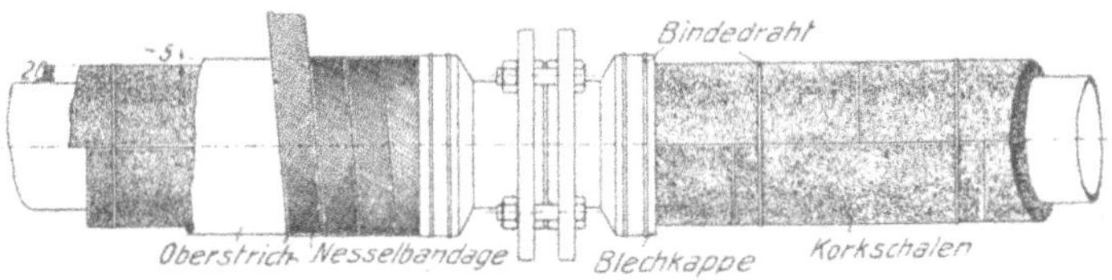

Hierfür können Anstriche von Mennige, Asphaltlack oder noch besser mit Ölfarbe gestrichene Blechmäntel, selbst Dachpappstreifen dienen, die über die eigentliche Isolierung (15 mm Flachschnur und 25 mm Rundschnur in entgegengesetzter Richtung gewickelt) aufgebracht sind.

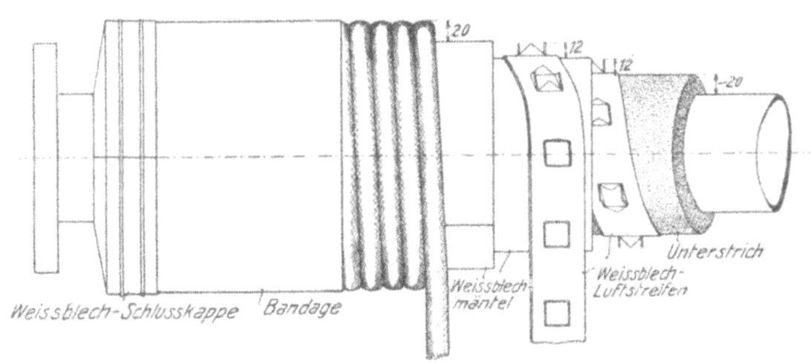

Für die Isolierung der Fernleitungen ist die Pasquaysche Ausführung nach Abb. 396 vielfach beliebt.

In letzter Zeit legt man endlich auch der Isolierung der Flanschen, Ventile und sonstigen hervorstehenden Armaturen die diesen zukommende große Bedeutung bei. Da sich an den Flanschen leicht Undichtigkeiten ergeben, ist die Isolierung mit Tropföffnungen (eingesetzte Röhrchen) zu durchsetzen und auswechselbar vorzusehen.

Die Wärmeschutz-Ges., Dortmund, sucht letzte Bedingung nach Abb. 397 zu erfüllen. Das Schutzmaterial ist plastische Masse.

Um die Flanschen wird ein Blechring *b* gelegt, der an tiefster Stelle für die Tropföffnung *c* aufgebogen und mit Draht umwickelt ist. Die Flanschisolierung ist durch die Blechmanschetten *d* gegen die Rohrisolierung abgetrennt und mit einem Mantel *e* aus Blech oder Dachpappe

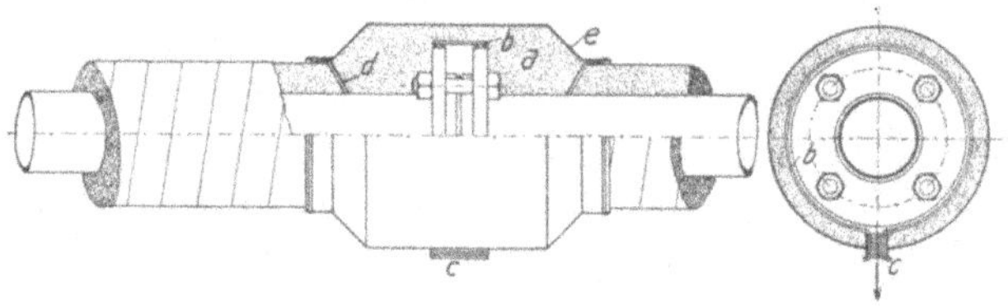

Abb. 397.

umgeben. Viele Konstruktionen besitzen nach Abb. 398 Klappschalen *a*, welche die Vorzüge leichter Montage und bequemer Kontrolle besitzen. Die Lagerung der Schalen erfolgt auf Klemmscheiben *b*, die Abdichtung

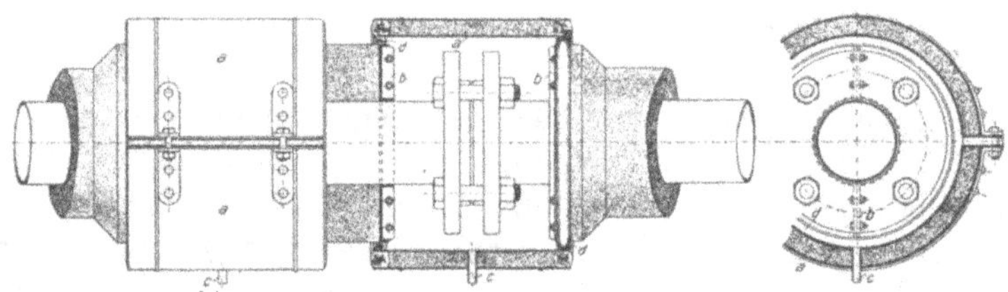

Abb. 398.

durch Zöpfe *d*. Die Tropföffnung *c* ist den Schalen gleich angearbeitet. Einen sehr guten Wärmeschutz ergibt die patentierte Ausführung von Rheinhold, Berlin, nach Abb. 399, bei der zwischen den Rohrisolierungen *b* Asbestmatratzen eingelegt werden.

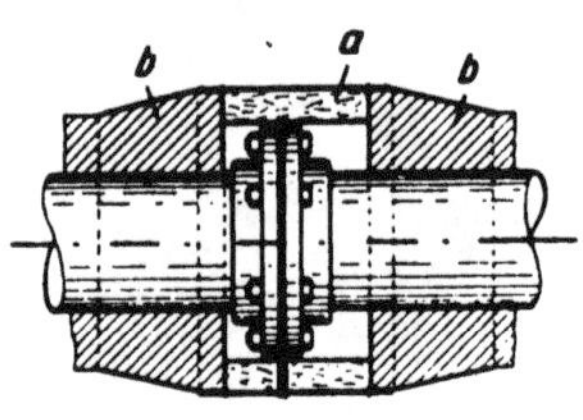

Abb. 399.

Bis 100° halten dauernd alle guten einwandfrei verlegten Isoliermittel, unmittelbar auf den zu schützenden Körper aufgebracht. Bei höheren Temperaturen des Durchflußstoffes empfiehlt sich ein Unterstrich oder Luftmantel, und zwar:

von 100÷120°: 10 mm Kieselgurunterstrich, darüber erst das Isoliermaterial,

120÷150°: 20 mm Kieselgurunterstrich und Luftmantel, darüber erst das Isoliermaterial,

150÷200°: Luftmantel, Asbestschicht, Luftmantel, darüber erst das Isoliermaterial.

Hinsichtlich der Güte der Wärmeschutzmittel läßt sich eine gewisse Reihenfolge festlegen. Es folgen aufsteigend: Lehm-Strohseil,

Asbest, Kieselgur, Torf, Kork, Seide, Filz; mit ihnen aber auch fast gleichen Schritt haltend die Preise!

C. Die Leistung und der Wirkungsgrad der Wärmeschutzmittel. Wirtschaftlichste Isolierstärke.

Der Wärmeverlust in einem System, welcher einen Temperaturabfall von der Wärmequelle bis zu den Zapfstellen zur nachteiligen Folge hat, ist abhängig von der Güte des Isolierstoffes bzw. dessen Wärmeleitzahl, von der Isolierstärke, der Rohrtemperatur, der Geschwindigkeit des durchfließenden Stoffes (Wasser, Dampf) und von der Temperatur und dem Bewegungszustand der umgebenden Luft. Soll ein Wärmeschutzmittel seinen Zweck voll und ganz erfüllen und wegen Unvollkommenheit nicht zu späteren Streitigkeiten Anlaß geben[1]), so ist schon im Entwurf auf Wahl und Ausführung der Isolation unter Beachtung obiger Faktoren Rücksicht zu nehmen. Dank der wissenschaftlichen Durchdringung der Probleme des Wärmeschutzes, vor allem durch die neueren hervorragenden Arbeiten von Knoblauch, Hencky, Cammerer[2]) u. a. ist es möglich, für jeden Fall den geeigneten Wärmeschutz zu wählen und seine Wirkung im voraus zu berechnen. Über den Wärmeverlust der Rohrleitungen, die ja den wesentlichsten Teil des Wärmeverlustes in sich tragen, wird auf die grundlegenden Arbeiten von Cammerer (s. WSW-Mitteilungen von Rheinhold & Co., Berlin) hingewiesen. Aus diesen eingehenden, umfangreichen Abhandlungen kann an dieser Stelle nur ein Auszug für die hier vorliegenden wichtigsten Verhältnisse gegeben werden.

Die Wärmeleitzahl drückt zahlenmäßig die Wärmeleitfähigkeit der Materialien aus. Sie stellt die Wärmemenge, in Grammkalorien gemessen, dar, die in 1 Sekunde durch 1 cm^2 bei 1^0 Temperaturgefälle und 1 cm Dicke des Materials dringt. Sie gibt also einen Vergleich über die Transmissions- bzw. Isolationsfähigkeit zwischen verschiedenen Materialien. Um günstigere Zahlenwerte zu erhalten, wird die Wärmeleitzahl auf 1 Stunde und 1 m Schichtdicke bezogen, so daß diese sog. große Leitzahl um $\frac{3600}{10} = 360$ mal größere Einheitswerte ergibt. Die große Wärmeleitzahl ist also die Wärmemenge, gemessen in kcal oder WE, die in 1 Stunde durch 1 m^2 bei 1^0 Temperaturunterschied und 1 m Dicke dringt.

Die große Wärmeleitzahl wird analytisch ausgedrückt durch:

$$\lambda_i = W \cdot \frac{\delta}{t' - t''} \quad . \; . \; . \; . \; . \; . \; . \; . \; . \; . \; (39)$$

[1]) Vogeler: »Streitfälle aus der Praxis des Wärmeschutzes.« Wärme- und Kältetechnik, 30, Heft 10, 1928.

[2]) Dr.-Ing. Cammerer: »Auswahl, Bemessung und Berechnung des Wärmeschutzes bei Heizungsanlagen nach neuzeitlichen Gesichtspunkten.« Gesundheits-Ingenieur, 50, Heft 37, 38, 1927.

Tabelle 65.

Wärmeleitzahl λ_i und ungef. Gewicht der gebräuchlichsten Wärmeschutzmittel.

Wärmeschutzmittel	bei einer Temperatur 0°	50°	100°	Gewicht kg/m³
Asbestmasse	0,050	0,060	0,069	650
Baumwolle, lose	0,047	0,054	0,059	85
» gepreßt	0,020	0,030	0,045	550
Filz, Kuhhaar	0,030	0,040	—	180
Gichtstaub, Si-Stoff	0,070	0,080	0,085	500
Gips, Bau	0,300	0,350	0,370	1200
Kieselgur, lose	0,046	0,048	0,052	250
» -masse[4])	0,064	0,065	0,068	425
» » [2])	0,048	0,052	0,055	310
» -platten[2])	0,061	0,068	0,072	360
» -schalen (Diatomit)[1])	—	0,053	0,062	240
» -schnüre[4])	—	0,059	0,068	420
Kork-, Schrot	0,040	0,049	0,057	85
» , Expansitschrotzöpfe[1])	0,033	0,039	0,046	46
Kork-platten, -schalen	0,045	0,052	0,059	400
Lambda (Magnesia), Schalen[4])		0,058	0,064	290
Luftschicht-Isolierung Rheinhold[4])	0,030	0,036	0,042	175
Magnesiamasse[3])	—	0,048	0,052	250
Magnesiaplatten, -schalen, steine[3])	—	0,045	0,050	200
Sägemehl	0,050	0,055	0,060	215
Seide, lose	0,038	0,045	0,051	100
Seidenschnur	0,039	0,047	0,052	150
Torf, lose (Mull)	0,050	0,055	0,060	200
Torfplatten[5])	0,034	0,041	—	170
Wolle, Schaf-	0,033	0,042	0,050	135
Luft	0,020	0,023	0,026	1,293

[1]) Von: Grünzweig & Hartmann, Ludwigshafen.
[2]) Von: Haacke & Co., Celle.
[3]) Von: Lüneburger Isoliermittelfabrik, A.G., Lüneburg.
[4]) Von: Rheinhold & Co., Berlin.
[5]) Von: Torfoleumwerk, Poggenhagen.

Darin ist: W = stündlich durchgehende (transmittierte) Wärmemenge in kcal/m²; δ = Wandstärke in m; t' und t'' = Oberflächentemperaturen der Wandflächen, dabei $t' > t''$. Für technische Rechnungen liegt λ_i tabellarisch fest (s. Tabelle 65). Für neue Stoffe ist λ_i natürlich erst durch genaue Versuche unter Zuhilfenahme der Gl. 39 zu bestimmen.

Die Leistung, d. h. die Güte oder der Nutzeffekt eines Wärmeschutzmittels, bemißt man als Prozentsatz nach dem Wärmeverluste in kcal und, um einen zutreffenden richtigen Vergleich zu haben, bezogen auf denselben Körper in nacktem, unverhülltem Zustande. Die rechnerische Bestimmung des Wärmeverlustes für geschützten wie nackten Körper ist gegeben durch die Transmissionsgleichung:

$$w_1 = f \cdot k\,(t - t_l)\ \text{kcal/h} \quad \ldots\ldots\ldots \quad (40)$$

Hierin ist:

f = Größe der Wärme abgebenden Flächen in m², also:
$f = \pi (d_a + 2\delta)$ l für Rohre von 1 Meter Länge,
d_a = äußerer Rohrdurchmesser in m,
δ = Stärke der Umhüllung in m,
t_l = Temperatur der f umgebenden Raumluft,
= ∼ 20÷10÷5° usw. je nach Art des Raumes,
= —10° im Freien,
k = Transmissionskoeffizient bei Wärmeübergang von Wasser durch die Wandung der Rohre, Behälter usw. in Luft (einschl. Strahlung) in kcal/m²,h,°C.

Mit der Genauigkeit des Wertes k steht und fällt die Rechnung nach Gl. 40. Für gewöhnliche, ganz allgemeine Ausführungen in den üblichen Wandstärken kann man als Annäherungswerte nehmen:

k = 10÷15 für Schmiedeeisenfläche, nicht isoliert,
= 8÷10 » Gußeisenfläche, nicht isoliert,
= 12÷16 » Kupferfläche, nicht isoliert,
= 0,8÷3,0 » Metallfläche, isoliert mit 50÷20 mm starker Kieselgur- oder Korkschalenumhüllung,
= 0,6÷1,5 » Metallfläche, isoliert mit 30÷15 mm starker Seidenzopfisolierung,
= 0,5÷1,6 » Metallfläche, isoliert mit 30÷15 mm starker Filzumhüllung.

Für bestimmte Ausführung müssen auch bestimmte k-Werte aufgestellt werden, wie in Tabelle 66.

Tabelle 66.

k — Werte in kcal/m², h, °C für Korksteinplatten von Grünzweig & Hartmann, Ludwigshafen.

Rohr-dmr. mm	Isolierstärke in mm 10	20	30	40	50	60	70
50/57	2,74	1,52	1,04	0,74	0,57	0,46	0,39
60/70	2,76	1,55	1,05	0,76	0,60	0,48	0,41
70/76	2,77	1,57	1,06	0,78	0,61	0,49	0,42
80/89	2,80	1,60	1,08	0,80	0,63	0,51	0,43
90/95	2,81	1,61	1,09	0,81	0,64	0,52	0,43
100/108	2,82	1,63	1,11	0,83	0,65	0,53	0,45
150/159	2,84	1,68	1,17	0,88	0,70	0,57	0,49
200/216	2,86	1,72	1,21	0,92	0,73	0,60	0,52

Unter Hinweis auf die Zahlentafeln 67 (auszugsweise) bestimmt sich nach Cammerer der Wärmeverlust von 1 m isolierter Rohrleitung zu:

$$w_1 = a \cdot (t - t_l) \cdot \beta \text{ kcal/m, h} \quad \dots\dots\dots \quad (41)$$

Tabelle 67.

Einheitswärmeverlust α isolierter Rohrleitungen nach Cammerer.[1])

Rohrdmr. Zoll	λ_i kcal/m, h, °C	α in kcal/m, h, °C bei einer Isolierstärke in mm von: 20	30	40	50	Rohrdmr. Zoll	λ_i kcal/m h, °C	α in kcal/m, h, °C bei einer Isolierstärke in mm von: 20	30	40	50
a) Gasrohr (Rohrdurchmesser = Innendurchmesser)											
3/8	0,05	0,204	0,178			1 1/4	0,05	0,354	0,293	0,256	0,229
	0,06	0,238	0,209				0,06	0,410	0,343	0,300	0,269
	0,07	0,268	0,238				0,07	0,458	0,389	0,343	0,311
	0,08	0,298	0,267				0,08	0,505	0,435	0,386	0,352
	0,09	0,326	0,293				0,09	0,553	0,475	0,426	0,390
	0,10	0,353	0,319				0,10	0,600	0,515	0,465	0,428
1/2	0,05	0,228	0,196			1 1/2	0,05	0,390	0,319	0,277	0,246
	0,06	0,265	0.230				0,06	0,452	0,371	0,324	0,288
	0,07	0,298	0,262				0,07	0,505	0,422	0,372	0,334
	0,08	0,331	0.293				0,08	0,555	0,473	0,419	0,379
	0,09	0,361	0,322				0,09	0,610	0,515	0,460	0,420
	0,10	0,390	0,350				0,10	0,660	0,560	0,500	0,461
3/4	0,05	0,263	0,224	0,199		1 3/4	0,05	0,426	0,346	0,298	0,265
	0,06	0,307	0,264	0,235			0,06	0,493	0,402	0,350	0,310
	0,07	0,343	0,298	0,267			0,07	0,550	0,459	0,401	0,358
	0,08	0,380	0,332	0,300			0,08	0,605	0,515	0,452	0,406
	0,09	0,416	0,365	0,333			0,09	0,660	0,565	0,496	0,451
	0,10	0,452	0,398	0,367			0,10	0,715	0,610	0,540	0,495
1	0,05	0,306	0,256	0,227	0,204	2	0,05	0,466	0,377	0,323	0,284
	0,06	0,356	0,301	0,266	0,242		0,06	0,540	0,440	0,379	0,332
	0,07	0,398	0,340	0,303	0,277		0,07	0,605	0,498	0,434	0,385
	0,08	0,441	0,380	0,340	0,313		0,08	0,665	0,555	0,488	0,437
	0,09	0,480	0,416	0,376	0,347		0,09	0,725	0,610	0,540	0,486
	0,10	0,520	0,453	0,412	0,382		0,10	0,780	0,660	0,585	0,535
b) Siede (Patent) rohr (Rohrdurchmesser = Außendurchmesser)											
2 1/2	0,05	0,488	0,392	0,336	0,295	3	0,05	0,560	0,446	0,379	0,331
	0,06	0,565	0,456	0,394	0,345		0,06	0,650	0,520	0,445	0,388
	0,07	0,630	0,520	0.450	0,399		0,07	0,725	0,590	0,505	0,447
	0,08	0,690	0,580	0,505	0,452		0,08	0,795	0,660	0,565	0,505
	0,09	0,755	0,635	0,555	0,501		0,09	0,865	0,720	0,625	0,565
	0,10	0,815	0,685	0,605	0,550		0,10	0,935	0,780	0,680	0,620
2 3/4	0,05	0,475	0,419	0,357	0,313	3 1/2	0,05	0,635	0,500	0,423	0,369
	0,06	0,610	0,488	0,420	0,367		0,06	0,730	0,585	0,497	0,433
	0,07	0,680	0,555	0,478	0,423		0,07	0,815	0,665	0,565	0,497
	0,08	0,745	0,620	0,535	0,479		0,08	0,900	0,740	0,630	0,560
	0,09	0,810	0,680	0,590	0,535		0,09	0,980	0,805	0,695	0,625
	0,10	0,875	0,735	0,645	0,585		0,10	1,06	0,870	0,760	0,685

Hierin:

t = Wassertemperatur im Rohre; t_l = Lufttemperatur,

α = Einheitswärmeverlust isolierter Rohrleitungen in kcal/m, h, °C nach Tabelle 67,

β = Faktor des Windeinflusses (nur für im Freien liegende Rohre maßgebend) nach Tabelle 68.

---

[1]) Cammerer: »Zahlentafeln zur Bestimmung des Wärmeverlustes isolierter Rohrleitungen«. W.S.W.-Mitteilungen Rheinhold & Co., Berlin, Heft 4, 1926.

Tabelle 68.

Faktor β des Windeinflusses nach Cammerer.

λ_i kcal/m, h, °C	bei normalem Wind (5 m/s) und bei einer Isolierstärke in mm von: 20	30	40	50	bei Sturm (25 m/s) und bei einer Isolierstärke in mm von: 20	30	40	50
0,04	1,20	1,13	1,09	1,07	1,24	1,15	1,11	1,09
0,06	1,26	1,18	1,13	1,10	1,33	1,21	1,15	1,13
0,08	1,32	1,22	1,17	1,13	1,42	1,27	1,20	1,16
0,10	1,38	1,26	1,20	1,16	1,50	1,33	1,25	1,20

Der Gesamtwärmeverlust der Rohrleitung von der Länge l ergibt sich dann aus dem Produkt $w_1 \cdot l$. Zur Berücksichtigung der Flanschen, Ventile usw. kann man dabei in Rechnung setzen:

für einen nackten Flansch . . . . 3,0 m isol. Rohr,
» » mit Flanschkappen isol. Flansch . . 0,5 m » »
» » wie die Rohrleitung isol. Flansch . . 0 m » »
» » nacktes Ventil . . . . 6,0 m » »
» » isoliertes » . . . . 3,0 m » »
für die Rohraufhängung 10% der Gesamtlänge.

Drückt w_1' (auch nach Gl. 40 berechnet) den Wärmeverlust des nackten Rohres aus, so ergibt sich die Wärmeersparnis zu:

$$E_w = \frac{w_1' - w_1}{w_1'} \cdot 100 \text{ in } \% \text{ des nackten Rohres} \quad \ldots \quad (42)$$

und der Wirkungsgrad zu:

$$\eta = 1 - \frac{w_1}{w_1'} \quad \ldots \ldots \quad (43)$$

Tabelle 69.

Wärmeersparnis E_w eines Wärmeschutzmittels in % des nackten Rohres.

Art der Umkleidung	E_w bei einer Umhüllung in mm: 15	20	25	30
Strohseil mit Lehm	31	36	40	43
Asbestschnur	41	44	46	48
Kieselgur, bandagiert, angestrichen . .	52	56	58	60
» mit Korkteilchen, nicht band.	65	69	72	74
» kalziniert	68	74	77	80
Korkschalen	56	65	71	76
Rohseide, Zopf ohne Luftschicht	75	78	82	85
» mit 12 mm Luftschicht . . .	73	77	81	85
» mit Kieselgurunterstrich . . .	76	79	82	86
Remanitzopf (karbonierte Seide)	74	78	82	86
Filz, bandagiert, mit Dextrin gestrichen	81	84	86	87
Isolierstärke mm	20	40	80	100
Korksteinplatten von Grünzweig & Hartmann, Rohr durchm. mm 50/57	74	82	87	88
Korksteinplatten von Grünzweig & Hartmann, Rohr durchm. mm 100/108	77	85	90	92
Korksteinplatten von Grünzweig & Hartmann, Rohr durchm. mm 150/159	78	86	92	93

In Tabelle 69 sind die Leistungen einer Reihe wichtiger Wärmeschutzmittel in Prozenten des nackten Rohres nach Rietschel mit berichtigten neueren Werten aufgenommen. Diese Prozentzahlen geben einen Anhalt für die Begutachtung der Schutzmittel, und zwar je höher sich der Prozentsatz stellt, um so besser ist dasselbe an sich.

Eine Berechnung des Wirkungsgrades η des Wärmeschutzes hat Eberle in der Zeitschrift des Ver. Dtsch. Ing. 1908, S. 571, gebracht, die zwar jetzt älteren Datums ist, aber einen Hinweis noch wohl verdient[1]).

Für die Güte einer Isolierung ist neben dem Werkstoff die Isolationsstärke maßgebend, welche den größten Wärmeschutz und die größte Lebensdauer bei geringstem Kostenaufwand (Anlage- und Betriebskosten) sichern soll. Man ist daher auf eine wirtschaftlichste Isolierstärke zugekommen[2]). Darunter versteht man nach dem Vorgange von Hottinger-Gerbel jene, bei der die erzielten Wärmeersparnisse der Isolierung im günstigsten Verhältnis mit den notwendigen Anlagekosten stehen. Nach diesen Gesichtspunkten hin ist Tabelle 70 aufgestellt. Dafür sind berücksichtigt: die jährliche Benutzungsdauer von 4800, wie solche für die im Dauerbetrieb stehenden Warmwasserbereitungsanlagen zutrifft; ferner ein Wärmepreis von 1,0 M./100000 kcal (allgemein 0,8÷1,2 M.) und 15÷20% jährliche Tilgungs- und Verzinsungskosten für die Kosten der Isolierung. Es kommen nach Tab. 70 in Frage: Die Zahlenwerte unter dem Temperaturunterschied von 50° für Warmwasserleitungen in Innenräumen und unter 100° für diese Leitungen im Freien und die Dampfleitungen.

Tabelle 70.

Wirtschaftlichste Isolierstärken nach Cammerer.

Temperaturunterschied zwischen Rohr und Luft			
50°		100°	
lichter Rohrdmr. mm	wirtschaftlichste Isolierstärke mm	lichter Rohrdmr. mm	wirtschaftlichste Isolierstärke mm
10 ÷ 30	20	10 ÷ 20	20
30 ÷ 70	30	20 ÷ 30	30
70 ÷ 100	40	30 ÷ 45	40
ebene Wand	50	45 ÷ 70	50
		70 ÷ 100	60
		ebene Wand	80

[1]) Kalender für Gesundheits- und Wärmetechnik, 1927, S. 241.

[2]) Fabry: „Die wirtschaftlichste Isolierstärke der Rohrleitungen". Die Wärme, 52, Heft 9, 1929.

Schmitz: „Die wirtschaftlichste Isolierstärke". Haustechnische Rundschau, 34. Heft 11, 1929.

Bei zusammengesetzten Schutzschichten kann deren Gesamtstärke nach wärmetechnischen Gesetzen bestimmt werden[1]), dabei müssen aber wieder, um zu der wirtschaftlichsten Stärke zu kommen, die Anlagekosten gegen die Betriebskosten abgewogen werden.

Eine Prüfung und Nachmessung der berechneten und garantierten Werte lassen sich an der fertigen Isolation mit Hilfe geeigneter Apparate vornehmen, wie solche jetzt in dem Wärmeflußmesser von Schmidt[2]) und in dem Wärmeschutzprüfer von Hencky brauchbar

Tabelle 71.

Oberfläche in m² der Rohrumhüllung für 1 lfd. m.

innerer Rohrdurchm.		Umhüllungstärke in mm							äußerer Rohrdurchm.	
mm	Zoll	20	25	30	40	50	60	80	mm	Zoll
15	1/2	0,190	0,220	0,251	0,314	0,379	0,441	0,567	20,5	Gasrohr nach innerem Durchm. in Zoll benannt.
20	3/4	0,209	0,239	0,270	0,333	0,398	0,460	0,586	26,5	
26	1	0,229	0,258	0,289	0,352	0,418	0,480	0,606	33	
34,5	1 1/4	0,258	0,286	0,317	0,380	0,446	0,508	0,634	42	
40	1 1/2	0,273	0,305	0,336	0,399	0,465	0,527	0,653	48	
44	1 3/4	0,292	0,324	0,355	0,418	0,478	0,550	0,666	52	
51	2	0,311	0,342	0,374	0,440	0,500	0,562	0,688	59	
60	2 1/4	0,345	0,377	0,408	0,471	0,525	0,594	0,719	69	
66	2 1/2	0,355	0,386	0,418	0,481	0,553	0,615	0,741	76	
79	3	0,396	0,427	0,459	0,522	0,594	0,656	0,782	89	
92	3 1/2	0,437	0,468	0,500	0,562	0,635	0,697	0,823	102	
104	4	0,481	0,512	0,544	0,606	0,672	0,735	0,861	114	
119	Patentrohr (Siederohr): nach äuß. Dm. in Zoll benannt.	0,525	0,556	0,587	0,650	0,713	0,775	0,901	127	5
131		0,565	0,597	0,628	0,691	0,754	0,816	0,942	140	5 1/2
143		0,603	0,635	0,666	0,729	0,792	0,854	0,980	152	6
156		0,644	0,675	0,707	0,770	0,833	0,895	1,021	165	6 1/2
169		0,685	0,716	0,748	0,811	0,874	0,936	1,062	178	7
180		0,726	0,757	0,789	0,851	0,914	0,977	1,103	191	7 1/2
192		0,763	0,795	0,826	0,889	0,952	1,014	1,140	203	8
203		0,804	0,835	0,867	0,929	0,993	1,056	1,181	216	8 1/2

vorliegen. Für kleinere Anlagen werden sich Abnahmeversuche erübrigen. Eine rohe Kontrolle der Materialgüte liefert die Feststellung des Raumgewichtes, die durch Herausschneiden einer Probe einfach vorgenommen werden und zum Vergleich mit der Garantie führen kann.

Beispiel 1. Eine 2″-Gasrohrleitung, die Warmwasser von 80° zu fördern hat, geht auf eine Länge von 10 m durch freie Luft und ist mit kalzinierter Kieselgurmasse zu umkleiden, deren Wärmeleitzahl 0,06 beträgt. Es sind Wärmeverluste und Wirkungsgrad zu bestimmen.

[1]) Vogeler: »Verwendung zusammengesetzter Isolierungen bei Rohrleitungen nebst Berechnung der Schichtstärken.« Wärme- und Kältetechnik XXIX, Heft 18, 1927.

[2]) Dr.-Ing. Cammerer: »Praktische Erfahrungen mit dem Wärmeflußmesser von E. Schmidt.« WSW-Mitteilungen von Rheinhold & Co.. Berlin, 1927, Heft 1.

In Tabelle IV1, S. 554, findet sich für 2″ Rohr eine Mantelfläche $f = 0{,}185$. Wählt man nach S. 371 $k = 13$ und $t_l = -10^0$, so erhält man nach Gl. 40 einen stündlichen Wärmeverlust von 1 m nackten Rohres zu:

$$w_1' = f \cdot k\,(t - t_l) = 0{,}185 \cdot 13\,(80 - [-10]) = 216{,}5 \text{ kcal/m.}$$

Nach Tabelle 70 ist für $\sim 100^0$ Temperaturunterschied und 51 mm Rohrdurchmesser die wirtschaftliche Isolierstärke zu 50 mm zu nehmen, so daß nach Tabelle 71 die Außenfläche von 1 m umhüllten Rohres $f = 0{,}500 \text{ m}^2$ ist. Mit $k = 0{,}8$ nach S. 371 wird nach Gl. 40

$$w_1 = f \cdot k\,(t - t_l) = 0{,}5 \cdot 0{,}8\,(80 - [-10]) = 36 \text{ kcal/m, h.}$$

Nach der Cammerer-Tabelle 67 findet sich für 2″ Rohr, 50 mm Isolierstärke und $\lambda_i = 0{,}06$ der Einheitswärmeverlust zu $a = 0{,}332$ und nach Tabelle 68 $\beta = 1{,}10$ (gegen Sturm geschützter Platz). Damit wird nach Gl. 41:

$$w_1 = a\,(t - t_l)\,\beta = 0{,}332\,(80 - [-10]) \cdot 1{,}1 = 33 \text{ kcal/m, h.}$$

Nimmt man $w_1 = \sim 35$ kcal/m, h, so erhält man nach Gl. 42 eine Wärmeersparnis von:

$$E_w = \frac{w_1' - w_1}{w_1'} \cdot 100 = \frac{216{,}5 - 35}{216{,}5} \cdot 100 = 84\%,$$

also nach Gl. 43 einen Wirkungsgrad:

$$\eta = 1 - \frac{w_1}{w_1'} = 1 - \frac{35}{216{,}5} = 0{,}84.$$

Der Gesamtwärmeverlust der 10 m isolierten Rohrlänge ist mit 10% Zuschlag für Rohraufhängung (S. 373)

$$1{,}1 \cdot l \cdot w_1 = 1{,}1 \cdot 10 \cdot 35 = 385 \text{ kcal/h.}$$

Beispiel 2. Es ist der Wirkungsgrad der 40 mm Seidenzopfisolierung eines 3½″-Patentrohres zu bestimmen, das einer Fernwarmwasserversorgungsanlage angehört und in einem begehbaren Kanal mit 20^0 Raumtemperatur verlegt ist. Es betragen $\lambda_i = 0{,}05$, $k = 10$ und $t = 90^0$.

Für 3½″ Rohr oder $d_i/d_a = 82{,}5/89$ mm findet sich in Tabelle IV2 $f = 0{,}2796 \text{ m}^2/\text{m}$ und in Tabelle 67 für $\delta = 40 \text{ mm} = 0{,}04$ m Isolierstärke und $\lambda_i = 0{,}05$ der Wert $a = 0{,}423$. Damit erhält man nach Gl. 40:

$$w'_1 = f \cdot k\,(t - t_l) = 0{,}2796 \cdot 10\,(90 - 20) = 195{,}72 \text{ kcal/m}$$

und nach Gl. 41:

$$w_1 = a\,(t - t_l) = 0{,}423\,(90 - 20) = 29{,}61 \text{ kcal/m,}$$

also nach Gl. 43:

$$\eta = 1 - \frac{w_1}{w_1'} = 1 - \frac{29{,}61}{195{,}72} = 0{,}85.$$

Prüft man diesen Wert nach der Gleichung von Eberle mit $t_0 = t - 2^0 = 90 - 2 = 88^0$ Oberflächentemperatur der Isolationshülle und $k' = 6$ kcal/m²/h Wärmeabgabe des isolierten Rohres, so erhält man:

$$\eta = 1 - \frac{t_o - t_l}{k \cdot 0{,}5 d_a (t - t_l)\left(\frac{1}{(0{,}5\, d_a + \delta)\, k'} + \frac{1}{\lambda_i} \ln \frac{0{,}5 d_a + \delta}{0{,}5 d_a}\right)} \text{ [1])}$$

$$\eta = 1 - \frac{88 - 20}{10 \cdot 0{,}5 \cdot 0{,}089\,(90 - 20)\left(\frac{1}{(0{,}5 \cdot 0{,}089 + 0{,}04) \cdot 6} + \frac{1}{0{,}05} \ln \frac{0{,}5 \cdot 0{,}089 + 0{,}04}{0{,}5 \cdot 0{,}089}\right)}$$

$$\eta = 1 - \frac{68}{31{,}15\,(1{,}96 + 20 \ln 1{,}9)} = 0{,}851.$$

Die zwar etwas umständlichere Gleichung von Eberle ergibt also immer noch ganz brauchbare Resultate. Der Wert $\eta = 0{,}85$ oder 85% deckt sich mit den Angaben der Tabelle 69.

Beispiel 3. In der Physikalisch-Technischen Reichsanstalt Charlottenburg lagen neue Fasertorfplatten der Gesellschaft für Torfisolation Gustav Huhn, Berlin, zwecks Bestimmung der Isolierfähigkeit vor.

Eingesandtes Versuchsmaterial:

Die Platten bestehen aus Torfmoos und etwas Bindematerial und sind unter Druck hergestellt. Jede Platte ist annähernd 50 mm dick, 400 mm lang, 400 mm breit und 2,2 kg schwer.

Ergebisse eines Versuches:

Elektrisch stündlich zugeführte Wärmemenge: 28,1 kcal/h.
Stündlicher Wärmeverlust: 3,8 kcal/h.
Effektive Wärmemenge $W = 28{,}1 - 3{,}8 = 24{,}3$ kcal/h.
Mittlere Temperatur an der heißen Plattenseite $t' = 72{,}8^0$ C.
Mittlere Temperatur an der kalten Plattenseite $t'' = 10{,}3^0$ C.
Temperaturunterschied zwischen beiden Seiten der Platten $t' - t'' = 62{,}5^0$ C.

Mittlere Temperatur der Platten $\frac{t' + t''}{2} = 41{,}5^0$ C.

Von der effektiven Heizwärme durchströmter Querschnitt der Platten $F_1 + F_2 = 2 \cdot 0{,}4 \cdot 0{,}4 = 0{,}32$ m².

Mittlere Dicke der Platten $\delta = \frac{\delta_1 + \delta_2}{2} = 0{,}0478$ m.

[1]) Kalender für Gesundheits- und Wärmetechnik 1927, S. 241.

Berechnung der Wärmeleitzahl aus diesen Versuchswerten:

Maßgebend ist die Gleichung (39). Zu berücksichtigen ist aber dabei, daß obige Versuchsergebnisse nicht aus 1 m² Plattenfläche, sondern aus $F_1 + F_2$ gefunden wurden. Demgemäß hat man zu rechnen:

$$\lambda_i = W \cdot \frac{\delta}{t' - t''} \cdot \frac{1}{F_1 + F_2} = 24{,}3 \cdot \frac{0{,}0478}{62{,}5} \cdot \frac{1}{0{,}32}$$

$$\lambda_i = 0{,}05759 = \sim 0{,}058.$$

Drei weitere Versuche ergaben folgende Werte:

	Versuch:	II.	III.	IV.
bei mittlerer Temperatur:	$\frac{t' + t''}{2} =$	47,3	22,8	43,1° C
	$\lambda_i =$	0,060	0,058	0,061

Daraus folgt dann im Mittel bei einer mittleren Temperatur von:

$$\frac{41{,}5 + 47{,}3 + 22{,}8 + 43{,}1}{4} = 38{,}7 \text{ oder} \sim 39^0$$

der Wärmeleitungskoeffizient der Fasertorfplatten zu:

$$\lambda_i = \frac{0{,}058 + 0{,}060 + 0{,}058 + 0{,}061}{4} = 0{,}059,$$

ein Wert, der günstig und gut ist.

Beispiel 4. Eine Warmwasserbereitungsanlage erhält durch eine 100 m lange Fernleitung von 102/108 mm Durchm. Maschinenabdampf von 110° als Heizmittel zugeführt. Für die Isolierung der Leitung kommen in Frage: eine gewöhnliche Aufstrichmasse mittlerer Qualität mit $\lambda_i = 0{,}12$, die gewohnheitsgemäß in 50 mm Stärke aufgetragen werden soll, und gute, hochporös gebrannte Rheinhold-Kieselgurschalen mit $\lambda_i = 0{,}09$, deren wirtschaftlichste Stärke mit 80 mm bestimmt worden ist. Welche Ersparnisse lassen sich durch richtige Auswahl und Bemessung des Wärmeschutzes erzielen?[1])

Die Anlagekosten für die 100 m Rohrlänge ergeben sich

bei 50 mm gew. Aufstrichmasse zu M. 750,
» 80 mm Rheinhold-Schalen zu . » 1600.

Demgegenüber betragen die jährlichen Betriebsverluste unter Berücksichtigung des Dampfmehrverbrauchs infolge Temperaturabfalles in der Leitung und auf Grund der Güte des Isoliermaterials

bei 50 mm gew. Aufstrichmasse . . M. 3900,
» 80 mm Rheinhold-Schalen . . . » 1500.

---

[1]) Die in diesem Beispiel aufgenommenen Zahlen sind abgerundete Werte nach einer praktischen Anlage. Es kommt hier nur auf den Gang der Durchführung an

Den höheren Anlagekosten der Rheinhold-Schalen stehen also jährliche Ersparnisse gegenüber, welche die Mehraufwendungen für das bessere und in wirtschaftlicher Stärke richtiger bemessene Material schon nach

$$\frac{1600 - 750}{{}^1/_{12}\,(3900 - 1500)} = \frac{850}{200} = 4{,}25 \text{ oder } 4^1/_4$$

Monaten durch die erzielten Ersparnisse decken. Von rein kaufmännischem Standpunkt aus wird man die jährlichen Ersparnisse in Beziehung zum jährlichen Kapitaldienst für Verzinsung und Tilgung setzen. Nimmt man die Verzinsungs- und Tilgungsquote mit 30% an, so betragen bei den Rheinhold-Schalen die Mehraufwendungen am jährlichen Kapitaldienst: (1600 — 750) · 0,3 = 255 M., d. h. die Mehraufwendungen verzinsen sich durch die Ersparnisse im Betrieb mit (3900 — 1500) · 100:255 = 900%.

Hieraus erkennt man dic Wichtigkeit der richtigen Auswahl des Materials und die der Bestimmung der wirtschaftlichsten Isolierstärke.

XI. Die Deckung, Aufspeicherung und Größe der erforderlichen Wärmemenge.

A. Die Deckung und Aufspeicherung der Wärmemenge.

Die zum Verbrauche verfügbare und aufgespeicherte Wärmemenge befindet sich bei direkter Entnahme aus dem Wärmeerzeuger in diesem selbst, also in dem Kessel oder in einem Warmwasserbehälter oder schließlich teils in jenem, teils in diesem. Bei einer indirekten Erwärmung mittels der Gegenstromapparate ohne Einschaltung eines Behälters erfolgt die Deckung stets dem Bedarfe nach, so daß mit einer Aufspeicherung überhaupt nicht gerechnet wird.

Ist einem Kessel oder Ofen die Eigenschaft eines Wärmespeichers mitgegeben, so darf natürlich der gesamte Inhalt nicht als Speicher angesehen werden, da das ständig zufließende Speisewasser zu seiner Eigenerwärmung eine bestimmte niedrigste Temperatur, eine genügende Wärmemenge verlangt; mindestens ⅓ des Inhaltes ist hierfür vorzusehen.

Ein gleichmäßiger Warmwasserverbrauch läßt sich ohne Wärmeaufspeicherung mit Hilfe der Gasautomaten oder selbstregelnden Dampfwarmwasseranlagen bewältigen; wie auch ferner mit Hilfe aller Gasöfen, Kessel und Apparate, die imstande sind, den größten Verbrauch zu jeder Zeit decken zu können, und deren Zuflußleitungen sofort abgesperrt werden können, sobald die Warmwasserentnahme aufhört. Bei den mit festen Brennstoffen betriebenen Anlagen läßt sich die Wärmeentwicklung nicht sogleich einstellen, weshalb für diese eine

Aufspeicherung der noch nach Einstellen des Betriebes erzeugten Wärme vorzusehen ist. Auch muß für diese letztbenannten Anlagen schon aus dem Grunde eine Wärmeaufspeicherung ermöglicht werden, um bei größtem Bedarfe an Warmwasser stets eine genügende Menge zur Verfügung zu haben; denn in den wenigsten Fällen wird die Heizfläche des Wärmeentwicklers so groß gemacht werden können, daß der in der Zeiteinheit erforderliche größte Effekt eingehalten werden kann. Bei Anlagen, deren Wärmequellen nicht ständig in Betrieb sind, wie die Küchenherdfeuerungen, und bei denen zu jeder Zeit ein Wärmeverbrauch eintreten kann, ist ein Wärmespeicher in Gestalt eines Warmwasserbehälters von vornherein unbedingt vorzusehen, auch schon deshalb, um den während des Betriebes sich ergebenden Überschuß an Wärme aufspeichern zu können.

Sehr maßgebend für die Frage, ob eine Wärmeaufspeicherung am Platze ist oder nicht, ist die Art des Betriebes der Anlage. Der unterbrochene Betrieb beschränkt sich zur Hauptsache auf die Klein- und Lokalanlagen und zum größten Teil auf die häuslichen Badeeinrichtungen. Für diese wird durch die meisten üblichen Badeofensysteme für feste, flüssige Brennstoffe und Gas eine Wärmeaufspeicherung umgangen, indem das erwärmte Wasser aus dem Ofen in die Wanne fließt und sich solange durch kaltes Wasser ergänzt, bis die Wanne gefüllt ist. Eine gewisse Wärmeaufspeicherung ergibt sich dann zwar hinterher bei Abstellen des Ofens, welcher Umstand vorteilhaft für ein Nachbrausen ist. Ein Nachteil der fehlenden Wärmeaufspeicherung liegt darin, daß das Bad nach seiner Herstellung sofort zu benutzen ist, wenn nicht eine unnötige Wärme- und Brennstoffvergeudung hervorgerufen werden soll.

Ein dauernder Betrieb, d. h. ein stetiges Bereithalten von Warmwasser, macht sich dort nötig, wo das Wasser während des ganzen Tages mehrfach zu unbestimmten Zeiten benutzt wird. Derartige Verhältnisse finden sich für die meisten Badeanstalten, industriellen Betriebe und zentralen hauswirtschaftlichen Anlagen. Ist der Warmwasserverbrauch ein sehr schwankender, so hat man entweder durch Einschaltung von Gegenstrom-, Misch- und Strahlapparaten eine Wärmeaufspeicherung ganz zu umgehen oder mit einer entsprechend großen Aufspeicherung zu rechnen. Je größer letztere gewählt wird, je kleiner kann die wärmeentwickelnde Kesselheizfläche und je kürzer unter Umständen die Anheizdauer gehalten werden. Ist Zeit für die Wärmeaufspeicherung hinreichend vorhanden, so ist anstatt eines flotten, ein so langsamer Betrieb als eben angängig zum großen Vorteil einer hohen Brennstoffausnutzung durchzuführen. Solche Maßnahme läßt sich jedoch nur dort treffen, wo die Warmwasserbereitungsanlage ihre eigene Heizquelle besitzt.

Wird die Anlage nachts nicht außer Betrieb gesetzt, was mit Schüttfeuerung leicht durchführbar ist, so wird sich ein besonderer Wärmespeicher anzuordnen sehr empfehlen, wenn auch die nächtlich zurückhaltend entwickelte Wärme zum größten Teil zur Deckung der Trans-

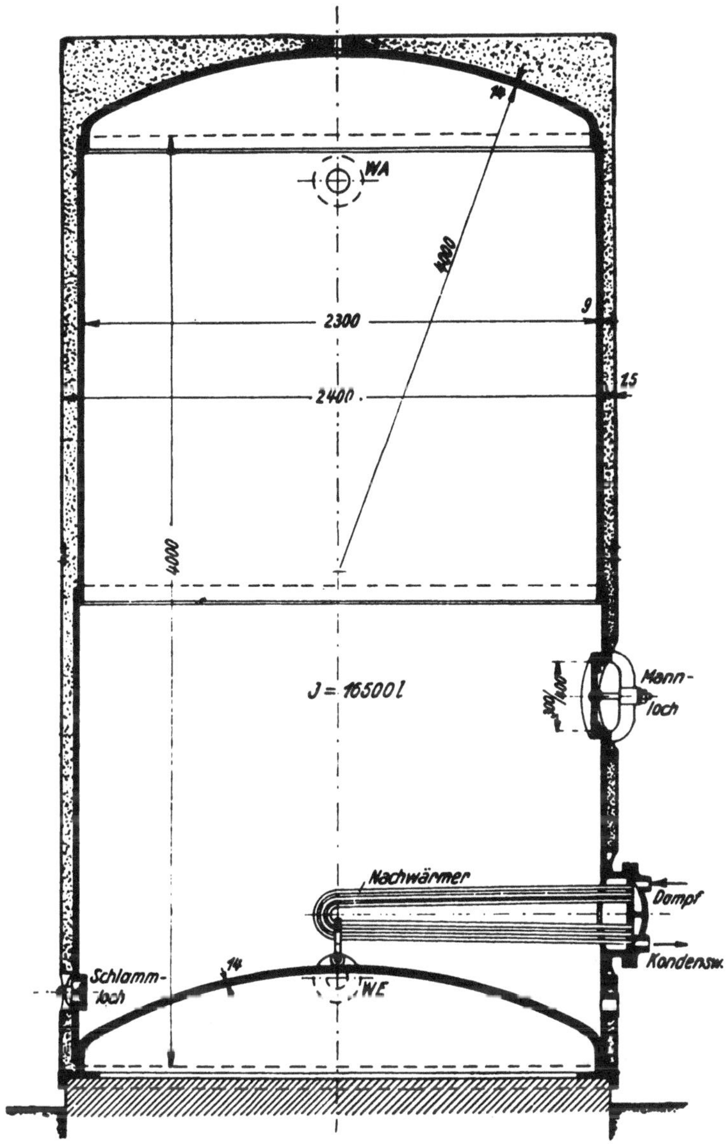

Abb. 400.

missonsverluste in der ganzen Anlage dienen wird. Günstiger liegen die Verhältnisse bezüglich der Warmwasserbereitung auf elektrischem Wege, wenn der erheblich billigere Nachtstrom in Warmwasseraufspeicherung ausgenutzt wird. In dieser Weise sind schon ganz beachtliche Großanlagen entstanden (s. oben »Elektrizität« und »Elektrische Heizkörper«).

Abgesehen von diesem letzten Hinweis bezieht sich das Vorstehende mehr oder weniger auf kleinere Anlagen. Weit anders gestalten sich die Verhältnisse, sobald es sich handelt, um die Abwärmeverwertung in Großanlagen, in industriellen Werken mit bedeutendem Bedarf an Kraft-, Heizdampf und Warmwasser oder in Betrieben wie in Krankenhäusern, Heilanstalten, Erziehungsheimen, Hotels u. dgl. mit sehr großem Wärmebedarf für Heizungs-, Koch- und Reinigungszwecke. Einmal ist solcher Bedarf mannigfachen Schwankungen unterworfen, dann ist die Wärme in verschiedene Formen (Warmwasser, Dampf,

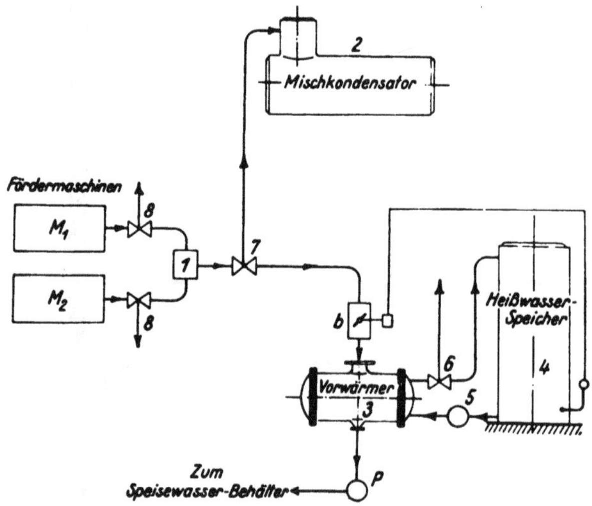

Abb. 401.

Luft) zu binden, schließlich liegen die Zeiten des Wärmeanfalles (bei Abwärme) und des Warmwasserverbrauchs gänzlich getrennt voneinander. Zudem bietet die gegenseitige Abstimmung aller dieser Faktoren ohne Betriebsbeeinflussung vielfach insofern Schwierigkeiten, wenn man darauf bedacht ist, höchste Wirtschaftlichkeit und geringste Anlage- und Betriebskosten zu erreichen. Fast alle diese Aufgaben finden ihre günstige Lösung in der Errichtung von **Warmwasser-Großspeichern**, die dann denselben Zweck wie die Dampfspeicher (**Rateau**, **Ruths**) erfüllen. Insbesondere wirken bei nicht zu großen Schwankungen und nicht zu hohen Anlagekosten die Gleichdruckspeicher sehr günstig[1]).

---

[1]) **Witz**: »Weitere Anwendungsmöglichkeiten der Gleichdruckspeicher.« Wärme, 50, Heft 25, 1927.

Die Warmwasserspeicher treten als Zeit- und Ausgleichsspeicher auf, letztere besonders für Abdampfverwertungsanlagen mit unterbrochen anfallendem Abdampf. Der Speicher selbst ist ein einfacher geschlossener, stehender oder liegender Zylinderkessel oder offener Kasten bis zu 100 m³ Inhalt, der neben sich den eigentlichen Warmwassererzeuger, den Vorwärmer, stehen hat, oder in sich den Erwärmer, häufig nur als Nachwärmer und Wärmehalter vorgesehen, enthält (Abb. 400). In dem Speicher müssen sich bei unterbrochenem Heizbetrieb die Wasserschichten verschiedener Temperaturen durch geeignete Einrichtung und Schaltung der Anlage sicher auf geforderte Höchstwassertemperatur vermischen. Zwei Beispiele solcher Anlagen zeigen Abb. 401 und 402[1]), ein weiteres Beispiel liegt in Abb. 191[2]). Abb. 401 gibt das Schaltungsschema einer Abdampfverwertungsanlage mit Heißwasserspeicher für

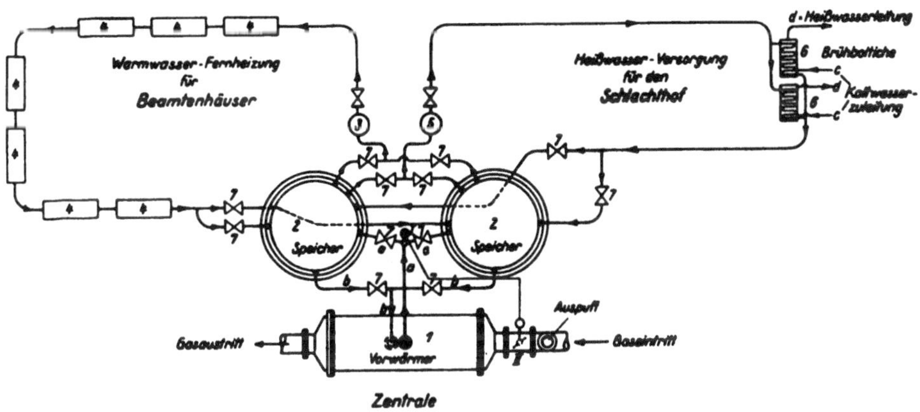

Abb. 402.

intermittierend arbeitende Kolbendampfmaschinen, Walzenzugsmaschinen, während Abb. 402 die Schaltanlage von vereinigtem Ausgleich- und Zeit-Warmwasser-Speicher mit Verwertung der Abfallwärme von Gaswerks-Retortenöfen darstellt. In Abb. 191 sind parallel zu den 8 Gegenstromapparaten der 35 m³ Warmwasserspeicher für Badezwecke und die Abdampfheizungsanlage geschaltet; den Abdampf liefern die Gruben-Fördermaschinen.

Für die Berechnung einer Großspeicheranlage, die also zur Hauptsache aus dem Speicherbehälter und Röhrenbündel-Vorwärmer besteht, gelten die Angaben unter Abschnitt XII. Setzt man gemäß Abb. 403[1]):

t_1 = Temperatur, mit der das kalte Gebrauchswasser dem Speicher zufließt, $= \sim 7 \div 15^0$,

[1]) Dr.-Ing. Balcke: »Wärmespeicher für Großheizungs- und Heißwasserbereitungsanlagen.« Gesundheits-Ingenieur, 50, Heft 30, 1927.

[2]) Ruetz: »Abdampfverwertung im Fördermaschinenbetrieb.« Gesundheits-Ingenieur, 50, Heft 28, 1927.

t_2 = geforderte höchste Speicherwassertemperatur, $= 70 \div 100^0$,
Q = Nutzwassermenge in l während einer best. Zeiteinheit Z,
c_m = mittlere spezifische Wärme des Wassers,
λ = Wärmeinhalt des Abdampfes in kcal/kg entsprechend der Abdampfspannung p_a ata,
ϑ_1'' = Flüssigkeitswärme des Kondensates bzw. dessen Temperatur,
k = mittlere Wärmedurchgangszahl des gesamten Röhrenbündels in kcal/m², ,h °C,

so muß während der Aufheizzeit Z_1 (Pause zwischen den Badezeiten) dem Speicherwasser eine Wärmemenge:

$$W_z = c_m \cdot Q\ (t_2 - t_1) \text{ kcal in } Z_1 \text{ Std.} \quad \ldots \quad (44)$$

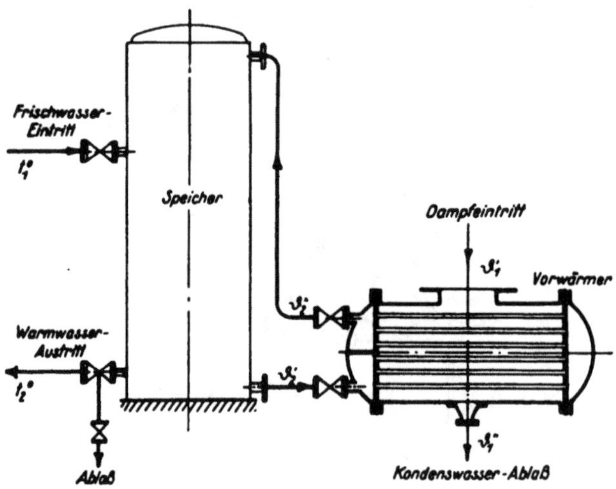

Abb. 403.

zugeführt werden. Es ist $c_m = \sim 1$ oder genauer:

bei t_2	= 70	= 80	= 90	= 100°
c_m	= 0,9980	= 0,9985	= 0,9992	= 1,000

Ferner folgt der Abdampfverbrauch der Anlage zu:

$$D = \frac{W_z}{Z_1 (\lambda - \vartheta_1'')} \text{ kg/h} \quad \ldots \quad (45)$$

und die Heizfläche des Rohrbündel-Vorwärmers unter Hinweis auf die Bezeichnung in Abb. 403 zu

$$H = \frac{W_z}{k \cdot \left(\dfrac{(\vartheta_1' - \vartheta_2') - (\vartheta_1'' - \vartheta_2'')}{\ln \dfrac{\vartheta_1' - \vartheta_2'}{\vartheta_1'' - \vartheta_2''}} \right) \cdot Z_1} \text{ m}^2 \quad \ldots \quad (46)$$

$$
\left.
\begin{aligned}
k &= 1000 \div 3000 \text{ bei liegendem} \\
&= 600 \div 1600 \text{ bei stehendem}
\end{aligned}
\right\} \text{Röhrenbündel und Abdampf,}
$$

$$= \quad 9 \div 46 \text{ bei Abgasen mit } 0{,}5 \div 20 \text{ m/s;}$$

ferner ist in Gl. 46 zu setzen:

$\vartheta_1' = \vartheta_1'' = \vartheta_1$ bei völlig kondensierendem Dampf und

$\vartheta_2' = \dfrac{t_1 + t_2}{2}$ als Mittelwert.

Der Speicherbehälter muß einen Inhalt J_{sp} von mindestens Ql besitzen, praktisch etwa:

$$J_{sp} \geqq \frac{1{,}1\,Q}{1000} \text{ in m}^3 \quad . \quad . \; (47)$$

Wird während der Benutzungszeit Z der Warmwasseranlage weiter geheizt, so ist in Gl. (45) und (46) statt Z die Größe $(Z + Z_1)$ einzuführen und Gl. (47) zu ersetzen durch:

$$J_{sp} = \frac{Q}{\left(1 + \dfrac{Z}{Z_1}\right) 1000} \text{ in m}^3 \; . \; (47\text{a})$$

Man findet:

$J_{sp} = \sim 7 \div 15$ m³ für mittlere Anlagen,

$= \sim 15 \div 50 \div 100$ m³ für große und größte Anlagen.

Der Wärmeverlust der Speicher durch Strahlung ist bei guter Isolation unbedeutend. Einen Anhalt dafür bietet Tabelle 72.

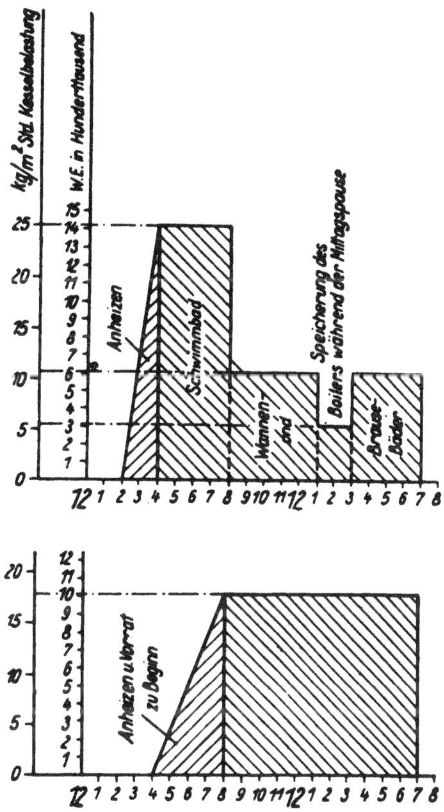

Abb. 404.

Tabelle 72.

Abkühlungsfaktor der Übertemperatur des isolierten Speicherwassers ohne Wasserentnahme und ohne Nachheizen.

Abkühlung nach		Speicherinhalt in m³					
Tagen	Stunden	0,4÷0,6	0,8÷1,0	2,5÷5	7÷10	15÷35	50÷80
1.	12	0,81	0,93	0,94	0,95	0,97	0,99
	24	0,84	0,88	0,91	0,93	0,95	0,98
2.	48	0,72	0,78	0,83	0,85	0,88	0,93
3.	72	0,60	0,67	0,72	0,78	0 82	0,88

Welche wirtschaftlichen Vorteile die Großspeicherung in Großanlagen bietet, zeigen die Diagramme Abb. 404, die die Wärmeerzeugung in der städtischen Badeanstalt zu Münster i. W.[1]) vor und nach Einbau eines Speichers zum Ausdruck bringen. Man ersieht, daß durch die Speicherung (unteres Diagramm Abb. 404), die bisher von $25 \div 5$ kg/m² schwankende Kesselbelastung einen normalen Wert von 18 kg/m² erhält und der Kesselbetrieb statt um 2 Uhr erst gegen 7 Uhr (unter Berücksichtigung des Wärmevorrates) einzusetzen braucht.

Beispiel 1. In einem Hüttenwerk werden nach jedem 8 stündigen Schichtwechsel 10 m³ Warmwasser von 80° für Wasch- und Badezwecke benötigt. Das Nutzwasser besitzt eine Anfangstemperatur von 10°. Als Heizmittel steht der Abdampf der Walzenzugsmaschinen mit 1,2 ata zur Verfügung. Der Dampf kann im Warmwasserbereiter mit liegendem Heizröhrenbündel bis zur Kondensation ausgenutzt werden. Das Warmwasser ist während einer Schichtdauer zu erzeugen und aufzuspeichern.

Gegeben sind: $Q = 10\ \text{m}^3 = 10000\ \text{l}$; $t_1 = 10^0$; $t_2 = \vartheta_2'' = 80^0$;

$p_a = 1{,}2$ ata, dafür nach Sattdampftabelle: $\vartheta_1' = \vartheta_1'' = \vartheta_1 = 104{,}2^0$,

$\lambda = 641{,}1\ \text{kcal/kg}$; $\vartheta_2' = \frac{t_1 + t_2}{2} = \frac{10 + 80}{2} = 45^0$; $t = 0{,}9985$;

$k = \sim 2000\ \text{kcal/m}^2, \text{h}, {}^0\text{C}$; $Z_1 = 8^{\text{h}}$.

Es berechnen sich nach Gl. 44 die erforderliche Speicherwasserwärme zu:

$$W_z = c_m\, Q(t_2 - t_1) = 0{,}9985 \cdot 10000\ (80 - 10) = 698950\ \text{kcal/8}^{\text{h}},$$

nach Gl. 45 der Abdampfverbrauch zu:

$$D = \frac{W_z}{Z_1(\lambda - \vartheta_1'')} = \frac{698\,950}{8(641{,}1 - 104{,}2)} = 165\ \text{kg/h}$$

und nach Gl. 46 die Vorwärmerheizfläche zu:

$$H = \frac{W_z}{k\left(\dfrac{(\vartheta_1' - \vartheta_2') - (\vartheta_1'' - \vartheta_2'')}{\ln \dfrac{\vartheta_1' - \vartheta_2'}{\vartheta_1'' - \vartheta_2''}}\right) Z_1} = \frac{698950}{2000\left(\dfrac{(104{,}2 - 45) - (104{,}5 - 80)}{\ln \dfrac{104{,}2 - 45}{104{,}2 - 80}}\right) 8}$$

$$= 1{,}93 = \sim 2\ \text{m}^2.$$

Der Speicher als geschlossener stehender Zylinder hat nach Gl. 47 einen Inhalt zu erhalten von:

$$J_{sp} = \frac{1{,}1\, Q}{1000} = \frac{1{,}1 \cdot 10000}{1000} = 11\ \text{m}^3.$$

[1]) Freckmann: »Vorteile der Wärmespeicher in Bäderanlagen.« Gesundheits-Ingenieur, 50, Heft 46, 1927.

Wählt man für den geschlossenen stehenden Zylinder mit Durchmesser d und Höhe h ein Verhältnis $d : h = \sim 1 : 2,5$, so ist mit $h = 2,5\,d$:

$$J_{sp} = 0,7854\,d^2 \cdot h = 0,7854 \cdot 2,5\,d^3 \text{ oder}$$

$$d = \sqrt[3]{\frac{J_{sp}}{0,7854 \cdot 2,5}} = \sqrt[3]{\frac{11}{1,954}} = 1,78 \text{ m}$$

$$h = 2,5\,d = 2,5 \cdot 1,78 = \sim 4,45 \text{ m}.$$

Beispiel 2. In einer städtischen Badeanstalt erfolgt die Warmwassererzeugung von 10° auf 85° unter Mitbenutzung des Abdampfes hauptsächlich durch den in 2 Flammrohrkesseln zu je 50 m² Heizfläche erzeugten Frischdampf von 8 atü in Gegenstromapparaten, eine gewisse Speicherung in einem unzulänglichen Boiler von 10 m³ Inhalt. Benötigt werden als Tagesbedarf für die Heizung 170000 kcal/h und für die Bäder 16,5 m³/h Wasser von 35°. Das Schwimmbassin besitzt 380 m³ Inhalt und wird jeden Tag mit Frischwasser von 25° gefüllt. Die Badezeiten sind von 8÷13 und 15÷19 Uhr festgesetzt.

Um die stark schwankende Betriebsweise, die sehr veränderliche Kesselbelastung von 5÷25 kg/m² und die unnötig lange Anheizzeit zu beseitigen, ist der unzureichende Boiler durch einen Großspeicher zu ersetzen. Dieser Speicher ist zu berechnen.

Gegeben sind: Kesselheizfläche $H = 2.50 = 100$ m²; Wassertemperaturen $t_1 = 10^0$ und $t_2 = 85^0$; Wärmebedarf der Raumheizung $W = 170000$ kcal/h; Badewasser $Q' = 16,5$ m³/h $= 16500$ l/h zu $t' = 35^0$; Schwimmbassin $Q'' = 380$ m³/h $= 380000$ l/h zu $t'' = 25^0$; Badezeit von 8÷13 und 15÷19 Uhr, also $Z = 9^h$.

Die tägliche Füllung des Schwimmbassins verlangt eine Wärmemenge (entspr. Gl. 57) von:

$$W_b = Q''\,(t'' - t_1) = 380000\,(25 - 10) = 5700000 \text{ kcal}.$$

Nimmt man eine normale Kesselbeanspruchung $\frac{D}{H} = 18$ kg/m² an, so ergibt sich die nötige Dampfmenge zu:

$$D = 18 \cdot H = 18 \cdot 100 = 1800 \text{ kg/h}$$

und bei $\lambda = 662,3$ kcal/kg (Tabelle III, S. 553) und $T_1 = 90^0$ Speisewassertemperatur (im Ekonomiser erzeugt) nach Gl. 23, S. 34 die Gesamtdampfwärme zu:

$$\lambda_D = D\,(\lambda - T_1) = 1800\,(662,3 - 90) = 1030140 \text{ kcal/h}.$$

Der Tagesbedarf erfordert

für die Raumheizung	170000 kcal/h,
» » Bäder $Q'\,(t' - t) = 16500\,(35 - 10)$ . .	412500 »
insgesamt W_s . . .	582500 kcal/h

oder $W_s = \sim 600000$ kcal/h. Somit entsteht während der Baddezeit von $Z = 9^h$ ein Wärmeüberschuß von:

$$W_ü' = Z\,(\lambda_D - W_s) = 9\,(1030140 - 600000) = 3871260 \text{ kcal.}$$

Während der 2^h-Mittagspause werden erzeugt:

$$W_ü'' = 2 \cdot \lambda_D = 2 \cdot 1030140 = 2060280 \text{ kcal,}$$

so daß sich in einem Betriebstage eine Gesamtüberschußwärme ergibt zu:

$$W_ü = W_ü' + W_ü'' = 3871260 + 2060280 = 5931540 \text{ kcal.}$$

Diese Wärmemenge deckt den durch das Schwimmbassinwaasser benötigten Wärmebedarf von $W_b = 5700000$ kcal. Der Speicher muß diese Wärme speichern können; er muß also bei $t_2 = 85^0$ einen Inhalt erhalten von:

$$J_{sp} = \frac{W_a}{t_2 - t_1} = \frac{5\,931\,540}{85 - 10} = 79\,088 \text{ l} = 79{,}088 \text{ m}^3.$$

Gewählt ist dafür ein gerade zur Verfügung stehender Behälter von $12 \times 3 \times 2{,}2 = 79{,}2$ m³ und 7 mm Blechstärke. Isoliert ist er mit einer 150 mm starken Torfmullschicht in Holzverschalung. Hierbei ist die Abkühlung nach 30^h mit $\sim 1{,}5^0$ festgestellt worden. Unter Benutzung der Tabelle 72 findet sich ein Abkühlungsfaktor unter 24^h zu 0,98 und unter 48^h zu 0,93, somit für 30^h zu 0,97, also die Abkühlung des Speicherwassers nach 30^h zu:

$$t_1 + 0{,}97\,(t_2 - t_1) = 10 + 0{,}97\,(85 - 10) = 82{,}75^0.$$

Der Speicher wird um 19 Uhr gefüllt und um 5 Uhr mit der nötigen Kaltwassermenge von 10^0 in das Bassin entleert. (Abb. 404.)

B. Die Größe der erforderlichen Wärmemenge.

Um die Wärmemenge w bestimmen zu können, die dem Wasser einer Warmwasserbereitungsanlage in einer Zeiteinheit zugeführt werden muß, damit in dieser Zeit eine bestimmte Warmwassermenge Q zur Verfügung steht, müssen gemäß der Gleichung $w = Q\,(t - t_1)$ (siehe unten) die erforderliche Wassermenge Q und die Höhe der Wassertemperatur t bekannt sein.

a) Die Größe des Verbrauches und der Temperatur des Warmwassers.

Der Verbrauch bzw. der Bedarf warmen Wassers ist in den wenigsten Fällen von vornherein ganz genau festzustellen. In industriellen Betrieben ist dies noch eher möglich als in Haushaltungen, in denen das Bedürfnis nach warmem Wasser auf Grund der Gewohnheiten, Lebensweise und Stärke der Familien zu verschieden ist. In einem Privathause eines einzigen Besitzers läßt sich der Verbrauch immer noch leichter festlegen als in Mietshäusern, in denen die Mieter mit ihren so verschiedenen Bedürfnissen und Gewohnheiten von Zeit zu Zeit wechseln. Trotzdem die Anlagen, wie selbstverständlich, für den Höchstbedarf bemessen werden, versagt eine große Zahl derselben doch gerade dann, wenn sie am nötigsten gebraucht werden. Solch mißliche Zustände finden sich sowohl in kleinsten häuslichen Warmwasserbereitungen als auch in den Großanlagen.

Für Haushaltungen ist die gegebene Wärmequelle der Küchenherd, der zu den Mittagsstunden in Vollbetrieb steht, während der größte Warmwasserverbrauch vor und nach dieser Zeit eintritt, des Vormittags zur Reinigung der Wohnung, des Nachmittags zur Reinigung des Geschirrs. Das überall die größte Warmwassermenge verlangende Wannenbad hat in einfachen Haushaltungen keinen so bedeutenden Einfluß auf die ganze Anlage; denn es wird in der Regel abends oder frühmorgens gebadet, zu Zeiten, zu denen ein merklicher Warmwasserverbrauch für andere Zwecke nicht eintritt.

Ähnlich, aber weit ungünstiger, liegen die Verhältnisse in Hotels, Gasthäusern aller Art und sonstigen gleichen Betrieben mit deren erhöhten Anforderungen und Bedürfnissen an Warmwasser. In diesen größeren Anlagen erfolgt häufig und an sich praktisch die Warmwasserbereitung von den fast ständig über Tag in Betrieb stehenden großen Wirtshausherden aus unter Zuhilfenahme eines Herdeinsatzes oder Herdkessels. Jedoch werden auch hier die Zeiten des stärksten Herdbetriebes und des größten Warmwasserverbrauches selten zusammenfallen. Diese Anlagen haben in neuzeitlichen Gasthöfen viel Warmwasser zu liefern für die Waschbecken in den Fremdenzimmern und allgemeinen Räumen, für Küchenzwecke zur Speisenbereitung, zum Aufwaschen des Geschirrs, zum Reinigen der Räume, für Badezwecke zu zwei und mehr Wannen- und Brausebädern, schließlich in Hof und Stall zum Tränken der Tiere, Reinigen der Wagen, Geschirre usw. In solchem Falle ergibt sich ein sehr unregelmäßiger und verschiedener Wasserverbrauch, der zumeist zu der Zeit der geringsten Wärmeerzeugung, morgens und nachmittags, einsetzt. Ein einigermaßen bestimmter Warmwasserverbrauch für die Zeiteinheit, selbst wenn die einzelnen Wassermengen annähernd sicher bestimmbar sind, ist hier schwer festzulegen. Man behilft sich dann immer wieder mit der Tages-Maximalwassermenge oder eines Teiles davon.

Die genauesten Werte des größten Warmwasserverbrauches liegen neben einzelnen gewerblichen und industriellen Anlagen für Badeanstalten fest. Dort hat man eine bestimmte Zahl Wannen und Brausen, jede dieser Zapfstellen verlangt eine bestimmte Menge Warmwasser. Mithin ergibt sich ein bestimmter maximaler Warmwasserverbrauch — aber nicht immer für die Zeiteinheit, für jede Stunde gleichbleibend. Besonders in öffentlichen Badeanstalten macht sich dieser Umstand unangenehm geltend. Der Andrang zu den Bädern ist an einigen Tagen der Woche, vor allem am Sonnabend, ganz beträchtlich stärker als an den übrigen Tagen. Und wird die Anlage für diesen, wenn auch kurz anhaltenden Höchstbedarf nicht bemessen, so kann sie gerade dann versagen, wenn sie am nötigsten gebraucht wird. Geschickte Badeverwalter und Wärter wissen sich aber ganz gut durch Abkürzen der Brausebadezeit, Knappbemessen der Menge und Temperatur des Warmwassers usw. über die schwierigen Betriebszeiten hinwegzuhelfen. Günstig hinzu kommt ja der Umstand, daß zur Sommerszeit trotz der Freibäder, Flußbäder, die in Großstädten keine so große Entlastung den Badeanstalten bringen, als man annehmen sollte, ein Bedürfnis nach hochtemperiertem Badewasser nicht vorliegt, daß aber die Anlage für die Höchsttemperatur bemessen ist. Als rohen Anhalt für die Größenbestimmung einer städtischen Badeanstalt kann man jährlich $6 \div 10$ Bäder für den Kopf der Bevölkerung ansetzen.

In einem Volksbade der Stadt Dessau, das 2 Catena-Strebelkessel zu je 18 m² Heizfläche, 10 Wannen und 20 Brausen besitzt, wurden infolge geschickter Disposition der Verwaltung als Höchstleistungen am Pfingst-Sonnabend

	eines Jahres	und eines folgenden Jahres	
	227	191	Wannenbäder,
	393	485	Brausebäder,
insgesamt	620	676	Bäder

verabreicht in einer Zeit von $7 \div 12^{30}$ und von $15 \div 21$ Uhr, also in $11\frac{1}{2}$ Stunden. Das Wasser wird in einem offenen Behälter auf 60° erwärmt.

Vielfach leiden die Anlagen, wenn sie im übrigen ausreichend bemessen sind und genügen, an der Größe des Warmwasserbehälters, auf welchen Umstand schon an verschiedenen Stellen hingewiesen ist. Zur Übersicht der Größenbestimmung derartiger Anlagen ist die Tabelle 73 aufgenommen, aus welcher für Badeanstalten die Höchstzahl der Bäder, die in bestimmten Zeiten unter normalem Betriebe verabreicht werden können, und die wichtigsten Größenverhältnisse ersichtlich sind. Die Tabellenwerte sind Resultate vielfacher Untersuchungen und haben sich in der Praxis bewährt. Für die kleinen und mittleren Anlagen ist ein Rundkessel, für die großen Anlagen ein Gliederkessel angenommen. Über Anwendung der Tabelle 73 siehe Beispiel 2, XII d), S. 429.

Im folgenden sind einige Daten für den Verbrauch und die Temperatur des warmen Wassers angeführt, Zahlen, wie sie sich im Laufe der Zeit als erforderlich und für die Zugrundelegung einer technischen Rechnung als praktisch herausgebildet haben.

Die Warmwassermenge.

Es sei $q =$ Warmwasserbedarf für eine Zapfstelle in l,

$q_h =$ » in l, bezogen auf die Stunde.

Tabelle 73.

Anzahl der Wannen	Warmwasser-Kessel: Kesselheizfläche m²	Warmwasser-Kessel: oberste Beanspruchungsgrenze in kcal/h	Behälter: Nutzbarer Inhalt des Druck-Warmwasserbehälters l	Behälter: Behälter-Heizschlangen-Leistung kcal/h	Anheizzeit h	Anzahl der zu verabfolgenden Bäder: nach dem Anheizen	in der nach dem Anheizen folgenden Stunde	insgesamt nach 3 Stunden
1	1,60	25 600	400	25 600	1	2	2	6
2÷3	2,15	34 400	750	33 400	2	4	3	7
4÷4	2,15	34 400	1 100	34 400	2	6	3	9
6	2.65	42 500	1 200	41 600	2	6	4	10
7÷8	2,65	42 500	1 300	41 600	2	7	4	11
9	2,65	42 500	1 400	41 600	2	7	4	11
10	3,00	48 000	1 500	48 000	2	8	5	13
11÷13	3,00	48 000	1 600	48 000	2	9	5	14
14÷15	3,30	53 000	1 700	53 000	2	9	6	15
16	3,95	63 000	1 800	61 000	2	10	7	17
17÷18	3,95	63 000	2 000	61 000	2	11	7	18
19÷20	3,95	63 000	2 100	61 000	2	12	7	19
21÷22	4,60	73 300	2 200	73 000	2	12	8	20
23÷24	4,60	73 300	2 300	73 000	2	13	8	21
25÷26	4,60	73 300	2 400	73 000	2	14	8	22
27÷28	4,60	73 300	2 600	73 000	2	15	8	23
29÷31	8,40	84 000	2 600	80 000	2	15	9	24
32÷33	8,40	84 000	2 700	80 000	2	16	9	25
34÷35	12,00	96 000	2 700	90 000	2	16	10	26

Es sei hier bemerkt, daß es häufig angebracht sein wird, um nicht mit zu kleinen Zahlen rechnen zu müssen, den Warmwasserbedarf nicht auf die Stunde, sondern vielleicht auf eine passende Minutenzahl zu beziehen, auf eine Zeit, in der ein bestimmter Verbrauch eintritt. So kann man nehmen:

Für Haushaltungen und Wirtschaftsbetriebe:

$q = \sim 5$ l für einen gewöhnlichen Zapfhahn zu ½″ (diese für Auslässe, Spültische usw. spielen gegenüber Bädern keine Rolle und können bei geringer Zahl vernachlässigt werden),

$q = 8 \div 10$ l für einen gewöhnlichen Zapfhahn zu ¾″.

$q = 9 \div 10$ l/Tag und Kopf für Koch- und Spülzwecke.

$q = 75 \div 100$ l/Tag und Haushalt in Mietshäusern.

$q_h = 200$ l für ein Waschbecken für Hände, Gesicht in Wirtshäusern.

$q = 50$ l für einen Spültisch zum Geschirrwaschen. Besserer Spültisch hat 2 Fächer zum Vor- und Nachspülen. Bei vollem Betriebe ist jede ¼ Stunde Wasserwechsel, also $4 \cdot 50$ oder

$q_h = 200$ l für einen Spültisch zum Vor- und Nachspülen.

$q = 5$ l für 1 Spülvorgang für 5 Personen in Geschirrspülmaschinen.

$q = 75 \div 150$ l für eine Badewanne mit kleinem Wasserinhalt.

$q = 160 \div 200 \div 225$ l für eine normal große Badewanne,
$q = 250 \div 350$ l » » » » » mit Brause.
$q = 30$ l für ein Sitzbad oder Brausebad.

Den größten Warmwasserverbrauch in der Haushaltung beansprucht ein Wannenbad mit $160 \div 200$ l. Wird auf größte Wasser- und Brennstoffersparnis und kurze Anheizdauer Wert gelegt, so empfiehlt sich die Junkers Sparwanne Abb. 405, deren Wasserinhalt nur 75 l beträgt, wobei infolge der Wulsteinziehung der Wannenflächen der Körper des Badenden trotzdem bis zum Halse mit Wasser bedeckt ist.

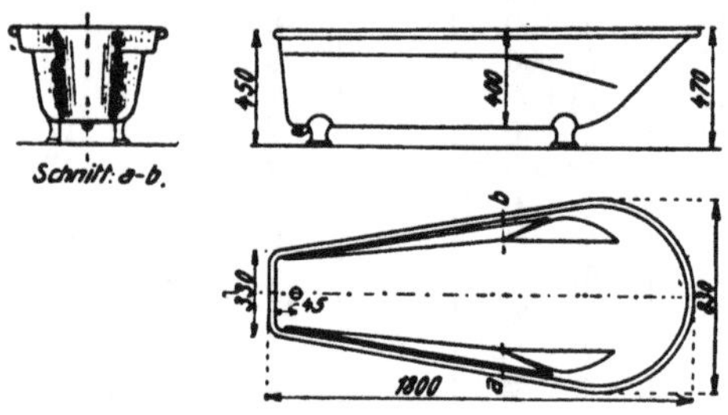

Abb. 405.

Für Krankenhäuser, Heilanstalten u. dgl.:

$q = 150 \div 200$ l/Tag und Kopf oder
$q = 600 \div 900$ l/Woche und Kopf.
$q = 125$ l/Tag für ein Ausgußbecken,
$q = 300$ l/Tag für einen Spültisch.

Für Internate, Fabriken u. dgl.:

$q = 5 \div 8$ l für ein Waschbecken in Reihenwaschtischen bei zweimal täglicher Benutzung. In Fabriken rechnet man auf 2 bis 3 Arbeiter 1 Waschstelle, $1/3$ der vorhandenen Becken gleichzeitig im Betrieb, 1 Minute Füllzeit für 1 Becken. Über Brausebäder siehe Badeanstalten.

Für Friseurgeschäfte:

$q = 8 \div 10$ l/Kopf für Kopfwäsche.
$= 500$ l/Tag für flott gehendes Geschäft.

Für Bäckereien:

$q = 20$ l für Backzwecke (23°) } für 1 Ztr. (50 kg) täglicher
$= 2.20$ l für Reinigungszwecke (70°) } Mehlverarbeitung,

somit unter Berücksichtigung der Gl. 51

$q = 135$ l/Tag von 70° für mittlere Bäckerei mit 3 Ztr. täglicher Mehlverarbeitung.

Für Fleischereien:

$q = 400 \div 500$ l/Tag für Wurstfleischerei.

Für Molkereien:

deckt sich der tägliche Warmwasserverbrauch für Reinigungszwecke (70°) ungefähr mit der täglichen Milchanfuhr, also:

$q = 4000 \div 5000$ l/Tag für mittlere Molkerei.

Für Brauereien:

175÷200 l auf 100 l erzeugten Bieres zum Maischen, Überschwänzen,
50 l auf 100 l erzeugten Bieres zum Reinigen der Transportgefäße, Flaschen, Fässer usw.

Mit 20% Zuschlag für sonstigen Gebrauch wird:

$q = 275 \div 300$ l auf 1 hl Bier,

oder man rechnet 2,0÷2,5 hl Anschwänzwasser auf 1 Ztr. Malz und dabei eine einmalige Einmaischmenge

von 2÷20 Ztr. für kleine Brauereien,
» 25÷60 » » mittlere »
» 75÷100 » » große »

Für Schlachthäuser wird Warmwasser gebraucht für Kaldaunen-, Brüh- und Schweinebrühbottiche. In mittlerer Anstalt mit 10 Kaldaunenbottichen zu ~100 l Inhalt wird alle ¼ Stunde Warmwasser gewechselt, also in 1 Stunde $4 \cdot 100 \cdot 10 = 4000$ l. Das Warmwasser des allgemeinen Brühbottichs von 500 l wird ~2mal täglich bei 10stündigem Betriebe erneuert und bei dauerndem Zu- und Ablauf, so daß in 1 Stunde 50 l Warmwasser zuzufließen haben; desgleichen auch der Schweinebrühbottich von 2000 l Inhalt, also 200 l in 1 Stunde. Somit im ganzen $4000 + 50 + 200 = 4250$ l oder

$q_h = 4250 \div 4500$ l für mittleres Schlachthaus (Städte mit 20000 bis 25000 Einwohnern).

Für Färbereien:

wird die Warmwassermenge durch die direkte Mischung (Rührgebläse) von Kaltwasser mit Sattdampf in den Jiggern erzeugt. Dafür in mittleren Färbereien 700÷800 kg/Tag (8^h) Dampf von ~8 ata (dazu 300 ÷400 kg/8^h Dampf für Raumheizung).

Für Wäschereien:

$q = 4000 \div 5000$ l für 100 kg Wäsche zum Einweichen und Waschen. In 10 Stunden kann eine mittlere Waschanstalt 450÷500 kg Wäsche waschen, somit in 1 Stunde 5 kg mit $\frac{5 \cdot 5000}{10}$ l Wasser oder

$q_h = 250 \div 300$ l für mittlere Waschanstalt.

Für eine Waschanstalt, die einem großen Schwimmbade mit Einzelbädern angegliedert wird, geht man mit q_h bis auf 500 l und mehr hinauf.

Für Badeanstalten:

$q = 200 \div 300$ l für ein Wannenbad, bei 30 ÷40 Min. Badezeit,
$q_h = 400 \div 600$ l » » »
$q_h = 500 \div 700$ l » » » mit Brause.
$q = 25$ l für ein Brausebad in Schulen, Kasernen,
$q = 40$ l » » » » öffentlichen und Arbeiterbädern.

Badezeit, d. h. Benutzungszeit der Brause ist 4÷5 Min., somit im ungünstigsten Falle, wenn keine Unterbrechung stattfindet:

$$\frac{25 \cdot 60}{4} = 375 \text{ bzw. } \frac{40 \cdot 60}{4} = 600 \text{ oder:}$$

$q_h = 350 \div 400$ l für eine Brause in Schulen, Kasernen, Gefängnissen,
$q_h = 600 \div 750$ l für eine Brause in öffentlichen und Fabrikanstalten,
$q_h = 800 \div 1000$ l für eine Mantel-, Sitz- und Vollstrahldusche,
$q_h = 100 \div 180$ l für ein Fußwaschbecken, ständig laufend,
$q_h = 500 \div 600$ l für ein Reinigungsbecken mit Brause in Schwimmbadeanstalten. Besitzt das Schwimmbassin einen Inhalt J_B, so ist:

$$q_h = \left(\frac{1}{25} \div \frac{1}{40}\right) J_B$$ als stündliche ständige Erneuerung des Warmwassers im Bassin (Neufüllung über Nacht),

$q_h = 500 \div 1000$ l für ein Vollbad.

Mit Hilfe dieser Daten bestimmt sich der erforderliche Warmwasserverbrauch zu:

$$Q = \Sigma q \text{ Liter}$$

oder, bezogen auf die Stunde:

$$Q_h = \Sigma\, q_h \text{ Liter} \quad \ldots\ldots\ldots\ldots \quad (48)$$

In Mietshäusern entsteht der Hauptwarmwasseranfall für die Zeiteinheit durch die Wannenbäder, wogegen der Wasserverbrauch der übrigen Zapfstellen in Küche, Toilette usw. unbedeutend ausfällt. Geht man von dem von Esmarchschen Grundsatz aus: »Jedem Deutschen wöchentlich ein Bad«, so würden sich für Z_p Personen einer Wohnung und Z_W Wohnungen eines Hauses $Z_p \cdot Z_W$ Wannenbäder wöchentlich ergeben. Da die Besitzer der Wohnungen in Mietshäusern mehr oder weniger häufig wechseln und damit die Kopfzahl der Familien, so hat man beim Entwurf der Warmwasserbereitungsanlage von vornherein von einem festen Wert Z_p auszugehen, wofür man im Mittel nehmen kann: $Z_p = 5$. Es liegt Z_W durch den Bauplan fest.

In der Familie ist mit einer größeren Badezeit als in öffentlichen Badeanstalten zu rechnen, und zwar mit etwa einer Stunde für ein Bad. Das würde für $Z_p = 5$ Personen einen einheitlichen Zeitraum von ~ 5 Stunden ergeben. Aber wohl kaum wird eine Familie diese geschlossene Zeit von 5 aufeinanderfolgenden Stunden dem Baden opfern, wäre das doch eine Spanne Zeit, die den ganzen Sonntag vormittag oder den ganzen Samstag nachmittag in Anspruch nähme. Man wird vielmehr das Baden auf verschiedene Tageszeiten, etwa auf Samstag morgen und abend oder auf Samstag abend und Sonntag morgen zu verteilen wissen. Technisch darf man daher unbedenklich mit $\sim {}^3/_5$

des Gesamtwasserbedarfes für eine Badeperiode rechnen, so daß der Höchstwasserbedarf in einem Mietshause für eine einheitliche, sich über Z Badestunden erstreckende Badezeit an einem Tage folgt zu:

$$Q = \frac{3}{5} \cdot Z_W \cdot Z_p \cdot q \text{ Liter in } Z \text{ Stunden} \quad . \quad . \quad (49\text{a})$$

oder mit $Z_p = 5$ und Z_W Wohnungen $= Z_w$ Badewannen zu:

$$Q = 3 \cdot Z_w \cdot q \text{ Liter in } Z \text{ Stunden} \quad . \quad . \quad . \quad . \quad . \quad (49\text{b})$$

Es ist darin q = Warmwassermenge einer Badewanne von der Badetemperatur t^0. Weiter darf man $Z = 3 \div 4$ Stunden voraussetzen.

Als Anhalt für weitere Bestimmung von Q können auch die Angaben dienen, welche von Firmen für die Größenbestimmung des Warmwasserbehälters nach deren praktischen Erfahrungen zugrunde gelegt werden.

So rechnet man für Haushaltungen, und zwar für viergeschossige Mietshäuser, und

für $3 \div 4$	Wohnungen:	Boiler	mit	600 l	Inhalt,	entspr.	20000 kcal,
» $4 \div 6$	»	»	»	800 l	»	»	25000 »
» $6 \div 8$	»	»	»	1000 l	»	»	30000 »
» $8 \div 10$	»	»	»	1250 l	»	»	37500 »

Der Warmwasserbedarf für 1 Wohnung kann fast immer durch einen Behälter von $200 \div 300$ l gedeckt werden oder man benutzt

Boiler	von	400 l	für	je 2 Bäder,	Spültische	und	Ausgüsse,
»	»	500 l	»	» 3 »	»	»	»
»	»	750 l	»	» 4 »	»	»	»

Für die Bestimmung des Gesamtwasserverbrauches der Groß- und Fernanlagen kommen hauptsächlich nur die Bäder und sonstige Großverbrauchsstellen in Betracht. Einzelne Kleinzapfstellen sind für die Berechnung der Hauptkonstruktionen von geringer Bedeutung. Man braucht daher zur Bestimmung des Gesamtwasserbedarfes nur die Großverbrauchsstellen mit ihrem Bedarf in Rechnung zu ziehen. Für Badeanlagen größeren Umfanges kann man annehmen, daß die Dauerbäder voll, die Wannenbäder zu $1/3$ und die Brausebäder zu $2/3$ zu gleicher Zeit benutzt werden.

Die Warmwassertemperatur.

Die zulässige und erforderliche Temperatur des Wassers zeigt weit bestimmtere Werte als die Menge. In Anlagen für haustechnische, wirtschaftliche und Badezwecke, wo eine unmittelbare Berührung mit lebenden Körperteilen eintritt, darf das Wasser natürlich nur eine so hohe Temperatur annehmen können, daß eine Verbrühung ausgeschlossen ist. Die obere Grenze hierfür liegt bei $\sim 55^0$, bei welcher Temperatur ein bedeutsames Absetzen von Kesselstein vermieden wird. Für industrielle Zwecke können höhere Temperaturen wünschenswert sein. Bezüglich der Badewassertemperatur ist zu beachten, daß durch das

Wannenmaterial und die Raumluft ein Temperaturabfall eintritt. Soll das Badewasser eine Temperatur t (= 35°) noch besitzen, so mußß es auslaufen mit:

$t + 3°$ bei Blechwannen und Holzwannen,
$t + 5°$ » emaillierten Gußeisenwannen,
$t + 7°$ » Fließenwannen.

Die Temperaturen sind stets in Celsius-Graden angegeben. In manchen Betrieben, wie in Brauereien, selbst Badeanstalten, wird immer noch gern die Reaumur-Skala benutzt. Man hat dann die Reaumur-Grade durch 0,8 zu teilen, um Celsius-Grade zu erhalten.

Man wählt:

für Haushaltungen und Wirtschaftsbetriebe, Internate, Fabriken:
$t < 50°$ allgemein,
$= 30 \div 40°$ für Waschwasser (Hände und Gesicht),
$= 65 \div 75°$ für Geschirr-Spülen (Fettlösen) } durch Hand,
$= 20 \div 25°$ » » -Nachspülen, } durch Hand,
$= 60°$ » » -Vorspülen } durch Maschine,
$= 95°$ » » -Nachspülen } durch Maschine,
$= 27 \div 35°$ » Wannenbad;

für Friseurgeschäfte:
$t = 35°$ für Kopfwaschen und Rasieren;

für Bäckereien:
$t = 23 \div 25°$ für Teigbereitung (günstigste Gärungstemperatur)),
$= 70 \div 75°$ für Reinigung der Gefäße usw.;

für Fleischereien:
$t = 70 \div 80°$ für Wurstküchen (nicht 100°) und Reinigung;

für Molkereien:
$t = 50 \div 70°$ für Reinigung der Gefäße und Behälter;

für Brauereien:
$t = 80 \div 100°$ für Überschwänzen,
$= 40 \div 50°$ » Maischen und Reinigen;

für Schlachthäuser:
$t = 55 \div 60°$ für Kaldaunen- und Brühbottiche;

für Färbereien:
$t = 45 \div 100$ je nach den Farben (viele Farben sind kochend einzufärben);

für Wäschereien:
$t = 30°$ für Einweichen der Wäsche,
$= 60 \div 100°$ für Waschen;

für Badeanstalten:
$t = 27 \div 35°$ für Wannenbad (30÷40 Min. Badezeit),
$= 25 \div 40°$ » warme Brause (5 Minuten Brausezeit),

$t = 15 \div 18^0$ für kalte Brause,
$= 30 \div 35^0$ » Reinigungsbad im Schwimmbad,
$= 22 \div 23^0$ » Schwimmbassin,
$= 25 \div 32^0$ » Vollbad.

Diese Temperaturen t sind die Temperaturen des Gebrauchswassers, mit der selbiges aus den Zapfstellen treten soll. Wird das Gebrauchswasser durch Mischen von kaltem mit warmem Wasser wie in den Mischapparaten, Brausebädern, gewonnen, so bedingt t entweder das Mischungsverhältnis der Mengen an kaltem und warmem Wasser oder die Temperatur des letzteren.

Ist zur Deckung einer bestimmten Menge Q gemischten Wassers:
q_1 = Menge des kalten Wassers in l,
q_2 = » » warmen Wassers in l,
t_1 = Temperatur des kalten Wassers,
t_2 = » » warmen Wassers,
t = » » Gebrauchswassers, die Mischtemperatur,

so ist:

$$Q = q_1 + q_2 \text{ und } Q\,t = q_1 t_1 + q_2 t_2.$$

Hierin $q_2 = Q - q_1$ eingesetzt, ergibt:

$$\left.\begin{aligned} q_1 &= \frac{t_2 - t}{t_2 - t_1} \cdot Q \text{ Liter} \\ q_1 &= \frac{q_2 (t_2 - t)}{t - t_1} \text{ Liter} \\ q_1 &= Q - q_2 \text{ Liter} \end{aligned}\right\} \quad . \quad (50)$$

$$\left.\begin{aligned} q_2 &= \frac{t - t_1}{t_2 - t_1} \cdot Q \text{ Liter} \\ q_2 &= \frac{q_1 (t - t_1)}{t_2 - t} \text{ Liter} \\ q_2 &= Q - q_1 \text{ Liter} \end{aligned}\right\} \quad . \quad (51)$$

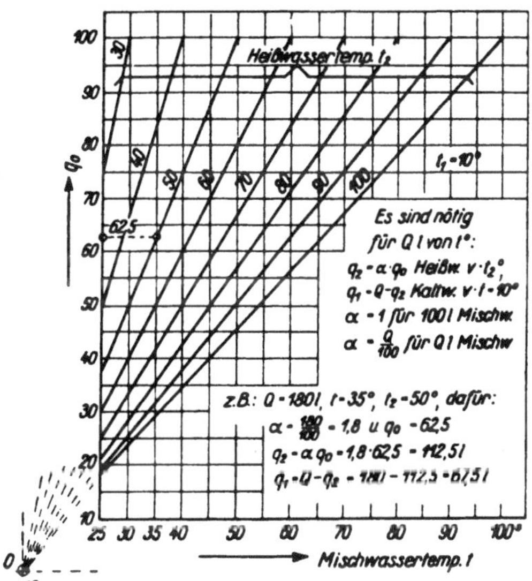

Abb. 406.

Unter Voraussetzung von $t_1 = 10^0$ kann man sich auch des Diagrammes der Abb. 406 bedienen.

Die Größen Q und t oder q_1 und t_1 sind meist gegeben. Ist anstatt t_2 die Menge q_2 des warmen Wassers bekannt, so berechnet sich aus obigen Grundgleichungen:

$$t_2 = \frac{(q_1 + q_2)\, t - q_1 t_1}{q_2} = \frac{Q\, t - q_1 t_1}{q_2} \quad . \quad . \quad . \quad . \quad . \quad (52)$$

Ebenso bestimmt sich die Misch- oder Gebrauchswassertemperatur zu:

$$t = \frac{q_1 t_1 + q_2 t_2}{Q} \quad \ldots\ldots\ldots\ldots \quad (53)$$

Der Wert q_2 in l ist für die Größenbestimmung des Kessels oder des Behälters maßgebend, die das warme Wasser zu liefern haben. Will man ein bestimmtes Mischungsverhältnis der Mengen q_1 und q_2 haben, so rechnet man auf die Temperatur t_2 hin, die dem Heizwasser im Kessel oder Behälter mitgeteilt werden muß, indem man für q_1 und q_2 die gewünschten Verhältniszahlen und für Q die Summe dieser Zahlen einsetzt.

Wird, wie bei den Strahl-, Mischapparaten und Rührgebläsen, Dampf mit einer Kaltwassermenge gemischt zwecks Erzeugung warmen Wassers und ist

D = Dampfmenge in kg von p ata,
λ = Wärmeinhalt von 1 kg Dampf von p ata (Tabelle III, Abschn. XIII),
q_1 = Kaltwassermenge entspr. der Gebrauchswassermenge,
t_1 = Anfangstemperatur des Wassers,
t = gewünschte Temperatur des Gebrauchswassers,

so besteht die Beziehung:

$$(D + q_1)\, t = D \lambda + q_1 t_1;$$

daraus folgt die erreichbare Temperatur des Gebrauchswassers zu:

$$t = \frac{D \lambda + q_1 t_1}{D + q_1} \quad \ldots\ldots\ldots\ldots \quad (54)$$

Die Gesamtwarmwassermenge am Ende der Erwärmung ist:

$$Q_h = D + q_1' \text{ Liter} \quad \ldots\ldots\ldots\ldots \quad (55)$$

wenn q_1' die Wassermenge unter der Berücksichtigung der Ausdehnung bei t^0 ist (siehe Tabelle I). Es muß also, wenn die Mischung in einem Behälter erfolgt, dieser für die Menge Q_h Liter bemessen werden.

Wird, wie in der Regel, eine bestimmte Gebrauchswassermenge von einer bestimmten Temperatur t und ein Dampf von einer bestimmten Spannung vorauszusetzen sein, so bestimmt sich die zuzuführende Dampfmenge zu:

$$D = \frac{q_1 (t - t_1)}{\lambda - t} \text{ kg} \quad \ldots\ldots\ldots\ldots \quad (56)$$

b) Die Bestimmung der erforderlichen Wärmemenge.

Ist: Q = Menge des in einer bestimmten Zeit zu erzeugenden warmen Wassers in l,
t = geforderte Höchsttemperatur desselben,
t_1 = Anfangstemperatur des Wassers,

so berechnet sich die dem Wasser in derselben Zeit zuzuführende Wärmemenge zu:

$$w = Q\,(t - t_1)\ \text{kcal} \quad \ldots\ldots\ldots\ldots \quad (57)$$

und in der Stunde zu:

$$w = Q_h\,(t - t_1)\ \text{kcal/h} \quad \ldots\ldots\ldots\ldots \quad (57a)$$

Q bzw. Q_h und t sind gegeben oder nach oben zu bestimmen. Man kann ferner wählen:

$t_1 \leqq 10 \div 15^0$ im Sommer,
$t_1 > 4 \div 7^0$ im Winter,
$t_1 = 12^0$ in Küchen und warmen Räumen,
$t_1 \geqq 35^0$ fur Feuerungen mit schwefelhaltigen Rauchgasen.

Zu w tritt dann weiter eine Wärmemenge w_1 hinzu, welche den Wärmeverlust im System zu decken hat.

Je nach der Größe des Systems und nach einer weniger und mehr exponierten Lage der wärmeabgebenden Konstruktionsteile rechnet man oberschläglich mit einem Wärmeverlust des Gebrauchswassers während des Transportes und der Aufspeicherung von $P = 10 \div 20\%$ der erforderlichen Wärmemenge. Für Anlagen, die einer starken Abkühlung über Nacht unterliegen und Zirkulation besitzen, hat man zu rechnen mit $P = 20 \div 35\%$. Bei den Zirkulationsanlagen ist es also ratsam, die Zirkulation zur Zeit der Nichtbenutzung durch Einschalten eines Absperrventiles zu unterbrechen, damit man wenigstens den Gewinn der Wärmeaufspeicherung im Wasser erhält.

Mit $P\%$ ergibt sich der Wärmezuschlag für die Verluste zu:

$$w_1 = 0{,}01 \cdot P \cdot w\ \text{kcal/h} \quad \ldots\ldots\ldots\ldots \quad (58)$$

wenn für w der Wert von Gleichung (57a) eingesetzt wird. Über weitere Berechnung von w_1 siehe oben Abschnitt X »Wärmeschutz«.

Der Wärmeverlust der Wasseroberfläche F eines offenen Warmwasserbehälters berechnet sich nach dem Boltzmannschen Gesetze zu:

$$w_1 = c \cdot F \left[\left(\frac{t + 273}{100}\right)^4 - \left(\frac{t_l + 273}{100}\right)^4\right] \text{kcal/h} \quad \ldots \quad (59)$$

Darin ist

t = Temperatur des Behälterwassers,
t_l = » der Raumluft,
c = Zuschlagszahl, abhängig von der Beschaffenheit der Oberfläche F in m², und zwar etwa:
c = 3 ÷ 4 für ruhige Wasseroberfläche,
7 ÷ 10 » bewegte Wasseroberfläche,
= 30 ÷ 100 » stark bewegte Wasseroberfläche (Schwimmbäder).

Abgesehen von den Schwimmbädern während starker Benutzung fällt dieser Wärmeverlust in der Regel unbedeutend aus, besonders für vollkommen ruhiges Behälterwasser.

Die stündlich erforderliche Gesamtwärmemenge ist:

$$W_0 = w + w_1 \text{ kcal/h} \quad \ldots\ldots\ldots\ldots \quad (60)$$

Ist eine bestimmte Dampfmenge D in kg von bestimmter Spannung p gegeben, so ist aus Tabelle III für p die Verdampfungswärme r mitgegeben, und es folgt die zur Verfügung stehende Wärmemenge zu:

$$W_0 = r \cdot D \text{ kcal} \quad \ldots\ldots\ldots\ldots \quad (61)$$

Haben Q_H Liter Heizwasser von $T_1{}^0$ stündlich eine Nutzwassermenge von Q_N Liter von $t_1{}^0$ auf t^0 zu erwärmen und kühlt sich dabei das erstere bis auf $T_2{}^0$ ab, so besteht die Gleichung:

$$Q_H \ (T_1 - T_2) = Q_N (t - t_1).$$

Daraus berechnet sich die Endtemperatur des Heizwassers zu:

$$T_2 = \frac{Q_H T_1 - Q_N (t - t_1)}{Q_H} \quad \ldots\ldots\ldots \quad (62)$$

c) Beispiele.

Beispiel 1. Es sollen 300 l in einem Behälter in einer halben Stunde auf 60° erwärmt werden.

Nimmt man $t_1 = 10^0$ an, so ist für

$$Q_h = 2 \cdot 300 = 600 \text{ l}$$

nach Gleichung (57a) eine stündliche Wärmemenge erforderlich von

$$W_0 = w = Q_h (t - t_1) = 600 (60 - 10) = 30000 \text{ kcal/h}.$$

Beispiel 2. Ein Volksbrausebad hat zur Winterszeit 20 Brausen durch Mischen von kaltem und warmem Wasser zu betreiben. Das warme Heizwasser wird einem Kessel mit 80° entnommen und ist mit einer bestimmten Kaltwassermenge zu dem Gebrauchswasser von zulässiger Temperatur in Mischapparaten zu mischen.

Nach oben werden angenommen:

$t = 30^0$, $t_1 = 5^0$ und $q = 40$ l in 4 Minuten für eine Brause. Es ist somit die gesamte erforderliche Gebrauchswassermenge von 30° und in 4 Minuten:

$$Q = 40 \cdot 20 = 800 \text{ l}.$$

Damit bestimmen sich:

nach Gleichung (50) die Kaltwassermenge zu:

$$q_1 = \frac{t_2 - t}{t_2 - t_1} \cdot Q = \frac{80 - 30}{80 - 5} \cdot 800 = 533 \text{ l},$$

nach Gleichung (51) die Heißwassermenge zu:

$$q_2 = \frac{q_1 \cdot (t - t_1)}{t_2 - t} = \frac{533\,(30 - 5)}{80 - 30} = 267 \text{ l},$$

oder ebenso $q_2 = Q - q_1 = 800 - 533 = 267$ l.

Diese 267 l sind bis zur nächsten Benutzung der Brausen durch das Heizmittel im Kessel wieder auf $t_2 = 80$ zu erwärmen, wozu ~ 15 Minuten Zeit sein dürften, so daß in 1 Stunde:

$$Q_h = \frac{60}{15} \cdot q_2 = \frac{60}{15} \cdot 267 = 1068 \text{ l zu erzeugen sind.}$$

Diese Menge verlangt dazu nach Gleichung (57a) einen stündlichen Wärmeaufwand von:

$$w = Q_h (t_2 - t_1) = 1068 (80 - 5) = 80100 \text{ kcal.}$$

Rechnet man nach Gleichung (58) mit einem Zuschlag von 15% für Wärmeverluste in den Leitungen, also mit:

$$w_1 = 0{,}01 \cdot P \cdot w = 0{,}15\, w = 0{,}15 \cdot 80100 = \sim 12000 \text{ kcal,}$$

so ist der gesamte stündliche Wärmebedarf nach Gleichung (60):

$$W_0 = w + w_1 = 80100 + 12000 = 92100 \text{ kcal.}$$

Beispiel 3. Soll das Mischungsverhältnis von kaltem und heißem Wasser ein ganz bestimmtes sein, etwa auf 1 Teil kaltes Wasser der 0,4. Teil Heißwasser, so ist nach Seite 398:

$$Q = q_1 + q_2 = 1 + 0{,}4 = 1{,}4.$$

Unter Zugrundelegung der Werte des Beispiels 2 ergibt sich dann nach Gleichung (52) die erforderliche Temperatur des Heizwassers, des Kesselwassers, zu:

$$t_2 = \frac{Q\, t - q_1\, t_1}{q_2} = \frac{1{,}4 \cdot 30 - 1 \cdot 5}{0{,}4} = 92{,}5^0$$

und damit nach Gleichung (50):

$$q_1 = \frac{92{,}5 - 30}{92{,}5 - 5} \cdot 800 = 570 \text{ l}$$

und nach Gleichung (51):

$$q_2 = Q - q_1 = 800 - 570 = 230 \text{ l.}$$

Beispiel 4. Von einem Bottich einer Färberei sollen stündlich 5000 l warmes Wasser von mindestens 90° abgezapft werden können. Die Erzeugung erfolgt in einfachster Weise mit Hilfe eines Strahlapparates durch Hochdruckdampf von 3 atü; die Anfangstemperatur des Wassers beträgt 10°.

Es ist:

$$q_1 = 5000 \text{ l}, \; t_1 = 10^0, \; t = 90^0.$$

Bei $p = 4$ ata ist nach Tabelle III: $\lambda = 654{,}9 - \sim 655$ kcal/kg, somit bestimmt sich die stündlich erforderliche Dampfmenge nach Gleichung (56) zu:

$$D = \frac{q_1 (t - t_1)}{\lambda - t} = \frac{5000 (90 - 10)}{655 - 90} = 708 \text{ kg.}$$

Nach Tabelle I nimmt 1 l Wasser nach Erwärmung auf $t = 90^0$ einen Inhalt von 1,03571 l ein, also 5000 l:

$$q'_1 = 5000 \cdot 1{,}03571 = 5178{,}55 \text{ l},$$

so daß der Bottich zu bemessen ist für einen Inhalt von:

$$J = D + q_1' = 708 + 5178{,}55 = 5886{,}55 \text{ oder}$$
$$J = \sim 6000 \text{ l}.$$

Beispiel 5. Welche Wärmeverluste ruft die Wasseroberfläche eines offenen Warmwasserbehälters von 7 m³ Inhalt und 5 m² Oberfläche hervor, wenn die Höchstwassertemperatur 80° und die Temperatur der umgebenden Raumluft 10° betragen?

Da sich das Wasser, abgesehen von der geringen Bewegung durch die Erwärmung, in Ruhe befindet, kann man nach S. 399 $c = 4$ annehmen. Dann erhält man nach Gleichung (59):

$$w_1 = 4 \cdot 5 \left[\left(\frac{80 + 273}{100}\right)^4 - \left(\frac{10 + 273)}{100}\right)^4\right] = 2220 \text{ kcal/h}.$$

Das mit 80° einströmende Wasser sollte unter Abrechnung von 20% Wärmeverlust durch die Behälterwandungen eigentlich in sich aufgenommen haben eine Wärmemenge:

$$0{,}8 \cdot 7000 \cdot 80 = 448000 \text{ kcal/h}.$$

Der durch die Wasseroberfläche hervorgerufene Wärmeverlust beträgt daher:

$$\frac{2200 \cdot 100}{448\,000} = 0{,}5\,^0/_0,$$

so daß an der Wasseroberfläche eine Temperatur von etwa $80 - 0{,}005 \cdot 80 = \sim 79{,}6^0$ herrschen wird. Man sieht, daß der Wärme- bzw. Temperaturverlust durch die Wasseroberfläche unbedeutend ist. Wasser ist ja auch ein guter Wärmehalter und -aufspeicherer. Ratsam mag es bei derartigen Anlagen trotzdem sein, die Mündung des Entnahmerohres (Gebrauchsleitung) nicht an oberster Schicht,sondern in $\sim {}^9/_{10}$ der jeweiligen Wasserhöhe konstant vorzusehen, was sich nach vorausgegangenen Betrachtungen durch entsprechend belastete Schwimmer erreichen läßt.

Beispiel 6. In einem Gegenstromapparat sind stündlich 1000 l Wasser von 8° auf 50° zu erwärmen. Als Heizmittel dient das Kühlwasser eines 100-PS-Dieselmotors, das mit 60° in den Apparat tritt. Mit welcher Temperatur verläßt es denselben?

Nimmt man die Kühlwassermenge mit 15 l/PSh an, so bestimmt sich die Heizwassermenge zu: $Q_H = 15 \cdot 100 = 1500$ l/h. Mit $Q_N = 1000$ l/h ermittelt sich die fragliche Endtemperatur des Heizwassers nach Gleichung (62) zu:

$$T_2 = \frac{Q_H \cdot T_1 - Q_N (t - t_1)}{Q_H} = \frac{1500 \cdot 60 - 1000\,(50 - 8)}{1500}$$

$$T_2 = 32^0 \text{ C}.$$

XII. Die Berechnung der Konstruktionsteile.

Die Konstruktionen, die eine besondere Berechnung erfordern, sind die Heizkörper, Rohrleitungen, Behälter und einige Nebenteile.

A. Die Berechnung der Heizkörper.

Diese bezieht sich auf die Bestimmung der zur stündlichen Leistung von W_0 kcal erforderlichen Heizfläche H bzw. auf die der Heizfläche H entsprechende Rohrlänge L, wenn die Heizfläche aus Röhren gebildet ist.

Die Heizkörper sind die Kessel, Öfen, Feuerschlangen, Herdflaschen, Behältereinsätze usw. Es sei:

H = erforderliche Heizfläche des Heizkörpers in m²,
t_m = mittlere Temperatur der wärmeaufnehmenden Flüssigkeit,
T_m = mittlere Temperatur der Heizmittel,
k = Transmissionskoeffizient in kcal/m², h, °C.

Es ist dann:

$$H = \frac{W_o}{k\,(T_m - t_m)}\ \text{m}^2 \quad \ldots\ldots\ldots\ldots \quad (63)$$

Setzt man $k\,(T_m - t_m) = w_s$ als stündliche Wärmeerzeugung einer bestimmten Ausführung, so ist auch:

$$H = \frac{W_o}{w_s}\ \text{m}^2 \quad \ldots\ldots\ldots\ldots \quad (64)$$

Die in der Praxis üblichen Werte von k sind den nachstehenden Berechnungen beigefügt. Vermerkt seien hier einige allgemein gebräuchliche Annäherungswerte bei $v \leqq 1$ m/s. Es ist beim Durchgang der Wärme:

der Rauchgase	durch	Gußeisen	in	Wasser	k =	7
»	»	Schmiedeeisen	»	»	=	10
»	»	Kupfer	»	»	=	12
des Wassers	»	Gußeisen	»	»	=	250
»	»	Schmiedeeisen	»	»	=	300
»	»	Kupfer	»	»	=	400
» Dampfes	»	Gußeisen	»	»	=	800
»	»	Schmiedeeisen	»	»	=	900
»	»	Kupfer	»	»	=	1000

Für Rippenheizfläche ist k der 0,6. Teil obiger Werte.

Von hoher Bedeutung für die Größe k sind die Geschwindigkeiten der die Scheidewand bestreichenden Flüssigkeiten. Nach Versuchen hat sich z. B. herausgestellt, daß k bei einer Wassergeschwindigkeit von 0,001 m/s und einer Dampfgeschwindigkeit von 1 m/s nur 170 ist, während k bei einer Wassergeschwindigkeit von 3 m/s und einer Dampfgeschwindigkeit von 50 m/s bis auf 8000 steigt. Die unten angegebenen

Werte k entsprechen den gebräuchlichen Geschwindigkeiten, die für Warmwasser in der Nähe von $\sim$0,25 m/s, für Dampf zwischen 10÷15 m/s, für Kondensat bei $\sim$0,09 m/s und für Rauchgase bei $\sim$2 m/s liegen. Vorausgesetzt wird aber, daß die ganze in Rechnung gestellte Heizfläche auch in der Tat zur Wirkung kommen kann.

Für eine genauere Berechnung, soweit die nachstehenden Werte von a und λ_i als genau bezeichnet werden können, mag unter Umständen der für jeden Fall besonders zu berechnende Wert:

$$k = \frac{1}{\frac{1}{a_1} + \frac{1}{a_2} + \frac{s}{\lambda_i}} \qquad (65)$$

Anhalt geben. Darin ist:

a_1 = Übergangszahl der Wärme von der Flüssigkeit (Heizmittel) auf der einen Seite der Trennwand an diese,

a_2 = Übergangszahl der Wärme von der Trennwand an die Flüssigkeit (Wasser) auf der anderen Seite der Trennwand,

s = Wandstärke der Trennwand in m,

λ_i = innere Wärmeleitzahl des Materials der Trennwand.

Die Trennwand ist die Heizkörperheizfläche, Rohrwand, Behälterwand usw.

Die Zahl a ist die stündlich auf 1 m² Fläche und bei 1° C Temperaturunterschied übergehende Wärmemenge in kcal und von der Art der Flüssigkeit und ihrem Bewegungszustande, den Temperaturen und der Form, Abmessung und Beschaffenheit der Trennwand abhängig. Die Werte a bzw. a_1 und a_2 sind durch neuere Forschungen für bestimmte Fälle einigermaßen zuverlässig zu bestimmen; ihre teilweise verwickelten Formeln sind aus diesbezüglichen Lehrbüchern[1]) zu entnehmen. Hiernach kann man angenähert setzen[2]):

a = 2000÷6000 für siedendes Wasser je nach der Umlaufgeschwindigkeit (bei lebhafterem Umlauf und höheren Temperaturen: die größeren Werte a);

$a = 4500\sqrt{v}$ für bewegtes, nicht siedendes Wasser, darin v = Wassergeschwindigkeit, v = 0,01÷1,0 m/s;

a = 500÷3000 für ruhendes, nicht siedendes Wasser;

a = 2000÷4000 bei Rührwerken u. dgl., je nach der Wirksamkeit des Apparates;

---

[1]) Hütte, 25. Aufl., 1925, I. Band, S. 451 u. ff.

[2]) Dr.-Ing. Balcke: »Neue Wege für Verbesserung der Wärmedurchgangszahl für die Heizflächen von Dampf-Warmwasserbereitern.« Gesundheits-Ingenieur, 50, Heft 46, 1927.

$\alpha = 9000 \div 19000$ bei glatten Wandflächen (Kupfer, Messing) } für kondensierenden Sattdampf
$= 3500 \div 7500$ bei rauhen Wandflächen (Eisen) } für kondensierenden Sattdampf

$= 2 + 10\sqrt{v}$ [1]) (mit $v = 1 \div 100$ m/s für strömende Gase, Luft.

Für λ_i ist gefunden:

		kcal/m. h, °C	
$\lambda_i =$	$40 \div 70$, im Mittel	$= 56$	für Eisen,
$=$	$22 \div 50$, » »	$= 30$	» Stahl,
$=$	$320 \div 350$, » »	$= 330$	» Kupfer,
$=$	$50 \div 100$, » »	$= 80$	» Messing,
$=$	$90 \div 100$, » »	$= 95$	» Bronze,
$=$	$90 \div 105$, » »	$= 95$	» Zink,
$=$	$51 \div 55$, » »	$= 54$	» Zinn,
$=$	$26 \div 30$, » »	$= 28{,}5$	» Blei.

Für dünne Wände kann $\frac{s}{\lambda_i} = 0$ gesetzt werden.

Des weiteren läßt sich der Temperaturunterschied $T_m - t_m$ genauer bestimmen, und zwar wenn:

t_1 = Anfangstemperatur und t = (geforderte) Endtemperatur der zu erwärmenden Flüssigkeit (Wasser),

T_1 = Anfangstemperatur und T_2 = Endtemperatur des Heizmittels,

ln = natürlicher Logarithmus bedeuten

bei Gleichstrom (Abb. 407) zu:

$$T_m - t_m = \frac{(T_1 - t_1) - (T_2 - t)}{\ln \frac{T_1 - t_1}{T_2 - t}} \quad \ldots\ldots \quad (66a)$$

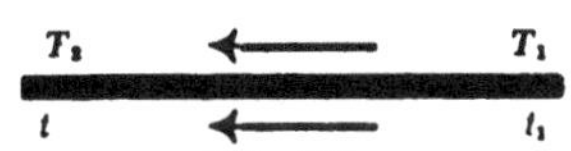

Abb. 407.

bei Gegenstrom (Abb. 408) zu:

$$T_m - t_m = \frac{(T_1 - t) - (T_2 - t_1)}{\ln \frac{T_1 - t}{T_2 - t_1}} \quad \ldots\ldots \quad (66b)$$

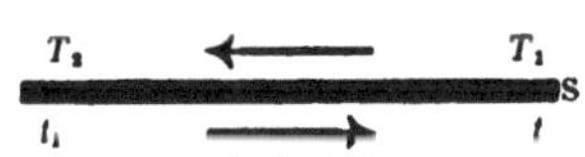

Abb. 408.

[1]) Dieser einfache, aber oft umstrittene Wert kann vorläufig in der Praxis ruhig weiter benutzt werden, solange nichts Besseres in gleich praktischer Form gefunden ist.

Bleibt die Temperatur der wärmeabgebenden Flüssigkeit (nicht kondensierender Dampf gleichbleibenden Druckes) konstant, so besteht, da $T = T_1 = T_2$ ist, Einstrom (Abb. 409) und dafür:

$$T_m - t_m = \frac{t - t_1}{\ln \dfrac{T - t_1}{T - t}} \quad \ldots\ldots\ldots \quad (66c)$$

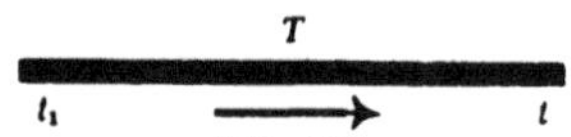

Abb. 409.

Der vierte Fall, bei dem die wärmeaufnehmende Flüssigkeit, also das Gebrauchswasser, konstante Temperatur besitzt, hat hier keine praktische Bedeutung. Sind wie vielfach bei Warmwasserbereitungen die Temperaturänderungen innerhalb der einzelnen Flüssigkeiten nicht groß, dagegen der Temperaturunterschied beider Flüssigkeiten erheblich, so ist auch zulässig:

$$T_m - t_m = \frac{T_1 + T_2}{2} - \frac{t_1 + t}{2} \cdot {}^{1)} \quad \ldots\ldots \quad (67)$$

Nach letzter Gl. 67 erhält man etwas größere Werte als nach Gl. 66, somit auch gemäß Gl. 63 eine entsprechend kleinere Heizfläche. In vielen Fällen wird der Unterschied keine große Bedeutung haben, da die Heizfläche H doch meist sowieso auf nächst höhere Handelsmaße aufzurunden ist. Für die Wahl zwischen Gleichstrom und Gegenstrom entscheidet in der Regel die Anordnung und Konstruktion der Heizapparate. Durch Gegenstrom kann die Austrittstemperatur t der wärmeaufnehmenden Flüssigkeit, des Gebrauchswassers, über die Endtemperatur T_2 des Heizmittels gesteigert werden. Sind die beiden Flüssigkeitsströme senkrecht zueinander gerichtet (Kreuzstrom) wie bei Küchenherdeinsätzen, Lollar-Rhombikus-Erhitzern, Ekonomisern u. dgl., so ist die Gleich- oder Einstromgleichung 66c zu benützen. In jedem Stromfalle ist die Heizfläche stets in der Richtung der heißeren Flüssigkeit zu rechnen.

Im folgenden sollen die einzelnen Heizkörper danach unterschieden werden, ob in ihnen Warmwasser oder Dampf erzeugt wird oder sich befindet, und mit welchem Heizmittel sie beheizt werden. Die Temperaturen sollen größerer Klarheit wegen nach Gl. 67 angegeben werden, sie sind dann leicht auf die Gl. 66 zu übertragen.

a) Die Wasserheizkörper mit eigener Feuerung; die Warmwasser-, Heißwasserkessel und -öfen, die Feuerschlangen, Herdflaschen usw.

Diese Heizkörper dienen zur direkten und indirekten Erwärmung des Gebrauchswassers.

[1]) Genau genommen ist diese Gl. (67) nur brauchbar, wenn $\frac{T_1 - t}{T_2 - t_1} > 0{,}5$ oder $\leqq 2$ wird.

In Gl. 63 bzw. 66 u. 67 sind zu setzen bei direkter Erwärmung des Gebrauchswassers, d. h. wenn das im Heizkörper befindliche und erwärmte Wasser zugleich das Gebrauchswasser ist,

T_m = mittlere Temperatur der Feuergase,

$$T_m = \frac{T_1 + T_2}{2} \quad \ldots\ldots\ldots\ldots \quad (68)$$

T_1 = Temperatur über Rost, unter Berücksichtigung von Wärmeverlusten,
$T_1 = 1000 \div 1300$ für Steinkohle, Koks } bei Kontaktfeuerung,
$T_1 = 800 \div 1100$ für Braunkohle, Torf, Brikett } bei Kontaktfeuerung,
$T_1 = 800 \div 1000$ ohne Kontaktfeuerung;
T_2 = Temperatur, mit der die Gase den Heizkörper verlassen,
$T_2 = 400 \div 200$ für Kessel,
$T_2 = 800 \div 600$ für Öfen, Heizeinsätze in Küchenherden u. dgl.;

$$t_m = \frac{t + t_1}{2} \quad \ldots\ldots\ldots\ldots \quad (69)$$

t = erforderliche Temperatur des Gebrauchswassers,
t_1 = Anfangstemperatur desselben,
$k = 13 \div 15$ für Eisenblech und Stahlrohr,
$k = 14 \div 16$ für Kupfer,
$k = 8 \div 12$ für Gußeisen,
$k = 13 \div 14$ für Rotguß.

Für w_s in Gl. 64 kann man praktisch nehmen:

w_s = 10000 kcal/m²h	für Kleinkessel, Rund-, Herdkessel,	Gußeisen
= 7500 »	» mittlere und große Kokskessel,	Gußeisen
= 6000 »	» Brikettkessel,	Gußeisen
= 15000 »	» Stahlblechkessel,	
= 18000 »	» Kupferkessel oder -heizkörper.	

Bei Heizkörpern für indirekte Erwärmung des Gebrauchswassers ist das in ihnen befindliche Wasser nicht mehr das Gebrauchswasser, sondern ein Heizwasser, das seinerseits an anderer Stelle auf einen Heizeinsatz eines Warmwasserbehälters oder auf einen Gegenstromapparat u. dgl. hinarbeitet.

In diesem Falle ist für t_m zu setzen:

$$t_m = \frac{t_s + t_r}{2} \quad \ldots\ldots\ldots\ldots \quad (70)$$

und darin:

t_s = Temperatur des Heizwassers im Steigrohr,
t_r = » » » » Rücklaufrohr,
$t_s \leq 80 \div 90^0$, $t_r \leq 50 \div 70^0$ } für Niederdruck (warmes Heizwasser),
$t_s \leq 120 \div 150^0$, $t_r \leq 90 \div 100^0$ } für Hochdruck (heißes Heizwasser).

Für Mietshäuser[1]) mit ihrem ständigen und ganz unregelmäßigen Warmwasserverbrauche legt man nach oben (S. 394) als Höchstmenge den Warmwasserbedarf während einer einheitlichen mehrstündigen Verbrauchszeit zugrunde. Ein nach den Gl. (63) und (64) berechneter Kessel wird aber eine zu große Heizfläche für die vielen Betriebsstunden der Woche, in denen nicht gebadet wird, erhalten. Die Folge davon ist, daß das Wasser bis zum Überkochen mit dessen lästigen Nebenerscheinungen gebracht und der Verbrennungsprozeß durch Einwirken des Zugreglers unterbrochen, d. h. das Feuer erlöschen wird. Dieser Fall kann stets da beobachtet werden, wo diesen Verhältnissen und der richtigen Anpassung der Boilergröße an dieselben nicht genügend Rechnung getragen ist.

Es muß also das richtige Verhältnis von Kesselheizfläche zum Boilerinhalt stets gewahrt bleiben, also: entweder kleiner Kessel und großer Boiler oder umgekehrt. Es sind das alles Verhältnisse, an die sich der alte Praktiker und Installateur schwer gewöhnen wird, da bei ihm die Grundregel gilt: »Eine gute Anlage wird stets durch reichlich bemessene Heizfläche erhalten.«

Ist nun:

Z_a = Zeit des Anheizens in Std., $= \sim 2^h$,

Z = Zeit der größten Wasserentnahme, der Badeperiode in Std., $= \sim 3 \div 4^h$,

so ist die Leistung von 1 m² Heizfläche:

während des Anheizens $Z_a \cdot w_s$ kcal,

während der Badeperiode $Z \cdot w_s$ »

In $Z_a + Z$ Stunden wird demnach 1 m² Kesselheizfläche:

$$Z_a \cdot w_s + Z \cdot w_s = w_s (Z_a + Z) \text{ kcal}$$

liefern. Mithin ist bei einem Gesamtwärmebedarf $W_z = Q(t - t_1)$ kcal (darin Q nach Gl. (49a) oder (49b)) eine Kesselheizfläche (für Mietshäuser) nötig von:

$$H = \frac{W_z}{w_s (Z_a + Z)} \text{ m}^2 \quad \ldots \ldots \ldots \quad (71)$$

Mit den gebräuchlichen Werten $Z_a = 2$ und $Z = 4$ wird:

$$H = \frac{W_z}{6 \cdot w_s} \text{ m}^2 \quad \ldots \ldots \ldots \quad (71a)$$

Nach Marx[2]) ist auch angenähert:

$$H = \frac{75000 \cdot f Z_w}{w_s} \text{ m}^2 \quad \ldots \ldots \ldots \quad (71b)$$

---

[1]) Streck: Gesundheits-Ingenieur 1912, Nr. 1. — de Grahl: Gesundheits-Ingenieur, S. 409.

[2]) Dr. Marx: »Warmwasser-Versorgungsanlagen«. Haustechnische Rundschau, 34, Heft 14' 1929.

darin: Z_w = Badewannenzahl

f = Benutzungsziffer	f = 0,36 für 5 Badewannen
= 1,00 für 1 Badewanne	= 0,30 » 6 »
= 0,75 » 2 »	= 0,29 » 7 u. 8 »
= 0,50 » 3 »	= 0,28 » 9 u. mehr »
= 0,40 » 4 »	

Bedient man sich einer Feuerschlange, so benutzt man am besten Kupfer oder Stahlrohr von 1÷1½″. Wird die Feuerschlange in einen Küchenherd eingebaut, so ist man in der Regel durch die Rostgröße an eine einzuhaltende größte Heizfläche gebunden. Die Abmessungen 480 · 225 mm bilden z. B. schon eine große Rostfläche eines Küchenherdes. Ein gewöhnlicher Haushalt-Küchenherd besitzt ∼300 × 200 bis 350 × 400 mm Rostfläche. Werden zwei Schlangenwindungen hufeisenförmig und eine, die oberste, im Rechteck um den Rost herumgeführt, so erhält man mindestens eine Schlangenrohrlänge von ∼3,75 m, entsprechend einer Heizfläche von 0,375 m². Mit:

$$T_m = \frac{T_1 + T_2}{2} = \frac{1200 + 800}{2} = 1000^0$$

und

$$t_m = \frac{t + t_1}{2} = \frac{40 + 10}{2} = 25^0$$

bestimmt sich die stündlich entwickelte Wärmemenge zu:

$$W_0 = H \cdot k\,(T_m - t_m) = 0{,}375 \cdot 15 \cdot (1000 - 25) = 5485 \text{ kcal},$$

welche, abgesehen von Verlusten, stündlich:

$$Q_h = \frac{W_0}{t - t_1} = \frac{5485}{40 - 10} = \sim 183 \text{ l}$$

um 30⁰ zu erwärmen vermag. Für häusliche Etagenanlagen kann diese Warmwassermenge zu Bade- und sonstigen Zwecken genügen (1 Bad zu 160÷200 l).

Betreibt man das Feuerschlangen-Zirkulationssystem mit Hochdruckheißwasser, so kann man die Wärmeaufnahme von 1 m² Feuerschlange mit 550÷700 kcal zugrunde legen, so daß sich:

$$L = \frac{W_0}{550 - 700} \text{ m} \quad . \; . \; . \; . \; . \; . \; . \; . \; . \; . \quad (72)$$

Schlangenrohrlänge in die Feuerung einzuschalten erforderlich machen. Für die genauere Berechnung hat man in obige Gleichungen zu setzen

$k = 13 : 15$ für Stahlrohr,
$k = 15 \div 16$ » Kupferrohr.

Mit $T_1 = 1000$, $T_2 = 200$, $t_s = 150$, $t_r = 80$, $k = 13$ und mit der Annahme von 10 lfd. m = ∼1 m² wird:

$$L = 0{,}002\, W_0 \text{ m} \quad . \; . \; . \; . \; . \; . \; . \; . \; . \; . \; . \; . \quad (72\text{a})$$

Eine besondere Berechnung der Heizflaschen erübrigt sich in der Regel, da ihre Größe und somit ihre Heizfläche H als Handelsmaße festliegen und sich den gebräuchlichen, wenig veränderlichen Größen der Küchenherd-Rostgrößen anzupassen haben.

Man rechnet dann am einfachsten auf die im Herdeinsatz zu erreichende Höchstwassertemperatur t'_x hin. Aus:

$$Q\,(t'_x - t'') = H\,k\,[T_m - 0{,}5\,(t'_x + t'')]$$

folgt, wenn man:

$$a = \frac{Q}{H \cdot k} \quad \ldots\ldots\ldots\ldots \quad (73)$$

setzt, diese Temperatur zu:

$$t_x' = \frac{T_m + (a - 0{,}5)\,t''}{a + 0{,}5} \quad \ldots\ldots\ldots \quad (74)$$

oder, fällt a gegenüber 0,5 sehr groß aus, zu:

$$t_x' = \frac{T_m + a \cdot t''}{a} \quad \ldots\ldots\ldots \quad (74\,\text{a})$$

Bei direkter Erwärmung ist:

t'_x = Temperatur des Gebrauchswassers (ohne Verluste), also $= t$;

t'' = Anfangstemperatur des nachfließenden Gebrauchswassers, also $= t_1$;

Bei indirekter Erwärmung ist:

t'_x = Temperatur des Zirkulations-Heizwassers im Steigrohre, also $= t_s$;

t'' = Temperatur des Zirkulations-Heizwassers im Rücklaufrohre, also $= t_r$.

Für diese Rechnungsweise ist $t'' = t_r$ anzunehmen, etwa mit:

$$t'' \geqq t + 0{,}25\,t.$$

Diese Temperaturen t'_x und t'' bilden mithin die der erwärmten Flüssigkeit, während sie (abgesehen von Verlusten) für den Boiler die der Heizflüssigkeit darstellen. Demgemäß sind einzuführen:

$$T_m - \frac{t_s + t_r}{2}$$

für den Herdeinsatz und:

$$\frac{T_s + T_r}{2} - \frac{t + t_1}{2}$$

für den Boilereinsatz, dabei ist

$$\frac{t_s + t_r}{2} = \sim \frac{T_s + T_r}{2}$$

Hat nun der Boiler stündlich Q_h l von $t_1{}^0$ auf t^0 zu erwärmen, so wird dafür die Wärmemenge benötigt von:

$$W_0 = Q_h (t - t_1) \text{ kcal/h}, \quad \ldots \ldots \ldots (75)$$

so daß der Boilereinsatz eine Heizfläche zu erhalten hat von:

$$H_B = \frac{W_o}{k\left(\frac{T_s + T_r}{2} - \frac{t + t_1}{2}\right)} \quad \ldots \ldots \ldots (76)$$

darin also:

$$T_s = t_s = t'_x,$$
$$T_r = t_r = t''.$$

Die Anheizdauer berechnet sich nach dem gesamten Wasserinhalt J der Anlage in l und dem Eisen- bzw. Metallgewicht E in kg, das als Kessel, Ofen, Behälter, Rohrleitung usw. eingebaut ist. Setzt man das Raumgewicht des Eisens $\frac{1}{7{,}88} = 0{,}127$ l/kg, so gilt bei 25% Zuschlag mit Berücksichtigung des Wärmeverlustes durch Strahlung usw. für die Anheizzeit in Stunden:

$$Z_a = \frac{1{,}25\,(J + 0{,}127\,E)\,(t - t_1)}{H \cdot w_s} \quad \ldots \ldots \ldots (77)$$

In Badeanlagen mit Mischapparaten und einer Heißwassertemperatur t_2 höher als die Gebrauchstemperatur t (35°) ist in Gl. (77) $t = t_2$ zu setzen.

Beispiel 1. Ein gewöhnlicher Küchenherd einer Haushaltungsküche besitzt einen Feuerraum von 350 mm lichter Länge und 300 mm lichter Breite, seine Konstruktion gestattet den Einbau eines Herdeinsatzes zwecks Warmwasserbereitung mittels Boilers. Wie hoch läßt sich das Gebrauchswasser bei direkter Erwärmung temperieren, welche Verhältnisse ergeben sich bei indirekter Erwärmung?

Bei Sicherstellung einer Rostfläche von 350 · 300 mm wird der Warmwasserbereiter gemäß den Angaben der Tabelle 6, S. 101, passend sein. Das Modell hat bei 170 mm Höhe 0,56 m² Heizfläche. Nimmt man den Behälterinhalt entsprechend der Wasserfüllung einer häuslichen Badewanne mit $Q = 200$ l von 10° an, so bestimmen sich mit $k = 14$ für Kupfer nach Gl. (73):

$$a = \frac{Q}{H \cdot k} = \frac{200}{0{,}55 \cdot 14} = 25{,}5$$

und damit nach Gl. (74a) die Temperatur des Gebrauchswassers bei direkter Erwärmung und $T_m = \sim 900$ als Feuertemperatur:

$$t_x' = t = \frac{T_m + at''}{a} = \frac{900 + 25{,}5 \cdot 10}{25{,}5} = 45^0.$$

Für indirekte Feuerung sei nach S. 410:

$$t'' = t_r = t + 0{,}25\,t = 45 + 0{,}25 \cdot 45 = 56{,}25 = \sim 60^0.$$

Alsdann muß die Vorlauftemperatur nach Gl. 74a sein:

$$t_z' = t_s = \frac{900 + 25{,}5 \cdot 60}{25{,}5} = 90^0.$$

Beläßt man die Temperatur t des Gebrauchswassers im Behälter mit 45^0, so hat für den Wärmebedarf:

$$W_0 = Q_h\,(t - t_1) = 200\,(45 - 10) = 7000 \text{ kcal/h}$$

der Behältereinsatz eine Heizfläche nach Gl. (76) zu erhalten vom:

$$H_B = \frac{W_o}{k\,(T_m - t_m)} = \frac{7000}{300\left(\frac{90 + 60}{2} - \frac{45 + 10}{2}\right)}$$

$$H_B = \frac{7000}{300 \cdot 47{,}5} = 0{,}5 \text{ m}^2.$$

Nach der genaueren Temperaturgleichung (66a) erhält man:

$$T_m - t_m = \frac{(90 - 10) - (60 - 45)}{\ln \frac{90 - 10}{60 - 45}} = 38{,}8^0$$

und

$$H_b = \frac{7000}{300 \cdot 38{,}8} = 0{,}6 \text{ m}^2$$

Für $J_B = 200$ l Inhalt kann nach Tabelle 44 der Boiler bemessen werden mit 450 mm Dmr. und 1285 mm Länge, dessen gestreckte Heizschlangenlänge bei $d_i/d_a = {}^{25}/_{29}$ Kupferrohr zu 7,25 m (Tab. 45).

Beispiel 2. In einem Orte ohne Gasversorgung ist eine kleine Badeanstalt mit 4 Wannen und Brausen einzurichten. Als Brennstoff steht Koks mit 6200 kcal/kg unter. Heizwert zur Verfügung. Die Badezeiten sollen 4 Vormittagsstunden von 8 ÷ 12 Uhr und 5 Nachmittagsstunden von 14 ÷ 19 Uhr umfassen. Das Speisewasser hat 10^0 Temperatur. Es ist die Anlage bis auf die Rohrleitung zu berechnen.

Für 1 Wannenbad werden 200 l und 25 l Brausewasser von 35^0 in $\frac{1}{2}^h$ benötigt. Es werden also in 1^h durch die 4 Wannen:

$$Q_h = 2\,(200 + 25)\,4 = 1800 \text{ l/h}$$

verbraucht, und es können an einem Tage bei $4 + 5 = 9$stündigem Betriebe:

$$2 \cdot 9 \cdot 4 = 72 \text{ Wannebäder einschl. Brausewasser}$$

verabreicht werden.

Wird das Kaltwasser von $t_1 = 10^0$ in einem Kokskessel auf $t_2 = 60^0$ direkt erwärmt und in einem offenen Warmwasserbehälter, oberhalb des Ofens gelagert, aufgespeichert, so hat dieser Behälter nach Gl. (51) stündlich:

$$q_2 = \frac{t - t_1}{t_2 - t} Q_h = \frac{35 - 10}{60 - 10} \cdot 1800 = 900 \text{ l/h}$$

Heißwasser von $t_2 = 60^0$ abzugeben, die sich mit:

$$q_1 = Q - q_2 = 1800 - 900 = 900 \text{ l/h}$$

Kaltwasser von $t_1 = 10^0$ in den Mischventilen der Wannen zu Gebrauchswasser von $t = 35^0$ vermischen.

Der Kokskessel ist für eine Leistung von:

$$W_o = Q_h (t_2 - t_1) = 900 (60 - 10) = 45000 \text{ kcal/h}$$

vorzusehen. Gewählt wird ein stehender schmiedeeiserner Feuerbuchs-Rundkessel (Herkules Fürstenberg) mit $w_s = 15000 \text{ kcal/m}^2\text{h}$, der also nach Gl. (64) eine Heizfläche zu erhalten hat von:

$$H_k = \frac{W_o}{w_s} = \frac{45000}{15000} = 3 \text{ m}^2$$

Dieser Kessel hat 750 mm Dmr., 1930 mm Höhe, 175 mm Rauchrohrdurchmesser, 570 kg Gewicht, 270 l Koksraum und $J_K = 325$ l Wasserfassung. Sieht man einen offenen Warmwasserbehälter mit:

$$J_B = q_2 = 900 \text{ l nutzbarem Inhalt}$$

vor und beläuft sich die Wassermenge in der 5 m Verbindungsrohrleitung (2½″ Kesselanschluß) zwischen Kessel und Behälter auf $J_R = 25$ l, so ist beim Anheizen eine Wassermenge von:

$$J = J_B + J_K + J_R = 900 + 325 + 25 = 1250 \text{ l}$$

auf 60⁰ aufzuheizen. Die Eisen- und Metallmaterialmenge setzt sich ausschließlich der Verteilungsleitungen zusammen aus:

Kesselgewicht	570 kg,
Rohrleitung, 9,1 kg/m; 5 · 9,1 . .	45 »
Behälter ∼1000 l	135 »
	$E = 750$ kg.

Die Anlage wird sich ungünstigstenfalls über Nacht auf Raumtemperatur $t_i = t_1 = 10^0$ abkühlen. Mit diesen Werten ergibt sich nach Gl. (77) eine Anheizdauer zu:

$$Z_a = \frac{1{,}25\,(J + 0{,}127\,E)\,(t_2 - t_1)}{H \cdot w_s} = \frac{1{,}25\,(1250 + 0{,}127 \cdot 750)\,(60 - 10)}{3.15000}$$

$$= \frac{1{,}25 \cdot 67262}{45000} = 1{,}87^h = 1^h\,52 \text{ min.}$$

Der Raumerwärmung kommen dabei:

$$1{,}25 \cdot 67262 - 67262 = 84078 - 67262 = 16814 \text{ kcal}$$

oder

$$\frac{16814}{1{,}87} = 9000 \text{ kcal/h}$$

zugute, womit bei 50 kcal/m³ Baderaum $\frac{9000}{50} = 180$ m³ Rauminhalt bei —20° auf 20° erwärmt werden.

Der Koksaufwand ergibt sich nach Gl. (6) mit $\eta = 0,65$ und $H_u = 6200$ für das Anheizen zu:

$$B = \frac{W_o'}{\eta H_u} = \frac{84078}{0,65 \cdot 6200} = \sim 20 \text{ kg}$$

und für das Weiterheizen bei ∼5% weiterem Wärmeverlust der Räume zu:

$$B = \frac{1,05 \cdot W_o}{\eta \cdot H_u} = \frac{1,05 \cdot 45000}{4030} = 12 \text{ kg/h}$$

Beispiel 3. In einem gewerblichen Betriebe sollen stündlich 400 l weiches Wasser in einem Behälter unter Hochdruck in direkter Erwärmung durch einen Schlangenröhrenkessel von 12° auf Siedetemperatur erhitzt werden. Welche Abmessungen hat der Kessel zu erhalten?

Die stündliche Wärmeleistung beträgt:

$$W_0 = Q_h (t - t_1) = 400 (100 - 12) = 35200 \text{ kcal.}$$

Die Gesamtrohrlänge des Kessels folgt nach Gl. (72) zu:

$$L = \frac{W_o}{700} = \frac{35200}{700} = \sim 50 \text{ m.}$$

Gibt man der äußeren Schlangenkreiswindung einen mittleren Durchmesser von 0,6 m und der inneren einen mittleren Durchmesser von 0,5 m, so erhält man die Windungszahl der eng aufeinander liegenden Rohrwindungen zu:

$$n = \frac{L}{\pi D_1 + \pi D_2} = \frac{50}{\pi \cdot 0,6 + \pi \cdot 0,5} = \sim 15.$$

Die Höhe des eigentlichen Kessels ohne unteren Feuerraum-Untersatz und oberer Rauchrohrhaube ist dann bei 55/60 mm Kupferohr $15 \cdot 60 = 900$ mm und der äußere Manteldurchmesser des Kessels bei 5 mm Mantelblechstärke und 5 mm Spielraum der äußeren Windungen

$$600 + 60 + 2 \cdot 5 = 670 \text{ mm.}$$

Beispiel 4: Für ein besseres Mietshaus mit 4 Wohnungen ist der Kessel der Warmwasseranlage zu berechnen. Letztere hat aus 10° Speisewasser Wasser von 40° zu liefern.

Legt man für den Warmwasserbedarf die Badewannenfüllung zugrunde, nimmt $q = 250$ l je Wanne und für $Z_W = 4$ Wohnungen $Z_w = 4$ Badewannen, so ist nach Gl. 49b die gesamte maximale Warmwassermenge:

$$Q = 3\,Z_w q = 3 \cdot 4 \cdot 250 = 3000 \text{ l}$$

und der Wärmebedarf bei $t_1 = 10°$ und $t = 40°$:

$$W_z = Q(t - t_0) = 30000\,(40 - 10) = 90000 \text{ kcal.}$$

Damit erhält man mit $w_s = 15000$ eine Heizfläche nach Gl. (71 a) zu:

$$H = \frac{W_z}{6 w_s} = \frac{90000}{6 \cdot 15000} = 1\ \mathrm{m}^2$$

und nach (Gl. 71 b) mit $f = 0{,}40$ zu:

$$H = \frac{75000\, f\, Z_w}{w_s} = \frac{75000 \cdot 0{,}4 \cdot 4}{15000} = 0{,}8\ \mathrm{m}^2.$$

Gewählt wird ein National-Rundkessel zu:

$$H = 1{,}10\ \mathrm{m}^2.$$

b) Die Wasserheizkörper, betrieben durch Gas.

Die Gasöfen, Gaskessel werden in den oben beschriebenen, meist patentierten Konstruktionen durchgeführt.

Eine Berechnung des Gasofens führt zu umständlichen Schwierigkeiten und Kleinlichkeiten und hat keine praktische Bedeutung. Man muß sich bezüglich der Wahl eines Ofens auf die Heizkraftangaben der Firmen verlassen, welche den Effekt versuchsweise und auch gewissenhaft feststellen, da es ja in ihrem eigenen Interesse liegt, nicht mehr zu versprechen, als gehalten werden kann.

Für die in kcal/min berechnete Leistung der Anlage ist der Gasheizkörper nach Firmentabellen zu bestimmen. Kann eine gewünschte Bauart die erforderliche Leistung nicht decken, so sind entsprechend mehrere Heizkörper zu einer Batterie zu verbinden. Im allgemeinen sind mehrere kleinere Modelle einem einzigen großen vorzuziehen.

Die Leistung eines Gasofens ändert sich proportional mit dem Heizwerte und der Quadratwurzel aus dem Druck. Ist bei einem Gasofen eine Leistung L_g bei einem unteren Heizwert H_{ug} und einem Gasdruck p_g garantiert und ist in einer Zeit Z eine Leistung L_e bei einem tatsächlichen unteren Heizwerte H_{ue} und einem Gasdruck p_e erreicht, so ergibt sich die stündliche Leistung des Gasofens aus der Proportion:

$$L_g : \frac{60}{Z} L_e = H_{ug} \cdot \sqrt{p_g} : H_{ue} \cdot \sqrt{p_e}$$

somit:

$$L_g = \frac{60}{Z} \cdot L_e \frac{H_{ug} \cdot \sqrt{p_g}}{H_{ue} \cdot \sqrt{p_e}} \text{ in kcal/h} \quad \ldots\ldots \quad (78)$$

welcher Wert dann der verbürgten Leistung des Ofens entsprechen muß. Die Werte Z, L_e, H_{ue} und p_e sind durch eingehende Versuche festzustellen.

Die Größe und Kosten des Gasverbrauches lassen sich einigermaßen sicher überschlagen. Ist:

H_u = Heizeffekt des Gases in kcal/m³ (siehe S. 23),

$\eta = 0{,}75 \div 0{,}90$ als Wirkungsgrad des Heizkörpers, so ist zur Deckung von W_0 kcal der erforderliche stündliche Gasverbrauch

$$B = \frac{W_o}{H_u \cdot \eta} \text{ m}^3/\text{h} \quad \dots \dots \dots \dots (79\text{a})$$

Tabelle 74.

Allgemeine Leistungen und Rohranschlüsse der Gasöfen bei H_u = 4000 kcal, η = 0,8 und 80 mm Gasdruck.

Stündl. Gas-verbrauch	Warmwassermenge in l/h bei einer Erwärmung um			Gaszuleitungsrohr, lichte Maße			Gasabzugsrohr	
				Durchmesser		Quer-schnitt	Durch-messer	Quer-schnitt
m³	25°	50°	75°	Zoll	mm	mm²	mm	cm²
0,2	26	13	9	3/8	9,5	71	50	20
0,6	80	38	26	1/2	12,5	123	60	28
1,2	160	77	51	5/8	16,0	201	80	50
2,0	270	128	85	3/4	19,0	284	90	64
3,8	510	243	162	1	25,5	511	120	113
7,5	1000	480	320	1 1/4	32,0	804	150	177
12,0	1600	768	512	1 1/2	38,0	1134	170	227
27,0	3600	1730	1152	2	51,0	2043	220	380

Ist eine bestimmte Wassermenge Q in l, in einer bestimmten Zeit Z zu erwärmen, so besteht die Gl. (16):

$$B = kQ \text{ l oder } B = 0{,}001\, kQ \text{ m}^3 \quad \dots \dots (79\text{b})$$

Der Anstrengungsgrad k des Gases ist nach S. 20 zu bewerten. Für Heizgas stellt sich zurzeit der Preis auf 0,15÷0,17 M./m³ Heizgas städtischer Werke, in Industriegegenden mit Fernkoksofengasversorgung sogar auf nur 0,06÷0,08 M./m³.

Der Wirkungsgrad dieser Gasöfen läßt sich bestimmen durch:

$$\eta = \frac{Q_z (t - t_1)\, c}{B_z H_u} \quad \dots \dots \dots \dots (80)$$

Darin ist:

$Q_z (t - t_1) c$ = nutzbar gemachte Wärmemenge;
Q_z = die in einer Zeit Z^h erwärmte Wassermenge in l;
t = höchste Wassertemperatur im Ofen;
t_1 = Anfangstemperatur des Zulaufwassers;
c = spezifische Wärme des Wassers, $= \sim 1$;
$B_z H_u$ = indizierte oder vom Gas abgegebene Wärmemenge:
B = verbrauchte Gasmenge in m³ in Z^h;
H_u = unterer Heizwert des Gases in kcal/m³.

Ist statt des unteren Heizwertes H_u der obere H_o bekannt, so ist $H_u = H_o - 0{,}1\, H_o$ zu setzen.

Von Interesse kann es ferner sein, den Wärmeverlust zu ermitteln, der durch die abziehenden Abgase hervorgerufen wird, denn damit läßt sich rückwärts wieder auf den Wirkungsgrad und die Leistung schließen.

Als Anhalt zur Bestimmung des Wärmeverlustes in % durch die Abgase kann man rechnen:

$$\mathfrak{B} = 16 \frac{T_2 - t_l}{CO_2 \cdot H_u} \cdot 100 \text{ in } \%\ ^{1)} \quad \ldots \ldots \quad (81)$$

Hierin ist:

T_2 = Temperatur der Abgase, vor dem Zugunterbrecher, der Windschutzhaube, gemessen;

t_l = Temperatur der Raumluft;

CO_2 = Kohlensäuregehalt der Abgase in % vor dem Zugunterbrecher.

Sollen 90% des Wärmeinhalts der Heizgase nutzbar gemacht werden, so darf die Abgastemperatur T_2 nur ~10% der Verbrennungstemperatur betragen. Junkers, Dessau, gibt in seiner Lehrmittelsammlung den Einfluß steigenden Luftüberschusses auf Heizgasmenge, Temperaturen und Heizfläche mit folgenden Werten an:

Luftüberschußkoeffizient	—	1	2	3
Kohlensäure	9,5	5,0	3,4	2,6%
CO_2, Wasserdampf auskondensiert	11,5	6,1	4,1	3,1%
Verbrennungstemperatur T_1	2100	1250	900	700°
Abgastemperatur T_2	240	140	100	70°
Heizflächenvergrößerung bei gleichbleibender Leistung und $\eta = 0{,}9$ um das	1-	2-	4-	6fache

Die Heizfläche wird infolge der bei wachsendem Luftüberschuß sinkenden Verbrennungstemperatur T_1 weniger wirksam. Man muß daher zur Erzielung des gleichen Wirkungsgrades bei gleicher Leistung um so größere Heizflächen aufwenden, je größer der Luftüberschußkoeffizient ist. Anderseits muß natürlich auch die Wärmeübertragung und damit der Nutzeffekt sinken, wenn bei ein und demselben Ofen mit gleichbleibender Heizfläche der Luftüberschuß wächst.

Für die Gaskessel, wie sie von Bamag, Rud. Otto Meyer, Askania als liegende und stehende Heizröhrenkessel ausgeführt werden, kann man rechnen mit:

$$w_s = 30000 \div 40000 \text{ kcal/m}^2,$$

so daß sich die Gesamtheizfläche H nach Gl. (64) ergibt. Wird diese Fläche nur von den Röhren zu decken sein (Abb. 142 u. 143), so folgt die Röhrenzahl mit $l = 1{,}5 \div 1{,}6$ m Rohrlänge, $d_i = 0{,}0825$ Rohrdurchmesser (3½″) zu:

$$z = \frac{H}{\pi d_i l} \quad \ldots \ldots \ldots \quad (82)$$

[1]) Das Gas- und Wasserfach, 54, Heft 29, S. 715.

Man findet: $z = 20 \div 100$ Röhren. Ferner kann man voraussetzen: $T_1 = \sim 1400^0$; $T_2 = 150 \div 180^0$ für Warmwasserkessel (auch für Niederdruckdampf, $T_2 = 200 \div 250^0$ für Hochdruckdampf); $30 \div 60$ mm WS Gasdruck; $H_u = 4000$ kcal/m³ und $\eta = 0{,}85$. Der stündliche Gasverbrauch ist dann nach Gl. (79a) festzustellen.

Beispiel 1. In einem Fabrikbetriebe ist das Warmwasser für die 100 Kippbecken einer Reihenwaschanlage durch Gasofen zu erzeugen, dessen Größe für 7^0 Speisewassertemperatur zu bestimmen ist. Das Wasser ist weich.

Wählt man nach S. 396 $t = 40^0$ Wassertemperatur und $q = 8$ l/Arbeiter, so sind, wenn alle 100 Becken zu gleicher Zeit in Benutzung stehen, für einmaligen Bedarf:

$Q = 100 \cdot q = 100 \cdot 8 = 800$ l Warmwasser von $t = 40^0$ zu erzeugen. Nimmt man 1^h Anheizzeit an, so hat der Gasofen:

$$W = \frac{Q\,(t - t_1)}{60} = \frac{800\,(40 - 7)}{60} = 460 \text{ kcal/min}$$

zu leisten. Hierfür ist ein Ofenmodell auszusuchen, das wegen des weichen Wassers im Durchlaufsystem arbeiten kann. Gewählt wird nach Tabelle 15 ein Junkers Durchlaufofen mit 450 · 550 kcal/min Leistung, ~130 l/min Gasverbrauch, 50 Flammen-Gasuhr, 1160 mm Höhe, 450 · 285 mm Mantelmaße, 130 mm Dmr. des Abzugsrohres und $1\frac{1}{4}$ Gasrohranschluß.

Beispiel 2. Es ist die Gasofenanlage zu bestimmen, die das Warmwasser für ein Kasernen-Brausebad zu liefern hat. Das Bad erhält für 30 Mann Ein- und Auskleideräume. Das Speisewasser besitzt 10^0.

Man kann nach obigen Angaben für 1 Mann rechnen

$$q = 25 \text{ l Warmwasser zu } t = 35^0.$$

Die Badezeit ist zu bemessen:

für Entkleiden	mit 5 min,	
» Benetzen und Einseifen	» 3 »	} wirkliche Wasser-
» Abspülen	» 2 »	} verbrauchszeit
» Abtrocknen und Ankleiden . .	» 10 »	
somit mit	20 min.	

Es können in 1^h demnach $\frac{60}{20} = 3$ Gruppen oder:

$$Z_p = 3 \cdot 30 = 90 \text{ Mann}$$

baden. Dafür sind an Badewasser:

$$Q_h = Z_p \cdot q = 90 \cdot 25 = 2250 \text{ l/h}$$

nötig. Der Warmwasserverbrauch von:

$$Q = 30 \cdot 25 = 750 \text{ l für 1 Gruppe}$$

tritt dreimal in 1 h für je 5 min ein. Der einzuschaltende Warmwasserbehälter muß also in 1 h:

$$\frac{Q_h}{Q} = \frac{2250}{750} = 3 \text{ mal } Q = 750 \text{ l}$$

liefern können und ist demgemäß für ~ 800 l Nutzfassung zu bemessen. Die Wassermenge $Q = 750$ l ist zwischen je 2 Badezeiten, also in der Zeit von:

$$20 - 5 = 15 \text{ min Nichtbrausezeit auf } t = 35^0$$

zu erwärmen. Vom Gasofen sind mithin in 15 min:

$$W = Q\,(t - t_1) = 750\,(35 - 10) = 18750 \text{ kcal}$$

oder

$$W' = \frac{W}{15} = \frac{18750}{15} = 1250 \text{ kcal/min}$$

aufzubringen. Bei $H_u = 4000 \text{ kcal/m}^3 = \frac{4000}{1000} = 4$ kcal/l und $\eta = 0{,}85$ Wirkungsgrad des Ofens ist dann der Gasverbrauch nach Gl. (79)

$$B = \frac{W'}{\eta \cdot H_u} = \frac{1250}{0{,}85 \cdot 4} = 370 \text{ l/min oder}$$

$$B' = \frac{60 \cdot B}{1000} = \frac{60 \cdot 370}{1000} = 22{,}2 \text{ m}^3\text{/h},$$

wodurch bei 16 Pf./m³ Heizgaspreis $K = 0{,}16 \cdot 22{,}2 = 3{,}55$ M./h Betriebskosten entstehen.

Da der stündliche Gasdurchgang durch den Gasmesser für 1 Flamme 150 l = 0,15 m³ beträgt, so ist ein Gasmesser für:

$$Z_f = \frac{B'}{0{,}15} = \frac{22{,}2}{0{,}15} = 148 \text{ Flammen}$$

vorzusehen. Nach allen diesen Unterlagen, d. h. für t, t_1, W', B, Q und Z_f und unter Voraussetzung von $H_u = 4000$ kcal/m³ und 30 mm Gasdruck wird nach Tabelle 16 ein Vaillant-Großgasofen gewählt mit ($W' =$) 1300 ÷ 1450 kcal/min Leistung oder 52 l/min, also ($Q =$) 15 · 52 = 780 l/15 min von ($t_1 =$) 10° auf ($t =$) 35°, ($B =$) 360 ÷ 400 l/min Brennstoffverbrauch und ($Z_f =$) 80 ÷ 150 Flammen; ferner mit 1770 mm Höhe, 780 mm Breite, 660 mm Tiefe, 200 mm Dmr. des Abzugsrohres, 1″ Wasseranschluß und 2″ Gasanschluß.

Nach Tabelle 62 wird die 150 Flammen-Gasuhr bei ($B' =$) 22,2 m³/h normal belastet unter Hinnahme von 10 mm Druckverlust. (Alle diese ermittelten Werte decken sich annähernd mit den Daten der Tabelle 74.)

Beispiel 3. Das Schülerbad einer Volksschule war mit einer passenden, wirtschaftlich arbeitenden Warmwasserbereitung auszurüsten. Die Anlage sollte 40 Brausen zu je 25 l besitzen, die mindestens dreimal stündlich benutzt werden können.

Die erforderliche Warmwassermenge betrug demnach $40 \cdot 25 \cdot 3 =$ 3000 l/h oder mit 8% Sicherheitszuschlag $Q_h = \sim 3250$ l/h, die von 16° auf 40° zu erwärmen war. Wegen des großen Warmwasserbedarfs, der aber nur zeitweilig und doch wieder unerwartet plötzlich (in den Feierstunden) verlangt werden dürfte, wurde ein für solche Verhältnisse passender Gas-Durchlaufofen gewählt, und zwar, wie es gerade für Brausebäder zur Druckausgleichung unbedingt empfehlenswert ist, in Verbindung mit einem Warmwasserbehälter, der $\sim 1{,}0$ m über den Brauseköpfen zur Aufstellung kam und ~ 1200 l Fassungsvermögen zu besitzen hatte. Der Gasofen mußte eine stündliche Leistung ergeben von:

$$W_0 = Q_h\,(t - t_1) = 3250\,(40 - 16) = 78000 \text{ kcal/h}.$$

Die Firma Junkers, Dessau, welche den Gasofen lieferte, verbürgte für 90% Nutzeffekt und eine stündliche Leistung von 78000 kcal, während des Brennens gemessen, bei einem unteren Heizwert des Gases von $H_{ug} = 5000$ kcal/m³ und einem Gasdruck von $p_g = 30$ mm.

Es kam zur Aufstellung ein Junkers Wasserstromheizapparat für 1200 ÷ 1450 kcal/min Wärmeleistung von 10 auf 35°, mit den äußeren Maßen von 1,35 m Höhe, 0,52 m Breite, 0,32 m Tiefe und für Gasuhr von 80 ÷ 100 Flammen.

Ein angestellter genauer Abnahmeversuch ergab folgende Werte:
Nutzinhalt des Warmwasserbehälters $Q_z = 1155$ l,
Dauer der Füllung $Z = 26$ min,
Temperatur des kalten Zulaufwassers $t_1 = 16^0$,
» » erwärmten Wassers $t = 43{,}96^0$,
Temperatursteigerung $t - t_1 = 43{,}96 - 16 = 27{,}96^0$,
unterer Heizwert des Gases $H_{ue} = 4478$ kcal/m³,
Gasdruck während des Brennens $p_e = 25$ mm,
Gasverbrauch $B_z = 7874$ l $= 7{,}874$ m³.

Mit diesen Zahlen errechnen sich nun der Anstrengungskoeffizient des Gases nach Gl. (79b) zu:

$$k = \frac{B_z}{Q_z} = \frac{7874}{1155} = 6{,}8$$

also kleiner als der obere Grenzwert 7,5 (Seite 20); die im Gasofen erzeugte Wärmemenge:

$$L_e = Q_z\,(t - t_1) = 1155 \cdot 27{,}96 = 32293{,}8 \text{ kcal}$$

und die während dieser Zeit $Z = 26$ min von den verbrannten Gasen abgegebene Wärmemenge:

$$B_z \cdot H_u = 7{,}874 \cdot 4478 = 35259{,}7 \text{ kcal},$$

mithin nach Gl. (80) der Wirkungsgrad:

$$\eta = \frac{32293{,}8}{35259{,}7} = 0{,}91$$

Garantiert war $\eta = 0{,}90$.

Nach Ermittlung von η ist auch der Wärmeverlust durch $\mathfrak{B} = 100 - 91 = 9\%$ gleich mitgegeben. Es betrug die Temperatur der Raumluft $t_l = 16^0$, die der Abgase vor dem Zugunterbrecher $T_2 = 232^0$, somit besaßen die letzteren einen Kohlensäuregehalt CO_2, der sich aus Gl. 81 berechnet zu:

$$CO_2 = \frac{16\,(T_2 - t_l)}{\mathfrak{B} \cdot H_u} \cdot 100 = \frac{16\,(232 - 16)}{9 \,.\, 4478} \cdot 100 = 8{,}59\%$$

so daß eine gute Verbrennung vorlag.

Die erreichte stündliche Leistung ist nach Gl. (78):

$$L_g = \frac{60}{Z} \cdot L_e \frac{H_{ug} \cdot \sqrt{p_g}}{H_{ue} \cdot \sqrt{p_e}} = \frac{60}{26} \cdot 32293{,}8 \frac{5000\sqrt{30}}{4478\sqrt{25}}$$

$$L = 91\,200 \text{ kcal/h},$$

also um 91200 — 78000 = 13200 kcal höher als die garantierte Leistung.

Beispiel 4. Der Koks-Gliederkessel einer Warmwasserbereitungsanlage (in Amsterdam), die 2600 l/h von 10 auf 65° zu leisten hat, erhält eine Wobbe-Brennerbatterie von Schulz & Sackur. Wie groß ist der Wirkungsgrad, der bei Koksfeuerung 0,68 betrug, wenn das Gas einen unteren Heizwert von 3555 kcal/m³ besitzt?

Der Kessel hat nach Gl. (57a) eine Wärmemenge von:

$$W_0 = Q_h\,(t - t_1) = 2600\,(65 - 10) = 143000 \text{ kcal/h}$$

zu entwickeln. Nimmt man nach S. 20 den Anstrengungsgrad mit $k = 17$ an, so erhält man nach Gl. (79) den stündlichen Gasverbrauch zu:

$$B = k \cdot Q_h = 17 \cdot 2600 = 44200 \text{ l} = \sim 45 \text{ m}^3\text{/h}$$

und damit nach Gl. (80):

$$\eta = \frac{W_o}{B \cdot H_u} = \frac{143009}{45 \cdot 3555} = 0{,}895$$

somit einen um $\frac{(0{,}895 - 0{,}68) \cdot 100}{0{,}68} = 31{,}6\%$ höheren Wirkungsgrad als bei Koksfeuerung.

5. Beispiel. Mit welchem Transmissionskoeffizienten k und welchem stündlichen Gasverbrauch B wird man mit einem Gaskessel nach Abb. 142 zu rechnen haben, der Warmwasser von 10° auf 90° zu erwärmen hat? Es betragen: $l = 1{,}5$ m; $d_i = 0{,}0825$ m; $z = 24$; $T_1 = 1400^0$; $T_2 = 180^0$; $H_u = 4000$ kcal/m³; $\eta = 0{,}85$. Nach Gl. (82) ist die Heizfläche:

$$H = z\pi d_i l = 24 \cdot \pi \cdot 0{,}0828 \cdot 1{,}5 = 9{,}324 \text{ m}^2$$

und mit $w_s = 35000$ kcal/m² nach Gl. (64) die Wärmeleistung:

$$W_0 = H \cdot w_s = 9{,}324 \cdot 35000 = 326340 \text{ kcal/h}.$$

Dann wird die Wärmedurchgangszahl der Wärmeaustauschfläche, der Rohre nach Gl. (63):

$$k = \frac{W_o}{H\,(T_m - t_m)} = \frac{326\,340}{9{,}324\left(\frac{1400+180}{2} - \frac{90+10}{2}\right)}$$

$$= 47{,}3 \text{ kcal/m}^2, {}^0\text{C, h.}$$

Der Gasverbrauch ist nach Gl. (79):

$$B = \frac{W_o}{H_u \cdot \eta} = \frac{326\,340}{4000 \cdot 0{,}85} = 96 \text{ m}^3\text{/h.}$$

(Diese Daten decken sich mit den in Tabelle 22 angegebenen.)

c) Die Wasser- und Dampfheizkörper, betrieben durch Elektrizität.

Diese bedingen zur Erwärmung einer bestimmten Wassermenge Q_h auf t^0 einen ganz bestimmten Effekt in Watt bzw. Kilowatt und eine ganz bestimmte Größe. Ist:

W_0 = die zur Erwärmung von Q_h auf t^0 stündlich erforderliche Wärmemenge,

E = Stromspannung, meist gegeben = $\sim 100 \div 220 \div 550$ V,

J = Stromstärke in Ampere,

Z_s = Zeit in Sekunden, die zum Erwärmen nötig ist,

η = Wirkungsgrad des Heizkörpers,

so besteht nach dem Jouleschen Gesetze die Gleichung:

$$W_0 = 0{,}00024\, E J Z_s \eta \quad \ldots\ldots\ldots\ldots \quad (83)$$

Der elektrische Strom an sich setzt sich mit 100% in Wärme um. Verluste an Wärme können nur durch Wärmeabgabe der Heizapparate entstehen und durch richtige, geschickte Isolation auf ein geringes Maß herabgesetzt werden. Vorteilhaft ist es hiernach, die Zapfstelle an dem elektrischen Warmwasserbereiter selbst vorzusehen oder wenigstens die elektrische Wärmequelle möglichst nahe an die Verbrauchsquelle (Warmwasserbehälter) heranzulegen. Demgemäß darf man mit einem Wirkungsgrade rechnen von:

$\eta = 0{,}95 \div 0{,}97$ bei guter Isolierung und direkter Warmwasserentnahme,

$\eta = 0{,}75 \div 0{,}95$ bei Zwischenleitung zwischen elektrischem Heizkörper und Verbrauchsstelle bzw. bei längerer Gebrauchsleitung.

Aus Gl. (83) läßt sich unter Annahme von EJ auf Z_s schließen oder umgekehrt von Z_s auf den Wattverbrauch EJ bzw., da E durch die schon bestehende Anlage meist gegeben ist, auf die Stromstärke J, welche für die Größenbestimmung des Heizkörpers maßgebend ist. Bezüglich solcher Berechnung wird auf das Buch des Verfassers: »Handbuch der elektrischen Raumheizung«, Verlag C. Marhold, Halle, hingewiesen.

Bezieht man die Verhältnisse auf die Stunde als Zeiteinheit und setzt dementsprechend in Gl. (83): $Z_s = 3600$, so erhält man: $W_0 = 0{,}860 \cdot EJ \cdot \eta$ oder den Wattverbrauch EJ, d. i. die Leistung L, zu:

$$\left.\begin{aligned} L = EJ &= \frac{W_0}{0{,}860 \cdot \eta}\ \text{Watt/h} \\ \text{oder} \quad L = EJ &= \frac{W_0}{860 \cdot \eta}\ \text{kWh}^{1)} \end{aligned}\right\} \quad \ldots\ldots \quad (84)$$

Die erforderliche Wattzahl ist maßgebend für die Größe des Heizeinsatzes oder für die Anzahl der Heizelemente, wenn der Heizkörper aus solchen zusammengesetzt ist. Viele Heizkörper werden als Massenartikel für eine bestimmte Watt- bzw. kW-Leistung EJ in den Handel gebracht. Dann läuft die Rechnung in erster Linie auf die Bestimmung der Aufheiz- oder Ladezeit Z_l hinaus und man hat zu berechnen:

$$Z_l = \frac{W_0}{0{,}00024\, E\, J \cdot \eta}\ \text{Sekunden} \quad \ldots\ldots\ldots \quad (85)$$

und zu beurteilen, ob diese Zeit genügt, andernfalls sich mit anderen Apparaten günstigere Verhältnisse zu sichern. Je kürzer die Anheizzeit ist, desto geringer sind die Wärmeverluste.

Bei der Berechnung der elektrischen Warmwasserspeicherapparate kommt es hauptsächlich darauf an, einmal die Größe des Speichervolumens J_s zu bestimmen, das nötig ist, um einen geforderten Warmwasserbedarf bzw. einen dementsprechenden Wärmebedarf W_0 in kcal/h während der Z_e-Stunden Entladezeit zu decken; dann die Wattleistung L während der Ladezeit Z_l festzulegen. Sind:

γ_a und γ_e = spezifische Wassergewichte in kg/m³ am Anfang und Ende der Entladung, also $1000 \cdot \gamma$, wenn γ aus Tabelle I, Abschnitt XIII entnommen wird;

c_a und c_e = spezifische Wärme des Wassers bei der Anfangstemperatur t_a bzw. der Endtemperatur t_e der Entladung;

W' = Wärmeverlust des Wärmespeichers während der Entladezeit Z_l in kcal, $= \sim 5 \div 10\%$ von W_0, also $= 0{,}05\, W_0 \div 0{,}1\, W_0$,

so ist:

$$W_0 = J_s\,(\gamma_e\, c_e\, t_e - \gamma_a\, c_a\, t_a) - W'.$$

Daraus folgt dann das nötige Speichervolumen während $Z_e{}^h$ Entladezeit, wenn man $c_a = c_e = \sim 1$ setzt, zu:

$$J_s = \frac{(W_0 + W') \cdot Z_e}{\gamma_e \cdot t_e - \gamma_a \cdot t_a}\ \text{m}^2 \quad \ldots\ldots\ldots \quad (86)$$

[1]) kW = Kilowatt = 1000 Watt, kWh = Kilowattstunde.

Entsprechend früherer Bezeichnungen kann man setzen: $t_a = t_1$ als Anfangstemperatur (Speisewassertemperatur) und $t_e = t$ als geforderte Höchsttemperatur des Warmwassers, welch letztere für Speicher bis zu 100° angesetzt werden kann.

Die elektrische Leistung L beträgt dafür bei einer Ladezeit $Z_l{}^h$ und einem Wirkungsgrad des Speichers von $\eta = 0{,}95 \div 0{,}75$:

$$L = \frac{(W_o + W') Z_e}{860 \cdot \eta \cdot Z_l} \text{kW} \quad . \quad . \quad . \quad . \quad . \quad . \quad . \quad . \quad (87)$$

Hat man mit Spannungsverlusten zu rechnen, so ist L um $\sim 10\%$ zu erhöhen.

Die elektrischen Dampfheizkörper sind vorzugsweise die Großdampfkessel mit Niederdruck oder Hochdruck. Bei diesen kommt es nicht allein darauf an, den kW-Verbrauch festzulegen, sondern auch die Dampfmenge, welche durch 1 kWh erzeugt werden kann. Die Wärmemenge, welche durch 1 kWh = 1000 Watt in 1 h erzeugt wird, ist nach oben:

$$0{,}860 \cdot 1000 \cdot 0{,}95 = 810 \text{ kcal.}$$

Ein Dampf von 1 ata aus Speisewasser von 0° besitzt nach Tabelle III (Abschnitt XIII) 639 kcal, somit erzeugt 1 kWh $\frac{810}{639} = 1{,}272$ kg Dampf.

Praktisch nimmt man $1{,}25 \div 1{,}30$ kg oder man rechnet im Mittel, daß durch 100 kW stündlich erzeugt werden:

129 kg Niederdruckdampf von $1{,}0 \div 1{,}5$ ata,
133 kg Hochdruckdampf, Speisewasser auf 45° vorgewärmt,
144 kg » » » 90° »

Beispiel 1. Die Erwärmung des Badewassers für ein Wannenbad einer Villa soll auf elektrischem Wege erfolgen, wozu genügend Strom von 110 Volt Netzspannung einigermaßen preiswert zur Verfügung steht. Wie hoch stellen sich Stromverbrauch und Anheizdauer bei einer Kaltwassertemperatur von 15° C?

Zum Einbau kommt ein Helberger-Durchlaufapparat (Abb. 35) als Wandheizkörper, der bei 600 mm Länge, 800 mm Höhe und 140 mm Tiefe 11 kW verbraucht, also $\frac{11000}{110} = 100$ Ampere. Die Badewassermenge von 200 l zu 35° verlangt eine Wärmemenge:

$$W_0 = 200\,(35 - 15) = 4000 \text{ kcal.}$$

Damit ergibt sich nach Gl. (85) die Aufheizzeit zu:

$$Z_l = \frac{W_o}{0{,}00024 \cdot E\,J\,\eta} = \frac{4000}{0{,}00024 \cdot 11\,000 \cdot 0{,}95}$$

$$Z_l = 1500 \text{ s} = 25 \text{ min.}$$

Wäre eine bestimmte Anheizdauer von $\sim$10 min = 600 s bedingt und sind genügende Heizkörper vorhanden, so ist der erforderliche Stromverbrauch nach Gl. (83):

$$E\,J = \frac{W_o}{0{,}00024 \cdot Z_s \cdot \eta} = \frac{4000}{0{,}00024 \cdot 600 \cdot 0{,}95}$$

$$EJ = 29\,240 \text{ W} = \sim 30 \text{ kW}.$$

Beispiel 2. Gemäß einer ausgeführten Anlage für einen großen Fabrikbetrieb mit 1800 Arbeitern hat eine Warmwasserversorgung den Warmwasserbedarf für Wasch- und Badegelegenheiten zu decken. Das Waschbedürfnis liegt an jedem gewöhnlichen Arbeitstage vor. Außerdem hat die Anlage an besonderen und Ruhetagen für das neben den beiden Waschsälen liegende Badehaus das Warmwasser für Brause- und Wannenbäder zu liefern. Im Winter erfolgt die Warmwasserbereitung mit dem Kondensat verschiedener Arbeitsmaschinen oder mit Frischdampf, im Sommer durch elektrische Heizung.

Nimmt man den Wasserbedarf für eine Waschung mit 10 l an, so sind für Waschzwecke täglich:

$$Q = 1800 \cdot 10 = 18000 \text{ l Wasser von } 35^0$$

erforderlich. Die Säuberung der 1800 Arbeiter spielt sich entsprechend den verschiedenen Schichtschlußzeiten im Laufe von 2^h ab. Bemißt man die Waschzeit einschließlich Umkleidens auf 12 min, so wird ein Waschbecken $\frac{60}{12} = 5$mal in der Stunde benutzt und es werden $\frac{18000}{2 \cdot 5}$ = 180 Waschbecken benötigt, die in 2 Sälen mit je 90 Stück in Reihenanordnung zur Aufstellung kommen. In der Warmwasserbereitung wird das Wasser von $t_1 = 10^0$ auf $t_2 = 80^0$ erwärmt. Es sind dann nach Gl. (50) und (51):

$$q_1 = \frac{t_2 - t}{t_2 - t_1} \cdot Q = \frac{80 - 35}{80 - 10} \cdot 18000 = 11575\, l$$

Kaltwasser von 10^0 und:

$$q_2 = Q - q_1 = 18000 - 11575 = 6425 \text{ l}$$

Warmwasser von 80^0 nötig.

Für Badezwecke, Wannen- wie Brausebäder, können dieselben Wassertemperaturen t, t_1 und t_2, also auch dieselben Wassermengen q_1 und q_2 eingehalten werden. Die 18000 l Warmwasser von 35^0 vermögen bei 40 l Wasserverbrauch einer Brause $\frac{18000}{40} = 450$ Brausebäder täglich abzugeben. Bemißt man die Zeit eines Bades auf 6 min und den ununterbrochenen Brausebadbetrieb auf 1^h, so sind $\frac{450 \cdot 6}{60} = 45$ Brausen vorzusehen. Ferner sind mit 180 l Fassung in einem Tage $\frac{18000}{180}$ = 100 Wannenbäder zu leisten. Bemißt man die Zeit eines Bades auf

∼30 min und gibt die Wannenbadgelegenheit während der 5 Vormittagsstunden der freien Tage, so sind $\frac{100 \cdot 30}{60 \cdot 5} = 10$ Wannen nötig.

Alles in allem genommen, muß also die Warmwasserversorgung in 10^h 6425 l = ∼6500 l Warmwasser von 80° erzeugen, die eine Wärmemenge:

$$W_0 = 6500\,(80 - 10) = 455\,000 \text{ kcal}$$

besitzen. Während der Sommerszeit ist diese Wärme durch elektrische Heizung zu decken. Es kommen dafür Prometheus-Durchlaufapparate zur Aufstellung, die nach Abb. 231 batterieweise mittels Zirkulationsleitung und Heizschlangen das Wasser in den Boilern indirekt erwärmen. Demgemäß werde $\eta = 0{,}88$ gewählt. Der Stromverbrauch in 1^h ergibt sich nach Gl. (84) zu:

$$L = \frac{W_0}{10 \cdot 0{,}860 \cdot \eta} = \frac{455\,000}{10 \cdot 0{,}860 \cdot 0{,}88}$$

$$L = 60\,000 \text{ W} = 60 \text{ kW}.$$

Gewählt werden Prometheus-Heizrohrelemente zu 5 kW, so daß $\frac{60}{5} = 12$ Heizrohre (Durchlaufrohre nach Abb. 146) einzuschalten sind, welche batterieweise zu je 6 Stück auf je einen Boiler mit 3,3 m³ Inhalt mittels Heizschlangen indirekt erwärmend hinarbeiten.

Beispiel 3. Eine elektrische Wasserkraftzentrale gibt zur Erreichung einer gleichmäßigen Belastung elektrischen Strom für Heizzwecke außerhalb der Sperrstunden von 22 ÷ 7 Uhr zu ermäßigtem Preise von 7 Pf./kWh ab. Es soll daher für ein industrielles Werk soviel Wasser in einem Wärmespeicher über Nacht von 10° auf 70° erwärmt werden, daß während der 8 Tages-Arbeitsstunden ständig 500 l/h zur Verfügung stehen.

Die zur Erwärmung von 500 l um $t - t_1 = 70 - 10 = 60°$ nötige Wärmemenge ist nach Gl. (57a):

$$W_0 = Q_h\,(t - t_1) = 500 \cdot 60 = 30\,000 \text{ kcal/h}.$$

Rechnet man mit 5% Wärmeverlust unter Voraussetzung vorzüglicher Isolation des Speichers, so wird:

$$W' = 0{,}05\,W_0 = 0{,}05 \cdot 30\,000 = 1500 \text{ kcal/h}.$$

Entnimmt man γ für 10° aus Tabelle I, so erhält man für:

$$t_a = t_1 = 10°\colon\ \gamma_a = 1000\,\gamma = 1000 \cdot 0{,}99974 = 999{,}74,$$
$$t_e = t\ = 70°\colon\ \gamma_e = 1000\,\gamma = 1000 \cdot 0{,}97787 = 977{,}87.$$

Es berechnet sich dann mit $Z_e = 8^h$ Entladezeit oder Nutzdauer nach Gl. (86) das nötige Speichervolumen zu:

$$J_s = \frac{(W_0 + W') \cdot Z_e}{\gamma_e\,t_e - \gamma_a\,t_a} = \frac{(30\,000 + 1500) \cdot 8}{977{,}87 \cdot 70 - 999{,}74 \cdot 10} = 4{,}31 \text{ m}^3.$$

Diesem Inhalt genügt ein Behälter mit den Innenmaßen von 1,5 m Dmr. und 2,45 m Länge. Für 1 m^3 erhält man also ein nutzbares Speichervermögen von:

$$\frac{J_s(t-t_1)\cdot 1000}{J_s} - Z_e W' = \frac{4{,}31\,(70-10)\cdot 1000}{4{,}31} - 8\cdot 1500 =$$

$$= 48000 \text{ kcal/m}^3.$$

Die Ladezeit Z_l von 22 bis 7 Uhr ist: $Z_l = 9^h$. Damit bestimmt sich nach Gl. (87) die Stromaufnahme des Speichers bei 95% Nutzeffekt zu;

$$L = \frac{(W_o + W')\,Z_e}{860\cdot\eta\cdot Z_l} = \frac{(30000+1500)\,8}{860\cdot 0{,}95\cdot 9} = \sim 35 \text{ kW},$$

die sich bei einem Spannungsverlust von ∼10% erhöht auf:

$$1{,}1\cdot 35 = 38{,}5 \text{ kW}.$$

Die Kosten der elektrischen Heizung werden betragen:

$$38{,}5\cdot 0{,}07 = 2{,}70 \text{ M./Tag}.$$

d) Die Wasserheizkörper, betrieben durch Heiß- oder Warmwasser.

Als solche kommen die Heizeinsätze und die Heizmäntel der Warmwasserbehälter, Gegenstromapparate und entsprechende Ofenkonstruktionen, welche in ihrem Wasserraum einen Einsatz für den Durchlauf des Heizwassers besitzen, in Betracht. Im allgemeinen wird die Heizfläche von Rohrschlangen oder Rohrbündeln gebildet; sie berechnet sich nach Gl. (63), worin zu setzen ist:

$$t_m = \frac{t+t_1}{2}, \text{ wie in Gl. 69;}$$

ferner:

$$T_m = \frac{T_s + T_r}{2} \quad \dots\dots\dots\dots \quad (88)$$

T_s = Temperatur des zufließenden Heizwassers im Steigrohre,
T_r = » » abfließenden Heizwassers im Rücklaufrohre,

und zwar:

$T_s = 80 \div 90^0$, $T_r = 50 \div 70^0$ für Niederdruck (warmes Heizwasser),

$T_s = 120 \div 150^0$, $T_r = 90 \div 100^0$ für Hochdruck (heißes Heizwasser),

$k = 300 \div 500$ für Stahlrohr und Blech,
$k = 400 \div 600$ für Kupferrohr (für Messing ∼300).

Mit Rücksicht auf Niederschläge sind die Werte k so niedrig wie angegeben zu wählen.

Ist d_a = äußerer Durchmesser der Heizeinsätze in den Behältern und Öfen,
= $\sim 30 \div 60$ mm,

so müssen die Einsätze eine Rohrlänge erhalten:

$$l = \frac{H}{\pi\, d_a} \text{ m} \quad \ldots\ldots\ldots\ldots \quad (89)$$

Für häusliche Boileranlagen hat sich eine Kupferheizschlange von $1{,}25 \div 1{,}50$ m² Heizfläche und mit $1\frac{1}{4} \div 2''$ Anschlußstutzen als ausreichend bewährt.

Für Anlagen mit einem ständigen und schwankenden Wasserverbrauche von Null bis zu einem Maximum während mehrerer Stunden, wie vor allem in Mietshäusern zutreffend, muß die Heizfläche des Behälterheizeinsatzes natürlich auch so groß bemessen sein, daß sie die vom Kessel stündlich erzeugte Wärme an das Behälterwasser abgeben kann. Außerdem muß der Boilerinhalt dieser Heizfläche entsprechen und demgemäß nach Gl. (167) bestimmt werden.

Ist die Heizfläche H_k der Heizquelle, also des Kessels nach Gl. (71) oder (71a) festgelegt, so hat die Einsatz-Heizfläche, abgesehen von Leitungsverlusten, eine Wärmeabgabe an das Behälterwasser zu sichern von:

$$H_k \cdot w_s = \frac{W_z}{Z_a + Z}.$$

Hiermit berechnet sich die Heizfläche des Heizeinsatzes zu:

$$H = \frac{H_k \cdot w_s}{k\,(T_m - t_m)} \text{ m}^2 \quad \ldots\ldots\ldots \quad (90\text{a})$$

oder mit $Z = 4$ und $Z_a = 2^h$ (siehe S. 408) zu:

$$H = \frac{W_z}{6\,k\,(T_m - t_m)} \text{ m}^2 \quad \ldots\ldots\ldots \quad (90\text{b})$$

worin W_z = Wärmebedarf der Anlage in Z^h des Höchstbetriebes ist.

Beispiel 1. In einem Bottich einer Färberei sollen stündlich 2 m³ Wasser von 7° durch 1,5 m³ nicht einwandfreien Abfallwassers von 75° möglichst hoch erwärmt werden, wobei das Heizwasser möglichst tief auszunutzen ist. Als indirekte Heizfläche dient ein Einsatz aus 1 mm starken Messingröhren. Die Geschwindigkeit des Heizwassers ist mit 0,1 m/s und die des Gebrauchswassers mit 0,05 m/s vorauszusetzen. Welcher Unterschied ergibt sich in der genaueren und Annäherungsberechnung der Einsatzheizfläche?

Gegeben sind: Heizwassermenge $Q_H = 1500$ l/h, Gebrauchswassermenge $Q_h = 2000$ l/h; $T_s = 75^0$; $t_1 = 7^0$; $s = 1$ mm $= 0{,}001$ m; $v_{w_H} = 0{,}1$ m/s; $v_{w_s} = 0{,}05$ m/s; Baustoff der Heizfläche: Messing.

Sieht man den günstigsten Stromweg, also Gegenstrom vor, so kann $T_r < t$, muß aber $> t_1$ sein. Um nicht zu große Heizfläche zu erhalten, werde gewählt $T_r = 15^0$, die einer reichlich günstigen Ausnützung des Heizwassers entspricht. Es berechnet sich dann aus:

$$Q_H (T_s - T_r) = Q_h (t - t_1)$$

die höchst erreichbare Gebrauchswassertemperatur zu:

$$t = \frac{Q_H (T_s - T_r) + Q_h t_1}{Q_h} = \frac{1500 (75 - 15) + 2000 \cdot 7}{2000} = 52^0$$

Damit folgt nach Gl. (66b):

$$T_m - t_m = \frac{(T_s - t) - (T_r - t_1)}{\ln \frac{T_s - t}{T_r - t_1}} = \frac{(75 - 52) - (15 - 7)}{\ln \frac{75 - 52}{15 - 7}} = 14^0$$

Mit:

$$\alpha_1 = 4500 \sqrt{v_{w_H}} = 4500 \sqrt{0,1} = 1440 \text{ kcal/m}^2\text{, h, }^0\text{C}$$

$$\alpha_2 = 4500 \sqrt{v_{w_0}} = 4500 \sqrt{0,05} = 1080 \quad ,,$$

$$\frac{s}{\lambda_i} = \frac{0,001}{80} = 0,0000125$$

ist nach Gl. (65):

$$k = \frac{1}{\frac{1}{\alpha_1} + \frac{1}{\alpha_2} + \frac{s}{\lambda_i}} = \frac{1}{\frac{1}{1440} + \frac{1}{1080} + 0,0000125} = 612 \text{ kcal/m}^2\text{, h, }^0\text{C}$$

und hiermit die genaue Heizfläche nach Gl. (63) zu:

$$H = \frac{Q_h (t - t_1)}{k (T_m - t_m)} = \frac{2000 (52 - 7)}{612 \cdot 14} = 10,5 \text{ m}^2.$$

Angenähert mit $k = \sim 600$ errechnet sich:

$$H = \frac{Q_h (t - t_2)}{k \left(\frac{T_s - T_r}{2} - \frac{t_1 + t}{2} \right)} = \frac{2000 (52 - 7)}{600 \left(\frac{75 + 15}{2} - \frac{47 + 7}{2} \right)} = 8,34 \text{ m}^2$$

Diese Annäherungsrechnung ergibt also eine um:

$$\frac{(10,5 - 8,34)\, 100}{10,5} = 20,6\,\%$$

zu kleine Heizfläche. An diesem immerhin großen Unterschiede trägt vor allem der geringe Wert T_r Schuld.

Beispiel 2. Die 16 Badewannen einer Badeanstalt werden durch einen Warmwasserdruckbehälter, dessen Wasser mittels Heizschlange von einem National-Rundkessel indirekt auf 55⁰ erwärmt wird, mit Warmwasser versorgt. Wieviel Wannenbäder können in einer Stunde verabreicht werden, wie groß ist die Anlage unter Benutzung der Tabelle 73, S. 391, zu bemessen und wie gestalten sich die Verhältnisse für Sommer- und Winterbetrieb?

Nach obigen Angaben betrage die Wassermenge einer Wanne einschließlich Brause 250 l, die Badewassertemperatur 35° und die Kaltwassertemperatur 5°. Bei einem Wärmeverlust von 10% tritt das Behälterwasser mit 55 — 0,1 · 55 = ~50° in die Wanne. Es ergeben sich für letztere nach Gl. (50) und (51) die erforderliche Warmwassermenge:

$$q_2 = \frac{t - t_1}{t_2 - t_1} \cdot Q = \frac{35 - 5}{50 - 5} \cdot 250 = 167 \text{ l}$$

und die Zusatz-Kaltwassermenge:

$$q_1 = Q - q_2 = 250 - 167 = 83 \text{ l}.$$

Den Inhalt des Druckkessels erhält man, wenn man die Bäderzahl, die nach vollendetem Anheizen aus dem Boiler entnommen werden kann, mit der Warmwassermenge eines Bades multipliziert, also mit $q_2 = 167$. Nach der Tabelle 73 ist entsprechend der Wannenzahl 16 diese Bäderzahl 10, somit wird der Behälterinhalt $10 \cdot q_2 = 1670$ l oder mit Rücksicht des Verbrauches an Warmwasser für Reinigung der Wannen usw. gemäß Tabelle 73:

$$J_B = 1800 \text{ l},$$

die in 2 h von 5° auf 55° erwärmt werden müssen und somit einen Wärmebedarf erfordern von:

$$W_o = \frac{J_B (55 - t_1)}{Z} = \frac{1800 (55 - 5)}{2} = 45000 \text{ kcal/h}.$$

Nach Tabelle 73 können in 3 h, vom Beginn des Anheizens gerechnet, 17 Bäder verabfolgt werden, also in 1 h:

$$\frac{17}{3} = 5{,}67 = 5 \div 6 \text{ Bäder}.$$

Damit bestimmt sich der Wärmebedarf des Behälterwassers zu:

$$W_0 = 5{,}67 \cdot 167 (55 - 5) = \sim 48250 \text{ kcal/h}.$$

In der Tabelle ist eine Höchstleistung mit 61000 kcal angegeben, die mit Rücksicht auf die Wärmeverluste des Behälters und der Bäder und auf Temperaturschwankungen beibehalten werden können.

Die Anlage soll nun derart durchgeführt werden, daß während der Sommerszeit ein Warmwasser-Rundkessel zur Erwärmung des Behälterwassers dient, wogegen während der Winterszeit ein gußeiserner Gliederdampfkessel die Raumheizung und Warmwasserbereitung zu bewirken hat.

Der Sommerbetrieb.

Da hartes Wasser zur Verfügung steht, so hat die Erwärmung des Behälterwassers indirekt mittels Heizeinsatz (Schlangen) zu erfolgen. Hat das Niederdruckheizwasser

eine Steigtemperatur . . . $T_s = 90°$ und
» Rücklauftemperatur . $T_r = 60°$,

so ist die mittlere Heizwassertemperatur in der Schlange:

$$T_m = \frac{T_s + T_r}{2} = \frac{90 + 60}{2} = 75^0$$

und die mittlere Gebrauchswassertemperatur im Behälter:

$$t_m = \frac{55 + t_1}{2} = \frac{55 + 5}{2} = 30^0.$$

Nach der genauen Berechnung ist $T_m - t_m = 44{,}3$, also kein großer Unterschied vorhanden. Mit $k = 300$ für Stahlrohrschlange ergibt sich die Heizfläche der Schlange zu:

$$H_s = \frac{W_o}{k\,(T_m - t_m)} = \frac{61\,000}{300\,(75 - 30)} = 4{,}56 \text{ m}^2.$$

Damit erhält man die Gesamtrohrlänge der Behälterschlange bei 38/48 mm Dmr. nach Gl. (89) zu:

$$l = \frac{H_s}{\pi \cdot d_a} = \frac{4{,}56}{\pi \cdot 0{,}048} = 30 \text{ m}.$$

Der Rundkessel hat mit $w_s = 12000$ kcal/h Heizeffekt bei $Z = 2^h$ Anheizdauer eine Heizfläche zu erhalten:

$$H_k = \frac{J_B\,(55 - t_1)}{Z \cdot w_s} = \frac{1800\,(55 - 5)}{2 \cdot 12000} = 3{,}75 \text{ m}^2.$$

Wird der Kessel mit $H_k = 3{,}95 \text{ m}^2$ gemäß den Katalogangaben der Rad.-Ges. ausgeführt, so genügt dessen maximale Beanspruchung von 63000 kcal der oben geforderten Höchstleistung von 61000 kcal/h.

Der Winterbetrieb.

Warmwasserbereitung und Raumheizung erhalten gemeinschaftlich einen gußeisernen Gliederkessel für Niederdruckdampf und der Boiler zu diesem Zwecke eine besondere Dampfschlange.

Benötigt die Raumheizung einen Wärmebedarf von 40000 kcal, so hat der Gliederkessel bei 10% Leitungsverlust:

$$1{,}1\,(40000 - 61000) = \sim 100000 \text{ kcal/h}$$

zu leisten. Mit $w_s = 8000 \text{ kcal/m}^2$ Effekt ist eine Kesselheizfläche erforderlich von:

$$H_k = \frac{100000}{8000} = 13{,}75 \text{ m}^2.$$

Die eiserne Dampfheizschlange des Behälters wird bei $T_m = \sim 100^0$ mittlerer Dampftemperatur und $k = 700$ für Niederdruck eine Heizfläche zu erhalten haben:

$$H_s = \frac{W_o}{k\,(T_m - t_m)} = \frac{61000}{700\,(100 - 30)} = 1{,}3 \text{ m}^2$$

und eine Länge:

$$l = \frac{1,3}{\pi \cdot 0,048} = 9,0 \text{ m}$$

(siehe Dampfheizkörper).

Aus dem nutzbaren Inhalt von 1800 l und den Körpermaßen der beiden Heizschlangen ist die Größe des Warmwasserbehälters zu bestimmen.

Es ist der Inhalt

$$\text{der 30 m Schlange: } \frac{0,48^2\pi}{4} \cdot 300 = \sim 54 \text{ l},$$

$$\text{der 9 m} \quad » \quad \frac{0,48^2\pi}{4} \cdot 90 = \sim 16 \text{ l},$$

zus. ~ 70 l,
dazu 1800 l,

zus. $\sim 1870 \text{ l} = 1,87 \text{ m}^3$.

Erhält der Boiler 1 m Durchmesser, so ist dessen Länge:

$$\frac{1,87}{\frac{1^2\pi}{4}} = 2,4 \text{ m}.$$

Beispiel 3. Ein Mietshaus mit 4 Wohngeschossen, jedes Geschoß zu 3 Wohnungen, ist mit einer zentralen Warmwasserversorgung auszurüsten, bestehend aus Guß-Gliederkessel, Boiler und Rohrsystem mit Zirkulation.

Legt man den größten Warmwasserbedarf der $Z_w = 3 \cdot 4 = 12$ Badewannen mit je 200 l zugrunde, so ist nach Gl. (49b):

$$Q = 3 \cdot Z_w \cdot q = 3 \cdot 12 \cdot 200 = 7200 \text{ l},$$

welche Wassermenge von 35° in 4^h Badezeit benötigt wird. Bei einer Speisewassertemperatur von 10° ist demnach die für diese Zeit geforderte Wärmemenge:

$$W_z = Q\,(t - t_1) = 7200\,(35 - 10) = 180000 \text{ kcal}.$$

Bei einer Anheizdauer von $Z_a = 2^h$ berechnen sich die Heizfläche des gußeisernen Gliederkessels nach Gl. (71) zu:

$$H_k = \frac{W_z}{w_s\,(Z_a + Z)} = \frac{180000}{12000\,(4 + 2)} = 2,5 \text{ m}^2,$$

der Boilerinhalt nach Gl. (167a) zu:

$$J_B = 134 \cdot Z_w = 134 \cdot 12 = 1600 \text{ l}$$

und mit

$$T_m = \frac{95 + 75}{2} = 85^0 \text{ und } t_m = \frac{60 + 10}{2} = 35^0$$

die Heizfläche des Schlangen-Heizeinsatzes im Boiler nach Gl. (90a) zu:

$$H_s = \frac{H_k \cdot w_s}{k\,(T_m - t_m)} = \frac{2{,}5 \cdot 12000}{300\,(85 - 35)} = 2{,}0 \text{ m}^2.$$

Es ist J_B um das Rohrvolumen des Heizeinsatzes, das durch H_s bedingt ist, größer zu nehmen.

Beispiel 4. Welche Abmessungen haben die Gegenstromapparate einer Anlage zu erhalten, in der 1000 l/h Gebrauchswasser von 15° durch Heizwasser von 90° zu erwärmen sind. Wegen günstigerer Reinigung ist das weiche Heizwasser um die Röhren, das mittelharte Gebrauchswasser durch die Röhren zu leiten.

Gegeben sind für die Berechnung $Q_h = 1000$ l/h; $T_1 = 90^0$; $t_1 = 15^0$.

Gewählt werde:

$$\left.\begin{aligned} t &= T_1 - 20 = 90 - 20 = 70^0 \\ T_2 &= t_1 + 25 = 15 + 25 = 40^0 \end{aligned}\right\} \text{ entspr. der Notwendigkeit } t > T_2,\; t < T_1 \text{ und } T_2 > t_1.$$

Damit erhält man nach Gl. (66b):

$$T_m - t_m = \frac{(T_1 - t) - (T_2 - t)}{\ln \dfrac{T_1 - t}{T_2 - t_1}} = \frac{(90 - 70) - (40 - 15)}{\ln \dfrac{90 - 70}{40 - 15}\,^{1)}} =$$

$$= \frac{-5}{-0{,}223} = 22{,}4^0.$$

Die erforderliche Wärmeleistung ist nach Gl. (57a):

$$W_0 = Q_h\,(t - t_1) = 1000\,(70 - 15) = 55000 \text{ kcal/h}.$$

Nimmt man sehr vorsichtig für Messingröhren $k = 300$, so wird deren Heizfläche:

$$H = \frac{W_0}{k\,(T_m - t_m)} = \frac{55000}{300 \cdot 22{,}4} = 8{,}2 \text{ m}^2.$$

Diese Heizfläche wird auf 2 verkuppelte Gegenstromapparate verteilt zu je:

$$H' = \frac{H}{2} = \frac{8{,}2}{2} = 4{,}1 \text{ m}^2.$$

Wird die nutzbare Röhrenlänge zu $l = 1{,}25$ m und die Durchmesser der Messingröhren zu $d_i/d_a = 20/22$ mm (DIN 1755) gewählt, so hat jeder Gegenstromapparat eine Röhrenzahl zu erhalten von:

$$z = \frac{H'}{\pi\, d_a\, l} = \frac{4{,}1}{\pi \cdot 0{,}022 \cdot 1{,}25} = 48$$

1) $ln \frac{90-70}{40-15} = ln \frac{20}{25} = -ln \frac{5}{4} = -(ln\,5 - ln\,4) = -(1{,}609 - 1{,}386) = -0{,}223.$

Der lichte Mantelquerschnitt kann gleich dem 3fachen gesamten Röhrenquerschnitt genommen werden, so daß sich der lichte Manteldurchmesser D berechnet aus $\frac{D^2\pi}{4} = 3z\frac{d_a{}^2\pi}{4}$, also zu:

$$D = d\cdot\sqrt{3\cdot z} = 0{,}022\cdot 1{,}25\sqrt{3\cdot 48} = 0{,}264 \text{ m} = 264 \text{ mm}.$$

Das praktische Verhältnis $\frac{D}{l}$ beträgt $\frac{1}{4} \div \frac{1}{5}$, hier:

$$\frac{D}{l} = \frac{264}{1250} = \frac{1}{4{,}73}.$$

e) Die Wasserheizkörper, betrieben durch die Abgase einer häuslichen und gewerblichen Feuerung.

Hierher gehören alle die Heizapparate, die nach dem Ekonomisersystem durchgeführt werden, die diesbezüglichen Kleinapparate, die Abgasöfen, die Abgaskessel, die Abgasboiler, die Heizschlangen, im Fuchs oder Schornstein einer Feuerungsanlage angeordnet, u. dgl.

Zur Bestimmung der Heizfläche dieser Apparate ist in Gl. (63) entsprechend einer Rauchgasgeschwindigkeit $0{,}03 \div 10$ m/s einzuführen:

$k = 8 \div 10$ für Gußeisenrohr
$k = 10 \div 15$ » Stahlrohr, Blech
$k = 13 \div 20$ » bes. dünnes Blech, Kupfer-
} ausreichende Rußabkratzung von Zeit zu Zeit vorausgesetzt.

$t_m = \frac{t + t_1}{2}$, wie in Gl. (69); ferner:

$$T_m = \frac{T_2 + T_3}{2} \quad \ldots\ldots\ldots\ldots \quad (91)$$

T_2 = Temperatur der Gase vor dem Heizapparat,
T_3 = » » » hinter » »

Im allgemeinen werden diese Apparate im letzten Feuerzug, im Fuchs oder im Schornsteinsockel angeordnet, so daß man annehmen kann:

$T_2 = 250 \div 500^0$ bei Hochdruckkesseln } im Fuchs,
$T_2 = 180 \div 300^0$ » Niederdruckkesseln } im Fuchs,
$T_2 = 200 \div 350^0$ » Küchenherden, zwischen Herd und Esse,
$T_2 = 600 \div 900^0$ » Einbau im 1. Feuerzuge.

Damit der gute Zug der Feuerung nicht leidet, muß die Temperatur der den Apparat verlassenden Gase noch eine genügende Höhe haben. Man kann als zulässigsten niedrigsten Wert für diese Temperatur ansetzen:

$T_3 = 150 \div 275^0$ in der Esse eines Wohnhauses von $\sim 15 \div 25$ m Höhe,
$T_3 = 175 \div 225^0$ im Fabrikschornstein von $\sim 30 \div 40$ m Höhe,
$T_3 = 120 \div 180^0$ für Rauchgaskessel, im Fuchs des Zentralheizungskessels eingebaut, und bei schwefelschwachen Koksgasen,
$T_3 > 100^0$ auf jeden Fall wegen Sicherung des Schornsteinzuges.

Nach diesen Werten ist die Temperatur T_3 für jeden einzelnen Fall zu prüfen. Aus $W_0 = G \cdot c \cdot (T_2 - T_3)$ ergibt sich:

$$T_3 = T_2 - \frac{W_0}{c \cdot G} \quad \ldots \ldots \ldots \ldots (92)$$

Hierin ist:
G = Rauchgasmenge = $B\,(1 + m\,L)$ kg,
B = stündlich verbrannte Brennstoffmenge nach Gl. (6),
L = theoretische Luftmenge in kg (siehe S. 7),
m = Luftüberschußkoeffizient,
c = spezifische Wärme der Gase, $= \sim 0{,}24$.

Man kann auch folgenden Rechnungsgang einschlagen: Man geht von zulässigen, einhaltbaren Werten T_2 und T_3 aus (siehe oben). Es ist dann die durch die Rauchgasmenge $B\,(1 + mL)$ abgegebene Wärme:

$$W_g = B\,(1 + mL)\,c\,(T_2 - T_3) \text{ kcal/h} \quad \ldots \ldots \ldots (93)$$

Berücksichtigt man die Strahlungsverluste mit $\eta = 0{,}8 \div 0{,}9$, so folgt die erreichbare höchste Wassertemperatur aus:

$$\eta\, W_g = Q_h\,(t - t_1),$$

also zu:

$$t = t_1 + \frac{(0{,}8 \div 0{,}9)\, W_g}{Q_h} \quad \ldots \ldots \ldots (94)$$

mit Q_h = stündlich erwärmte Wassermenge in Liter. Letzterer Wert t ist in $t_m = \frac{t + t_1}{2}$ anstatt einer sonst von vornherein angenommenen Größe t einzuführen.

Für Bestimmung der Querschnittsgrößen der meist zylindrischen Apparate aus Schmiedeeisen oder Stahlblech hat man zu rechnen mit einer

Wassergeschwindigkeit $v_w = 0{,}001 \div 0{,}0001$ m/s,
Rauchgasgeschwindigkeit $v_g \geq 0{,}1$ m/s.

Damit bestimmt sich der Durchflußquerschnitt zu:

$$\left.\begin{aligned} f_w &= \frac{Q'}{v_w \cdot 3600} \text{ in m}^2 \text{ für den Wasserkanal} \\ f_g &= \frac{G}{v_g \cdot 3600} \text{ in m}^2 \text{ für den Rauchgaskanal} \end{aligned}\right\} \quad \ldots (95)$$

im Heizapparat.

Es ist:
Q' = stündlich durchfließende Wassermenge in m³, also
$= 0{,}001 \cdot Q_h$ in m³,
G = stündlich durchziehende Rauchgasmenge in m³,
$= B\,(1 + mL \cdot 0{,}775)$,
L = theoretische Luftmenge in kg,

$0{,}775 = \frac{1}{1{,}293}$ zur Umrechnung von kg in m³,

B = stündlicher Brennstoffverbrauch in kg.

Man führt diese Warmwasserbereiter mit $0{,}5\,Q_h \div 1{,}0\,Q_h \div 1{,}25\,Q_h$ Wasserinhalt aus.

Für oberschlägliche Rechnung kann man annehmen: Für 4 m² Heizfläche des Heizungskessels 1 m² Heizfläche des Rauchgasapparates.

Beispiel 1. Eine Gasthausküche besitzt zwei Feuerstellen, in welchen den größten Teil des Tages über insgesamt 20 kg Steinkohlen stündlich zur Verbrennung kommen und welche ihre Abgase einem gemeinschaftlichen Schornsteine zuführen. Letzterem ist zwecks Warmwasserbereitung ein Apparat nach Abb. 164 vorzubauen, der stündlich 150 l Wasser von 15° auf 75° vorzuwärmen hat.

Die 150 l verlangen nach Gl. (57a) stündlich eine Wärmemenge:

$$w = Q_h\,(t - t_1) = 150\,(75 - 15) = 9000 \text{ kcal}$$

oder bei 10% Wärmeverlust durch die Transmission:

$$W_0 = 1{,}1\,w = 1{,}1 \cdot 9000 = 10000 \text{ kcal.}$$

Mit dem Gasgewicht:

$$G = B\,(1 + mL) = 20\,(1 + 1{,}5 \cdot 10{,}5) = \sim 355 \text{ kg}$$

und

$$T_2 = 350^0$$

folgt nach Gl. (92):

$$T_3 = T_2 - \frac{W_o}{c \cdot G} = 350 - \frac{10000}{0{,}24 \cdot 355} = 225^0,$$

so daß nach Gl. (91):

$$T_m = \frac{T_2 + T_3}{2} = \frac{350 + 225}{2} = 288^0$$

und

$$t_m = \frac{t + t_1}{2} = \frac{75 + 15}{2} = 45^0$$

wird. Hiermit ergibt sich nach Gl. (63) die Heizfläche des Apparates zu:

$$H = \frac{W_o}{k\,(T_m - t_m)} = \frac{10000}{13\,(288 - 45)} = \sim 2{,}75 \text{ m}^2.$$

Beispiel 2. In einer Großbäckerei befindet sich oberhalb des Feuerraumes eines jeden der 12 Backöfen vor dem 1. Feuerzuge ein Warmwasserdruckbehälter als Quereinlage eingebaut. Bei einer Länge von 2100 mm und einem Durchmesser von 450 mm besitzt jeder Behälter 300 l Inhalt. Die Temperatur des Speisewassers beträgt 15°. Da das in den Behältern erzeugte Warmwasser in erster Linie Bäckereizwecken zur Herstellung des Teiges dient, dessen günstige Gärungstemperatur bei 23° liegt, so sind als höchste Warmwassertemperatur $\sim 25^0$ als Bedingung vorauszusetzen.

Wie groß ist die von den Rauchgasen berührte Heizfläche (Mantelfläche) des Boilers vorzusehen?

Mit 20% Zuschlag für Verluste in den unverkleideten, aber kurzen Rohrleitungen ergibt sich der Wärmebedarf eines Behälterinhaltes zu:

$$W_0 = Q_h (t - t_1) = 1,2 \cdot 300 (25 - 15) = 3600 \text{ kcal/h}.$$

Der stündliche Brikettaufwand in einem Backofen beläuft sich auf 30 kg. Nimmt man $T_2 = 700^0$ (S. 434), $L = 7$ kg (S. 7) und das Gewicht der wirklichen Verbrennungsluftmenge mit $m = 1,2$ mal der theoretischen, also mit $1,2 \cdot 7 = 8,4$ kg an, so ist das stündlich erzeugte Gasgewicht:

$$G = B (1 + mL) = 30 (1 + 8,4) = 280 \text{ kg}$$

und damit die Temperatur der Heizgase hinter dem Behälter nach Gl. (92):

$$T_3 = T_2 - \frac{W_0}{c \cdot G} = 700 - \frac{3600}{0,24 \cdot 280} = 646^0.$$

Mithin bestimmt sich mit:

$$T_m = \frac{T_2 + T_3}{2} = \frac{700 + 646}{2} = 673^0$$

$$t_m = \frac{t + t_1}{2} = \frac{25 + 15}{2} = 20^0$$

und $k = 10$ für 3 mm Eisenblech nach Gl. (63):

$$H = \frac{W_0}{k (T_m - t_m)} = \frac{3600}{10 (673 - 20)} = 0,56 \text{ m}^2.$$

In der Ausführung der Einmauerung zeigt der Behälter eine freie Heizfläche von 0,55 m². Der Wärmeverlust, der durch den oberen, 200 mm breiten Firststreifen mit 200 · 300 mm Mannloch entsteht, kann als gedeckt angesehen werden durch die übrige im heißen Mauerwerk eingebettete Mantelfläche des Boilers (Abb. 49).

Beispiel 3. Der 13,5 m² ECA-Strebekessel einer zentralen Warmwasserheizung erhält in seinem Fuchs einen Ideal-Rauchgaskessel (Abb. 160) zwecks Warmwasserbereitung eingebaut. Die Abgase des Heizungskessels treten mit 220° in den Warmwasserbereiter, den sie mit 120° verlassen, um in den Schornstein zu ziehen. Die Anlage befindet sich in einem viergeschossigen Hause mit 8 Wohnungen. Jede Wohnung besitzt 1 Bad und 2 Warmwasserzapfstellen. Es sind die Größenverhältnisse des Rauchgaskessels zu bestimmen und dabei zu untersuchen, ob das Warmwasser auf genügende Temperatur gebracht und ein Gewinn durch solche Anlage erzielt werden kann.

Nach der Strebel-Liste ergibt der ECA-Kessel bei 13,5 m² Heizfläche eine Leistung $W_k = 108000$ kcal/h. Dafür ist der ungefähre stündliche Koksverbrauch nach Gl. (6a) bei einem wirklichen unt. Heizeffekt des Kokses von $\eta \cdot H_u = \sim 4000$ kcal/kg:

$$B = 0{,}55 \frac{W_k}{\eta \cdot H_u} = 0{,}55 \frac{108000}{4000} = 15 \text{ kg}.$$

Nach Gl. (93) ermittelt sich die von den Rauchgasen abgegebene Wärme mit $m = 1{,}6$ und $L = 10$ kg/kg zu:

$$W_g = B\,(1 + mL)\,c\,(T_2 - T_3) = 15\,(1 + 1{,}6 \cdot 10)\,0{,}24\,(220 - 120) = 6120 \text{ kcal/h}.$$

Der tägliche Wasserverbrauch einer Wohnung ist mit 250 l festgesetzt, so daß sich bei 15 Betriebsstunden im Tag der stündliche Verbrauch stellt auf:

$$Q_h = \frac{8 \cdot 250}{15} = 133 \text{ l/h}.$$

Die erreichbare Warmwassertemperatur ist nun nach Gl. (94)

$$t = t_1 + \frac{0{,}85 \cdot W_g}{Q_h} = 10 + \frac{0{,}85 \cdot 6120}{133} = \sim 50^0,$$

welcher Wert genügen kann.

Die für die Warmwasserbereitung erforderliche Wärmemenge ist dann

$$W_o = \frac{Q\,(t - t_1)}{Z} = \frac{8 \cdot 250\,(50 - 10)}{15} = 5334 \text{ kcal/h}.$$

Mit $k = 13$ für $5 \div 6$ mm Stahlblech wird die erforderliche Rauchgasheizfläche:

$$H = \frac{W_o}{k\left(\frac{T_2 + T_3}{2} - \frac{t + t_1}{2}\right)} = \frac{5334}{13\left(\frac{220 + 120}{2} - \frac{50 + 10}{2}\right)}$$

$H = 3{,}0$ m². Gewählt nach Tabelle 28, S. 173:
$H = 3{,}2$ m².

Mit der Rauchgasmenge:

$$G = B\,(1 + mL \cdot 0{,}775) = 15\,(1 + 1{,}6 \cdot 10 \cdot 0{,}775) = 195 \text{ m}^3\text{/h}$$

und der Gasgeschwindigkeit $v_g = 0{,}3$ m/s erhält man nach Gl. (95) den Querschnitt eines Rauchgaskanals im Kessel zu

$$f_g = \frac{G}{v_g \cdot 3600} = \frac{195}{0{,}3 \cdot 3600} = \sim 0{,}18 \text{ m}^2.$$

Bei der Originalausführung besitzt der Idealkessel für 3,2 m² Heizfläche 3 Rauchkanäle von 300 mm = 0,3 m Dmr., durch welche die

Rauchgase gleichzeitig durchziehen und welche einen Gesamtquerschnitt haben von:

$$3\,\frac{0{,}3^2\,\pi}{4} = 0{,}211\ \text{m}^2.$$

Die Höhe der Rauchgaskanäle, d. h. die Höhe des Kessels, ergibt sich zu:

$$h = \frac{H}{3\,\pi\,d} + \frac{3{,}25}{3\,\pi\cdot 0{,}30} = \sim 1{,}2\ \text{m},$$

mit Rücksicht auf Rußansatz h = ~1,5 m.

Der erforderliche Wasserquerschnitt des Kessels berechnet sich mit $v_w = 0{,}0001$ m/s Wassergeschwindigkeit nach Gl. (95) zu:

$$f_w = \frac{Q'}{v_w\cdot 3600} = \frac{0{,}001\cdot 132}{0{,}0001\cdot 3600} = \sim 0{,}4\ \text{m}^2.$$

Damit folgt dann der Durchmesser D des Kesselmantels aus:

$$\frac{D^2\,\pi}{4} - 0{,}211 = 0{,}4 \text{ oder: } \frac{D^2\,\pi}{4} = 0{,}4 + 0{,}211$$

somit zu:

$D = 900$ mm; gewählt wird mit Rücksicht auf die Querschnittsverluste durch die Rohrbleche usw.:

$D = 930$ mm, wie die Ausführung der Tab. 28 zeigt.

Man kann nun annehmen, daß während einer Heizperiode die volle Leistung in $^2/_3$ der Zeit erreicht wird, während die übrige $^1/_3$ Zeit etwa die halbe Leistung ergibt. Nimmt man die Heizperiode zu 180 Tagen an, so werden während des Winters:

$$^2/_3\cdot 180\cdot 8\cdot 250 + {}^1/_3\cdot 180\,\frac{8\cdot 250}{2} = 300\,000\ \text{l Wasser}$$

von 10 auf 50° ohne besonderen Brennstoffaufwand erwärmt. Während der Sommerzeit geht der tägliche Warmwasserverbrauch einer Wohnung auf mindestens 200 l zurück. Es beträgt somit der Warmwasserbedarf während des Sommers, d. h. während $\frac{360}{2} = 180$ Tagen:

$$8\cdot 200\cdot 180 = 288\,000\ \text{l Wasser}.$$

Um 288000 l Wasser von 10° auf 50° zu erwärmen, sind:

$$288\,000\,(50 - 10) = 11\,526\,000\ \text{kcal}$$

erforderlich und bei 4000 kcal/kg Heizwert des Kokses:

$$\frac{11\,526\,000}{4000} = 2880\ \text{kg Koks}.$$

Wird der Preis für 1 t Gaskoks mit M. 40, also mit 0,04 M./kg, angesetzt und schlägt man 25% Unkosten für Verluste hinzu, so beträgt der Jahresaufwand für die Warmwasserbereitung:

$$1{,}25\cdot 2880\cdot 0{,}04 = \text{M. } 144.$$

Demgegenüber würden stehen, wenn die Warmwasserbereitung ohne Ausnutzung der Rauchgase während der Winterzeit das ganze Jahr hindurch mit eigenem Brennstoff erfolgte:

$$1{,}25 \frac{300000\ (50-10)}{4000} \cdot 0{,}04 = \text{M. } 150,\text{—}$$

$$\text{dazu} \quad \text{»} \quad 144,\text{—}$$

$$\text{somit insgesamt} \quad \text{M. } 294,\text{—},$$

d. h. man erreicht mit dem Einbau des Rauchgaskessels einen Gewinst von:

$$\frac{(294-144)\cdot 100}{294} = \sim 50\%.$$

Natürlich kann dieser letzte Teil der Durchrechnung nur einen Anhalt für den Rechnungsgang geben. Praktische Bedeutung erhält die Rechnung erst auf Grund mehrfacher Heizversuche an einer bestimmten Anlage, wodurch die wirklich verbrauchten Wassermengen, die Wassertemperaturen t und t_1, die Rauchgastemperaturen T_2 und T_3 und der Heizwert des Brennstoffes bestimmte Werte erhalten.

Beispiel 4. Es sind die jährlichen Brennstoffkosten bzw. die Ersparnisse für eine Warmwasserbereitungsanlage eines Mietshauses möglichst genau festzustellen, deren Warmwassererzeuger ein in den Fuchs eines Zentralheizungskessels eingebauter Rauchgaskessel nach Abb. 161 ist. Die Warmwasserheizung hat einen stündlichen Wärmebedarf von 120000 kcal und einen Wasserinhalt im System von 4000 l. Von der Warmwasserbereitung werden stündlich 300 l zu 60° verlangt. Die Temperatur des Speisewassers beträgt 12° und der wirkliche untere Heizeffekt des Kokses 3500 kcal/kg.

Der Abgaskessel (Abb. 161) besitzt eine Sommerfeuerung, die auch als Zusatzheizung für die Warmwasserbereitung während der Übergangszeit und ferner früh morgens in der Heizperiode zum Hochheizen mit benutzt wird. Die Abgase treten aus dem Heizungskessel mit 200° und in den Schornstein mit 120°.

Mit der mittleren Rauchgastemperatur:

$$T_m = \frac{T_2 + T_3}{2} = \frac{200 + 120}{2} = 160^0,$$

der mittleren Warmwassertemperatur:

$$t_m = \frac{t_1 + t}{2} = \frac{60 + 12}{2} = 36^0$$

und $k = 13$ für Rauchröhren und Blech bestimmt sich die Heizfläche, welche bei vollem Heizbetriebe von den abziehenden Rauchgasen des Zentralheizungskessels bestrichen und zur Hauptsache von $18 + 6 =$

24 Rauchröhren zu je 70 mm l. W. und 1,6 m Höhe gebildet wird, also für die Winterzeit in Frage kommt, zu:

$$H_w = \frac{Q_h (t - t_1)}{k (T_m - t_m)} = \frac{300 (60 + 12)}{13 (160 - 36)} = \sim 9{,}0 \text{ m}^2.$$

Hierfür genügt die Größe Nr. 1 des Kessels nach Tab. 29, dessen Rauchgasheizfläche gebildet wird von:

der Heizfläche der 24 Röhren zu $24 \cdot 0{,}35 = 8{,}40 \text{ m}^2$,

dem unteren Kesselboden zu

$$\frac{0{,}95^2 \pi}{4} - \frac{24 \cdot 0{,}07^2 \pi}{4} \;\ldots\ldots\ldots = 0{,}62 \text{ m}^2$$

und der oberen Kesselfläche zu: $= 0{,}18$ »

insgesamt $= 9{,}20 \text{ m}^2$.

Bei vollem Heizbetriebe der Sommerfeuerung, wenn diese bei Außerbetriebsetzung des Heizungskessels die Warmwasserbereitung allein zu übernehmen hat, ist:

$$T_m = \sim \frac{1000 + 200}{2} = 600^0$$

und

$$H_s = \frac{300 (60 - 12)}{13 (600 - 36)} = \sim 2{,}0 \text{ m}^2.$$

Diese Heizfläche ist zu rechnen auf

die Heizfläche der Feuerbuchse mit . . . . 1,40 m^2,

» » der 6 absteigenden Feuerröhren mit . . 2,10 »

insgesamt . . 3,50 m^2,

also völlig ausreichend.

Der Gesamtquerschnitt der beiden Röhrenbündel, die den Fuchskanal mit bilden, beträgt bei 24 Röhren zu je 0,003848 m^2:

$$24 \cdot 0{,}003848 = 0{,}0925 \text{ m}^2.$$

Der Schornstein verlangt bei 20 m Höhe und 120000 kcal Leistung für die Heizung einen Querschnitt zu $30 \cdot 30 \text{ cm} = 0{,}09 \text{ m}^2$, so daß der Kessel auch in dieser Hinsicht den Anforderungen genügt.

Die Zentralheizung erzeugt bei vollem Winterbetriebe mit einer Vorlauftemperatur $T_s = 95^0$ und einer Rücklauftemperatur $T_r = 65^0$:

$$4000 (95 - 65) = 120000 \text{ kcal/h}$$

und verlangt dafür einen Brennstoffaufwand:

$$B_W = \frac{120000}{3500} = 35 \text{ kg/h}$$

und während der Übergangszeit mit $T_s = 60^0$ und $T_r = 35^0$ und

$$4000 (60 - 35) = 100000 \text{ kcal/h}$$

$$B_u = \frac{100000}{3500} = 30 \text{ kg/h}.$$

In dieser Übergangszeit, die sich über zwei halbe Monate erstrecken möge, kann das Wasser der Warmwasserbereitungsanlage von 12° auf ~50° durch die Abgase des Heizungskessels mit erwärmt werden. Sollen die Abgase von $T_2 = 200°$ noch mit $T_3 = 120°$ in den Schornstein ziehen, so können sie mit ihrer Gasmenge:

$$G = B\,(1 + mL) = \sim 30\,(1 + 2 \cdot 10) = 630 \text{ kg}$$

dem Rauchgaskessel nach Gl. (93) eine Wärmemenge zuführen von:

$$W_g = G \cdot c\,(T_2 - T_3) = 630 \cdot 0{,}24\,(200 - 120) = 12000 \text{ kcal/h.}$$

Zur Erwärmung des Wassers der Warmwasserversorgungsanlage von 12° auf 50° sind:

$$W' = 300\,(50 - 12) = 11400 \text{ kcal/h}$$

nötig, die durch $W_g = 12000$ gedeckt sind. Diese Leistung ist der Hauptgewinn der Anlage. Die an 60° noch fehlenden 10° verlangen einen Wärmezuschuß von:

$$W'' = 300\,(60 - 50) = 3000 \text{ kcal/h,}$$

$$\text{wofür } B'' = \frac{3000}{3500} = 0{,}86 \text{ kg/h}$$

auf dem Sommerrost der Feuerbüchse zu verbrennen sind. Wird die tägliche Betriebszeit zu 15^h, der Monat zu 30 Tagen und der Kokspreis zu 0,04 M./kg gerechnet, so beträgt der Koksaufwand für die zwei halben Monate:

0,86 · 15 · 30 · 0,04 . . . . . M. 16,—.

Um den Mietern auch schon in den frühen Morgenstunden den Genuß warmen Wassers zu sichern, soll während der Heizperiode zwecks schnelleren Hochheizens gleichfalls die Nebenfeuerung herangezogen werden. Diese Zeit werde entsprechend der Anheizzeit des Heizungskessels reichlich auf $2\frac{1}{2}^h$ bemessen. Der Wasserinhalt des Warmwasserbereitungssystems beträgt bei 850 l Inhalt des Rauchgaskessels insgesamt ~1000 l, die sich über Nacht bis auf 20° abkühlen und somit wieder auf 60° zu erwärmen sind. Mithin kommen, wenn man die Hälfte der Leistung auf den Rauchgaskessel rechnet, zur Extraverfeuerung:

$$\frac{0{,}5 \cdot 1000\,(60-20)}{3500} = \sim 6{,}0 \text{ kg Koks/Tag,}$$

welche bei 240 Heiztagen:

6 · 240 · 0,04 . . . . M. 58,—

Unkosten hervorrufen.

Ferner soll an Sonnabenden, wenn für Baden und intensivere Reinigung in kurzer Zeit sehr viel Warmwasser gebraucht wird, zur Ergänzung der Rauchgasleistung die Nebenfeuerung zum Nachhelfen benutzt werden. Bemißt man diese Zeit auf 10^h und den Koksverbrauch auf 1 kg/h, so verlangt jeder Sonnabend der Heizperiode 10 kg Koks, das sind bei 240 Heiztagen und 30 Monatstagen:

$$\frac{240}{30} \cdot 4 = 32 \text{ Tage und } 32 \cdot 10 = 320 \text{ kg Koks oder}$$

$$320 \cdot 0{,}04 \quad \ldots\ldots\ldots\ldots \quad \text{M. } 13{,}\text{—}.$$

Während der Sommerszeit, d. h. während 360 — 240 = 120 Tagen, hat die Sommerfeuerung den Betrieb allein zu übernehmen und

$$300\,(60 - 12) = 14\,000 \text{ kcal/h}$$

zu leisten. Hierfür ist der Koksaufwand:

$$\frac{14\,400}{3500} = 4{,}12 \text{ kg/h},$$

der bei 15^h/Tag an Kosten hervorruft:

$$4{,}12 \cdot 15 \cdot 120 \cdot 0{,}04 \quad \ldots\ldots \quad \text{M. } 297{,}\text{—}.$$

Mithin beträgt die jährliche Ausgabe für Koks M. 384,—.

Wird die Warmwasserbereitung mittels gewöhnlichen Kessels durchgeführt, so verlangt dieser für eine Leistung von 14400 kcal/h eine Koksmenge von 4,12 kg/h, so daß sich die jährlichen Kosten für den Brennstoff ergeben zu:

$$4{,}12 \cdot 15 \cdot 360 \cdot 0{,}04 \quad \ldots\ldots \quad \text{M. } 890{,}\text{—}.$$

Mithin stellt sich die Ersparnis, die der Betrieb des Rauchgaskessels mit sich bringt, zu:

$$\frac{(890 - 384) \cdot 100}{890} = 57\,\%$$

Für die wirkliche Gewinnstbeurteilung kommt natürlich noch der Posten für Verzinsung und Tilgung des Anlagekapitals (20%) in Betracht, der jedoch wegen der Preisschwankungen hier unberücksichtigt bleiben mag.

f) Die Wasserheizkörper, betrieben mit Frischdampf oder Abdampf.

Derartige Heizkörper kommen als Röhren- und Gegenstromapparate und als Heizschlangen- oder Röhrenbündeleinsätze zur Verwendung und dienen somit zur indirekten Erwärmung des Gebrauchswassers.

1. Der Frischdampf als Heizmittel.

Muß auch in der Regel das Bestreben darauf hinausgehen, für Warmwasserbereitung möglichst nur Abdampf als Heizmittel zu benutzen, so finden sich jedoch in der Praxis mehrfach Verhältnisse, in denen die Ausnutzung von Frischdampf als Heizmittel gerechtfertigt erscheint. Typische Beispiele hierfür geben die Anlagen, die neben Warmwasser gleichzeitig Dampf für direkten Verbrauch benötigen; so in Badeanstalten mit Wasser- und Dampfbäderabgabe, in verschiedenen industriellen und gewerblichen Betrieben. Da ist es natürlich und wirtschaftlich zu rechtfertigen, Warmwasser auch durch Frischdampf zu gewinnen.

Der Frischdampf kann Niederdruck- oder Hochdruckdampf sein. Letzterer ist für vorliegende Anlagen auf mindestens 4 ata zu reduzieren, falls andere gleich große Verwendungszwecke höhere Spannungen verlangen.

Zur Auflösung der Gl. (63) sind W_0, ferner t_1 und t als Temperatur des Gebrauchswassers und somit t_m als bekannt vorauszusetzen. Die Temperatur T_1 ist die, mit der der Dampf in den Warmwasserbereiter eintritt, und als Dampftemperatur durch die gegebene Dampfspannung in ata nach der Sattdampftabelle III, S. 552, ebenfalls von vornherein bekannt. Die Temperatur T_2, mit der das Heizmittel den Warmwasserbereiter verläßt, ist bei voller, freier Kondensation des Dampfes im Apparat dann die Kondenswassertemperatur. Nimmt das Kondensat (im unteren Teil des Warmwasserbereiters) am Wärmeaustausch teil, was aber meist nicht anzustreben ist, so wird $T_2 < T_1$. Im anderen Falle wird, da der Dampf ohne Temperaturabfall nur durch seine Verdampfungswärme r heizt, $T_2 = T_1 = T$ sein, vorausgesetzt, daß der Dampfdruck annähernd konstant bleibt. Eine wesentliche Dampfströmung wird sich nicht bemerkbar machen, da diese nur der Kondensationsgeschwindigkeit folgt. Es liegt also dann Einstrom vor. Demgemäß ist mit $T = T_1 = T_2$ der Wert $T_m - t_m$ nach Gl. (66c) oder angenähert in Gl. (67) $T_m = T$ zu setzen.

Die Wärmedurchgangszahl k kann in Gl. (63) annähernd genommen werden zu:

$k = 1000 \div 1500$ für gering kondensierenden Dampf,
$= 800 \div 1000$ für stark » »

In letzterem Falle hätte man eigentlich die Heizfläche getrennt zu berechnen für einen Dampfwert k und für einen Heiß-(heiz-)wasserwert k. Berücksichtigt man dies, so läßt sich k unter Beachtung der Fußnote auf S. 404 berechnen nach Josse und Ser mit:

$\alpha_1 = 9000 \div 19000$ bei völliger Beaufschlagung der Heizfläche mit Dampf,
$\alpha_1 = 4500 \sqrt{v_k}$ bei teilweiser Kondenswasserberührung der Heizfläche und einer Kondensatgeschwindigkeit $v_k = \div 0{,}08 \div 0{,}10$ m/s,
$\alpha_2 = 4500 \sqrt{v_w}$ bei einer Geschwindigkeit des zu erwärmenden Wassers von $v_w = \sim 0{,}1 \div 1{,}0$ m/s,
$\lambda_i = 90$ für Messing, $= 330$ für Kupfer, $= 30$ für Stahl,
$s = 0{,}001 \div 0{,}002$ m für Messing- und Kupferrohr (DIN 1755, 1754),
$s = 0{,}0015 \div 0{,}005$ für Stahlrohr (DIN 2450).

Nach Hausbrand kann man auch rechnen:

$$k = C \sqrt{v_d + v_d'} \cdot \sqrt[3]{0{,}007 + v_w} \quad \ldots \ldots \quad (96)$$

Darin:

$C = 750$ für Kupfer- und Messingröhren,

$C = 640$ » Eisenröhren,

v_d = Durchflußgeschwindigkeit des Dampfes durch den Warmwasserbereiter,

$= 7 \div 12$ m/s mit Rücksicht auf geringen Strömungswiderstand,

$= 12 \div 20$ m/s zur Erhöhung des Heizeffektes, wie jetzt vielfach gebräuchlich,

v_d' = Geschwindigkeit, mit der der Dampf, wenn er nicht völlig kondensiert, den Apparat verläßt, $= 0{,}75\, v_d$,

v_w = Geschwindigkeit des Wassers im Apparat,

$= 0{,}005 \div 2{,}0$ m/s, oder genauer für diese Fälle:

$= 0{,}001 \div 0{,}01$ m/s, wenn das Wasser um die Röhren strömt (wegen Ausfällens des Schlammes so gering),

$= 0{,}01 \div 0{,}1$ m/s, wenn das Wasser durch die Röhren strömt.

Bei einer Verdampfungswärme r entsprechend p ata (siehe Tabelle III) ist für eine Wärmeleistung W_0 kcal/h der Dampfverbrauch:

$$D = \frac{W_0}{r} \text{ kg/h} \quad \ldots\ldots\ldots\ldots \quad (97)$$

2. Der Abdampf als Heizmittel.

Die von den Motoren abfallende Abdampfwärme bestimmt sich, wenn man die in Arbeit umgesetzte Wärme einschließlich Verlust zwischen Dampfeinlaß der Maschine und Heizkörper mit 25% annimmt, zu:

$$W_D = 0{,}75\, N_i\, D_i \lambda \text{ kcal/h} \quad \ldots\ldots\ldots \quad (98)$$

Hierin ist:

N_i = indizierte Leistung der Maschine in PS,

D_i = stündlicher Dampfverbrauch der Maschine in kg für 1 indiz. PS (durch die Dampfmaschinenberechnung gegeben),

λ = Gesamtwärme von 1 kg Dampf, entsprechend der Spannung p ata.

Schätzungsweise kann man ohne Berücksichtigung der Leitungsverluste den stündlichen Dampfverbrauch für 1 PS_i annehmen mit[1]):

$D_i = 10 \div 12$ kg/PS_i für Einzyl.-Maschinen, Auspuff, ältere Konstruktion,

$= 6{,}5 \div 9$ » für Einzyl.-Maschinen, Auspuff,

$= 5 \div 6{,}5$ » für Einzyl.-Maschinen, Kondensation,

$= 4{,}5 \div 6$ » für Mehrzyl.-Maschinen,

$= 8 \div 10$ » für Gegendruckmasch. und Verbundmasch. mit Zwischendampfentnahme,

$= 4 \div 7$ kg/kW für Dampfturbinen.

[1]) Über genauere Werte muß auf Dampfmaschinen-Lehrbücher verwiesen werden. Siehe auch S. 36 und 37.

Vom Abdampf werden an das zu erwärmende Wasser abgegeben:

$$W_0 = \frac{W_D}{\lambda_1}(\lambda_1 - T_2)\,\text{kcal/h}, \quad \ldots\ldots\ldots (99)$$

worin:

λ_1 = Gesamtwärme von 1 kg Abdampf mit einer Temperatur T_1,
T_2 = Temperatur des Abdampfes oder des Kondenswassers bei Austritt aus dem Heizkörper ist.

Diese W_0 kcal dienen dann unter Berücksichtigung von 10% Wärmeverlust infolge der Ausstrahlung und Leitung zur Erwärmung von Q_h l Wasser von t_1^0 auf t^0. Aus der Gleichung:

$$W_0 = 1{,}1\, Q_h (t - t_1)\,\text{kcal} \quad \ldots\ldots\ldots (100)$$

läßt sich dann entweder auf Q_h oder t schließen. Gemäß früheren Angaben darf man mit einer Gebrauchstemperatur rechnen von:

$t \leq 95^0$ bei Auspuffmaschinen,
$t \leq 45^0$ » Kondensationsmaschinen.

Die erforderliche Heizfläche ermittelt sich wieder nach Gl. (63) und der Gl. (66b) oder (67). Darin ist:

T_1 = Temperatur des Abdampfes bei Eintritt in den Heizkörper,
$T_1 = 100 \div 110^0$ für Auspuffmaschinen, entsprechend $1{,}1 \div 1{,}4$ ata,
$T_1 = 45 \div 60^0$ für Kondensationsmaschinen, entsprechend $0{,}1 \div 0{,}2$ ata,
$T_2 = 35 \div 60^0$.

Bei dieser niedrigen Temperatur T_2 tritt also der Dampf als Kondenswasser aus, so daß ein Teil der Heizfläche nicht mehr durch Dampf, sondern durch Wasser (Kondenswasser) geheizt wird. Einer einfachen Rechnung wegen nimmt man zur Berücksichtigung dieser Verhältnisse am besten den Transmissionskoeffizienten k entsprechend niedrig an. Es kann demgemäß gesetzt werden:

$k \geq 700$ für Stahlrohr,
$k > 800$ » Kupfer- oder Messingrohr.

Bei den oft großen Schwankungen und Unterschieden in den Temperaturen und Geschwindigkeiten der durchströmenden Flüssigkeiten kann es für den einzelnen Fall angebracht erscheinen, mit genaueren Werten von k zu rechnen, wofür dieselben Beziehungen, wie vorstehend für Frischdampf angegeben, gelten.

Ähnlich den Dampfkesselspeisewasser-Vorwärmern ist der Inhalt des Wassererwärmers zu bemessen mit:

$$J_v = \sim \frac{Q_h}{4} \div \frac{Q_h}{10} \quad \ldots\ldots\ldots\ldots (101)$$

Auf jeden Fall ist zur Vermeidung erhöhten Gegendruckes der lichte Gesamtquerschnitt des Dampfkanals, also der Röhren, wenn der Dampf durch selbige geht, zu $^5/_4$ des Querschnittes des Abdampfrohres zu rechnen. Letzteres ist gut zu isolieren und für 15 m mittlere Geschwindigkeit zu berechnen.

Man benutzt Röhrenbündel mit 40÷60 mm innerem Durchmesser und 1÷3 m Länge. Bei Messingröhren geht man sogar auf 20 mm l. W. und mehr herunter. Empfehlenswert sind jedoch die weiteren Röhren.

Durch derartige Abdampfheizkörper läßt sich eine Brennstoffersparnis erreichen von:

$$E = \frac{(t - t_1)\,100}{\lambda - t_1}\ \text{Prozent} \quad \ldots \ldots \ldots \quad (102)$$

Beispiel 1. Es sind in einem Messingröhrenapparat 25000 l/h Wasser von 10° auf 75° durch Dampf von 2 atü zu erwärmen. Die Dampfspannung wird konstant gehalten, die Messingröhren besitzen 2 mm Wandstärke.

Man findet in Tabelle III, S. 552, für

$p = p_ü + 1 = 2 + 1 = 3$ ata:

$T = 132{,}9 = \sim 133^0$; $\lambda = 651{,}6$ kcal/kg; $r = 518{,}1$ kcal/kg.

Die erforderliche Wärmeleistung muß sein:

$$W_0 = Q\,(t - t_1) = 25000\,(75 - 10) = 1625000 \text{ kcal/h}.$$

Mit $t_1 = 10$, $t = 75$ und $T = T_1 = T_2 = 133^0$ wird nach Gl. (66c):

$$T_m - t_m = \frac{t - t_1}{\ln \frac{T - t_1}{T - t}} = \frac{75 - 10}{\ln \frac{133 - 10}{133 - 75}} = 86{,}7^0$$

und nach Gl. (67):

$$T_m - t_m = \sim \frac{T_1 + T_2}{2} - \frac{t_1 + t}{2} = T - \frac{t_1 + t}{2} = 133 - \frac{10 + 75}{2}$$

$$= 90{,}5^0,$$

also eine etwas zu hohe Temperatur. Nach den Angaben auf S. 444 kann man weiter setzen: $\alpha_1 = 19000$

und mit $v_w = \sim 0{,}25$ m/s:

$$\alpha_2 = 4500\sqrt{v_w} = 4500\sqrt{0{,}25} = 2250$$

Hiermit und mit $s = 2$ mm $= 0{,}002$ m und $\lambda_i = 85$ für die Messingröhren wird dann:

$$k = \frac{1}{\frac{1}{\alpha_1} + \frac{1}{\alpha_2} + \frac{s}{\lambda_i}} = \frac{2250}{\frac{1}{19000} + \frac{1}{2250} + \frac{0{,}002}{85}} = 1346.$$

Nach Hausbrand Gl. (96) erhält man mit:

$v_d = 15$ m/s und $v_w = 0{,}05$ m/s (Wasser durch die Röhren):

$$k = 750\sqrt{v_d + v_d'} \cdot \sqrt[3]{0{,}007 + v_w}$$

$$= 750\sqrt{15 + 0{,}75 \cdot 15} \cdot \sqrt[3]{0{,}07 + 0{,}05} = 1493$$

Mit $k = \sim 1400$ ergibt sich schließlich die Heizfläche nach Gl. (63) zu:

$$H = \frac{W_0}{k(T_m - t_m)} = \frac{1625000}{1400 \cdot 86{,}7} = 13{,}4 \text{ m}^2.$$

Beispiel 2. Der Abdampf einer 200-PS_i-Auspuff-Betriebsdampfmaschine einer mittleren Brauerei, in der mit 50 Ztr. Einmaischmenge zu rechnen ist, soll zum Erzeugen des nötigen Anschwänzwassers von 80° ausgenutzt werden. Der stdl. Dampfverbrauch der Maschine beträgt bei 10 ata 9,5 kg/PS_i, das Speisewasser hat 10°, der Abdampf von 1,2 ata kann bis auf 50° ausgenutzt werden. Das Wasser ist in einem kupfernen Kastenbehälter mit kupfernem Rohreinsatz zu erwärmen. Es sind Heizkörper und Behälter zu berechnen.

Es ist $N_i = 200$, $D_i = 9{,}5$, ferner nach Tabelle III für $p = 10$ ata $\lambda = \sim 664$ kcal/kg.

Damit ist die Abdampfwärmemenge nach Gl. (98):

$W_D = 0{,}75\, N_i D_i \lambda = 0{,}75 \cdot 200 \cdot 9{,}5 \cdot 664 = 946200$ kcal/h.

Für $p_a = 1{,}2$ ata ist $T_1 = 104°$, $\lambda_1 = 641$ kcal und für $T_2 = 50°$ die an das Wasser abgegebene Wärmemenge nach Gl. (99):

$$W_0 = \frac{W_D}{\lambda_1}(\lambda_1 - T_2) = \frac{946200}{641}(641 - 50)$$

$W_0 = 872316$ kcal/h.

Die Wassermenge, die hiermit von 10° auf 80° stündlich erwärmt werden kann, ist nach Gl. (100):

$$Q_h = \frac{W_0}{1{,}1\,(t - t_1)} = \frac{872316}{1{,}1\,(80 - 10)} = \sim 11340 \text{ l/h}.$$

Bei dem jetzt üblichen neuzeitlichen Verfahren des ununterbrochenen Anschwänzens hat man für 2,0÷2,5 hl Wasser, welche Menge je nach dem Einmaisch- und Ausschlagquantum für 1 Ztr. Malz benötigt wird, etwa 1^h Zeit. Es sind also: 50 (2,0÷2,5) = 100÷150 hl Warmwasser von 80° oder $Q_h = 10000 \div 15000$ l/h erforderlich, so daß der Abdampf der Maschine gerade ausreicht ($Q_h = 11340$ l/h nach oben).

$$\text{Mit } T_m = \frac{T_1 + T_2}{2} = \frac{104 + 50}{2} = 77°,$$

$$t_m = \frac{t + t_1}{2} = \frac{80 + 10}{2} = 45°$$

und $k = 1000$ ist eine Heizfläche erforderlich von:

$$H = \frac{W_0}{k(T_m - t_m)} = \frac{872316}{1000\,(77 - 45)} = 27{,}27 \text{ m}^2.$$

Diese Heizfläche soll durch ein kupfernes Heizregister gedeckt werden, dessen beide Rohrenden in je einem dem Behälter angeschweißten Sammelkasten eingelassen sind. Ein Kupferrohr von $d_i/d_a = 39/42$ mm Dmr. besitzt nach Tabelle 45 7,4 m Länge/m², somit sind 27,26 · 7,4 = 201,63 m Heizrohr im Behälter unterzubringen. Gibt man letzterem eine Länge von 4,2 m, so muß das Register:

$$\frac{201{,}53}{4{,}2} = 48{,}01 = \sim 49$$

Rohrstränge erhalten. Diese werden in zwei, um d_a voneinander abstehenden Lagen, die untere mit 25, die obere mit 24 Stück, gegeneinander so ausgewechselt angeordnet, daß alle senkrechten Mittellinien einen Abstand von 0,042 m haben. Mithin wird bei je 0,5 $d_a = 0{,}5 \cdot 0{,}042 = 0{,}021$ m seitlichem Windungsabstand der äußersten unteren Rohre der Behälter eine Breite von 0,042 (49 + 1) = 2,1 m zu erhalten haben. Der Behälter hat 11340 l zu fassen, = ∼ 12000 l Konstruktionsfassungsraum mindestens zu erhalten. Wird die Höhe des Schlammraumes unter der untersten Rohrlage mit 45 mm = 0,045 m bemessen, so ergibt sich die konstruktive Behälterhöhe h aus:

$$12000 = 4{,}2 \cdot 2{,}1\,(h - (0{,}042 + 0{,}021 + 0{,}042 + 0{,}045))$$
$$h = 1{,}55 = \sim 1{,}65 \text{ m.}$$

Beispiel 3. Eine 200 PS_i Kondensationsmaschine arbeitet mit 7,0 kg/PS_i Dampfverbrauch und 11 atü Betriebsdruck. Der Sattdampf wird in einem Wasserröhrenkammerkessel erzeugt. Zwischen Maschine und Kondensator befindet sich ein Warmwasserbereiter, welcher Wasser von 15° auf Badetemperatur zu erwärmen hat. Welche Wärmemenge steht für diesen Zweck zur Verfügung und wie groß muß die Heizfläche des Erwärmers sein?

Gegeben sind $p = p_ü + 1 = 11 + 1 = 12$ ata, dafür nach Tabelle III $\lambda = 665{,}9$ kcal/kg, $q = 189{,}9$ kcal/kg, $r = 476{,}1$ kcal/kg; $D_i = 7$ kg/PS_i; $n = 3\%$ Dampfnässe; $t_1 = 15°$; $N_i = 200$ PS_i.

Nach S. 36 und Gl. (24) ist:

$$\lambda_e = q + \left(1 + \frac{n}{100}\right) \cdot r = 189{,}8 + \left(1 - \frac{3}{100}\right) 476{,}1 = 651{,}6 \text{ kcal/kg}$$

Mit $V = 110$ kcal/PS_i Wärmeverlust der Maschine, $y = 12\%$, somit $C_m = \frac{y}{100} D_i = \frac{12}{100} \cdot 7 = 0{,}84$ kg/PS_i Kondensatmenge durch Mantelheizung wird nach Gl. (25) der Wärmeinhalt des aus der Maschine austretenden Dampfes:

$$\lambda_a = \frac{D_i \lambda_e - 632{,}32 - V - C_m q}{D_i} = \frac{7 \cdot 665{,}9 - 632{,}32 - 110 - 0{,}84 \cdot 189{,}8}{7}$$
$$= 537{,}08 \text{ kcal/kg.}$$

Für $p_a = 0{,}2 + 0{,}05 = 0{,}25$ ata ist nach Tabelle III $q_a = 64{,}6$ kcal/kg; $r_a = 559{,}9$ kcal/kg, damit nach Gl. (26) die spezifische Dampfmenge:

$$x = \frac{\lambda_a - q_a}{r_a} = \frac{537{,}08 - 64{,}6}{559{,}9} = 0{,}83.$$

Der Abdampf für den Warmwasserbereiter enthält 83% Dampf und 17% Wasser. Für jenen stehen weiter nach Gl. (27) zur Verfügung:

$$W_0 = x \cdot \lambda_a \cdot D_i N_i = 0{,}83 \cdot 537{,}08 \cdot 7 \cdot 200 = 624\,400 \text{ kcal/h}.$$

Nach den praktischen Gl. (98) und (99) erhält man:

$$W_D = 0{,}75 \cdot 200 \cdot 7 \cdot 665{,}9 = 699\,195 \text{ kcal/h}$$

und mit $\lambda_1 = 625$ kcal/kg und $T_2 = 65^0$:

$$W_0 = \frac{699\,195}{625}(625 - 65) = 626\,240 \text{ kcal/h},$$

also fast die gleichen Werte.

Der Abdampf hat bei $p_a = 0{,}25$ ata eine Temperatur $T = 64{,}6 = \sim 65^0$. Nimmt man die Badetemperatur mit $t = 40^0$ an, so können:

$$Q_h = \frac{W_0}{1{,}1\,(t - t_1)} = \frac{624\,400}{1{,}1\,(40 - 15)} = 23\,070 \text{ l/h}$$

Wasser von 40^0 erzeugt werden.

Die Temperatur des Abdampfes darf beim Durchgang durch den Warmwasserbereiter als konstant angesehen werden, somit liegt Einstrom vor, und es ist nach Gl. (66c):

$$T_m - t_m = \frac{t - t_1}{\ln \frac{T - t_1}{T - t}} = \frac{40 - 15}{\ln \frac{65 - 15}{65 - 40}} = 36^0.$$

Mit $v_k = 0{,}1$ m/s, $v_w = 0{,}2$ m/s nach S. 444; $s = 0{,}0015$ m; $\lambda_i = 90$ für 2,0 mm Kupferrohr wird $a_1 = 10000$, $a_2 = 4500\sqrt{v_w} = 4500\sqrt{0{,}2} = 2012$ und nach Gl. (65):

$$k = \frac{1}{\frac{1}{a_1} + \frac{1}{a_2} + \frac{s}{\lambda_i}} = \frac{1}{\frac{1}{10000} + \frac{1}{2012} + \frac{0{,}002}{330}} = 1660$$

somit die Heizfläche nach Gl. (63):

$$H = \frac{W_0}{k\,(T_m - t_m)} = \frac{624\,400}{1660.36} = 10{,}5 \text{ m}^2;$$

gemäß Tabelle 36 wird $H = 10{,}8$ m² gewählt.

Nimmt man Kupfer-⊏-Röhren mit $d_i/d_a = 36/40$ mm und einer gestreckten Länge von $l = 2{,}3$ m, so erhält man die Röhrenzahl zu:

$$z = \frac{H}{\pi \cdot d_a \cdot l} = \frac{10{,}8}{\pi \cdot 0{,}04 \cdot 2{,}3} = 37.$$

Diese ungerade Zahl soll wegen guter Röhrenanordnung in der Flanschplatte beibehalten werden. Zur Bestimmung des Manteldurchmessers kann man unter Berücksichtigung guter Reinigung den Gesamtquerschnitt des Rohrraumes zu dem $\sim 1{,}5$fachen des Gesamtröhrenquerschnittes nehmen, wenn man die Rohrmitten nach Abb. 410 in die Eckpunkte eines Rhombus mit 2 senkrechten Seiten setzt und den Rohrmittellinien einen wagerechten Abstand $1{,}25\,d_a$ und einen senkrechten Abstand $1{,}5\,d_a$ gibt. Für die ⊏-Röhren mit 2 Schenkelquerschnitten gilt dann:

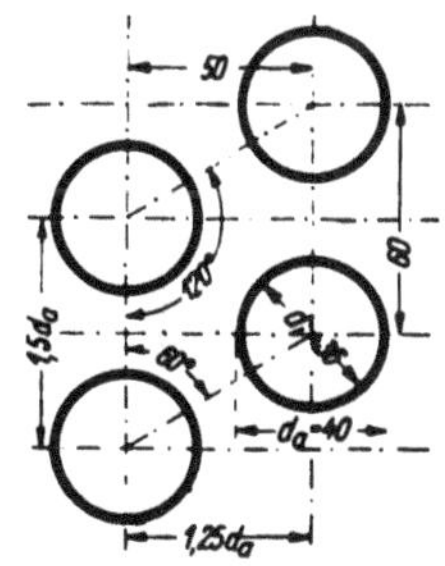

Abb. 410.

$$1{,}5 \cdot 2\,z\,\frac{d_a^2\,\pi}{4} = \frac{D^2\,\pi}{4}$$

Daraus folgt der Manteldurchmesser D zu:

$$D = d \cdot \sqrt{3\,z} = 40 \cdot \sqrt{3 \cdot 37} = 420 \text{ mm},$$

der mit Beachtung des Mantelabstandes erhöht wird auf $D = 450$ mm.

Durch das Leitungsblech zwischen den ⊏-Schenkeln bleibt dem Wasser ein Durchflußkanalquerschnitt von:

$$0{,}5\,\frac{D^2\pi}{4} - z\,\frac{d_a^2\,\pi}{4} = 0{,}5\,\frac{0{,}45^2\,\pi}{4} - 37\,\frac{0{,}04^2\,\pi}{4} = 0{,}0418 \text{ m}^2$$

oder mit Berücksichtigung der Leitblechdicke $= 0{,}04$ m². Abgesehen von dem Reibungswiderstand wird dabei die Geschwindigkeit des um die Rohre strömenden Wassers:

$$v_W = \frac{Q_h}{0{,}04 \cdot 3600} = \frac{23{,}07}{144} = 0{,}16 \text{ m/s},$$

also dem oben mit 0,2 m/s angenommenen Werte annähernd entsprechend. Mit den Rohrabständen und übrigen Maßen läßt sich die Zylinderlänge des Gegenstromapparates planimetrisch auswerten mit $L = \sim 1{,}30$ m.

Alle diese Größen stimmen annähernd mit denen der Tabelle 36 überein, die Höchstleistung mit 40%, also zu $0{,}4 \cdot 43\,500$ (Tabelle 36) $= \sim 29\,000$ l vorausgesetzt.

Der einmalige Wasserinhalt im Apparat ist:

$$L\,\frac{D^2\,\pi}{4} - 2 \cdot z\,\frac{d_a^2\,\pi}{4} - 1{,}3 \cdot \frac{0{,}45^2\,\pi}{4}\quad 2 \cdot 37\,\frac{0{,}04^2\,\pi}{4} = 0{,}115 \text{ m}^3$$

und muß in letzterem in:

$$\frac{0{,}115 \cdot 3600}{Q_h} = \frac{0{,}115 \cdot 3600}{23{,}07} = 18 \text{ Sekunden}$$

erwärmt werden.

Beispiel 4. Eine Kraftdampfanlage besitzt einen Flammrohrkessel von 100 m² Heizfläche und eine Auspuffdampfmaschine von $60\,\text{PS}_e$.

Der Dampfüberdruck beträgt 8 at, die Temperatur des Speisewassers 14⁰. Letzteres soll in einem Gegenstromapparat durch den Abdampf der Maschine möglichst rasch und hoch vorgewärmt werden. — Es sind die Abmessungen des Gegenstromapparates mit kurzer Gewinnberechnung festzulegen.

Bei normalem Betriebe kann man die Kesselleistung mit 18 kg/m² Heizfläche annehmen und damit die stündliche Dampferzeugung zu 18 · 100 = 1800 kg, welche dem stündlichen Dampfverbrauche der Maschine bei 8 atü und einer wasserberührten Heizfläche von 1,25 m²/PS_i gleichkommen. Somit ist $Q_h = 1800$ kg Wasser. Beträgt der Dampfverbrauch (Dampfverlust) in der Maschine selbst 25%, so steht bei ~530 kcal/kg Verdampfungswärme entsprechend 1,5 ata Abdampfspannung eine Abdampfwärme von 0,75 · 1800 · 530 = 719550 kcal/h zur Verfügung. Dies ist eine so große Wärmemenge, daß die Wassererwärmung bis fast zur Siedetemperatur getrieben werden kann, falls die dafür erforderliche Heizfläche des Gegenstromapparates nicht unerwünscht groß ausfällt. Setzt man $t = 95^0$ an, so erforder tdiese Wassererwärmung nur 1800 (95 — 14) = 145800 kcal/h. Mithin stehen noch 719550 — 145800 = 573750 kcal/h für Heizung und andere Zwecke zur Verfügung.

Gemäß der Tabelle 81, 3b, besitzt die Abdampfleitung den sehr reichlich bemessenen lichten Durchmesser von 130 mm. Strömt der Dampf durch die Röhren des Apparates, so ist deren Gesamtquerschnitt mit dem 1,75÷2fachen Querschnitt der Abdampfleitung anzunehmen. Mit Sicderöhren von 40/44,5 mm ergibt sich die Rohrzahl z des Bündels aus:

$$z \cdot \frac{40^2 \pi}{4} = \sim 2 \frac{130^2 \pi}{4},$$

somit zu:

$$z = \frac{26546}{1257} = 21, \text{ gewählt wird } z = 20 \text{ Röhren.}$$

Der Zylinderquerschnitt betrage, weiches Wasser vorausgesetzt, das 1,5fache des Gesamtröhrenquerschnittes, also:

$$\frac{D^2 \pi}{4} = 1{,}5 \cdot 20 \cdot \frac{0{,}0445^2 \pi}{4} = 0{,}0467 \text{ m}^2;$$

somit ist der lichte Durchmesser des Zylindermantels:

$$D = \sim 0{,}245 = 245 \text{ mm.}$$

$$\text{Mit } T_1 = 110^0;\ T_2 = 60^0;\ T_m = \frac{110 + 60}{2} = 85^0,$$

$$t_m = \frac{(t + t_1)}{2} = \frac{95 + 14}{2} = \sim 55^0 \text{ und } k = 1200$$

berechnet sich die erforderliche Röhrenheizfläche zu:

$$H = \frac{Q_h (t - t_1)}{k (T_m - t_m)} = \frac{1800 (95 - 14)}{1200 (85 - 55)} = 4{,}0 \text{ m}^2$$

so daß die Röhren eine nutzbare Länge:

$$l = \frac{H}{z \pi d_a} = \frac{4{,}0}{20 \cdot \pi \cdot 0{,}0445} = 1{,}67 \text{ m}$$

und der ganze Apparat bei 100 mm Abdampfanschluß an oberer und unterer Kappe eine Länge von Flansch bis Flansch:

$$L = 1{,}67 + 2 \cdot 0{,}1 = \sim 1{,}9 \text{ m}$$

erhalten. Der Wasserfassungsraum des Zylinders ist dann:

$$J = l\left(\frac{D^2 \pi}{4} - z \frac{d_a^2 \pi}{4}\right) = 1{,}67\left(\frac{0{,}225^2 \pi}{4} - 20 \frac{0{,}0445^2 \pi}{4}\right)$$

$$J = 0{,}027 \text{ m}^3 = 27 \text{ l}.$$

Bei $Q_h = 1800$ l stündlichem Wasserbedarf beläuft sich die Erwärmungszeit, d. h. die Aufenthaltszeit des Wassers im Apparat auf:

$$Z = \frac{3600 \cdot J}{Q_h} = \frac{3600 \cdot 27}{1800} = 54 \text{ s} = \sim 1 \text{ min}.$$

Die lichte Weite der Anschlüsse für Wasserein- und -austritt kann mit $v = 0{,}5$ m/s Wassergeschwindigkeit bestimmt werden zu:

$$d_w = 1{,}1 \sqrt{\frac{Q_h}{v}} = 1{,}1 \sqrt{\frac{1800}{0{,}5}} = 66 \text{ mm}.$$

Der Dampf von $p = 8 + 1 = 9$ ata besitzt nach Tabelle III eine Gesamtwärme von $\lambda = \sim 663$ kcal/kg, so daß sich die ursprünglichen Kohlenkosten des Dampfes nach Gl. (102) vermindern um:

$$E = \frac{100 (t - t_1)}{\lambda - t_1} = \frac{100 (95 - 14)}{663 - 14} = 12{,}7\%.$$

Kommen Steinkohlen mit einem Heizwert von 7000 kcal/kg und ein Wirkungsgrad der Feuerungsanlage mit $\eta = 0{,}65$ in Frage, so sind:

$$B = \frac{W_0}{\eta \cdot H_u} = \frac{1800 (663 - 14)}{0{,}65 \cdot 7000} = 257 \text{ kg/h}$$

erforderlich.

Bei einem Preise von 30 M./t Steinkohle stellen sich die Kosten auf:

$$K = \frac{257 \cdot 30}{1800} = 4{,}3 \text{ M/t. Dampf}$$

und bei 300 Arbeitstagen, 8^h täglicher Betriebszeit, auf:

$$4{,}3 \cdot \frac{1800}{1000} \cdot 300 \cdot 8 \cdot \frac{12{,}7}{100} = 2360 \text{ M}.$$

Nach Abzug von 20% des Anlagekapitals zu ~1000 M. für Verzinsung, Tilgung und Unterhaltung verbleiben als jährlicher Gewinn:

$$2360 - 0{,}2 \cdot 1000 = 2160 \text{ M.}$$

g) Die Wasser- und Dampfheizkörper, betrieben durch die Abgaswärme der Verbrennungsmotoren und Industrieöfen.

Die Abgase der Verbrennungskraftmaschinen, der metallurgischen Hüttenöfen, der Gaswerksöfen und sonstiger industrieller Großöfen stehen in ihrer Bedeutung und Bewertung in gewissem Gegensatz zu den gewöhnlich als Rauchgase bezeichneten Abgasen der Dampfkessel, häuslichen und gewerblichen Kleinfeuerstätten, die unter e) schon ihre Erledigung gefunden haben. Steht auch der wirtschaftliche Nutzen der Abgase hinter dem des Abdampfes erheblich zurück, so ist trotzdem eine Ausnutzung dieser Abgase unbedingt anzustreben.

Der Dieselmotor, die Großgasmaschinen wie auch alle Kleinmotoren, betrieben durch einen flüssigen oder gasförmigen Brennstoff, liefern in den Abgasen und dem abfließenden Kühlwasser eine erhebliche Menge Abwärme, die in besonderen Gegenstromapparaten für Warmwasserbereitungszwecke bis zu einer zulässigen Grenze zur billigen Ausnutzung gebracht werden können. Die wichtigsten Maschinen für eine derartige Abwärmeverwertung sind der Dieselmotor, mit Rohöl oder Rohpetroleum betrieben, und die Großgasmaschinen für gasförmiges Brennmaterial als Kraftstoff. Bei der Berechnung ist zu beachten, daß die Einheitswerte für die flüssigen Brennstoffe in kg, dagegen für die gasförmigen in m^3 eingesetzt werden. Die Abgase der Industrieöfen werden wegen ihres hohen Schwefelgehaltes in den meisten Fällen nicht zur unmittelbaren Warmwassererzeugung verwendet; man läßt sie vielmehr in Abhitzekesseln erst auf Dampf in Nieder- oder Hochdruck hinarbeiten, welcher dann das Heizmittel für den eigentlichen Warmwasserbereiter ist. Das Speisewasser des Dampfes besitzt eine Temperatur $> 35^0$, der Baustoff der Abhitzekessel ist Stahl oder noch besser Gußeisen (Rhombikus-Heizkörper).

Werden in der Primärfeuerstätte mindestens 50 kg/h Kohle verbrannt oder auf andere Weise mindestens 100000 kcal/h erzeugt und beträgt die Temperatur der Abgase mindestens 350^0, so wird in den meisten Fällen die Abwärmeausnutzung wirtschaftlich sein.

1. Die Abgaswärme der Motoren für flüssige Brennstoffe. Der Dieselmotor.

Die Abwärme, die in den Abgasen eines Verbrennungsmotors enthalten ist, bestimmt sich zu:

$$W_A = c_p G (T_2 - T_3) N \text{ in kcal/h} \quad \ldots\ldots \quad (103)$$

Darin ist:

c_p = spezifische Wärme der Abgase, = 0,25 ÷ 0,27,
G = Abgasmenge in kg/PS$_e$-h,
= $B\,(1 + m \cdot L)$ kg;
m = Luftüberschußkoeffizient,
= 1,4 ÷ 1,6 bei Vollast,
= 3,0 ÷ 3,5 » Halblast;
L = theoretische Luftmenge in kg/kg,
= 14 ÷ 15 für Rohöl, Petroleum, Benzin,
= 8 für Rohspiritus von 90 Vol.-%;
B = Brennstoffverbrauch in kg/PS$_e$-h,

und zwar für:

N = 5	= 10	= 25	= 50	= 100	$\geqq$ 150 PS$_e$,
B = 0,25	= 0,24	= 0,22	= 0,20	= 0,19	= 0,18 für Rohöl,
= 0,55	= 0,50	= 0,46 für gereinigtes Petroleum,			
= 0,30	= 0,28	= 0,25	= 0,24 für Benzin,		
= 0,50	= 0,46	= 0,42 für Rohspiritus von 90 Vol.-%;			

T_2 = Temperatur der Abgase, vom Motor kommend,
= 400 ÷ 450° bei Vollast } für Dieselmotor,
= 320 ÷ 330° » Halblast }
= 350 ÷ 450° bei Vollast } für Petroleum- und Benzinmotor;
= 230 ÷ 300° » Halblast }
T_3 = Temperatur der Abgase, ins Freie tretend, nach Ausnutzung in der Warmwasserbereitungsanlage,
$\geqq$ 150°, nicht kleiner als 150°, um Wasserniederschläge zu vermeiden;
N = Effekt des Motors in PS$_e$.

Es können nun zwei Wege zur Abgasverwertung eingeschlagen werden: entweder wird die zur Verfügung stehende Abgaswärme im Warmwasserbereiter zur Erwärmung von Frischwasser ausgenutzt, oder die Abgaswärme dient zum Nachwärmen des aus dem Motor kommenden, schon auf 50 ÷ 60° erwärmten Kühlwassers. Den ersten Weg wird man beschreiten, wenn man durchaus einwandfreies Warmwasser erhalten will oder die Kühlwassermenge bei sonst ausreichender Temperaturhöhe in seiner Menge nicht ausreicht. Der zweite Weg ist dagegen einzuschlagen, wenn das Kühlwasser, in seiner Menge und Güte voll ausreichend, eine höhere Temperatur als 60° besitzen soll. Man hat nämlich zu bedenken, daß das Kühlwasser theoretisch zwar vollkommen frei von allen Beimischungen, wie Öl, Gas und sonstigen Unreinigkeiten ist, daß aber im praktischen Betriebe ein Übertritt von Gas in das Wasser bei Undichtigkeiten, Schadhaftwerden der Manteldichtungen möglich sein kann und nicht gänzlich ausgeschlossen ist.

Schließlich kann noch ein dritter Weg für eine Wärmeverwertung bei diesen Motoren offen stehen: nämlich das Kühlwasser selbst als Heizmittel für Warmwasserbereitungszwecke auszunutzen. Diese Art gehört dann eigentlich nicht in dieses Kapitel, sondern zu den Wasserheizkörpern, betrieben durch Heizwasser; sie mag aber ihre Erledigung gleich an dieser Stelle mit finden.

1. Fall. Die Abgase dienen zur Erwärmung von Frischwasser.

Da eine bestimmte Wärmemenge W_A zur Wassererwärmung durch die Abgase zur Verfügung steht, so handelt es sich nur um die Frage, eine wie große Menge Wasser bei einer bestimmten geforderten Temperatur oder bis zu welcher Temperatur eine bestimmte geforderte Wassermenge in der Stunde erwärmt werden kann. Dafür besteht die Gleichung:

$$W_A = Q_h (t - t_1).$$

Bei Annahme der Höchsttemperatur t des Gebrauchswassers folgt dann:

$$Q_h = \frac{W_A}{t - t_1} \text{ in l/h} \quad \ldots \ldots \ldots \quad (104)$$

oder bei Annahme einer stündlich geforderten Wassermenge Q_h in l:

$$t = t_1 + \frac{W_A}{Q_h} \quad \ldots \ldots \ldots \quad (105)$$

Sind Q_h und t den Anforderungen genügend festgelegt, so bestimmt sich die Heizfläche des Warmwasserbereiters zu:

$$H = \frac{W_A}{k(T_m - t_m)} \text{ m}^2 \quad \ldots \ldots \ldots \quad (106)$$

Es sind:

$$T_m = \frac{T_2 + T_3}{2} \text{ und } t_m = \frac{t + t_1}{2}$$

oder $T_m - t_m$ nach Gl. (66) zu berechnen; ferner k nach Gl. (65) mit

$a_1 = 2 + 10\sqrt{v_g}$ mit $v_g = 1 \div 20 \div 100$ m/s,

$a_2 = 4500\sqrt{v_w}$ mit $v_w = 0{,}2 \div 0{,}5$ m/s für bewegtes Durchlaufwasser,

$a_2 = 500 \div 3000$ für ruhendes Speicherwasser (je größer $T_m - t_m$, desto größer a_2),

oder man nimmt bei Eisenheizflächen für:

$$\begin{array}{lcccccccc} T_m - t_m = & 50 = & 75 = & 100 = & 150 = & 200 = & 250 = & 300 = & 350 \\ k \quad = & 7 = & 9 = & 11 = & 12 = & 13 = & 14 = & 15 = & 16 \end{array}$$

2. Fall. Die Abgase dienen zum Nachwärmen des schon temperierten Kühlabwassers, welches dann das Gebrauchswasser darstellt.

Die stündliche Kühlwassermenge beträgt:

$$\left.\begin{aligned} q_{ü} &= 10 \div 16 \text{ l/PS bei Vollast} \\ &= 18 \div 20 \text{ l/PS bei Halblast} \end{aligned}\right\} \text{für Dieselmotor,}$$

$$\left.\begin{aligned} &= 22 \div 28 \text{ l/PS bei Vollast} \\ &= 38 \div 40 \text{ l/PS bei Halblast} \end{aligned}\right\} \text{für Petroleum- und Benzinmotor,}$$

somit bei N PS:

$$Q_{ü} = q_{ü} N \text{ in l/h} \quad \ldots\ldots\ldots\ldots \quad (107)$$

Diese Wassermenge verläßt die Motorkühlräume mit einer Temperatur von:

$$t_{ü} = 50 \div 70^{0},$$

so daß sie durch die Abgaswärme von W_A kcal/h in dem Warmwasserbereiter, meist als Röhrenkessel oder Rautenflächner ausgebildet, weiter erwärmt werden kann auf:

$$t = \frac{W_A}{Q_a} + t_a \quad \ldots\ldots\ldots\ldots \quad (108)$$

Wegen der Wärmeverluste in längerer Leitung zwischen Motor und Warmwasserbereiter hat man in Gl. (108) statt t_a zu setzen t_a' und $t_{ü}'$ um $\sim 10\% < t_{ü}$ zu nehmen, also:

$$t_{ü}' = \sim 0{,}9\, t_{ü} \quad \ldots\ldots\ldots\ldots \quad (109)$$

Die zu dieser Nachheizung erforderliche Heizfläche des Heizapparates berechnet sich wieder aus Gl. (106), nur ist anstatt

$t_m = \dfrac{t + t_1}{2}$ zu setzen:

$$t_m = \frac{t + t_a'}{2} \quad \ldots\ldots\ldots\ldots \quad (110)$$

Zusatzfall (3. Fall). Dient das Kühlwasser als Heizmittel, so hängt die technische Durchführung solch seltener Warmwasserbereitung von der Art der Motorkühlung, ob sie mit durchfließendem (Hochdruck) oder mit kreisendem (Niederdruck) Wasser bewirkt wird, und von der Tiefenlage des Warmwasserbereiters zum Motor, ab. Die Höhe der Erwärmung des Gebrauchswassers ist durch die Temperatur $t_{ü}'$ bedingt, sie wird also nicht über 60° zu erreichen sein.

Die Abflußtemperatur $t_{ü}'$ des Heizwassers (Kühlwassers) kann natürlich bis zur äußersten Grenze herabgedrückt werden; desto besser sind dann die Wärmeausnutzung und die Wiederverwendung des Heizwassers als Motorkühlwasser. Natürlich wird sie unter der Zuflußtemperatur t_1 des Gebrauchswassers nicht sinken können und somit einen Wert haben von:

$$t_{ü}'' = \sim 10 \div 25^{0}.$$

In die Gl. (63) sind dann zu setzen:

$$T_m = \frac{t_{ü}' + t_{ü}''}{2} \quad \text{und } k = 300 \text{ für Eisenrohr.}$$

Überschläglich ist die nutzbare Abwärme eines Dieselmotors

$w_a' = 400 \div 300$ kcal/PS$_e$h aus den Abgasen,

$w_a'' = 500 \div 350$ kcal/PS$_e$h aus dem Kühlwasser,

somit:

$$W_A = (w_a' + w_a'')\, N \text{ kcal/h} \qquad \text{(111)}$$

2. Die Abgaswärme der Motoren für gasförmige Brennstoffe. Die Gaskraftmaschinen.

Das vorstehend über die flüssigen Brennstoffe Gesagte gilt im großen und ganzen auch für die Gaskraftmaschinen, deren Kraftstoffe Steinkohlengas (Leuchtgas), Kraftgas (Generatorgas), Koksofengas und Hochofengas (Gichtgas) sein können. Dafür ergibt sich nachstehende Tabelle 75, die als Grundlage für die Berechnung dienen kann. Die Werte der Tabelle 75 beziehen sich auf Vollast, wie solche für diese Berechnungen überhaupt nur maßgebend sein kann.

Es betragen ferner:

die Kühlwassermenge $q_ü = 25 \div 35$ l/PS$_e$h,

die Kühlwassertemperatur $t_ü = 40 \div 70°$.

Sind N = Effekt der Gaskraftmaschine in PS$_e$, p, B und H_u = Werte der Tabelle 75, so steht für die Heizflächenberechnung des Warmwasserbereiters eine nutzbare Abgaswärme zur Verfügung von:

$$W^A = \frac{p}{100}\, B\, H_u\, N \text{ in kcal/h} \qquad \text{(112)}$$

Tabelle 75.

Berechnungswerte für Abwärmeverwertung von Gaskraftmaschinen.

Betriebsstoff	Praktischer unterer Heizwert des Brennstoffes	Stündlicher Gasverbrauch des Motors	Theoretische Luftmenge	Temperatur der Abgase	Nutzbare Abwärme in % der dem Motor zugeführten Wärmemenge	
	H_u in kcal/m³	B in m³/PSeh	m³/m³	T_2 in °C	p in % kcal	
		bei 5 ÷ 100 PS$_e$			Kühlwasser	Abgase
Steinkohlengas, arm	4 500	0,70 ÷ 0,53	5,50	400	30	35
(Leuchtgas) mittel	5 000	0,63 ÷ 0,47	÷	450	25	30
» reich	5 500	0,53 ÷ 0,39	6,50	500	25	30
Generatorgas, Koks	1 250	3,30 ÷ 2,30	0,85	400	25	30
» Braunkohle	1 000	3,30 ÷ 2,40	÷	400	25	30
» Torf	900	3,35 ÷ 2,45	1,00	400	25	30
		bei 10 ÷ 100 PS$_e$				
Koksofengas	4 000	1,10 ÷ 0,70	5,30	450	30	25
Hochofengas (Gichtgas)	950	3,70 ÷ 2,80	0,75	400	30	25

Überschläglich kann man auch rechnen mit 350÷700 kcal/PS, die stündlich in dem Warmwasserbereiter, Röhrenkessel, für Warmwassererzeugung gewonnen werden können. Damit ergibt sich:

$$W_A = (350 \div 700) \cdot N \text{ in kcal/h} \quad \ldots \ldots \quad (112a)$$

Die weitere Berechnung hat in gleicher Weise wie unter 1. zu erfolgen. Für die Verbindung des Warmwasserbereiters mit dem Motor hat man einen Rohrdurchmesser:

von $\sim (15 \div 17)\sqrt{N}$ in mm für die Motorauspuffleitung,

von $\sim (0{,}5 \div 0{,}3)\sqrt{N}$ in mm für die Kühlwasserabflußleitung

vorauszusetzen.

3. Die Abgaswärme der Industrieöfen, Gaswerksöfen u. dgl.[1])

Der industrielle Großofen als Siemens-Martin-, Roll-, Gaswerksretorten- oder Kammer-, Zementrotierofen usw. liegt in seiner Konstruktion und Leistung als Abgaswärmequelle vor. Will man eine sichere, genaue Rechnung anstellen, so sind hierfür an dem Ofen die nötigen Feststellungen zu machen und dann für die nachfolgende Rechnung bestimmt:

f = freier Querschnitt des Abgaskanales zwischen Ofen und Abhitzekessel, also Fuchs, in m^2,
v = Abgasgeschwindigkeit in f in m/s, = 1÷20÷100 m/s,
b = Unterdruck in f in mm Q.-S. (<760 mm Q.-S.),
T_2 = Temperatur der Abgase vor dem Abhitzekessel,
= $\sim 400 \div 1000^0$ je nach Ofenart und -betrieb (S. 28),
T_3 = zul. Abfalltemperatur hinter dem Abhitzekessel,
$\geq 130^0$ zur Vermeidung von Schwitzwasserbildung,
γ = spezifisches Gewicht des Abgases in kg/m^3,
= $\sim 1{,}30 \div 1{,}35\ kg/m^3$.

Um mit sicheren Werten rechnen zu können, müssen dichte Fuchskanäle, eisenummantelte Schamottekanäle, vorausgesetzt werden, die ein Eintreten von kalter Falschluft verhindern.

Nach den Gesetzen von Mariotte, Gay-Lussac-Boyle bestehen bezüglich der Gasvolumen die Beziehungen:

$$V_3 = V_2 \frac{1 + a\, T_3}{1 + a\, T_2} \quad \text{und} \quad V = V_3 \frac{b}{760}.$$

Ferner ist:

$$V_2 = f\, v\, 3600\ m^3/h.$$

Setzt man:

w_a = Wärmeabgabe des Abgases bei $T_2 - T_3$ in kcal/kg,

so ist die im Abhitzekessel noch ausnutzbare Abgaswärmemenge:

$$W_A = \gamma\, w_a\, V \text{ kcal/h}$$

---

[1]) Dr.-Ing. Balcke: »Abhitzeverwertung in technischen Betrieben.« Die Wärme, 51, Heft 35 u. 36, 1928.

oder mit obigen Werten:

$$W_A = \gamma\, w_a\, f\, v\, \frac{h}{760}\, \frac{1 + a\, T_3}{1 + a\, T_2}\, 3600 \text{ kcal/h} \quad . \quad . \quad . \quad . \quad (113)$$

Nach Hottinger[1]) kann w_a nach Tabelle 76 gewählt werden.

Tabelle 76.

Wärmeabgabe w_a in kcal/kg reiner Feuergase.

Bei einer Abkühlung im Abhitzekessel auf	$T_2 = 1000$	800	600	400°
$T_3 = 800$	68	—	—	—
$= 600$	131	63	—	—
$= 400$	191	123	60	—
$= 200$	245	177	114	54
$= 0$	296	228	165	105

Näherungsweise kann man sich auch der Gleichung:

$$W_A = c_p\, BG\, (T_2 - T_3) \text{ kcal/h} \quad . \quad . \quad . \quad . \quad . \quad . \quad . \quad (114)$$

bedienen.

Um Schwitzwasserbildung und somit scharfe Metallzerfressungen zu verhindern, nimmt man meist als Baustoff der Heizfläche Gußeisen oder Stahlrohr und erzeugt im Abhitzekessel nicht gleich das Gebrauchswasser mit seinem ständig kalten Zulauf, sondern Dampf im Niederdruck von $1{,}1 \div 1{,}3$ ata oder auch im Hochdruck von $2 \div 10$ ata mit über 35^0 vorgewärmtem Speisewasser. Dieser Dampf des eigentlichen Abhitzekessels wirkt dann weiter als Heizmittel auf einen außerhalb des Abgaszuges stehenden Gebrauchswarmwasserbereiter hin. Demgemäß ist zu setzen:

$$t_m = \frac{t_1 + t}{2} \text{ bei direkter Gebrauchswassererzeugung,}$$

$$= \frac{T_s + T_r}{2} \text{ bei indirekter Gebrauchswassererzeugung}$$

durch die Abgase und darin:

$T_s = T_r = T_D$ bei Dampferzeugung im Abhitzekessel,

$T_s = 70 \div 90^0$ bei Heizwassererzeugung im Abhitzekessel (Steigrohr),

$T_r = 50 \div 70^0$ bei Heizwassererzeugung im Abhitzekessel (Rücklaufrohr).

Mit diesen Größen (T_D ist nach der Sattdampftabelle entsprechend p ata bekannt) errechnet sich der Temperaturunterschied zu:

$$T_m - t_m = \frac{(T_2 - t) + (T_3 - t_1)}{2} \text{ bei direkter Gebrauchswassererzeugung,}$$

[1]) Hottinger: »Abwärmeverwertung.« 1922, Springer, Berlin.

$$= \frac{(T_2 - T_s) + (T_3 - T_r)}{2} \text{ bei Heizwassererzeugung,}$$

$$= \frac{T_2 + T_3}{2} - T_D \qquad \text{bei Dampferzeugung}$$

im Abhitzekessel.

Die Wärmedurchgangszahl k ist, um sich günstige praktische Verhältnisse zu sichern, möglichst hoch zu bewerten; also ist die Gasgeschwindigkeit v_g möglichst hoch zu halten. Dies erreicht man durch künstlichen Zug, Saugzug, dessen Ventilator unmittelbar dem Abhitzekessel angebaut wird. Mithin besteht die konstruktive Reihenfolge: Industrieofen, Abhitzekessel, Ventilator, Schornstein, alle Teile möglichst nahe aneinandergebaut. Ist das nicht möglich und befindet sich zwischen Ofen und Abhitzekessel ein längerer Fuchskanal von l m Länge, so ist statt T_2 zu setzen:

$$T_2' = T_2 - (1 \div 2^0)\, l.$$

Bei natürlichem Schornsteinzuge dürfen dagegen v_g und k nicht zu hoch genommen werden, auf daß der Schornsteinverlust (Gl. 3) nicht zu hoch ausfällt.

In Gl. (65) sind die Wärmeübergangswerte nach S. 404 anzunehmen, dazu tritt noch:

$a_2 = 4000 \div 5000$ bei Dampferzeugung im Abhitzekessel (je höher p ata ist, desto höher a).

Nach Eberle[1]) kann man auch nehmen für:

$$\begin{array}{llllllll} v_g & = 0{,}5 & = 1{,}0 & = 2{,}0 & = 5{,}0 & = 10{,}0 & = 20{,}0 \text{ m/s}, \\ k & = \underbrace{9 \quad = 12 \quad = 16 \quad = 24}_{\text{natürlicher Zug}} & & & & = \underbrace{33 \quad = 46}_{\text{Saugzug}} & \text{kcal/m}^2\text{, h, }^0\text{C} \end{array}$$

meist $k = \sim 20$ bei natürlichem und $= \sim 35$ bei künstlichem Zuge.

Mit allen diesen Größen ist die Heizfläche H des Abhitzekessels nach Gl. (63) zu berechnen und durch liegendes Röhrenbündel mit $d_i/d_a = \sim 82{,}5/89$ mm zu decken. Die Dampfleistung folgt bei λ kcal/kg Wärmeinhalt entsprechend p ata und t_w Speisewassertemperatur zu:

$$D = \frac{W_A}{\lambda - t_w} \text{ kg/h} \quad \ldots \ldots \ldots \quad (115)$$

Unter Umständen ist es nötig, das Speisewasser auf $t \geq 35^0$ vorzuwärmen. Für die Warmwasserbereitung steht bei $10 \div 20\%$ Wärmeverlust eine Wärmemenge zur Verfügung von:

$$W_0 = 0{,}80 \div 0{,}90\, rD \text{ kcal/h} \quad \ldots \ldots \quad (116)$$

wenn r = Verdampfungswärme in kcal/kg entsprechend p ata (Sattdampftabelle) ist. Durch diese können dann:

$$Q_h = \frac{W_0}{(t - t_1)} \text{ l/h} \quad \ldots \ldots \ldots \quad (117)$$

von t_1 auf t^0 erwärmt werden.

---

[1]) Zeitschrift d. Bayer. Revisions-Vereins XIII, Heft 19—21, 1909.

Die Heizfläche des sekundären Warmwasserbereiters ergibt sich nach d) bezw. f).

Beispiel 1. Es soll die Abwärme eines 100-PS_e-Dieselmotors bei Vollast für technische Warmwasserbereitung verwertet werden. Das Wasser hat eine Temperatur von 80° zu erhalten. Eine wie große Wassermenge von dieser Temperatur kann gewonnen werden; welche Heizfläche ist dafür erforderlich, einmal, wenn in dem Warmwasserbereiter als Röhrenkessel Frischwasser von 20° zu erwärmen ist und dann, wenn die vorhandene Kühlwassermenge als Gebrauchswasser mit zur Ausnutzung kommt?

Man kann für $N = 100$ bei Vollast wählen:

$$B = 0{,}2\ \text{kg/PS};\ m = 1{,}5;\ L = 15\ \text{kg/kg};$$

$$T_2 = 400^0\ \text{und}\ T_3 = 200^0.$$

Damit wird nach Gl. (103):

$$W_A = c_p\, G(T_2 - T_3)\, N = 0{,}25 \cdot 0{,}2\,(1 + 1{,}5 \cdot 15)\,(400 - 200) \cdot 100 = 23500\ \text{kcal/h}.$$

Kommt Frischwasser von 20° zum Erwärmen, so ergibt sich nach Gl. (104) die bei $t = 80^0$ zu erreichende Wassermenge zu:

$$Q_h = \frac{W_A}{t - t_1} = \frac{23500}{80 - 20} = 392\ \text{l/h}.$$

Mit $k = 14$ bei $T_m - t_m = 250$ bestimmt sich die Heizfläche des Röhrenkessels nach Gl. (106) zu:

$$H = \frac{W_A}{k\,(T_m - t_m)} = \frac{23500}{14\left(\frac{400 + 200}{2} - \frac{80 + 20}{2}\right)} = 6{,}72\ \text{m}^2.$$

Wird das Kühlwasser von $\sim 60^0$ für die Warmwasserbereitung mit als Gebrauchswasser ausgenutzt, so stehen mit $q_ü = 15\ \text{l/PS}_e$ nach Gl. (107):

$$Q_ü = q_ü\, N = 15 \cdot 100 = 1500\ \text{l/h},$$

$$\text{von}\ t_a' = 0{,}9\, t_ü = 0{,}9 \cdot 60 = 54^0$$

zur Verfügung, welche dann im Röhrenkessel durch die Abgase noch auf 80° nachzuwärmen sind. Mit $W_A = 23500$ kcal/h Abgaswärme läßt sich nach Gl. (108) eine Höchsttemperatur von:

$$t = \frac{W_A}{Q_ü} + t_a' = \frac{23500}{1500} + 54 = \sim 70^0$$

erreichen. Es können also nur:

$$Q_ü' = \frac{W_A}{t - t_a'} = \frac{23500}{80 - 54} = 900\ \text{l/h}$$

auf 80° erwärmt werden. Diese verlangen dazu eine Heizfläche des Röhrenkessels mit $k = \sim 13{,}5$ bei $T_m - t_m = 233$ von:

$$H = \frac{23\,500}{13{,}5 \cdot 233} = 7{,}47 \text{ m}^2.$$

Man ersieht den Vorteil der zweiten Durchführung, sobald das Kühlwasser als Gebrauchswasser mit herangezogen wird. In solchem Falle erreicht man mit derselben Heizgaswärme die Erwärmung einer $\frac{900}{329} = 2{,}3$ fach größeren Wassermenge bei einer Heizflächenvergrößerung von nur:

$$\frac{(7{,}47 - 6{,}72)\,100}{6{,}72} = \sim 11\%.$$

Beispiel 2. Ein Dieselmotor mit 1000 PS_e liefert eine Abgasmenge von 2 kg/PS_eh von 500°. Seine Kühlwassermenge beträgt 12000 l/h, die den Kühlmantel mit 50° verlassen. Die Abgase sollen unter Abkühlung bis auf 200° der weiteren Erwärmung des Kühlwassers dienen, das als Gebrauchswasser möglichst hoch temperiert gewerbliche Verwendung finden soll. Als Warmwasserbereiter ist ein Lollar-Rhombikusheizkörper (Abb. 172) aufzustellen, dessen Gliederzahl zu berechnen ist.

Gegeben sind: $N = 1000$ PS_e, $Q_ü = Q_k = 12000$ l/h, $G = B\,(1 + mL) = 2$ kg/PS_eh (also bei $m = 1{,}5$ und $L = \sim 15$ kg/kg ist $B = \sim 0{,}10$ kg PS_eh); $T_2 = 500°$; $T_3 = 200°$; $t_ü = 50°$.

Die in den Abgasen enthaltene nutzbare Wärme beträgt nach Gl. (103):

$$W_A = c_p G\,(T_2 - T_3)\,N = 0{,}27 \cdot 2 \cdot (500 - 200) \cdot 1000 = 16200 \text{ kcal/h}.$$

Setzt man kurze, gutisolierte Leitung zwischen Motor und Warmwasserbereiter voraus, so ist die erreichbare Wassertemperatur nach Gl. (108):

$$t = \frac{W_A}{Q_a} + t_a = \frac{162000}{12000} + 50 = 63{,}5 = \sim 64°.$$

Im Rhombikusapparat besteht streng genommen Kreuzstrom zwischen Gasweg und Wasserweg, dafür kann man $T_m - t_m$ nach Gl. (66a) berechnen zu:

$$T_m - t_m = \frac{(T_2 - t_a) - (T_3 - t)}{\ln \dfrac{T_2 - t_a}{T_3 - t}} = \frac{(500 - 50) - (200 - 64)}{\ln \dfrac{500 - 50}{200 - 64}} = 255°.$$

Mit $\alpha_1 = 2 + 10\sqrt{v_g} = 2 + 10\sqrt{2} = 16$, somit $\frac{1}{\alpha_1} = 0{,}063$

$\alpha_2 = 4500\sqrt{v_w} = 4500\sqrt{0{,}5} = 3290$, somit $\frac{1}{\alpha_2} = 0{,}000304$

$\frac{s}{\lambda_i} = \frac{0{,}004}{56}$ (4 mm Gußeisen) . . . . $= 0{,}000072$

$0{,}063376$

wird nach Gl. (65):

$$k = \frac{1}{0{,}063376} = 15{,}77 = \sim 16 \text{ kcal/m}^2\text{, h, }^\circ\text{C}$$

und hiermit die Heizfläche nach Gl. (106):

$$H = \frac{W_A}{k\,(T_m - t_m)} = \frac{16200}{16 \cdot 255} = 40 \text{ m}^2$$

oder mit 10% Zuschlag für Berücksichtigung der Ölniederschläge:

$$H = 1{,}1 \cdot 40 = 44 \text{ m}^2.$$

Gewählt wird nach S. 182 das kleine Säulenmodell mit $h = 0{,}41$ m² pro Element, so daß:

$$n = \frac{H}{h} = \frac{44}{0{,}41} = 107{,}3 = 108 \text{ Elemente}$$

den Warmwasserbereiter bilden müssen. Der Zusammenbau der Elemente erfolgt nach Abb. 172 in der bekannten Rautenform. Bei $z =$ 7 Elementenreihen hintereinander müssen die 1., 3., 5. und 7. Reihe 1 Element mehr erhalten als die 2., 4. und 6. Reihe, also 3 Reihen n_1 Elemente und 4 Reihen $n_1 + 1$ Elemente. Aus:

$$H = h\,(4\,(n + 1) + 3\,n_1)$$

berechnet sich:

$$n_1 = \frac{0{,}25\,n - 1}{1{,}75} = \frac{0{,}25 \cdot 108 - 1}{1{,}75} = 15{,}43 = \sim 16.$$

Somit erhalten:

3 Reihen, und zwar die 2., 4. und 6. Reihe $n_1 = 16$ Elemente,
4 Reihen, und zwar die 1., 3., 5. und 7. Reihe $n_1 + 1 = 17$ Elemente.

Hiermit ist die erforderliche Heizfläche gesichert mit $H = 0{,}41 \cdot (4 \cdot 16 + 3 \cdot 15) = 44{,}69$ m². Es betragen nach Tabelle 30 die Gliedhöhe 800 mm, die Baulänge eines Gliedes 70 mm, somit ist die Ansichtsfläche oder der Kanalquerschnitt der die Elemente umspülenden Gase $0{,}8 \cdot 17 \cdot 0{,}07 = 0{,}952$ m² und die Länge des Apparates gemäß Abb.172 $6 \cdot 0{,}167 + 2 \cdot 0{,}12 = 1{,}242$ m.

Beispiel 3. Welche Heizfläche hat der Warmwasserbereiter als Röhrenkessel zu erhalten, der durch die Abgaswärme einer mit Koksofengas betriebenen 300-PS-Gaskraftmaschine eines Hüttenwerkes beheizt wird und vorzugsweise das Brausebad des Werkes zu versorgen hat? Das Kühlwasser der Maschine kann wegen anderer Verwendung hierfür nicht in Betracht kommen.

Nach Tabelle 75 ist:

$$p = 25\%;\ B = 0{,}70;\ H_u = 4000;\ T_2 = 450^\circ;\ T_3 = 200^\circ.$$

Damit ergibt sich die der Warmwasserbereitung zur Verfügung stehende Abgaswärme nach Gl. (112) zu:

$$W_A = \frac{p}{100} B H_u N = \frac{25}{100} \cdot 0{,}70 \cdot 4000 \cdot 300 = 210000 \text{ kcal/h}.$$

Überschläglich ist nach Gl. (112a) ebenfalls: $W_A = \sim 700 \cdot 300 = 210000$ kcal/h. Mit $t_1 = 10^0$ und $t = 40^0$ wird nach Gl. (104):

$$Q_h = \frac{W_A}{t - t_1} = \frac{210000}{40 - 10} = 7000 \text{ l/h}$$

und dann nach Gl. (106) mit $k = 15$ (S. 456):

$$H = \frac{210000}{15\left(\frac{450 + 200}{2} - \frac{40 + 10}{2}\right)} = 50 \text{ m}^2 \text{ Heizfläche.}$$

Die zum Warmwasserbereiter führende Heizgasleitung wird einen Durchmesser von $d = 15\sqrt{300} = \sim 255$ mm besitzen.

Beispiel 4. Ein Zementdrehrohrofen, dessen Leistung an gebranntem Zement 3000 kg/h beträgt, erfordert einen Brennstoffverbrauch von $\sim$ 900 kg/h Staubkohle. Die Abgase des Ofens haben 650^0 und sollen in einem Abhitzekessel bis auf 250^0 abgekühlt werden. Aus dem Rohmaterial werden 33% Kohlensäure ausgetrieben, wenn 1500 kg Rohmaterial $\sim$ 1000 kg Zement ergeben. Es ist der Abhitzekessel als Hochdruckdampfkessel für 2 atü zu berechnen, der die Zentralstelle für eine Fernwarmwasserversorgung in den einzelnen Betriebs- und Wohngebäuden des Werkes ergeben soll.

Unter Beachtung der Kohlensäureentwicklung gilt nach Gl. (114):

$$W'_A = c_p \left[B G + 3000 \frac{1500}{1000} \cdot \frac{33}{100}\right] (T_2 - T_3)$$

$$= 0{,}24 \, [900\,(1 + 1{,}5 \cdot 10) + 1485] \, (650 - 250) = 1524960 \text{ kcal/h}.$$

Die diese Wärme enthaltenden Abgase sind durch das feuchte Rohmaterial stark mit Wasserdampf durchsetzt, der die nutzbare Abgaswärme zu $\sim$ 50% vermindert. Als letztere stehen somit:

$$W'_A = \sim 0{,}5\, W_A = 0{,}5 \cdot 1524960 = 762480 \text{ kcal/h}$$

zur Verfügung. Hiermit können bei $T_w = 40^0$ Speisewassertemperatur, $p = 2 + 1 = 3$ ata, $\lambda = 652$ kcal/kg, $r = 518$ kcal/kg und $T_n = 132{,}9 = \sim 133^0$ nach Gl. (115):

$$D = \frac{W_A'}{\lambda - T_w} = \frac{762480}{652 - 40} = 1250 \text{ kg/h}$$

Dampf erzeugt werden, der als Heizmittel zu den einzelnen Warmwasserbereitern der Gebäude geleitet wird. Bei $\sim$ 20% Wärmeverlust in den Fernleitungen verbleiben für die Warmwasserbereitung nach Gl. (116):

$$W_0 = 0{,}80\, r\, D = 0{,}80 \cdot 518 \cdot 1250 = 518000 \text{ kcal/h}.$$

Da das Wasser nur für häusliche, Bade- und Reinigungszwecke benutzt wird, so sei $t = 65^0$ und $t_1 = 10^0$, so daß nach Gl. (117):

$$Q_h = \frac{W_0}{t - t_1} = \frac{518000}{65 - 10} = 9400 \text{ l/h}$$

erzeugt werden können.

Für die Berechnung des Abhitzedampfkessels ist bei einem $l = 5$ m langen Fuchskanal:

$$T_2' = T_2 - 2 \cdot l = 650 - 2 \cdot 5 = 640^0,$$

$$T_m = t_m = \frac{T_2' + T_3}{2} - T_D = \frac{640 + 250}{2} - 133 = 312^0.$$

Für $v = 12$ m/s Saugzug ist nach S. 461 $k = 35$ zu nehmen, also:

$$H = \frac{W_0}{k(T_m - t_m)} = \frac{762480}{35 \cdot 312} = 70 \text{ m}^2.$$

Dieser Heizfläche entspricht eine zulässige Heizflächenbeanspruchung von:

$$\frac{D}{H} = \frac{1250}{70} = 17{,}86 \text{ kg/m}^2.$$

Für die Heizfläche werden gewählt:

Stahlröhren mit $d_i/d_a = 82{,}5/89$ mm, dafür nach Tab. IV S. 555 $\frac{\pi d_i^2}{4} = 0{,}00535$ m² und $\pi d_i = 0{,}259$ m²/m Innen- oder Heizfläche.

Für den Mantel des liegenden Heizröhrenkessels vom Durchmesser D und Länge L bestehen die Beziehungen: $\frac{D}{L} = \frac{1}{1{,}2} \div \frac{1}{2{,}5}$ und wegen guten Reinigens $D > 1{,}25$ m. Nimmt man hiernach vorläufig: $L = \sim 3$ m, so erhält man eine Röhrenzahl:

$$z = \frac{H}{\pi d_i L} = \frac{70}{0{,}259 \cdot 3} = 90.$$

Die Rohrmitten werden nach Abb. 411 in die Eckpunkte eines Rhombus gesetzt, dessen senkrechte Diagonale:

$$y = \sim 1{,}6 \cdot d_a = 1{,}6 \cdot 89 = 139{,}4 = \sim 140 \text{ mm}$$

und dessen wagerechte Diagonale:

$$x = \sqrt{3\, y^2} = \sqrt{3 \cdot 140^2} = 243 = \sim 240 \text{ mm}$$

sind.

In die wagerechte Mittellinie des Mantelkreises vom Dmr. D sollen (nach Abb. 411) 7 Rohre, also $6\,x$ kommen. Sieht man noch je $\frac{x}{2}$ Randabstand vor, so ergibt sich D zu:

$$D = 6\,x + 2 \cdot \frac{x}{2} = 6 \cdot 240 + 2\,\frac{240}{2} = 1680 = \sim 1700 \text{ mm}.$$

Damit ist:

$$\frac{D}{L} = \frac{1700}{3000} = \frac{1}{1,77} \text{ und } D > 1,25 \text{ m},$$

also D mit 1700 mm einhaltbar.

Die mittlere lichte Höhe des Dampfraumes ist mit

$$0,27\,D \div 0,28\,D = 0,27 \cdot 1,7 \div 0,28 \cdot 1,7 = 0,46 \div 0,48 \text{ m}$$

vorzusehen.

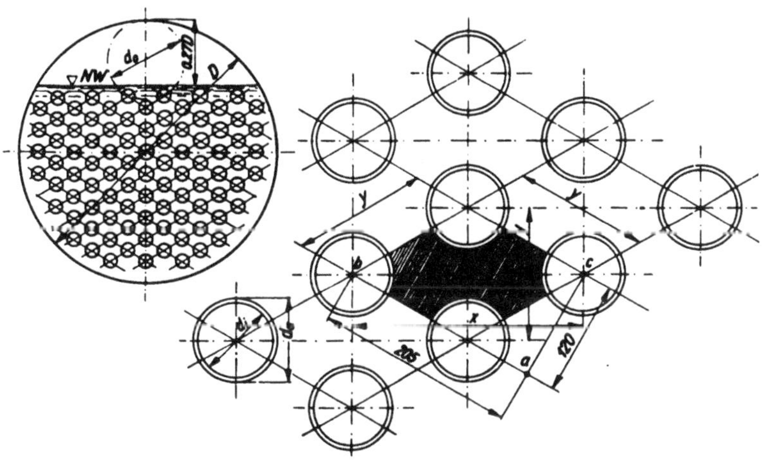

Abb. 411.

Beispiel 5. Es ist die Warmwassermenge, von 10 auf 90° erwärmt, zu bestimmen, welche durch die Abgase eines neuzeitlichen Vertikalkammerofens einer Gasanstalt gewonnen werden kann. Im Ofen werden 500 kg/h oberschlesische Steinkohlen vergast. Es betragen: die Abgastemperatur 525°, Gasgeschwindigkeit ∼ 3 m/s, der Fuchsquerschnitt 300 × 400 mm und der Unterdruck in diesem 630 mm QS.

Gegeben sind: $t_1 = 10°$; $t = 90°$; $B' = 500$ kg/h, also

$$B = 0,15 \cdot B' = 0,15 \cdot 500 = 75 \text{ kg/h Koksverbrauch}$$

(15% der vergasten Kohle); $T_2 = 525°$; $v_0 = 3$ m/s; $f = 300 \times 400 = 120000 \text{ mm}^2 = 0,12 \text{ m}^2$; $h = 630$ mm QS.

Für $T_2 = 525°$ und $T_3 = \sim 300°$ ist nach Tab. 76 S. 460: $w = \sim 100$ kcal/kg, damit und mit $\gamma = \sim 1$ die nutzbare Wärmemenge nach Gl. (113):

$$W_i = w_a\, f\, v\, \frac{h}{760}\, \frac{1 + a\, T_3}{1 + a\, T_2} \cdot 3600$$

$$= 100 \cdot 0,12 \cdot 3 \cdot \frac{630}{760} \cdot \frac{1 + a\, 300}{1 + a\, 525} \cdot 3600 = 77448 \text{ kcal/h}.$$

Nach der Annäherungsgl. (114) ist mit $c_p = 0,28$, $G = 1 + m\, L = 1 + 1,5 \cdot 10 = 16$ kg/kg:

$$W_i = c_p\, B\, G\, (T_2 - T_3) = 0,28 \cdot 75 \cdot 16\, (525 - 300) = 75600 \text{ kcal/h}.$$

Gewählt wird mit $\eta = \sim 0{,}95$:

$$W'_A = \eta\, W_A = 0{,}95 \cdot 75000 = 71250 = \sim 70000 \text{ kcal/h}$$

und zu deren Ausnutzung ein Rodberg-Niederdruck-Dampfabhitzekessel (Abb. 171) für $p = 1{,}5$ ata, somit (Sattdampftab. S. 533) $T_D = 110{,}8 = \sim 111^0$, $\lambda = 643{,}6 = \sim 644$ kcal/kg und $r = 532{,}7 = \sim 533$ kcal/kg. Dann ist:

$$T_m - t_m = \frac{T_2 + T_3}{2} - T_D = \frac{525 + 300}{2} - 111 = 301{,}5^0.$$

Für $d_i/d_a = 82{,}5/89$ mm Stahlrohr; $\alpha_1 = 18{,}3$; $\alpha_2 = 4000$; $s = 0{,}00375$ m; $\lambda_i = 30$ erhält man nach Gl. (65), $k = 20$, also die Heizfläche des Abhitzekessels zu:

$$H = \frac{W'_A}{k\,(T_m - t_m)} = \frac{70000}{20 \cdot 301{,}5} = \sim 10 \text{ m}^2$$

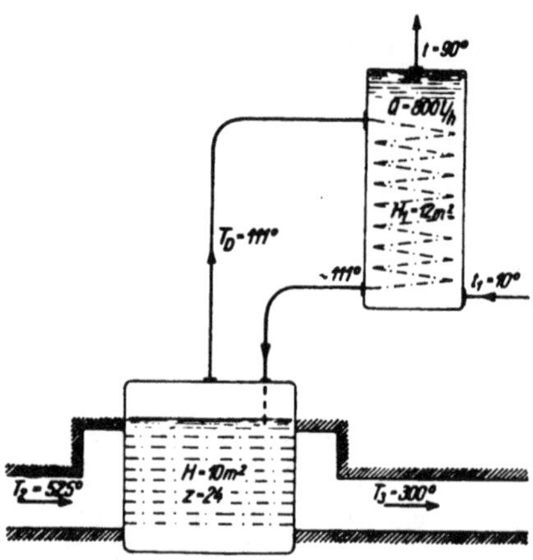

Abb. 412.

und die Röhrenzahl z bei $l = 1{,}5$ m Kessellänge zu:

$$z = \frac{H}{\pi\, d_a\, l} = \frac{10}{\pi \cdot 0{,}0825 \cdot 1{,}5} = 26.$$

Der Gesamtröhrenquerschnitt $z\,\frac{d_i^2 \pi}{4} = 26 \cdot \frac{0{,}0825^2 \pi}{4} = 0{,}1391$ m² entspricht dem Fuchsquerschnitt von $f = 0{,}12$ m².

Bei 10% Wärmeverlust werden dem außerhalb des Fuchses stehenden Heizschlangen-Warmwasserbereiter

$$W_0 = 0{,}9 \cdot W'_A = 0{,}9 \cdot 70000 = 63000 \text{ kcal/h}$$

zugeführt. In diesem werden dann durch:

$$H_1 = \frac{W_0}{k\,(T_m - t_m)} = \frac{63000}{1000\left(111 - \frac{90 + 10}{2}\right)} = 10{,}33 = \sim 12 \text{ m}^2$$

Heizfläche

$$Q = \frac{W_0}{t - t_1} = \frac{63000}{90 - 10} = \sim 800 \text{ l/h}$$

Warmwasser von 90° erzeugt.

(Schema der Anlage Abb. 412.)

Beispiel 6. An einem Martinofen (Abb. 413) mit 50 t Einsatz werden bei einer stündlichen Erzeugung von 7,5 t Stahl 3200 kg/h Dampf von 15 ata und 350° in einem MAN-Abhitzekessel für Kraft- und Warmwasserzwecke gewonnen. Es sind durch eine Wirtschaftlichkeits-

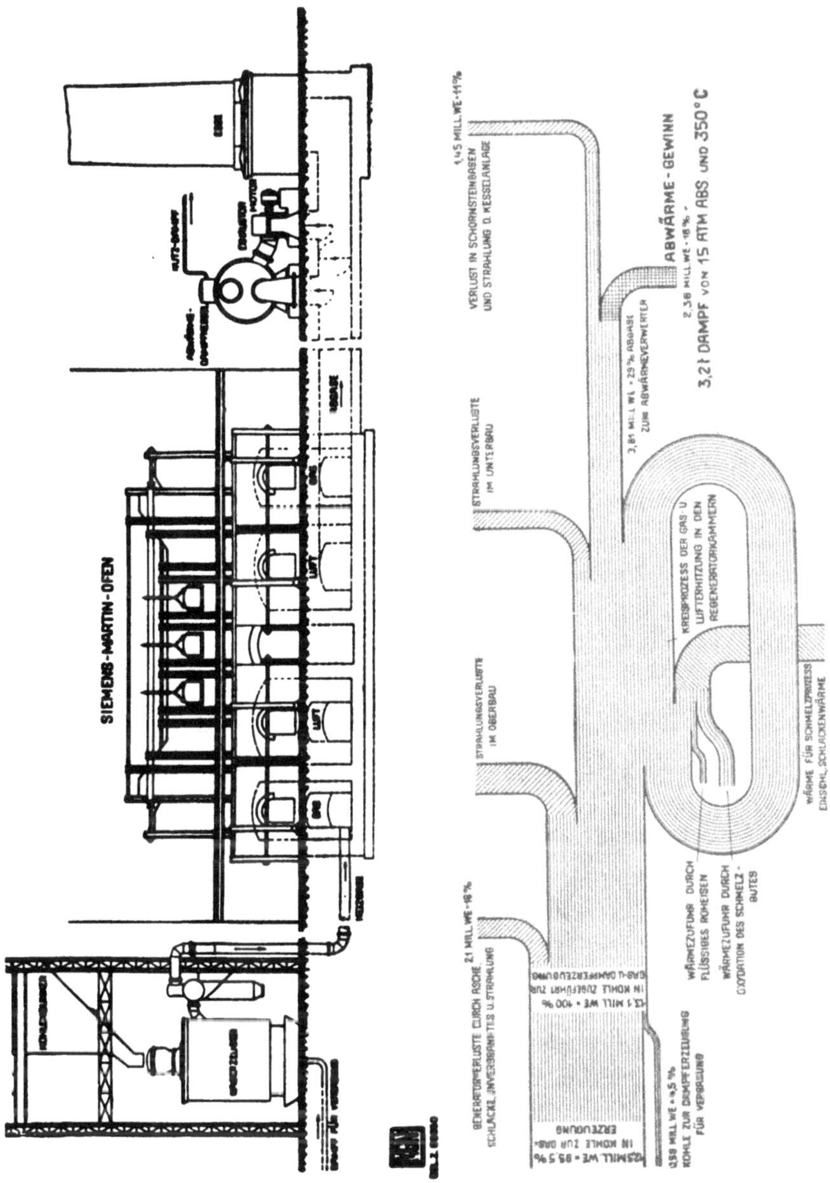
SIEMENS-MARTIN-OFEN
GAS
LUFT
1,45 MILL.WE-11%
VERLUST IN SCHORNSTEINGASEN
UND STRAHLUNG D. KESSELANLAGE
ABWÄRME-GEWINN
2,38 MILL WE-18% -
3,2 t DAMPF VON 15 ATM ABS UND 350°C
3,81 MILL WE - 29% ABGASE
ZUM ABWÄRMEVERWERTER
STRAHLUNGSVERLUSTE
IM UNTERBAU
STRAHLUNGSVERLUSTE
IM OBERBAU
KREISPROZESS DER GAS-U
LUFTERHITZUNG IN DEN
REGENERATORKAMMERN
WÄRME FÜR SCHMELZPROZESS
EINSCHL. SCHLACKENWÄRME
WÄRMEZUFUHR DURCH
FLÜSSIGES ROHEISEN
WÄRMEZUFUHR DURCH
OXYDATION DES SCHMELZ-
GUTES
2,1 MILL.WE-16%
GENERATORVERLUSTE DURCH ASCHE
SCHLACKE, UNVERBRANNTES U. STRAHLUNG

berechnung die durch die Abwärmeverwertung erzielten Ersparnisse zu ermitteln.

Bei 3 Chargen in 24 Betriebsstunden haben sich gefunden:

stündl. Dampfleistung, 15 ata, 350° . . . . 3200 kg

jährl. Dampfmenge bei 7000 Betriebsstunden

$$\frac{3200 \cdot 7000}{1000} = \qquad 22400 \text{ t}$$

Kraftbedarf der Saugzuganlage 16 PS, bezogen auf die Dampfmenge, berechnet je PSh einschl. aller Verluste zu $\sim$ 10 kg, somit

$$\frac{16 \cdot 10 \cdot 7000}{1000} = \qquad 1120 \text{ t}$$

jährl. nutzbare Dampfmenge

$$22400 - 1120 = \qquad 21280 \text{ t}$$

Preis für 1 t Dampf bei einem Kohlenpreis von 24 M./t frei Kesselhaus und 8facher Verdampfung . . . 3 M.

Jährlicher Erlös aus der Abwärmeanlage

$$21280 \cdot 3 = \qquad 64000 \text{ M.}$$

Voraussichtliche Kosten der betriebsfertigen Anlage . 50000 M.

Jährliche Brennstoffersparnis bei der 8fachen Verdampfung

$$21280 : 8 = \qquad 2650 \text{ M.}$$

Die Anlage wird sich in $64000 \dfrac{50000}{12} = 9$ Monaten bezahlt machen, abgesehen von Verzinsung und Tilgung des Anlagekapitals.

h) Die Dampfheizkörper mit eigener Feuerung.

Diese Gruppe bilden die Dampfkessel, die den in ihnen erzeugten Dampf zum Betreiben entweder der Heizeinsätze, Röhrenbündel und Heizschlangen, der Warmwasserbehälter und Dampfwarmwasseröfen für indirekte Erwärmung des Gebrauchswassers oder der Misch- und Strahlapparate zur direkten Erwärmung des Gebrauchswassers abgeben. Die Kessel können mit Niederdruck oder Hochdruck arbeiten.

Sind W_0 kcal stündlich zu decken, so sind bei einer Verdampfungswärme r und 15% Kondensations- usw. Verlust:

$$D = \frac{1{,}15\, W_0}{r} \text{ kg Dampf} \quad \ldots \ldots \quad (118)$$

in der Stunde erforderlich. Es ist r für eine zugrunde gelegte Dampfspannung aus Tabelle III zu entnehmen. Für Niederdruck in den üblichen Spannungsgrenzen $0{,}01 \div 1{,}5$ ata kann man überschläglich $r = \sim 540$ kcal/kg setzen.

Nimmt man aus wirtschaftlichen Gründen die quantitative Leistung des Kessels zu $\frac{D}{H} = 14 \div 18$ kg, so wird $H = \frac{D}{14 \div 18}$

oder

$$H = \frac{1{,}15\, W_0}{14\, r} \div \frac{1{,}15\, W_0}{18\, r} \quad \ldots\ldots\ldots \quad (119)$$

Mit $r = 540$ kcal/kg folgt:

$$H = \frac{1{,}15\, W_0}{14 \cdot 540} \div \frac{1{,}15\, W_0}{18 \cdot 540} = \sim \frac{W_0}{7500} \div \frac{W_0}{9750}\ \mathrm{m}^2.$$

Vielfach nimmt man praktisch:

bei Hochdruck $\left(\sim 3 \text{ ata und } \frac{D}{H} = 20\right)$:

$$H = \frac{1{,}15\, W_0}{10000} \quad \ldots\ldots\ldots \quad (120\text{a})$$

bei Niederdruck:

$$\left.\begin{aligned} H &= \frac{1{,}15\, W_0}{10000}\ \mathrm{m}^2 \text{ für Kleinkessel mit voller Kontaktheizfläche} \\ H &= \frac{1{,}15\, W_0}{8000}\ \mathrm{m}^2 \text{ für gußeiserne Gliederkessel} \\ H &= \frac{1{,}15\, W_0}{12000}\ \mathrm{m}^2 \text{ für schmiedeeiserne Zylinderkessel} \end{aligned}\right\} \quad \ldots \quad (120\text{b})$$

Die Hochdruckspannung ist möglichst bis auf 3 ata zu beschränken, da bis zu diesem Druck sich die Abdichtungen und Verbindungen bequem, billig und einfach sicher erreichen lassen. Für gewöhnlich kommt man hinreichend aus mit:

1,01 ÷ 1,5 ata für Niederdruck,
1,5 ÷ 3,0 ÷ 6,0 ata für Hochdruck.

Beispiel. Bei der Warmwasserbereitungsanlage in der chirurgischen Klinik der Charité, Berlin, waren anzuschließen: 17 Wannen, 100 Ausgußbecken und 15 Spültische.

Zugrunde gelegt ist ein Warmwasserverbrauch

für eine Wanne einschl. Ausspülung mit $q' = 250$ l und eine $^5/_4$ malige Benutzung in der Stunde,
für ein Ausgußbecken $q'' = 125$ l täglich,
für einen Spültisch $q''' = 300$ l täglich;

und eine Warmwassertemperatur

für die Wannen $t = 35^0$.
» » Ausgüsse und Spültische $t = 60^0$.

Es sind demnach stündlich zu erwärmen:

$$Q_h' = 17 \cdot {}^5/_4 \cdot q' = 17 \cdot {}^5/_4 \cdot 250 = 5312 \text{ l von } t_1 = 5^0 \text{ auf } t = 35^0$$

$$Q_h'' = \frac{100 \cdot q''}{12} = \frac{100 \cdot 125}{12} = 1042 \text{ l} \quad » \quad » \quad » \; t = 60^0$$

$$Q_h''' = \frac{15 \cdot q'''}{12} = \frac{15 \cdot 300}{12} = 375 \text{ l} \quad » \quad » \quad » \; t = 60^0$$

und dafür an kcal erforderlich:

$$W_0' = Q_h' (t - t_1) = 5312 (35 - 5) \; \ldots\ldots\ldots = 159360 \text{ kcal/h}$$

$$W_0'' = (Q_h'' + Q_h''') (t - t_1) = (1042 + 375) (60 - 5) = 77935 \quad »$$

$$\text{somit } W_0 = W_0' + W_0'' = 237295 \text{ kcal/h}$$

Wollte man den Wärmeerzeuger für diese Wärmemenge berechnen, so würde er zu groß ausfallen und für die ruhigere Tageszeit zu unökonomisch arbeiten. Es sind daher Boiler einzubauen, deren Wasser auf 75⁰ in den Morgenstunden mit hochgeheizt werden. Der Inhalt der Warmwasserbehälter steht demnach bei Beginn des Badens mit einer Temperatur von $t' = \sim 75^0$ voll zur Verfügung. Der Behälterinhalt wird etwa mit der Hälfte des Maximalbedarfes anzunehmen sein. Im vorliegenden Falle sind drei geschlossene Warmwasserbehälter zu je 1,0 m Dmr. und 1,5 m Länge gewählt, so daß jeder abzüglich der Schlange $J_B = 1100$ l Wasser hält.

Die Benutzung der Wannen wird hauptsächlich in 3 Morgenstunden voll erfolgen, in der übrigen Zeit nur sehr gering sein, so daß der Maximalbedarf auf 3^h zu berechnen ist. Wird die stündliche Leistung des Kessels mit W_K bezeichnet, so muß sein:

$$3 \cdot W_0 = 3\, W_k + 3 \cdot J_B\, (t' - t),$$

also, wenn sich das Boilerwasser über Nacht bis auf 35⁰ abkühlt,

$$W_k = \frac{3 \cdot W_0 - 3 \cdot J_B (t' - t)}{3} = \frac{3 \cdot 237295 - 3 \cdot 1100 (75 - 35)}{3}$$

$$W_K = 193295 \text{ kcal/h}.$$

In Anbetracht der großen Leistung soll die Warmwasserbereitung durch einen Niederdruckdampfkessel erfolgen, dessen Heizfläche nach Gl. (120b) folgt zu:

$$H = \frac{1{,}15\, W_k}{8000} = \frac{1{,}15 \cdot 193295}{8000},$$

$$H = 27{,}78 \text{ m}^2,$$

wofür ein Gliederkessel zu 28 m² Heizfläche gewählt ist. Die Anlage hat sich gut bewährt.

Wird der Kessel mit $\sim 0{,}2$ atü betrieben, so hat er mit $r = 536{,}7$ gemäß Tabelle III entspr. 1,2 ata nach Gl. (118):

$$D = \frac{1{,}15\, W_k}{r} = \frac{1{,}15 \cdot 193295}{536{,}7} = 412 \text{ kg}$$

Dampf stündlich zu erzeugen.

i) Die Dampfheizkörper, betrieben durch Frischdampf.

Hierher gehören die Heizeinsätze, wie Heizschlangen und Röhrenbündel, die, mit Niederdruck- oder Hochdruckdampf betrieben, in Behältern, Gegenstromapparaten, Kesseln und Öfen eingebaut sind, in welchen sich das zu erwärmende Gebrauchswasser befindet; ferner auch die unter g) erwähnten Nebenkessel der Dampfabhitzekessel. Es liegt also hier die indirekte Erwärmung wie bei *d* vor, nur daß Dampf das Heizmittel ist.

Der Niederdruckdampf wird meist einem eigenen, besonders aufgestellten Dampfkessel entnommen, während der Hochdruckdampf in der Regel ein Überschuß von Kraftdampfanlagen ist. Letzterer wird für vorliegenden Zweck möglichst auf ≤ 3 at zu vermindern sein.

In die Gleichung der Heizfläche (Gl. (63)) ist zu setzen: $t_m = \frac{t + t_1}{2}$ wie in Gl. (69); ferner:

$$T_m = \frac{T_a + T_e}{2} \quad \ldots \ldots \ldots \ldots (121)$$

T_a = Anfangstemperatur des Dampfes bei Eintritt in den Heizkörper, entspr. der Eintrittsspannung,

T_e = Endtemperatur des Dampfes bei Austritt aus dem Heizkörper, entspr. der Endspannung bzw. = Temperatur des Kondenswassers.

Die Werte von T_a und T_e sind aus Tabelle III bezüglich der Anfangs- und Endspannungen zu entnehmen. Ist für die Endspannung kein Wert vorgeschrieben, so kann man mit $\sim 0{,}01 \div 0{,}5$ at und mehr Druckabnahme rechnen. Kurz rechnet man auch mit: $T_a = T_e = T_D$ und Einstrom.

Ferner ist:

$k = 1000$ bei Hochdruck, $k = 850$ » Niederdruck } für Kupferrohr,

$k = 900$ bei Hochdruck, $k = 750$ » Niederdruck } für Stahlrohr und -blech

oder nach Gl. (65) mit den betr. Werten a_1 und a_2 zu berechnen.

Auf Grund eingehender Versuche ist festgestellt, daß sich *k* bis auf 6000 steigern läßt. In Rechnung ist jedoch ein derartig hoher Koeffizient nicht einzuführen und den auftretenden Niederschlägen durch niedrige Werte *k* Rechnung zu tragen.

Die erforderliche Gesamtlänge der Schlangen bestimmt sich bei einem inneren Rohrdurchmesser d_i zu:

$$L = \frac{H}{\pi d_i} \text{ m} \quad \ldots \ldots \ldots \ldots (122)$$

bzw. bei einer bestimmten Länge l der Röhren eines Bündels (z. B. im Gegenstromapparat) die Anzahl z der Röhren zu:

$$z = \frac{H}{\pi d_i l} \quad \text{. . . . . (123)}$$

Etwaige Krümmungsheizflächen der Röhren bleiben als Sicherheitszuschlag unberücksichtigt. Man findet meist:

$$l = \sim 0{,}5 \div 2{,}0 \text{ m}$$

und

$$z = 10 \div 100 \div 250 \text{ bei Schlangenröhren,}$$
$$z = 4 \div 45 \div 100 \text{ bei [-Röhren.}$$

Die zur Deckung von W_0 kcal erforderliche Dampfmenge, die dem Heizkörper stündlich zugeführt werden muß, ergibt sich wieder aus Gl. (118).

Bezüglich Mietshäuser u. dgl. siehe d) S. 428.

Beispiel 1. Die in einem offenen Warmwasserbehälter befindlichen 2500 l Wasser von 10° sollen mittels einer Kupferschlange durch Niederdruckdampf von 1,2 ata auf 40° in einer halben Stunde erwärmt werden.

Die Wärmemenge, die der Wassermenge von 2500 l stündlich zugeführt werden muß, ist nach Gl. (57a) mit: $Q_h = 2 \cdot 2500 = 5000$ l:

$$w = Q_h (t - t_1) = 5000\ (40 - 10) = 150000 \text{ kcal/h.}$$

Rechnet man mit 20% Wärmeverlust in den Leitungen usw., so ist:

$$w_1 = 0{,}2 \cdot w = 0{,}2 \cdot 150000 = 30000 \text{ kcal/h}$$

und

$$W_0 = w + w_1 = 150000 + 30000 = 180000 \text{ kcal/h.}$$

Es ist nach Tabelle IV für 1,2 ata:

$$T_a = 104{,}2.$$

Setzt man Einstrom voraus, somit $T_a = T_e = T_D$, so wird nach Gl. (66c):

$$T_m - t_m = \frac{t - t_1}{\ln \frac{T_D - t_1}{T_D - t}} = \frac{40 - 10}{\ln \frac{104 - 10}{104 - 40}} = 75^0.$$

Auf S. 404 finden sich für kondensierenden Sattdampf und glatte Oberfläche der Kupferröhren $\alpha_1 = 9000 \div 19000$ und für ruhendes Wasser $\alpha_2 = 500 \div 3000$. Nimmt man vorsichtig $\alpha_1 = 10000$ und $\alpha_2 = 1000$, so ist bei Kupferrohr mit $d_i/d_a = 36/40$ mm und $\lambda_i = 330$:

$$k = \frac{1}{\frac{1}{10000} + \frac{1}{1000} + \frac{0{,}002}{330}} = 904 = \sim 900.$$

Hiermit wird die Heizfläche der wagerechten Schlange:

$$H = \frac{W_0}{k\,(T_m - t_m)} = \frac{180000}{900 \cdot 75} = 2{,}67 \text{ m}^2$$

und deren gestreckte Rohrlängen nach Gl. (122):

$$L = \frac{H}{\pi d_i} = \frac{2,67}{\pi \cdot 0,036} = 23,6 \text{ m}.$$

Gibt man bei 2 m Behälterlänge den Schlangen eine Schenkellänge von 1,8 m, so sind: $z = \frac{L}{1,8} = 13,11$ oder wegen der Anschlüsse auf einer Seite des Behälters: $z = 14$ Schenkel nebeneinander zu legen. Wird der Abstand der Schenkelquerschnittsmitten mit $3\,d_a$ vorgesehen, so ist die Schlangenbreite: $z \cdot 3\,d_a = 14 \cdot 3 \cdot 0,04 = 1,68$ m. Somit erhält der Behälter von $J_B = \sim 3000$ l Fassung eine Breite von $\sim 1,7$ m und damit eine Höhe von $\frac{3000}{2,0 \cdot 1,7} = 0,88 = \sim 0,90$ m.

Beispiel 2. Eine größere Warmwasserbereitungsanlage besitzt einen Gegenstromapparat, dessen Röhrenbündel aus 143 Stück 1,5 m langen Messingröhren von 15/17 mm Dmr. enthält und 600 kg Niederdruckdampf von 1,5 ata stündlich verbraucht. Dieser Dampf wird bis zur Kondensation ausgenutzt, wobei das Gebrauchswasser in einer Zirkulationsleitung 90° im Steigrohre und 70° im Rücklaufrohre hat. Es ist der Transmissionskoeffizient des Heizkörpers, des Röhrenbündels, zu bestimmen.

Mit $l = 1,5$ m und $z = 143$ Röhren erhält man eine Gesamtrohrlänge: $L = l \cdot z = 1,5 \cdot 143 = 214,5$ m und damit nach Gl. (122) die Heizfläche zu:

$$H = \pi d_i L = \pi \cdot 0,015 \cdot 214,5 \text{ m} = 10 \text{ m}^2.$$

Für $p = 1,5$ ata finden sich laut Tabelle III $\lambda = 643,6$, $r = 532,7$, $q = 110,9$ und $T_D = 110,8$, somit eine Gesamtwärme von:

$$w = \lambda D = 643,6 \cdot 600 = 386\,160 \text{ kcal/h}.$$

Das Kondensat entweicht mit $q = 110,9$, also mit:

$$w_k = q D = 110,9 \cdot 600 = 66\,540 \text{ kcal/h},$$

so daß an das Gebrauchswasser im Behälter:

$$W = w - w_k = 386\,160 - 66\,540 = 319\,620 \text{ kcal/h}$$

abgegeben werden. Es muß natürlich auch sein:

$$W_0 - r D - 532,7 \cdot 600 = 319\,620 \text{ kcal/h}.$$

Nach Gl. (66b) für Gegenstrom ist mit:

$T_a = T_e = 110,8$:

$$T_m - t_m = \frac{(T_a - t) - (T_e - t_1)}{\ln \frac{T_a - t}{T_e - t_1}} = \frac{(110,8 - 90) - (110,8 - 70)}{\ln \frac{110,8 - 90}{110,8 - 70}}$$

$$= \frac{-20}{\ln \frac{20,8}{40,8}} = \frac{-20}{-\ln \frac{40,8}{20,8}} = \frac{-20}{-(6,0113 - 5,3375)} = 25,7^0.$$

Damit erhält man aus Gl. (63):

$$k = \frac{W_0}{H\,(T_m - t_m)} = \frac{319620}{10 \cdot 25{,}7} = 1250 \text{ kcal/m}^2\text{ h, °C.}$$

(Da $T_a = T_e$ ist, hätte man $T_m - t_m$ auch nach der Einstromgl. (66c) berechnen können, das Resultat wird genau dasselbe sein.)

B. Die Berechnung der Rohrleitungen.

Der Berechnung der Durchmesser der einzelnen Rohrstränge geht der Entwurf des Rohrnetzes voraus, der auf Grund des Bauplanes und der Forderung des Auftraggebers wie auch nach den praktischen

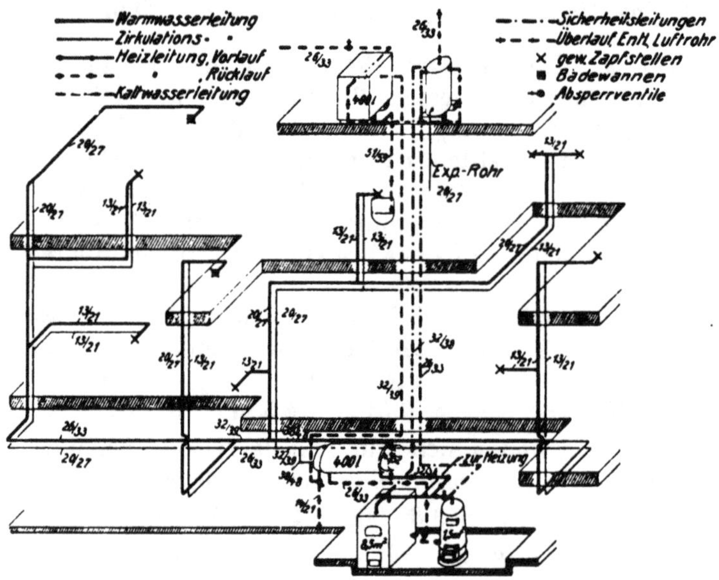

Abb. 414.

Kenntnissen und Erfahrungen des Ingenieurs vorzunehmen ist. In den Grundrissen und dem Aufriß des Bauplanes sind die Rohrleitungen auf möglichst geradem und kurzem Wege in den betreffenden Farbenstrichen zu verzeichnen. Aber trotz einer gleichmäßigen Raumverteilung in Mietshäusern wird sich der Rohrplan für eine Warmwasserversorgung selten so gleichmäßig und regelmäßig schematisch darstellen wie bei Heizungsanlagen, da sich die Zapfstellen ganz unregelmäßig im Gebäude verteilen. Mit Rücksicht auf Nichtverunstaltung und Innendekoration der Räume hat man häufig von dem Grundsatz »einer kurzen, geraden Verlegung der Rohre und der möglichsten Beschränkung wagerechter Stränge« abzuweichen.

Für Anfänger empfiehlt es sich daher, sich zuerst ein klares Bild des gesamten Rohrnetzes durch die schematische leichte Darstellung in der Kavalierperspektive nach Abb. 414 unter Benutzung des 45°- oder 30°-Dreieckes und eines Maßstabes 1 : ~ 100 zu verschaffen und hieraus dann nach Abb. 415 den in eine Ebene gelegten Rohrplan aufzuzeichnen. Aus letzterem sind die zur Berechnung nötigen Rohrlängen, Widerstände usw. zu entnehmen.

Die Berechnung der Rohre kann auf analytischem Wege oder mit Hilfe guter praktisch erprobter Tabellen erfolgen[1]). Die ermittelten Rohrdurchmesser sind in den Rohrplan einzutragen, um danach den Montageplan in größerem Maßstabe ausführen zu können.

Bei einfachen und gewöhnlichen kleinen Hausanlagen braucht vielfach kaum ein Bedenken aufzukommen, die Rohrdurchmesser nach Faustregeln festzulegen, indem man für einen gewöhnlichen Zapfhahn 13 mm und für eine Badewanne 20 mm lichte Rohrweite (siehe unten b. 3) ohne weiteres annimmt und die Durchmesser der anschließenden Rohrstränge zum Boiler oder Kessel hin nach praktischem Ermessen zunehmen läßt. Sobald aber das Rohrnetz größere Ausdehnung annimmt, verzweigt und verästelt wird, längere wagerechte Leitungen sich ergeben und somit die Widerstände wachsen, macht sich eine exakte Berechnung von Fall zu Fall unbedingt erforderlich. Eine Berechnung der Zirkulationsleitung (erste Zirkulation) zwischen Wärmequelle und Warmwasserbehälter wird sich ebenfalls selten umgehen lassen. Es ist grundfalsch, nach dem handwerksmäßigen Installateurstandpunkte zu glauben, mit möglichst weiten Rohrdurchmessern die sichere richtige Wirkung der Anlage erreichen zu können. Zu weite Rohre erfüllen ebensowenig die Bedingung eines guten Effektes als zu schwach bemessene. Von den lichten Querschnitten der Rohre hängen der Effekt und die Wirkung der ganzen Anlage ab. Sehr vielfach wird bei einfacheren und häuslichen Anlagen, deren System in gleicher oder ähnlicher Weise immer wiederkehrt, nach der Faustregel so verfahren, daß man den Zirkulationsleitungen Querschnitte gibt, die ungefähr gleich der halben Summe der Querschnitte aller daranhängenden Zapfleitungen ist. Mag dies und jenes Bestimmungsverfahren für einfache und kleinere Anlagen

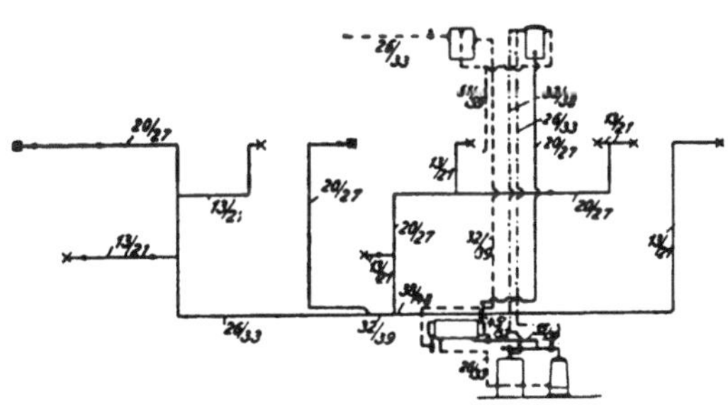

Abb. 415.

[1]) Wenn auch allgemein gesagt wird, die Rohrberechnung der Warmwasserversorgungsanlagen hat genau wie die der Warmwasserheizungen zu erfolgen, so sind die Heizungstabellen doch nicht immer für Versorgungsanlagen zu gebrauchen. Bei letzteren schwanken die mittleren Wassertemperaturen in weiten Grenzen, während diese bei Heizungen mit 80 ÷ 70° fast als konstant anzusehen sind.

auf Grund guter Erfahrungen auch zu brauchbaren und zulässigen Werten führen, so sollten jedoch, nochmals betont, umfangreichere und wichtige Rohrnetze möglichst genau nach den mechanischen Gesetzen berechnet werden, und um so eher, da sich die Rechnung in ganz bequemer Weise vornehmen läßt.

a) Die analytische Berechnung.

Für die Berechnung einer Rohrleitung dient die mechanische Grundgleichung:

$$Q_s = f\,v.$$

Darin ist:

Q_s = die durchfließende Wassermenge in m^3/s, (Q = Wassermenge in m^3/h; Q_{sl} = Wassermenge in l/s; Q_h = Wassermenge in l/h),

f = lichter Rohrquerschnitt $= \frac{d^2\pi}{4}$ in m^2,

v = Durchflußgeschwindigkeit in m/s.

Nach der Rietschelschen Theorie[1]) erhält man eine in der Rohrleitung erreichbare Geschwindigkeit v aus der Gleichung der Widerstandshöhe, welche im Beharrungszustand der wirksamen, zur Verfügung stehenden Druckhöhe gleich sein muß, und zwar aus:

$$h_w = \frac{v^2}{2g}\left(\varrho\frac{l}{d} + \Sigma\zeta\right) \quad \ldots\ldots\ldots (124)$$

also:

$$v = 4{,}43\sqrt{\frac{h_w}{\varrho\frac{l}{d} + \Sigma\zeta}}\ \text{m/s} \quad \ldots\ldots\ldots (125)$$

Die sekundlich durchfließende Wassermenge Q_{sl} in l verlangt nach oben einen Wärmeeffekt W_0, so daß aus:

$$v = \frac{Q_{sl}}{\frac{d^2\pi}{4}\cdot 1000} \quad \text{und mit}\ Q_{sl} = \frac{W_0}{3600\,(t_z - t_a)\,\gamma}$$

die erforderliche Geschwindigkeit des Wassers folgt zu:

$$v = \frac{W_0}{1000\cdot 3600\,\frac{d^2\pi}{4}\cdot(t_z - t_a)\cdot\gamma}\ \text{m/s} \quad \ldots\ldots (126)$$

In diesen Gleichungen bedeuten:

l = Länge der Rohrleitung in m,

t_z = Zuflußtemperatur des Wassers in der Zuleitung,

---

[1]) H. Rietschels Leitfaden der Heiz- und Lüftungstechnik. Achte verb. Aufl. von Prof. Dr.-Ing. Gröber.

t_a = Abflußtemperatur des Wassers in der Rückleitung,

γ = spezifisches Gewicht des Wassers bei $\frac{t_z + t_a}{2}$ (Tab. I S. 551),

ϱ = Reibungskoeffizient = $\sim 0{,}03$,

$\varrho = 0{,}02 + \frac{0{,}018}{\sqrt{v\,d}}$ nach Lang, d in m[1]),

$\Sigma\zeta$ = Summe aller Widerstände, hervorgerufen durch Richtungs- und Querschnittsänderungen[2]), und zwar:

$\zeta = 2{,}0 \div 1{,}0$ für ein rechtwinkliges Knie,
$= 1{,}5 \div 0{,}5$ » » rundes Knie von 90°,
$= 2{,}0 \div 0{,}8$ » einen Doppelbogen von 180°,
$= 0{,}5 \div 0{,}2$ » plötzliche Querschnittsverengung,
$= 2{,}5 \div 1{,}0$ » einen Anschluß (Wasseraustritt) an Behälter, Kessel oder Ofen;

$\zeta = 9{,}0 \div 1{,}5$ für ein Eckventil,
$= 2{,}0 \div 1{,}0$ » » Koswaventil[2]),
$= 4{,}0 \div 7{,}0$ » » gew. Durchgangsventil,
$= 16{,}0 \div 7{,}0$ » » Strangventil,
$= 4{,}0 \div 8{,}0$ » » Wechselventil,
$= 7{,}0 \div 4{,}0$ » einen Eckhahn,
$= 4{,}0 \div 2{,}0$ » » Durchgangshahn,
$= 1{,}5 \div 0{,}5$ » » Absperrschieber,
$= 3{,}5 \div 1{,}0$ » eine Drosselklappe,

(bei 10÷50 mm lichtem Rohranschluß und für neuere Bauarten;)

$\zeta = 1{,}0$ bei gleichgerichteter Wasserbewegung in der Durchgangsrichtung,
$= 1{,}5$ bei gleichgerichteter Wasserbewegung in der Abzweigrichtung,
$= 3{,}0$ bei gegenläufiger Wasserbewegung.

(in T=Stücken (Muffen, Flanschen) ohne wesentliche Geschwindigkeitsänderung in den Stücken.)

Bei Warmwasserversorgungen ist es ratsam, zu den vorstehend erwähnten Leitungswiderständen noch den Druckverlust hinzuzurechnen, der in den Zapfhähnen bei Ausfluß des Wassers entsteht und bei kleinen Hahnweiten und größeren Ausflußmengen einflußreiche Werte annimmt. Bezeichnet man diesen Druckverlust in m WS im Wasserzapfhahn mit ϑ_z, so wird sich damit Gl. (124) erweitern auf:

$$h_w = \frac{v^2}{2\,g}\left(\varrho\,\frac{l}{d} + \Sigma\zeta\right) + \Sigma\,\vartheta_z \qquad (127)$$

Für die gebräuchlichen Hahnweiten und minutlichen Ausflußwassermengen in l gibt die Tabelle 79b einen guten Anhalt zur Festlegung der Werte ϑ_z.

[1]) Über weitere Werte ϱ siehe »Hütte«.
[2]) Schmidt: »Koswa-Ventile.« 1928, Brockhaus, Leipzig.

Soll die Anlage richtig arbeiten, so muß sein:
erreichbares v (nach Gl. (125)) $\geq$ erforderliches v (nach Gl. (126)).

Für die praktische Rechnung lassen sich nun zwei Wege einschlagen:

1. Entweder man geht von einer Wahl von d aus unter Benutzung von Rohrtabellen (siehe Tabelle 77) und berechnet mit dem gewählten d die erforderliche Geschwindigkeit v, wodurch dann auch ϱ bekannt ist. Es sind l und $\Sigma\zeta$ aus dem Entwurfe zu entnehmen. Damit ist die rechte Seite obiger Gleichung h_w auflösbar, welcher Wert die Widerstandshöhe des Leitungsstranges darstellt. Es muß nun diese Widerstandshöhe h_w mindestens gleich der Druckhöhe h_w des Stranges sein, wie diese für die einzelnen Leitungsrohre nachstehend angegeben sind.

Die zur Verfügung stehende Druckhöhe in mWS ist für die verschiedenen Arten von Leitungen in folgender Weise festzulegen:

Es ist für die Wasserleitungen des Systems, wenn dieses von einem offenen Wasserbehälter gespeist wird und unter Niederdruck steht,

$$h_w = h \quad \text{(128a)}$$

h = Höhe (senkrechter Abstand) in m von niedrigstem Wasserspiegel im Behälter bis zum Ausfluß (Zapfstelle).

Steht das System unter Hochdruck mit Druckbehälter (Boiler, Gasofen, Kessel), so ist:

$$h_w = 10\,p \pm h_u \quad \text{(128b)}$$

p = Druck in der Zuleitung bei geforderter Wasserdurchflußmenge in at,

h_u = Höhenunterschied (senkrechter Abstand) zwischen Zapfstelle und Meßstelle von p in m.

Das +-Zeichen ist zu gebrauchen, wenn die Meßstelle höher, das —-Zeichen, wenn sie tiefer als die Zapfstelle liegt. Als Meßstelle ist eine Stelle in der Kaltwasserzuleitung zur Warmwasserversorgungsanlage, etwa im Keller hinter der Abzweigung vom Kaltwasserrohrnetz zu wählen, die Messung erfolgt mittels Manometers. Wird der Kaltwassernetzdruck vor Eintritt in die Warmwasserversorgungsanlage vermindert, wie z. B. häufig bei Gasöfen nötig, so ist der Druck p an dem Manometer dieses Verminderungsventiles abzulesen.

Für Zirkulationsheizleitung ist:

$$h_w = a \cdot h \quad \text{(128c)}$$

$a = \dfrac{(\gamma'' - \gamma')}{0{,}5\,(\gamma' + \gamma'')}$ (Tab. II, S. 551),

γ' = spezifisches Gewicht des Wassers in der Zuleitung, entsprechend der Zuflußtemperatur t_z,

γ'' = spezifisches Gewicht des Wassers in der Rückleitung, entsprechend der Abflußtemperatur t_a (über γ' und γ'' siehe Tab. I),

h = Höhe in m von Mitte Wärme aufnehmender Fläche (Kessel) bis Mitte Wärme abgebender Fläche (Heizeinsatz im Behälter).

Für Dampfleitungen ist:

$$h_w = p = p' - p'' \quad \ldots \ldots \ldots \quad (128d)$$

p' = Dampfdruck am Anfang der Leitung in kg/m²,
p'' = » » Ende » » » »

Für Kondenswasserleitungen ist:

$$h_w = p = p'' \quad \ldots \ldots \ldots \ldots \quad (128e)$$

p'' = Druck in m WS = $\sim 0{,}2 \div 0{,}3$ m.

Es ist:

1 kg/m² = 0,0001 at = 0,001 m WS = 1 mm WS.

2. Oder man leitet in folgender Weise aus den Gleichungen v und h_w einen passenden Wert von d ab.

Geht man für v mit der Gleichung $Q_s = \frac{\pi d^2}{4} \cdot v$ in Gleichung $h_w = \frac{v^2}{2g}\left(\varrho \frac{l}{d} + \Sigma \zeta\right)$ ein, so erhält man:

$$d = \sqrt[5]{\frac{8 Q_s^2 (\varrho l + d \Sigma \zeta)}{\pi^2 \cdot g \cdot h_w}} \text{ oder:}$$

$$d = 0{,}6 \sqrt[5]{\frac{Q_s^2 (\varrho l + d \Sigma \zeta)}{h_w}} \text{ m} \quad \ldots \ldots \ldots \quad (129)$$

für Wasserleitungen, Zirkulationswasserleitungen, Speiseleitungen u. dgl.

Nach Dupuit kann man unter Einbegriff der durch $\Sigma\zeta$ hervorgerufenen Widerstände $\varrho = 0{,}03025$ setzen und dann einfacher rechnen mit:

$$d = 0{,}3 \sqrt[5]{\frac{Q_s^2 \cdot l}{h_w}} \text{ m} \quad \ldots \ldots \ldots \quad (129a)$$

für Wasserleitungen.

Die zur Deckung von W_0 durchfließende Wassermenge in der Sekunde ist dabei:

$$Q_s = \frac{W_0}{1000 \cdot 3600\,(t_z - t_a) \cdot \gamma} \text{ m}^3/\text{s} \quad \ldots \ldots \quad (130)$$

γ = Dichtigkeit des Wassers bei $\frac{t_z + t_a}{2}$ (siehe Tab. I).

Auf ähnlichem Wege erhält man die Durchmesser der Dampfleitungen, die zur Deckung von W_0 stündlich D kg Dampf zu transportieren haben. Es ist:

$$Q_s = \frac{W_0}{3600 \cdot r \cdot \gamma} = \frac{D}{3600 \cdot \gamma}$$

γ = mittleres spezifisches Gewicht von 1 m³ Dampf in kg,

$$= \frac{\gamma' + \gamma''}{2} \text{ entspr. } \frac{p' + p''}{2} \text{ (siehe Tab. III).}$$

Wird d der einfacheren Rechnung wegen in cm eingesetzt, so wird aus:

$$p = \frac{D^2 (1{,}9\, l + 0{,}8\, d \cdot \Sigma \zeta)}{\gamma d^5}$$

$$d = \sqrt[5]{\frac{D^2 (1{,}9\, l + 0{,}8\, d \cdot \Sigma \zeta)}{\gamma \cdot p}} \text{ cm} \quad \ldots \ldots \quad (131)$$

für Dampfleitungen, Zirkulationsdampfleitungen u. dgl., wie auch wieder vereinfacht:

$$d = \sqrt[5]{\frac{1{,}9\, D^2\, l}{\gamma \cdot p}} \text{ cm} \quad \ldots \ldots \ldots \quad (131\,\text{a})$$

für Dampfleitungen.

Ist W_0 durch Q_s bzw. Q_h gegeben, so ist unter Berücksichtigung von 10% Kondensationsverlust:

$$D = \frac{1{,}1 \cdot W_0}{r} \text{ kg} \quad \ldots \ldots \ldots \quad (132)$$

r = Verdampfungswärme ($= \sim 540$) siehe Tabelle III.

Mit p in m läßt sich nach der vereinfachten Hauptgleichung für Wasserleitungen setzen:

$$d = 0{,}6 \sqrt[5]{\frac{Q_s^2\, l}{p}} \text{ m} \quad \ldots \ldots \ldots \quad (133)$$

für Kondenswasserleitungen.

Zur vorläufigen Annahme von d für die Größe d unter der Wurzel der Gl. (129) und (131) kann man bestimmen aus:

$$\frac{W_0}{3600 \cdot 1000\, (t_z - t_a)\, \gamma} = \frac{d^2 \pi}{4} \cdot v$$

$$d = 0{,}00019 \sqrt{\frac{W_0}{(t_z - t_a) \cdot v}} \text{ m} \quad \ldots \ldots \ldots \quad (134)$$

für Wasserleitungen

und aus:

$$\frac{W_0}{3600 \cdot r \cdot \gamma} = \frac{d^2 \pi}{4} \cdot v$$

$$d = 0{,}019 \sqrt{\frac{W_0}{\gamma \cdot r \cdot v}} \text{ m} \quad . \; . \; . \; . \; . \; . \; . \; . \; . \quad (135)$$

für Dampfleitungen.

Hierin ist bei bekannten Werten W_0, t_z und t_a zu nehmen:

γ und r aus Tabelle III,
$v \geq \sim 0{,}05 \div 0{,}5 \div 2{,}0$ m/s für Wasserleitungen,
$v = \sim 10 \div 30$ m/s für Niederdruckdampf- und Abdampfleitungen,
$v = \sim 30 \div 50$ m/s für Hochdruckdampfleitungen.

Wegen des ungenauen v erhält man nach Gl. (134) und (135) für d häufig zu hohe Werte.

Setzt man in die Grundgleichung:

$$\frac{d^2 \pi}{4} = \frac{W_0}{3600 \cdot r \cdot \gamma \cdot v}$$

die Mittelwerte: $v = 25$; $\gamma = 0{,}58$ und $r = 540$, so erhält man:

$$d = \sim 0{,}0002 \sqrt{W_0} \text{ m} \quad . \; . \; . \; . \; . \; . \; . \; . \; . \; . \quad (136)$$

für Niederdruckdampf- und Abdampfleitung, eine Gleichung, die für gewöhnlich gute brauchbare Werte von d ergibt.

Aus den Grundgleichungen:

$$\frac{d^2 \pi}{4} = \frac{Q}{v}, \quad Q = \frac{W_0}{t_z - t_a}, \text{ also } \frac{d^2 \pi}{4} = \frac{W_0}{(t_z - t_a)\, v}$$

ersieht man, daß, je größer der Unterschied $t_z - t_a$ ist, desto kleiner der Rohrdurchmesser d ausfällt. Natürlich sind auch die Widerstände, welche die genaue Berechnung berücksichtigt, von Einfluß und dadurch wieder die örtlichen Verhältnisse. Bei alledem ist ja das Hauptziel, vollkommen ausreichende Rohrweiten zu erhalten und doch dabei möglichst billig zu projektieren. Zur Erreichung einer billigen Rohrverlegung kann man einen hohen Temperaturunterschied $t_z - t_a$ für in wagerechter Richtung besonders ausgedehnte Rohrnetze vorteilhaft finden, während hohe und gedrängte Netze billiger mit geringeren Temperaturunterschieden durchzuführen sind. Auf jeden Fall sind die nach Rechnung erhaltenen Rohrabmessungen schon wegen des Kalkabsatzes in den Rohren nach Handelsmaß aufzurunden.

b) Die Berechnung mit Hilfe von Tabellen.

Für Wasserleitungen gelten folgende Punkte $1 \div 5$:

1. Rechnet man unter Berücksichtigung eines Zuschlages für Warmeverluste die durch die einzelnen Rohrstränge zu fördernde Warmwassermenge durch Bestimmung von W_0 in kcal um, so kann man sich

der Tabelle 77 bedienen. Ist die Wassermenge, die durch einen Rohrstrang stündlich durchzufließen hat, mit Q_h Liter nach oben festgelegt, so ist:

$$W_0 = Q_h\,(t_z - t_a)\,\gamma \text{ kcal/h} \quad \ldots\ldots\ldots \quad (137)$$

Die in Tabelle 77 aufgenommene Größe h ist als Höhe von Kesselmitte bis Mitte Zirkulationseinsatz des Behälters bzw. bis zur Zapfstelle zu rechnen.

Für die Förderung größerer Warmwassermengen bzw. Wärmemengen ergeben die Tabellenwerte leicht sehr große Werte; da in den meisten Anlagen alle Zapfstellen nicht zu gleicher Zeit laufen, so kann man für die Verteilungs- und Sammelleitungen in der Regel die Dimensionen um eine bis zwei kleiner nehmen, als die Tabelle sie angibt. Für eine erste vorläufige Bestimmung ist die Tabelle 77 aber äußerst bequem.

Nach Bestimmung von d sind diese Größen mit Hilfe der Gleichungen der erforderlichen und erreichbaren Geschwindigkeiten auf ihre Zulässigkeit hin zu prüfen.

Die Durchmesser der wagerechten Rohrleitungen ergeben sich aus der Summe der Querschnitte der senkrechten Leitungen. Für letztere mit mehr als 25,00 m Entfernung vom Kessel nehme man den Durchmesser um eine Dimension größer als angegeben an.

2. Mit Hilfe der vereinfachten Gleichung für Wasserleitungen:

$d = 0{,}3\sqrt[5]{\frac{Q_s^2 \cdot l}{h_w}}$ oder $= 0{,}3\sqrt[5]{\frac{Q_s^2}{h_w : l}}$ kann man für die praktisch benutzten Rohrdurchmesser d und für die gewöhnlichen Reibungsgefälle $\frac{h_w}{l}$ auf die zu fördern mögliche Wassermenge Q_s schließen oder umgekehrt und die Werte in Tabellen festlegen. Eine derartige Aufstellung findet sich in der Tabelle 78 von Roose. Da in der Praxis vielfach die Wassermengen in Litern (l) angegeben werden, und um nicht mit zu kleinen Größen rechnen zu müssen, ist die Tabelle auf Sekundenliter (sl) bezogen. Wird somit laut obigen Angaben eine bestimmte Wärmemenge W_0 stündlich verlangt, so tritt an Stelle von Q_s in m³ der Wert Q_{sl} in sl, und zwar wird dann:

$$Q_{sl} = \frac{W_0}{3600\,(t_z - t_a)\,\gamma} \text{ s l} \quad \ldots\ldots\ldots \quad (138)$$

Für die Speiseleitung und die Zuflußleitung der ganzen Anlage, welche das abgezapfte Wasser zu ersetzen haben, wird auch:

$$Q_{sl} = \frac{Q_{lz}}{Z \cdot 60} \text{ s l} \quad \ldots\ldots\ldots \quad (139)$$

darin:

Q_{lz} = höchster Gesamtwasserbedarf in l, der in Z Minuten zum Abfluß kommt.

Tabelle 77.

Bestimmung der Durchmesser der senkrechten Rohrleitungen

für Warmwasseranlagen mit einer Wassertemp. $\leqq 95^{0}$.[1])

Höhe h in m	Die stündlich durch $\frac{d^2\pi}{4}$ zu fördernde Wärmemenge in kcal							
	$d = 12$	15	20	26	34,5	40	44	51 mm
1,00	190	360	930	1845	3 420	5 230	8 020	10 900
1,20	200	400	1020	2030	3 780	5 750	8 800	11 900
1,40	220	425	1090	2180	4 080	6 240	9 500	12 900
1,60	240	455	1175	2340	4 350	6 650	10 200	13 800
1,80	250	480	1245	2490	4 630	7 060	10 800	14 650
2,00	260	510	1320	2610	4 890	7 450	11 400	15 500
2,20	285	535	1380	2750	5 100	7 800	11 900	16 100
2,40	290	560	1440	2880	5 320	8 190	12 500	16 900
2,60	300	580	1500	2990	5 530	8 500	12 950	17 600
2,80	315	605	1560	3100	5 760	8 810	13 500	18 250
3,00	325	625	1610	3210	5 990	9 100	13 900	18 600
3,20	335	645	1660	3320	6 180	9 400	14 400	18 900
3,40	345	665	1710	3420	6 360	9 700	14 800	20 300
3,60	355	685	1760	3520	6 530	10 000	15 250	20 800
3,80	305	705	1810	3620	6 710	10 250	15 700	21 300
4,00	375	725	1860	3710	6 900	10 500	16 100	21 800
4,50	395	765	1950	3940	7 300	11 200	17 100	23 100
5,00	420	810	2080	4140	7 700	11 800	18 000	24 400
5,50	440	850	2190	4350	8 100	12 400	18 900	25 700
6,00	460	885	2285	4550	8 450	12 900	19 750	26 800
6,50	475	920	2380	4730	8 800	13 400	20 250	27 900
7,00	495	955	2470	4900	9 100	13 800	21 200	28 900
7,50	515	990	2560	5100	9 450	14 400	22 000	30 000
8,00	530	1020	2645	5250	9 750	14 900	22 800	30 900
8,50	545	1050	2730	5400	10 100	15 400	23 500	31 900
9,00	560	1080	2800	5600	10 350	15 800	24 100	32 800
9,50	575	1110	2870	5720	10 600	16 200	24 800	33 700
10,00	590	1140	2940	5830	10 800	16 600	25 350	34 600
11,00	620	1190	3100	6160	11 400	17 500	26 700	36 400
12,00	650	1250	3230	6410	11 900	18 300	27 800	38 000
13,00	670	1300	3370	6700	12 450	19 300	28 900	39 400
14,00	700	1350	3490	6950	12 900	19 800	30 000	40 800
15,00	725	1400	3610	7200	13 300	20 400	31 100	42 200
16,00	750	1440	3820	7450	13 750	21 100	32 150	43 800
17,00	775	1480	3880	7700	14 250	21 700	33 100	45 000
18,00	790	1525	3940	7900	14 600	22 300	34 100	46 300
19,00	825	1570	4050	8100	15 000	22 900	35 000	47 500
20,00	840	1610	4160	8300	15 400	23 400	36 000	48 800

Für die Verteilungsleitungen bestimmt sich Q_{st} nach obigen Angaben bezüglich q und q_h, für die Kalt- und Warmzuleitungen der Mischapparate nach den Gl. (50) und (51), indem $Q_{st} = q_1$ bzw. $= q_2$ auszurechnen sein wird; für andere Stränge ergibt sich Q_{st} nach einfachen

[1]) Diese ursprünglich von Birlo für Heizungen aufgestellte Tabelle ist zwar für die Heizungstechnik durch neuzeitlichere Tabellen von Recknagel, Brabbée u. a. überholt. Für überschlägliche Berechnung von Rohren der Warmwasserversorgungen bietet sie jedoch so viel Vorteile, daß sie hier immer wieder aufgenommen ist. Inwieweit Tabelle 77 übereinstimmt mit den neueren Tabellen zeigt Beispiel 4 S. 510.

Überlegungen. Für die Zirkulationsleitungen des Verbrauchsnetzes kann man die Hälfte der Durchflußwassermengen in Anrechnung bringen.

Die Druckhöhe h_w ist nach oben zu bestimmen. Bei einfacher Hochdruckleitung wird:

$$h_w = h_1 - h$$

sein. Hierin ist:

h_1 = Druckhöhe des Wassers in m WS,

h = Höhe von Beginn der Leitung bis zum höchsten Auslaufspunkt.

Die Länge l einer Leitung ist aus dem Entwurf zu entnehmen; somit ist das Reibungsgefälle $\frac{h_w}{l}$ bekannt.

Liegt nun eine Aufgabe vor, so hat man Q_{st} und $\frac{h_w}{l}$ zu bestimmen, mit diesem Werte in Tabelle 78 einzugehen und dafür d zu entnehmen. Hierbei ist das nächsthöhere Q_{st} und das nächstniedrige $\frac{h_w}{l}$ in Betracht zu ziehen.

3. Wie schon oben angegeben, gibt man in der Praxis den Verteilungsleitungen gern einen Querschnitt, welcher der Summe der Querschnitte der Einzelzapfleitungen entspricht. Für eine vorläufige Wahl kann diese Rechnungsweise unter Umständen zulässig sein. Meist gelangt man jedoch zu unbequem großen Durchmessern, die zwar häufig nach Gutdünken und gegebenenfalls auf Kosten einer stärkeren Abkühlung, um eine oder mehrere Dimensionen kleiner gehalten werden. Werden die Verteilungsleitungen als Zirkulationsleitungen durchgeführt, so ist stets ein genauer Rechnungsgang einzuschlagen.

Für die Leitungsstränge einer Flasche oder Schlange eines Küchenherdes zu dem Behälter genügt für eine Wohnung meist ein Durchmesser von 25 mm. Sind zwei derartige Heizkörper gekuppelt, so erhält der für die beiden Heizkörper gemeinschaftlich arbeitende Strang einen Durchmesser von 32 mm. Eine rechnerische Prüfung ist jedoch stets am Platze.

Die Zapfleitungen bzw. Zapfhähne können nach praktischen Erfahrungen bemessen werden. Es ist der lichte Durchmesser zu wählen mit:

12 mm	für	eine gewöhnliche Hahnzapfstelle, Spültisch,
20 »	»	mehrere gew. Zapfstellen oder 1 Badewanne,
26 »	»	2÷3 Badewannen oder Brausen,
34,5 »	»	3÷4 » » »
40 »	»	4÷5 » » »
44 »	»	5÷6 » » »
51 »	»	6÷8 » » »

Tabelle 78

Bestimmung der Rohrdurchmesser *d*

auf Grund einer zu fördernden Wassermenge Q_{sl} und eines Reibungsgefälles $\frac{h_w}{l}$. (Nach Roose.)

$d =$	12	20	26	34,5	40	51	60	71	80	104	125	150	203
$\frac{h_w}{l}$	Wassermenge Q_{sl} in Sekundenlitern												
1,00	0,39	1,00	2,00	3,74	5,74	11,9	17,9	26,2	36,7	64,0	112	177	360
0,50	0,28	0,70	1,40	2,64	4,12	8,4	12,6	18,5	26,1	44,8	79,4	125	257
0,33	0,22	0,58	1,16	2,15	3,31	6,9	10,3	15,1	21,3	36,8	64,8	102	210
0,20	0,17	0,45	0,90	1,67	2,57	5,3	8,0	11,7	16,5	28,6	50,0	79,0	162
0,14	0,15	0,39	0,78	1,41	2,23	4,5	6,8	9,9	13,9	24,2	42,4	66,3	137
0,10	0,12	0,32	0,64	1,18	1,81	3,7	5,7	8,3	11,7	20,2	35,2	55,7	115
0,067	0,10	0,26	0,52	0,97	1,48	3,0	4,6	6,7	9,5	16,5	29,0	45,8	93,8
0,050	0,09	0,22	0,44	0,85	1,28	2,7	4,0	5,8	8,2	14,3	25,1	38,7	81,2
0,033	0,07	0,18	0,36	0,69	1,04	2,2	3,3	4,8	6,7	11,7	20,5	32,4	66,3
0,020	0,055	0,14	0,28	0,53	0,81	1,7	2,5	3,7	5,2	9,1	15,9	25,0	51,0
0,014	0,047	0,12	0,24	0,45	0,75	1,4	2,2	3,1	4,4	7,6	13,4	20,1	43,6
0,010	0,039	0,10	0,20	0,37	0,57	1,2	1,8	2,6	3,7	6,4	11,2	17,7	36,0
0,0067	0,032	0,08	0,16	0,31	0,47	1,0	1,5	2,1	3,0	5,2	9,2	14,5	29,7
0,0050	0,028	0,07	0,14	0,26	0,41	0,84	1,3	1,8	2,6	4,5	7,9	12,5	25,7
0,0033	0,022	0,058	0,12	0,22	0,33	0,69	1,0	1,5	2,1	3,7	6,5	10,2	21,0
0,0020	0,017	0,045	0,09	0,17	0,26	0,53	0,80	1,17	1,65	2,9	5,0	7,9	16,2
0,0014	0,015	0,039	0,078	0,14	0,23	0,45	0,68	0,99	1,39	2,42	4,24	6,63	13,7
0,0010	0,012	0,032	0,064	0,12	0,18	0,37	0,57	0,83	1,17	2,02	3,52	5,57	11,5
0,0007	0,010	0,026	0,052	0,097	0,15	0,30	0,46	0,67	0,95	1,65	2,90	4,58	9,38
0,0005	0,009	0,022	0,044	0,085	0,13	0,27	0,40	0,58	0,82	1,43	2,51	3,87	8,12
0,0003	0,007	0,018	0,036	0,069	0,10	0,22	0,33	0,48	0,67	1,17	2,05	3,24	6,63
0,0002	0,006	0,014	0,028	0,053	0,081	0,17	0,25	0,37	0,52	0,91	1,59	2,50	5,10
0,0001	0,004	0,010	0,020	0,037	0,075	0,12	0,18	0,26	0,37	0,64	1,12	1,77	3,60

4. Hat man für einen bestimmten Fall die verfügbare Druckhöhe h_w festgelegt und die Leitungsquerschnitte der einzelnen Stränge bestimmt, so kann es unter Umständen besonders nötig erscheinen, eine Prüfung anzustellen, ob der Verbrauch an Druckhöhe mit der verfügbaren Druckhöhe übereinstimmt. Eine bestimmte Druckhöhe ist ja in jedem System zur Überwindung der Reibungswiderstände, die mit Zunahme der Durchflußmengen wachsen, nötig.

Die meisten Warmwasserversorgungsanlagen arbeiten nach dem Vorratssystem; beim Öffnen einer beliebigen Zapfstelle fließt Wasser von der konstanten Wassertemperatur des ganzen Systemes aus, ganz gleichgültig, welche Stärke der ausfließende Wasserstrom besitzt. Im Gegensatz dazu wünscht man bei Verwendung von Durchlaufapparaten (Gasautomaten, elektrische Zirkulationsapparate u. dgl.) an den einzelnen Zapfstellen warmes Wasser von verschiedener Temperatur; z. B. an der Badewanne 35°, in der Küche und an Waschtischen 50÷60° usw. Die Temperatur ist nun aber bei solchen Durchlaufapparaten von der Durchflußmenge abhängig. Daraus folgt, daß letztere an den einzelnen Zapfstellen verschieden sein müssen. Die verschiedenen Wassermengen sind wieder von der Wärmeleistung des Apparates, Gasofens, und von den an den Zapfstellen geforderten Temperaturen abhängig. Ist:

W_m = minutliche Wärmeleistung des Apparates nach Angabe der Firma,

so ist die Wassermenge, welche in der Minute von t_1 Anfangstemperatur auf t' erwärmt wird:

$$q' = \frac{W_m}{t' - t_1} \text{ l/min}; \quad \ldots \ldots \ldots \quad (140\text{a})$$

die Wassermenge, welche an einer anderen Zapfstelle mit t'' verlangt wird:

$$q'' = \frac{W_m}{t'' - t_1} \text{ l/min usw.} \quad \ldots \ldots \ldots \quad (140\text{b})$$

Unter Zugrundelegung dieser Wassermengen q, der Leitungslängen l, der Druckhöhe h_w bzw. des Reibungsgefälles $\frac{h_w}{l}$ sind die einzelnen Leitungsquerschnitte etwa nach 2. mit Hilfe der Tabelle 78 zu ermitteln.

Es ist dann zu prüfen, ob die vorhandene Druckhöhe die Reibungswiderstände im Apparat, in den Leitungen und in den geöffneten Zapfhähnen zu überwinden vermag, und ob sich der Apparat diesen Druckhöhen anpassen läßt.

Der Widerstand h_{w_A} im Apparat ist von der herstellenden Fabrik anzugeben und wird betragen:

$$h_{w_A} = \sim 7 \div 10 \text{ in m WS für Durchlaufapparate} \quad . \ . \quad (141\text{a})$$

Tabelle 79.

Druckverluste in Wasserleitungen und Wasserhähnen. (Nach Junkers-Dessau.)

	Tabelle 79a. Druckverlust ϑ_l in Wasserleitungen, in m WS für 1 lfd. m Rohrlänge.							Tabelle 79b. Druckverlust ϑ_z im Wasserhahn, in m WS.				
Rohrweite	3/8″	1/2″	3/4″	1″	5/4″	1 1/2″	2″	3/8″	1/2″	3/4″	1″	Hahnweite
Wassermenge in l pro Minute												Wassermenge in l pro Minute
2	0,03	0,0097	0,0013	0,000292	0,000098	0,00004	0,00000928	0,09	0,023	0,013	0,003	2
4	0,13	0,039	0,0051	0,00117	0,00039	0,00016	0,000037	0,35	0,09	0,054	0,013	4
6	0,29	0,087	0,0115	0,00262	0,00079	0,00036	0,000084	0,8	0,22	0,12	0,03	6
8	0,51	0,155	0,0205	0,0047	0,00158	0,00064	0,000146	1,4	0,38	0,19	0,06	8
10	0,8	0,24	0,032	0,0073	0,00246	0,00100	0,000232	2,2	0,60	0,30	0,09	10
12	1,15	0,35	0,046	0,0105	0,00355	0,00144	0,000334	3,2	0,85	0,43	0,13	12
14	1,57	0,48	0,064	0,0138	0,00482	0,00196	0,000455	4,3	1,20	0,58	0,175	14
16	2,05	0,62	0,082	0,0186	0,0063	0,00256	0,000585	5,6	1,55	0,75	0,23	16
18	2,59	0,79	0,0108	0,0236	0,0080	0,00324	0,00075	7,15	1,95	0,97	0,29	18
20	3,20	0,97	0,128	0,0292	0,0098	0,00400	0,00093	8,8	2,40	1,20	0,36	20
22	3,87	1,17	0,155	0,0352	0,0119	0,00484	0,00112	10,6	2,90	1,45	0,44	22
24	4,61	1,40	0,184	0,0419	0,0142	0,00576	0,00134	12,7	3,48	1,74	0,52	24
26	5,41	1,64	0,216	0,0492	0,0166	0,00676	0,00157	14,8	4,05	2,03	0,61	26
28	6,27	1,90	0,251	0,057	0,0193	0,00784	0,00184	17,2	4,70	2,35	0,705	28
30	7,20	2,18	0,288	0,0654	0,0222	0,0090	0,00208	19,8	5,40	2,70	0,81	30
32	8,19	2,48	0,328	0,0745	0,0252	0,0103	0,00238	22,6	6,15	3,08	0,92	32
34	9,25	2,80	0,370	0,084	0,0284	0,0116	0,00270	25,4	6,92	3,47	1,04	34
36	10,37	3,14	0,415	0,095	0,0318	0,0130	0,00300	28,5	7,80	3,90	1,17	36
38	11,55	3,49	0,462	0,105	0,0356	0,0145	0,00334	31,8	8,75	4,35	1,30	38
40	12,80	3,87	0,512	0,116	0,0394	0,0160	0,00370	53.2	9,60	4,80	1,45	40

Für die Widerstände h_{wL} der Leitung von der Länge l ist aus Tabelle 79a der Druckverlust ϑ_L für 1 lfd. m Rohr und q', q'' usw. zu entnehmen und somit zu setzen:

$$h_{wL} = \Sigma \vartheta_L \, l \text{ in m WS} \quad . \; . \; . \; . \; . \; . \; . \; . \; . \; . \quad (141\text{b})$$

Für den Widerstand von z Zapfhähnen ist der Druckverlust ϑ_z für 1 Zapfhahn nach Tabelle 79b direkt gegeben, also:

$$h_{wz} = \Sigma \vartheta_z \text{ in m WS} \quad . \; . \; . \; . \; . \; . \; . \; . \; . \; . \quad (141\text{c})$$

Der gesamte Reibungswiderstand $h_{wA} + h_{wL} + h_{wZ}$ muß dann sein:

$$h_{wA} + h_{wL} + h_{wZ} < h_w, \quad . \; . \; . \; . \; . \; . \; . \; . \; . \; . \quad (142)$$

wenn h_w die verfügbare Druckhöhe ist.

Wird diese Bedingung nicht erfüllt, so ist mit größeren Rohrdurchmessern bis zur Erfüllung umzurechnen. Der Druckverlust steigt mit abnehmenden Rohrdurchmessern und Hahnweiten ganz beträchtlich. Nimmt man z. B. statt 1'' einen Durchmesser von ½'', also einen um die Hälfte kleineren, so steigt der Druckverlust um das $2^5 = 32$fache.

Der überflüssige Druck $h_w - (h_{wA} + \Sigma h_{wL} + \Sigma h_{wZ})$ ist am Apparat durch die Wasserdrosselschraube abzudrosseln.

5. Sind die zu fördernde Wassermenge in Q_{sl} und die Wassergeschwindigkeit v m/s bekannt, so kann aus Tabelle 80 der Rohrdurchmesser d in m entnommen werden. Die Tabelle 80 ist nach Gl. $Q = v \frac{d^2 \pi}{4}$ in l/s für die üblichen Geschwindigkeiten $v = 0{,}05 \div 2{,}00$ m/s aufgestellt. Die Durchmesser d sind abgerundete Werte und auf das nächstliegende Handelsmaß zu bringen. Für kleinere als die in der ersten wagerechten Zahlenreihe angegebenen Q_{sl} ist diese Größe mit 100 zu multiplizieren und dafür 0,1 d zu entnehmen. Ist also z. B. $v = 0{,}2$ m/s und $Q_{sl} = 0{,}38$ sl,

Tabelle 80.

Bestimmung des Rohrdurchmessers d

auf Grund einer zu fördernden Wassermenge Q_{sl} und einer Wassergeschw. v m/s.

Abgerund. d	Wassergeschwindigkeit v in m/s											
m	0,05	0,10	0,20	0,30	0,40	0,50	0,60	0,70	0,80	1,00	1,50	2,00
0,100	0,40	0,78	1,57	2,36	3,14	3,93	4,71	5,50	6,28	7,85	11,8	15,7
0,150	0,88	1,77	3,53	5,30	7,07	8,84	10,6	12,4	14,1	17,7	26,5	35,3
0,200	1,57	3,14	6,28	9,42	12,60	15,70	18,8	22,0	25,1	31,4	47,1	62,8
0,300	3,54	7,07	14,14	21,20	28,30	35,30	42,4	49,5	56,5	70,7	106	141
0,400	6,29	12,60	25,10	37,70	50,30	62,80	75,4	88	100	126	188	251
0,500	9,82	19,60	39,30	58,90	78,50	98,20	118	137	157	196	294	393
0,600	14,14	28,30	56,50	84,80	113	141	170	198	226	283	424	565
0,700	19,24	38,50	77	115	154	192	231	269	308	385	577	770
0,800	25,13	50,30	100	151	201	251	302	352	402	503	754	1005
0,900	31,81	63,60	127	191	254	318	382	445	509	636	954	1272
1,000	39,27	78,50	157	236	314	393	471	550	628	785	1178	1571

Tabelle 81.

Bestimmung der Dampfrohrdurchmesser

auf Grund einer stündlich zu übertragenden Wärmemenge.

1. Hochdruckdampf.

Lichter Dampfrohr-durchmesser d mm	Kondensrohr lichter Rohrdurchm. d_1 für wagerechte Stränge mm	Kondensrohr lichter Rohrdurchm. d_1 für senkrechte Stränge mm	Übertragbare Wärmemenge in kcal/h bei einem Überdruck von: 1,0 ata und einer sekundl. Dampfgeschwindigkeit v von: 35 m/s	2,0 ata 40 m/s	3,0 ata 50 m/s
15	15	15	5 300	11 000	21 300
20	20	20	11 360	25 820	45 810
26	20	20	19 600	44 545	80 000
34,5	26	20	32 160	73 000	130 000
40	34,5	26	45 360	103 000	183 000
44	40	34,5	63 600	144 545	256 450
51,5	44	40	81 680	185 640	330 000
64	51,5	44	124 700	283 365	502 740
70	64	44	150 000	340 000	603 000
76,5	64	44	176 500	401 545	712 420
82,5	64	51,5	211 240	480 000	854 000
88,5	70	64	243 300	553 000	980 970
94,5	70	64	277 560	630 820	1 119 260
100,5	70	64	314 120	714 000	1 266 770
106,5	76,5	70	353 000	802 180	1 423 225
113	76,5	70	387 000	880 000	1 560 645
125	82,5	70	483 000	1 098 000	1 947 740
131	94,5	70	530 920	1 206 640	2 140 000
137	100,5	76,5	581 040	1 320 000	2 342 000
143	125	82,5	642 400	1 460 000	2 590 320
156	131	94,5	754 760	1 715 370	3 043 400
169	131	94,5	995 360	2 262 180	4 013 550
180	143	106,5	1 017 880	2 414 300	4 104 360
192	143	125	1 160 000	2 632 000	4 670 000

2. Niederdruckdampf mit besonderer Kondensleitung.

Wagerechte Stränge lichter Dampfrohr-durchm. d mm	lichter Kondensrohr-durchm. d_1 mm	übertragbare Wärme-menge kcal/h	Senkrechte Stränge lichter Dampfrohr-durchm. d mm	lichter Kondensrohr-durchm. d_1 mm	übertragbare Wärme-menge kcal/h
34,5	26	6 500	26	20	9 000
40	34,5	23 750	34,5	26	17 000
51,5	40	42 750	40	34,5	30 500
57,5	51,5	67 000	44	40	50 000
70	57,5	90 000	51,5	40	65 000
82,5	70	152 500	57,5	44	76 000
94,5	82,5	170 500	64	51,5	100 000
106,5	94,5	218 500	70	51,5	113 000
119	94,5	250 000	76,5	64	140 000
131	106,5	313 500	82,5	64	166 500
143	119	380 000	88,5	70	192 500
156	119	445 500	94,5	70	220 000
169	131	598 500	100,5	70	250 000

3. Abdampf. — a) Heizleitung.

Lichter Dampf-rohr-durchm. d	Kondensrohr lichter Durchm. d_1 wager. Stränge	senkr.	Übertragbare Wärmemengen	Lichter Dampf-rohr-durchm. d	Kondensrohr lichter Durchm. d_1 wager. Stränge	senkr.	Übertragbare Wärmemengen
mm	mm	mm	kcal/h	mm	mm	mm	kcal/h
12	12	12	1 600	94,5	76,5	70	172 000
15	15	15	2 100	106,5	82,5	70	228 500
20	20	20	4 500	119	94,5	76,5	275 000
26	20	20	7 850	125	94,5	82,5	289 500
34,5	26	26	16 000	131	106,5	94,5	333 750
40	34,5	34,5	22 600	143	119	106,5	403 750
51,5	40	40	42 500	156	125	119	475 300
57,5	51	40	62 000	169	131	125	554 250
70	56	51,5	93 200	180	143	131	582 750
76,5	56	57,5	101 250	180	156	143	643 250
82,5	69	57,5	127 900	192	169	156	750 000

b) Motorleitung.

Lichter Auspuffrohr-durchmesser	Lichter Dampfrohr-durchmesser d	Effekt des Motors	Lichter Auspuffrohr-durchmesser	Lichter Dampfrohr-durchmesser d	Effekt des Motors
mm	mm	PS	mm	mm	PS
34,5	20	1	82,5	64	12 ÷ 14
34,5	26	2	82,5	64	16 ÷ 20
40	34,5	3	88,5	76,5	22 ÷ 24
44	40	4 ÷ 6	100,5	88,5	30 ÷ 40
51,5	40	7	131	100,5	50 ÷ 60
76,5	51,5	8 ÷ 10	169	131	80 ÷ 100

so findet sich für $100 \cdot 0,38 = 38$ als nächstliegende Zahl 39,3 und dafür $d = 0,1 \cdot 0,50 = 0,050$ m $= 51$ mm. — Die Tabelle ist besonders für Fernheizungen geeignet. Eine Nachprüfung von d ist nötig.

6. Für Dampfleitungen kann die Tabelle 81 brauchbare Dienste leisten. Die Tabelle ist aufgestellt nach der Gleichung:

$$\frac{d^2 \pi}{4} = \frac{10000\, W_0}{3600\, r\, v\, \gamma} \text{ cm}^2 \quad \text{oder}$$

$$d = 1,88 \sqrt{\frac{1,1 \cdot W_0}{\gamma\, r\, v}} \text{ cm} \quad . \; . \; . \; . \; . \; . \; . \; . \; . \quad (143)$$

In Gl. 143 ist γ = Gewicht des Dampfes, r = Verdampfungswärme (siehe Tabelle III), v = Dampfgeschwindigkeit ($= \sim 10$ bis 30 m/s für Niederdruck- und Abdampf) und W_0 = übertragbare Wärmemenge in der Stunde bei 10% Zuschlag für Verluste. Es ist jedoch ratsam, auch die hieraus entnommenen Werte mit Hilfe der Gleichungen unter a) nachzuprüfen.

Den Kondensrohrdurchmesser macht man meist:

$$d_1 \geqq \frac{d}{2} \quad \ldots\ldots\ldots\ldots \quad (144)$$

7. Die Gasleitung zum Gasofen unterliegt den ähnlichen Gesetzen, wie sie für Wasser- und Dampfleitungen bestehen, d. h. der Grundgleichung $B = \frac{d^2\pi}{4} v\,3600$, darin $v = 2 \div 8$ m/s für Gas. Die Bestimmung des Durchmessers an sich bereitet weniger Schwierigkeiten. Dafür genügen meist völlig ausreichend engbegrenzte einfache Tabellen wie die Tabelle 74 und 82. Mit höherer Bedeutung tritt der Faktor »Druckverlust« auf, der zwar wieder in engstem Zusammenhang mit dem Rohrdurchmesser steht. Das Gas darf in der Zuleitung bis zur Verbrauchsstelle im Ofen keinen zu großen Druckverlust erleiden. Soll der garantierte Ofeneffekt gesichert sein, so darf ein bestimmter Gaseingangsdruck p_e am Ofen nicht unterschritten werden. Es muß natürlich p_e kleiner als der Straßennetzdruck p_n und der Druckverlust h_w in der Zuleitung dann nicht größer als $p_n - p_e$ mm WS sein.

Es bestimmt sich der Druckverlust nach Pole angenähert zu:

$$h_w = 660\,\varrho\,\frac{\gamma\, l\, B^2}{d^5} \quad \ldots\ldots\ldots \quad (145)$$

Setzt man hierin für Steinkohlen- und verwandte Gase den Reibungskoeffizienten $\varrho = 0{,}003$ und das spezifische Gewicht $\gamma = 0{,}42$, so erhält man:

$$\left.\begin{aligned} h_w &= \sim 2\gamma \frac{l B^2}{d^5}, \text{ oder } = 0{,}84 \frac{l B^2}{d^5} \text{ mm WS} \\ &\text{oder mit } \frac{B^2}{d^4} = (0{,}79 \cdot 0{,}36 \cdot v)^2 \\ h_w &= \sim 0{,}16\gamma \frac{l}{d} v^2, \text{ oder } = 0{,}07 \frac{l}{d} v^2 \text{ mm WS} \end{aligned}\right\} \quad \ldots \quad (145a)$$

Tabelle 82.

Durchmesser der Gaszuleitungsrohre.

Innerer Rohr-Durchmesser mm	Zoll	Länge der Rohrleitung in m 3	5	10	20	30	50	100	150
		zulässig größte Gasdurchlaßmenge in m³/h							
9	1/4	0,16	0,12	—	—	—	—	—	—
12	3/8	0,5	0,4	0,25	0,15	—	—	—	—
15	1/2	1,4	1,1	0,7	0,4	0,26	0,16	—	—
20	3/4	4,3	3,3	2,1	1,1	0,6	0,4	0,16	—
26	1	8,5	6,5	4,0	2,5	1,5	1,1	0,45	0,32
34,5	1 1/4	16,5	12,5	8,0	5,0	3,5	2,8	1,8	1,2
40	1 1/2	25	20	12	8,5	7,0	4,4	2,7	2,2
51	2	54	44	28	19,8	16,5	12,0	7,0	6,5
66	2 1/2	100	76	53	37	30	24	15	12,5
79	3	170	130	90	62	51	40	26	21
104	4	360	300	210	150	125	100	64	52

In den Gleichungen (145) ist zu setzen

$B =$ Gasausflußmenge in m^3/h,
$l =$ Länge der Gaszuleitung in m,
$d =$ lichter Rohrdurchmesser in cm.

Dort, wo für die Gasleitung Frostgefahr besteht, ist der Durchmesser um eine Dimension größer, als in der Tabelle angegeben, zu nehmen.

c) Die Berechnung der Hauptrohrleitungen der Fernwasserversorgungsanlagen.

In Nr. 19 der Zeitschrift »Gesundheits-Ingenieur«, 1907, hat Hottinger einen Beitrag zur Rohrberechnung einer zentralen Fernwarmwasserversorgungsanlage gebracht, der zur Hauptsache auf das oben Angeführte hinausläuft, aber in Einzelheiten erwähnenswert ist.

Die gesamte Rohrleitung ist betreffs der Berechnung in die Gebrauchsleitung und die Umlaufleitung zu trennen.

Die Gebrauchsleitung.

Für die Bestimmung des Wasserverbrauches Q_s in m^3/s sind die Angaben auf S. 395 über „Fernanlagen" zu beachten.

Die Länge l der einzelnen Rohrstränge, von Knotenpunkt bis Knotenpunkt gemessen, sind durch den Entwurf bekannt, damit auch die Gesamtrohrlänge L. Kleine Unterschiede in der Meterzahl zwischen Voranschlag und wirklicher Ausführung sind für die Berechnung belanglos, da ja l bzw. L gemäß Gl. (148) als Faktor unter der fünften Wurzel zu stehen kommt.

Die an der Zentralstelle im Kesselhause erforderliche Druckhöhe H setzt sich zusammen aus dem natürlichen Höhenunterschiede h zwischen der höchst gelegenen Zapfstelle und dem Kesselhause und aus der in der Leitung zu überwindenden Widerstandshöhe $H_w = \Sigma h_w$ abzüglich der Steigrohrhöhe im Kesselhause (Abb. 416).

Es ist dann wieder:

$$H_w = \frac{v^2}{2g}\left(\varrho \frac{L}{d} + \Sigma \zeta\right) \quad \ldots \ldots \ldots \quad (146)$$

Allgemein wird sein:

$$v = 0{,}5 \div 2{,}0 \text{ m/s.}$$

Nimmt man $v = 1{,}0$ m/s und setzt unter Einbegriff der Einzelwiderstände $\Sigma\zeta$ $\varrho = 0{,}0482$, so wird der Gesamtdruckhöhenverlust:

$$H_w = \sim 0{,}0025 \frac{L}{d} \quad \ldots \ldots \ldots \quad (146\,a)$$

Der Durchmesser d der Gebrauchsleitung folgt vorläufig zu:

$$d = \sim \sqrt{\frac{4\,Q_s}{\pi \cdot v}} \quad \ldots \ldots \ldots \quad (147)$$

oder mit obigen Werten von v und ϱ:

$$d = \sim 1{,}2 \sqrt{Q_s}\,\mathrm{m} \quad . \; . \; . \; . \; . \; . \; . \; . \quad (147\,\mathrm{a})$$

In diesen Gleichungen ist Q_s als gesamter sekundlicher Wasserbedarf in m^3 und L als Gesamtrohrlänge in m einzuführen.

Die Summe $h + H_w$ abzüglich Steigrohrhöhe im Kesselhause, dividiert durch 10, ergibt dann annähernd den erforderlichen Druck in at.

Die genaue Bestimmung der Druckhöhenverluste h_w der einzelnen Rohrstränge kann man nun nach Gl. (124) analytisch vornehmen, wobei die Einzelwiderstände $\Sigma\zeta$ im Reibungskoeffizienten ϱ einbegriffen und somit an sich vernachlässigt werden können.

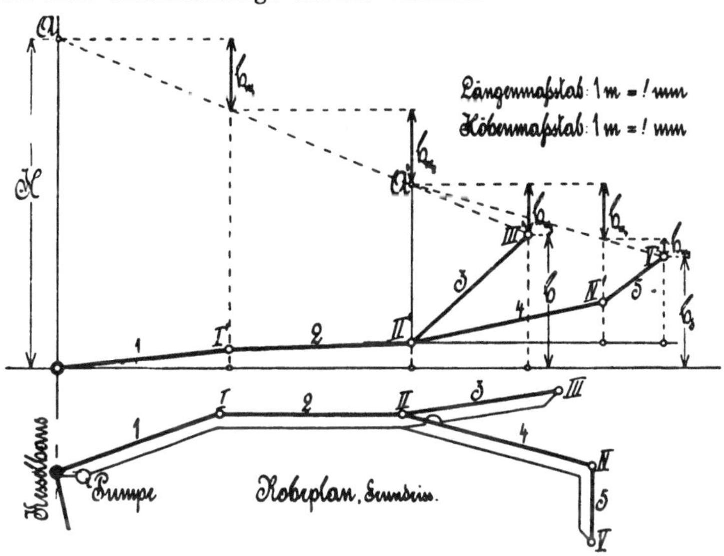

Abb. 416.

Die Druckhöhenverluste h_w der einzelnen Rohrstränge lassen sich jedoch auch graphisch nach einer Methode bestimmen, wie sie bei Entwurf zentraler Kaltwasserversorgungsanlagen angewandt wird. Zu diesem Zwecke bedient man sich nach Abb. 416 eines Koordinatensystems, auf dessen Ordinate im Nullpunkt die erforderliche Druckhöhe H in einem bestimmten Höhenmaßstabe (1 m = so und so viel mm) aufgetragen wird, so daß der Nullpunkt die Lage der Zentralstelle, des Kesselhauses, darstellt. Man erhält Punkt A. Die geodätischen Höhenlagen der einzelnen Knotenpunkte I, II, III usw. der Stränge 1, 2, 3 usw. sind durch das Nivellement bekannt. Wählt man einen bestimmten Längenmaßstab (1 m = so und so viel mm), so lassen sich mit Hilfe von Zirkelschlägen die Punkte I', II', III' usw. festlegen. Verbindet man jetzt Punkt A mit dem höchsten Knotenpunkt (in Abb. 416 mit

Punkt *III'*), so erhält man in der in Abb. 416 angegebenen Weise die einzelnen Druckhöhenverluste h_{w1}, h_{w2}, h_{w3} usw.

Findet an irgendeinem Knotenpunkt eine Verästelung des Rohrnetzes statt, so ist stets der höchste Knotenpunkt als Endpunkt des Hauptstranges und für die Linie von A aus zu nehmen. Der Verästelungspunkt (in Abb. 416 Punkt *II'*) ist dann wieder als Nullpunkt eines neuen Koordinatensystems für die Abzweigleitung anzusehen, wie Abb. 416 zeigt. Für dies neue Koordinatensystem kommt als Druckhöhe der Überdruck am Verästelungspunkt, also in Abb. 416 der Abstand $II'A'$ in Betracht usw. Aus dieser Darstellung ist zu ersehen, daß jede beliebige Zweigleitung zu speisen ohne weiteres nicht möglich ist; selbige ist also begrenzt oder rückwirkend auf die Druckhöhe H.

Rechnet man nun nach Bestimmung der Einzelwiderstandshöhen h_w mit $\varrho = 0{,}0482$ unter Einbegriff der Einzelwiderstände $\Sigma\zeta$, so folgt gemäß Gl. (129a) der Durchmesser eines Rohrstranges von der Länge l m und bezüglich einer durch ihn zu fördernden Wassermenge Q_s in m³/s zu:

$$d = 0{,}331 \sqrt[5]{\frac{Q_s^2\, l}{h_w}}\ \text{m} \quad . \; . \; . \; . \; . \; . \; . \; . \; . \quad (148)$$

Ist Q_s der Gesamtwasserbedarf der Anlage, Q_{s1} der bei I abgenommene, Q_{s2} der bei II abgenommene usw., so ergeben sich die Rohrdurchmesser der einzelnen Rohrstränge l_1, l_2 usw. nach Gl. (148) zu:

$$d_1 = 0{,}331 \sqrt[5]{\frac{Q_s^2\, l_1}{h_{w1}}},\quad d_2 = 0{,}331 \sqrt[5]{\frac{(Q_s - Q_{s1})^2\, l_2}{h_{w2}}}\ \text{usw.}$$

Die Wassergeschwindigkeit:

$$v = \frac{Q_s}{\frac{d^2\,\pi}{4}},$$

in den einzelnen Strängen soll dann sein:

$$v \leqq 2\ \text{m/s}$$

möglichst $v = 0{,}75 \div 1$ m/s.

Trifft das nicht zu, so hat man d entsprechend größer zu nehmen. Überhaupt ist d wegen des gerade in Warmwasserröhren zu befürchtenden starken Kalkabsatzes auf Handelsmaß nach oben aufzurunden.

Die Umlaufleitung.

Die Umlaufleitung hat in der Zentralstelle zum Aufwärmen so viel Liter Wasser als Wärmeträger wieder zuzuführen, wie der Abkühlung im System entspricht. Die Wärmeverluste setzen sich aus den Wärmemengen zusammen, die in den Gebäuden, an den Gebrauchsleitungen und Umlaufleitungen verloren gehen.

Die in den Gebäuden verloren gehende Wärmemenge beträgt nach praktischen Erfahrungen $\sim 10\%$ der den Gebäuden zugeführten Wärme. Führt man die maximale Wassermenge in l/h, also mit Q_h, in Rechnung ein, so ergibt sich die in den Häusern verloren gehende Wärmemenge zu:

$$W_1 = 0{,}1\, Q_h\, (t - t_1)\, \gamma \text{ kcal} \quad \ldots \ldots \ldots (149)$$

darin ist: t = geforderte Temperatur des Gebrauchswassers,

t_1 = Anfangstemperatur des Gebrauchswassers,

γ = spez. Gewicht des Wassers bei $\frac{t + t_1}{2}$ nach Tabelle I.

Die durch die Rohrleitungen verloren gehende Wärmemenge ist abhängig von der Größe, Durchlässigkeit und Isolierung der transmittierenden Rohroberfläche. Bei guter, sauber ausgeführter Isolation muß man noch mit einem Wärmeverluste von $\sim 100 \div 200$ kcal/m² Rohroberfläche O rechnen. Für die Gebrauchsleistung ist $O = \sim \pi D_j \cdot L$, wenn D_j = äußerer Durchmesser der Isolationshülle und L = Gesamtrohrlänge ist; für die Umlaufleitung, für welche der Durchmesser ja erst bestimmt werden soll, kann man mit gleichem Werte O rechnen, so daß man als Wärmeverlust durch die Rohrleitungen des Vor- und Rücklaufes erhält:

$$W_2 = (200 \div 400)\, \pi\, D_j\, L \text{ kcal} \quad \ldots \ldots (150)$$

und somit als Gesamtwärmeverlust:

$$W' = W_1 + W_2 \text{ kcal/h} \quad \ldots \ldots \ldots (151)$$

Kühlt sich das Wasser in dem Systeme von t auf t_a ab, so daß es mit t_a dem Erwärmer zufließt, so ist zur Deckung des Wärmeverlustes eine Wassermenge:

$$Q' = \frac{W'}{t - t_a} \text{ l/h oder}$$

$$Q_s' = \frac{W'}{1000 \cdot 3600 \cdot (t - t_a)} \text{ m}^3/\text{s} \quad \ldots \ldots (152)$$

als Wärmeträger nötig. Man kann annehmen

$$t - t_a = \sim 20 \div 10^0.$$

Die Umlaufleitung hat somit einen Durchmesser zu erhalten, der sich berechnet aus:

$$\frac{d^2 \pi}{4} = \frac{Q_s'}{v} \text{ m} \quad \ldots \ldots \ldots (153)$$

Hierfür ist möglichst zu benutzen:

$$v \leq 0{,}5 \div 1 \text{ m/s}.$$

Setzt man unter Einbegriff der Einzelwiderstände $\Sigma\zeta$ wieder $\varrho = 0{,}0482$, so ist die in der Umlaufleitung verlorene Druckhöhe, die Widerstandshöhe:

$$H_w' = \frac{v^2}{2\,g}\,\varrho\,\frac{L}{d'} = \frac{v^2}{2 \cdot 9{,}81}\,0{,}0482\,\frac{L}{d'}$$

oder

$$H_w' = 0{,}0025\,v^2\,\frac{L}{d'} \quad . \; . \; . \; . \; . \; . \; . \; . \; . \; . \quad (154)$$

Wird die Umlaufleitung nicht, wie in Gl. (154) vorausgesetzt, in einem einzigen Strange der Zentralstelle zugeführt, setzt sie sich vielmehr aus einzelnen Strängen zusammen, so hat man in der oben mehrfach erörterten Weise unter Beachtung der einzelnen Rohrlängen l_1', l_2' usw. auf verschiedene d_1', d_2' usw., wie auch h_{w1}', h_{w2}' usw. zu schließen. Es ist dann:

$$H_w' = \Sigma\,h_w'.$$

Bei dem vielsträngigen Rohrnetze der Fernanlagen empfiehlt es sich, die ermittelten Werte in Formularen festzuhalten und übersichtlich zu machen. Bezüglich obigen Rechnungsvorganges sind nachstehende Köpfe entworfen:

Formularkopf für die Gebrauchsleitung.

Teilstrecke	Rohrstranglänge l	Maximale Durchflußwassermenge Q_w	Widerstandshöhe h_w	Berechneter Rohrdurchmesser d	Damit erreichte maximale Wassergeschwindigkeit v	Auf Handelsmaß abgerundeter Rohrdurchmesser
Nr.	m³/s	m³/s	m	m	m	m

Formularkopf für die Umlaufleitung.

Teilstrecke	Rohrstranglänge l'	Gebrauchswassermenge Q_h	Zu transportierende Wärmemenge W'	Die zum Transport von W' erforderliche Wassermenge Q_w'	Berechneter Rohrdurchmesser d'	Auf Handelsmaß abgerundeter Rohrdurchmesser	Widerstandshöhe
Nr.	m	l/h	kcal/h	m³/s	m	m	m

d) Die Umlaufpumpe.

Die Pumpenleistung ist so groß zu bemessen, daß der gesamte Wasserinhalt des Systems, in das die Pumpe eingeschaltet ist, einschließlich Warmwasserbehältervorrat in der Stunde einmal umgewälzt wird. Diese stündliche Wassermenge, in Litern gemessen, sei Q_p.

Gemäß obigen Angaben ist:

$H_w = \Sigma h_w$ = Summe der Widerstandshöhen der Gebrauchsleitung,
$H_w' = \Sigma h_w'$ = Summe der Widerstandshöhen der Umlaufleitung.

Es sei ferner:

h_p = wirksame Druckhöhe durch Wärmewirkung, die sich bestimmt zu:

$$h_p = a\, h_d \quad \ldots\ldots\ldots \quad (155)$$

Darin ist:

$$a = \frac{\gamma'' - \gamma'}{0{,}5\,(\gamma' + \gamma'')},$$

γ' = spez. Gewicht des Wassers bei der Wassertemperatur t des Vorlaufes, (über γ' und γ'' siehe Tab. I),
γ'' = spez. Gewicht des Wassers bei der Wassertemperatur t_a des Rücklaufes,
$t_a = t - \sim (20 \div 10^0)$,
h_d = die noch zur Verfügung stehende Druckhöhe (Abb. 416).

Die von der Pumpe zu schaffende Druckhöhe ist demnach:

$$H_p = H_w + H_w' - h_p \quad \ldots\ldots\ldots \quad (156)$$

somit der Kraftbedarf der Pumpe:

$$N = \frac{Q_p\; H_p}{3600\;\, 75 \cdot \eta} \text{ oder:}$$

$$N = \frac{Q_p\; H_p}{270\,000\;\, \eta} \text{ PS} \quad \ldots\ldots\ldots \quad (157)$$

$\eta = 0{,}40 \div 0{,}60$ allgemein
$\eta = 0{,}70 \div 0{,}80$ bei bester Ausführung } für Zentrifugalpumpen.

Bei ausgedehntem Rohrnetze, großem L, und bei geringer Druckhöhe h_d kann h_p vernachlässigt werden.

Man kann den Pumpeneffekt auch von der bei v m/s zu verrichtenden Arbeit $\frac{d^2\pi}{4} \cdot H_p \cdot v$ abhängig machen oder, wenn, wie meist, Gebrauchsleitung und Umlaufleitung verschiedene Durchmesser d und d' haben, von:

$$\left(\frac{d + d'}{2}\right)^2 \frac{\pi}{4} H_p v.$$

Hierin ist H_p in kg/m² bemessen. Setzt man dafür wieder m WS ein, so erhält man:

$$N = \frac{0{,}25\,(d + d')^2 \cdot 0{,}79}{75} \cdot \frac{H_p v}{\eta} \cdot 1000 \text{ PS}$$

oder:

$$N = \sim 3\,(d + d')^2 \frac{H_p v}{\eta} \text{ PS} \quad \ldots\ldots \quad (158)$$

Setzt man im Mittel: $v = 1$ und $\eta = 0{,}5$ für Zentrifugalpumpen, so wird:

$$N = \sim 6\,(d + d')^2 \cdot H_p \text{ PS} \quad \ldots\ldots\ldots\ldots \quad (158a)$$

Für häusliche Warmwasserversorgung, bei der ein oder mehrere Gebäude von einer Zentralstelle aus mit warmem Gebrauchswasser versorgt werden, kann man auch in der Weise vorgehen, daß man annimmt:

Den Widerstand in der Wärmepumpenzentrale zu $\sim 1{,}0$ m WS, den Widerstand im Fernrohrnetz, von Zentrale bis zum äußersten Punkt des längsten Fernrohrstranges von der Länge L in m (L = Vor- + Rücklauf) gemessen $5 \div 10$ mm/m Rohr, also zu $(0{,}005 \div 0{,}01)\,L$ mWS und den Widerstand in einem Gebäude zu 1 m WS. Es ist damit bei x Gebäuden der Gesamtpumpendruck:

$$H_p = 1 + (0{,}005 \div 0{,}01)\,L + x \text{ in m WS} \quad \ldots\ldots \quad (159)$$

Hierin ist die durch den Wärmeauftrieb erreichbare Druckhöhe h_p wegen ihres geringen Einflusses vernachlässigt.

In der Praxis rechnet man auch überschläglich mit:

$H_p = \sim 2 \div 3$ m WS für $L = 100$ m,
$= \sim 3 \div 5$ m » » $L = 100 \div 200$ m,
$= \sim 5 \div 7$ m » » $L = 200 \div 500$ m,
$= \sim 7 \div 12$ m » » $L = 500 \div 1000$ m,
$= \sim 12 \div 22$ m » » $L = 1000 \div 2000$ m,
$> \sim 20 \div 33$ m » » $L = 2000 \div 3000$ m,
$\geq \sim 35$ m » » $L > 3000$ m.

Die Zentrifugalpumpen erhalten bei einem Durchmesser d' der Umlaufleitung einen inneren Flügelraddurchmesser $D_i = \sim d'$ und einen äußeren Flügelraddurchmesser $D_a = \sim 2\,D_i \div 3\,D_i$. Als äußere Umfangsgeschwindigkeit des Rades ist vorteilhaft zu wählen:

$$c_r = \frac{3}{2}\sqrt{2\,g\,H_p} \text{ m/s} \quad \ldots\ldots\ldots \quad (160)$$

wenn H_p = die von der Pumpe zu schaffende Förderhöhe ist. Die minutliche Umlaufzahl bestimmt sich dann zu:

$$n = \frac{1000 \cdot 60\,c_r}{\pi\,D_a} \quad \ldots\ldots\ldots \quad (161)$$

Man findet für Zentrifugalpumpen $D_a = \sim 100 \div 600$ mm und $n = 2400 \div 3000$. Je kleiner die Förderhöhe und je größer der Durchmesser d' der Rohrleitung ist, desto kleiner fällt n aus.

Anstatt eines einzigen großen Pumpenmodells nimmt man vielfach günstiger zwei kleinere Maschinenaggregate.

Die Motorleistung wird um $\sim 25\%$ größer genommen, also zu:

$$N_m = 1{,}25\,N \text{ PS} \quad \ldots\ldots\ldots\ldots \quad (162)$$

und damit dessen elektrischer Anschlußwert zu:

$$E\,J = \frac{736 \cdot N}{1000\,\eta_e}\,\text{kW} \quad . \; . \; . \; . \; . \; . \; . \; . \; . \quad (163)$$

zu bemessen. Der Wirkungsgrad η_e des Motors kann mit 0,7÷0,8 angenommen werden.

e) Beispiele.

Beispiel 1. Dem Herd einer Gasthausküche ist ein National-Herdkessel einzubauen, der in einem Mantelboiler stündlich 1200 l

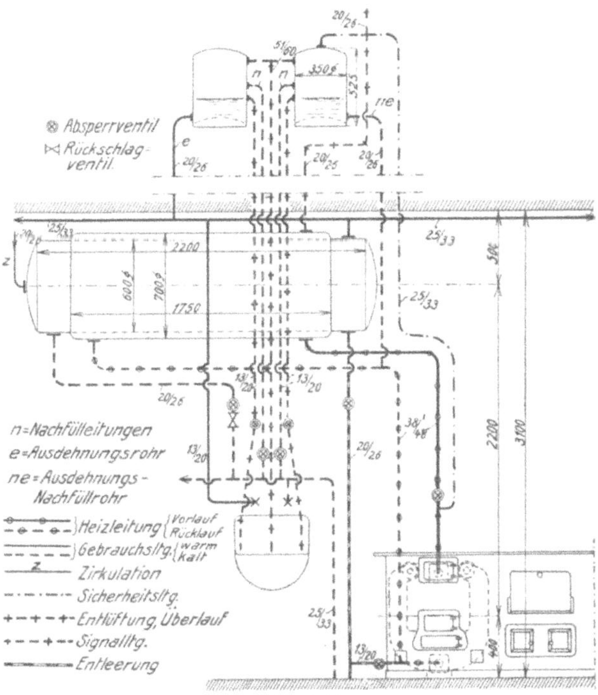

Abb. 417.

Wasser von 10 auf 40° zu erwärmen hat. Es sind die Hauptabmessungen dieser Zentrale gemäß Abb. 417 zu bestimmen.

Nimmt man die mittlere Feuergastemperatur mit:

$$T_m = \frac{T_1 + T_2}{2} = \frac{1100 + 600}{2} = 850^0,$$

die mittlere Temperatur des Zirkulationsheizwassers zwischen Kessel und Boilermantel mit:

$$t_m = \frac{t_s + t_r}{2} = \frac{80 + 50}{2} = 65^0$$

und $k = 12$, so berechnet sich die Kesselheizfläche mit Berücksichtigung von 10% Wärmeverlust zu:

$$H_k = \frac{1{,}1\ W_0}{k\,(T_m - t_m)} = \frac{1{,}1 \cdot 1200\,(40 - 10)}{12\,(850 - 65)} = 4{,}16\ \text{m}^2$$

oder

$$H_k = \frac{1{,}1\ W_0}{w_s} = \frac{1{,}1 \cdot 36000}{12000} = 3{,}30\ \text{m}^2.$$

Gewählt wird ein National-Herdkessel mit:

$$H_k = 3{,}90\ \text{m}^2,$$

0,612 m Tiefe, 0,7 m Breite, 0,8 m Höhe und 0,6 m Abstand zwischen beiden Anschlußstutzen.

Der Heizmantel des Boilers hat mit:

$$T_m = \frac{T_s + T_r}{2} = \frac{80 + 50}{2} = 65^0,$$

$$t_m = \frac{t + t_1}{2} = \frac{40 + 10}{2} = 25^0$$

und $k = 300$, bei 10% Zuschlag für Wärmeverlust eine Heizfläche zu erhalten von:

$$H_B = \frac{1{,}1\ W_0}{k\,(T_m - t_m)} = \frac{1{,}1 \cdot 36000}{300\,(65 - 25)} = 3{,}3\ \text{m}^2.$$

Gewählt wird der Manteldurchmesser zu 0,6 m und die Mantellänge zu 1,75 m, welche Maße mit $0{,}6\,\pi \cdot 1{,}75 = \sim 3{,}3\ \text{m}^2$ genügen. Unter Außerachtlassung der 3 mm Blechstärken erhält der Fassungsraum mit Rücksicht auf die Anschlußstutzen bei 0,6 m Dmr. und 2,2 m Länge einen Inhalt von:

$$\frac{0{,}6^2\,\pi}{4} \cdot 22 = \sim 615\ \text{l},$$

so daß der ganze Inhalt des Behälters $\frac{1200}{615} = \sim 2$mal stündlich erwärmt werden muß.

Für $h = 2{,}2$ m Steighöhe von Mitte Kessel bis Mitte Boiler und für $W_0 = 36000$ kcal reicht zur vorläufigen Wahl der Durchmesser der Heizleitung die Tabelle 77 nicht aus. Zur Benutzung der Tabelle 78 hat man zuvor die Wassermenge in sl nach Gl. (138) auszurechnen; man erhält mit:

$t_z = t_s = T_s = 80^0$, dafür nach Tab. I: $\gamma' = 0{,}97190$
$t_a = t_r = T_r = 50^0$, » » Tab. I: $\gamma'' = 0{,}98818$

$$\text{also: } \frac{\gamma' + \gamma''}{2} = \frac{1{,}96008}{2} = 0{,}98$$

$$Q_{sl} = \frac{W_0}{3600\,(t_z - t_a)\,\gamma} = \frac{36000}{3600\,(80 - 50)\,0{,}98} = 0{,}34\ \text{sl}.$$

Zur Bestimmung des Reibungsgefälles $\frac{h_w}{l}$ ist zu ermitteln:

$$a = \frac{\gamma'' - \gamma'}{0{,}5\,(\gamma' + \gamma'')} = \frac{0{,}98818 - 0{,}97190}{0{,}98} = 0{,}0166$$

$$h = 2{,}2 \text{ (nach Abb. 417)},$$

somit:

$$h_w = a\,h = 0{,}0166 \cdot 2{,}2 = 0{,}03652;$$

ferner: l = ganze Länge des Zirkulationsweges der Heizleitung,
= 0,6 m Kesselhöhe + 3,0 m Steigrohr + 1,75 m Boilermantellänge + 4,5 m Rücklaufrohr = ~ 10,0 m;

also:

$$\frac{h_w}{l} = \frac{0{,}03652}{10} = 0{,}003652.$$

Hierfür und für $Q_{sl} = 0{,}34$ sl findet sich in Tabelle 78 $d = 40$ mm. Dieser Wert soll nun nach dem Geschwindigkeitsgesetze geprüft werden.

Die erforderliche Geschwindigkeit ergibt sich nach Gl. (126) zu:

$$v_1 = \frac{W_0}{1000 \cdot 3600 \frac{d^2 \pi}{4} (t_z - t_a)\,\gamma} = \frac{36000}{1000 \cdot 3600 \frac{0{,}040^2 \pi}{4} (80 - 50) \cdot 0{,}98}$$

$$v_1 = 0{,}30 \text{ m/s}.$$

Setzt man:

$$\varrho = 0{,}02 + \frac{0{,}0018}{\sqrt{v_1 d}} = 0{,}02 + \frac{0{,}0018}{\sqrt{0{,}3 \cdot 0{,}040}} = 0{,}0327,$$

und gemäß der Abb. 417:

ζ = 2,0 für einen Austritt aus dem Kessel oben,
= 1,0 » ein Bogenknie am Austritt,
= 1,0 » zwei schwache Bogen im Steigstrang,
= 2,0 » einen Austritt aus dem Boiler,
= 1,5 » drei schwache Bogen im Rücklaufstrang,
= 1,0 » ein Bogenknie am Kesseleintritt unten,

$\Sigma\zeta = 8{,}5,$

so berechnet sich die erreichbare Geschwindigkeit nach Gl. (125) zu:

$$v_2 = 4{,}43 \sqrt{\frac{h_w}{\varrho \frac{l}{d} + \Sigma\zeta}} = 4{,}43 \sqrt{\frac{0{,}03652}{0{,}0327 \cdot \frac{10}{0{,}040} + 8{,}5}}$$

$$v_2 = 0{,}22 \text{ m/s}.$$

Da v_2 gegenüber v_1 zu klein ausfällt — es soll ja wenigstens $v_2 = \sim v_1$ sein —, so ist mit dem nächst höheren Rohrmaß nochmals nachzuprüfen, wenn im übrigen die Disposition nicht geändert werden soll. Mit $d =$ 44 mm = 0,044 m und $\frac{d^2 \pi}{4} = 0{,}00152 \text{ m}^2$ erhält man:

$$v_1 = \frac{1}{3000 \cdot 0{,}98} \cdot \frac{1}{0{,}00152} = 0{,}204 \text{ m/s}.$$

Hierfür mit $\varrho = 0{,}0387$ wird:

$$v_2 = 4{,}43 \sqrt{\frac{0{,}03652}{0{,}0387 \cdot \frac{10}{0{,}044} + 8{,}5}} = 0{,}220 \text{ m/s},$$

womit der Bedingung $v_2 = \sim v_1$ genügt sein mag. Nach Gl. (129a) ergibt sich:

$$d = 0{,}3 \sqrt[5]{\frac{Q_s^2 \cdot l}{h_w}} = 0{,}3 \sqrt[5]{\frac{0{,}00034^2 \cdot 10}{0{,}03652}} = 0{,}037 \text{ m},$$

so daß man unter Umständen statt mit $d = 44$ mm auch mit $d = 40$ mm noch auskommen könnte, ohne den Effekt merklich herabzudrücken.

Das Ausdehnungsgefäß für das Heizwasser muß nach Gl. (191) einen Ausdehnungsraum $V = aQ$ erhalten. Darin ist:

Q = Wassermenge im Heizsystem, also im Kessel + Heiz-Zirkulationsleitung + Boilermantel.

Es beträgt die Wassermenge

im Kessel nach Firmenangabe:	82 l
im Behältermantel: $17{,}5 \left(\frac{6{,}94^2 \pi}{4} - \frac{6^2 \pi}{4}\right) =$	175 l
in den 7,5 m Heizröhren $75 \cdot \frac{0{,}45^2 \pi}{4} =$	12 l
	$Q = \sim 270$ l.

In Tabelle I (Abschnitt XIII) findet man für $t_z = 80^0$: $a = 1{,}02891$, somit ist nach Gl. (191):

$$V = 1{,}02891 \cdot 270 = 278 \text{ l},$$

und nach Gl. (192):

$$A \geqq V - Q = 278 - 270 = 8 \text{ l},$$

mithin die erforderliche Größe des Ausdehnungsgefäßes nach Gl. (193):

$$J_A = \sim 3\,A = 3 \cdot 8 = 24 \text{ l oder}$$

$$J_A = \sim \frac{1}{10} Q = \frac{1}{10} \cdot 270 = 27 \text{ l}.$$

Gewählt wird das nächstgrößere Handelsmaß von $J_A = 50$ l mit 350 mm Dmr. und 525 mm Höhe. Die sog. Expansionsleitung mag reichlich genug mit 20 mm bemessen sein. Erhält die Steigleitung oberhalb des Kessels ein Absperrventil, so muß eine Sicherheitsleitung vom nicht absperrbarem Kesselstutzen bis zum Ausdehnungsgefäß geführt werden und nach der Tabelle 55 auf S. 294 einen lichten Durchmesser von 25,5 mm erhalten entsprechend der Kesselheizfläche von $H_K = 3{,}9\ m^2$.

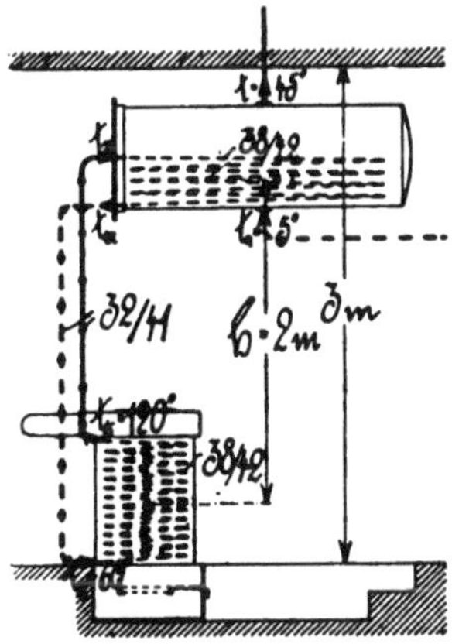

Abb. 418.

Beispiel 2. Die Warmwasserversorgungsanlage einer Villa, die stündlich 500 l Wasser von 5° auf 45° zu erwärmen hat, besitzt in dem 3 m hohen Kellergeschosse einen durch Feuer betriebenen Heißwasserkessel mit Kupferschlange (nach Abb. 418) und einen geschlossenen Warmwasserbehälter, dessen Gebrauchswasser durch eine kupferne Schlange als Heizeinsatz vom Kessel aus durch eine Zirkulationsleitung betrieben wird. Die mittlere Höhe zwischen Kessel und Heizeinsatz ist 2 m. Der Kessel leistet unter Berücksichtigung von 12% Wärmeverlust $\sim$ 25000 kcal/h.

Wird angenommen:

$$t_z = 120^0,\ t_a = 60^0 \text{ und für } \frac{t_z + t_a}{2} = \frac{120 + 60}{2} = 90^0,$$

nach Tabelle I $\gamma = 0{,}9655$, so verlangen $W_0 = 25000$ kcal nach Gl. (130) als Wärmeträger:

$$Q_s = \frac{W_0}{1000 \cdot 3600\,(t_z - t_a)\,\gamma} = \frac{25000}{1000 \cdot 3600\,(120 - 60)\,0{,}9655} =$$
$$= 0{,}0001199\ m^3/s.$$

Es ist nach Tabelle I:

$$\gamma' = 0{,}9435 \text{ für } t_z = 120^0,$$
$$\gamma'' = 0{,}9834\ \text{»}\ t_a = 60^0,$$

somit:

$$a = \frac{\gamma'' - \gamma'}{\frac{\gamma' + \gamma''}{2}} = \frac{0{,}9834 - 0{,}9435}{\frac{0{,}9435 + 0{,}9834}{2}} = 0{,}0414,$$

und mit $h = 2$ m nach Gl. (128c):

$$h_w = a \cdot h = 0{,}0414 \cdot 2 = 0{,}0828.$$

Die kupferne Feuerschlange im Koksschüttkessel hat nach Gl. (63) eine Heizfläche zu erhalten von:

$$H_1 = \frac{W_0}{k\,(T_m - t_m)}\ m^2,$$

darin ist:

$$T_m = \frac{T_1 + T_2}{2} = \frac{1000 + 300}{2} = 650^0 \text{ nach Gl. 68}$$

und mit $t_s = t_z$ und $t_r = t_a$

$$t_m = \frac{t_s + t_r}{2} = \frac{120 + 60}{2} = 90^0 \text{ nach Gl. 70}$$

$$k = 15 \text{ (S. 407)},$$

somit:

$$H_1 = \frac{25\,000}{15\,(650 - 90)} = \sim 3 \text{ m}^2.$$

Wählt man ein Rohr mit $d_i = 38$ mm und $d_a = 42$ mm, so ergibt sich die Schlangenlänge zu:

$$l_1 = \frac{H_1}{\pi\, d_i} = \frac{3}{\pi \cdot 0{,}038} = 25 \text{ m}.$$

Die Kupferschlange des Heizeinsatzes im Wasserbehälter verlangt mit: $T_s = t_z$ und $T_r = t_a$, also mit:

$$T_m = \frac{T_s + T_r}{2} = \frac{120 + 60}{2} = 90^0 \text{ nach Gl. 88},$$

$$t_m = \frac{t + t_1}{2} = \frac{45 + 5}{2} = 25^0 \text{ nach Gl. 69 und}$$

$$k = 400 \text{ (S. 427)}$$

eine Heizfläche nach Gl. (63) von:

$$H_2 = \frac{W_0}{k\,(T_m - t_m)} = \frac{25000}{40\,(90 - 25)} = 1 \text{ m}^2$$

und mit $d_a = 42$ mm, wie oben, eine Länge:

$$l_2 = \frac{H_2}{\pi\, d_a} = \frac{1}{\pi\, 0{,}042} = 7{,}5 \text{ m}.$$

Die Zirkulationsleitung zwischen Kessel und Behälter hat nach vorläufigem Entwurfe eine Länge von:

$$l_3 = \sim 5 \text{ m}.$$

Damit ist die Gesamtlänge der Zirkulation:

$$l = l_1 + l_2 + l_3 = 25 + 7{,}5 + 5 = 37{,}5 \text{ m}.$$

Da die Heizschlangen mit einem Halbmesser $> 5\, d_a$ gebogen und die Leitungsstränge möglichst kurz und gerade verlegt werden, so soll $\Sigma\zeta$ vernachlässigt werden. Es bestimmt sich dann der Leitungsdurchmesser nach Gl. (129a) endgültig zu:

$$d_i = 0{,}3 \sqrt[5]{\frac{Q_s^2\, l}{h_w}} = 0{,}3 \sqrt[5]{\frac{0{,}0001199^2 \cdot 37{,}5}{0{,}0828}}$$

$$d_i = 0{,}3 \sqrt[5]{0{,}0000111} = 0{,}3 \cdot \frac{1}{5} \log 0{,}0000111$$

$$d_i = 0{,}0275 \text{ m, gewählt wird:}$$

$$d_i = 34{,}5 \text{ mm}.$$

Es kommen Kupferrohre mit $d_i = 35$ mm und $d_a = 40$ mm zur Verwendung.

Beispiel 3. Für industrielle Zwecke sind halbstündlich 1000 l Wasser von 10° auf 70° durch Niederdruckdampf von 0,1 atü in einem geschlossenen Behälter indirekt zu erwärmen. Der Behälter befindet sich, da er im Keller, wo der Dampfkessel steht, nicht untergebracht werden kann, an der Decke des Erdgeschosses; die Entfernung von Mitte Kessel bis Mitte Behälter beträgt 7 m. Die Erwärmung des Gebrauchswassers erfolgt mittels eines Röhrenbündels, das mit den übrigen runden Knien der Leitung einen Widerstand $\Sigma\zeta = 1 + 2 \cdot 0{,}5 = 2$ hervorruft. Die Länge der Dampfleitung entspricht der Höhe von 7 m.

Die stündlich durch den Dampf zu tragende Wärmemenge folgt zu:

$$W_0 = 2 \cdot Q\,(t - t_1) = 2 \cdot 1000\,(70 - 10) = 120000 \text{ kcal/h}.$$

Für 1,1 ata findet sich laut Tabelle III $r = 538{,}3 = \sim 538$, so daß nach Gl. (132) eine Dampfmenge einschließlich der Wärmeverluste:

$$D = \frac{1{,}1\, W_0}{r} = \frac{1{,}1 \cdot 120000}{538} = 247 \text{ kg}$$

stündlich durchzuleiten ist.

Es ist 0,1 at = 1000 kg/m². Aus wirtschaftlichen Gründen muß eigentlich der gesamte Dampf kondensieren, also $p' = p'' = 1000$ werden, d. h. in der Kondensleitung kein Druck mehr herrschen. Für letztere ist jedoch ein bestimmter Druck zum Fortbewegen des Kondenswassers wieder zum Kessel hin erforderlich. Es sollen hierfür 200 kg/m² angenommen werden, ein vielleicht etwas hoch erscheinender Druck, der aber seine Begründung in dem verzweigten Röhrenbündel hat. Es ist mithin:

$$p' = 1000 \text{ und } p'' = 200, \text{ also } p = p' - p'' = 1000 - 200 = 800 \text{ kg/m}^2.$$

Mit $v = 20$ nach Wahl und $\gamma = 0{,}63$ nach Tabelle III berechnet sich der Dampfrohrdurchmesser nach Gl. (135) vorläufig zu:

$$d = 0{,}019 \sqrt{\frac{W_0}{\gamma \cdot r \cdot v}} = 0{,}019 \sqrt{\frac{120000}{0{,}63 \cdot 536 \cdot 20}} = 0{,}08075 \text{ m}.$$

Damit bestimmt sich dann genauer nach Gl. (131):

$$d = \sqrt[5]{\frac{D^2\,(1{,}9 \cdot l + 0{,}8 \cdot d \cdot \Sigma\,\zeta)}{\gamma \cdot p}}$$

$$= \sqrt[5]{\frac{247^2\,(1{,}9 \cdot 7 + 0{,}8 \cdot 8{,}2 \cdot 2)}{0{,}63 \cdot 800}}$$

$$d = 5{,}569 \text{ cm} = \sim 55 \text{ mm}.$$

Wegen des großen Unterschiedes zwischen 80 und 55 mm wird nochmals umgerechnet mit $d = 50$ mm und damit $d = 4{,}8426$ cm erhalten. Gewählt wird:

$$d = 51 \text{ mm für das Dampfrohr.}$$

Mit Hilfe der vereinfachten Gleichung ergibt sich nach Gl. (131 a):

$$d = \sqrt[5]{\frac{1{,}9\, D^2 l}{\gamma \cdot p}} = \sqrt[5]{\frac{1{,}9 \cdot 247^2 \cdot 7}{0{,}63 \cdot 800}} = 4{,}4071 \text{ cm}.$$

Durch die Kondensleitung werden stündlich 247 l oder sekundlich $\frac{0{,}247}{3600} = 0{,}0000686$ m³ Wasser ge' ɨitet .Mit $l = 9$ m und $p = 200$ kg/m² $= 0{,}2$ m erhält man nach Gl. (133):

$$d' = 0{,}6 \sqrt[5]{\frac{Q_s^2\, l}{p}} = 0{,}6 \sqrt{\frac{0{,}0000686^2 \cdot 9}{0{,}2}} = 0{,}02784 \text{ m}.$$

Gewählt wird gemäß dem Verhältnis $d' = \sim 0{,}7\, d = 0{,}7 \cdot 50 = 35$ mm und der Tabelle 81. 2:

$d' = 40$ mm für die Kondensleitung.

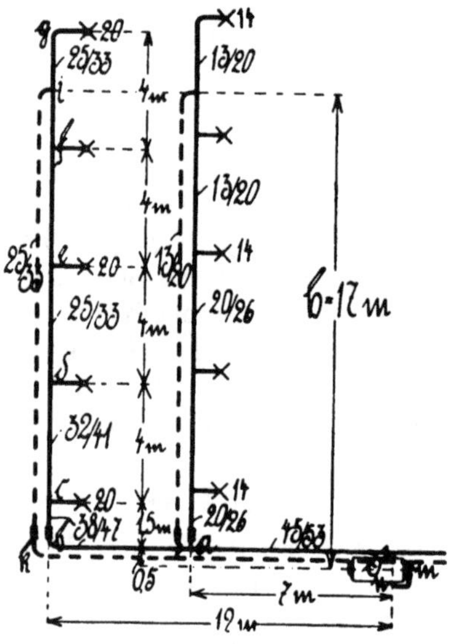

Abb. 419.[1])

Beispiel 4. Jede Halbetage eines fünfstöckigen Mietshauses ist mit je einer Warmwasserzapfstelle für eine Badewanne und einen Spültisch und sonstige Zwecke in der Küche ausgerüstet. Das warme Gebrauchswasser wird nach Abb. 419 in einer im Keller gelegeneZentrale erzeugt. Es ist die Zirkulationsleitung zu berechnen.

Die übrigen Rohrdurchmesser sind nach obigen Angaben auf S. 486 bemessen. Die beiden bei *a* abzweigenden Leitungen besitzen einen Gesamtquerschnitt:

$$\frac{38^2\pi}{4} + \frac{20^2\pi}{4} = 1134{,}11 + 314{,}16 = 1448{,}27 \text{ mm}^2,$$

so daß die Hauptverteilungsleitung *oa* einen Durchmesser von 45 mm zu erhalten hat; es ist ja: $\frac{45^2\pi}{4} = \sim 1448.$

Wegen der Zapfstellen in den Küchen wird das Wasser im Behälter der Zentralstelle auf $t_2 = 50^0$ erwärmt. Das Badewasser zu $Q = 200$ l muß eine Temperatur von $t = 35^0$ erhalten, so daß sich bei Zumischen

[1]) Die eingetragenen Rohrdurchmesser sind auf die jetzt gebräuchlichen Gasrohrmaße abgewertet zu denken. Die in Abb. 419 eingetragenen Rohrdurchmesser stimmen dagegen mit den Nennweiten der Vornorm DIN 2440 annähernd überein. Für diese Berechnung ist dies jedoch ganz unwesentlich.

kalten Wassers von $t_1 = 10^0$ nach Gl. (50) und (51) eine Kaltwassermenge:

$$q_1 = \frac{t_2 - t}{t_2 - t_1} \cdot Q = \frac{50 - 35}{50 - 10} \cdot 200 = 75 \text{ l von } 10^0$$

und eine Warmwassermenge:

$$q_2 = Q - q_1 = 200 - 75 = 125 \text{ l von } 50^0$$

erforderlich macht.

Mit $t = 50^0$ als Höchsttemperatur und $t_1 = 10^0$ als Speisewassertemperatur für den Behälter verlangt jeder Badewasserzapfhahn nach Gl. (57) eine Wärmezuführung:

$$w = q_2 \ (t - t_1) = 125 \ (50 - 10) = 5000 \text{ kcal.}$$

Zur Erhaltung von $t = 50^0$ in der Leitung wird unterhalb der Decke des vierten Stockwerkes eine Zirkulationsleitung nach dem Behälter abgezweigt. Die Temperatur in dieser Rücklaufleitung soll nicht unter 30^0 sinken. Wegen der voraussichtlich längeren Betriebsunterbrechung sollen die Wärmeverluste der Rohrleitung berücksichtigt werden, welche sich nach Gl. (40) berechnen zu: $w_1 = fk\ (t - t_l)$. Hierin ist: $f = \pi d \cdot l$, $t = 50^0$, $t_l = 10$ und $k = 3$ für 15 mm starke Seidenzopfisolierung. Es ergeben sich hiermit gemäß der Abb. 419 für die Rohrstrecken:

$$\begin{aligned}
oa:&\quad w_1 = \pi\,(0{,}045 + 0{,}03) \cdot 7 \cdot 3 \cdot (50 - 10) \ldots\ldots &= 197 \text{ kcal}\\
abc:&\quad\ \ \ = \pi\,(0{,}038 + 0{,}03)\ ((12 - 7) + 1{,}5) \cdot 3 \cdot 40 &= 166 \ \text{»}\\
cd:&\quad\ \ \ = \pi\,(0{,}032 + 0{,}03)\ 4 \cdot 3 \cdot 40 \ldots\ldots\ldots &= 94 \ \text{»}\\
defg:&\quad\ \ \ = \pi\,(0{,}025 + 0{,}03)\ 12 \cdot 3 \cdot 40 \ldots\ldots\ldots &= 245 \ \text{»}\\
ikmn:&\quad\ \ \ = \pi\,(0{,}025 + 0{,}03)\,(17 + 12 + 2) \cdot 3\,(30 - 40) &= 102 \ \text{»}\\
& &\sim 800 \text{ kcal.}
\end{aligned}$$

Es ist der Wärmebedarf für die 5 Bäder unter Vernachlässigung der Küchenhähne, deren Bedarf durch die Rechnung hinreichend mitgedeckt wird,

$$5\,W = 5 \cdot 5000 = 25\,000 \text{ kcal.}$$

Es wird nun vorausgesetzt, daß mehrere Badewannenhähne genau zu gleicher Zeit nicht laufen; es soll demgemäß eine stündliche Wärmezirkulation von $\sim \frac{1}{5}$ des ganzen Effektes, also $\frac{25\,000}{5} = 5000$ kcal zuzüglich des Rohrleitungsverlustes von ~ 800 kcal, also: $W_0 = 5000 + 800 = 5800$ kcal/h eintreten. Für 5800 und $h = 17$ findet sich nach Tabelle 77: $d = 26$ mm.

Mit diesen Werten und mit $\gamma = 1$ bestimmt sich die in der Zirkulationsleitung erforderliche Geschwindigkeit v_1, nach Gl. (126) zu:

$$v_1 = \frac{W_0}{1000 \cdot 3600 \frac{d^2 \pi}{4} (t_z - t_a)} = \frac{5800}{1000 \cdot 3600 \frac{0{,}026^2 \pi}{4} (50 - 30)}$$

$$v_1 = 0{,}157 \text{ m/s.}$$

Nach Tabelle I (und auch Tabelle II) ist:

$$\gamma' = 0{,}98818 \text{ entspr. } t_z = 50^0,$$
$$\gamma'' = 0{,}99572 \quad » \quad t_a = 30^0,$$

somit:

$$a = \frac{\gamma'' - \gamma'}{\frac{\gamma'' + \gamma'}{2}} = \frac{0{,}99572 - 0{,}98818}{0{,}99190} = 0{,}0076;$$

ferner:

$$h = 17 \text{ m},$$

also die Druckhöhe nach Gl. (128c):

$$h_w = a \cdot h = 0{,}0076 \cdot 17 = 0{,}1292,$$

die Rohrlänge: $l = 2 \cdot 17 + 2 \cdot 12 + 2 = 60$ m,

$\varrho = \sim 0{,}03$,
$\zeta = 2 \cdot 1 = 2$ für je ein rechtwinkliges Knie bei o und m,
$\zeta = 0{,}8$ für einen Doppelbogen bei i,
$\zeta = 2 \cdot 0{,}5 = 1$ für je einen Absperrschieber bei b und k,
$\zeta = 1$ für die Erweiterung im Behälter.

Die Bogen bei b und k bleiben unberücksichtigt, da der Bogenhalbmesser $> 5\,d$ ist, ebenso auch die Abzweigungen bei c, d, e und f, welche außerhalb der Zirkulation liegen. Bei Abzapfen wird die Zirkulation durch die Temperaturveränderung aufrechterhalten.

Es ist mithin:

$$\Sigma\zeta = 2 + 0{,}8 + 1 + 1 = 4{,}8.$$

Mit allen diesen Werten ermittelt sich die erreichbare Geschwindigkeit v_2 nach Gl. (125) zu:

$$v_2 = 4{,}43 \sqrt{\frac{h_w}{\varrho \frac{l}{d} + \Sigma\zeta}} = 4{,}43 \sqrt{\frac{0{,}1292}{0{,}03 \cdot \frac{60}{0{,}026} + 4{,}8}}$$

$$v_2 = 0{,}160 \text{ m/s}.$$

Da $v_2 > v_1$ ist, so kann $d = 0{,}026$ m als Durchmesser der Zirkulationsleitung beibehalten werden.

Um einen Vergleich mit der jetzt üblichen Berechnungsweise für Warmwasserheizungsrohre zu erhalten, werde d an Hand diesbezüglicher Tabellen nach Kalender für Gesundheits- und Wärmetechnik 1927 geprüft.

Die verfügbare Druckhöhe a je m Zirkulationshöhe ist $a = 0{,}0076$ m WS $= 1000 \cdot 0{,}0076 = 7{,}6$ mm WS, somit die Gesamtdruckhöhe $ah = 7{,}6 \cdot 17 = 129{,}2$ mm WS und bei $l = 60$ m Gesamtrohrlänge des Stromkreises der zul. Druckverlust $p = \frac{a\,h}{l} = \frac{129{,}2}{60} = 2{,}15$ mm/m.

Unter Berücksichtigung der Einzelwiderstände wird nach Tabelle 89 des Kal. S. 86 der nächstkleinere Wert $p = 2{,}0$ mm gewählt. Hierfür und für $W_0 = 5800$ kcal/h findet sich in dieser Tabelle für 7901 kcal/h derselbe Wert $d = 25$ mm.

Beispiel 5. Gemäß der Abb. 420 ist ein Brausebad mit 10 Brausen auszurüsten. Die einzelnen Brausen erhalten Mischapparate mit Kalt- und Warmleitungen. Das Warmwasser wird in einem besonderen Kessel erwärmt, das Kaltwasser einem Behälter entnommen, der von einer

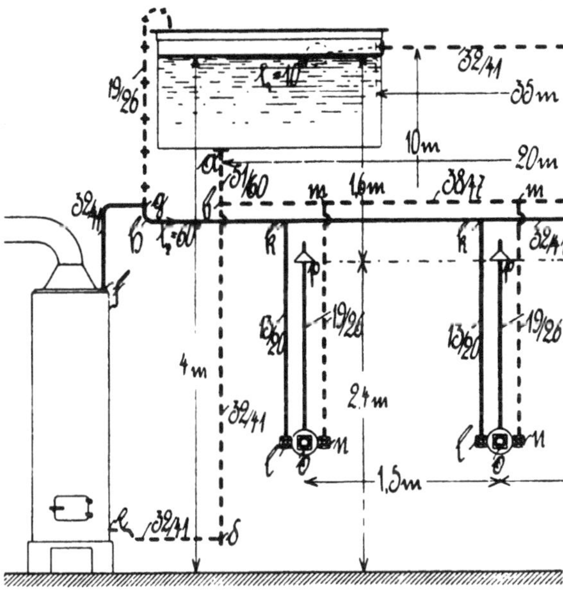

Abb. 420.[1])

Hochdruckleitung, unter 4 at stehend, durch Zwischenschaltung eines Schwimmkugelventiles gespeist wird.

Nach den Angaben auf S. 393 wird der Wasserbedarf einer Brause, die 3 min lang geöffnet bleibt, mit 40 l angenommen. Dann ist: $Q_{lz} = 10 \cdot 40 = 400$ l und nach Gl. (139):

$$Q_{sl} = \frac{Q_{lz}}{Z \cdot 60} = \frac{400}{3 \cdot 60} = 1{,}7 \text{ sl.}$$

Ist die Warmwassertemperatur $t_2 = 60^0$, die Anfangstemperatur, also die Temperatur des Wassers im Behälter $t_1 = 10^0$ und die an den Mischapparaten höchst einstellbare Mischwassertemperatur $t = 30^0$, so berechnet sich die für die Mischung erforderliche Kaltwassermenge nach Gl. (50) zu:

$$Q_{sl} = q_1 = \frac{t_2 - t}{t_2 - t_1} \cdot 1{,}7 = \frac{60 - 30}{60 - 10} \cdot 1{,}7 = 1{,}02 \text{ sl.}$$

[1]) Siehe Fußnote der S. 508.

und die Warmwassermenge nach Gl. (51) zu:

$$Q_{sl} = q_2 = \frac{q_1 (t - t_1)}{t_2 - t} = \frac{1{,}02\,(30 - 10)}{60 - 30} = 0{,}68 \text{ sl.}$$

Nach Abb. 420 ist $h_w = 1{,}6$ m als Höhe zwischen niedrigstem Wasserstand im Behälter (Normalwasserstand) und der Ausflußstelle, also Brausekopf; ferner $l = 20$ m als Rohrlänge zwischen Behälter und entferntester Zapfstelle; somit das Reibungsgefälle:

$$\frac{h_w}{l} = \frac{1{,}6}{20} = 0{,}08.$$

Es haben nun zu fördern der Rohrstrang:

ab: $Q_{sl} = 1{,}7$ sl Speise- und Gebrauchswasser,
bc: $= 1{,}02$ sl Kaltwasser zum Gebrauch,
bde: $= 0{,}68$ sl Speisewasser für den Kessel,
fghi: $= 0{,}68$ sl Warmwasser,
kl: $= \frac{0{,}68}{10} = 0{,}068$ sl Warmwasser für eine Brause,
mn: $= \frac{1{,}02}{10} = 0{,}102$ sl Kaltwasser für eine Brause,
op: $= \frac{1{,}7}{10} = 0{,}17$ sl gemischtes Wasser für eine Brause.

Der $\frac{h_w}{l} = 0{,}08$ zunächst liegende niedrigere Wert der Tabelle 78 ist: 0,067. Dafür findet man in der Tabelle 78:

				bei dem nächst-höheren		
für	*ab*	und für	$Q_{sl} = 1{,}7$		$Q_{sl} = 3{,}00$:	$d = 51$ mm
»	*bc*	» »	$= 1{,}02$	»	$= 1{,}48$:	$d = 40$ »
»	*bde*	» »	$= 0{,}68$	»	$= 0{,}97$:	$d = 34{,}5$ »
»	*fghi*	» »	$= 0{,}68$	»	$= 0{,}97$:	$d = 34{,}5$ »
»	*kl*	» »	$= 0{,}068$	»	$= 0{,}10$:	$d = 12$ »
»	*mn*	» »	$= 0{,}102$	»	$= 0{,}26$:	$d = 20$ »
»	*op*	» »	$= 0{,}17$	»	$= 0{,}26$:	$d = 20$ »

Die Länge der Rohrleitung *q* vom Schwimmkugelventil bis zur Abzweigstelle vom Hochdrucknetz beträgt 35 m; die Höhe des Ventiles über dieser Stelle 10 m, somit wird mit $h_1 = 40$ m entspr. 4 at nach S. 486:

$$\frac{h_w}{l} = \frac{h_1 - h}{l} = \frac{40 - 10}{35} = 0{,}86.$$

Der Behälter hat das gesamte gebrauchte Wasser herzugeben, das ihm mittels des Schwimmerventiles ständig von außen her durch die Leitung *q* ersetzt wird. Es ist also für Leitung *q* einzuführen: $Q_{sl} = 1{,}7$ sl.

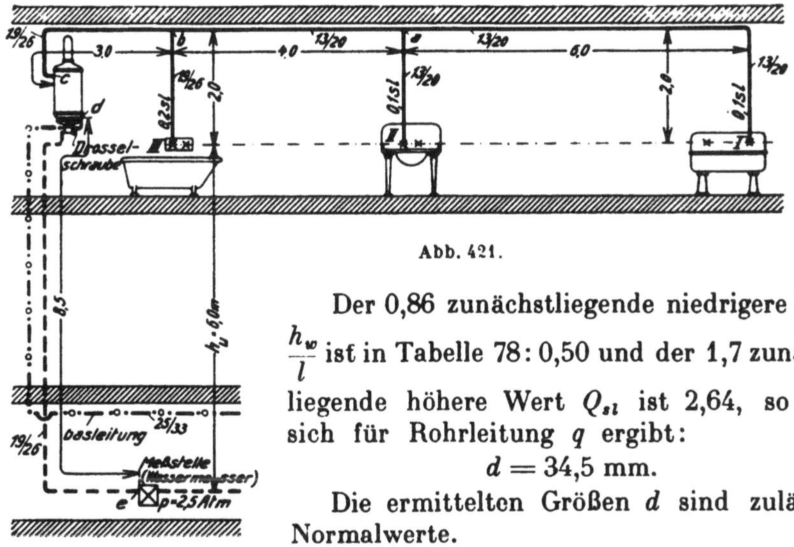

Abb. 421.

Der 0,86 zunächstliegende niedrigere Wert $\frac{h_w}{l}$ ist in Tabelle 78: 0,50 und der 1,7 zunächst liegende höhere Wert Q_{sl} ist 2,64, so daß sich für Rohrleitung q ergibt:

$$d = 34{,}5 \text{ mm}.$$

Die ermittelten Größen d sind zulässige Normalwerte.

Beispiel 6. Eine Wohnung ist gemäß Skizze Abb. 421 mit einer Warmwasserversorgung auszurüsten, die eine Badewanne mit Wasser von 35° und 2 Zapfstellen für Wasch- und Spülzwecke mit Wasser von 60° zu versorgen hat. Zur Aufstellung kommt ein Junkers-Heißwasserstromautomat mit 985 × 376 × 242 mm Außenmaßen entspr. Tabelle 15 (1. Modell der 3. Gattung). Der Gasofen erwärmt bei 30 mm Gasdruck minutlich 13 l Wasser von 10° auf 35°. Es betragen der Durchflußwiderstand des Apparates 8 m WS, der Wasserdruck, hinter dem Wassermesser im Keller des Gebäudes gemessen, 2,5 at.

Da die Badewanne Wasser von nur 35°, die anderen beiden Zapfstellen Wasser von 60° verlangen, so wird man für letztere geringere Ausflußmengen in der Zeiteinheit erhalten. Man hat also, um die Zeitdauer der Wannenfüllung nicht zu lang zu erhalten, die größte Ausflußmenge für die Wanne anzusetzen. Es ist daher entsprechend den Angaben unter 4. auf S. 488 für Zapfstelle III (Abb. 421) der Badewanne:

$$q' = 13 \text{ l/min oder } Q_{sl} = \frac{13}{60} = \sim 0{,}2 \text{ sl}.$$

Bei 200 l Wassermenge der Wanne von $t' = 35°$ wird die Füllung in:

$$Z = \frac{200}{13} = \sim 16 \text{ min}$$

erreicht. Die 13 l ergeben nach Gl. (140a) die größte Ofenleistung zu:

$$W_m = q' \; (t' - t_1) = 13 \; (35 - 10) = 335 \text{ kcal/min}.$$

Damit folgen für die Zapfstellen II und I die Ausflußmengen nach Gl. (140b) zu:

$$q'' = \frac{W_m}{t'' - t_1} = \frac{335}{60 - 10} = 6{,}7 \text{ l/min oder } Q_{sl} = \frac{6{,}7}{60} = 0{,}11 \; sl.$$

Es erhalten nach den Angaben unter 3.: Die Wanne einen Zapfhahn zu 3/4″ = 20 mm, die beiden anderen Zapfstellen Hähne zu 1/2″ = 12 mm. Nach Gl. (128b) ergibt sich die Druckhöhe zu:

$$h_w = 10\,p - h_u = 10 \cdot 2{,}5 - 6 = 19 \text{ m},$$

ferner die Rohrlänge l zwischen Meßstelle (bei 2,5 at) und der entferntesten Zapfstelle I zu:

$$l = 8 + 4 + 3 + 8{,}5 = 23{,}5 \text{ m}.$$

Alsdann wird das Reibungsgefälle:

$$\frac{h_w}{l} = \frac{19}{23{,}5} = 0{,}8.$$

Man erhält nun unter Benutzung der Tabelle 78 bei dem nächstniedrigeren Werte $\frac{h_w}{l} = 0{,}5$ und den nächsthöheren Werten Q_{sl}:

für Strang	I *a*	mit $Q_{sl} = 0{,}1$:	bei $Q_{sl} = 0{,}28$:	$d = 12$ mm
»	» *ab*	» $Q_{sl} = 0{,}1 + 0{,}1 = 0{,}2$:	» $Q_{sl} = 0{,}28$:	$d = 12$ »
»	» *bcde*	» $Q_{sl} = 0{,}2 + 0{,}2 = 0{,}4$:	» $Q_{sl} = 0{,}70$:	$d = 20$ »
»	» II *a*	» $Q_{sl} = 0{,}1$:	» $Q_{sl} = 0{,}28$:	$d = 12$ »
»	» III *b*	» $Q_{sl} = 0{,}2$:	» $Q_{sl} = 0{,}70$:	$d = 20$ »

Letzter Wert ist wegen der 20 mm Zapfhahnweite von 12 mm auf 20 mm erhöht.

Die Widerstände ergeben sich:

als Widerstand im Gasautomat nach Angabe der Firma zu:

$$h_{wA} = 8 \text{ m WS};$$

als Widerstand in dem Rohrsystem:

mit Rohrlänge $l_{Ib} + l_{IIa} = 8 + 4 + 2 = 14$ m, dafür:

Druckverlust nach Tabelle 79a für 1/2″ und $q'' = 6{,}7$ l/min:

$$\vartheta_L = 0{,}087,$$

und mit Rohrlänge $l_{IIIc} + l_{de} = 2 + 3 + 8{,}5 = 13{,}5$ m, dafür:

Druckverlust nach Tabelle 79a für 3/4″ und $q'' = 13 = \sim 12$ l/min:

$$\vartheta_L = 0{,}046,$$

somit nach Gl. (141b) zu:

$$h_{wL} = 14 \cdot 0{,}087 + 13{,}5 \cdot 0{,}046 = 1{,}84 \text{ m WS};$$

und als Widerstand der Zapfhähne:

mit Druckverlust nach Tabelle 79b:

$$\vartheta_z = 0{,}22 \text{ für } 1/2'' \text{ und } q' = 6 \text{ l/min},$$
$$\vartheta_z = 0{,}43 \text{ » } 3/4'' \text{ » } q'' = 12 \text{ l/min},$$

somit nach Gl. (141c) für 2 Hähne je 1/2″ und 1 Hahn 3/4″ zu:

$$h_{wZ} = 2 \cdot 0{,}22 + 0{,}43 = 0{,}87 \text{ m WS}.$$

Mithin ist der Gesamtwiderstand in der Anlage:

$$h_{wA} + h_{wL} + h_{wZ} = 8 + 1,84 + 0,87 = 10,71 \text{ m WS},$$

so daß ein Druck:

$$h_w - 10,71 = 19 - 10,71 = \sim 8 \text{ m WS}$$

überflüssig und durch die Wasserdrosselschraube am Gasautomaten abzudrosseln ist.

Zur Bestimmung des Durchmessers der Gasrohrzuleitung dienen die Tabellen 74 und 82.

Es betragen: Der erforderliche Gasverbrauch nach Tabelle 15 bei 30 mm Gasdruck als Eingangsdruck am Ofen $B = 89 \text{ l/min} = \frac{89 \cdot 60}{1000} = \sim 5 \text{ m}^3/\text{h}$, der Druck am Gasmesser als Straßenleitungsdruck 40 mm WS, und die Länge l der Gaszuleitung 15 m.

Für $B = 5 \text{ m}^3/\text{h}$ und $l = 10$ m ist nach Tabelle 82 wie auch 74 ein Rohrdurchmesser von $1 \div 1\frac{1}{2}''$ etwa $1\frac{1}{4}''$ erforderlich. Für $d = 1'' = 2,6$ cm ergibt sich der Druckverlust nach Gl. (145a) zu:

$$h_w = \sim 0,84 \frac{l B^2}{d^5} = \sim 0,84 \frac{15 \cdot 5^2}{2,6^5} = \sim 3,4 \text{ mm WS},$$

somit ist der erforderliche Eingangsdruck $p_e = 30$ mm durch $p_n - h_w = 40 - 3,4 = 36,6$ mm WS sichergestellt, so daß 1″-Gasrohr genügt.

Beispiel 7. Eine Wärmezentrale hat 3 Wohngebäude mit je 8000 l/h Warmwasser zu versorgen. Die Entfernung des von der Zentrale entferntest liegenden Gebäudes beträgt 90 m. Es ist die Umlaufpumpe, die in die 50 mm Zirkulations-Rücklaufleitung am Kessel einzubauen ist, zu berechnen.

Mit $x = 3$ ergibt sich der Pumpendruck nach Gl. (159) zu:

$$H_p = 1 + 0,005\, L + x = 1 + 0,005 \cdot 2 \cdot 90 + 3 = 4,9 = \sim 5 \text{ m WS}.$$

Diese Größe entspricht bei $L = 2 \cdot 90 = 180$ m dem Überschlagswert von $H_p = 3 \div 5$ m WS bei $L = 100 \div 200$ m auf S. 500. Der Pumpeneffekt wird mit $\eta = 0,5$, nach Gl. (157):

$$N = \frac{Q_P H_P}{270000 \cdot \eta} = \frac{3 \cdot 8000 \cdot 5}{270000 \cdot 0,5} = 0,89 \text{ PS}$$

und der Motoreffekt nach Gl. (162):

$$N_m = 1,25 \cdot N = 1,25 \cdot 0,89 = 1,13 \text{ PS}.$$

Nach Gl. (160) ist die Umfangsgeschwindigkeit des Pumpenschaufelrades:

$$c_r = \frac{3}{2}\sqrt{2 g H_p} = \frac{3}{2}\sqrt{2 \cdot 9,81 \cdot 5} = 14,8 = \sim 15 \text{ m/s}.$$

Nimmt man entspr. Abb. 300 und nach S. 500 den inneren Flügelraddurchmesser $D_i = d' = 50$ mm und den äußeren $D_a = \sim 2,5\, D_i$

$= 2{,}5 \cdot 50 = 125$ mm, so ist die minutliche Umdrehungszahl nach Gl. (161):

$$n = \frac{1000 \cdot 60 \cdot c_r}{\pi\, D_a} = \frac{1000 \cdot 60 \cdot 15}{\pi \cdot 125} = 2300.$$

Gewählt wird für $Q = \frac{3 \cdot 8000}{60} = 400$ l/min nach Tab. 52, S. 290, für 5 m Förderhöhe:

$$N_m = 1{,}3 \text{ PS};\; n = 2400;\; Q = 540 \text{ l/min}.$$

Dafür ergibt sich der elektrische Anschlußwert nach Gl. (163) zu:

$$E\,I = \frac{736 \cdot N_m}{1000\, \eta_e} = \frac{736 \cdot 1{,}3}{1000 \cdot 0{,}8} = 1{,}2 \text{ kW}.$$

Beispiel 8. Die Hauptzentrale einer Fernwarmwasserversorgung befindet sich 0,5 km von der sekundären Verteilungsstelle, der sie stündlich 40 m³ Wasser von 90°, aus Speisewasser von 10° erzeugt, zuzuführen hat. Der Höhenunterschied zwischen Warmwasserbereiter der Zentrale und der höchsten Verbrauchsstelle beträgt 16 m. Es sind die Hauptrohrstränge mit Umlaufleitung und Umwälzpumpe zu bestimmen.

Es ist $Q_l = 40$ m³/h $= 40000$ l/h oder

$$Q_s = \frac{40}{3600} = 0{,}012 \text{ m}^3/\text{s}.$$

Die Wassergeschwindigkeit in den Rohrleitungen sei $v = 1{,}0$ m/s. Es berechnet sich nach Gl. (147a) der Durchmesser der Gebrauchsleitung zu:

$$d = 1{,}2 \sqrt{Q_s} = 1{,}2 \sqrt{0{,}012} = 0{,}1301 \text{ m}.$$

Gewählt wird 5½″ nahtloses Rohr mit 131/140 mm Dmr. Damit ergibt sich nach Gl. (146a) der Gesamtdruckhöhenverlust zu:

$$H_w = 0{,}0025 \frac{L}{d} = 0{,}0025 \frac{500}{0{,}131} = 8{,}8 \text{ m WS}.$$

Zur Berechnung der Umlaufleitung, die wie die Hauptvorlaufleitung eine 30 mm starke gute Isolierung und Verlegung erhält, finden sich die zu deckenden Wärmeverluste nach Gl. (149) mit:

$$\gamma = 0{,}98818 \text{ bezüglich } \frac{t + t_1}{2} = \frac{90 + 10}{2} = 50^0 \text{ zu:}$$

$$W_1 = 0{,}1\, Q_h\, (t - t_1)\, \gamma = 0{,}1 \cdot 40000\, (90 - 10) \cdot 0{,}98818 = 316218 \text{ kcal/h}$$

und mit $D_i = 140 + 2 \cdot 30 = 200$ mm $= 0{,}200$ m nach Gl. (150) zu:

$$W_2 = 300\, \pi\, D_i\, L = 300 \cdot \pi \cdot 0{,}2 \cdot 500 = 94200 \text{ kcal/h},$$

somit insgesamt nach Gl. (151):

$$W' = W_1 + W_2 = 316218 + 94200 = \sim 410000 \text{ kcal/h}.$$

Bei einer Abkühlung des Wassers im System von 90° auf 70° ist die zur Deckung der Wärmeverluste erforderliche umlaufende Wassermenge nach Gl. (152):

$$Q_s' = \frac{410000}{1000 \cdot 3600\,(90 - 70)} = 0{,}0057 \text{ m}^3/\text{s}.$$

Damit bestimmt sich der Durchmesser der Umlaufleitung mit $v = 0{,}8$ m/s nach Gl. (153) aus:

$$\frac{d'^2 \pi}{4} = \frac{Q_s'}{v} = \frac{0{,}0057}{0{,}8} = 0{,}007125 \text{ m}^2, \text{ also zu:}$$

$$d' = 0{,}095 \text{ m} = 95 \text{ mm}.$$

Gewählt wird 4″-Rohr mit:

94,5/102 mm Dmr.

Die durch diese Umlaufleitung verloren gehende Druckhöhe beträgt mit $v = 0{,}8$ m/s nach Gl. (154):

$$H_w' = 0{,}0025\, v^2 \frac{L}{d'} = 0{,}0025 \cdot 0{,}8^2 \frac{500}{0{,}0945} = 8{,}5 \text{ m WS}.$$

Mit $h_d = 16$ m vorhandener Druckhöhe und $a = 0{,}0127$ entspr. $t = 90°$ und $t' = 90 - 20 = 70°$ der Tabelle II (Abschnitt XIII) ist die wirksame Druckhöhe durch Wärmewirkung nach Gl. (155):

$$h_p = a \cdot h_d = 0{,}0127 \cdot 16 = 0{,}203 \text{ m WS}.$$

Man ersieht, diese kleine Größe h_p kann gegenüber H_w und H_w' ohne weiteres vernachlässigt werden, so daß sich die erforderliche Pumpendruckhöhe nach Gl. (156) ergibt zu:

$$H_P = H_w + H_w' = 8{,}8 + 8{,}5 = 17{,}3 \text{ m}.$$

Hiermit wird der Kraftbedarf der Zentrifugalpumpe nach Gl. (157):

$$N = \frac{Q_P H_P}{270000 \cdot \eta} = \frac{40000 \cdot 17{,}3}{270000 \cdot 0{,}5} = 5{,}11 \text{ PS}$$

oder nach Gl. (158a):

$$N = 6\,(d + d')^2 \cdot H_P = 6\,(0{,}131 + 0{,}0945)^2 \cdot 17{,}3 = 6{,}8 \text{ PS}.$$

Gewählt wird für 40000 : 60 = 667 l/min nach Tabelle 52 eine Pumpe zu $N = 7$ PS, die bei $n = 2850$ minutlichen Umdrehungen 800 l/min auf 17 m manometrische Förderhöhe bei ∼ 100 mm Rohranschluß zu heben vermag.

C. Die Berechnung der Behälter, der Blechstärken, der Vernietung und Verschraubung.

a) Die Behältergröße.

Für die Bestimmung der Behältergrößen gelten im allgemeinen obige Angaben unter VII und XI. In der Regel sind die Behälter so groß zu bemessen, daß sie den einmaligen größten Wasserverbrauch zu decken vermögen; jedoch werden auch Behälter zur Aufnahme nur eines Teiles etwa der Hälfte des Größt-Wasserbedarfes eingebaut.

Die Warmwasserbehälter bedürfen meist einer besonderen Berechnung auf Grund der erforderlichen Wassererwärmung. Die Behältergrößen können dabei von verschiedenen Gesichtspunkten aus bestimmt werden. Dadurch ergeben sich dann auch die häufig voneinander sehr stark abweichenden Inhaltsgrößen verschiedener Projekte für ein und dieselbe Anlage.

Liegt zwischen den Verbrauchszeiten nicht genügend Zeit zum Wiederfüllen bzw. zum Wiedererwärmen des Wassers, so ist der Behälter um das entsprechend Mehrfache größer zu nehmen. Soll in einem offenen Warmwasserbehälter eine bestimmte Temperatur eingehalten werden und tritt, wie z. B. bei Küchenherdfeuerungen, eine längere mehrstündige Anheizdauer ein, so hat man dem Behälter eine Größe zu geben, welche dem größten stündlichen Wasserverbrauche von dieser bestimmten Temperatur mal der Anheizdauer Z in Stunden entspricht. Also berechnet sich für diesen Fall mit Q_{sl} Sekundenliter der Behälterinhalt zu:

$$J_B = Q_{sl}\, Z\, 3600 \text{ l} \qquad \qquad (164)$$

Für Badeanstalten kann man J_B nach Klinger[1]) aus der Hälfte der zur Wassererwärmung (ohne den ständigen Zufluß zum Behälter) nötigen stündlichen Wärmemenge W_0 bestimmen; also wird hier:

$$J_B = \frac{W_0}{2\,(t - t_1)} \text{ Liter} \qquad \qquad (165)$$

In kleineren Badeanstalten (bis 8÷10 Wannen oder entsprechender Brauseleistung) mit offenem Behälter und direkter Wassererwärmung wie auch bei derartigen Anlagen, bei denen die Temperatur des Behälterwassers $t_2 > t$ ist, rechnet man besser mit:

$$J_B = \frac{W_0}{(t_2 - t_1)} \text{ Liter oder } J_B = q_2 \qquad \qquad (166)$$

Hierin ist:

t = erforderliche Gebrauchswassertemperatur,
t_1 = Anfangstemperatur des Wassers,
t_2 = höchste Heißwassertemperatur,
q_2 = Heißwassermenge in l (S. 397).

Die Bestimmung von J_B nach letzter Gleichung kann auch für die Warmwasserbehälter vieler anderer Anlagen genügen. Besteht ein ständiger Zufluß unter Einschaltung eines Schwimmkugelgefäßes und erfolgt die Erwärmung innerhalb des Behälters, so ist zwecks rascherer

[1]) Kalender für Heizungs-, Lüftungs- und Badetechniker. Verlag Marhold, Halle.

Erwärmung des zufließenden Wassers ein kleinerer Behälter einem größeren vorzuziehen, vorausgesetzt, daß die Betriebsart und -zeit es zulassen, d. h. daß nicht mehr Wasser auf einmal, als der Behälter abgeben kann, benötigt wird. Die Einhaltung einer bestimmten Wassertemperatur wird durch Einbau von Reglern zu erreichen sein.

Für Mietshäuser[1]) rechnet man nach oben am sichersten mit dem größten Warmwasserverbrauche einer Badeperiode, da ja das Baden im Haushalte den größten Wasserverbrauch hervorruft. Es bedeute wie oben (S. 394, 408 und 428):

Z_w = Anzahl der Wannen in dem Gebäude, also meist:
= Anzahl der Wohnungen;
Z = Badezeit der Periode des größten Wasserverbrauches,
= $3 \div 4^h$ etwa;
Z_a = Anheizzeit, = $\sim 2^h$;
q_2 = Heißwassermenge von $t_2{}^0$ Boilertemperatur für 1 Wanne;
t_1 = Kaltwassertemperatur;
H = Kesselheizfläche in m^2;
w_s = Wärmeleistung von 1 m^2/h.

Die während der Anheizzeit Z_a durch H m^2 Heizfläche zugeführte Wärmemenge ist $H\, w_s Z_a$, somit ist:

$$J_B\ (t_2 - t_1) = Z_a\, w_s\, H.$$

Setzt man hierin nach Gl. (71) $H = \frac{W_z}{w_s(Z_a + Z)}$ und ferner $W_z = Z Z_w\, q_2\ (t_2 - t_1)$, so erhält man:

$$J_B (t_2 - t_1) = \frac{Z_a\, W_z}{Z_a + Z} = \frac{Z_a\,[Z\, Z_w\, q_2\, (t_2 - t_1)]}{Z_a + Z}$$

somit den Behälter-(Boiler-)Inhalt zu:

$$J_B = \frac{Z_a}{Z_a + Z} \cdot \frac{Z\, Z_w\, q_2\, (t_2 - t_1)}{t_2 - t_1} \text{ Liter} \quad \ldots\ldots \quad (167)$$

Diese Gleichung sieht sich etwas umständlich an, löst sich aber sehr einfach, da der Zähler des zweiten Faktorbruches ja meist als bekannt vorliegt. Unter Beachtung allgemein gebräuchlicher Verhältnisse kann man den stündlichen Heißwasserbedarf einer Badewanne mit $q_2 = \sim 100$ l, die Wassertemperatur im Boiler mit $t_2 = 60^0$, die Kaltwassertemperatur mit $t_1 = 10^0$, die Anheizzeit mit $Z_a = 2^h$ und die Zeit des größten Verbrauches mit $Z = 4^h$ annehmen. Dann ist der stündliche Wärmebedarf einer Wanne:

$$q_2\ (t_2 - t_1) = 100\ (60 - 10) = 5000 \text{ kcal}$$

---

[1]) Streck: Gesundheits-Ingenieur 1921, Nr. 1. — de Grahl: Gesundheits-Ingenieur, S. 409.

und damit:

$$J_B = \frac{2}{2+4} \cdot \frac{4 Z_w 5000}{60-10} \text{ oder}$$

$$J_B = 134 Z_w \text{ Liter} \quad \ldots\ldots\ldots\ldots \quad (167a)$$

Angenähert gilt nach Marx auch:

$$J_B = 900 \sqrt{15 + Z_w} - 3250 \text{ Liter} \quad \ldots\ldots \quad (167b)$$

Aus vorstehenden Gleichungen und Entwicklungen ersieht man, daß einmal der Boilerinhalt so groß sein muß, daß er die vom Kessel während der Anheizzeit erzeugte Wärmemenge aufzunehmen vermag, und daß ferner der Behälterinhalt um so größer sein muß, je länger die Anheizzeit bzw. die Ruhepause ist, und um so kleiner, je länger die Zeit der Badeperiode des größten Wasserverbrauches ist.

Werden dem Behälter einer Küchenherdanlage zu verschiedenen Zeiten beträchtlich voneinander abweichende Wassermengen entnommen, so muß, um einem Überhitzen, Überkochen oder Überdruck vorzubeugen, der größten Wärmeaufspeicherung Rechnung getragen werden. Benötigt man in solchem Falle stündlich:

für einen ersten Bedarfszweck, etwa Badezweck: q' Liter von t', also eine Wärmemenge: $w' = q't'$ kcal/h;

für einen zweiten Bedarfszweck, etwa Waschzweck: q'' Liter von t'', also: $w'' = q''t''$;

für einen dritten Bedarfszweck, etwa Küchenzweck: q''' Liter von t''', also: $w''' = q''' t'''$ usw.

und ist die mittlere Wassertemperatur im Behälter t_m, welche natürlich dem höchsten Temperaturwerte, also entweder t' oder t'' oder t''' usw. entsprechen muß, so genügt, wenn alle Zapfstellen zu gleicher Zeit in Tätigkeit sind, ein Behälterinhalt:

$$J'_B = \frac{\Sigma w}{t_m} \text{ Liter}$$

oder mit $\Sigma w = W_0$:

$$J_B = \frac{W_0}{t_m} \text{ Liter} \quad \ldots\ldots\ldots\ldots \quad (168)$$

Fallen nun aber beträchtliche Wasserzapfungen während einer großen Zeiteinheit aus, etwa q', so muß, da die Wärmequelle den höchsten Anforderungen entsprechend weiterarbeitet, der Behälter einen so großen Inhalt besitzen, wie das Verhältnis der erzeugten Wärmemenge zur abgegebenen ausmacht. Unter Berücksichtigung vorstehender Annahmen, daß z. B. q' ausfällt, ist somit:

$$J_B = \frac{W_0 \cdot J_B'}{q'' t'' + q''' t''' + \ldots} \text{ oder:}$$

$$J_B = \frac{W_0^2}{t_m (q'' t'' + q''' t''' + \ldots)} \text{ Liter} \quad \ldots\ldots \quad (169)$$

Derartige Verhältnisse ergeben sich vorzugsweise im Betriebe der Großküchen eines Gasthauses, einer Heilanstalt, eines Gewerbebetriebes usw., für Anlagen mit Küchenherdeinsätzen und ähnlichen Einrichtungen. Hier wird in den seltensten Fällen beim stärksten Herdbetriebe, d. h. zur Zeit der Mittagspeisung, auch der größte Warmwasserverbrauch eintreten, da letzterer bekanntlich in erster Linie durch die Bäder bedingt und beeinflußt ist. Es wird dann das Wasser infolge der zu großen Wärmezufuhr überhitzt und zum Überkochen gebracht. Zur Zeit des größten Warmwasserbedarfes muß dagegen die Feuerstelle einzig und allein zu diesem Zweck in Betrieb sein. Gegen das lästige, unökonomische und unrationelle Überkochen schützt man sich durch Einbau eines genügend großen Warmwasserbehälters, der derart zu installieren und anzulegen ist, daß eine empfindliche Abkühlung über Nacht nicht eintritt. Die Sicherung einer Warmwasseraufspeicherung ist schon aus dem Grunde nötig, da in Gasthäusern zu jeder Zeit, auch nachts und frühmorgens Warmwasser benötigt wird. Bei genügend großem Warmwasserbehälter kann dann der Herdbetrieb längere Zeit aussetzen, es werden trotzdem jederzeit ausreichende Mengen genügend hoch temperiertes Wasser zur Verfügung stehen.

Ist ein Behälter für kaltes oder warmes Wasser mit veränderlichem Inhalte vorgesehen, d. h. wird das ganze Wasser oder ein Teil desselben erst verbraucht, bevor die abgezapfte Menge wieder ersetzt wird, so ist die Zeit des Zuflusses nach Bestimmung des Rohrdurchmessers gegeben. Ist:

J_B = Behälterinhalt in m^3, der zu einmaligem Verbrauche zur Verfügung steht,

q_s = Wassermenge in m^3, die in einer Sekunde durch die Mündung des Zuflußrohres vom Durchmesser d in m in den Behälter fließen kann,

so wird die Menge J_B m^3 wieder ersetzt in:

$$Z = \frac{J_B}{60 \cdot q_s} \text{ Minuten} \quad \ldots \ldots \ldots \quad (170)$$

Ist q_s unbekannt, so folgt mit $q_s = \frac{d^2\pi}{4} \cdot v$:

$$Z = \frac{J_B}{60 \cdot \frac{d^2\pi}{4} \cdot v} \text{ Minuten} \quad \ldots \ldots \ldots \quad (170a)$$

hierin ist entweder v anzunehmen mit:

$$v = \sim 0{,}05 \div 2{,}0 \text{ m/s}$$

oder besser zu berechnen nach:

$$v = \sqrt{\frac{2g \cdot h}{\varrho \frac{l}{d}}} \text{ m/s} \quad \ldots \ldots \ldots \quad (171)$$

h = Druckhöhe in m (bei Hochdruckleitungen tritt $h_1 - h$ ein, siehe Rohre S. 486),

l = Länge der Leitung in m,

ϱ = Reibungskoeffizient, für ein vorläufig angenommenes v zu wählen (unzutreffendenfalls rückrechnen).

Bei allen Niederdruck- und offenen Warmwasserbehältern ist auf die Ausdehnung des Wassers zu achten und jenen ein entsprechender Größenzuschlag zu geben. Ist hiernach der höchste Wasserstand in dem Behälter bestimmt, so ist erst in dieser Höhenlage das Überlaufrohr anzusetzen. (Siehe S. 295 u. ff.)

Mit a = Ausdehnung von 1 l Wasser nach Tabelle I entsprechend einer Höchsttemperatur t_z,

Q_z = Gesamtliterzahl Wasser, das in einer bestimmten Zeit auf t_z zu erwärmen ist,

beträgt die Gesamtwarmwassermenge, die im Behälter Platz finden muß:

$$J_B' = a \cdot Q_z \text{ bzw.} = a \cdot J_B \text{ Liter} \quad \ldots \ldots \quad (172)$$

In der Regel genügt ein Behälter, der über dem Normal-Kaltwasserstand noch ~ 200 mm freie Behälterhöhe besitzt. Dient das Wasser Genußzwecken, so empfiehlt es sich, diese Zusatzhöhe nicht unnötig groß zu nehmen, um nicht in dem Wasserraume Versteifungen anbringen zu müssen, die ja weit leichter zu Rostbildung und Schlammansatz neigen als die glatten Seitenwände. Eckige Behälter können bis zu ~ 1,0 m Höhe ohne Steifen ausgeführt werden.

Das Volumen der Heizeinsätze u. dgl. ist von dem Fassungsvermögen des Behälters in Abzug zu bringen.

Die linearen Abmessungen der Behälter sind mit Hilfe der einfachen stereometrischen Gleichungen zu bestimmen.

Ist:

J_B = erforderliches Fassungsvermögen des Behälters in l,

so ist:

$$\left.\begin{array}{ll} J_B = a\,b\,h & \text{für rechteckige Behälter} \\ J_B = \pi r^2 h & \text{für zylindrische Behälter mit ebenen Böden} \\ J_B = \pi r^2 h \pm (\pi h_1^2 (r_1 - \tfrac{1}{3} h_1)) & \text{für zylindrische Behälter mit einem gewölbten Boden} \\ J_B = \pi r^2 h \pm 2 (\pi h_1^2 (r_1 - \tfrac{1}{3} h_1)) & \text{für zylindrische Behälter mit zwei Böden} \end{array}\right\} \quad (173)$$

Hierin ist:

a und b = innere Seitenlängen des Bodenbleches in dm,

h = » Höhe des Behälters in dm,

r = » Halbmesser des Zylinders in dm,

h_1 = » größte (mittlere) Höhe des Kugelbodens in dm,

r_1 = » Halbmesser des Kugelbodens, in dm,

$+$ = für nach außen gewölbte Böden,

$-$ = » » innen » »

b) Die Blechstärken der Behälter und Röhren.

Für die Berechnung der Blechstärke gelten die bekannten Festigkeitsgesetze, soweit nicht Erfahrungswerte ebenso sichere Resultate ergeben. Bei Hochdruck sind die neuen Dampffaßverordnungen und die Bauvorschriften für Landdampfkessel[1]) maßgebend. Die Blechstärke s ist hiernach aus nachstehenden Gleichungen zu ermitteln.

Rechteckige Behälter:

$$\left.\begin{array}{l} \left.\begin{array}{l} s = 7{,}0\sqrt{\dfrac{a^2 b^2}{a^2 + b^2}\cdot\dfrac{p}{k}} \text{ in mm für rechteckiges} \\ s = 5{,}0\sqrt{a^2 \dfrac{p}{k}} \text{ in mm für quadratisches} \end{array}\right\} \text{Bodenblech} \\ s = 3{,}5\sqrt{\dfrac{h^2 a^2}{0{,}56\cdot h^2 + a^2}\cdot\dfrac{p}{k}} \text{ in mm für Seitenblech} \end{array}\right\} \quad (174)$$

Hierin ist:

a und b = Seiten des Bodenbleches in cm; $a > b$ bei rechteckigem Bodenblech[2]),
h = Höhe des höchsten Wasserstandes im Behälter in cm,
p = Wasserdruck im Behälter in at,
$p = 0{,}001 \cdot h$, wenn h in cm (1 at = 10 m),
k = zulässige Materialspannung in kg/cm²,
$k = 900 \div 1000$ kg/cm² für Stahl,
= 600 kg/cm² für Kupfer.

Für überschlägliche Rechnung kann man, solange das Verhältnis $b : a = 1 \div 0{,}6$, also $b = a \div 0{,}6\,a$ gewahrt bleibt, auch mit b und h in cm setzen:

$$\left.\begin{array}{l} s' = \dfrac{b}{200}\cdot\sqrt{h} \text{ in mm für Seitenblech} \\ s'' = s' + 1 \text{ in mm für Bodenblech} \end{array}\right\} \quad \ldots \quad (175)$$

Fällt s der Seitenbleche zu stark aus, etwa > 5 mm, so hat man Versteifungen vorzusehen. Im allgemeinen wird man bei Behältern mit normal großen Bodenflächen und

mit $h < 1{,}0$ m keine Versteifungen,
» $h = 1{,}0 \div 2{,}0$ m eine horizontale Versteifungsreihe,
» $h = 2{,}5 \div 3{,}5$ m zwei » Versteifungsreihen,
» $h > 4{,}0$ m drei » »

benötigen.

---

[1]) »Werkstoff- und Bauvorschriften für Landdampfkessel.« 1928, Beuth-Verlag, Berlin.

[2]) Bei großem Unterschiede zwischen a und b sind die Langwände mit a und die Kurzwände mit b für sich gesondert auszurechnen.

Bei mehreren Reihen wird man vorteilhaft die Seitenwände aus Schüssen mit nach unten zunehmenden Blechstärken ausführen. Die Blechstärken der einzelnen Schüsse berechnen sich genau wie oben nach Gl. (174) oder (175). Hierin ist nur zu setzen:

$h = h_n$ in cm als Höhe von Behälteroberkante (bzw. Überlaufebene) bis Versteifungsebene, also:

$h_n = h_1$ zur Berechnung von s_1 (Abb. 422),
$h_n = h_2$ » » » s_2 (Abb. 422) usw.;
$p = 0{,}001\, h_n\, a_1\, b_1$ in kg,

a_1, b_1 = Seitenmaße des betr. Blechfeldes in cm. Der erforderliche Querschnitt des Verstrebungseisens ergibt sich aus:

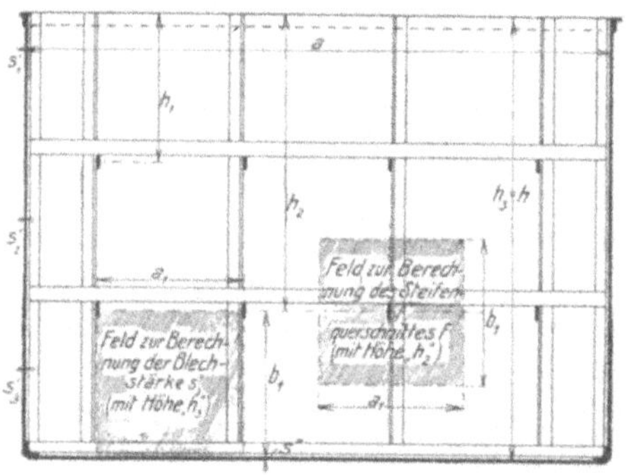

Abb. 422.

$$f = \frac{p}{k_z} \text{ in cm}^2 \quad . \; . \; . \; . \; . \quad (176)$$

$k_z = 600 \div 1000$ kg/cm² für Stahl.

Die Höhe b_1 eines Feldes (Abb. 422) ist bestimmt durch:

$b_1 = 0{,}50\, h$ bei einer horizontalen Versteifungsreihe,
$= 0{,}33\, h$ bei zwei horizontalen Versteifungsreihen,
$= 0{,}25\, h$ bei drei horizontalen Versteifungsreihen

wenn h = ganze Behälterhöhe ist. Man wählt am besten annähernd quadratisches Feld als Belastungsfläche für eine Versteifung, also $a_1 = \sim b_1$.

Runde Behälter, offene und unter Niederdruck stehende:

$$s' = 0{,}24 \cdot r \sqrt{0{,}001 \cdot h} \text{ in mm für Bodenblech} \quad . \; . \; . \; . \; . \; . \; . \quad (177)$$

$$\left.\begin{aligned} s'' &= s' \text{ bei } J_B \leq 50\,\text{l} \\ s'' &= s' - 0{,}5 \text{ bei } J_B = 50 \div 100\,\text{l} \\ s'' &= s' - 1{,}0 \text{ bei } J_B = 100 \div 3000\,\text{l} \end{aligned}\right\} \text{ in mm für Mantelblech} \quad (178)$$

r = Halbmesser des Zylinders in cm,
h = Höhe des Zylinders in cm,
J_B = Inhalt des Zylinders in l.

Hochdruckbehälter, zylindrisch, für Boiler, Kesselöfen, Kessel u. dgl.[1]):

$$s = D \cdot \frac{p\,S}{200\; K \varphi} + 1{,}0 \text{ in mm für Mantelblech} \quad . \; . \; . \quad (179)$$

[1]) Siehe, wenn auch z. T. überholt: Mattick: »Ausführung der Mäntel und Böden dampfgeheizter Warmwasserbereiter.« Gesundheits-Ingenieur, 50, Heft 3, 1927.

$D =$ größter Innendurchmesser des Behältermantels in mm,
$p =$ größter Betriebsdruck in kg/cm²,
$S =$ Sicherheitsfaktor,
$= 4{,}75$ bei überlappten und einseitig gelaschten Nähten,
$= 4{,}25$ bei doppelgelaschten und bei geschweißten Nähten,
$= 4{,}00$ bei nahtlosen Schüssen,
$K =$ Berechnungsfestigkeit des Blechmaterials in kg/mm²,
$= 22$ kg/mm² für Kupfer,
$= 33$ » » Schweißstahl,
$= 41$ » » Flußstahl,
≤ 30 » » die Bleche dampfgeheizter Warmwasserbereiter ohne Prüfungsnachweis (Dampffaßverordnung),
$\varphi =$ Verhältnis der Festigkeit der Längsnaht zur Festigkeit des vollen Bleches,
$= 0{,}56 \div 0{,}76$ für genietete Nähte,
$= 0{,}60 \div 0{,}70$ » geschweißte Nähte,
$= 0{,}80 \div 0{,}90$ » » » hochwertige Schweißarbeit,
$1{,}0 =$ Abrostungszuschlag in mm.

$s = \frac{1}{98}\left[D - \varrho\left(1 + \frac{2\,\varrho}{D}\right)\right]\sqrt{p}$ in mm für ebene gekrempte (auch geschweißte) Böden (Abb. 423), ... (180)

$p =$ größter Betriebsüberdruck in kg/cm²,
$D =$ Innendurchmesser des Bodens in mm,
$\varrho =$ innerer Wölbungshalbmesser der Krempe in mm,
$\geq 1{,}5\, s$ oder $\geq 0{,}1\, D$,

$s = D \frac{p\, y}{200 \frac{K}{\varphi}} + C$ in mm für gewölbte Böden mit innerem Überdruck (Abb. 424), ... (181)

$p =$ größter Betriebsüberdruck in kg/cm²,
$D =$ äußerer Bodendurchmesser (entspr. innerem Manteldurchmesser) in mm,
$= R$ mit $R =$ innerer Halbmesser in der Mitte der Wölbung in mm,
$\varrho =$ innerer Krempenhalbmesser in mm,
$h =$ Höhe der Bodenwölbung einschl. der Wanddicke in mm,
$K =$ Berechnungsfestigkeit des Blechmaterials in kg/mm², wie oben für Gl. (179) angegeben,

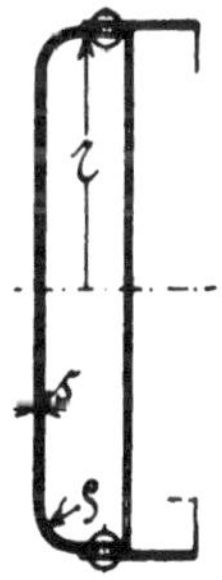

Abb. 423.

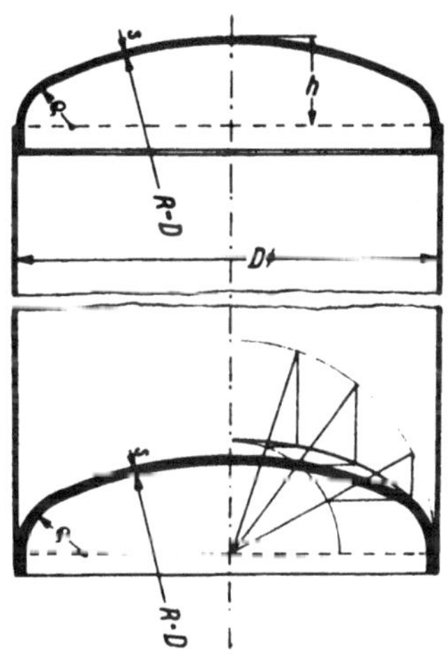

Abb. 424.

y = Formwert, nach unten anzunehmen,
φ = Verhältniszahl zwischen Berechnungsfestigkeit K und zulässiger Spannung,
= 3,5 für volle Böden ohne Ausschnitt und für Böden mit aufgenieteten Stutzen und Flanschen, wodurch die Schwächungen ausgeglichen werden,
= 4,25 für Böden mit mittlerem Mannloch,
$>$ 4,25 » » » seitlichem »
C = 2 mm für volle Böden und Böden mit Durchbrechungen ohne Mannloch,
= 3 mm für Böden mit Mannloch.

Bei $\frac{h}{D} = 0{,}18 \quad = 0{,}20 = 0{,}25 = 0{,}30 = 0{,}35 = 0{,}40 = 0{,}45 = 0{,}50,$

$\frac{\varrho_{\min}}{D} = 0{,}065 = 0{,}08 = 0{,}13 = 0{,}18 = 0{,}25 = 0{,}32 = 0{,}40 = 0{,}50,$

$y = 2{,}8 \quad = 2{,}0 \quad = 1{,}3 \quad = 1{,}0 \quad = 0{,}8 \quad = 0{,}7 \quad = 0{,}6 \quad = 0{,}55.$

Ist $\varrho < \frac{2\,h^2}{D}$, so ist y nach Reihe $\frac{\varrho_{\min}}{D}$ zu wählen.

$s = \frac{p\,R}{200\,k}$ in mm für gewölbte Böden mit äußerem Überdruck (untere Boden bei stehenden Zylindern) . . . . (182)

Dabei ist die Einbeulungsdruckspannung σ_0 zu ermitteln aus:

$$\sigma_0 = A - B\sqrt{\frac{R}{s}} \text{ in kg/mm}^2 \quad . . . . . (183)$$

Es soll sein:

$\sigma_0 \leq 0{,}4\,k$;
p = größter Betriebsüberdruck in kg/cm²,
R = äußerer Halbmesser der mittleren Wölbung in mm,
= $D \div 1{,}3\,D$,
$k \leq 4{,}0$ kg/mm² für gehämmertes Kupfer,
$\leq 6{,}5$ kg/mm² » geglühten Flußstahl,
$A = 25{,}5$, $B = 1{,}2$ } für kugelförmige Kupferböden,
$A = 26$, $B = 1{,}15$ } für geglühte Flußstahlböden.

$$s = e\sqrt{\frac{p}{360\left(1 - 0{,}7\,\frac{d_a}{e}\right)k_b}} \text{ in mm} \quad . . . . . (184)$$

für Rohrplattenwand der Heizröhrenkessel usw. (Abb. 411).

Hierbei ist die auf 1 cm Rohrumfang entfallende Belastung zu p·üfen nach:

$$\sigma = \frac{p\,F}{\pi\,d_a}\ \text{kg/cm} \quad \ldots\ldots\ldots\ldots \quad (185)$$

e. soll sein:

$\sigma \leq 70$ kg/cm für an beiden Enden umgebördelte Rohre;

$p =$ größter Betriebsüberdruck in kg/cm²,

$d_a =$ äußerer Rohrdurchmesser an der Befestigungsstelle in mm,

$e = \frac{ab + ac}{2}$ nach Abb. 411.

$k_b \leq \frac{k_z}{4{,}5} = \sim \frac{30}{4{,}5} = \sim 6{,}5$ kg/mm² für Flußstahl,

$\leq \sim 5$ kg/mm² für Kupfer,

$F =$ schraffierte Fläche nach Abb. 411 in mm²,

$= \frac{x \cdot y}{2} - \frac{\pi\,d_a^2}{4}$.

c) Die Vernietung und Verschraubung.

Die Ausführung der Nietnähte hat nach den bekannten maschinen-eementaren Normen zu erfolgen. Um Überpreise zu vermeiden, soll de Blechbreite möglichst 1500 mm für $s < 7$ mm, 1700 mm für $s > 7$ mm ncht überschreiten.

Die genieteten offenen und Niederdruckbehälter:

Bei einer gegebenen Blechstärke s kann man empirisch nehmen:

$$\left.\begin{array}{ll} \text{den Nietlochdurchmesser} & \Delta = \sqrt{5 \cdot s} - 0{,}4\ \text{cm} \\ \text{die Nietleitung} & t = 3\,\Delta + 0{,}5\ \text{cm} \\ \text{den Randabstand:} & e = 0{,}5\,t\ \text{cm} \end{array}\right\} \quad \ldots\ldots \quad (186)$$

Hiernach und nach DIN 2516 ist Tabelle 83 für die gebräuchlichen Blechstärken aufgestellt, darin $t =$ kleinste Teilung.

Tabelle 83.

Behälternietung.

s mm	Δ mm	t mm	e mm	Winkeleisen mm
1 ÷ 1,5	5	20	9	30 · 30 · 4
1,5 ÷ 2	8	22	14	40 · 40 · 4
2,5 ÷ 4,5	11	26	17	45 · 45 · 5
5 ÷ 6,5	14	33	21	50 · 50 · 7
7 ÷ 8	17	40	25	60 · 60 · 10
9 ÷ 11	20	47	30	70 · 70 · 11
12 ÷ 14	23	54	35	80 · 80 · 14
15 ÷ 18	26	62	40	100 · 100 · 20

Die Niete mit $\varDelta < 8$ mm werden meist kalt eingezogen. Behälter bis zu 1 m Höhe bedürfen keiner weiteren inneren Versteifung.

Die Hochdruckbehälter und Heizkörpermäntel:

$$\left.\begin{array}{rl} \varDelta = & \sqrt{5 \cdot s} - 0{,}4 \text{ cm für Überlappungs- und einfache Laschen-} \\ & \text{nietung} \ldots \\ \varDelta = & \sqrt{5 \cdot s} - (0{,}5 \div 0{,}7) \text{ cm für doppelte Laschennietung} \ldots \\ t = & 2\,\varDelta + 0{,}8 \text{ cm, für einreihige Naht,} \\ t = & 2{,}6\,\varDelta + 1{,}0 \text{ cm für zweireihige Naht} \ldots \\ e = & 1{,}5\,\varDelta \text{ cm als Randabstand} \ldots \\ e_1 = & 0{,}6\,t \text{ cm als Reihenabstand,} \\ s_1 = & 1{,}125\,s \text{ cm als Stärke der einfachen Lasche} \ldots \\ s_1 = & 0{,}625\,s \text{ cm als Stärken der doppelten Laschen} \ldots \end{array}\right\} \quad (187)$$

Die Schrauben für die Deckel der Behälter und für die Flanschen der Röhren:

Der Kerndurchmesser $\varDelta$ der Deckelschrauben berechnet sich mit Hinweis auf Abb. 425 aus:

$$\frac{D_m^2 \pi}{4} \cdot p = n \cdot \frac{\varDelta^2 \pi}{4} \cdot k_z, \text{ also mit } k_z = 400 \text{ kg/cm}^2 \text{ aus:}$$

$$\varDelta > 0{,}05\, D_m \cdot \sqrt{\frac{p}{n}} \text{ cm} \quad \ldots \ldots \quad (188)$$

oder empirisch aus:

$$\varDelta > \frac{r}{30} + \sim 1{,}4 \text{ cm} \quad \ldots \ldots \quad (188a)$$

Rechnet man hiernach $\varDelta$ aus, so kann man aus vorstehender Grundgleichung die Schraubenzahl n bestimmen zu:

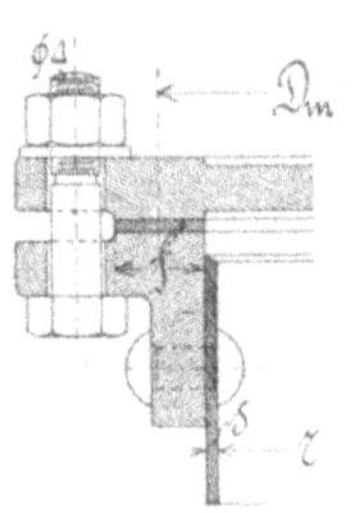

Abb. 425.

$$n = \frac{D_m^2}{\varDelta^2} \cdot \frac{p}{k_z} \quad \ldots \ldots \quad (189)$$

$k_z = 400$ kg/cm².

D_m = mittlerer Durchmesser des Dichtungsringes in cm,

$D_m = 2\,r + 2\,s + f$ cm nach Abb. 425,

r = innerer Durchmesser des Zylindermantels in cm,

s = Mantelstärke in cm.

Für s ist die größte Blechstärke der Verbindung einzusetzen. Bei einem Lochkreishalbmesser $r_{\varDelta}$ und einer Schraubenteilung τ im Lochkreise besteht die Beziehung:

$$2\, r_{\varDelta}\, \pi = n\, \tau \quad \ldots \ldots \quad (190)$$

Dabei soll sein $\tau \geqq 2\varDelta$ und < 15 cm.

Dieselbe Rechnung ist auch durchzuführen, wenn an Stelle der Schrauben Niete treten.

Für die Flanschenverschraubungen der Rohrleitungen gelten:

DIN 2507. Schrauben. Erläuterungen zur Berechnung,
DIN 2350 bis 2354. Allgemeines,
DIN 2355 » 2359. Überwurfmuttern, schwer und leicht,
DIN 2360 » 2369. Rohrverschraubungen, schwer,
DIN 2370 » 2379. Rohrverschraubungen, leicht;

ferner für die Flanschen selbst die große Zahl DIN-Blätter von 2500 bis 2699, vor allem:

DIN 2505. Feste Flansche } Erläuterungen zur Berechnung.
DIN 2506. Lose Flansche }

d) Beispiele.

Beispiel 1. Der offene Warmwasserbehälter eines Wohnhauses wird von 2 Rotgußheizflaschen mit je 0,25 m² Heizfläche direkt betrieben. Die höchste Warmwassertemperatur soll 60° betragen, die Heizdauer ist mit $\sim 7^h$ in Rechnung zu ziehen. Der größte Wasserverbrauch für zwei Bäder, 2 Spültische und für sonstigen Gebrauch kann mit ~ 800 l bemessen werden, die im ungünstigsten Falle in 10 min zum Abzapfen gebracht werden können. Der Zuleitungswasserdruck des Straßennetzes beträgt 3,5 at und die Höhenlage des Behälters über Straßennetz 20 m, die Länge des Zuflußrohres vom Behälter bis zur Netzabnahmestelle 75 m.

Die Herdflaschen befinden sich in dem Küchenherde, dessen Feuertemperatur $T_1 = 1200^0$ und dessen Fuchstemperatur (einschl. der Speisenbereitung) $T_2 = 400^0$ sei. Da das Zuflußwasser zur Flasche stets temperiert sein wird, so sei $t_1 = 20^0$ gesetzt.

Dann ist:

$$T_m = \frac{T_1 + T_2}{2} = \frac{1200 + 400}{2} = 800^0$$

und

$$t_m = \frac{t + t_1}{2} = \frac{60 + 20}{2} = 40^0.$$

Mit $k = 15$ für Rotguß ergibt sich nach Gl. (63) die stündlich erreichbare Wärmemenge:

$$W_0 = H\,k\,(T_m - t_m) = 2 \cdot 0{,}25 \cdot 15\,(800 - 40) = 5700 \text{ kcal}$$

und damit nach Gl. (57) die sekundliche Wassermenge:

$$Q_{sl} = \frac{W_0}{3600\,(t - t_1)} = \frac{5700}{3600\,(60 - 20)} = 0{,}04 \text{ sl.}$$

Bei $Z = 7^h$ Anheizdauer ist die größte aufzuspeichernde Wassermenge gemäß Gl. (164):

$$J_B = Q_{sl}\,Z\,3600 = 0{,}04 \cdot 7 \cdot 3600 = \sim 1000 \text{ l},$$

welche sich entspr. Gl. (172) bei $t = 60^0$ mit $a = 1{,}01692$ (Tabelle I) auszudehnen vermögen auf:

$$J_B' = a \cdot J_B = 1{,}01692 \cdot 1000 = 1017\ \mathrm{l}.$$

Für den Behälter ist unter Einrechnung weiterer praktischer Zuschläge ein Fassungsvermögen von:

$$J_B' = 1100\ \mathrm{l}$$

zu wählen.

Hat die Zuflußleitung zum Schwimmkugelgefäß einen Durchmesser von 25 mm und wählt man $\varrho = 0{,}022$, so ergibt sich nach Gl. (171):

$$v = \sqrt{\frac{2\,g\,(h_1 - h)}{\varrho\,\frac{l}{d}}} = \sqrt{\frac{19{,}62\,(35 - 20)}{0{,}022\,\frac{75}{0{,}025}}} = 2{,}0\ \mathrm{m/s}.$$

Für den selten eintretenden ungünstigen Fall, daß 800 l in 10 min abgezapft werden, beläuft sich die Zeit des Wiederanfüllens durch die Speiseleitung nach Gl. (170a) auf:

$$Z = \frac{J}{60\,\frac{d^2\,\pi}{4} \cdot v} = \frac{0{,}8}{60\,\frac{0{,}025^2\,\pi}{4} \cdot 2{,}0} = \sim 14\ \text{Minuten}$$

und die Zeit der Wiedererwärmung bis auf 60^0 auf:

$$\frac{800 \cdot 7}{1000} = 5\ \text{Stunden}\ 36\ \text{Minuten},$$

Zeiten, die ausreichend sein werden.

Für $J'_B = 1100$ l Fassungsvermögen wird ein rechteckiger Behälter gewählt mit:

einer Bodenfläche $a \cdot b = 1{,}2 \cdot 1$ m und
einer Höhe $h' = 1$ m bei einem höchsten Wasserstande

$$h = 0{,}925\ \mathrm{m}.$$

Damit ist:

$$a \cdot b \cdot h' = 1{,}2 \cdot 1 \cdot 1 = 1{,}2\ \mathrm{m}^3$$

als Gesamtinhalt des Behälters und:

$$a \cdot b \cdot h = 1{,}2 \cdot 1 \cdot 0{,}925 = 1{,}11\ \mathrm{m}^3$$

als größte Wassermenge im Behälter.

Mit $p = 0{,}001 \cdot h = 0{,}001 \cdot 92{,}5 = 0{,}0925$ at und $k_b = 900\ \mathrm{kg/cm^2}$ für Schmiedeeisen berechnen sich die Blechstärken nach Gl. (174)

für das Bodenblech zu:

$$s = 7\sqrt{\frac{a^2 \cdot b^2}{a^2 + b^2} \cdot \frac{p}{k_b}} = 7\sqrt{\frac{120^2 \cdot 100^2}{120^2 + 100^2} \cdot \frac{0{,}0925}{900}} = 5{,}46\ \mathrm{mm}$$

gewählt: $s = 5{,}5$ mm;

für die Seitenbleche zu:

$$s = 3{,}5\sqrt{\frac{h^2 \cdot a^2}{0{,}56\,h^2 + a^2} \cdot \frac{p}{k_b}} = 3{,}5\sqrt{\frac{92{,}5 \cdot 120^2}{0{,}56 \cdot 92{,}5^2 + 120^2}} \cdot \sqrt{\frac{0{,}0925}{900}}$$

$s = 2{,}8$ mm,

gewählt: $s = 3$ mm.

Nach Tabelle 83 sind gemäß $s = 5{,}5$ mm zu wählen: für die Vernietung des Bodenbleches mit den Seitenblechen:

$$\Delta = 14 \text{ mm}, \; t_{\min} = 33 \text{ mm}, \; e = 21 \text{ mm}, \text{ Winkelring } 50 \cdot 50 \cdot 7$$

und für die Vernietung und Versteifung (des oberen Randes mittels äußeren Winkelringes) bei $s = 3$ mm:

$$\Delta = 11 \text{ mm}, \; t_{\min} = 26 \text{ mm}, \; e = 17 \text{ mm}, \text{ Winkelring } 45 \cdot 45 \cdot 5.$$

Beispiel 2. Welche Abmessungen hat der Warmwasserdruckbehälter für ein Mietshaus zu erhalten, in welchem sich 4 Geschosse zu je 2 Wohnungen befinden? Jede Wohnung besitzt eine Zapfstelle im Bad, in der Küche und in zwei Zimmern.

Benutzt man die Gl. (167a), so ergibt sich mit $Z_w = 2 \cdot 4 = 8$ Wohnungen bzw. Wannenzapfstellen der erforderliche Behälterinhalt zu:

$$J_B = 134 \cdot Z_w = 134 \cdot 8 = 1072 \text{ l},$$

und nach Gl. (167b):

$$J_B = 900\sqrt{15 + Z_w} - 3250 = 900\sqrt{15 + 8} - 3250 = 1070 \text{ l}.$$

Gewählt werden zwei liegende kupferne Mantelboiler nach Firmentabelle zu je 600 l Inhalt, 600 mm Dmr., 1800 mm Länge, 2,5 mm Mantelblech-, 3,5 mm Bodenblechstärke und 2,8 m² Mantelheizfläche.

Ist das Heizmittel Niederdruckwarmwasser, so ergibt sich mit

$$\frac{T_s + T_r}{2} = \frac{80 + 50}{2} = 65^0$$

und ferner mit $t = 60^0$ Warmwassertemperatur also:

$$\frac{t + t_1}{2} = \frac{60 + 10}{2} = 35^0$$

der Transmissionskoeffizient zu:

$$k = \frac{W_0}{H\,(T_m - t_m)} = \frac{600\,(60 - 10)}{2{,}8\,(65 - 35)} = 357,$$

welcher Wert gemäß den Angaben auf S. 427 noch als zulässig erachtet werden kann.

Beispiel 3. Die bestehende Niederdruck-Warmwasserversorgung in einem Hotel, welche mit einem von 2 Herdschlangen direkt beheizten Boiler zu 500 l Inhalt ausgerüstet ist, soll umgeändert werden, da die

Anlage sehr leicht zum Überkochen neigt. Die 2 Herdschlangen besitzen zusammen 1,4 m² Heizfläche. Die tägliche Betriebsdauer der Herdfeuerstellen beläuft sich auf 10^h.

Es werden benötigt an Warmwasser für:

den Küchenbetrieb: stündlich 250 l von 50° während 10 Tagesstunden,

die Waschbecken: täglich 360 l von 30°, also in 24 Tagesstunden,

die 3 Wannen mit Brause je 350 l von 35° während 4 Tagesstunden, und zwar während der Morgenstunden zwischen 8÷12 Uhr.

Die mittlere Wassertemperatur im Behälter muß mithin mindestens 50° betragen, etwa:

$$t_m = \frac{80 + 20}{2} = 50^0,$$

bei welcher Temperatur ein Überkochen ausgeschlossen sein müßte. Es ergeben sich nun:

Die stündlichen Wassermengen und die stündlichen Wärmemengen:

$$q' = 250 \text{ l} \qquad w' = 250 \cdot 50 = 12500 \text{ kcal}$$

$$q'' = \frac{360}{24} = 15 \text{ l} \qquad w'' = 15 \cdot 30 = 450 \text{ »}$$

$$q''' = \frac{3 \cdot 350}{4} = 265 \text{ l} \qquad w''' = 265 \cdot 35 = 9275 \text{ »}$$

$$W_0 = \Sigma w = 22250 \text{ kcal.}$$

Für die ganze Zapfzeit am Tage wird eine Wärmemenge benötigt von:

$$10 \cdot 12500 + 24 \cdot 540 + 4 \cdot 9275 =$$
$$12500 + 10800 + 37100 = 172900 \text{ kcal.}$$

Die mittlere Feuertemperatur kann nach oben mit:

$$T_m = \sim \frac{1000 + 800}{2} = 900^0$$

angenommen werden. Es liefern dann die 1,4 m² Heizfläche der beiden schmiedeeisernen Schlangen mit $k = 15$:

$$H\,k\,(T_m - t_m) = 1{,}4 \cdot 15\,(900 - 50) = 17850 \text{ kcal/h}$$

und während 10stündiger täglicher Heizdauer:

$$10 \cdot 17850 = 178500 \text{ kcal,}$$

welche die erforderliche Wärmemenge von 172900 kcal zu decken vermögen. Die Herdeinsätze genügen also der Anforderung.

Stehen alle Zapfstellen im Gebrauch, so ergibt sich nach Gl. (168) ein Behälterinhalt von:

$$J_B = \frac{W_0}{t_m} = \frac{22250}{50} = 445 \text{ l,}$$

so daß hiernach der bisherige Behälter zu 500 l vollkommen ausreichend erscheint. Während der Zeit der Nichtbenutzung der Bäder, also zur Nachmittagszeit, werden nur:

$$w' + w'' = 12500 + 450 = 12950 \text{ kcal/h}$$

benötigt, und es bestimmt sich dann bei Ausfall der Badewassermenge der Behälterinhalt nach Gl. (169) zu:

$$J_B = \frac{W_0^2}{t_m (w' + w'')} = \frac{22950^2}{50 \cdot 12950} = 765 \text{ l}.$$

Wird der Behälter hiernach bemessen, so wird ein Überkochen des Warmwassers nicht mehr auftreten.

Beispiel 4. Eine Warmwasserbereitungsanlage verlangt stündlich 17000 kcal, welche in einem geschlossenen Hochdruckwarmwasserkessel (Boiler) zur Aufspeicherung kommen soll. Der Betriebsdruck beträgt 4 atü. Der liegende zylindrische Behälter hat einen eingeschweißten und einen angeschraubten gewölbten Boden.

Gewählt wird ein Behälter zu 600 l Inhalt. Dafür genügt ein Durchmesser $D = 60$ cm, also $r = 30$ cm und eine Länge zu $L = 220$ cm mit $J = \pi r^2 h = \pi \cdot 3^2 \cdot 22 = \sim 620$ l. Der Wölbungshalbmesser R der Böden sei R $(\geq 2\,r) = 70$ cm.

Es berechnen sich die Wandstärken des Mantels nach Gl. (169) zu:

$$s = D \frac{p\,S}{200\,K\,\varphi} + 1{,}0 = 600 \frac{4 \cdot 4{,}25}{200 \cdot 30 \cdot 0{,}7} + 1{,}0 = 3{,}43 \text{ mm},$$

gewählt: $s = 3{,}5$ mm;
die Wandstärke der beiden gewölbten Böden mit $\varrho = 0{,}1\,D = 0{,}1 \cdot 600 = \sim 70$ mm, $D = 600$ mm, also $\frac{\varrho}{D} = \frac{70}{600} = 0{,}117$, dafür nach S. 526 mit $y = 1{,}4$ nach Gl. 181 zu:

$$s = D \frac{p \cdot y}{200 \frac{K}{\varphi}} + C = 600 \frac{4 \cdot 1{,}4}{200 \frac{30}{3{,}5}} + 2 = 4 \text{ mm}.$$

Hierbei ist die Höhe h der Bodenwölbung nach S. 526:

$$h = 0{,}24.\ D = 0{,}24 \cdot 600 = 144 \text{ mm}.$$

Der Dichtungsring zwischen dem ebenen Bodenrand und dem freien Schenkel des auf den Zylindermantel aufgeschweißten Winkelringes soll bis zur Außenkante des Schenkels reichen. Das Winkeleisen für diesen Ring wird mit:

$$100 \cdot 100 \cdot 14 \text{ mm}$$

gewählt. Damit folgt der mittlere Durchmesser des Dichtungsringes zu:

$$D_m = D + 2 \cdot s + f = 60 + 2 \cdot 0{,}35 + 10 = \sim 70 \text{ cm}.$$

Es ergibt sich empirisch nach Gl. (188a):

$$\Delta \geqq \frac{r}{30} + \sim 1{,}4 = \frac{30}{30} + 1{,}4 = 2{,}5 \text{ cm};$$

gewählt werden die Schrauben mit 1″ äußerem und $\Delta = 21{,}335$ mm Kerndurchmesser.

Die Anzahl der Schrauben ist nach Gl. (189) gegeben mit:

$$n = \frac{D_m^2}{\Delta^2} \cdot \frac{p}{k_z} = \frac{70^2}{2{,}134^2} \cdot \frac{4}{400} = \sim 14.$$

Mit einem Lochkreishalbmesser $r_\Delta = \frac{D_m}{2} = \frac{70}{2} = 35$ cm wird die Teilung der Schraubenmitten im Lochkreis nach Gl. (190)

$$\tau = \frac{2\, r_\Delta \pi}{n} = \frac{2 \cdot 35 \cdot \pi}{14} = 15 \text{ cm}.$$

Dieser Wert genügt noch den Bedingungen:

$$\tau > 2\,\Delta = 2 \cdot 1{,}5 = 3 \text{ cm und}$$
$$\tau < 15 \text{ cm}.$$

Beispiel 5. Welche Stärke haben die stählernen ebenen Rohrplattenböden des Beispiels 4 S. 465 und der Abb. 411 zu erhalten, wenn die Rohre an beiden Enden umgebördelt sind?

Gegeben sind nach Beispiel 4: $D = 1700$ mm; $p = 2$ atü; $d_i/d_a = 82{,}5/89$ mm; ferner nach Abb. 411: $x = 240$ mm; $y = 140$ mm; $ba + ac = 205 + 120 = 325$; $e = \frac{325}{2} = 162{,}5$ mm.

Nach S. 526 soll $k_b \leqq 6{,}5$ kg/mm² sein. Nimmt man aus Sicherheitsgründen $k_b = 2$ kg/mm² für Flußstahl, so erhält man nach Gl. 184):

$$s = e \sqrt{\frac{p}{360\left(1 - 0{,}7\,\frac{d_a}{e}\right) k_b}} = 162{,}5 \sqrt{\frac{2}{360\left(1 - 0{,}7\,\frac{89}{162{,}5}\right) 2}}$$

$$= 10{,}83 \text{ mm},$$

gewählt $s = \sim 12$ mm.

Sicherheit gegen Herausziehen der Rohrenden ist noch gegeben, da mit:

$$F = \frac{x \cdot y}{2} - \frac{d_a^2 \pi}{4} = \frac{240 \cdot 140}{2} - \frac{89^2 \pi}{4} = 10379 \text{ mm}^2,$$

nach Gl. (185)

$$\sigma = \frac{p\,F}{\pi\, d_a} = \frac{2 \cdot 10379}{\pi \cdot 89} = 70 \text{ kg/cm}$$

ist. Ferner muß nach den Bauvorschriften der Mindestquerschnitt des Steges zwischen zwei Rohrlöchern bei Flußstahlplatten 810 mm² für

$d_a = 38$ mm, zunehmend auf das 2,5fache für $d_a = \sim 100$ mm, betragen (für Kupfer 340 mm² unter gleichen Erweiterungen). Nach Abb. 411 ist der kleinste Stegquerschnitt:

$$(y - d_a) \cdot s = (140 - 89) \cdot 12 = 612 \text{ mm}^2;$$

er soll sein: $\sim 2{,}5 \cdot 180 = 450$ mm², ist also genügend. Die Stärke der Plattenwände oberhalb des Rohrbündels ist mit $d_0 = \sim 0{,}3\ D = 0{,}3 \cdot 1700 = 510$ mm (Abb. 411) bestimmt mit:

$$s = 0{,}017\ d_0 \cdot \sqrt{p} = 0{,}017 \cdot 510 \sqrt{2} = 12{,}26 \text{ mm}.$$

Mit Rücksicht auf Herstellung und Konstruktion werde endgültig gewählt: $s = 14$ mm.

Beispiel 6. Es sind die Blechstärken und Versteifungen für einen Wasserbehälter von 12 m³ Inhalt zu bestimmen.

Gewählt werde eine Grundfläche $a \cdot b - 3 \cdot 2 = 6$ m² und eine Höhe von $h = 2$ m, somit

$$Q = h \cdot ab = 2 \cdot 6 = 12 \text{ m}^3.$$

Bei $h = 2$ m wird nach S. 523 eine horizontale Versteifungsreihe genügen. Dann erhält man als Feldabstand:

$$h_n = h_1 = 1 \text{ m} = 100 \text{ cm für den oberen Blechschuß},$$
$$h_n = h_2 = h = 2 \text{ m} = 200 \text{ cm für den unteren Blechschuß}$$

und als Feldmaße:

$$b_1 = 0{,}5\ h = 0{,}5 \cdot 2 = 1 \text{ m} = 100 \text{ cm},$$
$$a_1 = \sim b_1 = 100 \text{ cm}.$$

Es bestimmen sich nun die Seitenblechstärken nach Gl. (175) zu:

$$s_1' = \frac{b_1}{200} \sqrt{h_1} = \frac{100}{200} \sqrt{100} = 5 \text{ mm für den oberen Schuß},$$

$$s_2' = \frac{b_1}{200} \sqrt{h_2} = \frac{100}{200} \sqrt{200} = 7 \text{ mm für den unteren Schuß},$$

$$s'' = s_2' + 1 = 7 + 1 = 8 \text{ mm für das Bodenblech}.$$

Die Zugkraft einer Steife beträgt mit $h_n = h_1$ nach S. 524:

$$p = 0{,}001 \cdot h_1\, a_1\, b_1 = 0{,}001 \cdot 100 \cdot 100 \cdot 100 = 1000 \text{ kg}.$$

Damit ergibt sich der Steifenquerschnitt nach Gl. (176) zu

$$f = \frac{p}{k_z} = \frac{1000}{600} = 1{,}7 \text{ cm}^2,$$

dem entspricht ein Rundeisen mit:

$$1{,}5 \text{ cm oder} \sim 3/4''$$

oder ein Flacheisen mit

$$\delta \cdot \beta = 8 \cdot 22 \text{ mm Seitenmaßen}.$$

Nach Tabelle 83 sind zu nehmen für die Verbindung zwischen Bodenblech und Seitenbleche entspr. $s'' = 8$ mm:

$\Delta = 17$ mm, $t_{min} = 40$ mm, $e = 25$ mm, Winkelring $60 \cdot 60 \cdot 10$

und für die oberste Randversteifung entpsr. $s_1' = 5$ mm:

$\Delta = 14$ mm, $t_{min} = 33$ mm, $e = 21$ mm, Winkelring $50 \cdot 50 \cdot 7$.

D. Die Berechnung des Ausdehnungsgefäßes, des Schwimmers und der Abschlußorgane.

a) Das Ausdehnungsgefäß.

Ist: Q = Wasserinhalt in l im System, also in den Röhren, Kesseln und Behältern,

a = das bei Erwärmen von 1 l auf $t_z{}^0$ ausgedehnte Volumen nach Tabelle I S. 551,

so ist das ausgedehnte Volumen von Q Liter:

$$V = a\,Q \text{ Liter} \quad \ldots\ldots\ldots\ldots \quad (191)$$

und das Wasservolumen, welches das Ausdehnungsgefäß aufzunehmen imstande sein muß:

$$A \geqq V - Q \text{ Liter} \quad \ldots\ldots\ldots\ldots \quad (192)$$

Für die praktische Bemessung des Ausdehnungsgefäßes nimmt man einen Inhalt:

$$J_A = 1{,}5\,A \div 3\,A \text{ Liter} \quad \ldots\ldots\ldots \quad (193)$$

den kleineren Wert bei unterer, den größeren bei oberer Verteilung oder:

$$J_A = \sim 0{,}1\,Q \quad \ldots\ldots\ldots\ldots \quad (193\,a)$$

Auch hier wird man bei Einzelherstellung vielfach größere Gefäße als nötig finden, um verlustreichen Blechverschnitt und Abfall zu vermeiden. Man benutzt Ausdehnungsgefäße mit $J_A = 10 \div 600$ l Inhalt je nach Umfang der Anlage und Höhe der Wassertemperatur.

Werden die Gefäße als geschlossene hergestellt, so sind die Wandstärken wie bei den Behältern angegeben zu berechnen. Die Gefäße können in vielen Fällen als Speisebehälter dienen und sind dann mit Schwimmerventil auszurüsten, wenn nicht ein Nachfüllen von Hand genügt.

Die sog. Expansionsleitung, d. i. das Verbindungsrohr zwischen System und Ausdehnungsgefäß, ist nicht zu eng zu bemessen, möglichst nicht unter $^3/_4'' = 19$ mm, der Überlauf mindestens gleich der Sicherheitsleitung.

Über Luftpufferraumberechnung siehe S. 336; ferner auch: Ges.-Ing., 43. Jahrg., Nr. 29.

b) Der Schwimmer und das Schwimmerventil.

Die Schwimmer sind linsenförmige, kugelige oder zylindrische Hohlkörper, die auf dem Wasserspiegel schwimmen und ein Abschlußorgan mittels Hebelwerks betätigen oder den Wasserstand durch Rollenzüge, Zeigerwerk usw. angeben. Als Material wählt man meist: Schmiedeeisen-, Kupfer-, Zinkblech oder auch Gußeisen.

Die Abmessungen des Schwimmers unterliegen den mechanischen Gesetzen. Wegen der schwer und ungenau zu bestimmenden Reibungswiderstände sind praktische Nachprüfungen vorauszusetzen.

Ist: i = das in Wasser eingetauchte Volumen des Schwimmers in l,
γ = spezifisches Gewicht des Wassers bei der Höchsttemperatur im Schwimmerbehälter (Tabelle I),
g = Gewicht des Schwimmers in kg,

so ist der Auftrieb: $g - i \cdot \gamma$.

Das Gewicht g muß also so groß sein wie das der verdrängten Flüssigkeit. Soll der Schwimmer, wie meist zutreffend, bis zur Hälfte eintauchen, so ist:

$$g = 0{,}5 \cdot i \cdot \gamma \cdot \text{kg} \quad \ldots \ldots \quad (194)$$

oder

$$i = \frac{g}{0{,}5 \cdot \gamma} \, \text{dm}^3 \quad \ldots \ldots \quad (194\,\text{a})$$

Die Größe g dient zur Berechnung des Hebel- und Ventilwerkes oder umgekehrt. Ist:

a_1 = äußerer Durchmesser des Schwimmers in dm,
b = äußere Höhe des Schwimmers in dm,

so findet man:

$$\left.\begin{aligned} i &= \frac{\pi a_1^3}{6} \text{ für Kugelschwimmer} \\ i &= 0{,}785\, a_1^2 b \text{ für Zylinderschwimmer} \\ i &= 2\pi b \left(\frac{a_1^2}{8} + \frac{b^2}{6}\right) \text{ für Linsenschwimmer} \end{aligned}\right\} \quad \ldots \quad (195)$$

Setzt man in letzte Gleichung $b = 0{,}6\, a$, so wird:

$$i = 0{,}697\, a_1^3 \text{ für Linsenschwimmer} \quad \ldots \ldots \quad (195\,\text{a})$$

Für den gebräuchlichen und beliebten Linsenschwimmer mag die Weiterrechnung für ein Schwimmerventil durchgeführt werden; für die Schwimmer anderer Form ist der Rechnungsgang der analoge.

Aus dem Gewichte der verdrängten Flüssigkeit:

$$g = 0{,}5\, i\, \gamma = 0{,}5 \cdot 0{,}697\, a_1^3\, \gamma$$

bestimmt sich dann:

$$a_1 = \sqrt[3]{\frac{g}{0{,}35 \cdot \gamma}} \, \text{dm} \quad \ldots \ldots \quad (196)$$

Man findet $a_1 = \sim 100 \div 350 \div 550$ mm.

Mit a_2 = innerem Durchmesser der Linse ergibt sich das Gewicht der Linse zu:

$$g = 0{,}697\ (a_1^3 - a_2^3) \cdot \gamma',$$

mithin:

$$a_2 = \sqrt[3]{a_1^3 - \frac{g}{0{,}697 \cdot \gamma'}}\ \text{dm} \quad \ldots \ldots \quad (197)$$

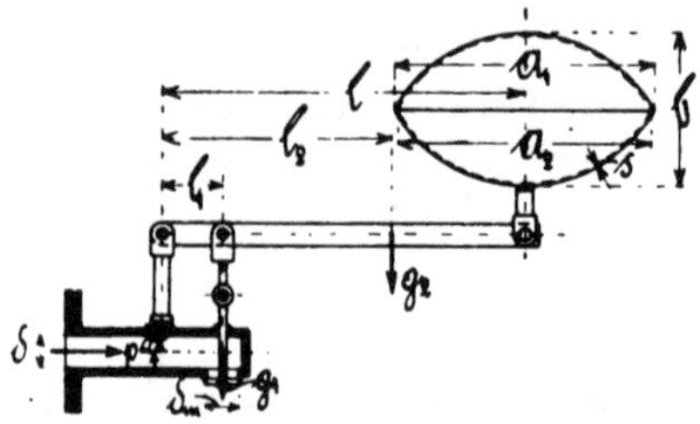

Abb. 426.

γ' = spezifisches Gewicht des Schwimmermateriales,
= 7,8 für Eisenblech,
= 9,0 für Kupfer,
= 7,125 für Zink,
= 7,2 für Gußeisen.

Es folgt dann die Wandstärke des Schwimmers zu:

$$s = 0{,}5\ (a_1 - a_2) \quad . \ . \ (198)$$

In Verbindung mit einem Ventile läßt sich g durch die Hebelwirkung, ähnlich wie bei Sicherheitsventilen, bestimmen.

Ist: d = lichter Durchmesser der Zuleitung bzw. des Ventiles,
d_m = mittlerer Durchmesser der Ventilsitzfläche,
$d_m = d + (0{,}4 \div 0{,}2)$ cm,
g_1 = Eigengewicht des Ventiltellers in kg, wirkend am Hebelarme $l_1 = \sim \frac{l}{8}$ in cm,
$g_1 = \sim 0{,}03\ d^2 \div 0{,}04\ d^2$,
g_2 = Eigengewicht des Hebels in kg, im Schwerpunkte angreifend und wirkend an $l_2 = \sim \frac{l}{2}$ in cm,
l = Hebelarm des Schwimmers in cm,

so ist gemäß Abb. 426:

$$g = \frac{\left(p\,\frac{d_m^2\,\pi}{4} \pm g_1\right) l_1 - g_2\,l_2}{l}\ \text{kg} \quad \ldots \ldots \quad (199)$$

Hierin ist das +-Zeichen zu setzen, wenn der Ventilteller oder -kegel nach Abb. 426 unterhalb seines Sitzes liegt und mit seinem Gewicht in gleicher Richtung mit $p\,\frac{d_m^2\pi}{4}$ wirkt; das —-Zeichen umgekehrt.

Für andere Hebelanordnungen ist g in entsprechender Weise zu bestimmen.

Beispiel. Das Schwimmerventil eines Kaltwasserbehälters hat entsprechend der Zuleitung einen lichten Durchmesser $d = 25$ mm und steht unter einem Drucke $p = 3{,}5 - 2 = 1{,}5$ at (gemäß Beispiel 1 S. 529 unter »Behälterberechnung«).

Es ist dann:

$$d_m = d + \sim 0{,}3 = 2{,}5 + 0{,}3 = 2{,}8 \text{ cm};$$
$$g_1 = \sim 0{,}04\, d^2 = \sim 0{,}04 \cdot 2{,}5^2 = 0{,}25 \text{ kg};$$

und mit gewähltem $g_2 = 0{,}2$ kg und $l = 40$ cm:

$$l_1 = \sim \frac{l}{8} = \frac{40}{8} = \frac{10}{2} = 5 \text{ cm};$$
$$l_2 = \sim \frac{l}{2} = \frac{40}{2} = 20 \text{ cm}.$$

Die Gewichte der Gelenkbolzen von Ventilteller und Schwimmerlinse heben sich gegenseitig annähernd auf. Es wird mit vorstehenden Werten das erforderliche Schwimmergewicht nach Abb. 426 und Gl. (199):

$$g = \frac{\left(p\,\frac{d_m{}^2\,\pi}{4} + g_1\right) l_1 - g_2\, l_2}{l} = \frac{\left(1{,}5 \cdot \frac{2{,}8^2\,\pi}{4} + 0{,}25\right) 5 - 0{,}2 \cdot 20}{40}$$

$g = 0{,}85$ kg.

Damit ergeben sich die Abmessungen des Linsenschwimmers bei halber Eintauchung nach Gl. (196) und (197) mit $\gamma = \sim 1$ zu:

$$a_1 = \sqrt[3]{\frac{g}{0{,}35 \cdot \gamma}} = \sqrt[3]{\frac{0{,}85}{0{,}35 \cdot 1}} = 1{,}3 \text{ dm} = 130 \text{ mm};$$

$$a_2 = \sqrt[3]{a_1{}^3 - \frac{g}{0{,}697 \cdot \gamma'}} = \sqrt[3]{1{,}3^3 - \frac{0{,}85}{0{,}697 \cdot 7{,}8}} = 1{,}28 \text{ dm} = 128 \text{ mm};$$

ferner nach Gl. (198) die Wandstärke zu:

$$s = 0{,}5\ (a_1 - a_2) = 0{,}5 \cdot (130 - 128) = 1 \text{ mm}$$

und die Linsenhöhe zu:

$$b = 0{,}6 \cdot a_1 = 0{,}6 \cdot 130 = 78 \text{ mm}.$$

c) Die Sicherheitsventile.

Läuft die Berechnung aller Sicherheitsventile auch auf das Ähnliche hinaus, so sind die Voraussetzungen und Grundlagen dafür doch dem Zweck anzupassen, ob das Ventil an Wasser- oder Dampfgefäßen und für Niederdruck oder Hochdruck Verwendung findet.

1. Das Sicherheitsventil an Warmwassergefäßen.

In den allgemeinen Gesetzesbestimmungen betr. »Ausrüstung und Überwachung dampfbeheizter Warmwasserbereiter« heißt es:

»Dampfbeheizte Warmwasserbereiter, die mittelbar, mittels Rohrschlangen o. dgl. beheizt werden, müssen zur Verhütung unzulässiger Beanspruchung der Wandungen infolge der Ausdehnung des sich erwärmenden Wassers am Wasserraum ein Sicherheitsventil mit unmittelbarer Gewichtsbelastung und seitlichem Abfluß erhalten. Das Ventil ist gegen unbefugte Änderung der Belastung zu schützen.«

Das Ventil soll also einen Höchstdruck im Warmwasserbehälter, Warmwasserkessel wie auch im ganzen System begrenzen und Platzen der Konstruktionsteile, Explosionen, Verbrühungen, Schäden und Unglücksfälle aller Art verhindern. Mithin ist als zulässiger Höchstdruck p_{max} der Druck einzusetzen, für den die Behälterbleche berechnet worden sind. Es kommt also dafür die Gl. (179) in Betracht, nach der sich:

$$p_{max} = \frac{200\, K\, \varphi\, (s-1)}{D \cdot S} \quad \ldots \ldots \ldots \quad (200)$$

bestimmt. Aus der Geschwindigkeitsgleichung:

$$v_s = \mu \sqrt{2\, g\, h}$$

folgt, da h die Druckhöhe in m WS darstellt und 1 at = 10 m WS ist:

$$v_s = \mu \sqrt{2\, g \cdot 10 \cdot p_{max}} \text{ m/s} \quad \ldots \ldots \ldots \quad (201)$$

Es ist: μ = Ausflußkoeffizient des Wassers,
= 0,88 ÷ 0,77 ÷ 0,68,
entspr. $\frac{l_a}{d_s}$ = 1 ÷ 12 ÷ 36,
d_s = Durchmesser des freien Ventilquerschnittes bzw. der anschließenden Abflußleitung,
l_a = Länge dieser Leitung, in demselben Längenmaß wie d_s.

Nimmt man im Mittel $\mu = 0{,}75$, so wird die Wassergeschwindigkeit:

$$v_s = 0{,}75 \sqrt{2 \cdot 9{,}81 \cdot 10 \cdot p_{max}} \text{ oder}$$

$$v_s = \sim 10 \sqrt{p_{max}} \text{ m/s} \quad \ldots \ldots \ldots \ldots \quad (201\text{a})$$

Dir durch 1 cm² Ventilquerschnitt stündlich durchfließende Wassermenge ist dann:

$$m = \frac{3600}{10000} \cdot 1 \cdot v_s = 0{,}36\, v_s \text{ m}^3/\text{cm}^2.$$

Bei Freiwerden des gespannten Wassers wird sich sofort Dampf bilden. Für die Wirkung des Ventiles ist es ganz gleich, ob 1 m³ heißes Wasser oder 1 m³ Dampf entweicht. Man kann somit den stündlichen Wärmedurchlaß durch 1 cm² Ventilquerschnitt bestimmen zu:

$$w_d = m \cdot w \text{ in kcal/cm}^2.$$

Mit $m = 0{,}36\, v_s$ und $w = \gamma\, (\lambda - t_n)$ wird:

$$w_d = 0{,}36\, v_s\, \gamma\, (\lambda - t_n) \text{ kcal/cm}^2 \quad \ldots \ldots \ldots \quad (202)$$

Darin ist:

γ = Gewicht von 1 m³ Dampf in kg
λ = Gesamtwärme in kcal
t_n = Siedetemperatur
} Aus Tab. III zu entnehmen für p_{max} ata.

Bei Bestimmung der stündlich zulässigen Wärmehöchstleistung des Warmwassergefäßes als Kessel, Boiler usw. hat man zu unterscheiden, ob die Wärme in demselben durch direkte Feuerung oder mit Hilfe eines Heizeinsatzes erreicht wird.

Bei direkter Heizung (Kessel oder direkt erwärmter Druckbehälter) kann man setzen:

$$W_{max} = w_{s\,max} \cdot H \text{ in kcal/h} \quad \ldots\ldots\ldots \quad (203\,a)$$

und bei indirekter Heizung (Behälter mit Heizeinsatz):

$$W_{max} = 1300\,(T_D - t_D)\,H \text{ in kcal/h} \quad \ldots\ldots \quad (203\,b)$$

Darin ist:

$w_{s\,max} = \sim 15000 \div 35000$ kcal/m² nach S. 403,

T_D = Temperatur des Heizmittels (bei Dampf, dessem Drucke entsprechend),

t_D = Siedetemperatur im Warmwasserbereiter beim zulässigen Höchstdruck,

H = Heizfläche des Warmwasserbereiters in m².

Es berechnet sich dann der erforderliche Querschnitt des Sicherheitsventiles zu:

$$\frac{d_s^2\,\pi}{4} = \frac{W_{max}}{w_d} \text{ cm}^2 \quad \ldots\ldots\ldots \quad (204)$$

2. Das Sicherheitsventil für niedrig gespannten Dampf (Niederdruck, Mitteldruck).

»Auf Warmwasserbereiter, die mit Frisch- (oder Ab-)dampf von mehr als 0,5 atü betrieben werden oder bei denen nicht durch ein Standrohr oder Sicherheitsventil sicher verhindert wird, daß der Überdruck des Heizdampfes 0,5 at übersteigt, ist die Dampffaßverordnung in vollem Umfange anzuwenden.« Nach dieser Ziffer III des Gesetzes vom 22. Mai 1925 über dampfbeheizte Warmwasserbereiter sind diese mithin stets mit einem Sicherheitsventil auszurüsten, sobald von einer Standrohreinrichtung abgesehen wird.

Bei Niederdruckdampfkesseln kann das Ventil als Zusatz zur Standrohreinrichtung gute Dienste leisten; es ist aber auf jeden Fall einzuschalten, sobald der Dampferzeuger mit Dampf von $p_u > 0{,}5$ atü arbeitet. Für gewöhnlich wird man, wenn nicht Hochdruckdampf von vornherein bedingt ist, für Warmwasserbereiter mit $p_u < 0{,}5$ atü auszukommen suchen, wodurch die ganze Anlage konzessionsfrei bleibt. Für gewerbliche und industrielle Betriebe muß man allerdings auf die Mittelspannungen $p_u = 0{,}5 \div 3{,}0$ atü vielfach zukommen.

Das Sicherheitsventil betrifft hier nur die Warmwasserbereitung und nicht die ganze Anlage mit der Warmwasserversorgung. Der Gang der Berechnung eines Ventiles für niedrig gespannten Dampf ist im großen und ganzen derselbe wie unter 1. Die Dampfgeschwindigkeit kann man nehmen normal zu:

$$v_s = 44 \sqrt{\frac{p_u}{\gamma}} \text{ m/s} \quad \ldots \ldots \ldots \ldots (205)$$

Danach erhält man:

für $p_u =$	0,1	0,2	0,3	0,4	0,5	0,8	1,0	1,5	2,0	2,5	3,0 atü,
» $v_s =$	18	23	28	31	35	39	41	45	48	50	52 m/s.

Je kleiner man v_s nimmt, um so geringer fällt der Wärmeverlust durch den ausströmenden Dampf aus, aber um so größer wird auch der Ventilquerschnitt. Um nicht zu großen Ventildurchmesser zu erhalten, rechnet man in der Praxis daher oft mit einer großen Dampfgeschwindigkeit bis zu:

$$v_s = 60 \sqrt{\frac{p_u}{\gamma}} \text{ m/s} \quad \ldots \ldots \ldots \ldots (205\text{a})$$

Unter $d_s = 15$ mm Ventildurchmesser sollte man nur ausnahmsweise gehen. Es ist auch weiter zu bedenken, daß das Eigengewicht des Ventiltellers mit daran befestigtem Zubehör und Hebel nicht größer ausfallen darf, als der Dampfdruck:

$$\left(\frac{d_s + d_s'}{2}\right)^2 \frac{\pi}{4} \frac{p_u}{100}$$

(Abb. 427) auf das Ventil beträgt, was bei geringem p_u leicht eintreten kann. In letztem Ausdruck ist: d_s' = äußerer Durchmesser des Ventiltellers $= d_s + 2$ (2÷3 mm). Ist nun v_s bestimmt, so ergibt sich wieder entspr. Gl. (202) der stündliche Wärmedurchlaß bei Eintritt der Gefahr zu:

$$w_d = 0{,}36\, v_s \gamma\, (\lambda - t_n) \text{ kcal/cm}^2 \quad \ldots \ldots \ldots (206)$$

darin sind γ, λ und t_n für die absolute Dampfspannung $p = p_u + 1$ aus Tabelle III zu entnehmen. Die stündlich zulässige Maximalleistung von 1 m² Heizfläche eines bestimmten Kesselmodelles sollte vorausgesetzt werden:

bei Niederdruck bis 1,5 ata mit:

$w_{s\,max}$ = 10000 kcal/m²	für	Röhrenkessel	Schmiedeeisenkessel;
= 12000 »	»	Zylinderkessel	
= 12000 »	»	Klein-, Rund-, Herdkessel	Gußeisenkessel im Dauerbetrieb
= 10000 »	»	mittlere und große Gliederkessel	
= 8000 »	»	Koks-Gußkessel	Gußeisenkessel im unterbrochenen Betrieb
= 7000 »	»	Brikett- usw.-Kessel	

und bei Mitteldruck (Hochdruck der Heiztechnik) bis 3 ata mit:

$w_{s\,max}$ = 12000 kcal/m² für Flammrohrkessel,
= 6000 » » Heizröhrenkessel,
= 8000 » » » mit Oberkessel.

Es ist dann die durch das Sicherheitsventil einzuhaltende Gesamthöchstleistung bei H m² Kesselheizfläche:

$$W_{\max} = w_{s\max} \cdot H \text{ in kcal/h} \qquad (207)$$

und der erforderliche Ventilquerschnitt:

$$\frac{d_s^2 \pi}{4} = \frac{W_{\max}}{w_d} \text{ cm}^2 \qquad (208)$$

3. Das Sicherheitsventil für Hochdruckdampf.

Bei Hochdruckdampferzeugern mit $p > 3{,}0$ ata ist nach den Dampfkesselgesetzen ein Sicherheitsventil vorgeschrieben, das einen freien Ventilquerschnitt zu erhalten hat von:

$$\frac{d_s^2 \pi}{4} = m \cdot H \sqrt{\frac{1000}{p_u \gamma}} \text{ mm}^2 \qquad (209)$$

Darin ist:

H = Kesselheizfläche in m²,
p_u = Dampfüberdruck in atü,
γ = Dampfgewicht in kg/m³ für $p = p_u + 1$ ata,
m = 15 für gewöhnliche Sicherheitsventile,
m = 5 für Hochhubventile (Vollhubventile).

Der Druck auf einen Ventilteller soll 600 kg nicht übersteigen, andernfalls sind zwei oder mehrere Ventile einzuschalten, von denen keines über 600 kg belastet sein darf. Wird also mit d_s cm: $\frac{d_s^2 \pi}{4} p_u > 600$, so genügt ein einziges Ventil nicht mehr.

4. Die Belastung der Sicherheitsventile.

Die Begrenzung und Einhaltung des zulässigen Druckes erfolgt bei größeren Organen dieser Art indirekt durch das unbedingt sicher wirkende Hebelgewicht, bei den kleinsten Ausführungen durch direkt wirkenden Belastungs- oder Federdruck, bei allen übrigen indirekt oder direkt durch Hebelgewicht oder Spiralfederkraft.

Die erforderliche Größe G_3 des Belastungsgewichtes bestimmt sich bei mittelbarer Hebelwirkung entsprechend Abb. 427, wenn:

d_s = innerer Durchmesser der ebenen Sitzfläche;
d_s' = äußerer » » »
  $= d_s + 2{,}6$ mm bei $d_s < 40$ mm,
  $= d_s + 4{,}0$ mm » $d_s > 40$ mm;
$d_m = 0{,}5\,(d_s + d_s')$ in cm;
G_1 = Gewicht des Ventiltellers, der Spindel und der daran befestigten Teile in kg;
G_2 = Gewicht des Hebels, im Schwerpunkt S desselben angreifend, in kg;

g_3 = Gewicht der Öse mit Schneide zur Befestigung des Belastungsgewichtes in kg;

G_3 = Schwere des Belastungsgewichtes in kg;

a_1, a_2 u. a_3 = Hebelarme dieser Gewichte in gleichem Längenmaße, bezogen auf den Hebeldrehpunkt;

p_u = festgesetzter zul. höchster Überdruck in atü,

bedeuten, aus der Gleichgewichtsbedingung:

$$\left(p_u \frac{d_m{}^2 \pi}{4} - G_1\right) a_1 = G_2\, a_2 + (G_3 + g_3)\, a_3, \text{ also:}$$

$$G_3 = \left[\frac{d_{m2}\pi}{4} \cdot p_u - \left(G_1 + G_2 \frac{a_2}{a_1}\right)\right] \frac{a_1}{a_3} - g_3 \,\text{kg} \quad . \; . \; . \quad (210)$$

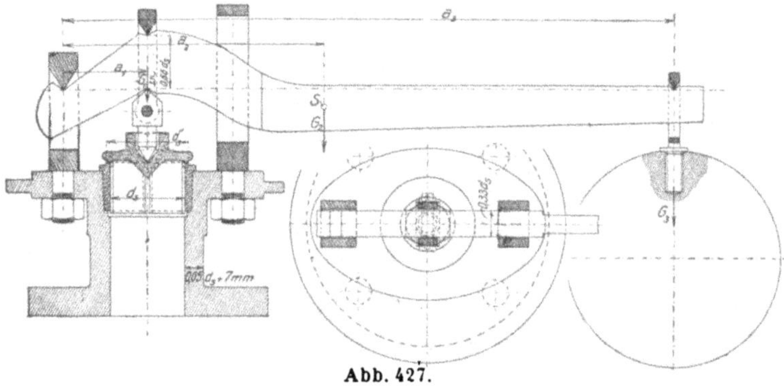

Abb. 427.

Der Hebelarmquerschnitt an der Angriffsstelle der Ventilspindel kann $> 0{,}66\, d_s \cdot 0{,}33\, d_s$ genommen werden.

Tabelle 84.

Gewicht- und Hebelmaße für einfache Vollhub-Sicherheitsventile.

Nach Schäffer & Budenberg. $a_1 : a_3 = 1 : 8$.

d_s	Bezeichnungen entspr. Abb. 427							
	d_s'	d_m	G_1	G_2	g_3	a_1	a_2	a_3
mm	mm	cm	kg	kg	kg	mm	mm	mm
20	22,6	2,13	0,24	0,60	0,100	44,5	190	356
25	27,6	2,63	0,33	0,60	0,100	44,5	190	356
30	32,6	3,13	0,50	1,24	0,135	51,5	225	412
35	37,6	3,63	0,60	1,24	0,135	51,5	225	412
40	44	4,2	0,96	2,54	0,250	64,5	276	516
45	49	4,7	1,04	2,54	0,250	64,5	276	516
50	54	5,2	1,55	4,43	0,375	77,0	328	616
55	59	5,7	1,65	4,43	0,375	77,0	328	616
60	64	6,2	2,42	7,20	0,750	89,0	384	712
65	69	6,7	2,62	7,20	0,750	89,0	384	712
70	74	7,2	3,21	8,73	1,040	95,0	410	760
75	79	7,7	3,45	8,73	1,040	95,0	410	760
80	84	8,2	4,54	12,6	1,375	107,5	465	860
90	94	9,2	5,93	17,5	1,415	119,5	520	956
100	104	10,2	7,65	23,5	1,850	131,5	570	1052

Für unmittelbare Gewichtsbelastung wird:

$$G_3 = p_u \frac{d_m^2 \pi}{4} - G_1 \text{ kg} \quad \ldots \ldots \ldots \quad (211)$$

Darin ist G_3 das Gewicht der direkt auf der Ventilspindel sitzenden Belastungskugel oder zylindrischen Platten.

Bei Federbelastung ist G_3 die erforderliche Federkraft und somit maßgebend für die Federberechnung. Besitzt die Windung der Spiralfeder einen mittleren Halbmesser r, etwa $r \leq \sim 0{,}5\, d_s$, so berechnet sich die Drahtstärke δ der Feder aus:

$$G_3 = 0{,}196 \frac{\delta^3}{r} k_d,$$

somit zu

$$\delta = \sqrt[3]{\frac{G_3\, r}{0{,}196\, k_d}} \quad \ldots \ldots \ldots \quad (212)$$

$k_d \leq 3000 \div 4500$ kg/cm² für Federstahl; G_3 nach Gl. (211).

Damit bestimmt sich das Stück f, um welches die Feder (vermittelst einer Stellschraube) zusammengedrückt werden muß, um den Druck G_3 äußern zu können, bei n Federwindungen zu:

$$f = \frac{64 \cdot n \cdot r^3}{\delta^4} \cdot \frac{G_3}{E} \quad \ldots \ldots \ldots \quad (213)$$

Es ist: $n = \sim 6 \div 10$,
E = Elastizitätsmodul des Materiales,
$= 750000 \div 800000$ kg/cm².

Als Anhalt für die Wahl der einzelnen Größen in den Gl. (210÷213; bedient man sich am besten der Firmentabellen, die nach den Vorschriften des deutschen Kesselgesetzes[1]) aufgestellt sind. (Tab. 84.)

5. Beispiele.

Beispiel 1. Ein mit direkter Feuerung betriebener, geschweißter Roland-Kessel besitzt bei 3 m² Heizfläche 750 mm Manteldurchmesser und 6 mm Blechstärke. Welchen Durchmesser hat das Sicherheitsventil zu erhalten, wenn ein Platzen des Kessels verhindert werden soll?

Mit $H = 3$ m²; $D = 750$ mm; $s = 6$ mm; $k_z = 33$ kg/mm²; $\varphi = 0{,}7$ $S = 4{,}25$ (über φ und S siehe S. 525) ergibt sich der höchste Kesseldruck, den die Bleche ohne Schaden aushalten können und dürfen, nach Gl. (200) zu:

$$p_{max} = \frac{200\,(s-1)}{D} \cdot \frac{K \cdot \varphi}{S} = \frac{200\,(6-1)}{750} \cdot \frac{33 \cdot 0{,}7}{4{,}25} = 7{,}3 \text{ atü.}$$

[1]) Jaeger-Ulrichs: „Bestimmungen über Anlegung und Betrieb der Dampfkessel". 1926, Berlin, Heymanns Verlag.

Hiermit wird nach Gl. (201 a):

$$v_s = 10\sqrt{p_{max}} = 10\sqrt{7,3} = 27 \text{ m/s}.$$

Für $p_{max} = 7,3 + 1 = \sim 8,5$ ata finden sich in Tabelle III: $\gamma = 4,32$, $\lambda = 663$ kcal und $t_D = 172^0$, so daß nach Gl. (202) der stündliche Wärmedurchlaß folgt zu:

$$w_d = 0,36\, v_s \cdot \gamma\, (\lambda - t_D) = 0,36 \cdot 27 \cdot 4,32\, (663 - 172) = 20617 \text{ kcal/h}.$$

Mit $w_{s\,max} = 15000$ kcal/m² erhält man nach Gl. (203 a):

$$W_{max} = w_{s\,max} \cdot H = 15000 \cdot 3 = 45000 \text{ kcal/h}$$

und nach Gl. (204):

$$\frac{d_s^2 \pi}{4} = \frac{W_{max}}{w_d} = \frac{45000}{20617} = 2,2 \text{ cm}^2,$$

somit $d_s = 1,7$ cm $= \sim 20$ mm.

Beispiel 2. Ein Warmwasserdruckbehälter (Boiler) wird indirekt durch eine Dampfheizschlange von 4 m² Heizfläche betrieben. Der Heizdampf besitzt 3 atü, der zulässige höchste Überdruck des Gebrauchswassers im Behälter soll 2 atü nicht übersteigen. Diese Grenze ist durch ein Sicherheitsventil zu sichern.

Nach Tabelle III erhält man:

$$T_D = 143 \text{ bei } 3 + 1 = 4 \text{ ata},$$
$$t_D = 133 \text{ bei } 2 + 1 = 3 \text{ ata},$$

und damit die Höchstleistung der Schlange im Augenblick der Gefahr nach Gl. (203 b):

$$W_{max} = 1300\, (T_D - t_D)\, H = 1300\, (143 - 133)\, 4 = 52000 \text{ kcal}.$$

Mit $v_s = 10\sqrt{p_{max}} = 10\sqrt{2} = 14$ gemäß Gl. (201 a) und mit $\lambda = 652$, $\gamma = 1,618$ entspr. 3 ata der Tabelle III wird nach Gl. (202)

$$w_d = 0,36\, v_s\, \gamma\, (\lambda - t_D) = 0,36 \cdot 14 \cdot 1,618\, (652 - 133) = 4250 \text{ kcal}.$$

Mithin erfordert das Sicherheitsventil nach Gl. (204) einen Querschnitt:

$$\frac{d_s^2 \pi}{4} = \frac{W_{max}}{w_d} = \frac{52000}{4250} = 16 \text{ cm}^2$$

und einen Durchmesser von:

$$d_s = 40 \text{ mm}.$$

In der Praxis begnügt man sich meist mit kleinerem Durchmesser, hier etwa mit $d_s = 32$ mm, da die Blechstärken weit stärker gehalten werden als der höchste innere Überdruck es verlangt.

Beispiel 3. Ein gußeiserner Niederdruckdampfkessel von 5,5 m² Heizfläche steht unter 0,5 atü und im unterbrochenen Betriebe. Er soll mit einem Sicherheitsventile ausgerüstet werden, das die Druckgrenze neben der Standrohreinrichtung zu sichern hat. Brennstoff ist Koks.

Nach Tabelle III ist für 1,5 ata: $\gamma = 0{,}85$; $\lambda = 644$; $t_D = 111^0$.

Im Augenblick der Überschreitung von 0,5 atü trägt 1 m³ Dampf von $v_s = 35$ m/s nach Gl. (206):

$$w_d = 0{,}36 \cdot 35 \cdot 0{,}85\ (644 - 111) = 5700 \text{ kcal/cm}^2.$$

Mit $w_{s\,\max} = 8000$ und $H = 5{,}5$ m² wird nach Gl. (207)

$$W_{\max} = 8000 \cdot 5{,}5 = 44000 \text{ kcal/h}$$

und damit nach Gl. (208):

$$\frac{d_s^2 \pi}{4} = \frac{W_{\max}}{w_d}\,\frac{44000}{5700} = 7{,}72 \text{ m}^2,$$

also: $d_s = 32$ mm.

Unter Inkaufnahme einer größeren Dampfgeschwindigkeit werde dies Maß verringert auf:

$$d_s = 25 \text{ mm}.$$

Die Belastung soll durch direkt wirkende Federkraft[1]) erfolgen. Ist:

$$d_s' = d_s + 2 \cdot 2 = 25 + 4 = 29 \text{ mm},$$

so ist:

$$d_m = \frac{2{,}5 + 2{,}9}{2} = 2{,}7 \text{ cm}$$

$$G_1 = \sim 0{,}4 \text{ kg},$$

somit nach Gl. (211):

$$G_3 = p_u \frac{d_m^2 \pi}{4} - G_1 = 0{,}5 \cdot 2{,}7^2 \frac{\pi}{4} - 0{,}4 = 2{,}825 \text{ kg}.$$

Mit $r < 0{,}5\ d_s \leq 0{,}5 \cdot 2{,}5 = \sim 1{,}2$ cm und $k_d = 3000$ kg/cm², erhält man die Drahtstärke nach Gl. (212) zu:

$$\delta = \sqrt[3]{\frac{G_3 r}{0{,}196\, k_d}} = \sqrt[3]{\frac{2{,}825 \cdot 1{,}2}{0{,}196 \cdot 3000}} = 0{,}18 \text{ cm}.$$

Zur Erhöhung der Lebensdauer werde gewählt:

$$\delta = 2{,}5 \text{ mm} = 0{,}25 \text{ cm}.$$

Die erforderliche Federspannung folgt bei $n = 8$ Windungen nach Gl. (213) zu:

$$f = \frac{64 \cdot n\, r^3}{\delta^4} \cdot \frac{G_3}{E} = \frac{64 \cdot 8 \cdot 1{,}2^3}{0{,}25^4} \cdot \frac{2{,}825}{750000} = 0{,}85 \text{ cm} = 8{,}5 \text{ mm}.$$

Beispiel 4. Ein Flammrohrkessel von 35 m² Heizfläche, der unter 6 atü steht, ist mit einem Sicherheitsventil auszurüsten.

[1]) Da dies Sicherheitsventil nur eine Zusatzsicherung ist, so kann Federkraft statt unmittelbare Gewichtsbelastung genommen werden.

Mit $\gamma = 3{,}6$ entspr. $p = p_u + 1 = 6 + 1 = 7$ nach Tabelle III erhält man für ein gewöhnliches Sicherheitsventil:

mit $m = 15$ nach Gl. (209):

$$\frac{d_s^2 \pi}{4} = m \cdot H \cdot \sqrt{\frac{1000}{p_u \gamma}} = 15 \cdot 35 \cdot \sqrt{\frac{1000}{6 \cdot 3{,}6}} = 3560 \text{ mm}^2$$

$$d_s = 68 \text{ mm}.$$

Für ein Vollhubventil wird mit $m = 5$ nach Gl. (209):

$$\frac{d_s^2 \pi}{4} = 5 \cdot 35 \cdot 6{,}78 = 1200 \text{ mm}^2, \; d_s = 40 \text{ mm}.$$

Gewählt wird ein Vollhubventil mit:

$$d_s = 40 \text{ mm}.$$

Entnimmt man hierfür aus Tabelle 84:

$d_m = 4{,}2$ cm; $G_1 = 0{,}96$; $G_2 = 2{,}54$; $g_3 = 0{,}25$; $a_1 = 64{,}5$ mm; $a_2 = 276$ mm und $a_3 = 516$ mm,

so berechnet sich nach Gl. (210) die Größe des Belastungsgewichtes zu:

$$G_3 = \left[\frac{4{,}2^2 \pi}{4} \cdot 6 - \left(0{,}96 + 2{,}54 \frac{276}{64{,}5}\right)\right] \frac{64{,}5}{516} - 0{,}25$$

$$G_3 = 8{,}67 \text{ kg}.$$

d) Die Druckverminderungsventile.

Bezüglich der Verwendung und Ausführung dieser Organe können folgende Bedingungen bestehen:

1. eine Verminderung des Dampfdruckes:

   α) für Normalspannung:

   von Anfangsdruck $p_a = \div 30$ at,
   auf Enddruck $p_e = 10 \div 0{,}1$ at,

   β) für Niederspannung:

   von Anfangsdruck $p_a = \div 15$ at,
   auf Enddruck $p_e = 1 \div 0{,}05$ at,

2. eine Verminderung des Wasserdruckes:

   α) für Normalspannung:

   von Anfangsdruck $p_a = \div 20$ at,
   auf Enddruck $p_e = 8 \div 0{,}02$ at.

   β) für Hochspannung:

   von Anfangsdruck $p_a = \div 200$ at,
   auf Enddruck $p_e = \div 20 \div 1$ at.

Für Warmwasserbereitungsanlagen kommen wohl hauptsächlich nur die Fälle 1β) und 2α) vor, ausnahmsweise vielleicht hier und da nach Fall 1α).

Eine bequeme Bestimmung des Niederspannungs-Dampfdruck-Verminderungsventiles erfolgt mit Hilfe der Tabelle 85, die für $p_a = 12$ at Anfangsdruck aufgestellt ist. Bei $p_a < 12$ verringert sich die Leistung entsprechend der Verhältniswerte $\mathfrak{v}$ der Nebentabelle 85a. Handelt es sich darum, für gegebene Betriebsverhältnisse das passende Ventil zu finden, so verfährt man derart, daß man die verlangte stündliche Leistung in kg durch den Verhältniswert $\mathfrak{v}$ dividiert und dann danach für das betreffende p_e und für die nächsthöhere Leistung D' die Ventilgröße entnimmt. Fällt der Wert D' so groß aus, daß er für einen gegebenen Enddruck in der Tabelle 85 nicht mehr zu finden ist, so hat man D' zu teilen und zwei in Parallelverbindung angeordnete Ventile von entsprechend kleineren Durchmessern zu nehmen.

Die Wasserdruck-Verminderungsventile erhalten stets gleichen Ein- und Ausgang, weil die Wassermenge vor und nach der Reduktion sowohl nach Gewicht wie nach Rauminhalt dieselbe ist. Bei einer Wassergeschwindigkeit von 1 m/s ist die Leistung in den Anschlüssen aus Tabelle 86 zu entnehmen.

Tabelle 85.

Niederspannungs-Dampfdruck-Verminderungsventil.

(Nach Dreyer, Rosenkranz & Droop.)

Durchmesser des Ventil-		Maximale Leistungsfähigkeit der Ventilgrößen in kg/h bei $p_a = 12$ at Anfangsdruck und bei einem Enddruck p_e in at von:									Tab. 85a Verhältniswerte $\mathfrak{v}$ zur Umrechnung bei einem Anfangsdruck	
einganges	ausganges											
mm	mm	0,05	0,1	0,2	0,25	0,3	0,4	0,5	0,75	1,0	p_a at	$\mathfrak{v}$
13	25	95	180	275	300	335	390	440	550	650	11	0,93
15	30	115	210	325	365	410	475	535	670	790	10	0,86
20	40	180	315	485	560	610	715	810	1000	1180	9	0,79
25	50	240	420	650	735	820	950	1080	1350	1600	8	0,71
30	60	295	525	800	925	1000	1200	1360	1700	2000	7	0,63
40	80	400	800	1080	1240	1360	1600	1800	2300	2700	6	0,56
50	100	600	1000	1460	1640	1800	2100	2400	3000	3500	5	0,48
60	120	740	1300	1840	2050	2300	2700	3000	3800	4400	4	0,40
70	140	900	1500	2250	2500	2800	3250	3700	4000	5400	3	0,31
80	160	1050	1800	2850	3050	3400	3900	4500	5600	6500	2	0,21
90	180	1200	2100	3250	3550	4070	4600	5400	6600	7600	—	—
100	200	1340	2500	3700	4150	4700	5350	6000	7650	9000	—	—

Tabelle 86.

Wasserdruck-Verminderungsventil.

(Nach Mankenberg-Stettin.)

Leistung m³/h. . .	0,5	1,0	1,5	2,2	4,0	6,2	9,0	12,5	16,5
Rohranschluß mm	15	20	25	30	40	50	60	70	80

Beispiel 1. Der Wärmebedarf einer Warmwasserbereitungsanlage beträgt 260000 kcal/h. Zur Verfügung steht Hochdruckdampf von 6 atü, der auf 0,1 atü zu vermindern ist.

Nach Tabelle III ist für $p_e = 0{,}1 + 1 = 1{,}1$ ata Enddruck die Verdampfungswärme $r = 538$ kcal/kg, damit die Dampfmenge:

$$D = \frac{W_0}{r} = \frac{260000}{538} = 500 \text{ kg/h}.$$

Nach Tabelle 85a findet sich für $p_a = 6$ atü der Verhältniswert $\mathfrak{v} = 0{,}56$, somit wird:

$$D' = \frac{D}{\mathfrak{v}} = \frac{500}{0{,}56} = 893 \text{ kg}.$$

Für $D' = 893$ und $p_e = 0{,}1$ atü ergibt sich aus Tabelle 85 bei dem nächsthöheren Werte von $D' = 1000$ kg ein Ventil 50 · 100 mm.

Beispiel 2. Es sind 2500 kg Dampf stündlich von 7 atü auf 0,2 atü zu vermindern.

In Tabelle 85a findet man für $p_a = 7$ at den Verhältniswert $\mathfrak{v} = 0{,}63$ und erhält damit:

$$D' = \frac{D}{\mathfrak{v}} = \frac{2500}{0{,}63} = 3968 \text{ kg}.$$

Diese Zahl ist in der Rubrik $p_e = 0{,}2$ der Tabelle 85 nicht mehr enthalten. Man hat daher für

$$\frac{D'}{2} = \frac{3968}{2} = 1984 \text{ kg}$$

die erforderliche Ventilgröße zu entnehmen und somit für 2250 eine Größe 70 · 140 mm. Es sind also in diesem Falle zwei nebeneinander geschaltete Ventile von 70 und 140 mm Anschlußweite zu verwenden.

XIII. Allgemeine Tabellen.

Tabelle I.

Ausdehnung und spezifisches Gewicht von 1 l Wasser
bei Temperaturen von 0÷200°.

Temperatur Celsius	Ausdehnung α (Volumen) von 1 l Wasser	Spez. Gewicht γ in kg von 1 l Wasser (Dichtigkeit)	Temperatur Celsius	Ausdehnung α (Volumen) von 1 l Wasser	Spez. Gewicht γ in kg von 1 l Wasser (Dichtigkeit)
0	0,000117	0,99987	75	1,02572	0,97492
4	1,000000	1,00000	80	1,02891	0,97190
5	1,000008	0,99999	85	1,03222	0,96879
10	1,000264	0,99974	90	1,03571	0,96552
15	1,000852	0,99915	95	1,03933	0,96216
20	1,001741	0,99826	100	1,04312	0,95867
25	1,002897	0,99711	110	1,05119	0,95130
30	1,00430	0,99572	120	1,05993	0,94346
35	1,00582	0,99421	130	1,06936	0,93514
40	1,00771	0,99235	140	1,07949	0,92637
45	1,00981	0,99029	150	1,09030	0,91718
50	1,01196	0,98818	160	1,10179	0,90761
55	1,01434	0,98587	170	1,11395	0,89771
60	1,01692	0,98336	180	1,12678	0,88748
65	1,01961	0,98077	190	1,14026	0,87699
70	1,02263	0,97787	200	1,15438	0,86627

Tabelle II.

Werte von $a = \frac{\gamma'' - \gamma'}{0,5\,(\gamma' + \gamma'')}$ **entspr.** t' **und** t''.

t'	t''	a	t'	t''	a	t'	t''	a	t'	t''	a
120	100	0,0159	95	85	0,0070	85	75	0,0063	75	50	0,0134
	90	0,0231		80	0,0101		70	0,0094		45	0,0156
	80	0,0300		75	0,0133		65	0,0123	70	60	0,0055
	70	0,0358		70	0,0163		60	0,0149		55	0,0081
	60	0,0414		65	0,0191		55	0,0174		50	0,0105
110	100	0,0077		60	0,0218		50	0,0198		45	0,0126
	90	0,0147		55	0,0243	80	70	0,0061	65	55	0,0051
	80	0,0214		50	0,0267		65	0,0090		50	0,0075
	70	0,0275	90	80	0,0064		60	0,0117		45	0,0097
	60	0,0331		75	0,0097		55	0,0142	60	50	0,0051
100	90	0,0071		70	0,0137		50	0,0166		45	0,0070
	80	0,0137		65	0,0156		45	0,0187		40	0,0091
	70	0,0199		60	0,0183	75	65	0,0059	50	40	0,0042
	60	0,0254		55	0,0208		60	0,0086		35	0,0061
	50	0,0309		50	0,0232		55	0,0111		30	0,0076

Tabelle III.

Temperatur, Wärme und Gewicht des gesättigten Wasserdampfes
von einer Spannung 0,02 ÷ 30,0 ata. (Nach Mollier.)

Absol. Spannung p kg/cm²	Temp. in Graden Celsius	Flüssigkeitswärme q kcal/kg	Verdampfungswärme r kcal/kg	Gesamtwärme $\lambda = q + r$ kcal/kg	Gewicht γ kg/m³	Rauminhalt m³/kg	
0,02	17,1	17,1	585,8	602,9	0,01465	68,27	Vakuumdampf
0,04	28,6	28,6	579,6	608,2	0,02820	35,46	
0,06	35,8	35,8	575,8	611,5	0,04133	24,19	
0,08	41,1	41,1	572,8	614,0	0,05420	18,45	
0,10	45,4	45,4	570,5	615,9	0,06686	14,96	
0,12	49,0	49,0	568,5	617,6	0,07937	12,60	
0,15	53,6	53,6	566,0	619,6	0,09789	10,22	
0,20	59,7	59,7	562,7	622,3	0,1283	7,797	
0,25	64,6	64,6	559,9	624,5	0,1581	6,325	
0,30	68,7	68,7	557,6	626,3	0,1876	5,331	
0,35	72,3	72,3	555,6	627,8	0,2167	4,614	
0,40	75,4	75,4	553,8	629,2	0,2456	4,072	
0,50	80,9	80,9	550,6	631,5	0,3027	3,304	
0,60	85,5	85,5	548,0	633,4	0,3590	2,785	
0,70	89,5	89,5	545,6	635,1	0,4147	2,411	
0,80	93,0	93,0	543,6	636,5	0,4699	2,128	
0,90	96,2	96,2	541,7	637,8	0,5246	1,906	
1,00	99,1	99,1	539,9	639,0	0,5809	1,727	Niederdruckdampf
1,01	99,4	99,9	539,5	639,4	0,5861	1,706	
1,02	99,6	100,1	539,4	639,5	0,5916	1,691	
1,03	99,9	100,4	539,2	639,6	0,5970	1,675	
1,033	100,0	100,5	539,1	639,6	0,5987	1,670	
1,04	100,2	100,7	539,0	639,7	0,6024	1,660	
1,05	100,4	100,9	538,9	639,8	0,6079	1,645	
1,06	100,7	101,2	538,7	639,9	0,6133	1,631	
1,07	101,0	101,5	538,5	640,0	0,6187	1,616	
1,08	101,3	101,8	538,3	640,1	0,6241	1,602	
1,09	101,5	102,0	538,2	640,2	0,6259	1,589	
1,10	101,8	102,3	538,0	640,3	0,6329	1,580	
1,13	102,4	102,9	537,6	640,5	0,6473	1,546	
1,15	103,0	103,6	537,2	640,8	0,6618	1,511	
1,20	104,2	104,8	536,5	641,1	0,6865	1,457	
1,25	105,4	106,0	535,8	641,8	0,7156	1,398	
1,30	106,6	107,1	535,1	642,2	0,7399	1,352	
1,35	107,6	108,3	534,4	642,7	0,7690	1,301	
1,40	108,7	109,4	533,7	643,1	0,7931	1,261	
1,45	109,8	110,5	533,0	643,5	0,8222	1,216	

Tabelle III (Fortsetzung).

Absol. Spannung p kg/cm²	Temp. in Graden Celsius	Flüssigkeitswärme q kcal/kg	Verdampfungswärme r kcal/kg	Gesamtwärme $\lambda = q + r$ kcal/kg	Gewicht γ kg/m³	Rauminhalt m³/kg
1,5	110,8	110,9	532,7	643,6	0,846	1,182
1,6	112,7	112,9	531,4	644,3	0,898	1,113
1,8	116,3	116,6	529,1	645,7	1,003	0,997
2,0	119,6	119,9	527,0	646,9	1,107	0,903
2,2	122,6	123,0	525,0	648,0	1,210	0,826
2,4	125,5	125,8	523,1	649,0	1,313	0,7616
2,6	128,1	128,5	521,4	649,9	1,415	0,7066
2,8	130,5	131,0	519,7	650,8	1,517	0,6592
3,0	132,9	133,4	518,1	651,6	1,618	0,6180
3,2	135,1	135,7	516,6	652,3	1,719	0,5817
3,4	137,2	137,8	515,2	653,0	1,832	0,5495
3,6	139,2	139,9	513,8	653,7	1,920	0,5208
3,8	141,1	141,8	512,4	654,3	2,020	0,4951
4,0	142,9	143,7	511,1	654,9	2,120	0,4718
4,5	147,2	148,1	508,0	656,2	2,368	0,4224
5,0	151,1	152,2	505,2	657,3	2,614	0,3825
5,5	154,7	155,9	502,5	658,4	2,860	0,3497
6,0	158,1	159,4	499,9	659,3	3,104	0,3222
6,5	161,2	162,7	497,5	660,2	3,348	0,2987
7,0	164,2	165,7	495,2	660,9	3,591	0,2785
7,5	167,0	168,7	493,0	661,7	3,833	0,2609
8,0	169,6	171,4	490,9	662,3	4,072	0,2454
8,5	172,1	174,0	488,8	662,9	4,316	0,2317
9,0	174,5	176,6	486,8	663,4	4,556	0,2195
9,5	176,8	179,0	484,9	663,9	4,797	0,2085
10	179,0	181,3	483,1	664,4	5,037	0,1985
11	183,2	185,7	479,5	665,2	5,516	0,1813
12	187,1	189,8	476,1	665,9	5,996	0,1668
13	190,7	193,6	472,8	666,6	6,474	0,1545
14	194,1	197,3	469,7	667,0	6,952	0,1438
15	197,4	200,7	466,7	667,4	7,431	0,1346
16	200,4	204,0	463,8	667,8	7,909	0,1264
17	203,4	207,1	460,9	668,1	8,380	0,1192
18	206,2	210,1	458,2	668,3	8,868	0,1128
19	208,8	213,0	455,5	668,5	9,349	0,1070
20	211,4	215,8	452,9	668,7	9,830	0,1017
22	216,2	221,0	447,9	668,9	10,790	0,0927
24	220,8	226,0	443,0	669,0	11,760	0,0850
26	225,0	230,6	438,4	669,0	12,740	0,0785
28	229,0	235,0	433,9	668,8	13,720	0,0729
30	232,8	239,1	429,5	668,6	14,700	0,0680

Hochdruckdampf

Tabelle IV.

Stahl-Röhren.

Die übliche Benennung erfolgt für die Gasröhren nach 1. nach dem inneren Durchmesser, für die Siederöhren nach 2. nach dem äußeren Durchmesser. Die Verbandsröhren tragen das Verbandszeichen: ↔ und sind auf 50 atü geprüft.

1. Gasröhren.

Stumpf oder überlappt geschweißt; mit Gewinde und Muffen. Baulänge 4 ÷ 5 m.

Durchmesser innerer Zoll	Durchmesser innerer mm (rund)	Durchmesser äußerer mm	Wandstärke mm	lichter Querschnitt cm²	Außenfläche m²/lfd. m	Inhalt l/lfd. m	Gewicht (ungefähr) kg/lfd. m
1/8	6	10	2,0	0,280	0,031	0,03	0,40
1/4	9	13	2,0	0,640	0,041	0,06	0,57
3/8	12	16,5	2,25	0,709	0,052	0,11	0,82
1/2	15	20,5	2,75	1,130	0,064	0,18	1,15
5/8	18	24	3,0	1,770	0,075	0,26	1,50
3/4	20	26,5	3,25	2,865	0,083	0,31	1,72
7/8	24	30	3,0	3,871	0,094	0,45	2,25
1	26	33	3,5	5,067	0,104	0,53	2,44
1 1/4	34,5	42	3,75	7,892	0,132	0,94	3,40
1 1/2	40	48	4,0	11,401	0,151	1,26	4,20
1 3/4	44	52	4,0	15,205	0,163	1,52	4,60
2	51	59	4,0	20,370	0,185	2,04	5,80
2 1/4	60	69	4,5	28,274	0,217	2,83	6,80
2 1/2	66	76	5,0	34,212	0,239	3,42	7,70
2 3/4	71	81	5,0	39,592	0,255	3,96	8,90
3	79	89	5,0	49,017	0,280	4,90	10,00
3 1/2	92	102	5,0	66,476	0,320	6,65	11,50
4	104	114	5,0	84,949	0,358	8,50	13,50

2. Siederöhren.

Patentgeschweißt oder nahtlos; mit und ohne Flanschen. Baulänge 4 ÷ 5 m.

Durchmesser äußerer Zoll	Durchmesser innerer mm	Durchmesser äußerer mm	Wandstärke mm	Querschnitt cm²	Außenfläche m²/lfd. m	Inhalt l/lfd. m	Gewicht ohne Flanschen kg/lfd. m	Gewicht mit Flanschen kg/lfd. m
1 1/2	33,5	38	2,25	8,814	0,1194	0,8814	1,97	2,40
1 5/8	37	41,5	2,25	10,752	0,1303	1,0752	2,17	2,45
1 3/4	40	44,5	2,25	12,566	0,1398	1,2566	2 32	2,52
1 7/8	43	47,5	2,25	14,522	0,1492	1,4522	2,49	2,74
2	46,5	51	2,50	16,619	0,1600	1,6619	2,97	3,22
2 1/8	49,5	54	2,50	18,857	0,1696	1,8857	3,15	3,50
2 1/4	51,5	57	2,75	20,831	0,1791	2,0831	3,65	4,00
2 3/8	54	60	3,00	22,902	0,1885	2,2902	4.20	4,60

Tabelle IV. 2. Sideröhren (Fortsetzung).

Durchmesser äußerer Zoll	innerer mm	äußerer mm	Wandstärke mm	Querschnitt cm²	Außenfläche m²/lfd. m	Inhalt l/lfd. m	Gewicht ohne Flanschen kg lfd. m	Gewicht mit Flanschen kg lfd. m
$2^1/_2$	57,5	63,5	3,00	25,967	0,1995	2,5967	4,45	4,90
$2^3/_4$	64	70	3,00	32,170	0,2199	3,2170	4,90	5,40
3	70	76	3,00	38,485	0,2394	3,8484	5,35	5,90
$3^1/_4$	76,5	83	3,25	45,964	0,2607	4,5964	6,35	7,05
$3^1/_2$	82,5	89	2,25	53,456	0,2796	5,3456	6,78	7,66
$3^3/_4$	88,5	95	3,25	61,514	0,2985	6,1514	7,30	8,17
4	94,5	102	3,75	70,138	0,3204	7,0138	9,01	10,00
$4^1/_4$	100,5	108	3,75	79,329	0,3393	7,9329	9,53	10,60
$4^1/_2$	106,5	114	3,75	89,084	0,3581	8,9084	10,10	11,20
$4^3/_4$	113	121	4,00	100,287	0,3801	10,0287	11,40	12,63
5	119	127	4,00	111,220	0,3990	11,1220	12,03	13,68
$5^1/_4$	125	133	4,00	122,718	0,4178	12,2718	12,65	14,35
$5^1/_2$	131	140	4,50	134,782	0,4398	13,4782	14,90	16,70
$5^3/_4$	137	146	4,50	147,411	0,4587	14,7411	15,56	17,40
6	143	152	4,50	161,703	0,4791	16,1703	16,22	18,10
$6^1/_4$	150	159	4,50	176,715	0,4995	17,6715	17,00	19,10
$6^1/_2$	156	165	4,50	191,134	0,5184	19,1134	17,65	19,70
$6^3/_4$	162	171	4,50	206,120	0,5372	20,6120	18,31	20,60
7	169	178	4,50	224,318	0,5592	22,4318	19,08	21,70
$7^1/_2$	180	191	5,50	254,469	0,6000	25,4469	24,93	27,70
8	192	203	5,50	289,529	0,6377	28,9529	26,60	29,91
$8^1/_2$	203	216	6,50	323,655	0,6786	32,3655	33,20	36,67
9	216	229	6,50	366,435	0,7194	36,6435	35,30	38,92
$9^1/_2$	228	241	6,50	408,281	0,7571	40,8281	37,20	41,44
10	241	254	6,50	456,167	0,7980	45,6167	39,50	44,26
$10^1/_2$	253	267	7,00	502,726	0,8388	50,2726	44,50	49,52
11	264	279	7,50	547,391	0,8765	54,7391	49,60	55,90
$11^1/_2$	277	292	7,50	600,628	0,9174	60,2628	52,10	58,71
12	290	305	7,50	662.520	0,9582	60,0520	54,70	61,48
$12^1/_2$	302	318	8,00	716,315	0,9990	71,6315	59,40	66,00

XIV. Vorschriften, Verordnungen, Vereinbarungen, Anleitungen.

Wirtschaftliches, Schrifttum.

A. Bei Entwurf und Anlage von Warmwasserbereitungen sind nachstehende Gesetze usw. zu beachten. An besonders bemerkenswerten Stellen ist schon im Text oder durch Fußnoten auf diese Bestimmungen aufmerksam gemacht. Die preußischen Erlasse haben für die meisten übrigen deutschen Staaten gleiche oder ähnliche Gültigkeit.

1. Preuß. Ministerialerlaß vom 5. Juni 1925: Sicherheitsvorschriften für Niederdruck-Warmwasserheizanlagen[1]).
2. Erlaß des Bundesrates vom 17. Dezember 1908, Ziffer 3b a: Vorschriften für Sicherheitsstandrohre bei Niederdruckdampfheizungen.
3. Preuß. Ministerialerlaß vom 5. März 1913 und 22. Mai 1928: Ausrüstung und Überwachung dampfgeheizter Warmwasserbereiter.
4. Polizei-Verordnung betr. die Einrichtung und den Betrieb von Dampffässern.
5. Verordnungen und Bestimmungen über die Anlegung und den Betrieb von Druckgefäßen für den Freistaat Sachsen.
6. DIN 1988, Entwurf: Technische Vorschriften für Bau und Betrieb von Reinwasserversorgungsanlagen für Grundstücke.
7. DIN 1979. Technische Vorschriften für Bauleistungen. Zentralheizungs-, Warmwasserbereitungs-, Kühl- und Lüftungsanlagen.
8. DIN 1855. Richtlinien für die Anforderungen an den Werkstoff und Bau von Rauchgasvorwärmern.
9. Allgemeine feuerpolizeiliche Vorschriften und örtliche Verordnungen für die Anlage von Feuerstellen.
10. Sicherheitsvorschriften für den Bau und Betrieb von Ölfeuerungen für Hochdruckdampfkessel. Aufgestellt von den Deutschen Dampfkessel-Überwachungsvereinen.
11. Anleitung des Deutschen Vereins der Gas- und Wasserfachmänner (D.V.G.W.F.): Gas-Feuerstätten und -geräte für Niederdruckgas.
12. Anleitung zur Errichtung, Aufstellung und Handhabung von Gas- und Kochapparaten. Verlag Oldenbourg, München.

---

[1]) Roose: »Sind die preußischen Sicherheits-Vorschriften für Heizkessel mangelhaft und teilweise unhaltbar?« Gesundheits-Ingenieur, 51, Heft 45, 1928.

13. Installationsvorschriften des D.V.G.W.F.
14. Werkstoff- und Bauvorschriften für Landdampfkessel nebst Erläuterungen.
DIN 1851/1852. Diese Ausgabe enthält die Vorschriften nach Beschlüssen des Deutschen Dampfkesselausschusses vom 18. Juni 1926, ergänzt und abgeändert durch die Beschlüsse vom März 1927.

B. Bezüglich der Wirtschaftlichkeit von Warmwasserbereitungs- und -versorgungsanlagen mögen nachstehende Schrifttumhinweise dienlich sein.

1. Dr.-Ing. Arndt: »Heizung, Warmwasser-, Luft-, Gas-, Wasser- und Stromversorgung der neuen Klein- und Mittelwohnungen und ihre Wirtschaftlichkeit.« Gesundheits-Ingenieur, 51, Heft 22 und 23, 1928.
2. Schulze: »Die Wärme- und Energiewirtschaft im Krankenhause« Haustechnische Rundschau, 32, Heft 10 und 11, 1927.
3. Nowotny: »Der Wohnhausblock in der Fallgartenstraße Frankfurt a. M. (Zentralheizung, Warmwasserversorgung, Zentralbad und Zentralwäscherei). Gesundheits-Ingenieur, 51, Heft 10, 1928.
4. Dr.-Ing. Pauer: »Der Einfluß hohen Dampfdruckes auf die Wirtschaftlichkeit von Fernheizungen.« Brennstoff und Wärmewirtschaft, X, Heft 18, 1928.
5. Elvers: »Gas oder Elektrizität zur Wärmeerzeugung in Haushalt, Gewerbe und Industrie.« Das Gas- und Wasserfach, 71, Heft 40, 1928.
6. Dr.-Ing. Balcke: »Wirtschaftliche Verwertung elektrischer Überschußenergie für Heizung und Warmwasserbereitung.« Gesundheits-Ingenieur, 51, Heft 40, 1928.
7. »Die Verteilung der Heizungskosten in Miethäusern mit Zentralheizung«. Haustechnische Rundschau, 34, Heft 13 u. 14, 1929.
8. Dr. Marx: »Warmwasser-Versorgungsanlagen«. Haustechnische Rundschau, 34, Heft 14, 1929.
9. Gilgen: »Zur Vergebung von Warmwasserversorgungsanlagen«. Haustechnische Rundschau, 34, Heft 16, 1929.
10. »Der Eigentumsvorbehalt bei Heizungsanlagen und sanitären Einrichtungsgegenständen«. (Gerichtsentscheidungen.) Haustechnische Rundschau, 34, Heft 17, 1929.

Alphabetisches Sachregister.

S.

T.

Z.

gewidmet. In diesem Zusammenhange spielen besonders die *Städteheizung* und sonstige *Fernheizung*, die Kochanlagen, Trocknerei, Leichenverbrennung, Rauch- und Rußverhütung eine große Rolle. Die Anforderungen, die vom Standpunkt der Gesundheitstechnik aus an den neuzeitlichen *Wohnhausbau* und seine Einrichtungen gestellt werden müssen, werden sachgemäß erörtert.
Alle Fragen über zweckmäßigsten Bau, Einrichtung und Betrieb von öffentlichen *Badeanstalten und Schwimmhallen* werden erschöpfend behandelt.
Über Bau und Einrichtung neuzeitlicher *Krankenanstalten*, hygienische Einrichtungen zur Beseitigung gesundheitsschädlicher Einflüsse in Gewerbe und Industrie, sanitäre Maßnahmen zur Verhütung und Bekämpfung von ansteckenden Krankheiten wird ausführlich berichtet. Dem gesamten Gebiet der *Städtehygiene* dient die Zeitschrift in gleich umfassender Weise. Auch hier werden erschöpfend alle Fragen der *Wassergewinnung und -verwendung*, des *Betriebes von Wasserwerksanlagen*, des *Baues von Wasserleitungen*, der *Schlacht- und Kühlhäuser*, der *Entwässerung* der Gebäude und der Städte durch Entwässerungsnetze, der Beseitigung, Reinigung und Verwertung von *Abwasser*, der Sammlung, Abfuhr und Verwertung von *Müll*, der Straßenreinigung, des Straßenbaues behandelt. Besonderes Augenmerk widmet die Zeitschrift der *Verkehrs- und Straßenhygiene*. Alle Gebiete gemeinsam berühren Aufsätze über Unfallverhütung und Sozialpolitik.

Lehrbuch der Lüftungs- und Heizungstechnik.
Mit Einschluß der wichtigsten Untersuchsverfahren. Von Dipl.-Ing. Dr. *L. Dietz*. 2. umgearbeitete und vermehrte Auflage. 710 Seiten, 337 Abb., 12 Tafeln. 8⁰. 1920. Brosch. M. 14.—; geb. M. 15.20.

Heizung u. Lüftung, Warmwasserversorgung, Befeuchtung und Entnebelung.
Leitfaden für Architekten und Bauherren von Priv.-Doz. Ing. *M. Hottinger*. 300 Seiten, 210 Abb., 64 Zahlentafeln. 8⁰. 1926. Brosch. M. 14.50; in Leinen M. 16.50.

Die Städteheizung.
Bericht über die vom Verein Deutscher Heizungs-Ingenieure E.V. einberufene Tagung vom 23. und 24. Oktober 1925 in Berlin. Herausgegeben von Dipl.-Ing. *J. Fichtl*, Priv.-Doz. Dr. *A. Marx* und Ing. *O. Fröhlich*. 212 Seiten, 12 Abb., Gr.-8⁰. 1927. Brosch. M. 8.—.

Gesundheitstechnik im Hausbau.
Von Prof. *R. Schachner*. 445 Seiten, 205 Abb., 1 Tafel, zahlreiche Tab. Gr.-8⁰. 1926. Brosch. M. 20.—; in Leinen geb. M. 22.—.

Die Heizungsmontage.
Ein Handbuch für die Praxis von Dipl.-Ing. *Otto Ginsberg*.
I. Teil: MATERIAL UND WERKZEUGE. 2. neubearbeitete Aufl. 185 S., 199 Abb. 9 Tafeln. Kl.-8⁰. 1929. Leinen M. 5.50.
II. Teil: MONTAGE DER ANLAGEN. 108 Seiten, 81 Abb. Kl.-8⁰. 1926. Kart. M. 3.20.

Bestimmung der Rohrweiten von Dampfleitungen,
insbesondere von Niederdruck- und Unterdruck-Dampfleitungen. Von *Joh. Schmitz*, Obering. 4 S. Text, 18 Tafeln. 4⁰. 1925. Brosch. M. 4.—.

Hermann Recknagels Hilfstabellen
zur Berechnung von Warmwasserheizungen. Herausgegeben v. Dipl.-Ing. *Otto Ginsberg*. 5., vermehrte und verbesserte Aufl. 55 Tabellen in Fol. 1929. Brosch. etwa M. 3.50.

Die Grundlagen der Dampfmessung n. d. Differenzdruckprinzip.
Von *W. E. Germer.* 58 Seiten, 29 Abb., 1 Tafel. 8⁰. 1927. Kart. M. 2.—.

Die Berechnung der Warmwasserheizungen.
Von *Herm. Recknagel.* 3. Aufl. bearbeitet von Otto Ginsberg. 53 Seiten., 26 Abb. zahlreiche Tabellen. 4⁰. 1927. Brosch. M. 7.50.

Taschenbuch für Heizungsmonteure.
Von *Bruno Schramm.* 8. Aufl. 168 Seiten, 146 Abb. Kl.-8⁰. 1927. In Leinen geb. M. 4.20.

Elektrische Temperaturmeßgeräte.
Von Dr.-Ing. *G. Keinath.* 284 Seiten, 219 Abb. Gr.-8⁰. 1923. Brosch. M. 9.20; geb. M. 11.—.

Anleitung zu genauen technischen Temperaturmessungen.
Von Prof. Dr. *O. Knoblauch* und Dr.-Ing. *K. Hencky.* 2., völlig neu bearbeitete Aufl. 190 Seiten, 74 Abb. Gr.-8⁰. 1926. Brosch. M. 8.20; geb. M. 11.—.

Die Wärmeabgabe des Radiators.
Von Dr.-Ing. *Karl Thomas.* 26 Seiten, 42 Abb., 16 Zahlentafeln. 4⁰. 1928. Brosch. M. 4.— (für Bezieher des „Gesundheitsingenieur" M. 3.40).

Über die Wärmeabgabe geheizter Rohre
bei verschiedener Neigung der Rohrachse. Von Dr.-Ing. *Werner Koch.* 29 Seiten, 51 Abb., 35 Zahlentafeln. 4⁰. 1927. Brosch. M. 4.80 (für Bezieher des „Gesundheits-Ingenieur" M. 4.10).

Einrichtungen zur Feststellung des Wirkungsgrades eiserner Zimmeröfen.
Messungen kleiner Geschwindigkeiten strömender Medien. Von Dr.-Ing. *Olaf Falck.* 17 Seiten, 44 Abb. 4⁰. 1927. Brosch. M. 2.80 (für Bezieher des „Gesundheits-Ingenieur" M. 2.40).

Feuerungstechnische Rechentafel.
Zum prakt. Gebrauch für Dampfkesselbesitzer, Ingenieure, Betriebsleiter, Techniker usw. Nach Dipl.-Ing. *Rud. Michel.* 4. Aufl. 8 Seiten, 1 Tafel. 4⁰. 1925. Brosch. M. 2.50.

Wärmetechnische Berechnung der Feuerungs- und Dampfkesselanlagen.
Taschenbuch mit den wichtigsten Grundlagen, Formeln, Erfahrungswerten und Erläuterungen für Bureau, Betrieb und Studium. Von Ing. *Fr. Nuber.* 5. erweiterte Auflage. 130 Seiten, 10 Abb. Kl.-8⁰. 1929. In Leinen geb. M. 3.50.

Heimtechnik.
Von Dr.-Ing *Ludwig Schultheiß.* 168 Seiten, 127 Abb., 23 Zahlentafeln. Gr.-8⁰. 1929. Brosch. M. 8.50.

Architekt und Zentralheizungen.
Von Reg.-Baumeister *Georg Recknagel.* 2. Auflage. 55 Seiten, 14 Abb. 8⁰. 1929. Brosch. M. 1.40.

Die Heizerausbildung.
Buchausgabe der Unterrichtsblätter für Heizerschulen. Von Reg.-Obering. *H. Spitznas.* 2. Auflage. 271 Seiten, 59 Abb., 8 Tabellen, 2 Schaubilder. Gr.-8⁰. 1924. Brosch. M. 4.50, geb. M. 5.50.

www.ingramcontent.com/pod-product-compliance
Lightning Source LLC
LaVergne TN
LVHW080748300926
849162LV00008BA/1773